Small Animal Dermatology

A Color Atlas and Therapeutic Guide

Fourth Edition

小动物皮肤病

彩色图谱与治疗指南

第 4 版

[美] Keith A. Hnilica [美] Adam P. Patterson 主 编

刘 欣 夏兆飞 主 译

中国农业大学出版社

北 京

内 容 简 介

本书图片丰富、清晰，对疾病的阐述简明扼要，涵盖250多种小动物皮肤病。每种疾病都分段介绍了临床特征、主要鉴别诊断、诊断、治疗和预后。临床特征介绍该病的独特之处；鉴别诊断中罗列的疾病都是与该病相似，容易混淆的疾病；诊断中简练说明了皮肤细胞学和组织病理学特点；治疗和预后部分保留了经典方案，并及时纳入了近几年面世的创新性药物，比如爱波克、尼可信和贝卫多，详细描述药物的使用过程，并阐述了疾病的转归。对于那些重要且常见的疾病，专门以“框”的形式备注了作者个性化的想法。每节的最后都选取了大量精美图片，清楚而生动地展现疾病的不同变化。在重要的章节和书的结尾处，总结了常用药物的使用表格。此书特别适合临床兽医和兽医专业学生快速掌握每种皮肤病，是一本出色的专科入门参考书。

图书在版编目（CIP）数据

小动物皮肤病：彩色图谱与治疗指南：第4版 /（美）凯斯 • 海尼里克（Keith A. Hnilica），（美）亚当 • 帕特森（Adam P. Patterson）主编；刘欢，夏兆飞主译. —北京：中国农业大学出版社，2019.9

书名原文：Small Animal Dermatology：A Color Atlas and Therapeutic Guide, Fourth Edition

ISBN 978-7-5655-2195-9

Ⅰ. ① 小… Ⅱ. ①凯… ②亚… ③刘… ④夏… Ⅲ. ① 动物疾病－皮肤病－诊疗－图谱 Ⅳ. ① S857.5-64

中国版本图书馆 CIP 数据核字（2019）第 066974 号

书　名　小动物皮肤病：彩色图谱与治疗指南（第4版）
　　　　Small Animal Dermatology：A Color Atlas and Therapeutic Guide (4th Edition)
作　者　Keith A. Hnilica, Adam P. Patterson　主编
　　　　刘　欣　夏兆飞　主译

策划编辑　梁爱荣　宋俊果　　**责任编辑**　梁爱荣
封面设计　郑　川
出版发行　中国农业大学出版社
社　　址　北京市海淀区圆明园西路2号　　**邮政编码**　100193
电　　话　发行部 010-62818525，8625　　读者服务部 010-62732336
　　　　　编辑部 010-62732617，2618　　出　版　部 010-62733440
网　　址　http://www.cau.press.cn　　**E-mail** cbsszs@cau.edu.cn
经　　销　新华书店
印　　刷　涿州市星河印刷有限公司
版　　次　2019年9月第1版　2019年9月第1次印刷
规　　格　889×1 194　16开本　41.5印张　1250千字
定　　价　498. 00元

ELSEVIER

Elsevier (Singapore) Pte Ltd.
Killiney Road, #08-01 Winsland House I, Singapore 239519
Tel: (65) 6349-0200; Fax: (65) 6733-1817

Small Animal Dermatology: A color Atlas and Therapeutic Guide, 4th edition

ISBN-13: 9780323376518

This translation of Small Animal Dermatology: A color Atlas and Therapeutic Guide, 4th edition by Keith A. Hnilica and Adam P. Patterson was undertaken by China Agricultural University Press Ltd and is published by arrangement with Elsevier (Singapore) Pte Ltd.
Small Animal Dermatology: A color Atlas and Therapeutic Guide, 4th edition by Keith A. Hnilica and Adam P. Patterson 由中国农业大学出版社有限公司进行翻译，并根据中国农业大学出版社有限公司与爱思唯尔（新加坡）私人有限公司的协议约定出版。
《小动物皮肤病：彩色图谱与治疗指南》(第 4 版）(刘欣，夏兆飞主译)
ISBN: 9787565521959

著作权合同登记图字：01-2019-4639

Small Animal Dermatology

A Color Atlas and Therapeutic Guide

Fourth Edition

小动物皮肤病

彩 色 图 谱 与 治 疗 指 南

第 4 版

Keith A. Hnilica, DVM, MS, MBA, DACVD
瘙痒诊所
过敏症，皮肤科，耳科
诺克斯维尔，田纳西州
www.TheItchClinic.com www.itchnot.com

Adam P. Patterson, DVM, DACVD
皮肤科主任
兽医与生物科学学院
得克萨斯 A & M 大学
得克萨斯州大学城

译者名单

主　译　刘　欣　夏兆飞

参　译　陈兴慧　刘宏锋　唐国梁

Keith A. Hnilica

Adam P. Patterson

撰稿者

Cheryl Greenacre, DVM, DABVP（鸟类诊所），DABVP（异宠伴侣哺乳动物）
教授
小动物临床科学系
兽医学院
田纳西大学
诺克斯维尔，田纳西州

Amy K. LeBlanc, DVM Diplomate ACVIM（肿瘤科）
主任，比较肿瘤学项目
癌症研究中心，国家癌症研究所
国家卫生研究所
贝塞斯达，马里兰州

Keith 和 Keith 的孩子最喜欢的语录

选择幸福，永远不要害怕努力工作。

Sara Mae H.

追过梦，哪怕失败也比从未追过强。

Max T.

答应我，永远不要花过多时间踩水，把头保持在水面，而忘记了，真的忘记了你曾经多么喜欢游泳。

Tyler Knott Gregson
Sam T.

犬打架时，重要的不是犬的大小，而是这场架有多严重。

Mark Twain
Caleb M.

我曾经在犬的眼神中看到过一种转瞬即逝的轻蔑，被惊到了的轻蔑，于是我相信大体来说，犬视人类为疯子。

John Steinbeck
Caroline M.

好事有用，要做好事！

Keith A. Hnilica

谨以此书献给我的宠物家长和学生们。今天这本书得以出版，完全源于我那些伟大的老师和导师们愿意分享他们的知识、智慧和经验，感谢 Karen Campbell、Jennifer Matousek、Carol Lichtensteiger、Linda Frank、Rod Rosychuk、Rosanna Marsella、George Doering、Patrick Breen、John August、Joanne Mansell 和 Mark Hitt。对 Keith Hnilica 在兽医皮肤病临床应用方面给予的培训，我感激不尽，是您塑造了现在的我和我的教学方式，非常荣幸您能让我和您一起参与新版本的编写。致我的父母 Pat 和 Laura，你们给予的爱和支持历久弥新。致我的妻子 Carly，我终于找到了你。

只有领头者才能享受最好的风景。

Granddaddy

Adam P. Patterson

前　言

这本教科书的构思就是一本实用的彩色图谱，并包括针对每种疾病的当前治疗方法。我们付出了巨大的努力，使这本书成为临床小动物医师和学生们便于使用的一本参考书。这本图谱开始作为《Muller 和 Kirk 小动物皮肤病学》（*Muller and Kirk's Small Animal Dermatology*）的配套课本。然而，随着它的不断使用和普及，它本身已成为一本实用的独立教科书。

第 4 版的新成员是 Adam P. Patterson 博士，他为临床兽医皮肤病学的科学理论和技能方面提供了新的广阔视野。

本书的一个关键特征是相关的临床图片。这些增添的众多图片，可以展示每种疾病引起的最常见病变和模式。通过浏览某一疾病的所有图片，临床工作者应该能够获得关于该疾病最常见的临床表现的知识。皮肤病学在很大程度上依赖于识别患者的体征信息、病史、病变类型和患病模式。之所以选择这些病变图片，不是因为其极端性，而是因为每张图片都显示了该疾病的某个共同特征。

第 4 版还新增了关于 MRS 感染的关键性更新和对过敏的突破性疗法。我们通过额外的大纲、图表和图形扩展了有用的基于模式的方法概念。为了快速参考，本书纳入了一份品种倾向列表，并为最常见的疾病添加了疾病拓扑图，以简化诊断过程。

本书中增补的“作者注”为某些疾病的最重要的问题提供了一种即时感。“作者注”最终表达的是作者的观点，但是，多年来从多个途径收集的信息反映了我们对实践知识的无尽追求，正因如此，才对疾病的诊断与治疗有所建树。

希望这本致力于实用兽医皮肤病学的书能够对您有所帮助。

Keith A. Hnilica, DVM, MS, MBA, DACVD
TheItchClinic. com

致　谢

感谢那些为本书出版慷慨付出的人：Donna Angarano、John MacDonald、Anthony Yu、Gail Kunkle、Michaela Austel、Craig Greene、Alice Wolfe、Karen Campbell、Richard Malik、Linda Frank、Lynn Schmeitzel、Patricia White、Dunbar Gram、Jim Noxon、Linda Messinger、Elizabeth Willis、Terese DeManuelle、William Miller、Thomas Manning、Kimberly Boyanowski、Norma White-Weithers、Manon Paradis、Robert Dunstan、Kelly Credille、Pauline Rakich、Charles Martin、Clay Calvert、Sherry Sanderson、Mary Mahaffey、Sue McLaughlin、E. Roberson、Gary Norsworthy、Michael Singer、Sandy Sargent、Alison Diesel、Amanda Friedeck、John August、Cheryl Greenacre、Amy LeBlanc，还有那些我们可能遗漏的人员。

谢谢你们！

Keith A. Hnilica
Adam P. Patterson

目　　录

Contents

第 1 章 鉴别诊断
Differential Diagnoses

- 基本问题
- 10 种临床发病模式
- 是什么感染？
- 为什么会在这些部位？
- 基于身体部位做出鉴别诊断
- 局限于面部的疾病
- 鼻部色素减退的疾病
- 伴有口腔病变的疾病
- 耳缘皮炎
- 鼻 - 趾过度角化
- 趾间皮炎
- 爪部疾病
- 爪垫疾病
- 基于原发和继发病变做出鉴别诊断
- 水疱和脓疱性病变
- 糜烂和溃疡性病变
- 丘疹
- 粟粒性皮炎
- 斑块
- 毛囊管型
- 表皮环
- 粉刺
- 苔藓样变
- 炎性 / 瘙痒性脱毛疾病
- 非炎性 / 非瘙痒性脱毛疾病
- 蜂窝织炎和渗出性病变
- 结节性疾病
- 瘙痒性疾病
- 皮脂溢性疾病
- 色素过度沉着
- 色素减退
- 品种易感性导致的犬猫皮肤病

所有皮肤科病例的原发 / 潜在疾病几乎会导致继发感染。这些感染必须进行清除和预防，但是如果不能鉴别和控制原发疾病，这些感染会很快复发。

如果能够解决两个基本问题，兽医临床中的大部分皮肤病病例都能够得到很好的控制：（1）继发感染是什么？（2）为什么会发生继发感染？

基本问题

1. 是什么感染？

- 毛囊炎
  —脓皮病
  —蠕形螨
  —皮肤癣菌
- 爪部皮炎
  —细菌
  —酵母菌
- 耳炎
  —细菌
  —酵母菌
- 酵母菌性皮炎

2. 为什么病变会在这些部位？

- 过敏
  —异位性皮炎
  —食物过敏
  —疥螨
- 内分泌病
  —甲状腺功能减退
  —库兴氏综合征

一旦知道病患皮肤病的起因，随后的治疗就变得非常简单了。

识别病变的基本模式能让我们获得大部分常见皮肤病的诊断思路。

10 种临床发病模式

什么是继发感染？（非原发病）

1. 毛囊炎

毛囊炎是最常见的疾病模式，与其他模式相似。而且，经常与其他疾病模式并发（例如酵母菌性皮炎）。毛囊炎最主要的鉴别诊断包括浅表葡萄球菌性脓皮病或细菌性毛囊炎，蠕形螨病和皮肤癣菌病。如果没有并发症，脓皮病是犬最常见的病因，紧随其后是蠕形螨病。幼年型蠕形螨病例常对称发病，凭经验而言，应考虑所有的皮肤病例都有毛囊炎，直到被排除为止，然后寻找诱发的潜在疾病（如过敏症、内分泌病、角化异常或缺陷）。

2. 爪部皮炎

当爪背侧发生脱毛时，应该刮片采样，因为蠕形螨病和过敏性皮肤病都可导致爪部皮炎。类固醇药物不适合用于前者；出血性大疱是深层脓皮病的临床表现；因此，应该对其进行细菌培养。爪垫上的病变通常提示活检。很少需要 P3 位截趾术来诊断对称性类狼疮甲变形，因为典型的临床表现和病史对于诊断本病已经足够。

单爪：外伤，异物，感染（例如细菌、酵母菌），局部蠕形螨，皮角，肿瘤，动静脉瘘。

多爪：感染（例如细菌、酵母菌、钩虫、犬瘟热、利什曼病），全身性蠕形螨病，过敏性皮肤病，分离性爪垫疾病，爪底趾间粉刺和毛囊囊肿，自体免疫或免疫介导性皮肤病（如落叶型天疱疮，血管炎，对称性类狼疮甲变形或脱甲症），皮肌炎，代谢性皮肤病（如肝皮综合征，锌反应性皮肤病，鼻趾过度角化）和肿瘤（如皮肤淋巴瘤、甲床小细胞癌或犬重色素沉着的黑素瘤）。

3. 耳炎

因为耳道是皮肤的外延，对皮肤进行全面的检查，可以提供耳病潜在原因的线索。如果能确诊并治疗原发病，则外耳炎问题也可获得解决。同样，每个病例都应进行耳道细胞学检查，以初步确定感染的存在，在复查时，也可用以监测治疗效果。总的来说，对感染的耳道，正确使用外部抗菌治疗（用量和持续时间）比全身治疗更有效。明显硬化的耳道（骨化）通常无法用药物解决，最好彻底切除（全耳道切除或鼓泡截骨术）。

耳廓还是耳道发病？

- 耳廓：外伤、耳血肿、疥螨、蝇叮咬超敏反应，过敏性皮肤或耳病，耳缘皮脂溢或皮肤病，血管炎或其他自体免疫性皮肤病，肿瘤。
- 外耳炎：诸多细节，详见后面章节。

4. 马拉色菌性皮炎

该发病模式是马拉色菌的特征，但是所有的慢性瘙痒性皮肤疾病都与其相似，包括毛囊炎（浅表脓皮病、蠕形螨病、皮肤癣菌病），外寄生虫和过敏性皮肤病。在瘙痒性皮肤病中，酵母菌性皮炎是一个经常被忽视的病因。作者寻找酵母菌最常用的方法是使用醋酸胶带进行细胞学检查。从典型病变部位仅发现一个酵母菌也具有提示意义（酵母菌过敏？），根据瘙痒的严重程度有必要进行外部或全身（或两者结合）治疗。然而，当面对这样的模式，如果细胞学检查显示酵母菌为阴性，如果推测其可能存在，应对症治疗，同时寻找潜在疾病（如过敏、内分泌病、角化缺陷）。

为什么会出现这种病变？（预防感染复发的关键）

5. 瘙痒（过敏，螨虫，跳蚤）

当面对瘙痒时，总是需要首先排除感染和寄生虫！很多时候，在确定“下一步”操作前，待控制住微生物后，需对瘙痒进行重新评估。异位性皮炎（AD）的临床诊断基于排除其他瘙痒原因，而过敏原检测并不能用于诊断。如果发现瘙痒且皮肤发红、表皮剥脱性皮炎、斑块、结节、色素减退、+/- 无毛皮肤病变，考虑皮肤 T 淋巴细胞瘤和活检。

瘙痒的分布模式和鉴别诊断：

- 背部：虱病、姬螯螨病、跳蚤过敏性皮炎（FAD）、㹴类犬 +/-AD。
- 面部、耳、爪、腋下、腹股沟和会阴：皮肤食物不良反应（CAFR），AD。
- 耳缘、肘、跗关节和腹部：犬疥螨。
- 臀部和会阴：肛囊炎、鞭虫病、FAD、CAFR、AD、精神性皮肤问题。
- 毛发稀疏的身体区域：接触性过敏（罕见）。

6. 非瘙痒性脱毛（内分泌性）

当面对脱毛时，总是需要排除毛囊炎（尤其

是当其他典型病变存在时），因为它是导致脱毛最常见的原因，通常也是“非瘙痒性对称性脱毛”模式内的其他疾病的特征。如果控制感染可缓解瘙痒，应考虑内分泌疾病是感染复发的原因。在考虑 X 脱毛前，先排除去势或绝育反应性皮肤病、甲状腺功能减退和肾上腺皮质功能亢进。许多脱毛症具有品种易感性，因此请查阅教科书寻找相关信息。

- 内分泌病：甲状腺功能减退、肾上腺皮质功能亢进、性激素皮肤病。
- 毛囊发育不良：色素稀释性脱毛、黑毛毛囊发育不良、犬复发性胁腹脱毛、品种相关性毛囊发育不良。
- 毛发周期停滞：X 脱毛、犬复发性胁腹脱毛、大量脱毛（Defluxions）、犬模型脱毛或斑秃。

7. 自体免疫 / 免疫介导性皮肤病

肝皮综合征、锌反应性皮肤病、皮肌炎、伴有水肿的嗜酸性皮炎（Well's 综合征）、黏膜皮肤脓皮病和某些形式的皮肤癣菌病可能与这种疾病模式类似。皮肤活检有助于正确诊断这类疾病，从而为患宠提供合理的预后并量身定制治疗计划（有些自体免疫性或免疫介导性疾病不需要全身性糖皮质激素治疗）。

自体免疫或免疫介导性疾病的分布模式和鉴别诊断：

- 面部、耳廓或鼻面：落叶型天疱疮、红斑型天疱疮、盘状红斑狼疮、血管炎、葡萄膜皮肤病综合征、药物反应、白癜风。
- 口腔 +/- 其他身体部位：寻常型天疱疮、表皮下水疱性皮肤病（subepidermal blistering dermatosis）、全身性红斑狼疮、血管炎、多形红斑、药物反应。
- 爪垫和其他身体部位：几乎包括上述所有疾病。

8. 角化缺陷

在考虑原发病之前，首先排除鳞屑病的继发原因。有些迟发性遗传性角化缺陷，直到犬 2 ～ 5 岁时才被发现。毛囊管型是角化缺陷的典型病变。

- 原发性鳞屑病：原发性皮脂溢（常见于西班牙猎犬和㹴犬）、鱼鳞病、雪纳瑞粉刺综合征、耳缘皮脂溢或皮肤病，拉布拉多犬遗传性鼻角化不全、尾腺增生、鼻 - 趾过度角化病。
- 继发性鳞屑病：环境、营养、毛囊炎、马拉色菌性皮炎或耳炎，外寄生虫、利什曼病、过敏性皮肤病、内分泌病、毛囊发育不良、毛发周期停滞、皮脂腺炎、自体免疫或免疫介导性皮肤病、代谢性皮肤病（如肝皮综合征、锌反应性皮肤病、维生素 A 反应性皮肤病）、肿瘤。

9. 肿块、隆起和引流瘘管

面对这种疾病时应戴上手套，因为有些感染因素可以传染给人。当这些病变出现时，必须排除感染性病因。肢端舔舐性皮炎（舔舐性肉芽肿）是一种深层脓皮病；组织培养（去除表皮获取深层真皮）会有所帮助。

- 感染性炎症：细菌、非典型细菌、分枝杆菌、真菌、卵菌（oomycete）、寄生虫。
- 非感染性炎症：囊肿、黄疣、水囊瘤、皮肤组织细胞增多症、脓性肉芽肿或肉芽肿综合征、无菌结节性脂膜炎、肛周瘘。
- 肿瘤：良性、恶性。
- 矿物沉积：局限性钙质沉着、皮肤钙质沉着。

10. 奇怪病变

通常，这种模式是上述模式的不寻常表现形式，或由几个重叠的模式构成。排除“毛囊炎”后，在面对“怪病”进行皮肤活检（± 培养）通常十分必要。假设操作技术正确，并且给病理学家提供具有临床价值的详细病史记录，典型病变的皮肤活组织检查，将有助于更好地对疾病过程进行分类——感染性、过敏性、自体免疫性或免疫介导性、内分泌性或毛囊异常、角化缺陷、先天缺陷或肿瘤。理想情况下，应寻求皮肤病理学家的帮助。皮肤钙质沉着通常表现为一种怪病。出现怪病的患宠最好转交皮肤专科医生诊断。

那么，解决方案是什么？

绝大多数患过敏性或内分泌性疾病的犬，都有或将有继发细菌或酵母菌感染。酵母菌性皮炎是全科医生最常漏诊的皮肤病。细菌性脓皮病经常被发现，但是常因治疗时间太短，且抗生素服用剂量太低而导致治疗失败。相比过去，现在耳炎能得到更好的识别和治疗。然而，临床治疗耳炎时，很少记录微生物类型，以及后续评估微生物数量。

是什么感染?

对于每一个皮炎病例，每一次对患宠进行评估时，都要自问“是什么感染”？

除非你拥有显微镜般的视力，否则只能通过细胞学检查才能回答这个问题。可惜大部分全科诊所并不会对皮炎病例进行常规皮肤和耳道的细胞学检查；相反，他们依靠的是医生的猜测。有时也可能猜对（即使是停摆的时钟，一天中也有两次显示正确的时间）；但是我们完全可以采用更精确的方法。可借鉴腹泻和粪便检查模式提高功效，因为皮肤细胞学和粪便检查都同样需要使用显微镜，同样可轻松识别感染类型，也同样需要有经验的技术人员来完成操作。

- 诊所中为什么进行粪检检查?
- 何时进行粪检检查（在医生检查前还是检查中）?
- 谁来完成粪便检查的操作?
- 诊所会对粪便检查收费吗?

以上问题的答案应该也适用于皮肤细胞学：最低限度的皮肤采样技术（皮肤刮片、压片、胶带粘贴和耳道棉签涂片）。

回答“是什么感染？”能切实帮助选择最佳方案，即在兽医检查病例之前，由技术人员进行基本的感染筛查。对每个皮肤病病例（初诊和每次复诊时）都应该进行耳道细胞学、皮肤细胞学（压片或胶带粘贴）和皮肤刮片检查。在医生评估之前，技术员很容易执行三张玻片法，这与多数诊所处理腹泻病例和进行粪检的程序相同。将细胞学评估程序安排在皮肤病病例就诊的开始阶段，让技术人员能够完成评估，从而优化皮肤病病例的就诊流程，以最有效的方式提供基本信息。

当宠主为了一小块脱毛带宠物来诊所，如果这小块脱毛是唯一的病变，则没有必要进行耳道细胞学。但是三张玻片法对于多数病变类型都最有帮助。如果犬发生了局部瘙痒，同时出现继发性耳炎（技术人员能够在感染筛查时发现），兽医就应该针对病例积极讨论和重点考虑过敏的可能性。如果病例没有耳炎，就可以弱化瘙痒问题，预判是短期问题，很可能能自行缓解。

我们没有借口漏诊蠕形螨病例。蠕形螨感染造成的病变很像细菌性脓皮病和皮肤癣菌病造成的毛囊炎。不能根据临床表现来确定或排除蠕形螨病。当技术员进行感染筛查时，其中皮肤刮片很容易鉴别蠕形螨病，并使之得到正确的治疗。

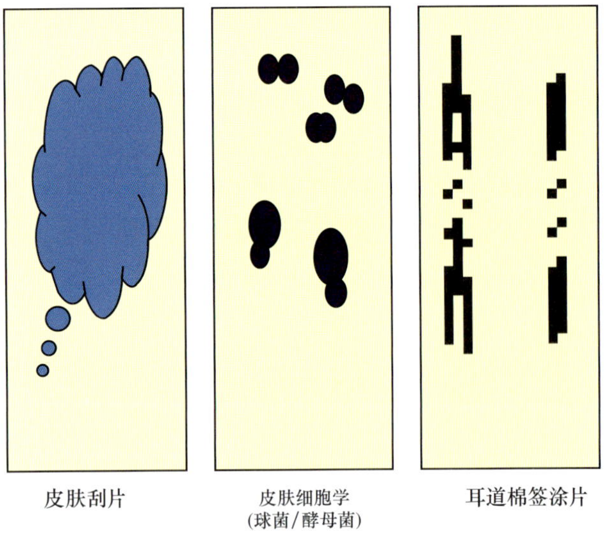

图 1-1 三张玻片法。皮肤刮片，皮肤细胞学和耳道棉签涂片。

为什么会在这些部位?

感染总是继发于原发疾病；然而，非常常见的是由于三个主要原因，导致没有对患宠的原发疾病进行评估或者治疗：（1）只是反复治疗继发感染，（2）过敏症令人困惑，（3）轻易使用便宜的类固醇，但是后患无穷。

为什么这个部位发生感染？对每个皮肤病病例提出并回答这个问题，才会达到最好的效果。

很多皮肤病病例都有过敏症或内分泌病。通过临床表现、完整的病史和识别独特的病变模式，根据可能性在脑海中快速形成有鉴别诊断主次顺序。

通过了解每种过敏症最独特和最常见症状，水平高的临床医生判断很可能是过敏的准确率为 85%；这一数字高于很多常用的诊断试验。

例如，一只犬舔舐爪部，就有可能是异位性皮炎。如果主述有季节性的爪部瘙痒，那么你可以轻而易举得出准确的诊断。

异位性皮炎：舔舐爪部、季节性，第一次发生瘙痒的典型时间在 1 ～ 3 岁。

食物过敏：肛周皮炎（红斑、脱毛、苔藓样变），胃肠道疾病；起始发病年龄小于 1 岁或是大于 5 岁；德国品种。

跳蚤过敏：主要位于腰部区域的皮炎（最后一对肋骨之后）。

疥螨：耳足反射阳性（耳部抓挠试验）。

甲状腺功能减退：大型犬，食物摄入量与肥胖程度不成比例，毛质差并伴有摩擦区域脱毛。

库兴氏综合征：长期滥用类固醇病史，或小型犬伴有多食、多尿（PU）、多饮（PD）和对称性脱毛症状。

作 者 注

临床皮肤病学真的这么简单吗？

是的。遗憾的是，我们给很多人培训皮肤病，都会按照培养航天工程师的方式进行的，这种方式要求我们考虑每种情况，不论这些情况有多么罕见。基于全部逻辑、统计或是常识标准，都应该首先考虑最可能的疾病。在皮肤病初期，对罕见或不可能的疾病进行诊断性试验或治疗性诊断是不合逻辑的，但这正是大部分兽医被教导诊断异位性皮炎的方法："排除性诊断"。如果患宠季节性舔舐爪部，最可能的诊断结果就是异位性皮炎。

强化宠主的认知和依从性

兽医面临的问题，大多是主人往往难以理解宠物的过敏症，也很难为其做到长期的防治。关于认知心理学的信息很多，可以优化人为因素的限制，达到理想的结果。建议如下：

1. 让宠物主人填写病史表。这使顾客可以专注于皮肤病和症状的细节，并使顾客更好地倾听和接受由兽医提供的诊断和信息。

2. 尽量避免在过敏症的讨论过程中出现散漫、随意的方式。我们中的许多人都有关于过敏的"下意识"套话，这只会让顾客感到困惑，并不能专注于具体病例的具体问题上。

3. 使用简化的图表和小册子，使过敏症诊断和治疗阶段的教育讨论更加有条理。目的在于顾客教育和提高其认知。此外，在这些小册子上做勾画，然后交给顾客回去复习。这增加了信息的接受度，并提高了治疗的依从性。

4. 根据患宠的严重程度和对以前治疗的反应，将诊断试验和治疗选项进行分组（例如为轻度患宠提供 a、b、c；中度患宠提供 d、e、f；重症患宠提供 g、h、i）。

5. 评估患宠和家庭成员感染耐甲氧西林金黄色葡萄球菌（MRS）的风险。有 MRS 传染和人兽共患病风险的家庭，肯定愿意接受积极的医疗管理以降低风险。所有三种 MRS 都可以从犬传染给人，也可以从人传播给犬。如果家庭成员有 MRS 病史，可考虑积极地培养以监测患宠，因为犬可以从人体获得 MRS。如果家庭成员有免疫抑制，应对其进行假中间型 MRS 和施氏 MRS 的监测，这可能成为高风险和免疫抑制人群的传染源。这些患宠需要进行最积极的诊断检查和治疗，以保护整个家庭免于传染和罹患人兽共患病。在这些家庭中，避免使用类固醇或氟喹诺酮类抗生素，这些会增加 MRS 的风险。

犬为什么瘙痒？

评估表

完整的病史能够帮助我们快速找出犬瘙痒的原因。
请回答以下的问题，以帮助我们进行相应的诊断处理。

日期 ________________ 宠主姓名 ________________________________

犬名 ________________ 年龄 ________________ 品种 ________________ 体重 ________________

体检评估

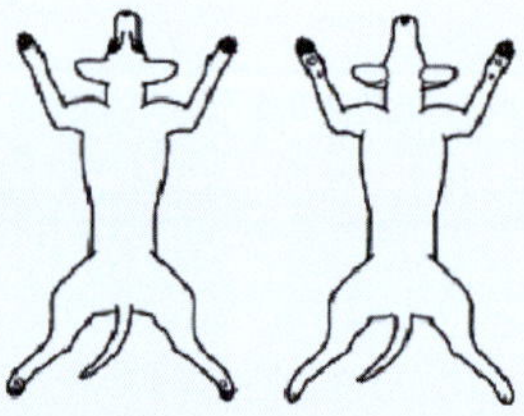

圈出有问题区域
（瘙痒、脱毛、病变等）

请检查您的犬是否有下列问题，并在示意图上勾出。

- ❑ 脱毛
- ❑ 有臭味
- ❑ 炎症或发红
- ❑ 瘙痒 / 抓挠
- ❑ 耳炎（耳道感染）
- ❑ 舔舐 / 啃咬
- ❑ 皮肤病变（皮损）
- ❑ 皮肤变化（棕红色着染、变色和 / 或局部增厚和表现“大象皮”样变）
- ❑ 其他________________________________

• 您的犬是否有过耳部问题？ ❑ 是 ❑ 否

• 您的犬有过腹泻或是呕吐慢性胃肠道症状吗？ ❑ 是 ❑ 否

严重程度评估 按照 0 ～ 10 等的标准对犬症状的严重程度进行评分

整体状况的严重程度

0 1 2 3 4 5 6 7 8 9 10

皮肤病变的严重程度

0 1 2 3 4 5 6 7 8 9 10

抓挠 / 舔舐 / 啃咬的严重程度

0 1 2 3 4 5 6 7 8 9 10

（无症状） （严重）

发病起始和季节性评估

• 您的犬第一次表现这样的症状？ ❑ 是 ❑ 否

—如果不是，犬第一次出现这些症状的年龄？ ❑<1 岁 ❑1-3 岁 ❑4-7 岁 ❑7+ 岁

—如果不是，每次发病都在每年同一时间吗？ ❑ 是 ❑ 否

—如果不是，每年出现症状的大致时间

• 现在的症状持续多久了？

• 瘙痒是逐渐出现并随时间推移而加重吗？ ❑ 是 ❑ 否

• 瘙痒是没有预兆地突然出现吗？ ❑ 是 ❑ 否

• 先“起包”还是先瘙痒？或是同时出现？ ❑ 先“起包” ❑ 先瘙痒 ❑ 同时

寄生虫的防控

犬进行过跳蚤 / 心丝虫预防吗？ ❑ 是 ❑ 否

如果有，使用什么产品？ ________________________________

几个月给犬做一次预防性驱虫？ ________________________________

什么时候给犬做的最后一次驱虫？ ________________________________

NOVARTIS ANIMAL HEALTH

图 1-2 宠主需要填写的用药史和相关信息。（美国诺华动保公司提供）

生活方式评估

犬生活在什么地方？　❑ 室内　❑ 室外　❑ 皆有

– 如果是室外生活，请描述生活环境：______

- 您家中还有别的宠物吗？　❑ 是　❑ 否
  - 如果有，别的宠物有相同症状吗？　❑ 是　❑ 否
  - 如果其他宠物是猫，这些猫会到室外吗？　❑ 是　❑ 否
- 是否寄养过您的犬，带他或她去训练学校，或去美容店吗？　❑ 是　❑ 否
  - 如果有，最近一次是什么时候？______
- 带您的犬去旅行或是去其他地方吗？　❑ 是　❑ 否
  - 如果有，请列出何时和何地：______
- 最近您是否搬家？　❑ 是　❑ 否
- 是否带犬去过新的犬公园或是改变散步路线？　❑ 是　❑ 否
- 最近给犬用过新品种的香波或是进行过外部皮肤治疗吗？　❑ 是　❑ 否
- 您和家人是否被感染？　❑ 是　❑ 否

饮食评估

- 饲喂哪一种宠物食物？______
- 总是喂同一种食物还是提供给犬多种选择？　❑ 总是一样　❑ 很多种
- 最近更改过他 / 她的食物吗？　❑ 是　❑ 否
- 给犬吃袋装零食吗？　❑ 是　❑ 否
- 喂犬吃“人饭”吗？　❑ 是　❑ 否

日常生活 / 行为学评估

犬的瘙痒是否影响到它的行为？照顾犬的日常方式是否发生改变？（圈出答案）

熟睡整晚

总是这样　　经常　　偶尔　　从来没有过

活跃度

不活跃　　很不活跃　　不太活跃　　没有变化

社交行为

没有社交活动　　社交活动很少　　社交活动较少　　没有变化

日常生活方式

散步更少　　不再在床上 / 同一个房间睡觉　　同家庭成员的互动更少

之前的治疗

- 犬之前接受过止痒治疗吗？　❑ 是　❑ 否
- 勾选犬之前接受过的治疗（勾选所有用过的药物）

❑ 类固醇　❑ 香波　❑ 喷剂　❑ 软膏　❑ 抗生素　❑ 低过敏食物
❑ 必需脂肪酸　❑ 抗组胺药　❑ 脱敏治疗
❑ 其他（请写出具体名称）______

下一步

体格检查：
对犬进行全面的体检，能够帮助我们鉴别出明显的问题和病变，例如寄生虫。

实验室检查：
耳道棉签擦拭——鉴别酵母菌和 / 或细菌等耳道感染
皮肤刮片 / 拔毛——检测疥螨或蠕形螨
压片 / 胶带粘贴——检测其他寄生虫，以及酵母菌和 / 或细菌

NOVARTIS ANIMAL HEALTH

ATO080228A

图 1-2　（续）

皮肤病检查表

瘙痒的严重程度

宠物名字：________________

0 1 2 3 4 5 6 7 8 9 10
（轻微） （严重）

① 是什么感染？

体检时进行三张玻片法的检查

载玻片 1 皮肤刮片：________________，为阳性________________/________阴性

载玻片 2 耳道棉签：________________，为阳性________________/________阴性

载玻片 3 胶带粘贴 / 压片检查：____________，为阳性________________/________阴性

- ❑ 脓皮病
- ❑ 蠕形螨病
- ❑ 皮肤癣菌病
- ❑ 耳炎（球菌，酵母菌，假单胞菌）
- ❑ 爪部皮炎（球菌，酵母菌）
- ❑ 酵母菌性皮炎

② 常见的过敏症状[1]

A. 腰部皮炎

跳蚤过敏（非常可靠的病变）

1. 身体的后 1/3 处
2. 用跳蚤梳寻找跳蚤或跳蚤粪便
3. 传染多种动物或人类
4. 类固醇效果不确定
5. 全年发生，但春秋季节发病更重

B. 耳部抓挠试验

疥螨（符合 1～2 条诊断结果更可靠）

1. 耳足反射阳性，有 80% 的诊断率
2. 发生在耳缘，腿部远端，外侧肘部，身体腹侧
3. 类固醇效果不确定
4. 治疗性诊断可确诊
5. 皮肤刮片检查常见假阴性

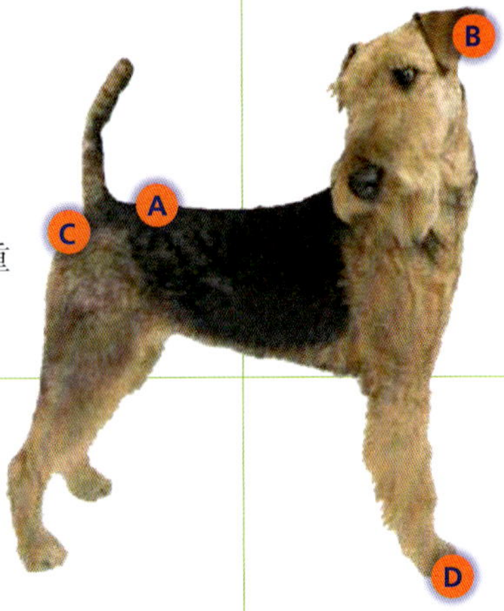

C. 肛周皮炎

食物过敏（不常见，符合下列 1～5 条则可能增加概率）

1. 肛周皮炎
2. 胃肠道症状，每天排便超过 3 次，腹泻，呕吐，肠鸣音
3. 发病时小于 1 岁或大于 5 岁
4. 拉布拉多犬和德国品种易感
5. 类固醇效果不确定

D. 舔舐爪部

异位性皮炎（符合 1～5 条高度诊断）

1. 初发病年龄在 6 个月至 3 岁之间
2. 前爪发病
3. 耳廓内侧发红
4. 室内生活
5. 排除疥螨（耳缘皮炎）和跳蚤过敏（腰部皮炎）
6. 由季节性发病发展到全年

甲状腺功能减退（与过敏性皮炎相似）：

1. 反复感染可引起瘙痒
2. 嗜睡、体重增加、毛发干枯、毛发稀少
3. 感染治愈后不再瘙痒

图 1-2 （续）

3 鉴别模式

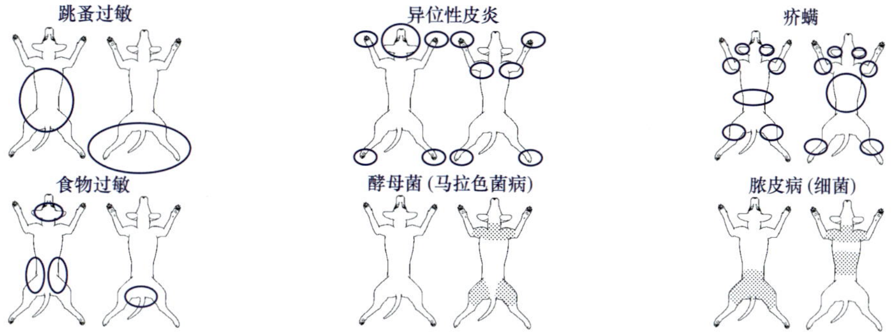

4 治疗急性发作

病　因	推荐治疗方式
细菌性脓皮病	
酵母菌感染	
中耳炎	
跳蚤感染	
类固醇治疗	
类固醇“危象”治疗 外部短效类固醇	

未来发病的治疗、控制和预防

病　因		推荐治疗方式
异位 性皮炎	过敏原疫苗脱敏治疗	
	Atopica（环孢菌素胶囊，USP）改良版	
每天 2 次补充甲状腺素		

避免诱因

病　因	治　疗	推荐治疗方式
细菌 酵母菌 花粉	常规洗浴并配合抗微生物香波，尽可能擦拭感染区域（爪，面部等）	
中耳炎	常规耳道治疗 / 清洁	
跳蚤和肠道寄生虫	全年预防	
食物诱因	限制食物	
屋尘螨	除湿，更换犬窝，抗过敏喷剂（苯甲酸苄酯）	

促进皮肤健康并恢复屏障功能

病　因	推荐治疗方式
必需脂肪酸	
抗组胺药	
舒缓，免洗护毛素	

复查预约：____________________

资料来源：1
2
3
4

图 1-2 （续）

犬瘙痒程度如何？

每日瘙痒记录表

在接下来的30天内，记录犬的瘙痒程度。按照1～10的标准评估犬的瘙痒程度。1代表轻度瘙痒，10代表最严重的瘙痒。复诊时带回这张记录表。

宠物名字：________________

宠物主人：________________

开始日期：________________

	整体健康程度										
第1天	0（轻微）	1	2	3	4	5	6	7	8	9	10（严重）
第2天	0	1	2	3	4	5	6	7	8	9	10
第3天	0	1	2	3	4	5	6	7	8	9	10
第4天	0	1	2	3	4	5	6	7	8	9	10
第5天	0	1	2	3	4	5	6	7	8	9	10
第6天	0	1	2	3	4	5	6	7	8	9	10
第7天	0	1	2	3	4	5	6	7	8	9	10
第8天	0	1	2	3	4	5	6	7	8	9	10
第9天	0	1	2	3	4	5	6	7	8	9	10
第10天	0	1	2	3	4	5	6	7	8	9	10
第11天	0	1	2	3	4	5	6	7	8	9	10
第12天	0	1	2	3	4	5	6	7	8	9	10
第13天	0	1	2	3	4	5	6	7	8	9	10
第14天	0	1	2	3	4	5	6	7	8	9	10
第15天	0	1	2	3	4	5	6	7	8	9	10

图1-2 （续）

	瘙痒程度										
第 16 天	0 （轻微）	1	2	3	4	5	6	7	8	9	10 （严重）
第 17 天	0	1	2	3	4	5	6	7	8	9	10
第 18 天	0	1	2	3	4	5	6	7	8	9	10
第 19 天	0	1	2	3	4	5	6	7	8	9	10
第 20 天	0	1	2	3	4	5	6	7	8	9	10
第 21 天	0	1	2	3	4	5	6	7	8	9	10
第 22 天	0	1	2	3	4	5	6	7	8	9	10
第 23 天	0	1	2	3	4	5	6	7	8	9	10
第 24 天	0	1	2	3	4	5	6	7	8	9	10
第 25 天	0	1	2	3	4	5	6	7	8	9	10
第 26 天	0	1	2	3	4	5	6	7	8	9	10
第 27 天	0	1	2	3	4	5	6	7	8	9	10
第 28 天	0	1	2	3	4	5	6	7	8	9	10
第 29 天	0	1	2	3	4	5	6	7	8	9	10
第 30 天	0	1	2	3	4	5	6	7	8	9	10

图 1-2 （续）

基于身体部位做出鉴别诊断
Differentials Based on Body Region

局限于面部的疾病

犬

黏膜皮肤脓皮病
鼻部脓皮病
下颏脓皮病
面部嗜酸性疖病
红斑型天疱疮
落叶型天疱疮
盘状红斑狼疮
葡萄膜皮肤病综合征
幼犬蜂窝织炎
鼻部色素减退
（早期）家族性皮肌炎

猫

红斑型天疱疮
盘状红斑狼疮
猫痤疮
蚊叮性过敏
波斯猫特发性面部皮炎
惰性溃疡
猫疱疹或鼻气管炎病毒性皮炎
猫日光性皮肤病

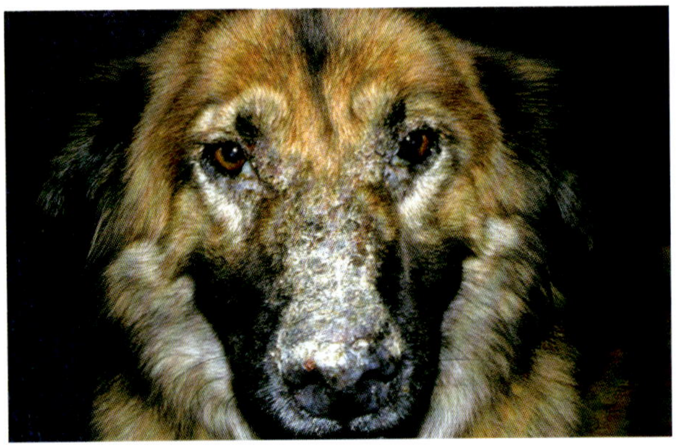

图 1-3　面部皮炎

鼻部色素减退的疾病

犬

接触性皮炎
红斑型天疱疮
落叶型天疱疮
寻常型天疱疮
大疱性类天疱疮
盘状红斑狼疮
全身性红斑狼疮
水疱性皮肤红斑狼疮
葡萄膜皮肤病综合征
白癜风
肿瘤（皮肤淋巴瘤）

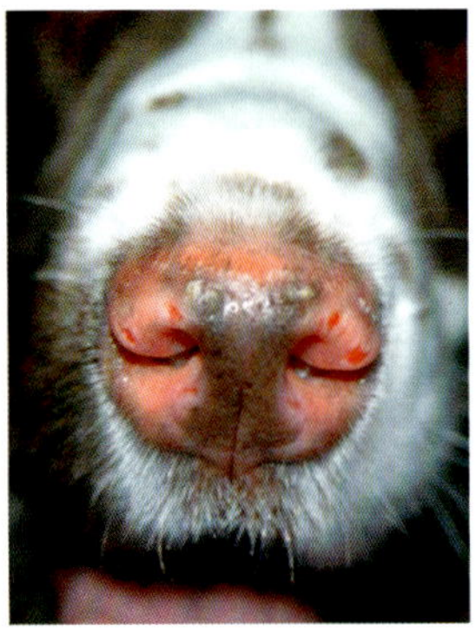

图 1-4　鼻部色素脱失

伴有口腔病变的疾病

犬

念珠菌病
寻常型天疱疮
大疱性类天疱疮
全身性红斑狼疮
水疱性皮肤红斑狼疮
嗜酸性肉芽肿
皮肤药物反应
血管炎
多形红斑或中毒性表皮坏死松解症
接触性皮炎
趋上皮性淋巴瘤
黑素瘤
鳞状细胞癌

猫

惰性溃疡
嗜酸性肉芽肿
寻常型天疱疮
大疱性类天疱疮
全身性红斑狼疮
皮肤药物反应
接触性皮炎
血管炎
多形红斑或中毒性表皮坏死松解症
鳞状细胞癌
趋上皮性淋巴瘤

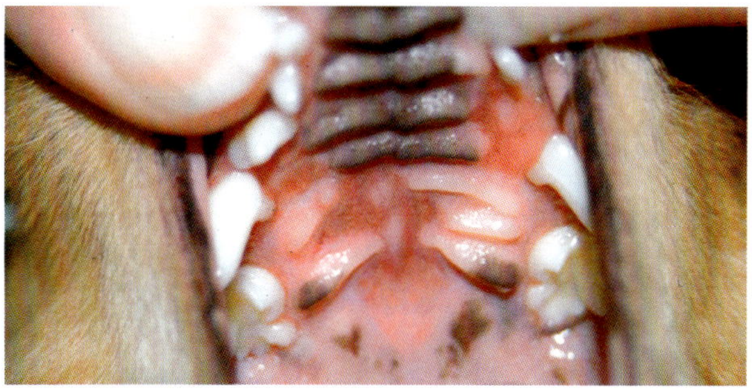

图 1-5　口腔病变

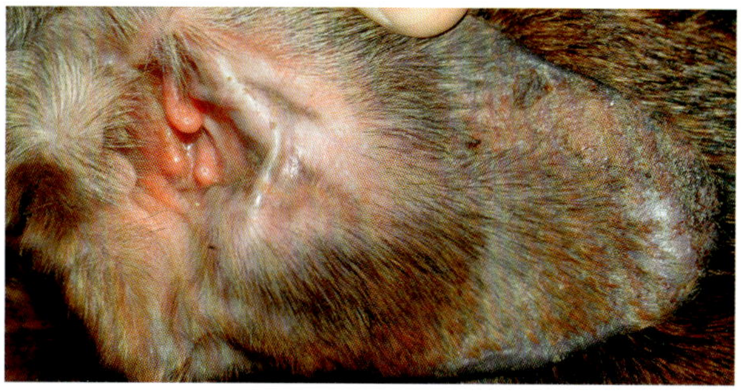

图 1-6　耳缘皮炎

耳缘皮炎

犬

犬麻风样肉芽肿综合征
疥螨
蝇叮性皮炎
耳缘皮炎
血管炎
红斑型天疱疮
落叶型天疱疮
寻常型天疱疮
大疱性类天疱疮
盘状红斑狼疮
全身性红斑狼疮
水疱性皮肤红斑狼疮
药物反应
日光性皮肤病
鳞状细胞癌

猫

异位性皮炎
食物过敏
蚊叮性过敏
嗜酸性斑块
猫疥螨感染
血管炎
落叶型天疱疮
寻常型天疱疮
大疱性类天疱疮
全身性红斑狼疮
药物反应
日光性皮肤病
鳞状细胞癌

鼻 – 趾过度角化

犬

犬瘟热
利什曼病
锌反应性皮肤病
肝皮综合征
特发性鼻 - 趾过度角化
拉布拉多犬遗传性鼻角化不全
家族性爪垫过度角化症
落叶型天疱疮
全身性红斑狼疮
皮角

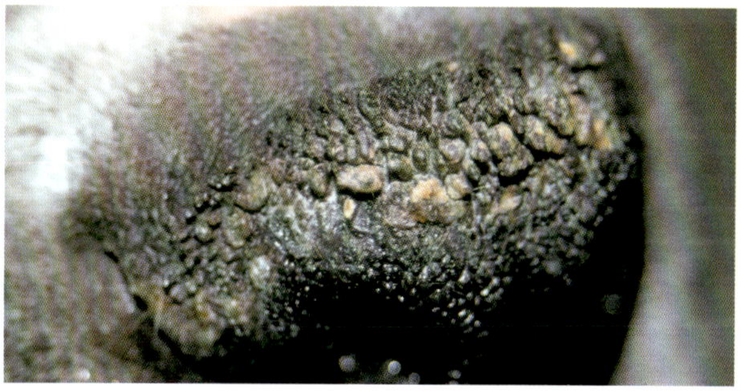

图 1-7　鼻过度角化

趾间皮炎

犬

细菌感染
马拉色菌病
皮肤癣菌病
蠕形螨病
恙螨病
钩虫性皮炎
线虫性皮炎

异位性皮炎
食物过敏
接触性皮炎
趾间脓性肉芽肿
肿瘤

猫

细菌感染
皮肤癣菌病
马拉色菌病
恙螨病
肿瘤

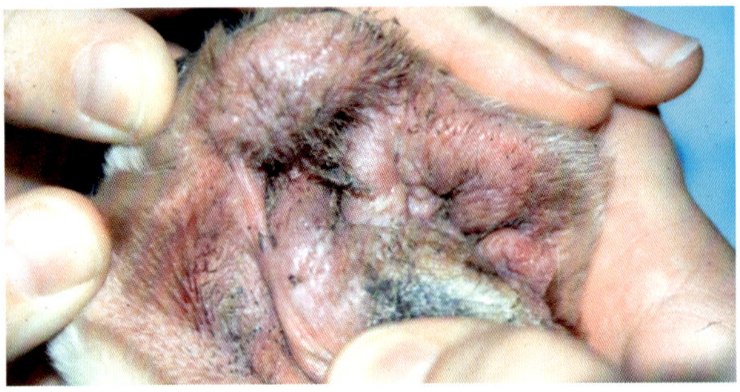

图 1-8 趾间皮炎

爪部疾病

犬

创伤
细菌感染
皮肤癣菌病
利什曼病
血管炎
对称性类狼疮甲变形
鳞状细胞癌
黑素瘤

猫

创伤
细菌感染
皮肤癣菌病
血管炎
落叶型天疱疮
鳞状细胞癌

爪垫疾病

犬

接触性皮炎
犬瘟热
利什曼病
落叶型天疱疮
寻常型天疱疮
大疱性类天疱疮
全身性红斑狼疮
水疱性皮肤红斑狼疮
血管炎
肝皮综合征
家族性爪垫过度角化
特发性鼻 - 趾过度角化
锌反应性皮肤病
皮角

猫

浆细胞性爪部皮炎
蚊叮性过敏
接触性皮炎
落叶型天疱疮
寻常型天疱疮
大疱性类天疱疮
全身性红斑狼疮
血管炎
肝皮综合征
皮角

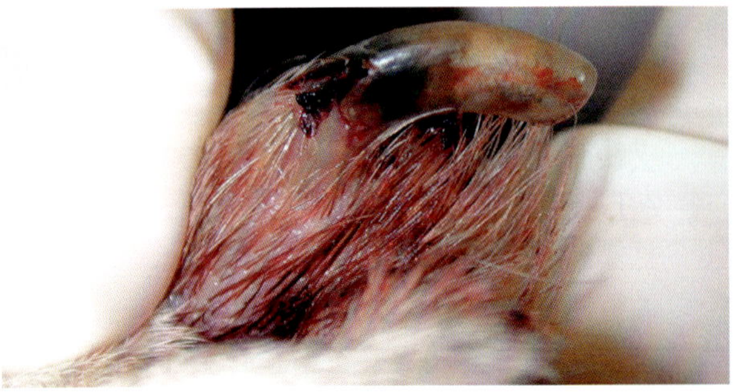

图 1-9 甲病

图 1-10 爪垫疾病

基于原发和继发病变做出鉴别诊断
Differentials Based on Primary and Secondary Lesions

水疱和脓疱性病变

（不常见，但是特异性病变与毛囊炎或自体免疫性皮肤病有关）

犬

下颏脓皮病
浅表脓皮病
脓疱病
皮肤癣菌病
接触性皮炎
落叶型天疱疮
红斑型天疱疮
寻常型天疱疮
大疱性类天疱疮
全身性红斑狼疮
水疱性皮肤红斑狼疮
皮肤药物反应
大疱性表皮松解症
犬家族性皮肌炎
角质层下脓疱性皮肤病
无菌性嗜酸性脓疱病

猫

浅表脓皮病
脓疱病
皮肤癣菌病
接触性皮炎
落叶型天疱疮
红斑型天疱疮
寻常型天疱疮
皮肤药物反应
大疱性表皮松解症

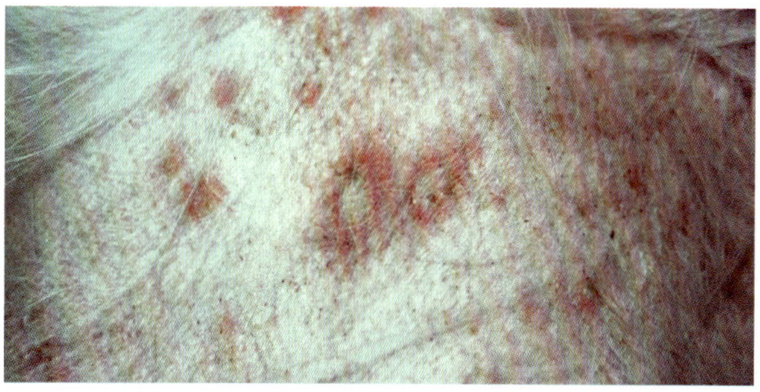

图 1-11　水疱性脓疱

糜烂和溃疡性病变

（不常见，通常是继发于水疱或脓疱的非特异性病变，通常由感染或自体免疫性皮肤病引起）

犬

黏膜皮肤性脓皮病
脓性创伤性皮炎
深层脓皮病
念珠菌病
原藻病
芽生菌病
隐球菌病
蝇叮咬性皮炎
落基山斑疹热
利什曼病
新孢子虫病
寻常型天疱疮
大疱性类天疱疮
全身性红斑狼疮
水疱性皮肤型红斑狼疮
血管炎
多形红斑或中毒性表皮坏死松解症
皮肤药物反应
大疱性表皮松解症
犬家族性皮肌炎
肛周瘘
肿瘤

猫

脓性创伤性皮炎
念珠菌病
孢子丝菌病
芽生菌病
猫杯状病毒感染
猫鼻支气管炎病毒
利什曼病
新孢子虫病
寻常型天疱疮
血管炎
多形红斑或中毒性表皮坏死松解症
皮肤药物反应

大疱性表皮松解症
嗜酸性斑块
惰性溃疡
浆细胞性爪部皮炎
特发性溃疡性皮肤病
猫日光性皮肤病
肿瘤

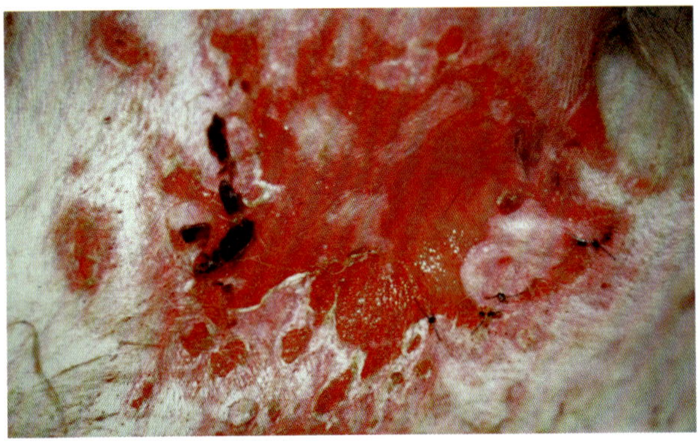

图 1-12　溃疡性糜烂

丘疹

（由于细胞浸润引起的非特异性病变）

犬

下颏脓皮病
浅表脓皮病
脓疱病
皮肤癣菌病
犬疥螨病
姬螯螨病
耳螨
恙螨病
虱病
异位性皮炎
跳蚤过敏
食物过敏
接触性皮炎
落叶型天疱疮
红斑型天疱疮
寻常型天疱疮
大疱性类天疱疮
全身性红斑狼疮
水疱性皮肤红斑狼疮
皮肤药物反应
大疱性表皮松解症
犬家族性皮肌炎
角质层下脓疱性皮肤病
无菌性嗜酸性粒细胞性脓疱病
皮肤钙化
鳞状细胞癌
早期肿瘤

猫

浅表脓皮病
皮肤癣菌病
蠕形螨病
犬疥螨
姬螯螨病
耳螨
恙螨病
虱病
猫免疫缺陷病毒感染
异位性皮炎
食物过敏
跳蚤过敏性皮炎
接触性皮炎
皮肤药物反应
落叶型天疱疮
红斑型天疱疮
寻常型天疱疮
大疱性表皮松解症
鳞状细胞癌
早期肿瘤

粟粒性皮炎

猫

浅表脓皮病
皮肤癣菌病
蠕形螨病
姬螯螨病
耳螨
异位性皮炎
食物过敏
跳蚤过敏性皮炎
落叶型天疱疮
狼疮
皮肤药物反应
猫免疫缺陷病毒感染

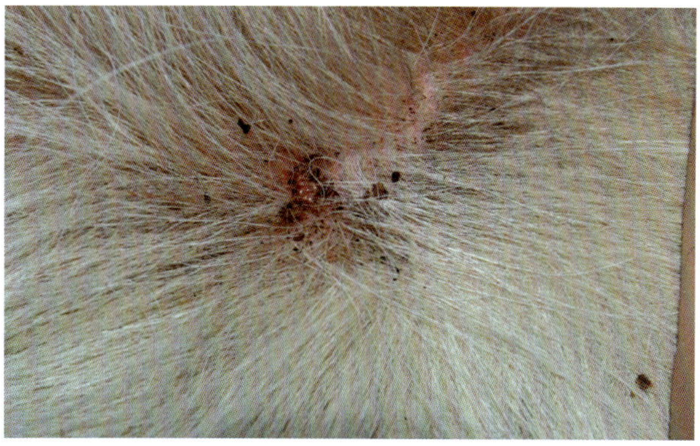

图 1-13 粟粒性皮炎

斑块

（通常是由大量丘疹融合形成的较大病变）

犬

皮肤癣菌病
接触性皮炎
皮肤药物反应
皮肤钙化
鳞状细胞癌
早期肿瘤

猫

皮肤癣菌病
蠕形螨病
姬螯螨病
耳螨
恙螨病
猫免疫缺陷病毒感染
接触性皮炎
皮肤药物反应
鳞状细胞癌

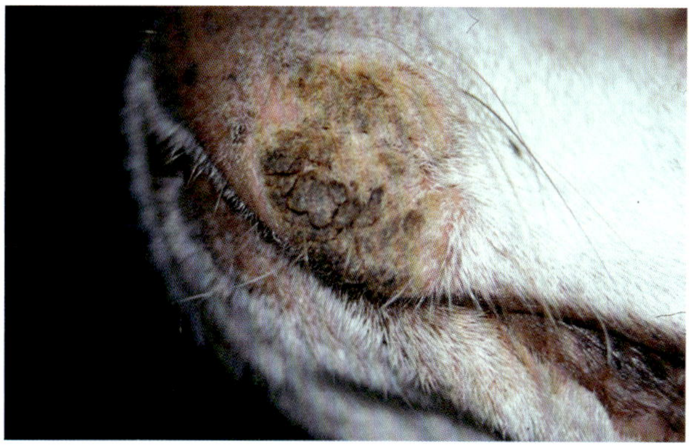

图 1-14 斑块

毛囊管型

（经常与原发角化缺陷有关的特异性病变）

犬

原发性皮脂溢
维生素 A 反应性皮肤病
皮脂腺炎

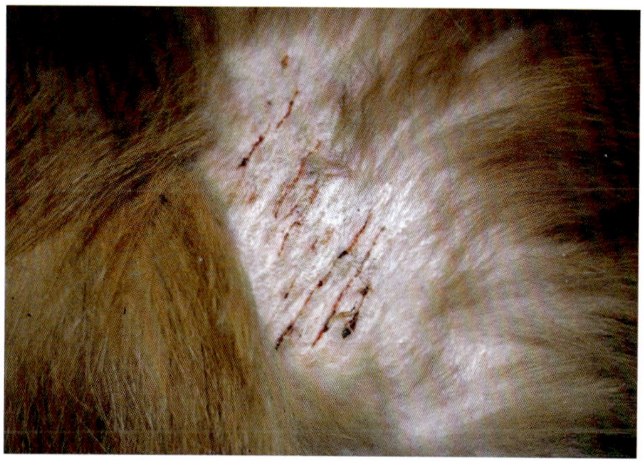

图 1-15 抓痕

图 1-16 毛囊管型

表皮环

（是由脓疱或水疱发展而来的特异性病变；大多发现与毛囊炎有关）

犬

浅表脓皮病
脓疱病
蠕形螨病
皮肤癣菌病
落叶型天疱疮

图 1-17　表皮环

粉刺

（毛囊栓形成的特异性病变）

犬

下颏脓皮病
蠕形螨病
皮肤癣菌病
犬肾上腺皮质功能亢进
雪纳瑞犬粉刺综合征
维生素 A 反应性皮肤病
无毛品种
色素稀释性脱毛
毛囊发育不良

猫

猫痤疮

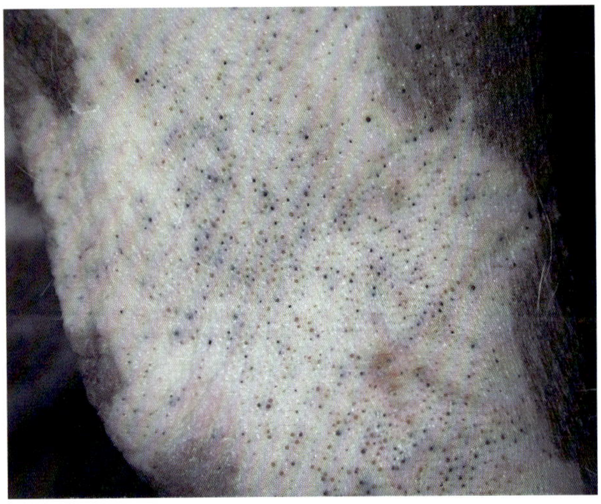

图 1-18　粉刺

苔癣样变

（犬酵母菌性皮炎的特征性病变，也可能由慢性炎性疾病所造成）

犬

马拉色菌病
慢性炎症
寄生虫感染
过敏
角化疾病

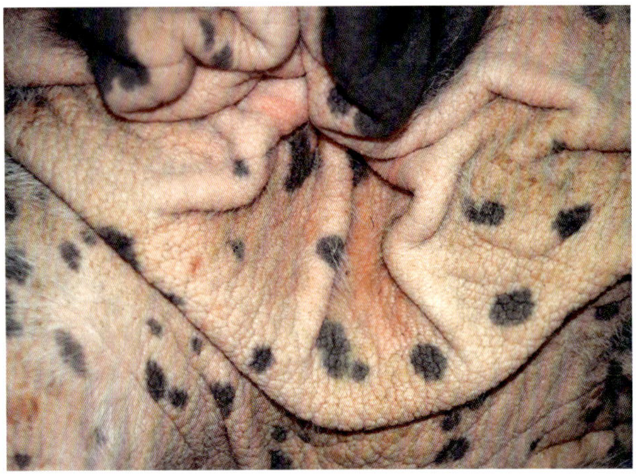

图 1-19　苔癣样变

炎性 / 瘙痒性脱毛疾病

（任何炎性皮炎均可导致的非特异性病变）

犬

浅表脓皮病
黏膜皮肤脓皮病
脓性创伤性皮炎
马拉色菌病
犬疥螨
姬螯螨病
耳螨
恙螨病
虱病
钩虫性皮炎
线虫性皮炎
异位性皮炎
食物过敏
跳蚤过敏性皮炎
接触性皮炎
落叶型天疱疮

肢端舔舐性皮炎
角质层下脓疱性皮肤病
无菌性嗜酸性脓疱病
肝皮综合征

猫

浅表脓皮病
脓性创伤性皮炎
马拉色菌病
猫疥螨
姬螯螨病
耳螨
恙螨病
虱病
异位性皮炎
食物过敏
跳蚤过敏性皮炎
接触性皮炎
波斯猫特发性面部皮炎
精神性脱毛
猫淋巴性毛囊壁炎
嗜酸性斑块
特发性溃疡性皮炎
猫副肿瘤性脱毛
肝皮综合征

甲状腺功能减退
性激素失衡
X 脱毛
复发性胁腹脱毛
先天性稀毛症
色素稀释性脱毛
黑毛毛囊发育不良
犬模型脱毛
灵猩犬特发性大腿秃毛综合征
毛发生长期和终止期大量脱毛
剃毛后脱毛
牵拉性脱毛
注射反应
局限性脱毛

猫

过敏性脱毛
肾上腺皮质功能亢进
先天性稀毛症
猫耳前和耳廓脱毛
毛发生长期和终止期大量脱毛
注射反应
局限性脱毛
猫淋巴性毛囊壁炎

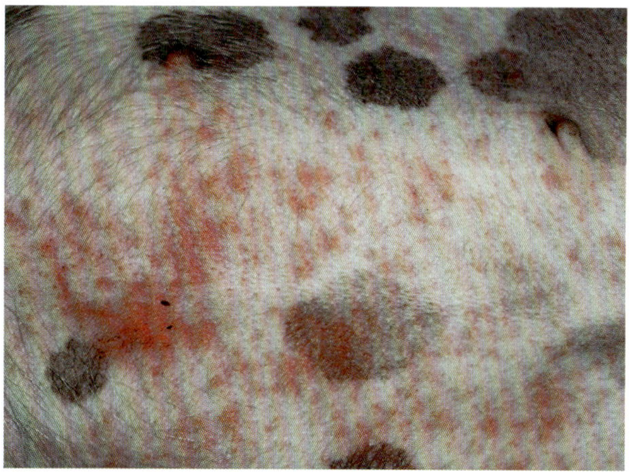

图 1-20　炎性脱毛

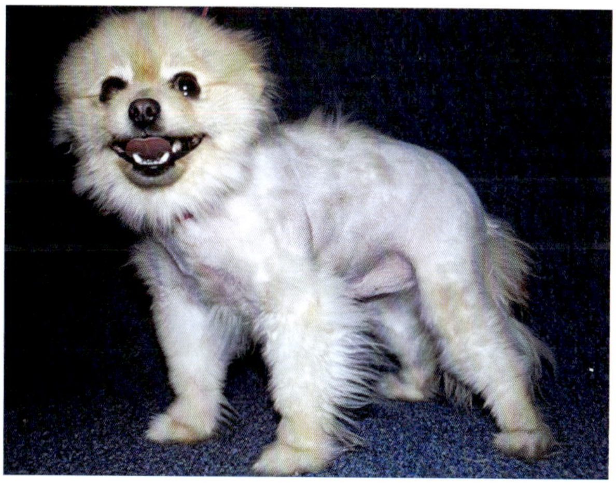

图 1-21　非炎性脱毛

非炎性 / 非瘙痒性脱毛疾病

（同内分泌性疾病或毛囊发育不良相关的相对特异性的病变）

犬

肾上腺皮质功能亢进

蜂窝织炎和渗出性病变

（严重细胞浸润造成的非特异性病变；通常与感染或肿瘤有关）

犬

深层脓皮病

放线菌病
诺卡氏菌病
条件致病性分枝杆菌病
结核病
腐霉菌病
链壶菌病
接合菌病
芽生菌病
球孢子菌病
幼犬蜂窝织炎
眼睑炎
肛周瘘

猫

皮下脓肿
放线菌病
L 型感染
诺卡氏菌病
条件致病性分枝杆菌病
结核病
鼠疫
暗色丝胞霉病
腐霉菌病
链壶菌病
孢子丝菌病
接合菌病
芽生菌病
球孢子菌病
眼睑炎
肛门囊疾病

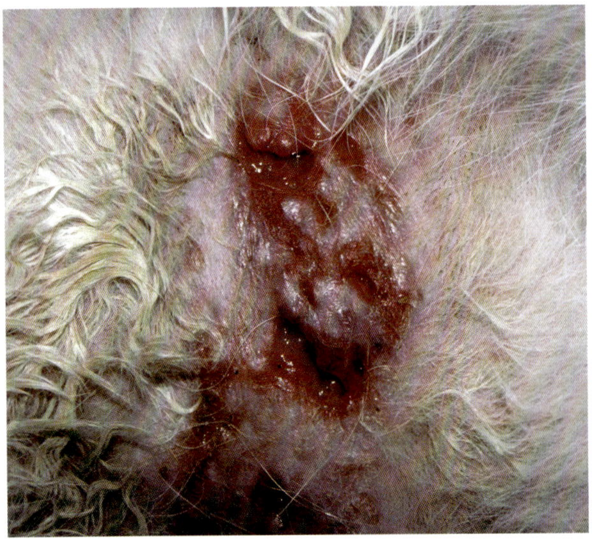

图 1-22　蜂窝织炎

结节性疾病

（任何细胞浸润导致的非特异性病变，通常与肿瘤或感染有关）

犬

葡萄状菌病
放线菌病
诺卡氏菌病
条件致病性分枝杆菌病
皮下脓肿
结核病
犬麻风样肉芽肿综合征
皮肤癣菌病
真菌性爪分枝菌病
暗色丝孢霉病
原藻病
腐霉菌病
链壶菌病
孢子丝菌病
接合菌病
芽生菌病
球孢子菌病
组织胞浆菌病
黄蝇
龙线虫病
病毒性乳头状瘤病
利什曼病
皮肤新孢子虫病
全身性红斑狼疮
水疱性皮肤红斑狼疮
无菌性结节性脂膜炎
特发性无菌性肉芽肿和脓性肉芽肿
尾腺增生
肢端舔舐性皮炎
胼胝
水囊瘤
嗜酸性肉芽肿
犬日光性皮肤病
肿瘤
结节性皮肤纤维病
瘙痒性纤维结节
胶原痣
毛囊囊肿 - 表皮内包涵囊肿
局限性钙质沉积

猫

葡萄状菌病
放线菌病
诺卡氏菌病
条件致病性分枝杆菌病
皮下脓肿
猫麻风病
鼠疫
结核病
皮肤癣菌病
真菌性爪分枝菌病
暗色丝胞霉病
腐霉菌病
链壶菌病
孢子丝菌病
接合菌病
芽生菌病
球孢子菌病
隐球菌病
组织胞浆菌病
黄蝇
龙线虫病
猫牛痘
病毒性乳头状瘤
利什曼病
皮肤新孢子虫病
无菌性结节性脂膜炎
嗜酸性肉芽肿
肿瘤
毛囊囊肿 - 表皮内包涵囊肿

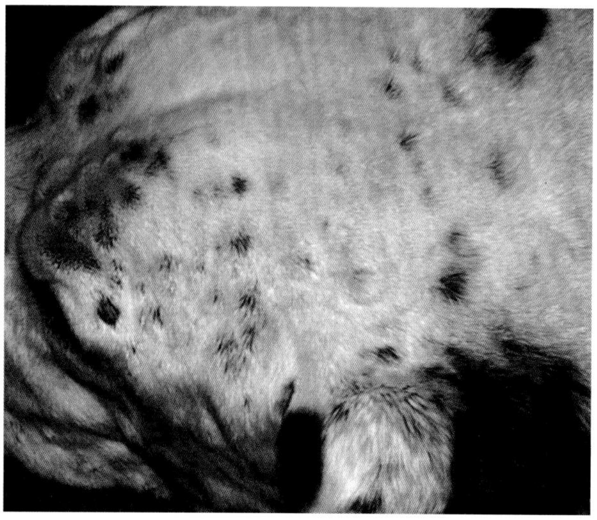

图 1-23 结节

瘙痒性疾病

（任何炎性皮炎都会引起的非特异性症状；某些疾病会有更具临床相关性的特征性表现模式）

犬

浅表脓皮病
马拉色菌病
犬疥螨
姬螯螨病
耳螨
恙螨病
虱病
钩虫性皮炎
线虫性皮炎
异位性皮炎
食物过敏
跳蚤过敏性皮炎
接触性皮炎
落叶型天疱疮
肢端舔舐性皮炎
角质层下脓疱性皮肤病
无菌性嗜酸性脓疱病
肝皮综合征
皮肤淋巴瘤

猫

浅表脓皮病
马拉色菌病
猫疥螨
姬螯螨病
耳螨
恙螨病
虱病
异位性皮炎
食物过敏
跳蚤过敏性皮炎
接触性皮炎
波斯猫特发性面部皮炎
精神性脱毛
猫淋巴性毛囊壁炎
嗜酸性斑块
特发性溃疡性皮炎
猫副肿瘤性脱毛
肝皮综合征

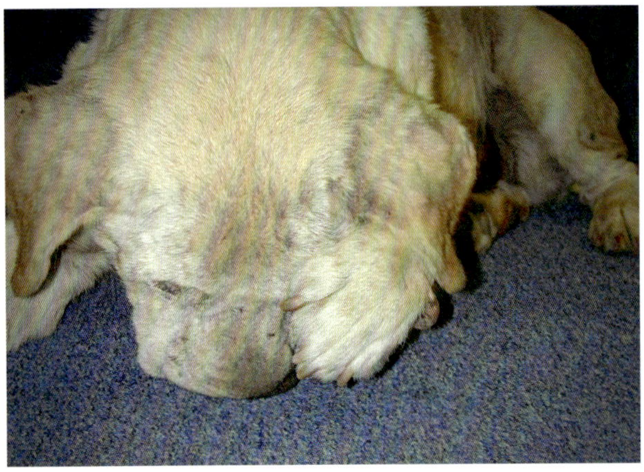

图 1-24　瘙痒

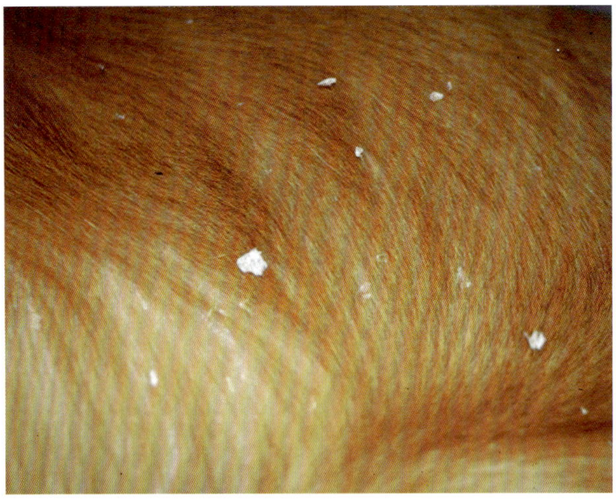

图 1-25　皮脂溢

皮脂溢性疾病

（通常继发于原发性皮肤病的非特异性病变，但是也可能是由原发性角化缺陷引起）

犬

浅表脓皮病
马拉色菌病
皮肤癣菌病
蠕形螨病
犬疥螨病
姬螯螨病
虱病
利什曼病
食物过敏
落叶型天疱疮
红斑型天疱疮
全身性红斑狼疮
皮肤药物反应
肾上腺皮质功能亢进
甲状腺功能减退
性激素失衡
犬原发性皮脂溢
维生素 A 反应性皮肤病
鱼鳞病
西高地白㹴表皮发育不良
皮脂腺炎
尾腺增生
锌反应性皮肤病
肝皮综合征
犬耳缘皮脂溢
肿瘤

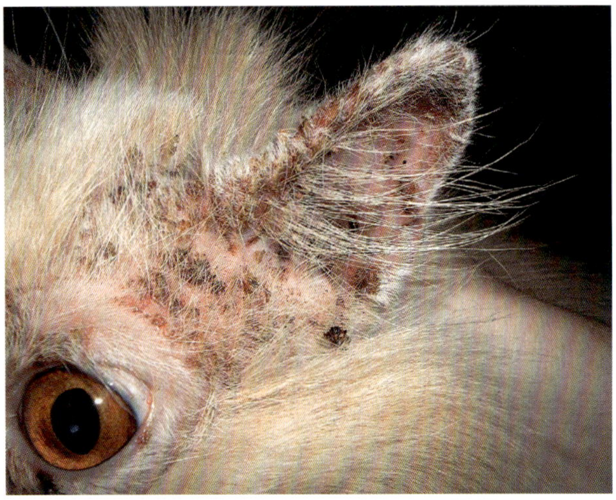

图 1-26　结痂

猫

浅表脓皮病
皮肤癣菌病
马拉色菌病
蠕形螨病
猫疥螨
姬螯螨病
猫毛螨
虱病
落叶型天疱疮
红斑型天疱疮
全身性红斑狼疮
皮肤药物反应
肝皮综合征
尾腺增生
波斯猫特发性面部皮炎
肿瘤

色素过度沉着

（常见，通常不具特异性，是由于长期炎症所导致的改变）

犬

斑点
慢性创伤
慢性炎症
过敏
感染后
库兴氏综合征
性激素性脱毛
X 脱毛
复发性胁腹脱毛
黑素瘤

色素减退

（不常见的病变）

自体免疫性皮肤病
白癜风
葡萄膜皮肤病综合征

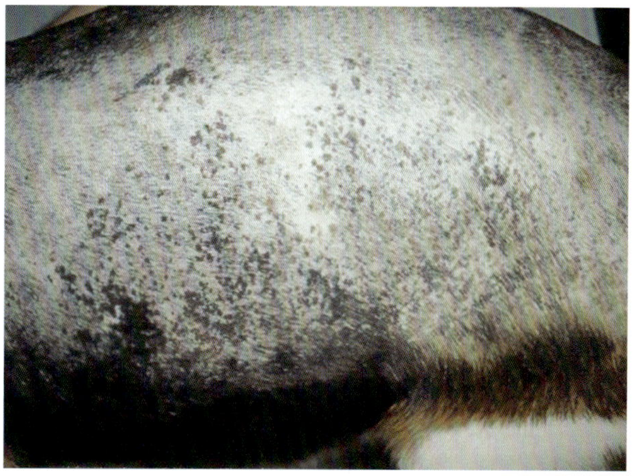

图 1-27　色素过度沉着

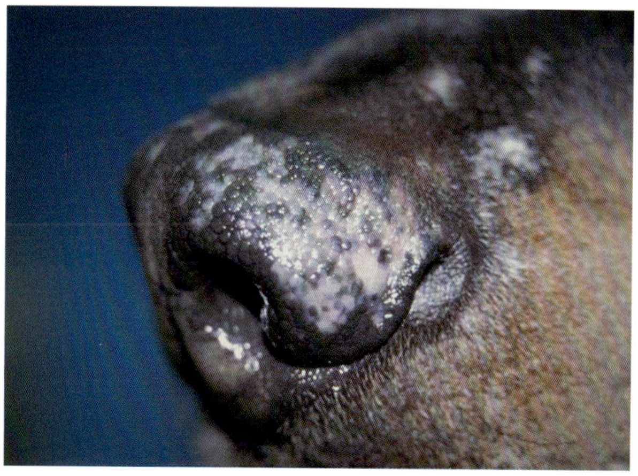

图 1-28　色素减退

品种易感性导致的犬猫皮肤病
Breed Predispositions to Select Skin Conditions in Dogs and Cats

犬品种	皮肤病列表
阿富汗猎犬	过敏性皮肤病，犬复发性胁腹脱毛，下颏脓皮病、痤疮或毛囊炎，蠕形螨病，趾间出血性大疱或囊肿，皮褶炎，马拉色菌性皮炎
万能㹴	犬复发性胁腹脱毛，甲状腺功能减退，黑色素瘤
秋田犬	落叶型天疱疮，皮脂腺炎，葡萄膜皮肤病综合征
阿拉斯加雪橇犬	X 脱毛或毛囊停滞，毛囊发育不良，剃毛后脱毛，锌反应性皮肤病
美国斗牛犬	过敏性皮肤病，鱼鳞病，日光性皮炎，鳞状细胞癌
美国斯塔福德斗牛㹴	过敏性皮肤病，蠕形螨病
巴吉度猎犬	过敏性皮肤病，皮褶炎，马拉色菌性皮炎，耳炎，原发性角化缺陷
长须牧羊犬	黑毛毛囊发育不良，类狼疮甲变形，落叶型天疱疮
法国狼犬	皮肌炎
比利时牧羊犬	白癜风
伯恩山犬	皮肤或全身性组织细胞增多症，恶性组织细胞肉瘤
苏俄牧羊犬	甲状腺功能减退
波士顿㹴	过敏性皮肤病，蠕形螨病，肾上腺皮质功能亢进，肥大细胞瘤，模型脱毛，锌反应性皮肤病
弗兰德牧羊犬	犬复发性胁腹脱毛
拳师犬	过敏性皮肤病，下颏脓皮病、痤疮或毛囊炎，蠕形螨病，犬复发性胁腹脱毛，趾间出血性大疱，趾间疖病或囊肿，组织细胞瘤，肾上腺皮质功能亢进，甲状腺功能减退，肥大细胞瘤，模型脱毛，支持细胞瘤
牛头獒犬	胼胝，趾间出血性大疱或囊肿
牛头㹴	过敏性皮肤病，蠕形螨病，趾间出血性大疱或趾间疖病或囊肿，致命性肢端皮肤病，日光性皮炎，鳞状细胞癌
凯恩㹴	鱼鳞病
骑士查理王小猎犬	鱼鳞病，马拉色菌性皮炎，原发性分泌性中耳炎，角化和皮脂溢疾病
切萨皮克湾猎犬	过敏性皮肤病，毛囊发育不良
吉娃娃犬	色素稀释性脱毛，蠕形螨病，模型脱毛，注射部位脱毛，耳廓血管病
中国冠毛犬	先天性稀毛症，囊性黑头粉刺
松狮犬	过敏性皮肤病，X 脱毛或毛囊停滞，色素稀释性脱毛，蠕形螨病，甲状腺功能减退，落叶型天疱疮，剃毛后脱毛
可卡犬	过敏性皮肤病，甲状腺功能减退，皮褶炎（唇褶皱），马拉色菌性皮炎，黑色素瘤，外耳炎，浆细胞瘤，原发性角化缺陷，皮脂腺瘤，维生素 A 反应性皮肤病
柯利牧羊犬	皮肤组织细胞增多症，皮肤或全身性红斑狼疮，皮肌炎，红斑型天疱疮
卷毛巡回猎犬	毛囊发育不良
腊肠犬	色素稀释性脱毛，耳缘皮肤病，肾上腺皮质功能亢进，幼犬蜂窝织炎，马拉色菌性皮炎，甲变形，模型脱毛，耳廓血管病，无菌性结节性脂膜炎，无菌性化脓性肉芽肿综合征，胸部胼胝
大麦町犬	过敏性皮肤病，与毛色相关性失聪（deafness associated with coat color），日光性皮炎，鳞状细胞癌
杜宾犬	肢端舔舐性皮炎，下颏脓皮病、痤疮或毛囊炎，皮肤药疹，色素稀释性脱毛，蠕形螨病，毛囊发育不良，甲状腺功能减退，趾间出血性大疱，趾间疖病或囊肿，落叶型天疱疮，白癜风
波尔多犬	蠕形螨病，爪垫过度角化病

续表

犬品种	皮肤病列表
英国斗牛犬	过敏性皮肤病，犬复发性胁腹脱毛，下颏脓皮病、痤疮或毛囊炎，蠕形螨病，趾间出血性大疱或囊肿，皮褶炎，马拉色菌性皮炎
英国史宾格犬	肢端损伤综合征，皮褶炎，苔藓样变银屑样皮炎，马拉色菌性皮炎，外耳炎，原发性皮脂溢
平毛寻回犬	恶性组织细胞肉瘤
法国猎犬	肢端损伤综合征
猎狐㹴	过敏性皮肤病，蠕形螨，皮肤癣菌病，血管病
德国牧羊犬	肢端舔舐性皮炎，过敏性皮肤病，局限制性钙质沉着，皮肤或系统性红斑，皮肌炎，面部嗜酸性疖病，德国牧羊犬（深层）脓皮病，类狼疮甲变形，跖骨瘘，黏膜皮肤脓皮病，腐霉病，结节性皮肤纤维化，肛周瘘，血管病
德国短毛指示猎犬	肢端损伤综合征，皮肤狼疮
金毛猎犬	过敏性皮肤病，肢端舔舐性皮炎，皮肤或全身性组织细胞增多症， 皮肤淋巴瘤，鱼鳞病，甲状腺功能减退，幼犬蜂窝织炎，鼻部色素减退，剃毛后脱毛，脓性创伤性皮炎或毛囊炎
哥顿塞特犬	黑毛毛囊发育不良，幼犬蜂窝织炎，类狼疮甲变形
大丹犬	肢端舔舐性皮炎，下颏脓皮病、痤疮或毛囊炎，局限性钙质沉着，胼胝，色素稀释性脱毛，蠕形螨病，水囊瘤，甲状腺功能减退，趾间出血性大疱或囊肿
灵缇	色素稀释性脱毛，爪垫角化病（皮角），血管瘤，模型脱毛，日光性皮炎，血管病
哈威那犬	皮脂腺炎
爱尔兰长毛猎犬	肢端舔舐性皮炎，过敏性皮肤病，甲状腺功能减退，鱼鳞病，原发性皮脂溢
爱尔兰㹴	爪垫过度角化
爱尔兰水猎犬	毛囊发育不良
杰克罗素㹴	过敏性皮肤病，蠕形螨病，皮肌炎，鱼鳞病，血管病变
荷兰毛狮犬	X 脱毛或毛囊停滞，黑色素瘤，剃毛后脱毛
凯利蓝㹴	爪垫角化病（皮角），毛囊肿瘤，针状毛发增多症
拉布拉多巡回猎犬	肢端舔舐性皮炎，过敏性皮肤病，甲状腺功能减退，趾间出血性大疱、囊肿或趾间疖病，鼻部色素减退，鼻部角化不全，脓性创伤性皮炎，全身性组织细胞增多症
拉萨犬	过敏性皮肤病，皮褶炎，马拉色菌性皮炎，注射部位脱毛
马尔济斯犬	过敏性皮肤病，注射部位脱毛，牵拉性脱毛
曼彻斯特㹴	模型脱毛
迷你杜宾犬	模型脱毛，耳廓血管病，白癜风
纽芬兰犬	马拉色菌性皮炎，甲状腺功能减退，落叶型天疱疮，脓性创伤性皮炎
诺福克㹴	过敏性皮肤病，鱼鳞病，血管病
挪威猎鹿犬	X 脱毛或毛囊停滞，角化棘皮瘤，剃毛后脱毛
英国古代牧羊犬	过敏性皮肤病，蠕形螨病，皮肌炎，鱼鳞病，血管病变
北京犬	注射部位脱毛，皮褶炎
向导犬	肢端损伤综合征
博美犬	X 脱毛或毛囊停滞，注射部位脱毛
泰迪犬	过敏性皮肤病，X 脱毛或毛囊停滞，肾上腺皮质功能亢进，甲状腺功能减退，注射部位脱毛，外耳炎，黑素瘤，皮脂腺炎
葡萄牙水犬	毛囊发育不良

续表

犬品种	皮肤病列表
巴哥犬	过敏性皮肤病，蠕形螨病，皮褶炎
罗得西亚脊背犬	皮样囊肿
罗威纳犬	肢端舔舐性皮炎，皮肤钙质沉着，类狼疮甲变形，恶性组织细胞肉瘤，全身性组织细胞增多症，血管病，白癜风
圣伯纳犬	肢端舔舐性皮炎，皮褶炎，胼胝，皮肤动脉炎，水囊瘤，脓性创伤性皮炎
萨摩耶犬	X 脱毛或毛囊停滞，毛囊发育不良，皮脂腺炎，葡萄膜皮肤病综合征
舒柏奇犬	落叶型天疱疮
雪纳瑞犬	过敏性皮肤病，金毛症，犬复发性胁腹脱毛，粉刺综合征，皮肤药疹，肾上腺皮质机能进，甲状腺功能减退，类狼疮甲变形，黑素瘤
苏格兰㹴犬	过敏性皮肤病，皮肤淋巴瘤，肾上腺皮质功能亢进，黑素瘤，血管病
沙皮犬	过敏性皮肤病，皮肤黏蛋白沉积，蠕形螨病，甲状腺功能减退，皮褶炎，外耳炎，血管病
喜乐蒂牧羊犬	过敏性皮肤病，皮肤药疹，皮肤组织细胞增多症，皮肤或全身性红斑狼疮，皮肌炎，支持细胞瘤
西施犬	过敏性皮肤病，蠕形螨病，皮褶炎，马拉色菌性皮炎，皮脂腺瘤
西伯利亚雪橇犬	X 脱毛或毛囊停滞，嗜酸性肉芽肿（口腔），毛囊发育不良，剃毛后脱毛，葡萄膜皮肤病综合征，锌反应性皮肤病
丝毛㹴	色素稀释性脱毛，注射部位脱毛，马拉色菌性皮炎
维兹拉犬	皮脂腺炎
魏玛猎犬	色素稀释性脱毛，肥大细胞瘤，黑素瘤，模型脱毛
威尔士柯基犬	皮肌炎
西部高地白㹴	过敏性皮肤病，蠕形螨病，鱼鳞病，马拉色菌性皮炎，原发性皮脂溢
惠比特犬	色素稀释性脱毛，血管瘤，类狼疮甲变形，模型脱毛
约克夏㹴	过敏性皮肤病，蠕形螨病，皮肤癣菌病，毛囊发育不良，注射部位脱毛，黑皮病和脱毛，耳廓脱毛，牵拉性脱毛
猫品种	**皮肤病列表**
阿比西尼亚猫	精神性脱毛
缅甸猫	先天性稀毛症
德文卷毛猫	先天性稀毛症，马拉色菌性皮炎
喜马拉雅猫	皮肤癣菌病
橘猫	斑痣
波斯猫	皮肤癣菌病，特发性面部皮炎
暹罗猫	眼周白毛症，耳廓脱毛，精神性脱毛
斯芬克斯猫	过敏性皮肤疾病，毛囊发育不良，马拉色菌性皮炎

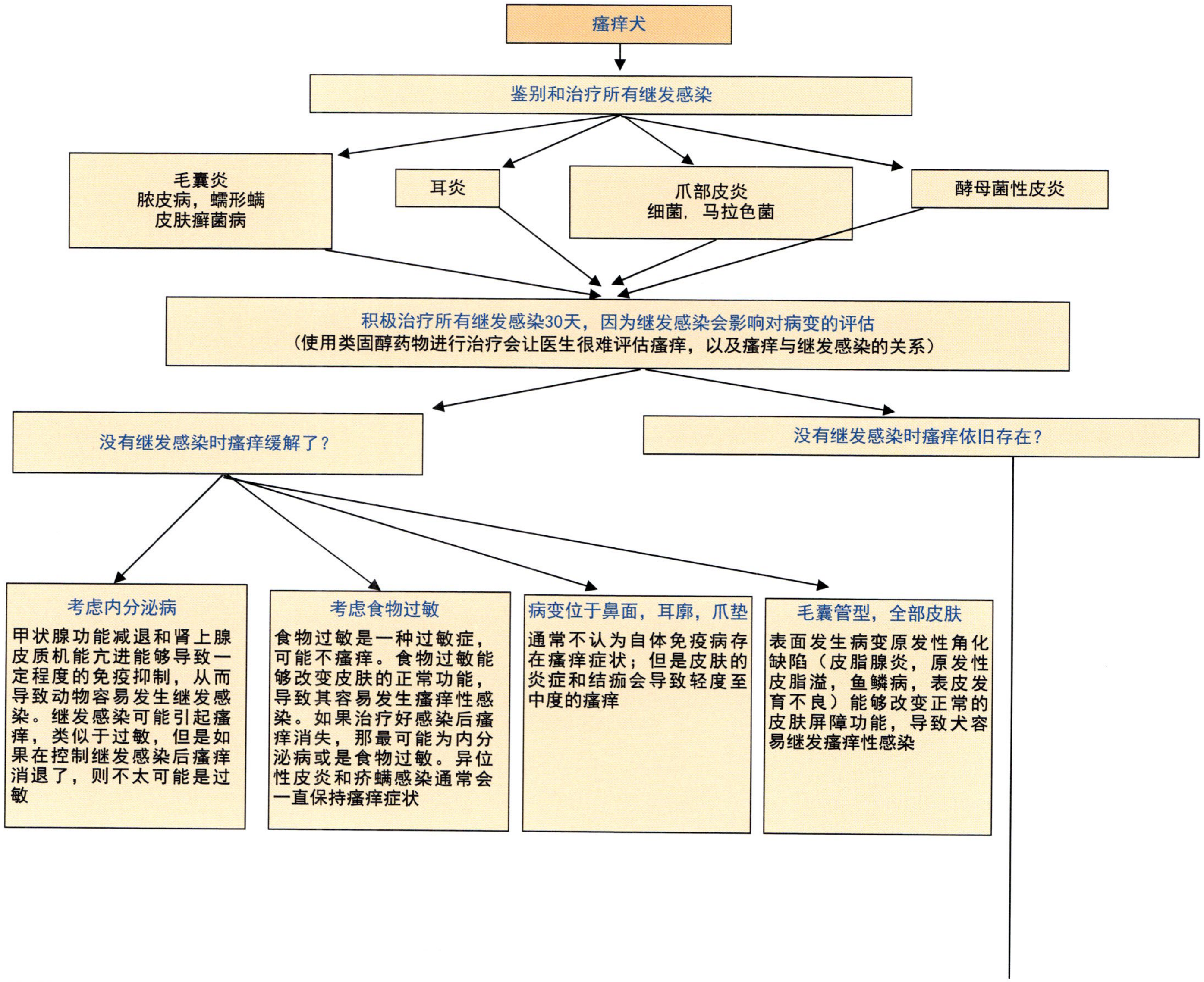

图 1-29　瘙痒犬的诊断流程图

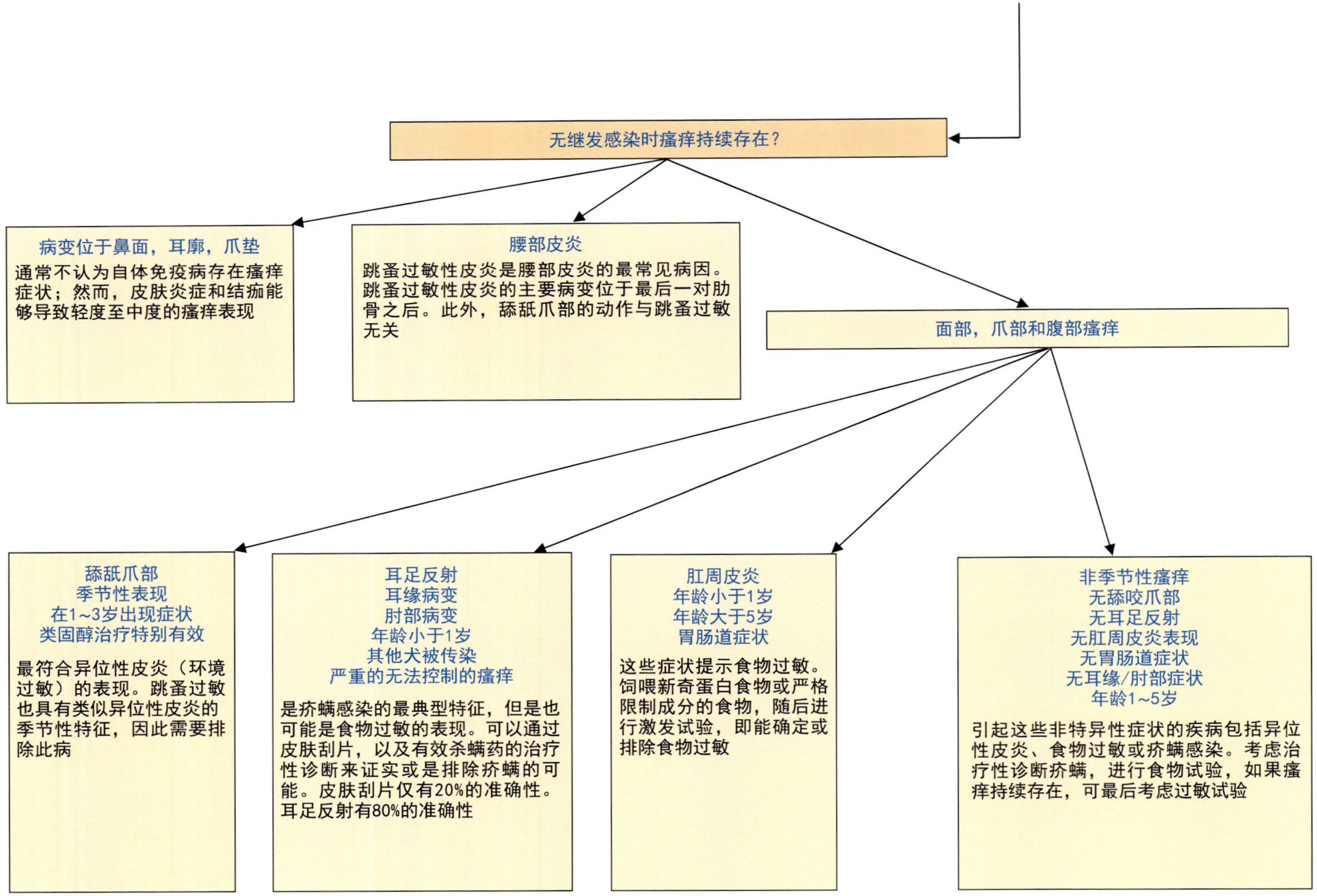
无继发感染时瘙痒持续存在？
病变位于鼻面，耳廓，爪垫
通常不认为自体免疫病存在瘙痒症状；然而，皮肤炎症和结痂能够导致轻度至中度的瘙痒表现
腰部皮炎
跳蚤过敏性皮炎是腰部皮炎的最常见病因。跳蚤过敏性皮炎的主要病变位于最后一对肋骨之后。此外，舔舐爪部的动作与跳蚤过敏无关
面部，爪部和腹部瘙痒
舔舐爪部
季节性表现
在1~3岁出现症状
类固醇治疗特别有效
最符合异位性皮炎（环境过敏）的表现。跳蚤过敏也具有类似异位性皮炎的季节性特征，因此需要排除此病
耳足反射
耳缘病变
肘部病变
年龄小于1岁
其他犬被传染
严重的无法控制的瘙痒
是疥螨感染的最典型特征，但是也可能是食物过敏的表现。可以通过皮肤刮片，以及有效杀螨药的治疗性诊断来证实或是排除疥螨的可能。皮肤刮片仅有20%的准确性。耳足反射有80%的准确性
肛周皮炎
年龄小于1岁
年龄大于5岁
胃肠道症状
这些症状提示食物过敏。饲喂新奇蛋白食物或严格限制成分的食物，随后进行激发试验，即能确定或排除食物过敏
非季节性瘙痒
无舔咬爪部
无耳足反射
无肛周皮炎表现
无胃肠道症状
无耳缘/肘部症状
年龄1~5岁
引起这些非特异性症状的疾病包括异位性皮炎、食物过敏或疥螨感染。考虑治疗性诊断疥螨，进行食物试验，如果瘙痒持续存在，可最后考虑过敏试验

图 1-29 （续）

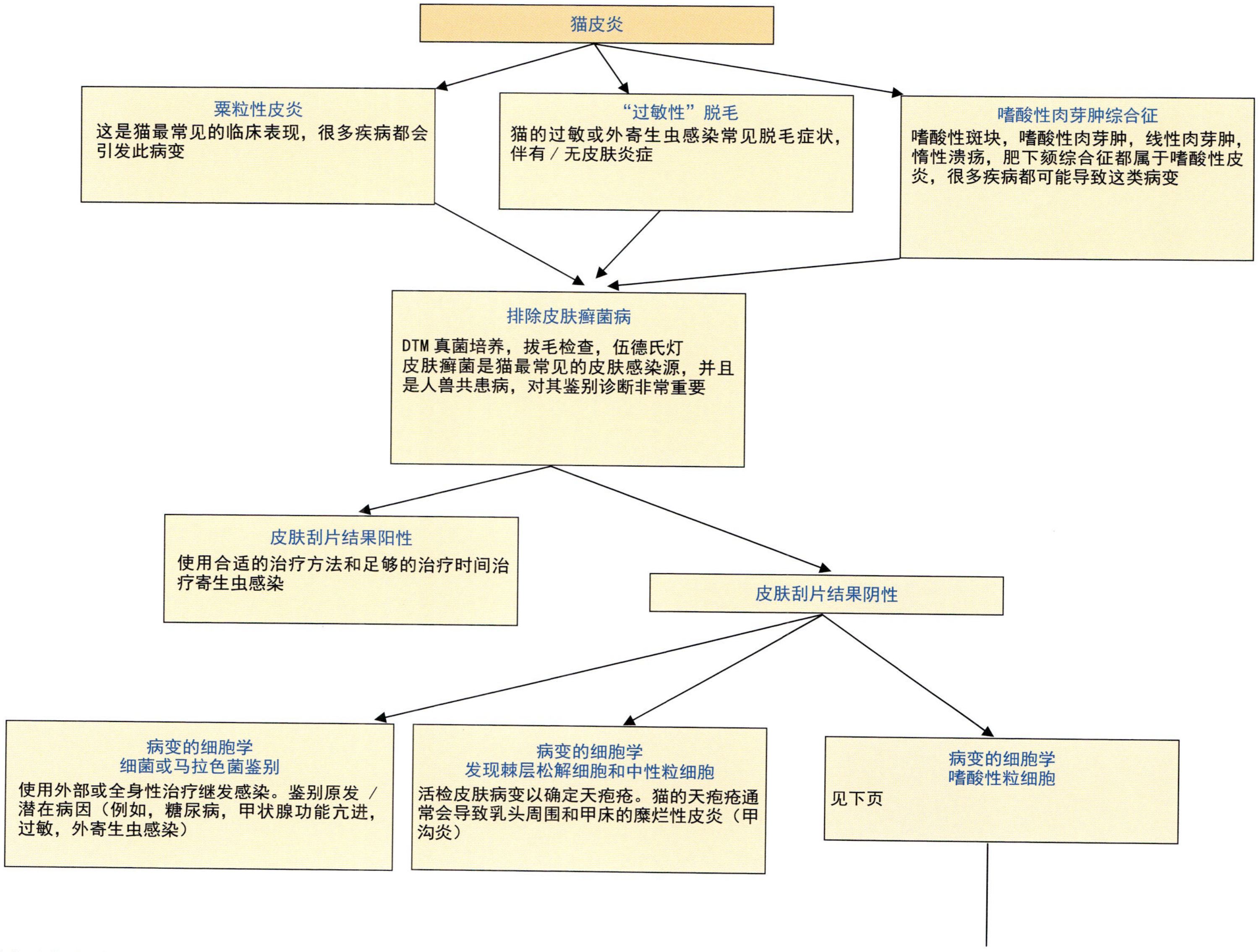

图 1-30　瘙痒猫的诊断流程图

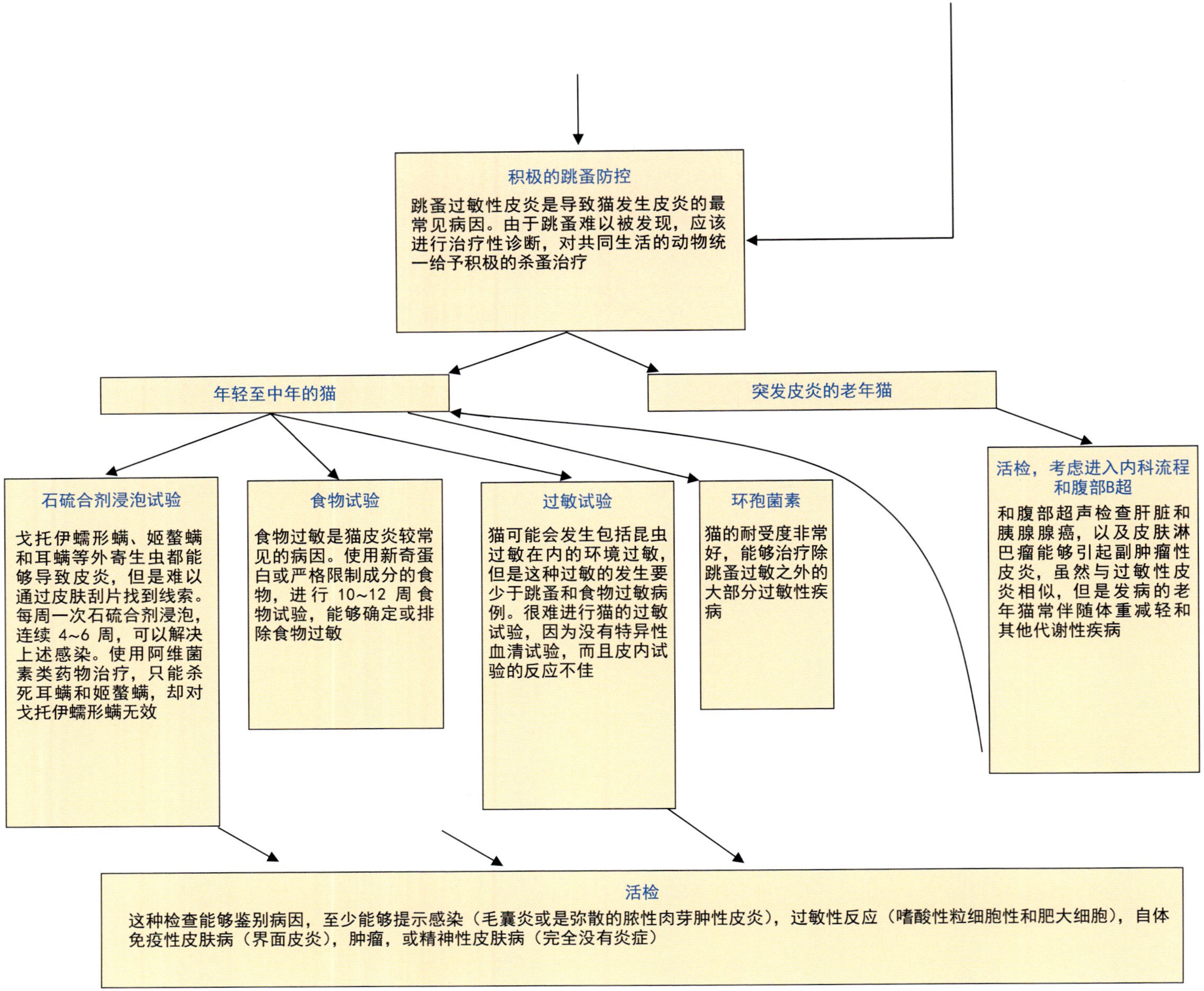
积极的跳蚤防控
跳蚤过敏性皮炎是导致猫发生皮炎的最常见病因。由于跳蚤难以被发现，应该进行治疗性诊断，对共同生活的动物统一给予积极的杀蚤治疗
年轻至中年的猫
突发皮炎的老年猫
石硫合剂浸泡试验
戈托伊蠕形螨、姬螯螨和耳螨等外寄生虫都能够导致皮炎，但是难以通过皮肤刮片找到线索。每周一次石硫合剂浸泡，连续 4~6 周，可以解决上述感染。使用阿维菌素类药物治疗，只能杀死耳螨和姬螯螨，却对戈托伊蠕形螨无效
食物试验
食物过敏是猫皮炎较常见的病因。使用新奇蛋白或严格限制成分的食物，进行 10~12 周食物试验，能够确定或排除食物过敏
过敏试验
猫可能会发生包括昆虫过敏在内的环境过敏，但是这种过敏的发生要少于跳蚤和食物过敏病例。很难进行猫的过敏试验，因为没有特异性血清试验，而且皮内试验的反应不佳
环孢菌素
猫的耐受度非常好，能够治疗除跳蚤过敏之外的大部分过敏性疾病
活检，考虑进入内科流程和腹部B超
和腹部超声检查肝脏和胰腺腺癌，以及皮肤淋巴瘤能够引起副肿瘤性皮炎，虽然与过敏性皮炎相似，但是发病的老年猫常伴随体重减轻和其他代谢性疾病
活检
这种检查能够鉴别病因，至少能够提示感染（毛囊炎或是弥散的脓性肉芽肿性皮炎），过敏性反应（嗜酸性粒细胞性和肥大细胞），自体免疫性皮肤病（界面皮炎），肿瘤，或精神性皮肤病（完全没有炎症）

图 1-30 （续）

第2章　诊断技术
Diagnostic Techniques

- 诊断试验
- 皮肤刮片
- 皮肤细胞学
- 醋酸胶带粘贴
- 耳道棉签检查
- 皮肤癣菌培养基真菌培养
- 毛发检查
- 伍德氏灯检查
- 活检
- 培养
- 聚合酶链式反应试验
- 血清学检查
- 免疫染色技术
- 玻片压诊
- 过敏试验
- 贴片试验
- 治疗性诊断

诊断试验

皮肤病学诊断试验项目至少包括皮肤刮片、耳道棉签检查和皮肤细胞学检查。进行检查的目标应该是鉴别出所有的继发感染（例如脓皮病，蠕形螨病，皮肤癣菌病，耳炎，马拉色菌性皮炎，感染性爪部皮炎），然后再制订一个诊断计划，鉴别和控制潜在或原发疾病（例如过敏症，内分泌病，角化缺陷病和自体免疫性皮肤病）（框2-1）。

皮肤刮片

皮肤刮片是最常使用的皮肤病诊断试验（三张玻片法中的第1张涂片）。这种检测简单快速，可鉴别多种类型的寄生虫感染（表2-1）。虽然这种诊断试验不一定能够得到诊断结果，但是相对容易操作，并且花费很低，因此是皮肤病检查最基本的检测项目。

很多临床医生在进行皮肤刮片操作时会重复使用手术刀片，应该停止这样的做法，因为这会增加疾病传染的风险（例如：巴尔通体，立克次氏体，猫白血病病毒（FeLV），猫免疫缺陷病毒（FIV），疱疹病毒，乳头状瘤病毒）。

操作程序

浅层皮肤刮片（针对疥螨，背肛螨，戈托伊蠕形螨，姬螯螨，耳螨，恙螨）。手持钝刃刀片，垂直于皮肤，沿着毛发生长的方向以中等力度刮皮。如果采样区域有毛发生长，可以剃掉一小块毛发以便能够刮到皮肤。寻找犬身上的少量疥螨，需要刮取更大区域（1～2 in）皮肤。在皮肤上滴加矿物油再刮，能黏附碎屑使之更容易被收集。这些螨虫不在皮肤深处，因此不需要刮至毛细血管渗血或出血。最可能发现疥螨的部位是耳缘和肘部外侧。根据个人经验，猫的肩外部采样更易发现戈托伊蠕形螨。需要将样本摊薄到多张载玻片上，以便显微镜检查。

深层皮肤刮片（针对蠕形螨，戈托伊蠕形螨除外）。手持钝刃刀片或皮肤铲，垂直于皮肤，沿毛发生长的方向以中等力度刮皮。如果采样区域有毛发（通常选择毛囊炎引起的脱毛区域），可能需要剃掉一小块毛发以便能够刮到皮肤。刮几下后皮肤会变粉红色，能够看到毛细血管结构，并出现渗血。这样能确保收集到的样本来自于深层皮肤部位，以便能够收集到毛囊中的蠕形螨。大多数人还会挤压皮肤，使螨虫从毛囊深层到达浅表部位，使采样更容易。如果不能刮到少量渗血，螨虫有可能还在毛囊中，从而导致假阴性结果。在某些病例中（皮肤厚的沙皮犬或伴有深层炎症的疤痕），不可能刮到蠕形螨存在的深度。这样的少数病例需要活检来鉴定毛囊中是否存在螨虫。在病变区域拔毛能够检出螨虫，这种技术在刮皮困难的区域，或特殊情况下特别有用，如眼睛周围或兴奋的幼犬。

无论使用哪种采样技术，都应在低倍镜（常用 10× 物镜）下观察整张载玻片，寻找螨虫。观察整张载玻片，确保一两只螨虫存在也能被发现（如典型的疥螨感染）。调暗显微镜聚光器可能有帮助；这样可以提供高对比度，从而增强螨虫的可视性（在染色的载玻片上寻找细胞或细菌，必须确保先调亮聚光器）。

框 2-1　是什么感染？

对于每个皮炎病例，每次评估病例时，都要自问“是什么感染？”

使用腹泻和粪便的显微镜检查作为对比，因为皮肤细胞学检查和粪检都需要使用显微镜，有经验的技术员很容易鉴别感染类型。你的诊所为什么进行粪便检查？何时进行粪便检查（是在医生检查前）？谁来进行粪便检查？诊所会对粪检收费吗？上述问题的答案同样适用于皮肤细胞学检查（皮肤刮片、压片、胶带粘贴和耳道棉签涂片）。

回答“是什么感染？”能切实帮助选择最佳方案，即在兽医检查病例之前，由技术人员进行筛查感染的基础检查。对每个皮肤病病例都应该进行耳道细胞学，皮肤细胞学（压片或是胶带粘贴）和皮肤刮片检查（初诊和每次复诊时）。在医生评估之前，技术员很容易执行三张玻片法，这与多数诊所处理腹泻病例和进行粪检的程序相同。

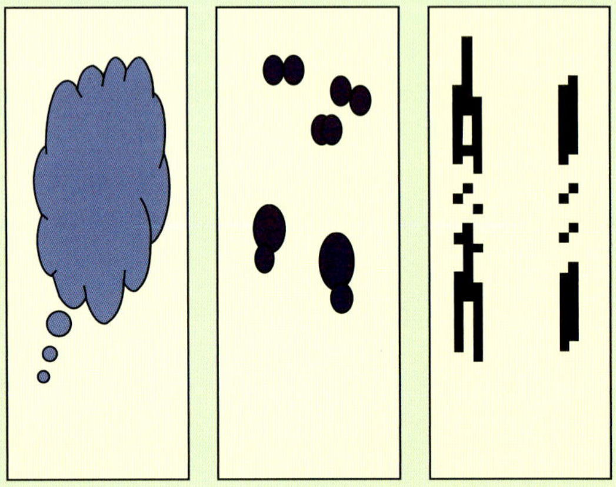

图 2-1　三张玻片法。皮肤刮片，皮肤细胞学和耳道棉签采样

表 2-1　诊断常见皮肤寄生虫

螨虫	诊断试验	准确性	其他试验	辅助试验
犬蠕形螨	深层刮片	高	在极厚的病变区域，可能需要进行活检	
猫蠕形螨	深层刮片	高		
戈托伊蠕形螨	浅表刮片	低 可能很难发现螨虫	石硫合剂浸泡治疗性诊断	
疥螨	浅表刮片	低（仅 20%）	治疗性诊断	耳足反射（80%）
耳螨	耳道矿物油制片，浅表刮片	高		
姬螯螨	跳蚤梳，胶带粘贴，浅表刮片，吸尘器抽吸	中等	有的兽医喜欢用吸尘器采样	粪便漂浮法可能检出螨虫
虱子	胶带粘贴（通常肉眼可见）	高		
猫背肛螨	浅表刮片	高		
恙螨	针对局部病变刮片	中等		

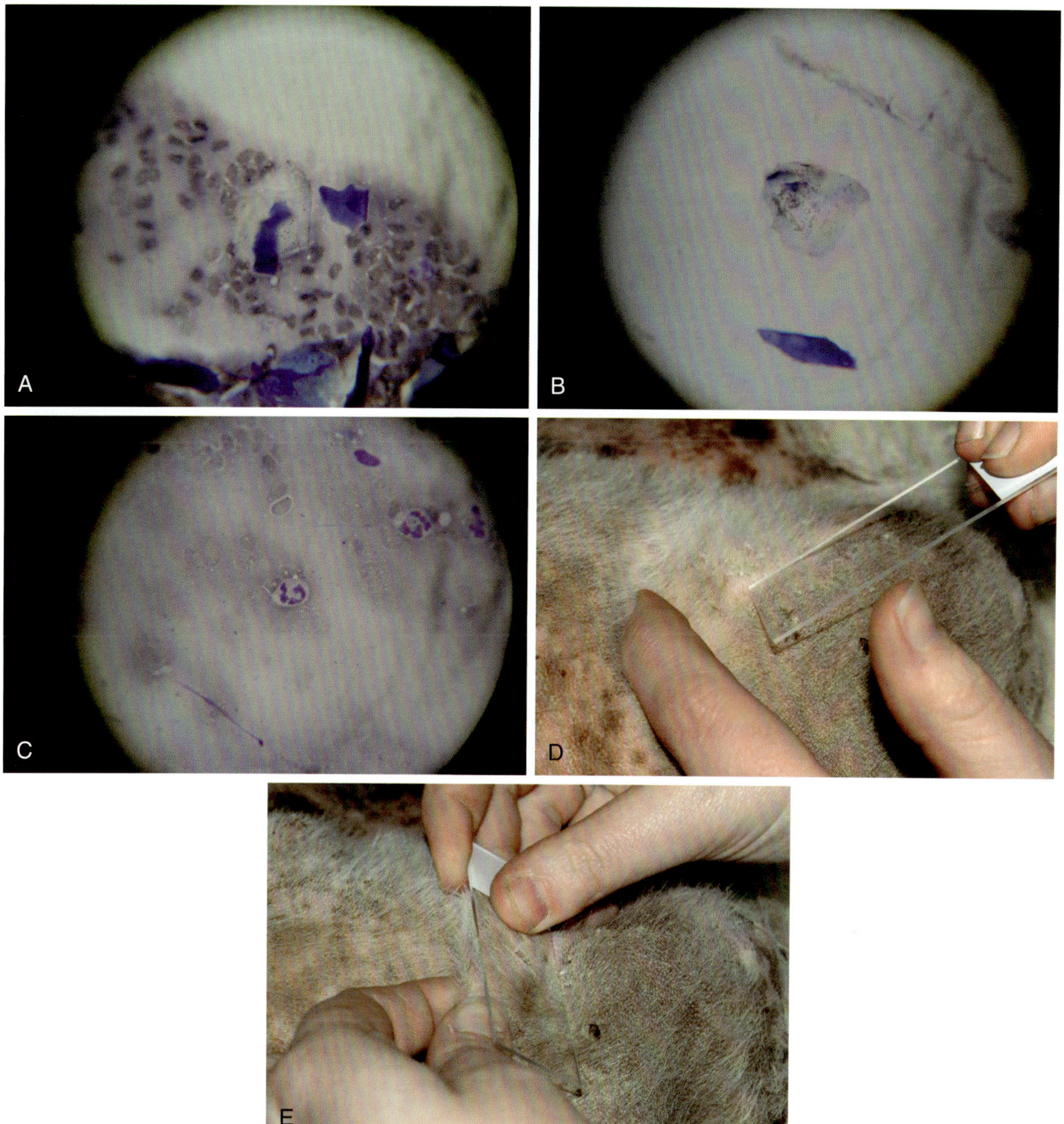

图 2-2　诊断技术。A. 显微镜下照片（10× 物镜）呈现了多边形的正常成熟的角质细胞。注意细胞没有细胞核结构，并且有少量黑素颗粒（通常被误认为细菌，但其为褐色）。B. 显微镜下照片（10× 物镜）呈现了典型多边形无核角质细胞，以及其中的褐色黑素颗粒。注意深蓝色的结构可能是卷起的角质细胞。C. 显微镜下照片是 10× 放大倍数下典型的中性粒细胞。D. 收集适合细胞学评估的样本，应轻柔去除表面结痂，随后将载玻片按压在皮肤上。E. 收集适合细胞学评估的样本，应轻柔去除表面结痂，随后将载玻片按压在皮肤上。注意：将皮肤轻轻捏起或挤出皮褶，更利于采样。

作 者 注

我们没有借口漏诊蠕形螨病例。蠕形螨感染造成的病变，很像细菌性脓皮病和皮肤癣菌病造成的毛囊炎。不能根据临床表现来确定或排除蠕形螨病。如果技术员进行筛查感染的所谓三张玻片法，其中的皮肤刮片很容易鉴别蠕形螨病，并使之得到正确的治疗。

皮肤细胞学

皮肤细胞学检查是第二常用的皮肤病诊断技术（三张玻片法中的第 2 张）。这种检查的目的是帮助临床医生鉴别细菌或是真菌微生物（酵母菌），并评估炎性浸润的细胞类型、肿瘤细胞和棘层松解细胞（天疱疮的典型细胞）。

操作程序

直接压片。对脓疱、糜烂、溃疡或引流病变的渗出物采样。或者揭起结痂或表皮环的边缘，暴露下面的潮湿表面。对于丘疹可以使用载玻片角或针头挑破，然后挤出液体涂片。酵母菌性皮炎可通过载玻片反复按压苔藓样变病变采样，或是用干燥的手术刀片收集样本，并涂布到干燥的载玻片上。无论使用何种技术，都应使载玻片上的渗出物干燥。然后使用市场上可以买到的细胞染色液（例如改良瑞氏染液 [Diff-Quik 染液最常用]）进行染色，并轻轻冲洗。在低倍镜下浏览整张载玻片，嗜碱性细胞丰富的区域最佳选择，用高倍镜进一步评估。高倍物镜（40× 或 100× 油镜）可以用于鉴别单个细胞类型及细菌和真菌。

细针抽吸。用 22～25 G 针头和 6 mL 的注

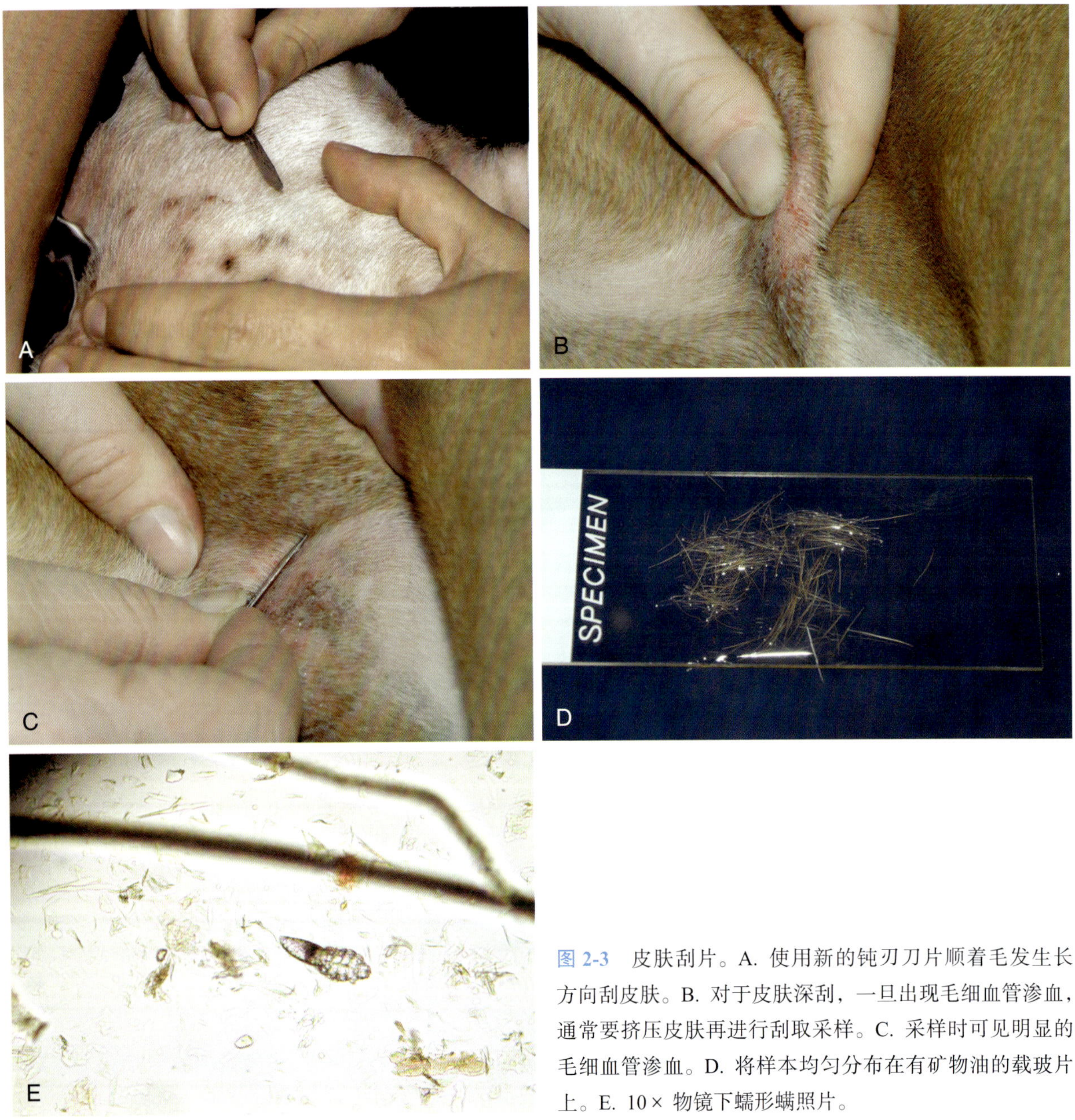

图 2-3 皮肤刮片。A. 使用新的钝刃刀片顺着毛发生长方向刮皮肤。B. 对于皮肤深刮，一旦出现毛细血管渗血，通常要挤压皮肤再进行刮取采样。C. 采样时可见明显的毛细血管渗血。D. 将样本均匀分布在有矿物油的载玻片上。E. 10× 物镜下蠕形螨照片。

射器抽吸肿块。必要时对进针区域进行酒精或氯已定消毒。将肿块固定好，向肿块中心进针，负压抽吸，释放负压，在肿块内调换针头方向再次进行负压抽吸。一旦在针头接口见到血液，就要停止抽吸，因为血液会干扰细胞学样本。释放负压后再拔针。还可用不带注射器的针头朝不同方向在肿块内反复穿刺肿块。这能减少血液的干扰，适用于质软的肿块。采样完成后，连接注射器，将针头中的样本推到载玻片上，再制成薄层涂片，用细胞学染色剂进行染色。应用低倍镜（4×～10×）浏览整张涂片，找出最佳区域。用高倍（40×）判断炎症细胞种类和异型细胞。

作 者 注

感染总是继发于原发疾病；然而，常常由于以下 3 个原因未对原发疾病进行评估或治疗：

1. 仅反复治疗继发感染；
2. 过敏体质令人困扰；
3. 便宜易得的类固醇类药延迟药效。

醋酸胶带粘贴

胶带粘贴可用于多种情况。用超透明胶带（单面或双面）收集毛发或浅表皮肤的碎屑。

螨虫胶带粘贴检查

胶带粘贴检查可有效收集并固定姬螯螨和虱子用于显微镜检查。通常肉眼可看到螨虫，用胶带粘取样本，能防止螨虫逃逸。

毛发胶带粘贴检查（毛发检查）

用胶带将毛发样本固定到载玻片上。用低倍镜（4×～10× 倍物镜）对样本进行检查（详见“毛发检查”部分）。加滴矿物油效果会更好。

酵母菌胶带检查

胶带粘贴是酵母菌性皮炎的最有效检查方法，是检查马拉色菌最常使用的技术。将胶带黏性面反复按压到苔藓样变（颈腹侧或腹部的大象皮样皮肤）或潮湿的爪垫红斑性皮肤上，然后将胶带黏附到载玻片上（黏面向下），用细胞染色液进行染色（仅需使用最后那瓶蓝色染液）。胶带可充当盖玻片，在高倍镜下（100× 油镜）观察马拉色菌。这种技术很有用，但所有酵母菌采样技术都可能出现假阴性结果。

耳道棉签检查

筛查

耳道棉签检查可有效判断外观正常的耳道其深处是否有渗出物（三张玻片法中的第 3 张涂片）。用棉签轻柔采样，若相对干净，耳道可能为正常。若为黑色蜡样渗出物，应使用矿物油进行检查判断是否存在螨虫（如耳螨或蠕形螨）。若为浅褐色或化脓性的渗出，需要进行细胞学检查，判断是否存在细菌或酵母菌。

螨虫

用矿物油溶解棉签采到的黑色蜡样物质，棉签应在矿物油中搅拌以脱落样本，并使样本适合检查。在低倍镜下（4× 或 10× 物镜）浏览整张载玻片寻找螨虫。通常耳螨很容易检查，但调暗聚光器和浏览整张载玻片，使操作者能更明确诊断。

细菌和酵母菌

耳道细胞学可鉴别继发的酵母菌性和细菌性外耳炎。用棉签收集耳道的分泌物，假定载玻片上有标记来确定哪个方向朝上，可将右耳的样本涂在载玻片的右侧，左耳的样本涂在载玻片的左侧。如为蜡样样本，应对载玻片进行加热以溶解蜡质使染色液能穿透样本。用细胞染色剂进行染色（改良瑞氏染色 [Diff-Quik]），在低倍镜下（10× 物镜）进行检查，以便找到可能包含微生物的细胞区域，再用高倍镜（40× 或是 100× 油镜）来鉴别是何种微生物导致的继发性耳炎。

作 者 注

当宠主带着一只仅有一小块脱毛病变的动物来就诊时，没必要进行耳道细胞学检查。然而，三张玻片法在一些确切类型的病例中最为有用。例如，若犬患有局部瘙痒，并存在继发性耳炎（技术员在进行感染筛查时即可发现），兽医应进一步怀疑和排查过敏反应。若未伴发耳炎，瘙痒可能为短期问题，可自行缓解。

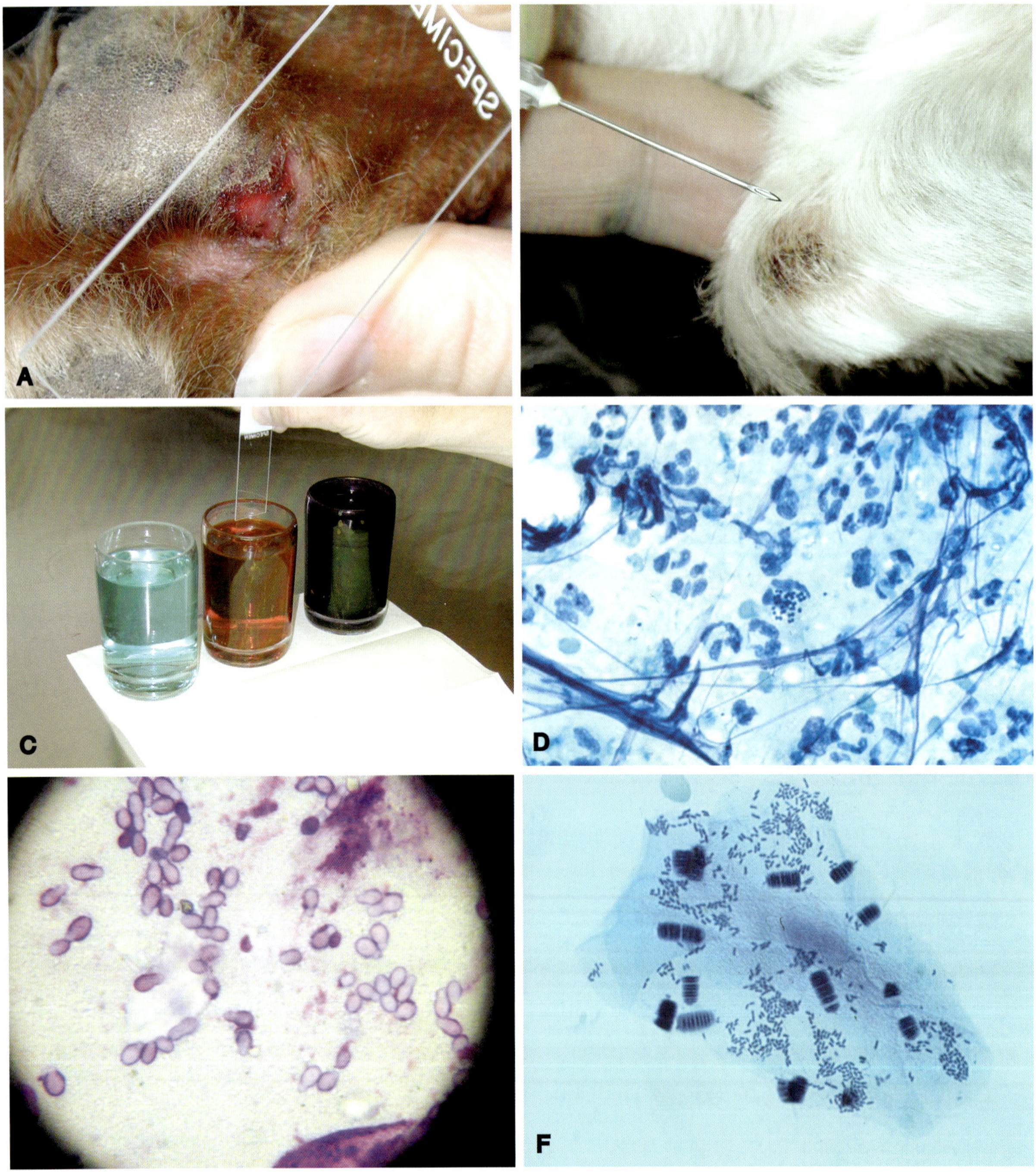

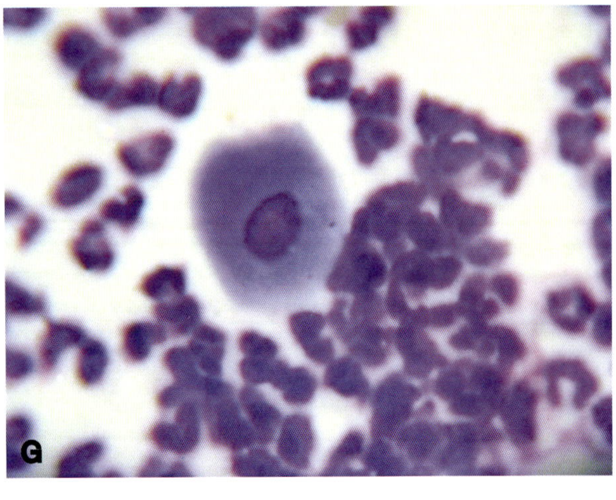

图 2-4　细胞学检查。A. 将载玻片按压到皮肤病变上收集渗出物（按压涂片）。B. 将针头刺入结节性病变中进行采样（细针抽吸）。C. 待干燥后，使用改良瑞氏染色液（Diff Quik）进行染色。D. 中性粒细胞和葡萄球菌的显微镜下照片，100× 油镜视野。E. 马拉色菌的显微镜照片，100× 油镜视野。F. 角质细胞、黑色素颗粒和西蒙斯杆菌的显微镜下照片，100× 油镜视野。西蒙斯杆菌是口腔常在菌，提示存在舔舐（瘙痒）。G. 中性粒细胞和棘层松解细胞的显微镜下照片，100× 油镜视野。棘层松解细胞提示天疱疮。

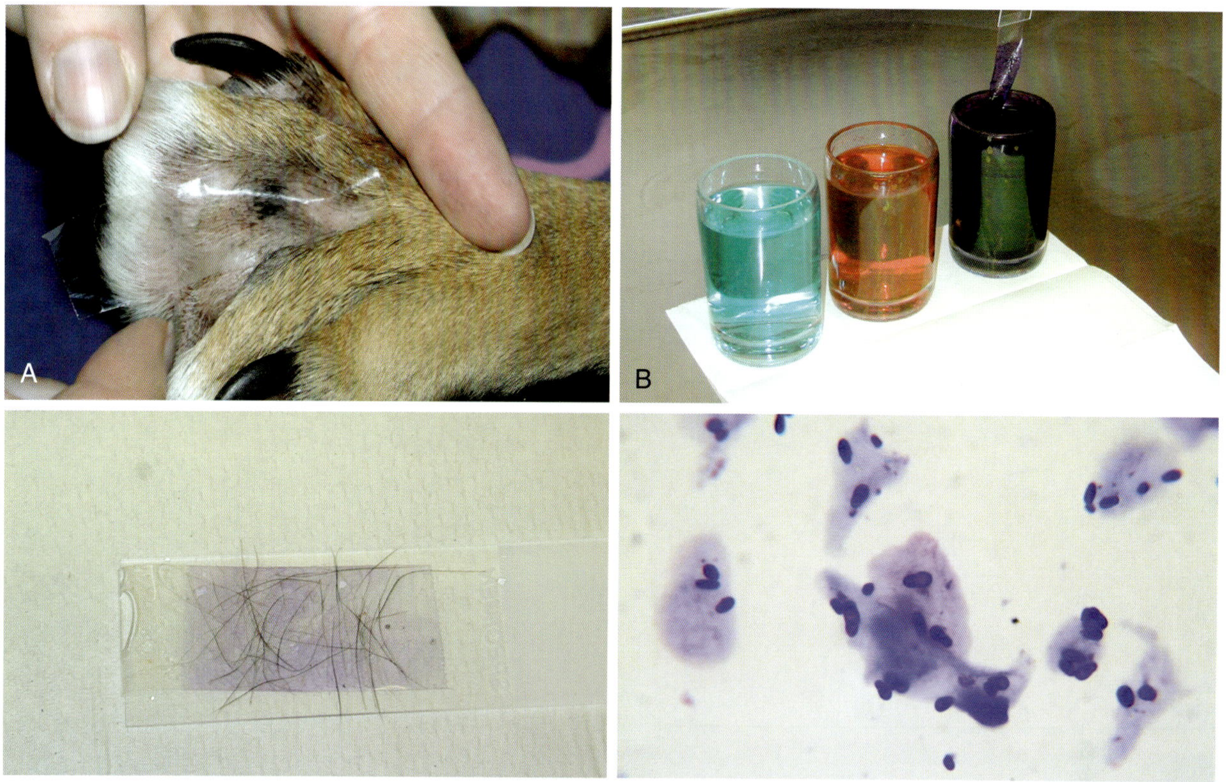

图 2-5　胶带粘贴。A. 将超透明醋酸胶带反复粘贴到趾间进行采样。B. 使用改良瑞氏染色液（Diff- Quik）染色，跳过第一瓶淡蓝色的酒精溶液，因其能够溶解粘胶部分。C. 染色完成后，胶带下样本物质清晰可见。D. 马拉色菌和角质细胞的显微镜下照片，100× 油镜视野。

作 者 注

耳道细胞学检查可鉴定继发感染种类，并提供最合适的治疗方案。此外，耳道细胞学检查还可用于评估疗效，尤其在耳炎未完全解决时。耳道细胞学检查可评估微生物的数量和种类是否得到改善。这一结果十分重要，可以防止过早停药或更换药物，而导致增加微生物耐药性。

皮肤癣菌试养基（DTM）真菌培养

皮肤癣菌培养基（DTM）真菌培养可用于分离和鉴别皮肤癣菌。皮肤癣菌培养基由特殊的材料制成，包括细菌生长抑制剂和癣菌生长时会变红的指示剂。还有其他特殊培养基，但 DTM 使用最为广泛。

操作程序

用酒精消毒采样部位，待酒精挥发干燥后采样。用无菌止血钳收集毛发、结痂或皮屑。伍德氏灯下收集发荧光的毛发，会增加诊断的准确性。应将样本轻柔按压在 DTM 培养基表面，避免样本被埋入 DTM 培养基内部。在接种样本前，将培养基回温至室温，有助于真菌的生长。容器开口较大的真菌培养基（如标准琼脂培养基或 Bactilabs 培养基）更容易接种样本。无病变的动物（如感染已经消退，或处于亚临床症状），可用新牙刷刷拭全身体表被毛进行采样。再将样本接种到培养基上。受感染的趾甲剪下后研磨或削刮，产生的细小颗粒接种到培养基上进行培养。皮肤癣菌能在趾甲的角质中生长，导致独特的甲变形。

应每天检查一次 DTM 培养基，持续 2～3 周。癣菌感染时，在培养基上长出白色 / 浅黄色的绒毛样菌落的同时，培养基颜色会发生改变。有些污染菌（通常为黑色、灰色和绿色）也能使培养基变红，但菌落生长数天后才会变色。如果不是每天检查培养基，就无法判断培养基变色和真菌菌落生长是否同时发生。

真菌菌落生长数天后，就会产生大分生孢子。在湿润温暖的环境中保存培养基有助于产生大分生孢子。收集大分生孢子进行显微镜检查，以鉴

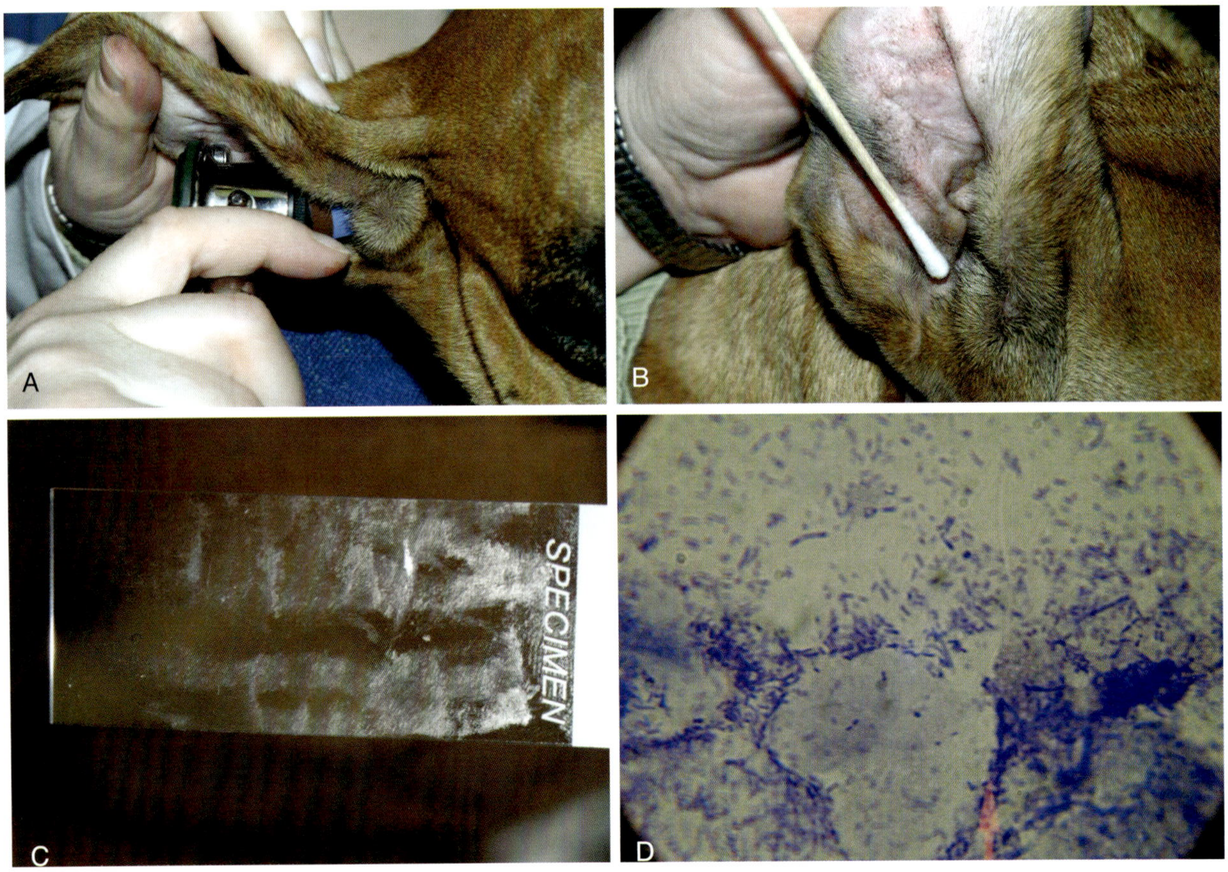

图 2-6 耳道细胞学。A. 采样前，先对耳道和鼓膜进行外观检查。B. 用棉签收集耳道渗出物。C. 将样本涂布到载玻片上。左耳的样本涂布到载玻片的左半部分，右耳的样本涂布到载玻片的右侧。D. 显微镜下耳道细胞学照片，可见大量中性粒细胞和混合型细菌，10× 物镜。

别皮肤癣菌的种类。用超透明醋酸胶带粘贴白色 / 浅黄色的绒毛样真菌菌落表面。将胶带黏附到滴有细胞染液的载玻片上。低倍镜下（10× 物镜）就可见大分生孢子的结构。这对犬尤其重要，若犬患犬小孢子菌就提示接触过有感染但无症状的猫。若是毛癣菌或石膏样小孢子菌则提示从环境中感染（未接触感染猫）。

有些真菌能引起深层感染 / 蜂窝组织炎（例如，芽生菌病、接合菌病、组织胞浆菌病、球孢子菌病），临床培养可能引发人兽共患病。若怀疑此类真菌感染，应将所收集的样本送到条件齐全的实验室进行培养。

作 者 注

大分生孢子只可能来自培养皿上的菌落，不可能取自毛发或皮肤。在皮肤或毛发上发现的大分生孢子通常是花粉或其他霉菌种类，而不是皮肤癣菌的大分生孢子。

毛发检查

毛发检查可用于观察是否有瘙痒、真菌感染、色素缺陷和评估毛发生长阶段（评估毛尖、毛根和毛干）。

操作程序

拔取少量毛发进行检查。可用胶带或矿物油将毛发固定到载玻片上。用低倍镜（4× 或 10× 物镜）观察。

毛尖。毛尖检查通常用于判断动物是否有瘙痒（特别是猫），是否为非创伤性（如内分泌疾病，毛囊发育不良）脱毛。瘙痒动物会导致毛尖折断，可看出毛尖断裂。这对判断猫的瘙痒非常有用，因为猫可能会躲起来抓挠（有些猫会有这样的情况）。

毛根。毛根检查可判断生长期和终止期的毛发，以评估毛发的生长周期。大多数品种的大部分毛发都处于终止期，但也能鉴别出一定数量的

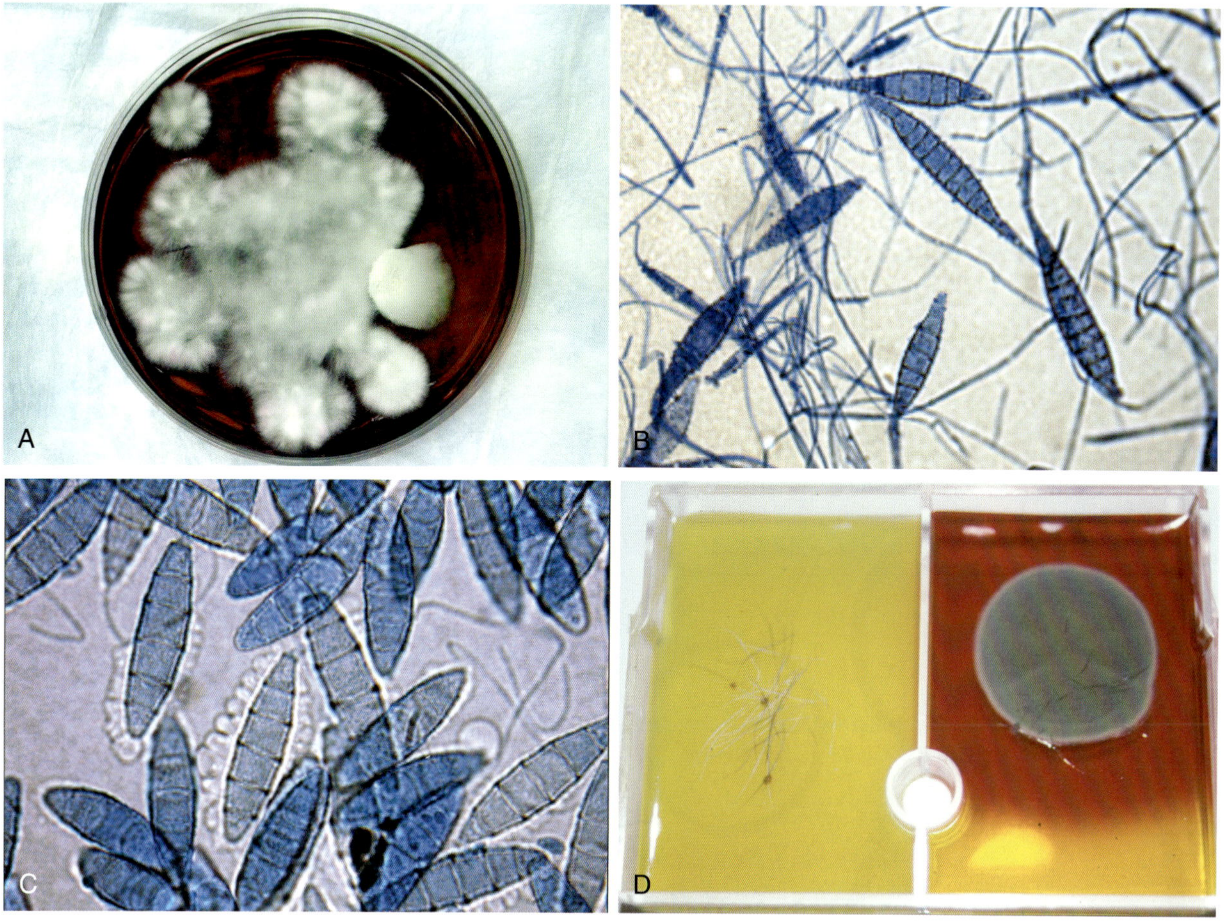

图 2-7　皮肤癣菌培养基（DTM）真菌培养。A. 犬小孢子菌菌落为白色、绒毛样，培养基变红。变红和菌落生长同时发生。B. 犬小孢子菌在 10× 物镜下照片，细胞分隔大于或等于 6。C. 石膏样小孢子菌在 10× 物镜下照相，细胞分隔小于或等于 6。D. 污染菌培养外观。从菌落颜色可排除癣菌感染的可能。培养基变红是在有色菌落生长后几天。而只要菌落生长可见，皮肤癣菌就会引起培养基变红。

生长期毛发。在毛发生长期长的品种中（如贵宾犬），大多数毛发都处于生长期，终止期毛发较少。终止期脱毛症的所有拔出毛发都会处于终止期。

毛干。有时可以在皮肤癣菌病患宠中观察到毛发外癣菌。鉴定毛发外癣菌有点困难，需要用氢氧化钾（KOH）或细胞染色液来溶解角质。毛发外癣菌感染时，毛发的皮质会肿胀和破坏，如果断裂，其末端会发散呈扫帚样。这些病原菌（小球状体）可能会聚集在毛干破损部位。还可检查毛干是否有色素聚集，这提示色素稀释性脱毛和毛囊发育不良。此外还可看到附在毛干上的虱子卵或姬螯螨卵。还有其他类型毛干异常报道，但都罕见。

伍德氏灯检查

伍德氏灯是波长为 340～450 nm 的特殊紫外线（A 型紫外线，不会损伤皮肤或眼睛）。此种紫外线能让有些犬小孢子菌产生的色氨酸代谢产物发出亮苹果绿的荧光。但不是所有的小孢子菌都会产生这种代谢产物，因此伍德氏灯仅适用于大约 50% 的犬小孢子菌感染病例。此技术不能判断毛癣菌或石膏样小孢子菌。

先要让伍德氏灯预热一段时间，让其产生适当波长的紫外线。同时，让自己的眼睛适应黑暗，以获得最佳评估效果。皮屑或有些外用药物也会发出荧光，引起假阳性结果。真正的皮肤癣菌感染时，毛干根部会发出苹果绿荧光。所有疑似皮肤癣菌感染病例，都需要进行真菌培养以确诊。

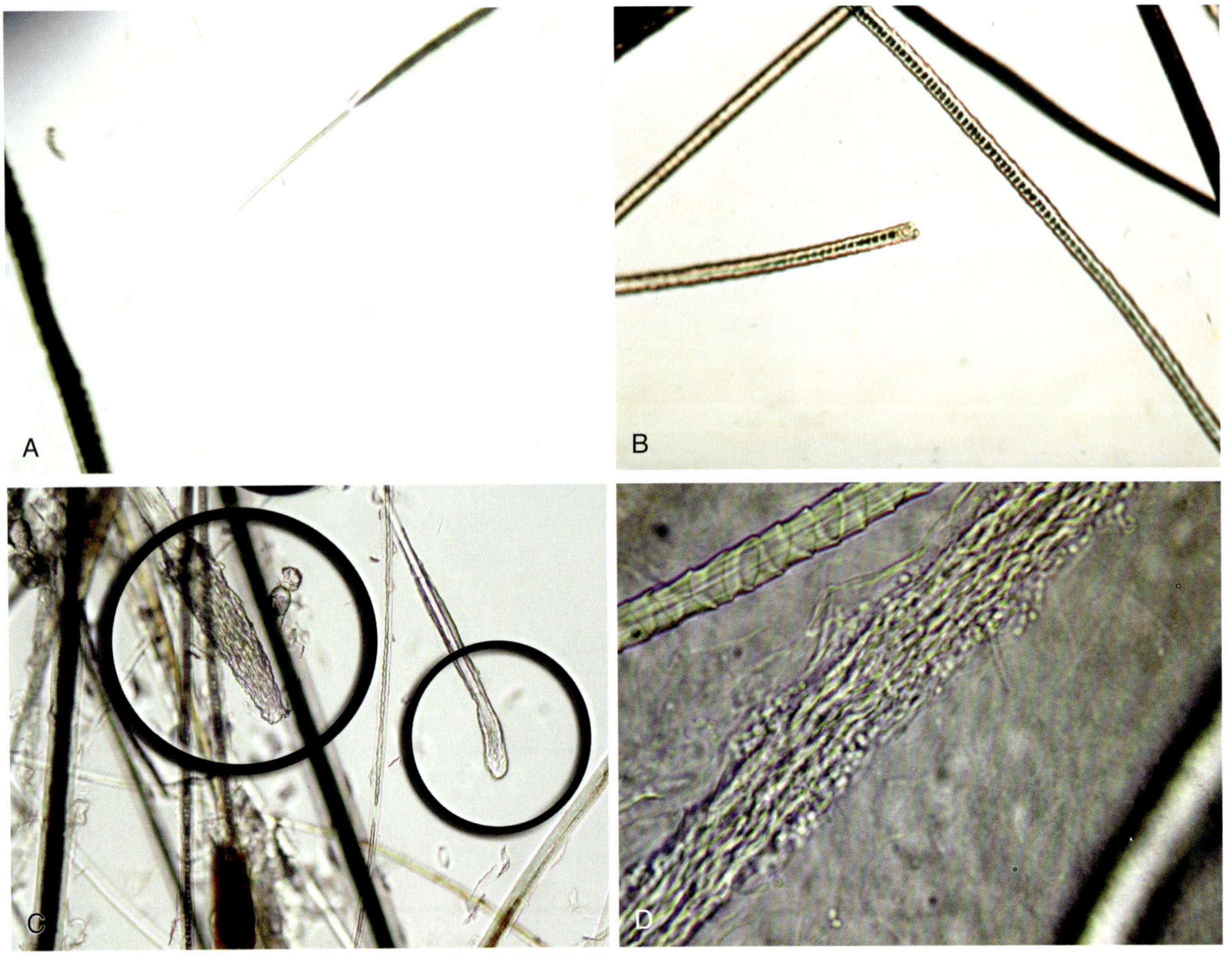

图 2-8　拔毛检查。A. 正常变细的毛尖显微镜下照片，10× 物镜。B. 断裂毛发（提示瘙痒）的显微镜下照片，10× 物镜。C. 终止期毛根（左，为矛状）和生长期毛根（右，为结节状、弯折）的显微镜下照片，10× 物镜。D. 皮肤癣菌感染毛发的显微镜下照片。可见毛发变形和毛发外球状微生物，100× 油镜。E. 色素颗粒聚集的显微镜下照片（见于色素稀释性脱毛或黑色毛囊发育不良）100× 油镜。

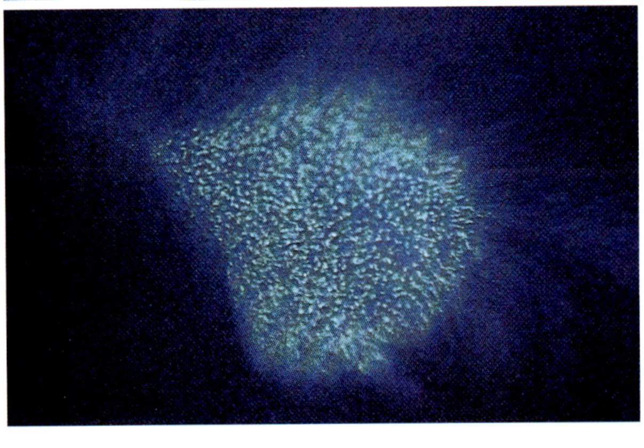

图 2-9　伍德氏灯检查。用伍德氏灯检查皮肤癣菌感染的毛发，会发出典型的苹果绿荧光。仅有犬小孢子菌会发出荧光，而且只有一半犬小孢子菌感染发荧光。

活检

皮肤活检评估对临床医生和病理学家来说都具有很大的挑战性。要提高活检的准确性，必需要选择合适的病变部位，借助皮肤病理学家的帮助，并为病理学家提供一份完善的临床鉴别诊断列表。

皮肤活检能在最短的时间内提供最多的信息。即使皮肤组织病理学无法鉴定确切病因，病理学家也能将皮肤病变归类为以下 6 种之一：

1. 肿瘤；
2. 感染（如毛囊炎、蜂窝织炎）；
3. 免疫介导性病变（如自体免疫性疾病、血管炎、药物反应）；
4. 内分泌性病变（如甲状腺功能减退、库兴氏综合征、毛囊发育不良）；
5. 角化缺陷（如原发性皮脂溢、皮脂腺炎、鱼鳞病）；
6. 过敏。

临床医生可通过以下手段提高活检的诊断率：

1. 收集不同部位的代表性病变组织，以评估病变的发展过程。应该对所有外观不同的病变部位进行活检采样。
2. 根据临床病变、模式及疗效，提供给病理学家一份详细的临床鉴别诊断列表。
3. 坚持要求病理报告要完整地描述皮肤切片，再提供为何肯定或否定临床鉴别诊断的原因。
4. 让皮肤病理学家进行判读，充分利用病理学家的专科优势（itchnot.com 或 VIN 上有列表）。

病变选择

最好收集原发性皮肤病变（如脓疱、水疱、瘀点、红斑、丘疹）。继发性病变（如结痂、脱毛、皮屑、溃疡、糜烂）可能会有所帮助，但诊断意义不大。要收集多个部位（至少三处），同时确保收集到每种病变类型。通常要在每个异常部位都进行采样。

鼻部和爪垫采样疼痛感强烈，但这些部位常常会发生自体免疫性皮肤病而需要进行采样。在鼻部或爪垫活检采样时，需要深度镇静或全身麻醉，应避免爪垫的负重区域。

操作程序

活检部位避免进行创伤性的操作。不能对采样部位进行清洁或术前准备操作，这些操作会移除对诊断有意义的表层结痂和皮屑。皮下注射局麻药（如斯托卡因、利多卡因、阿替卡因、奴佛卡因），注意不要注射得太浅表。利多卡因可能会降低有些病原菌活力，因此要对活检组织进行培养时应避免使用此药。

活检采样可用一次性贝克打孔器（4～8 mm）。将活检打孔器放置在病变部位，边旋转边用中等力度的压力向下按压采样。一旦打孔器穿透全层皮肤，就移开打孔器，皮肤样本仍连接在皮下脂肪组织上。然后用镊子夹住深层脂肪组织，注意避免损伤皮肤样本（防止镊子在表皮层上造成印痕，这会降低样本的诊断价值）。切断皮下脂肪组织以完成采样。如果皮肤很薄，或需要让病理学家分辨出样本的方向，可将样本放置在硬质的材料上固定住（一个硬纸板或压舌板）。然后将样本放入 10% 的福尔马林溶液中送检。

还可用手术刀进行经典的椭圆形皮肤切除术采样，这更适用于比较大的病变部位。

两种技术都可用于趾甲采样。如果趾甲比较柔软，可用 8 mm 的贝克打孔器从趾甲的外侧面，甲床部位和甲根部打孔采样。当趾甲够软可切开时，可用此方法。如果趾甲比较硬（更为常见），可能需要从第三趾骨处截断进行采样。显然，这不是一种理想的采样方法，因为许多宠主极其不愿意进行趾部截肢术。对悬趾进行活检可减少诊断性截肢术造成的负面影响。

采样后用缝线或皮钉闭合创口。

作　者　注

活检经常被用来排除鉴别诊断，而不是确诊。将活检打孔器置于病变中心非常重要，避免收集一半正常一半异常的组织样本，因为病理学家切开组织，有可能导致假阴性结果。

培养

细菌和真菌培养是皮肤病诊断的重要部分。任何深层蜂窝织炎样病变，特别是伴有瘘管的病变，都应该进行细菌和真菌培养。当怀疑结节性或肿瘤性病变有感染时，也应进行培养。

操作程序

用无菌棉签收集渗出物进行培养。

1. 用抽吸法收集水疱或脓疱内的样本。

2. 结痂和表皮环病变可以通过去除结痂或剥离表皮环的边缘，使用棉签擦拭新鲜的样本部位来采样。

3. 结节病变最好使用皮肤活检技术采样后进行培养。

4. 在收集培养样本前，应对浅表性化脓病变进行清洗，去除所有浅表性化脓性渗出物，用无菌生理盐水或灭菌用水清洁病变部位。这样清洁有助于减少样本中污染物的数量，然后重新挤出渗出物，用棉签采样送检至微生物实验室。

5. 耳道分泌物培养最适用于鼓室疾病应在灌洗和清洁之前采样。

6. 要培养深层皮肤组织，最好是用无菌活检法收集一块皮肤样本，送检到微生物实验室。对采样部位进行备皮，用无菌生理盐水或灭菌水充分冲洗。这能防止消毒液杀死病原微生物。收集到的皮肤样本放置到培养棉签上或无菌容器中（内含一滴无菌生理盐水），冷藏保存，并尽快寄送到实验室。注意应避免冷冻待培养的样本，这样会降低培养的准确性。实验室会粉碎送检样本，以便分离培养出真皮层中的微生物。

作 者 注

不要仅简单地擦拭有瘘管的病变，因为这样只会获得浅表的微生物，并错过更深层的感染。

聚合酶链式反应试验

聚合酶链式反应（PCR）试验，是用实验室技术扩增样本的 DNA。PCR 方法在鉴定病毒、细菌和真菌方面比其他诊断试验有更高的敏感性和特异性。未来 PCR 将成为诊断大部分皮肤感染的最有力的诊断工具。目前，大多数诊断实验室都能提供分枝杆菌、皮肤癣菌和其他深层真菌的 PCR 鉴定。因为这种技术发展极其迅速，临床医生可询问诊断实验室能进行的试验项目和对样本的要求。以便日常诊疗工作。

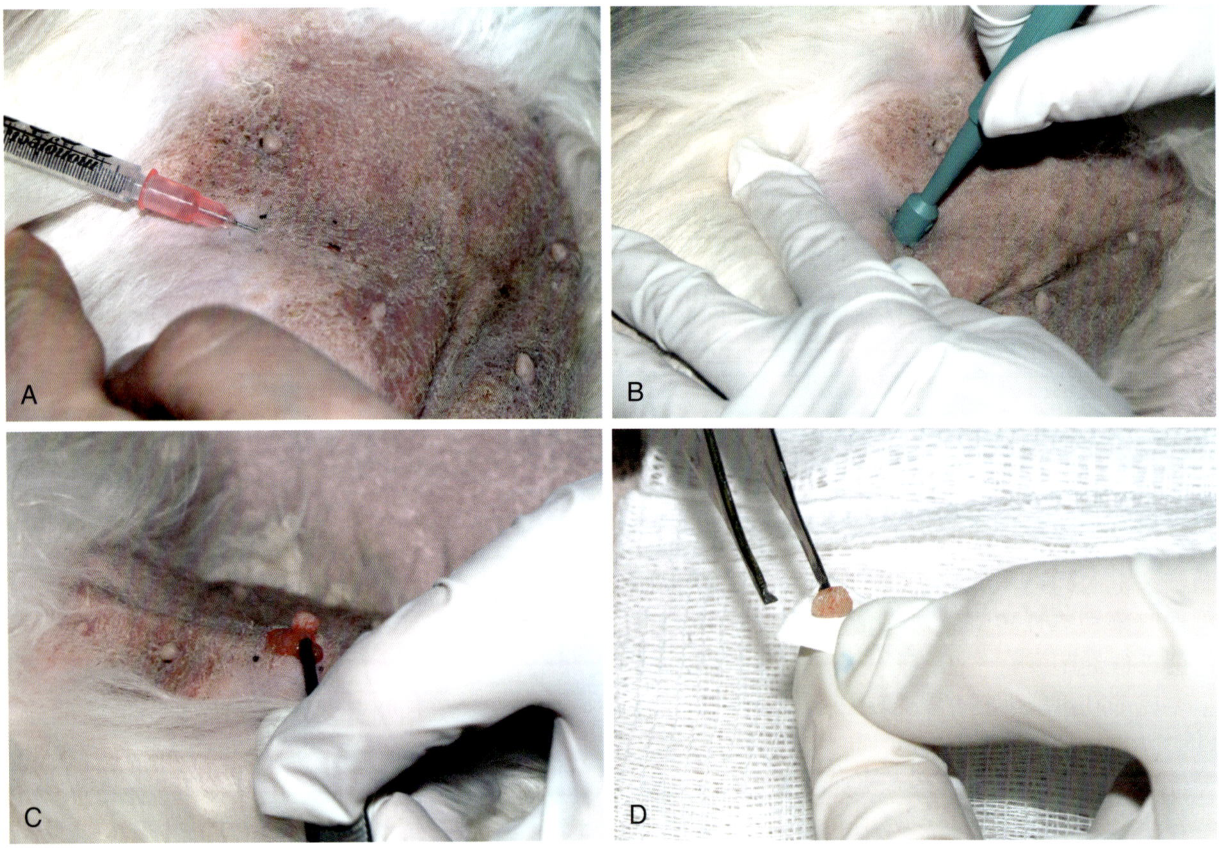

图 2-10 活检。A. 活检部位皮下注射麻醉药。不能对皮肤进行刷洗或手术备皮；这会移除有诊断意义的结痂或其他浅表病变。B. 用中等力度旋转一次性贝克打孔器采样； C. 夹住皮下组织，提起并切断皮下脂肪分离出活检组织。不能夹住皮肤本身，因为这样可能会破坏表皮结构。D. 将活检样本放置到硬表面上（如压舌板、索引卡、纸板）以防皮肤卷曲；然后将其放入福尔马林溶液中。

血清学检查

检测特定病原的抗体能提供以下信息，动物对某些真菌、立克次氏体及原虫病原体的接触、活性感染和缓解情况。这在鉴定立克次氏体和隐球菌感染时最有用。

免疫染色技术

直接免疫荧光检查是诊断自体免疫性皮肤病的独特诊断方法。直接免疫荧光检查在兽医皮肤病学上已应用 30 多年，但此方法的准确性和重复性仍存有疑议。所选的身体部位对其检查结果有极大影响；11%～78% 的正常爪垫或鼻部样本会出现假阳性结果。还发现同一样本的重复性不佳。其他新发展技术，如免疫过氧化物酶技术和单克隆抗体技术准确性更高，但实用性有限。

操作程序

使用传统活检技术进行样本收集。如果要进行免疫荧光试验，需使用米歇尔保存液。这一特殊溶剂的需求，使免疫荧光技术不被广大临床医生和诊断实验室所青睐。免疫过氧化物酶技术具有同样的诊断价值，而样本只需用福尔马林固定，无需使用额外的米歇尔保存液。应提前联系实验室询问能否检测，以及对送检样本的要求。

玻片压诊

玻片压诊是用载玻片，以中等力度按压发红病变的简单诊断技术。这时皮肤可能会变白（如血液被挤出而变白）或仍发红。这可用于鉴别血管炎性紫癜引起的血管扩张性红斑或瘀斑。荨麻疹病变是由血管扩张引发，会有液体的漏出，但无红细胞的漏出；因此在进行载玻片按压时，红色病变部位会变白。瘀斑（血管炎的典型表现）是由于红细胞漏出血管之外而引起。此时，红细胞在真皮中，因此在按压时病变不会变白。

过敏试验

血清学试验

过敏犬的血清免疫球蛋白水平会升高，这可用于鉴别和测定抗原特异性抗体水平。多家公司都提供此检测，而且也可在诊所进行。总体而言，检测前不需要停用某些药物，而这些药物可能会干扰传统皮内过敏试验结果；但此检测为免疫反应的一部分，因此抗炎药物可能会干扰其结果。与皮内过敏试验一样，在采血前，应考虑停用所有含类固醇类的药物。有些公司会明确要求停用类固醇类药。

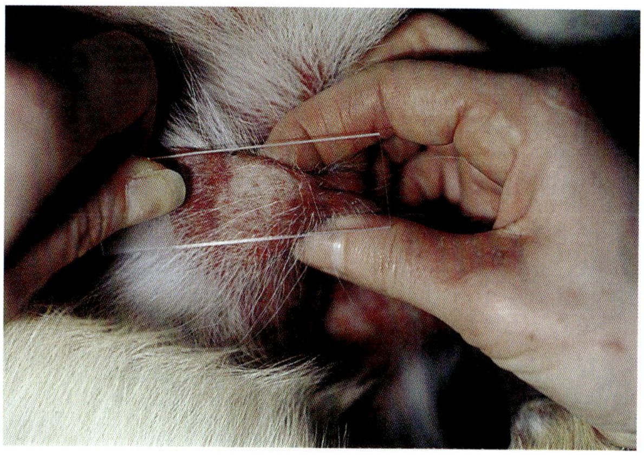

图 2-11　玻片压诊。用载玻片按压发红的病变。如果病变是血管扩张所引起（荨麻疹），就会发白（变白）。如果病变是瘀点或瘀斑（血液从血管中漏出 [血管炎]），皮肤仍发红（不会变白）。

皮肤试验

多年来，皮内过敏试验被认为是诊断和治疗犬异位性皮炎的金标准，通过此试验可选择脱敏治疗疫苗中所包含的过敏原。目前，它仍然是大多数兽医皮肤科医生使用的主要检测方法。对过敏的皮肤进行皮内过敏原检测。大多数动物都能很好地耐受，而且能马上得到结果。动物应镇静以降低焦虑或应激；停用抗组胺药物 10～14 天，而所有的类固醇药物都应停用至少 4 周。小心存放和保存用于检测的抗原，以保证检测抗原的质量，而且抗原还可用于脱敏治疗的疫苗制作。一般至少用 40 种左右的抗原，以保证检测的当地过敏原种类足够多。

操作程序

动物应该停用所有类固醇类药和抗组胺药。应镇静动物以免过度应激和释放可的松。用 40 号刀头对外侧胸壁进行剃毛，要避开病变皮肤或对皮肤进行清洁。用记号笔标记好进行注射的部位。用特定注射器注射 0.05～0.1 mL 预先稀释好的 1 000～1 500 蛋白氮单位浓度的（大多数过敏原）过敏原溶液。整个过程应该在 30 min 内完成，因为在 30 min 后可以对起初注射点进行判读。应评估每个注射点发红和肿胀的情况。注射组胺和生理盐水的对照点有助于判断反应的范围，可用 0～4 级的相对反应程度来判断每个注射点的反应情况。一个良好的阳性反应注射点应该看起来像是蜜蜂叮咬后的团块，肿块边缘清晰。阴性反应的注射点因注入液体，会表现出一定程度的肿胀，但不会出现红肿而且触诊边缘不清晰。

哪种试验更好？

基于这两种过敏试验结果分别定制的脱敏治疗，直接比较两者效果的研究很少。有限的信息指出，基于血清学过敏原检测结果制作的脱敏疫苗，治疗的平均疗效为 60%（55%～60% 犬有良好至优秀的改善）；而基于皮内过敏试验所制作的脱敏疫苗，治疗的平均疗效为 75%（50%～86% 的犬有良好至优秀的改善）。可能最为理想的过敏试验应该是将皮内注射试验和血清学过敏原检测相结合，判断更具代表性的结果。实际上，有些皮肤病专科医生已同时进行两种试验用于对异位性皮炎的评估了。

贴片试验

贴片试验是用于人过敏原检测的方法；然而品种差异和所使用绷带可能会造成医源性皮炎，因此动物不适合贴片试验。

治疗性诊断

通常需要进行治疗性诊断来排除某些潜在病因。

跳蚤

跳蚤过敏性皮炎是动物最常见的皮肤病之一。但梳毛等操作很容易移除跳蚤或跳蚤排泄物，导致临床医生很难发现跳蚤感染。因此患腰部皮炎的犬和所有有瘙痒症状的猫都应积极治疗潜在的跳蚤过敏性皮炎。目前，唯一能迅速杀死跳蚤成虫，终止跳蚤过敏反应的药物是烯锭虫胺（诺普星），每 24～48 h 用一次，持续一个月。烯啶虫胺只能杀死跳蚤和蝇蛆，通过预防跳蚤唾液的注入来改善皮炎。其他杀成虫药，如非泼尼罗、吡虫啉和赛拉菌素效果也不错，但需要等数月才能看到明显的改善，并且需要对所有动物都进行积极的治疗。由于梳理毛发和每种药物的局限性，跳蚤过敏的动物应每 2～3 周接受一次治疗。在严重感染的环境中，可能需要数周才能减少跳蚤的数量。这可能会被认为是疗效不佳，而事实上是存在大量跳蚤蛹的原因。

猫蠕形螨

猫戈托伊蠕形螨皮肤病引起瘙痒和脱毛，并具有传染性，在美国的南部地区特别常见。戈托伊蠕形螨很难被发现。因此需要进行每周一次石硫合剂浸泡，连续 4～6 周的治疗性诊断来排除戈托伊

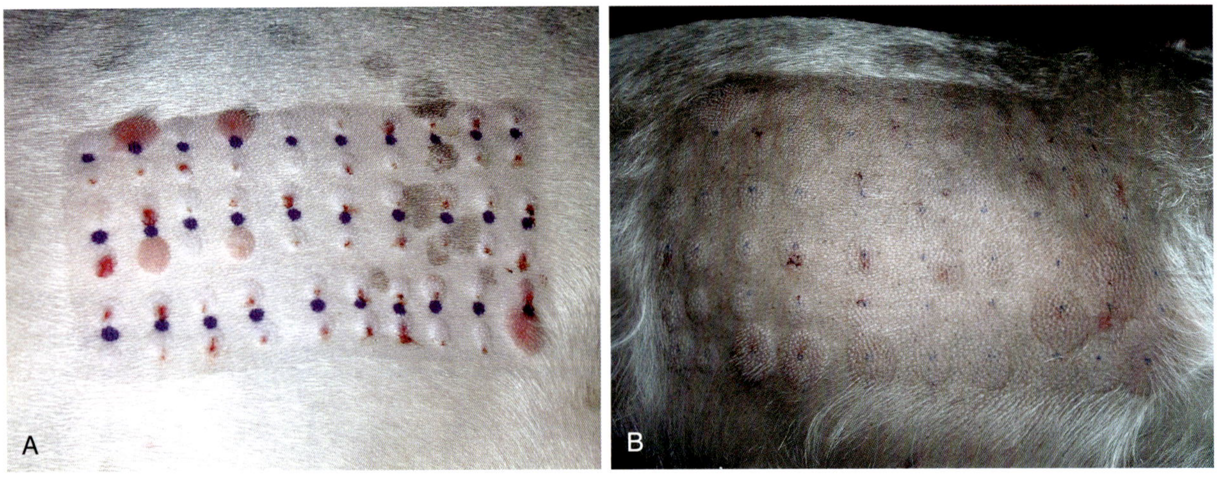

图 2-12　皮肤过敏试验。A. 皮肤过敏反应试验。阳性反应为边界清楚的红色丘疹，像蜜蜂叮咬反应。B. 注意有色皮肤的反应不明显。

蠕形螨感染的可能。其他治疗方法的效果不佳。

疥螨

疥螨目螨虫（如疥螨、耳螨、姬螯螨）感染都不常见，但地区感染率差异性很大。大多数螨虫感染在皮肤刮片时很容易发现，但有时很难找到虫体。用杀螨药进行治疗性诊断可排除这些螨虫。

食物试验

目前，食物过敏试验是唯一能确定或排除食物过敏性瘙痒的方法。并无其他体外试验能够检测该病。限制成分的商品粮营养平衡，可长期使用。如果拒食所有限制成分的商品粮，通常可用家庭自制食物。在 12 周的试验期间，患宠应该进食仅含一种或两种成分的食物。不能摄入额外的零食，或在野外活动进食（捕猎）。12 周的试验完成后，评估整体改善的情况。最好通过再饲喂之前的食物，以确定或排除食物过敏。如果是食物过敏，在这 12 周的食物试验中会有改善，然后在食用之前食物后的数小时至数天内会重新发病。一旦确认对某种特定的食物过敏，就应食用平衡粮进行长期的控制。平衡粮可为家庭自制食物配合营养添加剂，或不会引起过敏的商品粮。

若宠主或患宠无法遵守 12 周内严格地限制食物成分，犬的食物仅避开所有牛肉、所有乳制品和所有鸡肉成分，不需异常困难的食物限制，也可能得到明显改善。

第3章 细菌性皮肤病
Bacterial Skin Diseases

- 犬脓皮病
- 脓性创伤性皮炎（急性湿性皮炎，热斑）
- 脓疱病（浅表脓疱性皮炎）
- 浅表脓皮病（浅表细菌性毛囊炎）
- 深层脓皮病
- 下颏脓皮病（犬痤疮）
- 皮褶炎（擦烂、皮褶脓皮病）
- 黏膜皮肤脓皮病
- 鼻部脓皮病（鼻部毛囊炎和疖病）
- 细菌性爪部皮炎
- 犬趾间疖病（趾间大疱，趾间脓性肉芽肿）
- 皮下脓肿（犬猫争斗/咬伤性脓肿）
- 葡萄状菌病（细菌性假足菌肿病、皮肤细菌性肉芽肿）
- L型感染
- 放线菌病
- 诺卡氏菌病
- 条件致病性分枝杆菌病（非典型性分枝杆菌肉芽肿，分枝杆菌性脂膜炎）
- 猫麻风病综合征
- 犬麻风样肉芽肿综合征（犬麻风病）
- 结核病
- 鼠疫

犬脓皮病
Canine Pyoderma

脓皮病是一种化脓性皮肤细菌感染，是犬最常见的皮肤疾病之一。尽管脓皮病中最常见的细菌是假中间型葡萄球菌，但也能分离到其他葡萄球菌，包括：施氏葡萄球菌（S. lugdunensis）、金黄色葡萄球菌和路邓葡萄球菌。脓皮病总是继发于潜在的疾病过程，主要有蠕形螨病、过敏性皮肤病和内分泌疾病（框3-1）。因此，如果根本原因无法识别和纠正，脓皮病还会复发。

脓皮病倾向于发生在有毛皮肤、反复受损皮肤（例如瘙痒处、压力点）、身体褶皱和皱纹，以及躯干的皮肤，并且常呈现不对称分布。临床表现其瘙痒程度不一，可能有或无。该病分类主要基于细菌感染的深度，其病变很典型，且临床表现具有辨识度。对脓皮病类型（表面、浅表或深层）的识别，以及对细菌存在的细胞学确认，为诊断和制定初步治疗方案提供了依据。如果需要，可以对大部分首次发作的脓皮病进行经验性的全身抗微生物治疗。到目前为止，浅表细菌性毛囊炎（SBF）是犬中最常见的脓皮病。

抗菌耐药性感染是医疗领域的新问题。获得mecA基因的葡萄球菌属于耐甲氧西林型（与苯唑西林同义），提示对青霉素、头孢菌素和碳青霉烯类耐药。通常耐甲氧西林葡萄球菌（MRS）也会对其他抗菌药物产生耐药性。在动物医药领域，由于反复全身性抗生素治疗（特别是氟喹诺酮类药物），未达推荐剂量的全身性抗生素使用（剂量或持续时间），长期使用类固醇治疗，未能识别和处理反复感染的潜在病因，以及患宠与人类医疗卫生工作者或设施接触等原因，导致MRS正变得越来越常见。

耐甲氧西林假中间型葡萄球菌（MRSP）是一种潜在的人兽共患病，但人类的感染在健康人群中似乎很少见；然而，通常认为免疫抑制人群感染MRS的风险会增加。耐甲氧西林金黄色葡萄球菌（MRSA）的传播主要是由人感染动物（反向人兽共患病），但是，这些动物可能会成为隐性的人兽共患病携带者。考虑到（反向）人兽共患病的可能性，兽医师必须对每个脓皮病病例实施良好的感染控制措施（例如洗手、清洁和消毒），这些措施在明确记录是MRS的病例上应

框 3-1　继发浅表和深层脓皮病的病因

- 体外寄生虫（如蠕形螨、疥螨、跳蚤）
- 过敏性皮肤疾病（如跳蚤叮咬过敏、异位性皮炎、食物过敏）
- 内分泌病（如甲状腺功能减退、肾上腺皮质功能亢进、性激素失衡）
- 角化和皮脂溢疾病
- 免疫抑制治疗（如糖皮质激素、孕激素、细胞毒性化疗）
- 创伤（如咬伤、穿透创、洗澡时过度清理）
- 毛囊发育不良（如色素稀释性脱毛）
- 其他皮肤疾病

更加注意（例如手套、保护性外套，将 MRS 患宠与其余住院动物隔离）。如果家庭成员或与患宠亲密接触的人存在免疫抑制，兽医应积极评估人兽共患病和传染病的风险，对患宠样本进行培养，鉴别 MRS，同时考虑将患宠与高危人群隔离等等。

临床上，MRS 引起的脓皮病与敏感条件致病性葡萄球菌无法区分。因此，根据患宠病史，结合临床和细胞学检查，可提示抗菌剂的耐药性（框 3-2）。当有证据表明符合这些感染的某一种时，根据脓皮病的范围和严重程度以及特定的患宠因素，认为有必要使用全身性抗生素，那么应进行细菌培养（包括菌种鉴定）和药敏试验。当培养结果显示为 MRS 脓皮病时，可以向宠主提供简单的卫生措施，以帮助减少恐惧，并加强患宠的护理（框 3-3）。此时，除非存在患宠或人类健康隐患，否则没有必要或推荐对临床健康的宠物进行 MRS 的常规筛查。

脓皮病的外部治疗包括使用抗菌香波，摩丝或泡沫，喷剂，浸洗剂，油膏，乳膏，凝胶和湿巾，其中活性成分通常包括 2%～4% 氯己定（也可与咪康唑联合）、过氧化苯甲酰、乳酸乙酯、漂白剂和银制剂。通常，非冲洗型外部制剂会具有较长的治疗效果。鉴于莫匹罗星软膏在人类 MRS 病例中的常规应用，因此，除非其他外部治疗失败，并且基于培养和药敏试验没有别的治疗选择时，否则应避免在犬 MRS 脓皮病中使用莫匹罗星软膏。虽然外用神经酰胺乳膏本身无抗菌活性，但可能有助于改善皮肤的屏障功能，尤其是对异位性皮炎患犬，因此，可以降低感染再次发生。如果认为有必要进行全身性抗生素治疗，则应选择正确的抗菌剂种类和剂量（表 3-1 和表 3-2）。在治疗脓皮病期间，不建议使用糖皮质激素，因为临床表现会使宠主和兽医产生错觉。如果犬瘙痒严重，在使用糖皮质激素前可以考虑使用奥拉替尼（3～7 d）。无论是否存在甲氧西林耐药，都应在接近治疗结束前重新检查

表 3-1　犬脓皮病的分类

感染的深度或脓皮病	病变特征	对应的临床疾病	常规治疗方案
表面脓皮病：最外层皮肤的感染	红斑、表面渗出、结痂、糜烂、抓痕、轻微突出的斑块	脓性创伤性皮炎 皮褶炎	通常只需要外部治疗以清除细菌和过度分泌的皮脂，直至临床症状消退 控制感染时还可做支持疗法
浅表脓皮病：毛囊和毛囊间上皮细胞的感染	红斑性斑点、丘疹、脓疱、结痂性丘疹、皮屑、结痂、表皮环、糜烂、抓痕、色素过度沉着、苔藓样变、脱毛斑	脓疱病 浅表细菌性毛囊炎 浅表扩散性脓皮病（剥脱性浅表脓皮病） 黏膜皮肤脓皮病	局灶性病变可能仅需要外部治疗。 如果有必要，全身性抗生素至少使用 3 周，在临床症状消退后再用药 1 周。 辅助性外部治疗能加快恢复。 高度抗菌剂耐药菌感染，需要每 24～48 h 更换一种不同的外部治疗，直至临床症状消退后再用药一周。 识别潜在病因，减少今后复发脓皮病的频率。
深层脓皮病：真皮、皮下组织或更深层软组织的感染	结节、斑块、疖疮、血疱、波动至坚实的软组织肿胀、瘘管、组织失活、凝胶状皮肤、溃疡、坏死、瘢痕性脱毛、色素过度沉着、皮肤增厚	深层脓皮病（鼻部、下颏、压力点、趾间和化脓性创伤） 洗澡后疖病 蜂窝织炎 肢端舔舐性皮炎（舔舐性肉芽肿）	根据组织培养结果选择全身性抗生素。 待临床症状消退后，抗菌治疗至少持续 2 周（总共 6～12+ 周）。 辅助性外部治疗可加快恢复。

患宠，以确定脓皮病临床症状是否完全消退。MRS 浅表脓皮病可以通过每日或隔日使用外部治疗，同时尽可能使用全身性抗生素而得到有效控制，但这类感染的临床恢复时间会更长。

表 3-2　细菌性皮肤感染的全身性抗微生物治疗

一线药物——经验性抗菌治疗	
阿莫西林克拉维酸	13～25 mg/kg PO q 8～12 h
头孢拉定	22 mg/kg PO q 8～12 h
头孢泊肟	5～10 mg/kg PO q 24 h
头孢氨苄	30 mg/kg PO q 12 h
头孢维星	8 mg/kg SC q 2 周
林可霉素	15～25 mg/kg PO q 12 h
奥美普林 - 磺胺二甲嘧啶	第一天 55 mg/kg PO q 24 h，之后 27.5 mg/kg PO q 24 h
甲氧苄啶 - 磺胺嘧啶或磺胺甲噁唑	15～30 mg/kg PO q 12 h
二线药物——细菌培养确定的抗菌治疗	
阿米卡星	15～30 mg/kg SC,IM, 或 IV q 24 h
氯霉素	40～50 mg/kg PO q 8 h
克林霉素 *	11 mg/kg PO q 12 h
强力霉素	5～10 mg/kg PO q 12 h 10 mg/kg PO q 24 h
恩诺沙星	10～20 mg/kg PO q 24 h
庆大霉素	9～14 mg/kg SC, IM, 或 IV q 24 h
马波沙星	2.75～5.5 mg/kg PO q 24 h
米诺环素	10 mg/kg PO q 12 h
奥比沙星	7.5 mg/kg PO q 12 h
普多沙星	3 mg/kg PO q 24 h
利福平	5～10 mg/kg PO q 12～24 h
最后一线抗菌治疗	
利奈唑酮，替考拉宁，万古霉素 极不推荐，因为这些抗生素药物是人类最后的防线。建议咨询专家。	

* 需要使用 AD- 试验来确定耐红霉素的葡萄球菌中克林霉素的易感性。
IM：肌肉注射；IV：静脉注射；q：每隔；SC：皮下注射

框 3-2 细菌皮肤培养的适应证

- 人类家庭成员免疫功能不全或免疫抑制，或人兽接触感染耐甲氧西林葡萄球菌的风险增加时。
- 合理的全身性经验治疗无效。
- 存在深层病变（例如：结节和瘘管）。
- 患宠已连续使用全身性抗生素超过 30d。
- 患宠以前曾重复使用过全身性抗生素疗程。
- 存在浅表脓皮病的反复发作（例如：丘疹、脓疱、结痂、表皮环或脱毛斑）。
- 患宠先前已诊断过耐药性细菌感染（例如：耐甲氧西林葡萄球菌感染）。
- 患宠家中已有人被诊断为耐甲氧西林金黄色葡萄球菌感染，或耐药性细菌感染，或者家庭成员是人类健康护理工作者，或从事人类医疗保健设施工作。
- 患宠近期有过住院经历或留置外科设备的经历。
- 浅表或深层病变的皮肤细胞学检查发现杆状细菌为主的病例。

病变培养优先选择原发病变（例如：脓疱、结节）。可从脓疱中吸出脓性物质并转移至培养皿中。用于培养的深层结节病变，最好采用无菌楔形活检。必要时，可以使用培养试剂擦拭结痂下面的皮肤或表皮环边缘进行培养。必须告知参考实验室有关所需培养物类型的信息（如需氧、厌氧、分枝杆菌、真菌）。

框 3-3　对耐甲氧西林感染犬主的简单卫生推荐规范

- 请让儿童和免疫功能不全或免疫抑制的人员（癌症患者、HIV/AIDS、接受免疫抑制药物治疗的患者、糖尿病）远离患宠。
- 对患宠伤口进行外部治疗时应佩戴手套。
- 包扎好患宠身上所有开放性渗出伤口。
- 保持个人伤口处于包扎良好和受保护状态。
- 避免患宠舔舐人的面部和伤口。
- 避免与患宠共用一张床。
- 避免与患宠共用毛巾和床单。
- 定期清洗（洗涤剂）并加热干燥患宠的床上用品，并与人的衣服和床单被褥分开。
- 避免使用人类保健设施治疗患宠。
- 努力限制感染的传播，尽量避免去宠物寄养场所和犬公园，直到患宠彻底清除感染。
- 如果任何接触的人出现皮肤病变（如丘疹、疖疮、肿胀）或关心个人健康问题时，请咨询您的私人医生。
- 彻底执行抗生素治疗方案，并进行后续检查。按推荐使用处方开具的外部治疗，并记住用药后要洗手。
- 必须寻找和管理造成细菌感染的潜在医疗或外科原因，以便最终解决感染（并预防复发）。
- 处理完患宠和其食盆水盆、笼子和玩具后，应洗手或使用含酒精的洗手液。此外，在去洗手间之前和之后应洗手。记住长辈教你洗手的所有细节（例如，在准备食物之前洗手，使用肥皂，避免飞溅，用唱两遍“祝你生日快乐”的时间轻轻揉搓双手，最后将手擦干）。
- 定期清理患宠的粪便（犬）和猫砂盆（猫），并丢弃在垃圾桶中。
- 想了解更多相关信息，可在以下网址搜索关键词“耐甲氧西林假中间型葡萄球菌”和“耐甲氧西林金黄色葡萄球菌”进行查询，网址为 www.wormsandgermsblog.com,www.bsava.com 和 www.thebellamossfoundation.com

脓性创伤性皮炎（急性湿性皮炎，热斑）Pyotraumatic Dermatitis (Acute Moist Dermatitis, Hot Spots)

特征

脓性创伤性皮炎继发于自我损伤，是皮肤表面速发性细菌感染。当动物瘙痒或受到疼痛刺激时，舔舐、啃咬、搔抓或摩擦制造局部病变（框 3-4）。该病为季节性疾病，常发生于炎热、潮湿季节。跳蚤是最常见的刺激因素。该病常见于犬，尤其是密毛、长毛犬，罕见于猫。

脓性创伤性皮炎表现为急性瘙痒，皮肤出现红斑、脱毛、潮湿和糜烂，病变区迅速扩大，界限清楚。常为单一病变，但也可能为多个，常有疼痛。最常发病的部位为躯干、尾根、大腿外侧、颈部和面部。有时发展为浅表脓皮病。

主要鉴别诊断

鉴别诊断包括浅表脓皮病、蠕形螨病、皮肤癣菌病。

诊断

1. 根据病史、临床症状排除其他类似疾病。
2. 细胞学（皮肤压片）：可见混合细菌的化脓性炎症。

治疗和预后

1. 鉴定并纠正潜在的病因（框 3-4）。
2. 积极的跳蚤管控。
3. 局部剃毛清洗，必要时给予镇静剂。
4. 局部使用干燥剂或收敛剂（如 5% 醋酸铝），每 8～12 h 一次，连用 2～7 d。禁用含有酒精的药物。
5. 如果瘙痒轻微，可以使用外部镇痛剂（如利多卡因、盐酸普莫卡因）或含有皮质类固醇的膏剂或溶液，每 8～12 h 一次，连用 5～10 d。
6. 如瘙痒剧烈，短期使用奥拉替尼（爱波克）或类固醇药物，如地塞米松磷酸钠注射液（最大剂量 0.1 mg/kg 皮下注射或肌肉注射）或泼尼松（0.5～1.0 mg/kg，口服，每 24 h 用药一次，连用 5～10 d），可能有效。
7. 如果中心病变周围有丘疹或脓疱，用全身性抗生素治疗 3～4 周（表 3-2）。
8. 若潜在病因得以解除，则预后良好。

框 3-4　引起脓性创伤性皮炎的原因

- 跳蚤
- 其他寄生虫（如虱子、姬螯螨、疥螨）
- 过敏（如异位性皮炎、食物、跳蚤叮咬）
- 肛门囊疾病
- 外耳炎
- 毛囊炎（如细菌、蠕形螨病、皮肤癣菌）
- 创伤（如小伤口、异物）
- 接触性皮炎

作者注

可以使用氟喹诺酮类抗生素，但可能增加甲氧西林耐药的风险。

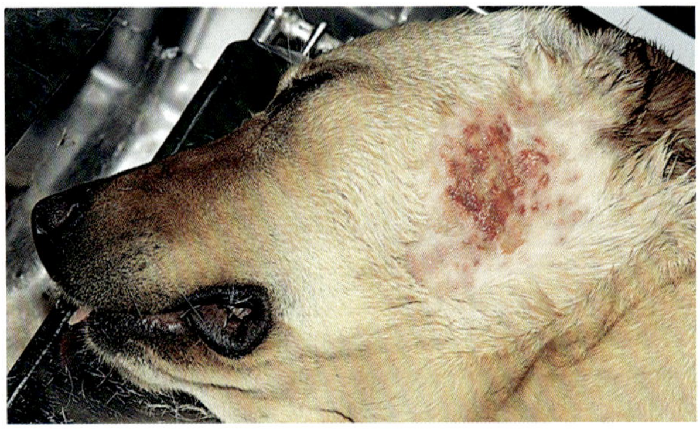

图 3-1　脓性创伤性皮炎。耳根部的这种潮湿、糜烂病变是主要的病变特征。

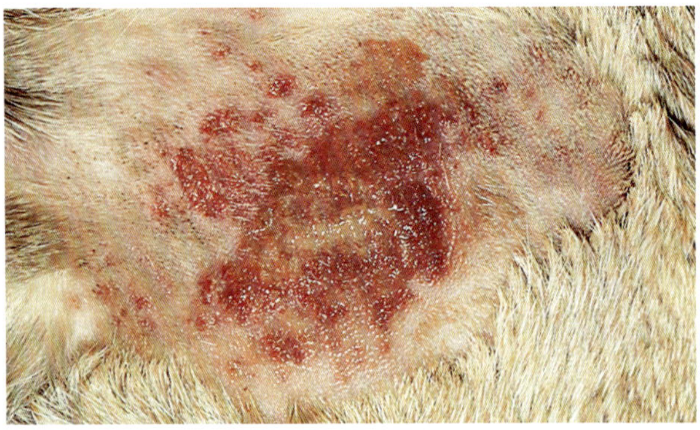

图 3-2　脓性创伤性皮炎。图 3-1 中犬的近观，病变表面潮湿、糜烂明显。周围的丘疹表明浅表脓皮病在扩大。

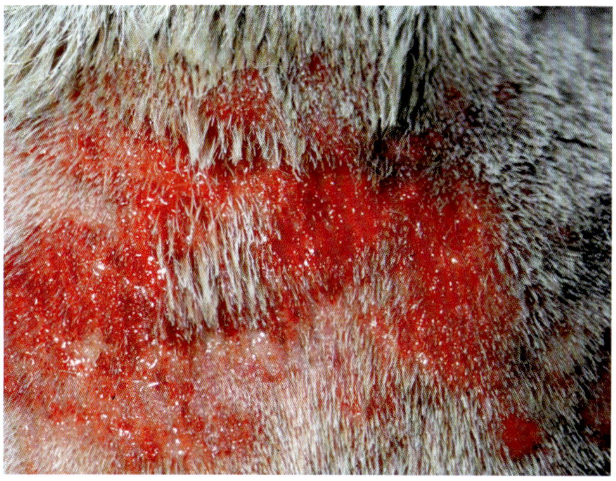

图 3-3 脓性创伤性皮炎。主要病变部位近照，显示糜烂性病变处伴有浆液性渗出。

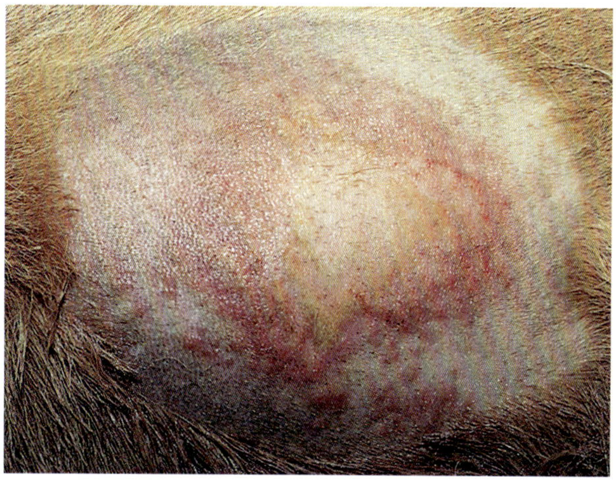

图 3-4 脓性创伤性皮炎。犬腰部跳蚤过敏性皮炎的早期浅表病变（剃毛后）。周围的丘疹表明有扩散的细菌性毛囊炎。

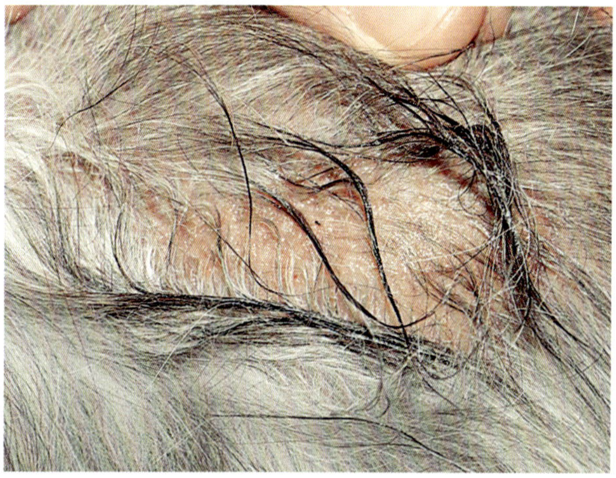

图 3-5 脓性创伤性皮炎。跳蚤过敏的猫背部迅速出现的潮湿病变。

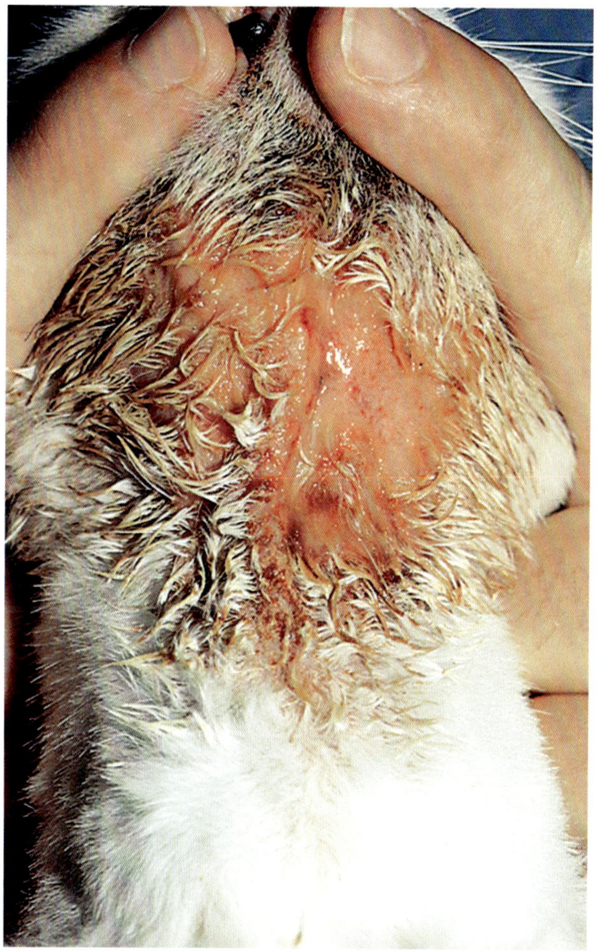

图 3-6 脓性创伤性皮炎。食物过敏的猫，其颈腹侧糜烂严重，有脓性分泌物。

脓疱病（浅表脓疱性皮炎）
Impetigo (Superficial Pustular Dermatitis)

特征

脓疱病是无毛区皮肤的浅表性细菌感染，可能与易感疾病或其他潜在病因有关，如体内、外寄生虫，营养不良或环境不洁。常发生在初情期前的青年犬。

脓疱的特点是局限在腹股沟和腋下皮肤的非毛囊性小脓疱、丘疹和结痂。病变无疼痛或瘙痒。

主要鉴别诊断

鉴别诊断包括蠕形螨病、浅表脓皮病、皮肤癣菌病、昆虫叮咬、早期疥螨病。

诊断

1. 根据病变特点、病史、临床症状排除其他类似疾病进行诊断。

2. 细胞学（脓疱）——可见中性粒细胞和球菌。

3. 皮肤组织病理学——非毛囊性角质层下脓疱，含有中性粒细胞和球菌。

4. 细菌培养——葡萄球菌。

治疗和预后

1. 鉴定并去除任何诱发因素（卫生差和营养不良）。

2. 感染部位用含氯己定的抗菌香波清洗，每 24～48 h 一次，连续 7～10 d。

3. 如果病变数量不多，外部使用莫匹罗星、新霉素软膏或乳膏，每 12 h 一次，用药 7～10 d。

4. 若外部治疗疗效不佳，可合理地使用全身性抗生素 3 周，临床症状完全消除后继续治疗 1 周（表 3-2）。

5. 预后良好。

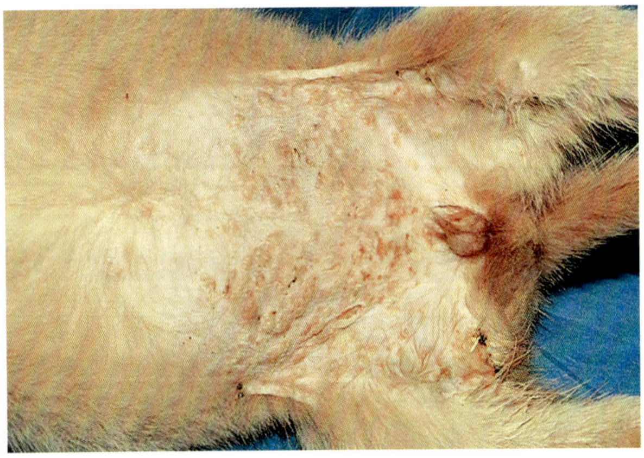

图 3-7　脓疱病。幼犬腹部大量的浅层脓疱和结痂是该病的典型症状。

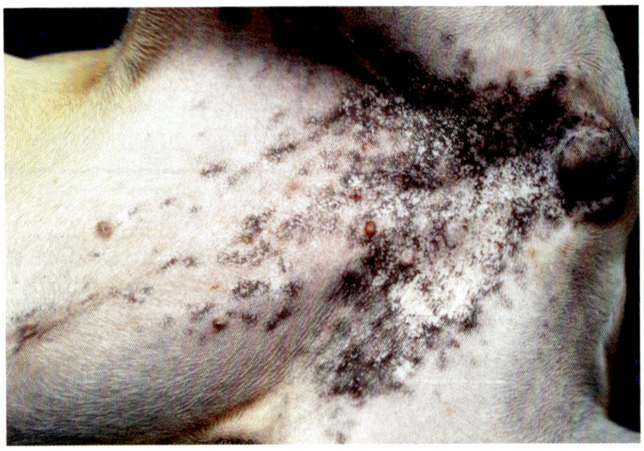

图 3-8　脓疱病。幼犬腹部色素沉着的色斑形成，提示慢性的病变过程。注意仍可见丘疹性皮炎。

浅表脓皮病（浅表细菌性毛囊炎）Superficial pyoderma (Superficial Bacterial Folliculitis)

特征

浅表脓皮病是毛囊及其邻近表皮的浅表细菌感染。感染总是继发于潜在病因，过敏和内分泌病是最常见的潜在病因（框 3-5）。该病是犬最常见的皮肤病之一，而猫罕见。

病变呈局灶性、多灶性或全身性，表现为丘疹、脓疱、结痂、皮屑和/或表皮环或红斑环和脱毛，病变中心可能有色素过度沉着。短毛犬常表现为“虫蛀”样脱毛斑，小撮被毛竖立或白色被毛变成红褐色。这些病变常被误认为是荨麻疹。长毛犬的症状可能不明显，包括被毛干枯、无光泽，皮屑和大量脱毛。不论是长毛还是短毛品种，主要的病变通常被残留的毛发所掩盖而不明显，如果剪去患处被毛，则可清晰显露病变。瘙痒程度不一，从无瘙痒到剧烈瘙痒。继发于内分泌病的细菌感染可引起瘙痒，因而类似过敏性皮肤病。

假中间型葡萄球菌（旧称中间型葡萄球菌）是从犬脓皮病中分离出的最常见细菌，通常仅存于犬。施氏葡萄球菌是存在于犬和人类的新兴菌种，在患有慢性感染和用过抗生素的犬中常被分离到。假中间型葡萄球菌和施氏葡萄球菌都可产生甲氧西林耐药，尤其在应用过治疗量不足的抗生素或氟喹诺酮类抗生素的患宠。另外，耐甲氧西林金黄色葡萄球菌（人类 MRS）在兽医临床中正变得越来越常见。这三种葡萄球菌均为人兽共患，可从人类传染给犬或从犬传染给人类，免疫抑制的个体被感染的风险更大。

框 3-5 继发浅表和深层脓皮病的病因

- 蠕形螨病、疥螨、类圆小杆线虫
- 过敏（如异位性皮炎、食物、跳蚤叮咬）
- 内分泌疾病（如甲状腺功能减退、肾上腺皮质功能亢进、性激素紊乱）
- 免疫抑制治疗（如糖皮质激素、孕激素药物、细胞毒性药物）
- 自体免疫性和免疫介导性疾病
- 创伤或咬伤
- 其他皮肤病

主要鉴别诊断

鉴别诊断包括蠕形螨病、皮肤癣菌病、疥螨病、自体免疫性皮肤病。

诊断

1. 排除其他类似疾病。
2. 细胞学（脓疱、皮肤压片）——可见中性粒细胞和球菌。
3. 皮肤组织病理学——表皮的小脓肿，非特异性浅表性皮炎，毛囊周炎和毛囊炎。病变内可能难以发现细菌。
4. 细菌培养——葡萄球菌。

治疗和预后

1. 鉴定并去除潜在病因。
2. MRSP 是一种潜在的人兽共患病，它正在迅速成为兽医医学、伦理和法律领域的严肃问题。感染在健康人群中极少发生；然而，免疫功能低下的人群被认为其感染 MRS 的风险增加。MRS 的传播主要是从人感染宠物（反向人兽共患），但这些动物可能成为这种人兽共患病的隐性携带者。兽医师必须对每种脓皮病患宠实施良好的感染控制措施（如洗手、清洁和消毒），这些措施在明确记录是 MRS 的病例上应更加注意（例如手套、保护性外套，将 MRS 患宠与其余住院患宠隔离）。如果家庭成员或与患宠密切接触的人群具有免疫功能不全，兽医师应积极评估人兽共患病和传染病的风险，对患宠样本进行培养，鉴别 MRS，同时考虑将患宠与高危人群隔离，包扎好患宠身上任何一处开放性渗出伤口，保持个人伤口处于包扎良好和受保护状态，避免患宠舔舐人的面部和伤口，避免与患宠共用一张床，避免与患宠共用毛巾和床单。
3. 应用全身性抗生素（至少 3～4 周），待临床症状完全消除和细胞学检查阴性后，再用药 1 周（表 3-2）。
4. 用含有氯己定或过氧化苯甲酰的香波，每 2～7 d 洗澡一次，有助好转。

5. 如果停用抗生素 7 d 内复发，说明治疗期短，应再用较长时间的抗生素，还需努力查找并控制潜在疾病。

6. 如在抗生素治疗期病变未完全消退，或抗生素治疗无效，提示病原对抗生素有耐药性，应进行细菌培养和药敏实验。

7. 如果怀疑或证实对抗生素有耐药性，应提高洗澡的频率（可每天洗浴），外部应用氯己定溶液，同时使用两种不同类型的高剂量抗生素，也许能达到最好的效果。应用细胞学检查监测感染情况，并进行细菌培养和药敏实验，这对于决定何时停止使用抗生素非常重要。过早终止治疗，未能完全控制原发疾病，以及使用氟喹诺酮类抗生素，均可能会延长耐药性感染。

8. 如能鉴定并去除或控制潜在病因，则预后良好。

作者注

浅表脓皮病是犬最常见的皮肤病之一，总是存在潜在病因（过敏或内分泌病）。

头孢泊肟、奥美普林 - 磺胺间二甲氧嘧啶（前体）和头孢维星等是被普遍接受的药物，使用高剂量有助于减少耐药性的产生。

在美国某些地区，耐甲氧西林金黄色葡萄球菌（MRSA）、耐甲氧西林施氏葡萄球菌（MRSS）和耐甲氧西林假中间型葡萄球菌（MRSP）正成为令人困扰的问题。

引起耐药性的风险因素包括之前应用过氟喹诺酮类抗生素、应用亚治疗剂量抗生素和同时使用类固醇治疗。

每日洗澡和外部治疗是控制感染非常好的方法。

加大抗生素的剂量及同时使用 2 种抗生素以防产生耐药性。

要养成良好的卫生习惯（洗手）以预防人兽共患病。

对与老人或病人接触过的犬，应该考虑做耐药菌株筛查，以防止传染。鼻部、唇部、腋下和耳廓区域适合采样，进行细菌培养做 MRS 筛查。

浅表细菌性毛囊炎的分布模式

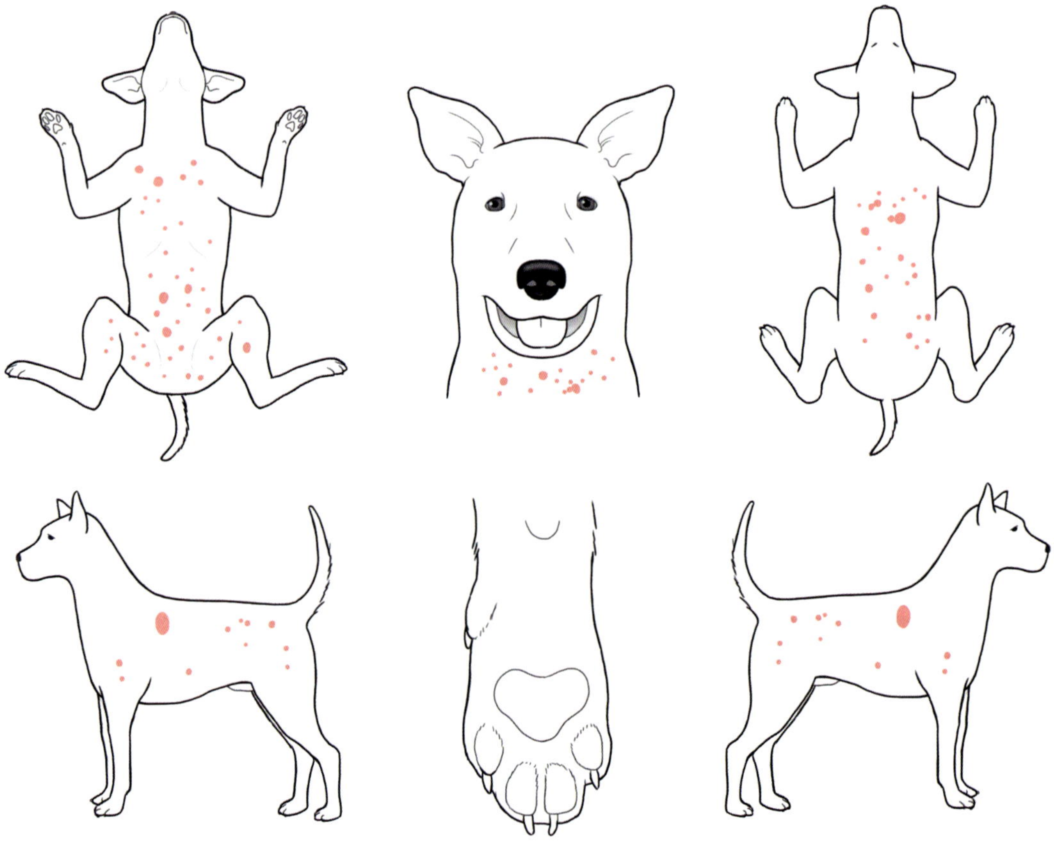

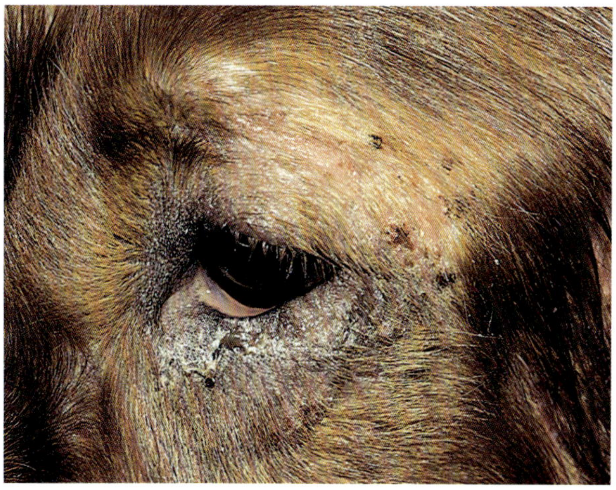

图 3-9　浅表脓皮病。过敏的爱尔兰赛特犬眼周围脱毛、丘疹和红斑，这是细菌性毛囊炎的典型症状。

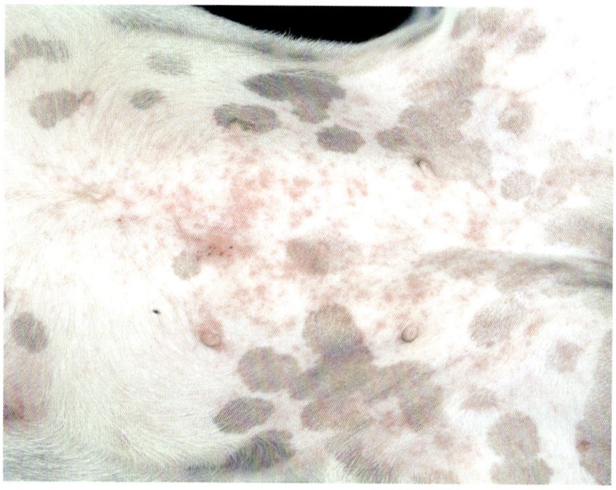

图 3-10　浅表脓皮病。过敏犬腹部由多耐药施氏葡萄球菌引起的丘疹。脓皮病的典型表现——丘疹在使用高剂量抗生素后仍不消失，提示存在抗生素耐药菌。

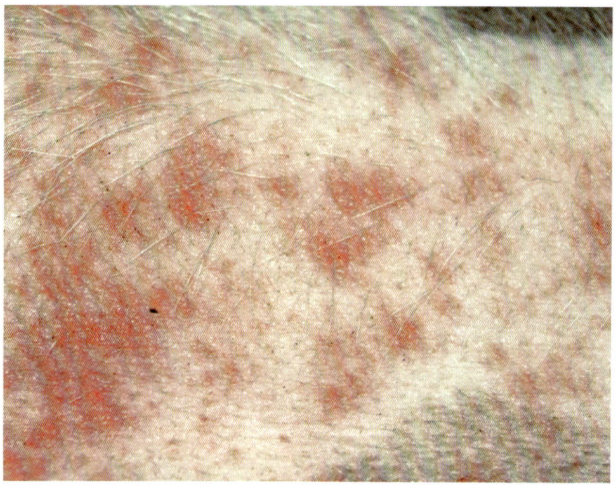

图 3-11　浅表脓皮病。图 3-10 中丘疹的近观。

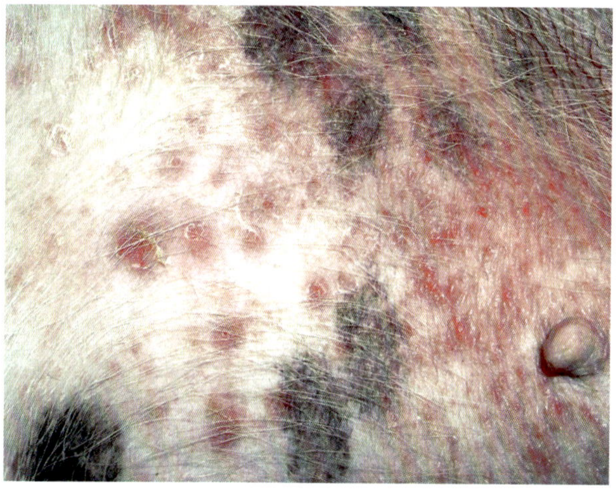

图 3-12　浅表脓皮病。丘疹性皮炎形成融合性病变，表现为红色斑块。注意丘疹演变的早期表皮环。

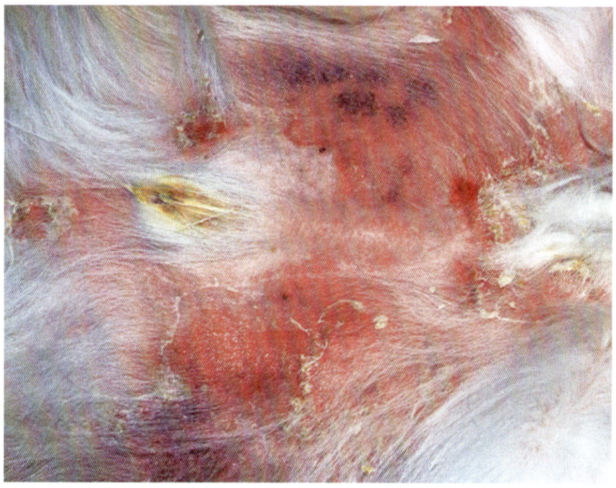

图 3-13　浅表脓皮病。多耐药菌感染引起的严重红斑性皮炎，伴有巨大表皮环。

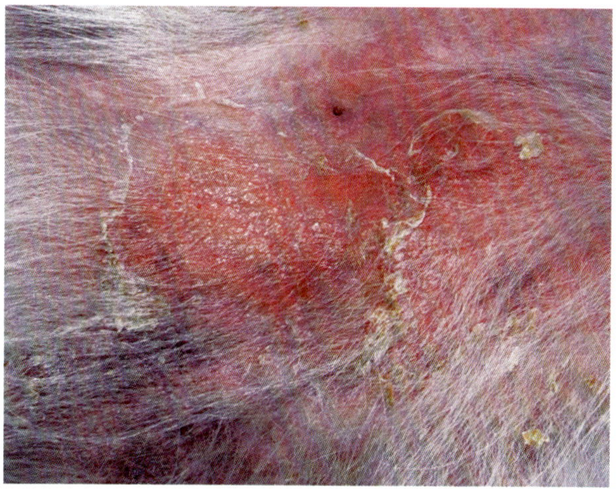

图 3-14　浅表脓皮病。图 3-13 犬的近观，可见严重红斑性皮炎，伴有表皮环形成。

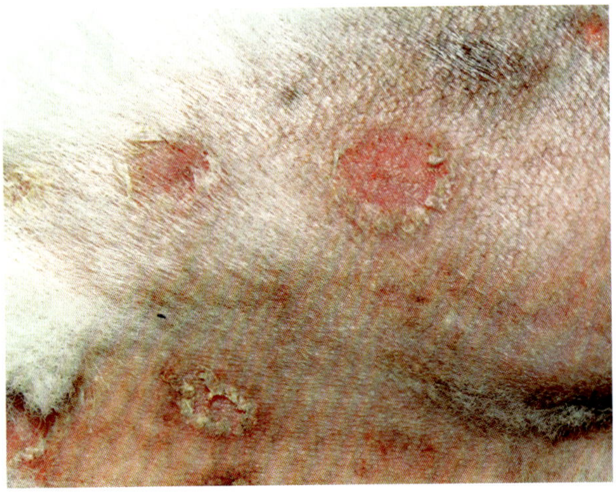

图 3-15　浅表脓皮病。治疗中的脓皮病患犬，身上为典型的表皮环。

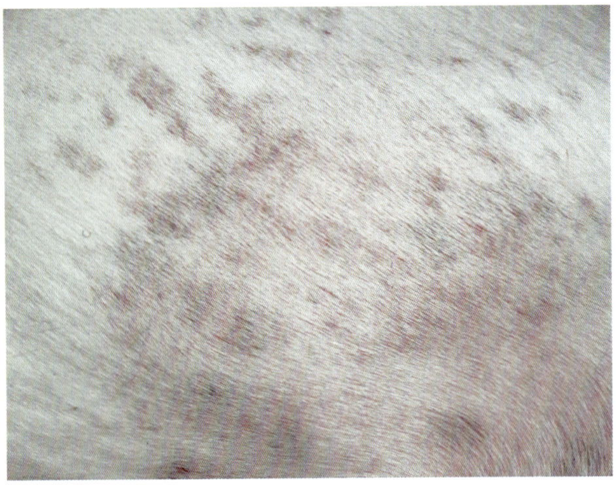

图 3-16　浅表脓皮病。被毛呈“虫蛀”样外观，这是患脓皮病的短毛犬的典型表现。

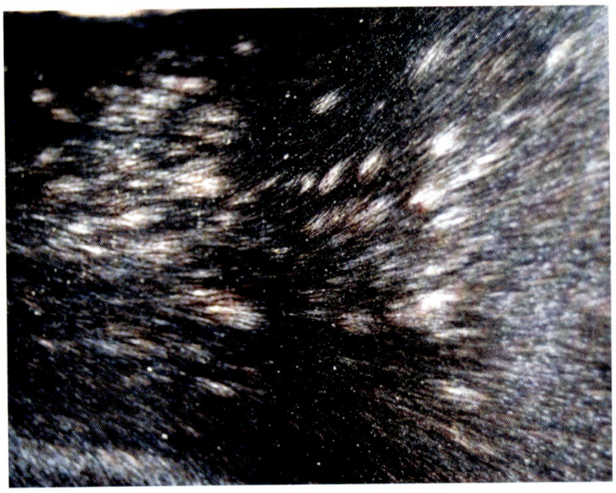

图 3-17　浅表脓皮病。患脓皮病的短毛犬被毛呈“虫蛀”样脱毛。

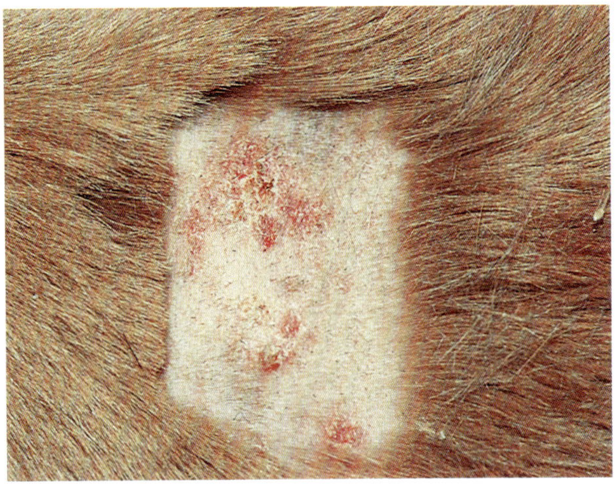

图 3-18　浅表脓皮病。脓皮病引起的局部丘疹会被浓密的被毛隐藏。被毛剪除后显露出病变。

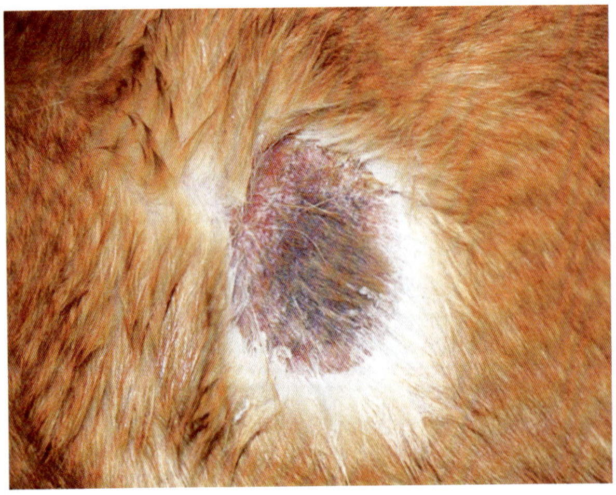

图 3-19　浅表脓皮病。图中大面积病变，表现为脱毛、红斑，中央区色素沉着并伴有毛发再生，常被误诊为皮肤癣菌病。

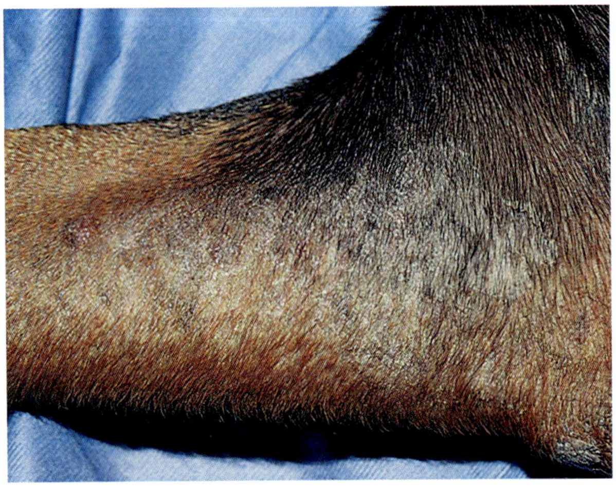

图 3-20　浅表脓皮病。此犬前臂部分脱毛和轻度丘疹，是由甲状腺功能减退所致的继发性细菌性毛囊炎造成的。

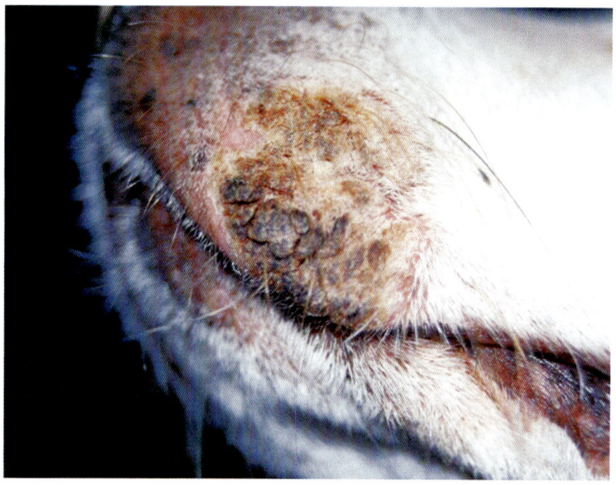

图 3-21　浅表脓皮病。莫匹罗星外部治疗后的犬上唇，苔藓样变区域形成结痂。（自 L. Frank）

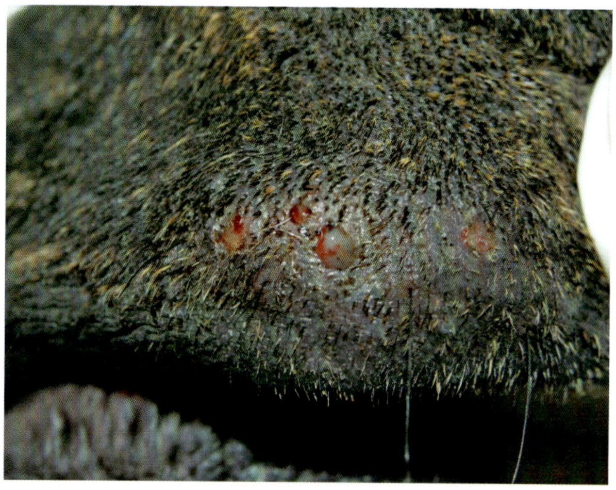

图 3-22　浅表脓皮病。犬的唇部脱毛，同时有脓性渗出。注意犬的正常色素沉着掩盖了丘疹性皮炎。

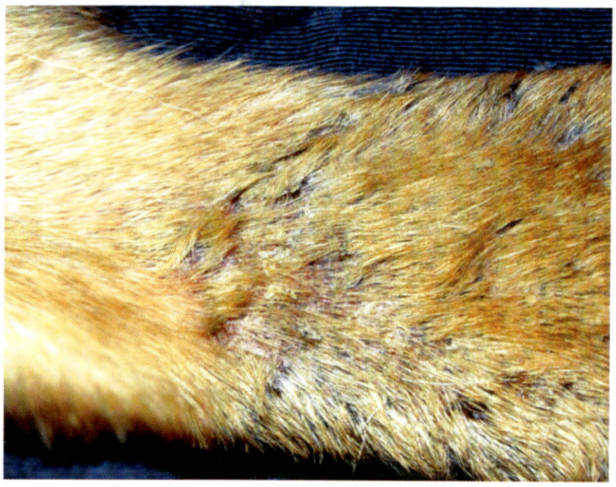

图 3-23　浅表脓皮病。结痂的丘疹性皮炎使中长被毛的犬被毛缠结。厚毛品种可能较难发现被毛下的皮肤病变。

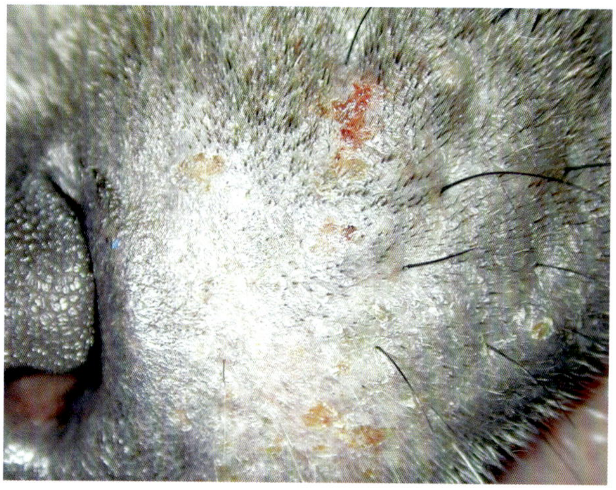

图 3-24　浅表脓皮病。犬的嘴周丘疹结痂性皮炎，伴有脱毛。

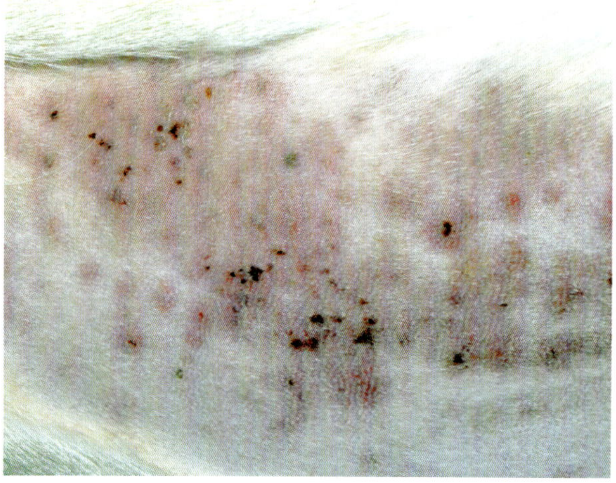

图 3-25　浅表脓皮病。背部多处点状病变是洗澡后毛囊炎和疖病的典型特征。

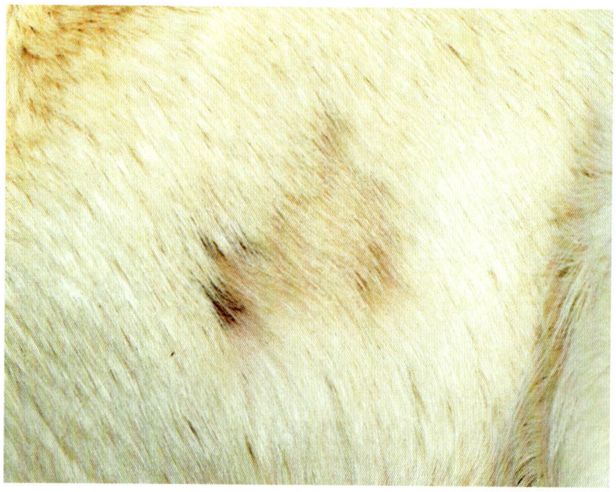

图 3-26　浅表脓皮病。过敏引起的毛囊炎导致病变区脱毛。需进行皮肤细胞学检查。

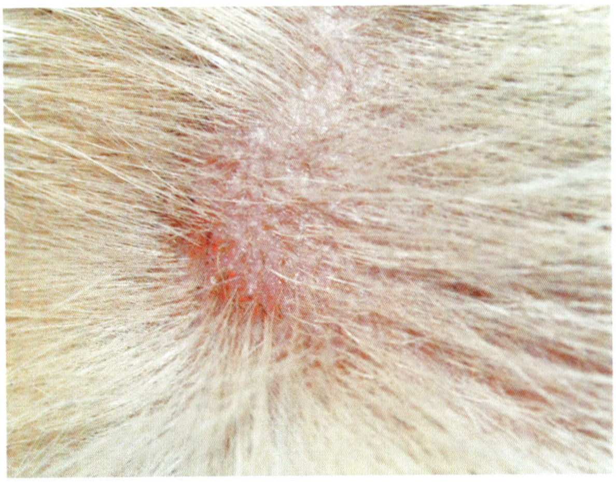

图 3-27　浅表脓皮病。过敏犬继发感染引起的红斑。该病变应与蠕形螨、皮肤癣菌或酵母菌感染引起的病变相区别。

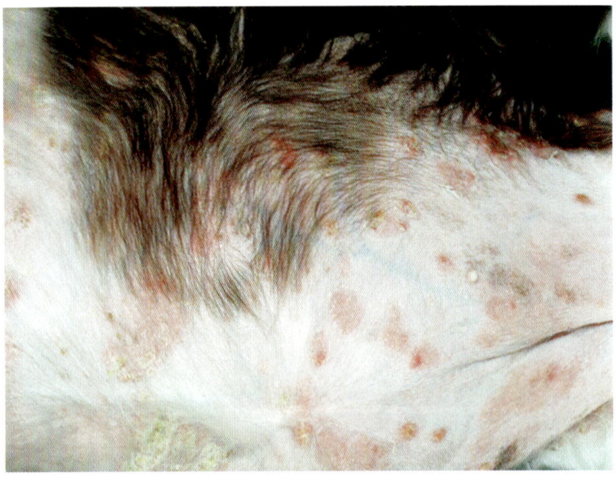

图 3-28　浅表脓皮病。甲状腺功能减退患犬，皮肤多处丘疹、结痂和表皮环。

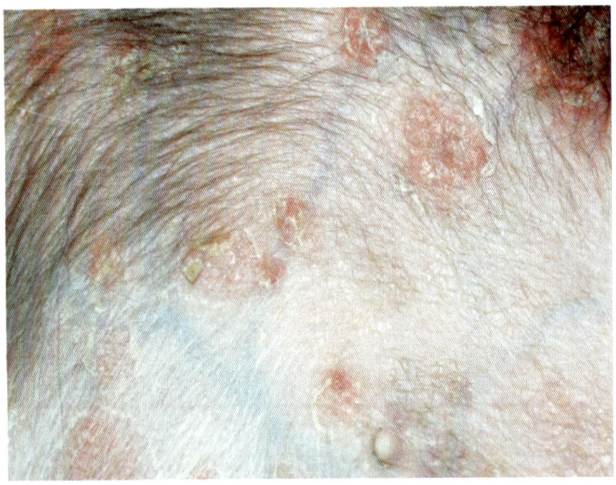

图 3-29　浅表脓皮病。图 3-28 犬的近观。伴有结痂的丘疹。

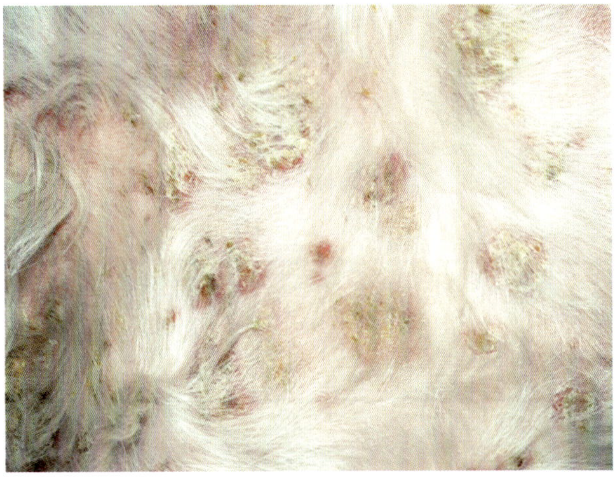

图 3-30　浅表脓皮病。过敏犬的严重丘疹，伴有结痂性皮炎。

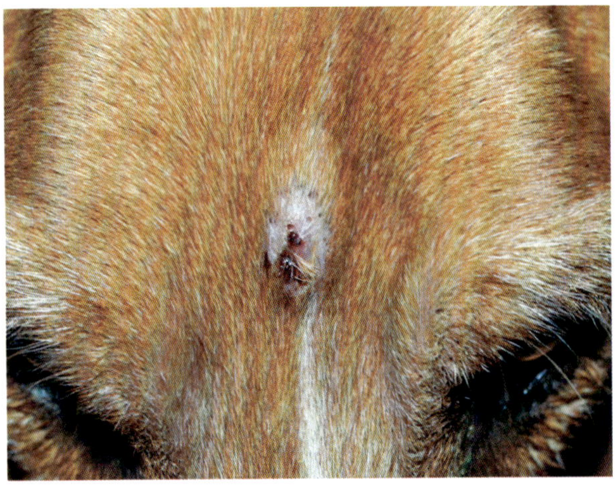

图 3-31　浅表脓皮病。过敏犬头部罕见的脓皮病病变。

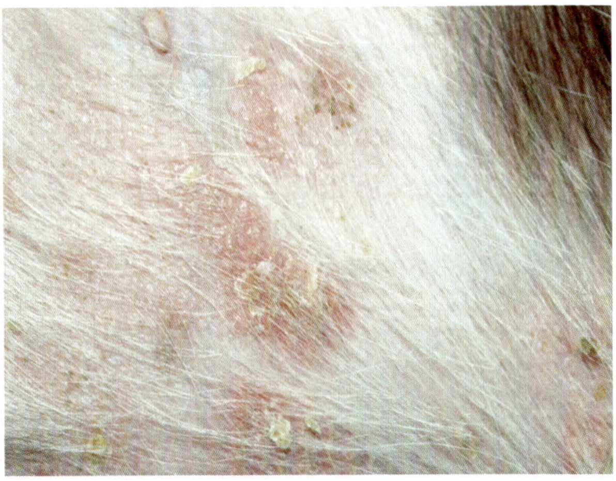

图 3-32　浅表脓皮病。严重的红斑性皮炎，没有典型脓皮病常有的丘疹结痂。

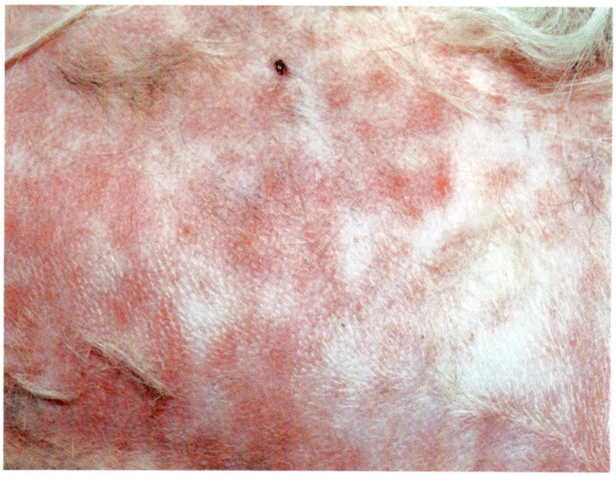

图 3-33　浅表脓皮病。图 3-32 犬的近观。没有丘疹的红斑病变。

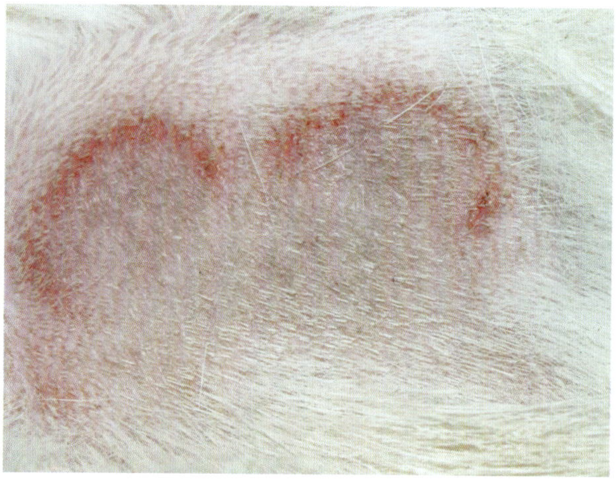

图 3-34　浅表脓皮病。过敏犬的非典型红斑病变。皮肤细胞学检查可见球菌，且患犬口服三周抗生素效果良好。

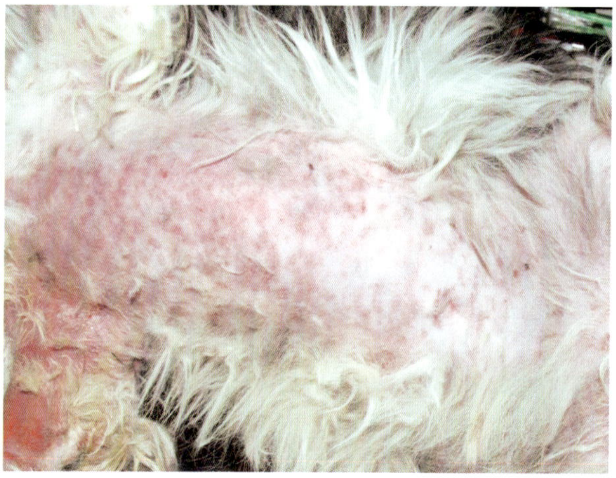

图 3-35　浅表脓皮病。过敏犬的全身性皮炎。炎症严重程度与人的烫伤性葡萄球菌皮肤综合征相似。

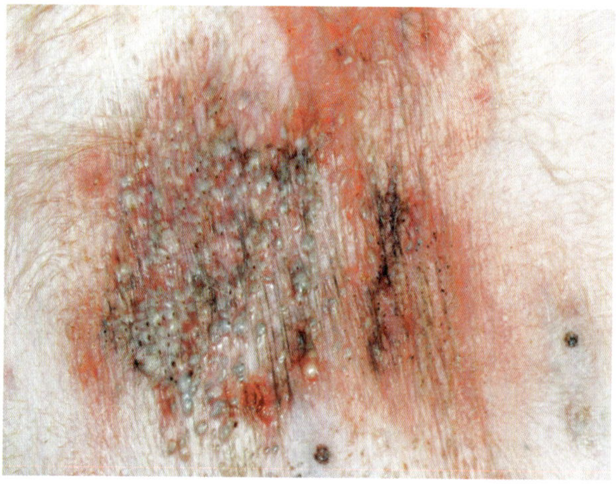

图 3-36　浅表脓皮病。继发细菌感染引起的严重炎症。可见粉刺和脓疱。

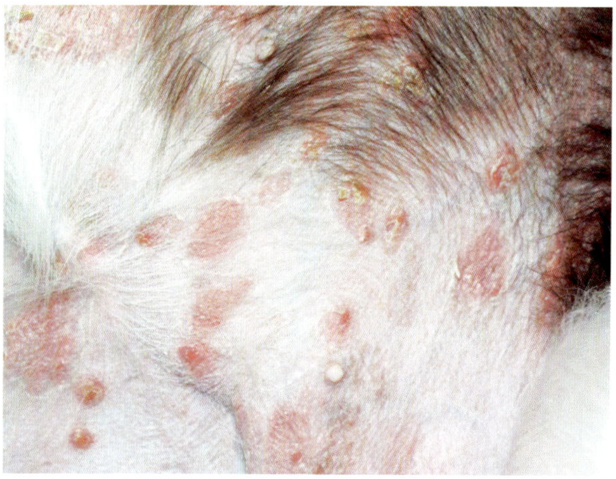

图 3-37　浅表脓皮病。过敏犬的丘疹伴表皮环，是毛囊炎的典型表现。

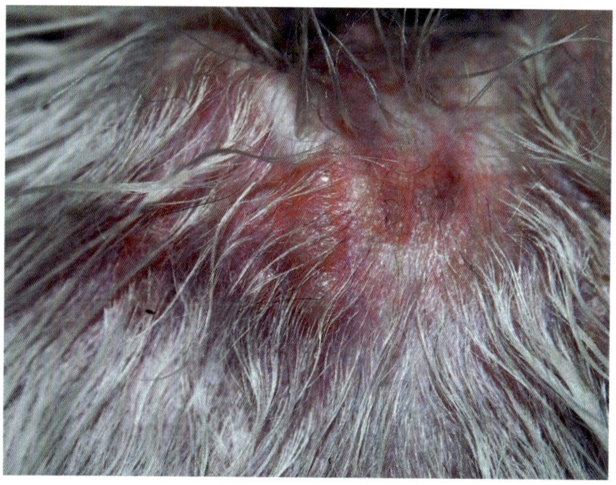

图 3-38　浅表脓皮病。剧烈的细菌感染引起严重的红斑性病变。

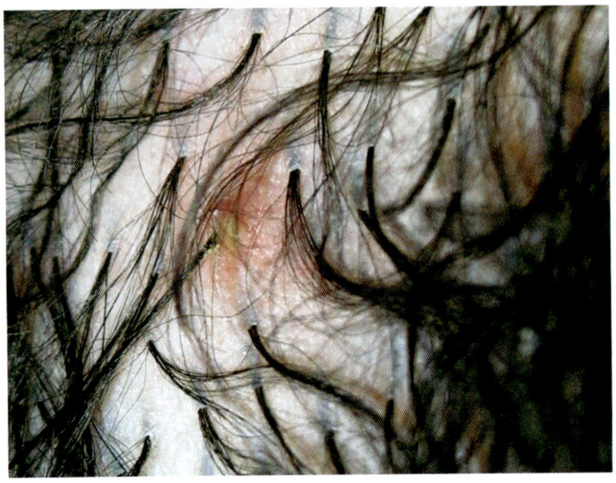

图 3-39　浅表脓皮病。进行中的细菌感染引起局灶脓疱。

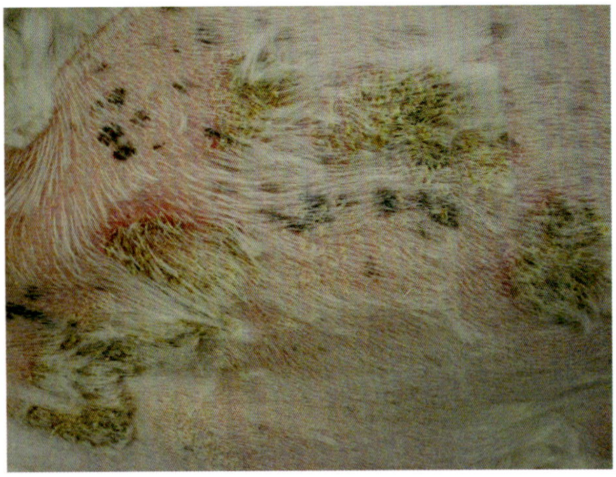

图 3-40　浅表脓皮病。严重的结痂性细菌感染，由典型的慢性和复发性细菌感染造成。

深层脓皮病
(Deep Pyoderma)

特征

深层脓皮病是表皮或毛囊的细菌感染破坏了毛囊形成疖病和蜂窝织炎。本病一般继发于慢性浅表皮肤疾病，且大多有与之相同的诱因（框3-5）。常见于犬，而在猫罕见。

耐甲氧西林假中间型葡萄球菌（MRSP，旧称中间型葡萄球菌）是从犬脓皮病中分离出的最常见细菌，通常仅存于犬。施氏葡萄球菌是一种同时存在于犬和人身上的新菌种，常见于慢性感染和用过抗生素的患犬。假中间型葡萄球菌和施氏葡萄球菌都可产生甲氧西林耐药性，应用过低于治疗剂量抗生素或氟喹诺酮类抗生素的患宠尤其易感。另外，耐甲氧西林金黄色葡萄球菌（人类MRS）在兽医临床中正变得越来越常见。这三种葡萄球菌均为人兽共患，可从人类传染给犬或从犬传染给人类，免疫抑制的个体被感染的风险更大。

深层脓皮病表现为局灶性、多灶性或全身性皮肤病变，以丘疹、脓疱、蜂窝织炎、组织色素减退、脱毛、出血性大疱、糜烂、溃疡、结痂，以及形成浆液性至化脓性瘘管为特征。病变通常存在瘙痒和疼痛。最常发生在躯干和压力点，而身体任何部位均可发生。常见淋巴结增大。如果动物发生败血症，也有发热、厌食和精神沉郁等症状。

洗澡后疖病是一种新发现的深层脓皮病的急性发作形式，发生于被水浸泡或接触美容产品（如香波、刷洗）后的几天内。典型的临床表现为分布于颈部和躯干的红色丘疹、脓疱、疖疮、出血性结痂、点状溃疡和背部瘘管。经常会伴发有嗜睡、发热和疼痛等症状。铜绿假单胞菌是最常见的菌种。但应进行细菌培养和药敏试验以确定病原，并指导临床用药。

主要鉴别诊断

鉴别诊断包括蠕形螨病、真菌感染、放线菌病、诺卡氏菌病、分枝杆菌病、肿瘤、自体免疫性皮肤病。

诊断

1. 排除其他类似疾病。
2. 细胞学（渗出物压片）：脓性或肉芽肿性炎症，可见球菌或杆菌。
3. 皮肤组织病理学：深层化脓性或肉芽肿性毛囊炎、疖病、蜂窝织炎和脂膜炎。可能难以找到病变内的细菌。
4. 细菌培养：主要病原菌常为葡萄球菌，但偶可分离到假单胞菌。也常发生革兰氏阳性菌和阴性菌的混合感染。

治疗和预后

1. 鉴定并去除潜在病因（框3-5）。
2. MRSP是一种潜在的人兽共患病，它正在迅速成为兽医医学、伦理和法律领域的严肃问题。感染在健康人群中极少发生；然而，免疫功能低下的人群被认为其感染MRS的风险增加。MRS的传播主要是从人感染宠物（反向人兽共患），但这些动物可能成为这种人兽共患病的隐性携带者。兽医师必须对每只脓皮病患宠实施良好的感染控制措施（如洗手、清洁和消毒），这些措施在明确记录是MRS的病例上应更加注意（如手套、保护性外套，将MRS患宠与其余住院患宠隔离）。如果家庭成员或与患宠密切接触的人群具有免疫功能不全，兽医师应积极评估人兽共患病和传染病的风险，对患宠样本进行培养，鉴别MRS，同时考虑将患宠与高危人群隔离，包扎好患宠身上任何一处开放性渗出伤口，保持个人伤口处于包扎良好和受保护状态，避免患宠舔舐人的面部和伤口，避免与患宠共用一张床，避免与患宠共用毛巾和床单。
3. 患病动物可每天用含氯己定的温水浸泡或漩涡浴，使结痂松动，去除渗出物。如果不能用浴缸浸泡，香波治疗同样有效。
4. 应长期使用全身性抗生素（最短6～8周），临床症状完全消退后仍继续使用2周（表3-2）。由于耐药细菌的普遍存在，应在细菌培养和药敏试验的基础上选择抗生素。
5. 如果使用抗生素治疗不见效或不能完全治愈，需考虑耐药性的可能，应进行细菌培养和药敏试验。
6. 如果怀疑或证实对抗生素有耐药性，应提高洗澡的频率（可每天洗浴），外部应用氯己定溶液，并同时应用两种不同类型的高剂量抗生素，也许能达到最好的效果。应用细胞学检查监测感染情况，并进行细菌培养，药敏实验对于决定何时停止使用抗生素非常重要。治疗时间不够，未能控制原发病，使用氟喹诺酮类抗生素很可能会产生耐药菌感染。

7. 预后良好，但在严重病例或慢性病例，可能会出现纤维化、瘢痕和斑秃等永久性后遗症。

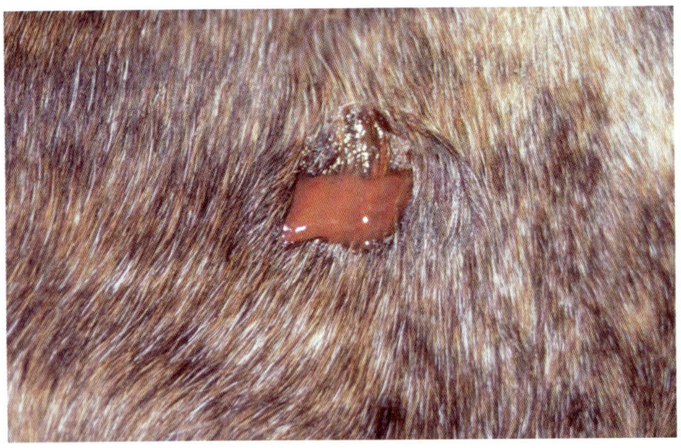

图 3-41　深层脓皮病。脓液从深层溃疡性病变和瘘管中流出。

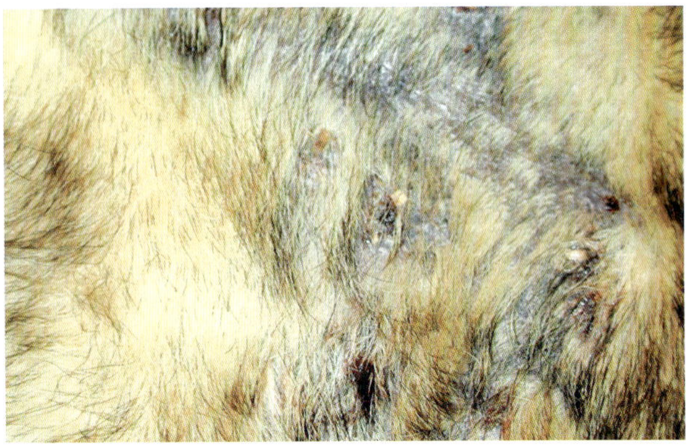

图 3-42　深层脓皮病。脱毛斑伴随，局部结痂下的溃疡和瘘管。注意深层脓皮病（蜂窝织炎）感染大面积皮肤，而浅表脓皮病的特征是独立的丘疹或脓疱。

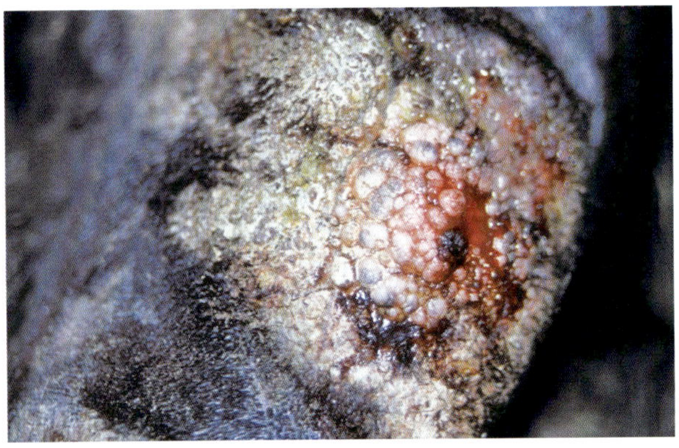

图 3-43　深层脓皮病。无毛、苔藓样变区域出现深层脓皮病特有的溃疡和瘘管。注意慢性过程引起的苔藓样变。

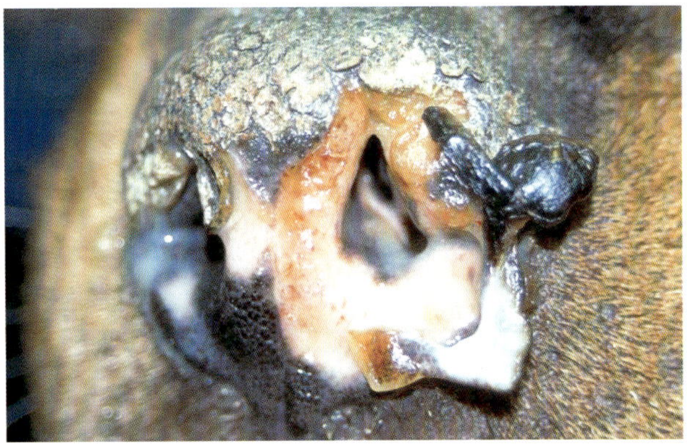

图 3-44　深层脓皮病。严重的细菌感染引起皮肤大面积坏死，提示坏死性筋膜炎。分离培养可见包括耐甲氧西林的金黄色葡萄球菌在内的多种细菌。

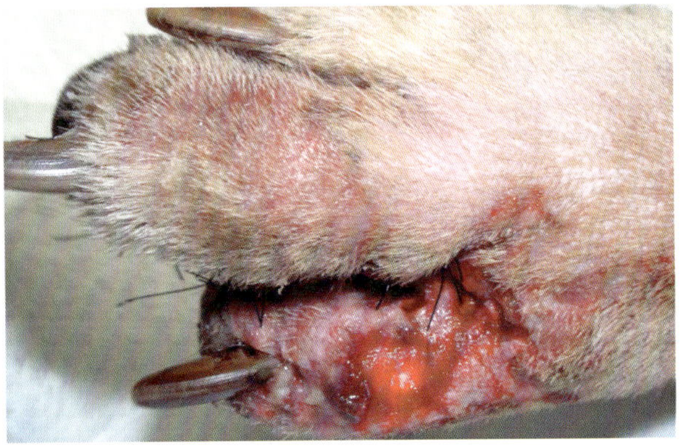

图 3-45　深层脓皮病。爪部弥散性红斑皮炎。中趾之前做了手术，继发了假单胞菌感染。注意手术部位的皮炎由条件致病菌引起。

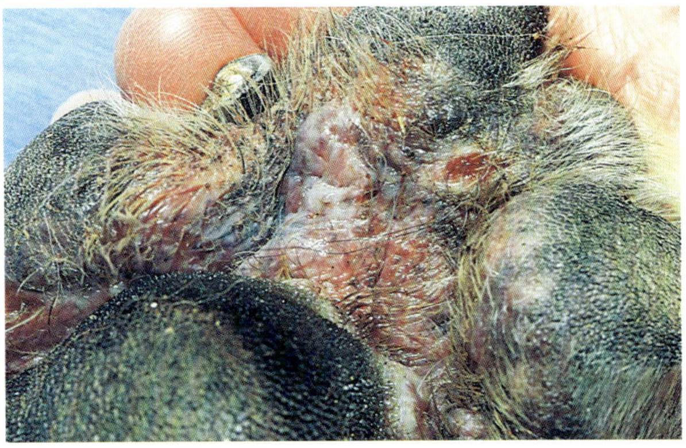

图 3-46　深层脓皮病。严重的趾间皮炎（脱毛、红斑、苔藓样病变），伴有湿性渗出和瘘管是深层脓皮病的特征。

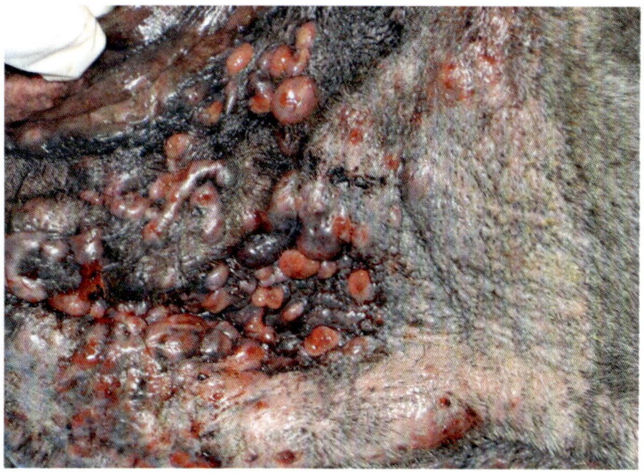

图 3-47　深层脓皮病。由慢性细菌感染导致的严重苔藓样变和蜂窝织炎。

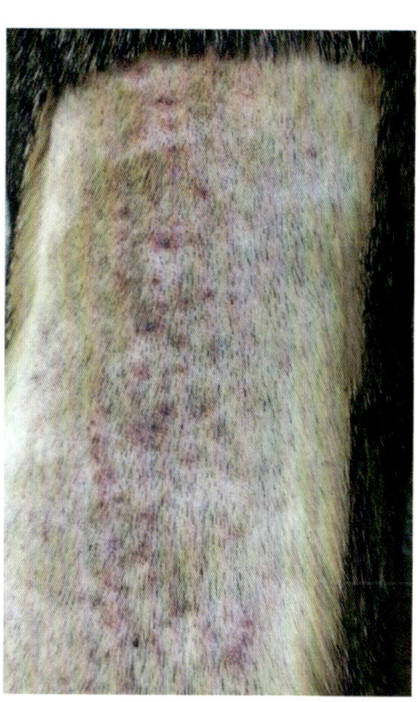

图 3-48　深层脓皮病。洗澡后毛囊炎和疖病的犬背部出现深层多灶性蜂窝织炎。

下颏脓皮病（犬痤疮）
Chin Pyoderma (Canine Acne)

特征

下颏脓皮病并非真的痤疮，而是细菌感染的创伤性疖病。短而硬的毛发被迫向内生长，穿透毛囊，引起无菌性异物反应，随后可继发感染。该病可由下颏部外伤引起（如卧在坚硬地面，啃咬玩具时的摩擦）。下颏脓皮病常见于短毛犬，尤其是青年短毛犬（3～12 月龄）。

下颏脓皮病表现为无痛无痒性粉刺、丘疹、脓疱、大疱和 / 或溃疡性瘘管内有血清和血液渗出，位于下颏部或嘴周。轻轻挤压伤处常可挤压出被毛。

主要鉴别诊断

鉴别诊断包括蠕形螨病、皮肤癣菌病、早期幼犬蜂窝织炎、接触性皮炎。

诊断

1. 根据发病特点、病史、临床症状进行诊断，应排除其他类似疾病。

2. 细胞学（脓疱、渗出物、皮肤压片）：化脓性炎症和球菌。

3. 皮肤组织病理学：毛囊过度角化、毛囊炎和 / 或疖病，可能难以发现病变内的细菌。

4. 细菌培养：主要病原通常为葡萄球菌，也可能是细菌混合感染。

治疗和预后

1. 减少对下颏部的创伤和压迫。

2. 对于轻度病变，用含过氧化苯甲酰或氯己定的香波沿被毛生长方向擦洗，通过擦洗去除内生毛，对于防止进一步损伤和加速愈合十分重要。

3. 用莫匹罗星软膏或过氧化苯甲酰凝胶，每 24 h 一次至病变消退，如果需要的话，随后每 3～7 d 使用一次，以控制该病。

4. 对中度或严重病变，除了外部治疗，还需使用全身性抗生素（至少 4～6 周），临床症状完全消除后再连续使用 2 周（表 3-2）。

5. 可用胶带粘除内生毛，这种移除毛发的方法容易且有趣。

6. 预后良好。许多犬的病变可永久消除，但某些犬需终生外部用药控制。

作 者 注

下颏脓皮病的病因不明，但移除内生毛对防止复发很有效，不过感染时需同时外部用药和使用口服药。趾间大疱的潜在病因可能也是内生毛。

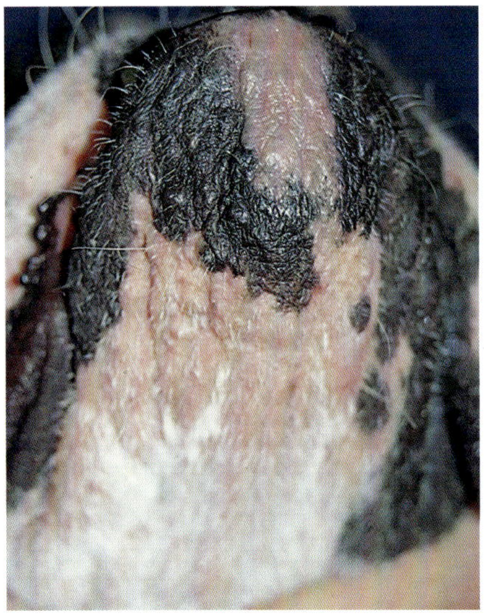

图 3-49　下颏脓皮病。英国斗牛犬的下颏部，红斑性丘疹病变伴有脱毛。

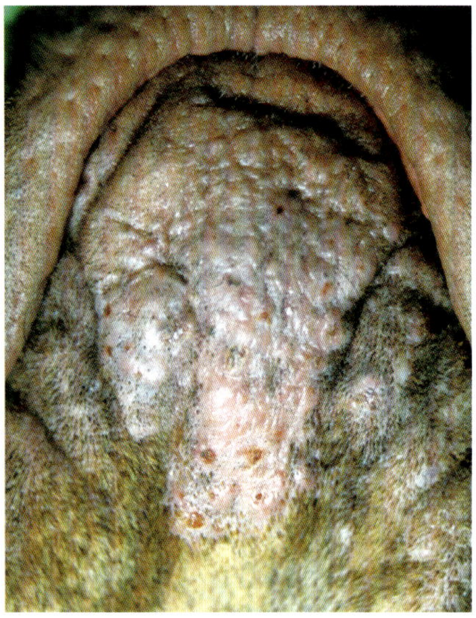

图 3-50　下颏脓皮病。下颏部脱毛的丘疹性皮炎。注意每个丘疹上扩张的毛囊。

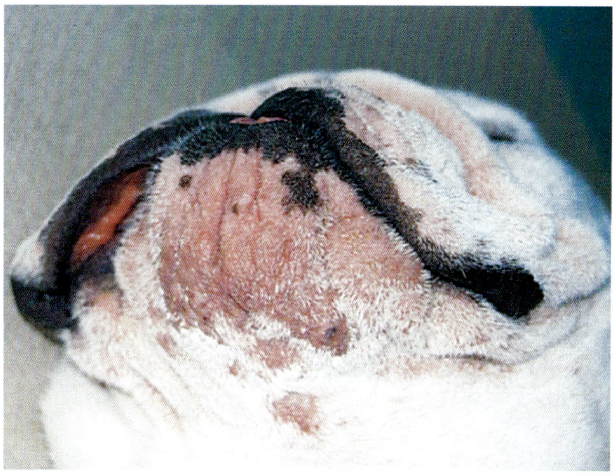

图 3-51　下颏脓皮病。英国斗牛犬下颏部，轻度红斑性丘疹病变伴有脱毛。

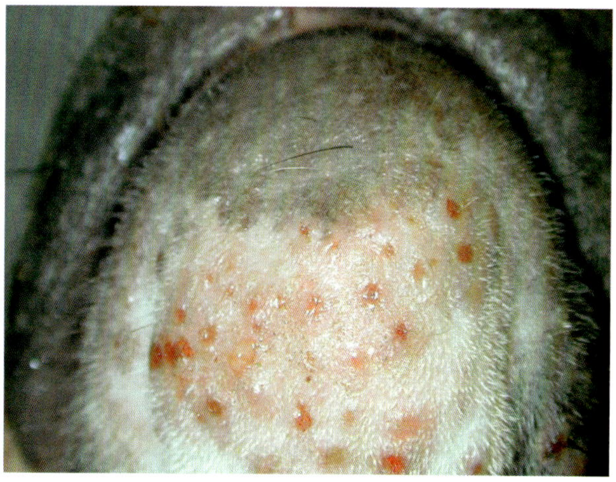

图 3-52　下颏脓皮病。严重的丘疹性结痂性皮炎，伴有脱毛。注意脓性渗出，提示深层感染。

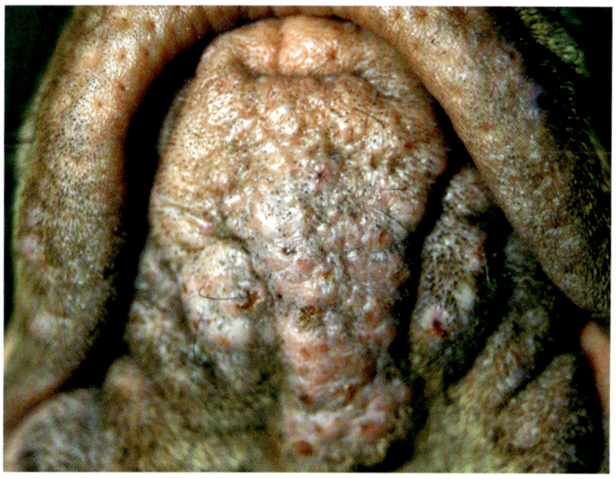

图 3-53　下颏脓皮病。下颏部和上唇严重的丘疹性皮炎，伴有脱毛。

皮褶炎（擦烂、皮褶脓皮病）
Skin Fold Dermatitis (Intertrigo, Skin Fold Pyoderma)

特征

皮褶炎是皮褶过多犬的皮肤浅表性细菌感染。感染可发生在短头犬种的面褶，大唇瓣的犬唇褶，尾呈螺旋状的短头犬种尾褶，阴门小而深陷的肥胖母犬的阴门褶以及身体或腿部皮褶过多的部位。肥胖是常见的诱因，当该问题得到解决时，皮褶炎的严重程度和复发率都会得到明显降低。

面褶皮炎：面部皱褶外皮肤发红，不痛不痒，可有恶臭气味。常并发外伤性角膜炎或角膜溃疡。

唇褶皮炎：因浸渍和发红的下唇皮褶积聚唾液而引起口臭是主要问题。并发牙结石、齿龈炎和流涎过多也会引起口臭。

尾褶皮炎：尾根腹侧的皮肤浸渍、红斑和恶臭的主要问题。

阴门褶皮炎：症状包括阴门褶的红斑、浸渍和恶臭，经常舔舐阴门，排尿疼痛。可继发尿道感染，尿道感染可下行引起皮褶感染，皮褶感染也可上行引起尿道感染。

体褶皮炎：皮肤发红、皮脂溢，常有恶臭，有时体褶或腿褶处有轻度瘙痒。

主要鉴别诊断

鉴别诊断包括浅表脓皮病、马拉色菌性皮炎、蠕形螨病、皮肤癣菌病。阴门皮褶炎可能同时存在尿液浸渍、原发性膀胱炎或阴道炎。

诊断

1. 根据病征、病史和临床症状，排除其他类似疾病。

2. 细胞学（按压涂片）：可见混合性细菌，也可能存在酵母菌。

3. 尿分析（膀胱穿刺术）：患阴门褶皮炎的犬继发尿道感染时可见细菌尿。

治疗和预后

1. 为肥胖犬建立减肥计划。

2. 清洁湿巾（如不含酒精的痤疮贴、婴儿湿巾、氯己定脱脂棉及其他抗微生物湿纸巾）每隔12～72 h使用一次，效果很好。

3. 常规外部治疗可用于控制皮肤问题。对面部、尾部、唇部或阴门褶处的皮炎，需1～3 d清理患部一次，用含有氯己定、过氧化苯甲酰或乳酸乙酯的抗菌香波清洗。

4. 外部使用抗生素乳膏、软膏、溶液或喷剂，每24 h用药一次，连用5～7 d，有助于治疗。

5. 治疗并发症（如角膜溃疡、口腔疾病、齿龈炎、尿道感染）。

6. 手术切除面部、唇部或阴门处多余的皮褶，尾褶发炎时断尾，常可治愈。

7. 预后良好，但若不施行手术，可能需要终生外部治疗。

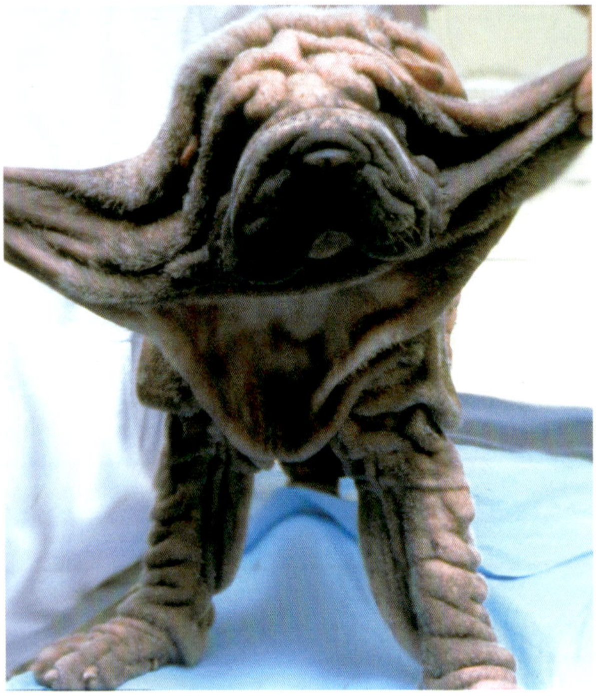

图3-54　皮褶炎。沙皮犬皮褶明显，因此极易罹患皮褶炎。

图 3-55 皮褶炎。成年拳师犬面部的深皮褶。只有检查皮褶时才能发现皮褶内发炎。

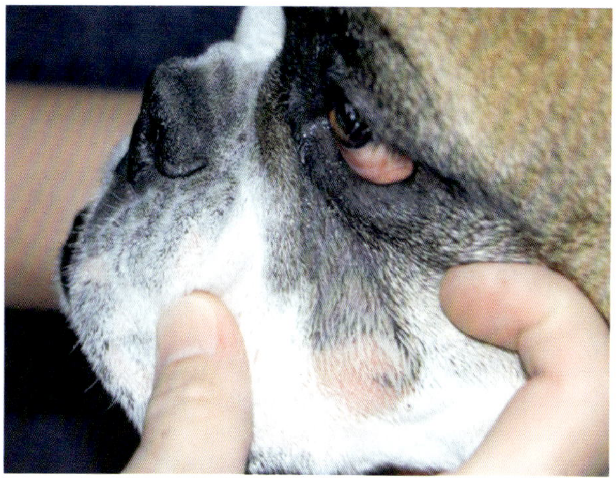

图 3-56 皮褶炎。图 3-55 中犬的近观。展开该拳师犬面部的深皮褶，显露出湿性、红斑性皮炎。

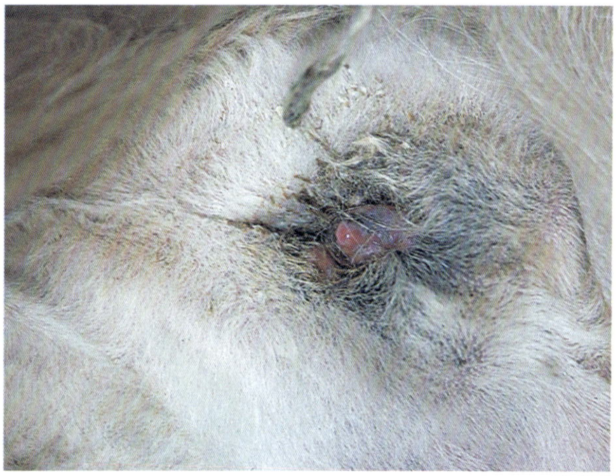

图 3-57 皮褶炎。成年金毛猎犬阴门皮褶发炎。只有当皮褶展开后才能见到患部。

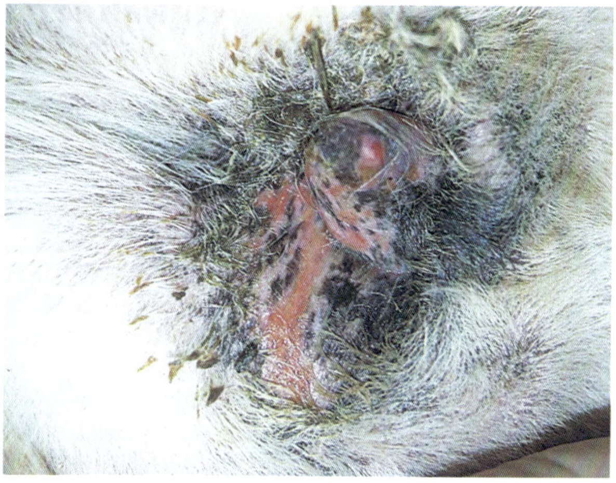

图 3-58 皮褶炎。图 3-57 中犬的近观。展开皮褶后可见严重的湿性糜烂性皮炎。

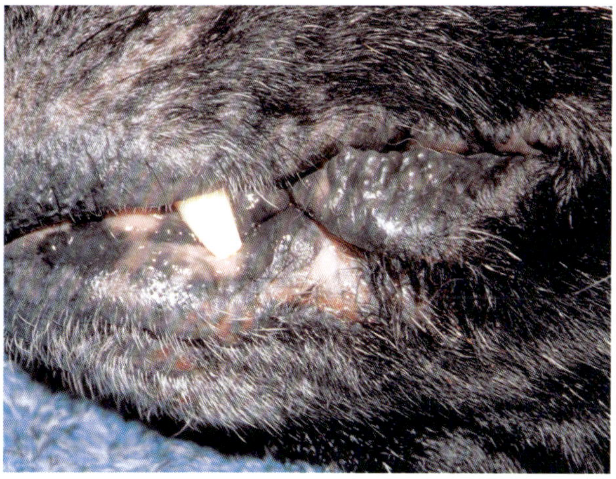

图 3-59 皮褶炎。只有当皮褶展开后才能见到发炎的病变。

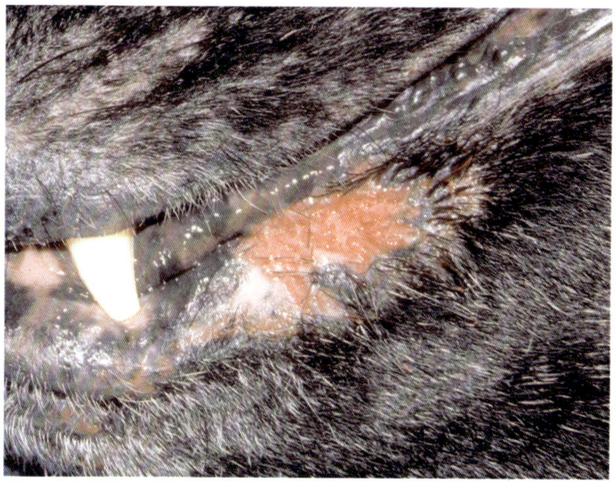

图 3-60 皮褶炎。图 3-59 中犬的近观。展开皮褶后可见浅表细菌感染引起的湿性、糜烂性皮炎。

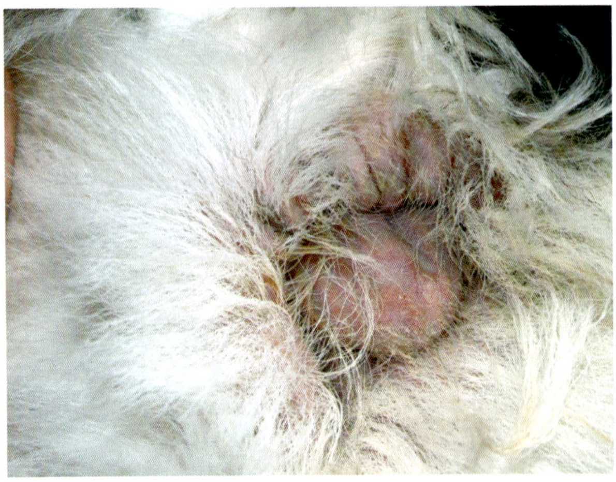

图 3-61　皮褶炎。由浅表细菌和酵母菌感染引起的外阴周围皮炎。

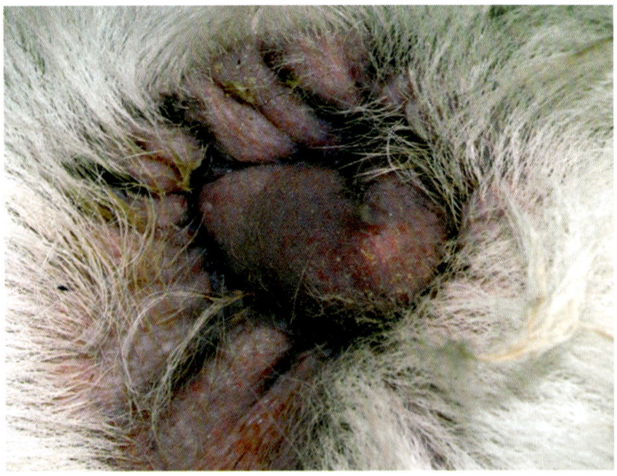

图 3-62　皮褶炎。图 3-61 中犬的近观。外阴周围组织展开后可见大面积脱毛、红斑、苔藓样变皮肤。皮炎为浅表细菌和酵母菌引起。

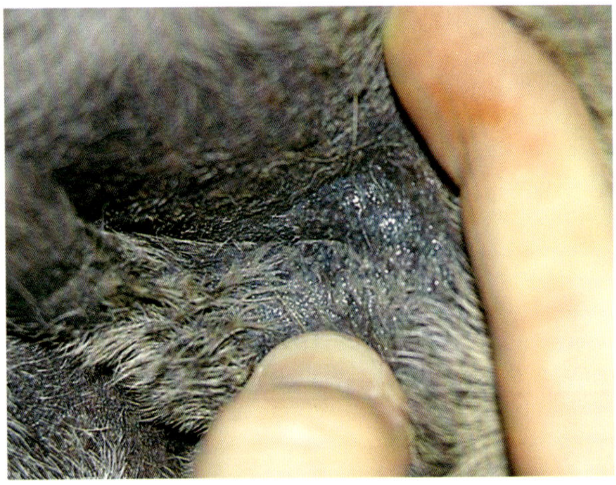

图 3-63　皮褶炎。成年英国斗牛犬的尾部皮褶发炎。该品种尾部的深皮褶为常见感染部位。

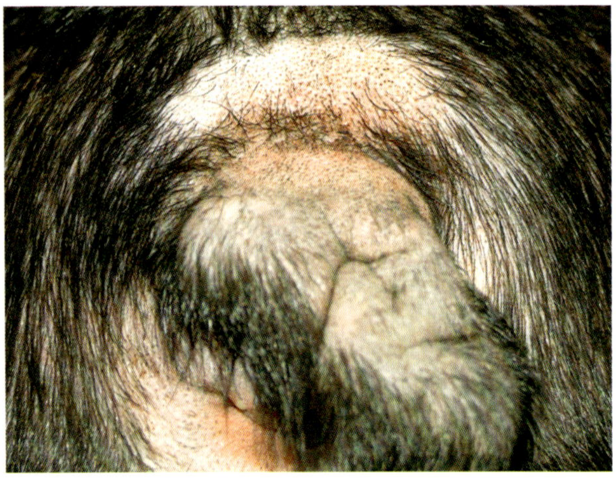

图 3-64　皮褶炎。尾部皮褶炎。

黏膜皮肤脓皮病
Mucocutaneous Pyoderma

特征

黏膜皮肤脓皮病是皮肤和黏膜结合处的细菌感染。犬不常见，德国牧羊犬及相关品种具有易感性，提示该病可能与德国牧羊犬的溃疡综合征有关（黏膜皮肤脓皮病、肛周瘘、跖骨溃疡）。

病变的特点是黏膜皮肤交界处肿胀、红斑和形成结痂，常为两侧对称，也可为单侧。患部疼痛或瘙痒，以及自我损伤，有渗出、损伤、糜烂、溃疡、裂口和色素减退。唇边尤其是嘴角处更易发生。

主要鉴别诊断

鉴别诊断包括浅表脓皮病、唇褶皮炎、自体免疫性皮肤病、蠕形螨病、皮肤癣菌病、马拉色菌性皮炎、念珠菌病、趋上皮性淋巴瘤。

诊断

1. 通过病史、临床表现，排除其他类似疾病。
2. 细胞学（按压涂片）：球菌或杆菌。
3. 皮肤组织病理学：表皮增生，浅层表皮脓疱、结痂和苔藓样变皮炎，基底膜保持完整。真皮的浸润常以浆细胞为主，伴有不同数量的淋巴细胞、中性粒细胞和巨噬细胞。

治疗和预后

1. 对轻度和中度病变，剃毛后用含氯己定的香波清洗患部。

2. 外部用莫匹罗星软膏或乳膏，每 12～24 h 一次，用药一周，然后根据需要，每 3～7 d 维持治疗。

3. 对于严重病变，除外部用药外，给予适合的全身性抗生素 3～6 周（表 3-2）。

4. 如能找到并控制潜在疾病（如过敏、内分泌病），则预后良好，但常需终生维持治疗。如果定期使用外部抗菌剂，可以维持不复发。

> **作 者 注**
>
> 黏膜皮肤脓皮病必须与盘状红斑狼疮进行鉴别诊断，因为两者具有相似的临床症状和组织病理学变化。
>
> 这种综合征可能非常痛苦，因此，与外部抗菌治疗相比，使用全身性抗生素会更有帮助。

黏膜皮肤脓皮病的分布模式

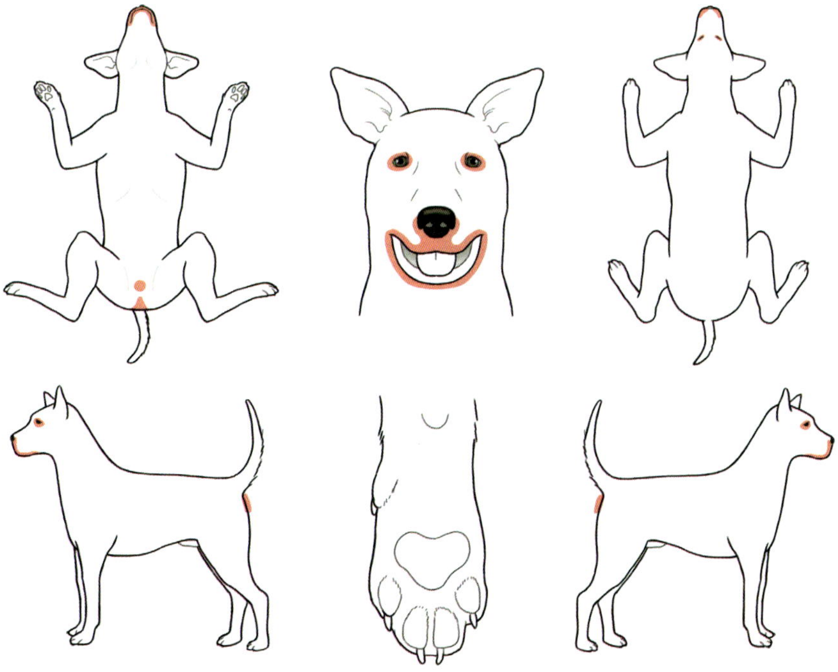

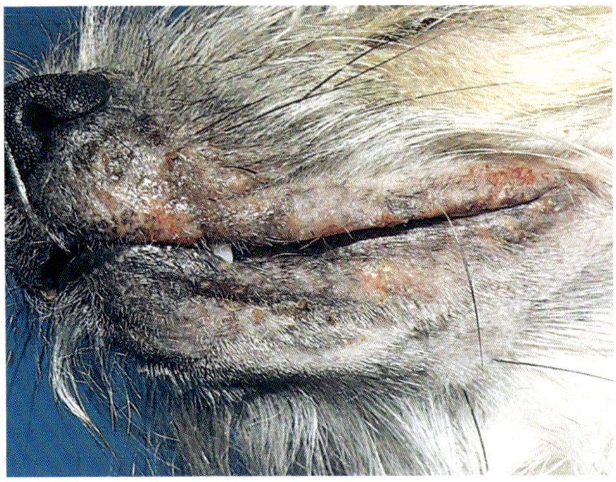

图 3-65 黏膜皮肤脓皮病。㹴犬的急性口周皮炎，伴有剧烈瘙痒。黏膜和皮肤交界处可见脱毛、红斑和糜烂。

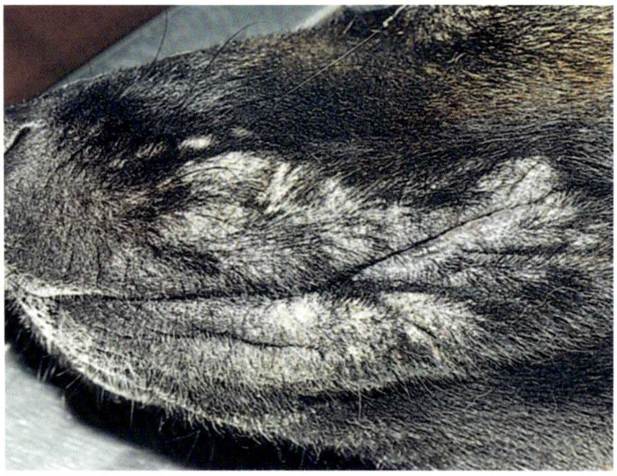

图 3-66 黏膜皮肤脓皮病。德国牧羊犬口周皮炎，主要表现为脱毛。

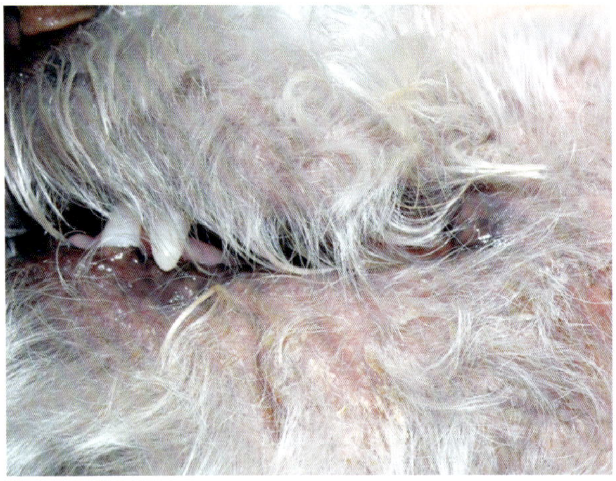

图 3-67 黏膜皮肤脓皮病。细菌和酵母菌共同引起的红斑性皮炎，伴有结痂。

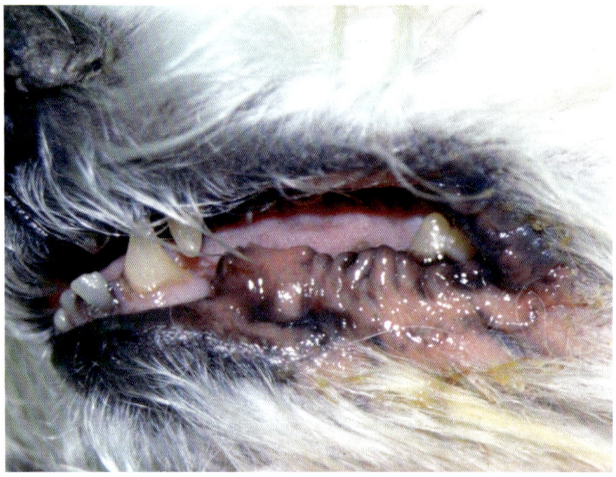

图 3-68 黏膜皮肤脓皮病。下唇伴有湿性渗出的红斑、脱毛性皮炎。

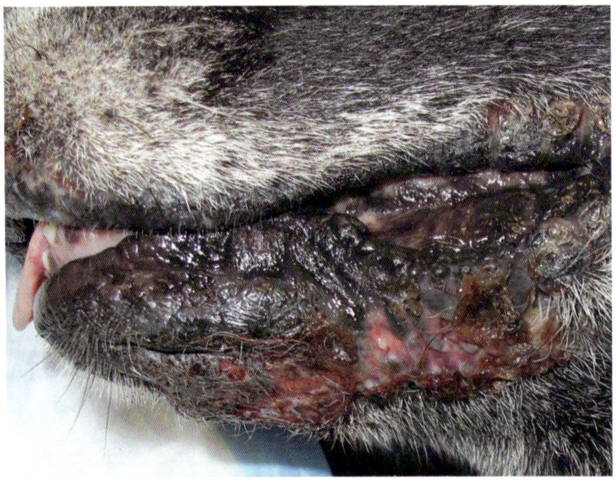

图 3-69 黏膜皮肤脓皮病。犬黏膜皮肤结合处严重的溃疡性蜂窝织炎。随着病情的加剧，病变可能逐渐扩大，最终发展为糜烂和溃疡。

鼻部脓皮病（鼻部毛囊炎和疖病）
Nasal Pyoderma (Nasal Folliculitis and Furunculosis)

特征

鼻部脓皮病是一种面部皮肤的细菌感染，可能继发于外伤或蚊虫叮咬。该病可能与嗜酸性疖病有关，二者有着非常相似的临床进程和表现，犬不常发生，猫罕见。

鼻部脓皮病表现为丘疹、脓疱、脱毛、结痂、肿胀、糜烂和/或溃疡性瘘管，可蔓延到鼻梁。病变可能疼痛。

主要鉴别诊断

鉴别诊断包括面部嗜酸性疖病（犬）、蠕形螨病、皮肤癣菌病、自体免疫性皮肤病、皮肌炎、鼻部日光性皮炎、蚊叮性过敏（猫）。

诊断

1. 排除其他类似疾病。
2. 细胞学（渗出物压片）：化脓性炎症，可见球菌或杆菌。
3. 皮肤组织病理学：毛囊周炎、毛囊炎、疖病或蜂窝织炎。病变内可能难以发现细菌。
4. 细菌培养：主要病原常为葡萄球菌，也常发生混合细菌感染。

治疗和预后

1. 每 24 h 用温水浸泡外部一次，以除去结痂，连续 7～10 d。
2. 使用全身性抗生素（最少 3～6 周），临床症状完全消除后再连用 2 周（表 3-2）。
3. 预后良好，但某些犬可能遗留永久性疤痕。

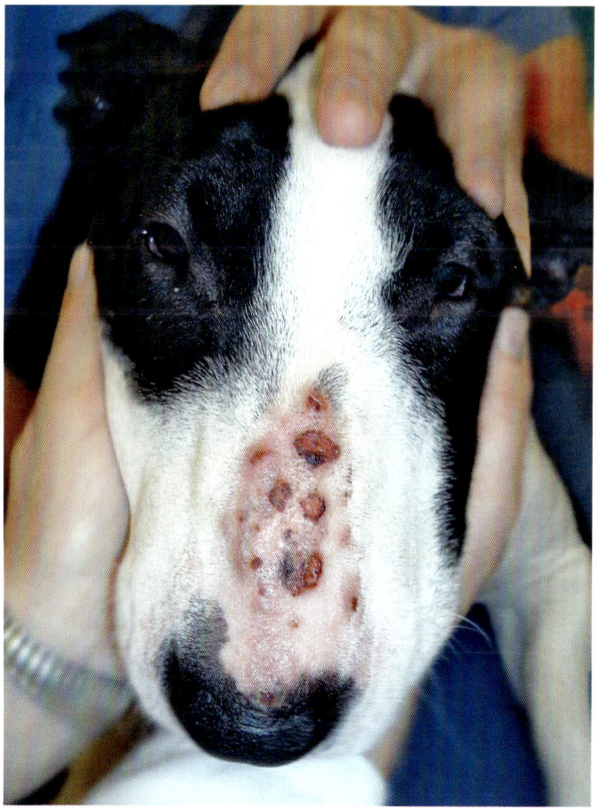

图 3-70　鼻部脓皮病。鼻梁的红斑性皮疹，伴有脱毛。注意病变在有毛区域，而自体免疫性皮肤病常发生在鼻面。

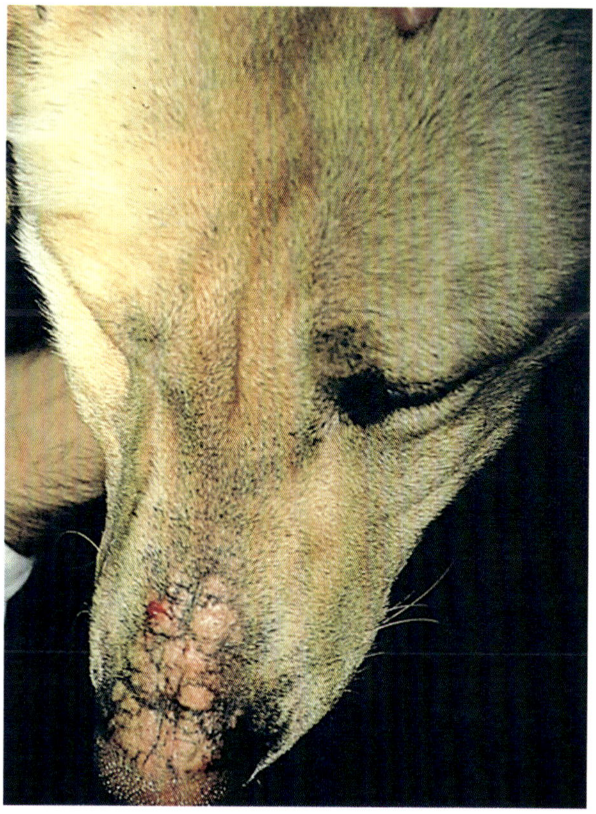

图 3-71　鼻部脓皮病。犬鼻梁处脱毛、红斑和丘疹性肿胀。注意与面部嗜酸性疖病的有相似性（自 D.Angarano）。

细菌性爪部皮炎
Bacterial Pododermatitis

特征

细菌性爪部皮炎是爪部深层的细菌感染，最常继发于某种潜在病因（框 3-5）。犬常见而猫罕见。

可能侵害一个或多个趾，伴有趾间红斑、脓疱、丘疹、结节、出血性大疱、瘘管、溃疡、脱毛或肿胀。瘙痒（舔舐、啃咬）、疼痛或跛行。常见局部淋巴结增大。偶见掌部和跖部有指压性水肿。病变可自愈、时好时坏或持续存在。

主要鉴别诊断

鉴别诊断包括蠕形螨病、马拉色菌性爪部皮炎、皮肤癣菌病、放线菌病、诺卡氏菌病、分枝杆菌病、深层真菌感染、自体免疫性皮肤病、犬趾间疖病和肿瘤。

诊断

1. 排除其他类似疾病。

2. 细胞学（渗出物压片）：化脓性或脓性肉芽肿性炎症，可见球菌或杆菌。

3. 皮肤组织病理学：化脓性或脓性肉芽肿性毛囊周炎、毛囊炎、疖病，结节性或弥散性脓性肉芽肿性皮炎。病变内可能难以发现细菌。

4. 细菌培养：主要病原菌常为葡萄球菌。也常发生细菌混合感染。

框 3-6　继发细菌性爪部皮炎的病因

- 异物（如植物芒刺、木片、蒺藜）
- 寄生虫（如蠕形螨病、蜱虫、类圆小杆线虫、钩虫性皮炎）
- 真菌
- 过敏（如食物过敏、异位性皮炎）
- 内分泌疾病（如甲状腺功能减退、肾上腺皮质功能亢进）
- 外伤（如石子、残茬、荆棘、铁网地、烧伤）
- 自体免疫性和免疫介导性皮肤病

治疗和预后

1. 鉴定并去除潜在的病因（表 3-6）。

2. 耐甲氧西林假中间型葡萄球菌（MRSP）是一种潜在的人兽共患病，它正在迅速成为兽医医学、伦理和法律领域的严肃问题。感染在健康人群中极少发生；然而，免疫功能低下的人群被认为其感染 MRS 的风险增加。MRS 的传播主要是从人感染宠物（反向人兽共患），但这些动物可能成为一种人兽共患病的隐性携带者。兽医师必须对每只脓皮病患宠实施良好的感染控制措施（如洗手、清洁和消毒），这些措施在明确记录是 MRS 的病例上应更加注意（例如手套、保护性外套，将 MRS 患宠与其余住院患宠隔离）。如果家庭成员或与患宠密切接触的人群具有免疫功能不全，兽医师应积极评估人兽共患病和传染病的风险，对患宠样本进行培养，鉴别 MRS，同时考虑将患宠与高危人群隔离，包扎好患宠身上任何一处开放性渗出伤口，保持个人伤口处于包扎良好和受保护状态，避免患宠舔舐人的面部和伤口，避免与患宠共用一张床，避免与患宠共用毛巾和床单。

3. 全身长期抗生素治疗，临床症状完全消除后继续用药 2 周。由于耐药性的普遍存在，应在细菌培养和药敏试验的基础上选择抗生素（表 3-2）。

4. 湿巾清洁（如不含酒精的痤疮湿巾、婴儿湿巾、氯己定脱脂棉及其他抗微生物湿纸巾），每 12～72 h 使用一次，效果很好。

5. 对趾间大疱，用活检打孔器或激光治疗仪去除破损毛囊和内生毛。对发展的大疱，用二甲亚砜（DMSO）、恩诺沙星溶液（浓度为 10 mg/mL）和类固醇（地塞米松，浓度为 0.1 mg/mL）混合液，每 12～72 h 使用一次，直到病变痊愈。为了防止复发，沿被毛生长方向擦洗爪部，以去除内生毛。

6. 外部辅助治疗有助于痊愈，可每日用下列药物之一浸泡爪部 10～15 min：0.025% 氯己定溶液、0.4 % 聚维酮碘溶液、硫酸镁溶液（30 mg/L 水），连续 5～7 d。此外，可根据需要，用抗菌香波或外科擦洗液擦洗爪部，每 1～7 d 一次。

7. 让犬在户内运动或用皮带牵引，避开粗糙地面以减少爪部外伤。

8. 融趾术是切除所有爪部病变组织后，将相邻两趾缝合。对于严重病例是根治疗法之一。

9. 预后良好或谨慎，这取决于能否鉴定和去除潜在病因。对于严重和慢性病例，永久性纤维化和瘢痕可使爪部更易受伤以致复发。

作 者 注

趾间大疱是短毛品种的常见病。

应去除活性病变，根据细胞学检查和培养的结果选择治疗方案。

经常沿被毛生长的方向擦洗爪部，以去除和防止“内生”被毛可减少新的大疱发生。

有趾间大疱的患犬常并发下颏脓皮病，二者似乎有相似的发病机制。

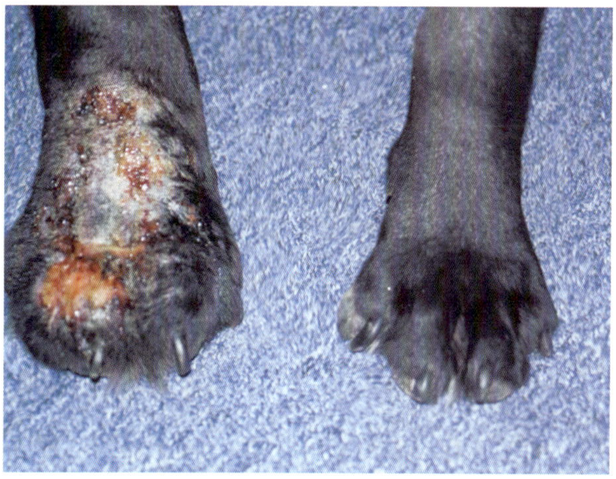

图 3-72 细菌性爪部皮炎。严重的肿胀，伴有脱毛、溃疡和瘘管，只有单爪发病。感染经过几周后迅速恶化。

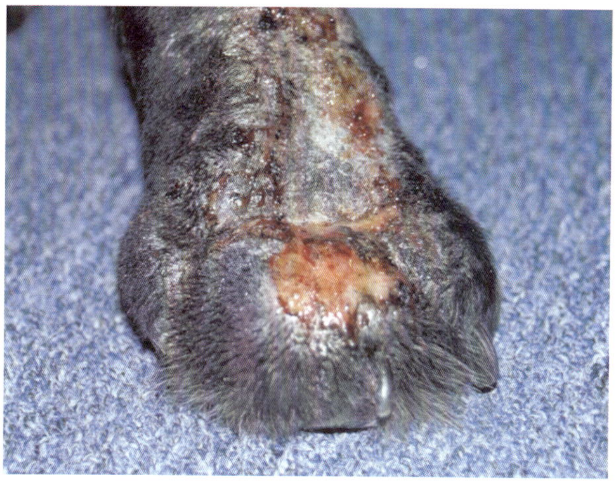

图 3-73 细菌性爪部皮炎。图 3-72 中犬的近观。表现为深层组织肿胀和瘘管，伴有脱毛和结痂性溃疡。

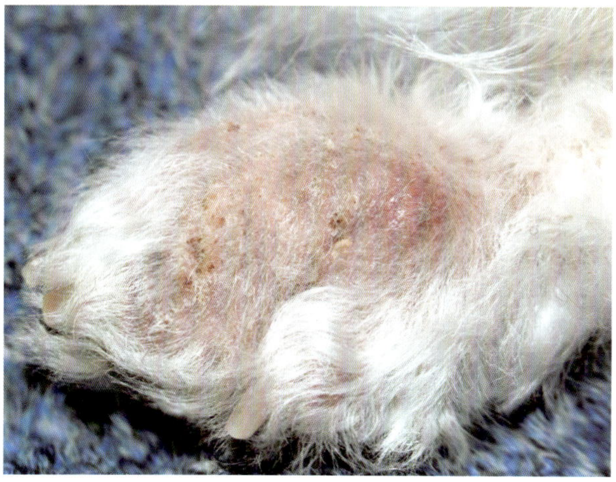

图 3-74 细菌性爪部皮炎。从趾间发展到爪背的脱毛和结痂丘疹性皮炎。该细菌感染继发于潜在的过敏。注意病变与酵母菌皮炎相似。

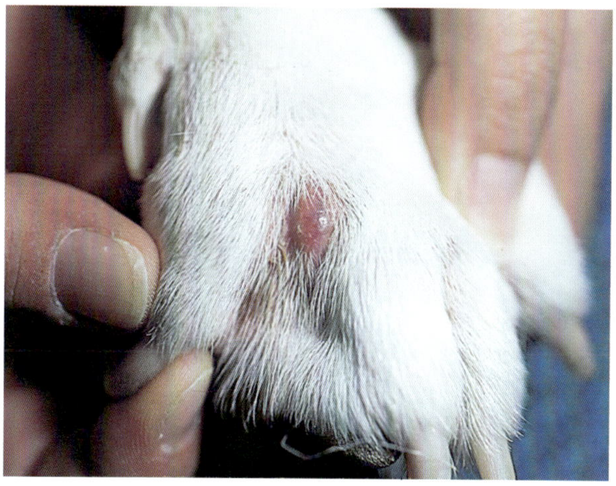

图 3-75 细菌性爪部皮炎。只有分开趾部，仔细检查趾间时，才能发现图示的趾间大疱（趾间疖病）。

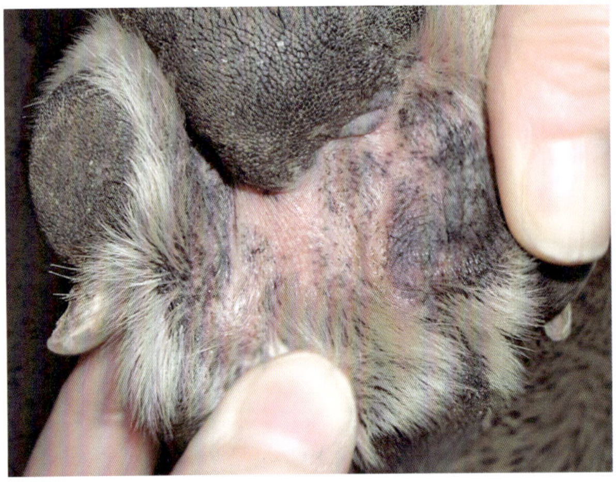

图 3-76 细菌性爪部皮炎。过敏犬趾间红斑和脱毛。潜在的过敏症使犬总是舔咬患爪，造成持久潮湿的环境，继发细菌感染。

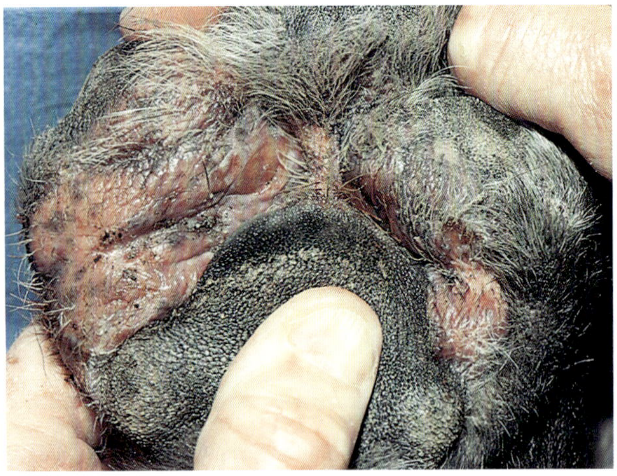

图 3-77 细菌性爪部皮炎。严重的肿胀，伴有脱毛、红斑和糜烂。这种感染继发于过敏性皮炎。

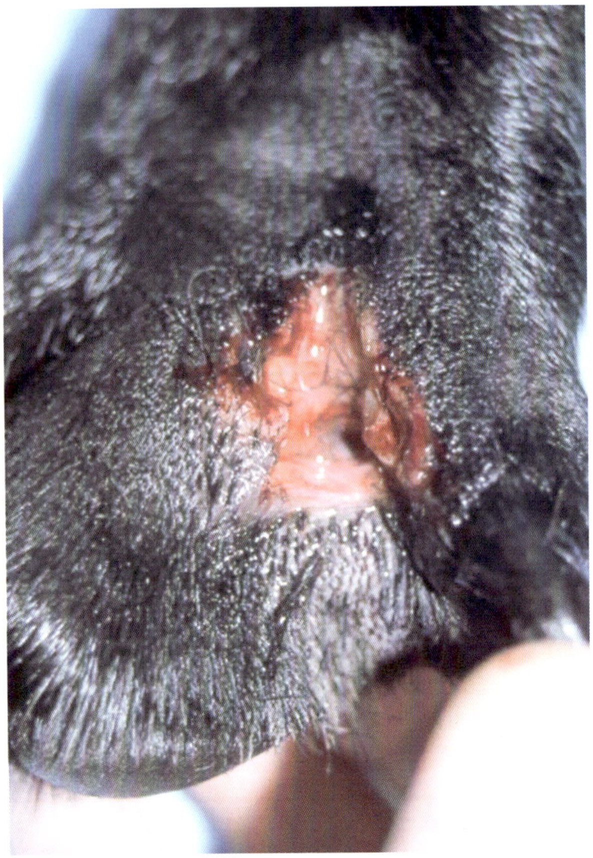

图 3-78 细菌性爪部皮炎。植物性异物刺入引起的慢性趾间瘘管（趾间疖病）。

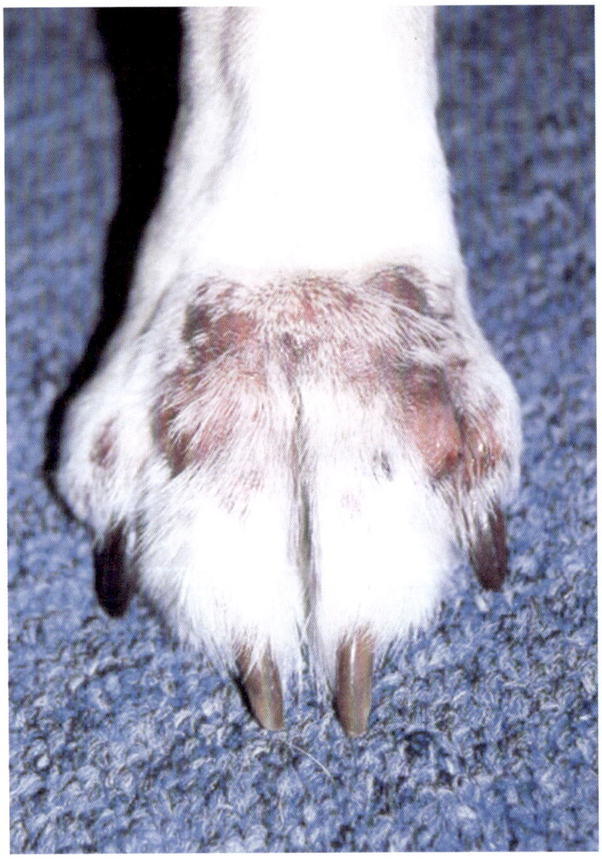

图 3-79 细菌性爪部皮炎。皮肤表面的弥散性脱毛、红斑和肿胀。该严重病例的甲床周围和趾间也有多处糜烂和溃疡病变。

犬趾间疖病（趾间大疱，趾间脓性肉芽肿）
Canine Pedal Furunculosis（Interdigital Bullae, Interdigital Pyogranuloma）

特征

发病机理不清，推测无菌性趾间疖病是一种永久性免疫介导炎性反应，由破裂的毛囊、皮脂腺、脂膜中释放的角质和甘油三脂刺激造成。疖病的诱因（如机械性、感染、寄生虫、过敏）消除后，该病还会发展。该病不常见于犬，短毛犬种具有易感性。

犬趾间疖病表现为单个或多个红斑性丘疹，坚实至有波动的结节，单个或多个趾间大疱。病变可能疼痛或瘙痒，可能形成溃疡，可能发展成渗出血清或脓液的瘘管，慢性病例可能纤维化。病变可自愈、时好时坏或持续存在。常见局部淋巴结病变，但无明显全身症状。常继发细菌和酵母菌感染。

趾间大疱是短毛犬种的常见病。异位性皮炎等潜在瘙痒性疾病常使该病恶化并反复发作。虽然病因不明，但通常认为穿透毛囊的短毛造成了无菌性疖病，随后继发感染是引起该病的重要因素。"内生"毛是趾间大疱发病的关键特征。

主要鉴别诊断

鉴别诊断包括细菌性爪部皮炎、蠕形螨病、皮肤癣菌病、深层细菌和真菌感染（蜂窝织炎）、自体免疫性皮肤病、肿瘤。

诊断

1. 根据病史，临床表现，排除其他类似疾病。
2. 细胞学（对结节或未破裂的大疱穿刺）：除非存在继发感染，通常为无微生物存在的（脓性）肉芽肿性炎症。
3. 皮肤组织病理学：多病变，结节性或弥散性，（脓性）肉芽肿性皮炎。如无继发感染，特殊染色也不会发现感染源。
4. 细菌培养（活检样本）：细菌、分枝杆菌和真菌均为阴性。

治疗和预后

1. 应鉴定并去除引起疖病的潜在病因（如食物过敏，潮湿的环境，不洁的犬舍，短毛品种毛发压力）。
2. 如果瘘管病变发生继发感染，应合理选用抗生素或抗真菌药物，连续使用至少 4～6 个月。
3. 对于单个病变手术切除或激光切除可能有效。
4. 清洁湿巾（如不含酒精的痤疮湿巾、婴儿湿巾、氯已定脱脂棉痤疮贴及其他抗微生物湿纸巾）每 12～72 h 使用一次，效果很好。对趾间大疱，用活检打孔器或激光治疗仪去除破损毛囊和内生毛。对发展的大疱，用二甲亚砜（DMSO）、恩诺沙星溶液（浓度为 10 mg/mL）和类固醇（地塞米松，浓度为 0.1 mg/kg）混合液，进行外部治疗，每 12～72 h 使用一次，直到病变消退。为了防止复发，沿被毛生长方向擦洗爪部，以去除内生毛。
5. 可联合使用四环素和烟酰胺，对某些犬可能有效。治疗开始后 6 周内可能见效。每种药按 500 mg（>10 kg 的犬）或 250 mg（≤ 10 kg 的犬）给予，每 8 h 一次，口服，直到病变消退（2～3 个月）（表 8-2）。接着继续用药 4～6 周，每 12 h 给药一次，然后减少用药频率到每 24 h 一次维持治疗。有使用强力霉素的轶事报告，10 mg/kg，每 12 h 一次，见效后逐渐减小到最低有效剂量（也可用四环素代替强力霉素）。
6. 轶事报告使用环孢菌素，5 mg/kg，口服，每 24 h 一次，对有些犬可能有效。临床见效后（通常在 6 周内），逐渐减小到每日最低剂量或隔日一次以维持治疗。另外，同时每天加入酮康唑（5～11 mg/kg，随食物口服）可进一步降低环孢菌素的用量。
7. 对于严重、不能手术的多处病变的病例，糖皮质激素可能有效。泼尼松或泼尼松龙 2～4 mg/kg，口服，每 24 h 一次。1～2 周内应可见明显好转。病变消退后（2～3 周），逐渐减小到最低剂量，隔日给予以维持疗效。有些犬最后可完全停止使用类固醇。常出现继发感染，应给予积极治疗。
8. 预后良好至一般，为了维持疗效可能需要终身药物治疗，慢性病例可形成永久性趾间纤维变性。

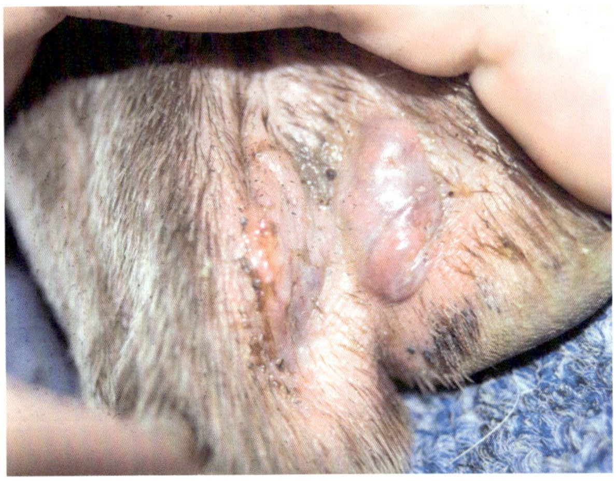

图 3-80　趾间疖病。趾间松弛的大疱是该病的典型表现。

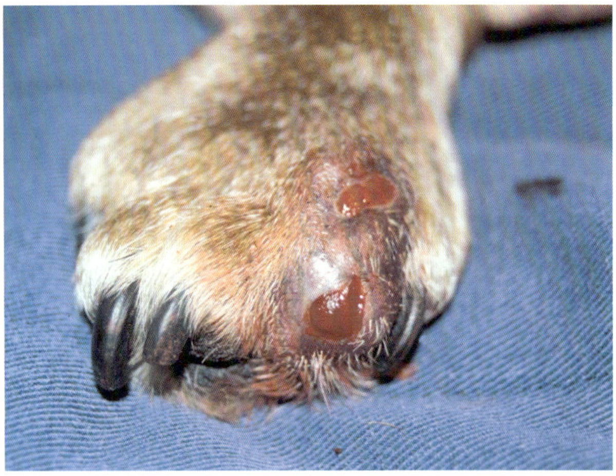

图 3-81　趾间疖病。外伤性疖病及继发的反复性细菌感染引起的趾间组织严重肿胀，伴有溃疡。

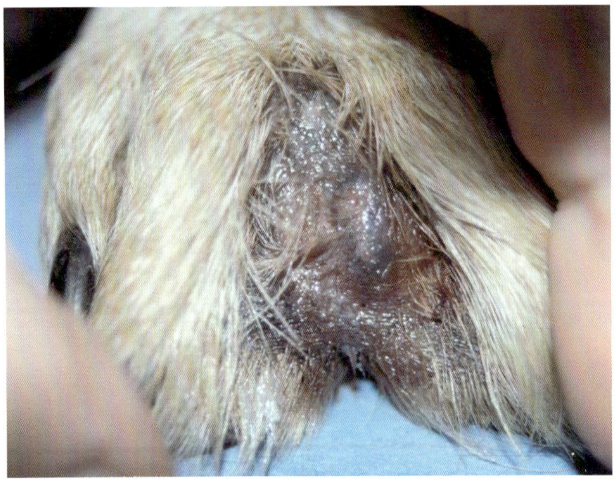

图 3-82　趾间疖病。趾间大疱，周围组织湿性渗出和瘀血。

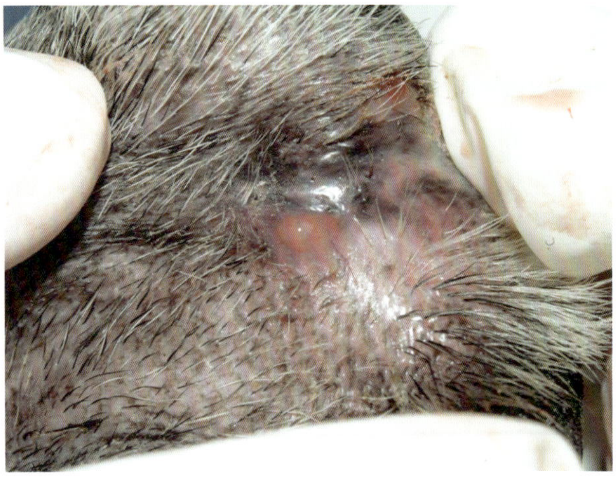

图 3-83　趾间疖病。分开趾部显示趾间区域瘀血，皮肤变薄，中间的渗出表明有脓肿。

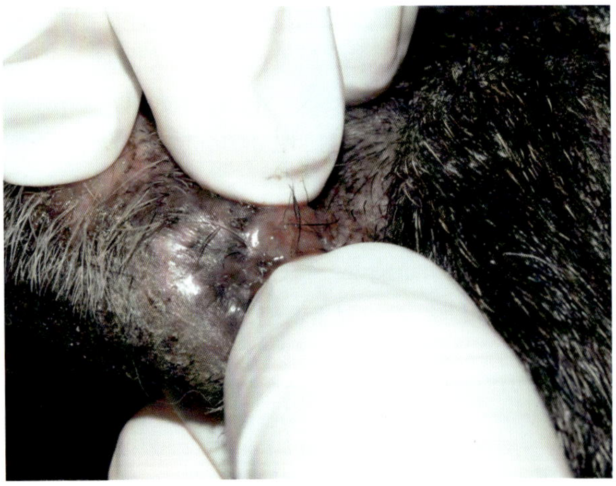

图 3-84　趾间疖病。临床医生正轻轻按压病变两侧，展示脓肿里存在的被毛。一般不建议使用该方法，因为受损病变内部可恶化形成蜂窝织炎和瘢痕化。

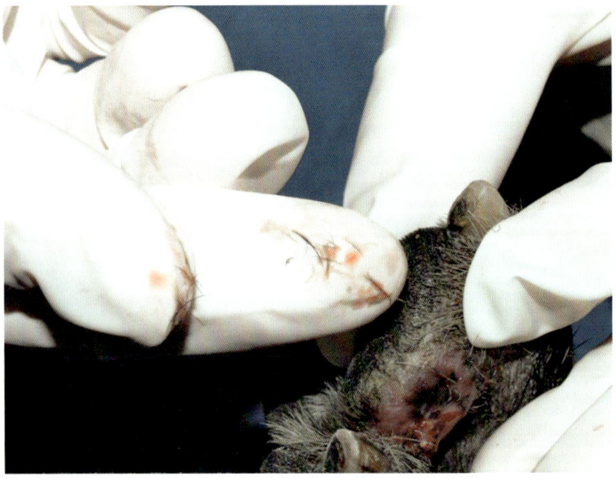

图 3-85　趾间疖病。渗出物里有大量毛发，这些毛发作为异物引起反复的继发感染。

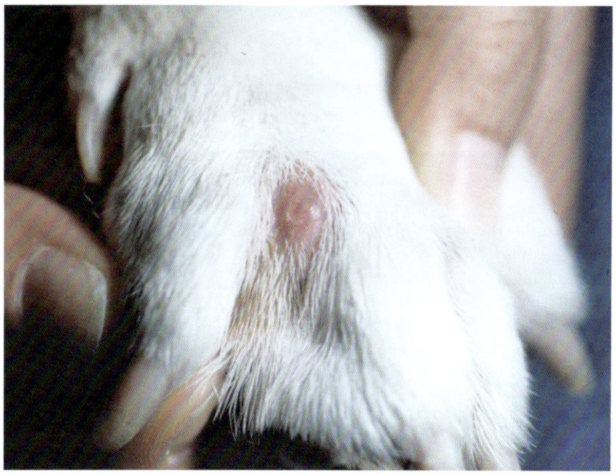

图 3-86 趾间疖病。小的趾间大疱。

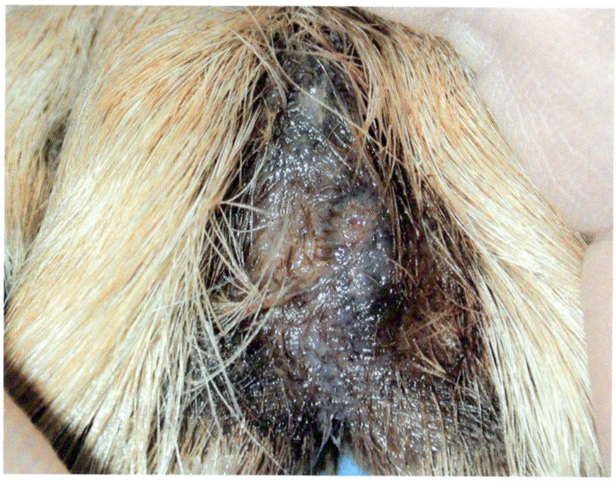

图 3-87 趾间疖病。感染的趾间组织，严重脓性肉芽肿浸润导致蜂窝织炎。

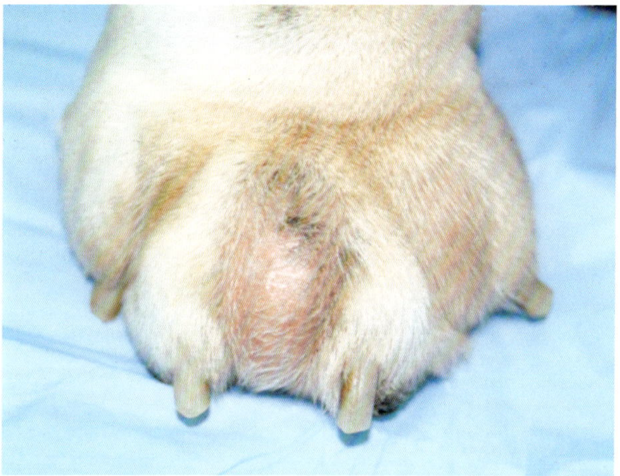

图 3-88 趾间疖病。慢性炎症引起的趾间严重肿胀。

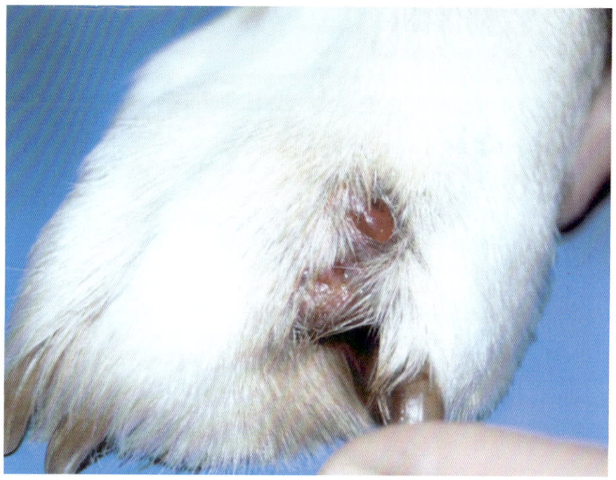

图 3-89 趾间疖病。破溃的趾间大疱有脓性渗出。

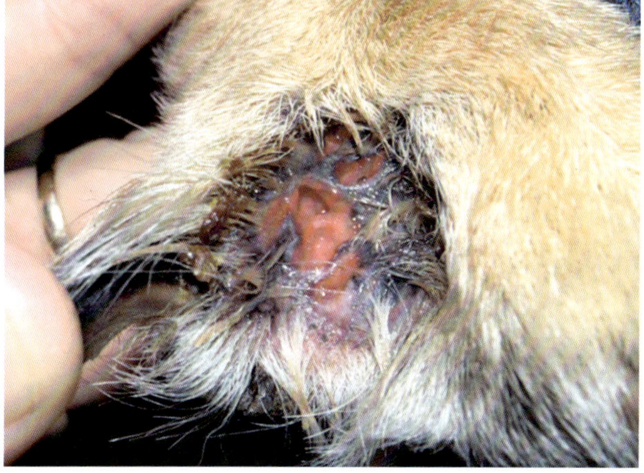

图 3-90 趾间疖病。伴有深层溃疡性瘘管的严重趾间蜂窝织炎。

皮下脓肿（犬猫争斗 / 咬伤性脓肿）
Subcutaneous Abscess (Cat and Dog Fight or Bite Abscess)

特征

正常口腔内的细菌经穿刺创接种于皮肤内而发病。犬或猫近期有打斗的经历。该病常见于犬和猫，尤其是未去势的公猫。

皮下脓肿的特征为局部疼痛性肿胀或脓肿，创口表面附有结痂，结痂下的穿刺创口有脓性物质流出。病变最常发生在尾根、肩、颈、面或腿部。常见局部淋巴结肿大。动物可能发热、厌食及精神沉郁。

主要鉴别诊断

鉴别诊断包括由异物或其他细菌（如放线菌病、诺卡氏菌病、分枝杆菌病）引起的脓肿、肿瘤。

诊断

1. 常根据病史和临床症状诊断。
2. 细胞学（渗出物）：混合性细菌感染的化脓性炎症。
3. 使用聚合酶链式反应（PCR）分析可简化诊断。

治疗和预后

1. 剪毛、切开，用 0.025 % 氯己定溶液清洗脓肿。
2. 应用全身性抗生素 7～10d 或直至病变完全康复。有效抗生素包括：
   - 阿莫西林，20 mg/kg，口服，皮下注射或肌肉注射，每 8～12 h 一次（猫）；
   - 阿莫西林克拉维酸，22 mg/kg，口服，每 8～12 h 一次。
   - 克林霉素，10 mg/kg，口服或肌肉注射，每 12 h 一次。
   - 头孢维星钠（康卫宁）8 mg/kg，皮下注射。
3. 预后良好。将公猫去势是有效的预防方法。

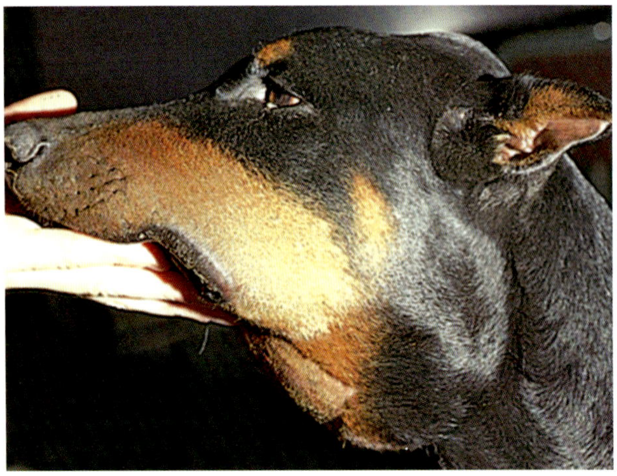

图 3-91　皮下脓肿。此杜宾犬的下颌肿胀为大面积皮下脓肿所致（自 D.Angarano）。

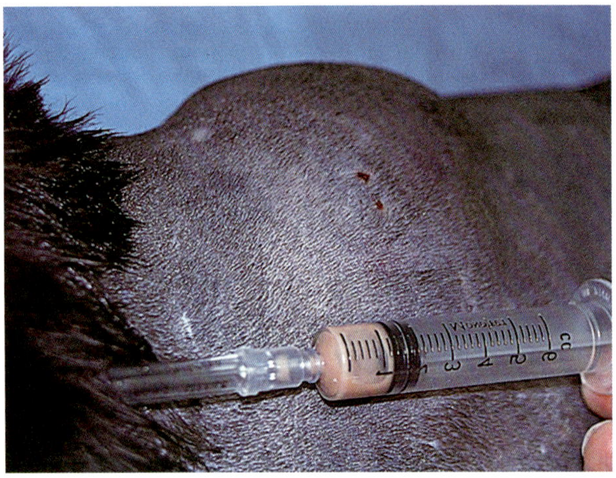

图 3-92　皮下脓肿。猫咬伤引起的猫的脓肿。注射器内是从脓肿中抽出的脓液。

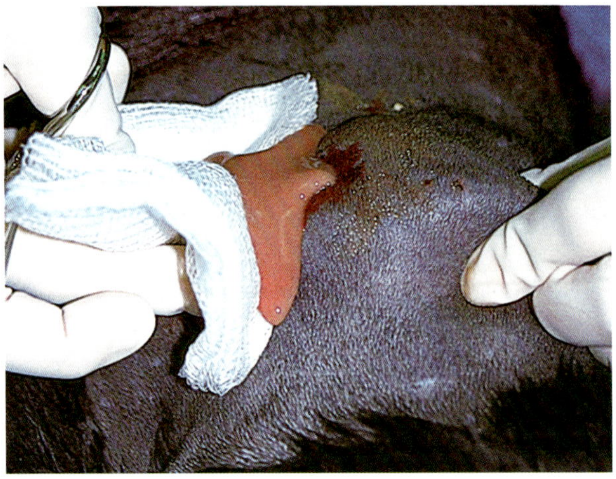

图 3-93　皮下脓肿。图 3-92 中的猫，脓肿切开后，很容易从该脓肿中挤出脓液。

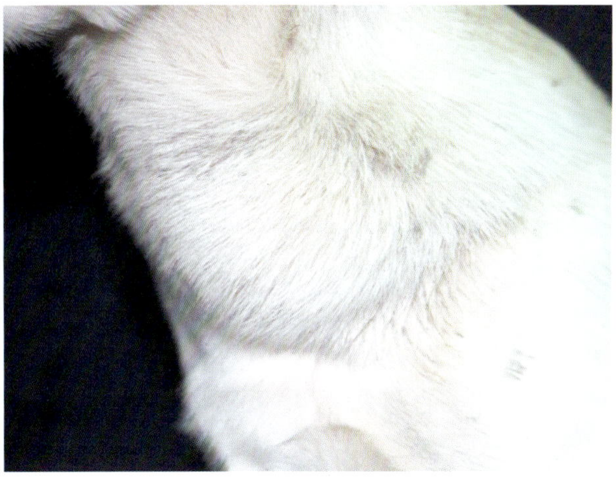

图 3-94 皮下脓肿。典型脓肿，颈部大面积肿胀。

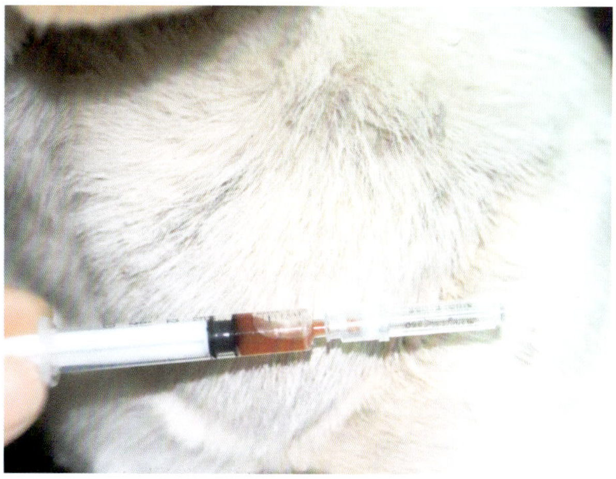

图 3-95 皮下脓肿。图 3-94 中的犬，注射器内是从肿块中抽出的液体。注意该液体呈血红色血清样，更像血肿的典型表现。

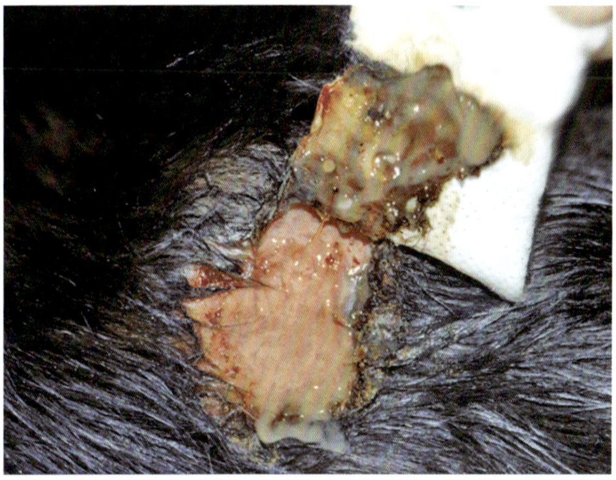

图 3-96 皮下脓肿。猫背部脓性渗出物下的大块溃疡。覆盖脓肿的坏死皮肤粘连在纱布上。

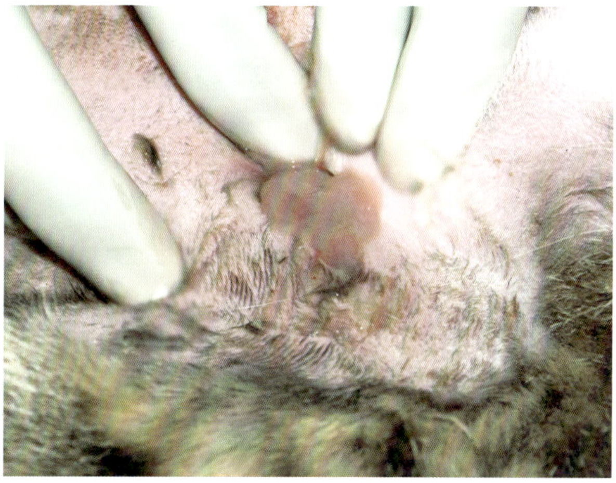

图 3-97 皮下脓肿。猫腹股沟处的脓肿中挤出的脓液。

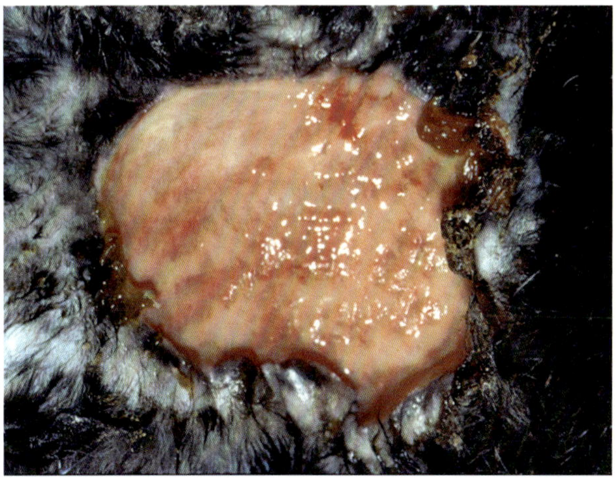

图 3-98 皮下脓肿。猫胸部的大块溃疡，上面覆盖有脓性渗出物，表面的坏死皮肤已被移除。

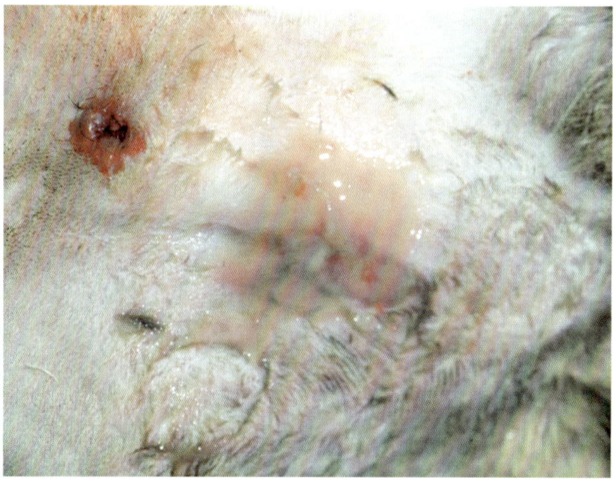

图 3-99 皮下脓肿。大量脓性渗出是猫脓肿的典型表现。

葡萄状菌病（细菌性假足菌肿病、皮肤细菌性肉芽肿）
Botryomycosis (Bacterial Pseudomycetoma, Cutaneous Bacterial Granuloma)

特征

葡萄状菌病是一种不常见的皮肤感染，病原菌形成肉眼可见或不可见的组织颗粒。感染可继发于刺伤、异物反应或咬伤。犬、猫均不常发生。

单个或多个无痛性硬结，常不瘙痒，伴有溃疡性瘘管。脓性分泌物中有小的白色颗粒（肉眼可见的菌落）。病变发展缓慢，可发生在任何部位。

主要鉴别诊断

鉴别诊断包括放线菌病、诺卡菌病、分枝杆菌病、深层真菌感染、肿瘤及异物反应。

诊断

1. 细胞学（渗出物）：化脓性炎症，含有的颗粒为致密的菌落。
2. 皮肤组织病理学：结节性或弥散性（脓性）肉芽肿性皮炎、脂膜炎和细菌构成的组织颗粒。
3. 细菌培养：病原菌通常为葡萄球菌，偶可分离到其他细菌，如假单胞菌或变形杆菌。
4. 使用PCR分析，可简化诊断。

治疗和预后

1. 手术切除结节，长期应用全身性抗生素（至少4周），根据细菌培养和药敏试验结果选择抗生素。不施行手术而单纯使用抗生素很少有效。
2. 手术结合药物治疗，预后良好。

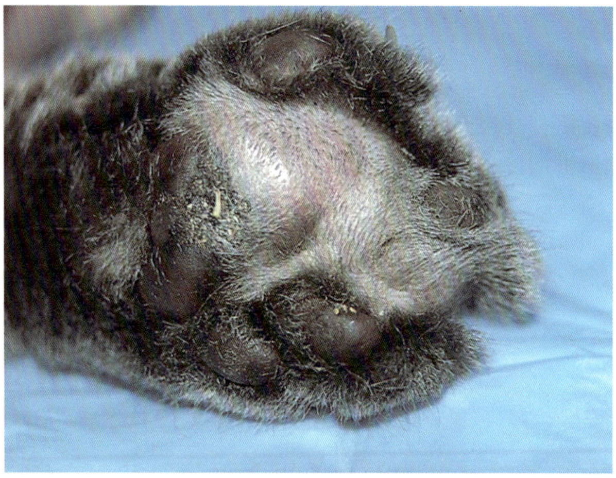

图 3-101　葡萄状菌病。猫爪部肿胀，引起中度疼痛和跛行。结痂覆盖着深层创口，从该创口内周期性流出脓性分泌物。

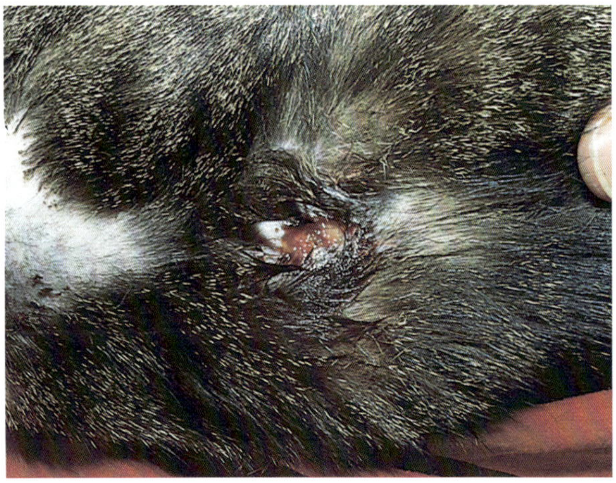

图 3-100　葡萄状菌病。猫背部有结痂形成的深层破溃。

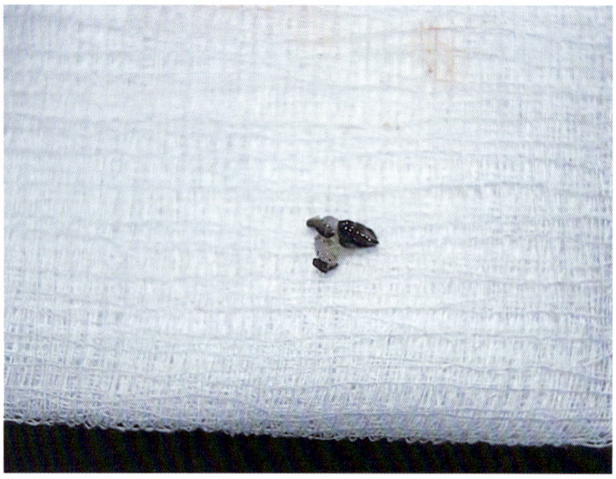

图 3-102　葡萄状菌病。从图3-101的猫爪中部剥离出来的组织颗粒。

L 型感染
L-Form infection

特征

L 型感染是由于咬伤或手术创口受到细胞壁缺陷型细菌的污染而引起的皮肤感染。猫不常见而犬罕见。

L 型感染以持续蔓延并排出分泌物的蜂窝织炎和滑膜炎为特征，常始发于四肢。同时出现发热，也可能发生多发性关节炎。

主要鉴别诊断

鉴别诊断包括其他细菌（如放线菌、诺卡氏菌、分枝杆菌）和深层真菌感染以及肿瘤。

诊断

1. 排除其他类似疾病。
2. 细胞学（渗出物）：脓性肉芽肿性炎症。无法观察到 L 型细菌，但可见到污染的球菌和杆菌。
3. 皮肤组织病理学（无诊断意义）：脓性肉芽肿性皮炎。
4. 影像学检查：关节周围软组织肿胀，骨膜增生。
5. 细菌培养——除非用特殊的 L 型细菌培养基，否则培养不出 L 型细菌。常可分离到污染菌。
6. 电子显微镜检查（活检样本）——可在吞噬细胞内发现胞壁缺失的多形性微生物。
7. 使用 PCR 分析，可简化诊断。

治疗和预后

1. 用治疗其他细菌感染的抗生素治疗无效。
2. 给予四环素，22 mg/kg，口服，每 8 h 一次；或用强力霉素，5～10 mg/kg，口服，每 12 h 一次。临床症状完全消失后，至少连续治疗 1 周。
3. 预后通常良好。在严重病例，慢性关节炎可能为永久性后遗症。

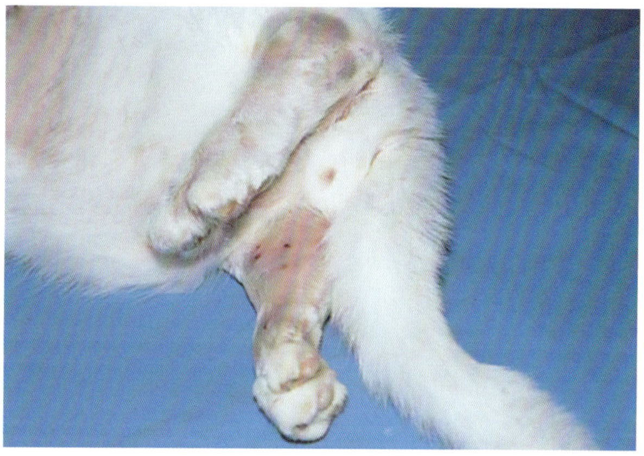

图 3-103 L 型感染。伴有多处瘘管的弥散性蜂窝织炎。确诊很困难，需要特殊的实验室技术（自佛罗里达大学：临床资料）。

放线菌病
Actinomycosis

特征

放线菌是口腔内的一种非致病菌，当该菌被不经意地植入组织内可引起本病。感染部位常有既往咬伤或刺伤病史，是一种不常发生于犬、猫的皮肤病，户外运动的犬和猎犬发病率最高。

犬

皮下有坚实至有波动感的肿胀和脓肿，可形成瘘管和溃疡。渗出物为血性或脓性，常有恶臭，可含有棕黄色颗粒（放线菌的肉眼可见菌落）。最常发病的部位是颈两侧和腹侧、下颌以及颌下区。渐进性体重下降和发烧提示同时发生了腹腔或胸腔感染。

猫

脓胸和具有臭味的皮下脓肿，血清血液或脓性渗出物是最常见的临诊症状。

主要鉴别诊断

鉴别诊断包括其他细菌、深层真菌感染以及肿瘤。

诊断

1. 排除其他类似疾病。

2. 细胞学（渗出物）：化脓性或脓性肉芽肿性炎症，含有包括放线菌在内的混合细菌菌群。放线菌单个存在或聚集成团，革兰氏阳性，不抗酸，呈念珠状、丝状微生物，偶有分枝。病原菌可能很难发现。

3. 皮肤组织病理学：结节性或弥散性化脓或脓性肉芽肿性皮炎和脂膜炎，含有革兰氏阳性、不抗酸的丝状微生物组织颗粒。病原菌可能很难发现。

4. 厌氧细菌培养（经皮肤深层抽吸或使用活检样本，接种于厌氧转移培养基；避免冷冻）。常可分离到不包括放线菌的混合细菌，因为放线菌的生长需要复杂的营养物质，难以培养。

5. 使用 PCR 分析，可简化诊断。

治疗和预后

1. 实施广泛性的切除或组织减积手术，尽可能多地去除病变组织。手术也可能使感染扩散。

2. 长期（数月）应用全身性抗生素，临床症状完全消除后连续用药数周。

3. 选用青霉素 G 钾（皮下注射，肌肉注射，静脉注射）或青霉素 V 钾（口服），推荐剂量至少 60 000 U/kg，每 8 h 一次。

4. 其他可能有效的药物包括：

- 克林霉素，5～10mg/kg，口服，每 12 h 一次；
- 红霉素，10 mg/kg，口服，每 8 h 一次；
- 米诺环素，5～25 mg/kg，静脉注射或口服，每 12 h 一次；
- 阿莫西林，20～40 mg/kg，肌肉注射，皮下注射或口服，每 6 h 一次。

5. 对于治愈而言，预后谨慎。通常认为本病对其他动物或人没有传染性。

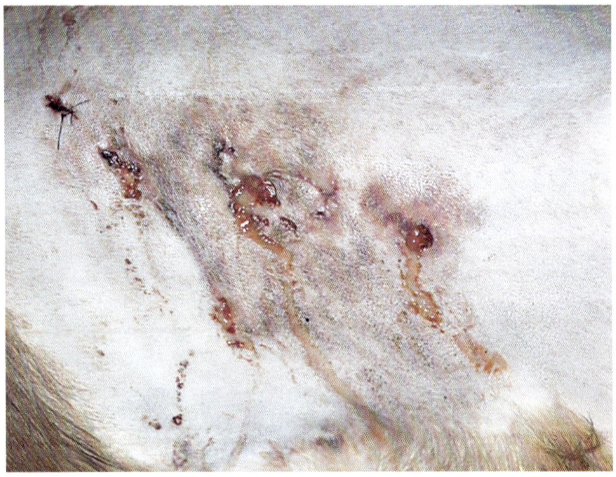

图 3-104　放线菌病。此犬已患病数月，腰部弥散性蜂窝织炎，伴有多处瘘管。

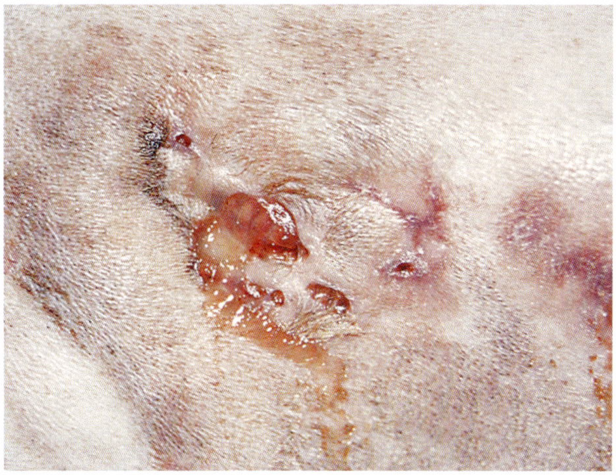

图 3-105　放线菌病。图 3-104 中犬的近观。伴有组织变色的深层瘘管是深层蜂窝织炎的特征。

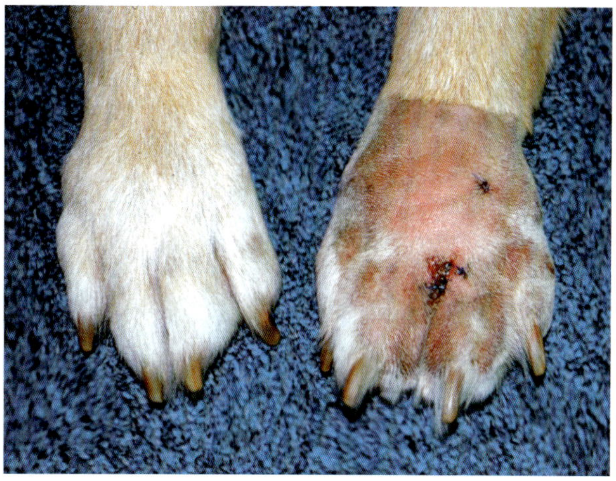

图 3-106　放线菌病。成年犬爪部严重肿胀，伴有红斑和瘘管。注意皮肤和皮下组织经取样，用于组织病理学检查和切碎组织培养（细菌和真菌培养）。

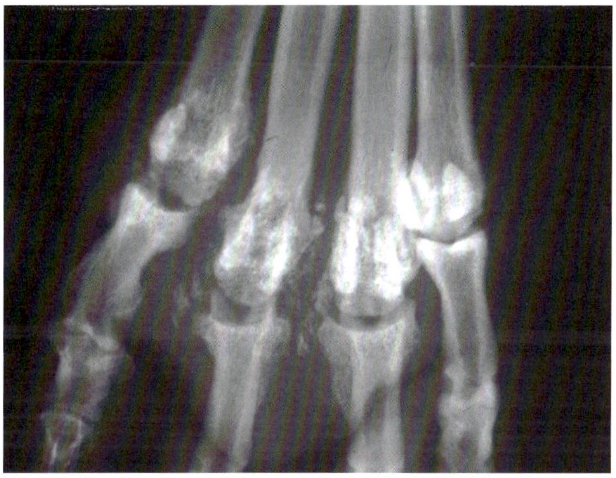

图 3-107　放线菌病。图 3-106 中的犬。爪部 X 线片显示蜂窝织炎和骨髓炎的骨变化。

图 3-108　放线菌病。图 3-106 中的犬。面部的抑郁表情是潜在的甲状腺功能减退所引起，甲状腺功能减退患犬易感染放线菌病。

诺卡氏菌病
Nocardiosis

特征

诺卡氏菌病是由诺卡氏菌感染引起的皮肤疾病。诺卡氏菌是一种土壤腐生菌，偶尔进入皮肤穿刺创口可引起发病。犬、猫不常见。

诺卡氏菌病表现为局限性结节、蜂窝织炎和脓肿，伴发溃疡和瘘管，流出血性渗出物。病变常位于四肢、爪部或腹部，常见周围淋巴结肿大。

主要鉴别诊断

鉴别诊断包括其他细菌和深层真菌感染、肿瘤。

诊断

1. 排除其他类似疾病。
2. 细胞学（渗出物）：脓性或脓性肉芽肿性炎症，有单个或松散聚集在一起的革兰氏阳性的、部分抗酸的、念珠状的、有分枝的丝状菌。
3. 皮肤组织病理学：结节性或弥散性脓性肉芽肿性皮炎和脂膜炎，病变内革兰氏染色阳性、部分抗酸，有分枝的念珠状微生物，可形成组织颗粒。
4. 细菌培养：诺卡氏菌。
5. 使用 PCR 分析，可简化诊断。

治疗和预后

1. 外科引流，清创，尽可能去除病变组织。手术也可能使感染扩散。

2. 长期应用全身性抗生素（数周或数月），临床完全康复后至少继续用药 4 周。如有可能，应在细菌培养和药敏试验的基础上选择抗生素。

3. 根据经验，可能有效的抗生素包括：

- 磺胺嘧啶，80 mg/kg，口服，每 8 h 一次，或 110 mg/kg，口服，每 12 h 一次。
- 磺胺甲二唑，50 mg/kg，口服，每 8 h 一次。
- 磺胺异噁唑，50 mg/kg，口服，每 8 h 一次。
- 甲氧苄啶 - 磺胺嘧啶，15～30 mg/kg，口服或皮下注射，每 12 h 一次。
- 氨苄西林，20～40 mg/kg，静脉注射，肌肉注射，皮下注射或口服，每 6h 一次。
- 红霉素，10 mg/kg，口服，每 8 h 一次。
- 米诺环素，5～25 mg/kg，口服或静脉注射，每 12 h 一次。

4. 对于治愈而言，预后谨慎。通常认为本病不传染其他动物和人。

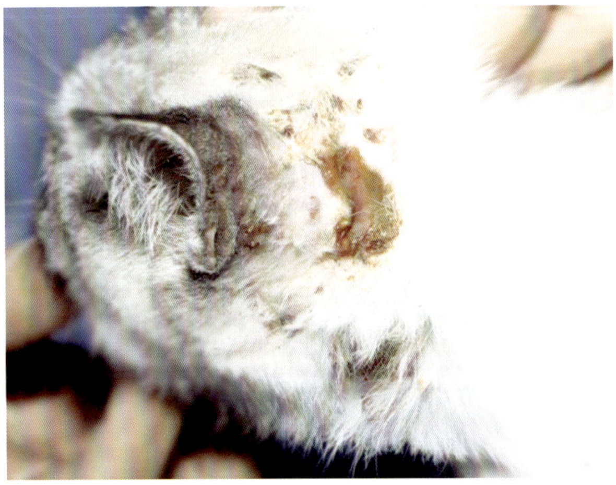

图 3-109 诺卡氏菌病。成年猫耳根部的溃疡性结痂病变，伴有脓性渗出。

图 3-110 诺卡氏菌病。图 3-109 中的猫，腹部多处溃疡性瘘管。注意病变的表现和部位与猫的条件致病性分枝杆菌病相似。

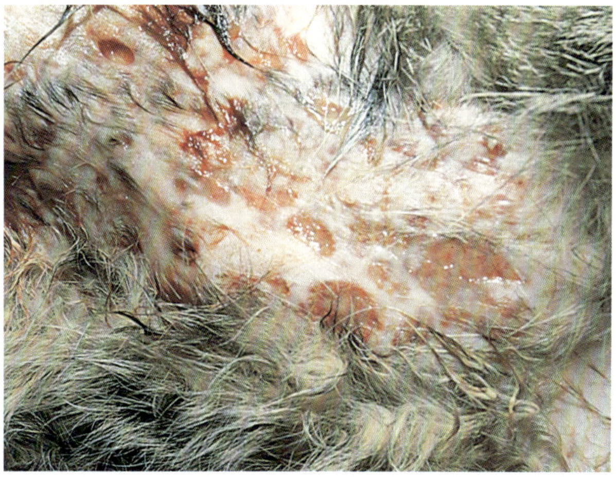

图 3-111　诺卡氏菌病。成年猫腹部大量溃疡性瘘管。是猫诺卡氏菌病和条件致病性分枝杆菌病典型的病变和发病部位。

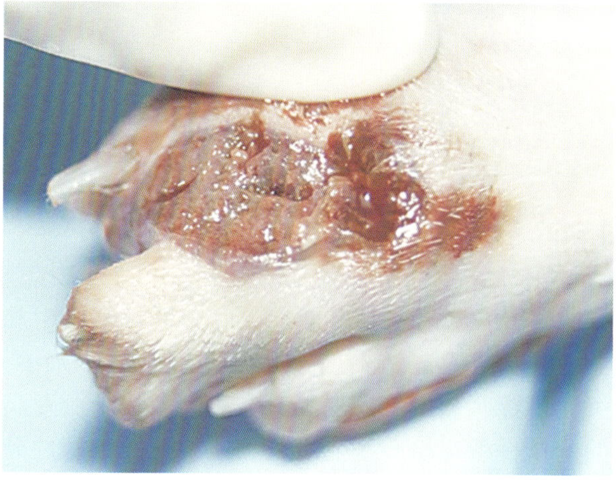

图 3-112　诺卡氏菌病。犬爪背部的深层溃疡性病变已有数月。伴有组织增生的深层瘘管在任何严重的细菌或真菌感染都可见到。

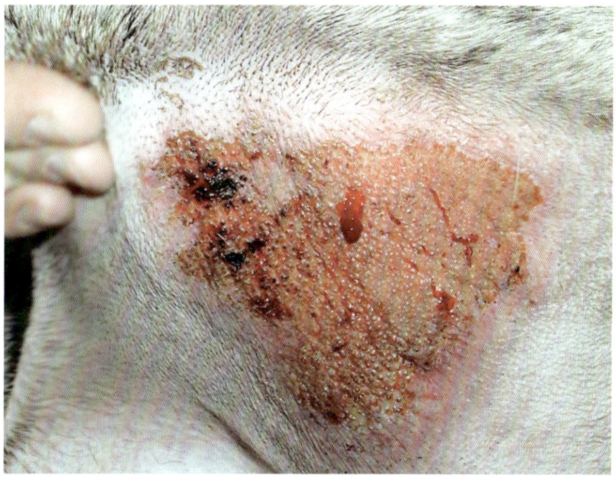

图 3-113　诺卡氏菌病。大丹犬的腹股沟，糜烂性皮炎的中心区域有瘘管病变。检查任何破损的病变时应该带上手套。

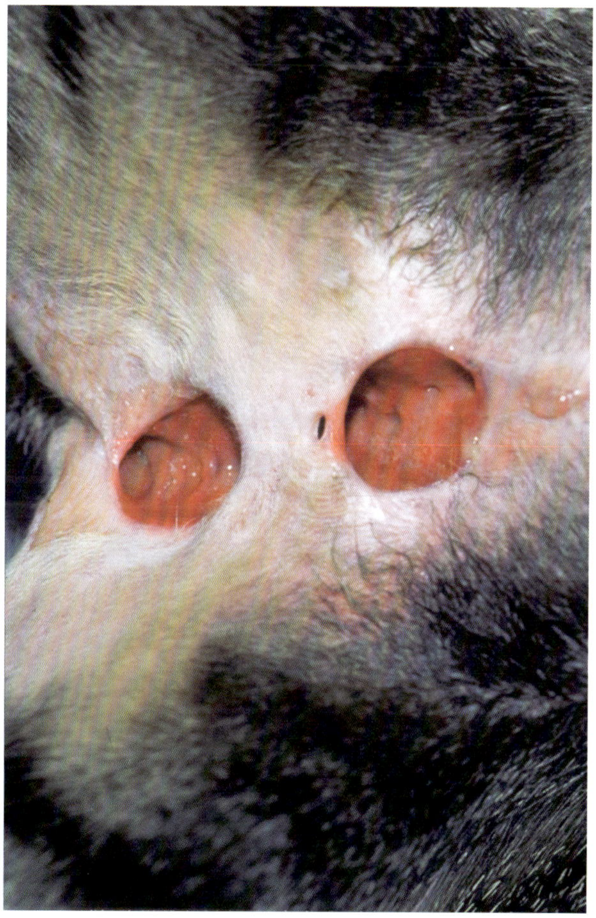

图 3-114　诺卡氏菌病。腹部的大面积开放性溃疡（自 L. Schmeitzel）。

条件致病性分枝杆菌病（非典型性分枝杆菌肉芽肿，分枝杆菌性脂膜炎）Opportunistic Mycobacteriosis (Atypical Mycobacterial Granuloma, Mycobacterial Panniculitis)

特征

条件致病性分枝杆菌病是腐生分枝杆菌引起的皮肤深层感染，该菌正常时存在于土壤和水中，可通过穿刺创口侵入皮肤。引起大多数病例发病的分枝杆菌在培养基上生长迅速。条件致病性分枝杆菌病不常发生于猫，罕见于犬。肥胖动物具有易感性。

条件致病性分枝杆菌病表现为逐渐发展的慢性、不愈合的、发展缓慢的脱毛性皮下结节、脓肿和蜂窝织炎，局部有紫色斑块，并伴有点状溃疡和瘘管，有血性或脓性渗出物。病变可出现在身体的任何部位，但在猫的腹股沟和尾部腹侧区域的脂肪组织最常发病。受感染区域逐渐发展扩大，组织加深，面积加大，最终可能发展到整个腹部和邻近的躯干及四肢。局部淋巴结可能增大。患猫沉郁、发热或厌食，可能体重减轻，懒动。扩散到内脏或淋巴结的情况罕见。

主要鉴别诊断

鉴别诊断包括其他细菌或真菌深层感染和肿瘤。

诊断

1. 排除其他类似疾病。

2. 细胞学（渗出物）：中性粒细胞和巨噬细胞，细胞内可见抗酸杆菌、常规染色不着色。这些病原菌常不易被发现。

3. 皮肤组织病理学：结节性至弥散性、化脓性、肉芽肿性皮炎和脂膜炎。病变内抗酸杆菌难以发现。

4. 分枝杆菌病培养：致病菌包括偶然分枝杆菌、龟分枝杆菌、耻垢分枝杆菌、草分枝杆菌、蟾蜍分枝杆菌、抗热分枝杆菌和“可视（visibilis）”分枝杆菌。这些微生物易于培养，不像引起犬猫麻风病的微生物培养常常是阴性。

5. 使用 PCR 分析，可简化诊断。

治疗和预后

1. 如有可能，施行手术彻底切除或大面积感染组织的清创。手术也可能使感染扩散。

2. 给予长期（3～6 个月）全身性抗生素治疗，临床症状完全消失后至少连续治疗 1～2 个月。如条件允许，应在细菌培养和药敏试验的基础上选择抗生素。

3. 根据经验，可能有效的药物包括：

- 强力霉素或米诺霉素，5～12.5 mg/kg，口服，每 12 h 一次；或 25～50 mg/只猫，口服，8～12 h 一次，餐前服用。
- 麻佛沙星，2.75～5.5 mg/kg，口服，每 12 h 一次。
- 恩诺沙星，5～15 mg/kg，口服，每 12 h 一次；或 25～75 mg/ 只猫，口服，每 24 h 一次（可能引起视网膜毒性）。
- 环丙沙星，62.5～125 mg/只猫，口服，每 12 h 一次。
- 普多沙星（猫），7.5 mg/kg，口服，每 12 h 一次。
- 克拉霉素，5～10 mg/kg，口服，每 12 h 一次。
- 氯法齐明，8 mg/kg，口服，每 24 h 一次。

4. 外部使用二甲亚砜、恩诺沙星混合溶液（10 mg/mL 溶液），每 12～24 h 一次可能有效。

5. 为了帮助预防非典型分枝杆菌继发感染，肥胖犬猫发生穿刺伤后，应预防性地使用强力霉素。

6. 虽然长期药物治疗常可充分控制感染，使动物能正常生活，对本病的完全治愈应持中立或谨慎态度。通常认为本病不会传染其他动物和人。

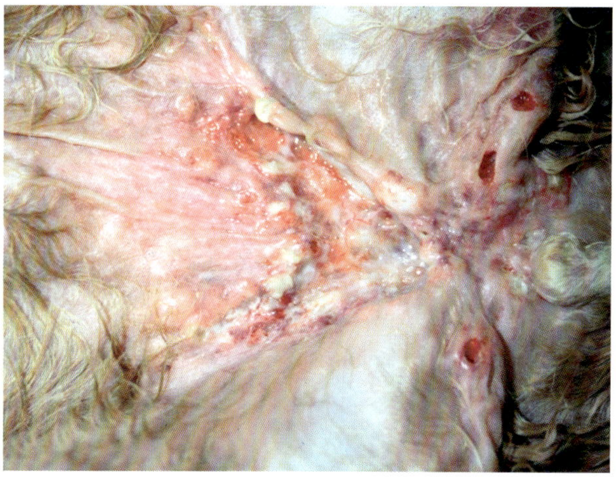

图 3-115　条件致病性分枝杆菌病。猫腹部多处溃疡和瘘管，可见许多结节和脓液渗出。结节可成为感染反复发作的残余病变源。注意其与诺卡氏菌病相似。

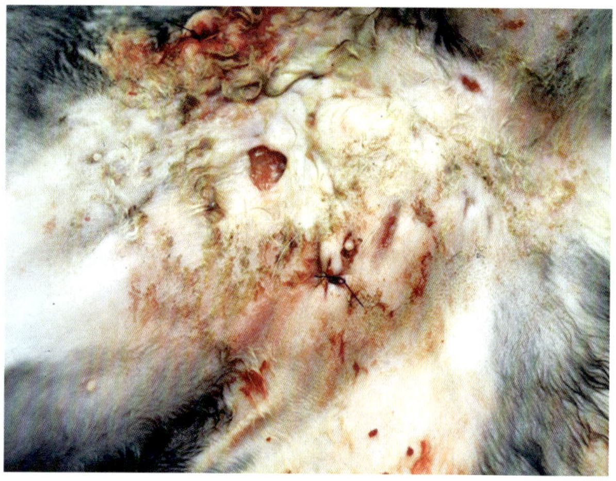

图 3-116　条件致病性分枝杆菌病。成年猫腹部的多处溃疡病变。

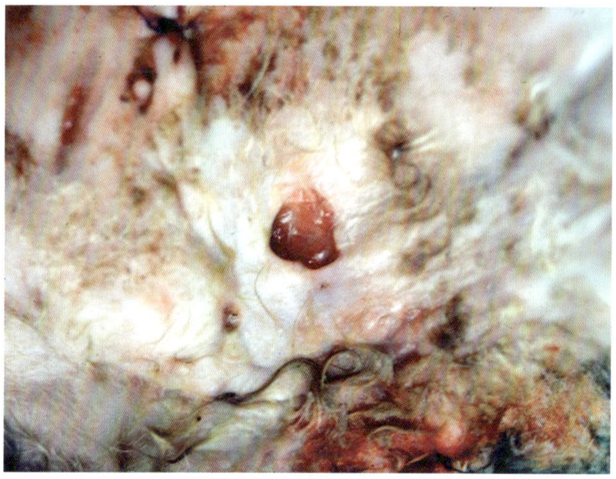

图 3-117　条件致病性分枝杆菌病。伴有脓液渗出和深层瘘管的大面积不愈合溃疡。

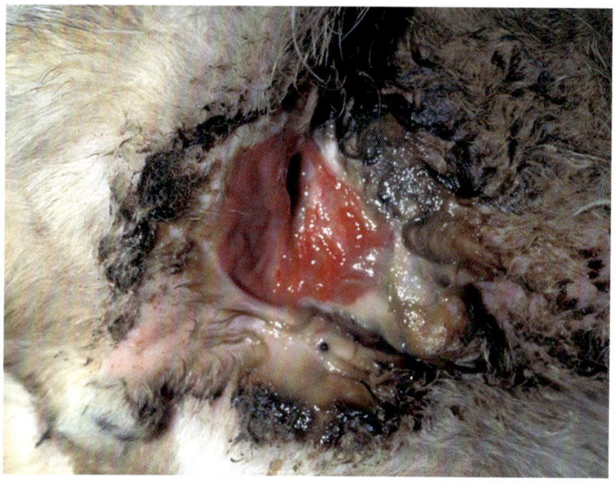

图 3-118　条件致病性分枝杆菌病。图 3-117 的近观，显示溃疡性病变。

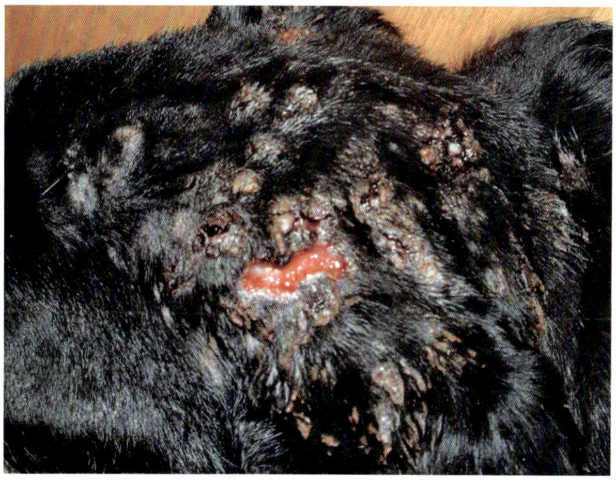

图 3-119　条件致病性分枝杆菌病。成年犬头部的严重蜂窝织炎导致形成溃疡和结痂。

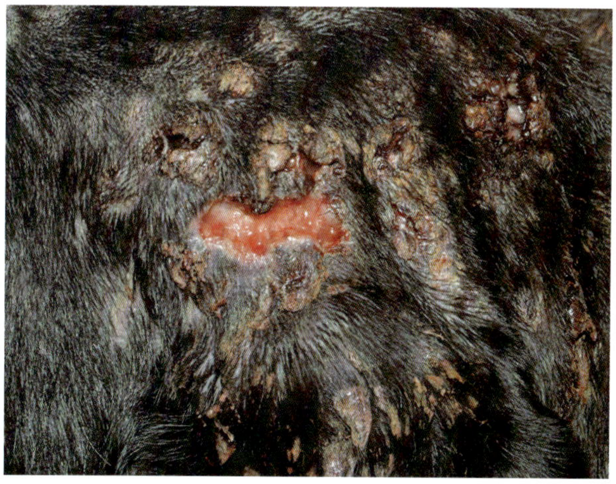

图 3-120　条件致病性分枝杆菌病。图 3-119 的犬，明显可见蜂窝织炎导致的深层溃疡。

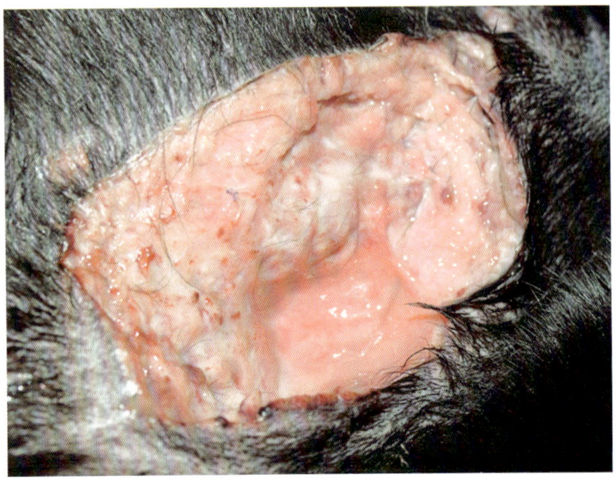

图 3-121 条件致病性分枝杆菌病。长期感染造成的深层、开放性、不愈合的溃疡。注意其与肿瘤相似。

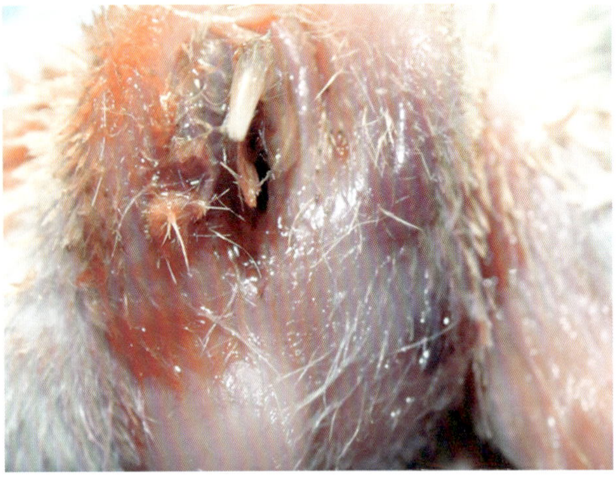

图 3-122 条件致病性分枝杆菌病。发生于甲床的严重蜂窝织炎。肿胀和严重的挫伤提示感染的深度和严重性。

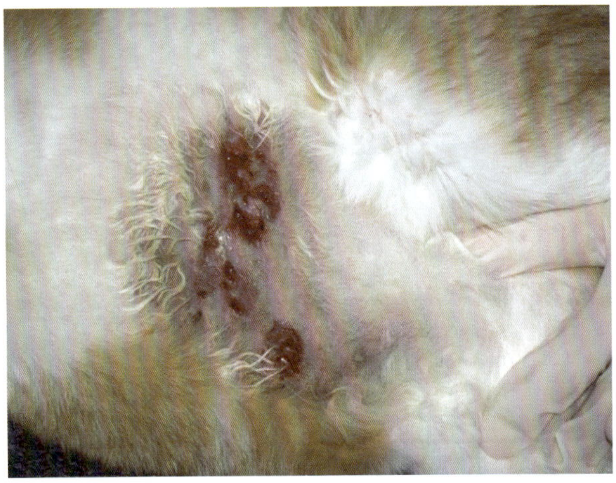

图 3-123 条件致病性分枝杆菌病。一只慢性感染猫的深层瘘管性病变。猫的多处瘘管是深层细菌和真菌感染的典型病变。

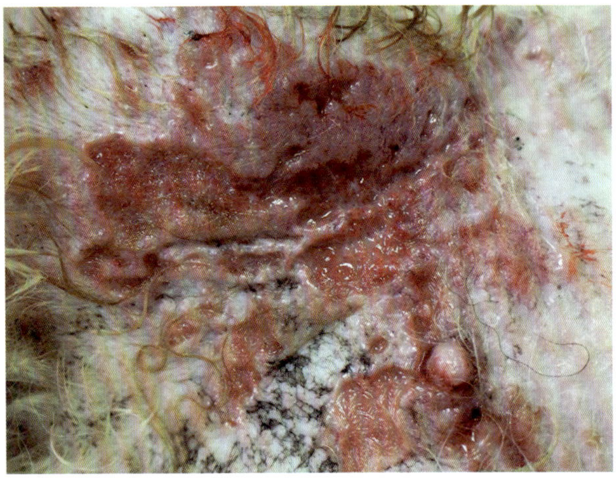

图 3-124 条件致病性分枝杆菌病。猫腹部严重的蜂窝织炎和瘘管。

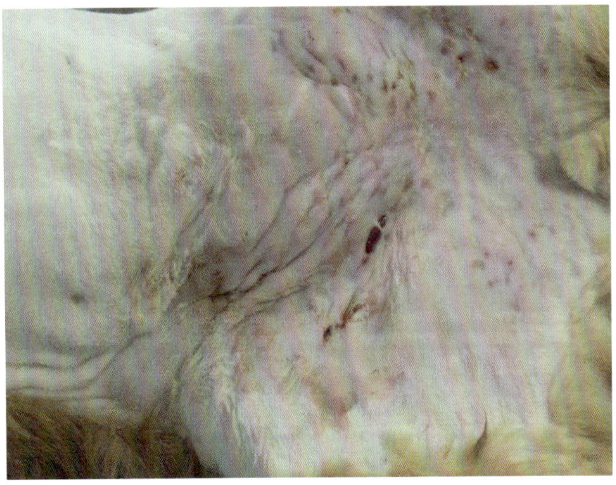

图 3-125 条件致病性分枝杆菌病。一只感染的猫腹部广泛性蜂窝织炎。大量的结节提示感染广泛。

猫麻风病综合征
Feline Leprosy Syndrome

特征

猫麻风病被认为是两种不同的细菌——鼠麻风分枝杆菌及另外一种未命名的分枝杆菌引起的。鼠麻风分枝杆菌是鼠麻风病的病原，猫可能因被麻风病鼠咬伤而感染。未命名的分枝杆菌被认为是条件腐生菌，不过尚未确定。猫麻风病发病报道限于美国西部、加拿大西部、荷兰、新西兰、澳大利亚以及英国。鼠麻风分枝杆菌引起的病例主要限于温暖的沿海地区和海滨城市，而未命名的新奇分枝杆菌引起的病例主要发生在农村和半农村地区。猫麻风病综合征不常发生于猫，4 岁以内的成年猫，其鼠麻风分枝杆菌病的发病率最高，而新奇分枝杆菌引起的病例，对 9 岁以上的老年猫发病率最高，这些老年猫因潜在疾病造成免疫功能不全，如长期猫免疫缺陷病毒（FIV）感染，慢性肾功能不全或衰老。

鼠麻风分枝杆菌感染的特征是发病迅速，局部扩散、无痛的、突起的、肉质、肿瘤样的皮肤和皮下结节。病变直径从几毫米到 4 cm，较大病变常发生溃疡。全身各处均可出现病变，但最先常有单个或多个结节发生在头部和四肢。2 个月内可发展到全身皮肤，局部淋巴结可能肿大。尽管可迅速发展到全身皮肤，但不感染内脏。

新奇分枝杆菌感染的特征是从头部、尾部或四肢出现局灶性皮下和皮肤的结节开始，结节坚实而没有痛感，也没有溃疡。病变缓慢发展，数月或数年后发展到全身，偶尔会感染到内脏。

主要疾病诊断

鉴别诊断包括其他细菌和深层真菌的感染和肿瘤。

诊断

1. 排除其他类似疾病。

2. 细胞学（抽出物、组织压片）：中性粒细胞和巨噬细胞，某些细胞内有杆状病原结构，常规染色不着色，但抗酸染色阳性。

3. 皮肤组织病理学：弥散性（脓性）肉芽肿性皮炎和脂膜炎，细胞内和细胞外有抗酸杆菌。鼠麻风分枝杆菌引起的病变可呈现干酪样坏死，内含有零星或中等数量的抗酸杆菌；而新奇非典型分枝杆菌引起的病变没有干酪样坏死，但内含有大量抗酸杆菌。

4. PCR 技术（皮肤活检）：检测鼠麻风分枝杆菌或新奇分枝杆菌的 DNA。

5. 分枝杆菌培养：常为阴性，病原菌生长条件苛刻，极难培养。

治疗和预后

1. 对于鼠麻风分枝杆菌感染，应手术彻底切除所有结节。手术也可能使感染沿组织扩散。

2. 如果不能施行手术，长期（数月）药物治疗有时有效。完全康复后再继续治疗 2～ 3 个月。用氯法齐明，8～10 mg/kg，口服，每 24 h 一次 (25 mg/ 只猫，口服，每 24 h 一次)，或 50 mg/ 只猫，口服，每 48 h 一次，可能有效。

3. 对新奇分枝杆菌引起的感染不可能进行手术切除。治疗选择是联合用药：克拉霉素，62.5 mg/ 只猫，口服，12 h 一次，利福平，10～15 mg/kg，口服，每 24 h 一次。治疗需要持续数月，在临床症状完全消除后，继续用药至少 2 个月。

4. 如能完全切除病变，预后良好。通常认为本病不会传染其他动物和人。

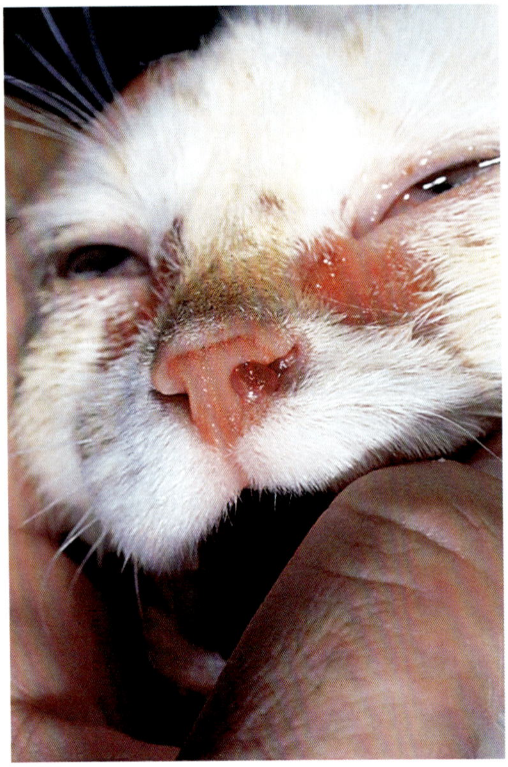

图 3-126　猫麻风病。猫面部的糜烂性病变，该猫被鼠麻风病分枝杆菌感染（自 A.Yu）。

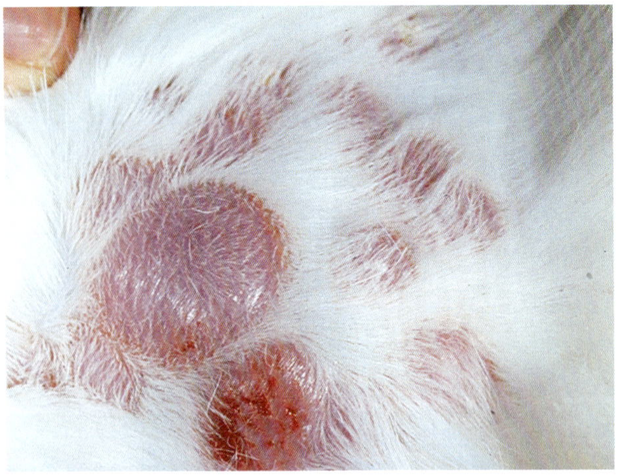

图 3-127　猫麻风病。感染了鼠麻风分枝杆菌的猫，身上多处脱毛、红斑（自 A.Yu）。

犬麻风样肉芽肿综合征（犬麻风病）
Canine Leproid Granuloma Syndrome (Canine Leprosy)

特征

犬麻风样肉芽肿综合征是犬的皮肤分枝杆菌病，其病因和发病机理尚未完全阐明，但一般认为是通过昆虫叮咬，将一种未分类的环境中的分枝杆菌接种到皮下，犬分枝杆菌病在澳大利亚最常发生，在新西兰、巴西、津巴布韦、加利福尼亚、佛罗里达也有报道。短毛犬高发，拳师犬及其杂交品种可能具有品种易感性。

犬麻风样肉芽肿综合征表现为单个或多个界限明显的坚实皮下结节，直径 2～5 cm。病变无痛感，不痒，有时脱毛，如果很大可出现溃疡；多发生在头部和耳背侧，也可发生于身体任何部位。患犬其他方面健康，没有全身症状。

主要鉴别诊断

鉴别诊断包括其他细菌和深层真菌感染、非传染性肉芽肿（如剪耳后的缝合处肉芽），肿瘤。

诊断

1. 排除其他类似疾病。

2. 细胞学（穿刺）：大量巨噬细胞，伴有数量不等的淋巴细胞、浆细胞和中性粒白细胞。在细胞外或在巨噬细胞内可见很少或中等数量的中等长度的，常规染色不着色的抗酸杆菌。

3. 皮肤组织病理学：脓性肉芽肿性皮炎和脂膜炎，伴有细胞内和细胞外抗酸杆菌。

4. PCR 技术（皮肤活检）：发现新奇分枝杆菌的 DNA 序列，在非犬科动物和人的分枝杆菌肉芽肿上未发现过该 DNA。

5. 分枝杆菌培养：常为阴性，该病原菌对营养苛求，尚不清楚其生长要求。

治疗和预后

1. 犬麻风样肉芽肿综合征通常是一种自限性疾病，病变一般在 3～4 周自然消退。

2. 如果病变持续存在，数量很少，可以施行手术切除。

3. 对严重的顽固慢性病变，选择联合药物治疗：利福平，10～15 mg/kg，口服，每隔 24 h 一次，克拉霉素，15～25 mg/ kg，口服，为每日总药量，间隔 8～12 h 分次用完。需要持续治疗（至少 4～8 周），直到病变完全消除。

4. 替代疗法：利福平，10～15 mg/kg，口服，每 24 h 一次；强力霉素，5～10 mg/kg，口服，每 12 h 一次，也可能有效。

5. 外部应用氯法齐明软膏（制备方法：40 粒压碎的 50 mg 氯法齐明胶囊与 100 g 凡士林混合）可作为全身治疗的有效辅助治疗。

6. 该病为自限性，常可自愈，预后良好。严重的肉芽肿病变可能留下小的，色素过度沉着的疤痕。不会传染其他动物和人。

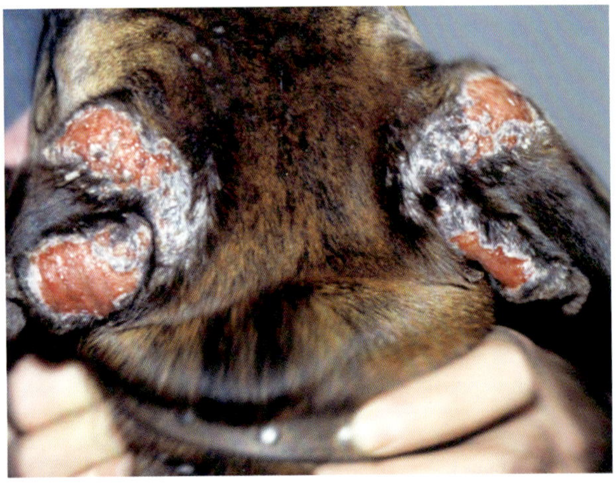

图 3-128　犬麻风样肉芽肿综合征。犬耳廓上多处脱毛，糜烂性肉芽肿（自 R. Malik）。

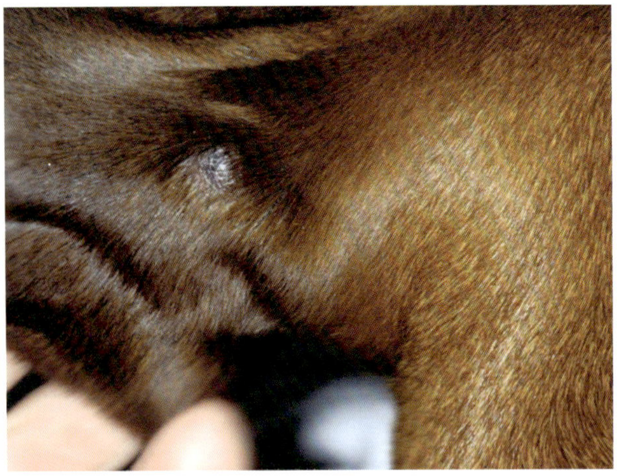

图 3-129　犬麻风样肉芽肿综合征。耳廓上单个肉芽肿（自 R. Malik）。

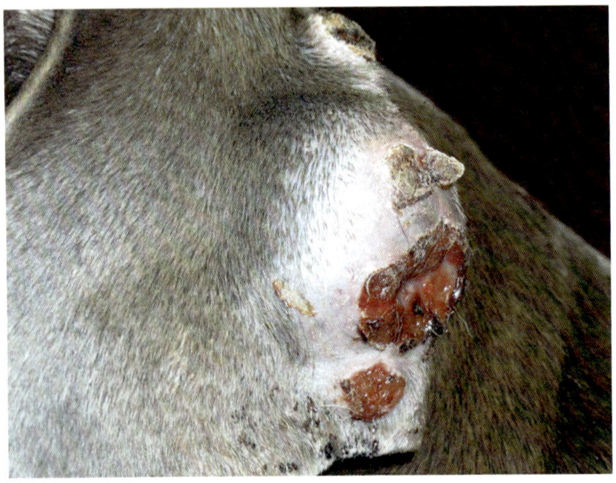

图 3-130　犬麻风样肉芽肿综合征。犬耳廓上的溃疡性和结痂性结节。

结核病
Tuberculosis

特征

结核病（TB），宠物通过与结核病人亲密接触，或采食被污染的奶和肉，可感染结核分枝杆菌。犬和猫极少发病，地方流行结核病的地区发病率最高。

结核病表现为单个或多个皮肤结节、斑块、脓肿和久不愈合的溃疡，有黏稠的脓性渗出物。病变出现在头部、颈部和四肢。常并发全身症状（如发热、厌食、精神沉郁、体重下降、淋巴结增大、咳嗽、呼吸困难、呕吐和/或腹泻）。

主要鉴别诊断

鉴别诊断包括其他细菌和深层真菌感染和肿瘤。

诊断

1. 排除其他类似疾病。
2. 细胞学（渗出物）：中性粒细胞和巨噬细胞，某些细胞内有常规染色不着色的抗酸杆菌。
3. 皮肤组织病理学：结节至弥散性、脓性肉芽肿性皮炎，细胞内有少量至大量的抗酸阳性杆菌。
4. 分枝杆菌培养：病原微生物包括结核分枝杆菌、牛型结核分枝杆菌、结核分枝杆菌 - 牛型结核分枝杆菌变种和鸟型分枝杆菌复合体。
5. 使用 PCR 分析，可简化诊断。

治疗和预后

1. 报告公共卫生当局。公共卫生部门将根据病例的环境条件给出处理建议。
2. 如宠主拒绝将其宠物安乐死，有些宠物经长期化学药物治疗可能有效（6～12 个月）。
3. 对结核分枝杆菌可能有效的药物包括：
   - 犬和猫：异烟肼，10～20 mg/kg，口服，每 24 h 一次，同时使用乙胺丁醇，15 mg/kg，肌肉注射，每 24 h 一次。
   - 犬：吡嗪酰胺，15～40 mg/kg，口服，每 24 h 一次，同时使用利福平，10～20 mg/kg，口服，每 12～24 h 一次。
4. 对猫的牛型结核分枝杆菌感染，手术切除局部病变后，利福平，4 mg/kg，口服，每 24 h 一次。
5. 对猫的结核分枝杆菌 - 牛型结核分枝杆菌的变种感染，给予利福平，10～20 mg/kg，口服，每 24 h 一次，同时使用恩氟沙星，5～10 mg/kg，口服，每 12～24 h 一次，克拉霉素，5～10 mg/kg，口服，每 12 h 一次。
6. 对于鸟型结核分枝杆菌复合体（犬和猫），联合给予强力霉素，10 mg/kg，口服，每 12 h 一次，或氯法齐明，4 mg/kg，口服，每 24 h 一次，加恩氟沙星，5～10 mg/kg，口服，每 12～24 h 一次，加克拉霉素，5 mg/kg，口服，每 12 h 一次。
7. 预后谨慎。结核病可传染其他动物和人。

鼠疫
Plague

特征

由鼠疫耶尔森氏菌引起的人兽共患病。犬似乎有抵抗力，但猫易感。猫吃了被感染的啮齿动物（自然宿主），或被已感染的啮齿动物身上的跳蚤（载体）叮咬，可发生本病。本病不常见于猫，在美国西南部和西部有些鼠疫流行地区的发病率最高。

本病为一种急性致死性疾病，以发热、脱水、淋巴结肿大和淋巴结化脓（淋巴结炎）为特征。发炎的淋巴结可形成瘘管，流出黏稠的脓性渗出物，最常发病的淋巴结包括颌下淋巴结、咽后淋巴结和颈前淋巴结。

主要鉴别诊断

鉴别诊断包括由其他细菌引起的皮下脓肿。

诊断

1. 细胞学（渗出物、淋巴结抽取物）：化脓性炎症，可见小的两极着色的革兰氏阴性球杆菌。
2. 血清学：间隔 10～14 d 所采血清样本中的鼠疫抗体增加 4 倍以上。
3. 直接荧光抗体检查或 PCR 技术（渗出物、淋巴结抽取物）：检测鼠疫耶尔森氏菌抗原。
4. 细菌培养：鼠疫耶尔森氏菌。
5. 使用 PCR 分析，可简化诊断。

治疗和预后

1. 搞好环境卫生，因为受到感染的组织、脓液、唾液和经空气传播的呼吸道泡沫，对人和其他动物具有高度传染性。如果可能，疑似鼠疫的动物应在隔离室笼养。处理疑似动物及其样本时要戴手套、穿工作服和佩戴手术面罩。用常规消毒剂消毒桌子和笼具，污染物（如纱布块）用双层塑料袋盛装并予以焚化。
2. 对所有疑似病例立即实施抗生素治疗。为减少接触感染的可能性，建议不经口服给药，而是胃肠外给药。治疗（至少 3 周）应在临床康复后坚持较长时间。
3. 选用庆大霉素，2～4 mg/kg，肌肉注射或皮下注射，每 12～24 h 一次。
4. 其他可能有效的抗生素包括：
   - 氯霉素，15 mg/kg，皮下注射，每 12 h 一次；
   - 甲氧苄啶 - 磺胺嘧啶，15 mg/kg，肌肉注射或静脉注射，每 12 h 一次。
5. 用杀蚤喷剂喷洒动物以快速杀死和预防跳蚤（媒介）。采取长期控制跳蚤的严格措施。
6. 切开脓肿并用 0.025 % 的氯己定溶液冲洗。
7. 对接触过该病菌的无症状动物进行预防性治疗，四环素，20 mg/kg，口服，每 8 h 一次，连用 7 d。
8. 除非发病早期即采用抗生素治疗，否则预后不良。鼠疫可传染人和其他动物。

第 4 章　真菌性皮肤病
Fungal Skin Diseases

- 马拉色菌病（马拉色菌性皮炎）
- 念珠菌病（鹅口疮）
- 皮肤癣菌病（钱癣）
- 皮肤癣菌肉芽肿和假足菌肿（马约基肉芽肿）
- 暗色丝孢霉病（着色真菌病）
- 原藻病
- 腐霉病
- 接合菌病（毛霉菌病，虫霉菌病）
- 链壶菌病
- 孢子丝菌病
- 芽生菌病
- 球孢子菌病
- 隐球菌病
- 组织胞浆菌病

马拉色菌病（马拉色菌性皮炎）
Malasseziasis (Malassezia Dermatitis)

特征

厚皮马拉色菌是一种酵母菌，正常时少量存在于外耳道、口周和肛周区域，以及潮湿的皮褶内。当犬发生对该菌的超敏反应，或该菌在皮肤上过度生长时，就会发生皮肤病。对于犬，马拉色菌的过度生长几乎是与潜在病因有关，如异位性皮炎、食物敏、内分泌病、角化异常、代谢性疾病或者长期皮质类固醇治疗。对于猫，马拉色菌过度生长引起的皮肤病，可能继发于某种潜在疾病（如猫免疫缺陷病毒、糖尿病、体内恶性肿瘤）。尤其当猫患有胸腺瘤引起的皮肤病或副肿瘤性脱毛时，可能发生全身性马拉色性皮炎。马拉色菌病常见于犬，尤其见于西高地白㹴、腊肠犬、英国赛特犬、巴吉度猎犬、美国可卡犬、西施犬、史宾格犬和德国牧羊犬，这些品种对其可能有易感性。马拉色菌病罕见于猫。

犬

中度或严重瘙痒，伴有区域性或全身性脱毛、抓痕、红斑和皮脂溢。慢性病变的皮肤可能发生苔藓样变、色素过度沉着和过度角化（皮革样或大象样皮肤）。常散发难闻的体臭。病变可能涉及趾间、颈腹侧、腋下、会阴部或腿褶。可能出现甲沟炎，伴有褐色的甲床分泌物。常并发酵母菌性外耳炎。

猫

症状包括具有黑色蜡样分泌物的外耳炎、慢性下颏部痤疮、脱毛以及多灶性或全身性红斑和皮脂溢。

主要鉴别诊断

鉴别诊断包括其他原因引起的瘙痒和皮脂溢，如蠕形螨病、浅表脓皮病、皮肤癣菌病、外寄生虫病和过敏。

诊断

1. 排除其他类似疾病。

2. 细胞学（胶带粘贴、皮肤压片）：发现圆形或椭圆形的芽孢酵母菌（100×）即能确诊为酵母菌过度生长。在发生酵母菌超敏反应的病例中，可能很难发现该菌。

3. 皮肤组织病理学：浅层血管周围至间质的淋巴组织细胞性皮炎，伴有角质内酵母菌，偶见假菌丝。病原菌数量少时，可能难以发现。

4. 真菌培养：厚皮马拉色菌。

5. 过敏原检测可以证明对马拉色菌的超敏反应。

治疗和预后

1. 必须鉴定和纠正所有潜在病因（过敏、内分泌病、角化缺陷）。

2. 对较轻的病例，单独外部治疗通常有效。用含有下列成分之一的香波洗浴患犬，2% 酮康唑、1% 酮康唑 /2% 氯己定、2% 咪康唑、2%～4% 氯己定、或 1% 硫化硒（仅用于犬），每 2～3 d 一次。含有两种有效成分的香波能提供更好的功效。应持续治疗，直到病变消失，并且复查时的皮肤细胞学检查也找不到病原菌（大约 4 周）。

3. 对于中度或重度病例的治疗，使用酮康唑（犬）或氟康唑，剂量为 10 mg/kg，混于食物中口服，每 24 h 一次，治疗应持续至病变消失，且复诊时的皮肤细胞学检查找不到病原菌（大约 4 周）。

4. 其他治疗方法还有特比萘芬，5～40 mg/kg，口服，每 24 h 一次，或者伊曲康唑（斯皮仁诺）5～10 mg/kg，每 24 h 一次，持续 4 周，可能有效。

5. 几种药物的脉冲疗法和其多种用药频率表已被发表；然而，这些方法常需要更长的时间来治愈进行中的感染。

6. 如果能鉴定并纠正潜在病因，那么预后良好。否则，为防止疾病复发，应每周一次或两次使用抗酵母菌香波洗浴。除了免疫功能不全的个体以外，本病一般不传染其他动物或人。

作 者 注

在美国全科诊所中，酵母菌性皮炎是目前最常被漏诊的疾病。任何腹侧出现皮革样、大象皮样皮肤病变的病例，都应怀疑有马拉色性皮炎。

皮肤细胞学并不总能成功找到马拉色菌，需要临床医生依靠临床病变模式做出初步诊断。

酵母菌性皮炎具有严重瘙痒。如果进行瘙痒评分，按照 0～10 计分，宠主常将瘙痒等级评为 10 分。

马拉色菌病的分布模式

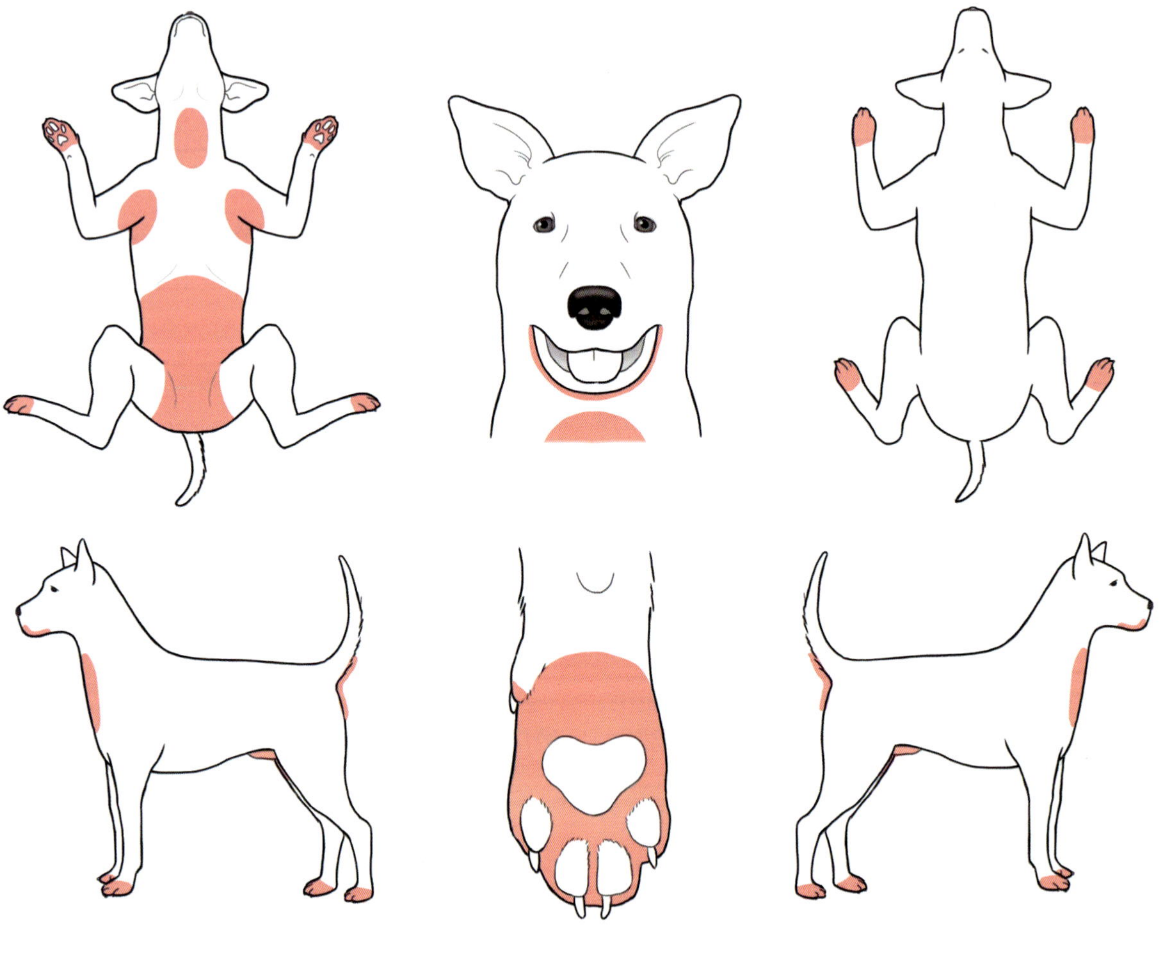

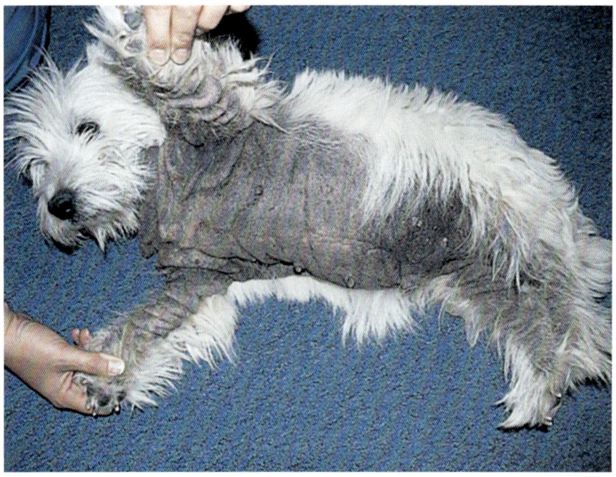

图 4-1　马拉色菌病。西高地白㹴的整个腹侧严重脱毛、苔藓样变和色素过度沉着。这种酵母菌感染继发于过敏性皮炎。

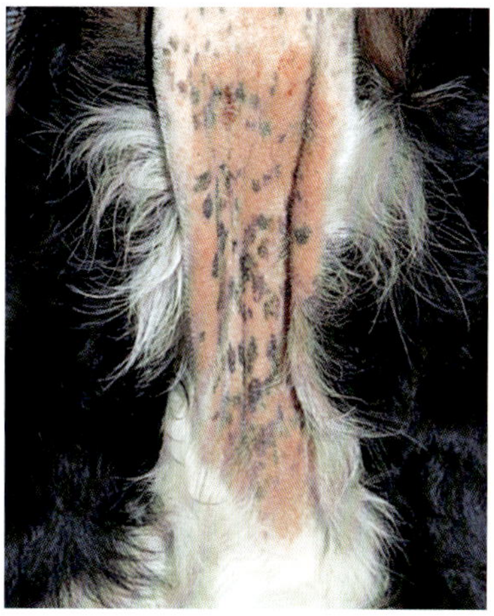

图 4-2　马拉色菌病。过敏犬的颈腹侧脱毛、红斑和苔藓样变。

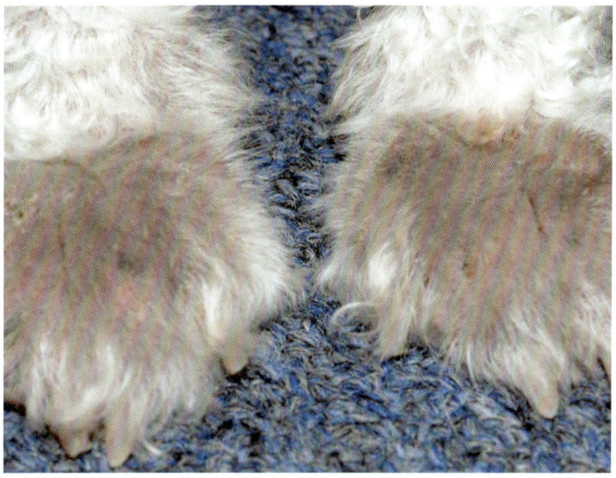

图 4-3　马拉色菌病。因继发酵母菌感染而引起的爪部皮炎，可见脱毛和苔藓样变，这是马拉色菌性皮炎的典型特征。

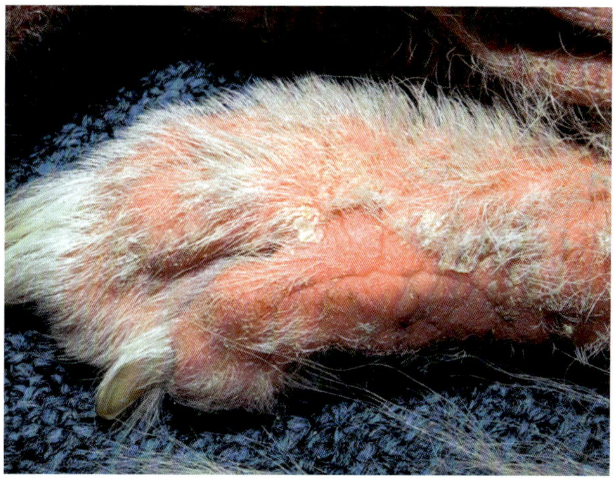

图 4-4　马拉色菌病。严重的爪部皮炎表明存在强烈的炎症反应，这种反应由对马拉色菌的超敏反应引起。明显可见严重红斑、脱毛和苔藓样变。

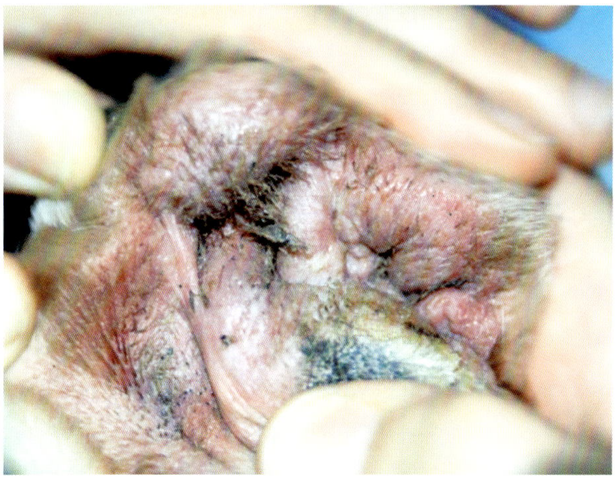

图 4-5　马拉色菌病。此患病动物的趾间皮炎因继发马拉色菌感染而引起。毛发油腻、脱毛，爪垫之间的皮肤炎症是酵母菌性爪部皮炎的典型特征。

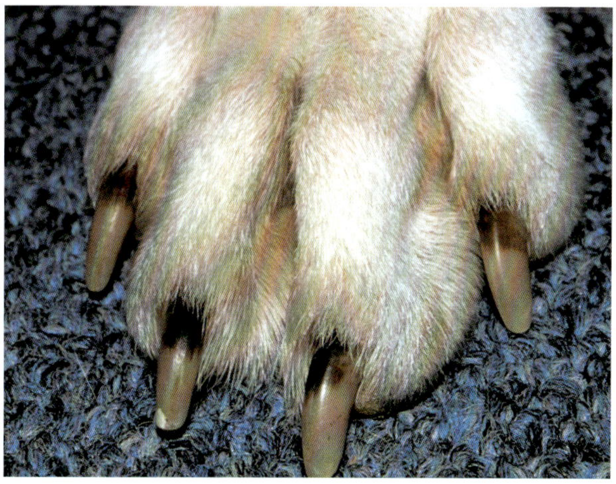

图 4-6　马拉色菌病。甲床周围的褐色是继发马拉色菌感染的特征性变化。

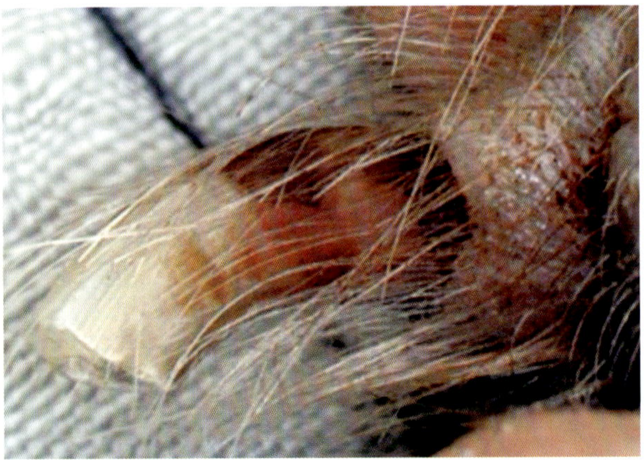

图 4-7 马拉色菌病。酵母菌感染引起趾甲变色，甲床的褐色更明显，趾甲的点状和不规则污迹与趾甲的正常色素沉着明显不同。

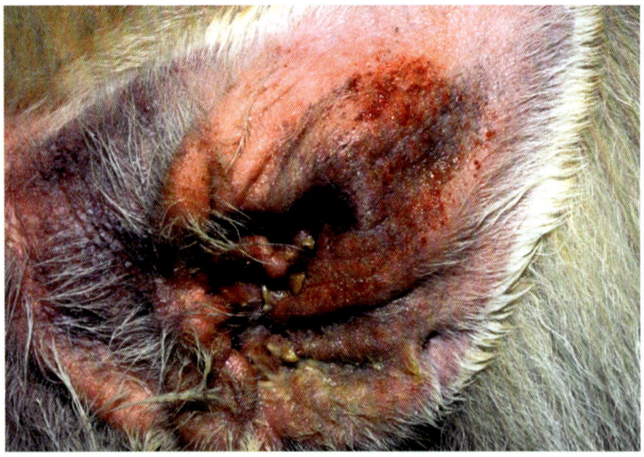

图 4-8 马拉色菌病。继发性酵母菌性耳炎，在患有潜在原发性过敏或内分泌病的患病动物中很常见。耳道和耳廓出现脱毛、严重红斑和苔藓样变，这是马拉色性皮炎的典型特征。

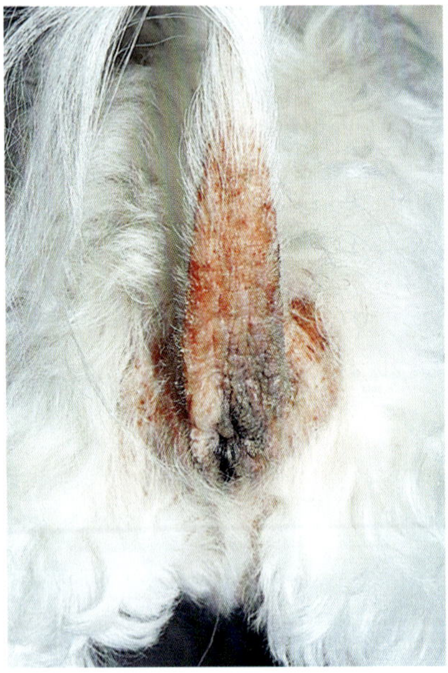

图 4-9 马拉色菌病。犬食物过敏时，因继发马拉色菌感染而引起肛周皮炎。脱毛、红斑和苔藓样变是马拉色菌性皮炎的特征。

图 4-10 马拉色菌病。酵母菌性皮炎可引起典型的猫痤疮病变。可见伴随褐色变色的脱毛和粉刺。

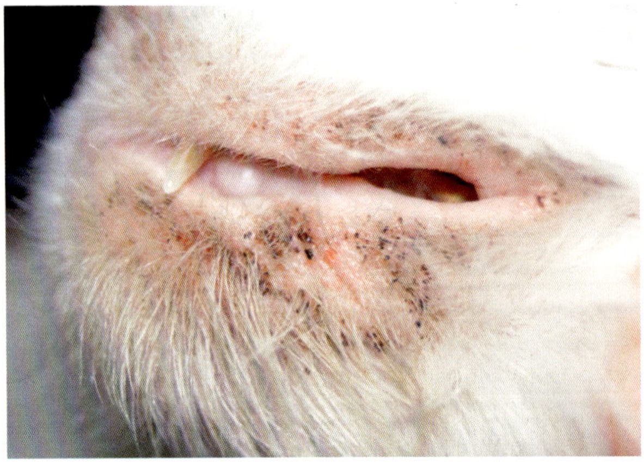

图 4-11 马拉色菌病。猫的口周皮炎，由于继发马拉色菌感染引起。

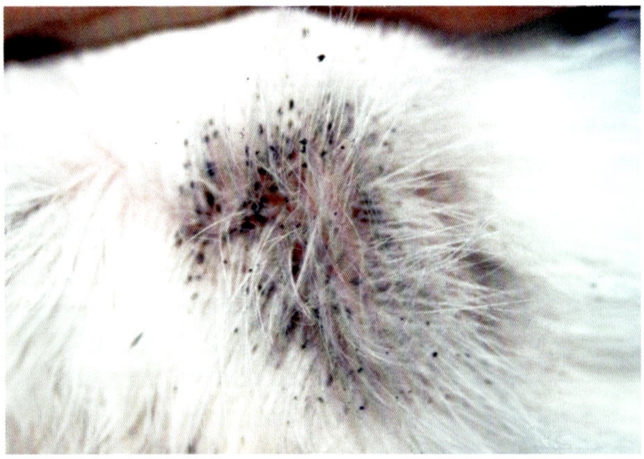

图 4-12 马拉色菌病。继发性酵母菌感染可导致猫油性皮脂溢。蜡样分泌物堆积在猫的毛发基部，这是猫马拉色性皮炎的特点。

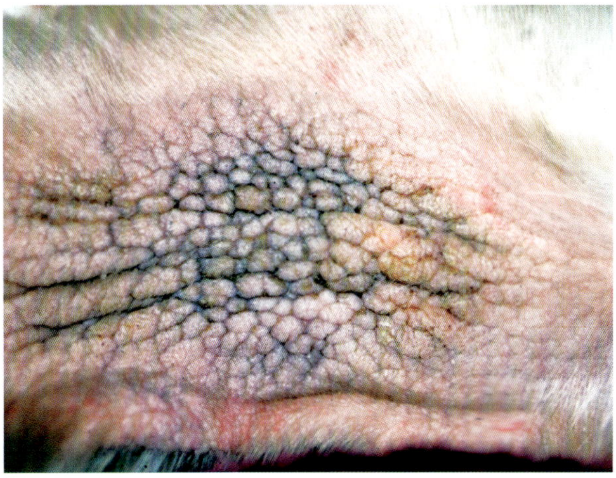

图 4-13 马拉色菌病。典型的“大象皮”样病变，表现为脱毛、红斑、色素过度沉着和苔藓样变，由马拉色菌性皮炎引起。

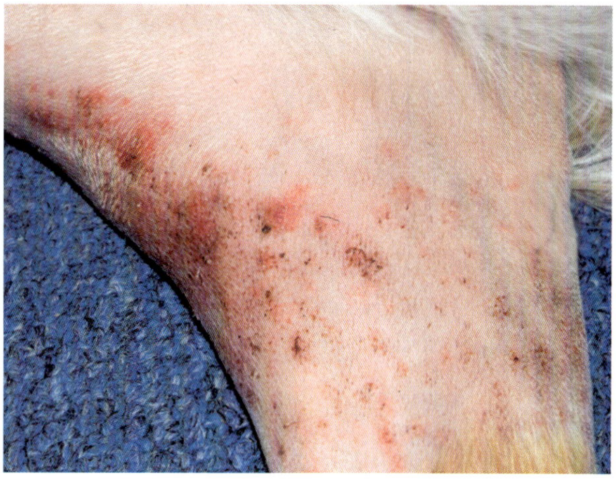

图 4-14 马拉色菌病。过敏犬的前臂出现丘疹性皮炎，这由继发性酵母菌感染引起。丘疹性皮炎是马拉色菌性皮炎病变模式中的不常见形式，它更像是细菌性脓皮病的特点。

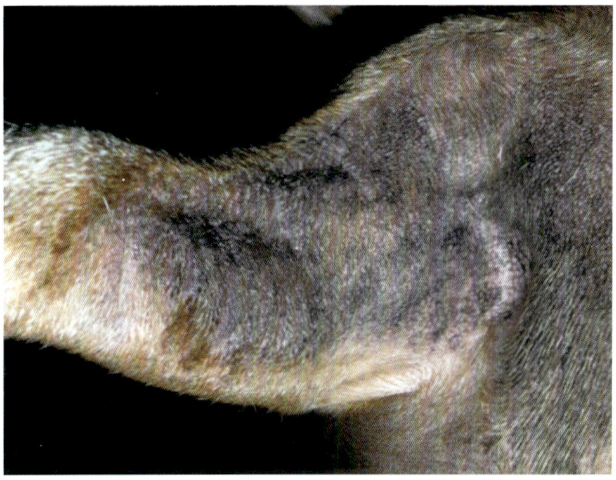

图 4-15 马拉色菌病。与图 4–14 相比，更典型的前臂酵母菌性皮炎。脱毛、色素过度沉着和苔藓样变（“大象皮”样）是非常典型的酵母菌性皮炎。

图 4-16 马拉色菌病。年轻比格犬的爪部和腹侧毛发出现褐变。它的毛发和皮肤油腻，并散发脂肪腐败的气味，这是酵母菌感染的典型表现。

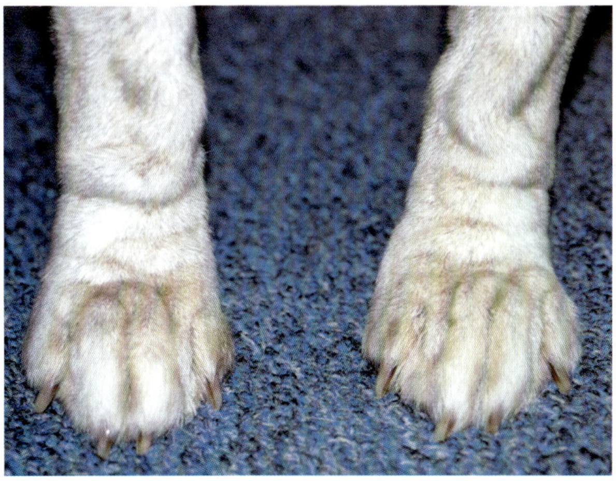

图 4-17 马拉色菌病。图 4-16 中犬的近观。马拉色菌感染引起的爪部明显褐色是早期变化。

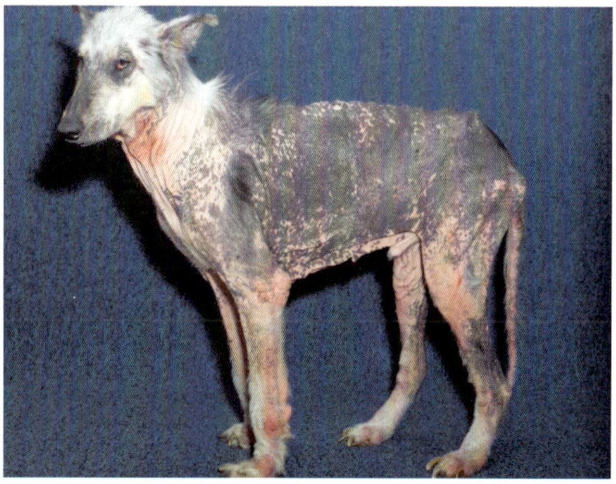

图 4-18 马拉色菌病。成年柯利犬的全身脱毛和苔藓样变。酵母菌感染继发于过敏性皮炎。

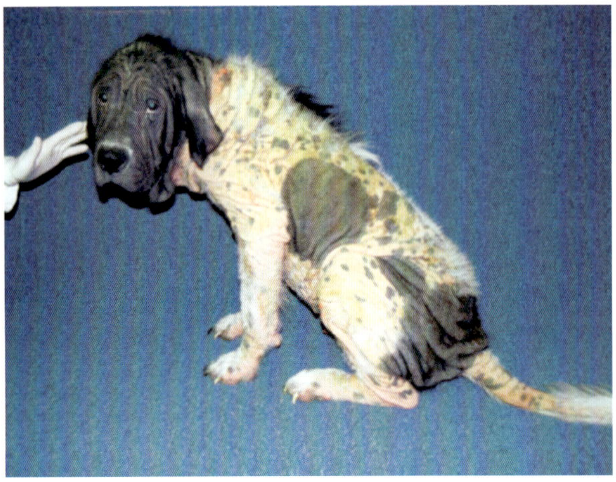

图 4-19　马拉色菌病。特发性皮脂溢患犬，出现典型的马拉色菌性皮炎，即全身脱毛和苔藓样变（“大象皮”样）。

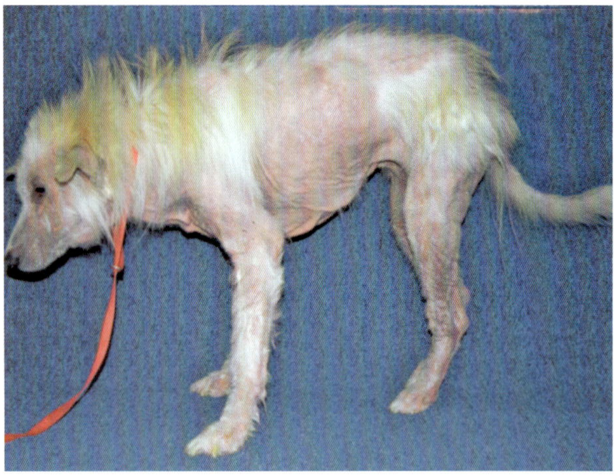

图 4-20　马拉色菌病。由于对酵母菌的超敏反应，引起犬严重的马拉色菌性皮炎，造成全身脱毛，并伴有严重红斑。

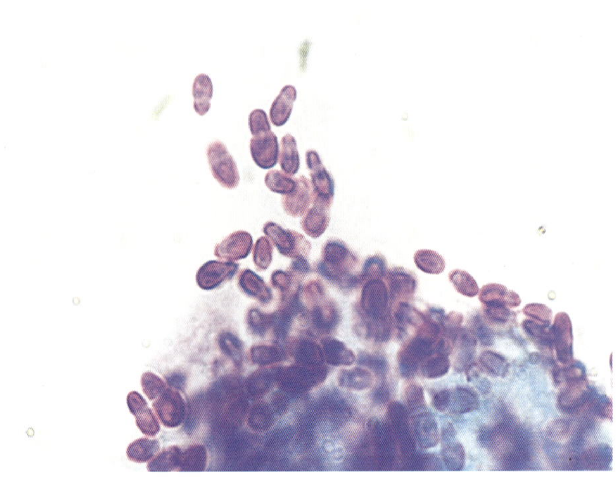

图 4-21　马拉色菌病。马拉色菌的细胞学检查，100×（油镜）视野下观察。

图 4-22　马拉色菌病。图 4-20 中犬的近观。明显可见严重红斑和脱毛，并伴随早期苔藓样变，由马拉色菌引起的超敏反应造成。

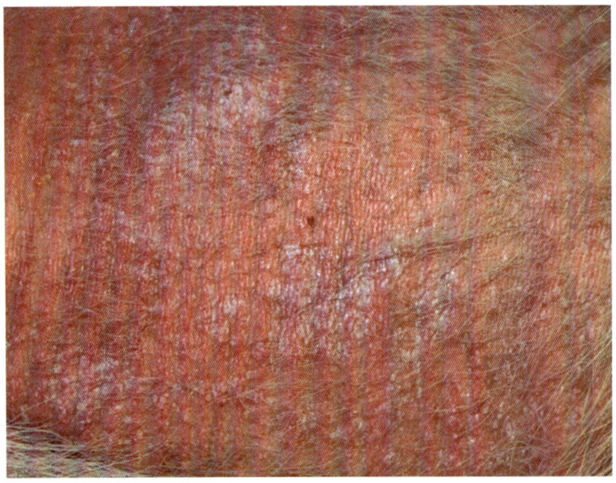

图 4-23　马拉色菌病。图 4-20 中犬的近观。胸部可见严重红斑和脱毛，由马拉色菌引起的超敏反应所造成。注意：皮肤开始出现苔藓样变，这是马拉色菌性皮炎的特点。

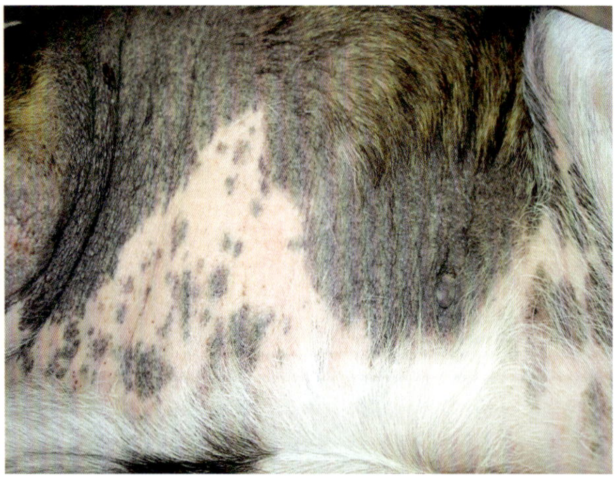

图 4-24　马拉色菌病。过敏犬的腹部出现典型的酵母菌性皮炎，严重的脱毛和苔藓样变。

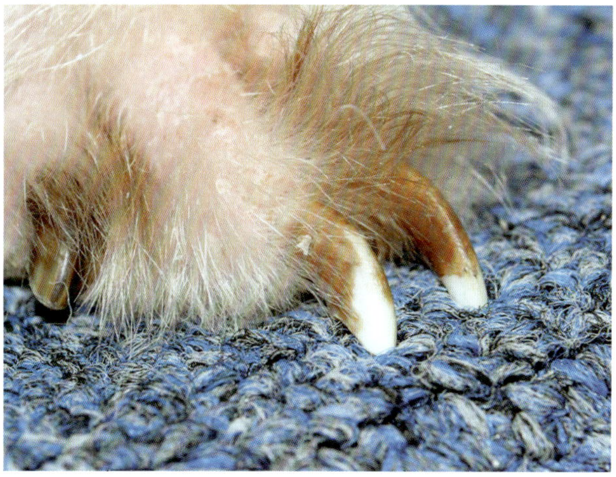

图 4-25　马拉色菌病。趾甲褐色污渍是酵母菌性皮炎的独特症状。

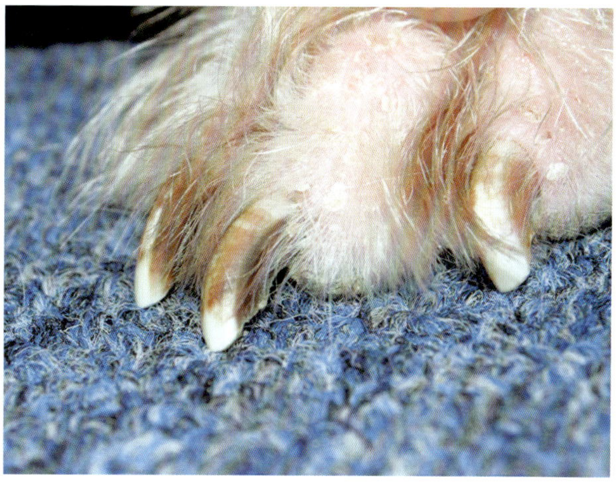

图 4-26　马拉色菌病。趾甲褐变是酵母菌性皮炎的特点。如果趾甲的颜色是天然的色素沉着，那么颜色会延伸至整个趾甲。

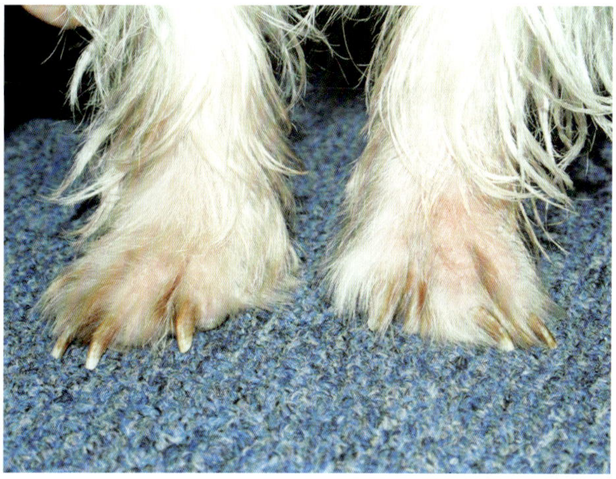

图 4-27　马拉色菌病。患异位性皮炎的犬出现严重的爪部皮炎。酵母菌感染了该犬的皮肤和趾甲。

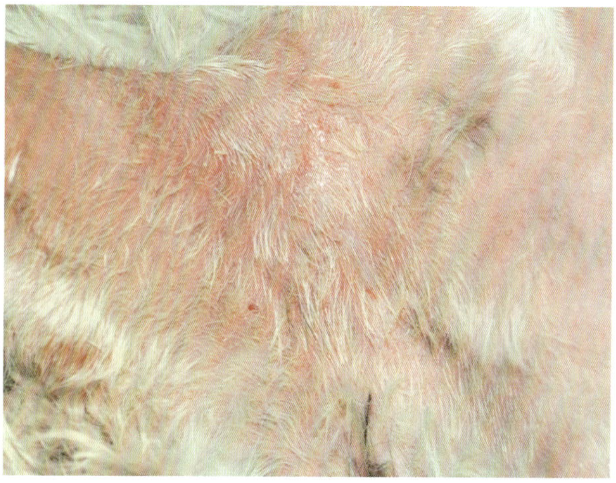

图 4-28　马拉色菌病。犬腋下严重的红斑和脱毛。注意有潮湿的渗出物开始形成。

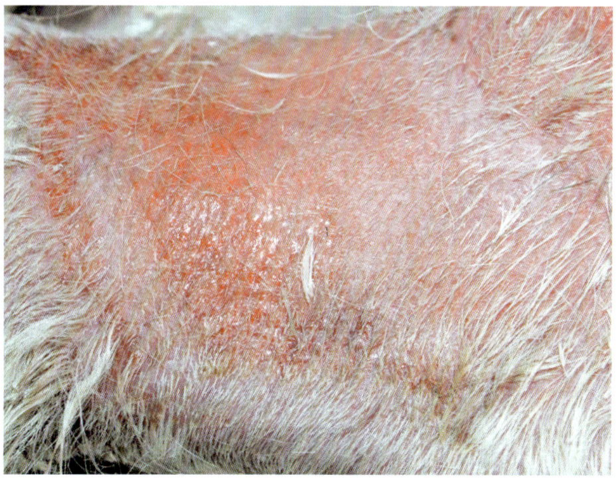

图 4-29　马拉色菌病。严重的红斑和脱毛，并伴有糜烂形成。这种深层病变不是典型的酵母菌感染，但其已经通过皮肤细胞学检查而确诊。

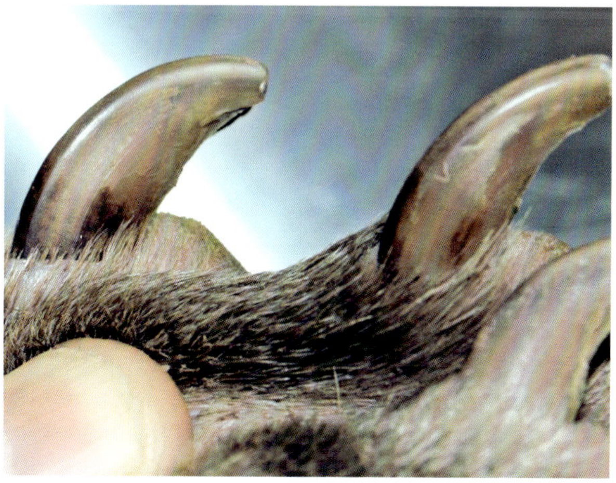

图 4-30　马拉色菌病。趾甲褐色污点是酵母菌感染的独特症状。

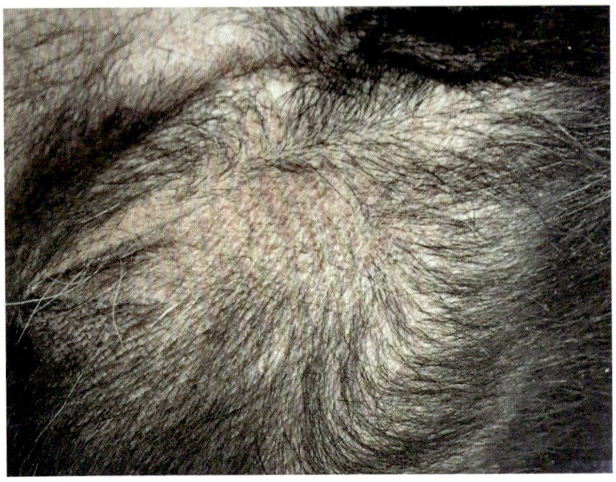

图 4-31 马拉色菌病。脱毛和苔藓样变，这是酵母菌感染的典型特征

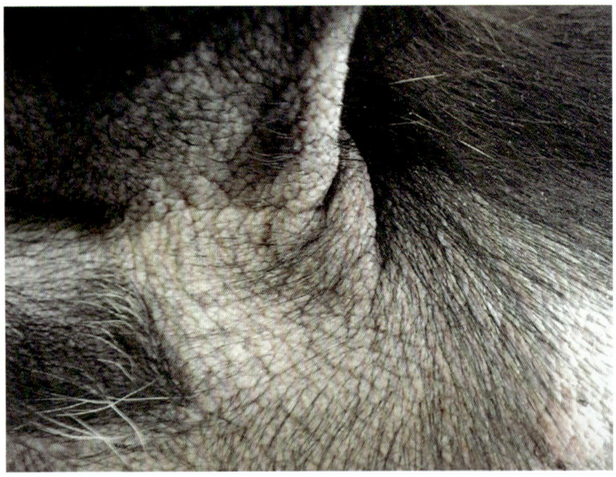

图 4-32 马拉色菌病。过敏性皮炎患犬腋下脱毛和苔藓样变。

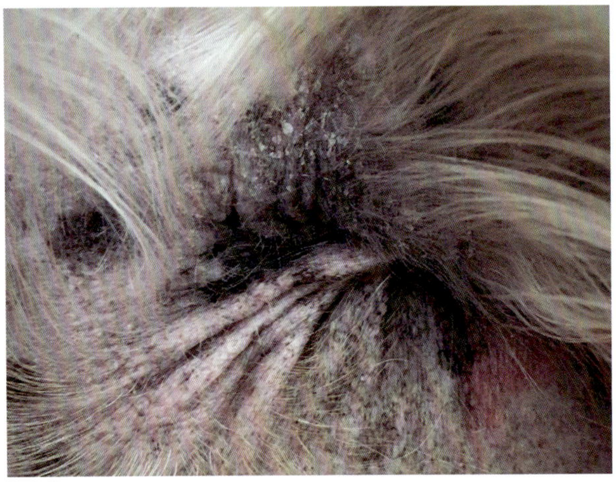

图 4-33 马拉色菌病。过敏性皮炎患犬腋下脱毛、苔藓样变和色素过度沉着。

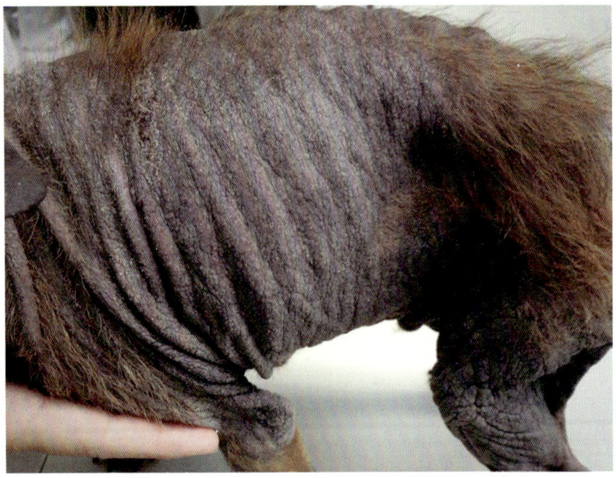

图 4-34 马拉色菌病。原发性代谢性疾病患犬，继发酵母菌感染，导致严重的全身性脱毛和苔藓样变。

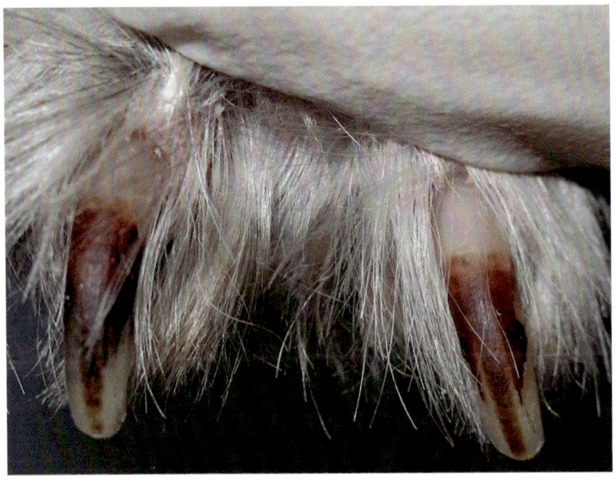

图 4-35 马拉色菌病。趾甲褐变是继发酵母菌感染的典型特征。注意：界限清晰的区域（白色）是患宠经过抗马拉色菌感染治疗之后而出现的。

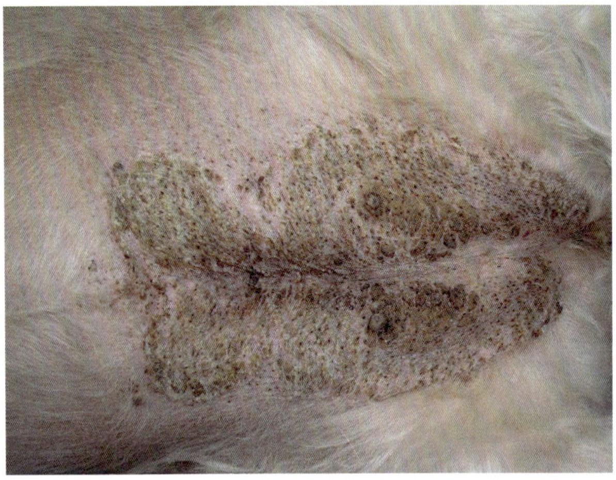

图 4-36 马拉色菌病。马拉色菌引起腹部严重的结痂性皮炎。注意：结痂性病变周围围绕的粉刺。

念珠菌病（鹅口疮）
Candidiasis (Candidosis, Thrush)

特征

念珠菌病是由念珠菌过度生长引起的条件致病性皮肤感染。念珠菌是一种黏膜上常在二相真菌。其在皮肤上的过度生长常由潜在病因引起，如慢性创伤或潮湿导致的皮肤损伤、免疫抑制疾病或长期使用细胞毒性药物或广谱抗生素。念珠菌病罕见于犬猫。

黏膜的病变以糜烂或在皮肤黏膜结合处出现浅层溃疡为特征，或者黏膜上出现单个或多个久不愈合的溃疡，这些溃疡由灰白色的斑块覆盖，伴有发红的边缘。皮肤病变特征为久不愈合、发红、潮湿、糜烂、渗出和结痂的皮肤或甲床病变。

主要鉴别诊断

鉴别诊断包括蠕形螨病、脓性创伤性皮炎、浅表脓皮病、黏膜皮肤脓皮病、其他真菌感染、自体免疫性疾病、血管炎、皮肤药物反应和皮肤淋巴瘤。

诊断

1. 排除其他类似疾病。

2. 细胞学（渗出物按压涂片）：化脓性炎症伴有大量出芽酵母菌，以及少量假菌丝。

3. 皮肤组织病理学：浅表性表皮炎、角化不全性过度角化、芽生酵母菌，偶见角质中有假菌丝或真菌丝。

4. 真菌培养：念珠菌。由于念珠菌是正常的黏膜常在菌，因此，真菌培养阳性结果应经过组织学的确认。

治疗和预后

1. 鉴定并治疗任何潜在病因。

2. 对局部皮肤或皮肤黏膜结合处的病变，患病区域应该剃毛并清洁。患病动物应该每 2～3 d 使用含以下成分的香波洗浴，含 2% 酮康唑、1% 酮康唑 /2% 氯己定、2% 咪康唑、或 2%～4% 氯己定的香波。含两种有效成分的香波功效更佳。

3. 应使用外部抗真菌药物，直到病变痊愈（1～4 周）。有效的外部治疗包括如下方法：
- 1%～2% 咪康唑软膏、喷雾或乳液，每 12～24 h 一次。
- 1% 克霉唑软膏、乳液或水剂，每 6～8 h 一次。
- 2% 酮康唑软膏，每 12 h 一次。
- 1% 特比萘芬软膏，每 12 h 一次。

4. 对于口腔或全身病变，应给予全身抗真菌药物（至少 4 周），并在临床病变消失后再继续使用至少 1 周。有效的治疗包括如下方法：
- 酮康唑 10 mg/kg，混于食物中口服，每 24 h 一次。
- 氟康唑 10 mg/kg，口服，每 24 h 一次。
- 特比萘芬 30～40 mg/kg，口服，每 24 h 一次。
- 伊曲康唑（斯皮仁诺）5～10 mg/kg，混于食物中口服，每 24 h 一次。

5. 预后良好或一般，取决于潜在的病因能否纠正。念珠菌病不会感染其他动物或人。

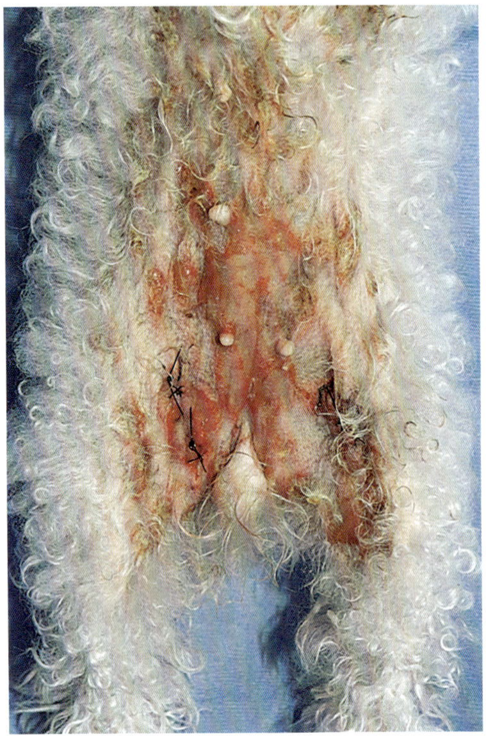

图 4-37　念珠菌病。犬腹部浅表潮湿的糜烂病变（自 A. Yu 提供）。

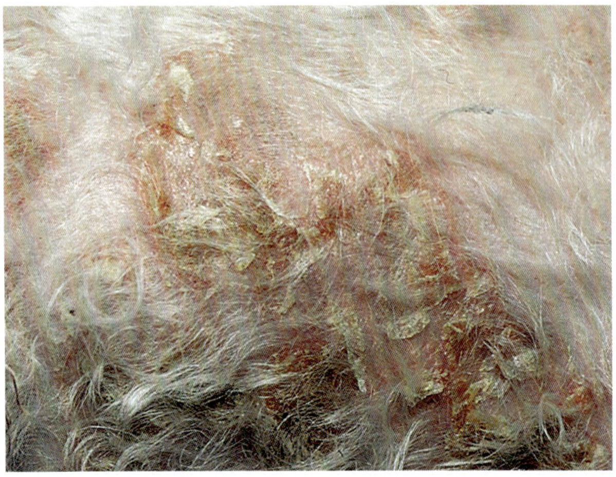

图 4-38　念珠菌病。图 4-37 中犬的近观。腹部红斑和结痂（自 A.Yu 提供）。

皮肤癣菌病（钱癣）Dermatophytosis (Ringworm)

特点

皮肤癣菌病是嗜角质真菌感染毛干和角质层引起的疾病。犬猫常发生此病，幼猫、幼犬、免疫功能不全的动物和长毛猫的发病率最高。波斯猫、约克夏㹴和杰克罗素㹴有品种易感性。

皮肤病变可为局限性、多灶性或全身性的。如有瘙痒，常为轻度或中度，偶见剧烈瘙痒。病变常为圆形、不规则形或全身性脱毛，伴随不同程度的皮屑。残留的被毛呈现毛茬或断裂的状态。犬猫的其他症状为红斑、丘疹、结痂、皮脂溢，以及单趾或多趾发生甲沟炎或甲变形。少数情况下，猫出现粟粒性皮炎或皮肤结节（见“皮癣菌肉芽肿和假足菌肿病”）。犬的其他皮肤临床表现包括面部毛囊炎和疖病，与以下疾病相似：鼻部脓皮病，四肢或面部的脓癣（急性脱毛和渗出性结节），躯干部皮肤结节（见“皮癣菌肉芽肿和假足菌肿病”）。猫，尤其是长毛猫，常处于无症状的带菌状态（亚临床感染）。虽然犬无症状感染很少见，但在约克夏㹴中有过报道。

主要鉴别诊断

犬

犬的鉴别诊断包括蠕形螨病和浅表脓皮病。如有结节，还应包括肿瘤和肢端舔舐性皮炎。

猫

猫的鉴别诊断包括：寄生虫、过敏和猫精神性脱毛。

诊断

1. 排除其他类似疾病。

2. 紫外灯（伍德氏灯）检查：一些被犬小孢子菌感染的毛发，会出现黄绿色荧光。这是一种简单的筛选试验，但常出现假阴性和假阳性结果。

3. 拔毛检查（将毛发或皮屑放在氢氧化钾中制备样本）：寻找被菌丝和分节孢子浸润的毛干。真菌元素常常难以发现。

4. 皮肤组织病理学：多种发现包括毛囊周炎、毛囊炎、疖病、浅表性血管周围性或间质性皮炎、表皮和毛囊的正过度角化或角化不全或化脓性表皮炎；真菌菌丝和分节孢子存在于角质层或毛干中。

5. 真菌培养：犬小孢子菌或毛癣菌。

6. IDEXX 公司目前可以提供聚合酶链式反应（PCR）分析，该方法可以快速诊断，但必须结合临床症状进行分析。

> **作 者 注**
>
> 大分生孢子只可能来源于真菌培养的菌落，不可能从毛发或皮肤上获得。在皮肤或毛发上发现的大分生孢子样结构通常是花粉或别的霉菌种类，而不是皮肤癣菌的大分生孢子。
>
> 犬小孢子菌是兽医学中一种最常见的人兽共患病。
>
> 收养的幼猫在第一次带给兽医健康检查时就应做感染筛查。
>
> 长期慢性感染的动物可能污染住宅，需要积极地对环境进行清洁和消毒。
>
> 即使是长期存在的严重感染，也能靠积极并持续的治疗而得到解决。
>
> 只有培养结果为阴性，才能终止治疗。

治疗和预后

1. 如果是局部病变，病变周围应广泛剪毛，并外用抗真菌药物，每 12 h 一次，直到病变消退（有些皮肤病专家认为剃毛会使病变在动物上传播，并进一步污染环境）。外部治疗的有效外用药包括如下产品：
- 特比萘芬乳膏；
- 克霉唑乳膏、洗剂或溶液；
- 恩康唑乳膏；
- 酮康唑乳膏；
- 咪康唑乳膏、喷雾或洗剂。

2. 如果外部治疗反应不佳，应对动物按照全身性皮肤癣菌病治疗。

3. 对于全身性感染的疾病：全身使用外用抗真菌洗剂或浸剂，每周 1～2 次（至少 4～6 周），直到真菌培养结果阴性。在使用抗真菌浸剂前，使用含有氯己定和咪康唑（或酮康唑）的香波给动物洗浴，可能有帮助。患全身性皮肤癣菌病的犬，可能仅靠外部治疗就能治愈，但猫大多需要同时进行全身性治疗。有效的外用抗真菌药液包括：

- 0.2% 恩康唑溶液；
- 2%～4% 石硫合剂。

4. 对于患皮肤癣菌病的猫和单独外用药治疗无效的犬，在外用药治疗全身感染的基础上，应当联合长期全身抗真菌药物治疗，治疗需要在随后的真菌培养结果阴性后再持续 3～4 周。平均治疗周期为 8～12 周。有效的全身性抗真菌药物包括：

- 特比萘芬 30～40 mg/kg，口服，每 12 h 一次。
- 酮康唑 10 mg/kg，混于食物中口服，每 24 h 一次（仅犬）。
- 氟康唑 10 mg/kg，混于食物中口服，每 24 h 一次。
- 伊曲康唑（斯皮仁诺）5～10 mg/kg，混于食物中口服，每 24 h 一次。

作用较小的全身性抗真菌药物包括：

- 灰黄霉素微粒至少 50 mg/kg/d，与高脂食物同服。
- 灰黄霉素超微粒 5～10 mg/kg/d，与高脂食物同服。

5. 此外，脉冲疗法几乎同样有效，已有多种药物的不同使用方案被发表。脉冲疗法应直至连续两次真菌培养结果阴性时才能停止，两次培养间隔为 2～4 周。

6. 所有被感染的动物，包括无症状的携带者，都应鉴定并治疗。接触过但未被感染的犬猫应预防性地治疗，即在感染动物的整个治疗期间，每周对其使用外用抗真菌洗剂或浸剂。

7. 应彻底清洁环境，移除所有污染物品，并用消毒剂消毒（真空吸尘器可能进一步污染环境）（框 4-1 和框 4-2）。

8. 对于小范围感染，包括多动物家庭、猫舍、或饲养动物机构，治疗应根据框 4-3 中推荐的概述进行。

9. 氯芬奴隆在治疗或预防感染方面并不总是有效。

10. 预后通常良好，除非是多猫家庭或猫舍的地方性感染。对于有潜在免疫抑制疾病的动物预后更差。皮肤癣菌病可感染其他动物和人。

框 4-1 皮肤癣菌病的净化

1. 至少在开始治疗的最初 2 个月，隔离感染动物至一单独房间（理想的是易于清洁和没有地毯的房间），并经常打扫房间。当进入房间时，应脱掉鞋子并在衣服外穿一件一次性的塑料外套，或者将污染的衣物放置在一个塑料袋里，直到有时间清洗。
2. 如果可能，销毁所有项圈、被褥、毛毯、猫抓板、猫爬架和美容工具。否则，应每天用水和漂白剂（1 杯 / 洗衣机高水位）清洗宠物床具和毯子。
3. 使用一次性宽胶带（例如 Swiffer, 3M Easy Trap Duster）或一次性粘毛滚筒将所有表面和壁架除尘。
4. 用真空吸尘器清扫所有地毯覆盖区域。常规使用含 HEPA 过滤器的无袋式真空吸尘器最好；每次使用后清空并消毒滤毒罐。如果使用带一次性袋子的真空吸尘器，在每次使用后应更换袋子并对吸尘器外口进行消毒（擦拭）。考虑购买一个价格合理的吸尘器，在治疗结束后可以丢弃。理想情况下，蒸汽清洁地毯一次，然后每隔 1～2 d 进行常规真空吸尘。
5. 尽可能彻底地用真空吸尘器清扫地毯、窗帘和软垫家具。
6. 应对所有无孔表面（例如地板、工作台面、窗台、运输车辆）和纺织品（适当时）进行彻底清洁（例如清水和皂液，使用一次性床单），然后喷洒消毒剂。消毒剂应使用含 3～5 个泵的喷雾器，喷雾距离为 4～5 in。轻微浸湿的区域不应立即冲洗，应保持 10 min，以达到最大的抗真菌作用。
7. 笼子、运输工具和汽车都应进行真空吸尘清洁和消毒。
8. 干洗——只有纺织品（包括布料）应送到干洗店。将清洁后的纺织品保存在塑料遮盖物中，直至室内环境得到净化。

框 4-1 （续）

9. 所有的加热和冷却通风口都应进行真空清洁和消毒。有一家商业化公司可以清理锅炉。排气过滤器应每月更换两次或更频繁更换。
10. 真菌孢子不喜欢紫外线（太阳光），因此在清洁和消毒后，将笼子和运输工具放在户外进行“日光浴”。
11. 考虑在猫屋使用一种便携式除湿机。
12. 清洁室内环境时应戴上手套，也可考虑戴口罩和护目镜。

框 4-2　有效的消毒剂

次氯酸钠溶液（6% 次氯酸钠）：1∶10 稀释使用。
次氯酸钠清洁剂（1.84% 次氯酸钠）
配方 409（0.3% 季铵盐）
来苏儿（3.2% 乳酸）
催化剂 TB（0.5% 过氧化氢）

框 4-3　在多只动物家庭、猫舍和动物收容所中的皮肤癣菌病治疗

1. 对所有动物进行真菌培养以确定感染范围和定位感染动物。
2. 对环境采样进行真菌培养（笼具、货柜、家具、地板、风扇、通风设备等），并绘制感染区域图，以便消毒。
3. 使用全身性抗真菌药物，治疗所有被感染的动物，直到每只动物的两次真菌培养结果为阴性，两次培养间隔至少一个月。
4. 使用 2%～4% 石硫合剂溶液，外部治疗所有被感染和曾接触的动物，每 3～7 d 一次，预防传染和人兽共患。持续治疗，直到所有动物真菌培养结果连续阴性，且两次间隔至少 1 个月。不要给猫剃毛，这会污染剃毛器和用具，并且增加传染的风险。
5. 处理所有被感染的物品。移除动物收容所和其他感染区域中的杂物。
6. 每隔 3 d 需要清洁并消毒所有区域表面，直到所有动物真菌培养连续两次阴性结果，且两次间隔至少 1 个月。恩康唑（Clinafarm EC 消毒剂，美国科学实验室，Union，新泽西）是一种非常有效的环境消毒剂，但它仅被允许用于美国家禽饲养场所。家用含氯漂白剂（5% 次氯酸钠）1∶10 兑水稀释也是有效的，这是一种便宜的环境消毒剂。

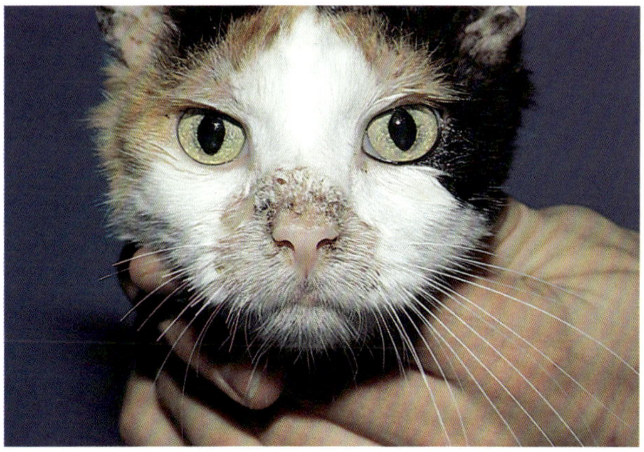

图 4-39　皮肤癣菌病。由犬小孢子菌引起的猫嘴周局部脱毛和结痂（自 J.MacDonald）。

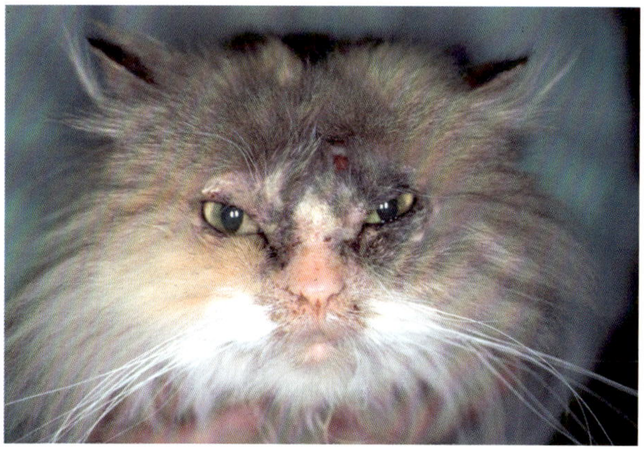

图 4-40　皮肤癣菌病。结痂性脱毛性皮炎是猫面部皮肤癣菌病的典型特征。

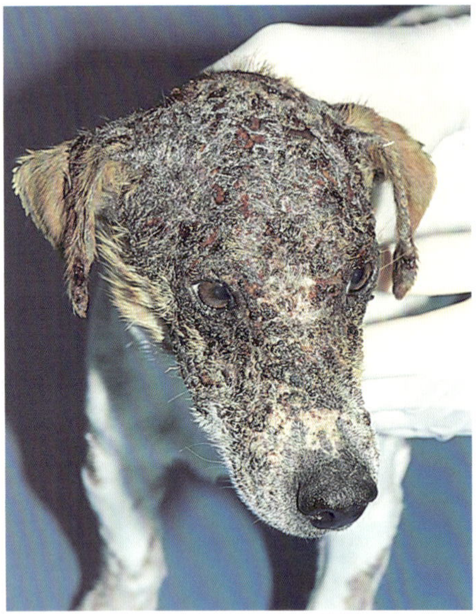

图 4-41 皮肤癣菌病。杰克罗素㹴的整个头部严重地结痂，是由毛癣菌感染所引起。疖病导致严重的蜂窝织炎，随后形成瘢痕（自 J. MacDonald）。

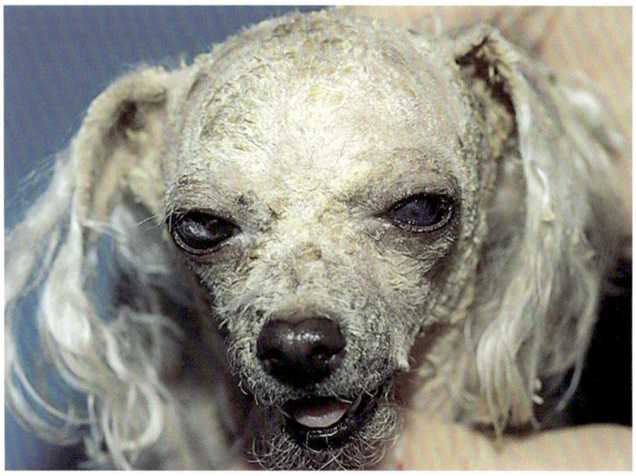

图 4-42 皮肤癣菌病。玩具贵宾犬身上出现全身性脱毛、皮屑和结痂。

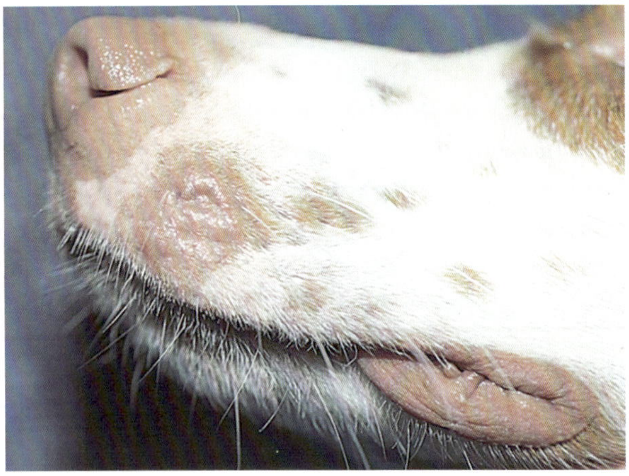

图 4-43 皮肤癣菌病。布列塔尼猎犬嘴周出现局部脱毛和红斑。

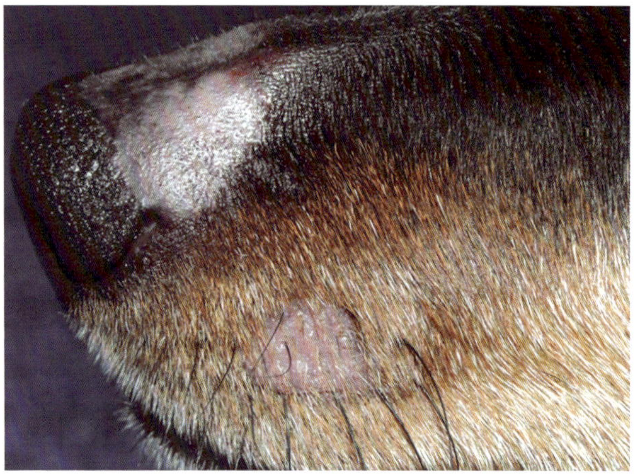

图 4-44 皮肤癣菌病。腊肠犬嘴周出现局部脱毛。这个典型发病部位意味着犬经常拱土。

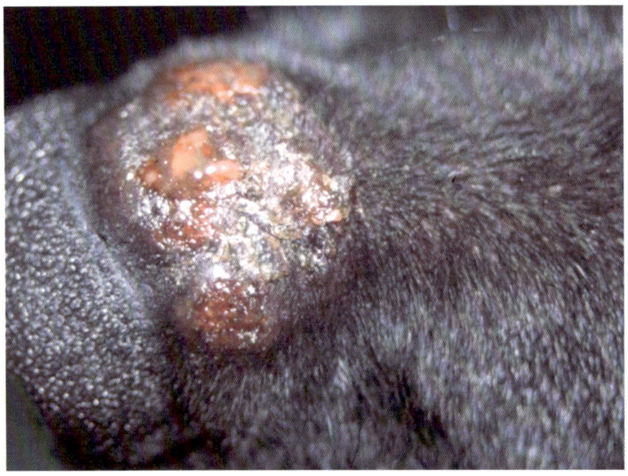

图 4-45 皮肤癣菌病。剧烈的炎症反应是脓癣的特征。

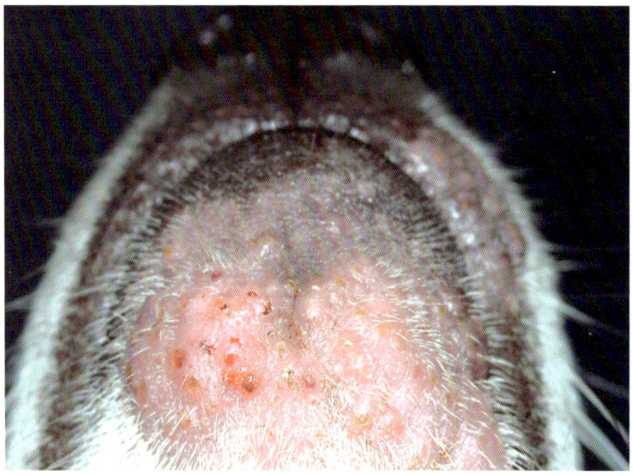

图 4-46 皮肤癣菌病。犬的下颏部出现脱毛和红斑，此部位经常接触土壤。注意病变与下颏细菌性脓皮病相似。

图 4-47 皮肤癣菌病。患慢性皮肤癣菌病的波斯猫的全身性脱毛、结痂性皮炎。

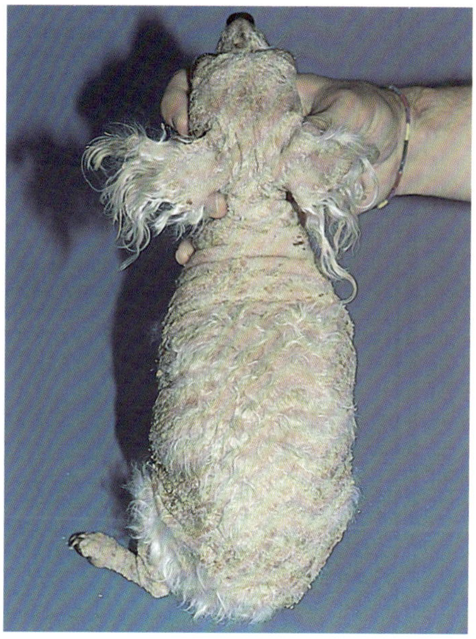

图 4-48 皮肤癣菌病。与图 4-42 是同一只犬。全部背部皮肤表面出现广泛性脱毛和结痂。

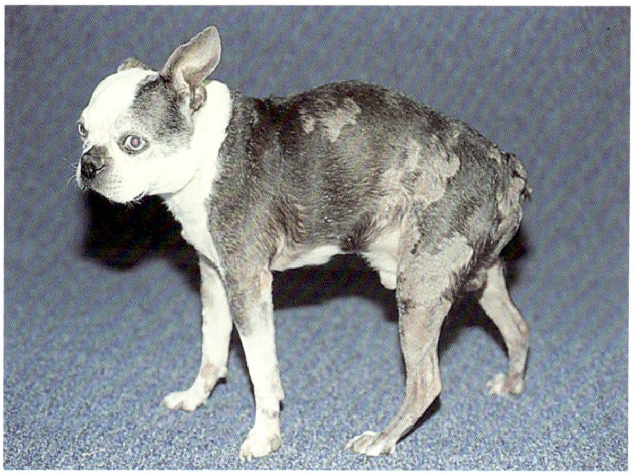

图 4-49 皮肤癣菌病。波士顿㹴的全身性脱毛和红斑。皮炎的界限清晰，这是皮肤癣菌病的特点。

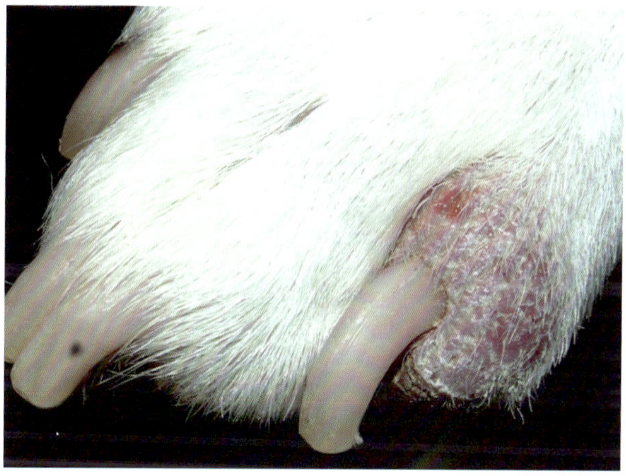

图 4-50 皮肤癣菌病。趾侧脱毛和红斑，这是皮肤癣菌病导致甲床感染的特点。

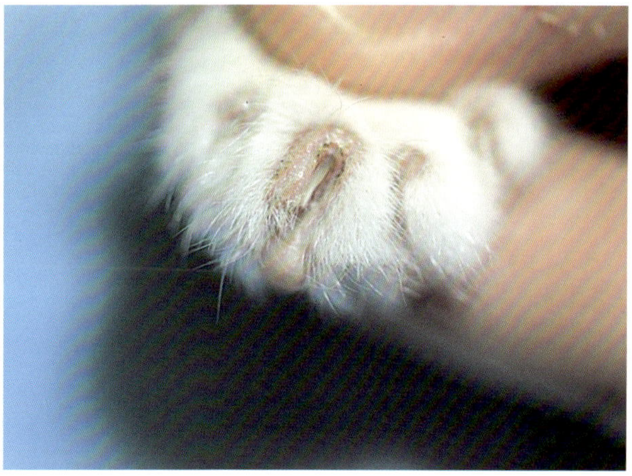

图 4-51 皮肤癣菌病。由犬小孢子菌引起的猫的甲沟炎。甲床出现红斑并脱毛。

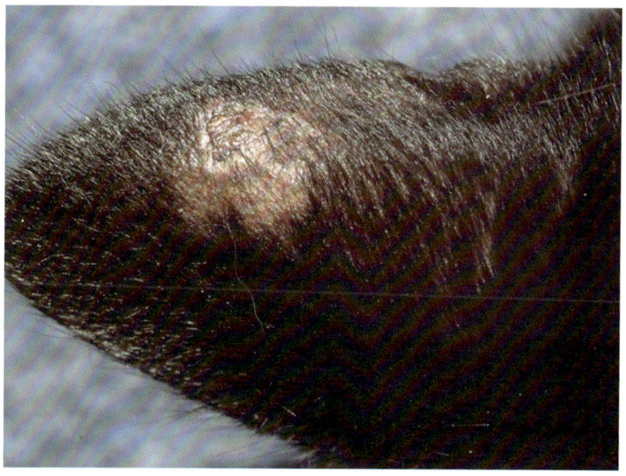

图 4-52 皮肤癣菌病。一只短毛猫的耳廓上出现局灶性脱毛和红斑。

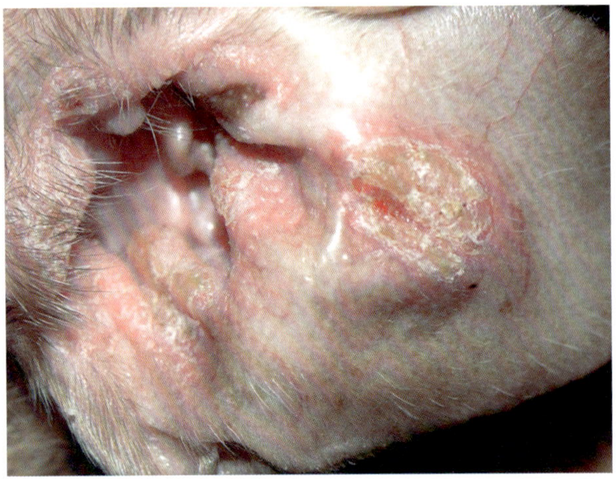

图 4-53　皮肤癣菌病。犬的耳廓和外耳道上出现局灶性红斑，并伴有皮屑。这可能与自体免疫性皮肤病的典型病变相混淆。

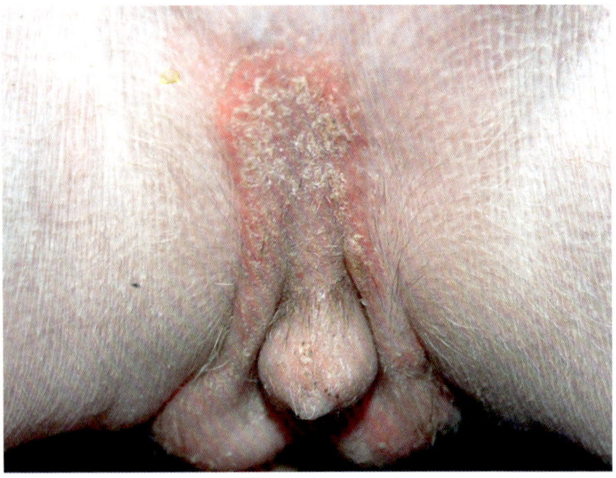

图 4-54　皮肤癣菌病。阴门皮肤皱褶处的红斑性皮炎。

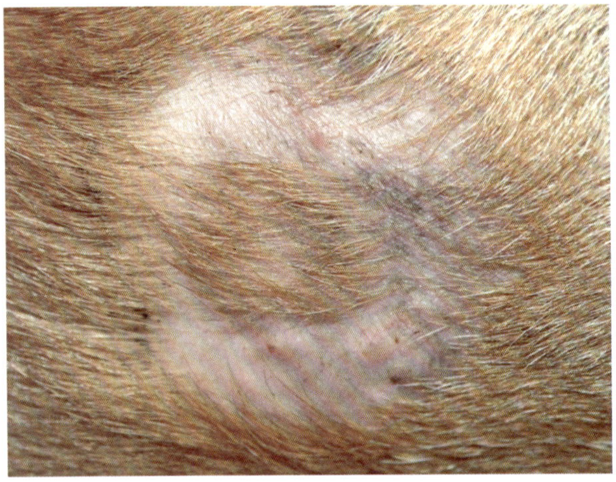

图 4-55　皮肤癣菌病。局灶性脱毛病变慢慢扩大，病变的中心部位毛发再生。这种“经典的”钱癣病变在动物中并不常见。

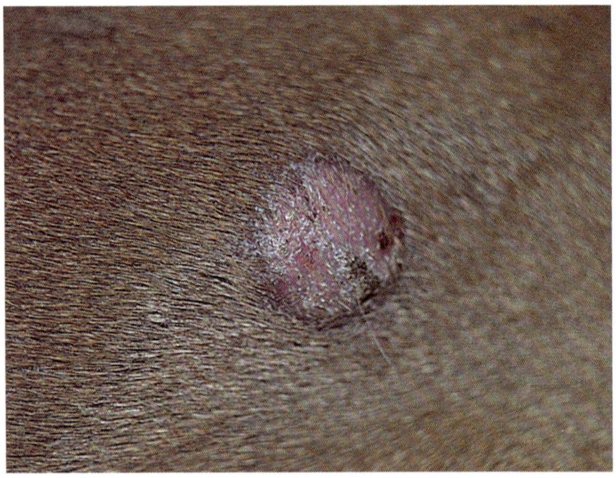

图 4-56　皮肤癣菌病。拳师犬胁腹出现脓癣，其特点是脱毛、红斑性结节，此脓癣是由犬小孢子菌所引起。

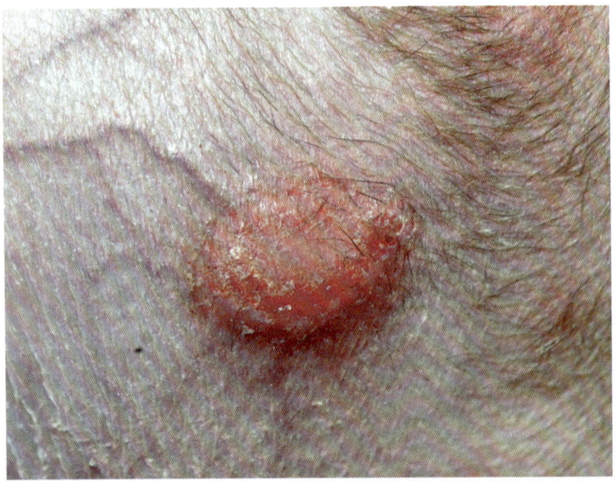

图 4-57　皮肤癣菌病。这种明显红斑的局灶性皮炎是由强烈的免疫反应引起。

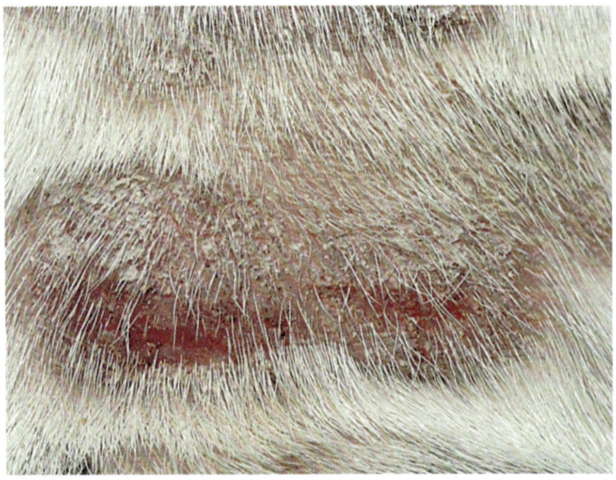

图 4-58　皮肤癣菌病。由犬小孢子菌引起的犬的脱毛和红斑。注意，严重的红斑和界限清晰是皮癣菌病的典型特征。

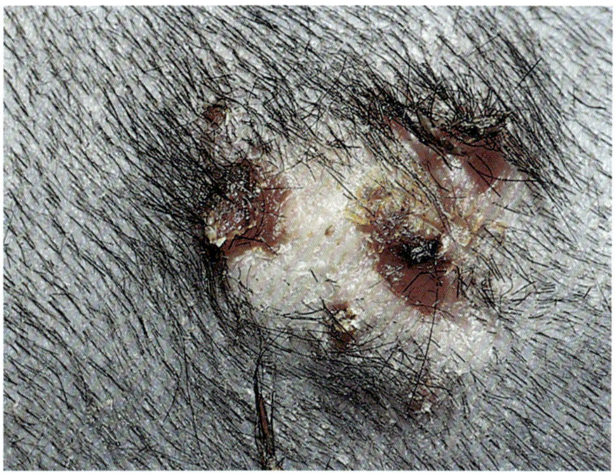

图 4-59 皮肤癣菌病。由须毛癣菌引起的伴有脱毛和结痂的局灶性结节。

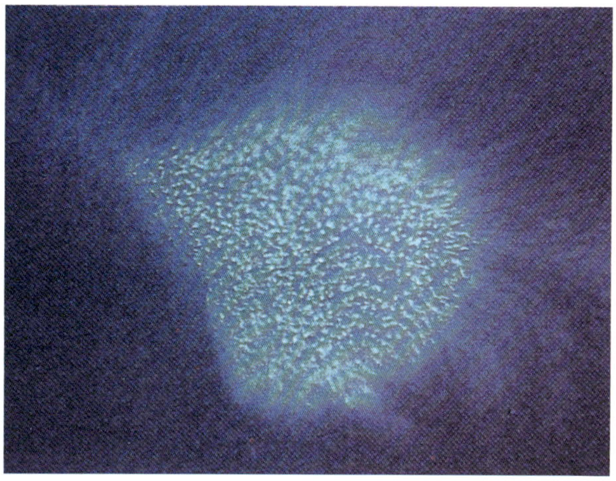

图 4-60 皮肤癣菌病。感染犬小孢子菌的猫，伍德氏灯检查呈阳性反应。注意，苹果绿荧光存在于每根毛的毛根处。

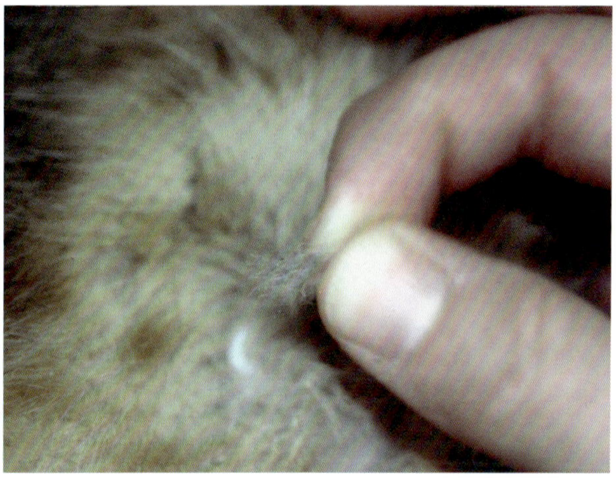

图 4-61 皮肤癣菌病。毛囊炎病变处的毛发很容易拔除。注意：处理人兽共患感染时，个人应戴手套。

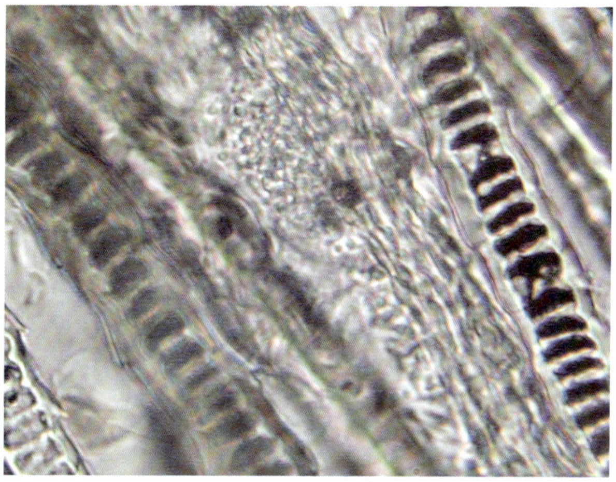

图 4-62 皮肤癣菌病。毛发显微镜检查显示一根被毛癣菌感染，10× 物镜下观察。

图 4-63 皮肤癣菌病。用新牙刷从没有皮肤病变的病例上收集毛发（麦肯锡牙刷技术）。毛发置于皮肤癣菌检测培养基（DTM）上培养。

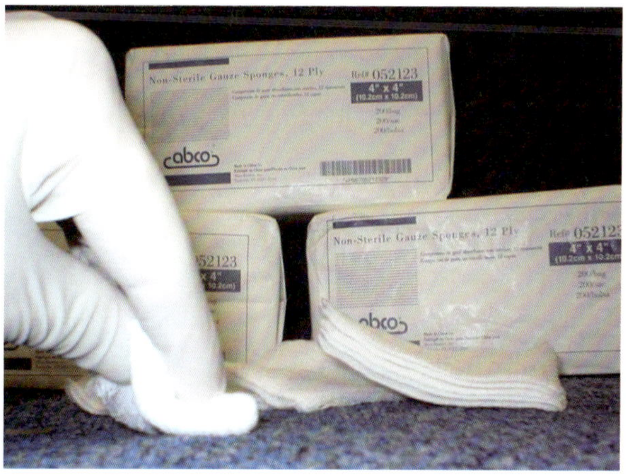

图 4-64 皮肤癣菌病。折叠的纱布可用来擦拭患病动物的皮毛或台面，以收集样本，然后置于皮肤癣菌培养基（DTM）上培养。注意：操作人员需认识到在处理人兽共患病时，佩戴手套的重要性。

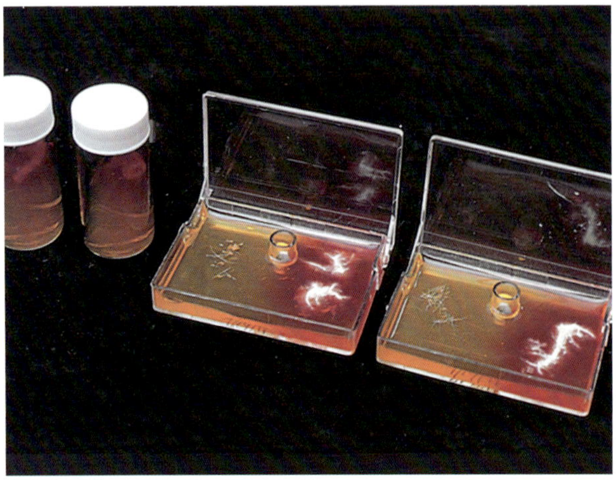

图 4-65 皮肤癣菌病。皮肤癣菌培养基（DTM）显示出典型的白色菌落，并同时出现红色变化。

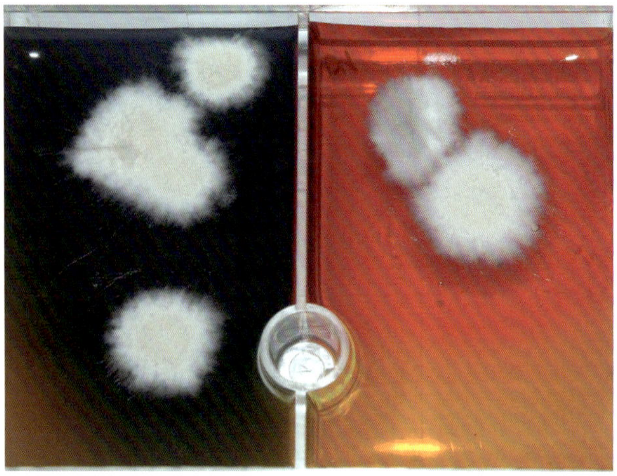

图 4-66 皮肤癣菌病。近观皮肤癣菌培养基（DTM）真菌培养，显示典型的白色菌落生长和红色改变。这提示有皮肤癣菌病，但应该进行显微镜检查，以确认是犬小孢子菌。

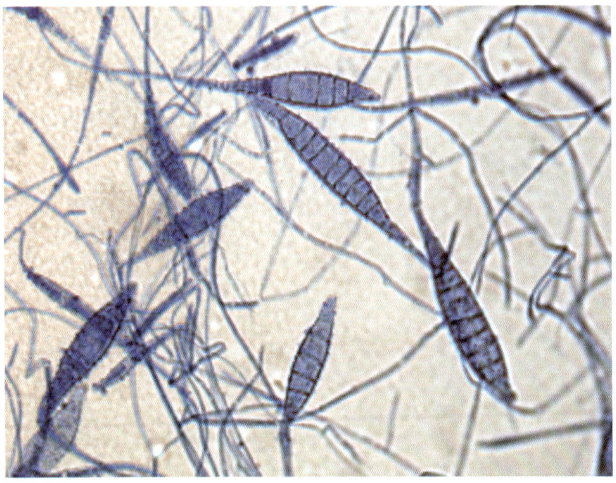

图 4-67 皮肤癣菌病。犬小孢子菌的大分生孢子，10× 物镜下观察。注意，其形态两端尖细，有六个或更多分隔。

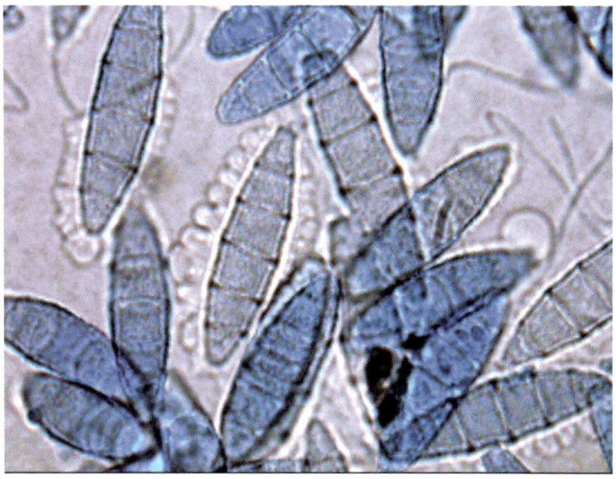

图 4-68 皮肤癣菌病。石膏样小孢子菌大分生孢子，40× 物镜下观察。注意，其形态更接近卵圆形，具有六个或更少的分隔。

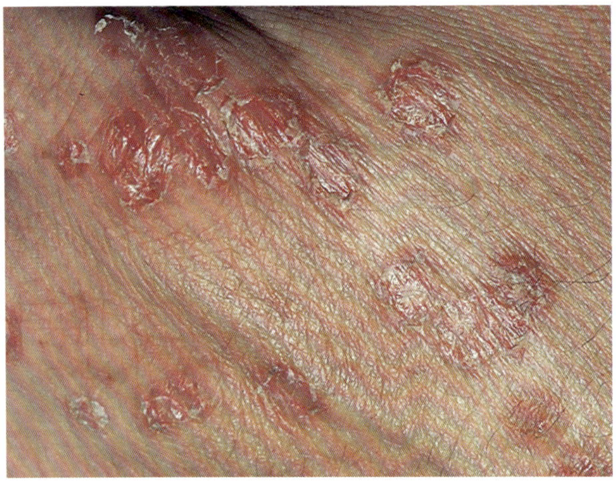

图 4-69 皮肤癣菌病。犬小孢子菌是人兽共患病。此图为人感染皮肤癣菌，导致手上出现典型的严重圆形红斑病变。

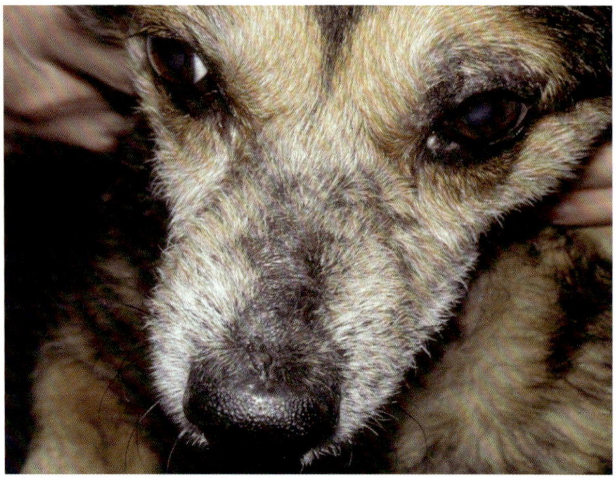

图 4-70 皮肤癣菌病。患有慢性皮肤癣菌病的犬，其面部出现脱毛和色素过度沉着。

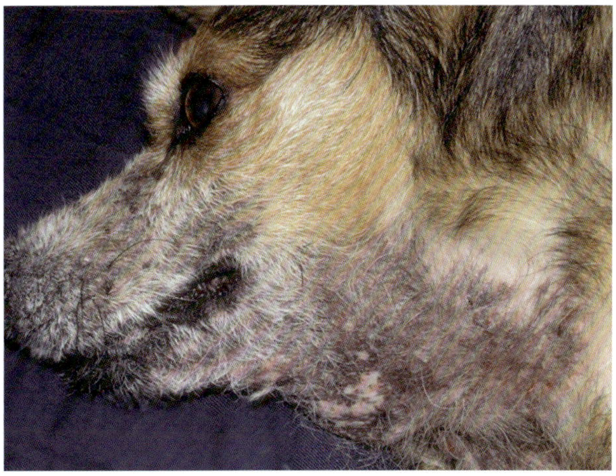

图 4-71　皮肤癣菌病。图 4-70 中犬的近观。色素过度沉着的脱毛性皮炎向下扩展到犬的颈部和四肢。

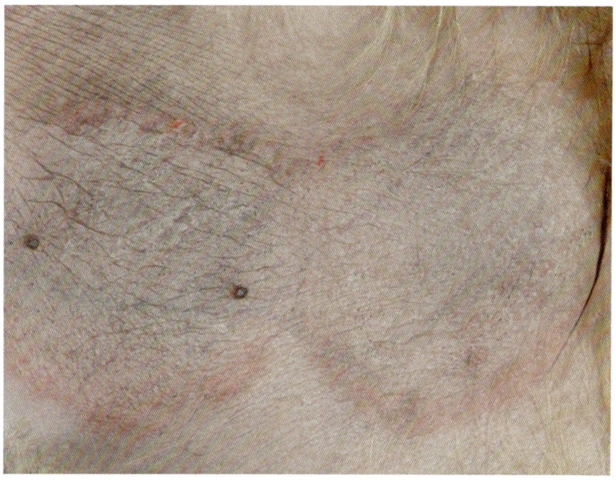

图 4-72　皮肤癣菌病。犬腹部出现对称性脱毛和红斑。这种对称性病变，呈“吻痕”状，是由于当动物站立时，腹中线两侧的皮肤相互接触所造成。

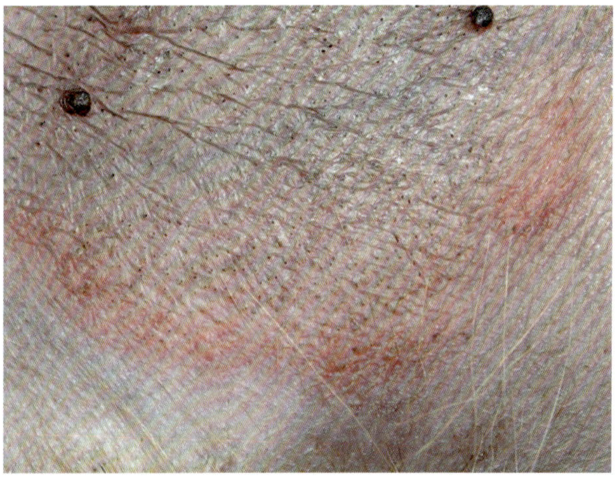

图 4-73　皮肤癣菌病。与图 4-72 为同一只犬。病变的近观显示出脱毛和红斑，这是毛囊炎的特点。

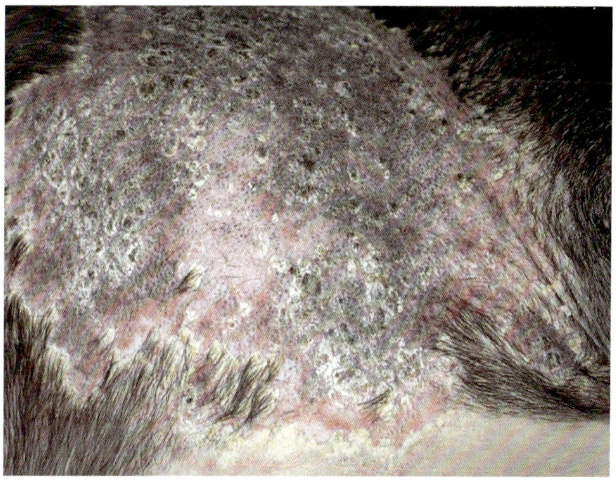

图 4-74　皮肤癣菌病。随着真菌感染的扩散，而出现延展的结痂性皮炎和蜂窝织炎。缺乏传染性疾病的典型模式。

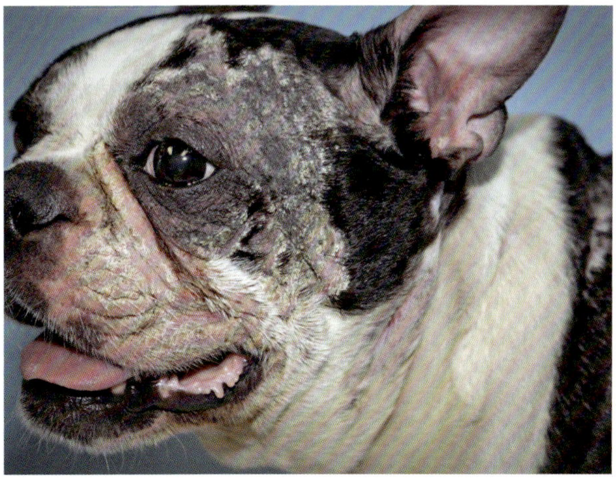

图 4-75　皮肤癣菌病。扩散性真菌感染引起严重的延展性脱毛和结痂性皮炎，波及整个面部和头部。

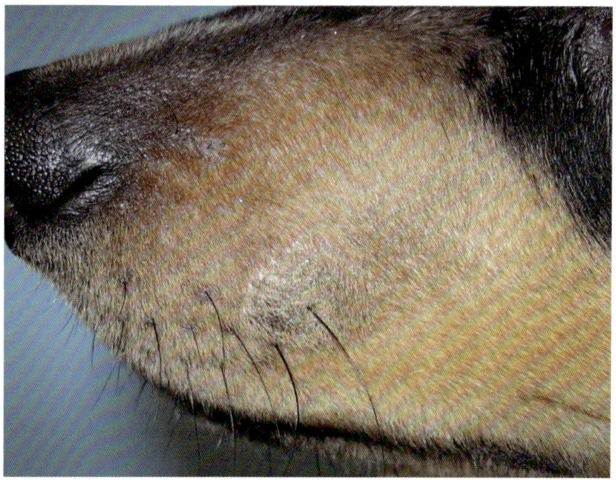

图 4-76　皮肤癣菌病。腊肠犬嘴周侧面的皮炎局部结痂区域。

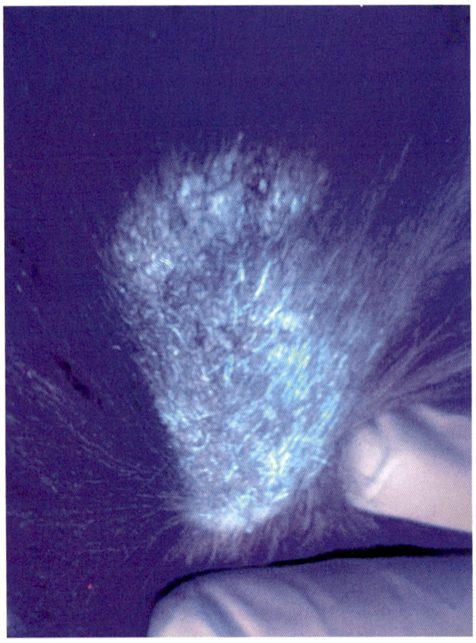

图 4-77　皮肤癣菌病。阳性伍德氏灯检查，显示感染毛干上的典型阳性荧光。注意：可能存在很多假阳性和假阴性结果。

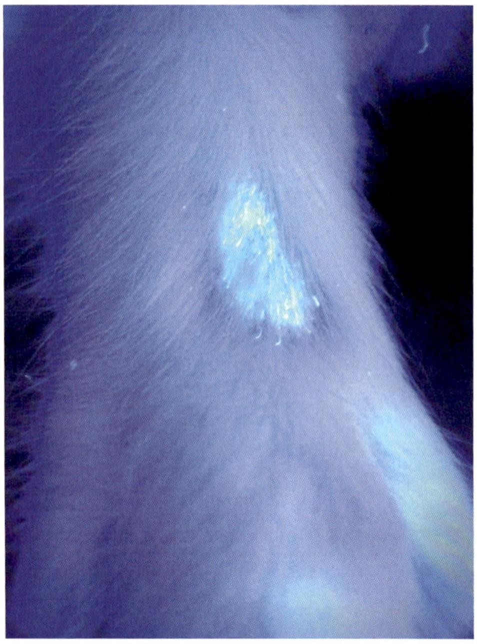

图 4-78　皮肤癣菌病。阳性伍德氏灯检查，猫爪上被感染的毛发呈典型的阳性荧光。注意：可能存在很多假阳性和假阴性结果。

皮肤癣菌肉芽肿和假足菌肿（马约基肉芽肿）
Dermatophytic Granulomas and Pseudomycetomas (Majocchi's Granulomas)

特征

皮肤癣菌肉芽肿和假足菌肿是一种不常见的皮肤癣菌病形式，在这种疾病中，嗜皮菌属真菌在真皮和皮下组织中形成菌丝。这些病变在猫上少见，仅在波斯猫有过报道。犬罕见，约克夏㹴发病率最高。无痛、无瘙痒，坚实的真皮或皮下结节和包块，可能出现溃疡和形成瘘管。病变最常发现于躯干、胁腹部或尾部。常并发浅表皮肤癣菌病。可能出现外周淋巴结肿大。

主要鉴别诊断

鉴别诊断包括其他真菌和细菌感染、异物反应和肿瘤。

诊断

1. 细胞学（渗出物、抽吸物）：（脓性）肉芽肿性炎性，可见真菌元素。

2. 皮肤组织病理学：结节或弥散性（脓性）肉芽肿性皮炎和脂膜炎，有宽而透明的分隔菌丝；链状假菌丝和厚壁孢子样细胞（假足菌肿病）；或真菌菌丝广泛贯穿于组织中（肉芽肿）。不存在组织颗粒。

3. 真菌培养（渗出物、抽吸物、活检样本）：猫上仅分离到犬小孢子菌。从犬上分离到犬小孢子菌和须毛癣菌。

4. 目前 IDEXX 公司能提供 PCR 分析，可以简化诊断过程。

治疗和预后

1. 如有可能，应对病变处进行手术切除。

2. 长期应用全身抗真菌药物治疗（数周或数月），在临床治愈后至少再持续用药 1 个月。

3. 有效的全身抗真菌药物包括：

- 特比萘芬 30～40 mg/kg，口服，每 12 h 一次。
- 酮康唑 10 mg/kg，混于食物中口服，每 24 h 一次（犬）。
- 氟康唑 10 mg/kg，混于食物中口服，每 24 h 一次。
- 伊曲康唑（斯皮仁诺）5～10 mg/kg，混于食物中口服，每 24 h 一次。

4. 外科手术切除与全身抗真菌药物治疗相结合，比单用一种方法更有效。

5. 预后一般至不良，可产生耐药性且常复发。患病动物具有潜在的传染性，可引起其他动物和人的浅表性皮肤癣菌病。

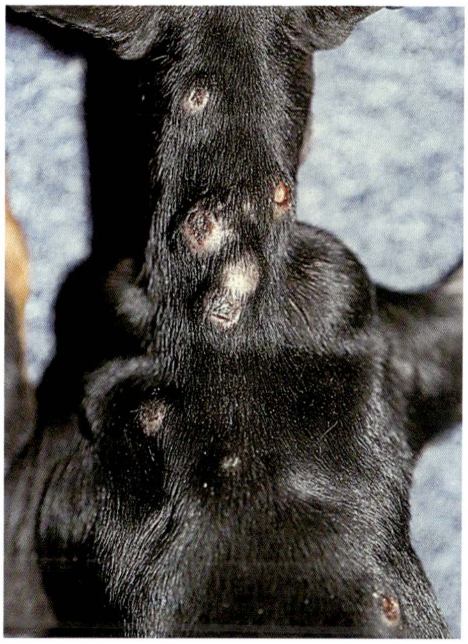

图 4-79　皮肤癣菌肉芽肿和假足菌肿。感染须毛癣菌的犬，其背部有多个含有瘘管的结节。

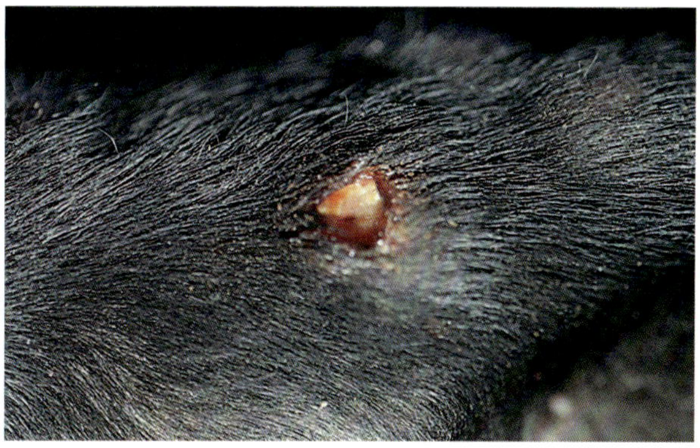

图 4-80　皮肤癣菌肉芽肿和假足菌肿。图 4-79 中犬的近观。这个肉芽肿性结节中央伴有一个溃疡灶，周期性地排出脓性渗出物。

暗色丝孢霉病（着色真菌病）Phaeohyphomycosis (Chromomycosis)

特点

暗色丝孢霉病的皮肤病变，由多种普遍存在于土壤中的腐生真菌所引起，这些菌经创伤侵入皮肤，并形成没有组织颗粒的有色菌丝。暗色丝孢霉病少见于猫，罕见于犬。

猫

常为单个、坚实或有波动的皮下结节、脓肿或囊肿样病变，可能出现溃疡或瘘管。病变常出现在肢端或面部，很少扩散。

犬

单个至多个界限不清的皮下结节，常发生溃疡，有时坏死。病变最常发生在肢端，常与潜在的骨髓炎有关，可能发生扩散。

主要鉴别诊断

鉴别诊断包括其他真菌和细菌感染、异物反应和肿瘤。

诊断

1. 细胞学（渗出物、抽吸物）：（脓性）肉芽肿性炎症。可能很难找到着色真菌菌丝。

2. 皮肤组织病理学：结节至弥散性（脓性）肉芽肿性皮肤炎和脂膜炎，伴有厚壁的、着色的、有分隔的、分枝或不分枝的菌丝，菌丝直径大小不等，似酵母菌样膨胀。

3. 真菌培养：病原性真菌包括链格孢霉、双极霉、枝孢菌（木丝霉）、弯孢霉、外瓶霉、念珠菌、赭霉、单孢瓶霉、瓶霉、假小托菌、线状担子菌、葡柄霉和产色芽生菌。由于这些真菌是常见的环境污染菌，阳性真菌培养结果需得到组织学的证实。

4. 如果能做PCR分析，可以简化诊断过程。

治疗和预后

1. 如有可能，实施大面积的手术切除。

2. 给予长期的（数周至数月）全身抗真菌治疗，临床症状痊愈后至少再持续治疗1个月。如果可能，应根据体外药敏试验结果选择抗真菌药物。可考虑的药物包括：

- 特比萘芬30～40 mg/kg，口服，每12 h一次。
- 酮康唑10 mg/kg，混于食物中口服，每24 h一次（犬）。
- 氟康唑10 mg/kg，混于食物中口服，每24 h一次。
- 伊曲康唑（斯皮仁诺）5～10 mg/kg，混于食物中口服，每24 h一次。

3. 对于局部病变预后良好，如果是全身性病变或病变扩散，则预后不良。此病不会传染给人或其他动物。

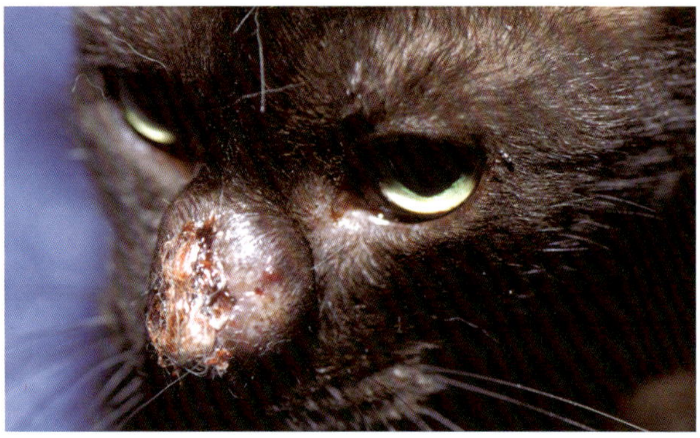

图4-81 暗色丝孢霉病。由着色真菌引起的猫鼻部肿胀、脱毛、结痂和脓性渗出。注意：与隐球菌感染相似。

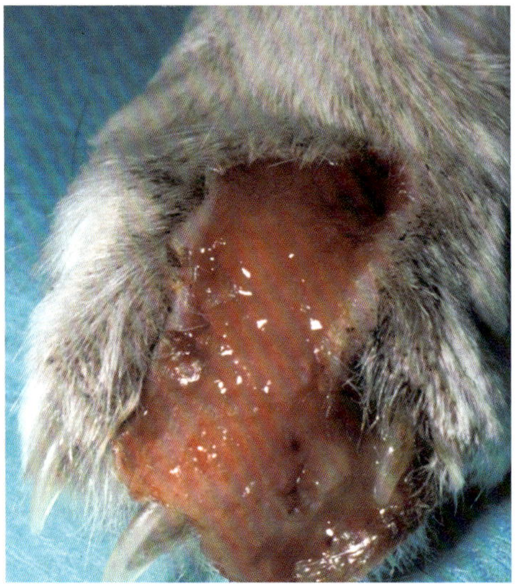

图4-82 暗色丝孢霉病。猫爪部严重的溃疡和组织破坏（自D. Angarano）。

原藻病
Protothecosis

特征

原藻是一种腐生的、无叶绿素的藻类，主要分布在欧洲、亚洲和北美洲（尤其是美国东南部）。原藻可能通过胃肠道，或接触损伤的皮肤或黏膜而引起感染。原藻病罕见于犬猫，有报道称，此病在免疫抑制的动物中发病率最高。

猫

感染表现为大而坚实的皮肤结节，常出现在四肢末端、头部或尾根。

犬

对于犬，感染表现为多器官弥散性疾病。症状包括持久性、出血性腹泻；体重下降；中枢神经（CNS）症状；眼部病变，以及位于躯干、肢端、嘴周和皮肤黏膜结合处的慢性结节、排泄性溃疡和渗出性结痂。

主要鉴别诊断

鉴别诊断包括其他真菌和细菌感染以及肿瘤。

诊断

1. 细胞学（渗出物、组织抽吸物）：（脓性）肉芽肿性炎症，细胞内有大量原藻（圆形、椭圆形、大小不等的多面形球体，常包含芽孢）。
2. 皮肤组织病理学：结节至弥散性（脓性）肉芽肿性皮炎和脂膜炎，含有大量原藻。
3. 真菌培养：原藻。
4. 如果能做 PCR 分析，可以简化诊断过程。

治疗和预后

1. 大面积切除局部病变是可选择的治疗方法。
2. 全身抗真菌药物治疗通常无效；仍然提出下列治疗方案：
   - 历来的治疗：联合两性霉素 B 0.25～0.5 mg/kg（犬）或 0.25 mg/kg（猫），静脉注射，每周 3 次，直至累计量达到 8 mg/kg（犬）或 4 mg/kg（猫），以及四环素 22 mg/kg，口服，每 8 h 一次。
   - 两性霉素 B 脂质复合物（脂质体两性霉素）治疗已被证明具有良好的效果，且安全性得到明显提高。
   - 酮康唑 10～15 mg/kg，混于食物中口服，每 12～24 h 一次。
   - 氟康唑 10 mg/kg，口服或静脉注射，每 12 h 一次。
   - 特比萘芬 30～40 mg/kg，口服，每 12～24 h 一次。
   - 伊曲康唑（斯皮仁诺）5～10 mg/kg，混于食物中口服，每 12 h 一次。
3. 如果病变发生扩散或不能手术切除，则预后不良。本病不传染其他动物或人。

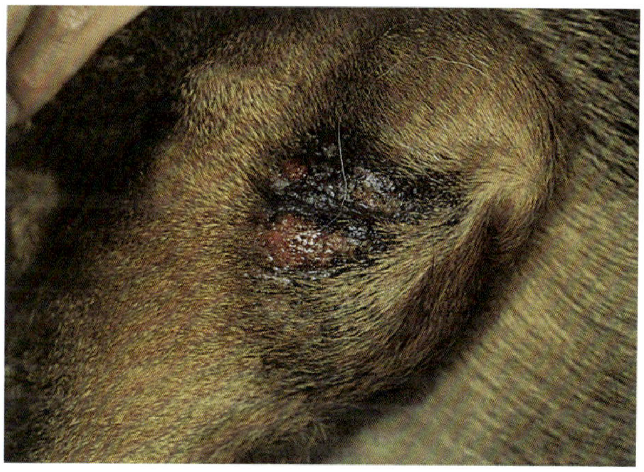

图 4-83　原藻病。混血犬肘部的局部渗出性溃疡病变（自 K. Boyanowski）。

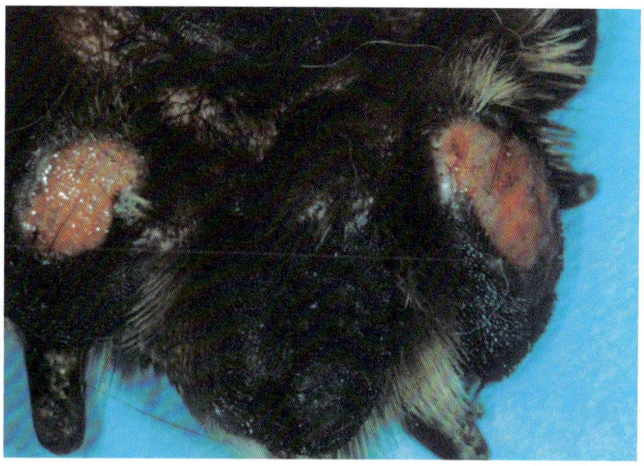

图 4-84　原藻病。图 4-83 中犬。溃疡性爪垫（自 K. Boyanowski）。

腐霉病
Pythiosis

特征

诡谲腐霉（*Pythium insidiosum*）是一种组织内的，似真菌样形态的原虫，属于水生病原菌，通过侵入破损的皮肤或黏膜而致病。本病原存在于亚洲、澳大利亚、日本及中美和南美的亚热带和热带沼泽地区。在美国，主要见于阿拉巴马洲的墨西哥海湾、佛罗里达州、路易斯安那州和德克萨斯州。然而，已报道在亚利桑那州远西部和印第安纳州远北部的动物身上发现腐霉病。腐霉病不常见于犬，在大型雄性犬，特别是猎犬和德国牧羊犬上的发病率最高。猫罕见，年轻猫易感。

犬

对于犬，腐霉病可表现为皮肤或胃肠道疾病。皮肤病变为各种各样的瘙痒性结节，这些结节可汇集成大而松软的增生性肿块，常迅速增大，局部浸润，并形成溃疡和瘘管。渗出物呈血样或脓样。病变可能出现在身体的任何部位，但最常见于四肢、会阴、尾根、颈腹侧和头部。胃肠症状可见渐进性体重减轻、呕吐、反流或腹泻，这是由浸润性肉芽肿性胃炎、食道炎或肠炎所造成。

猫

对于猫，仅可见皮肤疾病。病变表现为单个或多个，高度局部浸润的排泄性结节，斑块状溃疡病变，或位于四肢、爪部、腹股沟部、尾根、头部或面部的皮下包块。

主要鉴别诊断

异物反应、肿瘤、深层细菌感染和其他真菌感染（尤其是接合菌病和链壶菌病）。

诊断

1. 细胞学（渗出物）：肉芽肿性炎症，可见嗜酸性粒细胞，但常见不到真菌元素。
2. 皮肤组织病理学：结节性至弥散性肉芽肿性皮炎和脂膜炎，有坏死灶和聚集的嗜酸性粒细胞。特殊真菌染色可辨识出宽的、偶有分隔的、不规则分枝菌丝。
3. 免疫组化（组织样本）：检测诡谲腐霉抗原。
4. 酶联免疫吸附试验（ELISA）或免疫印迹分析可检测血清抗诡谲腐霉抗体。
5. PCR 技术（组织样本）可检测诡谲腐霉的 DNA。
6. 真菌培养：诡谲腐霉。注意：除非使用特殊真菌培养基，否则此病原菌不会生长。

治疗和预后

1. 彻底的大面积外科切除或患肢截断术，是可供选择的传统治疗方法。为了监测复发情况，需要在手术前及术后每 2～3 个月，直至术后一年内，采用 ELISA 血清学方法检测抗诡谲腐霉的血清抗体滴度。
2. 根据体外药敏试验结果，长期（数月）全身抗真菌治疗，但药物治疗成功率低于 25%。治疗应持续进行，直到 ELISA 抗诡谲腐霉血清抗体滴度正常。
3. 伊曲康唑（斯皮仁诺）10 mg/kg，混于食物中口服，每 24 h 一次，至少 3～6 个月，或对犬使用两性霉素 B 脂质复合物，剂量为 2～3 mg/kg，静脉注射，每 48 h 一次，直到累积剂量达到 24～27 mg/kg。
4. 其他可行方案：长期给犬猫使用伊曲康唑（斯皮仁诺）（10 mg/kg，混于食物中口服，每 24 h 一次）和特比萘芬（30～40 mg/kg，口服，每 12～24 h 一次），两者同用，可能比单独使用伊曲康唑或两性霉素 B 更有效。
5. 如果疾病是慢性的，且不能通过外科手术完全切除，则预后不良。腐霉病不传染其他动物或人。

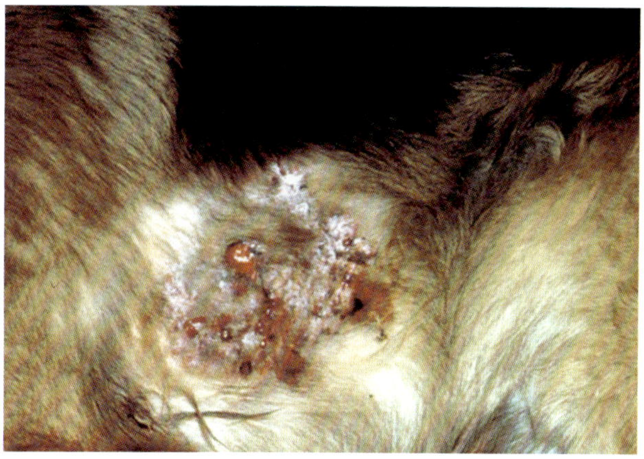

图 4-85　腐霉病。成年的德国牧羊犬，其胸腔侧面有多个结节性病变，并伴有瘘管。

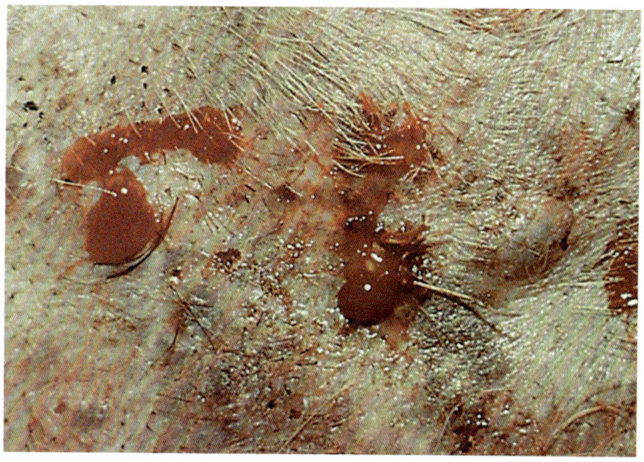

图 4-86　腐霉病。图 4-85 犬的近观，破溃的结节性病变是感染性蜂窝织炎的特征。

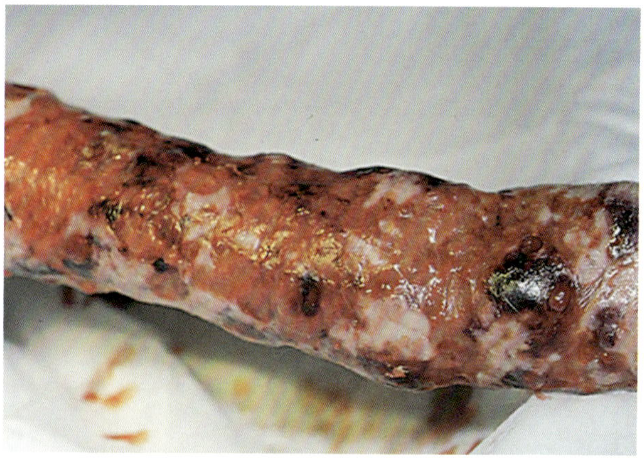

图 4-87　腐霉病。犬的整个肢端有严重的溃疡和蜂窝织炎，伴有多个瘘管。这种感染在数周内逐渐沿肢体由下至上蔓延（自 M. Singer）。

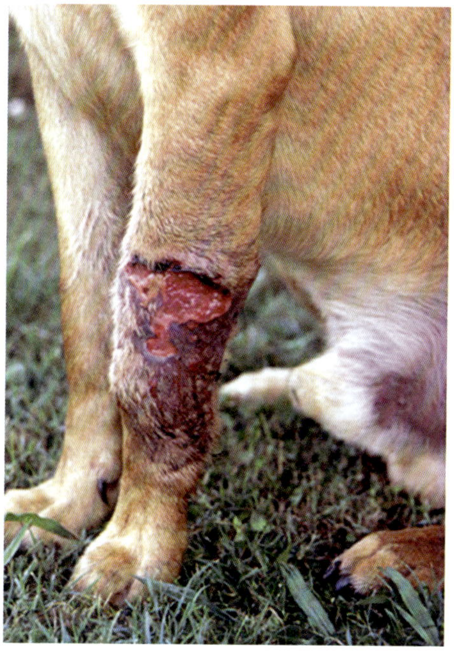

图 4-88　腐霉病。腐霉病患犬，其肢端出现严重肿胀，伴有糜烂和瘘管（自 A. Grooters）。

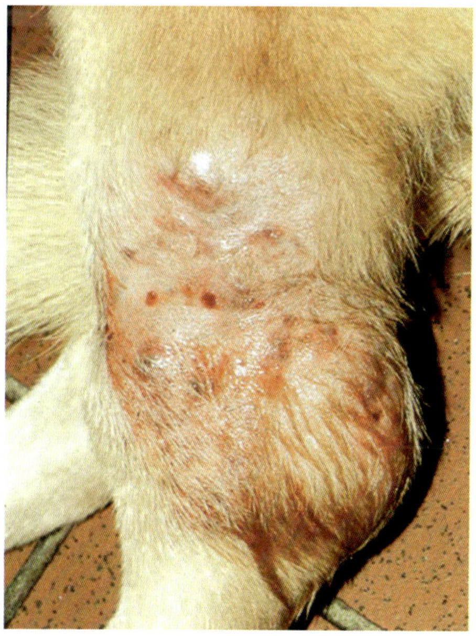

图 4-89　腐霉病。犬后肢近端剧烈肿胀，伴有脱毛、丘疹、结节和多处瘘管（自 D. Angarano）。

接合菌病（毛霉菌病、虫霉菌病）
Zygomycosis (Mucormycosis, Entomophthoromycosis)

特征

接合菌是一种广泛存在的腐生环境真菌。该菌可通过呼吸道、胃肠道或伤口进入体内。接合菌病罕见于犬猫。

此病常为致死性胃肠道、呼吸道或扩散性疾病。皮肤病变以溃疡、含瘘管的结节或不愈合的创口为特征。

主要鉴别诊断

鉴别诊断包括其他真菌感染（特别是腐霉病和链壶菌病）、深层细菌感染和肿瘤。

诊断

1. 细胞学（渗出物）:（脓性）肉芽肿性炎症，可见真菌元素。

2. 皮肤组织病理学：结节性至弥散性（脓性）肉芽肿性皮炎和脂膜炎，可见大量宽大的、偶尔有分隔的、不规则的分枝菌丝，菌丝侧壁不平行。

3. 真菌培养：病原性真菌包括犁头霉、蛙粪霉、耳霉、被孢霉、毛霉和根霉。由于这些真菌是常见的环境污染菌，真菌培养结果阳性，需要进行组织学确认。

治疗和预后

1. 建议进行大面积手术切除或减积手术。

2. 长期（数周至数月）全身抗真菌药物治疗，痊愈后应再持续治疗至少1个月。如果可能，应根据体外药敏实验结果来选择抗真菌药物。

3. 在药敏结果出来之前，两性霉素B，0.5 mg/kg（犬）或0.25 mg/kg（猫），静脉注射，每周3次，直到累积剂量达到8～12 mg/kg（犬）或4～6 mg/kg（猫）。

4. 口服抗真菌药物治疗通常无效：
- 特比萘芬，30～40 mg/kg，口服，每12～24 h一次。
- 酮康唑10 mg/kg，混于食物中口服，每24 h一次（犬）。
- 氟康唑10 mg/kg，混于食物中口服，每24 h一次。
- 伊曲康唑（斯皮仁诺）5～10 mg/kg，混于食物中口服，每24 h一次。

5. 如果无法手术彻底切除，则预后不良。此病不传染其他动物或人。

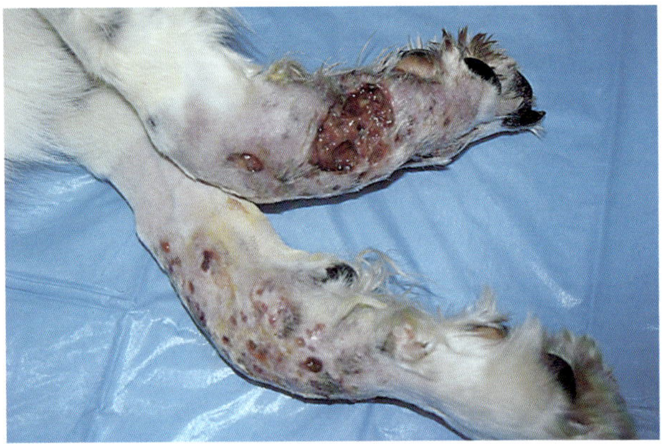

图4-90 接合菌病。受蛙粪霉感染的犬，其肢体远端剧烈肿胀和溃疡，并伴有多处含瘘管的病变。

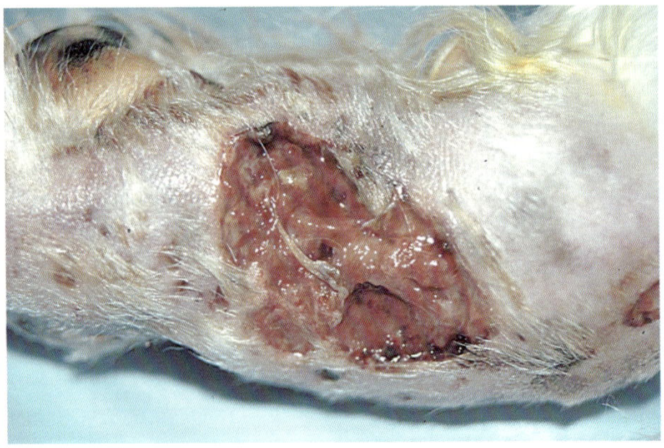

图4-91 接合菌病。图4-90中犬的近观。腕背侧严重的组织破坏。

链壶菌病
Lagenidiosis

特征

链壶菌是正常寄生于其他真菌、藻类、线虫和甲壳类动物的水生卵菌。最近，链壶菌被认为能导致美国东南部的犬出现皮肤病。链壶菌病罕见于犬，经常在湖泊或池塘中游泳的年轻至中年犬发病率最高。皮肤病变通常呈渐进性发展，且具有局部浸润性，坚实的真皮或皮下结节，或溃疡性、水肿性包块，并伴有坏死灶和大量排出血性、脓性分泌物的瘘管为其特征。病变最常发生于四肢和躯干。常出现局部淋巴结肿大。常传播至远端，如大血管、肺和纵隔，并可导致出血性休克。

主要鉴别诊断

鉴别诊断包括异物反应、肿瘤、深层细菌感染和其他真菌感染（特别是腐霉病和接合菌病）。

诊断

1. 细胞学（渗出物）：肉芽肿性炎症，可能含有嗜酸性粒细胞和真菌元素。

2. 皮肤组织病理学：结节性至弥散性嗜酸性粒细胞性（脓性）肉芽肿性皮炎和脂膜炎，伴随坏死灶和化脓。在细胞内（在巨细胞内）和细胞外（在炎症和坏死的区域中）可见宽的、偶有分隔的、不规则的分枝真菌菌丝。

3. 免疫印迹分析：检测抗链壶菌血清抗体。

4. PCR 技术（组织样本）：检测链壶菌DNA。

5. 真菌培养：链壶菌。注意：除非使用特殊真菌培养基，否则这种病原菌不会生长。

6. 放射检查和超声检查：检查胸腔和腹腔病变，以确定是否发生扩散。

治疗和预后

1. 彻底大面积的手术切除或患肢截断术是可行的治疗方案。

2. 可尝试长期全身抗真菌治疗，但伊曲康唑和两性霉素 B 的治疗通常无效。

3. 如果不能彻底手术切除，则预后不良。链壶菌病不传染其他动物或人。

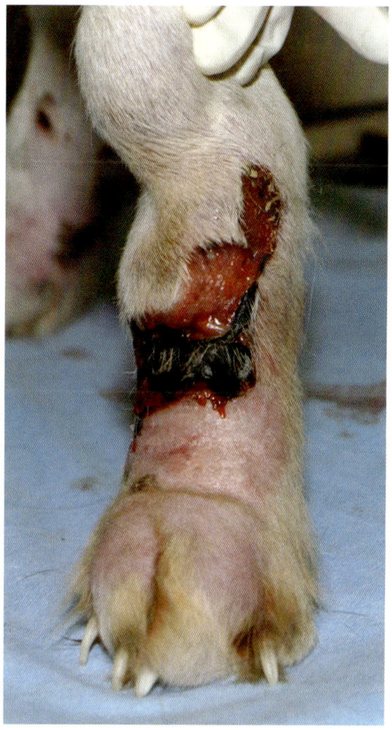

图 4-92　链壶菌病。1 岁雄性拉布拉多犬的溃疡性皮炎（自Grooters AM: VeterinaryClinics Small Animal Practice 33:695–720，2003）。

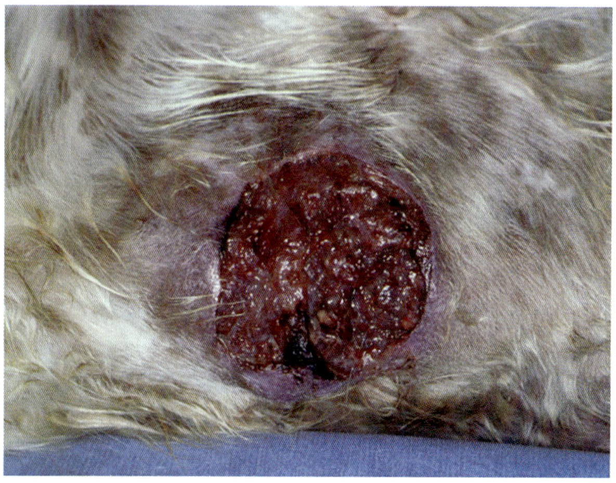

图 4-93　链壶菌病。6 岁雌性绝育史宾格犬，其腹部腹侧有一处由链壶菌感染引起的大（9 cm × 9 cm）而凸起的、溃疡性和渗出性皮肤病变。

孢子丝菌病
Sporotrichosis

特征

申克氏孢子丝菌是一种二相性真菌，是世界范围内广泛存在的一种环境腐生菌。该菌通过穿刺伤进入组织而引起感染。犬猫不常或极少发生孢子丝菌病，猎犬和外出的未去势的公猫发病率最高。

犬

皮肤病变特征为多灶性无痛无痒、坚实的结节，可能发生溃疡，流出脓性分泌物和覆盖结痂。病变最常见于头部、躯干或四肢末梢。肢端的结节可能向上蔓延到淋巴管，并形成更多溃疡性的、含瘘管的结节。常见局部淋巴结肿大，但极少扩散。

猫

皮肤病变可能包括不愈合的穿刺伤、脓肿、蜂窝织炎、结痂性结节、溃疡、流脓的瘘管，有时组织坏死。病变常位于头部、肢端或尾根。可能伴有嗜睡、精神沉郁、厌食和发热，常出现扩散。

主要鉴别诊断

鉴别诊断包括其他真菌和细菌感染以及肿瘤。

诊断

1. 细胞学（渗出物、组织抽吸物）：化脓性或（脓性）肉芽肿性炎症。猫的细胞内外常容易找到圆形、椭圆形和雪茄形的酵母菌，但犬的细胞学难以发现。

2. 皮肤组织病理学：结节性至弥散性化脓性或（脓性）肉芽肿性皮炎。与隐球菌类似的酵母菌在猫组织中容易找到，但在犬难以发现。

3. 免疫荧光试验：检测组织或渗出物中的孢子丝菌抗原。

4. 真菌培养：从被感染的猫上容易培养出申克氏孢子丝菌，但在被感染的犬上难以分离（真菌培养物有高度传染性）。

5. 如果能做 PCR 分析，可以简化诊断过程。

治疗和预后

1. 应进行长期（数周至数月）全身抗真菌治疗，临床完全痊愈后至少再持续治疗 1 个月。

2. 治疗包括：

- 酮康唑 5～15 mg/kg，混于食物中口服，每 12～24 h 一次。
- 氟康唑 10 mg/kg，混于食物中口服，每 24 h 一次。
- 特比萘芬 30～40 mg/kg，口服，每 12～24 h 一次。
- 伊曲康唑（斯皮仁诺）5～10 mg/kg，混于食物中口服，每 12～24 h 一次。
- 对于猫，首选药物为伊曲康唑（斯皮仁诺）。

3. 传统的治疗方法包括：

- 对于犬，传统治疗是使用过饱和碘化钾 40 mg/kg，混于食物中口服，每 8 h 一次。
- 对于猫，过饱和碘化钾 20 mg/kg，混于食物中口服，每 12 h 一次。

4. 预后一般至良好，但可复发。没有犬将疾病传染给人的报道，但被感染的猫很容易传染给人。处理患病动物时应保持良好的卫生习惯并佩戴手套。

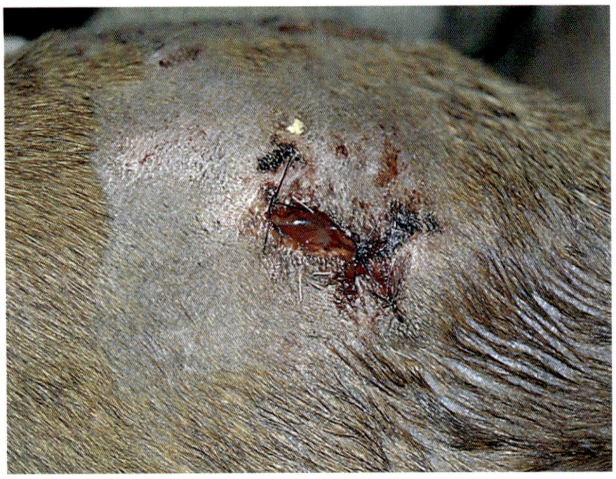

图 4-94　孢子丝菌病。犬肿大的后膝关节部，伴有结痂的瘘管性病变。

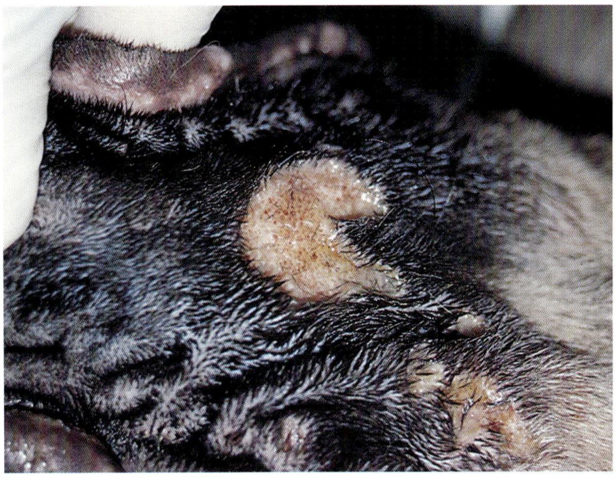

图 4-95　孢子丝菌病。图 4-94 中犬。颈腹部糜烂性病变，并有脓液流出。

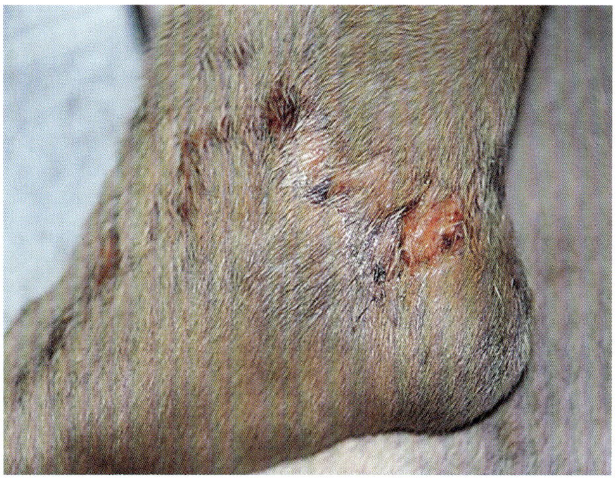

图 4-96　孢子丝菌病。图 4-94 中犬。位于跗关节处的多个结痂性病变，并周期性向外排脓。

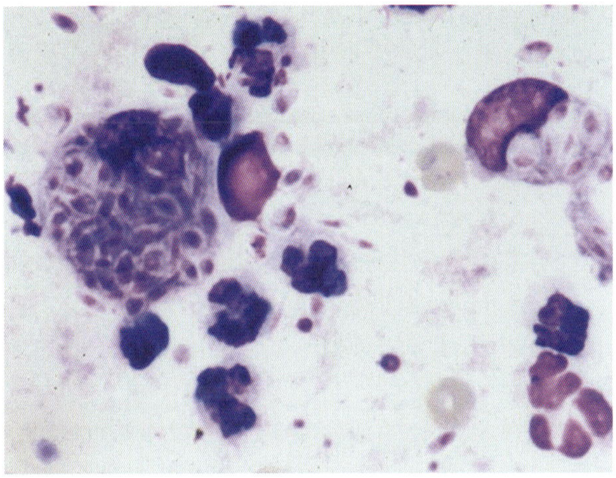

图 4-97　孢子丝菌病。孢子丝菌的显微镜镜检，100×（油镜）视野下观察。注意，细胞内椭圆形“雪茄样”的微生物。

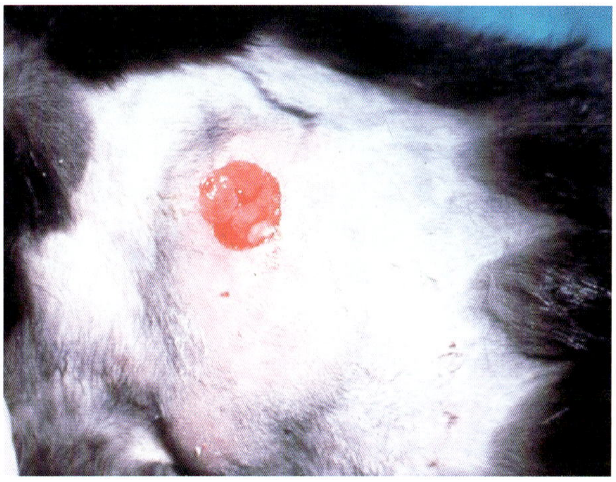

图 4-98　孢子丝菌病。猫胸侧壁大而有波动感的肿块，伴有中央溃疡性病变（自 D.Angarano）。

芽生菌病
Blastomycosis

特征

芽生菌病是由于吸入皮炎芽生菌的分生孢子而导致的，该菌为二相性真菌，是环境腐生菌。皮炎芽生菌存在于潮湿、酸性或沙质土壤中，主要存在于北美，沿俄亥俄、密西西比、密苏里、圣劳伦斯和田纳西河一带，以及南大西洋中部各州和南大湖区域。病菌被吸入后，首先在肺部建立感染，而后向淋巴结、眼睛、皮肤、骨骼和其他器官扩散。在偶然情况下，直接侵入皮肤引起局灶性皮肤疾病，但皮肤芽生菌病更常是疾病转移的信号。芽生菌病罕见于猫，不常见于犬，外出的、年轻、雄性、大型犬，特别是猎犬和竞赛犬发病率高。

皮肤病变包括独立的皮下脓肿，以及坚实的、增生性、溃疡性肿块，伴有血性至脓性分泌物瘘管。病变可能出现在身体的任何部位，但最常见于面部、鼻面部和甲床。非特异性症状包括厌食、体重减轻和发热。其他症状取决于受侵害的器官，包括运动不耐受、咳嗽、呼吸困难、淋巴结肿大、葡萄膜炎、视网膜脱落、青光眼、跛行和中枢神经症状。

主要鉴别诊断

鉴别诊断包括其他真菌和细菌感染、肿瘤和异物反应。

诊断

1. 细胞学（渗出物、组织抽吸物）：化脓性或脓性肉芽肿性炎症，有大而圆、基部宽大的芽生酵母菌，此菌有双层细胞壁，壁厚且有折光性。

2. 皮肤组织病理学：结节至弥散性化脓性或（脓性）肉芽肿性皮炎，含有大的、双层厚壁的、基部宽大的酵母菌。

3. 琼脂扩散试验：检测血清抗皮炎芽生菌抗体。在感染早期，检测结果可能为阴性。

4. 真菌培养［除非细胞学和组织病理学检查没有发现病原菌，否则不需要确认诊断结果（依靠实验室诊断即可，因为真菌培养具高度传染性）］：皮炎芽生菌。

5. X 线检查：如果肺部感染，可见肺脏变化；如果长骨感染，可见溶骨性病变。

6. 如果能做 PCR 分析，那么可以简化诊断过程。

治疗和预后

1. 长期（至少 2～3 个月）全身抗真菌治疗，临床完全痊愈后再持续治疗 1 个月。

2. 选择伊曲康唑（斯皮仁诺）。对于猫，5 mg/kg，混于食物中口服，每 12 h 一次。对于犬，5 mg/kg，混于食物中口服，每 12 h 一次，连用 5 d，之后 5 mg/kg，混于食物中口服，每 24 h 一次。

3. 其他治疗包括：

- 氟康唑 5～10 mg/kg，口服或静脉注射，每 24 h 一次。
- 历来的治疗：两性霉素 B 0.5 mg/kg（犬）或 0.25 mg/kg（猫），静脉注射，每周 3 次，直到累积剂量达到 8～12 mg/kg（犬）或 4～6 mg/kg（猫）。
- 两性霉素 B 脂质复合物（脂质体两性霉素）治疗已被证明具有良好的效果，且安全性得到明显提高，对于犬，1.0 mg/kg，静脉注射，每周 3 次，直到累积剂量达到 12 mg/kg。

4. 除中枢神经系统或严重肺部感染外，预后良好。不管是用哪种治疗方法，大约 20% 的犬都会在 1 年内复发，这是因为终止治疗过早或者夹杂了别的治疗，然而它们通常对伊曲康唑（斯皮仁诺）的再次治疗仍有反应。感染的动物（酵母菌型）不传染其他动物或人，但真菌培养（菌丝型）具有高度传染性。

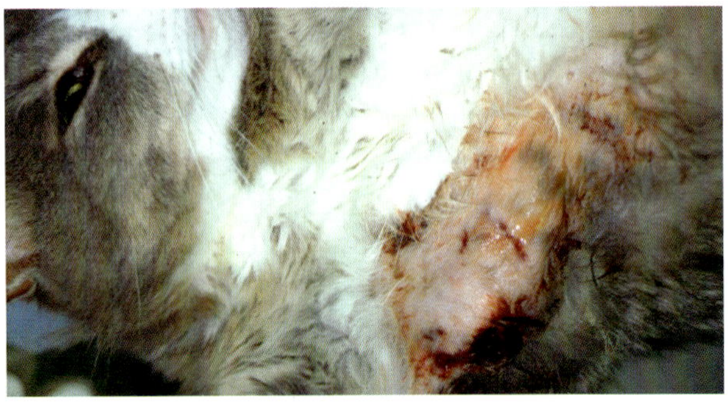

图 4-99　芽生菌病。猫的腋下，可见有多处瘘管的大（3 cm）肿块。

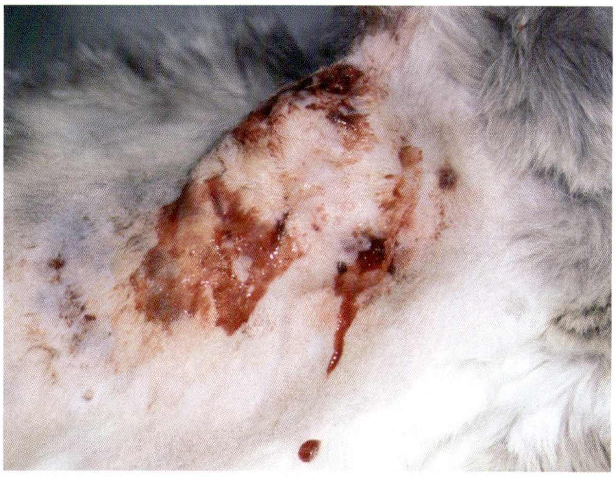

图 4-100　芽生菌病。图 4-99 中猫的近观。这只猫的腋下，淡血色的脓液从多处瘘管中流出。

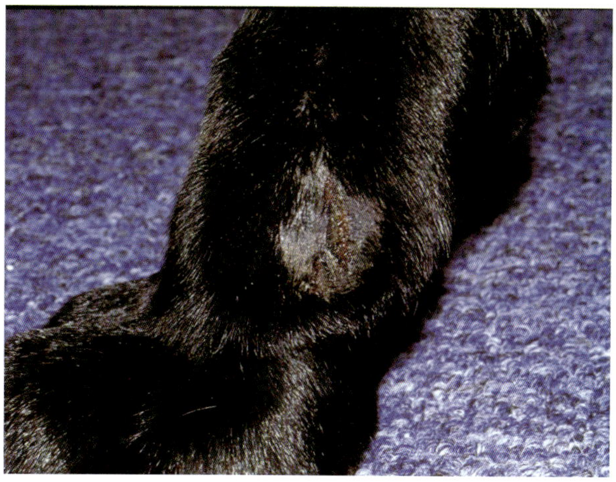

图 4-101　芽生菌病。腕部小肿块（2 cm），伴有脱毛和溃疡。注意与肢端舔舐性肉芽肿相似。

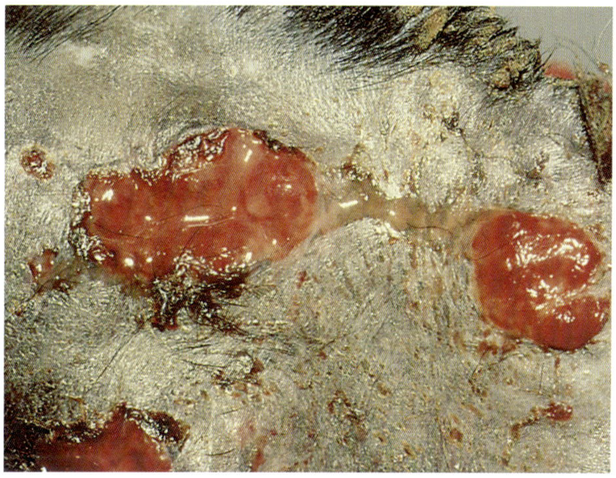

图 4-102　芽生菌病。整个耳廓发生蜂窝织炎和瘘管（自 D. Angarano）。

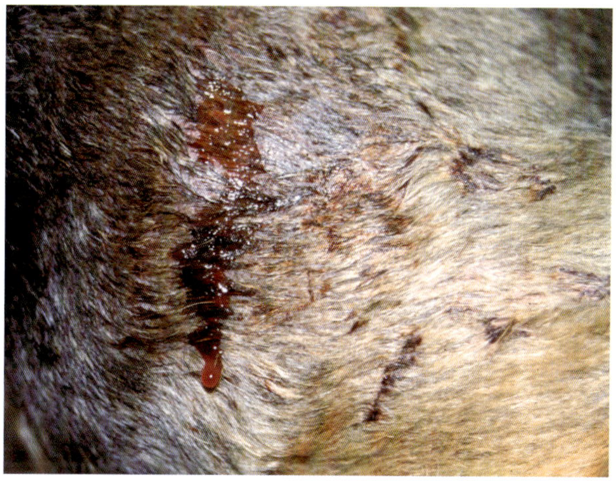

图 4-103　芽生菌病。患扩散性芽生菌病的犬，其胁腹侧有多处瘘管。

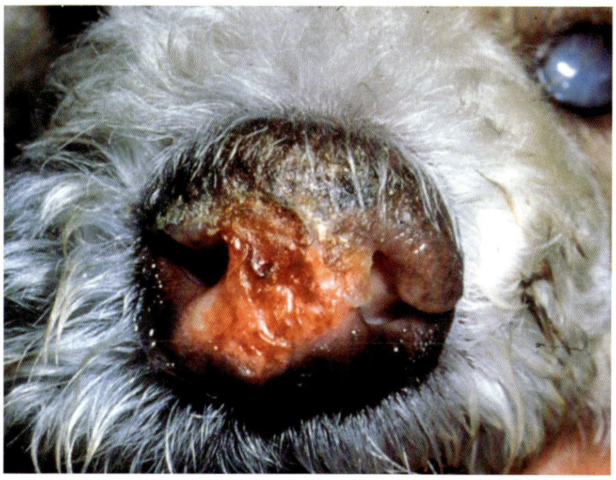

图 4-104　芽生菌病。由芽生菌引起的，鼻面部严重肿胀和溃疡。这可能被误认为是自体免疫性皮肤病（自 L. Schmeitzel）。

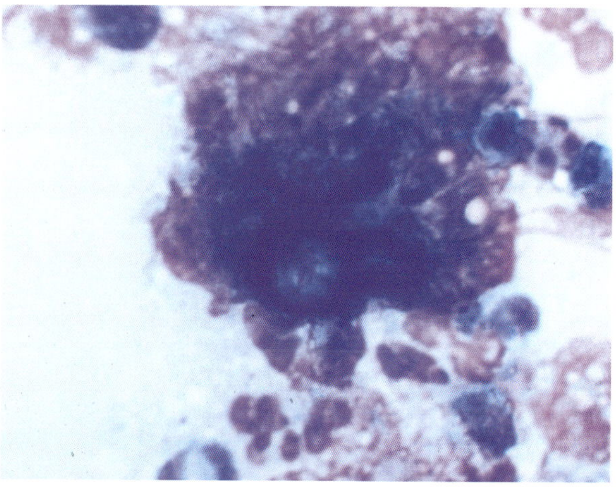

图 4-105　芽生菌病。芽生菌的显微镜下图像，100×（油镜）视野下观察。在一团染色颗粒中，可见厚壁的大酵母菌和基部宽大的出芽。

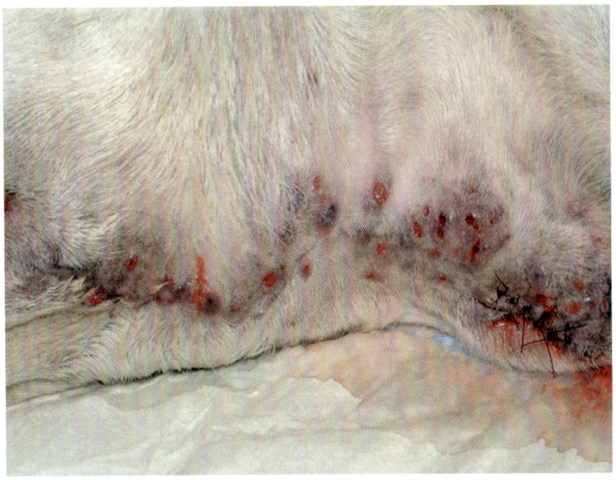

图 4-106 芽生菌病。位于腹部的、伴有脓液流出的深层蜂窝织炎是深层真菌感染的特点。

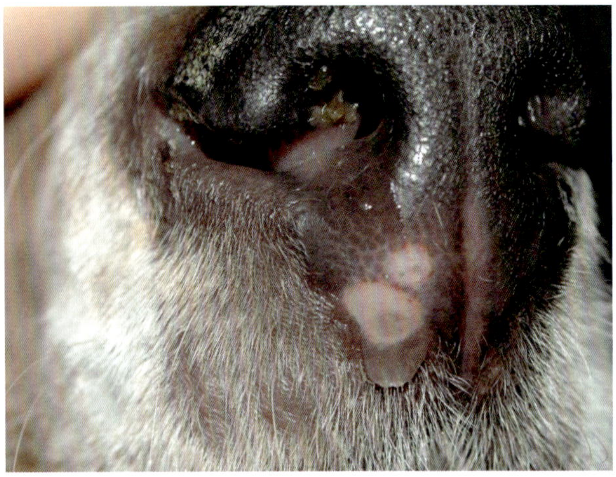

图 4-107 芽生菌病。鼻面部的色素减退性局灶病变，容易与自体免疫性皮肤病混淆，然而，这不是鼻面部无病变区域和局灶肿胀病变交错的标准鹅卵石样外观，提示存在浸润性疾病。

球孢子菌病
Coccidioidomycosis

特征

粗球孢子菌是一种二相性真菌和土壤腐生菌，在美国西南部、墨西哥、中美和部分南美的沙漠地区呈地方性流行。源于直接接种的原发皮肤病变罕见，此微生物更典型的致病方式是吸入，肺部感染一旦发生即可散布至淋巴结、眼睛、皮肤、骨骼和其他器官。球孢子菌病罕见于猫，不常见于犬，年轻的、中大型户外犬的发病率最高。

犬的皮肤病变包括溃疡性结节、皮下脓肿，以及长骨感染部位形成瘘管。常有淋巴结肿大。猫表现为皮下肿块、脓肿和瘘管病变，但不会波及病变下的骨骼。局部淋巴结可能肿大。

犬猫的其他症状包括厌食、体重减轻、发热和精神沉郁。根据感染器官的不同，可见咳嗽、呼吸困难、呼吸急促、由于骨骼肿胀、疼痛而跛行，也可发生眼病。

主要鉴别诊断

鉴别诊断包括其他真菌和细菌感染、异物反应和肿瘤。

诊断

1. 细胞学（渗出物、组织抽吸物）：化脓性或（脓性）肉芽肿性炎症。很少见到真菌。

2. 皮肤组织病理学：结节性至弥散性化脓性或（脓性）肉芽肿性皮炎和脂膜炎，可见少量或几个大的圆形双壁结构体（小球），其中含有内生孢子。

3. 血清学：采用沉淀反应、补体结合反应、乳胶凝集或 ELISA 试验检测抗粗球孢子菌抗体。可能出现假阳性或假阴性结果（例如，疾病早期抗体滴度可能为阴性，低滴度抗体也可能在地方性流行的健康动物中出现）。

4. 真菌培养（递交给诊断实验室即可，因为真菌培养具有高度传染性）：粗球孢子菌。

5. X 线检查：常见肺部病变。如果病变波及长骨，可出现溶骨性病变。

6. 如果能做 PCR 分析，可以简化诊断过程。

治疗和预后

1. 应进行长期（如有扩散，至少 1 年）全身抗真菌治疗，临床上完全康复且 X 线检查病变完全消除后，至少再持续治疗 2 个月。治疗还应持续至之后的血清粗球孢子菌抗体滴度呈阴性。

2. 有效的治疗包括：

- 酮康唑（犬）5～10 mg/kg，混于食物中口服，每 12 h 一次。
- 伊曲康唑（斯皮仁诺）5～10 mg/kg，混于食物中口服，每 12 h 一次。
- 氟康唑 10 mg/kg，口服，每 12 h 一次。
- 特比萘芬 30～40 mg/kg，口服，每 12～24 h 一次，可能有效。

3. 预后不定，常见复发。如果复发，再次给药治疗，直到病变消失，为了维持好转状态，之后需长期低剂量药物治疗。感染动物（酵母菌型）不传染其他动物或人，但真菌培养（菌丝型）有高度传染性。

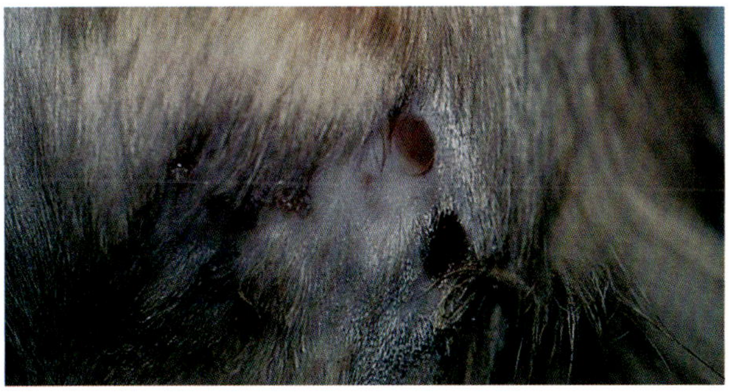

图 4-108 球孢子菌病。感染患猫坐骨处有多个瘘管（自 A. Wolf.）。

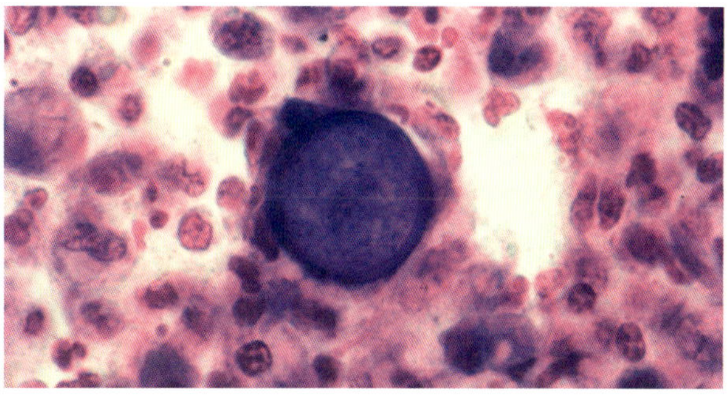

图 4-109 球孢子菌病。球孢子菌的显微图像，100×（油镜）视野下观察（自 A. Wolf）。

隐球菌病
Cryptococcosis

特征

新型隐球菌是一种环境腐生真菌，在世界范围内广泛分布。该真菌一旦被吸入，便在鼻腔、副鼻窦或肺部建立感染，从而发生隐球菌病。之后可能扩散至皮肤、眼睛、中枢神经系统和其他组织。隐球菌病不常见于猫，罕见于犬，在年轻的成年犬上发病率最高。

猫

最常波及上呼吸道，伴有喷嚏、鼻塞、流涕、鼻部肿块或鼻梁出现坚实的皮下肿胀。皮肤病变以多个无痛丘疹和结节为特征，可能出现溃疡。常见局部淋巴结肿大，以及中枢神经系统症状（各种神经症状表现）和眼部疾病（瞳孔扩大且无收缩，失明）。

犬

犬常发生神经和眼部疾病，常波及上呼吸道。偶尔发生皮肤溃疡，特别是在鼻部和唇部，口腔内或甲床周围。

主要鉴别诊断

鉴别诊断包括其他真菌和细菌感染以及肿瘤。

诊断

1. 细胞学（渗出物、组织抽吸物）：（脓性）肉芽肿性炎症，可见基部狭窄的薄壁芽生酵母菌，周围包以大小不等的、透明而有折光性的荚膜。

2. 皮肤组织病理学：结节至弥散性（脓性）肉芽肿性皮炎和脂膜炎，可见大量病原菌或由大量病原菌引起空泡样真皮和皮下组织。

3. ELISA 或乳胶凝集试验：检测血清隐球菌荚膜抗原。局部感染时检查结果可能为阴性。

4. 真菌培养：新型隐球菌。

5. 如果能做 PCR 分析，可以简化诊断过程。

治疗和预后

1. 如果可能，应对皮肤病变进行手术切除。

2. 应进行长期（数月）全身抗真菌治疗，临床完全痊愈后至少再持续治疗 1 个月。治疗应持续至之后的血清隐球菌抗原滴度呈阴性为止。

3. 有效的药物包括：

- 伊曲康唑（斯皮仁诺）5～10 mg/kg，混于食物中口服，每 12～24 h 一次。
- 氟康唑 5～15 mg/kg，口服，每 12～24 h 一次。
- 酮康唑 5～10 mg/kg，混于食物中口服，每 12～24 h 一次
- 特比萘芬 30～40 mg/kg，口服，每 12～24 h 一次
- 两性霉素 B 0.5～0.8 mg/kg（溶于 0.45% 生理盐水 /2.5% 葡萄糖溶液，猫为 400 mL，20 kg 以下犬为 500 mL，20 kg 以上犬为 1 000 mL），皮下注射，每周 2～3 次，直到累积剂量达 8～26 mg/kg。两性霉素 B 浓度超过 20 mg/L 时可能引起局部刺激。

4. 除非波及中枢神经系统，猫预后一般至良好。对于波及中枢神经系统的猫和全身患病的犬，预后不良。感染的动物和培养物不传染其他动物或人。

图 4-110　隐球菌病。成年猫的鼻梁处剧烈肿胀，这是典型的隐球菌感染。

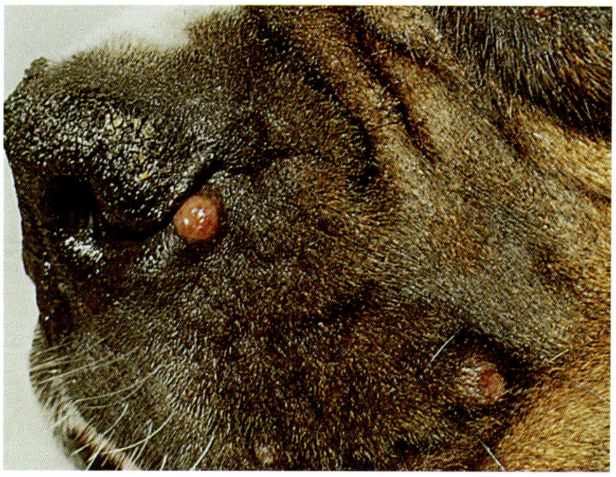

图 4-111　隐球菌病。由隐球菌引起的局灶性溃疡结节（自 D. Angarano）。

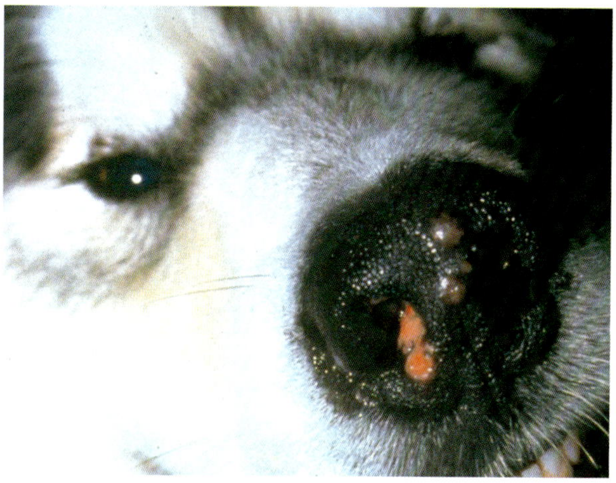

图 4-112　隐球菌病。鼻部多处结节和溃疡（自 L. Frank）。

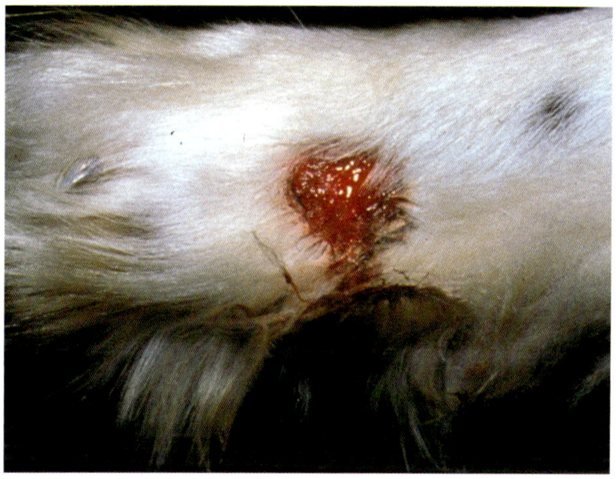

图 4-113　隐球菌病。趾侧的溃疡病变，伴有瘘管（自 L. Frank）。

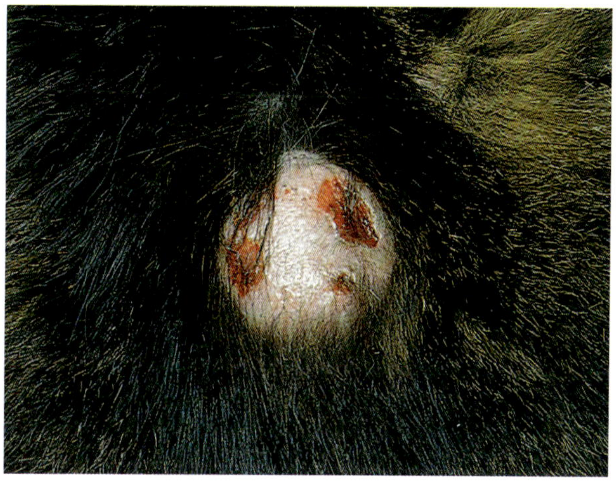

图 4-114　隐球菌病。成年猫头部的脱毛、溃疡性结节。

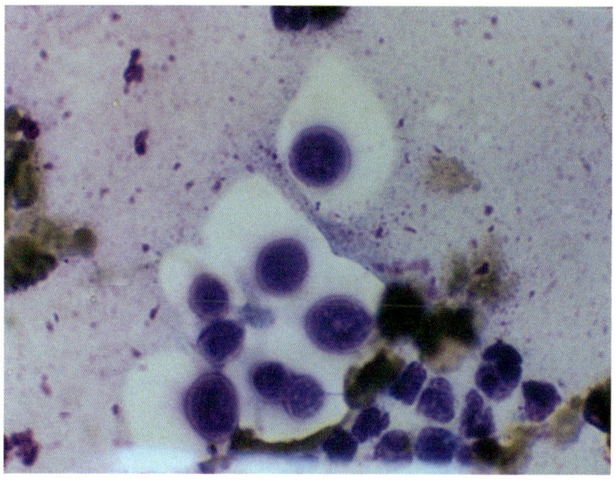

图 4-115　隐球菌病。隐球菌的显微图像，100×（油镜）视野下观察（自 L. Frank）。

组织胞浆菌病
Histoplasmosis

特征

组织胞浆菌病是由荚膜组织胞浆菌引起的一种全身性疾病，该菌为二相性真菌和土壤腐生菌。其分生孢子被吸入或食入后，感染肺或胃肠（GI）道，并扩散到其他器官。荚膜组织胞浆菌广泛分布于温带和亚热带地区。在美国，本病常发生在密西西比、密苏里和俄亥俄河流域。组织胞浆菌病罕见于犬，少见于猫，在年轻的成年动物上发病率最高。

皮肤极少发生病变，但有报道称可见皮肤出现多个小结节，并出现溃疡、瘘管或结痂。非特异性症状如厌食、精神沉郁、体重减轻和发热是典型的症状。犬猫其他症状可能包括呼吸困难、呼吸急促和眼病。猫可见跛行，犬可见咳嗽、腹泻、黄疸和腹水。

主要鉴别诊断

鉴别诊断包括其他真菌和细菌感染以及肿瘤。

诊断

1. 细胞学（组织抽吸物）：（脓性）肉芽肿性炎症，伴有大量细胞内的、中心嗜碱性的小酵母菌。

2. 皮肤组织病理学：结节至弥散性（脓性）肉芽肿性皮炎，可见许多细胞内酵母菌。为了观察菌体，可能需要特殊的真菌染色。

3. X 线检查：常可见肺部病变。

4. 真菌培养：递交给诊断性实验室，因为真菌培养具有高度传染性：荚膜组织胞浆菌。

5. 临床诊断中血清学和尿液抗原检测是可行方法，但需要正确判读。

6. 如果能做 PCR 分析，可以简化诊断过程。

治疗和预后

应给予长期（至少 4～6 个月）全身抗真菌治疗，临床完全痊愈后至少再继续治疗 2 个月。

1. 有效的治疗包括：

- 酮康唑（犬）5～10 mg/kg，混于食物中口服，每 12 h 一次。
- 氟康唑 10 mg/kg，口服，每 12 h 一次。
- 特比萘芬 30～40 mg/kg，口服，每 12～24 h 一次。
- 伊曲康唑（斯皮仁诺胶囊）10 mg/kg，混于食物中口服，每 12 h 一次。

对于严重的病例，伊曲康唑（斯皮仁诺）或氟康唑与两性霉素 B 联合应用，可得到更快的疗效，两性霉素 B 剂量为 0.25 mg/kg（猫）或 0.5 mg/kg（犬），静脉注射，每周 3 次，直到累积剂量达 4～8 mg/kg（猫）或 5～10 mg/kg（犬）。两性霉素 B 脂质复合物（脂质体两性霉素）治疗已被证明具有良好的效果，且安全性得到明显提高。

2. 大多数猫预后一般至良好。对于极度虚弱的猫和疾病扩散至胃肠道或有严重症状的犬，预后不良。患病动物（酵母菌型）不传染其他动物或人，但真菌培养（菌丝型）具有高度传染性。

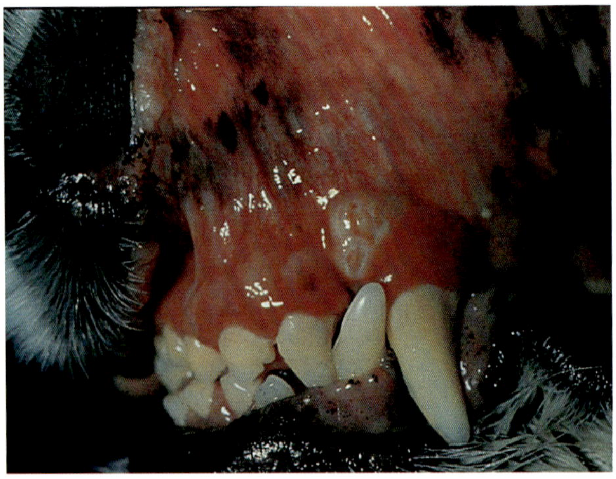

图 4-116 组织胞浆菌病。成年犬齿龈的糜烂性病变（自 L. Schmeitzel）。

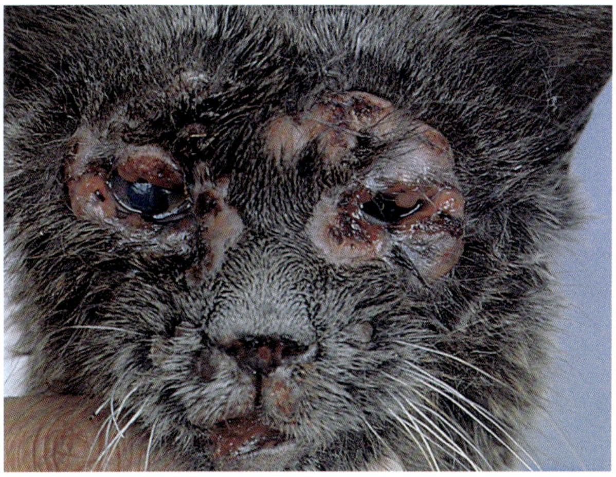

图 4-117　组织胞浆菌病。11 岁的猫，面部有多个糜烂性结节和瘘管（自 P. White）。

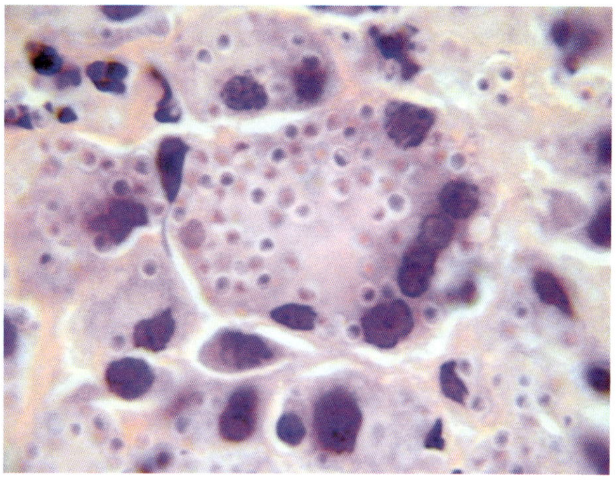

图 4-118　组织胞浆菌病。巨细胞内组织胞浆菌的显微图像，100×（油镜）视野下观察。

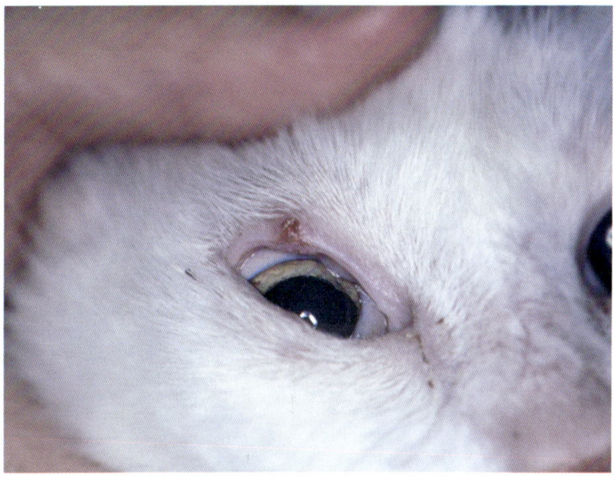

图 4-119　组织胞浆菌病。猫眼睑上的小结节（自 A. Grooters）。

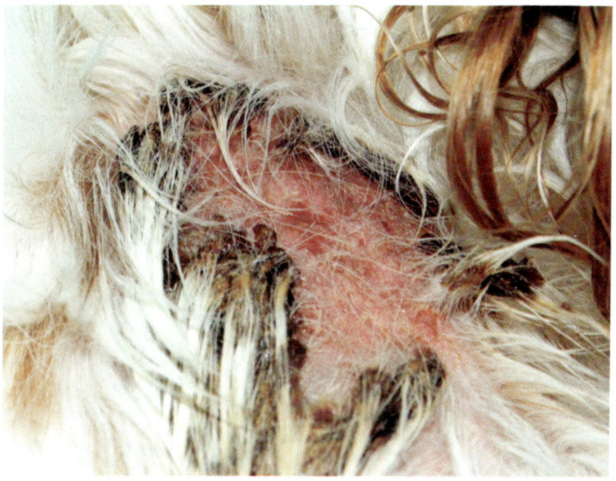

图 4-120　组织胞浆菌病。深层感染的局灶性病变，可见蜂窝织炎、脱毛和结痂。

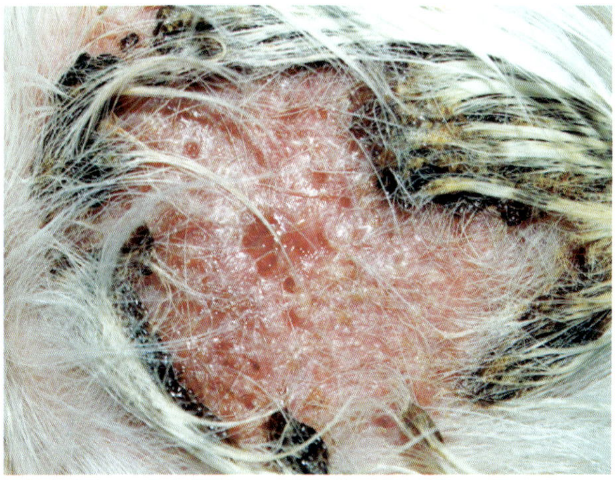

图 4-121　组织胞浆菌病。图 4-120 中犬的近观。可见有渗出的蜂窝织炎。

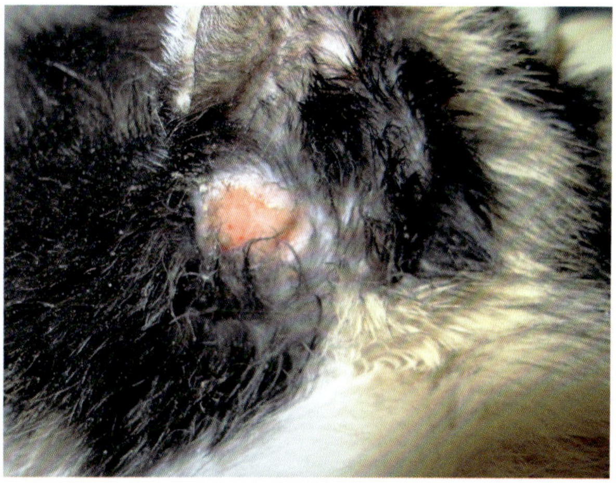

图 4-122　组织胞浆菌病。感染引起深层局灶性蜂窝织炎病变。

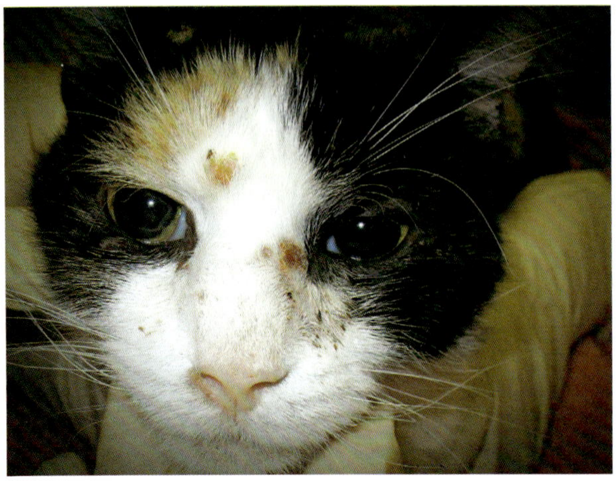

图 4-123 组织胞浆菌病。猫面部表现的深层局灶性蜂窝织炎病变和结痂性丘疹。

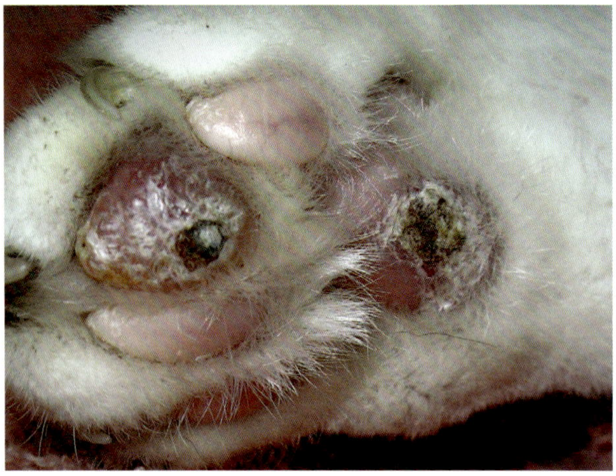

图 4-124 组织胞浆菌病。猫爪垫上出现的深层局灶性蜂窝织炎病变。与典型的血管炎或自体免疫性皮肤病的多局灶性病变相比，本病引起的组织病变更加肿胀且伴有蜂窝织炎。

第 5 章　寄生虫性皮肤病
Parasitic Skin Disorders

- 硬蜱
- 棘状耳蜱（麦格耳蜱）
- 犬局部蠕形螨病
- 犬全身性蠕形螨病
- 猫蠕形螨病
- 犬疥螨病（疥螨病）
- 猫疥螨病（猫背肛螨）
- 姬螯螨病（移动的皮屑）
- 耳螨病（犬耳螨）
- 恙螨病（恙螨、秋恙螨）
- 猫毛螨（家猫食虫螨）
- 跳蚤
- 虱病（虱子）
- 黄蝇
- 蝇叮性皮炎
- 蝇蛆病
- 钩虫性皮炎（钩口线虫病和钩虫病）
- 龙线虫病（棘唇虫病）

硬蜱
Ixodid ticks (Hard Ticks)

特征

硬蜱包括扇头蜱属（如棕犬蜱）、革蜱属（如美国犬蜱、落基山树林蜱、太平洋或西海岸蜱）、硬蜱属［如北美肩蜱、鹿蜱、英国犬蜱（欧洲）］、钝眼蜱属（黑腿蜱、孤星蜱）和血蜱属［如黄犬蜱（非洲和亚洲）］。犬比猫的硬蜱感染更常见。

蜱虫感染没有症状，蜱虫接触区域出现炎性结节，出现蜱媒疾病症状（埃立希体病、落基山斑疹热、莱姆病）和蜱麻痹。蜱虫最常见于耳部或趾间，也可出现在体表任何部位。

诊断

1. 体表直接观察到蜱虫。

治疗和预后

1. 如果感染轻微，蜱虫可用镊子或钳子手工小心摘除。不要扭动蜱虫或其口器部分，以免留在皮肤中。不要烧、刺破、挤压或碾碎蜱虫的身体来杀死它，因为它的体液可能具有传染性。

2. 严重感染时，应使用有杀蜱虫作用的外部杀虫剂。含有双甲脒或氟氯苯菊酯的项圈、非泼罗尼、拟除虫菊酯和氯菊酯（犬）是最有效的。新一代兽用杀虫剂可提供多重杀蜱功效，且安全范围广。氟雷拉纳（贝卫多）和阿福拉纳（尼可信）可以口服给药，并且安全有效。

3. 如果出现蜱媒疾病，应同时治疗。首选能迅速趋避或杀灭蜱虫的产品，以减少立克次体病的传播。

4. 应定期使用合理的杀虫剂来治理环境［被血红扇头蜱（棕犬蜱）感染的房屋和犬舍内］。

5. 每年春季和仲夏，使用合理杀虫剂喷洒草坪和灌木丛，可能对控制蜱虫有一定帮助。

6. 预后良好。感染动物是蜱虫传播给其他人和动物的传染源。

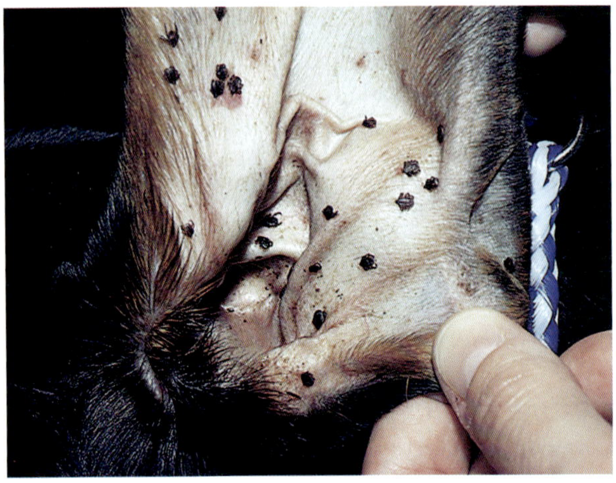

图 5-1　硬蜱。耳廓内侧有大量的蜱虫（自 D. Angarano）。

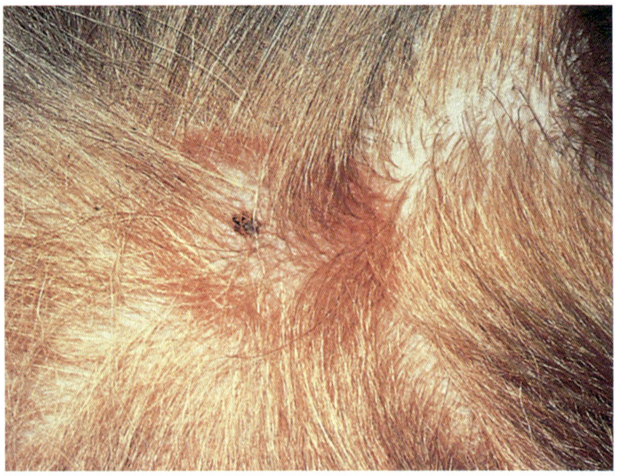

图 5-2　硬蜱。蜱虫附着部位形成红斑性病变（自 D. Gram）。

棘状耳蜱（麦格耳蜱）
Spinous Ear Tick (*Otobius Megnini*)

特征

麦格耳蜱是一种软蜱，主要见于北美、南美、印度和非洲南部等干旱地区。成年蜱虫不寄生，但幼蜱和若蜱（蛹）可感染动物的外耳道。此病不常见于犬，且罕见于猫。

麦格耳蜱感染表现为急性外耳炎，伴有严重炎症和蜡样的分泌物，动物会使劲甩头，并搔抓耳部。

主要鉴别诊断

鉴别诊断包括其他原因引起的外耳炎。

诊断

1. 耳镜检查：观察到幼虫、若虫和未成熟的成年棘状耳蜱。

治疗和预后

1. 应用镊子手工移除蜱虫。
2. 对动物使用含有杀蜱成分的外部杀虫剂进行治疗。
3. 任何继发的耳部感染都应使用合理的外部药物治疗。
4. 成年蜱虫寄生于动物的住所，因此环境中喷洒杀虫剂很重要。
5. 预后良好，但如不消灭环境中的成年蜱虫，可能会再次感染。虽然这些蜱虫主要感染动物，但也可感染人。

犬局部蠕形螨病
Canine Localized Demodicosis

特征

犬蠕形螨是犬皮肤中的正常共生寄生虫，当其在局部过度繁殖时，就会出现皮肤病变。蠕形螨的过度生长通常与一些诱发因素相关，如体内寄生虫病、营养不良、免疫抑制性药物治疗，或短时应激（发情、妊娠、手术或长途运输等）。犬局部蠕形螨病常见于犬，3～6 月龄的幼犬发病率最高。

犬局部蠕形螨病可能表现为 1～5 个脱毛斑，伴有不同程度的红斑、色素沉着和皮屑，常局限在身体的一个区域内。病变最常出现在面部，但也可出现在身体的任何部位。病变通常不瘙痒，除非出现继发感染。

主要鉴别诊断

鉴别诊断包括浅表脓皮病、皮肤癣菌病和其他原因引起的脱毛。

诊断

1. 显微镜检查（皮肤深刮）：大量蠕形螨成虫、若虫、幼虫或卵。

2. 皮肤组织病理学：毛囊内蠕形螨，伴随不同程度毛囊周炎、毛囊炎或疖病。

治疗和预后

1. 确定并治疗任何诱因和继发性脓皮病。

2. 长期使用适合的全身性抗生素（至少 3～4 周）治疗继发脓皮病，脓皮病临床症状痊愈后至少再持续使用 1 周。

3. 多数病例通过控制感染和外部香波治疗可治愈，每 3～7 d 使用含 1%～3% 过氧化苯甲酰的香波洗浴。与香波治疗相比，局部乳膏或软膏并没有额外的优势。

4. 许多病例可自愈，因此杀螨药治疗不是非常必要。

5. 如果局部病变持续存在，患病动物应绝育并给予杀螨治疗。有效的杀螨药物包括：

- 氟雷拉纳（贝卫多）25 mg/kg，每 30～60 d 一次，高效杀螨且安全（截至撰写本书时为止）。
- 伊维菌素 0.2～0.6 mg/kg，口服，每 24 h 一次，通常有效。开始给药时，第一日伊维菌素 0.1 mg/kg，口服，如未见毒性症状，第二日伊维菌素 0.2 mg/kg，口服，以后每日增加 0.1 mg/kg，口服，直到 0.2～0.6 mg/(kg · d)。伊维菌素 0.4 mg/(kg · d) 的治愈率为 85～90%。
- 米尔贝肟，0.5～2 mg/kg，口服，每 24 h 一次。治愈率为 85%～90%。
- 多拉菌素，0.2～0.6 mg/kg，皮下注射，每周一次。治愈率接近 85%。
- 9% 双甲脒项圈，对于体重小于 20 kg 的犬可能有效。小型犬单独使用 9% 双甲脒项圈可能与伊维菌素（0.6 mg/(kg · d)，口服）一样有效。
- 莫昔克丁，每 2～4 周外部使用一次，其疗效不定。

6. 传统治疗（传统杀螨）包括：

- 中 - 长毛的犬全身剃毛。
- 使用含 2.5%～3% 过氧化苯甲酰香波，每周洗澡，之后全身浸泡 0.03%～0.05% 双甲脒溶液，治愈率 50%～86%。
- 对于蠕形螨性爪部皮炎，除了每周使用双甲脒浸剂以外，每 1～3 d 使用 0.125% 双甲脒溶液进行爪部浸泡。

7. 预后良好。大部分病例在 4～8 周内恢复，但少数可进一步发展为全身性蠕形螨病。全身治疗或全身浸剂不要在未绝育的动物上使用，因为这可能掩盖全身蠕形螨病的发展，后者被认为是一种遗传性疾病。犬蠕形螨不会传染给其他犬（新生幼犬除外）、猫或人。

作 者 注

尽管认为局部蠕形螨病没有遗传倾向，但发病犬不应作为种犬。

患局部蠕形螨病的犬，如果在之后的生活中接触类固醇药物，更容易发展为成年型蠕形螨病。

Promeris 和 Certifect 外用滴剂历来都被使用，但发现可引起皮肤药物反应和天疱疮，应避免使用。

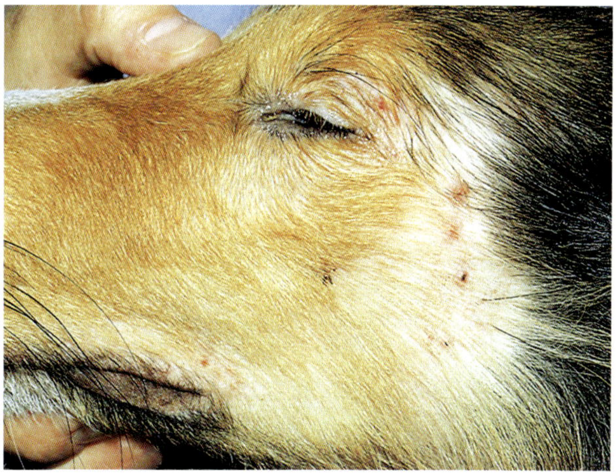

图 5-3 犬局部蠕形螨病。成年苏格兰牧羊犬，其面部多处脱毛性丘疹病变。

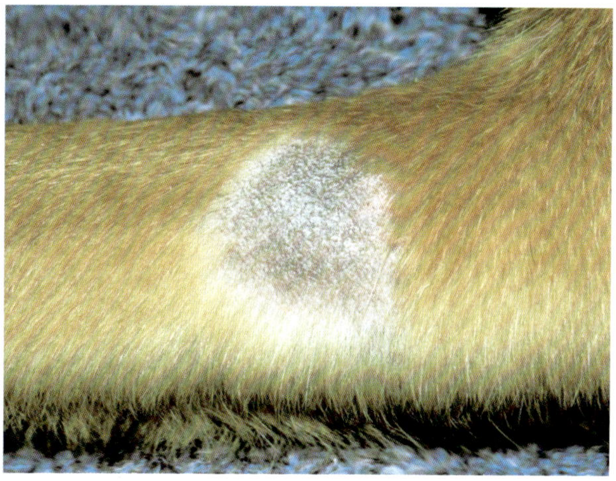

图 5-4 犬局部蠕形螨病。病变处脱毛和色素过度沉着，这是毛囊炎的典型特征。

图 5-5 犬局部蠕形螨病。患肾上腺皮质功能亢进的犬腹部，出现大量的黑头粉刺。黑头粉刺通常由蠕形螨病和库兴氏综合征引起。

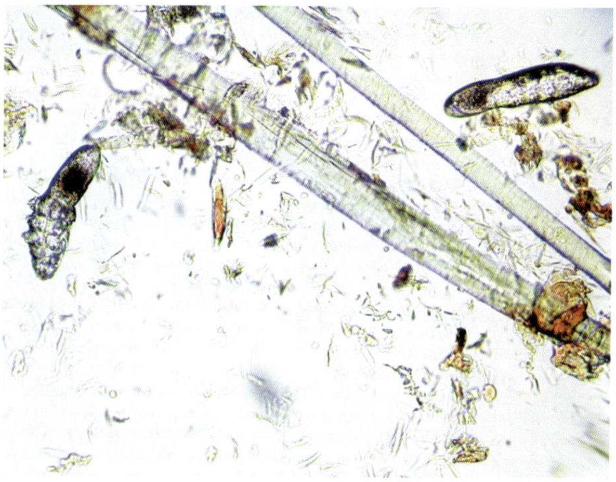

图 5-6 犬局部蠕形螨病。蠕形螨的显微影像，10× 物镜视野下观察。

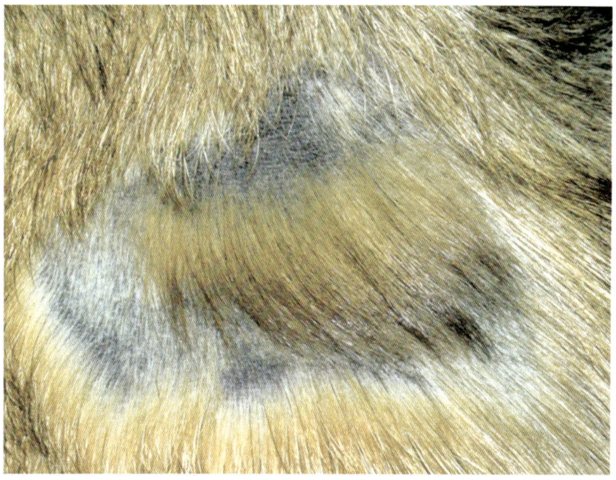

图 5-7 犬局部蠕形螨病。圆形脱毛区域的中心毛发再生，这是毛囊炎的典型特征，常被误认为是皮肤癣菌病。

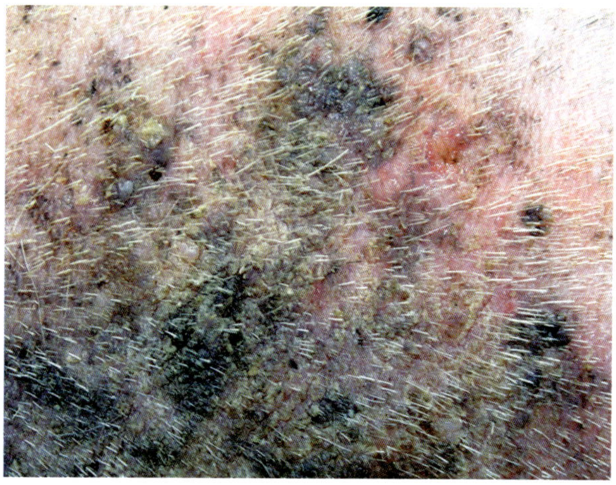

图 5-8 犬局部蠕形螨病。由蠕形螨引起的局灶性丘疹性皮炎。

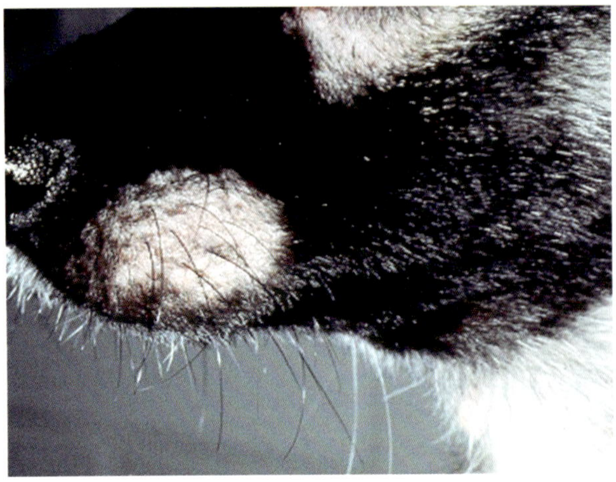

图 5-9 犬局部蠕形螨病。年轻犬嘴周出现的局灶性脱毛区（自 D. Angarano。

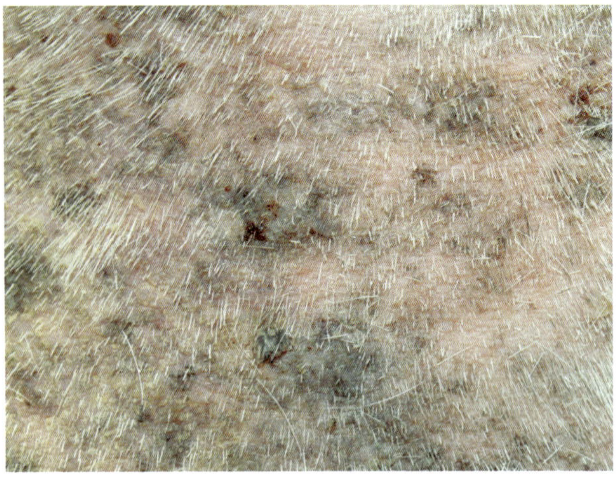

图 5-10 犬局部蠕形螨病。丘疹性皮炎伴有色素过度沉着，这是蠕形螨病的典型特征。

犬全身性蠕形螨病
Canine Generalized Demodicosis

特征

犬全身性蠕形螨病是一种全身性的皮肤疾病，可能有遗传倾向，可由三种不同种类的蠕形螨引发：犬蠕形螨（*D. canis*）、隐在蠕形螨（*D. injai*）和一种未命名的短体型蠕形螨。犬蠕形螨是犬毛囊皮脂单位（毛囊、皮脂腺管、皮脂腺）中的常在寄生虫，犬出生 2～3 d 内由母犬传给新生犬，而在成年犬之间的传播很罕见。隐在蠕形螨是近期才被报道，虫体大而长，也在毛囊皮脂单位中发现，但其传播方式未知。未命名的短体型蠕形螨的传播方式同样未知，与其他两种不同的是，它生活在角质层。根据犬的首次发病年龄，全身性蠕形螨病分为青幼年型或成年型。两种发病形式都常见于犬。青幼年型的全身性蠕形螨病可能由犬蠕形螨和未命名的短体型蠕形螨引起。幼年犬常在 3～18 月龄发病，中、大型纯种犬发病率最高。成年型全身性蠕形螨病可由三种螨虫引起，发生于大于 18 月龄以上的犬，由潜在病因导致免疫功能下降的中年至老年犬发病率最高，如内源性或医源性肾上腺皮质功能亢进、甲状腺功能减退、免疫抑制剂治疗、糖尿病或肿瘤。至今，只有在成年发病型疾病中才发现有隐在蠕形螨感染的报道，㹴类犬发病率最高。

犬蠕形螨或未命名的蠕形螨感染引起的临床症状各异。有 5 个或更多的局灶性病变，或 2 个或更多身体区域发病可定义为全身性蠕形螨病。常出现片状、区域性、多灶性或弥散性脱毛，伴有各种红斑、银灰色皮屑、丘疹或瘙痒。由于继发浅表或深层脓皮病，感染皮肤可能出现苔藓样变、色素过度沉着、脓疱、糜烂、结痂或溃疡。病变可出现在身体的任何部位，包括爪部。爪部蠕形螨病以下列任一症状为特征：趾间瘙痒、疼痛、红斑、脱毛、色素过度沉着、苔藓样变、皮屑、肿胀、结痂、脓疱、大疱和瘘管。常见体表淋巴结肿大。如果继发细菌性败血症时可能出现全身症状（如发热、精神沉郁、厌食）。

隐在蠕形螨感染以病变处油腻的皮脂溢（油性皮脂溢）为典型特征，尤其在躯干背部。其他皮肤病变可能包括脱毛、红斑、色素过度沉着和黑头粉刺。小型犬和㹴犬易感隐在蠕形螨。

主要鉴别诊断

鉴别诊断包括脓皮病（浅表或深层）、皮肤癣菌病、过敏（跳蚤叮咬、食物、异位性），自体免疫性皮肤病。

诊断

1. 显微镜检（皮肤深刮）：犬蠕形螨和未命名的短体型蠕形螨感染时可见大量蠕形螨成虫、若虫、幼虫和卵，在纤维化病变和爪部病变上可能很难发现犬蠕形螨。隐在蠕形螨感染时可能数量少且很难找到，需要进行皮肤活检。

2. 皮肤组织病理学：角质层轻度至中度化脓性血管周皮炎，可见角质层内螨虫，或毛囊内蠕形螨，伴发不同程度的毛囊周炎、毛囊炎或疖病。

治疗和预后

1. 如果是成年型，应确定并去除所有潜在病因。应中断所有含类固醇的治疗，因为类固醇的使用是成年型蠕形螨病最常见的原因。

2. 未绝育的犬，尤其是母犬，应该进行绝育。发情或妊娠可能引起疾病复发。

3. 对任何继发的脓皮病应用合理的全身性抗生素进行长期（至少 3～4 周）治疗，脓皮病临床症状消失后至少再持续用药 1 周。

4. 使用 1%～3% 过氧化苯甲酰的香波外部治疗，每 3～7 d 一次，可加速恢复，并增强杀螨治疗效果。

5. 有效的杀螨治疗方案包括：

- 氟雷拉纳（贝卫多），25 mg/kg，每 30～60 d 使用一次，高效杀螨且安全（截至撰写本文时为止）。
- 米尔贝肟，0.5～2 mg/kg，口服，每 24 h 一次。治愈率为 85%～ 90%。
- 多拉菌素，0.2～0.6 mg/kg，皮下注射，每周一次。治愈率接近 85%。
- 伊维菌素，0.2～0.6 mg/kg，口服，每 24 h 一次，对抗全身性蠕形螨病通常有效。开始给药时，第一日伊维菌素 0.1 mg/kg，口服，如未见毒性症状，第二日伊维菌素 0.2 mg/kg，口服，以后每日增加 0.1 mg/kg，口服，直到 0.2～0.6 mg/(kg · d)。伊维菌素 0.4 mg/(kg · d) 的治愈率为 85%～90%。

- 9% 双甲脒项圈，对于体重小于 20 kg 的犬可能有效。
- 莫昔克丁，每 1～2 周局部使用，但其疗效不定。

6. 无论选择哪种杀螨治疗，都需要坚持很长时间（数周至数月）。在随后的首次皮肤刮片螨虫阴性后（总计两次皮肤刮片阴性），应坚持治疗至少 1 个月。

7. 预后良好或一般。可能复发，某些犬需要周期性或终身治疗。避免对任何患蠕形螨病的犬使用糖皮质激素。由于青幼年型全身性蠕形螨病具遗传倾向，故患病的无论是公犬还是母犬都不应用作种犬。犬蠕形螨不会传染给猫或人。它是在幼犬出生后的 2～3 d 内，由母犬传染给新生幼犬，也可能发生于成年犬之间的密切接触。隐在蠕形螨和未命名的短体型蠕形螨的传播方式未知。

作 者 注

类固醇的使用是成年型蠕形螨病的最常见原因。

含有双甲脒的产品易发生严重中毒，主要原因是产品的载体。

Promeris 和 Certifect 外用滴剂历来都被使用，但发现可引起皮肤药物反应和天疱疮，应避免使用。

当高剂量大环内脂类药物（伊维菌素、多拉菌素、莫昔克丁）与酮康唑或多杀菌素同时使用时，会产生神经毒性。

治疗期超过 6 个月的患犬，在考虑放弃之前，可以尝试激进的治疗方案。

最常见的治疗失败的原因之一，是患病动物在皮肤刮片阴性之前就已经看起来有很大的改善。因此许多宠主过早中断治疗，导致疾病复发。

一般来说临床症状改善的时间为 4～6 周；第一次出现皮肤刮片阴性通常为 6～8 周，大部分患病动物需要近 3 个月缓解感染，两次皮肤刮片间隔至少 3 周。

全身性蠕形螨病的分布模式

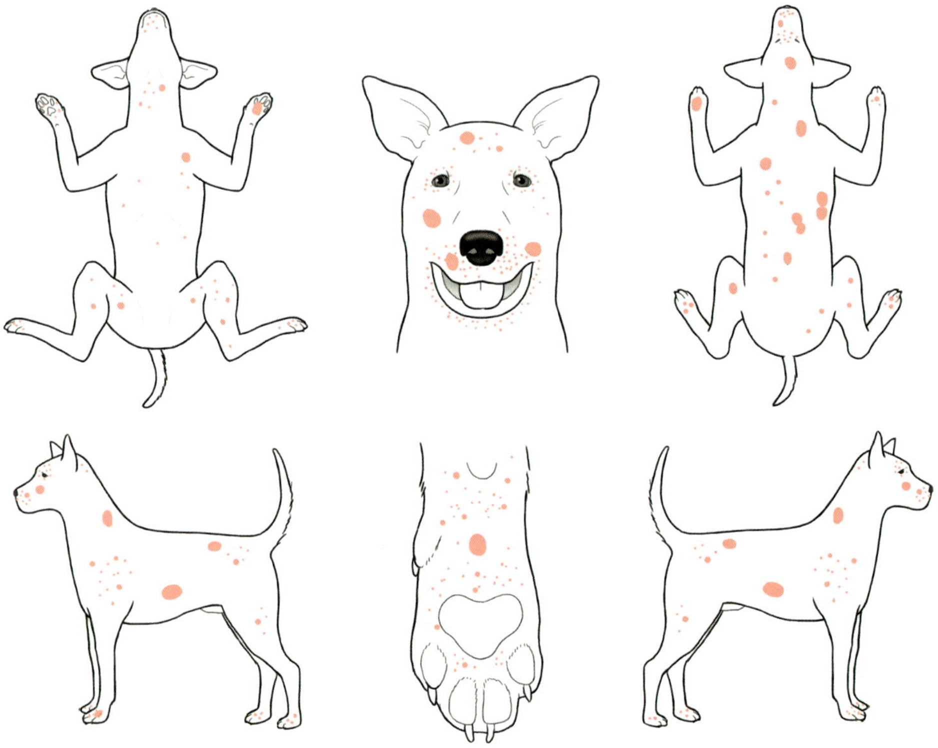

图 5-11 犬全身性蠕形螨病。幼犬患有全身性脱毛和丘疹，伴有头部和颈部结痂及皮屑。

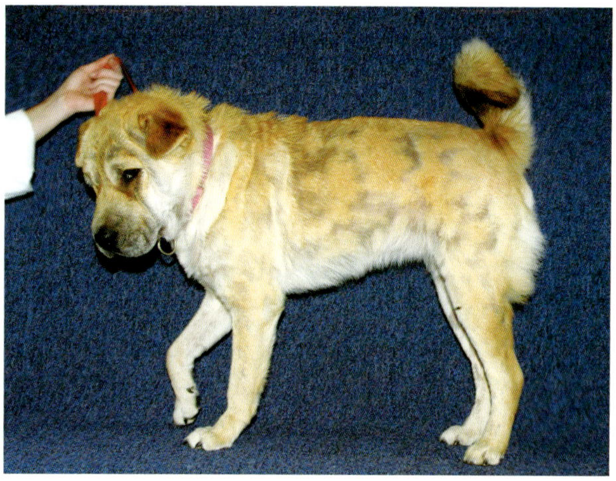

图 5-12 犬全身性蠕形螨病。患全身性蠕形螨病的成年犬，其头部、躯干和四肢有多灶性脱毛。

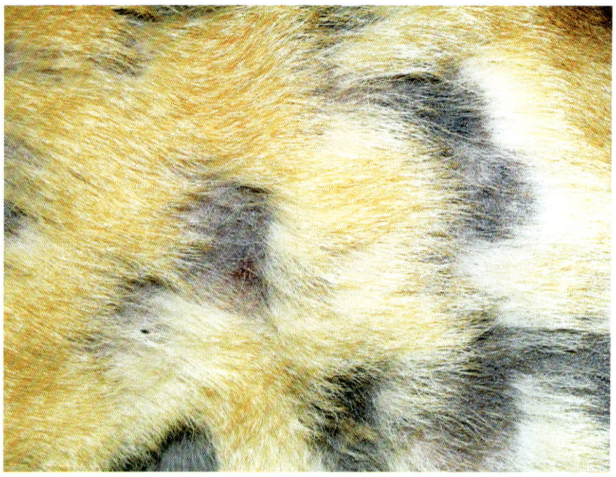

图 5-13 犬全身性蠕形螨病。图 5-12 中犬的近观，多处脱毛，伴有轻度色素过度沉着。

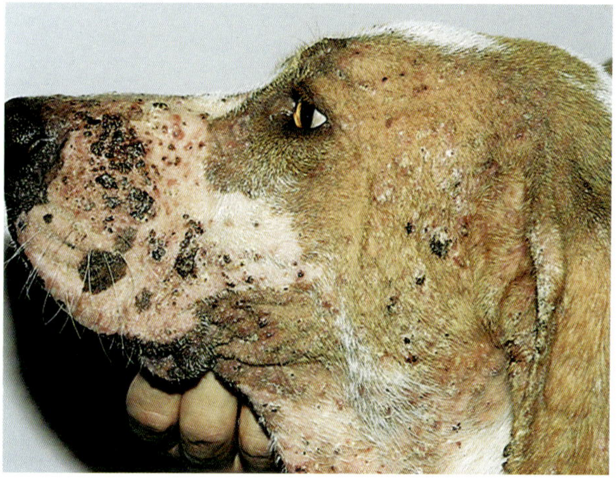

图 5-14 犬全身性蠕形螨病。整个面部和颈部的弥散性鳞屑、红斑、结痂、丘疹病变。

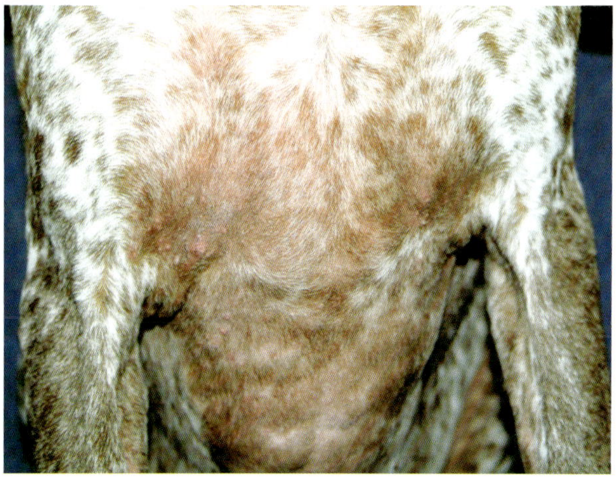

图 5-15 犬全身性蠕形螨病。患医源性肾上腺皮质功能亢进的成年犬，其腋下和躯干腹侧的脱毛、红斑、丘疹性皮炎。

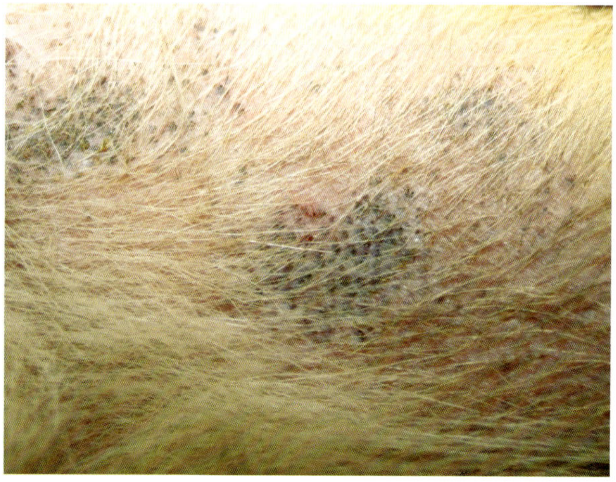

图 5-16 犬全身性蠕形螨病。犬腹部多处含有粉刺的斑块。

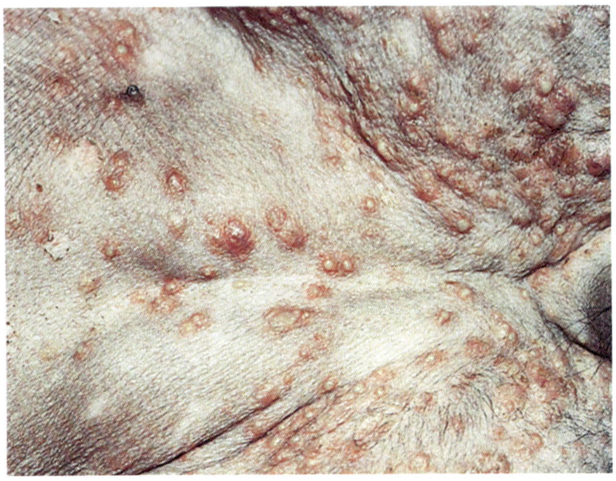

图 5-17　犬全身性蠕形螨病。图 5-11 中犬的近观。可见腹部大量脓疱。

图 5-18　犬全身性蠕形螨病。蠕形螨引起的毛囊炎和疖病，其典型表现为脱毛、结痂和丘疹病变。

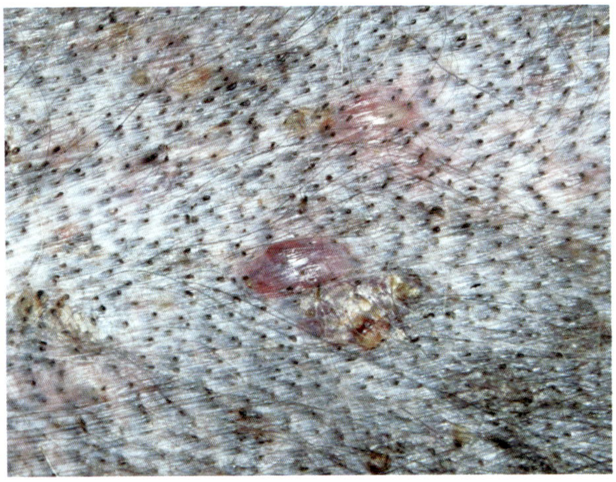

图 5-19　犬全身性蠕形螨病。犬腹部大量粉刺、丘疹和脓疱。注意与浅表脓皮病相似。

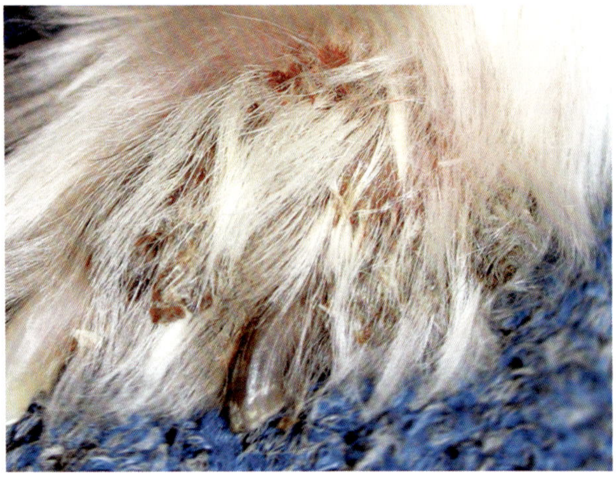

图 5-20　犬全身性蠕形螨病。缠结的毛发，与潜在的结痂性丘疹性皮炎有关。

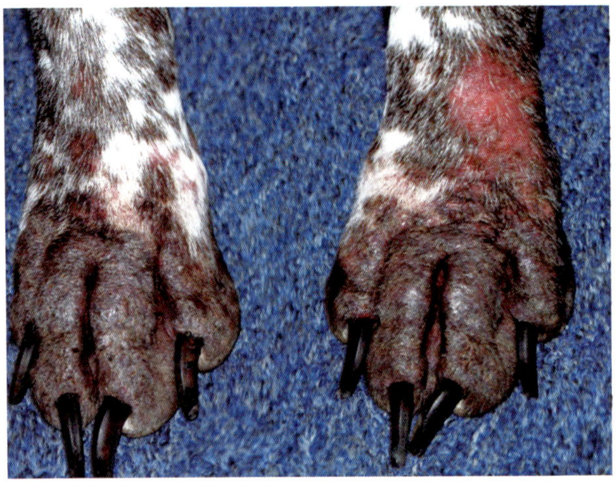

图 5-21　犬全身性蠕形螨病。医源性肾上腺皮质功能亢进的成年犬，爪部严重的脱毛、红斑和色素过度沉着，伴有皮疹。

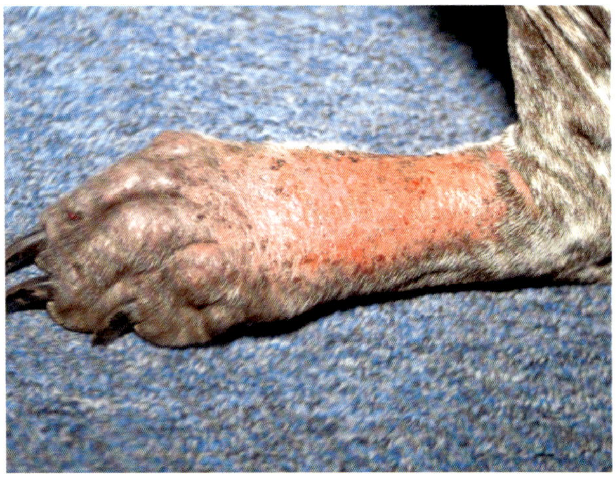

图 5-22　犬全身性蠕形螨病。脱毛和丘疹性皮炎，伴有大片糜烂性病变。

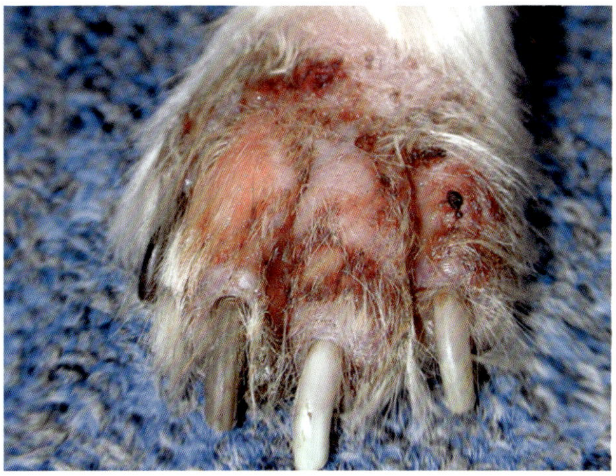

图 5-23　犬全身性蠕形螨病。脱毛、红斑和结痂性溃疡病变是由蠕形螨引起的典型疖病特征。

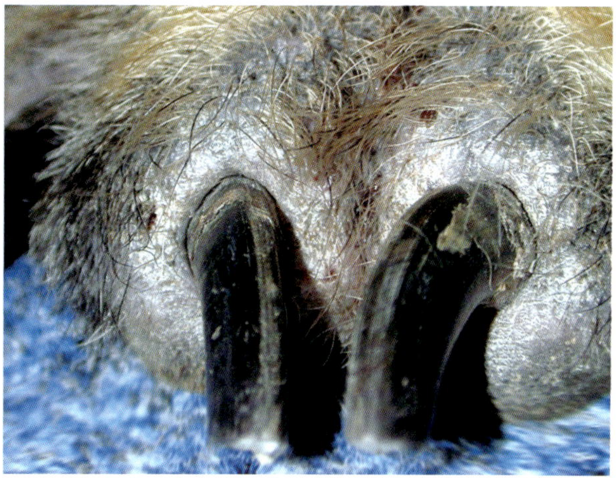

图 5-24　犬全身性蠕形螨病。蠕形螨病患犬，甲床肿胀（甲沟炎），脱毛和色素过度沉着。

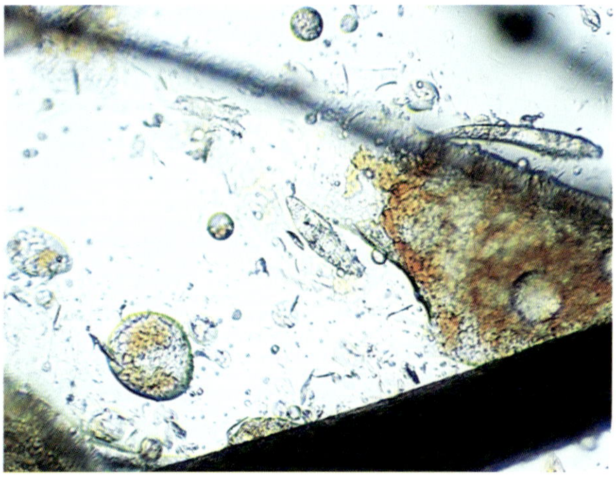

图 5-25　犬全身性蠕形螨病。蠕形螨的显微图像，10× 物镜视野下观察。

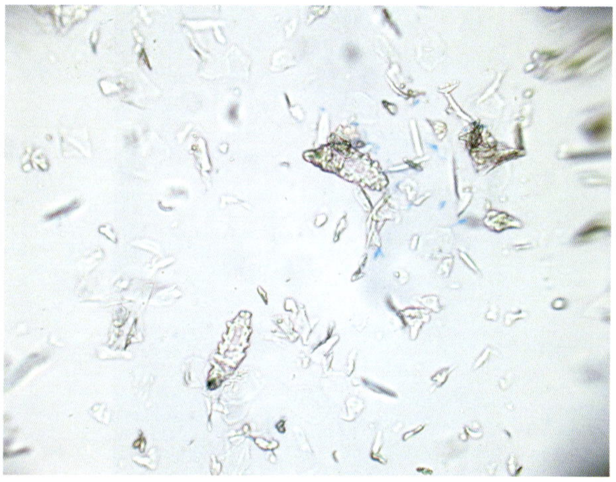

图 5-26　犬全身性蠕形螨病。蠕形螨的显微图像，10× 物镜视野下观察。

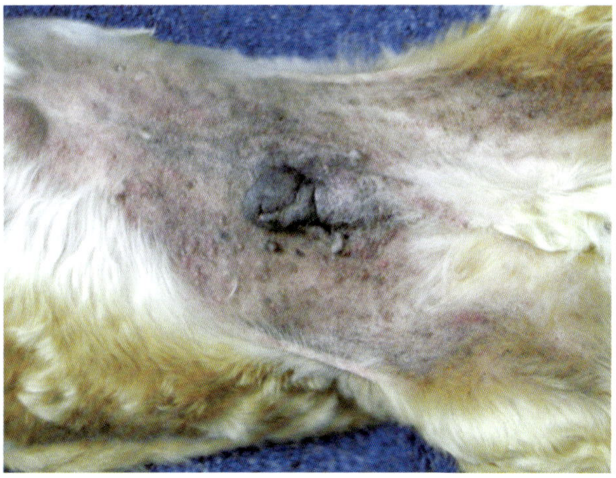

图 5-27　犬全身性蠕形螨病。成年可卡犬腹部出现弥散性丘疹性皮炎，伴有色素过度沉着。

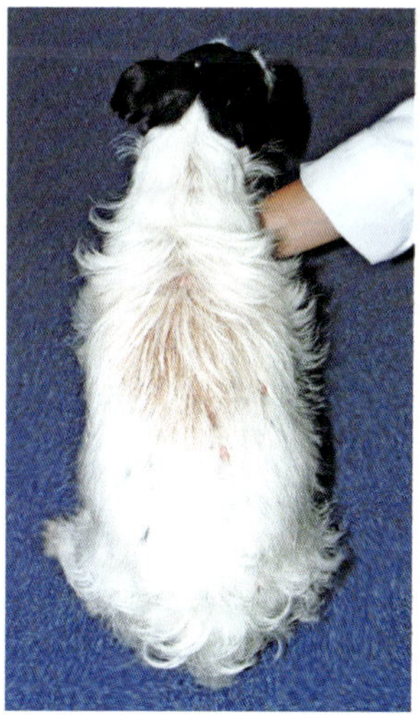

图 5-28　犬全身性蠕形螨病。患隐在蠕形螨病的成年犬，其背部出现局部的脱毛和丘疹性皮炎，注意：发病位置和严重的油性皮脂溢是这种蠕形螨的特征。

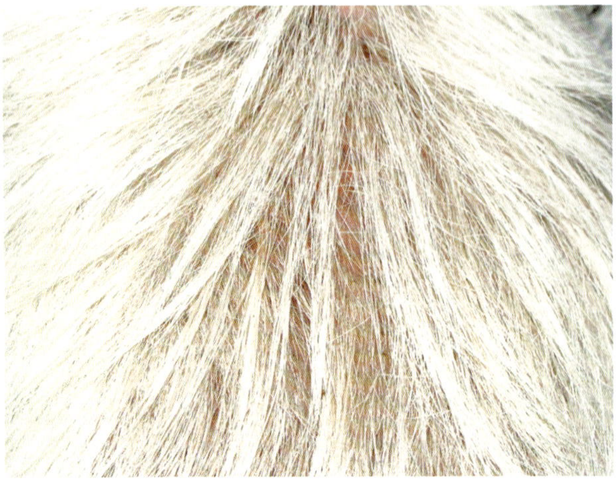

图 5-29　犬全身性蠕形螨病。图 5-28 中的犬。由过多的皮脂分泌物，造成的毛发成束状。

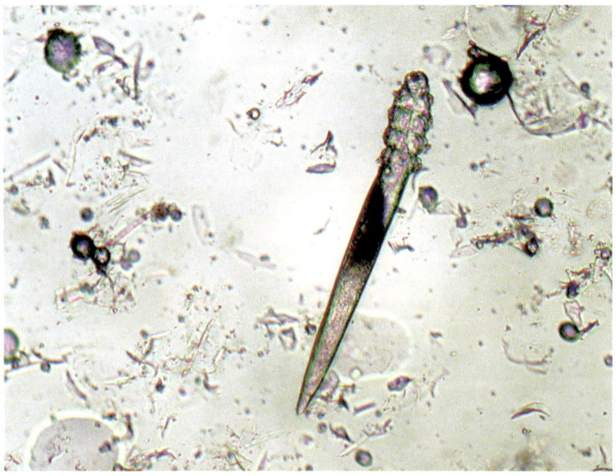

图 5-30　犬全身性蠕形螨病。隐在蠕形螨的显微图像，10× 物镜视野下观察。虫体比犬蠕形螨大。

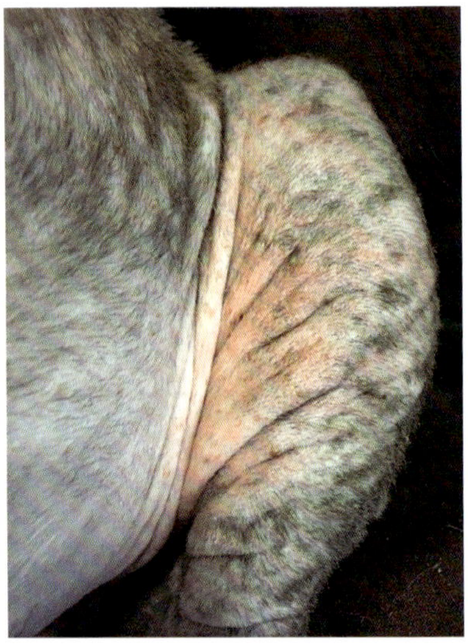

图 5-31　犬全身性蠕形螨病。感染导致严重且广泛的脱毛，并伴有红斑和苔藓样变。注意局灶性的红疹病变，这是毛囊炎的典型特征。

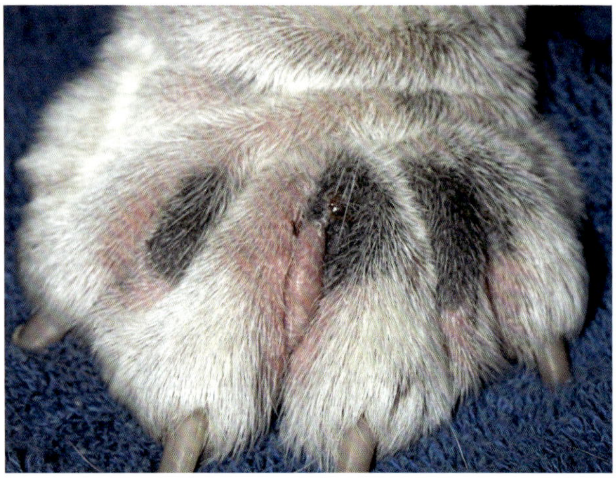

图 5-32　犬全身性蠕形螨病。一只爪部感染患犬出现伴有组织肿胀的爪部皮炎。

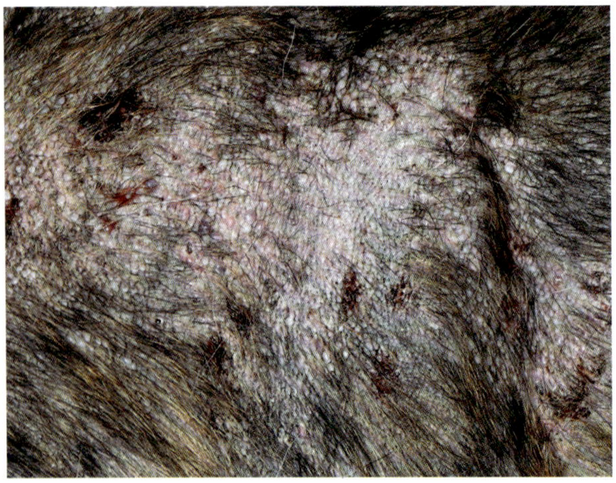

图 5-33　犬全身性蠕形螨病。螨虫导致的严重脱毛和结痂性皮炎，并伴有继发细菌感染。

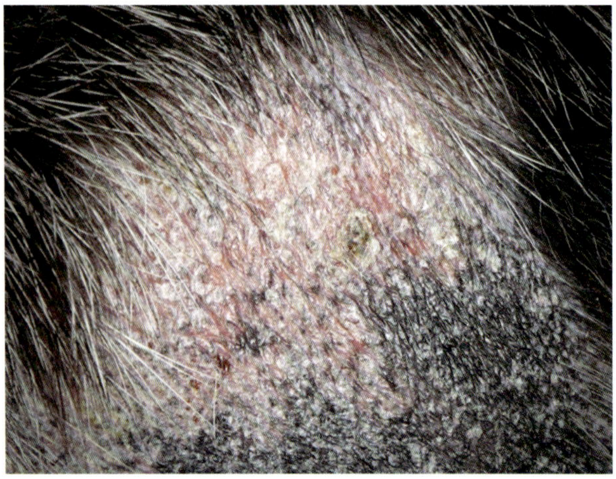

图 5-34　犬全身性蠕形螨病。螨虫导致的红斑、苔藓样变和脱毛病变。色素沉着过度是一种更为慢性的变化。

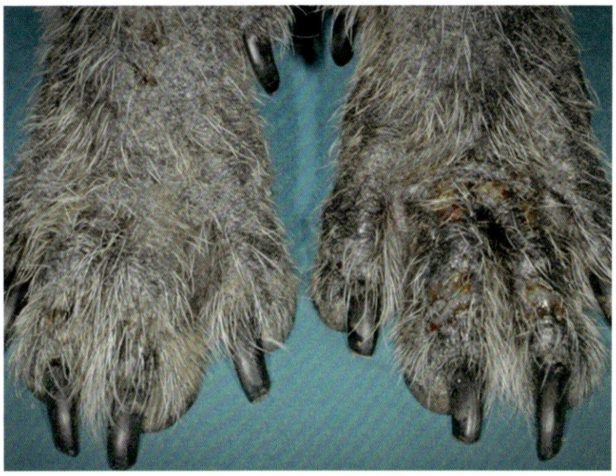

图 5-35　犬全身性蠕形螨病。慢性螨虫感染引起严重的全身性脱毛和结痂性皮炎。

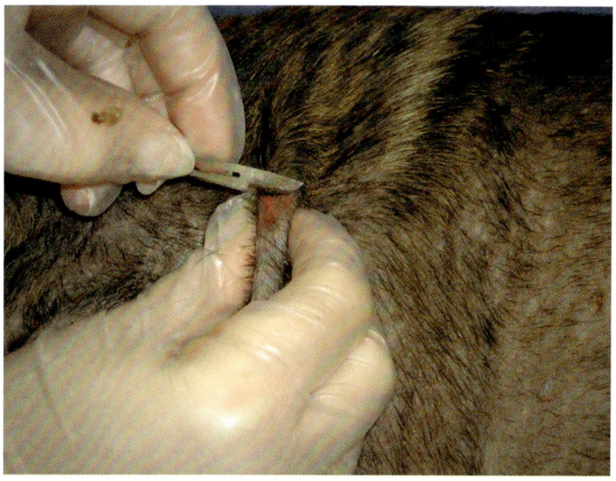

图 5-36　犬全身性蠕形螨病。对犬皮肤进行深层皮肤刮片。

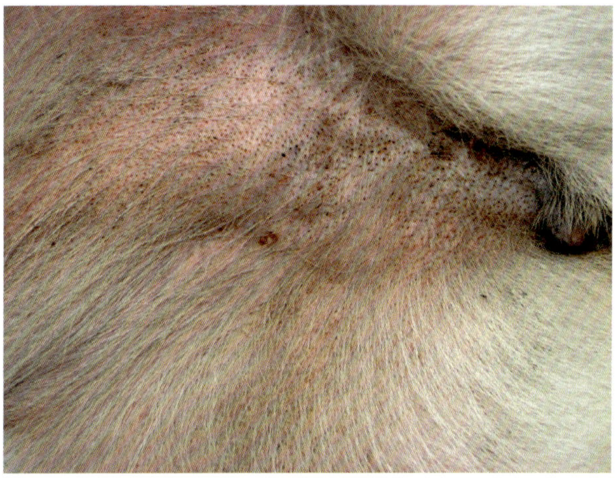

图 5-37　犬全身性蠕形螨病。感染犬腹侧伴有许多粉刺的全身性红斑性皮炎。粉刺是螨虫感染中常见的病变。

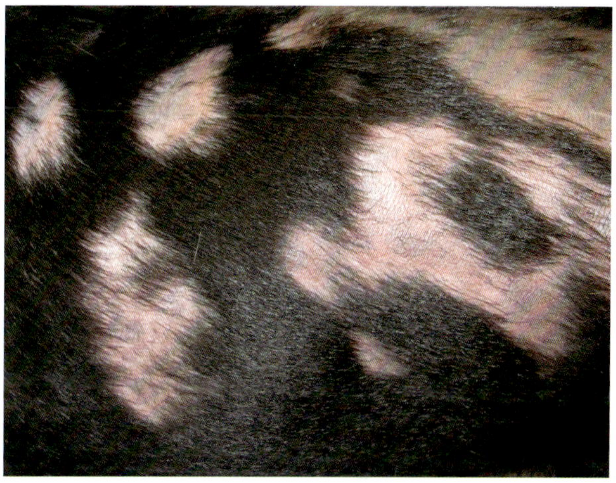

图 5-38　犬全身性蠕形螨病。活跃感染阶段出现的多灶性脱毛病变。

猫蠕形螨病
Feline Demodicosis

特征

猫蠕形螨病是由两种不同蠕形螨引起的皮肤病，猫蠕形螨（*D. cati*）和戈托伊蠕形螨（*D. gatoi*），后者是一种短体型蠕形螨，其生活习性不详。皮肤病可能是局灶性或全身性的。戈托伊蠕形螨有传染性，常引起瘙痒性皮肤病。猫蠕形螨感染常与潜在的免疫抑制或代谢性疾病有关，如猫免疫缺陷病毒（FIV）、猫白血病病毒（FeLV）、弓形体病、全身性红斑狼疮、肿瘤或糖尿病。由猫蠕形螨引起的猫局部或全身性蠕形螨病很罕见。在美国，戈托伊蠕形螨是引起猫瘙痒性皮肤病的原因之一，特别是在美国南部。

局灶性疾病的特征是瘙痒不一的耵聍性外耳炎，或局部脱毛斑，以及皮屑或结痂性红斑。局部皮肤病变常出现在眼周、头部或颈部。全身性疾病特征为瘙痒不一（无瘙痒或极度瘙痒）、多灶性、片状、局部或对称性脱毛，也可伴有或不伴有红斑、皮屑、结痂、斑点和色素过度沉着。病变常位于头部、颈部、四肢、胁腹部或腹部。可能出现耵聍性外耳炎和继发性脓皮病。

主要鉴别诊断

鉴别诊断包括皮肤癣菌病、其他外寄生虫（姬螯螨、猫背肛螨、耳螨）、过敏（跳蚤叮咬、食物、异位性）、精神性脱毛和其他原因引起的外耳炎。

诊断

1. 显微镜检查（皮肤深刮和浅刮、耳分泌物样本、粪便漂浮）：可见蠕形螨成虫、若虫、幼虫或卵。可能很难找到戈托伊蠕形螨。

2. 戈托伊蠕形螨：病史、临床症状和每周使用石硫合剂有效。

3. 皮肤组织病理学：轻度至中度化脓性血管周皮炎，角质层或毛囊内有蠕形螨，伴发不同程度的毛囊周炎和毛囊炎。

治疗和预后

1. 确定并纠正诱因。

2. 在显微镜检查中可能很难找到戈托伊蠕形螨，但其对石硫合剂治疗反应良好。

- 使用 2%～4% 的石硫合剂，每 3～7 d 一次，持续 4～8 周。常在 3～4 周内可见临床症状改善，但治疗应持续 6～8 周。
- 外用莫昔克丁，间隔 1～2 周使用一次，总共治疗 6 周可能有效。
- 所有密切接触的猫都应进行治疗并防止再次感染。

3. 猫蠕形螨：局部病变不做治疗也可自愈。

- 对于局部病变，每 24 h 一次，外部治疗（0.025%～0.03% 双甲脒溶液）可能有效。
- 对于全身性病变，可能有效的治疗包括：
- 全身使用 2%～4% 石硫合剂，每 7 d 一次。
- 多拉菌素 0.2～0.6 mg/kg，皮下注射，每周一次。
- 全身使用 0.015%～0.025% 双甲脒溶液，每 1～2 周一次。注意：猫对双甲脒非常敏感。有糖尿病的猫不要使用双甲脒。
- 对于局灶性和全身性疾病，治疗都应持续至病变消失，且连续两次皮肤刮片蠕形螨为阴性（3～4 周）。

4. 局部蠕形螨病预后良好。全身性蠕形螨病预后良好或谨慎，这取决于潜在的病因。猫蠕形螨不会传染给其他猫（除新生幼猫）、犬或人。戈托伊蠕形螨的传播方式未知，但曾有报道发现无亲缘关系的家猫同时发病，这可能表明此病能在成年猫之间传染。

作 者 注

诊断和治疗瘙痒性猫蠕形螨病可能非常困难并令人失望。如果治疗其他过敏性疾病失败，应怀疑有戈托伊蠕形螨感染。

图 5-39　猫蠕形螨病。全身脱毛性皮炎，引起猫的被毛蓬乱（自 J. MacDonald）。

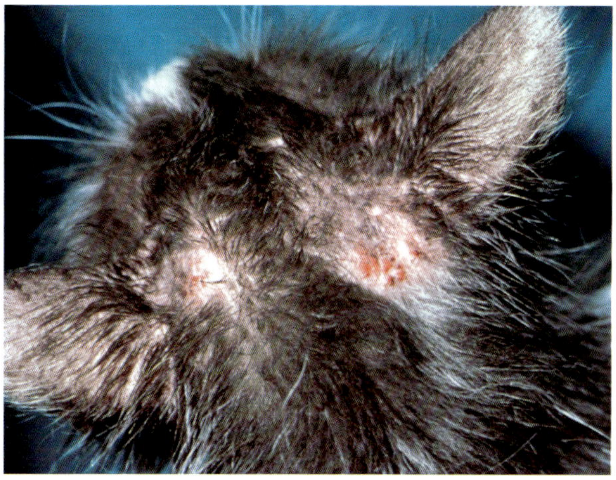

图 5-40　猫蠕形螨病。图 5-39 中猫的近观。头部的广泛性脱毛，红斑病变（自 J. MacDonald）。

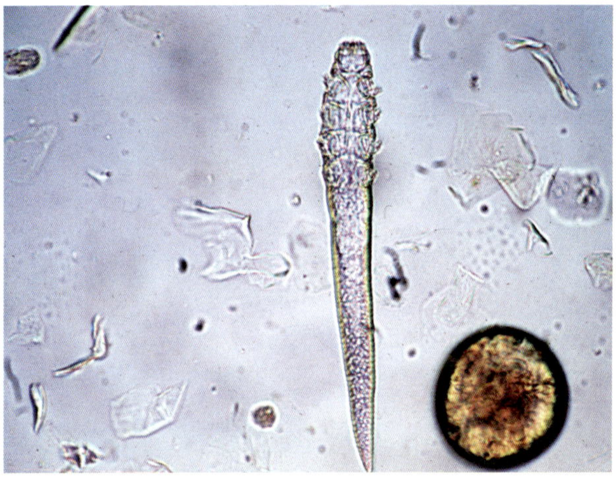

图 5-41　猫蠕形螨病。猫蠕形螨的显微图像，10× 物镜视野下观察。

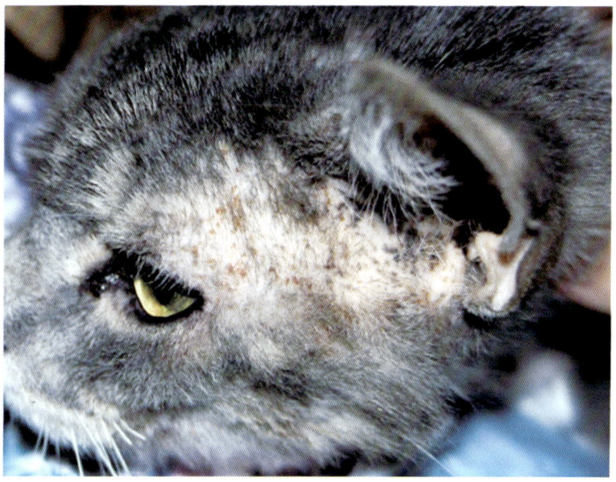

图 5-42　猫蠕形螨病。戈托伊蠕形螨病患猫耳前部的丘疹性结痂性皮炎（粟粒性皮炎）。

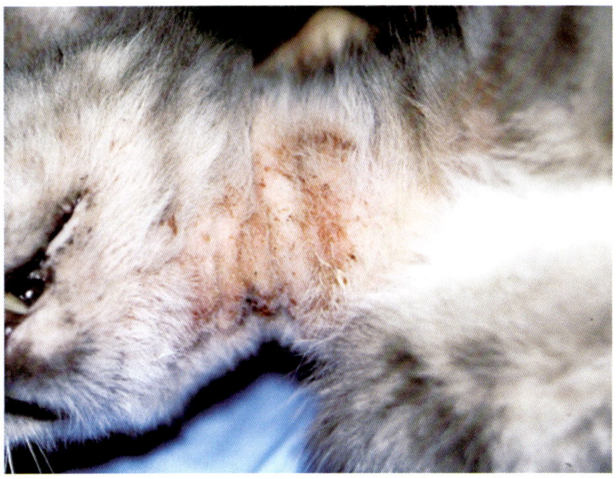

图 5-43　猫蠕形螨病。图 5-42 中的猫。这只成年猫颈腹部的脱毛性结痂性皮炎，细胞学上可见许多嗜酸性粒细胞。

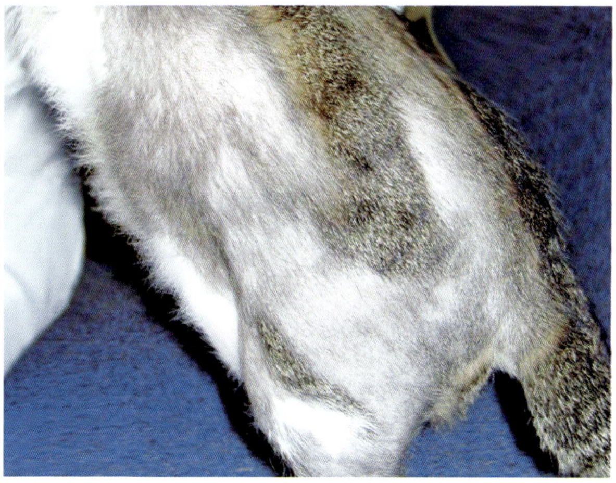

图 5-44　猫蠕形螨病。患戈托伊蠕形螨的成年猫，其腰部和胁腹部两侧的对称性脱毛。注意与其他过敏反应相似，也与精神性脱毛相似。

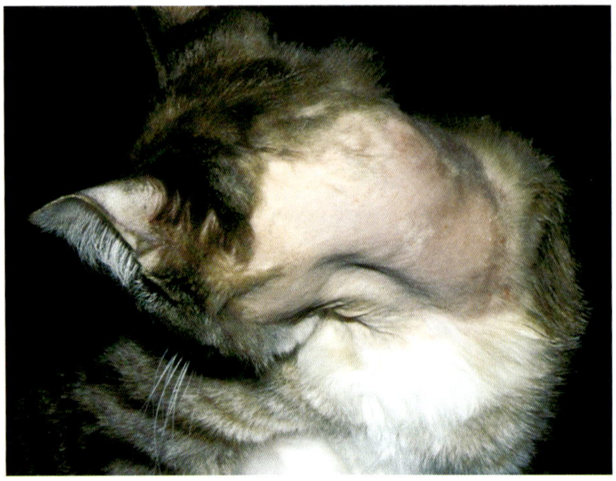

图 5-45　猫蠕形螨病。戈托伊蠕形螨病患猫，颈背部彻底脱毛。注意与外寄生虫或过敏症有共同的特征，通常无原发病变。

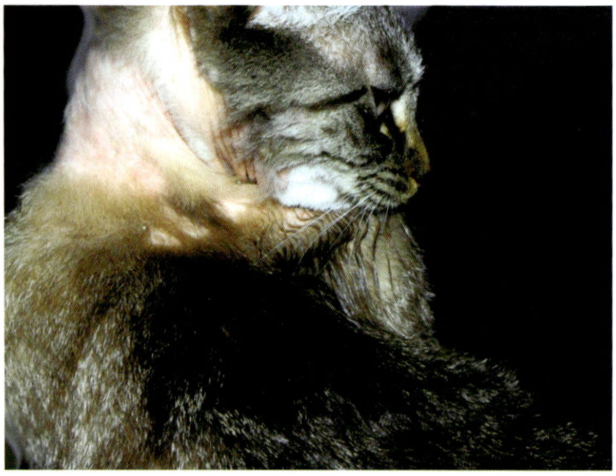

图 5-46　猫蠕形螨病。图 5-45 中的猫。一旦摘除了防护圈，猫就会自我损伤。这种颈背部区域的自我损伤是猫特发性溃疡性皮炎的常见特征，但这个病例由戈托伊蠕形螨导致。

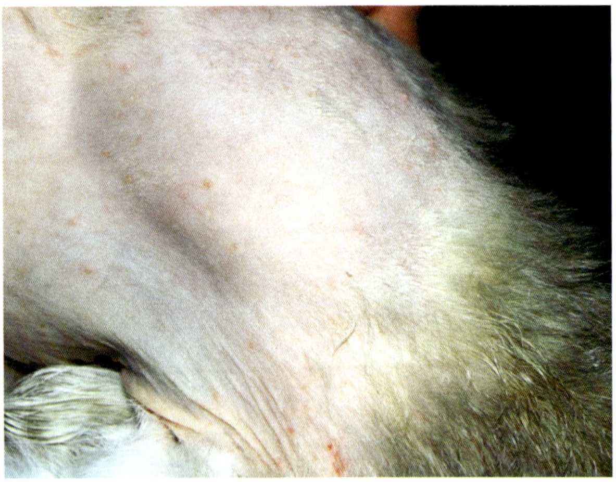

图 5-47　猫蠕形螨病。图 5-46 中猫的近观。近距离检查可见明显的小丘疹。

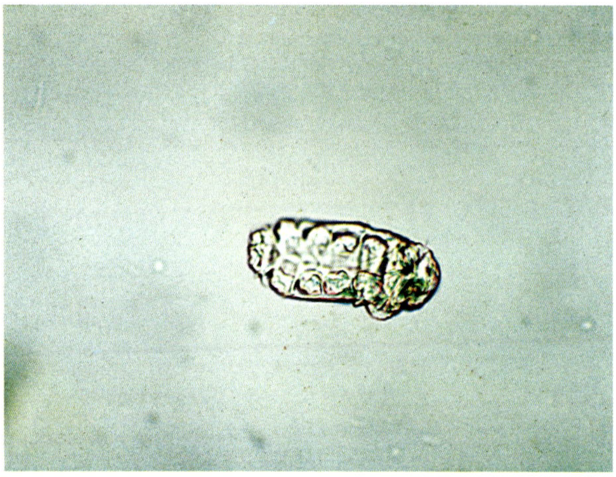

图 5-48　猫蠕形螨病。戈托伊蠕形螨的显微图像，10× 物镜视野下观察。

犬疥螨病（疥螨病）Canine Scabies (Sarcoptic Mange)

特征

犬疥螨病由表皮内掘洞的犬疥螨引起。螨虫分泌过敏物质，引起敏感犬严重的瘙痒性过敏反应。犬疥螨常见于犬。感染犬通常在动物庇护所生活过，或与流浪犬有过接触，或去过美容店或寄养场所。野生动物，如狐狸、土狼和松鼠常为最初的感染源，有反复感染的可能性。在多只犬的家庭，常有一只以上的犬发病。

犬疥螨感染呈无季节性剧烈瘙痒，对皮质类固醇激素的治疗反应不确定。病变包括丘疹、脱毛、红斑、结痂和抓痕。最初，稀毛区皮肤发病，如跗关节、肘头、耳缘，以及腹部和胸部腹侧。在慢性感染时，病变可能波及全身，但躯干背侧病变较少。常出现外周淋巴结肿大。可能继发体重下降。严重感染的犬可能出现严重的皮屑和结痂。有些犬可能出现剧烈瘙痒，没有皮肤病变或只有轻微病变。无症状的带虫犬不常见，但也可能发生。但在多只犬的家庭，可能存在各种不同的症状（从严重瘙痒至无瘙痒）。

主要鉴别诊断

鉴别诊断包括（食物、异位性、跳蚤）过敏、马拉色菌性皮炎、脓皮病、蠕形螨病、皮肤癣菌病和接触性皮炎。

诊断

1. 病史、临床症状和疥螨治疗反应。

2. 耳 - 足反射：用拇指和食指轻捻耳缘，可能引起搔抓反应。这种反射强烈提示疥螨感染，准确性约为 80%。

3. 显微镜检查（皮肤浅刮）：检测疥螨、若虫、幼虫或卵。常见假阴性结果，因疥螨很难找到，准确率约为 20%。

4. 血清学［酶联免疫吸附试验（ELISA）］：检测循环中抗疥螨抗原的免疫球蛋白（Ig）G 抗体。这是一种高度特异和敏感的检测方法，但幼犬和接受皮质类固醇治疗的犬可出现假阴性结果。同样，疥螨治疗成功的犬可出现假阳性结果，因可检测到的抗体可在治疗终止后维持数月存在。

5. 皮肤组织病理学（常无诊断意义）：不同程度的表皮增生和浅表性血管周皮炎，伴有淋巴细胞、肥大细胞和嗜酸性粒细胞。角质层内罕见疥螨残体。

治疗和预后

1. 使用杀螨药同时治疗感染疥螨的犬和与其接触的犬。未对所有的犬进行治疗可导致反复感染和持久瘙痒。

2. 应用合理的抗生素长期（至少 3～4 周）全身治疗继发脓皮病，在脓皮病症状痊愈后至少再持续用药 1 周。

3. 使用抗菌香波外部治疗，每 3～7 d 一次，可能加速恢复并提高杀螨药疗效。

4. 全身治疗最有效，因为可准确计算剂量并得到主人更好的依从性。有效的全身治疗包括：

- 赛拉菌素 6～12 mg/kg，每 2 周一次（至少 4 次可能更有效）。
- 氟雷拉纳（贝卫多），25 mg/kg，每 30～60 d 使用一次，高效杀螨且安全（截至撰写本文时为止）。
- 伊维菌素 0.2～0.4 mg/kg，口服，每 7 d 一次，或皮下注射，每 14 d 一次，持续 4～6 周。
- 多拉菌素 0.2～0.6 mg/kg，SC，每 7 d 一次，持续 4～6 周。
- 米尔贝肟 0.75 mg/kg，口服，每 24 h 一次，持续 30 d，或 2 mg/kg，口服，每 7 d 一次，持续 3～5 周。
- 局部涂抹莫昔克丁，每 2～4 周一次，持续 4～6 周；频繁使用可能导致不良反应增加。

5. 外部治疗可能有效，但由于主人对此依从性较差，常见治疗失败。有效的外用药包括：

- 非泼罗尼喷剂 3 mL/kg，每 2 周一次，全身喷洒持续 3 次，或 6 mL/kg 外部涂抹，每周一次，持续 4～6 周。
- 2%～3% 石硫合剂溶液全身涂抹，每周一次，持续 4～6 周。

6. 如果动物瘙痒严重并确定有螨虫，给予类固醇治疗 1～2 周以减轻临床症状（瘙痒），但应避免长期使用，因为不良反应风险会增加，包括蠕形螨病、脓皮病、耐甲氧西林金黄色葡萄球菌（MRSA）感染，皮肤钙质沉积和医源性库兴氏综合征。

- 给予奥拉替尼（爱波克）1～2 周以减轻临床症状（瘙痒），但应避免长期使用，因为不良反应风险会增加，包括肿瘤（18%），脓皮病（12.0%），耳炎（9.9%），呕吐（9.2%），腹泻（6.0%），膀胱炎（3.5%），厌食（3.2%），昏睡（2.8%），酵母菌皮肤感染（2.5%）和爪部皮炎（2.5%）。
- 未发现螨虫而使用类固醇或奥拉替尼，会使医生无法确定疥螨治疗的疗效。

7. 对于犬舍环境，应丢弃垫料，对环境进行彻底清洁并使用喷雾杀虫剂。

8. 预后良好。犬疥螨是高度接触传染性寄生虫，也可一过性传染给人，很少感染猫。可再次感染，导致慢性瘙痒性疾病。

作者注

疥螨感染与食物过敏和异位性皮炎非常相似。

血清学方面，血液过敏原检测中，疥螨引起的 IgE 与尘螨引起的 IgE 存在交叉反应，从而产生对尘螨过敏的假阳性结果。

耳 - 足反射（搔耳试验）是最容易也是最能提示疥螨的试验。

如果怀疑再次感染，需要长期杀螨治疗，除非其他病因被确诊并治疗。

历来被使用的产品含双甲脒和有机磷酯类，然而，这些产品均有毒性，目前已有更好的方案可供选择。

高剂量大环内脂类药物（伊维菌素、多拉菌素、莫昔克丁）与酮康唑或多杀菌素同时使用会产生神经毒性。

犬疥螨的分布模式

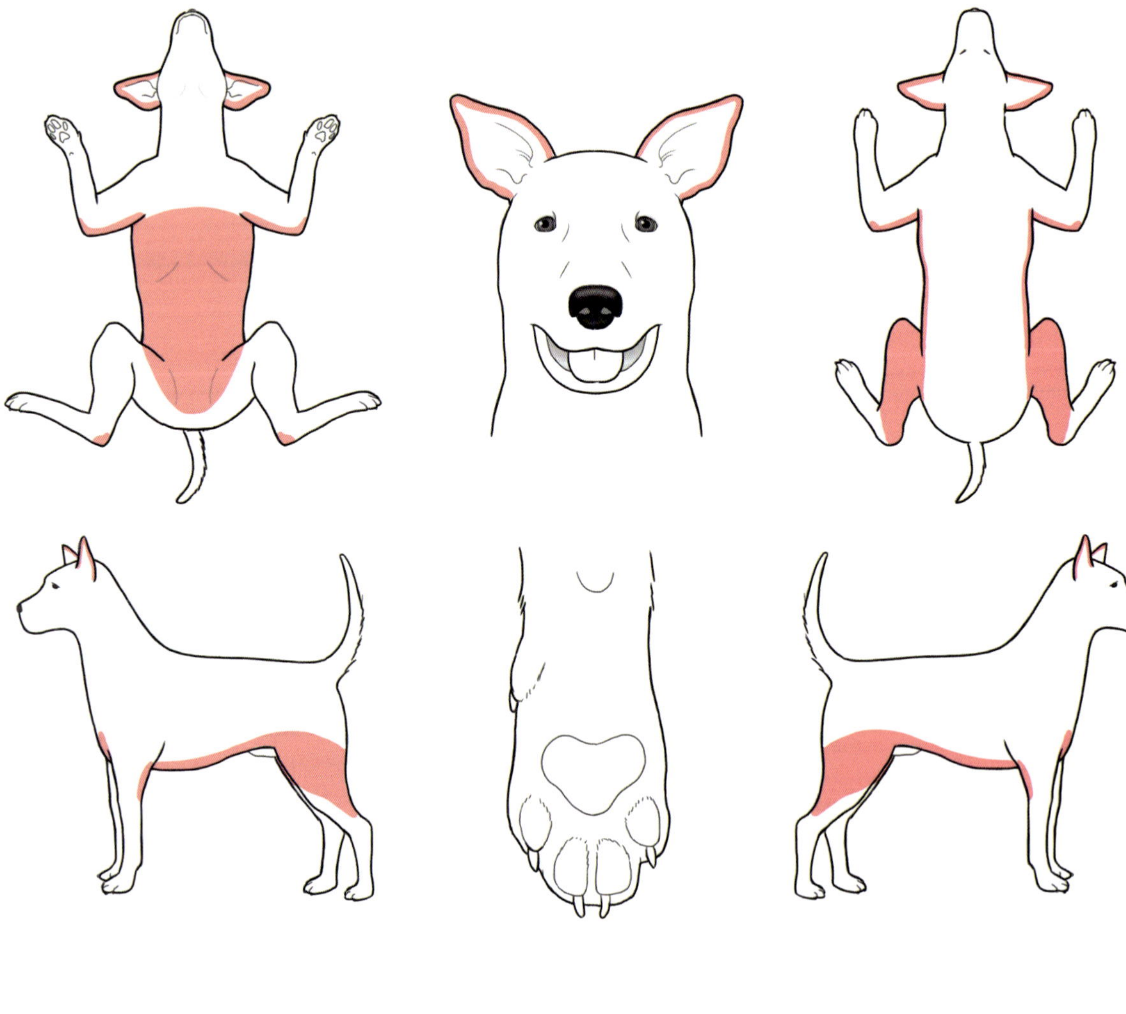

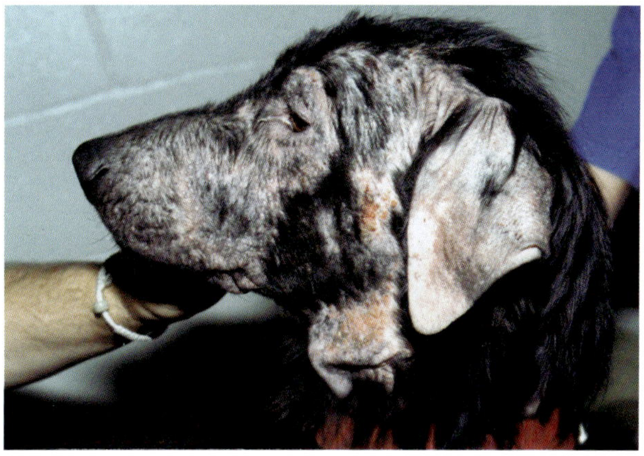

图 5-49　犬疥螨病。年轻成犬头部和颈部严重的感染，导致广泛性脱毛和结痂性丘疹性皮炎。注意耳缘的严重感染。

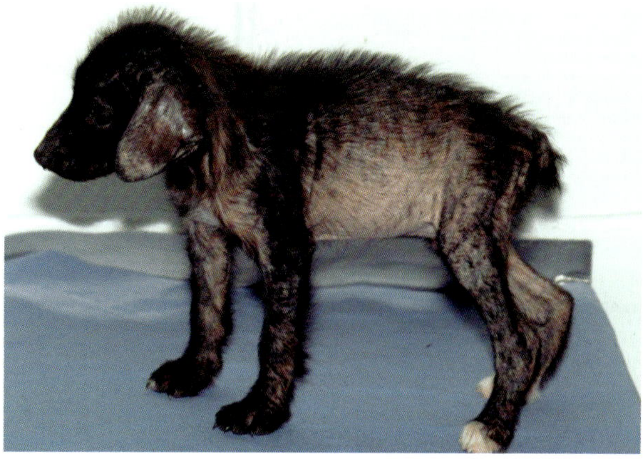

图 5-50　犬疥螨病。患瘙痒症的幼犬，全身脱毛和结痂。耳廓脱毛是疥螨的特征性症状。

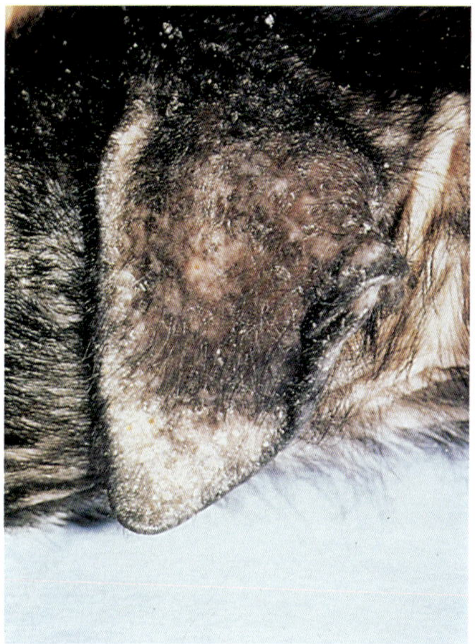

图 5-51　犬疥螨病。犬耳廓边缘脱毛和结痂性皮炎，这是本病的特征性症状。

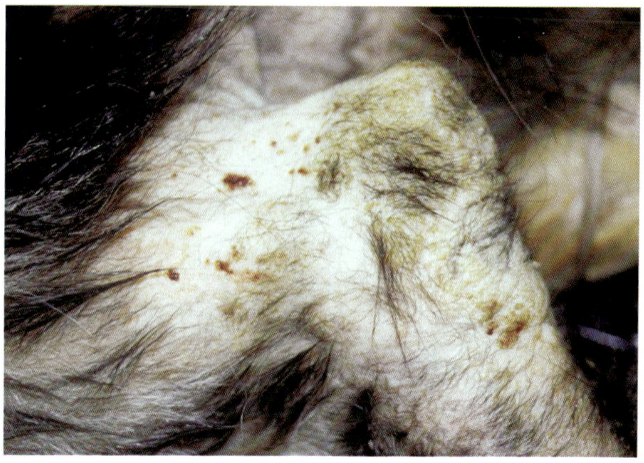

图 5-52　犬疥螨病。感染疥螨的犬肘部侧面脱毛和结痂。

图 5-53　犬疥螨病。耳 - 足反射阳性高度提示疥螨。

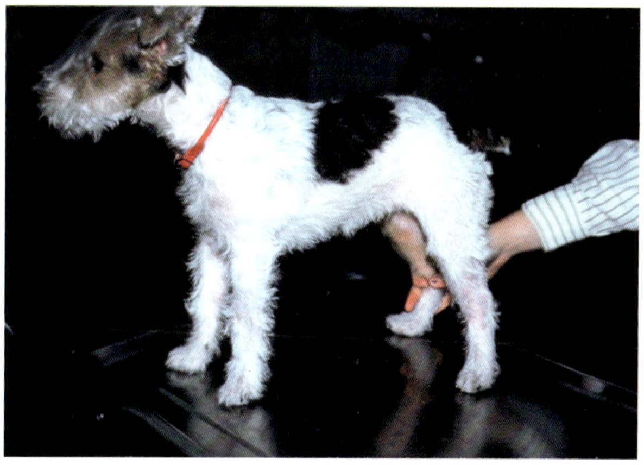

图 5-54　犬疥螨病。患瘙痒症的 9 月龄猎狐㹴，除弥散性红斑外无其他的皮肤病变（隐藏疥螨）。注意与过敏性皮肤病相似。

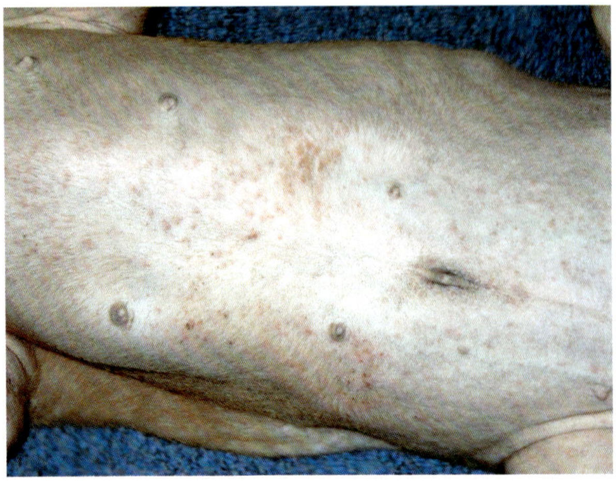

图 5-55　犬疥螨病。患有疥螨的年轻犬，腹部形成弥散性丘疹和结痂。注意与浅表脓皮病相似。

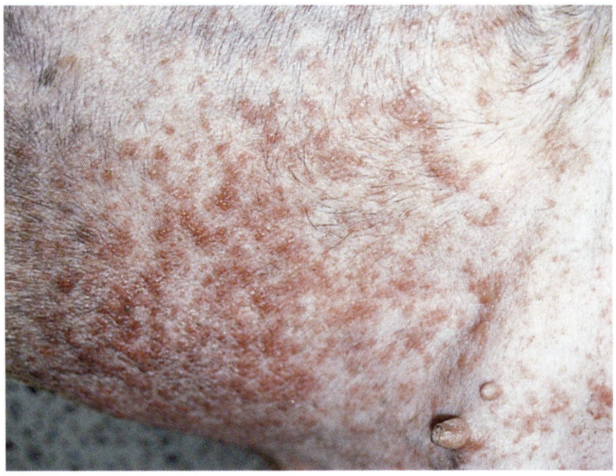

图 5-56　犬疥螨病。全身丘疹性皮炎，感染几乎波及这只犬的全身皮肤表面。

图 5-57　犬疥螨病。疥螨的显微图像，40× 物镜视野下观察。

猫疥螨病（猫背肛螨）
Feline Scabies (Notoedric Mange)

特征

猫疥螨病是一种由猫背肛螨引起的疾病，这种疥螨科螨虫在皮肤浅表层掘洞。多只猫的家庭和猫舍，通常超过一只以上的猫感染。野生动物，包括松鼠可作为感染源，此病罕见于猫。

猫疥螨症状特征为剧烈的瘙痒、干燥、结痂性病变，常首先出现在耳廓的内侧缘，之后很快波及耳部、头部、面部和颈部。病变可能随后蔓延到爪部和会阴部。感染的皮肤增厚、苔藓样变、脱毛、结痂或抓痕。通常可见体表淋巴结肿大。如不采取治疗，病变会蔓延到身体大面积区域，并出现厌食、消瘦，且可能导致死亡。

主要鉴别诊断

鉴别诊断包括耳螨、皮肤癣菌病、蠕形螨病、（跳蚤叮咬、食物、异位性）过敏和自体免疫性皮肤病。

诊断

1. 显微镜检查（皮肤浅刮）：检出猫背肛螨、若虫、幼虫或卵。

2. 皮肤组织病理学：浅表性血管周或间质性皮炎，可见数量不等的嗜酸性粒细胞和显著的局部角化不全。可能在浅层表皮中发现螨虫的残体。

治疗和预后

1. 对感染猫和所有接触猫进行杀螨治疗。

2. 传统的治疗是使用温和的抗皮脂溢香波洗浴，以软化结痂，之后全身涂抹 2%～3% 的石硫合剂溶液，每 7 d 一次，直到皮肤刮片螨虫呈阴性，并且病变完全消失（4～8 周）。

3. 其他疗法包括：
- 伊维菌素 0.2～0.3 mg/kg，口服或皮下注射，每 1～2 周一次，持续治疗 3～4 周。
- 多拉菌素 0.2～0.3 mg/kg，皮下注射，每 1～2 周一次。
- 外用莫昔克丁，间隔 2～4 周使用一次，连续治疗 6 周。经常使用可导致不良反应增加。

4. 预后良好。猫背肛螨是高度接触传染性寄生虫，也可短暂传染给犬、兔和人。

作　者　注

给猫同时使用阿维菌素类药物（伊维菌素、多拉菌素、莫昔克丁）和多杀菌素或酮康唑具有毒性反应。

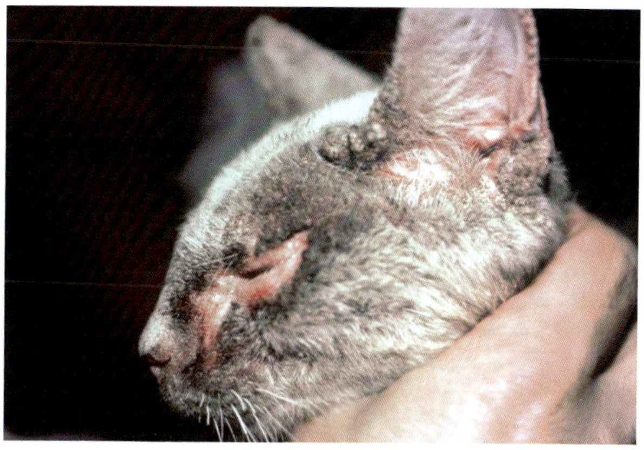

图 5-58　猫疥螨病。成年猫的整个头部和颈部有严重的脱毛、结痂、丘疹性皮炎（自 G. Norsworthy）。

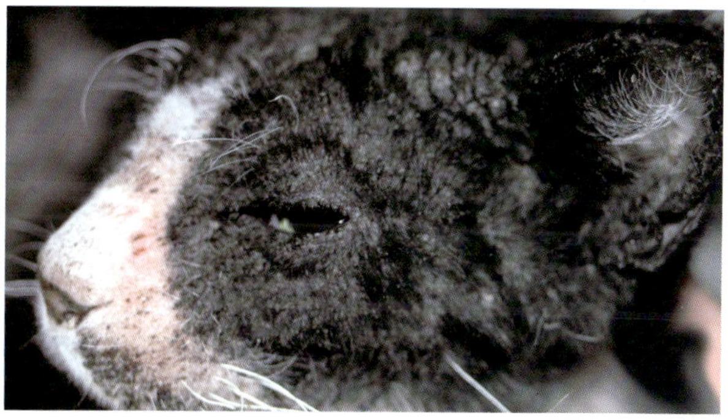

图 5-59　猫疥螨病。成年猫头部广泛性脱毛和结痂性丘疹性皮炎。

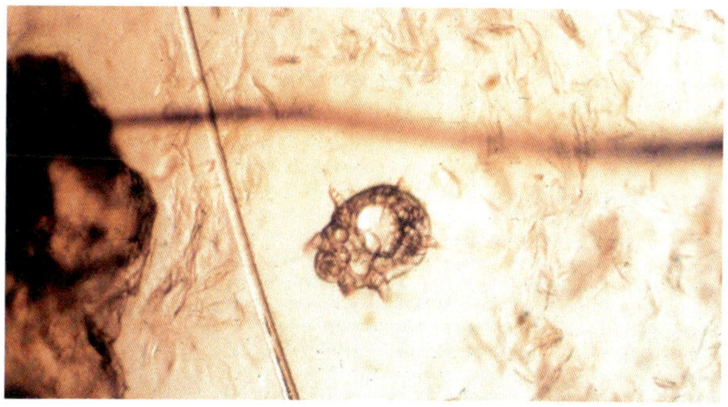

图 5-60　猫疥螨病。皮肤刮取物中猫背肛螨的显微图像，10× 物镜视野下观察（自 G. Norsworthy）。

姬螯螨病（移动的皮屑）
Cheyletiellosis (Walking Dandruff)

特征

姬螯螨病是一种由姬螯螨引起的皮肤病，它生活在毛发和皮屑上，仅在皮肤上采食。全程（若虫、幼虫和成虫）寄生。在多宠物家庭，常有一只以上的动物受感染。感染姬螯螨病的犬猫并不常见。

最常见的症状是皮屑（鳞屑）过多，这使被毛呈现粉末状或粗粉状外观，特别是在背中线附近。轻度或严重瘙痒。可见丘疹、结痂性出疹（猫）或疥螨样病变（犬）。其他成年宠物（犬、猫、兔）可以是无症状的携带者。

主要鉴别诊断

鉴别诊断包括其他外寄生虫病［虱病、疥螨病、蠕形螨病、（跳蚤叮咬、食物、异位性）过敏］和其他原因引起的猫粟粒性皮炎。

诊断

1. 排除其他类似疾病。

2. 直接观察到螨虫：步骤为分开荐骨背侧的被毛，将皮屑梳到黑纸上，观察皮屑中螨虫的移动（可能很难发现）。

3. 显微镜检查（皮肤浅刮、醋酸胶带粘贴法、跳蚤梳取毛发和皮屑）：检出姬螯螨、若虫、幼虫或卵（可能很难发现）。

4. 粪便漂浮法：螨虫可能通过标准的漂浮法被检出。

5. 皮肤组织病理学（常无诊断意义）：不同程度的浅表性血管周皮炎，少量至大量嗜酸性粒细胞。角质层内很难看到螨虫残体。

治疗和预后

1. 所有感染和接触的动物（犬、猫、兔）都应每周治疗一次，持续 6～8 周。

2. 全身治疗通常比外部治疗更有效。有效的治疗包括：

- 伊维菌素 0.2～0.3 mg/kg，口服或皮下注射，1～2 周一次，持续 4～6 周。
- 外部使用赛拉菌素 6～15 mg/kg，每月一次；如果每 2 周一次，持续 4～6 周，可能提高疗效。
- 多拉菌素 0.2～0.4 mg/kg，皮下注射，每周一次，持续 4～6 周。
- 外部使用莫昔克丁，每 2～4 周一次，连续使用 2～3 次。更频繁地使用莫昔克丁可能导致不良反应的增加。

3. 对犬有效的外用药包括非泼罗尼喷剂，6 mL/kg，用于全身喷洒，每 2 周一次，持续 4～6 周。对犬的其他治疗包括 2%～3% 的石硫合剂、除虫菊酯、拟除虫菊酯。对猫有效的外用药包括 2%～3% 石硫合剂或用水稀释为 0.2% 的除虫菊酯。

4. 应对环境清洁并使用杀蚤剂处理。

5. 预后良好。姬螯螨可高度接触传染给猫、犬、兔和人。

作 者 注

姬螯螨感染可能常发生在某些跳蚤不常见的地区，发病率可能年年不同。

姬螯螨可能在某些犬猫身上很难发现。

历来被使用的产品包括氨基甲酸酯或有机磷酯类药物，然而这些药物具有毒性，目前已有更好的治疗选择来替代。

非泼罗尼对兔子具有毒性。

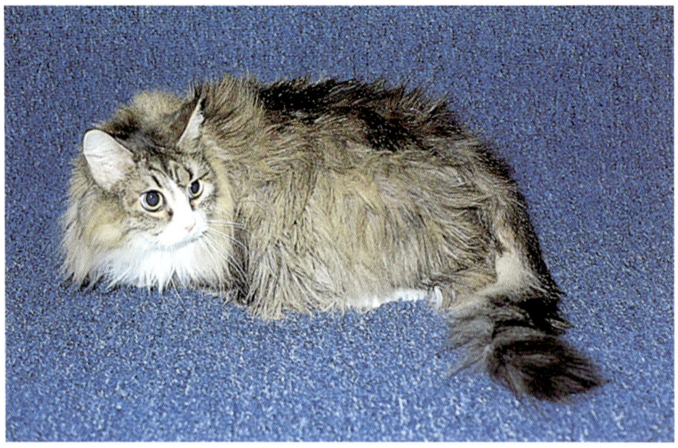

图 5-61 姬螯螨病。成年猫被毛蓬乱。

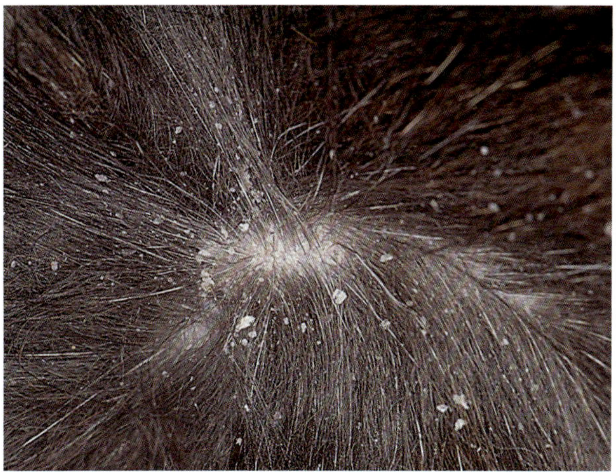

图 5-62　姬螯螨病。图 5-61 中猫的近观。近距离检查可见弥散性皮屑和红斑。

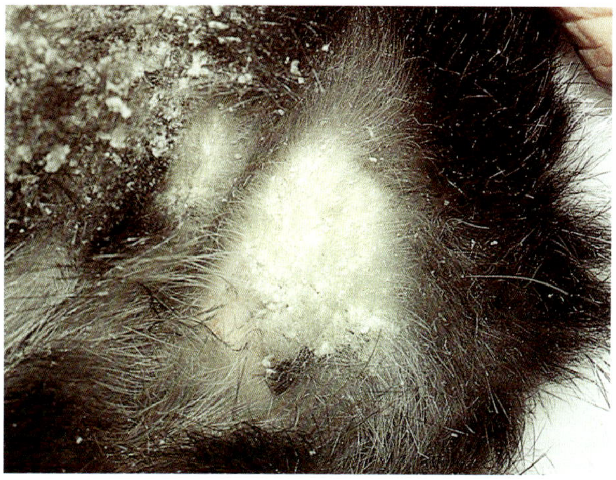

图 5-63　姬螯螨病。脱毛，伴有皮屑和结痂。

图 5-64　姬螯螨病。皮肤刮取物中姬螯螨的显微图像，10× 物镜视野下观察。注意，这种钩状口器用于在皮肤上打洞。

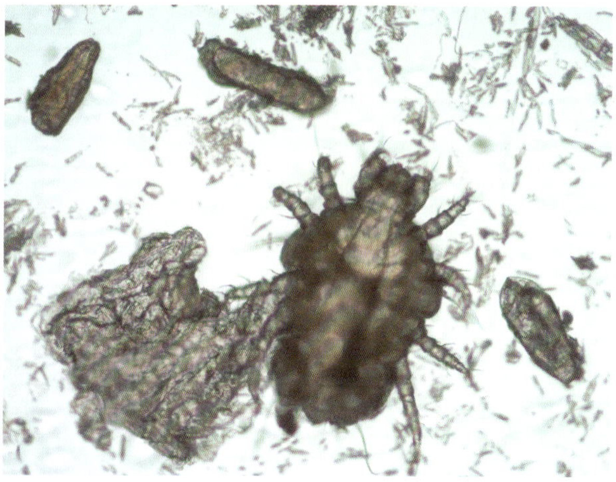

图 5-65　姬螯螨病。姬螯螨的显微镜图像（注意口器部分），10× 物镜视野下观察。

耳螨病（犬耳螨）
Ear Mites (Otodectes cynotis)

特征

此病由耳螨感染引起，它是寄生在皮肤表面和耳道内的一种痒螨。耳螨病常见于犬猫，在幼猫发病率最高。成年猫常为无症状携带者。

典型病例常见耳道内积聚少量至大量的黑褐色至黑色，蜡样或结痂样分泌物。如果继发细菌性耳炎，分泌物常出现化脓性变化。耳朵通常剧烈瘙痒，抓伤，可导致耳部和头部脱毛和抓痕。甩头可导致耳血肿。偶尔，耳螨可传染到其他部位，引起瘙痒、丘疹、结痂性皮疹，特别是在颈部、臀部和尾部（耳疥虫病）。

主要鉴别诊断

鉴别诊断包括其他原因引起的外耳炎。

诊断

1. 耳镜检查：直接可见螨虫（移动的白色斑点）。

2. 耳 - 足反射阳性（猫）：当用棉签擦耳道时，猫会用同侧后肢搔抓。

3. 显微镜检查（耳道棉签、表层皮肤刮取物）：检出犬耳螨、若虫、幼虫或卵。

治疗和预后

1. 去除积聚的碎屑以清理患病动物的耳道。

2. 同时治疗感染动物和所有接触的犬猫。

3. 传统的治疗方法是按照杀虫耳药上标明的计量、频率和持续时间给予药物。

4. 其他有效的抗耳螨治疗包括如下：
- 米尔贝肟溶液（Milbemite）滴入耳内一次，安全有效。
- 伊维菌素外用溶液（Acarex）滴入耳内一次，安全有效。
- 还有许多其他方法可用。

5. 有效的全身治疗包括：
- 全身使用赛拉菌素 6～12 mg/kg，对猫使用 1 次或 2 次，每月 1 次；对犬使用 2 次，每月 1 次。如果每 2 周一次，至少 4 次，可能提高治疗效果。
- 伊维菌素 0.3 mg/kg，口服，每周一次，持续 3～4 次，或 0.3 mg/kg，皮下注射，每 10～14 d 一次，持续 3 次。

6. 复方耳药产品也有疗效并能消除感染。有效的复合治疗包括如下：
- 新霉素 - 噻苯咪唑 - 地塞米松（Tresaderm）0.125～0.25 mL，滴耳，每 12 h 一次，持续 2～3 周。
- 庆大霉素 - 克霉唑 - 倍他米松 0.25～0.5 mL，滴耳，每 12 h 一次，持续 2-3 周。
- 庆大霉素 - 克霉唑 - 莫米松（Mometomax）0.25～0.5 mL，滴耳，每 12 h 一次，持续 2～3 周。
- 10% 非泼罗尼溶液，2 滴，滴耳，1～2 次，每 2～4 周一次。

7. 耳部治疗的同时，应使用合理的杀螨药进行全身治疗，以消灭其他部位的螨虫。全身治疗可使用除虫菊酯喷雾、粉末或浸剂，每周一次，持续 4 周，或非泼罗尼喷剂或滴剂，每 2 周一次，连用 2-3 次。

8. 预后良好。耳螨可高度传染给其他猫和犬。

作 者 注

由于寄生虫会在全身皮肤上迁移，全身性治疗最为有效。

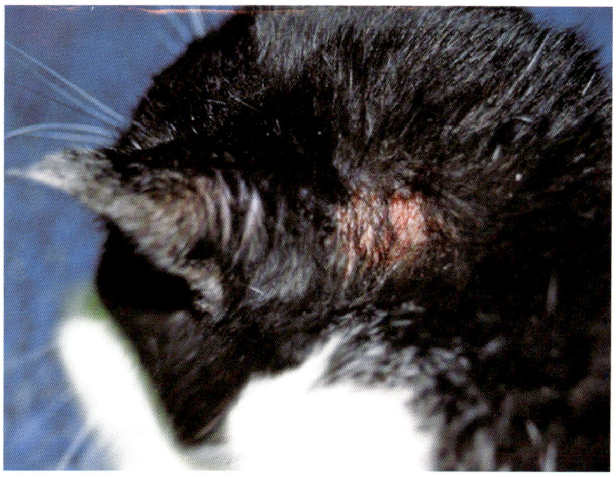

图 5-66　耳螨病。由猫外耳炎引起的抓痕，并导致了脱毛性红斑性皮炎。

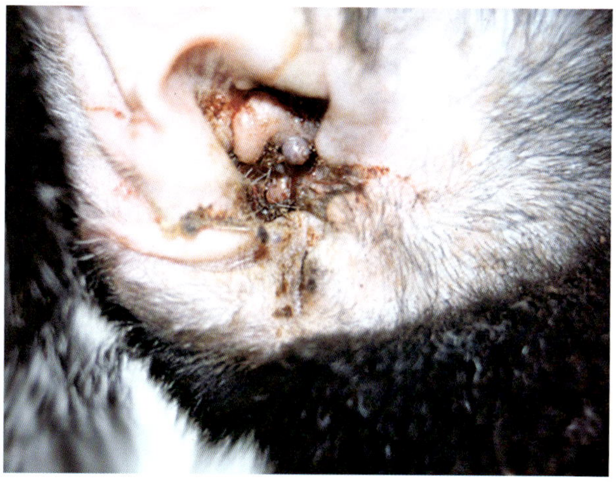

图 5-67　耳螨病。图 5-66 中的猫。耳道内有黑色的分泌物，这是耳螨的特征。

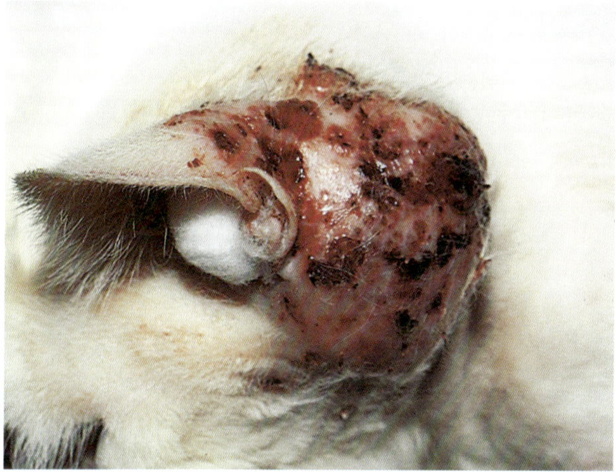

图 5-68　耳螨病。耳螨感染引起剧烈瘙痒，并导致猫耳部严重的、糜烂性结痂病变。

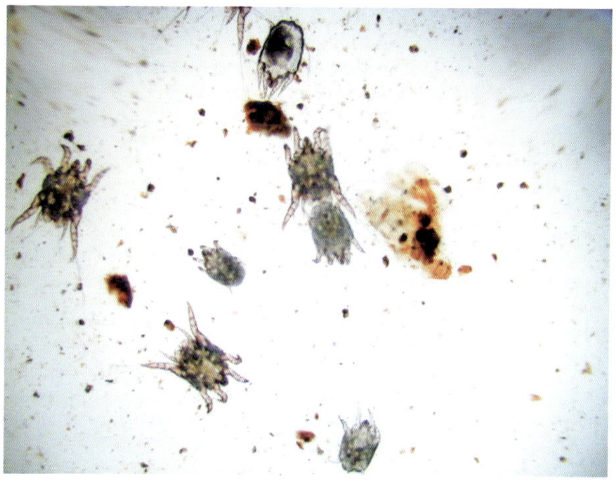

图 5-69　耳螨病。耳螨的显微图像，4× 物镜视野下观察。

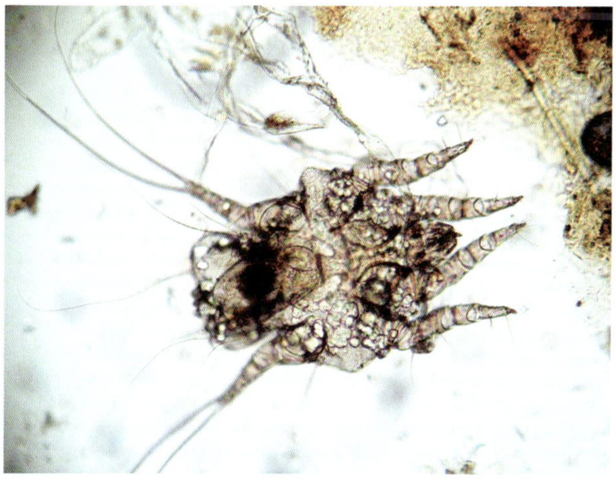

图 5-70　耳螨病。耳螨的显微图像，40× 物镜视野下观察。

恙螨病（恙螨、秋恙螨）
Trombiculiasis (Chiggers，Harvest Mites)

特征

新恙螨属（秋恙螨）和真恙螨亚属（恙螨）的成虫和若虫在世界各地均有发现，栖息范围可以从半荒漠地区到沼泽地区。它们自由生活，或寄生于植物或其他节肢动物。幼虫阶段在脊椎动物身上采食，所以通常的宿主是野生动物，但家畜、宠物和人也可能偶尔感染。卵在土壤中孵化为幼虫，后者爬到植物上攻击路过的鸟类和哺乳动物。在温带地区由它们引起的皮肤疾病具有季节性（夏秋）而温暖地区常年发病。恙螨病在犬猫上很少见或不常见。

恙螨和秋恙螨
Chiggers and Harvest Mites

典型症状包括：接触地面的皮肤出现剧烈的瘙痒性风疹块、丘疹和小水疱（如四肢、爪部、头部、耳、腹部）。可见幼虫似微小的、针尖大小的、鲜红色、橙色或黄色圆点簇拥在丘疹处。偶尔病变也无瘙痒。抓伤处可见继发的皮屑、结痂、抓痕和脱毛。

主要鉴别诊断

鉴别诊断包括浅表脓皮病、其他外寄生虫（如昆虫 / 跳蚤叮咬、疥螨病、蠕形螨病、类圆小杆线虫病、钩虫性皮炎）和接触性皮炎。

诊断

1. 显微镜检查（皮肤刮片）：对于恙螨和秋恙螨，可见明显的橙色卵圆形恙螨幼虫（大约 0.6mm 长），但有时，只可见口器，亦称茎口（虫体的其他部分被动物搔抓时弄掉）。对于施特拉伦螨病，皮肤刮片常为阴性。

2. 皮肤组织病理学：对于恙螨和秋恙螨，组织病理学常无诊断意义，浅表性血管周皮炎，含有大量嗜酸性粒细胞。偶尔可见螨虫茎口。

治疗和预后

1. 应使动物远离已知有大量螨虫的寄居地。

2. 对于恙螨和秋恙螨，应使用驱虫喷雾、滴剂、浸剂或耳药对感染动物进行 1～2 次治疗（每 1～2 周一次）。近期研究发现，按说明使用 0.25% 非泼罗尼喷雾（犬和猫），或二氯苯醚菊酯 - 吡丙醚喷雾或滴剂（仅犬）特别有效。对犬外用 0.25% 非泼罗尼喷雾 6 mL/kg，每 2～4 周一次，也可预防再次感染。

3. 如继发脓皮病，应使用合理的全身性抗生素，持续 2～4 周。

4. 恙螨和秋恙螨感染预后良好。这种螨不会在动物间或动物与人之间传播，但感染地区是其他犬、猫和人的潜在感染源。

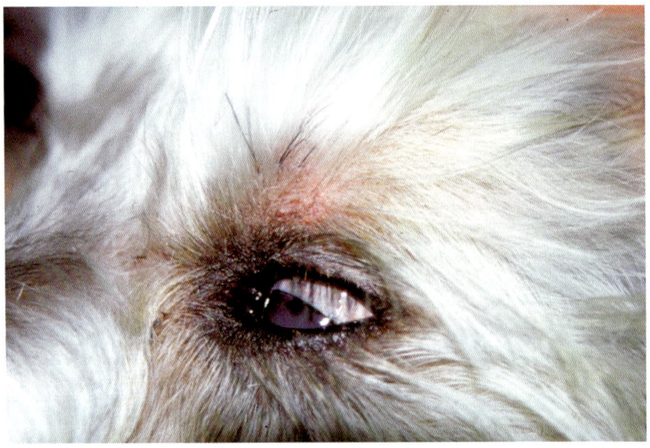

图 5-71　恙螨病。眼周脱毛性丘疹性皮炎。小的橙色螨虫几乎看不见。

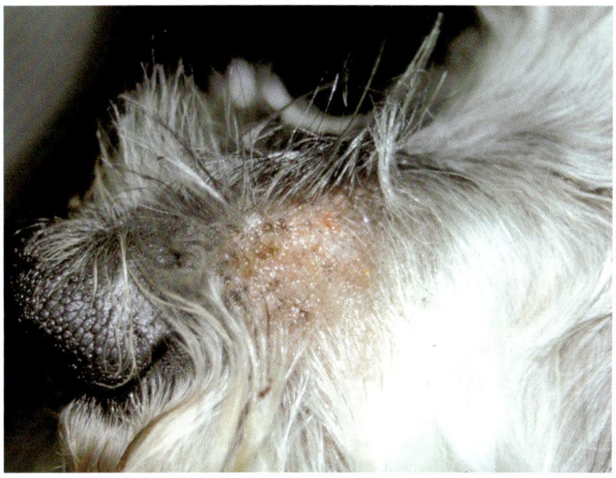

图 5-72 恙螨病。图 5-71 中的犬。鼻梁处脱毛性丘疹性皮炎。橙色斑点是螨虫。

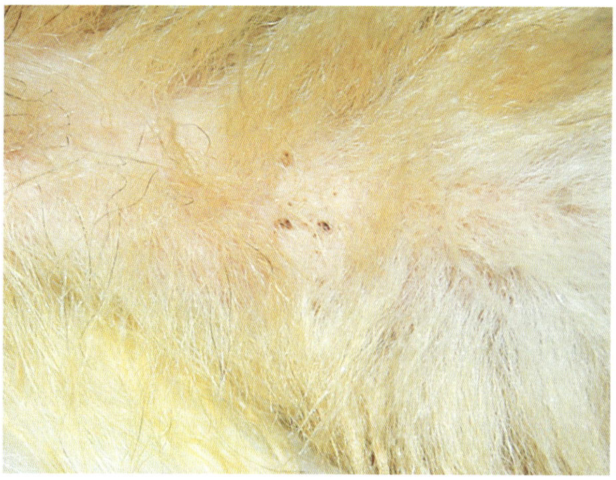

图 5-73 恙螨病。腹部大量丘疹性病变。注意与浅表脓皮病、蠕形螨病和皮肤癣菌病相似。

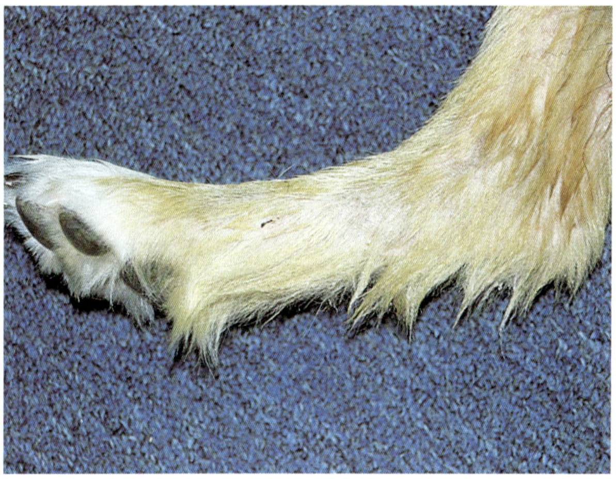

图 5-74 恙螨病。后肢远端的脱毛和红斑。

图 5-75 恙螨病。皮肤深刮物中螨虫的显微图像，4× 物镜视野下观察（自 R. Malik）。

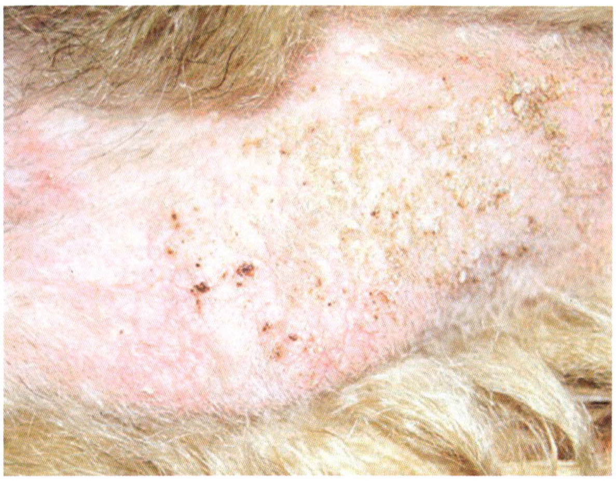

图 5-76 恙螨病。成年犬感染恙螨，腹部病变为结痂性丘疹。注意与毛囊炎相似。

猫毛螨（家猫食虫螨）
Cat Fur Mite (*Lynxacarus Radosky*)

特征

据报道猫毛螨是一种寄生在猫被毛上的螨虫，主要见于澳大利亚、斐济、夏威夷、波多黎各和佛罗里达。此病罕见于猫。

被毛上的螨群使被毛呈“椒盐”样或皮屑样，特别是背部。可能出现泛发性结痂性丘疹，伴有轻度瘙痒。

主要鉴别诊断

鉴别诊断包括虱病和姬螯螨病。

诊断

1. 显微镜检查（皮肤刮取物、醋酸胶带粘贴）：毛螨紧扣在毛发上。

治疗和预后

1. 应治疗所有感染的猫，每周一次，持续4周。
2. 感染和所有接触的猫都应被治疗，每周一次，持续4周。
3. 传统的治疗是使用2%～3%石硫合剂，每周一次，直到病变恢复（4～8周）。
4. 其他可能有效的治疗包括：
   - 伊维菌素 0.2～0.3 mg/kg，口服或皮下注射，每1～2周一次，持续3～4次。
   - 多拉菌素 0.2～0.3 mg/kg，皮下注射，每1～2周一次，持续3～4次。
5. 其他治疗为伊维菌素 0.3 mg/kg，皮下注射，每2周一次，持续2次。
6. 预后良好。猫毛螨具有中等传染性，可接触传染给其他的猫，但不会传染给犬，可引起人的丘疹。

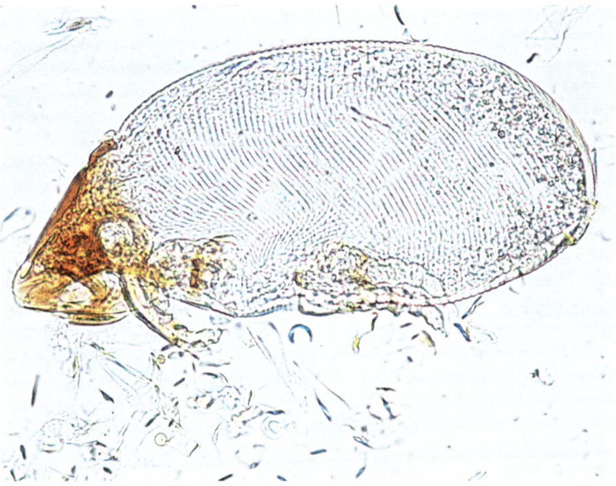

图 5-77 猫毛螨。皮肤刮取物上的家猫毛螨的显微图像，4× 物镜视野下观察（自 L. Messinger）。

跳蚤
Fleas

特征

跳蚤是一种小的、无翅吸血昆虫。虽然世界上有超过 2 000 种的跳蚤种属和亚种，但在犬猫中，最常见的是猫栉首蚤。在温带，跳蚤病一般只在温暖季节发病。在气候较为温暖的地区，跳蚤病可常年发病。跳蚤是引起犬猫皮肤病的常见病因。

犬

对跳蚤不过敏的犬要么没有症状（无症状携带者）；要么贫血、感染绦虫、出现轻度皮肤刺激；要么发展成脓性创伤性皮炎。跳蚤过敏的犬出现瘙痒、丘疹、结痂疹，伴有继发性皮脂溢、脱毛、抓痕、脓皮病、色素过度沉着或苔藓样变。病变部位通常位于腰荐部的背侧，尾根背侧、大腿后内侧、腹部或胁腹部。

猫

对跳蚤不过敏的猫要么没有症状（无症状携带者）；要么可能贫血、感染绦虫；要么发展为轻度的皮肤刺激。跳蚤过敏的猫常出现瘙痒性粟粒性皮炎，伴有各种继发性抓痕、结痂和脱毛。病变部位通常包括头部、颈部、腰荐部背侧、大腿后内侧或腹部。跳蚤的其他症状包括继发于过度梳理的对称性脱毛，以及嗜酸性肉芽肿综合征。

主要鉴别诊断

鉴别诊断包括异位性过敏、食物过敏、疥螨病、姬螯螨病、脓皮病、皮肤癣菌病、蠕形螨病和马拉色菌性皮炎。

诊断

1. 病史和临床症状。积极治疗跳蚤效果好。
2. 体表可见跳蚤或跳蚤粪便（跳蚤过敏的动物身上可能很难找到）。
3. 体外或粪便漂浮时可见绦虫节片（复孔绦虫）。
4. 过敏试验（皮内、血清学）：对跳蚤抗原的皮肤试验阳性，或抗跳蚤血清 IgE 抗体滴度阳性，强烈提示跳蚤过敏性皮炎，但也可能存在假阴性结果。
5. 皮肤组织病理学（无诊断意义）：不同程度的浅表或深层血管周或间质性皮炎，常以嗜酸性粒细胞为主。
6. 每隔一天使用烯啶虫胺，评估对跳蚤治疗的反应。

治疗和预后

1. 彻底消灭跳蚤是唯一有效的治疗方法。
2. 使用合理的抗生素长期（至少 3～4 周）治疗继发脓皮病，脓皮病临床症状恢复后至少再持续用药一周。
3. 外用或全身使用昆虫生长调节剂（IGRs，例如：氯芬奴隆、蚊螨醚、甲氧普林）有效，或与杀成蚤药同时使用也很有效。IGRs 是完整的跳蚤控制计划中非常重要的一部分，因为它们能减少宠物生活环境中的跳蚤数量。
4. 按照药物说明书，使用杀成蚤药（口服、喷剂、滴剂或浸剂）同时治疗感染和接触的犬猫，每 7～30 d 一次。含有非泼罗尼、吡虫啉、多杀菌素、呋虫胺和赛拉菌素的药物特别有效，尤其是每 2～4 周使用一次时。口服治疗药物似乎特别有效，包括氟雷拉纳（贝卫多），每 30～60 d 一次，阿福拉纳（尼可信）和多杀菌素（恳福特，Trifexis）每 30 d 一次。在大量跳蚤的环境中，尽管使用外用药物控制跳蚤，仍可能持续在动物身上发现跳蚤。
5. 严重感染的病例中，患病动物应使用烯啶虫胺、最小剂量 1 mg/kg，口服，每 24～48 h 一次，持续 4 周；同时治理环境（参看下面第 7 条）。另外，使用 0.2% 除虫菊酯水剂喷雾，每 1～2 d 一次，其趋避作用对外出活动的犬可提供足够的防护。
6. 对于跳蚤过敏的动物，预计可能接触感染动物的当天（如美容室、动物医院、公园、有其他动物的家庭），可预防性使用烯啶虫胺（最小剂量 1 mg/kg，口服）。
7. 在跳蚤感染严重的环境中，应对宠物长时间待的地方进行治理。可用杀虫剂和IGR（甲氧普林、蚊螨醚）对室内进行治理。对于室外环境，可用杀虫剂或专用的生物产品治理。

8. 对严重瘙痒的病例可给予类固醇1～2周，以减少临床症状（瘙痒），但是应避免长期使用，因为会增加不良反应的风险，包括蠕形螨病、脓皮病、MRS感染、皮肤钙质沉积和医源性库兴氏综合征。

给予奥拉替尼（爱波克）1～2周以减轻临床症状（瘙痒），但应避免长期使用，因为不良反应风险会增加，包括肿瘤（18%），脓皮病（12.0%），耳炎（9.9%），呕吐（9.2%），腹泻（6.0%），膀胱炎（3.5%），厌食（3.2%），昏睡（2.8%），酵母菌皮肤感染（2.5%）和爪部皮炎（2.5%）。

9. 如果跳蚤控制得当，预后良好。跳蚤可传染给其他动物和人，且可能携带血液源性疾病（类似于蜱虫）。

作者注

跳蚤过敏性皮炎是最常见的引起猫皮炎的原因，可导致任何病变模式。

患皮炎和瘙痒症的犬，如果病变主要出现在身体后半部，通常与跳蚤过敏和食物过敏有关。

宠主否认有跳蚤的情况非常常见，所以必须确认诊断。跳蚤过敏性皮炎可通过过敏试验（皮肤或血清学），或每隔一天使用烯啶虫胺，持续12～15次来确定。

由于气候温暖和药物逐渐失效，根据独特的家庭情况和跳蚤生命周期选择治疗方法是成功的另一关键。

许多老的化合物都逐渐产生寄生虫耐药性，从而限制了其效力。历来被使用的产品包括含有机磷酸酯类，但其具有毒性，且目前已有更好的选择。

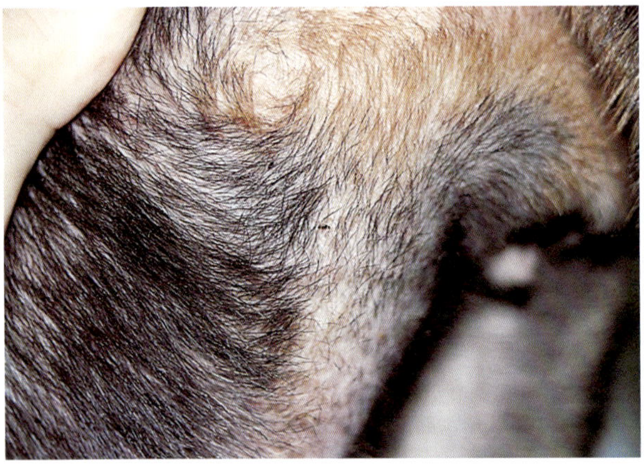

图5-78 跳蚤。犬后肢尾侧的跳蚤。

图5-79 跳蚤。猫躯干上的大量跳蚤。

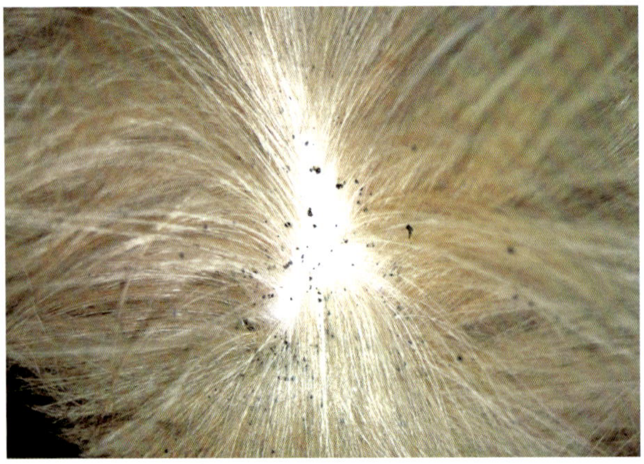

图5-80 跳蚤。猫皮肤上的跳蚤粪便。

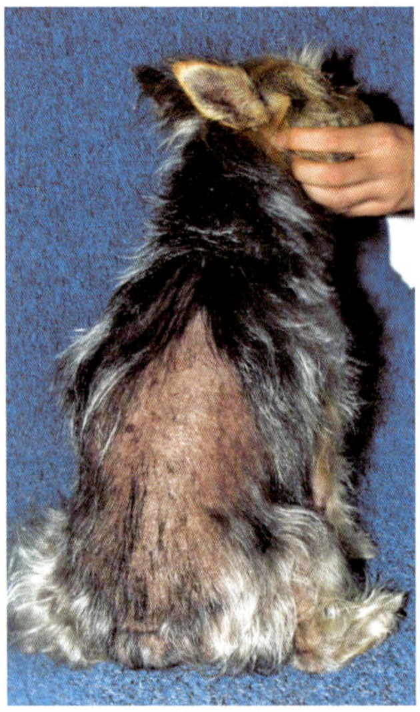

图5-81 跳蚤。跳蚤过敏性皮炎特有的腰背部皮炎。

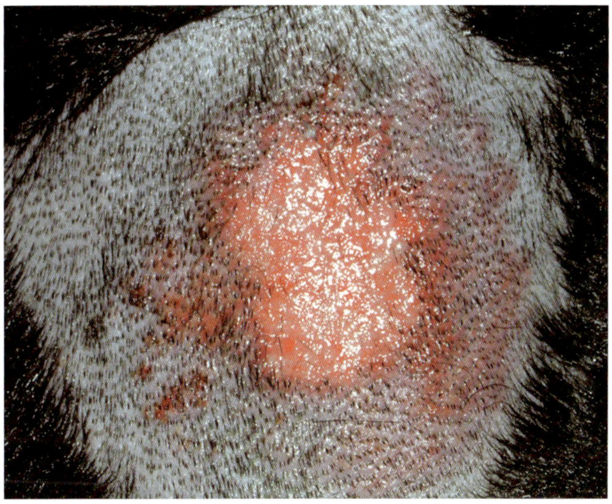

图 5-82 跳蚤。脓性创伤性皮炎（热疹）常与跳蚤感染有关。注意，这种弥散性丘疹性皮炎，提示有浅表脓皮病。

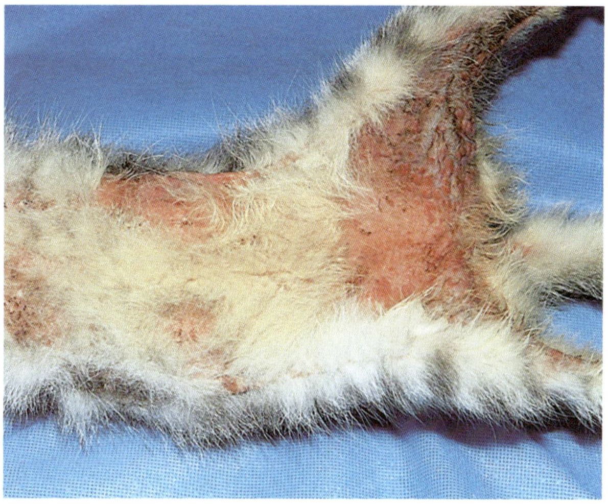

图 5-83 跳蚤。跳蚤过敏的猫的腹部有嗜酸性斑块。注意与食物过敏和异位性过敏相似。

图 5-84 跳蚤。胶带粘贴下的跳蚤或跳蚤粪便能帮助说服宠主，该动物正罹患跳蚤感染。

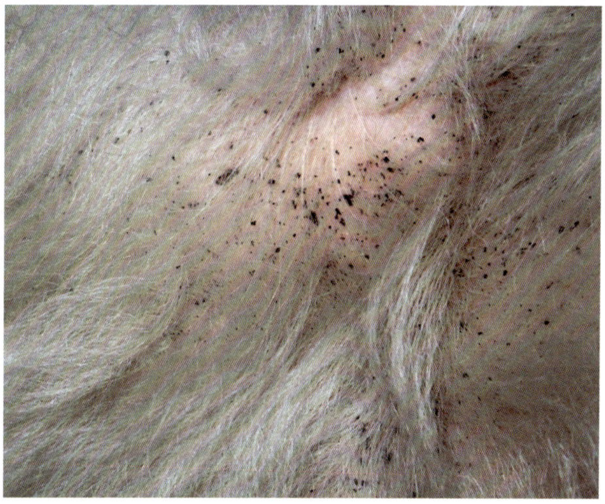

图 5-85 跳蚤。跳蚤排泄的干性血渍，这种“跳蚤污垢”被认为是消化后的血液。

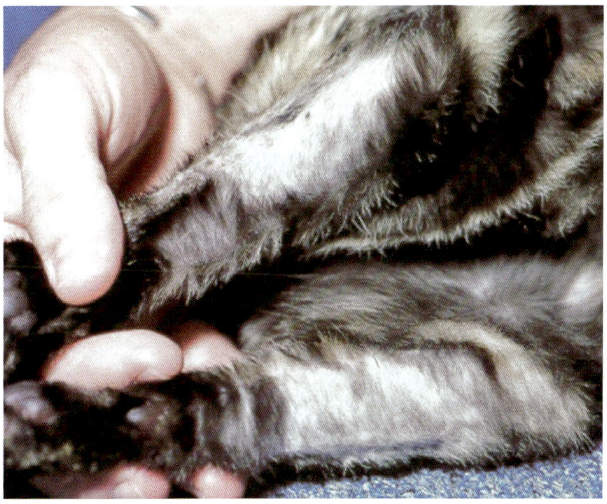

图 5-86 跳蚤。跳蚤过敏猫的肢端脱毛。

虱病（虱子）
Pediculosis (Lice)

特征

虱病是一种由具有宿主特异性的吸吮虱［棘颚虱（犬）］或咬虱［犬啮毛虱（犬），猫羽虱（猫）］引起感染的疾病。犬猫不常见，幼年、流浪、营养不良的动物发病率最高。

症状通常包括不安和瘙痒、继发皮脂溢、脱毛或抓痕。被毛粗糙蓬乱、小的丘疹和结痂，严重感染时，可能出现贫血和虚弱。

主要鉴别诊断

鉴别诊断包括跳蚤、疥螨、姬螯螨和过敏（跳蚤叮咬、食物、异位性）。

诊断

1. 直接可见虱子（跳蚤梳）。
2. 显微镜检查（醋酸胶带粘贴、毛发）：直接可见虱子和卵。

治疗和预后

1. 治疗感染和有接触的同种动物。
2. 剃除缠结毛结。
3. 传统疗法是全身应用 2% 石硫合剂、除虫菊酯、拟除虫菊酯（仅犬用）、香波、粉剂、喷剂或浸剂，每 2 周一次，持续 2 次。
4. 其他疗法包括：
   - 伊维菌素 0.2 mg/kg，口服或皮下注射，每 2 周一次，持续 2 次。
   - 赛拉菌素滴剂（按照使用说明）外用，2 周一次，连用 2 次。每 2 周使用一次，至少 4 次，效果更佳。
   - 多拉菌素 0.2～0.4 mg/kg，每周一次，持续 3～4 周。
   - 外用莫昔克丁，每 1～2 周使用一次。
   - 0.25% 非泼罗尼喷剂 6 mL/kg，外用，每 2 周一次，持续 2 次。
   - 10% 非泼罗尼滴剂（按照使用说明）外用，每 2 周一次，持续 2 次。
5. 严重贫血的动物可能需要输血和精心护理。
6. 应对垫料、美容用具和环境清洁每周至少一次。
7. 预防性使用灭蚤颈圈，可能保护有接触动物不受跳蚤感染，但不能保护已被感染的动物。
8. 预后良好。虱子在犬与犬，以及猫与猫之间具有高度传染性，但不能从犬或猫上传染给人。

作者注

氟雷拉纳（贝卫多），25 mg/kg，每 30～60 d 使用一次，高效且安全（截至撰写本书时为止）。

历来被使用的产品包括含双甲脒和有机磷酸酯类产品，然而这些产品具有毒性，目前已有更好的选择。

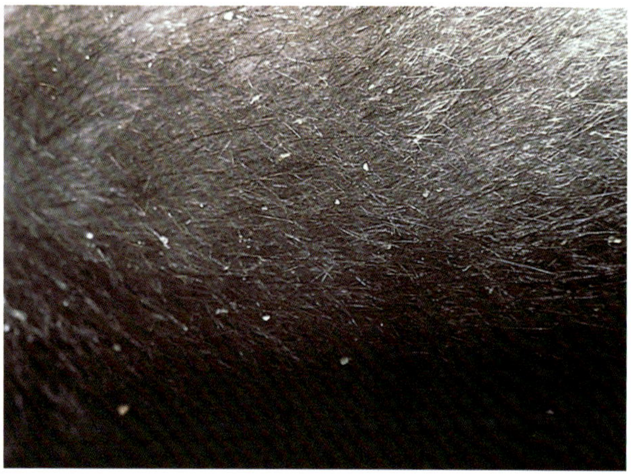

图 5-87　虱病。犬躯干上的白色污点是皮屑、虱子和卵的混合物，是犬啮毛虱感染所致。

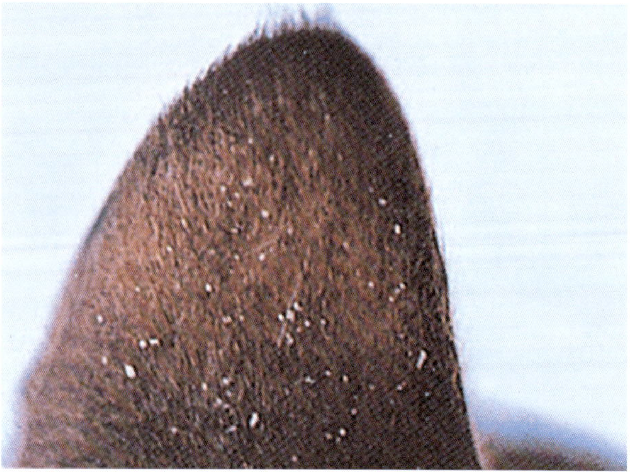

图 5-88　虱病。犬啮毛虱感染，可见附着于耳廓毛发上的卵。

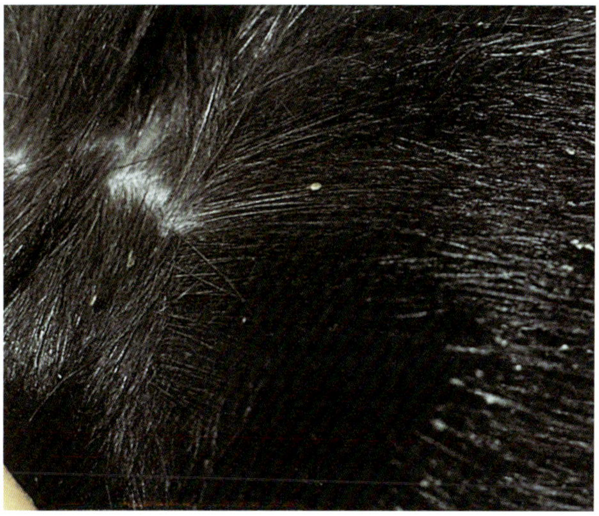

图 5-89　虱病。黑色被毛上清晰可见的白色虱卵（自 D. Angarano）。

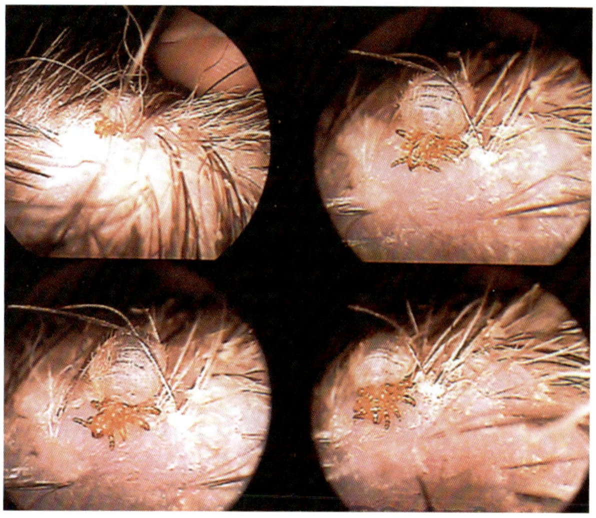

图 5-90　虱病。手持耳镜可见虱子。

图 5-91　虱病。咬虱，4×物镜视野下观察（自 D. Angarano）。

黄蝇
Cuterebra

特征

黄蝇将卵产于兔窝或啮齿动物的巢穴附近。孵化后幼虫爬入哺乳动物宿主的皮毛内，通过宿主身体的天然孔道侵入宿主体内，然后移行至皮下。常见的宿主为兔、松鼠、花栗鼠和小鼠。黄蝇不常见于犬猫，此病的高发季节为夏末和秋季。

感染形成一个坚实的直径 1 cm 的无痛性皮下肿胀，可形成瘘管（幼虫气孔）。病变常位于头部、颈部或躯干部。幼虫可能偶然移行到中枢神经系统、气管、咽部、鼻腔或眼内；也可能移行至其他非典型部位。

主要鉴别诊断

鉴别诊断包括皮下脓肿和麦地那龙线虫病。

诊断

1. 病变处直接可见黄蝇幼虫：白色、奶油色、棕色或黑色的幼虫，体表覆有黑色粗棘。

治疗和预后

1. 轻柔扩开气孔，用镊子小心将幼虫取出。
2. 每日进行常规清创。
3. 如果怀疑有继发细菌感染，可全身应用合理的抗生素治疗 10～14 d。
4. 预后良好，但创伤愈合往往很慢。本病不会从犬或猫传染给其他动物或人。

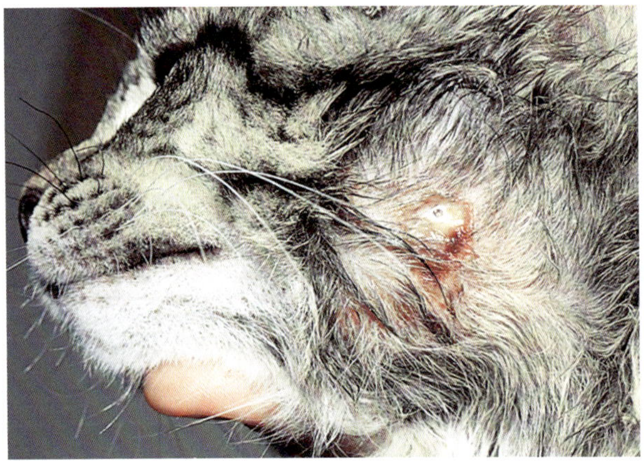

图 5-92 黄蝇。成年猫颈部的黄蝇蛆呼吸孔，周围皮肤出现红斑和纤维变性。常见脓性渗出液。

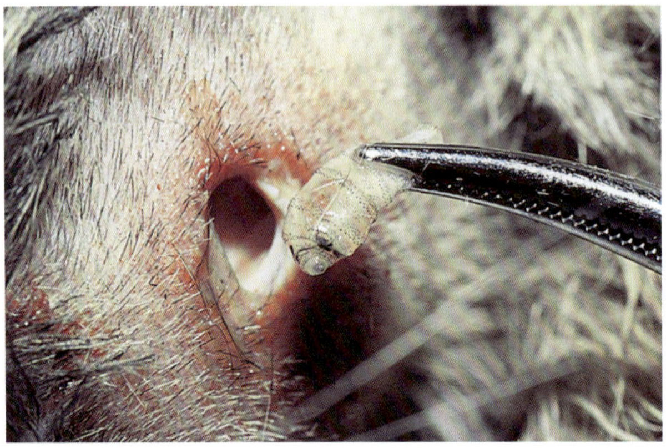

图 5-93 黄蝇。图 5-92 中猫的近观。已用止血钳将黄蝇蛆取出。病变处形成纤维性管道并有脓性渗出液。

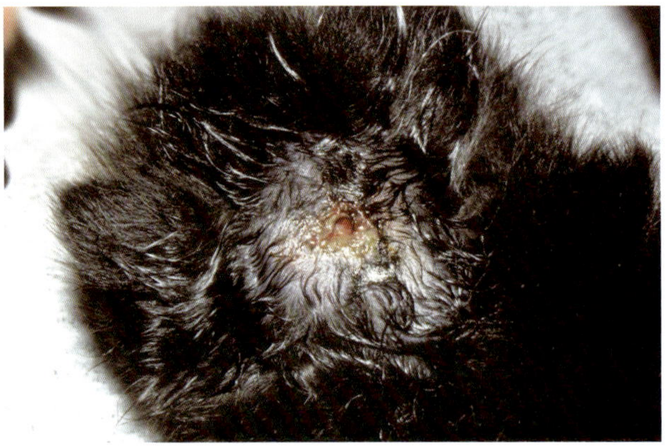

图 5-94 黄蝇。这个溃疡性病变伴有化脓性渗出物，这是此感染的特点。

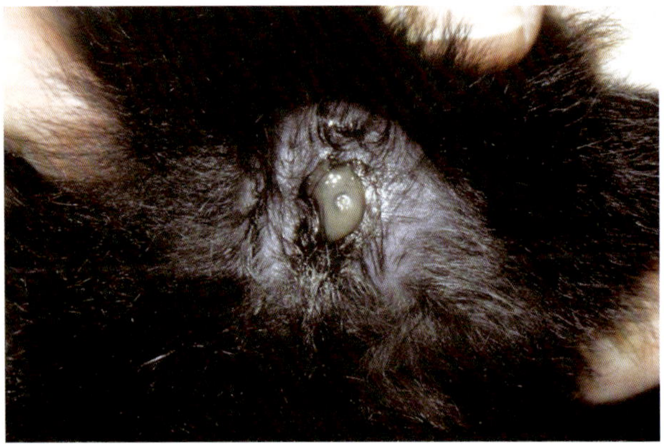

图 5-95 黄蝇。图 5-94 中猫的近观。可轻易地从有黄蝇蛆的瘘管中挤出化脓性渗出物。

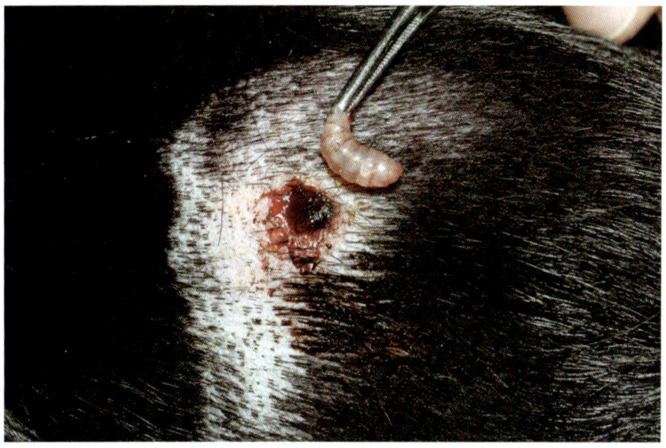

图 5-96　黄蝇。已从瘘管中将小黄蝇蛆取出。

图 5-97　黄蝇。将已取出的黄蝇蛆用尺测量。

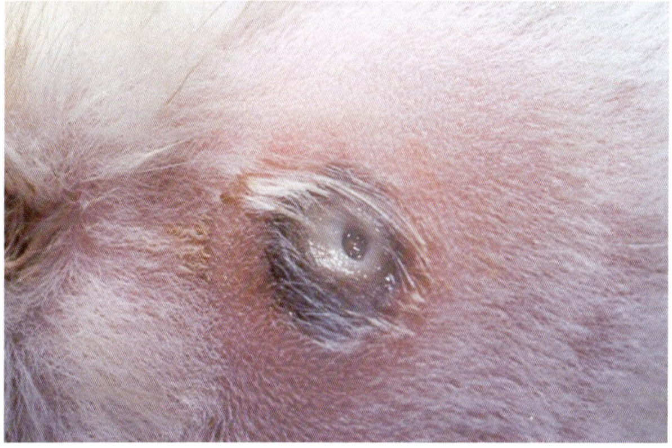

图 5-98　黄蝇。年轻猫身体上的黄蝇蛆呼吸孔，可见周围红斑和纤维化。

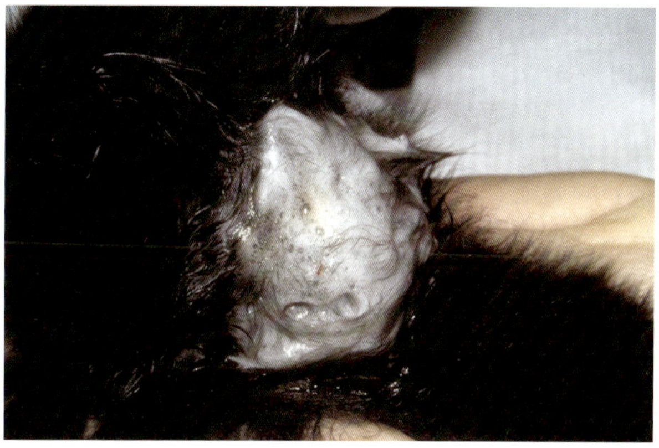

图 5-99　黄蝇。有时使用双氧水从气孔冲洗黄蝇蛆（疗效不确定）。

蝇叮性皮炎
Fly Bite Dermatitis

特征

病变由蝇叮引起。蝇叮性皮炎常见于室外饲养的犬。

病变包括耳尖附近或耳背侧大部分区域（垂耳犬弯折处）的红斑、覆盖在糜烂或溃疡处的血性结痂。相似的病变偶尔发生于面部。病变处轻度至严重瘙痒。

主要鉴别诊断

鉴别诊断包括疥螨、外伤、血管炎和自体免疫性皮肤病。

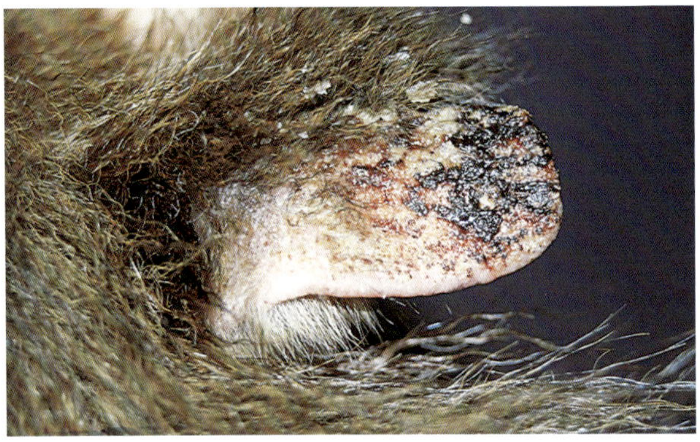

图 5-100 蝇叮性皮炎。犬耳尖的脱毛和结痂。注意与疥螨和自体免疫性皮肤病相似。

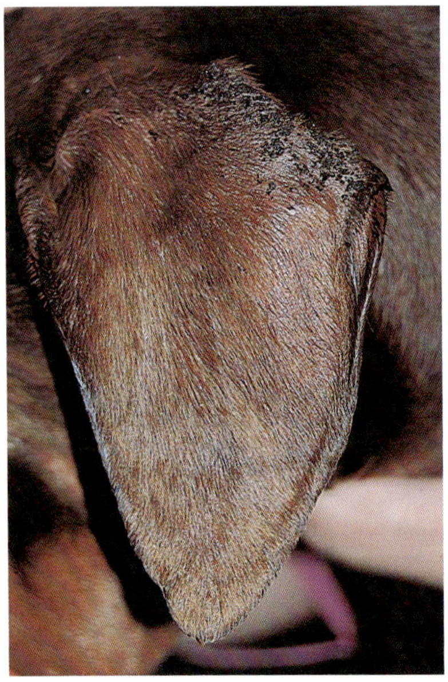

图 5-102 蝇叮性皮炎。垂耳犬耳褶部的脱毛和结痂。蝇叮性病变位于耳部的背侧，这只犬的病变即位于耳褶处。

诊断

1. 通常依据病史、临床症状排除其他类似疾病。
2. 治疗反应：控制飞蝇后病变消退。

治疗和预后

1. 病变处局部使用抗生素 - 类固醇乳膏或软膏，每 12 h 一次，并将犬饲养在室内，直至病变愈合。
2. 作为预防措施，应每天在病变皮肤上使用驱蝇剂、灭蝇喷雾或灭蚤喷雾。
3. 其他疗法：一例经验性报道建议，按照使用说明定期使用浓缩的二氯苯醚菊酯滴剂，可能有效防止飞蝇叮咬。
4. 查明飞蝇的来源，并在这些区域喷洒杀虫剂。
5. 如果能避免飞蝇反复叮咬则预后良好。

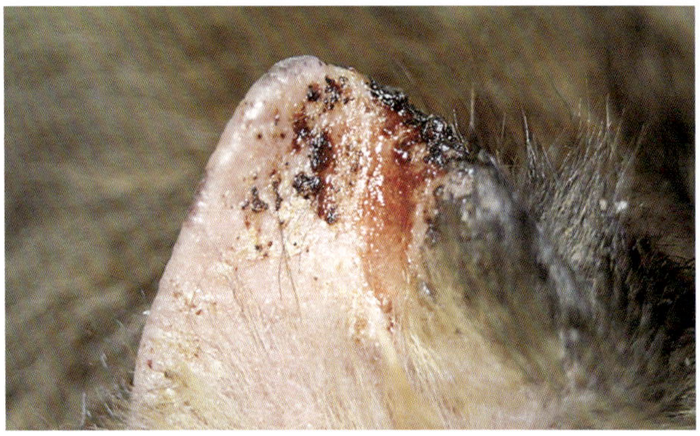

图 5-101 蝇叮性皮炎。犬耳尖的脱毛、结痂和血性渗出物。

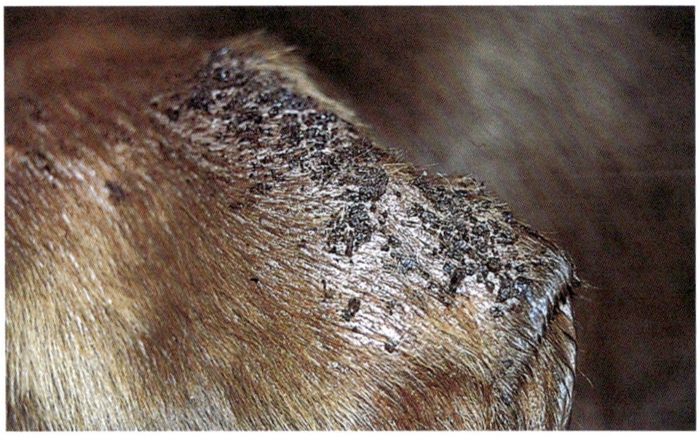

图 5-103 蝇叮性皮炎。图 5-102 中犬的近观，耳褶背侧的脱毛和结痂。

蝇蛆病
Myiasis

特征

蝇蛆病是活体动物感染双翅类飞蝇幼虫引起的疾病。飞蝇将卵产于潮湿的皮肤或创伤内，孵化出的幼虫（蛆）可分泌蛋白水解酶并消化皮肤组织。蝇蛆病常见于犬猫，特别易发于虚弱的、皮肤被尿浸湿的或局部麻痹的动物。

病变表现为漏斗状或形状不规则的溃疡，这些溃疡最常见于鼻、眼、肛门、生殖器或被忽略的创伤处。病变处皮肤和创伤内可见到蛆。

图 5-104　蝇蛆病。大量的蝇蛆挤在一只流浪犬开放的创口中。

诊断

1. 在皮肤、毛发和病变处直接可见蛆虫。

治疗和预后

1. 确认并纠正潜在病因。
2. 病变处剃毛，清洁并去除蛆虫。
3. 烯啶虫胺 1 mg/kg，口服，每 24 h 一次，可有效抗蛆。
4. 谨慎地使用含有除虫菊酯或拟除虫菊酯喷雾（仅犬），喷洒在病变处以杀死残留的蛆。过多的使用可导致衰弱的动物死亡。
5. 其他疗法还有伊维菌素 0.2～0.4 mg/kg，皮下注射，一次，可有效对抗蛆虫。
6. 氟雷拉纳（贝卫多），25 mg/kg，高效且安全（截至撰写本书时为止）。
7. 如果动物体况稳定，伤口应外科清创处理，之后进行每天常规创伤护理。
8. 将动物饲养于有屏蔽且没有飞蝇的场所。
9. 预后良好至谨慎，取决于潜在因素。

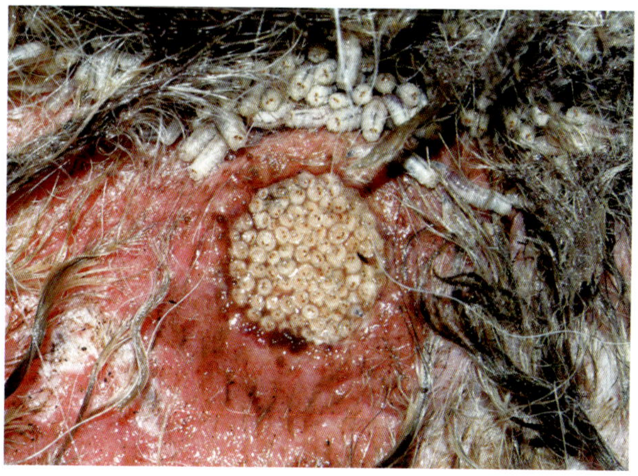

图 5-105　蝇蛆病。图 5-104 中的犬。蝇蛆以最大居住限度，垂直地扎在溃烂的组织中。可见无数的蝇蛆在皮肤表面蠕动。

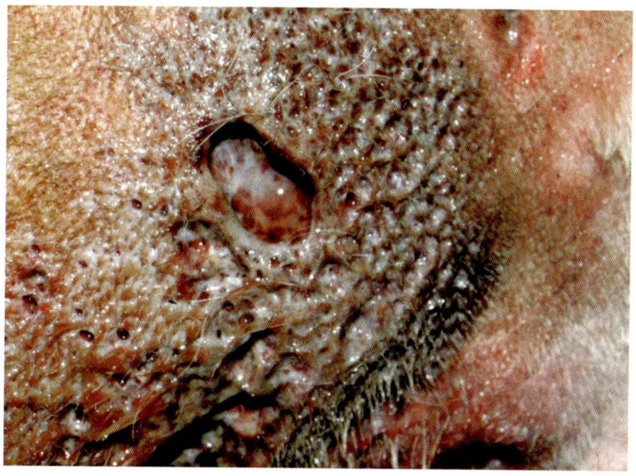

图 5-106　蝇蛆病。图 5-104 中的犬。蝇蛆被移除，留下一个中央很深的溃疡，其周围卫星状排列许多溃疡。

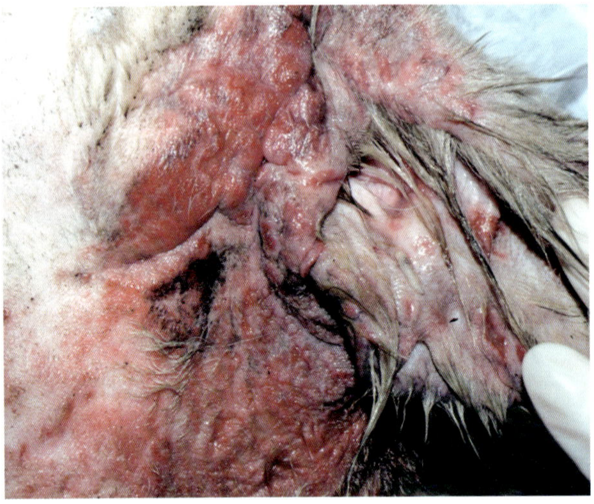

图 5-107 蝇蛆病。蝇蛆被移除，留下脱毛、红斑、丘疹性皮炎。

图 5-108 蝇蛆病。犬皮肤上大量的蝇蛆。

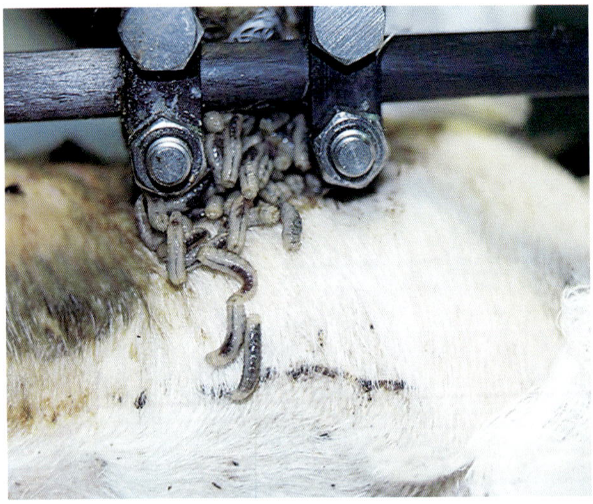

图 5-109 蝇蛆病。蝇蛆从伤口涌出。这只室外犬的患肢包扎绷带两周。

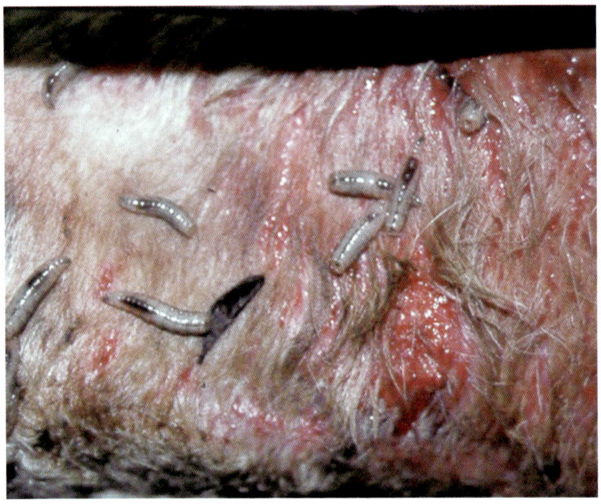

图 5-110 蝇蛆病。图 5-109 中的犬。外固定犬的皮肤和毛发上出现蝇蛆。这只室外犬的患肢包扎绷带两周。

钩虫性皮炎（钩口线虫病和钩虫病）
Hookworm Dermatitis (Ancylostomiasis and Uncinariasis)

特征

钩虫性皮炎是钩虫幼虫经皮肤侵入并致敏，侵入部位出现的皮肤反应。此病是由热带或温带的钩虫（*Ancylostoma*）和温带及靠近北极地区的弯口钩虫（*Uncinaria*）引起。此病不常见或罕见于犬，在被钩虫污染的环境中，饲养或训练的犬发病率最高，如地面皲裂多孔且潮湿的犬舍，或者有草地且肮脏的跑场。

病变特征为中度至严重瘙痒，趾间及经常接触地面的其他部位皮肤出现丘疹。感染皮肤出现均一的红斑、脱毛和皮肤增厚。患犬爪部常肿胀、发热且疼痛。

主要鉴别诊断

鉴别诊断包括细菌性爪部皮炎、蠕形螨病、皮肤癣菌病、过敏症（食物、接触性、异位性）和类圆小杆线虫皮炎。

诊断

1. 排除其他类似疾病。
2. 粪便漂浮：可见钩虫卵。
3. 皮肤组织病理学（很难诊断）：表现为不同程度的血管周皮炎并出现嗜酸性粒细胞、中性粒细胞和单核细胞。很难发现幼虫，如果出现，则被中性粒细胞、嗜酸性粒细胞和单核细胞所包围。
4. 治疗反应：使用驱虫药后，病变减轻。

治疗和预后

1. 使用驱虫药，如芬苯达唑、甲苯咪唑或双羟萘酸噻嘧啶，同时治疗感染和所有接触动物，每 3～4 周一次，连用两次。
2. 定期使用全身驱虫药对所有犬进行驱虫治疗。
3. 通过经常清除粪便和污染的垫料来改善环境卫生。提供干燥、无孔隙的犬舍地面和跑场。
4. 泥土或沙砾的跑场应当定期使用硼酸钠 0.5kg/m^2（10 lb/100 ft^2）来治理。尽管此法有一定的帮助，但会破坏草坪。
5. 预后良好。受污染的环境是感染其他犬和人类的潜在感染源。

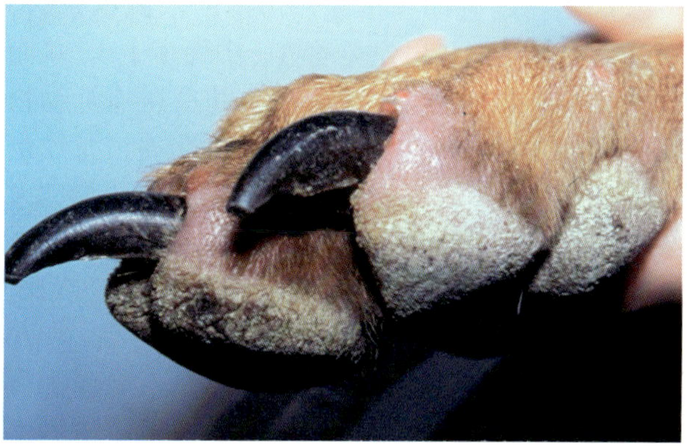

图 5-111　钩虫性皮炎。犬爪部脱毛、红斑和爪垫过度角化（自佛罗里达大学；病例材料）。

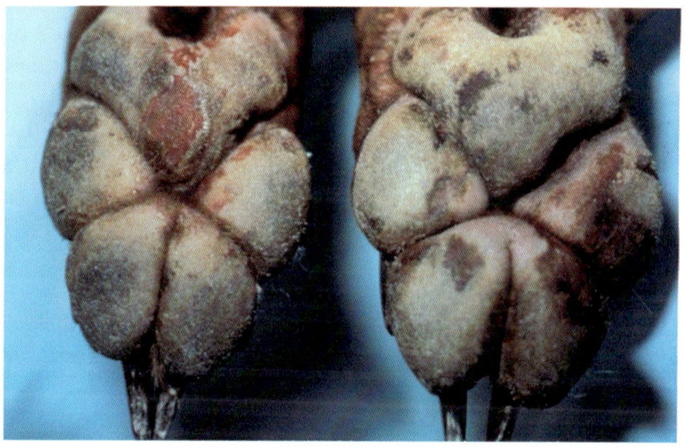

图 5-112　钩虫性皮炎。图 5-111 中犬的近观。爪垫过度角化和红斑（自佛罗里达大学；病例材料）。

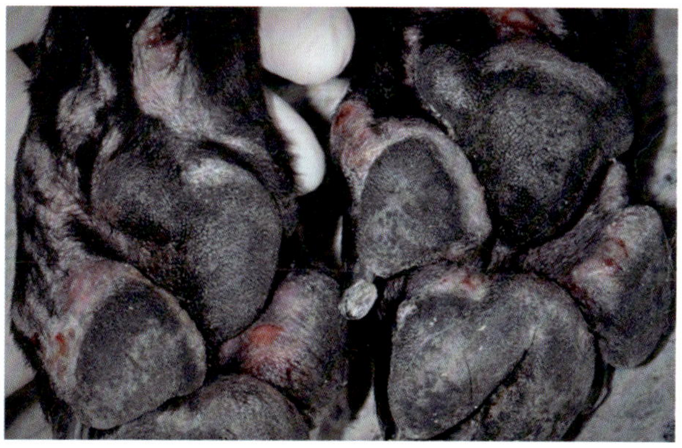

图 5-113　钩虫性皮炎。寄生虫感染导致的趾间爪部皮炎。注意其与过敏症（异位性皮炎）或继发细菌或马拉色菌感染的相似性。

龙线虫病（棘唇虫病）
Dracunculiasis (Dracunculosis)

特征

龙线虫病是寄生于皮下组织的龙线虫引起的皮肤病。当哺乳动物宿主在污染的水源饮水时，可能摄入感染的小甲壳类动物（中间宿主），从而发生感染。经过 8～12 个月后，幼虫在哺乳动物宿主的皮下组织中生长为成虫。在北美，龙线虫主要寄生于浣熊、水貂和其他野生哺乳动物，犬猫不常发生此病。在非洲和亚洲，麦地那龙线虫（几内亚龙线虫）可感染许多哺乳动物，包括犬、马、牛和人类。

病变常出现在腿部、头部或腹部，表现为疼痛或瘙痒，慢性、单个或多个皮下结节，最后出现瘘管（当皮肤接触水源时，刺激雌虫通过瘘管将卵排出）。

主要鉴别诊断

鉴别诊断包括黄蝇、细菌或真菌感染和肿瘤。

诊断

1. 细胞学（瘘管渗出物）：嗜酸性粒细胞、中性粒细胞、巨噬细胞和 500 μm 长，尾部锥形的线虫幼虫。

2. 皮肤组织病理学：皮下假包囊中含有成虫和幼虫，其周围被嗜酸性脓性肉芽肿性炎症包裹。

治疗和预后

1. 外科手术切除结节。
2. 净化水源。
3. 预后良好。然而龙线虫病可通过动物 - 甲壳类动物 - 动物的传播途径传染给其他动物和人。

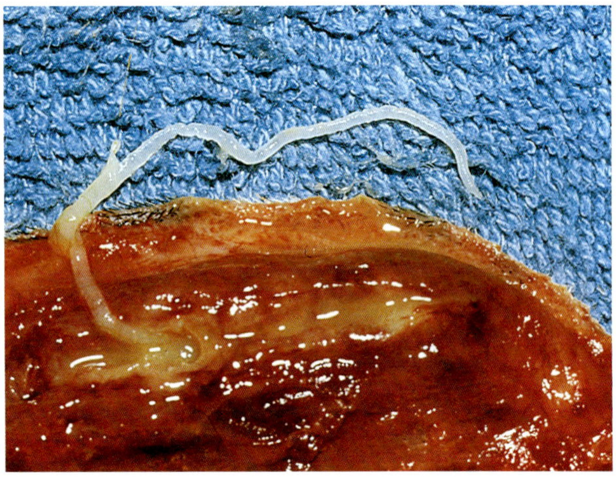

图 5-114 龙线虫病。从切除的组织中将蠕虫移除（自 A. Yu）。

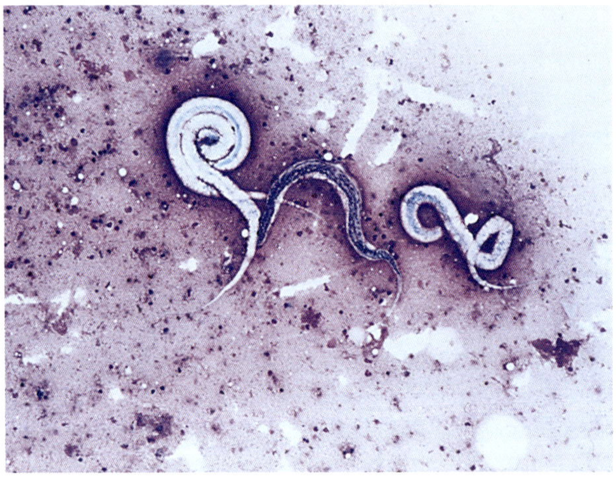

图 5-115 龙线虫病。龙线虫的显微图像。组织压片细胞学，10× 物镜视野下观察（自 A. Yu）。

第 6 章　病毒、立克次氏体和原虫性皮肤病
Viral，Rickettsial and Protozoal Skin Diseases

- 犬瘟热
- 乳头状瘤
- 猫鼻气管炎病毒（猫疱疹病毒Ⅰ型）
- 猫杯状病毒感染
- 猫牛痘（猫痘）
- 落基山斑疹热
- 犬埃里希体病和无形体病
- 利什曼病

犬瘟热
Canine Distemper

特征

犬瘟热由一种麻疹病毒属的病毒引起，该病毒与麻疹病毒和牛瘟病毒相关。犬常发生此病，幼年或未免疫的幼犬发病率最高。

有些发病犬的鼻部和爪垫会出现轻度到严重的过度角化（硬爪垫病）。更常见的症状包括类脓疱病性皮炎、精神沉郁、厌食、发热、双侧浆液性至脓性眼鼻分泌物、结膜炎、咳嗽、呼吸困难、腹泻、釉质发育不全和神经症状。

主要鉴别诊断

鉴别诊断包括引起鼻 - 趾过度角化的其他病因，例如家族性爪垫过度角化、拉布拉多犬遗传性鼻部角化不全、自体免疫性皮肤病、锌反应性皮炎、肝皮综合征、甲状腺功能减退、利什曼病和特发性鼻 - 爪垫过度角化。其他鉴别诊断包括引起脓疱性皮炎的其他病因，例如脓疱病、浅表脓皮病、蠕形螨病和幼犬蜂窝织炎。

诊断

1. 排除其他鉴别诊断。

2. 免疫细胞学或聚合酶链氏反应（PCR）技术［血液、鼻或眼分泌物、唾液、结膜刮取物、脑脊液（CSF）］：检测犬瘟热抗原。

3. 皮肤组织病理学（发病爪垫）：非特异性变化包括正角化性过度角化、不规则的棘层增厚、增厚的表皮突、血管周围及周围附属器的轻度单核细胞性皮炎。可能观察不到胞浆内的嗜酸性病毒包涵体及气球样变性。

4. 免疫组织化学（爪垫、鼻面、颈部背侧有毛发的皮肤）：检测犬瘟热抗原。

治疗和预后

1. 无特异性抗病毒疗法。

2. 给予支持疗法，口服或者胃肠道外给予广谱抗生素，以防止继发细菌感染。

3. 伴有鼻 - 趾过度角化的犬预后不良，犬瘟热可接触传染给其他犬，但不会传染给猫和人类。

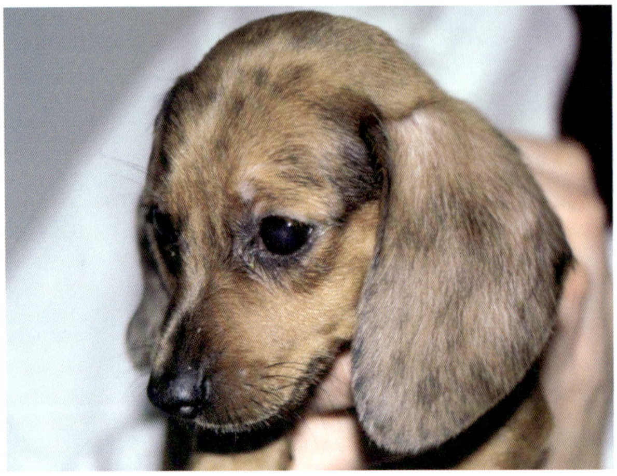

图 6-1 犬瘟热。伴有轻度眼分泌的幼犬。

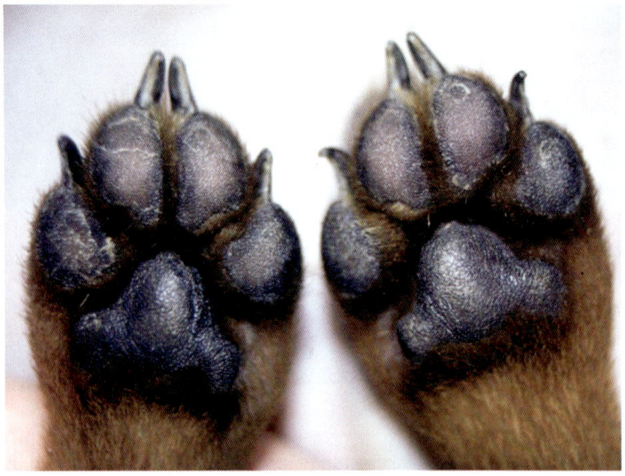

图 6-2 犬瘟热。图 6-1 中的犬，爪垫过度角化并结痂，典型的犬瘟热感染。

乳头状瘤
Papillomas

特征

犬乳头状瘤是一种良性肿瘤，由种属特异性 DNA 乳头状瘤病毒感染上皮细胞所造成。病毒癌基因诱导宿主上皮细胞生长分裂，并且导致染色体不稳定和突变。乳头状瘤病毒通过直接或间接接触传播，潜伏期 1～2 个月。犬乳头状瘤在消退以前，可以在口腔内存留长达 4～6 个月，在皮肤存留 6～12 个月。细胞免疫是乳头状瘤消退的关键，免疫抑制体况［包括猫免疫缺陷病毒（FIV）］和免疫抑制药物会使感染恶化或延长感染。

已经确诊至少有 5 种类型的犬乳头状瘤病毒和多于 8 种类型的猫乳头状瘤病毒，每一种都有其不同的临床症状和感染部位。

犬口腔乳头状瘤

年轻犬最易感染。犬口腔乳头状瘤通常是一种自限性感染，常见于口腔和唇部；偶尔也会感染到鼻部、结膜和有毛发的皮肤。病变开始为多处平滑的白色丘疹和斑块，然后逐渐发展为疣状菜花样的病变。病变通常会在 3 个月内消退。

犬皮肤（外生型）乳头状瘤

多发于老年犬；可卡犬和凯利蓝㹴可能具有品种倾向性。病变主要感染头部、眼睑和爪部。病变表现为单发或多发性，由肉色到着色、有蒂、脱毛、直径通常小于 0.5 cm 的光滑或叶状肿物，情况不一。

皮肤内翻性乳头状瘤

年轻犬易患该病。表现为自限性疾病，常会在腹部和腹股沟处发现病变。病变可能是单一的或多发的、直径 1～2 cm、圆形、凸起、中央有脐型凹陷的肿物。

多发着色斑块

常发生于年轻成年的迷你雪纳瑞犬和巴哥犬；可能是常染色体显性遗传。表现为非退行性病变，常发生于胸腹侧和股内侧。病变开始为着色的斑点和斑块，后发展为鳞状和过度角化的扁平肿物，有些病变可能经历恶变转化为鳞状细胞癌。

犬生殖器乳头状瘤

这是一种报道较少且描述不全的经性传播的乳头状瘤病毒感染。病变表现为阴茎或阴道黏膜上的突起状乳头状瘤斑块。

犬爪垫乳头状瘤

一种报道较少的成年犬疾病，始终没有证实是由病毒引起。然而，作者治疗了两例犬爪垫乳头状瘤，其中一例通过免疫组织化学的方法被证实存在乳头状瘤病毒抗原，并且两例都对使用干扰素进行免疫调节治疗有效。病变为多个爪垫呈现坚实的、过度角化的肿物。在灵缇曾有趾间病变的报道。可能发生跛行和继发细菌感染。

猫口腔乳头状瘤

感染引起口腔内形成多个突起的、椭圆形、平顶的 4～8 mm 高的肿物，尤其是舌腹侧。

猫多病毒性乳头状瘤

常发中年或者老年猫。病变发生于有被毛覆盖的头部、颈部、胸背部、腹部和四肢近端皮肤。病变呈多个、大小不一（3 mm 至 3 cm）的肿物，可以从着色的斑点逐渐发展为过度角化的斑块。疾病可以发展为猫多中心鳞状细胞癌（博文氏病）。

猫单个皮肤乳头状瘤

这是一种未被证明是由病毒引起的罕见病变。病变发生于成年猫且无部位易感性。临床上表现为小的（< 0.5 cm）过度角化的有蒂肿物。

诊断

皮肤组织病理学：表皮增生和伴有上皮细胞气球样变性的乳头状瘤病、核内可能存在包涵体、明显的透明角质颗粒。

通过免疫组织化学或 PCR 可能检测到乳头状瘤病毒抗原。

治疗和预后

1. 大部分乳头状瘤病毒感染会在宿主产生细胞介导的免疫应答反应后自行消退。

2. 对于有些持久存在的单个病变，外科手术可能治愈，但是要注意对组织的处理，避免在手术部位种植病毒颗粒。

3. 冷冻疗法和激光切除通常有效，但是可能需要反复治疗。

4. 阿奇霉素用于犬和猫被证明有一定效果且不良反应小，5～10 mg/kg，口服，每 12～48 h 一次。

5. 据说 α- 干扰素曾成功治疗犬猫口腔或皮肤病毒性乳头状瘤，150～200 万 U/m^2，皮下注射，每周 3 次，持续 4～8 周（临床治愈后再用 2 周）。

6. 据称，局部应用 5% 咪喹莫特乳膏可以成功治疗犬皮肤乳头状瘤和猫博文氏病，每 24～48 h 一次，直到病变消退。应该给动物使用伊丽莎白圈，防止舔舐和药物摄入。

7. 自体疫苗和免疫调节剂（如左旋咪唑，噻苯咪唑）未被证实有效。

8. 据一例犬内翻乳头状瘤和一例犬着色乳头状瘤的病例报道，口服类维生素 A（如阿维 A，0.5～1 mg/kg，口服，每 24 h 一次）有效。

9. 抗代谢药物可以用于抑制 DNA 的合成和增殖。对于皮肤乳头状瘤疾病（仅用于犬），可以局部应用 5% 5- 氟尿嘧啶（5-FU）溶液，每 24 h 一次，持续 5 d，然后每 7 d 一次，持续 4～6 周。应对犬使用伊丽莎白圈以防止药物摄入，宠主应该使用橡胶手套。可能会出现接触性皮炎或全身毒性。

10. 通常预后良好，大部分病例可以自行消退。对于犬着色斑块和猫多病毒乳头状瘤及极少数口腔乳头状瘤及角膜乳头状瘤病例，可能会恶变转化为鳞状细胞癌。

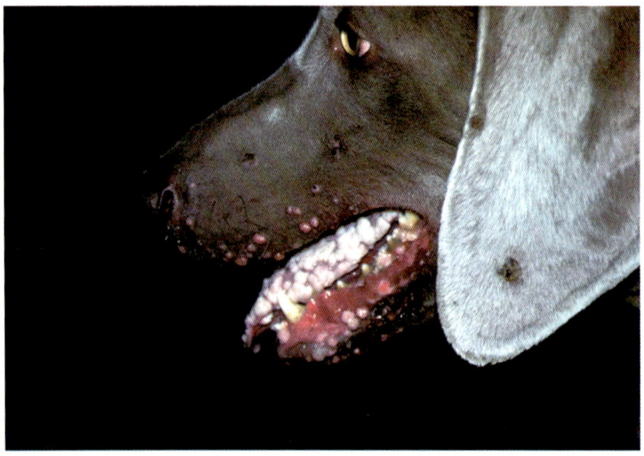

图 6-3 犬乳头状瘤病毒。7 月龄魏玛犬大量的口腔乳头状瘤。

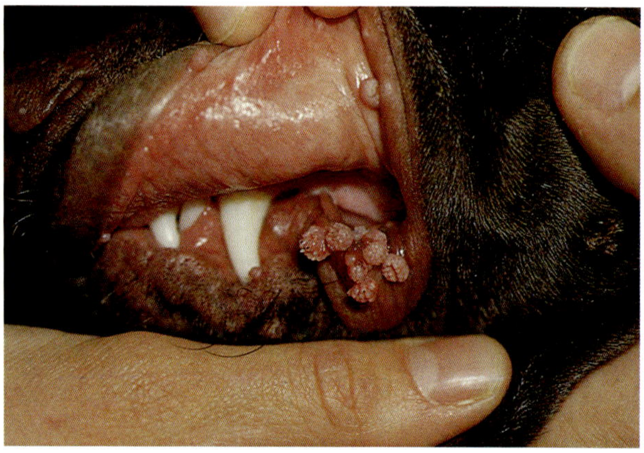

图 6-4 乳头状瘤病毒。幼犬唇部多个乳头状瘤。

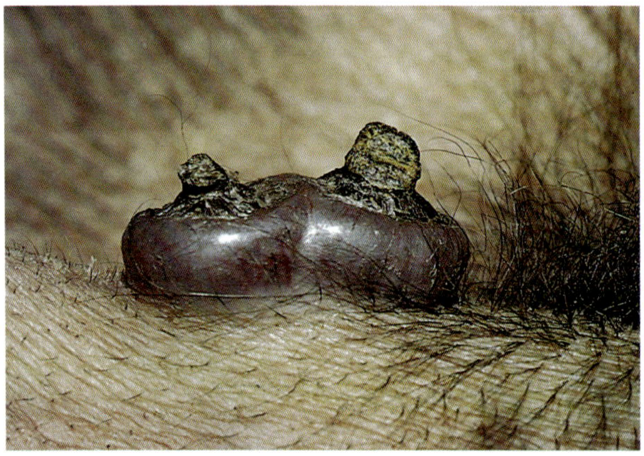

图 6-5 乳头状瘤病毒。6 月龄犬从腹部的乳头状瘤表面突起的皮角。

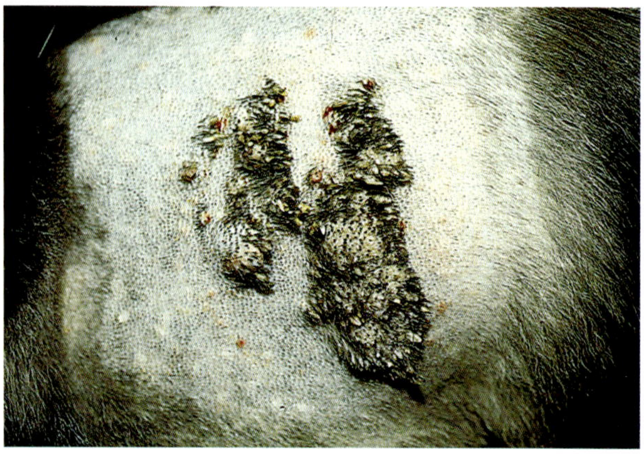

图 6-6 乳头状瘤病毒。成年德国牧羊犬的胸侧壁的巨大乳头状瘤斑块。

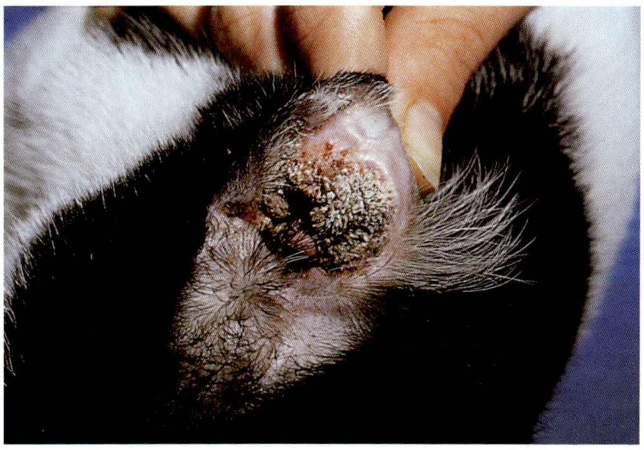

图 6-7　乳头状瘤病毒。猫耳朵上多个乳头状瘤形成的斑块（自 A. Yu）。

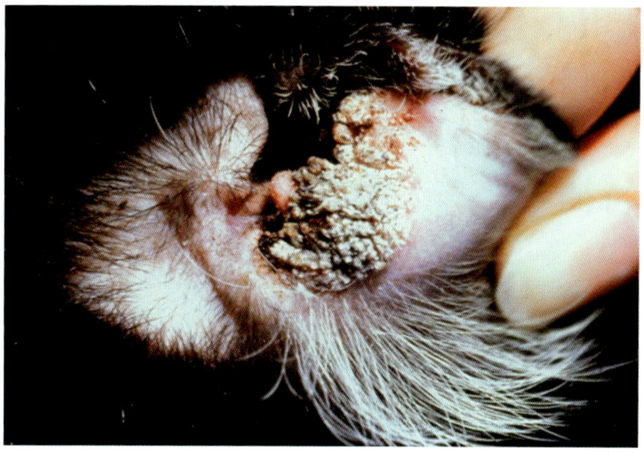

图 6-8　乳头状瘤病毒。图 6-7 中猫的近观。乳头状瘤斑块的凸起表面很明显（自 A. Yu）。

猫鼻气管炎病毒（猫疱疹病毒 I 型）
Feline Rhinotracheitis Virus (Feline Herpesvirus-1)

特征

这是一种由疱疹病毒引起的上呼吸道疾病。世界范围内都有发生并且常见于猫，据报道寄养所、猫舍和收容所发病率最高。

可能会出现口腔或者面部、躯干、爪垫的浅表皮肤溃疡，但罕见。猫通常发展为严重的上呼吸道疾病，特点是沉郁、发烧、厌食、明显的喷嚏、结膜炎并且伴有大量的浆液性至脓性眼鼻分泌物，伴有鼻孔外部和眼睑处结痂。可能出现溃疡性或间质性角膜炎。

主要鉴别诊断

鉴别诊断包括引起上呼吸道疾病的其他原因，如猫杯状病毒、博德氏菌、衣原体、支原体、自体免疫性皮肤病、过敏性皮肤病和其他深层感染。

诊断

1. 根据病史和临床症状，以及对经验性使用泛昔洛韦治疗的应答。
2. 病毒分离（口咽部棉签）：疱疹病毒。
3. 荧光抗体或 PCR 技术（结膜涂片）：检测到鼻气管炎病毒抗原。
4. 皮肤组织病理学：伴有混合性炎症的溃疡性和坏死性皮炎，通常包含嗜酸性粒细胞。上皮细胞内可能含有嗜碱性核内包涵体。

治疗和预后

1. 无特异性治疗方法。
2. 给予良好的护理，并且全身或眼部给予广谱抗生素以控制继发细菌感染。
3. 对于顽固性溃疡性角膜炎，外部使用抗病毒眼药水可能有帮助——曲氟尿苷或碘苷，每 2～6 h 一滴。
4. 报道提示单独或者联合使用抗病毒药物可能会减轻临床症状，可以尝试使用以下一个或多个方法进行治疗。
   - 给予泛昔洛韦，125 mg/ 只猫，每 12 h 一次。
   - α- 干扰素，30 U，口服，每 12～24 h 一次。
   - 赖氨酸，200～500 mg/ 只猫，口服，每 12～24 h 一次。
5. 预后通常良好，对于大部分猫 10～20 d 内恢复。有些猫为隐性感染，在应激或免疫抑制情况下可能会复发。猫鼻气管炎病毒对其他猫有传染性，但不传染犬和人类。

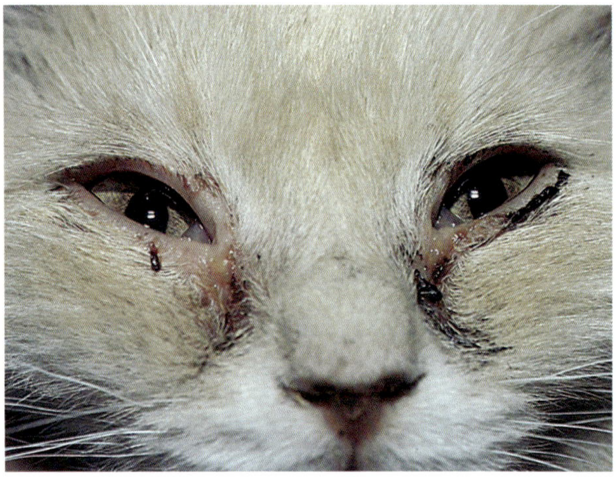

图 6-9　猫鼻气管炎病毒。年轻猫眼睑的眼分泌物和浅表糜烂。

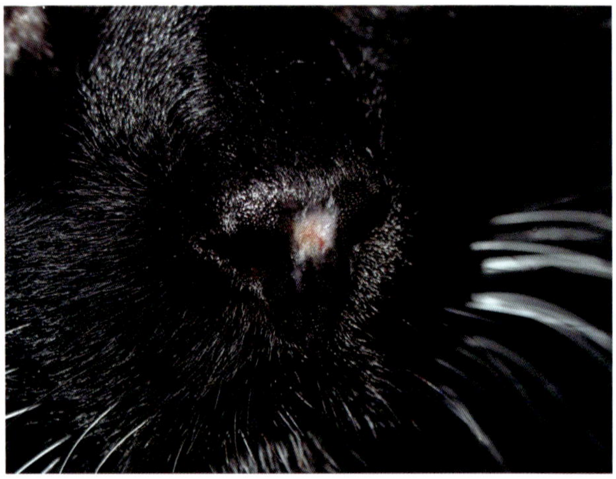

图 6-10　猫鼻气管炎病毒。猫鼻部局灶性、脱毛、糜烂性病变。

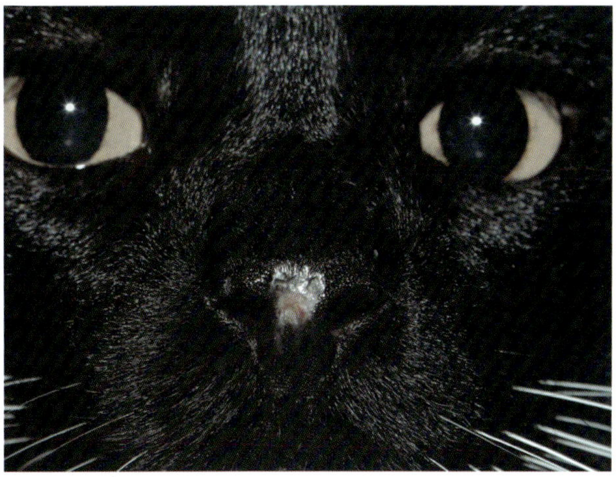

图 6-11　猫鼻气管炎病毒。图 6-10 中的猫鼻部呈现的局灶性、糜烂性病变。

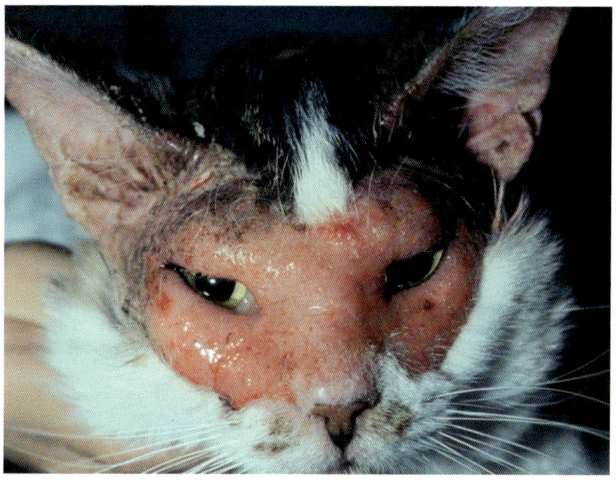

图 6-12　猫鼻气管炎病毒。猫严重脱毛、红斑、糜烂性皮炎，疑似由疱疹病毒感染引起。

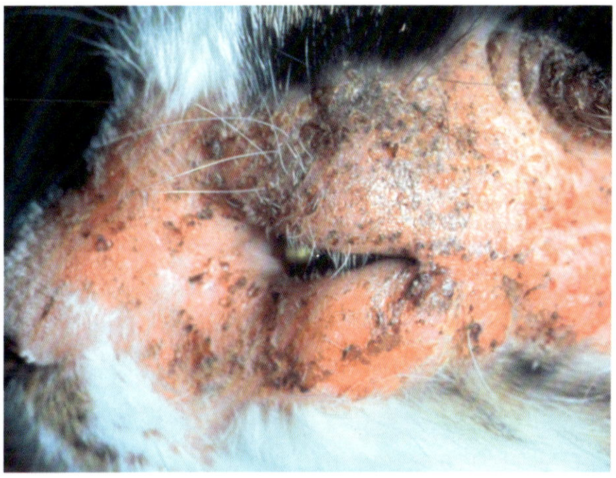

图 6-13　猫鼻气管炎病毒。图 6-12 中的猫。整个面部几乎出现脱毛、丘疹、结痂性皮炎（自 L. Frank）。

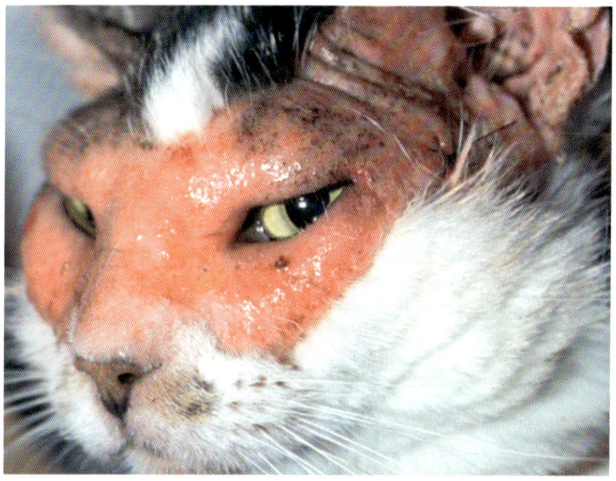

图 6-14　猫鼻气管炎病毒。图 6-12 中的猫。整个面部几乎出现脱毛、丘疹、结痂性皮炎（自 L. Frank）。

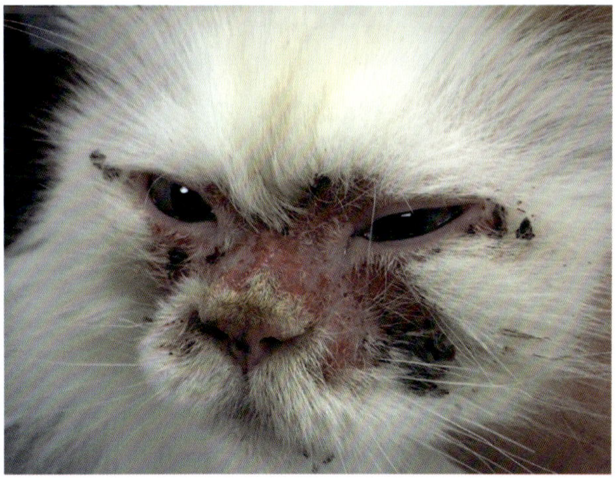

图 6-15　猫鼻气管炎病毒。感染猫面部严重的糜烂性皮炎。

猫杯状病毒感染
Feline Calicivirus Infection

特征

猫杯状病毒（FCV），是一种小的无囊膜的 RNA 病毒，是猫最常见的病毒病原体之一。FCV 在绝大部分猫舍、收容站和大型多猫家庭呈地方流行，多达 1/4 的猫在任何时候都可能会通过口腔传播病毒。已知的感染模式有三种：急性 FCV 感染、慢性 FCV 感染、以及强毒力性系统性猫杯状病毒病。尽管急性和慢性 FCV 感染都是典型地由疫苗敏感 FCV 毒株引起，但系统性猫杯状病毒病却是由至少两种不同的、高毒力性、疫苗抵抗性 FCV 毒株引起（FCV-ARI 和 FCV-KAOS）。急性 FCV 感染常见于猫，而慢性 FCV 感染是急性 FCV 感染的不常见后遗症。强毒力系统性猫杯状病毒病较罕见，并且其特点主要是快速传播的急性暴发，收容站、动物医院、研究中心和多猫家庭中的猫易发生致命性感染。

急性 FCV 感染的发病特征是暂时性、自限性、水泡性溃疡。口腔溃疡常见并且可能是仅有的临床症状。溃疡通常涉及舌头，但有可能发生于口腔的任何地方（上腭、齿龈）、唇部和鼻面处。身体其他部位的溃疡罕见。其他症状可能包括沉郁、发热、轻度的喷嚏、结膜炎、眼鼻分泌物、关节病（跛行）和非常罕见的肺炎。在多猫的住所，无症状的病毒携带猫较常见。

慢性 FCV 感染的特点是慢性发展、渐进性、浆细胞 / 淋巴细胞增生性或溃疡性齿龈炎和口腔炎。临床症状可能包括口臭、吞咽困难、过度流涎、厌食和体重下降。

强毒力全身性猫杯状病毒感染可能引起的是不明显的疾病（无症状携带者）、轻度至中度疾病、或重度疾病以及死亡。患猫通常在感染后一周内出现急性症状，并且根据疾病的严重程度出现中度至严重的发热。皮肤病变包括口腔溃疡；不同程度的脱毛；结痂；面部、耳廓、爪垫和鼻孔溃疡；面部或四肢皮下水肿。其他症状包括嗜睡、厌食、鼻分泌物、呼吸困难、眼分泌物或结膜炎、跛行、黄疸、胸水、腹泻、呕吐和突然死亡。

主要鉴别诊断

鉴别诊断包括导致上呼吸道疾病的其他原因，如猫鼻气管炎病毒、博代氏杆菌、衣原体、支原体、自体免疫性皮肤疾病和其他深层感染。

诊断

1. 通常根据病史和临床表现。
2. 荧光抗体试验（结膜抹片）：检测杯状病毒抗原。
3. 皮肤组织病理学（强毒力系统性 FCV）：轻度炎症的上皮坏死和溃疡。可能表现真皮浅层水肿和血管炎。
4. 血清学试验：FCV 抗体血清反应阳性。
5. 病毒培养 /PCR 技术（口腔棉签、组织样本）：病毒培养中分离出杯状病毒，使用 PCR 检测对特殊菌株鉴定。

治疗和预后

1. 无特异性治疗方法。
2. 给予良好的支持和护理以及全身性的广谱抗生素以控制继发细菌感染。
3. 在强毒力系统性 FCV 暴发时，感染区域应该暂时对猫进行封闭。将 5% 次氯酸钠溶液按 1∶32 稀释，对房间、笼子和器具进行彻底清洁，同时对所有污染区域进行彻底消毒。
4. 急性 FCV 感染通常预后良好，大部分患猫可以完全恢复并且平安无事。急性感染很少导致死亡，对于发展成肺炎或者严重的上呼吸道感染的幼猫死亡率最高。慢性 FCV 感染预后不良，因为口腔疾病呈渐进性且极难治疗。强毒力系统性 FCV 对于成年猫预后谨慎，因为他们比幼猫更易发展为严重的疾病和死亡。目前，FCV 疫苗无法防御强毒力系统性 FCV 感染。猫杯状病毒会接触传染给其他猫，但不会传染给犬和人类。

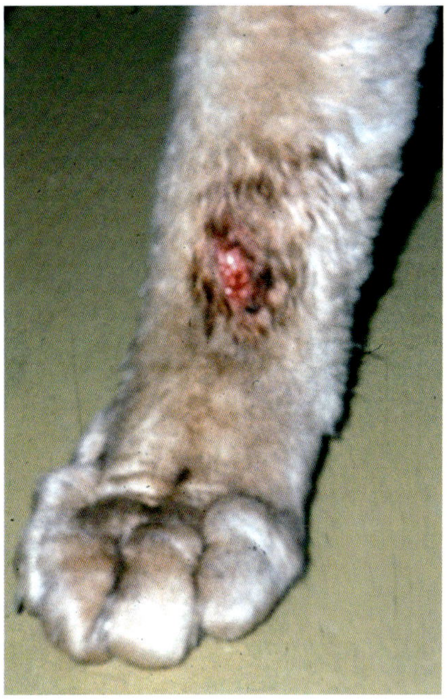

图 6-16　猫杯状病毒。猫前肢的溃疡（自 R. Malik）。

猫牛痘（猫痘）Feline Cowpox (Catpox)

特征

猫牛痘是由正痘病毒感染所引起，主要出现在西欧和亚洲。罕见于猫。据报道，捕食野生啮齿类动物（储存宿主）的乡村猫发病率最高。猫牛痘可以发生在任何时候，多发于秋天，当啮齿动物数量最多的时候。

最初的损伤为咬伤（有结痂的溃疡性结节），通常发生于头、颈或前肢。1～3周后发展广泛，随机分布，斑点和丘疹可以扩大为直径1 cm的结节。结节破溃、结痂，并逐渐干燥，4～5周后呈片状剥落。病变可能存在瘙痒。有些猫口腔有水疱和溃疡。不常见的表现可能包括局限于唇部和口腔的溃疡性病变，无并发皮肤症状的溃疡性口炎，广泛的皮肤水肿和坏死，四肢水肿和坏死甚至趾缺失。除了轻度的发热、沉郁和偶尔的腹泻外，发病猫通常不表现全身症状，除非同时存在免疫抑制性疾病。

主要鉴别诊断

鉴别诊断包括细菌或真菌感染，嗜酸性肉芽肿，肿瘤和其他病毒感染（例如FIV，鼻气管炎病毒，杯状病毒）。

诊断

1. 皮肤组织病理学：表皮增生，气球样和网状变性，微小水泡，以及角质细胞的胞浆内嗜酸性包涵体引起的细胞坏死。
2. 血清学：检测到牛痘抗体。
3. 免疫组织化学（活检样本）：检测到牛痘抗原。
4. PCR技术（活检样本）：检测到牛痘抗原。
5. 病毒分离（干燥结痂样本）：猫牛痘。

治疗和预后

1. 无特异性治疗方法。
2. 全身给予广谱抗生素，防止继发细菌感染。
3. 禁忌使用糖皮质激素。
4. 预后良好，但损伤愈合后，可能导致永久性的脱毛或疤痕。患病猫可接触传染给其他猫或人类。

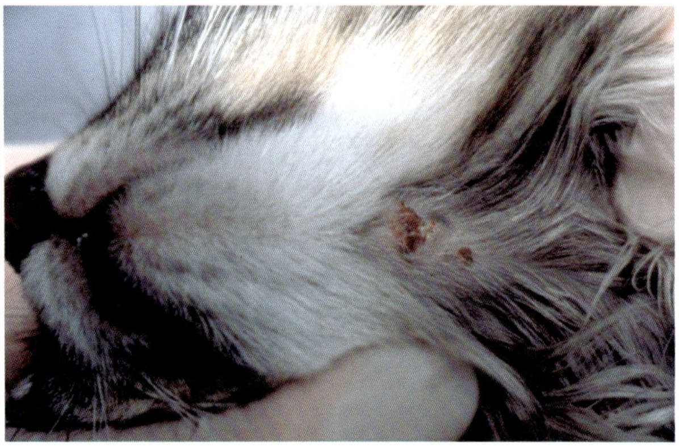

图 6-17 猫牛痘。猫颈腹侧多处结痂性丘疹（自 M. Austel）。

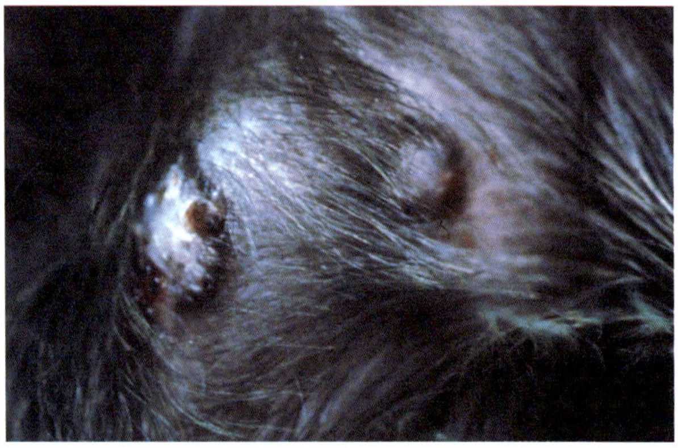

图 6-18 猫牛痘。躯干部多处丘疹性病变（自 M. Austel）。

落基山斑疹热
Rocky Mountain Spotted Fever

特征

落基山斑疹热（RSMF）是一种由立克次氏体引起的蜱媒人兽共患传染病，立克次氏体是一种小的革兰氏阴性球杆菌，专性细胞内寄生。许多种类的蜱虫都可以传播立克次氏体，但是在美国，最重要的载体是美国东部的美洲犬蜱（草原革蜱）和美国西部的落基山硬蜱（*D.andersoni*）。蜱虫通过在感染的啮齿类动物或其他小型哺乳动物上进食，而携带上立克次氏体。一旦他们感染犬或者人，立克次氏体会在血管内皮细胞和血管平滑肌内繁殖，引起许多器官的血管炎和血栓。尤其是那些动脉循环发达的器官（例如大脑、皮肤、胃肠道、心脏、肺脏、肾脏、骨骼肌）。

这种疾病发生北美、墨西哥、美国的中部和南部的疫区。在美国，RSMF 流行于人口密集的许多州，但是与名字相反，在落基山却很少见。在北美，大部分被报道的病例发生于 3～10 月，蜱虫活跃的时候。对于生活在疫区的犬较常见，经常外出的年轻犬发病率最高。德国牧羊犬可能具有品种易感性，怀疑具有磷酸果糖激酶缺乏的英国史宾格犬患这种疾病时，可能会更严重并以暴发形式出现。

通常可能会在蜱虫叮咬后的 4～5 d 发烧。可能在口腔、眼睛、生殖器黏膜发现出血点或出血斑，可能出现局灶性视网膜出血。在口腔黏膜上可能出现散在清亮水泡和局灶性斑点。早期，水肿、红斑、溃疡可能涉及唇、耳廓、包皮、阴囊、四肢和腹部（少见）。疾病的后期或恢复期，可能发展为肢体末端坏死。其他发现可能包括厌食、嗜睡、周围淋巴结肿大、腹痛、肌痛、多发性关节炎、呼吸困难、咳嗽和神经功能疾病（前庭障碍、癫痫、昏迷）。偶尔会出现黑粪症、鼻衄、血尿症。

主要鉴别诊断

鉴别诊断包括引起血管炎的其他病因，例如其他致病原、免疫介导性疾病及接触毒素。

诊断

1. 血象和生化检查：典型的血小板减少、中度白细胞增多（轻度核左移）和低白蛋白血症。

2. 皮肤组织病理学：坏死性嗜中性血管炎和血栓。

3. 间接免疫荧光试验：血清样本免疫球蛋白 IgM 滴度显著增加或者间隔 3 周再次采样测定血清样本，针对立克次氏体的 IgM 滴度提高 4 倍甚至更多。

4. 直接免疫荧光法或免疫组织化学（早期病变的皮肤活检样本）：在血管内皮检测到立克次氏体抗原。

5. PCR 技术（活组织样本）：检测到立克次氏体 DNA。

治疗和预后

1. 任何附着的蜱虫都应该被立即小心地用钳子或细尖镊子去除。蜱虫不应该被扭掉或者使嘴部留在皮肤内。为了杀死蜱虫，不要轻易烧、刺、挤、压，因为其体液具有传染性。

2. 如果犬出现脱水、肾衰、休克或者出血性素质时应该给予支持疗法。

3. 药物治疗可选择，强力霉素 10～20 mg/kg，口服或静脉注射，每 12 h 一次；或者四环素 25～30 mg/kg，口服或静脉注射，每 8 h 一次，持续 1～2 周。

4. 其他的治疗方法包括：
- 氯霉素（怀孕犬或者小于 6 月龄幼犬）：15～30 mg/kg，口服或皮下注射，肌肉注射或静脉注射，每 8 h 一次，持续 1～2 周。
- 恩诺沙星（成犬）：5～10 mg/kg，口服或皮下注射，每 12 h 一次，持续 1～2 周。

5. 在蜱活跃的季节，根据产品说明书，选择可以驱逐蜱虫的体外杀虫剂，对于犬进行常规的管理，以使蜱远离犬。应该限制犬接近蜱感染的区域。在犬舍，对于房舍定期使用杀螨剂是有效的。

6. 如果在病程初期进行治疗预后良好。RSMF 的死亡率与诊断的延误、不当的治疗或者两者同时存在直接相关。在慢性病例中，严重坏死、疤痕和四肢皮肤变形可留下永久性后遗症。立克次氏体不会自然性在犬间传播或由犬传播给人。然而患有 RSMF 的犬可能会成为疾病的散播器给其他的犬或者人类。因此兽医最好将 RSMF 的病例上报给国家公共卫生局。

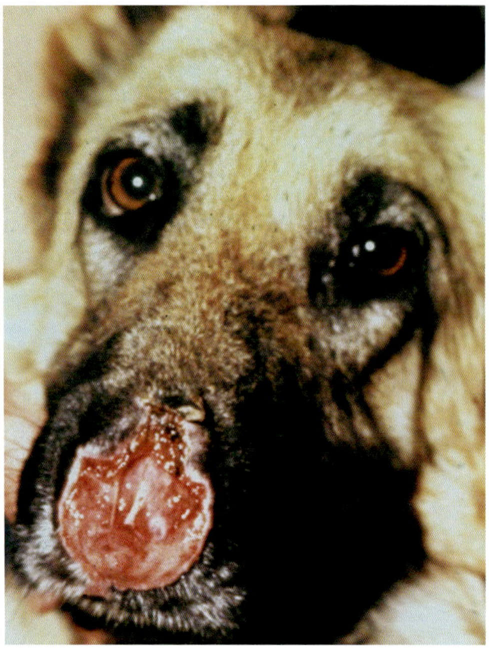

图 6-19　落基山斑疹热。皮肤的严重增生和溃疡几乎毁损了这只犬的鼻子（自 C. Greene）。

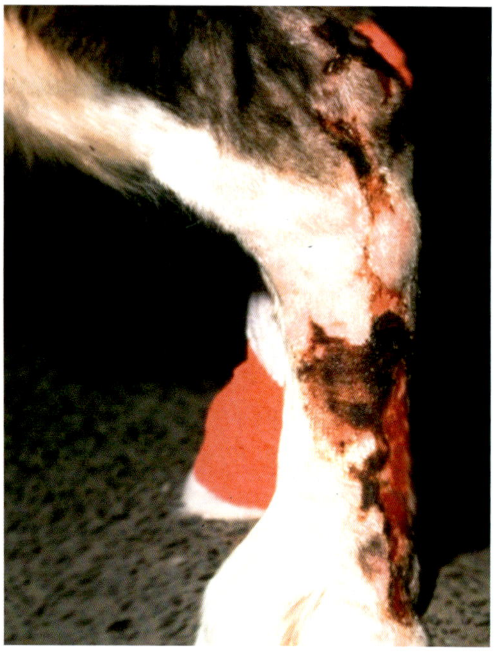

图 6-20　落基山斑疹热。患犬后肢上的溃疡性结节病变（自 C. Greene）。

犬埃里希体病和无形体病
Canine Ehrlichiosis and Anaplasmosis

特征

犬埃里希体病和无形体病是呈全球分布的蜱媒疾病，由立克次氏体属埃里希体种和无形体种的微生物感染单核细胞、粒细胞和血小板细胞所引起。最常见的病原体是犬埃里希体和嗜吞噬细胞无形体，但其他种类的埃里希体和无形体也可以引起此病。犬常见临床感染和亚临床感染。

典型的临床表现是发热、精神沉郁、嗜睡、轻度体重减轻、食欲不振、有或没有出血倾向。如果有出血倾向，出血表现为真皮的瘀点、瘀斑或者同时存在。可能出现出血性素质，如鼻衄。其他症状可能包括淋巴结肿大、脾肿大、肝肿大、以及很少出现的前和 / 或后葡萄膜炎、多肌炎、多发性关节炎和中枢神经系统（CNS）症状（例如抽搐、共济失调、前庭缺失、小脑功能紊乱）。

主要鉴别诊断

鉴别诊断包括落基山斑疹热以及引起血小板减少症的其他原因、血管炎、免疫介导性疾病以及皮肤药物反应。

诊断

1. 血象：常见正色素性、正细胞性、非再生性贫血、血小板减少症或白细胞减少症。

2. 即时检测或交由参考实验室进行间接免疫荧光抗体试验或酶联免疫吸附试验（ELISA）：检测到血清抗埃里希体和抗无形体抗体。如果最初检测结果是阴性，应当考虑在 2～3 周后复查，因为在急重症患犬可能表现出假阴性结果。同样，也可能存在假阳性结果（提示曾暴露而不是感染），尤其是处于疫区的健康犬。

3. PCR 技术（血液、骨髓抽吸物、脾脏抽吸物）：检测到埃里希体和无形体抗原。

治疗及预后

1. 如果需要，应给予支持疗法（如输液、输血）。

2. 治疗可选强力霉素 10 mg/kg，口服，每 12～24 h 一次，持续 28 d。

3. 其他替代疗法包括：

- 米诺环素，10 mg/kg，口服，每 12 h 一次
- 四环素，22 mg/kg，口服，每 8 h 一次，持续 14～21 d。
- 氯霉素（对小于 6 月龄的幼犬），25～50 mg/kg，口服，皮下注射或静脉注射，每 8 h 一次，持续 14～21 d。
- 二丙酸咪唑苯脲，5 mg/kg，肌肉注射，每日两次，持续 2～3 周，疗效不定。

4. 治疗开始后 24～48 h，临床症状应该有所改善。此时血小板计数应该有所增加，一般 14 d 左右恢复正常。

5. 对犬和环境建立一套严格的蜱虫控制方案。

6. 在疫区，可长期使用强力霉素，3 mg/kg，口服，每 24 h 一次，作为一种预防措施以避免再次感染。

7. 如果在疾病早期进行治疗，预后良好。对于慢性或病情严重的犬，预后不良。感染犬不能直接传染给人和其他犬（除了通过输血），但是可以通过蜱为媒介间接进行传播。

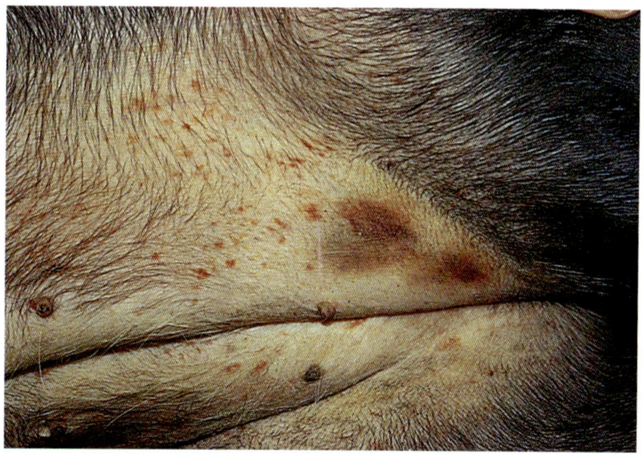

图 6-21　犬埃里希体病。因感染造成血小板减少症，而导致的出血性瘀点和瘀斑。

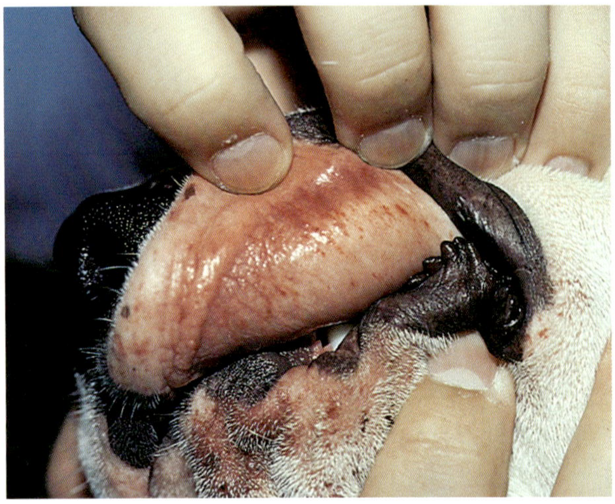

图 6-22　犬埃里希体病。图 6-21 中犬的近观，口腔黏膜的瘀伤。

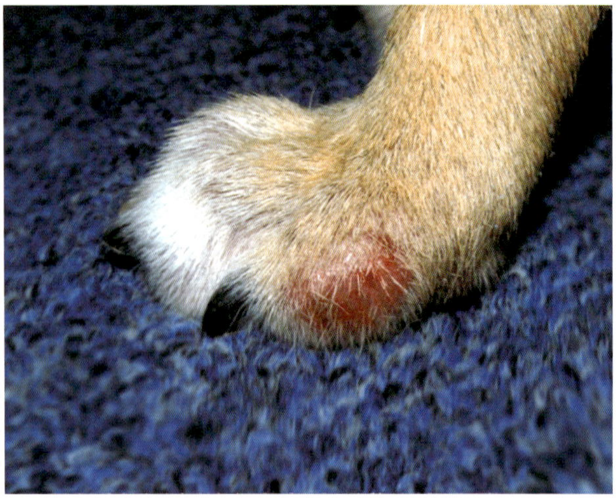

图 6-23　犬埃里希体病。埃里希体病患犬，局灶性红斑、脱毛并伴有浅表糜烂的病变。

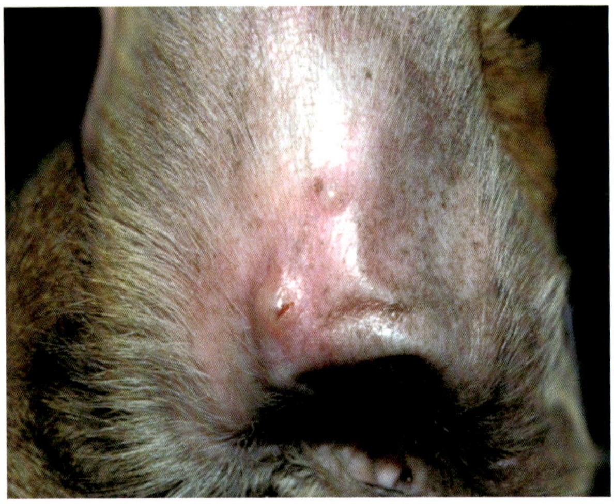

图 6-24　犬埃里希体病。埃里希体病患犬耳廓针状瘀点伴有脓疱。

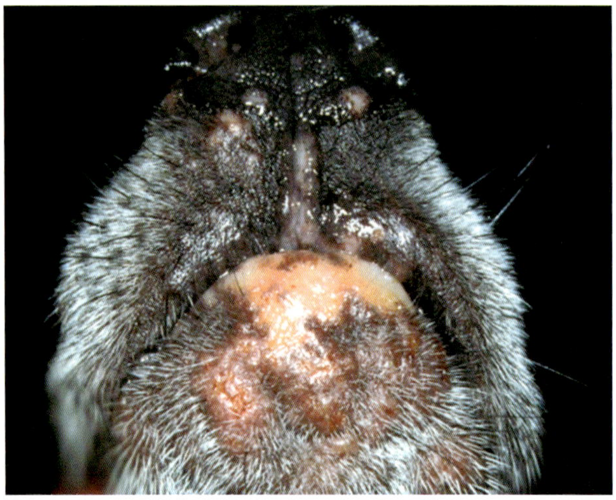

图 6-25　犬埃里希体病。埃里希体病患犬下巴、嘴周和鼻部褪色性糜烂性皮炎。

利什曼病
Leishmaniasis

特征

利什曼病是一种由某种特定吸血白蛉所传播的原虫感染性疾病。此病在全球范围内的犬都有发生，但最常见于发现有媒介白蛉的疫区，包括亚洲、非洲、中东、欧洲南部和拉丁美洲的部分地区。感染偶尔也发生在非疫区（例如美国、加拿大、许多欧洲国家），通常发生在那些进口的或曾到过疫区的犬上。然而，最近报道在美国猎狐㹴犬舍发生了内脏型利什曼病的暴发，但它们未曾离开过乡村。皮肤和内脏型利什曼病很少发生于猫。

犬

在最初感染后的几个月到几年内，可逐渐发生内脏和皮肤疾病。常见渐进性、对称性脱毛和剥落性皮炎，伴有干燥银白色皮屑。病变常始于头部，然后蔓延至耳廓和四肢，最后遍布全身。有些犬可能发生眼周脱毛，鼻部或耳廓溃疡，或鼻—趾过度角化。不常见的皮肤症状包括黏膜皮肤溃疡、皮肤或黏膜结节、脓疱和趾甲过长或易折断。非皮肤症状表现有所不同，但通常包括胆小、进行性神经迟钝、运动不耐受、体重减轻、厌食、肌肉萎缩、行动异常、结膜炎、肾衰的临床指征和淋巴结肿大。

猫

在耳廓、眼睑、嘴唇或鼻部形成单个或多个溃疡性结节或硬痂性溃疡灶。内脏感染很少发生。

主要鉴别诊断

犬：利什曼病可能与许多导致皮脂溢、结节、糜烂 / 溃疡性的皮肤疾病相似。具体的鉴别诊断要根据临床表现。

猫：猫的鉴别诊断包括细菌或深层真菌感染和肿瘤。

诊断

1. 细胞学（淋巴结和骨髓抽吸物）：可见游离或存在于巨噬细胞内的利什曼原虫（无鞭毛体）。

2. 皮肤组织病理学：可见正角化性或角化不全性过度角化、肉芽肿性毛囊周炎、浅表或深层肉芽肿性血管周炎和 / 或肉芽肿性间质性皮炎。细胞外和细胞内（巨噬细胞）可能很难发现利什曼原虫（是一种小的圆形至椭圆形微生物，具有圆形嗜碱性核和杆状动基体），用吉姆萨染色更容易观察到。

3. 间接免疫荧光法或酶联免疫吸附试验：犬上通常可见很高的利什曼原虫抗体滴度，但也可出现假阳性和假阴性结果。血清学试验对于猫没有太大帮助，因为假阴性结果很常见。

4. 免疫组化（皮肤活检）：可检测到利什曼原虫抗原。

5. PCR 技术可用于诊断和监测治疗效果（皮肤活检、淋巴结或骨髓抽吸物）：可检测到利什曼原虫的 DNA。

6. 组织培养：可发现利什曼原虫。

治疗和预后

1. 无猫的治疗报道。

2. 对于犬的治疗，传统上给予葡甲胺锑 100 mg/kg，静脉注射或皮下注射，每 24 h 一次；或按 50 mg/kg，每 12 h 一次，持续 3～4 周；或给予葡萄糖酸锑钠，30～50 mg/kg，静脉注射或皮下注射，每 24 h 一次，持续 3～4 周。

3. 对于犬的其他治疗方法还有：

a. 长期给予别嘌呤醇，5～20 mg/kg，口服，每 12 h 一次，持续 2～24 个月。

b. 马波沙星，2 mg/kg，每 24 h 一次，连用 28 d。

4. 使用别嘌呤醇和含锑化合物联合治疗，要比单独使用其中一种能收到更好的疗效。

5. 使用抗真菌药物（如酮康唑、伊曲康唑）有效，但疗效不一。在人类，对于锑制剂治疗无效的病例，使用两性霉素 B 脂质体可获得良好的疗效，但在患病犬上仅发现有部分药物应答。

6. 无论使用何种治疗方法，本病都无法治愈。所有长期存活的患病动物当疾病复发时都需要周期性的治疗。

7. 预防：当畜主前往疫区旅游时，应将犬留于家中。在疫区，从日出前的 1 h 至日落后的 1 h 内，应将犬留于室内。使用网眼遮障物保护犬舍和房屋，并在犬身上使用表面驱虫药和杀虫药。

8. 无肾功能不全的病犬预后良好。经过最初的治疗后，如果患病犬在需要时能再进行周期性治疗，它们有 75% 的机会存活 4 年以上，并有较好的生活质量。出现肾功能不全的病犬，预后不良。患病犬是重要的储存宿主，以白蛉为媒介，患病犬可将疾病传染给其他犬和人类。犬之间或犬与人类的直接接触传播很少见。

9. LeishVet.info 上有最新的更新和建议。（http：//www.leishvet.info/index.php）

图 6-26 利什曼病。拉布拉多犬的鼻部和眼周边皮肤出现脱毛和结痂，病变程度较轻

图 6-27 利什曼病。由于感染造成的浅表性皮屑（轻度皮脂溢）。

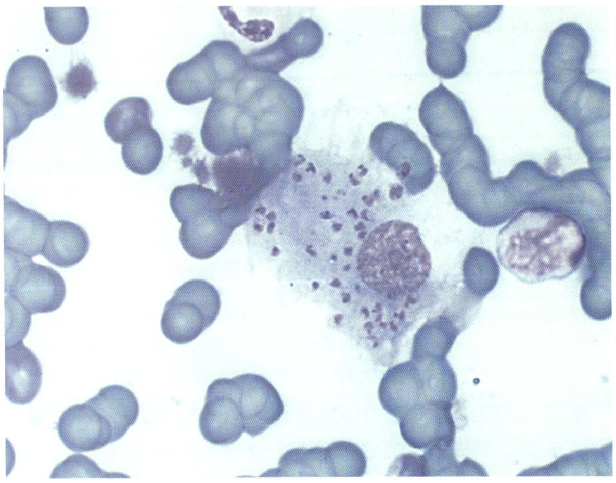

图 6-28 利什曼病。100 倍物镜（油镜）下观察到的原虫无鞭毛体。

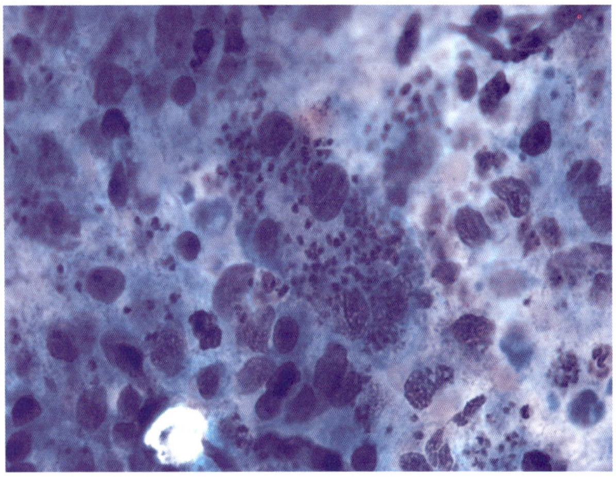

图 6-29 利什曼病。100 倍物镜（油镜）下观察到的原虫无鞭毛体。

第7章　过敏性疾病
Hypersensitivity Disorders

- 犬异位性皮炎（异位性皮炎，环境、花粉过敏）
- 犬食物过敏
- 肢端舔舐性皮炎（舔舐性肉芽肿）
- 跳蚤过敏性皮炎（跳蚤叮咬过敏）
- 猫异位性皮炎
- 猫食物过敏
- 蚊叮性过敏
- 猫嗜酸性斑块
- 猫嗜酸性肉芽肿（线性肉芽肿）
- 惰性溃疡（侵蚀性溃疡、嗜酸性溃疡）
- 猫浆细胞性爪部皮炎
- 猫特发性溃疡性皮炎
- 荨麻疹和血管性水肿（风团）
- 犬面部嗜酸性疖病
- 接触性皮炎（过敏性接触性皮炎）

作　者　注:

治疗过敏症患犬

至今为止，最常见的皮肤病是过敏症及其导致的继发感染，以及慢性的皮肤和耳部变化。尽管在如何简化诊断和治疗过程，以及开发令人惊奇的更新疗法上，我们已经做了许多尝试与努力，但仍然很难找到简单、实惠的策略来诊断和治疗，来应对原发过敏症和继发感染。以下是作者有关如何有效管理过敏犬而给出的最佳建议、技巧和预期。

提升宠主的理解和依从性

管理过敏症需要长期的预防和治疗过程，对此宠主往往难以理解和坚持，这是兽医面对的主要问题。关于认知心理学的信息很多，可以用以优化人为因素，提高成功率。建议如下：

1. 让宠物主人填写一份完善的病史表。这使得宠主可以专注于皮肤疾病和症状的细节，并使他或她更好地倾听并接受由医疗团队提供的诊断和信息。

2. 努力避免使用闲聊、随意的方式讨论过敏症。我们许多人都有一种"下意识的"过敏论调，这只会干扰我们的顾客，使其不能专注于单个患宠的具体问题。

3. 组织有关过敏症的诊断和治疗的教育讨论，期间使用简化的图表和小册子。这些都聚焦于教育信息，用以提高顾客对疾病的理解（见第1章）。此外，在小册子上画图并做笔记，供顾客之后查阅。这可以增加信息的接受度，同时提高治疗的依从性。

4. 根据患宠临床表现的严重程度和对以前治疗的反应，将诊断试验和治疗选项进行分组（轻度患宠使用a，b和c；中重度患宠使用d，e和f；重度患宠使用g，h和i）。

5. 评估患宠及其家庭成员感染耐甲氧西林葡萄球菌（MRS）的风险。有感染MRS和人兽共患病风险的家庭肯定乐意接受积极的医疗管理以降低风险。三种MRS都有可能从犬传染给人，也可由人传播给犬。如果家庭成员有感染耐甲氧西林金黄色葡萄球菌（MRSA）的病史，应考虑做细菌培养，对患犬进行积极监测，因为犬可能从人上感染MRS。如果家庭成员中存在免疫抑制者，应监测患病动物感染耐甲氧西林假中间型葡萄球菌和耐甲氧西林施氏葡萄球菌的情况，这可能是一个威胁免疫抑制人群的潜在传染源。这些患病动物需要最积极的诊断检查和治疗，以保护整个家庭免于感染人兽共患病。在这些家庭里，应避免随意使用类固醇类和氟喹诺酮类药物，这会增加MRS脓皮病的风险，更好的选择是使用抗菌剂进行外部治疗或根据细菌培养结果选择全身性抗生素（或两者同时）。

治疗感染

治疗原发过敏性皮肤疾病导致的细菌和酵母菌感染的必要性和重要性，尽管是皮肤科医生一直在被教导和强调的，然而未能识别、诊断、成功治疗以及预防细菌和酵母菌的感染，仍然是需要改进的最重要因素。近年来，忽略潜在原发性疾病的鉴别和治疗，或不恰当的治疗继发性脓皮病，已导致耐药性感染的出现和趋势的增加。这些感染，尤其是与不恰当的治疗相关的感染，已经迅速成为道德和法律方面所关注的主要人兽共患性传染病。

1. MRS 感染和家族性免疫抑制的风险必须进行评估、讨论和积极管理，以限制宠物和人类家庭成员之间出现耐药感染和耐药基因，或两者同时出现。

2. 细胞学必须纳入每次皮肤检查中，作为评估皮肤疾病基础数据的一部分。这项简单的检测可用于感染的细胞学诊断（细菌、酵母菌或者两者共存）。

3. 当病史资料提示存在耐药性细菌感染时，应对皮肤进行培养（见第 3 章）。

4. 应针对引起感染的潜在过敏着手治疗，以减少感染的复发和慢性抗生素的重复使用。

止痒

抛开首要的医学问题不谈，顾客的主要希望是止痒。对治疗这种单一症状的痴迷，使我们以一种不健康的狭窄视野关注瘙痒，以至于忽视真正的问题所在，其实是潜在的原发过敏症导致的继发感染。

无论如何，目前仅有 4 种快速制止严重瘙痒的方法：

1. 对于疑似或已知的异位性皮炎患犬，犬异位性皮炎免疫治疗药（硕腾）是使用一种注射型犬型单克隆抗体，封闭 IL-31 的致痒效果。截至撰写本书时发现，这种注射剂对减轻瘙痒性异位性皮炎的症状非常有效，且不良反应最小。

2. 镇静动物。高剂量的苯海拉明、加巴喷丁和 / 或曲马多能帮助减轻严重的瘙痒，这听起来不同寻常。显然，这不是一种长久可行的解决办法。

3. 使用抗炎剂量（0.5～1.0 mg/kg）的类固醇类药物，口服 1～2 周，随后逐渐降低剂量，但是，因为会增加 MRS、糖尿病和医源性库兴氏综合征的风险，所以应避免长期使用。

4. 短期给予奥拉替尼（爱波克）能减轻瘙痒的感觉，但应避免长期使用，因为不良反应风险会增加，包括肿瘤（18%），脓皮病（12.0%），耳炎（9.9%），呕吐（9.2%），腹泻（6.0%），膀胱炎（3.5%），厌食（3.2%），昏睡（2.8%），酵母菌皮肤感染（2.5%）和爪部皮炎（2.5%）。

预防过敏症

最好的解决方案是，当有条件时，使用简单的非处方（OTC）治疗方案去预防过敏症和继发感染。这些治疗方案应该是所有过敏症治疗的支柱。结合麻醉学的原则，即使用多种药物以减少药物用量，同时利用不同的作用机理以获得一个理想的麻醉和镇痛方案。与使用较高剂量的单一药物达到相同的预期效果相比，前者可降低不良反应的风险。同样地，治疗过敏性皮肤疾病也应遵循相同的逻辑——针对病理生理学的不同方面，使用多种治疗方法（如皮肤屏障治疗、免疫调节和抗菌）。患宠能耐受，同时宠主能坚持执行的治疗方案，才能达到最佳的效果。

1. 每隔 3～7 d，使用含消毒和抗菌成分的香波给宠物洗澡，以去除花粉并杀死细菌和酵母菌。

2. 每次洗澡后（每 3～7 d）向耳道内滴入洗耳液或药物，以防止过敏性耳炎发展为感染性耳炎。

3. 使用湿巾擦拭爪部、下颏和面褶处，尽可能移除花粉、细菌和酵母菌。这在就寝前特别有用，因为能缩短环境刺激的时间，避免瘙痒加剧。

4. 抗组胺药物的常规使用可能有助于减少皮肤刺激，并且不良反应小。

5. 每 12～24 h 给予一次必需脂肪酸，以降低过敏进程中的炎症反应（ω-3），并改善皮肤屏障功能（ω-6）。

6. 对于青年过敏患犬，每天服用一次无风味剂的益生菌可能有助于延缓或防止过敏症的整体影响。

7. 确保所有的宠物和动物都接受了新一代内外寄生虫控制治疗，以防止寄生虫性瘙痒。

8. 如果可能，尽量避免常见的食物过敏原。饲喂不含牛肉、乳制品或鸡肉蛋白质的食物。

9. 在黎明和黄昏时段，花粉和昆虫处于高峰值，应将宠物保持在室内。

先进的过敏症治疗

当相对简单和容易的预防治疗效果欠佳时，患病动物需要更先进的过敏症治疗方案。

1. 考虑采用家庭自制食物试验，以避免商品粮中所有防腐剂、色素和污染物的影响。

2. 环孢菌素（Atopica）和过敏疫苗（脱敏治疗）是唯一有效、安全的治疗措施，对过敏患宠进行长期治疗所达到的疾病缓解率已有文献报道。此外，口服类固醇类药物和奥拉替尼（爱波克）最适合阻止急性瘙痒症。

• 已报道的使用环孢菌素（Atopica）的不良反应包括腹泻（26%）、软便（15%）、厌食（2%）、结节或囊肿（1%）、泌尿道感染（UTI）（1%）、牙龈增生（1%）、昏睡（1%）、生殖问题（1%）、乳头状瘤

（1%）、淋巴结肿大（0.8%）、神经疾病（0.8%）和荨麻疹或血管性水肿（0.3%）。

3. 对已知的异位性皮炎患犬，犬异位性皮炎免疫治疗药（硕腾）是使用一种注射型犬单克隆抗体，用以封闭 IL-31 的致痒效果。截至撰写本书时，每月注射一次能高效缓解异位性皮炎的瘙痒症状，且不良反应最小。

4. 转诊给兽医皮肤科医生进行确诊，并给予先进的医疗管理。

重症患宠的抢救治疗

过敏症患宠极少发生上述治疗无效的情况，但当发生时，出于人道考虑，需要使用类固醇或奥拉替尼（爱波克）进行长期治疗。然而长期使用这些药物时，可能会出现严重且明显的不良反应。只能就这些药物的负面影响，与宠物主人进行全面而彻底的讨论之后，才能延长其使用时间。

1. 以尽可能低的剂量和频率给予口服类固醇类药物，以控制瘙痒。频繁或延长使用可能导致药物不良反应的产生，包括但不仅限于：MRS 感染、医源性库兴氏综合征、蠕形螨病、皮肤钙质沉积、糖尿病、尿路感染（UTIs）、十字韧带断裂等。

2. 以尽可能低的剂量和频率给予奥拉替尼（爱波克）。高剂量和频率的给药会增加不良反应的风险，包括肿瘤（18%）、脓皮病（12%）、耳炎（9.9%）、呕吐（9.2%）、腹泻（6%）、膀胱炎（3.5%）、厌食（3.2%）、昏睡（2.8%）、酵母菌性皮肤感染（2.5%）和爪部皮炎（2.5%）。

过敏症管理的总体目标

- 80%～90% 的时间内降低 80%～90% 的瘙痒。
- 减少皮肤和耳道感染的频率。
- 限制抗菌药物的重复疗程。
- 限制过敏管理性治疗和策略带来的不良反应。
- 在一定的预算范围内，提高患宠和宠主的生活质量。

犬异位性皮炎（异位性皮炎，环境、花粉过敏）Canine Atopy (Atopic Dermatitis，Environmental，Pollen Allergies)

特征

犬异位性皮炎是遗传性易感个体吸入（之前的观念）或经皮吸收了环境中的抗原（过敏原），而出现的过敏反应。常见于犬，起始发病的年龄范围为 6 月龄到 6 岁。然而，大多数异位性皮炎患犬，最初的症状出现于 1～3 岁。

初期症状为皮肤红斑和瘙痒（舔、咬、抓、蹭），根据过敏原不同呈现季节性或非季节性发病。瘙痒部位包括爪、肋腹、腹股沟、腋下、面部和耳部。自我损伤常引起继发性皮肤病变，包括唾液斑、脱毛、抓痕、皮屑、结痂、色素过度沉着和苔藓样变。常见继发性脓皮病、马拉色菌性皮炎和外耳炎、也可见慢性肢端舔舐性皮炎、复发性脓性创伤性皮炎、结膜炎、多汗症（出汗），罕见过敏性支气管炎或鼻炎。

主要鉴别诊断

鉴别诊断包括食物过敏、疥螨、马拉色菌性皮炎和细菌性脓皮病，还有其他过敏症（跳蚤叮咬、接触性），寄生虫（姬螯螨、虱病），毛囊炎（皮肤癣菌病、蠕形螨）。

诊断

1. 季节性舔舐爪部是异位性皮炎最独特和最典型的症状。如果是全年性过敏原（屋尘螨）导致的过敏，爪部舔舐可能为非季节性。

2. 过敏原检测（皮内、血清学）：过敏原因检测方法的不同变化较大。可见对青草、杂草、树木、霉菌、昆虫、皮屑或室内环境过敏原呈阳性反应。也可能出现假阳性和假阴性反应。

3. 皮肤组织病理学检查（无诊断意义）：在浅表性血管周围性皮炎可见皮肤棘细胞层水肿或增生。炎症细胞以淋巴细胞和组织细胞为主，嗜酸性粒细胞不常见。中性粒细胞或浆细胞提示发生了继发感染。

治疗和预后

1. 预防感染：治疗继发脓皮病、外耳炎和马拉色菌性皮炎。控制和预防继发感染是管理异位性皮炎犬的主要部分。每 3~7 d 洗一次澡，并在洗澡后清理耳朵，有助于洗掉花粉并消毒皮肤和耳道，防止继发感染的复发。

2. 对症治疗（控制瘙痒）：

a. 应该制定一套完整的跳蚤控制程序，以预防跳蚤叮咬使瘙痒恶化。

b. 使用抗菌香波及抗瘙痒护毛素和喷雾（例如含有燕麦、普莫卡因、抗组胺药或糖皮质激素）进行外部治疗，每 2~7 d 使用一次或者在需要的时候使用，可帮助减轻临床症状。

c. 在许多病例中（表 7-1）需要应用全身性抗组胺疗法，以减轻临床症状。单独使用抗组胺药物，或与糖皮质激素和必需脂肪酸联合应用，可起到协同作用。可能需要使用不同的抗组胺药物进行 1~2 周的治疗，以确定哪种更有效。

d. 口服必需脂肪酸补充剂［180 mg 二十碳五烯酸（EPA）/40 mg/kg］在 20%~50% 的病例中有助于止痒，但需要 8~12 周的疗程才能看到效果。给予必需脂肪酸的同时联合应用糖皮质激素或抗组胺药物可起到协同作用。

e. 右美沙芬，一种阿片类拮抗剂，可能有助于管理过敏性皮炎患犬的舔舐和啃咬习惯。右美沙芬，2 mg/kg，口服，每 12 h 一次。2 周内可以见效。

f. 奥拉替尼（爱波克）服用 1~2 周能减轻症状（瘙痒），但应避免长期使用，因为有不良反应的风险，包括肿瘤（18%）、脓皮病（12%、耳炎（9.9%）、呕吐（9.2%）、腹泻（6%）、膀胱炎（3.5%）、厌食（3.2%）、昏睡（2.8%）、酵母菌性皮肤感染（2.5%）和爪部皮炎（2.5%）。

g. 全身性糖皮质激素治疗对控制瘙痒通常有效，但也常会导致一些不良反应，包括 MRS 感染，轻度［多尿（PU）/ 烦渴（PD）］至重度的不良反应（免疫功能紊乱，蠕形螨病和皮肤钙质沉积）。如果过敏季节较短，可以作为治疗选择，但是会导致难以接受的不良反应，特别是长期使用时。

- 治疗过敏症禁用强效、长效的注射类固醇，因为相比于长期的蓄积和免疫抑制作用（6~10 周），仅有短期的抗炎作用（3 周）。
- 注射短效类固醇（地塞米松磷酸钠 0.5~0.8 mg/kg 或醋酸泼尼松龙 0.1~1 mg/kg）能有效减轻症状，如果没有并发的继发感染可持续 2~3 周。相比于让主人在家中口服治疗，注射方式可让临床医生更容易控制和监督患宠使用类固醇。
- 特美力 -P（异丁嗪和泼尼松龙组合）是一种独特药物，可以显著止痒，且泼尼松剂量较低。10~20 kg 一片，维持 24~48 h。用量应该逐渐较少到最低的剂量和频率。
- 泼尼松 0.25~1 mg/kg（或甲基泼尼松龙 0.2~0.8 mg/kg），口服，每 24~48 h 一次，连用 3~7 d。用量应该逐渐较少到最低的剂量和频率。
- 犬长期使用类固醇治疗（>3 个月），都应该频繁监测肝脏疾病和尿道感染（UTI）。

3. 过敏治疗（免疫调节）：

a. 应该减少接触过敏原，尽可能将过敏原从环境中清除。应该使用高效空气过滤器（HEPA）和木炭过滤器减少屋内的花粉、霉菌和灰尘。对于屋尘螨敏感的犬，主人应该使用杀螨剂苯甲酸苄酯对毛毯、床垫和室内装饰物进行处理，1 个月一次，连用约 3 个月，然后每 3 个月一次，可能有效地减少环境中的屋尘螨。应丢弃旧的犬窝，因其藏纳屋尘螨抗原。房屋除湿至相对湿度低于

表 7-1 犬抗组胺治疗

抗组胺药物	剂量
扑尔敏	0.2~0.5 mg/kg，PO，每 8~12 h 一次
苯海拉明	1~4 mg/kg，PO，每 8 h 一次
羟嗪	2 mg/kg，PO，每 8 h 一次
阿米替林	1~2 mg/kg，PO，每 12 h 一次
赛庚啶	0.1~2 mg/kg，PO，每 8~12 h 一次
异丁嗪	0.5~5 mg/kg，PO，每 8~12 h 一次
溴苯那敏	0.5~2 mg/kg，PO，每 12 h 一次
氯马斯汀	0.05~1.5 mg/kg，PO，每 12 h 一次
特非那定	0.25~1.5 mg/kg，PO，每 12~24 h 一次
阿司咪唑	1 mg/kg，PO，每 12~24 h 一次
异丙嗪	0.2~0.4 mg/kg，PO，每 12 h 一次
氯雷他定	0.5 mg/kg，PO，每 24 h 一次
西替利嗪	0.5~1 mg/kg，PO，每 24 h 一次
多虑平	0.5~1 mg/kg，PO，每 8~12 h 一次
茶苯海明	8 mg/kg，PO，每 12 h 一次
曲吡那敏	1 mg/kg，PO，每 12 h 一次
氯米帕明	1~3 mg/kg，PO，每 24 h 一次

40%，可以减少屋尘螨、霉菌和跳蚤过敏原的载量。为了达到这一要求，高效的除湿剂必须每天从空气中吸取几升水。

b. 对于 75% 的异位性皮炎患犬，环孢菌素能够帮助控制瘙痒。见效前（4～6 周）按照 5 mg/kg 的用量，口服，每 24 h 一次。然后用量频率应该逐渐减少至 48～72 h 一次。用于长期控制症状时，约 25% 的犬需要每天用药，约 50% 的犬需要隔天用药，约 25% 的犬每周 2 次用药可以控制症状。初期为了快速控制症状，可以使用糖皮质激素。本书截稿之前，统计学上未见环孢菌素的免疫作用造成肿瘤的风险，或严重感染显著增加。

c. 脱敏治疗（过敏疫苗）：对 60%～75% 的异位性皮炎患犬，显示出良好（仍需要有些药物治疗）或显著（不需要其他疗法）的疗效。脱敏治疗开始后的 3～5 个月，可以见到临床改善。ASIT（过敏原特异性脱敏治疗）可采用注射或非注射的方式。习惯上，ASIT 是通过注射给药，但是现在舌下脱敏治疗（SLIT）是一种通过口腔黏膜给予疫苗的方法。当规定用 SLIT 时，需指导宠主不要将过敏原溶液直接喷洒在患宠的口腔后方，而是沿着内侧面颊喷洒。如果吞服，SLIT 将无效，因此在服用后 20 min 内，宠主应对患宠禁食。这些给药途径使兽医能够更好地根据患宠的性情和宠主的生活方式调整治疗方案，从而改善依从性，并最终提高治疗的成功率。在撰写本书时，没有强有力的证据支持或反对在人医或兽医中使用非特异性免疫疗法［如区域特异性脱敏治疗（RESPIT）］。

d. 对已知的异位性皮炎患犬，犬异位性皮炎免疫治疗药（硕腾）是一种注射型犬单克隆抗体，其可阻断由 IL-31 引起的瘙痒作用。每月注射一次，在减少异位性皮炎引起的瘙痒症状方面效果确实，且截至本书撰写时，其不良反应最小。

4. 预后良好，尽管多数犬都需要终身治疗以控制症状。复发（瘙痒发作，伴随/不伴随继发感染）很常见，因此需要根据患犬的个体情况，定期调节治疗方案。难以控制症状的犬，需要先排除（例如细菌或马拉色菌引起的）继发感染，疥螨，蠕形螨和并发的食物、跳蚤叮咬和近期获得的其他环境过敏原引起的过敏症。因为存在强烈的遗传因素，对任何具有异位性皮炎临床症状的公犬和母犬，都不鼓励繁殖后代。

作者注

我们擅长减少关节炎中类固醇的使用；然而对于过敏性疾病包括异位性皮炎，我们却没有实现类似的理念。因为这两种疾病有很多相似点，包括长期和多模式的治疗选择，我们的目标应该是使用更安全的替代疗法，尽量减少过敏性疾病中类固醇的使用。对于关节炎和过敏症的患犬，类固醇的使用频率应该是相似的，才能达到最佳疗效。

由于长效注射类固醇对代谢和免疫系统影响长久，应该停止使用，并为从业人员提供法律依据。

犬异位性皮炎的分布模式

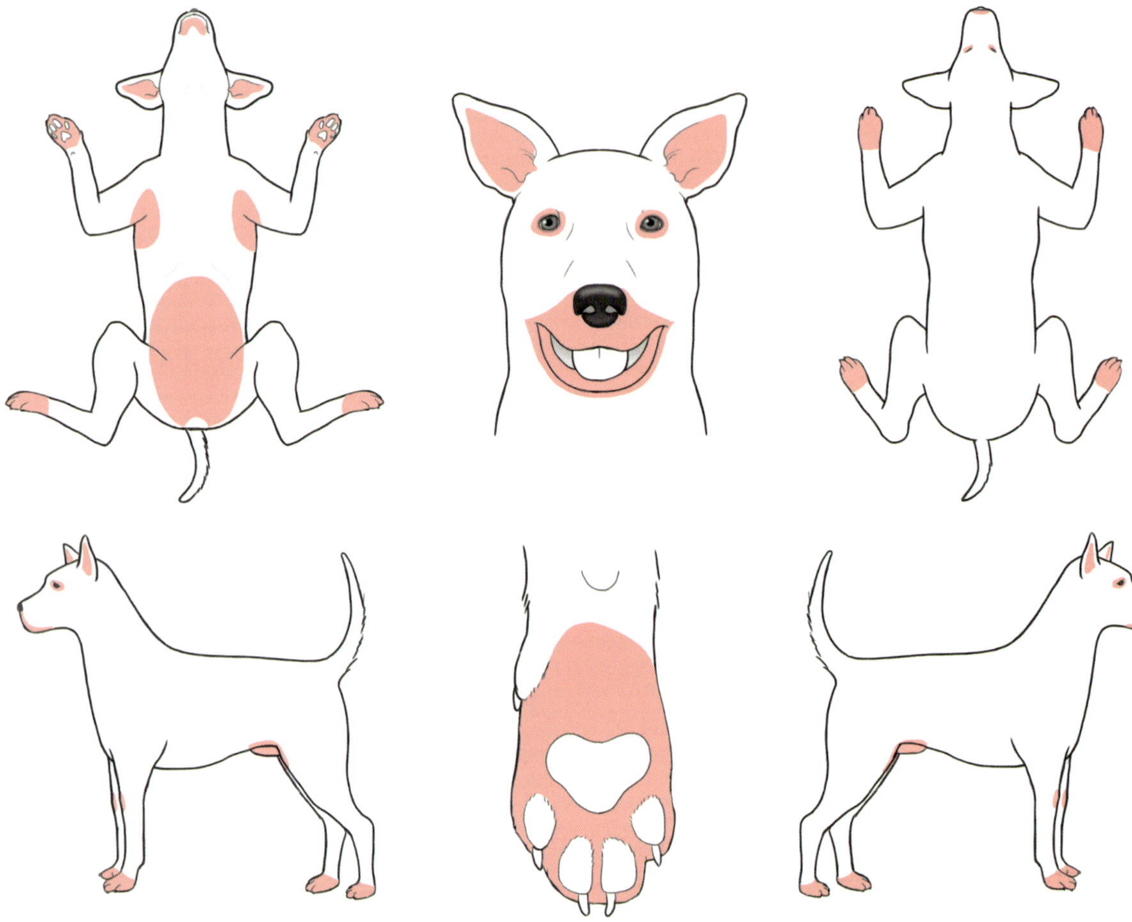

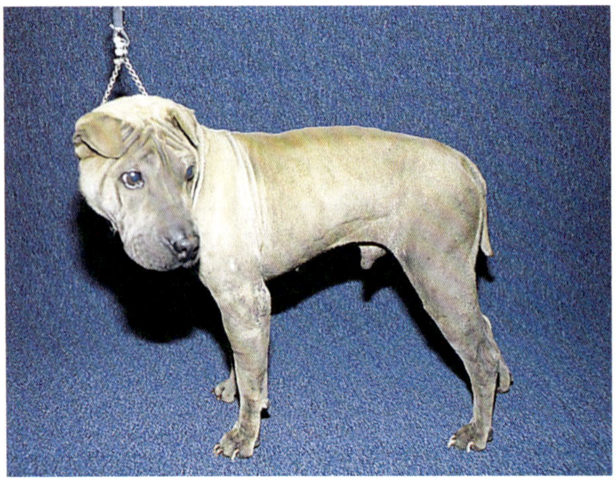

图 7-1　犬异位性皮炎。成年沙皮犬的细微症状包括：面部、四肢远端、胁腹部脱毛、红斑及抓痕。

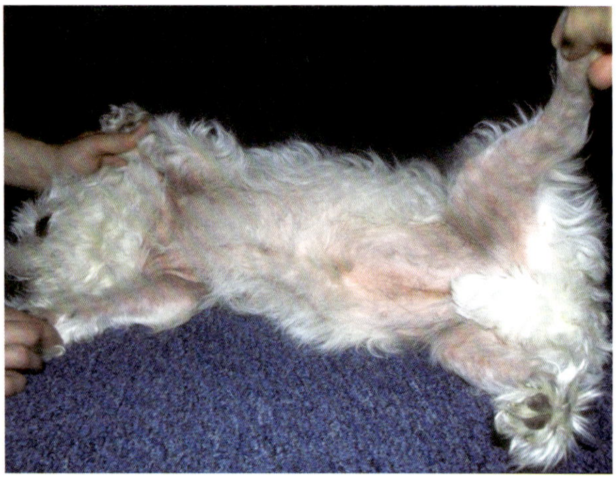

图 7-2　犬异位性皮炎。异位性皮炎患犬腹部红斑、脱毛和色素沉着，展示了异位性皮炎的典型病变分布。注意与马拉色菌性皮炎分布的相似性。

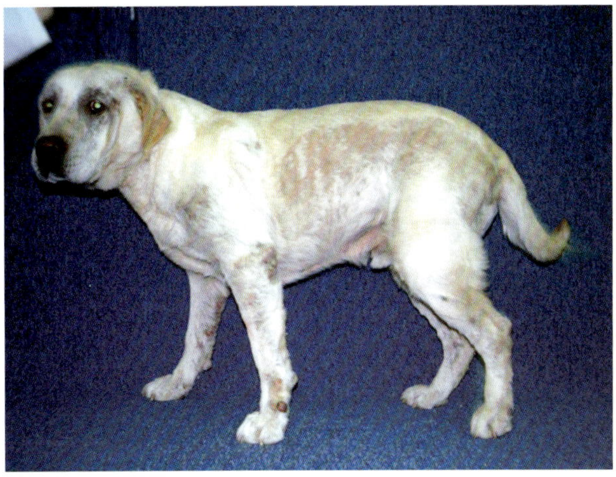

图 7-3 犬异位性皮炎。严重瘙痒的拉布拉多犬，全身脱毛和色素沉着。病变在面部、腋下和胁腹部尤其显著。

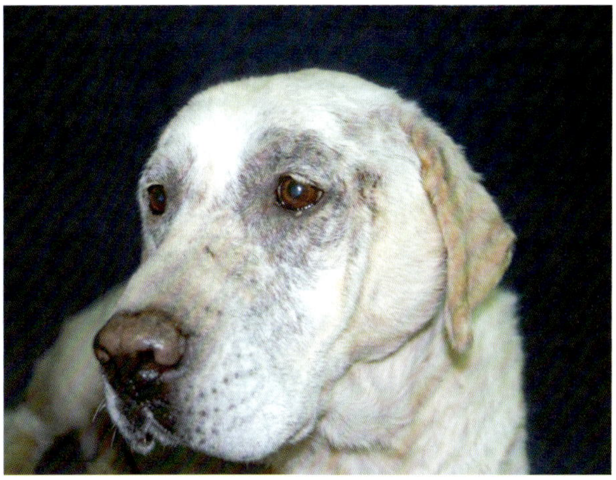

图 7-4 犬异位性皮炎。图 7-3 中犬的近观。面部瘙痒导致的眼周脱毛和色素沉着，是过敏性疾病的特点。

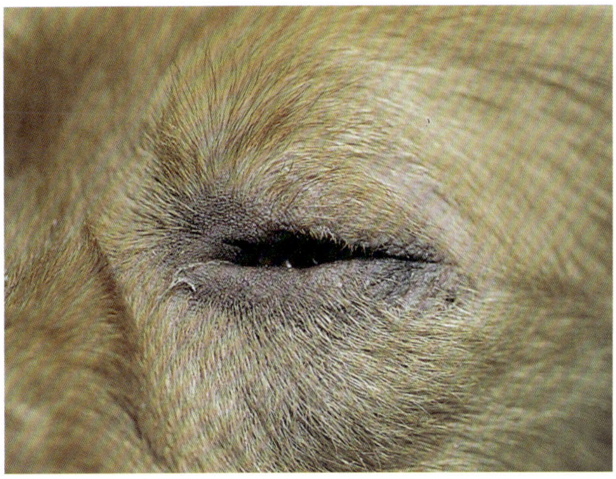

图 7-5 犬异位性皮炎。由于瘙痒导致的眼周脱毛、红斑、色素沉着和苔藓样变。

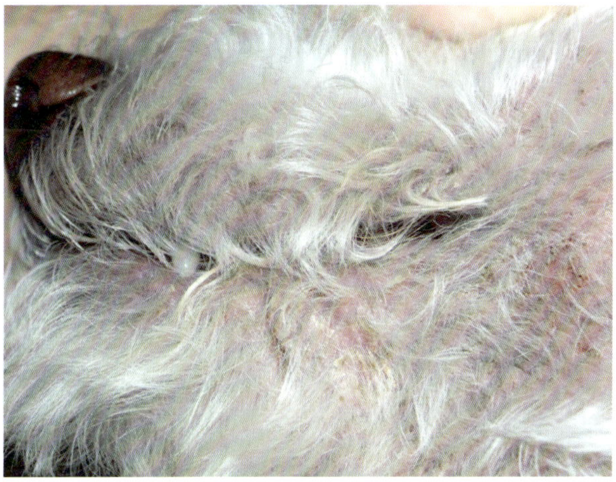

图 7-6 犬异位性皮炎。伴有脱毛、红斑和结痂的口周皮炎，由与潜在过敏性疾病相关的继发性细菌和酵母菌感染引起。

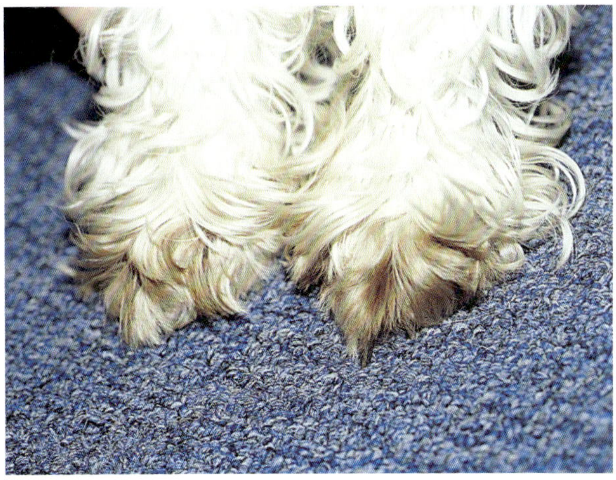

图 7-7 犬异位性皮炎。爪部皮炎，由于长期舔舐导致的唾液染色。

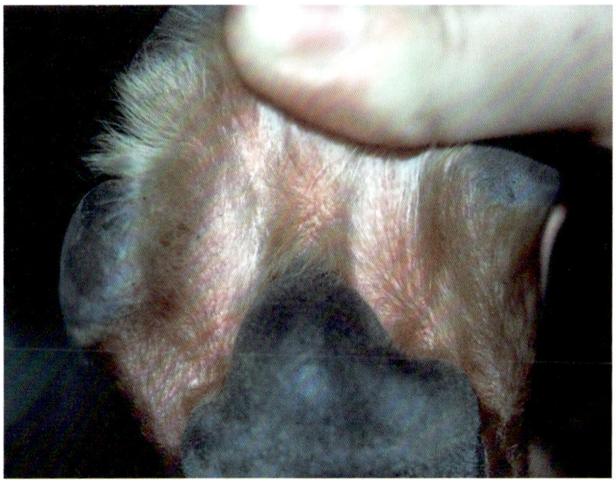

图 7-8 犬异位性皮炎。伴有脱毛和红斑的爪部皮炎，位于中央爪垫和趾间的组织。爪部皮炎和爪部瘙痒是异位性皮炎代表性症状之一。

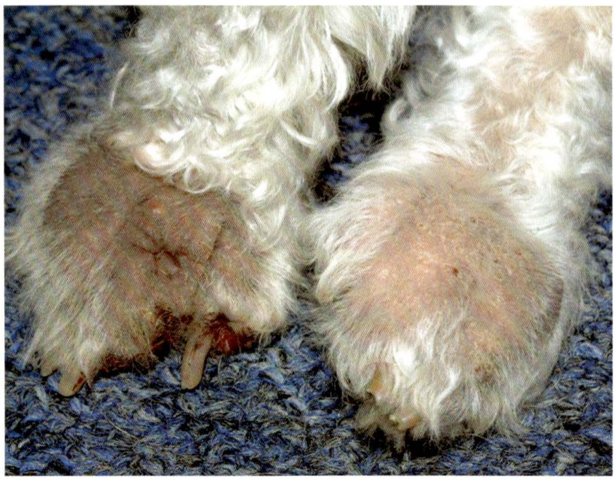

图 7-9　犬异位性皮炎。由继发酵母菌感染导致的爪部皮炎，表现为脱毛、红斑、色素沉着和苔藓样变，可能与潜在过敏性疾病相关。

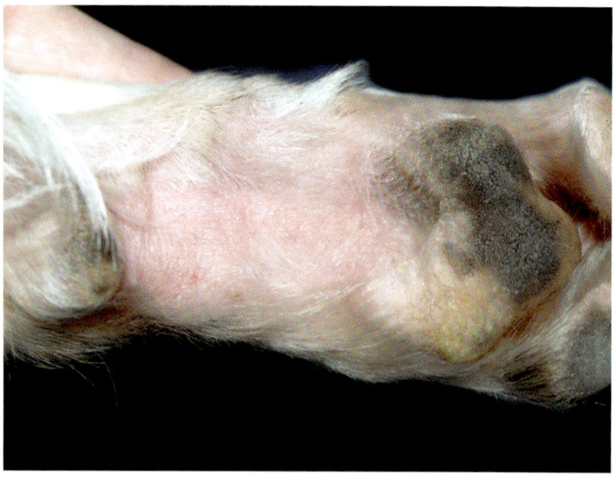

图 7-10　犬异位性皮炎。四肢远端腹侧近中央爪垫部位的脱毛和红斑，是过敏症患犬常见的病变。

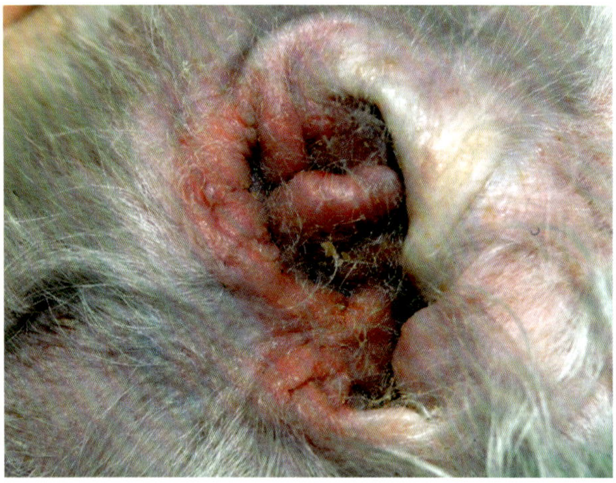

图 7-11　犬异位性皮炎。继发酵母菌性耳炎引起的耳道红斑和苔藓样变。过敏症患犬常见外耳炎（无菌或传染性）。

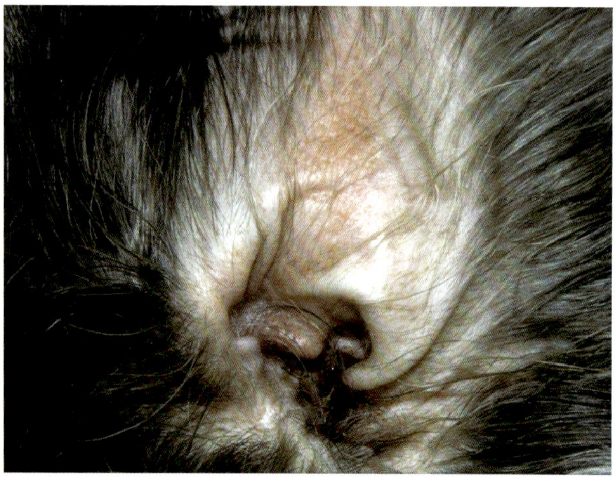

图 7-12　犬异位性皮炎。由过敏症导致的无菌性外耳炎，通常表现为耳廓和外耳道的红斑。

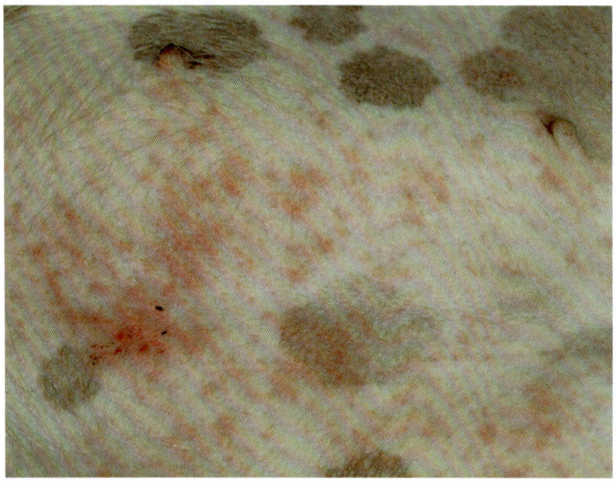

图 7-13　犬异位性皮炎。继发细菌性脓皮病是过敏症患犬最常见的病变。由继发的脓皮病导致的犬腹部红斑、丘疹、皮疹，可能与潜在的异位性皮炎有关。

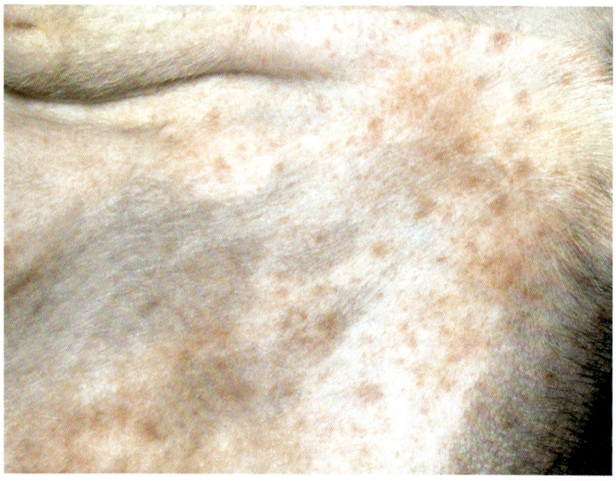

图 7-14　犬异位性皮炎。过敏症患犬腹股沟区域继发的细菌性脓皮病（红斑、丘疹、皮疹）。

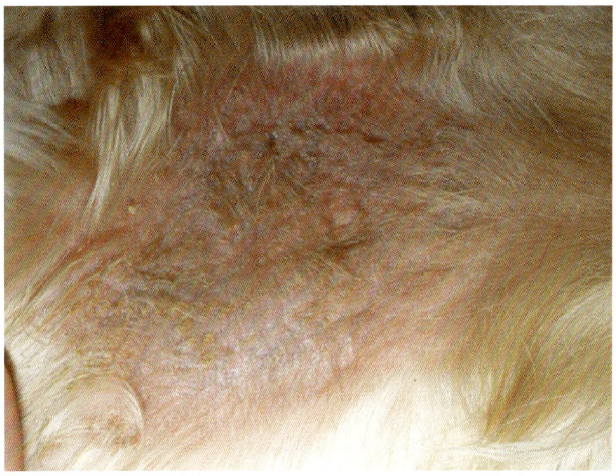

图 7-15　犬异位性皮炎。由潜在过敏症引起的继发性马拉色菌性皮炎。这只犬颈腹侧的脱毛、红斑、苔藓样变是马拉色菌性皮炎的特征。

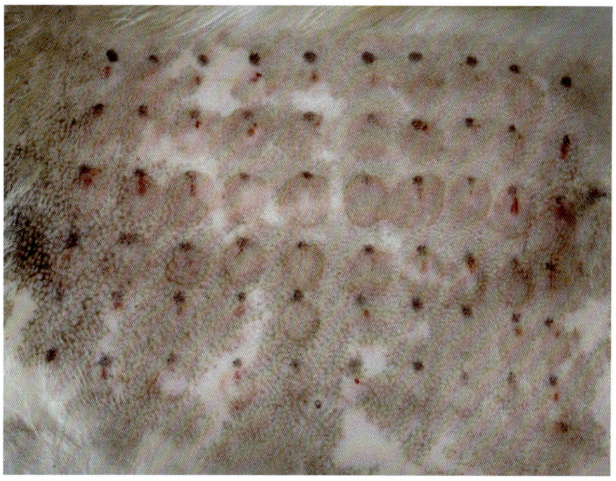

图 7-16　犬异位性皮炎。皮内过敏试验结果显示很多的阳性反应伴有经典的风疹和红斑反应

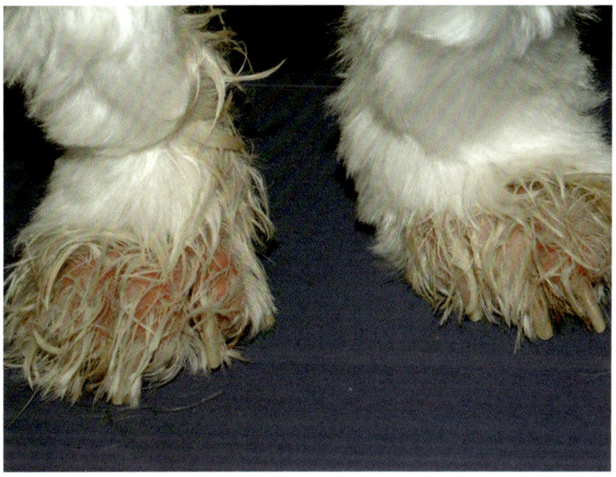

图 7-17　犬异位性皮炎。严重的爪部红斑，由强烈的瘙痒和患犬对爪部的自我损伤所造成。

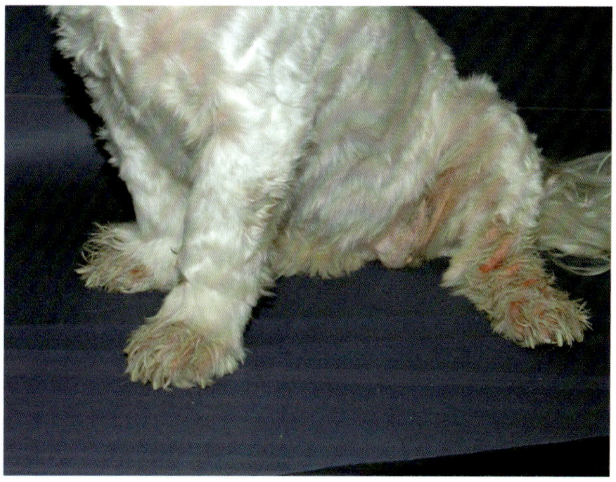

图 7-18　犬异位性皮炎。图 7-17 中的犬，显示严重的爪部皮炎，是典型的异位性皮炎。注意过敏症中常见的腹部红斑。

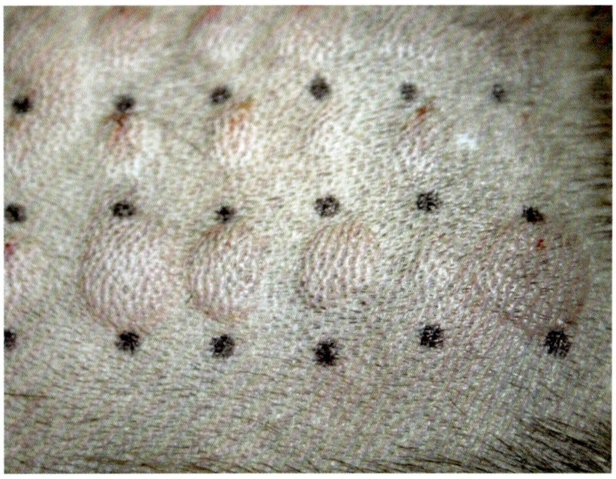

图 7-19　犬异位性皮炎。皮内过敏试验结果显示阳性反应，伴有经典的红斑、界限清晰、凸起的反应。

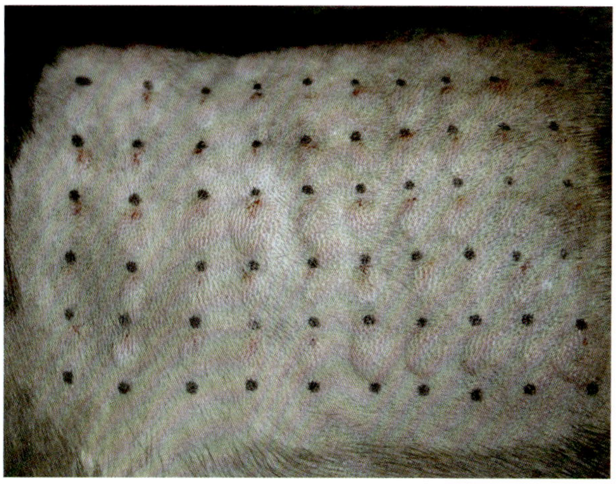

图 7-20　犬异位性皮炎。图 7-19 中的犬。皮内过敏试验结果显示阳性反应，伴有经典的红斑、界限清晰、凸起反应。注意阴性反应和阳性反应的区别。

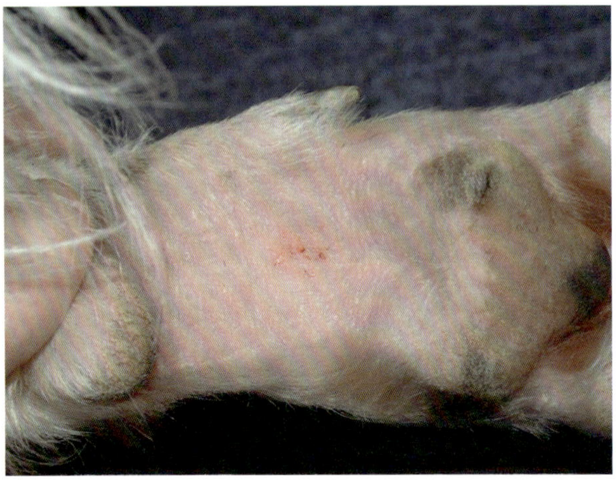

图 7-21 犬异位性皮炎。接近腕骨和跗骨的红斑是异位性皮炎的经典症状，通常伴有爪部瘙痒。

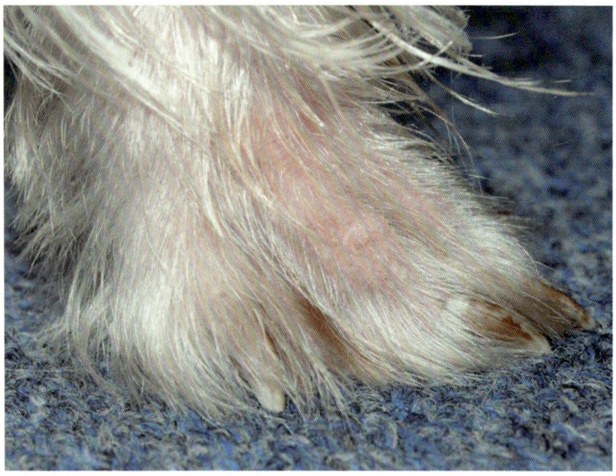

图 7-22 犬异位性皮炎。由潜在过敏反应和患犬舔舐共同导致的爪部红斑。

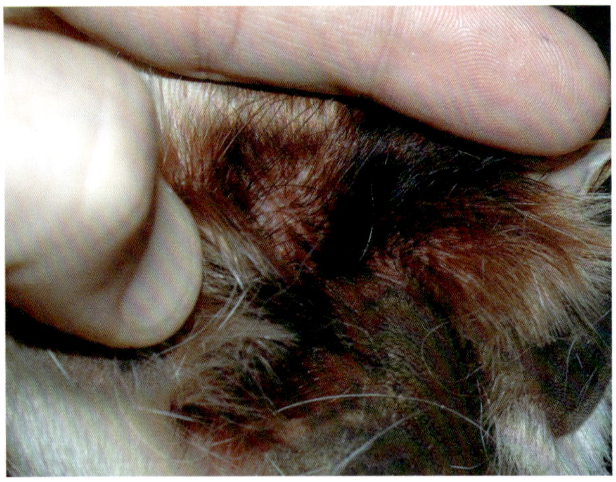

图 7-23 犬异位性皮炎。趾间皮炎（红斑和苔藓样变）是异位性皮炎非常常见的症状。通常存在继发的细菌或酵母菌感染。

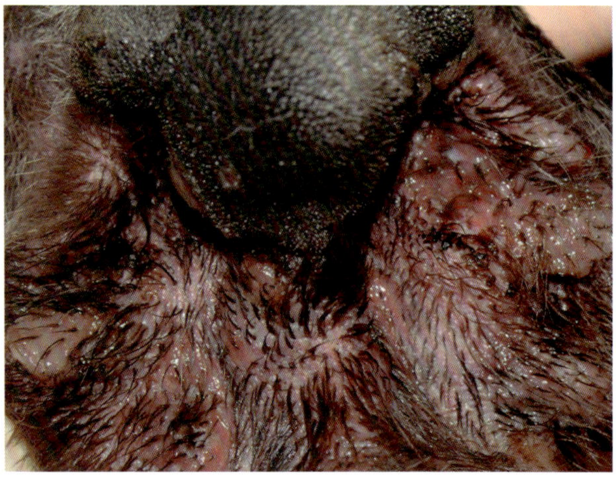

图 7-24 犬异位性皮炎。严重的伴有溃疡的趾间皮炎，由继发的细菌和酵母菌感染所引起。

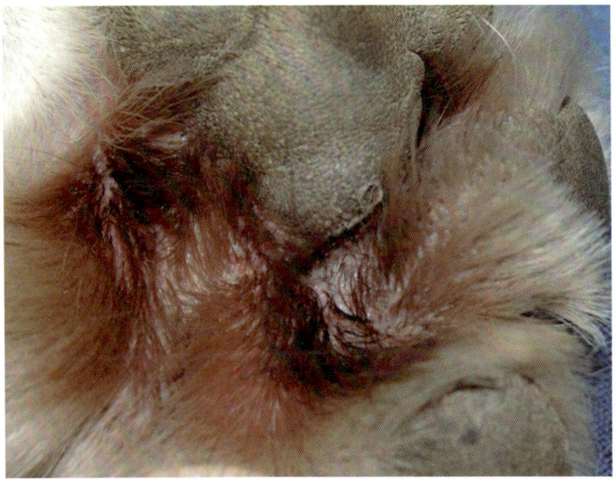

图 7-25 犬异位性皮炎。非感染性趾间皮炎仅代表了异位性皮炎。

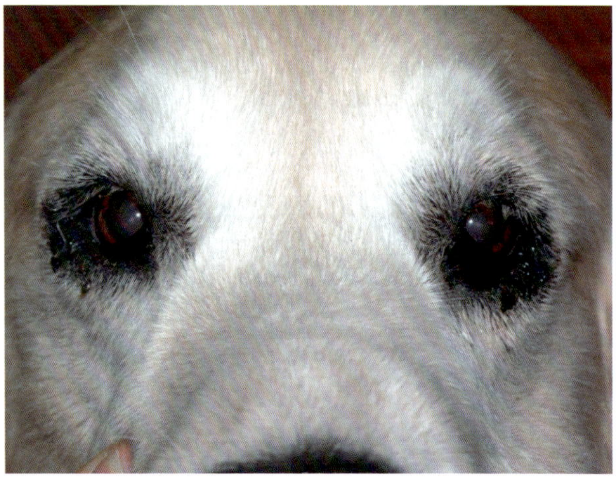

图 7-26 犬异位性皮炎。异位性皮炎患犬眼周脱毛、苔藓样变和轻度结痂。眼周炎症导致的皮炎是异位性皮炎的常见特征。

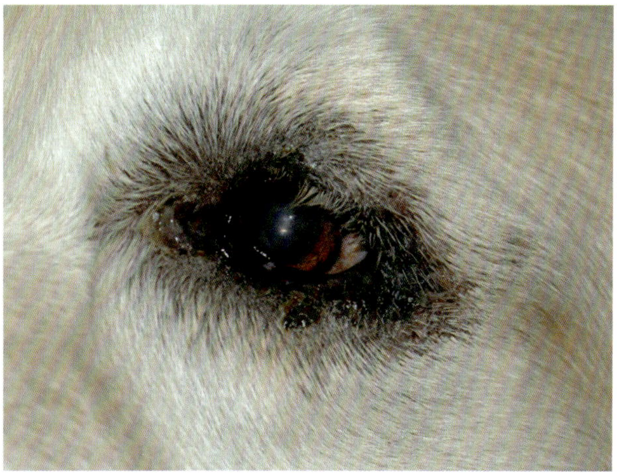

图 7-27　犬异位性皮炎。图 7-26 中的犬。由过敏反应引起的明显的眼周皮炎。

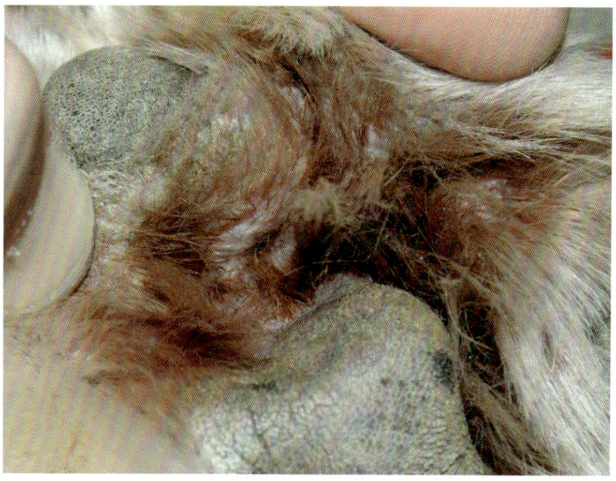

图 7-28　犬异位性皮炎。伴有唾液着染的趾间皮炎，对于异位性皮炎的患犬非常常见。

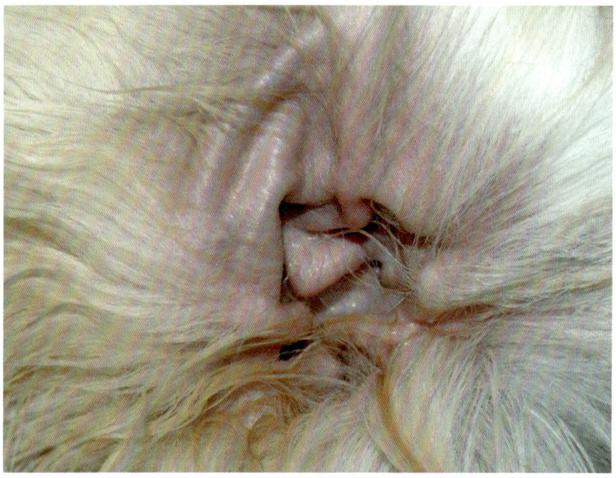

图 7-29　犬异位性皮炎。异位性皮炎患犬的无菌性过敏性耳炎。注意没有明显耳分泌物的广泛红斑。

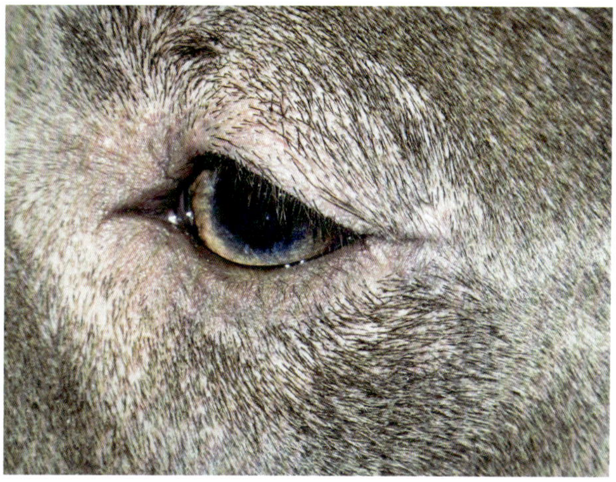

图 7-30　犬异位性皮炎。眼睑周围脱毛和轻度苔藓样变，这是典型的过敏症状。

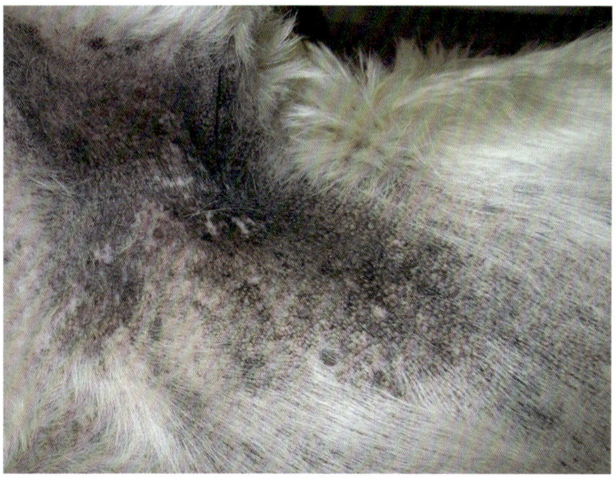

图 7-31　犬异位性皮炎。异位性皮炎患犬腋下出现脱毛、苔藓样变和色素过度沉着。异位性皮炎常继发酵母菌感染，加重临床症状。

图 7-32　犬异位性皮炎。面部皮炎和过敏性耳炎导致的严重瘙痒和苔藓样变。

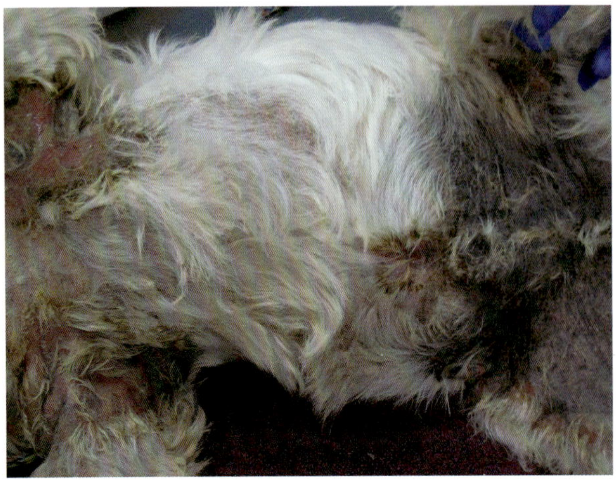

图 7-33　犬异位性皮炎。腋下和腹部区域出现严重的腹侧皮炎。潮湿、糜烂性的病变提示存在继发性细菌或马拉色菌感染。

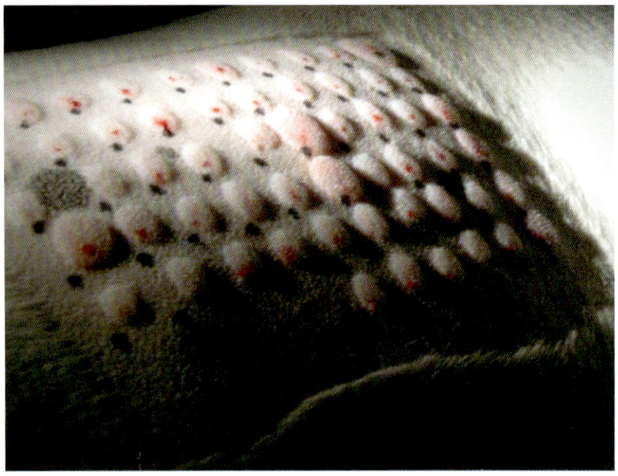

图 7-34　犬异位性皮炎。使用侧光阴影技术显示过敏性皮肤试验中进行的皮内注射。

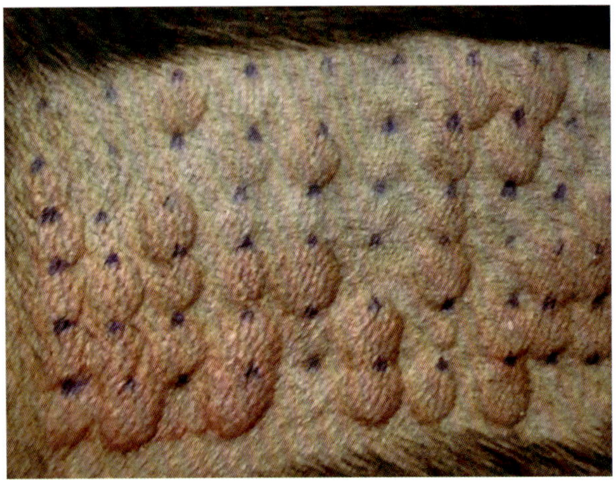

图 7-35　犬异位性皮炎。强反应性的过敏皮肤试验显示如蜜蜂蜇样的阳性反应。

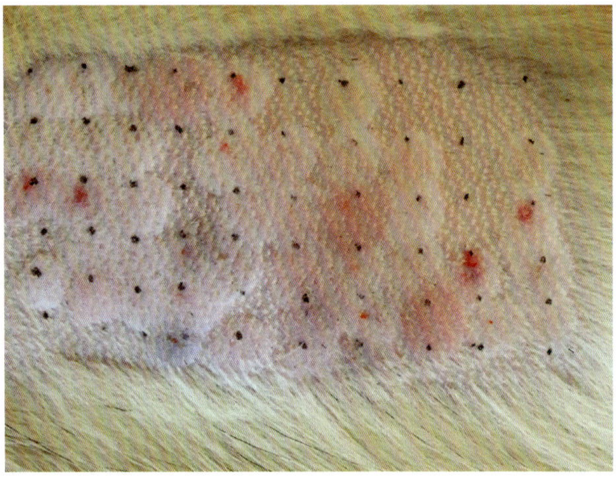

图 7-36　犬异位性皮炎。皮内过敏皮肤试验显示在注射过敏原处出现许多轻微的阳性和阴性反应。

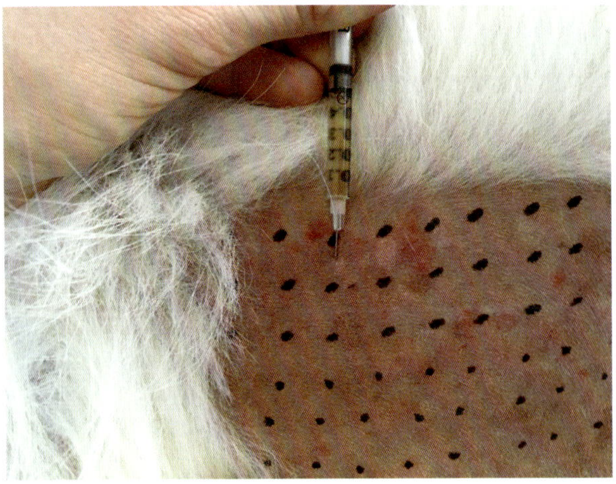

图 7-37　犬异位性皮炎。过敏皮肤试验过程中，皮内注射过敏原。

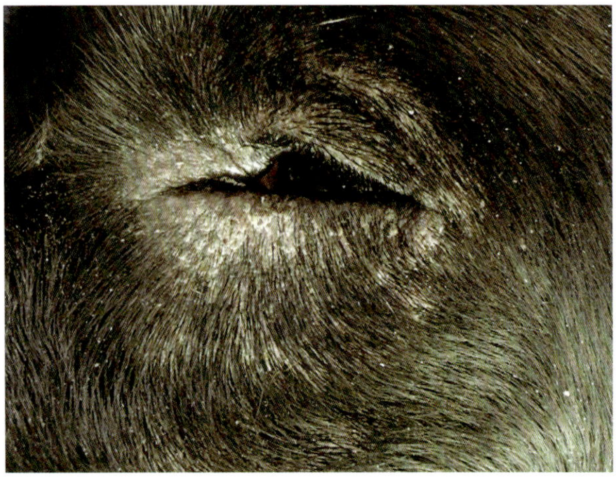

图 7-38　犬异位性皮炎。眼周脱毛和苔藓样变是异位性皮炎的典型症状。

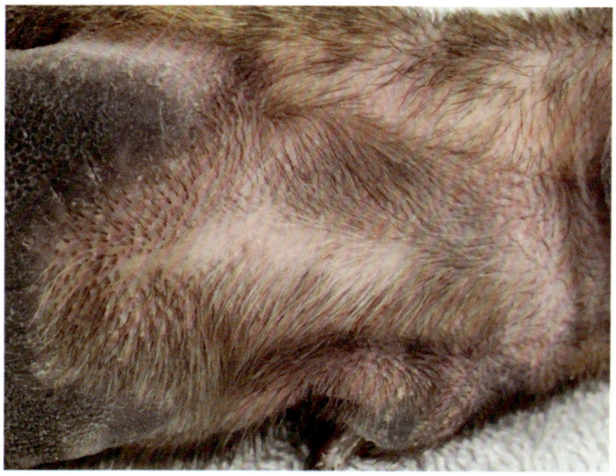

图 7-39　犬异位性皮炎。伴有红斑和脱毛的过敏性爪部皮炎是异位性皮炎的典型病变。

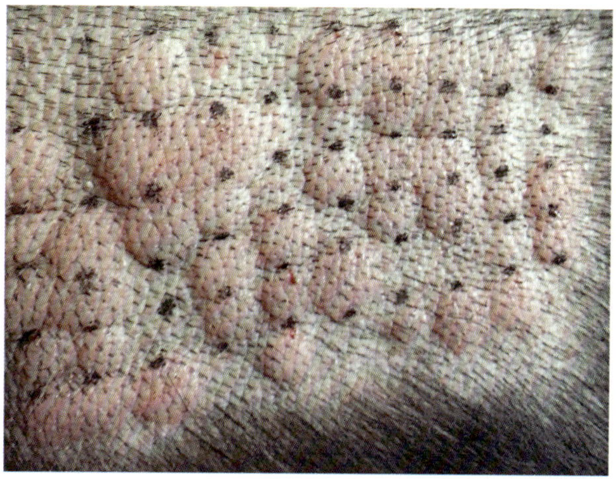

图 7-40　犬异位性皮炎。皮内过敏皮肤试验的强阳性结果。

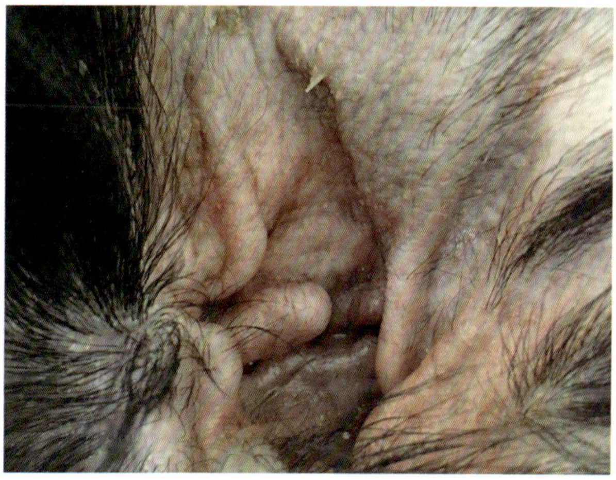

图 7-41　犬异位性皮炎。发生于继发感染之前的过敏性耳炎，其特征为伴有轻度至中度蜡样分泌物的肿胀、红斑性耳道。

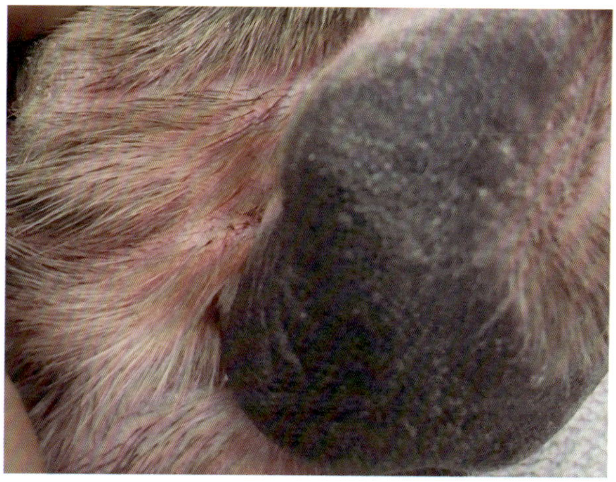

图 7-42　犬异位性皮炎。异位性皮炎患犬出现的红斑性趾间爪部皮炎。

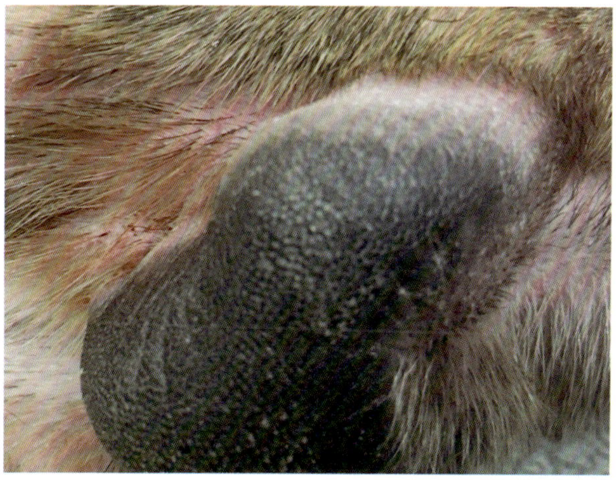

图 7-43　犬异位性皮炎。异位性皮炎患犬趾间爪部皮炎并未影响到爪垫（这是血管炎和自体免疫性皮肤疾病更典型的症状）。

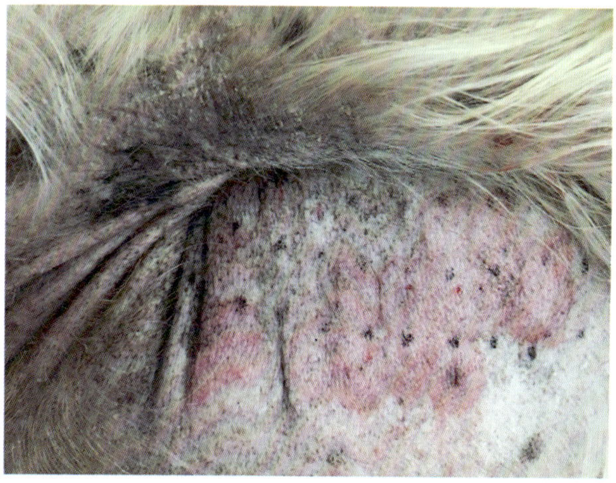

图 7-44　犬异位性皮炎。继发酵母菌感染的异位性皮炎患犬腋下伴有色素沉着的脱毛和苔藓样病变。注意皮内过敏皮肤试验阳性结果。

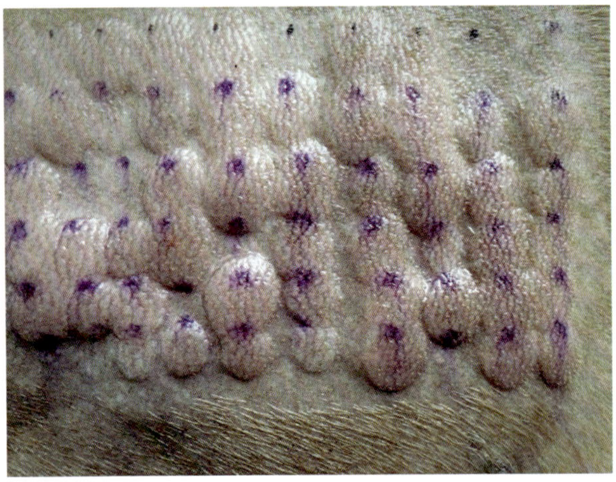

图 7-45　犬异位性皮炎。皮内过敏皮肤试验的强阳性结果。

犬食物过敏
Canine Food Hypersensitivity

特征

犬食物过敏是对食物或食物添加剂的一种不良反应。可发生于任何年龄，从刚断奶的幼犬到吃同款犬粮数年的老犬。约 30% 被诊断为食物过敏的犬都小于一岁。犬食物过敏较常见。

犬食物过敏特点是非季节性瘙痒，类固醇治疗有效或无效。局部或全身瘙痒，通常包括耳部、爪部、腹股沟、腋下、面部、颈部和会阴部。发病部位皮肤红斑，也可能出现丘疹。自我损伤引起的病变包括脱毛、抓痕、皮屑、结痂、皮肤色素过度沉着和 / 或苔藓样变。常继发浅表脓皮病、马拉色菌性皮炎和外耳炎。其他症状包括肢端舔舐性皮炎、慢性皮脂溢和复发性脓性创伤性皮炎。有些犬瘙痒较轻，唯一的症状是脓皮病、马拉色菌性皮炎或耳炎反复感染。这些病例只有在未对继发感染治疗时，才存在瘙痒。偶尔可能发生荨麻疹或血管性水肿。据报道，20%～30% 的病例存在并发胃肠道症状（例如频繁的肠蠕动、呕吐、腹泻、胃肠胀气）。

主要鉴别诊断

鉴别诊断包括异位性皮炎、疥螨、马拉色菌性皮炎和细菌性脓皮病，还有其他过敏症（跳蚤叮咬、接触性），寄生虫（姬螯螨病、虱病）和毛囊炎（皮肤癣菌病、蠕形螨病）。

诊断

1. 伴有或不伴有复发性外耳炎的肛周皮炎是食物过敏最常见的特征。然而食物过敏表现多种模式，对非典型的瘙痒模式也应怀疑本病，包括那些反复感染却没有瘙痒的病例。

2. 皮肤组织病理学（非诊断性）：不同程度的浅表性血管周炎。以单核细胞和中性粒细胞为主。嗜酸性粒细胞可能比异位性皮炎数量多。

3. 食物过敏试验（皮内，血清学）（非诊断性）：由于试验结果不可信，故不推荐使用。有些犬可能对储藏螨抗原表现阳性反应，这可能与临床相关，或者由其他昆虫的交叉反应导致。储藏螨无处不在，并且它们的临床意义迄今为止还不清楚。

4. 低过敏食物治疗性诊断试验：饲喂自制食物（一种蛋白质和一种碳水化合物）或限制性商品粮（新奇蛋白、蔬菜蛋白或水解蛋白），症状会在 10～12 周内得到改善。这种食物不应该包含以前饲喂过的食物、零食或餐桌剩饭中的成分，在进行低敏食物饲喂试验中，应禁止给予风味心丝虫预防药，含风味剂药物、营养添加剂或咀嚼性零食（如猪耳朵、牛蹄、生牛皮、犬饼干以及奶酪等餐桌食物）。牛肉和奶制品是犬最常见的食物过敏原，仅避免这些成分也可能会见到临床改善。其他常见的食物过敏原包括鸡肉、鸡蛋、大豆、玉米和小麦。

5. 激发试验：将可疑过敏原加入食物中，几个小时或几天内症状会再次出现。

治疗和预后

1. 预防感染：选择合理的治疗方案治疗任何继发脓皮病、外耳炎和马拉色菌性皮炎。控制和预防继发感染是管理犬异位性皮炎的主要环节。每 3～7 d 洗一次澡，并在洗澡后清理耳朵，有助于洗掉花粉，并消毒皮肤和耳道，防止继发感染的复发。

2. 对症治疗（控制瘙痒）对于食物过敏的效果不确定：

a. 为防止跳蚤叮咬加重瘙痒，应该制定一套完整的跳蚤控制程序。

b. 抗菌香波及抗瘙痒护毛素和喷雾（例如含有燕麦、普莫卡因、抗组胺药或糖皮质激素）外部治疗，每 2～7 d 一次或者必要时使用，可以减轻临床症状。

c. 在许多病例中（表 7-1），全身应用抗组胺疗法，临床症状会减轻。可能需要使用不同的抗组胺药物进行 1～2 周的治疗，以确定哪种更有效。

d. 口服必需脂肪酸（180 mg EPA/40 mg/kg）对 20%～50% 的病例有助于止痒，但需要 8～12 周的疗程才能看到效果。给予必需脂肪酸的同时，联合应用糖皮质激素或抗组胺药物会起到协同作用。

e. 右美沙芬，一种阿片类拮抗剂，可能对患过敏性皮炎犬的舔舐、嚼咀和啃咬习惯的一种辅助管理。右美沙芬，2 mg/kg，口服，每 12 h 一次。2 周内应该可以见到效果。

f. 给予 1～2 周的奥拉替尼（爱波克）以减少症状（瘙痒），但应避免长期使用，因为会增加不良反应的风险，包括肿瘤（18%）、脓皮病（12%）、耳炎（9.9%）、呕吐（9.2%）、腹泻（6%）、膀胱炎（3.5%）、厌食（3.2%）、昏睡（2.8%）、酵母菌性皮肤感染（2.5%）和爪部皮炎（2.5%）。

g. 全身应用糖皮质激素对控制食物过敏引起的瘙痒效果不确定（无法预知，很少至良好），但是几乎会导致不良反应的发生，包括增加 MRS 感染的风险，以及从轻度（PU/PD）至严重（免疫功能紊乱，蠕形螨病和皮肤钙质沉积）的不良反应。（见“异位性皮炎”部分）

- 治疗过敏症禁用强效、长效注射类固醇，因为相对于其延长的代谢作用和免疫抑制作用（6～10 周）仅有较短的抗炎作用（3 周）。
- 注射短效类固醇（地塞米松磷酸钠 0.5～0.8 mg/kg 或醋酸泼尼松龙 0.1～1 mg/kg）能有效减轻症状，如果没有并发的继发感染可持续 2～3 周。相对于让主人执行口服治疗，选择这种治疗可让临床医生更容易控制和监督患畜对类固醇的使用。
- 所有长期使用类固醇进行治疗的犬（>3 个月）都应该频繁监测肝脏疾病和尿道感染（UTI）。

3. 食物过敏治疗

a. 避免给予有过敏原的食物。应该给予均衡的自制食物或商品低敏粮。

b. 避免已经鉴定的刺激食物（食物试验确诊食物过敏后的激发阶段），每 2～4 周应该在低过敏食物中添加一种新的食物。如果这种食物引起过敏症，临床症状会在 7～10 d 内复发。注意：有些犬（约 20%）应该饲喂自制食物来维持无症状状态。商品低敏粮对这些犬无效，可能因其过敏症与食物防腐剂和染料相关。

c. 多例报道建议，更高剂量（10 mg/kg）的环孢菌素可能会有助于减少过敏症的免疫反应和食物过敏症状。

4. 预后良好。主人的不配合，随后发生对低过敏食物成分过敏，继发感染（细菌、马拉色菌、皮肤真菌引起）、疥螨、蠕形螨、异位性皮炎、跳蚤过敏性皮炎和接触过敏，都是本病难以控制的原因。

作 者 注

最近食物工厂爆炸式开发产品，导致处方或柜台产品激增，本书无法一一列举。

许多柜台产品具有严格的限制性，其高质量完全能满足临床要求，尤其对于那些需要进食非牛肉和非奶制品的食物过敏患犬。

对于有些伴有反复感染（伴有或不伴有瘙痒）的，临床症状异常的犬，原因可能是食物过敏症。

应预料到主人缺乏依从性，对食物过敏症患犬制定长期的管理计划，对于他们很困难并且令人沮丧；食物的反复失效导致瘙痒和继发感染的暴发。

作 者 注

由于长效注射类固醇对代谢和免疫系统影响长久，应该停止使用，并为从业人员提供法律依据。

犬食物过敏分布模式

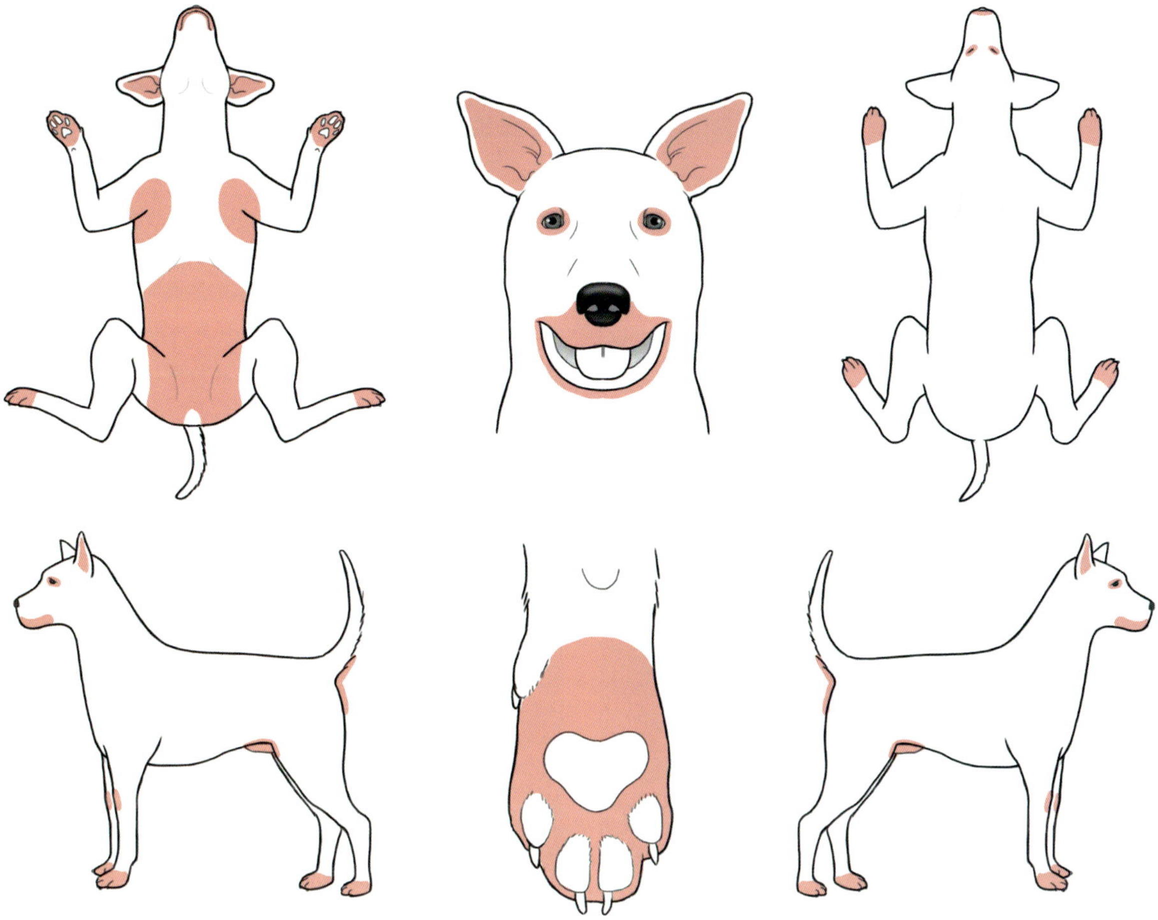

图 7-46　犬食物过敏。严重的眼周皮炎（脱毛，红斑和色素沉着），常见于过敏症患犬。

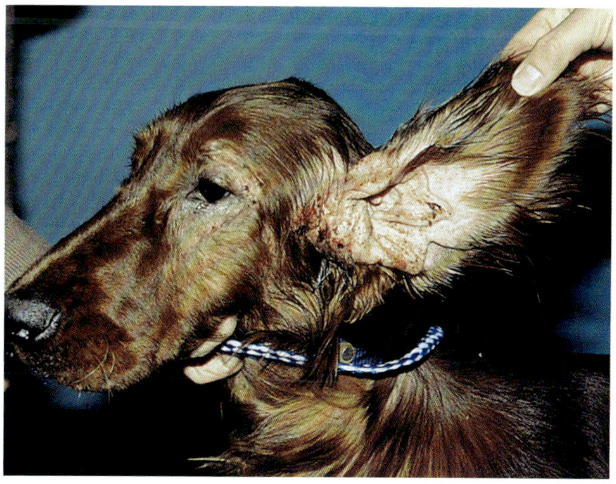

图 7-47　犬食物过敏。眼睛和耳朵周围的脱毛、红斑和抓痕。结痂性丘疹由与过敏性疾病相关的继发性浅表脓皮病引起。

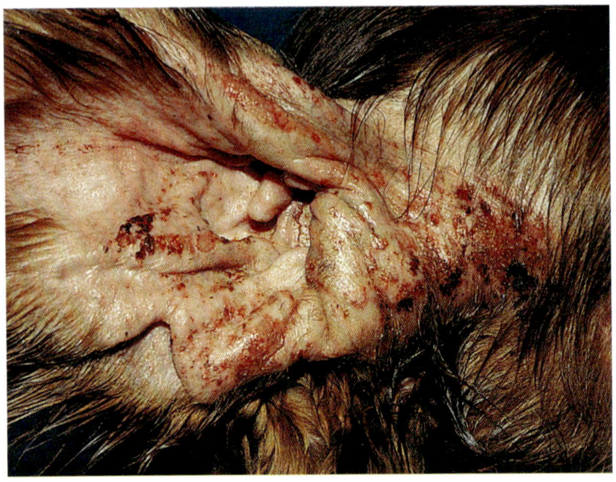

图 7-48 犬食物过敏。图 7-47 中犬的近观。耳廓的红斑、脱毛和丘疹。存在非感染性的耳炎——与潜在的过敏症相关的唯一外部病变。

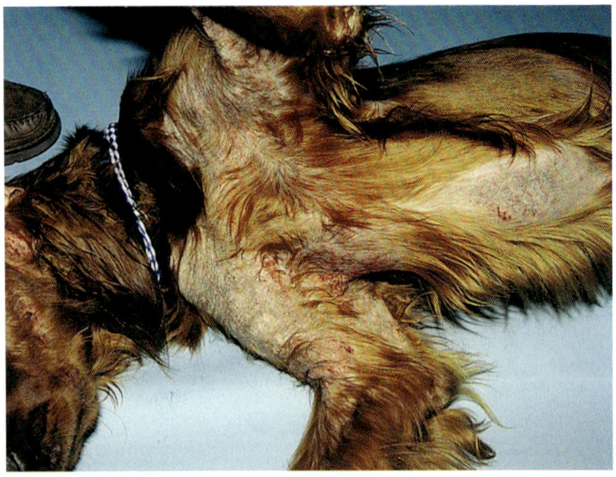

图 7-49 犬食物过敏。图 7-47 中犬的近观。腋下区域可见脱毛和红斑。轻度的色素沉着和苔藓样变由继发的酵母菌性皮炎所引起。注意这些病变与异位性皮炎的相似性。

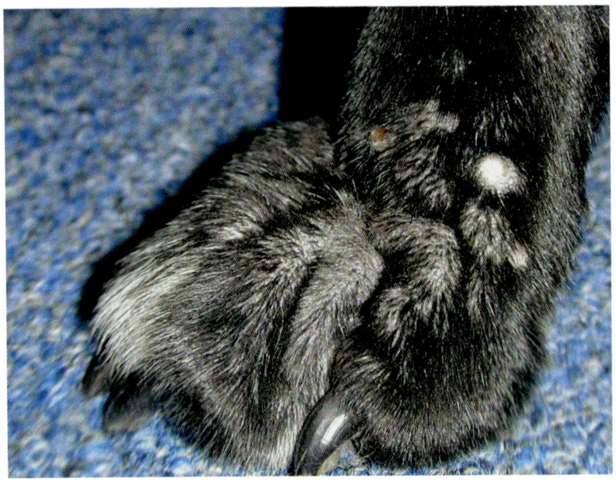

图 7-50 犬食物过敏。爪部皮炎是犬过敏性皮炎的常见症状。爪背侧明显的脱毛和色素过度沉着。

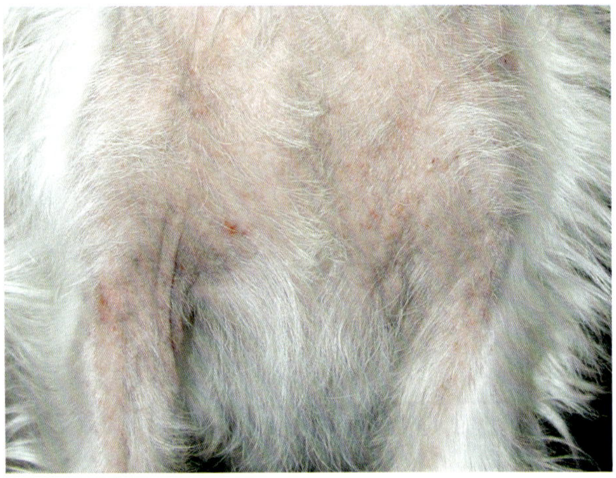

图 7-51 犬食物过敏。颈腹侧和腋下区域的脱毛、丘疹、红斑和早期的苔藓样变，由继发酵母菌性皮炎引起，与潜在的过敏性疾病相关。

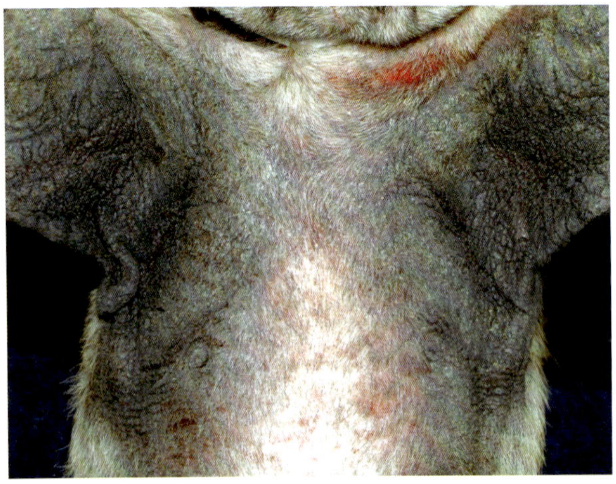

图 7-52 犬食物过敏。由潜在的过敏症引起的继发性马拉色菌性皮炎，过敏症患犬腋下区域表现出经典的脱毛、色素沉着、苔藓样变的“大象皮”样皮炎。

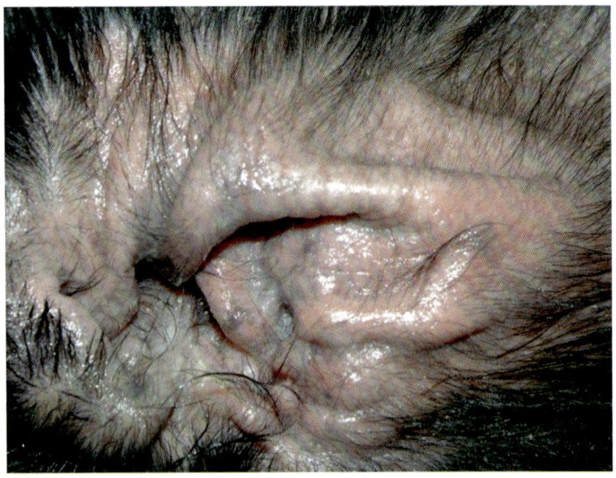

图 7-53 犬食物过敏。耳炎非常常见于过敏症患犬。该患犬无继发感染的红斑耳廓和外耳道，是由原发的过敏性疾病导致。

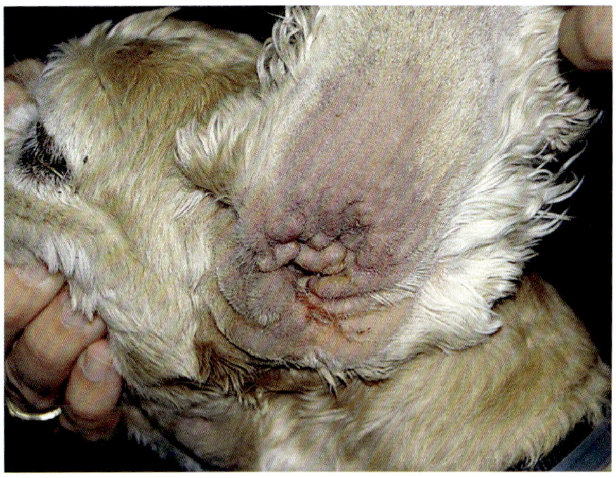

图 7-54 犬食物过敏症。食物过敏的可卡犬的慢性耳炎。严重肿胀和狭窄的外耳道，以及苔藓样变的耳廓，伴有红斑和和色素沉着，这都是慢性病变。

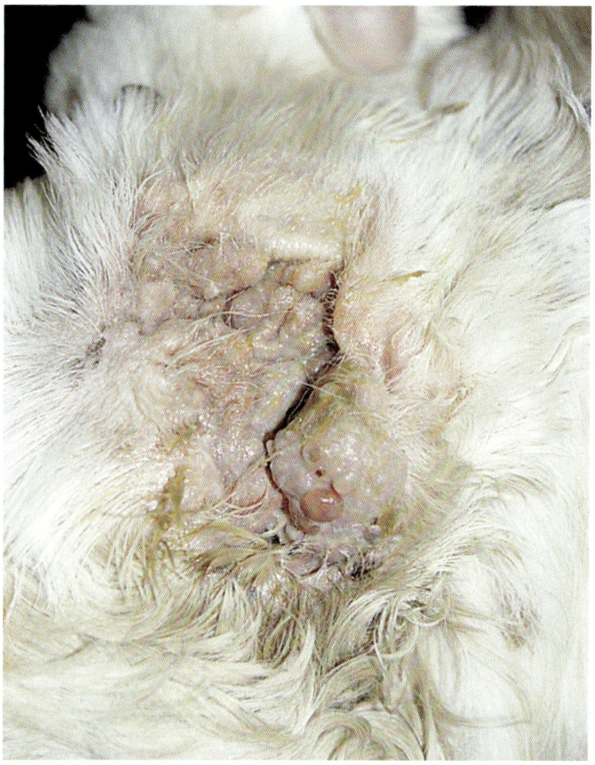

图 7-55 犬食物过敏。可卡犬伴有继发细菌性感染的严重过敏性外耳炎。耳道侧壁切除术后未进行食物疗法，未能解决慢性耳炎的潜在病因。

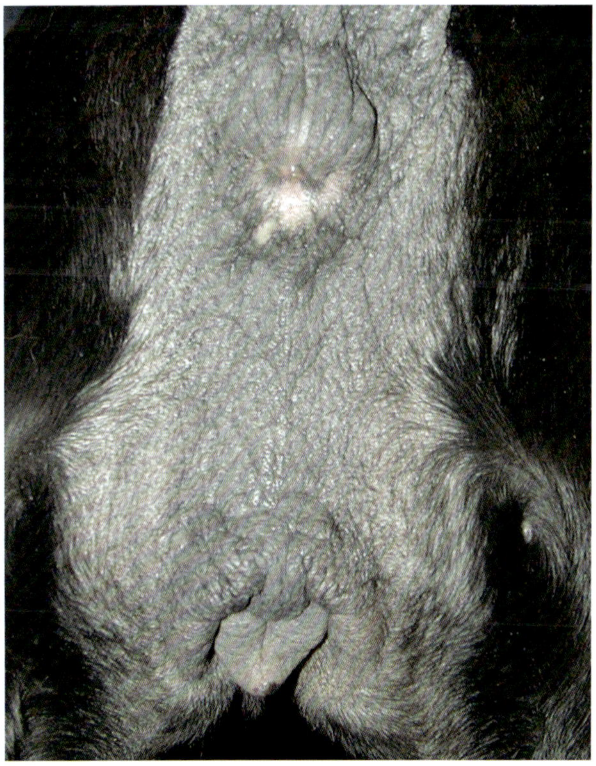

图 7-56 犬食物过敏。肛周皮炎是食物过敏犬常见症状。由于慢性炎症和瘙痒引起的肛周皮肤脱毛、色素过度沉着和苔藓样变。

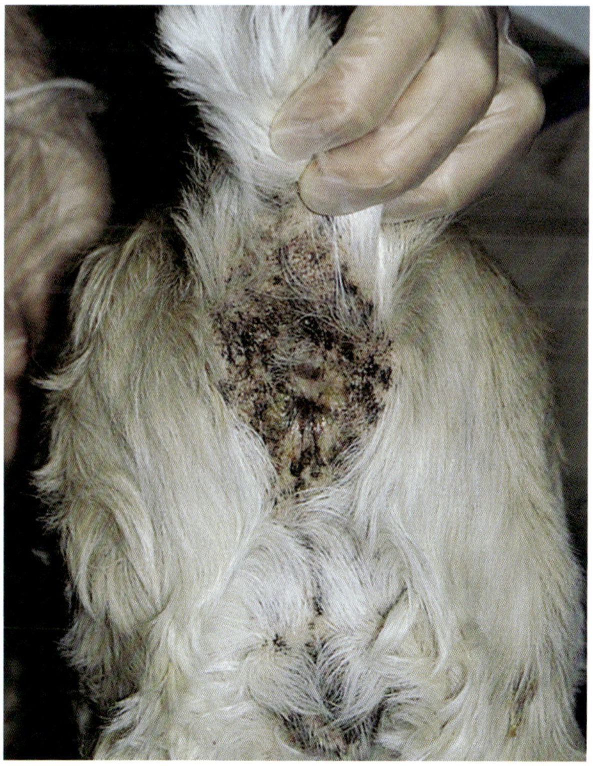

图 7-57 犬食物过敏。食物过敏的可卡犬的肛周皮炎。

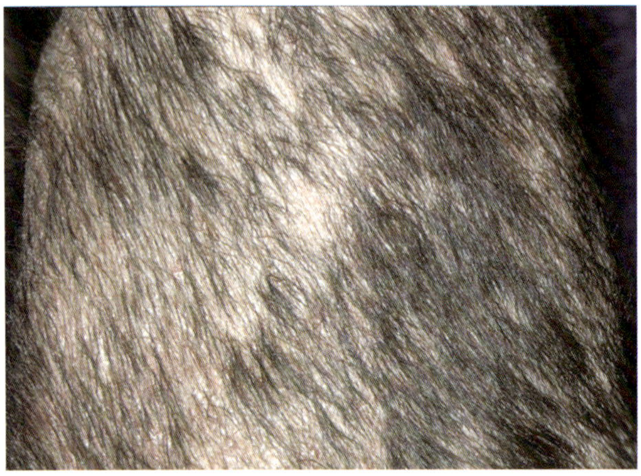

图 7-58 犬食物过敏。继发细菌性脓皮病常见于过敏症患犬。由继发细菌感染导致的虫蛀样被毛，伴有潜在的皮肤红斑，与潜在过敏症相关。

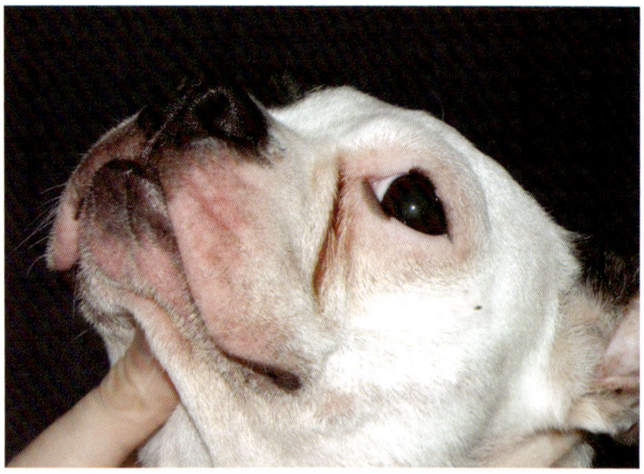

图 7-59 犬食物过敏。面部皮炎（脱毛、红斑和瘙痒）是过敏症患犬常见病变。

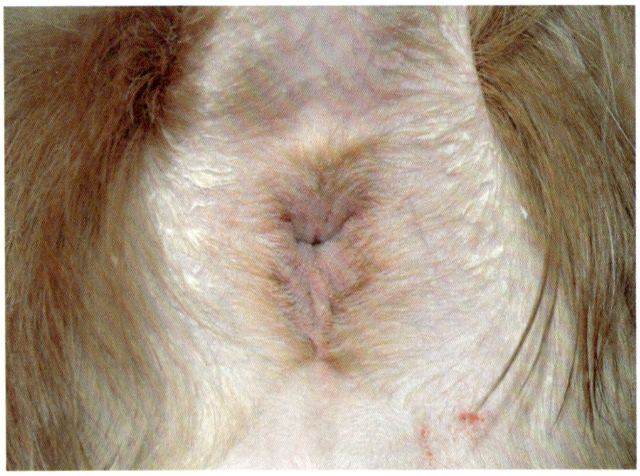

图 7-60 犬食物过敏。肛周皮炎是食物过敏的特征之一。

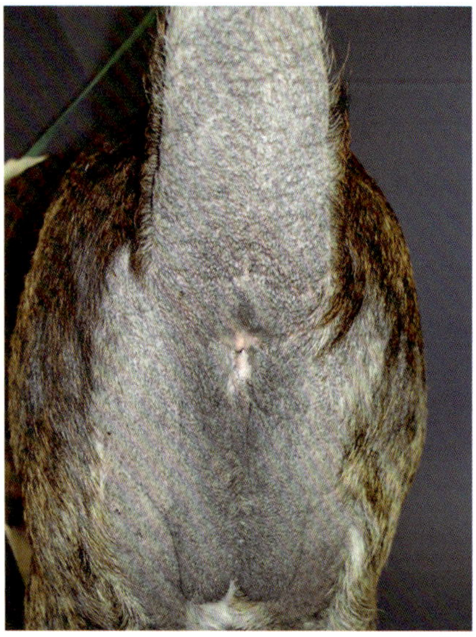

图 7-61 犬食物过敏。食物过敏患犬肛周区域严重的苔藓样变、色素过度沉着和脱毛。

图 7-62 犬食物过敏。伴有瘙痒的面部皮炎并不是食物过敏的独特特征，与异位性皮炎引起的面部皮炎无法区分。

图 7-63 犬食物过敏。远观这只食物过敏犬似乎只有微小病变；然而面部、腹部和爪部的多处脱毛和红斑却比较明显。注意病变与异位性皮炎相似。

肢端舔舐性皮炎（舔舐性肉芽肿）Acral Lick Dermatitis (Lick Granuloma)

特征

肢端舔舐性皮炎给人的初步印象是过度、强迫性舔舐肢体局部区域，从而导致的坚实、增生、溃疡、脱毛性病变。导致舔舐的因素很多，尽管环境压力（例如烦躁、囚禁、孤独、分离焦虑）可能是主导原因，其他原因通常更重要（框 7-1）。这种皮炎常见于犬，中年到老年的大型犬发生率最高，尤其是杜宾犬、大丹犬、金毛猎犬、拉布拉多犬、德国牧羊犬和拳师犬。

通常最初的病变为小块皮炎，由于持续地舔舐慢慢扩大。发病部位开始脱毛、坚实、凸起、增厚和斑块样变到结节样变，并且可能糜烂或溃疡。常见慢性过度纤维化，色素过度沉着和继发细菌感染。病变通常单发，但是也可能多发，它们通常发现于腕骨、掌骨、跗骨或跖骨的背侧区域。

主要鉴别诊断

鉴别诊断包括蠕形螨病、脓癣、真菌或细菌性肉芽肿和肿瘤。

诊断

1. 通常基于病史、临床发现排除其他类似疾病。

2. 皮肤组织病理学：溃疡和表皮增生，轻度的中性粒细胞和单核细胞性血管周炎，以及不同程度的真皮层纤维化。

3. 细菌培养（渗出液，活检样本）：通常可见葡萄球菌。革兰氏阳性菌和革兰氏阴性菌混合感染也较常见。

治疗和预后

1. 应查明并纠正潜在原因（框 7-1）。

2. 应该长期给予全身性抗生素控制继发细菌感染（最少 6～8 周，有些犬长达 4～6 个月）。抗生素疗法在病变消退后仍需继续使用 3～4 周。要根据细菌培养和药敏试验的结果选择抗生素。

框 7-1　肢端舔舐性皮炎的潜在病因

- 过敏症（异位性皮炎，食物）
- 跳蚤
- 外伤（切伤、擦伤）
- 异物反应
- 感染（细菌、真菌）
- 蠕形螨病
- 甲状腺功能减退
- 神经病
- 骨病
- 关节炎

3. 经验性报道建议抗生素、阿米替林（2 mg/kg，每 12 h 一次）和氢可酮（0.25 mg/kg，每 8～12 h 一次）联合应用，直到病变消失，会有较好的效果。然后应该每 2 周停止使用一种药物，直到能够决定哪种药物（或者任何一种）可用来维持治疗。

4. 外部使用止痛剂、皮质醇或苦味剂，每 8～12 h 一次，可能有助于阻止舔舐，但是效果难以预测，通常令人失望。

5. 当没有发现潜在病因，使用改变行为的药物对部分犬可能会有益处（表 7-2）。试验治疗阶段应该超过 5 周，直到发现最有效的药物。通常需要进行终生治疗。

6. 其他的治疗如冷激光疗法、针灸，对有些病例有效。

7. 机械性屏障，如嘴套、绷带、伊丽莎白圈和斜拉条可能有帮助。

8. 不建议外科，因为术后并发症，尤其常见伤口开裂。尽管激光切除的创口无菌并能挫伤神经末梢，然而效果不定。

9. CO_2 激光换肤对顽固性、增生性或多重耐药感染可能有益。

10. 预后不一。那些治疗无效、过度纤维化以及没有发现潜在诱因的慢性病变预后不良。尽管这种疾病很少有生命威胁，但过程可能很难控制。

表 7-2 犬精神性皮肤病的治疗药物

药物	剂量
抗焦虑药物	
苯巴比妥	2～6 mg/kg，PO，每 12 h 一次
地西泮	0.2 mg/kg，PO，每 12 h 一次
羟嗪	2.2 mg/kg，PO，每 8 h 一次
三环类抗抑郁药物	
氟西汀	1 mg/kg，PO，每 24 h 一次
阿米替林	1～3 mg/kg，PO，每 12 h 一次
丙咪嗪	2～4 mg/kg，PO，每 24 h 一次
氯米帕明	1～3 mg/kg，PO，每 24 h 一次
内啡肽阻滞剂	
纳曲酮	2 mg/kg，PO，每 24 h 一次
内啡肽替代品	
氢可酮	0.25 mg/kg，PO，每 8 h 一次
外用产品	
肤轻松醋酸酯 + 氟尼辛	
葡甲胺	
Deep Heet + 苦苹果	
PO：口服	

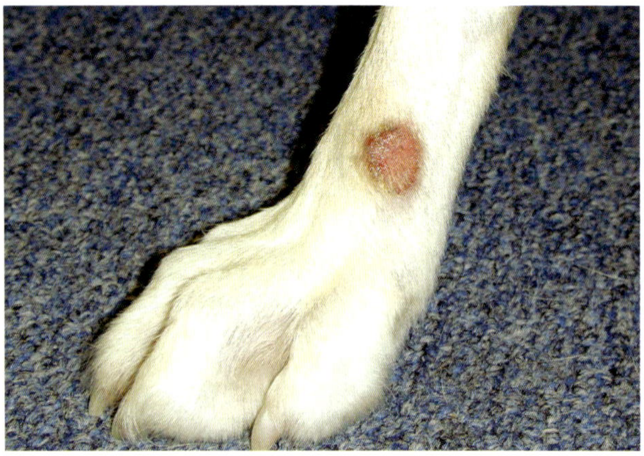

图 7-64　肢端舔舐性皮炎。前腿远端内侧的局灶脱毛的糜烂性病变，是此病的典型症状。

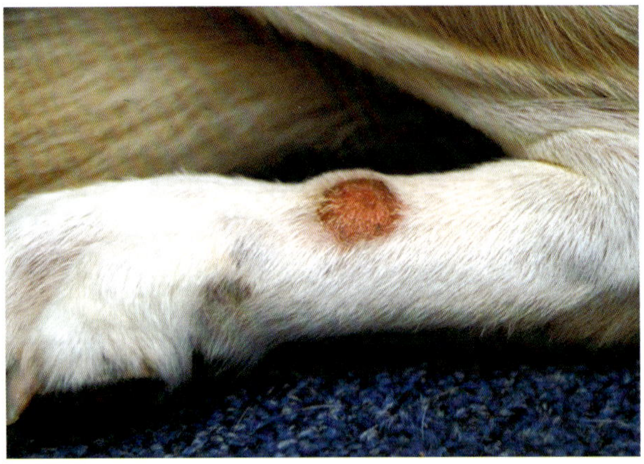

图 7-65　肢端舔舐性皮炎。局灶脱毛、糜烂性病变，显示凸起渗出的特质，这是该疾病的典型特征。

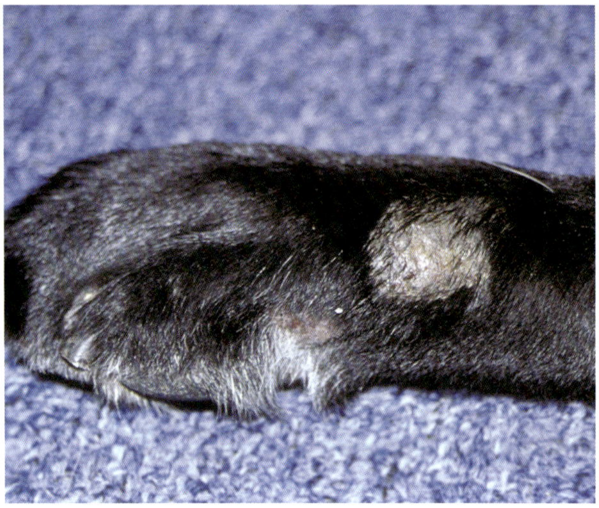

图 7-66　肢端舔舐性皮炎。肢端的局灶脱毛和增厚。

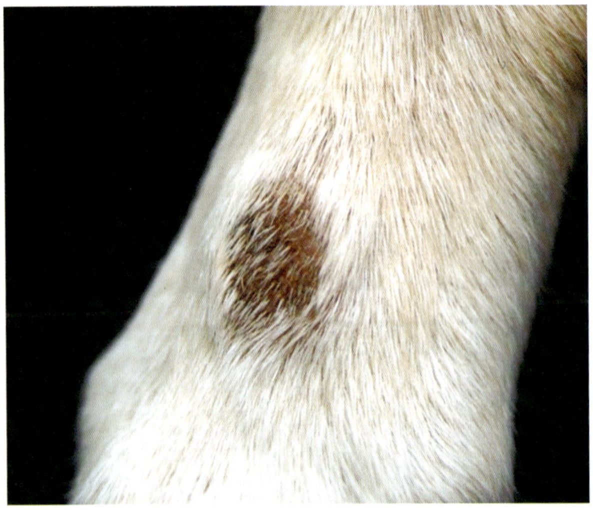

图 7-67　肢端舔舐性皮炎。局灶脱毛区域，伴有组织增厚和轻度的腐烂。

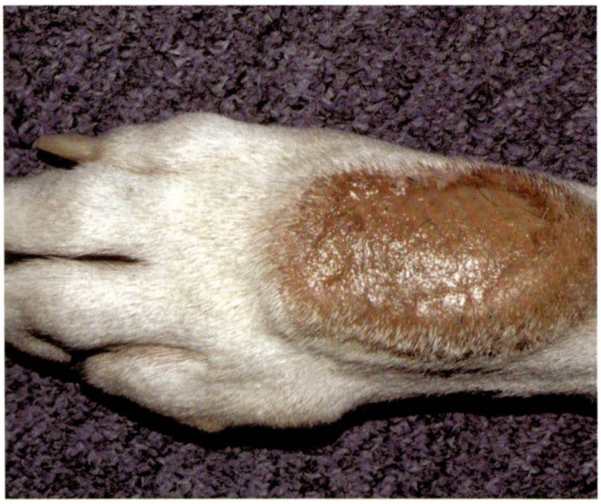

图 7-68　肢端舔舐性皮炎。巨大的脱毛病变，表现出严重的肿胀和组织糜烂。脱毛和糜烂是持续舔舐的结果。

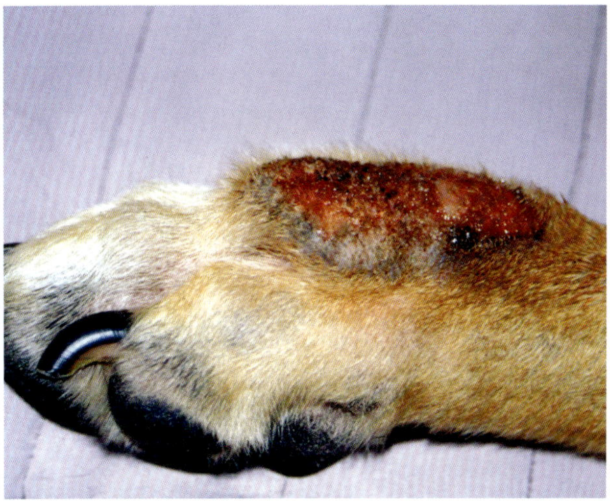

图 7-69　肢端舔舐性皮炎。图 7-68 中的犬。病变肿胀渗出的特质，导致其突出于周围较正常的皮肤。

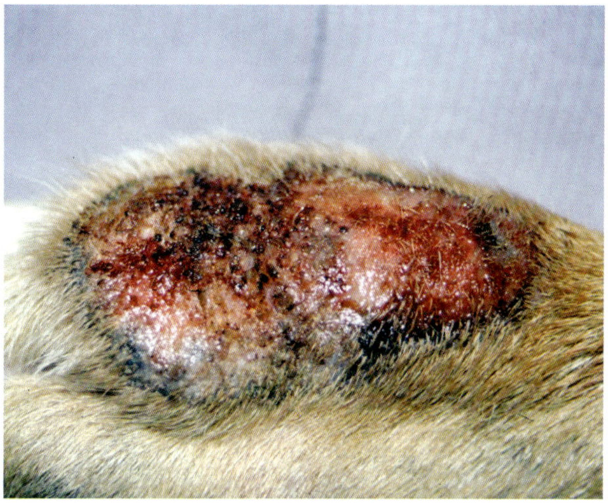

图 7-70　肢端舔舐性皮炎。图 7-69 中病变的近观。肿胀的病变表面明显的脱毛和糜烂。

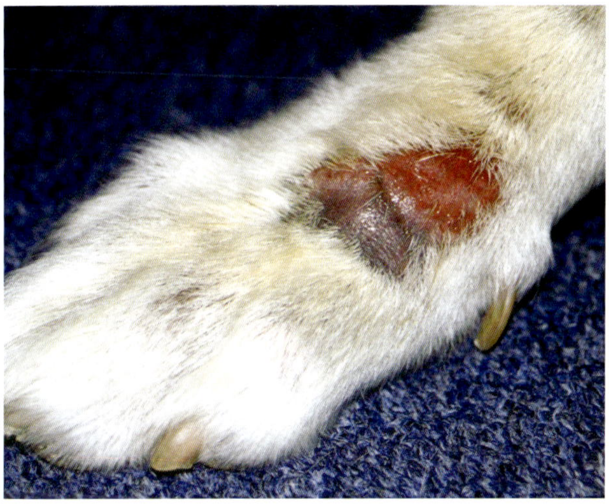

图 7-71　肢端舔舐性皮炎。爪部的局灶性脱毛区域，伴有色素过度沉着和糜烂。

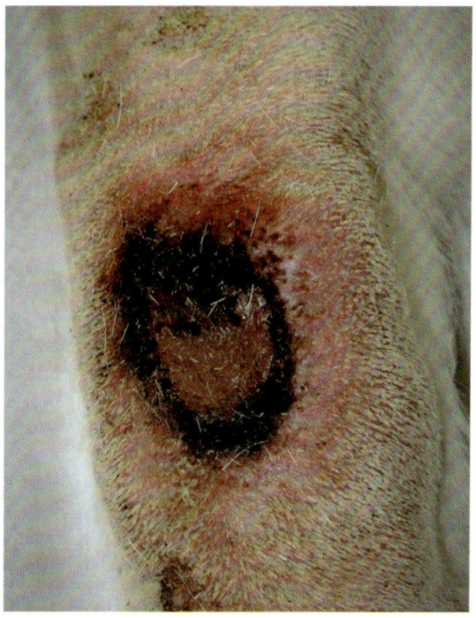

图 7-72　肢端舔舐性皮炎。犬腕骨处严重的增生性病变。

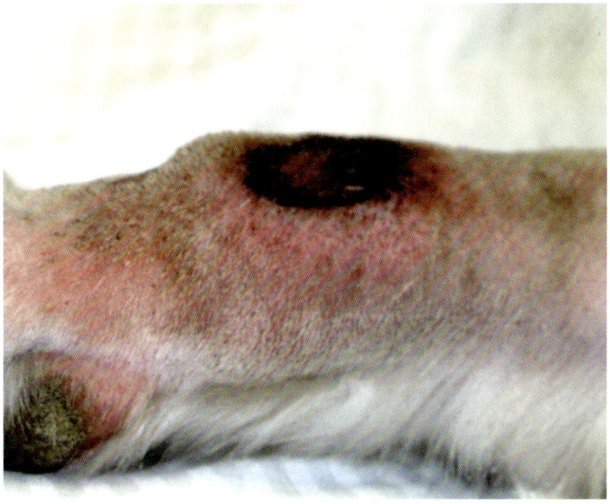

图 7-73　肢端舔舐性皮炎。严重增生性病变提示组织增厚，这与糜烂性病变有关。

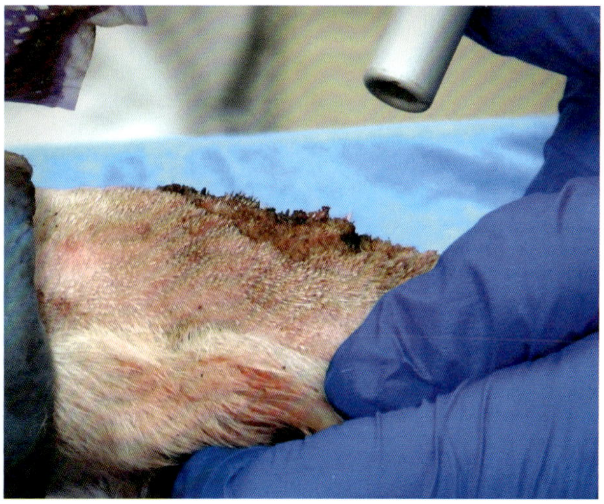

图 7-74　肢端舔舐性皮炎。激光（CO_2 激光）治疗慢性病变。

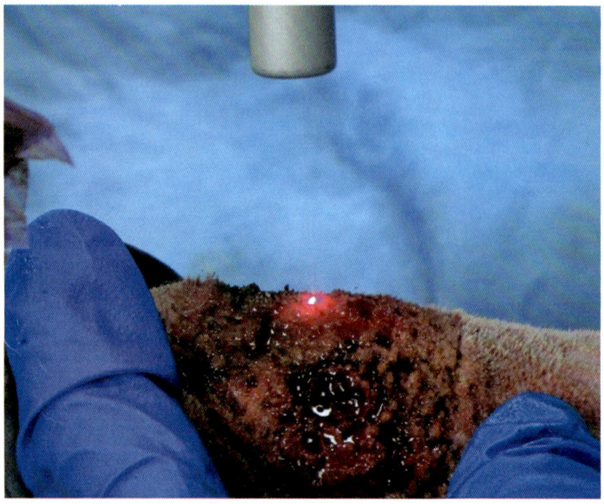

图 7-75 肢端舔舐性皮炎。激光（CO_2 激光）慢性病变。因为病变范围大，因此需要多次治疗。

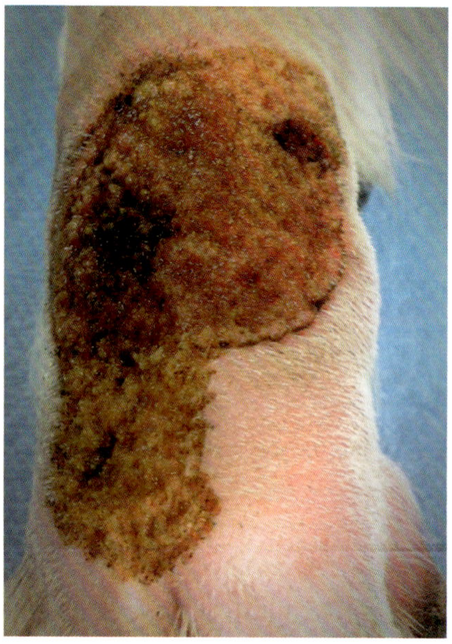

图 7-76 肢端舔舐性皮炎。激光（CO_2 激光）治疗之后。注意增生组织已经被移除，等待康复。

跳蚤过敏性皮炎（跳蚤叮咬过敏）
Flea Allergy Dermatitis (Flea Bite Hypersensitivity)

特征

跳蚤过敏性皮炎是由于犬猫对跳蚤唾液蛋白敏感，并通过跳蚤反复或间歇性叮咬引起的一种犬猫常见皮肤病。症状在温带地区通常具有季节性（气候温暖的月份和秋季），而在亚热带和热带地区常为非季节性。秋季通常是最严重的季节，取决于何时发生第一次寒潮。

犬

典型发病部位包括腰荐背部、尾背部、大腿内侧、腹部和胁腹部。病变包括瘙痒、丘疹、大量结痂，并伴有继发性红斑、皮脂溢、脱毛、抓痕、脓皮病、色素沉着过度和苔藓样变。

猫

猫跳蚤过敏性皮炎没有一种独特的模式。患猫通常出现瘙痒性粟粒性皮炎，并伴有继发抓痕，结痂和颈部、腰荐背侧、大腿内侧和下腹部脱毛。其他症状包括继发于过度梳理的对称性脱毛和嗜酸性肉芽肿综合征病变。

主要鉴别诊断

鉴别诊断包括异位性皮炎、食物过敏、其他体外寄生虫（疥螨、姬螯螨、虱病、蠕形螨病）、浅表脓皮病、皮肤癣菌病、蠕形螨病和马拉色菌性皮炎。

诊断

1. 犬腰部皮炎是跳蚤过敏性皮炎最常见的特征。任何患有皮肤病的猫都应该高度怀疑跳蚤过敏。

2. 在动物身上发现跳蚤和蚤便：在跳蚤过敏的动物上可能难以发现，这是由于梳理能有效地将跳蚤除去。

3. 过敏反应试验（皮内、血清学）：跳蚤抗原皮肤试验阳性，或者血清免疫球蛋白 IgE 抗跳蚤抗体滴度阳性，都高度提示本病，但也可能存在假阴性。

4. 皮肤组织病理学（无诊断意义）：不同程度的浅表性或深层血管周围至间质性皮炎，通常有大量的嗜酸性细胞。

5. 对跳蚤治疗（每隔一天使用一次烯啶虫胺，连用一个月）有效：症状消失。

治疗和预后

1. 由于跳蚤对有效的杀成虫药耐受性的提高，制定完整的跳蚤管理程序（昆虫生长调节剂联合杀成虫药，配合环境治理）十分必要。久而久之慢性地接触和跳蚤的基因漂变，将会导致特殊的有效成分失去功效。

2. 单独使用外部或全身性昆虫生长调控剂（氯芬奴隆、吡丙醚、甲氧普林）或联合使用杀成虫剂都可能有效。

3. 使用杀成虫药（口服、喷剂、滴剂或浸剂）给发病的和所有接触的犬猫驱除跳蚤，按照说明书每 7～30 d 用一次。含有非泼罗尼、吡虫啉、呋虫胺、茚虫威和赛拉菌素成分的产品有效，每 2～4 周使用一次。口服治疗选择似乎尤其有效，包括氟雷拉纳（贝卫多）每 30～60 d 服用一次；阿福拉纳（尼可信）、沙罗拉纳 sarolaner（欣宠克）和多杀霉素（恳福特，Trifexis）每 30 d 给药一次。在跳蚤感染严重的环境，尽管外部进行跳蚤控制，仍然可以在动物身上发现跳蚤。

4. 对于这些病例，应该给予发病动物最小剂量烯啶虫胺，1 mg/kg，口服，每 24～48 h 一次，连用 4 周。应该对环境进行处理（见下面第 7 条）。或者应用水稀释至 0.2% 的除虫菊酯喷雾，每 1～2 d 一次，作为一种防护剂对社交活跃的犬提供实质性的保护。

5. 对于跳蚤过敏的动物，在预计有可能与其他动物接触的当天（例如去美容店、动物医院、公园、其他养动物的家庭），应该使用烯啶虫胺进行预防性治疗，最小剂量 1 mg/kg，口服。烯啶虫胺治疗频率不要超过每天一次。

6. 对存在严重跳蚤感染的环境，需要对宠物常在的环境进行处理。室内可以使用杀成虫剂和昆虫生长调节剂（甲氧普林、蚊螨醚）。室外可以使用杀成虫剂或专门为此设计的生物产品。

7. 要持续采取措施控制跳蚤，从春季到第一次降雪为止，或者在温暖地域常年实施。常年在室内的动物和在寒冷室外生存的野生动物身上都可能长期存在跳蚤感染。

8. 对症治疗（控制瘙痒）：

a. 使用抗菌香波及抗瘙痒护毛素和喷雾（如含有燕麦、普莫卡因、抗组胺药物或糖皮质激素）进行外部疗法，每 2～7 d 或者在需要的时候应用，可以帮助减轻临床症状。

b. 在许多病例中（表 7-1）全身应用抗组胺疗法可以减轻临床症状。

c. 奥拉替尼（爱波克）服用 1～2 周能减轻症状（瘙痒），但应避免长期使用，因为会增加不良反应的风险，包括肿瘤（18%）、脓皮病（12%）、耳炎（9.9%）、呕吐（9.2%）、腹泻（6%）、膀胱炎（3.5%）、厌食（3.2%）、昏睡（2.8%）、酵母菌性皮肤感染（2.5%）和爪部皮炎（2.5%）。

d. 全身应用糖皮质激素对控制瘙痒通常有效(75%)，但是经常会导致不良反应的发生，包括增加 MRS 感染的风险，以及从轻度（PU/PD）至严重（免疫功能紊乱、蠕形螨病和皮肤钙质沉积）的不良反应（见“异位性皮炎”部分）。如果过敏季节较短，可以作为一种治疗选择，但是如果长期使用会导致无法接受的不良反应。

- 治疗过敏症禁用强效、长效的注射类固醇，因为相对于其延长的代谢作用和免疫抑制作用（6～10 周）仅有较短的抗炎作用（3 周）。
- 注射短效类固醇（地塞米松磷酸钠 0.5～0.8 mg/kg 或醋酸泼尼松龙 0.1～1 mg/kg）能有效减轻症状，如果没有并发的继发感染可持续 2～3 周。相比于让主人在家中口服治疗，注射可让临床医生更容易控制和监督患宠使用类固醇。
- 特美力 –P（异丁嗪和泼尼松龙组合）是一种独特药物，可以显著止痒，且泼尼松龙剂量较低。10～20 kg 一片，维持 24～48 h。用量应该逐渐减少到最低的剂量和频率。
- 泼尼松 0.25～1 mg/kg（或甲基泼尼松龙 0.2～0.8 mg/kg），口服，每 24～48 h 一次，连用 3～7 d。用量应该逐渐减少到最低的剂量和频率。
- 犬长期使用类固醇治疗（>3 个月），都应该频繁监测肝脏疾病和尿道感染（UTI）。

9. 如果能够严格控制跳蚤，预后良好。跳蚤可以感染给其他与之接触的动物和人。它们可能携带血液传染病，传播方式与蜱虫相似。

跳蚤过敏性皮炎的分布模式

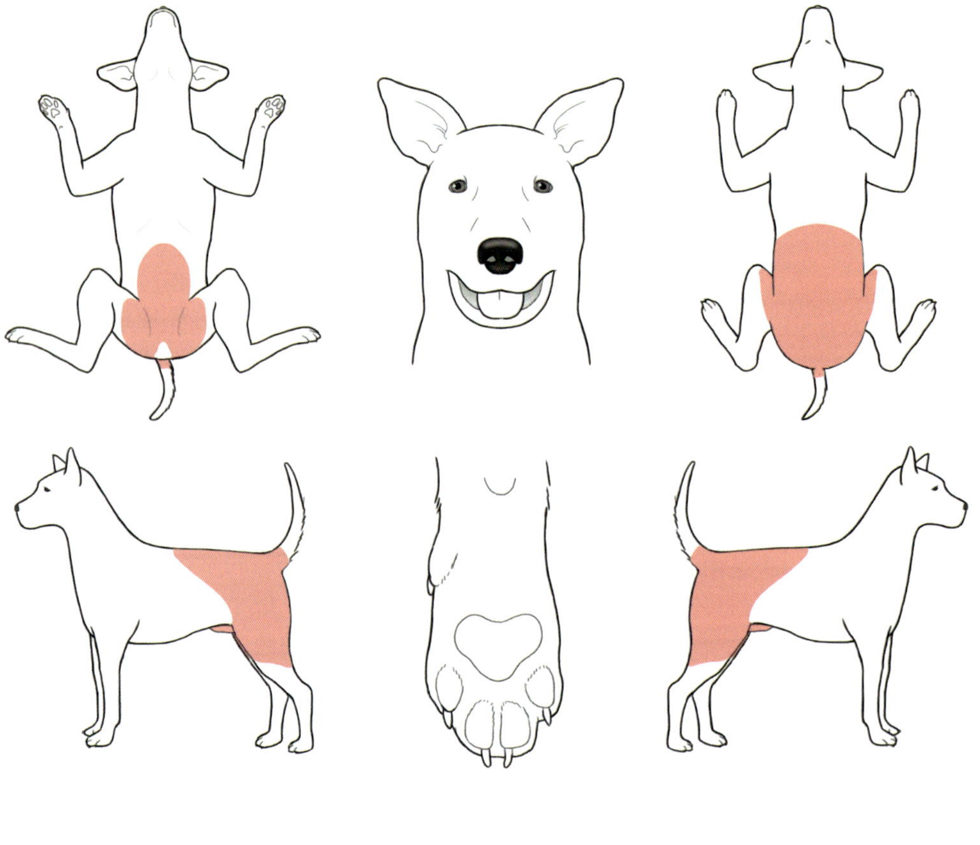

作 者 注

由于长效注射类固醇对代谢和免疫系统影响长久，应该停止使用，并为从业人员提供法律依据。

即使动物看似进行了较好的跳蚤控制，一旦发现犬患有腰背部皮炎，或患有皮肤病的猫，都应该高度怀疑跳蚤过敏性皮炎。

烯啶虫胺疗法（隔日一次，连用一个月）是最有效和最经济的方法，宠主和兽医可以确信对跳蚤过敏的瘙痒动物有效。

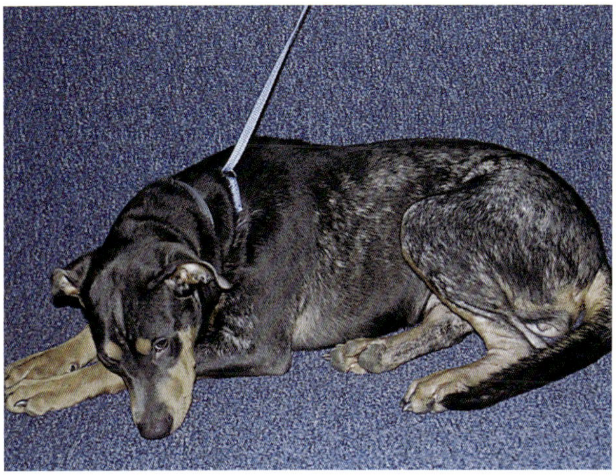

图 7-77　跳蚤过敏性皮炎。腰部和胁腹部后侧的虫蛀样脱毛，是犬跳蚤过敏性皮炎的典型特征。

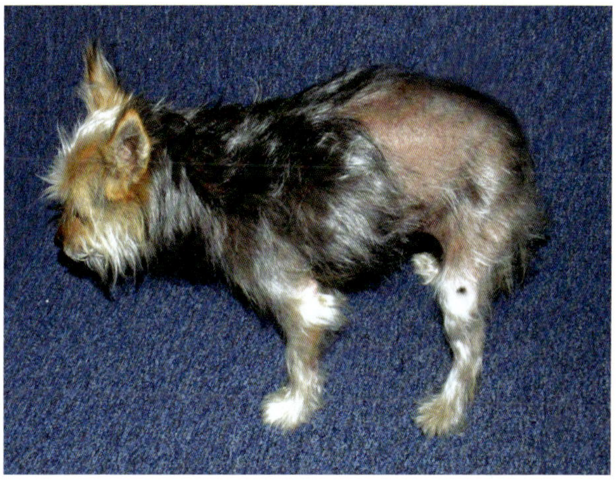

图 7-78　跳蚤过敏性皮炎。由跳蚤过敏导致的腰部皮炎。跳蚤过敏患宠的大部分病变位于尾侧至胸腔。

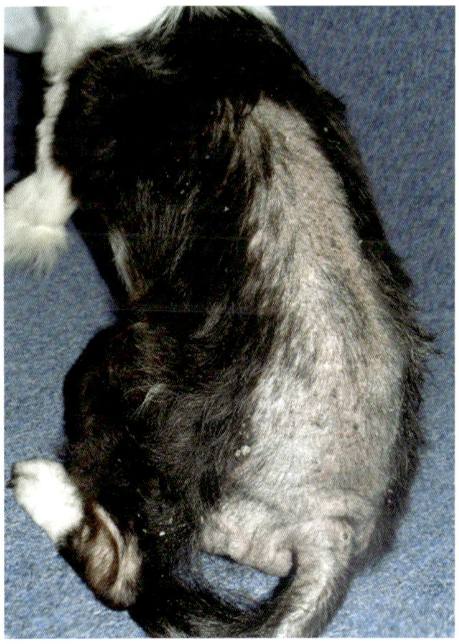

图 7-79　跳蚤过敏性皮炎。跳蚤过敏症患犬腰部和尾根的严重皮炎。

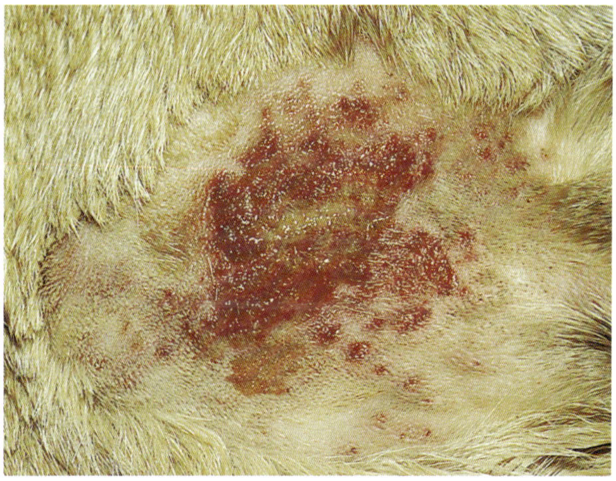

图 7-80　跳蚤过敏性皮炎。急性湿性皮炎（脓性创伤性皮炎）通常由于感染跳蚤引起。严重红斑、潮湿、糜烂性皮炎伴有扩大的丘疹，是脓性创伤性皮炎的典型特征。

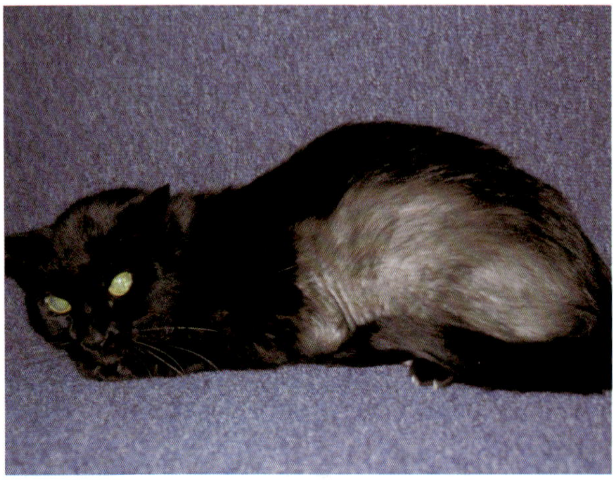

图 7-81 跳蚤过敏性皮炎。跳蚤过敏猫肋腹部尾侧的过敏性脱毛。

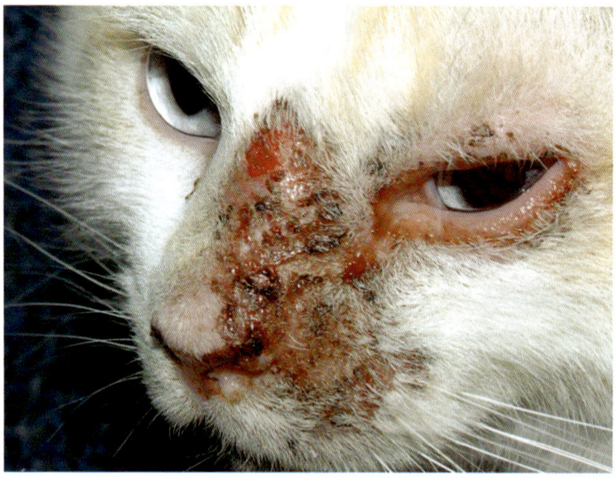

图 7-82 跳蚤过敏性皮炎。患跳蚤过敏症的猫面部嗜酸性斑块。跳蚤感染后发生严重的红斑、糜烂性皮炎，伴有结痂。

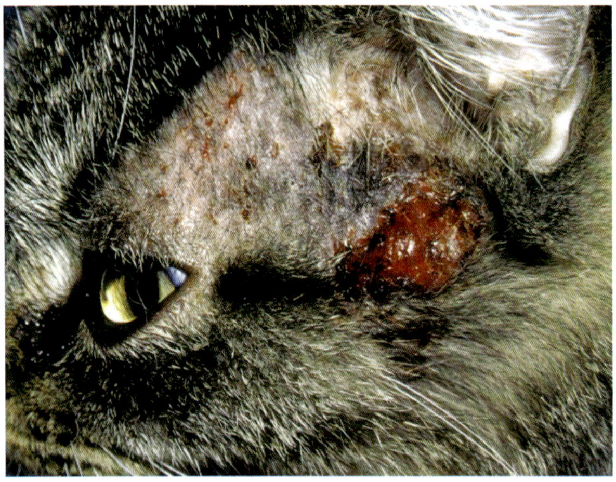

图 7-83 跳蚤过敏性皮炎。患跳蚤过敏症的猫，伴有局灶性嗜酸性斑块的耳前皮炎。

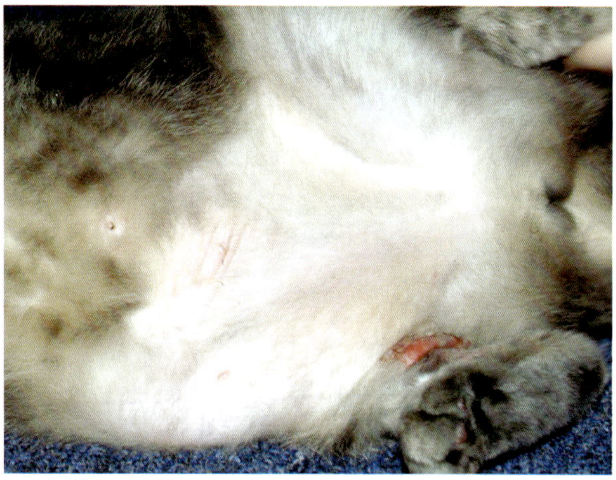

图 7-84 跳蚤过敏性皮炎。患跳蚤过敏症的猫，腹部过敏性脱毛。没有明显的皮肤炎症，通常易被误认为精神性脱毛。注意右大腿内侧近端，一小块嗜酸性斑块。

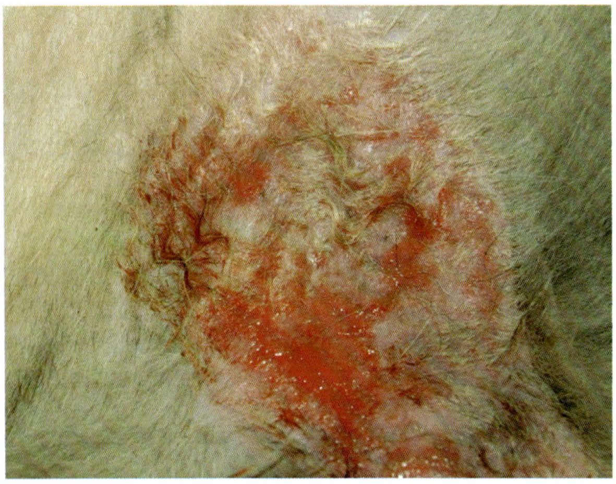

图 7-85 跳蚤过敏性皮炎。猫由于跳蚤过敏性皮炎引起的嗜酸性斑块。明显的脱毛、潮湿、糜烂性皮炎。

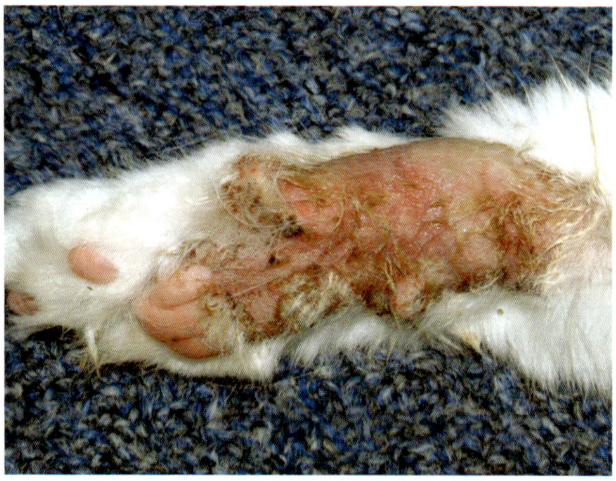

图 7-86 跳蚤过敏性皮炎。位于猫肢端的一个嗜酸性斑块，由跳蚤过敏性皮炎所引起。

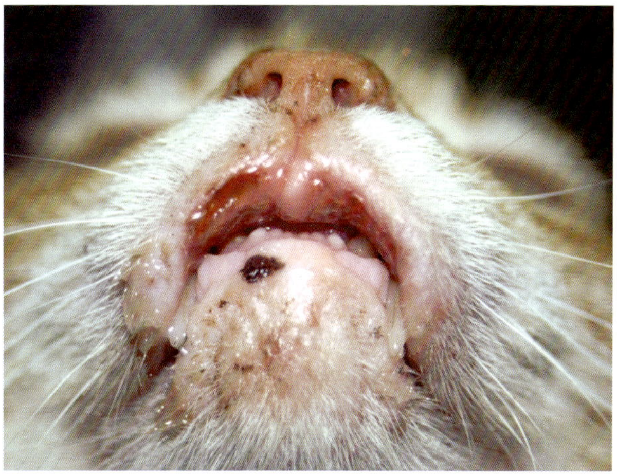

图 7-87　跳蚤过敏性皮炎。猫下巴和上唇的嗜酸性肉芽肿，由潜在的跳蚤过敏症所引起。皮肤脱毛、红斑和肿胀，是典型的嗜酸性肉芽肿病变。

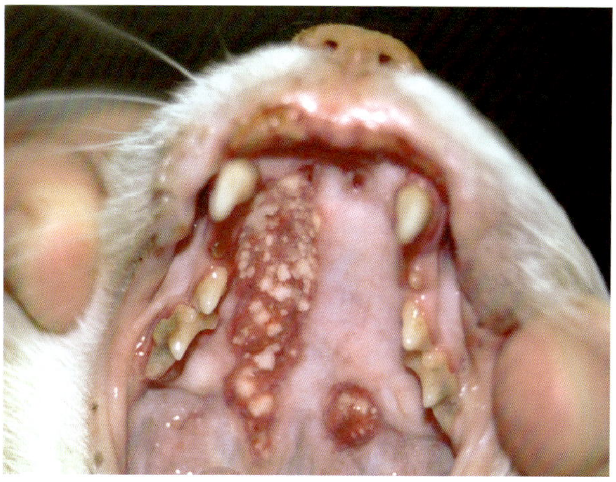

图 7-88　跳蚤过敏性皮炎。患跳蚤过敏症的猫口腔嗜酸性肉芽肿。猫口腔嗜酸性肉芽肿通常提示跳蚤过敏症。

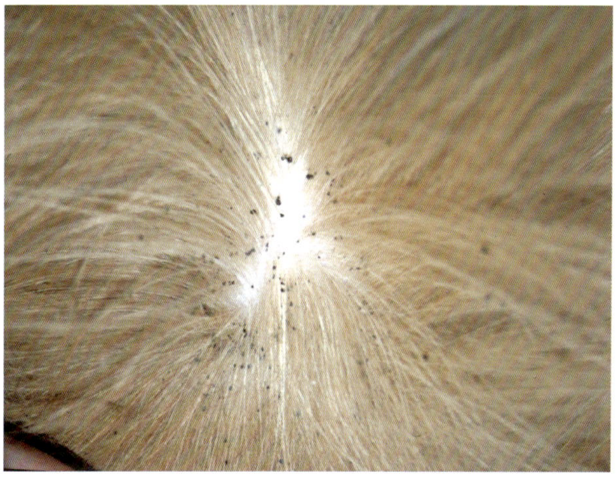

图 7-89　跳蚤过敏性皮炎。图 7-88 中的猫。跳蚤摄取并消化的血液以粪便形式排出，形成黑色凝固体，是典型的“蚤便”。

图 7-90　跳蚤过敏性皮炎。使用跳蚤梳收集并置于纸上的毛发和跳蚤粪便。

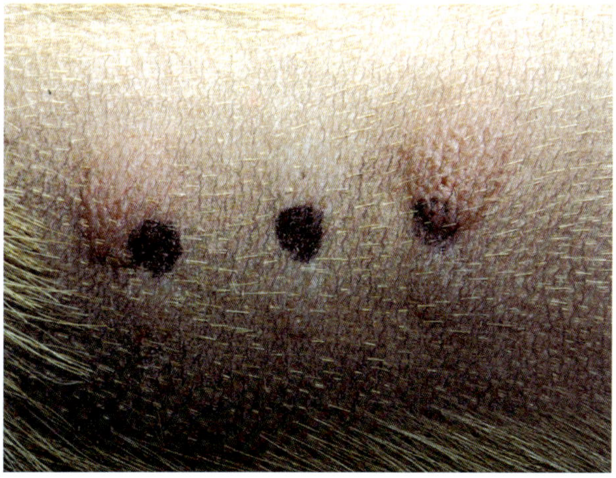

图 7-91　跳蚤过敏性皮炎。使用跳蚤抗原（右）对跳蚤过敏患犬进行皮内过敏试验，结果呈阳性。组胺（左）和盐水（中）分别作为阳性和阴性对照。

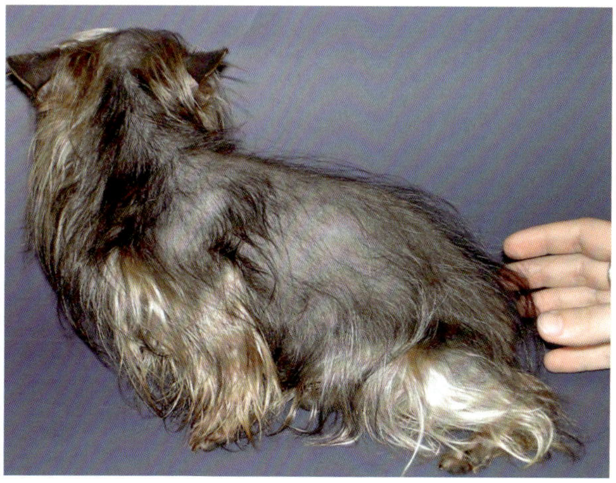

图 7-92　跳蚤过敏性皮炎。典型的腰部皮炎，明显的脱毛遍布了犬身体的后半部。

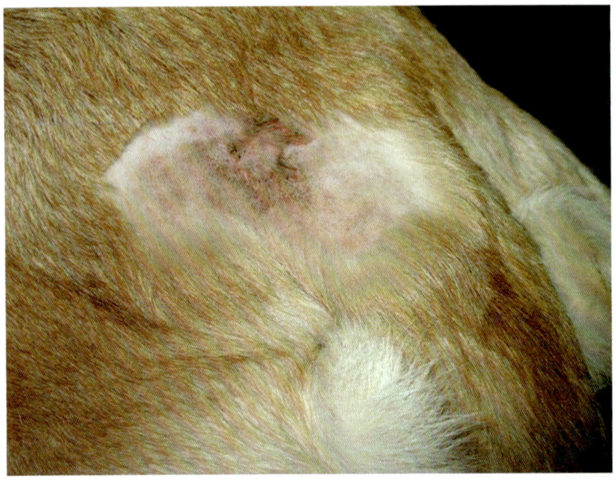

图 7-93 跳蚤过敏性皮炎。犬腰部区域的局灶性病变。注意与急性湿性皮炎（脓性创伤性皮炎）的相似，但是没有潮湿的渗出物。

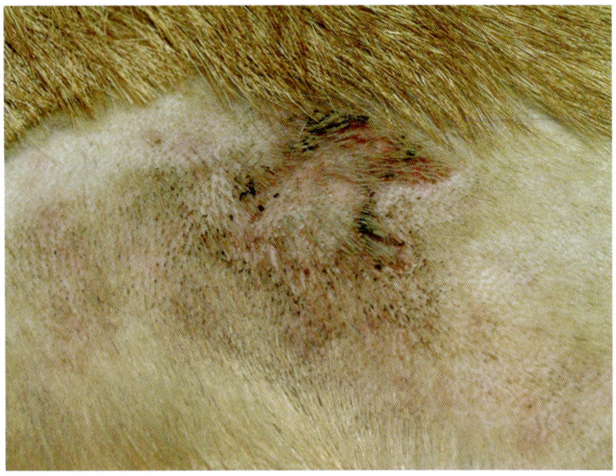

图 7-94 跳蚤过敏性皮炎。图 7-93 中犬的近观。局灶性病变清楚地表现出红斑和轻度的结痂。

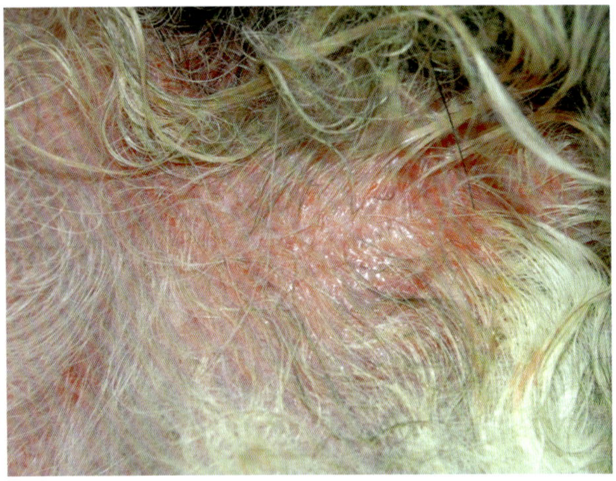

图 7-95 跳蚤过敏性皮炎。严重的红斑开始形成潮湿的渗出物，这可能会导致形成急性湿性皮炎（脓性创伤性皮炎）。

猫异位性皮炎
Feline Atopy

特征

本病是对环境抗原（过敏原）产生的Ⅰ型过敏反应，推测是一种基因性或遗传性倾向的疾病。不常见于猫，且比跳蚤过敏症和食物过敏更少。

猫异位性皮炎没有独特的模式。主要症状是瘙痒（啃、抓、过度梳理被毛），根据过敏原不同表现为季节性或非季节性发病。瘙痒可能集中于头部、颈部和耳部，也可见于其他部位，如下腹部、大腿后部、前肢和 / 或胸侧。自我损伤通常会引起双侧对称性脱毛，残留的被毛被折断，但不易脱落。脱毛部位的皮肤可能正常或继发抓痕。常见粟粒性皮炎、耵聍性外耳炎和嗜酸性肉芽肿综合征。可能发展为慢性继发性脓皮病或外周淋巴结肿大。有些异位性皮炎患猫可能发生慢性支气管炎或哮喘。许多猫伴有自我损伤引起的抓痕时，常存在继发性细菌感染。

主要鉴别诊断

鉴别诊断包括跳蚤过敏性皮炎、其他过敏性疾病（食物、蚊叮）、皮肤癣菌病、体外寄生虫病（姬螯螨、耳螨、猫疥螨、蠕形螨）、精神性脱毛、天疱疮和皮肤淋巴瘤。

诊断

1. 排除其他类似疾病，尤其是跳蚤过敏性皮炎、皮肤癣菌病、螨虫和食物过敏。

2. 过敏性试验（皮内、血清学）：过敏试验根据方法的不同变化较大。可见对草、树、霉菌、杂草、昆虫、皮屑、羽毛或室内环境中的过敏原呈阳性反应。假阴性反应较为常见，也可能出现假阳性反应。全身性给予荧光素可能会提高猫皮内试验的诊断精确度。

3. 皮肤组织病理学（无诊断意义）：不同程度的血管周围或弥散性炎症，常见淋巴细胞、肥大细胞增生和嗜酸性粒细胞。也可见表皮增生、皮肤棘层水肿、糜烂、溃疡和浆细胞性结痂。

治疗和预后

1. 感染预防：使用合理的方法治疗任何继发的脓皮病和耳炎，2～4 周。

2. 对症治疗（控制瘙痒）：瘙痒可以使用抗组胺药物、必需脂肪酸和糖皮质激素进行控制。

a. 应该实施完整的跳蚤控制方案，以预防跳蚤叮咬导致瘙痒加重。

b. 全身应用抗组胺治疗猫异位性皮炎，可使 40%～70% 的病例临床症状减轻。治疗两周可见症状改善（表 7-3）。

c. 对于 20%～50% 的猫口服必需脂肪酸可能会有助于控制瘙痒。治疗 8～12 周后可能见到疗效。必需脂肪酸和其他的疗法联合应用可能见到协同的效果。

d. 全身应用糖皮质激素控制瘙痒，但是经常会导致轻度至严重的不良反应，并增加 MRS 感染的风险。有效的疗法如下：

- 泼尼松龙，2 mg/kg，口服，每 24 h 一次，直到瘙痒和病变消失（2～8 周），然后 2 mg/kg，口服，每 48 h 一次，连用 2～4 周，如果需要长期维持治疗，需要逐渐降低为隔日一次的最低维持剂量。
- 地塞米松，2 mg，口服，每 1～3 d 一次，减轻瘙痒，之后逐渐减量至最低维持频率。

3. 过敏症治疗（免疫调节）

a. 应该减少接触过敏原的机会，如有可能应搬离过敏环境。可使用高效空气过滤器（HEPA）和木炭过滤器减少屋内的花粉、霉菌和灰尘。对于屋尘螨敏感的猫，主人应该使用杀螨剂苯甲酸苄酯对毛毯、床垫和室内装饰物进行处理，1 个月一次，连用 3 个月，然后每 3 个月一次，能有效地减少环境中的尘螨。应该丢弃藏纳屋尘螨抗原的旧猫窝。房屋除湿至相对湿度低于 40%，可以减少屋尘螨、霉菌和跳蚤过敏原的载量。为了达到这一要求，高效的除湿机必须每天从空气中抽取几升水。

表 7-3　猫抗组胺治疗

抗组胺药物	剂量
扑尔敏	2～4 mg/ 猫，PO，每 12～24 h 一次
阿米替林	5～10 mg/ 猫，PO，每 12～24 h 一次
氯马斯汀	0.68 mg/ 猫，PO，每 12 h 一次
赛庚啶	2 mg/ 猫，PO，每 12 h 一次
羟嗪	5～10 mg/ 猫，PO，每 8～12 h 一次
苯海拉明	2～4 mg/ 猫，PO，每 12 h 一次
非索非那定	30～60 mg/ 猫，PO，每 24 h 一次

b. 环孢菌素（Atopica），7.5 mg/kg，口服，每 24 h 一次，直到见效（4～6 周）。然后将用药频率逐渐减少至 48～72 h 一次。许多猫可以 72 h 一次的剂量维持，使治疗费用得以控制。猫白血病病毒（FeLV）和猫免疫缺陷病毒（FIV）应该为阴性。弓形虫感染也是要考虑的问题；然而截至本书撰写之前，这种风险仍然较低。

c. 如果药物治疗无效或者主人不能接受，或者药物导致不能接受的不良反应时，可考虑使用脱敏治疗（过敏疫苗）。总体来说，脱敏治疗对 50%～70% 的异位性皮炎患猫有效。临床显著改善通常需要 3～8 个月，但是有些猫可能耗费 1 年。

4. 对于大部分猫预后良好，但是通常需要终身治疗。

作　者　注

在临床上给予猫注射长效类固醇的现象非常常见，但是可能对高达 11% 的猫心脏造成伤害而威胁生命，因而最好在迫不得已的时候才使用。长效类固醇还有其他广为熟知的医疗风险，包括糖尿病和尿道感染。

猫对于环孢菌素（Atopica）的耐受非常好并且不良反应少。有趣的是注意到环孢菌素似乎能够控制大多由免疫问题引起的猫皮炎，跳蚤过敏（当没有进行跳蚤治疗时）、皮肤癣菌病和螨虫除外。

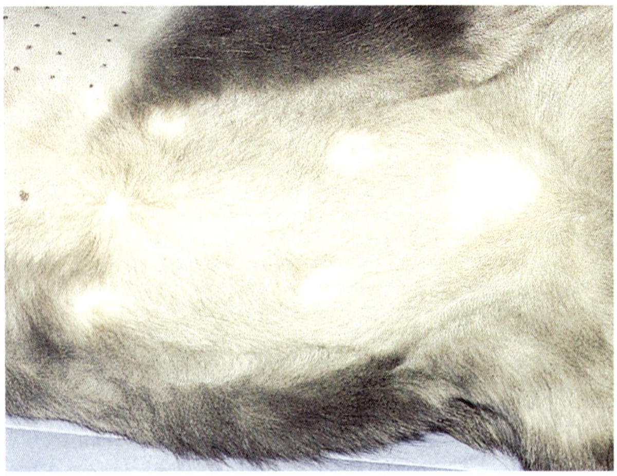

图 7-96　猫异位性皮炎。猫腹部过敏性脱毛。与过度舔舐引起的脱毛病变相似，也可能是由跳蚤过敏、食物过敏和螨虫感染所引起。

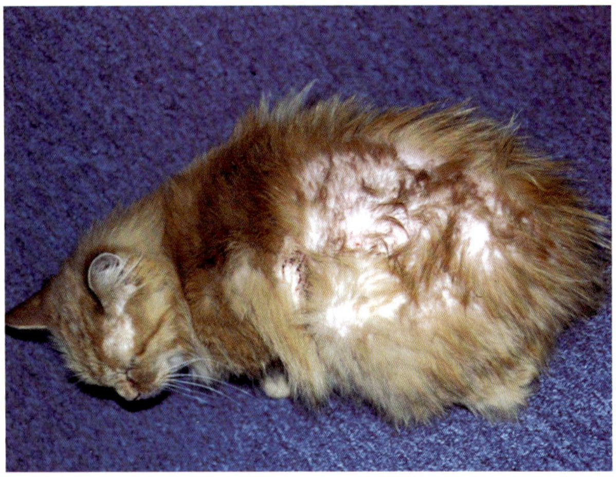

图 7-97　猫异位性皮炎。患有异位性皮炎的猫，胁腹部和腰部多处脱毛。

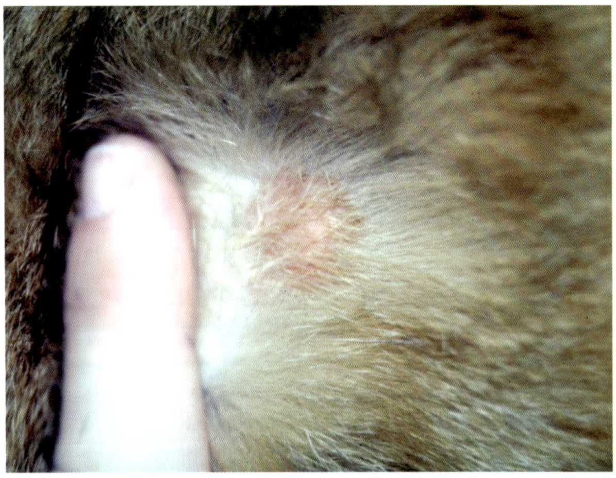

图 7-98　猫异位性皮炎。患有异位性皮炎的猫胁腹部的局灶性红斑，伴有轻度脱毛。此病变是一块轻度的嗜酸性红斑。

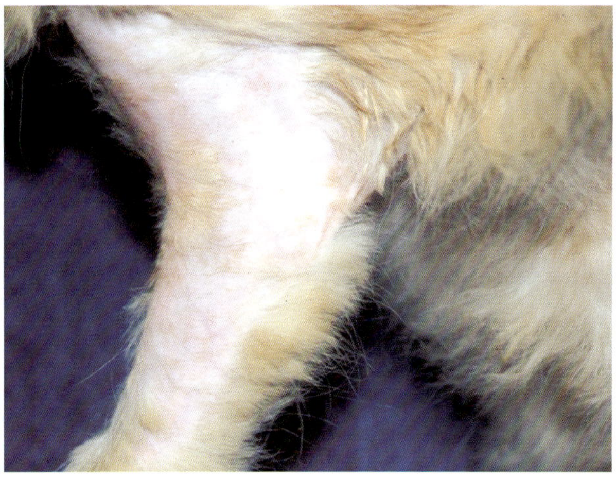

图 7-99　猫异位性皮炎。患有异位性皮炎的猫，过敏性脱毛几乎遍布整个前肢。注意缺乏广泛性皮炎（明显的炎症），这很容易误诊为精神性脱毛。

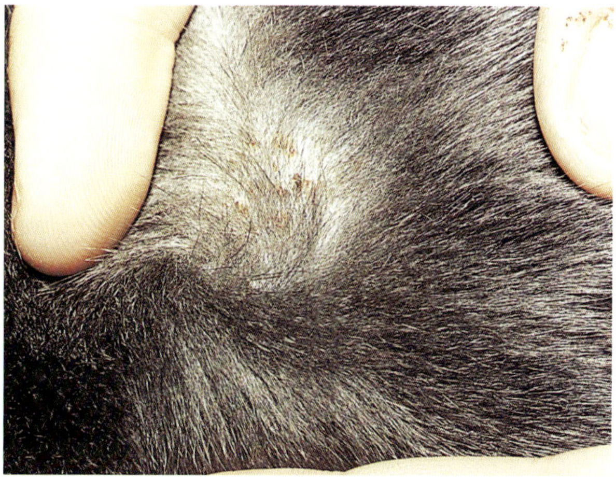

图 7-100　猫异位性皮炎。患有异位性皮炎猫的小结痂，是粟粒性皮炎的典型症状。

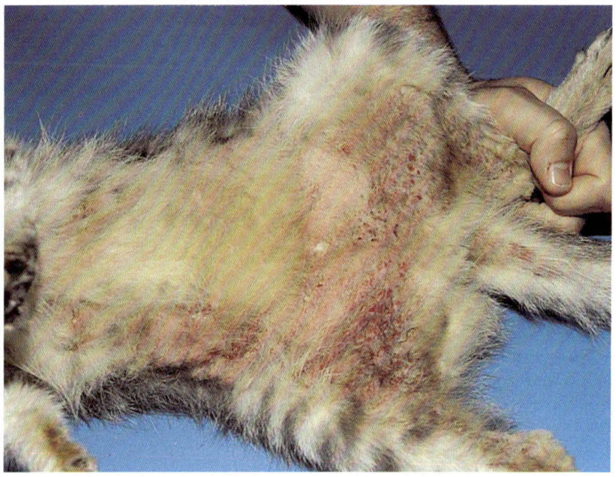

图 7-101　猫异位性皮炎。患过敏症的猫，腹部脱毛和早期的嗜酸性斑块。

图 7-102　猫异位性皮炎。皮内过敏试验结果出现数个阳性反应。注意这种弱阳性反应，在猫的过敏试验中较典型。

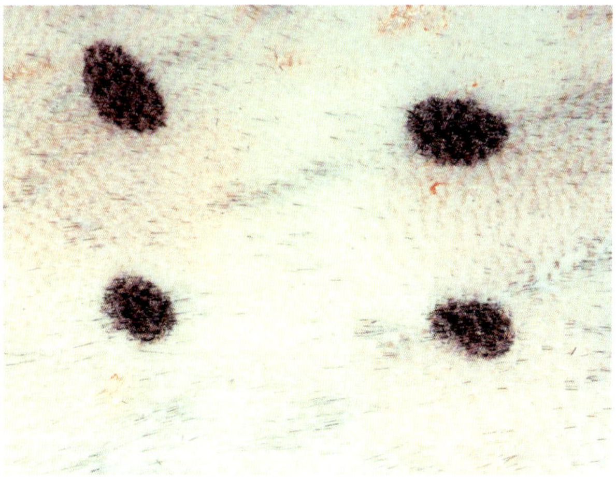

图 7-103　猫异位性皮炎。图 7-102 中皮内过敏试验的近观。阳性反应显示为红色斑点。

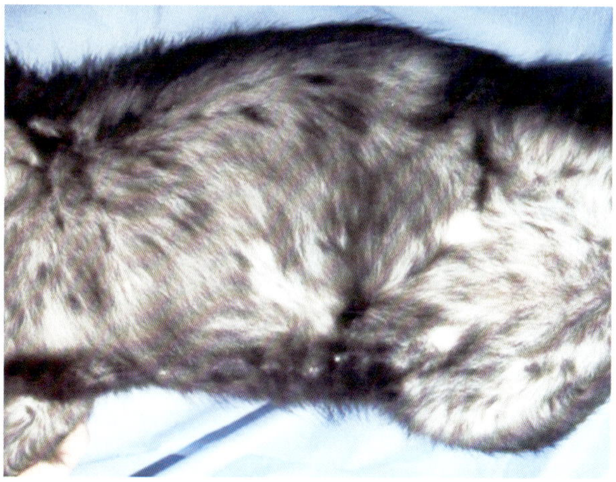

图 7-104　猫异位性皮炎。患有异位性皮炎的猫，躯干上广泛的虫蛀样脱毛。

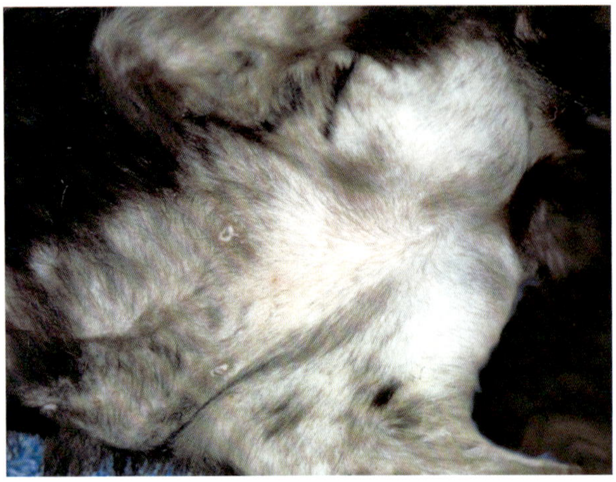

图 7-105 猫异位性皮炎。患异位性皮炎的猫，看见腹部过敏性脱毛。皮肤的炎性反应较轻微，容易被忽略。

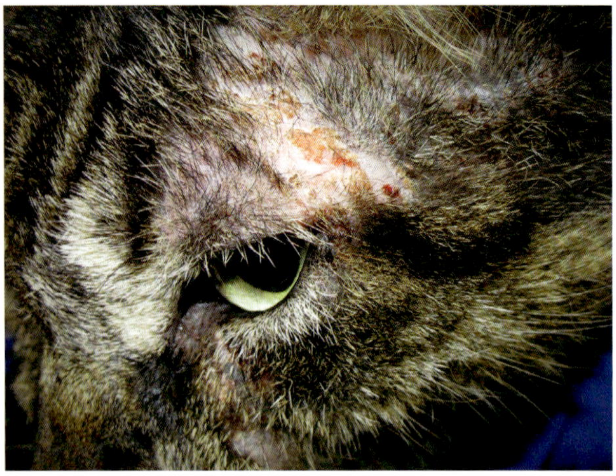

图 7-106 猫异位性皮炎。异位性皮炎患猫眼周的过敏性皮炎。

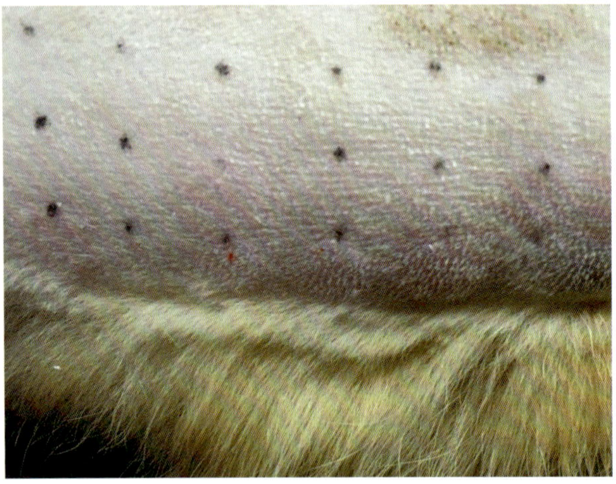

图 7-107 猫异位性皮炎。猫皮内过敏皮肤试验的阳性结果。与犬的试验反应相比，猫的阳性反应极其细微。

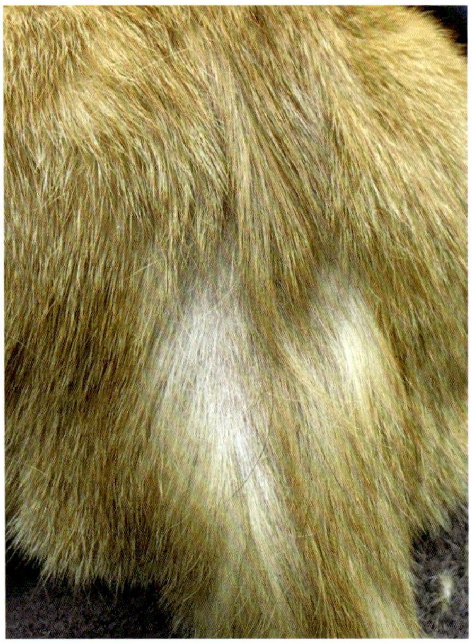

图 7-108 猫异位性皮炎。异位性皮炎患猫腰荐区域脱毛。注意腰部皮炎不是猫跳蚤过敏性皮炎的病变特征。

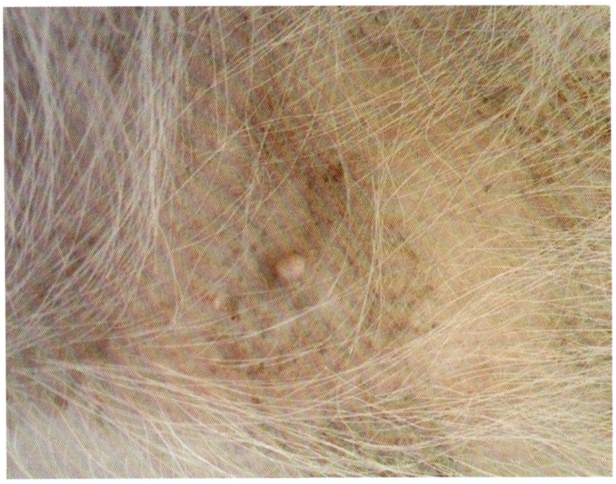

图 7-109 猫异位性皮炎。异位性皮炎患猫正常的乳腺周围组织。注意自体免疫性皮肤疾病患猫经常发生严重的乳腺周围皮炎。

猫食物过敏
Feline Food Hypersensitivity

特征

猫食物过敏是对食物或食物添加剂的一种不良反应，可发生于任何年龄。猫不常见——比跳蚤过敏症的发病率低——但是可能比猫异位性皮炎的发病率高。

猫食物过敏没有独特的发病模式。本病的特点是非季节性瘙痒，瘙痒时糖皮质激素治疗的效果不定。瘙痒可局限于头部和颈部或全身化，包括躯干、腹部和四肢。皮肤病变各异，可能出现脱毛、红斑、粟粒性皮炎、嗜酸性肉芽肿综合征、抓痕、结痂、皮屑。可见马拉色菌性和耵聍腺性外耳炎，也可能并发胃肠道症状（腹泻、呕吐）。

主要鉴别诊断

鉴别诊断包括跳蚤过敏性皮炎、异位性皮炎、蚊叮性过敏、皮肤癣菌病、体外寄生虫病（姬螯螨病、耳螨、猫疥螨、蠕形螨病）、精神性脱毛、天疱疮和皮肤淋巴瘤。

诊断

1. 排除其他类似疾病。尤其是跳蚤过敏性皮炎、皮肤癣菌病、螨虫和异位性皮炎。

2. 皮肤组织病理学（无诊断意义）：不同程度的浅表性和深层血管周围皮炎，以嗜酸性粒细胞和肥大细胞为主。

3. 食物过敏试验（皮内或血清学）（无诊断意义）：不推荐使用，因其结果不可靠。

4. 低敏性食物治疗性诊断试验：严格饲喂自制食物或限制性商品粮（一种蛋白质和一种碳水化合物），在 10～12 周内症状会得到改善。这种食物不应包括之前猫粮、零食以及餐桌食物中的成分。

5. 激发试验：将可疑过敏原加入食物中，几个小时到几天内症状会再次出现。

治疗和预后

1. 感染预防：使用合理的方法治疗任何继发的脓皮病和耳炎，连续 2～4 周。

2. 对症治疗（控制瘙痒）：瘙痒可以使用抗组胺药物、必需脂肪酸和糖皮质激素进行控制。

a. 应该实施完整的跳蚤控制方案，以预防跳蚤叮咬使瘙痒加重。

b. 全身应用抗组胺治疗猫异位性皮炎，可使 40%～70% 的病例临床症状减轻。治疗 1～2 周可见症状改善（表 7-3）。

c. 20%～50% 的猫口服必需脂肪酸可能有助于止痒。治疗 8～12 周可能见到疗效。必需脂肪酸与其他治疗联合应用可能见到协同作用。

d. 全身应用糖皮质激素控制瘙痒，但是经常会导致轻度至严重的不良反应，并增加 MRS 感染的风险。有效的疗法如下：

- 泼尼松龙，2 mg/kg，口服，每 24 h 一次，直到瘙痒和病变消失（2～8 周），然后 2 mg/kg，口服，每 48 h 一次，连用 2～4 周，如果需要长期的维持治疗，需要逐渐降低为隔日一次的最低维持剂量。
- 地塞米松，2 mg，口服，每 1～3 d 一次，减轻瘙痒，之后逐渐减量至最低频率维持。

3. 过敏症治疗

a. 避免致病的食物过敏原。饲喂均衡的家庭自制食物或商品低敏粮。

b. 环孢菌素（Atopica），7.5 mg/kg，口服，每 24 h 一次，直到见效（4～6 周）。然后将用药频率逐渐减少至 48～72 h 一次。许多猫可以 72 h 一次的剂量维持，使治疗费用得以控制。猫白血病病毒（FeLV）和猫免疫缺陷病毒（FIV）应该为阴性。弓形虫感染也是要考虑的问题；然而截至本书撰写之前，这种风险仍然较低。

4. 如果猫能接受低敏食物，预后良好；如果复发，要排除是否因为主人不遵守医嘱、对新食物过敏、皮肤癣菌病、体外寄生虫、并发异位性皮炎和跳蚤过敏性皮炎等情况。

作者注

在临床上给予猫注射长效类固醇的现象非常常见，但是可能对高达 11% 的猫心脏造成伤害而威胁生命，因而最好在迫不得已的时候才使用。长效类固醇还有其他广为熟知的医疗风险，包括糖尿病和尿道感染。

猫对于环孢菌素的耐受非常好并且不良反应少。有趣的是注意到环孢菌素似乎能够控制大多由免疫问题引起的猫皮炎，跳蚤过敏（当没有进行跳蚤治疗时）、皮肤癣菌病和螨虫除外。

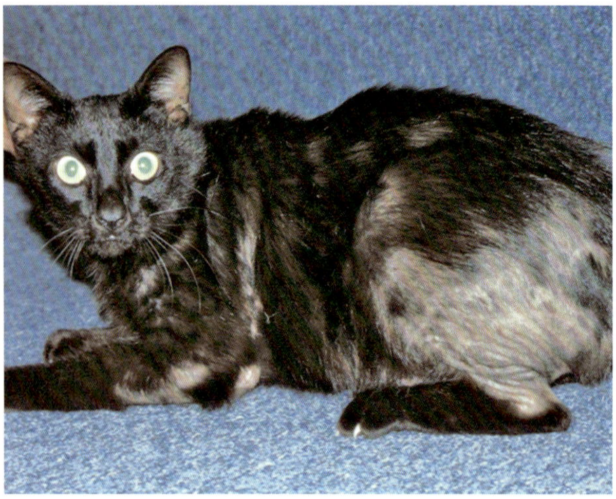

图 7-110　猫食物过敏。食物过敏患猫的腰部和大腿后侧的过敏性脱毛。

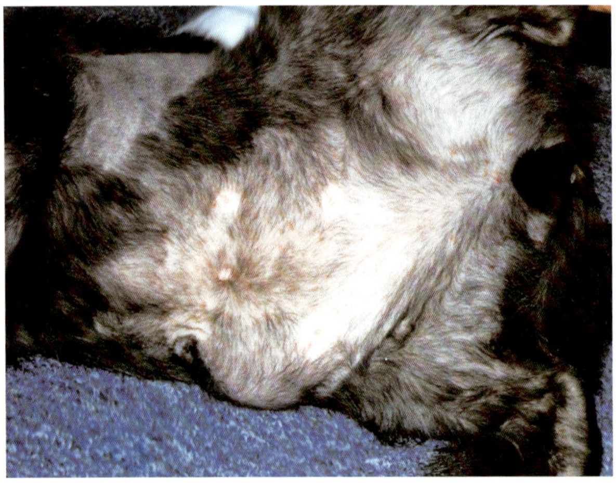

图 7-111　猫食物过敏。图 7-110 中猫的近观。过敏症患猫最主要的病变是脱毛。注意皮肤状况良好，几乎无炎症反应。

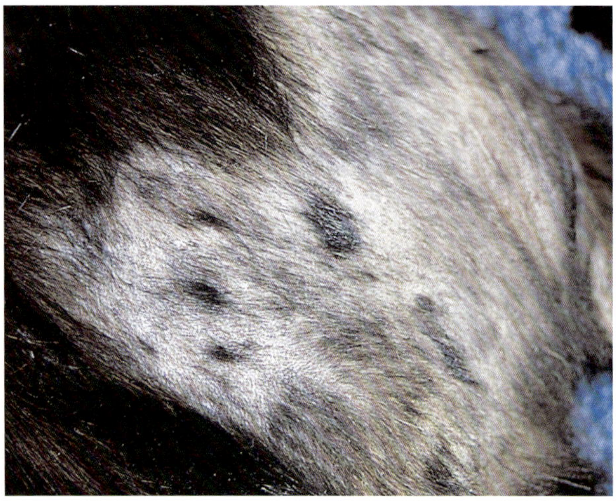

图 7-112　猫食物过敏。图 7-110 中猫的近观。腹部明显的过敏性脱毛。

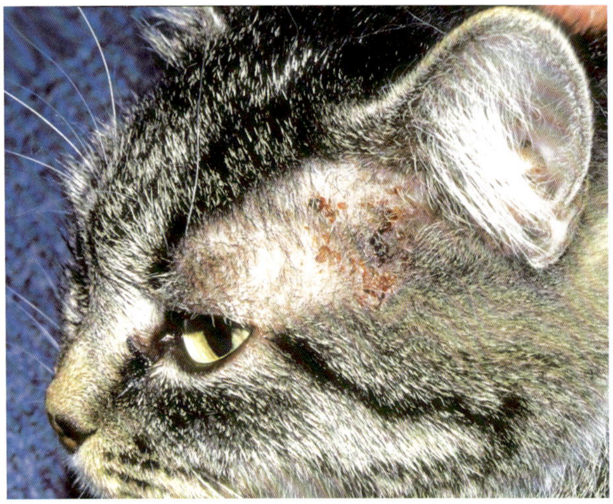

图 7-113　猫食物过敏。伴有脱毛和结痂性丘疹的耳前皮炎，是粟粒性皮炎的典型症状。

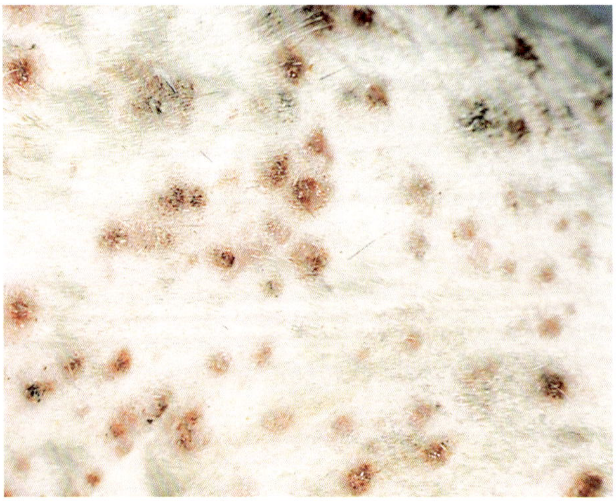

图 7-114　猫食物过敏。猫躯干上严重的嗜酸性丘疹性皮炎。丘疹遍布猫身体的大部分。

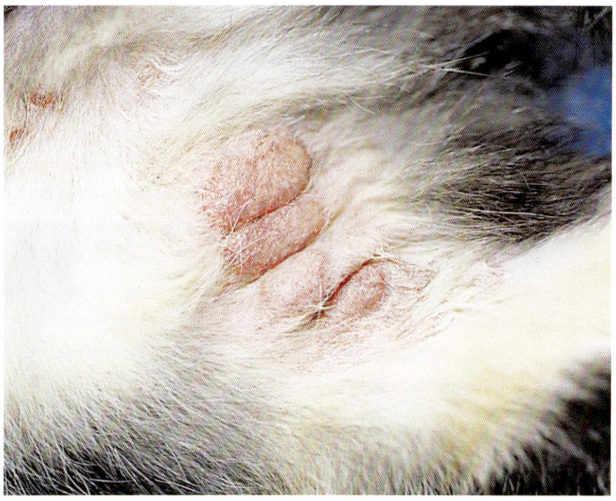

图 7-115 猫食物过敏。食物过敏猫腹部的嗜酸性斑块。

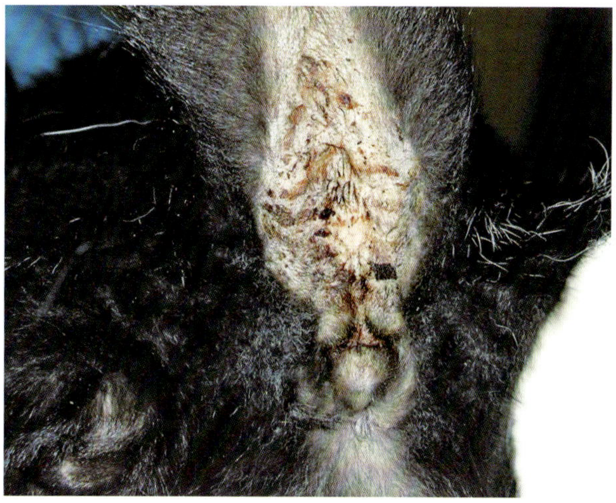

图 7-116 猫食物过敏。食物过敏猫的肛周皮炎。肛周皮炎是食物过敏动物的常见症状。

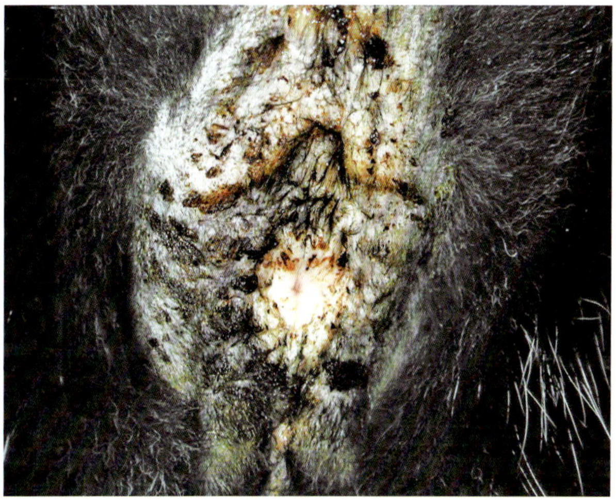

图 7-117 猫食物过敏。食物过敏猫的肛周皮炎。

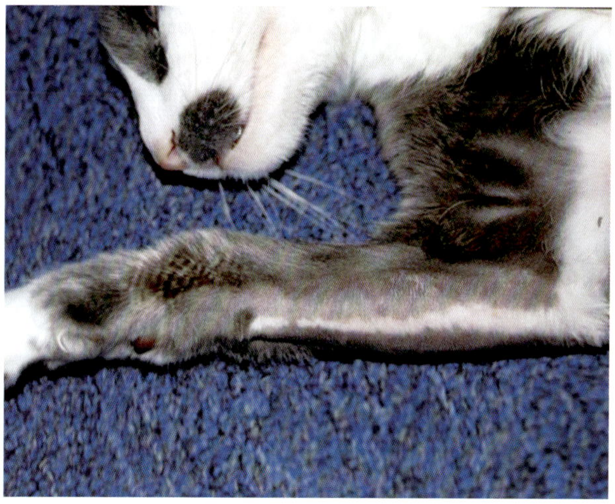

图 7-118 猫食物过敏。过敏性脱毛几乎覆盖了这只过敏猫的整个前肢。

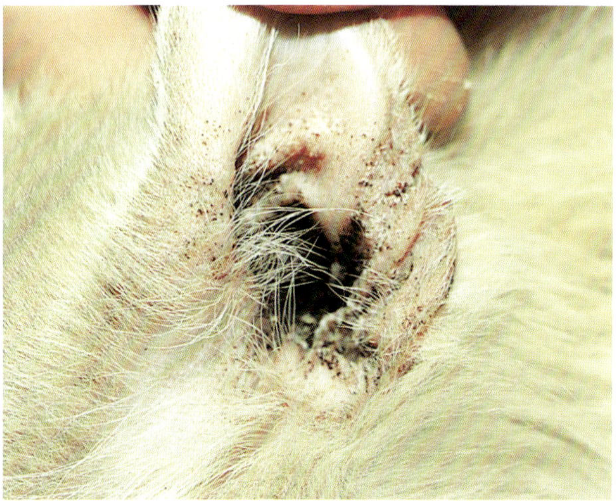

图 7-119 猫食物过敏。由于过敏导致继发细菌和酵母菌感染的外耳炎。通过控制继发感染和食疗后耳炎治愈。

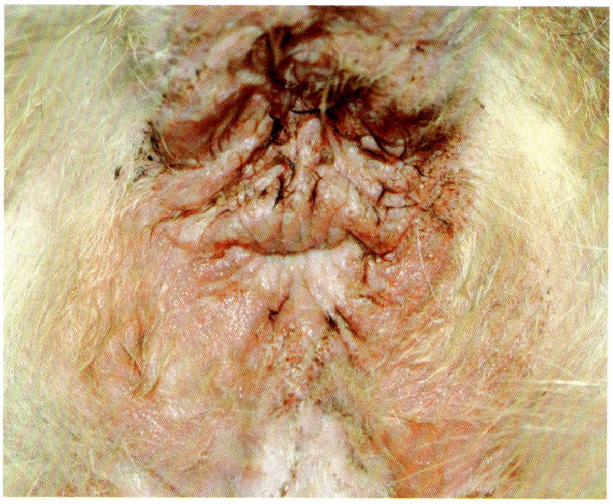

图 7-120 猫食物过敏。严重的红斑和脱毛发生于这只食物过敏猫的肛周区域。

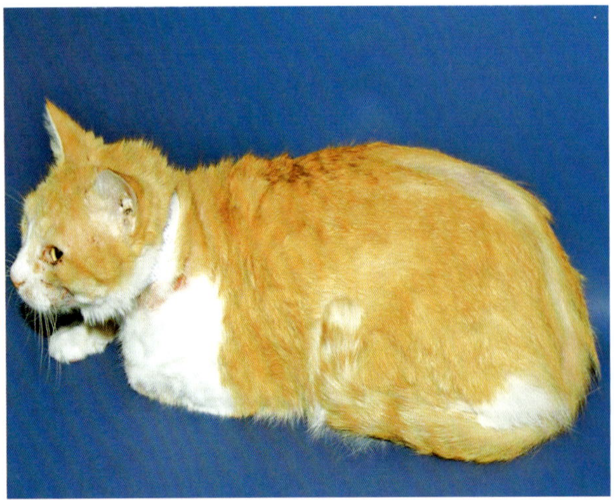

图 7-121 猫食物过敏。远观食物过敏猫的面部和腰背侧区域，仅见轻度病变。

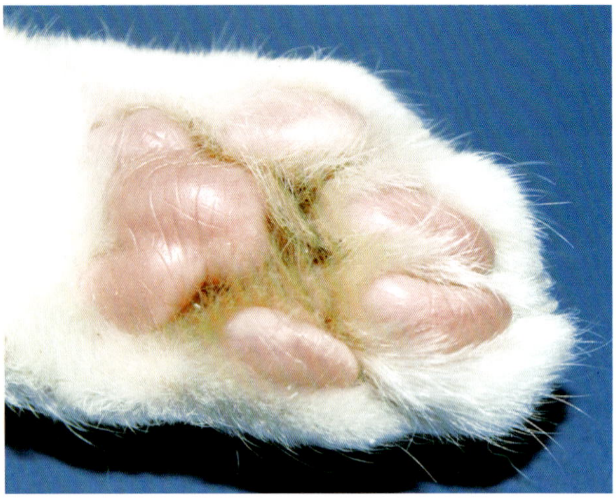

图 7-122 猫食物过敏。图 7-121 中的猫。爪部看上去较健康，直到进一步检查趾间区域。

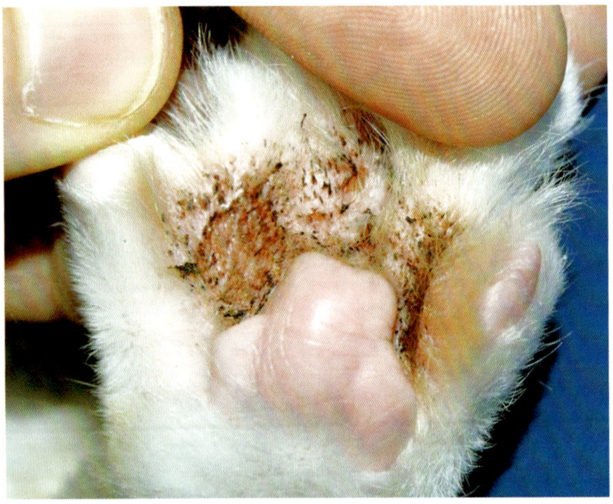

图 7-123 猫食物过敏。图 7-121 中的猫。由过敏症继发的细菌感染引起的趾间炎。

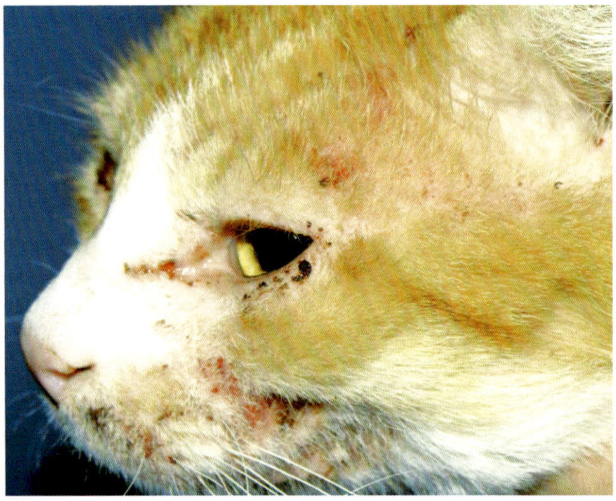

图 7-124 猫食物过敏。面部皮炎，脱毛和伴有结痂的红斑显示该疾病的瘙痒特征。

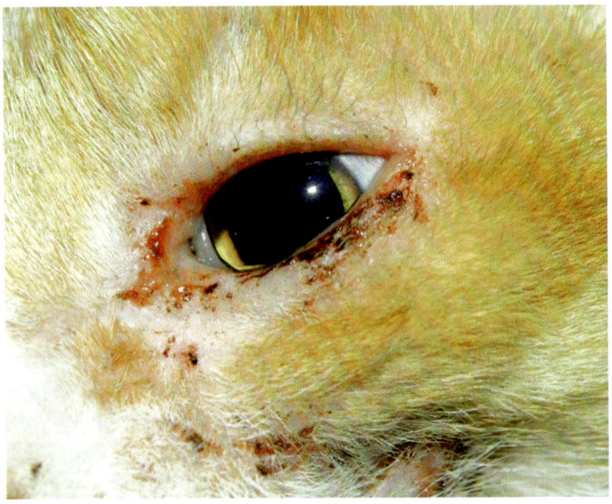

图 7-125 猫食物过敏。图 7-124 中猫的近观。结痂、红斑病变明显。

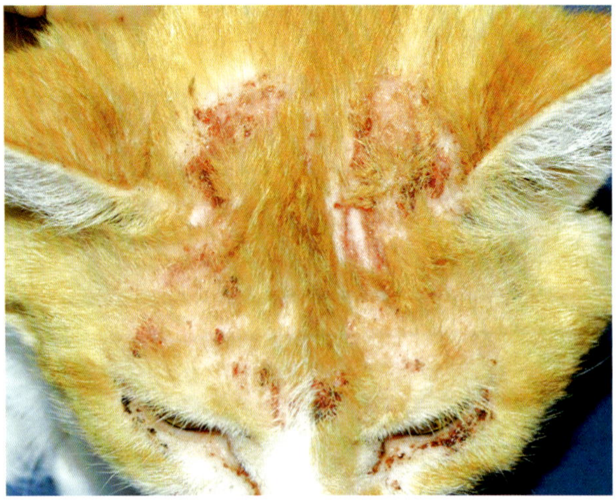

图 7-126 猫食物过敏。图 7-124 中的猫。可见伴有红斑和结痂的脱毛病变。

蚊叮性过敏
Mosquito Bite Hypersensitivity

特征

蚊叮性过敏是一种不常见的季节性疾病，发生于对蚊叮敏感的猫。

鼻梁和耳廓外侧出现轻度到重度的瘙痒性丘疹、脓疱、糜烂和结痂。病变对称性色素减退或过度沉着。常见鼻梁肿胀。爪垫尤其是爪垫外缘过度角化、色素过度沉着或色素减退、开裂、疼痛、肿胀或溃疡。可能出现外周淋巴结肿大。

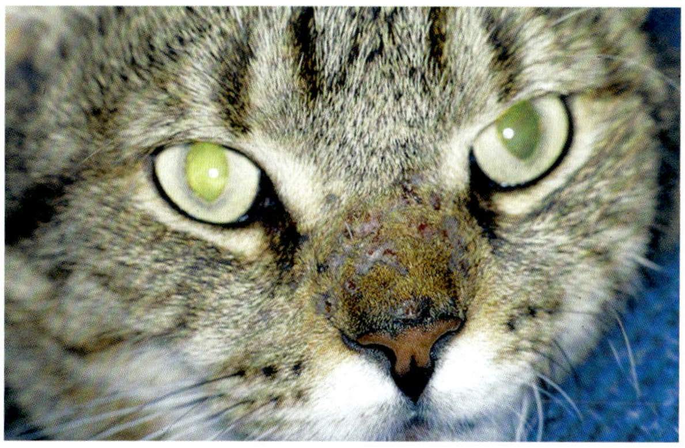
图 7-127　蚊叮性过敏。蚊叮导致鼻梁脱毛和形成结痂。

主要鉴别诊断

鉴别诊断包括跳蚤过敏性皮炎、食物过敏、异位性皮炎、皮肤癣菌病、耳螨、蠕形螨病、浆细胞性爪部皮炎和自体免疫性皮肤病。

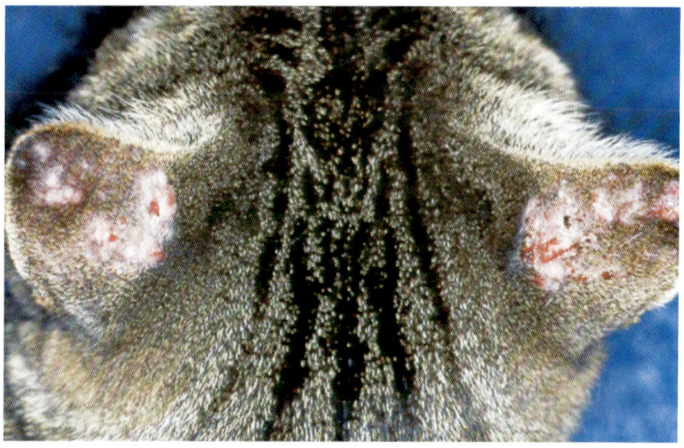
图 7-128　蚊叮性过敏。图 7-127 中猫的近观。蚊叮性过敏引起的耳廓脱毛和结痂。注意与自体免疫性皮肤病的相似性。

诊断

1. 通常根据季节病史、临床症状以及猫在无蚊环境症状改善进行诊断。4～7 d 病变可改善。

2. 皮肤组织病理学（无诊断意义）：增生性浅表性血管周围至弥散性嗜酸性皮炎。

治疗和预后

1. 将猫限制在室内活动，尤其在蚊子活跃的黎明和黄昏不外出。

2. 驱除发病环境中的蚊子，外部使用水溶性除虫菊素喷雾剂，每 24 h 喷洒一次。谨慎使用拟除虫菊酯对猫进行治疗。市场上人的外用驱蚊药（如 DEET）对猫通常无效，且对猫有毒。

3. 如果无法避免蚊子叮咬，使用控制异位性皮炎的方法可能有效。

4. 预后良好，但是发病严重的猫可能遗留下永久性瘢痕。

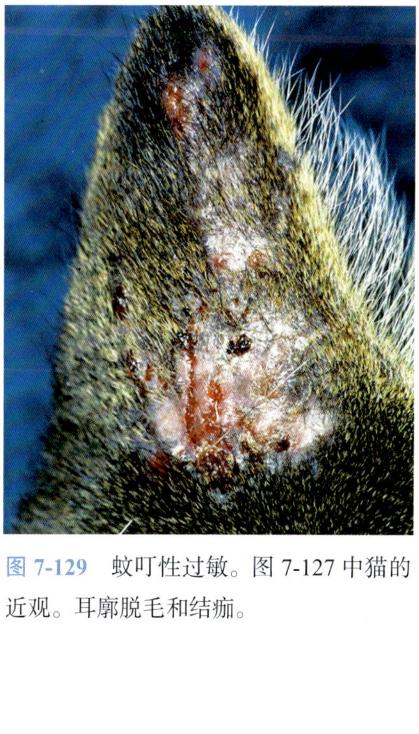
图 7-129　蚊叮性过敏。图 7-127 中猫的近观。耳廓脱毛和结痂。

图 7-130 蚊叮性过敏。图 7-127 中猫的近观。爪垫高度角化和结痂，注意与浆细胞性爪部皮炎和自体免疫性皮肤病的相似性。

图 7-131 蚊叮性过敏。猫鼻部上多处脱毛和结痂。

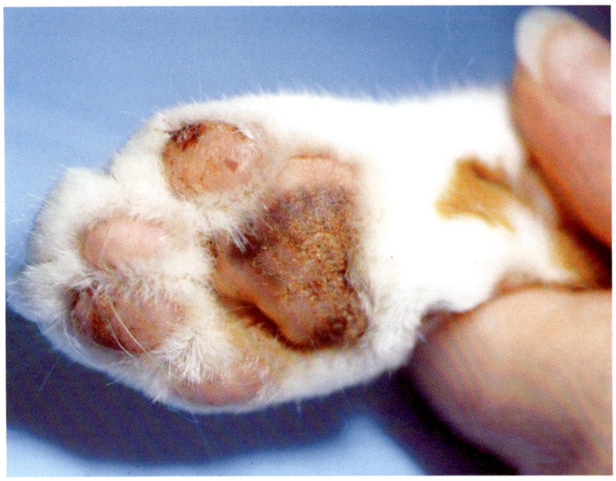

图 7-132 蚊叮性过敏。爪垫的过度角化和结痂。注意与自体免疫性皮肤病和浆细胞爪部皮炎的相似性。

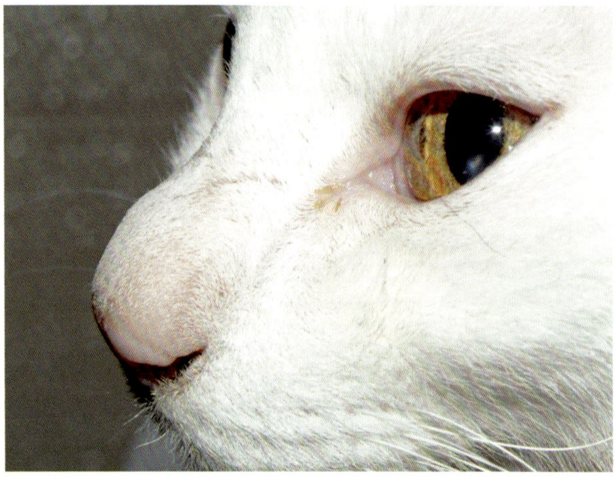

图 7-133 蚊叮性过敏。过敏猫的鼻梁肿胀。皮肤状况良好。注意与隐球菌早期感染的相似性。

猫嗜酸性斑块
Feline Eosinophilic Plaque

特征

猫嗜酸性斑块是一种炎性皮肤病，通常与潜在过敏病有关，最常由跳蚤过敏引起，但也可能由食物过敏或异位性皮炎引起。猫嗜酸性斑块常表现为细菌感染。本病常见于猫，年轻的成年到中年猫的发病率最高。

嗜酸性斑块表现为单个到多个、界限清晰、凸起和红斑性糜烂或溃疡性斑块。病变通常非常瘙痒，可见于身体的任何部位，但最常见于下腹部和大腿内侧。也可出现局部淋巴结肿大。

主要鉴别诊断

鉴别诊断包括细菌性或真菌性肉芽肿和肿瘤。

诊断

1. 通常基于病史、临床症状并排除其他类似疾病诊断。

2. 细胞学（按压涂片）：常见嗜酸性细胞，但如果病变继发感染，则可能以中性粒细胞和细菌为主。

3. 皮肤组织病理学：增生性、浅表性和深层血管周围性到弥散性嗜酸性皮炎。也可见嗜酸性微脓肿。

4. 血象：常见外周嗜酸性粒细胞增多。

治疗和预后

1. 治疗继发的脓皮病，连续 2～4 周。

2. 鉴别和管理潜在的过敏症，尤其是跳蚤过敏性皮炎的治疗。一个月的烯啶虫胺治疗性诊断（每隔一天）可能是唯一能证明患宠与跳蚤过敏症相关的疗法。

3. 全身应用抗组胺治疗猫异位性皮炎，可使 40%～70% 的病例临床症状减轻。治疗两周可见症状改善（表 7-3）。

4. 环孢菌素（Atopica），7.5 mg/kg，口服，每 24 h 一次，直到见效（4～6 周）。然后将用药频率逐渐减少至 48～72 h 一次。许多猫可以 72 h 一次的剂量维持，使治疗费用得以控制。猫白血病病毒（FeLV）和猫免疫缺陷病毒（FIV）应该为阴性。弓形虫感染也是要考虑的问题；然而截至本书撰写之前，这种风险仍然较低。

5. 全身应用糖皮质激素能够快速地减轻病变的严重程度和瘙痒，但是经常会导致轻度至严重的不良反应，并增加 MRS 感染的风险。有效的疗法如下：

- 为了诱导疾病缓解，泼尼松龙，2 mg/kg，口服，每 12 h 一次，直到病变消失（2～8 周）。2～4 周内能够见到明显的改善。一旦病变消失，需要逐渐降低口服泼尼松龙的剂量为隔天一次的最低可能剂量。
- 地塞米松，2 mg，口服，每 1～3 d 一次，减少瘙痒，然后逐渐减量至最低维持频率。
- 曲安奈德（诱导剂量），0.8 mg/kg，口服，每 24 h 一次。

6. 其他可能有效的治疗方案如下：

- 磺胺甲氧苄胺嘧啶，125 mg/ 猫，每 12 h 一次。
- 强力霉素，5～10 mg/kg，每 12 h 一次。
- 口服必需脂肪酸可能帮助 20%～50% 的猫控制瘙痒。治疗后的 8～12 周可见改善。必需脂肪酸与其他治疗方法联合应用可见协同作用。

7. 其他疗法对部分猫可能有效，包括手术切除、激光疗法和放射疗法；然而不良反应和伤口并发症也较常见。

8. 预后各异。成功控制潜在过敏症的猫预后良好。那些未发现潜在病因且反复发病的猫，通常需要长期对症治疗以控制症状。这类猫症状顽固，可能出现药物引起的严重不良反应，因此预后很差。

作 者 注

在临床上给予猫注射长效类固醇的现象非常常见，但是可能对高达 11% 的猫心脏造成伤害而威胁生命，因而最好在迫不得已的时候才使用。长效类固醇还有其他广为熟知的医疗风险，包括糖尿病和尿道感染。

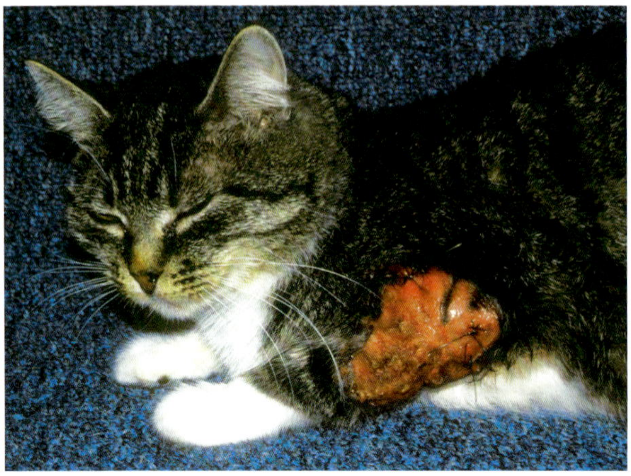

图 7-134　猫嗜酸性斑块。一处巨大的脱毛、红斑和糜烂性病变，伴有渗出，这是本病的典型特征。注意非典型的病变部位。

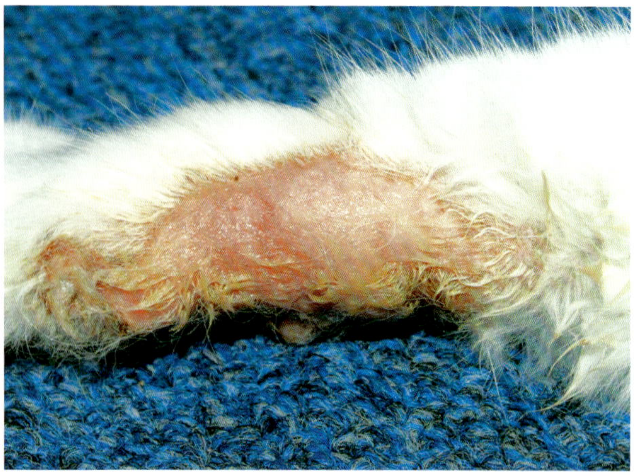

图 7-135　猫嗜酸性斑块。猫前腿末端的一块伴有湿性渗出的脱毛、红斑性病变。该嗜酸性斑块由跳蚤过敏性皮炎引起。

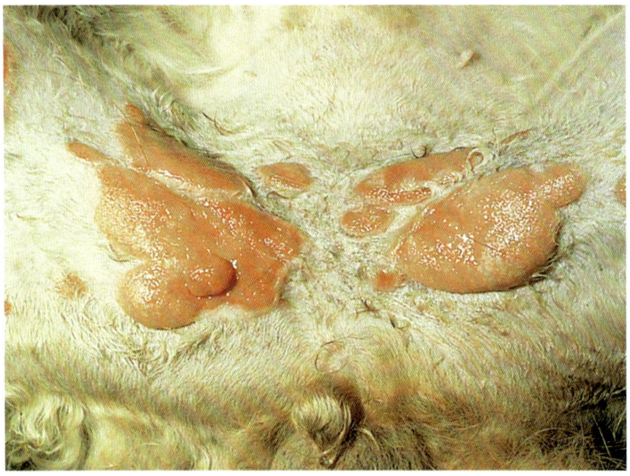

图 7-136　猫嗜酸性斑块。这些腹部多灶性糜烂性斑块十分瘙痒。注意严重的红斑和湿性的渗出是这个综合征的典型特征。

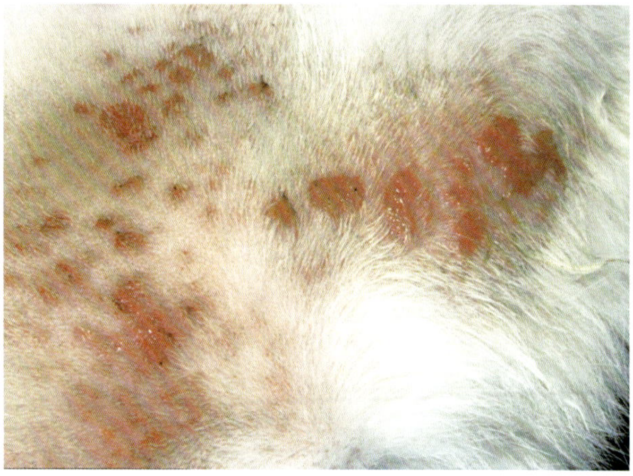

图 7-137　猫嗜酸性斑块。跳蚤过敏猫腹部多处小的脱毛和红斑。

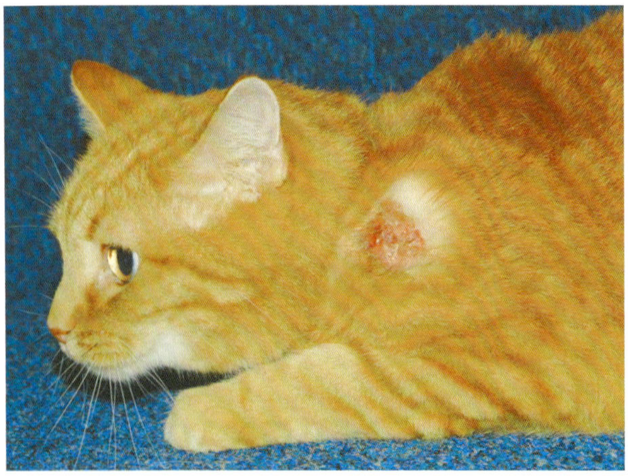

图 7-138　猫嗜酸性斑块。跳蚤过敏猫肩膀上的一处巨大的嗜酸性斑块。

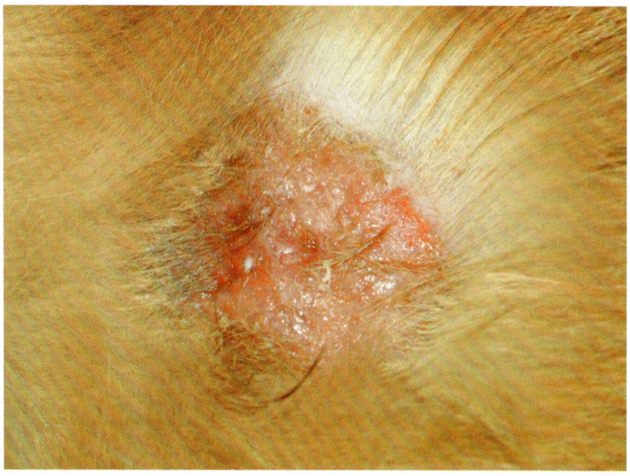

图 7-139　猫嗜酸性斑块。图 7-138 中病变的近观，脱毛、红斑、糜烂性病变和湿性渗出是这个疾病的典型特征。

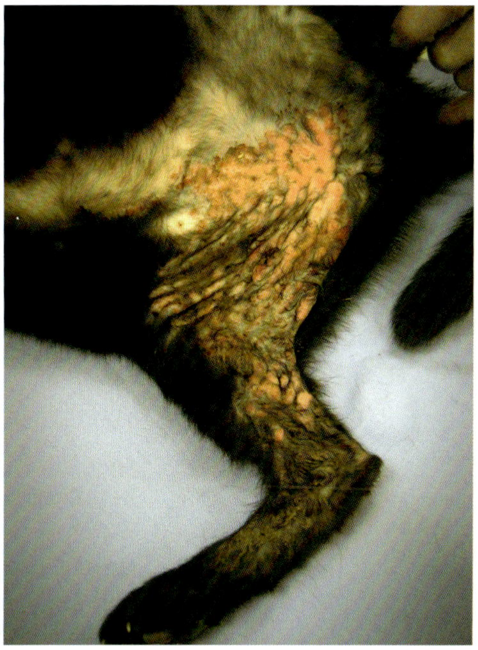

图 7-140　猫嗜酸性斑块。异位性皮炎患猫大腿内侧严重的嗜酸性斑块。

猫嗜酸性肉芽肿（线性肉芽肿）
Feline Eosinophilic Granuloma (Linear Granuloma)

特征

猫嗜酸性肉芽肿是一种炎症性皮肤或口腔黏膜疾病，通常与潜在的过敏病有关，最常见于跳蚤过敏，也可见于食物过敏和异位性皮炎。猫很常见。

皮肤病变通常为单个，可表现为凸起、坚硬、线性斑块或丘疹至结节、水肿或硬质肿胀。可出现轻度的红斑、脱毛、糜烂或溃疡，但无疼痛和瘙痒。病变能出现在身体的任何部位，但最常见于大腿后侧（线性肉芽肿）和下颌或嘴唇（肿胀）。可能出现局部淋巴结肿大。口腔的特征性病变为舌或腭上出现丘疹、结节或界限分明的斑块。有口腔病变的猫可能会吞咽困难。

主要鉴别诊断

鉴别诊断包括细菌性或真菌性肉芽肿和肿瘤。

诊断

1. 通常依据病史、临床症状并排除其他类似疾病来诊断。

2. 细胞学（组织压片）：可见大量嗜酸性细胞，但如果病变出现继发感染，则会以中性粒细胞和细菌为主。

3. 皮肤组织病理学：结节性到弥散性肉芽肿，可见嗜酸性细胞、组织细胞和多核巨细胞，并有胶原变性的病变。

4. 血象：可出现外周血嗜酸性粒细胞增多。

治疗和预防

1. 治疗继发的脓皮病，连续 2～4 周。

2. 鉴别和管理潜在的过敏症，尤其是跳蚤过敏性皮炎的治疗。一个月的烯啶虫胺治疗性诊断（每隔一天）可能是唯一能证明患宠与跳蚤过敏症相关的疗法。

3. 全身应用抗组胺治疗猫异位性皮炎，可使 40%～70% 的病例临床症状减轻。治疗两周可见症状改善（表 7-3）。

4. 环孢菌素（Atopica），7.5 mg/kg，口服，每 24 h 一次，直到见效（4～6 周）。然后将用药频率逐渐减少至 48～72 h 一次。许多猫可以 72 h 一次的剂量维持，使治疗费用得以控制。猫白血病病毒（FeLV）和猫免疫缺陷病毒（FIV）应该为阴性。弓形虫感染也是要考虑的问题；然而截至本书撰写之前，这种风险仍然较低。

5. 全身应用糖皮质激素能够快速的减轻病变的严重程度和瘙痒，但是经常会导致轻度至严重的不良反应，并增加 MRS 感染的风险。有效的疗法如下：

- 为了诱导疾病缓解，泼尼松龙，2 mg/kg，口服，每 12 h 一次，直到病变消失（2～8 周）。2～4 周内能够见到明显的改善。一旦病变消失，需要逐渐降低为隔日一次的最低维持剂量。
- 地塞米松，2 mg，口服，每 1～3 d 一次，减少瘙痒，然后逐渐减量至所需最低可能的频率。
- 曲安奈德（诱导剂量），0.8 mg/kg，口服，每 24 h 一次。

6. 其他可能有效的治疗方案如下：

- 磺胺甲氧苄胺嘧啶，125 mg/ 只，12 h 一次。
- 强力霉素，5～10 mg/kg，每 12 h 一次。
- 口服必需脂肪酸可能帮助 20%～50% 的猫控制瘙痒。治疗后的 8～12 周可见改善。必需脂肪酸与其他治疗方法联合应用可见协同作用。

7. 其他疗法对部分猫可能有效，包括手术切除、激光疗法和放射疗法；然而不良反应和伤口并发症也较常见。

8. 预后各异。成功控制潜在过敏症的猫预后良好。那些未发现潜在病因且反复发病的猫，通常需要长期对症治疗以控制症状。这类猫症状顽固，可能出现药物引起的严重不良反应，因此预后很差。

作 者 注

在临床上给予猫注射长效类固醇的现象非常常见，但是可能对高达 11% 的猫心脏造成伤害而威胁生命，因而最好在迫不得已的时候才使用。长效类固醇还有其他广为熟知的医疗风险，包括糖尿病和尿道感染。

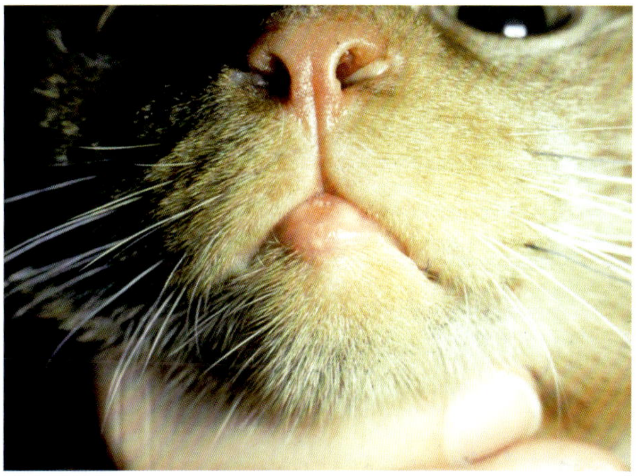

图 7-141　猫嗜酸性肉芽肿。猫下唇的组织肿胀和红斑。注意与惰性溃疡的相似性，后者通常发生在上唇（自 D. Angarano）。

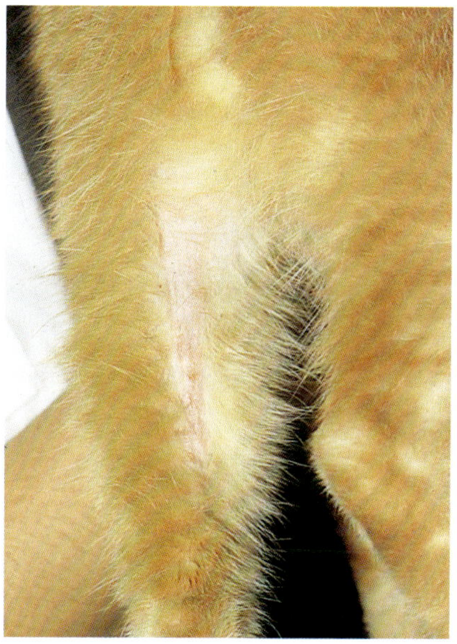

图 7-142　猫嗜酸性肉芽肿。后肢脱毛、红斑、增厚的线性区域。通过触摸可明显感觉线性嗜酸性肉芽肿性炎症（自 D. Angarano）。

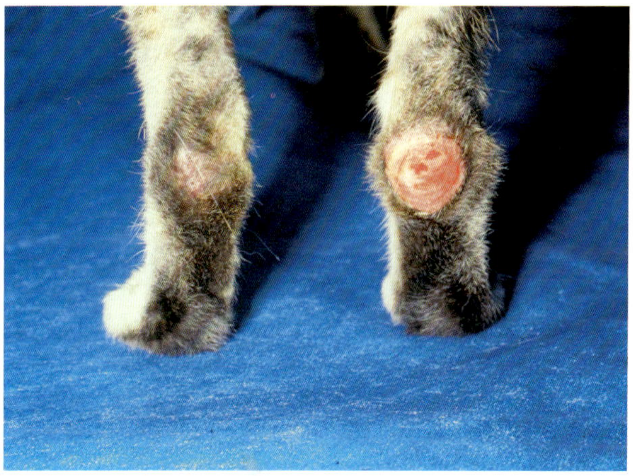

图 7-143　猫嗜酸性肉芽肿。后肢的环状嗜酸性肉芽肿。

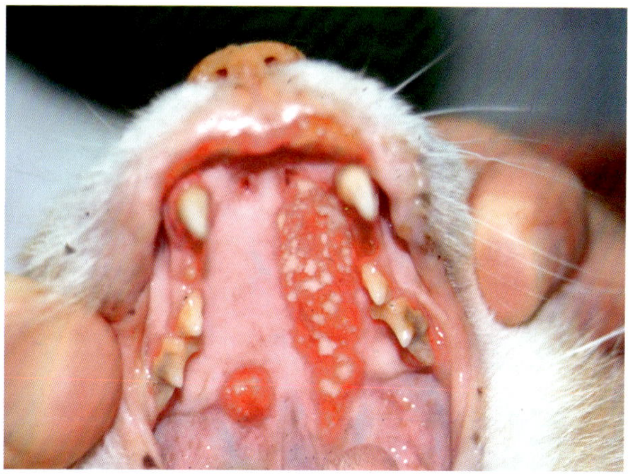

图 7-144　猫嗜酸性肉芽肿。跳蚤过敏性猫硬腭上多个融合的肉芽肿。

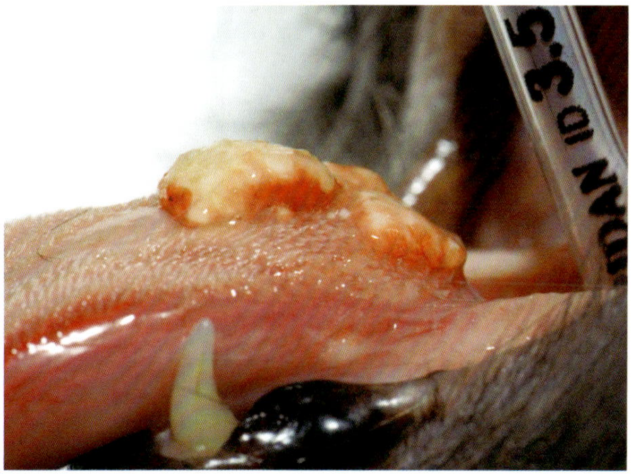

图 7-145　猫嗜酸性肉芽肿。舌部长了数周的融合性大肉芽肿。该猫吞咽困难，急需积极的药物干预。

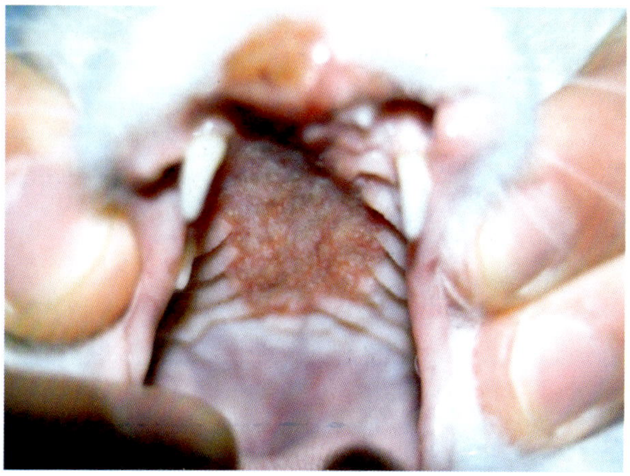

图 7-146　猫嗜酸性肉芽肿。成年猫硬腭上嗜酸性肉芽肿。

惰性溃疡（侵蚀性溃疡、嗜酸性溃疡）
Indolent Ulcer (Rodent Ulcer，Eosinophilic Ulcer)

特征

惰性溃疡是与潜在过敏症有关的溃疡性皮肤病，最常由跳蚤过敏症引起，但也可能是食物过敏或异位性皮炎所导致。惰性溃疡也可表现为细菌感染。猫很常见。

病变开始时为小的火山口样溃疡。边缘凸起，最常见于上唇。通常为单侧，但也能双侧发病。溃疡会逐渐扩大并变得影响面容，但此病无疼痛和瘙痒。可能出现淋巴结肿大。

主要鉴别诊断

鉴别诊断包括肿瘤和感染（细菌、真菌、病毒）。

诊断

1. 依据病史和临床症状来诊断。

2. 皮肤组织病理学：增生性、溃疡性、浅表性血管周围或间质性皮炎和纤维化。炎症细胞主要为中性粒细胞和单核细胞，嗜酸性粒细胞不常见。

治疗和预后

1. 治疗继发的脓皮病，连续 2～4 周。

2. 鉴别和管理潜在的过敏症，尤其是跳蚤过敏性皮炎的治疗。一个月的烯啶虫胺治疗性诊断（每隔一天）可能是唯一能证明患宠与跳蚤过敏症相关的疗法。

3. 全身应用抗组胺治疗猫异位性皮炎，可使 40%～70% 的病例临床症状减轻。治疗 2 周可见症状改善（表 7-3）。

4. 环孢菌素（Atopica），7.5 mg/kg，口服，每 24 h 一次，直到见效（4～6 周）。然后将用药频率逐渐减少至 48～72 h 一次。许多猫可以 72 h 一次的剂量维持，使治疗费用得以控制。猫白血病病毒（FeLV）和猫免疫缺陷病毒（FIV）应该为阴性。弓形虫感染也是要考虑的问题；然而截至本书撰写之前，这种风险仍然较低。

5. 全身应用糖皮质激素能够快速地减轻病变的严重程度和瘙痒，但是经常会导致轻度至严重的不良反应，并增加 MRS 感染的风险。有效的疗法如下：

- 为了诱导疾病缓解，泼尼松龙，2 mg/kg，口服，每 12 h 一次，直到瘙痒和病变消失（2～8 周）。2～4 周内能够见到明显的改善。一旦病变消失，需要逐渐降低为隔日一次的最低维持剂量。
- 地塞米松，2 mg，口服，每 1～3 d 一次，减少瘙痒，然后逐渐减量至所需最低可能的频率。
- 曲安奈德（诱导剂量），0.8 mg/kg，口服，每 24 h 一次。

6. 其他可能有效的治疗方案如下：

- 磺胺甲氧苄胺嘧啶，125 mg/ 猫，每 12 h 一次。
- 强力霉素，5～10 mg/kg，每 12 h 一次。
- 口服必需脂肪酸可能帮助 20%～50% 的猫控制瘙痒。治疗后的 8～12 周可见改善。必需脂肪酸与其他治疗方法联合应用可见协同作用。

7. 其他疗法对部分猫可能有效，包括手术切除、激光疗法和放射疗法；然而不良反应和伤口并发症也较常见。

8. 预后各异。成功控制了潜在过敏症的猫预后良好。那些未发现潜在病因且反复发病的猫，通常需要长期对症治疗以控制症状。这类猫症状顽固，可能出现药物引起的严重不良反应，因此预后很差。

作 者 注

在临床上给予猫注射长效类固醇的现象非常常见，但是可能对高达 11% 的猫心脏造成伤害而威胁生命，因而最好在迫不得已的时候才使用。长效类固醇还有其他广为熟知的医疗风险，包括糖尿病和尿道感染。

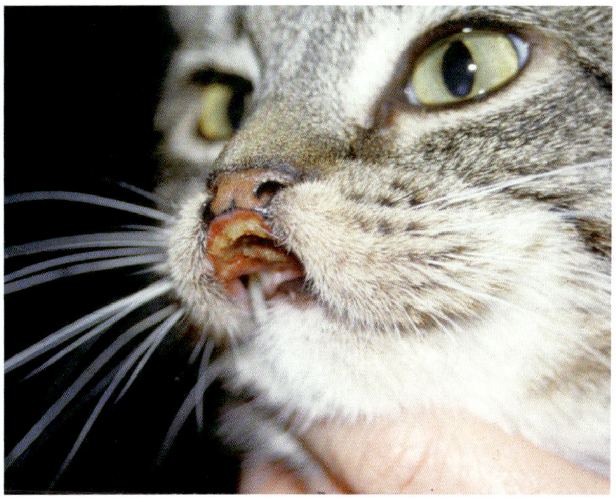

图 7-147　惰性溃疡。跳蚤过敏猫严重溃疡性病变，引起上唇组织严重破损。

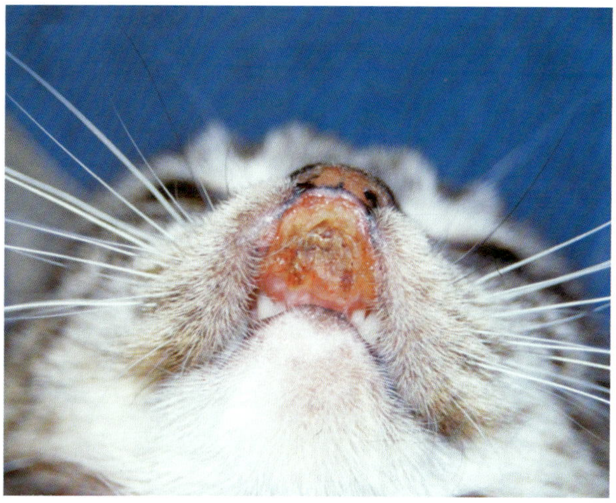

图 7-148　惰性溃疡。图 7-147 中猫的近观。上唇的严重组织破损和溃疡显著。整个上唇到鼻面都遭到破坏。

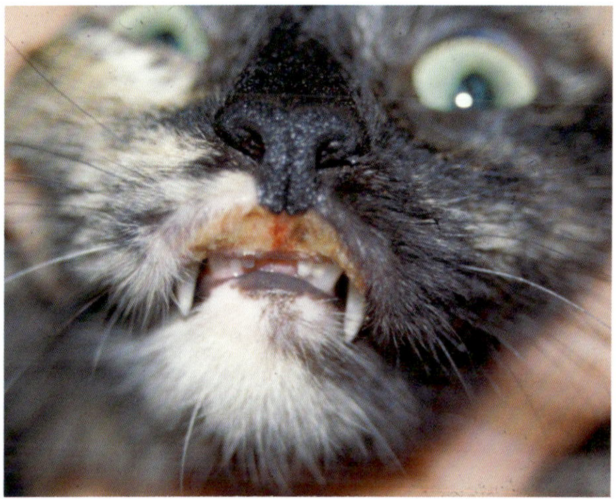

图 7-149　惰性溃疡。猫上唇的脱毛和溃疡。

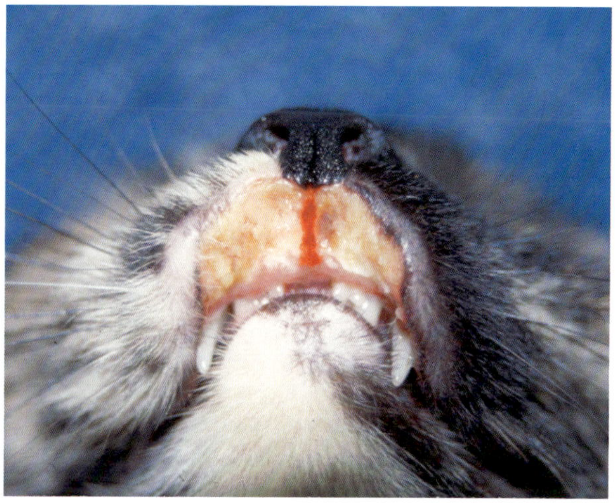

图 7-150　惰性溃疡。图 7-149 中猫的近观。上唇组织肿胀和溃疡显著。

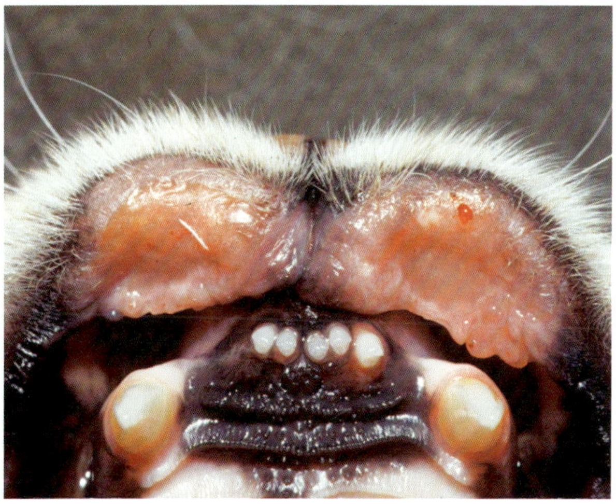

图 7-151　惰性溃疡。组织肿胀和上唇溃疡是惰性溃疡的典型特征。

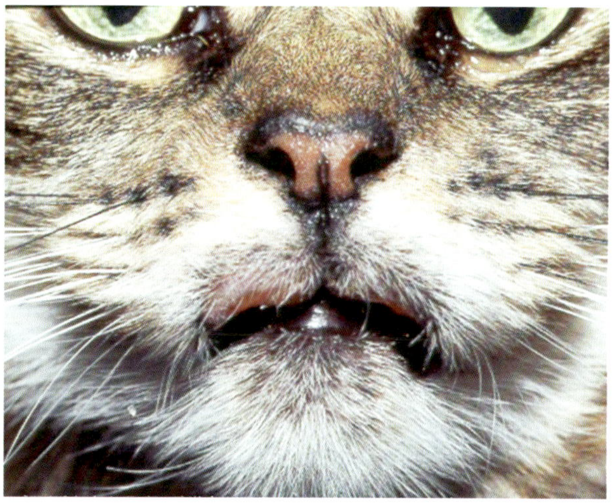

图 7-152　惰性溃疡。图 7-151 中的猫。病变表现为轻微的脱毛和肿胀。

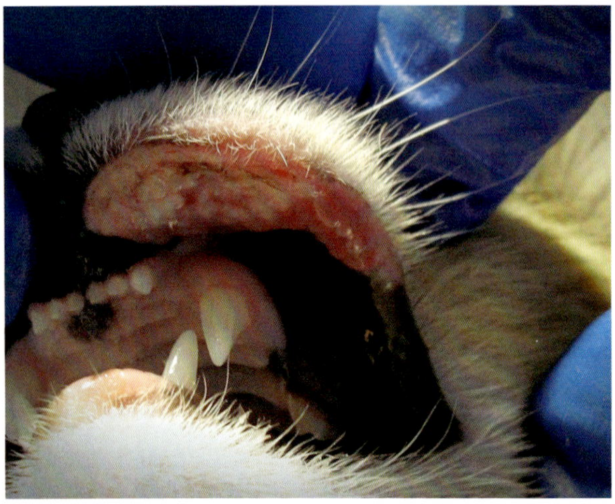

图 7-153　惰性溃疡。过敏性猫上唇的惰性溃疡和增生组织。

猫浆细胞性爪部皮炎
Feline Plasma Cell Pododermatitis

特征

猫浆细胞性爪部皮炎是爪垫的一种浆细胞性炎性疾病。尽管本病的确切发病机制尚不清楚，但持续的高丙种球蛋白血症，显著的浆细胞组织浸润，和对糖皮质激素治疗的有效反应都怀疑与免疫介导有关。在猫罕见。

猫的浆细胞爪部皮炎特点是多个爪的爪垫无症状的肿胀，变软和海绵状。最常见于掌部和跖部的爪垫，但末端的爪垫也可发病。肿胀的爪垫可能会容易溃疡和出血，导致疼痛和跛行。可见局部淋巴结肿大。偶见并发浆细胞皮炎导致鼻梁肿胀，浆细胞性口炎或免疫介导性肾小球肾炎或肾淀粉样变。

主要鉴别诊断

鉴别诊断包括嗜酸性肉芽肿、细菌性或真菌性肉芽肿、肿瘤、自体免疫紊乱和蚊叮性过敏。

诊断

1. 排除其他类证。

2. 细胞学（抽吸分泌物）：可见大量浆细胞，少量淋巴细胞和中性粒细胞。

3. 皮肤组织病理学：浆细胞和桑椹状细胞（含有被染成亮粉红色的免疫球蛋白的浆细胞）在血管周围到弥散性皮肤浸润。可看到数量不同的中性粒细胞和淋巴细胞。

治疗和预后

1. 无症状的病变不治疗常可自愈。

2. 鉴别和管理潜在的过敏症，尤其是跳蚤过敏性皮炎的治疗。一个月的烯啶虫胺治疗性诊断（每隔一天）可能是唯一能证明患宠与跳蚤过敏症相关的疗法。

3. 治疗继发的脓皮病，连续 2～4 周。

4. 对于疼痛或溃疡病变，全身使用糖皮质激素治疗通常有效，虽然出血性溃疡可能需要手术治疗。泼尼松龙，4 mg/kg，口服，每 24 h 一次，直到病变消失，然后逐渐降低剂量，直到停药。一般 2～3 周内可见改善，10～14 周可痊愈。其他类固醇如下：

- 地塞米松，2 mg，口服，每 1～3 d 一次以减少瘙痒，然后逐渐降低剂量至最低维持频率。
- 曲安奈德（诱导剂量），0.8 mg/kg，口服，每 24 h 一次。

5. 环孢菌素（Atopica），5～10 mg/kg，口服，每 24 h 一次，直到见效（4～6 周）。然后将用药频率逐渐减少至 48～72 h 一次。许多猫可以 72 h 一次的剂量维持，使治疗费用得以控制。猫白血病病毒（FeLV）和猫免疫缺陷病毒（FIV）应该为阴性。弓形虫感染也是要考虑的问题；然而截至本书撰写之前，这种风险仍然较低。

6. 强力霉素，5～10 mg/kg，口服，每 12 h 一次，可能有效。一般 1～2 个月可见改善。治疗应该持续到爪垫完全恢复。对于某些猫，为了维持疗效，需要长期使用强力霉素。

7. 出血性溃疡可能需要手术治疗。大范围地切除发病的爪垫，不联合使用药物也可能治愈。

8. 如果不并发口炎和肾病，多数猫预后良好。

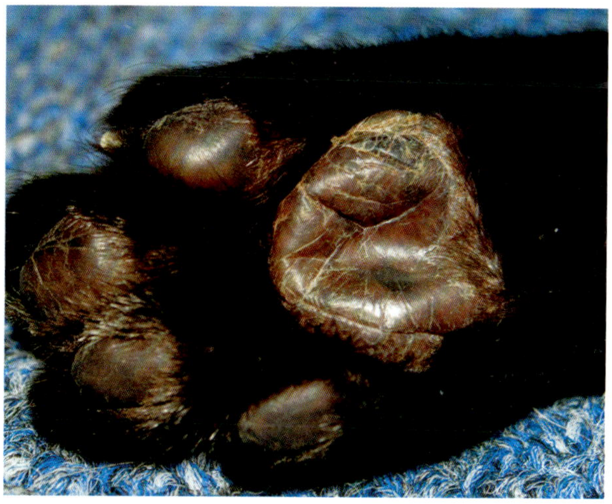

图 7-154　浆细胞性爪部皮炎。中央爪垫肿胀，触诊感觉爪垫柔软，像面团一样。可见轻度的过度角化。

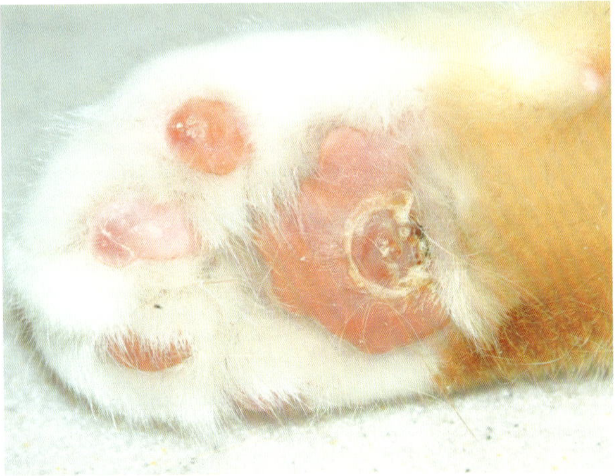

图 7-155 猫浆细胞性爪部皮炎。局灶性溃疡和结痂，由爪垫中央的异常结构导致，这可能与异常的细胞浸润有关。

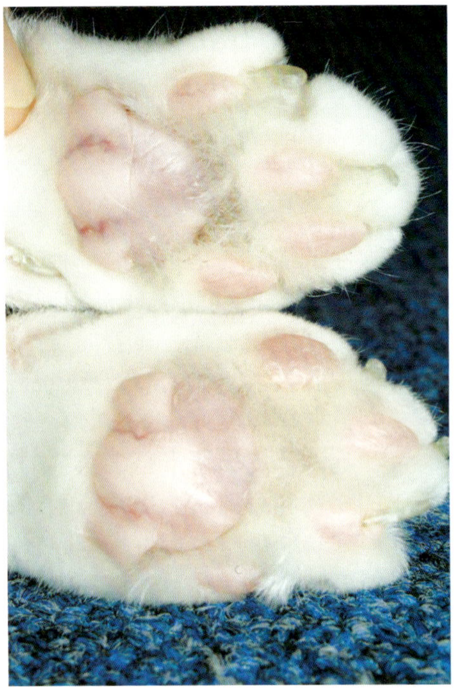

图 7-156 猫浆细胞性爪部皮炎。白猫的爪垫表现为瘀紫和色素减退。爪垫触诊时质地柔软如面团。

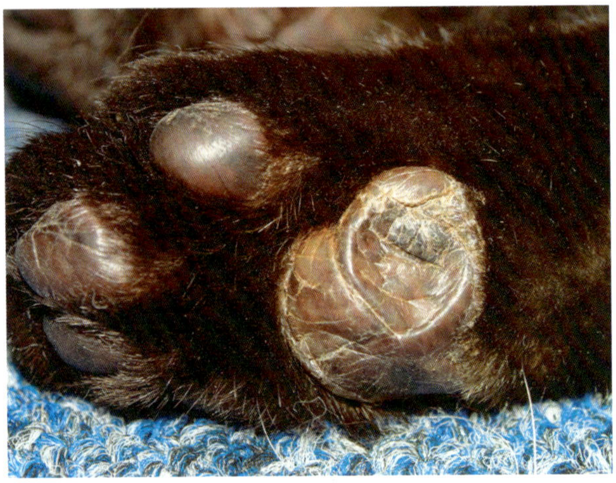

图 7-157 猫浆细胞性爪部皮炎。中央爪垫的过度角化和肿胀。注意由于组织结构异常造成的压痕，与细胞浸润有关。

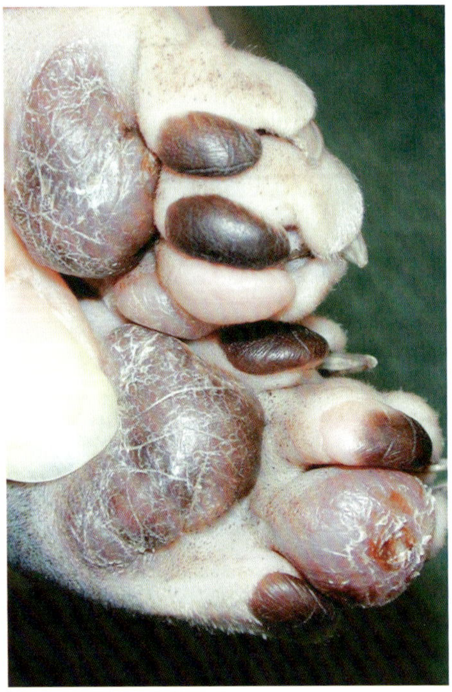

图 7-158 猫浆细胞性爪部皮炎。爪垫的严重肿胀和过度角化。趾间爪垫最严重，这是该综合征的非典型表现。

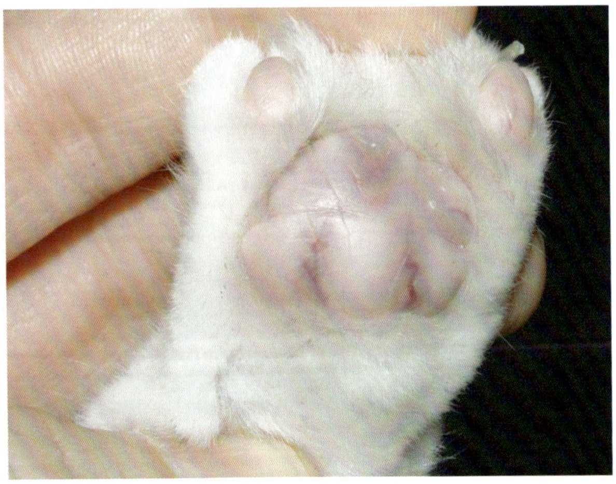

图 7-159 猫浆细胞性爪部皮炎。柔软、表面泥状的爪垫是这种综合征的特点。注意深层组织的挫伤，并且中央爪垫更严重。

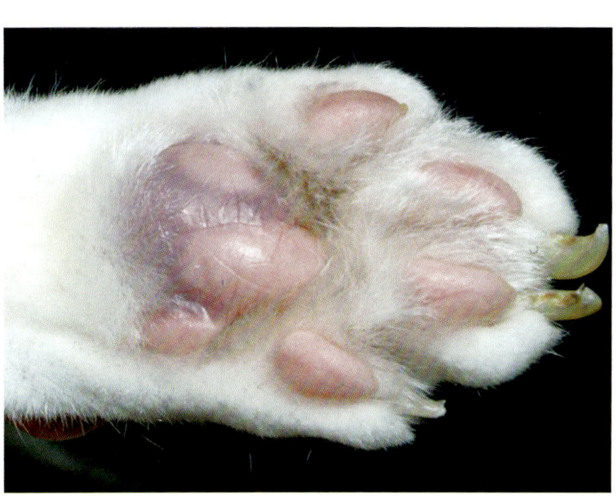

图 7-160　猫浆细胞性爪部皮炎。中央爪垫的病变通常更严重。

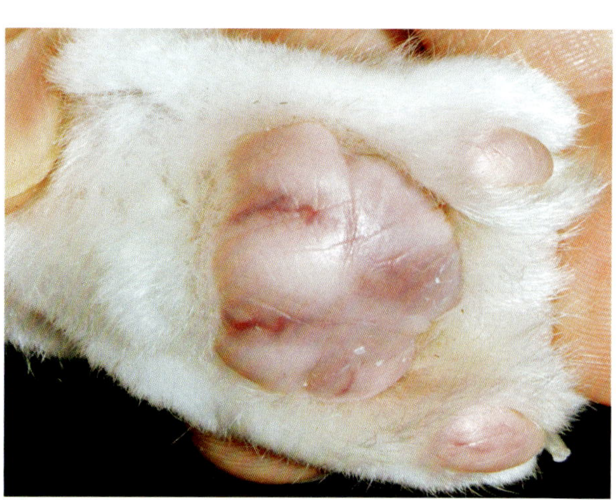

图 7-161　猫浆细胞性爪部皮炎。由于细胞渗出造成爪垫的深层挫伤。随着疾病的发展，爪垫会变得软如棉花并可能伴有溃疡。

猫特发性溃疡性皮炎
Feline Idiopathic Ulcerative Dermatosis

特征

猫特发性溃疡性皮炎是一种不明原因的溃疡性皮肤病。猫罕见。

病变为严重结痂且不可愈合的溃疡，被边缘增厚的皮肤包围。可能出现疼痛，多见于颈后部及两肩胛间的背中线。可能出现外周淋巴结肿大。无全身症状。

主要鉴别诊断

鉴别诊断包括注射反应，异物反应，创伤，烧伤，细菌、真菌或病毒感染，戈托伊蠕形螨病，过敏症（跳蚤、食物、异位性皮炎）和肿瘤。

诊断

1. 排除其他类似疾病。

2. 皮肤组织病理学：广泛的表皮溃疡和浅表性皮肤坏死，伴有极轻或轻微皮肤炎症。慢性病变也可见从溃疡向周围扩散的表皮下真皮纤维坏死带。

治疗和预后

1. 发现并治疗潜在疾病（跳蚤过敏症、食物过敏、体外寄生虫）。应该考虑使用石硫合剂治疗性诊断，因为某些螨虫（戈托伊蠕形螨）很难被发现。

2. 治疗试验可根据患宠的应答情况，而实现改善症状和诊断潜在病因的目的。

a. 泛昔洛韦 125 mg/ 猫，口服，每 12 h 一次。

b. 托吡酯，5 mg/kg，口服，每 12 h 一次。

c. 环孢菌素（Atopica），7 mg/kg，口服，每 12 h 一次。

3. 对于疼痛或溃疡性病变，使用全身糖皮质激素治疗可能有效。泼尼松龙，4 mg/kg，口服，每 24 h 一次，直到病变消失，然后逐渐减少剂量至停药。2～3 周应该会见到改善，并且在 10～14 周痊愈。其他类固醇如下：

- 地塞米松，2 mg，口服，每 1～3 d 一次减少瘙痒，然后降低剂量至最低维持频率。
- 曲安奈德（诱导剂量）0.8 mg/kg，口服，每 24 h 一次。

4. 对于严重的治疗无效的顽固病例，并且没有发现潜在疾病的病例，应该尝试广泛的手术切除，但是可能会失败。

5. 应该使用限制措施，防止猫进一步损伤病变区域。

6. 预后谨慎或不良，由于药物经常对病变无效，而且面积过大难以外科切除。

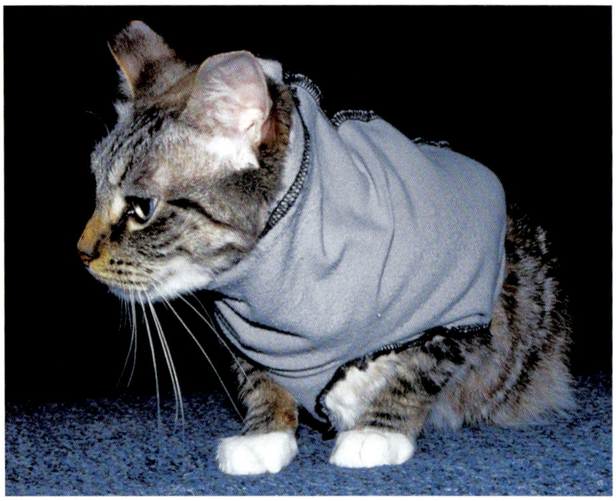

图 7-162　猫特发性溃疡性皮炎。此猫需要绷带来阻止对颈背侧区域的自我损伤。

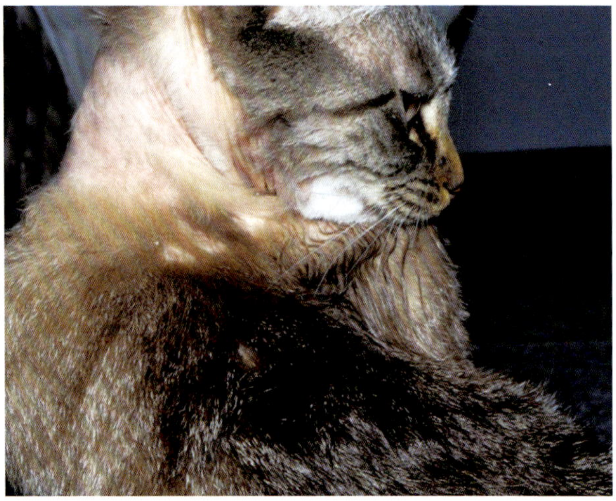

图 7-163　猫特发性溃疡性皮炎。图 7-162 中的猫。绷带一旦去除，这只猫就开始撕扯颈部皮肤。

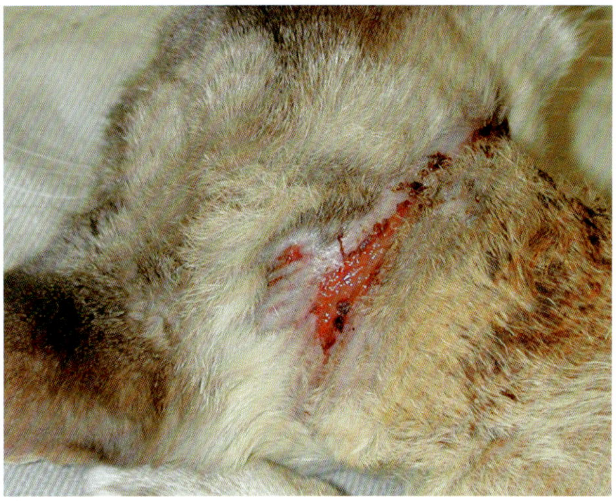

图 7-164　猫特发性溃疡性皮炎。颈背侧区域的严重皮炎。因为猫的自我损伤形成持续的线性溃疡。

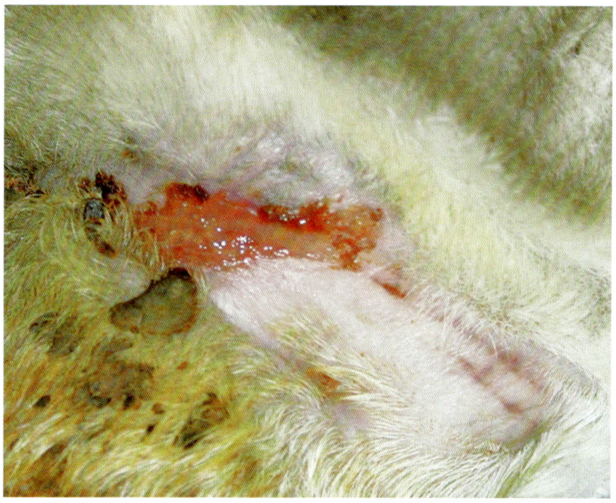

图 7-165　猫特发性溃疡性皮炎。图 7-164 中的猫。溃疡性病变和线性抓痕很明显。

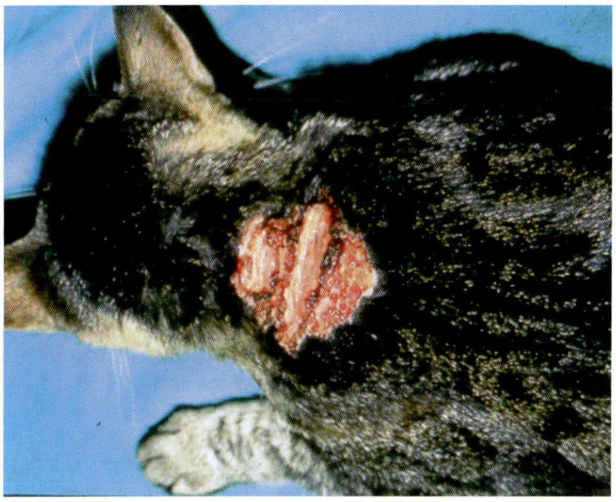

图 7-166　猫特发性溃疡性皮炎。成年猫的颈背侧区域的巨大溃疡。

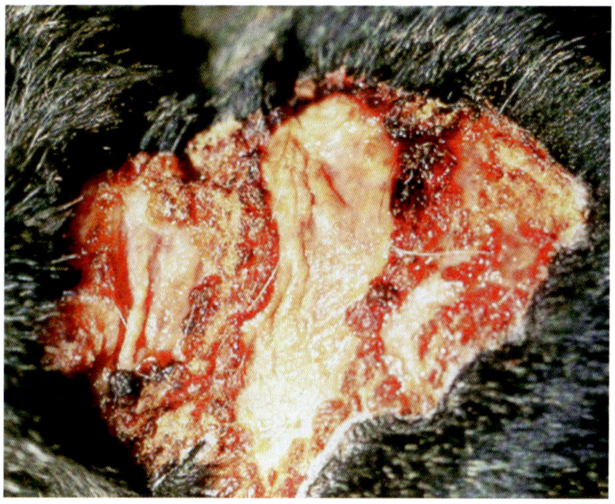

图 7-167　猫特发性溃疡性皮炎。图 7-166 中猫的近观。深层溃疡（自 D.Angarano）。

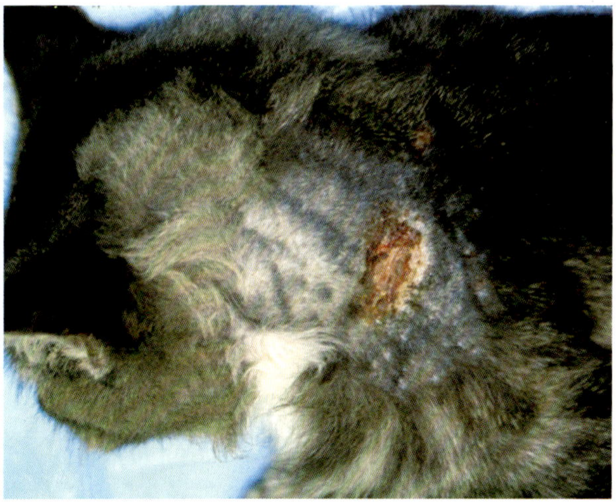

图 7-168　猫特发性溃疡性皮炎。由于猫的自损行为导致的一处溃疡性皮炎。这种病变被认为与潜在的猫免疫缺陷病毒（FIV）感染有关。

荨麻疹和血管性水肿（风团）
Urticaria and Angioedema (Hives)

特征

荨麻疹和血管性水肿是一种对免疫性或非免疫性刺激所表现的皮肤过敏反应，如药物、疫苗、菌苗、食物及食品添加剂、刺伤或昆虫叮咬以及植物。犬不常见，而猫罕见。

本病通常急性发作，出现各种各样的瘙痒性风团（荨麻疹）或者大的水肿性肿胀（血管性水肿）。某处的荨麻疹病变可消退，但又出现在体表的其他部位。然而血管性水肿通常为局部发病，尤其易发于头部；而荨麻疹则可为局部或全身发病。受损皮肤常出现红斑，但是无脱毛现象。由于咽、鼻和喉的血管性水肿，可能出现呼吸困难。罕见伴有低血压、虚脱、胃肠症状或死亡的过敏性休克症状。

主要鉴别诊断

荨麻疹

鉴别诊断包括毛囊炎（由细菌、皮肤癣菌、蠕形螨导致）、血管炎、多形红斑，肿瘤（淋巴网状内皮细胞、肥大细胞）。

血管性水肿

鉴别诊断包括幼犬蜂窝织炎、细菌性或真菌性蜂窝织炎、肿瘤、蛇咬伤。

诊断

1. 根据病史和临床症状。
2. 玻片压诊法：一个载玻片按压在红斑上。如果病变发白（变成白色），即是血管舒张造成（荨麻疹）。如果病变仍红，可能是瘀点或瘀斑（血管炎、蜱传播疾病）引起。
3. 皮肤组织病理学：浅表或中层真皮血管扩张和水肿，或浅表性血管周围到间质皮炎，皮炎时可出现数目各异的单核细胞、中性粒细胞、肥大细胞、罕见嗜酸性粒细胞。

治疗和预后

1. 单独使用泼尼松或泼尼松龙进行治疗，2 mg/kg，口服、肌肉注射或静脉注射通常有效。或者地塞米松磷酸钠，0.5～0.8 mg/kg，肌肉注射。
2. 同时给予苯海拉明，2～4 mg/kg，口服或肌肉注射，每 8 h 一次，连用 2～3 d 可能有帮助。
3. 如果血管性水肿严重到干扰呼吸，应使用快速起效的类固醇如地塞米松磷酸钠（1～2 mg/kg，静脉注射）或泼尼松龙琥珀酸钠（100～500 mg/犬，静脉注射）。对于威胁生命的过敏反应，应该给予肾上腺素（1∶10 000），0.5～1 mL/次，静脉注射（如果反应严重），或 0.2～0.5 mL/次，皮下注射（如果反应轻度至中度）。
4. 应该确定并避免再次接触可疑病因。昆虫、药物（尤其是疫苗）和食物过敏原是最可能导致荨麻疹复发的原因。
5. 长期的抗组胺治疗可有助于预防和控制不明原因引起的慢性荨麻疹。
6. 没有发展为过敏性休克的动物预后良好。

作 者 注

细菌性毛囊炎常被误诊为荨麻疹，特别是在短毛品种。对患病动物丘疹、结痂和脱毛病变进行检查，增加对感染的怀疑。真正的荨麻疹在特定的部位持续不会超过 24 h。

对复发性病例进行过敏性疾病评估，维持低过敏性饮食或按照过敏性疾病进行治疗。

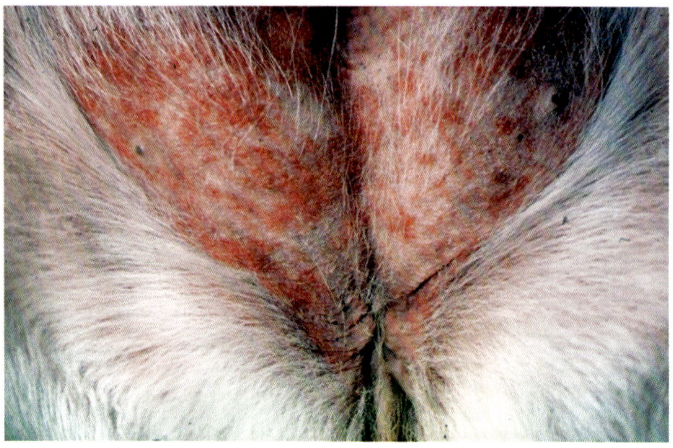

图 7-169 荨麻疹和血管性水肿。急性荨麻疹反应引起的密集红斑，可能与食物过敏有关。

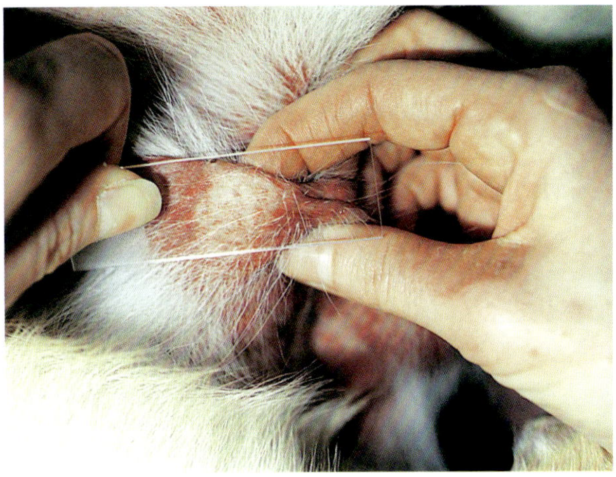

图 7-170 荨麻疹和血管性水肿。采用玻片压诊法对图 7-169 中的犬进行检查。变白表明是血管扩张（荨麻疹）而不是出血瘀斑（血管炎）。

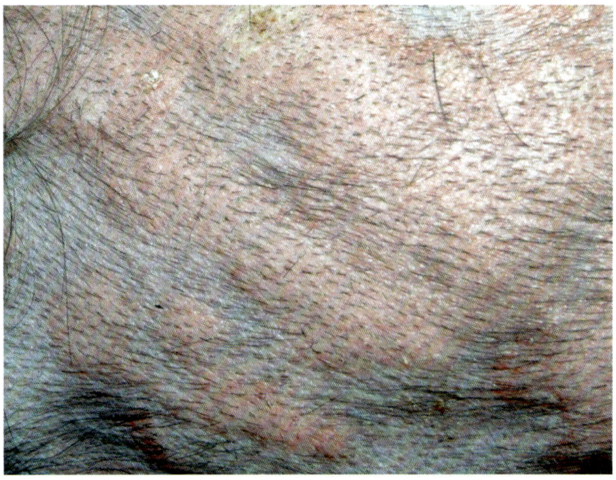

图 7-171 荨麻疹和血管性水肿。这个红斑病变是由大面积的荨麻疹引起，联合在一起形成水肿性斑块。注意红斑凸起病变与周围正常皮肤界限明显。

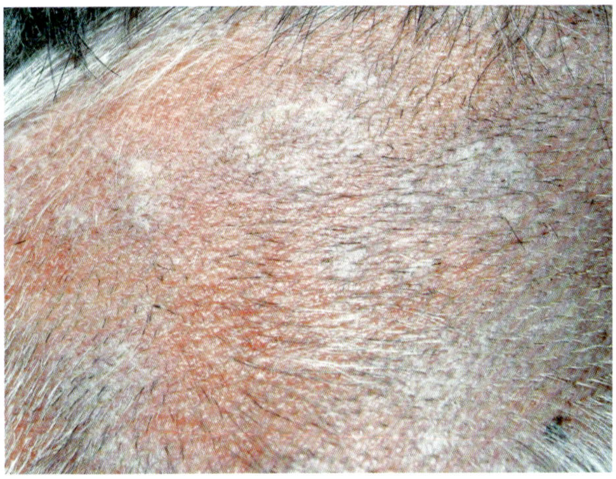

图 7-172 荨麻疹和血管性水肿。严重的红斑可能与急性过敏反应有关。

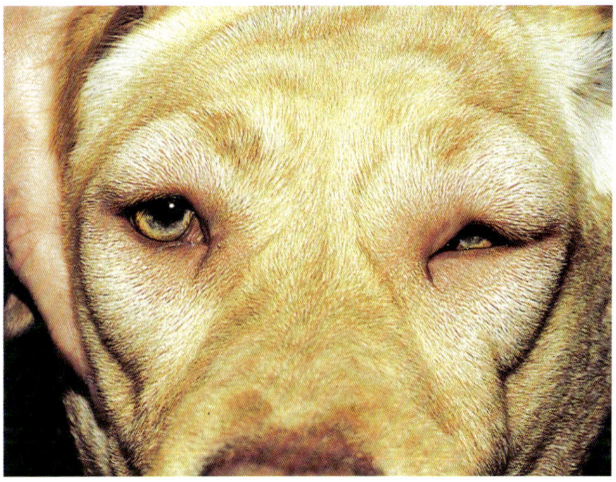

图 7-173 荨麻疹和血管性水肿。有毒昆虫叮咬后，面部和眼周组织严重肿胀。

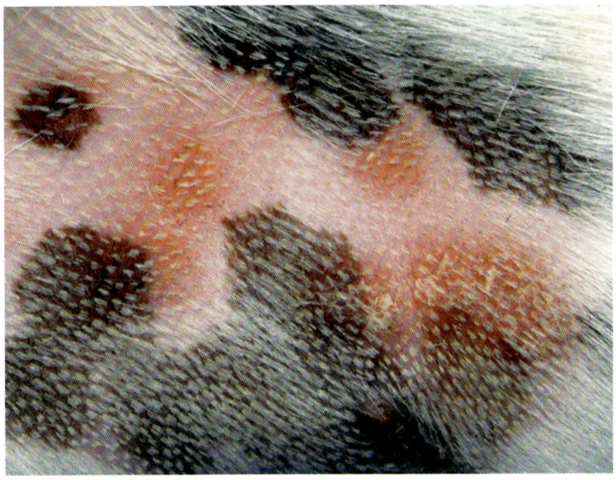

图 7-174 荨麻疹和血管性水肿。犬腹部局灶性红斑样病变，是荨麻疹的典型病变。

图 7-175 荨麻疹和血管性水肿。马的皮肤划痕症（因太冷而保留下来）（自 S. Sargent）。

犬面部嗜酸性疖病
Canine Eosinophilic Furunculosis of the Face

特点

犬面部嗜酸性疖病是一种面部的急性、自限性疾病。尽管确切的病因尚不明确，但怀疑是昆虫或蜘蛛叮咬引起的过敏反应。犬不常见或罕见，其中那些经常外出的、好奇的、青壮年的中型犬和大型犬发病率最高。

水疱、红色丘疹及结节、溃疡、结痂和出血急性发作，通常在 24 h 内达到最严重的程度。轻度瘙痒或不瘙痒，但是可能会疼痛，典型病变出现在口部、鼻梁和眼周区域。偶尔也侵害到腹部、胸部或耳廓。

主要鉴别诊断

鉴别诊断包括鼻部脓皮病、皮肤癣菌病、蠕形螨病、日光性皮炎、幼犬蜂窝织炎和自体免疫性皮肤病。

诊断

1. 通常根据病史、临床症状，并排除其他类似疾病进行诊断。

2. 细胞学检查（水疱、脓疱、渗出液）：可见大量嗜酸性粒细胞。如果病变出现继发感染，也可见中性粒细胞和细菌。

3. 皮肤组织病理学：嗜酸性毛囊周炎、毛囊炎和疖病。也常见中性粒细胞、淋巴细胞和巨噬细胞浸润以及皮肤出血和胶原变性。

治疗和预后

1. 应用全身性抗生素治疗继发脓皮病，连续 3～4 周。

2. 泼尼松，1～2 mg/kg，口服，每 24 h 一次，直至病变明显改善（7～10 d）；然后，1～2 mg/kg，口服，每 48 h 一次，连用 10 d 以上。

3. 热敷和水疗法可能会加速症状缓解。

4. 预后良好。不用糖皮质激素治疗，通常在 3 周左右自行恢复，但是全身使用泼尼松可缩短病程。

犬面部嗜酸性疖病的分布模式

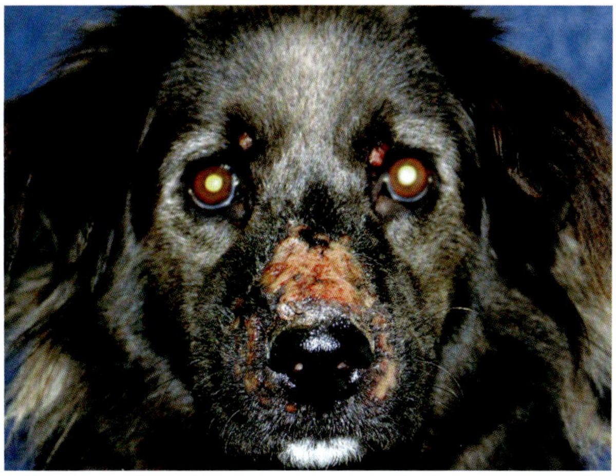

图 7-176　犬面部嗜酸性疖病。伴有潮湿渗出物的脱毛、红斑、糜烂性病变是嗜酸性疖病的典型特征。

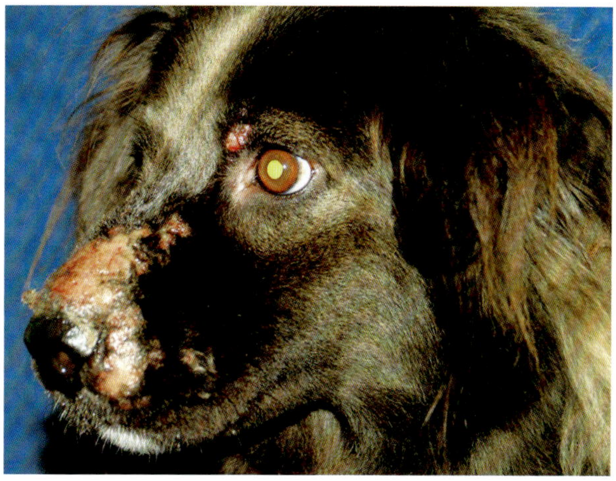

图 7-177　犬面部嗜酸性疖病。图 7-176 中的犬。嘴周的潮湿糜烂性皮炎很明显。注意鼻面几乎正常，可区别于自体免疫性皮肤病。

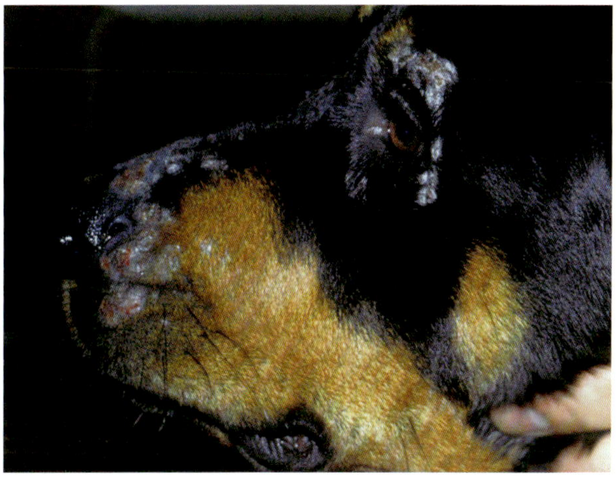

图 7-178　犬面部嗜酸性疖病。有毒昆虫叮咬引起的嘴周和眼周脱毛、红斑和丘疹。

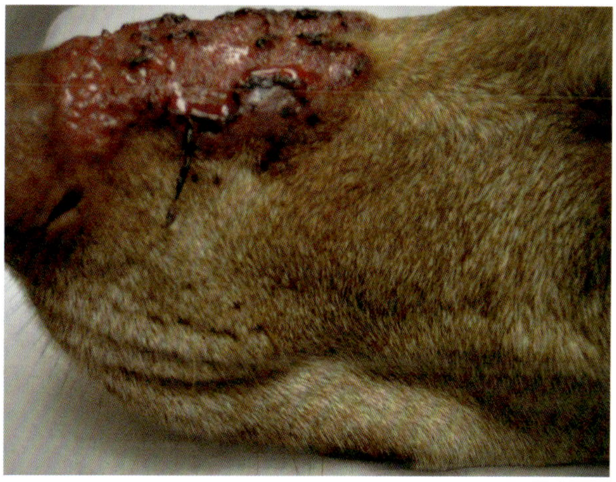

图 7-179　犬面部嗜酸性疖病。犬鼻部增生的组织形成结痂性溃疡。

接触性皮炎（过敏性接触性皮炎）Contact Dermatitis (Allergic Contact Dermatitis)

特征

该病通常是由于长期接触有害过敏原所致。接触性过敏是由于接触植物、地毯防臭剂、清洁剂、地板蜡、织物清洁剂、化肥、根篱、水泥、塑料盘、橡胶啃咬玩具、皮革制品 / 生牛皮、木材或合成地毯和小块地毯。在犬、猫不常见，甚至罕见。

轻微到严重的瘙痒性皮肤病变包括红斑、斑疹、丘疹、脱毛、斑块、小水疱、抓痕、色素过度沉着、苔藓样变和结痂。可出现继发性脓皮病和马拉色菌性皮炎。病变常见于经常接触地面的毛稀部位（趾间、腋下、腹股沟、阴囊、压力点、会阴、下颌、耳廓）。但如果有害的过敏原是液体，则病变也可出现在有被毛覆盖的部位；如果有害过敏原是生牛皮、橡胶啃咬玩具或塑料盘、则典型发病部位为唇和嘴周。

主要鉴别诊断

鉴别诊断包括寄生虫（犬疥螨、蠕形螨病、类圆小杆线虫皮炎、钩虫性皮炎）、异位性皮炎、食物过敏、脓皮病、皮肤癣菌病、马拉色菌性皮炎。

诊断

1. 排除其他类似疾病。
2. 皮肤组织病理学（无诊断意义）：不同程度的浅表性血管周围性皮炎。以单核细胞或中性粒细胞为主，也可能出现脓皮病或皮脂溢。
3. 贴片试验：贴片试验非常困难，并且不同物种差异很大。将可疑的过敏原放到剃过毛的皮肤处，48～72 h 后会出现皮肤反应（红斑、肿胀、斑疹或丘疹）。也可能出现假阴性和假阳性反应。
4. 避免 / 激发性接触：将动物从环境中移走，将其安置在不锈钢的笼子中 3～5 d，临床症状会得到明显改善。当重新移至原来的环境中后，症状很快复发。

治疗和预后

1. 应该使用低过敏香波给动物洗澡，去除表面的接触性过敏原。
2. 治疗继发的脓皮病或马拉色菌性皮炎。
3. 确定并避免接触致病性过敏原。
4. 假如无法确定或避免过敏原，使用机械性屏障，如袜子或者 T 恤衫等可能有效。
5. 要短期控制瘙痒，可在患部使用含有糖皮质激素的外用药，每 12 h 一次，或给予泼尼松龙，1 mg/kg（犬）或 2 mg/kg（猫），口服，每 24 h 一次，连用 5～10 d。
6. 要长期控制瘙痒（如果不能确定并避免过敏原），可尝试采用犬猫异位性皮炎中所描述的治疗方法。
7. 长期治疗也可使用己酮可可碱（犬），10～30 mg/kg，口服，每 12 h 一次，可有效控制瘙痒。
8. 如果确定并避开致病的过敏原，则预后良好。如果无法确定或避开过敏原，则预后不良。

作 者 注

接触性皮炎罕见，经常被过度诊断。犬和猫的被毛相对于人来说可以更好地保护皮肤，减少接触性反应。然而许多主人熟悉接触性过敏原的概念，因此导致跳跃性地做出诊断。

许多被诊断为接触性皮炎的患宠，实际上是异位性皮炎、食物过敏或疥螨引起的继发感染，如脓皮病和马拉色菌性皮炎。

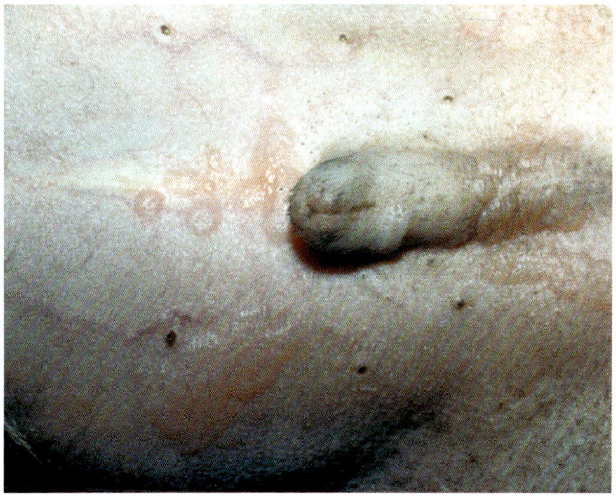
图 7-180　接触性皮炎。腊肠犬的腹部涂抹碘制剂后出现急性荨麻疹反应。

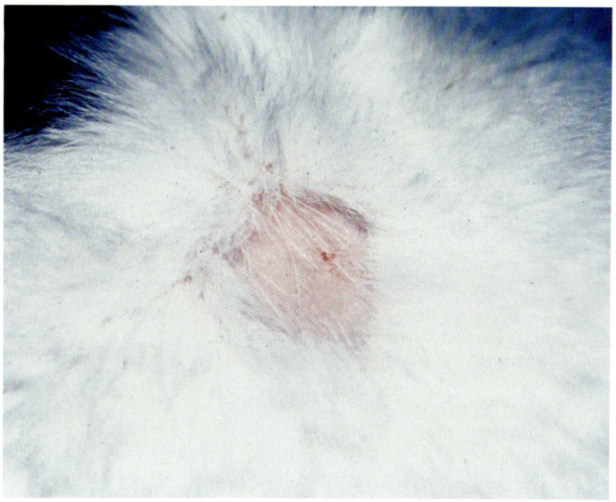
图 7-181　接触性皮炎。外部使用控制跳蚤的滴剂造成局部脱毛。

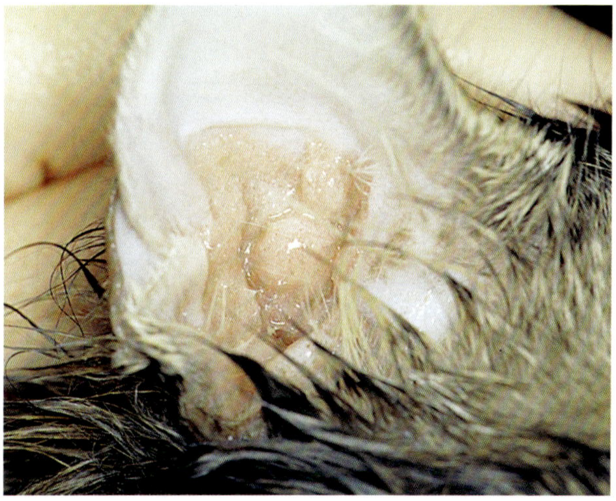
图 7-182　接触性皮炎。外用耳药引起的局灶性红斑和水肿。

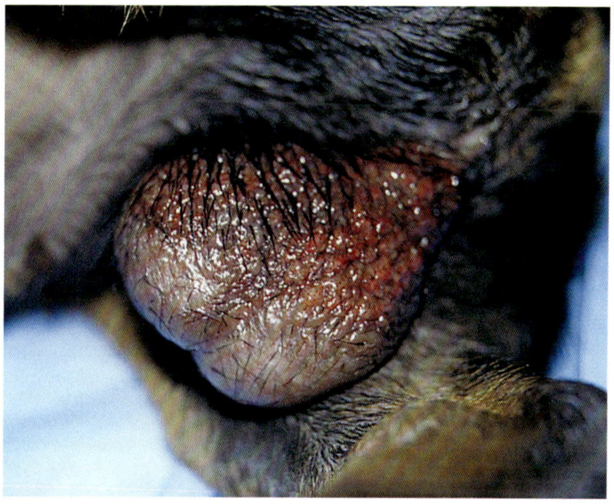
图 7-183　接触性皮炎。犬阴囊严重的糜烂性皮炎。

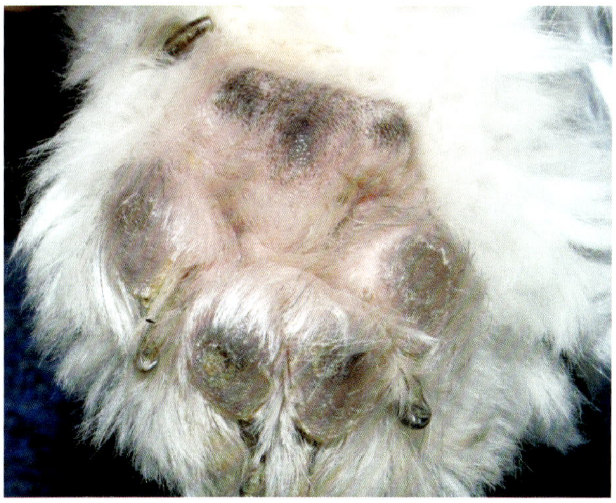
图 7-184　接触性皮炎。接触腐蚀性物质造成的爪垫过度角化、色素减退和肿胀。

第 8 章　自体免疫性和免疫介导性皮肤病
Autoimmune and Immune-Mediated Skin Disorders

- 落叶型天疱疮
- 红斑型天疱疮
- 寻常型天疱疮
- 大疱性类天疱疮和表皮下水疱性皮肤病
- 盘状红斑狼疮
- 全身性红斑狼疮
- 犬角质层下脓疱性皮肤病
- 无菌性嗜酸性脓疱病
- 无菌性结节性脂膜炎
- 特发性无菌性肉芽肿和脓性肉芽肿
- 犬嗜酸性肉芽肿
- 皮肤血管炎
- 多形红斑和中毒性表皮坏死松解症
- 皮肤药物反应（药疹）
- 注射反应和狂犬病疫苗注射后脱毛

作　者　注

最有效的确诊自体免疫性皮肤病的方法是做活检，不论怎样，动用皮肤病理学家会极大地增加报告结果的可靠性。可惜皮肤组织病理学家十分稀缺。现今的 vin.com 和 itchnot.com 提供了最新的名单。

从经验上看，激素治疗是对于这种疾病的主要方法。在许多病例上，我们开始意识到替代性非激素治疗的有效性（表 8-1），轻度患病的病例通常不需要任何激素治疗。

治疗的目标是在 90% 的患病时间内控制 90% 的症状，同时最小化治疗的不良反应。通常情况下，疾病会突发，非常重要的是真正的疾病发作要与感染相区别（尤其是脓皮病和蠕形螨病）。

落叶型天疱疮
Pemphigus Foliaceus

特征

落叶型天疱疮是一种自体免疫性皮肤病，其特征是产生自体抗体，针对角质细胞上的黏附分子发生反应。抗体在细胞间的沉积，导致表皮最上层的细胞间彼此分离（皮肤棘层松解）。落叶型天疱疮可能是犬猫最常见的自体免疫性皮肤病。任何年龄、性别和品种均可罹患此病，但是秋田犬和松狮犬可能更易感。落叶型天疱疮通常为特发性，但是有些病例可能被药物诱导，或者是慢性炎性皮肤病的后遗症。

原发病变为浅表脓疱。然而，完整的脓疱常常很难找到，因为它们被毛发覆盖，很脆弱且容易破裂。继发病变包括浅表糜烂、结痂、皮屑、表皮环和脱毛。位于鼻面、耳廓和爪垫的病变是自体免疫皮肤病的典型特征。这种疾病常开始于鼻梁、眼周和耳廓，然后扩散至全身。鼻部色素减退通常伴有面部病变。皮肤病变是不同程度的瘙痒，且时好时坏。常见爪垫过度角化，且可能是有些犬和猫的唯一症状。口腔病变罕见。对于犬，黏膜皮肤处的病变通常是最轻的。对于猫，甲床和乳头周围的病变是天疱疮的独有和常见特征。患全身皮肤病时，并发淋巴结肿大，肢体水肿、发热、厌食和沉郁。

主要鉴别诊断

鉴别诊断包括蠕形螨病、浅表脓皮病、皮肤

表 8-1　自体免疫和免疫介导性皮肤病的免疫抑制疗法

药物种类	诱导剂量	维持剂量
外部治疗		
类固醇（氢化可的松，地塞米松，去炎松，氟轻松，倍他米松，莫米松等）	q 12 h	逐渐减至最低有效量
他克莫司	q 12 h	逐渐减至最低有效量
保守的口服药治疗，几乎没有不良反应		
必需脂肪酸（犬和猫）		180 mg EPA/10 lb，PO
维生素 E		400 IU/d，PO
四环素和烟酰胺（犬）	犬 >10 kg 各 500 mg PO q 8 h 犬 <10 kg 各 250 mg PO q 8 h	犬 >10 kg 各 500 mg PO q 12～24 h 犬 <10 kg 各 250 mg PO q 12～24 h
强力霉素可代替四环素	5～10 mg/kg q 12 h	逐渐减至最低有效量
环孢菌素（Atopica）（犬和猫）	5～12.5 mg/kg PO q 12～24 h	缓解后，缓慢减量至有效剂量
可靠有效的治疗，但通常有不良反应，且可能较严重		
泼尼松（犬）	1～3 mg/kg PO q 12～24 h	0.5～2 mg/kg PO q 48 h
泼尼松龙（猫）	2～2.5 mg/kg PO q 12～24 h	2.5～5 mg/kg PO q 2～7 d
甲基泼尼松龙（犬）	0.8～1.4 mg/kg PO q 12～24 h	0.4～0.8 mg/kg PO q 48 h
去炎松（犬）	0.1～0.3 mg/kg PO q 12～24 h	0.1～0.2 mg/kg PO q 48～72 h
去炎松（猫）	0.3～1 mg/kg PO q 12～24 h	0.6～1 mg/kg PO q 2～7 d
地塞米松（犬和猫）	0.1～0.2 mg/kg PO q 12～24 h	0.05～0.1 mg/kg PO q 48～72 h
奥拉替尼（爱波克）（犬和猫）	0.4～0.6 mg/kg PO q 12 （猫可能需要更高剂量）	症状缓解后，逐渐减至最低有效剂量
硫唑嘌呤（仅限犬）	1.5～2.5 mg/kg PO q 24～48 h	1.5～2.5 mg/kg PO q 48～72 h
苯丁酸氮芥（犬和猫）	0.1～0.2 mg/kg PO q 24 h	0.1～0.2 mg/kg PO q 48 h
氨苯砜（仅限犬）	1 mg/kg PO q 8 h	逐渐减至最低有效量
积极的治疗，目前缺乏有效性和安全性的研究资料		
琥珀酸钠甲基泼尼松龙（冲击疗法）（犬和猫）	1 mg/kg IV 大于 3～4 h 输注，q 24 h，连用 2～3 d	隔天一次口服糖皮质激素
地塞米松（脉冲疗法）（犬和猫）	1 mg/kg IV 24 h 内分 1～2 次输注	隔天一次口服糖皮质激素
环磷酰胺（犬和猫）	50 mg/m^2（或 1.5 mg/kg）PO，q 48 h	25～50 mg/m^2（或 0.75～1.5 mg/kg）PO q 48 h
吗替麦考酚酯	10～20 mg/kg q 8～12 h	逐渐减至最低有效量
来氟米特	2 mg/kg q 12 h	逐渐减至最低有效量

EPA：二十碳五烯酸；PO：口服；q：每

癣菌病、其他自体免疫性皮肤病、角质层下脓疱性皮肤病、嗜酸性脓疱病、药疹、皮肌炎、锌反应性皮肤病、皮肤趋上皮性淋巴瘤，肝皮综合征和蚊叮性过敏（猫）。

诊断

1. 排除其他类似疾病。

2. 细胞学（脓疱）：可见中性粒细胞和棘层松解细胞，有时可见嗜酸性粒细胞。

3. 抗核抗体（ANA）：阴性，但是常见假阳性。

4. 皮肤组织病理学：角质下脓疱，含有中性粒细胞和棘层松解细胞，伴有不等量的嗜酸性粒细胞。

5. 免疫荧光或者免疫组织化学（皮肤活检样本）：细胞间抗体沉积物的检测有提示意义，但是常出现假阳性和假阴性结果。阳性结果应当通过组织学确认。

6. 细菌培养（脓疱）：通常无菌。但是如果有继发感染，偶尔能分离出细菌。

治疗和预后

1. 对症的香波疗法对移除结痂可能有帮助。

2. 对于犬，为治疗和避免继发脓皮病，应该合理地长期使用全身性抗生素（最少 4 周）。在免疫抑制疗法的诱导期，同时使用抗生素治疗的犬，与仅使用免疫抑制药物的犬相比，具有明显更高的存活率。抗生素应当持续使用，直到免疫抑制疗法控制住天疱疮为止。

3. 治疗的目标是使用最安全的治疗方法和最低有效药物剂量，来控制疾病和其症状。使用经典的联合治疗（表 8-1）来制定多种治疗方案，尽量减少任何一种治疗的不良反应。根据疾病的严重程度，选择或多或少的积极治疗。为促进疾病的缓解，最初使用更高药物剂量，然后逐渐在 2～3 个月内减至最低有效剂量。

a. 外部治疗是采用含类固醇的产品或他克莫司，每 12 h 一次，以帮助减少局灶的炎症，并且可降低控制症状的全身治疗剂量。一旦达到病情缓解，外部药使用的频率应当降低，以减少局部不良反应。

b. 保守的全身治疗（表 8-1）包括几乎无不良反应的且能帮助减少炎症的药物。这些治疗可减少类固醇和化疗的使用。

c. 类固醇治疗是针对自体免疫皮肤病最可靠的、可预见性治疗，但是，用于控制症状的高剂量，其所伴发的不良反应可能很严重。尽管单独糖皮质激素治疗就能持续缓解症状，但所需的剂量可能导致不愿看到的不良反应，尤其是犬。正因为这个原因，在长期维持治疗时，推荐单独采用非类固醇激素的免疫抑制药物或联合糖皮质激素共同治疗。

- 应当每天口服免疫抑制剂量的泼尼松或甲基泼尼松龙（表 8-1）。病变改善以后（2～8 周后），应在数周（8～10 周）内逐渐减量，直到可隔日给药的最低剂量，以维持症状缓解。如果在最初治疗的 2～4 周内病情无明显改善，排除并发的皮肤感染后，可考虑更换或增加免疫抑制治疗药物。
- 对于泼尼松和甲基泼尼松龙无显著疗效的病例，可采用备选类固醇激素，包括去炎松和地塞米松（表 8-1）。
- 对于猫，使用免疫抑制剂量的去炎松或者地塞米松，通常比使用泼尼松龙或者甲基泼尼松龙更有效。应当每天口服去炎松或地塞米松，直到症状缓解（2～8 周），然后逐渐减量，直到能维持缓解的最低剂量和最少频率给药（表 8-1）。
- 如果最初治疗的 2～4 周内，产生难以接受的不良反应，或者无明显改善，考虑使用备选糖皮质激素或非类固醇免疫抑制药物（表 8-1）。

d. 非类固醇免疫抑制药物可能有效，包括环孢菌素（Atopica），奥拉替尼（爱波克）硫唑嘌呤（仅犬），苯丁酸氮芥，环磷酰胺，吗替麦考酚酯，来氟米特（表 8-1）。有效的反应在最初治疗的 8～12 周出现。一旦症状缓解，尝试逐渐减少非类固醇免疫抑制药物的剂量和用药频率，以长期维持治疗。

4. 预后一般至良好。尽管有些动物在免疫抑制治疗减量至停用后，仍然能保持病情缓解状态，但是大多数动物需要终生治疗以维持病情缓解。为了能及时调整治疗方案，定期监测临床症状、血象、血清生化显得非常重要。免疫抑制治疗的潜在并发症包括不可接受的药物不良反应和免疫抑制诱导的细菌感染，皮肤癣菌病或者蠕形螨病。

落叶型天疱疮分布区域

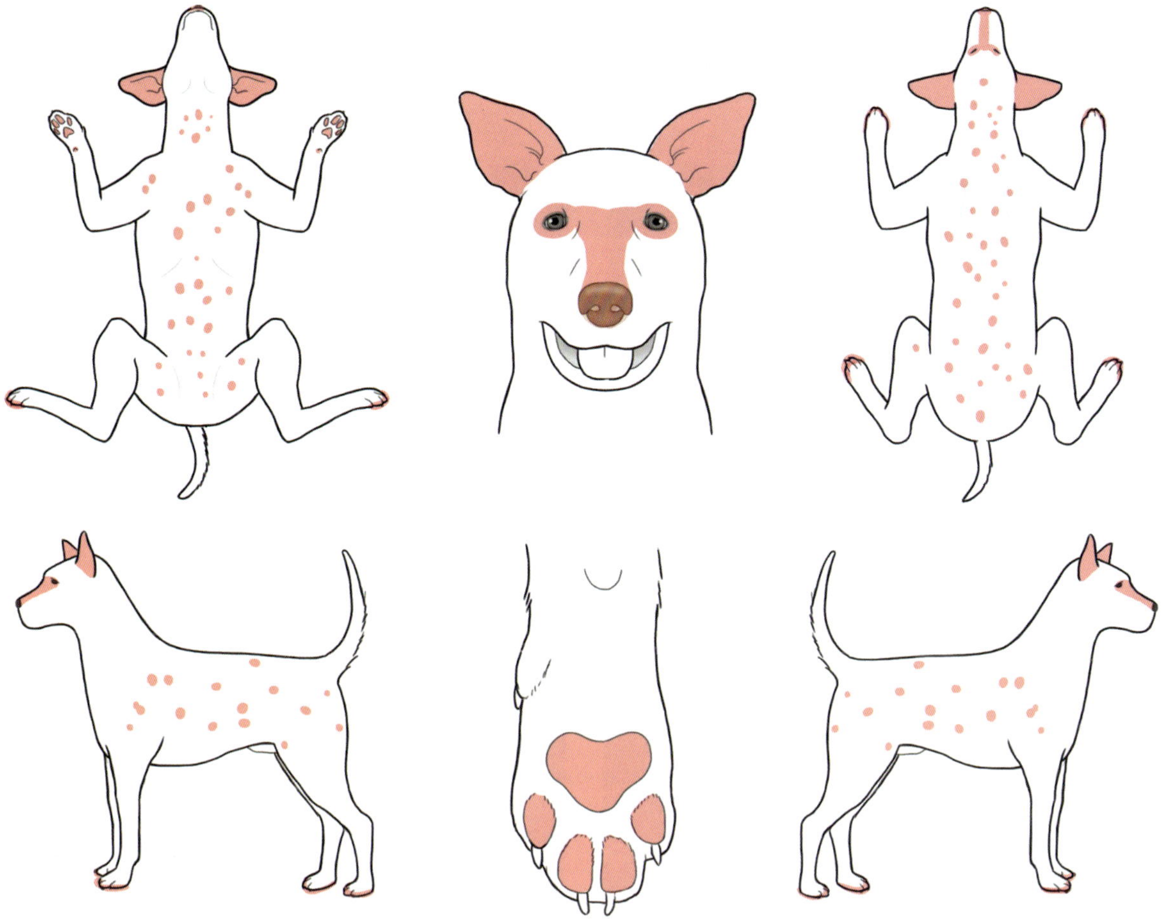

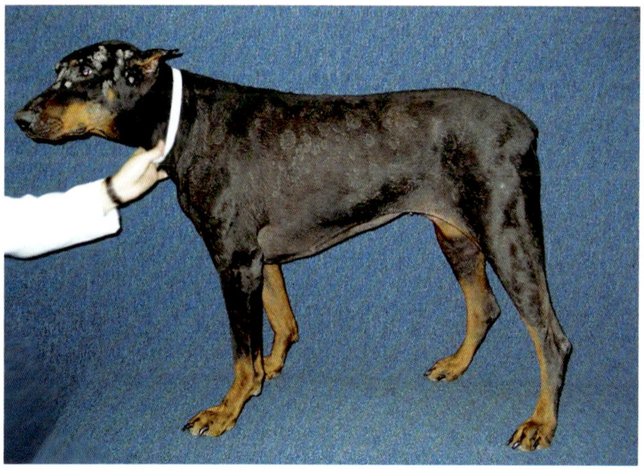

图 8-1　落叶型天疱疮。患有落叶型天疱疮的成年杜宾犬。注意，病变的弥散性图案。

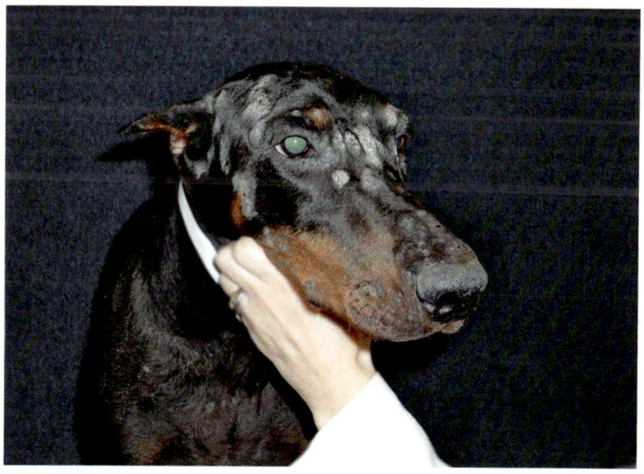

图 8-2　落叶型天疱疮。图 8-1 中的犬。面部出现脱毛，结痂，丘疹病变。注意，与毛囊炎的病变相似，但是病变图案的分布具有独特性。

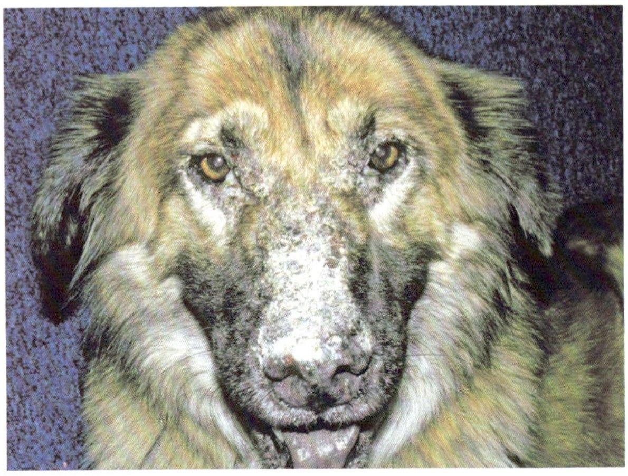

图 8-3 落叶型天疱疮。面部的脱毛、结痂、丘疹性皮炎。病变位于鼻面和耳廓，这是自体免疫性皮肤病的特征。

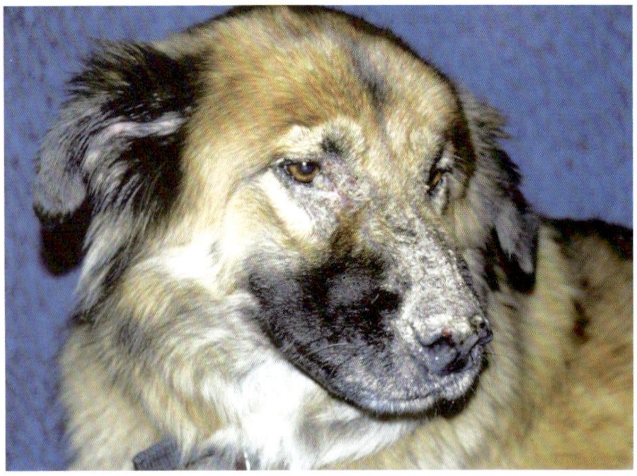

图 8-4 落叶型天疱疮。图 8-3 中的犬。面部和鼻面的脱毛、结痂、丘疹性皮炎是自体免疫性皮肤病的特征。注意，与毛囊炎的相似病变，但是，毛囊炎不会出现在鼻面，这使得这些病变呈现独有的特征。

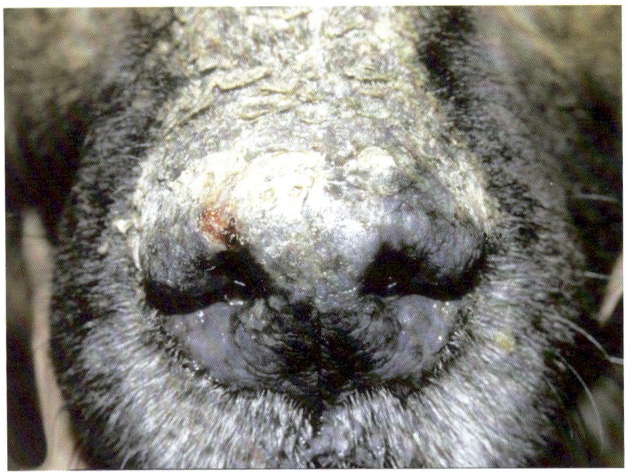

图 8-5 落叶型天疱疮。位于鼻面的结痂性糜烂性皮炎，伴有色素减退和正常鹅卵石纹理结构的缺失，是自体免疫性皮肤病的独有特征。

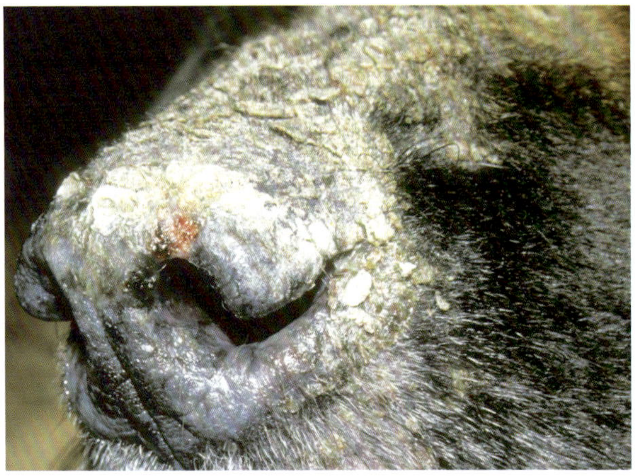

图 8-6 落叶型天疱疮。图 8-5 中的犬。位于鼻面上的病变是自体免疫性皮肤病的典型特征。

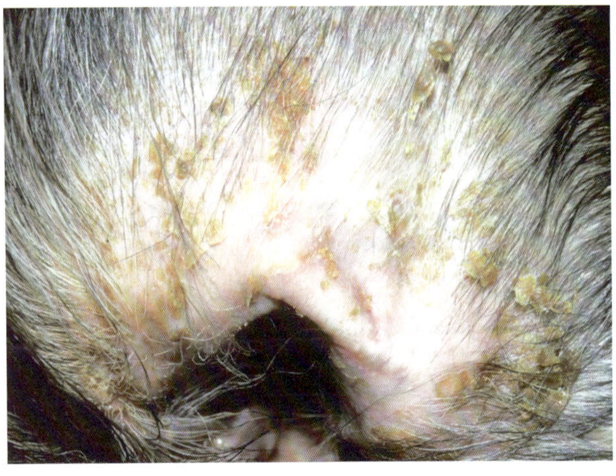

图 8-7 落叶型天疱疮。结痂性丘疹性皮炎出现在患有落叶型天疱疮的犬的耳廓上。鼻面、耳廓和爪垫的病变是自体免疫性皮肤病的典型特征。

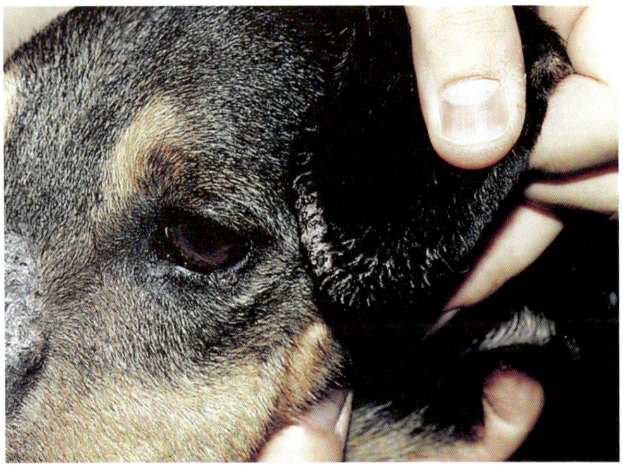

图 8-8 落叶型天疱疮。脱毛、结痂性皮炎出现在患有落叶型天疱疮的杜宾犬的耳廓边缘。注意，与疥螨病的相似性，但是这只犬没有严重瘙痒。

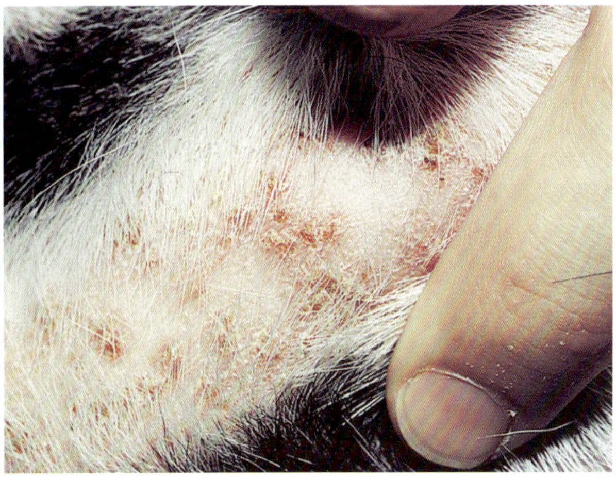

图 8-9　落叶型天疱疮。脱毛、结痂、丘疹性皮炎覆盖在大麦町犬的全身皮肤表面。注意，与毛囊炎相似。

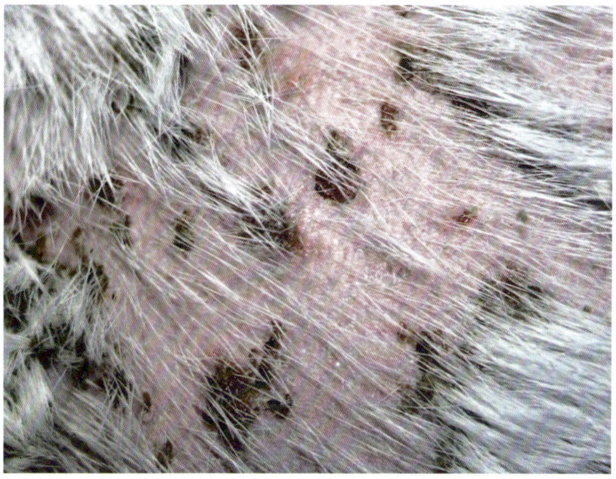

图 8-10　落叶型天疱疮。伴随结痂、充血性丘疹的脱毛位于躯干部位。

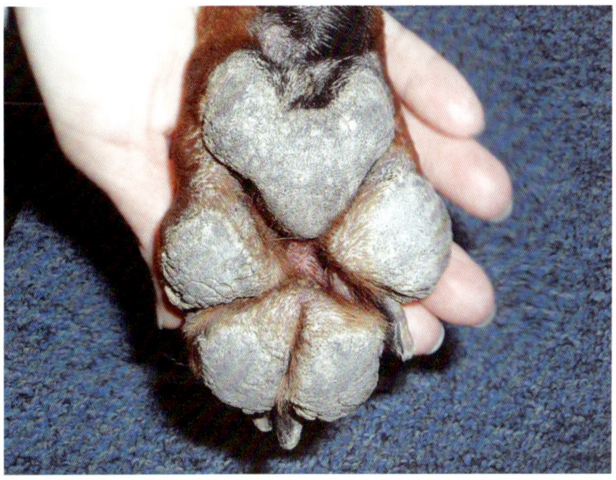

图 8-11　落叶型天疱疮。爪垫的过度角化和结痂是自体免疫性皮肤病的典型特征。注意，病变其实位于爪垫上而不是趾间表面，后者是过敏性皮炎，或细菌 / 马拉色菌爪部皮炎的典型表现。

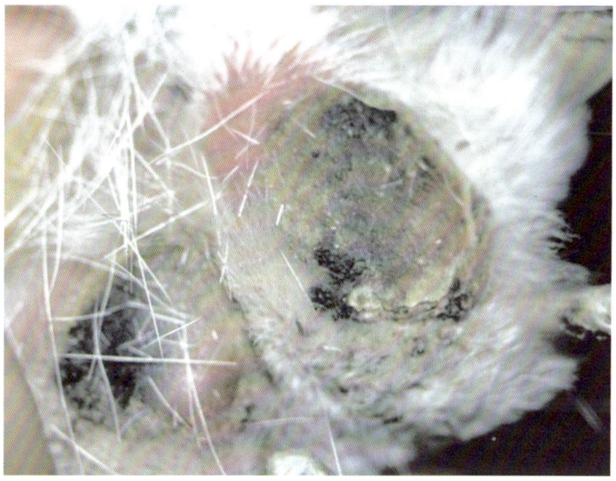

图 8-12　落叶型天疱疮。爪垫的过度角化和结痂。

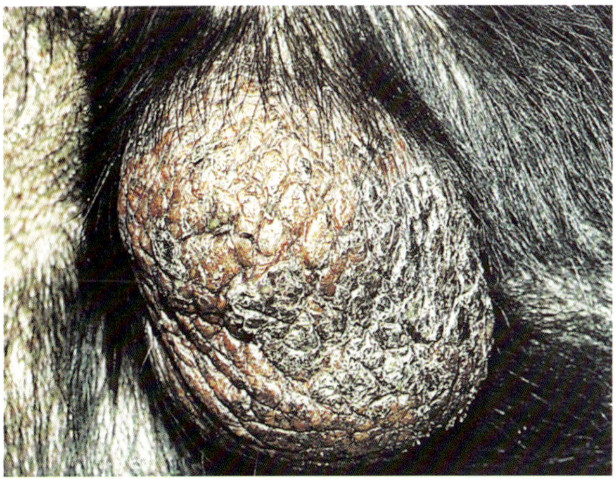

图 8-13　落叶型天疱疮。犬阴囊的过度角化和结痂。

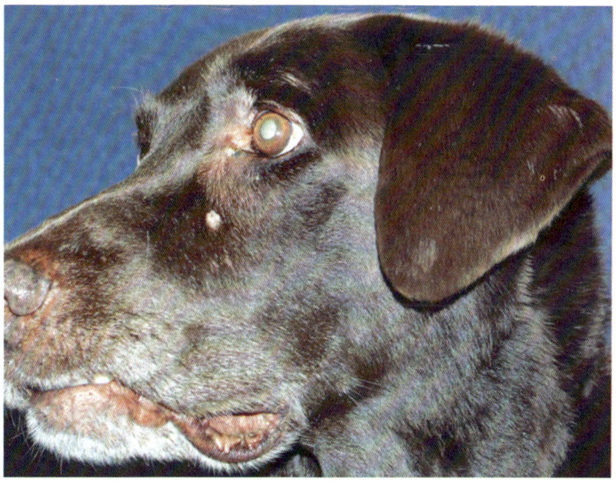

图 8-14　落叶型天疱疮。鼻面的色素减退和正常鹅卵石纹理结构的缺失是自体免疫性皮肤病的早期变化。

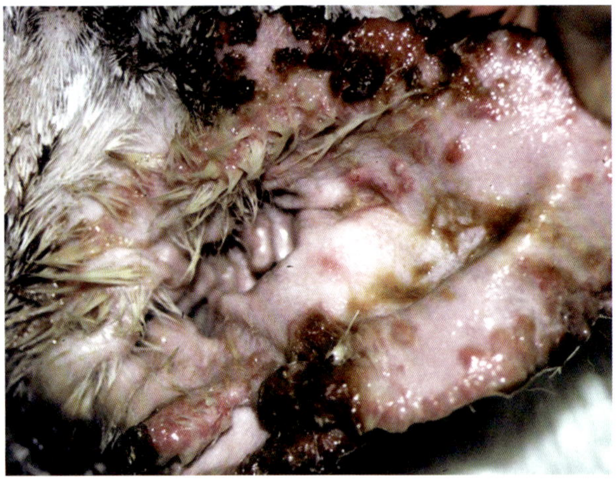

图 8-15 落叶型天疱疮。严重湿性皮炎是落叶型天疱疮的罕见特征。

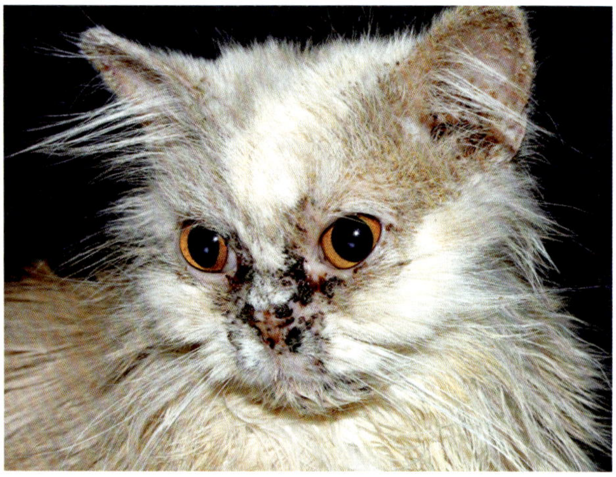

图 8-16 落叶型天疱疮。猫面部的皮炎（脱毛、结痂、充血性丘疹）。注意，与波斯猫面部皮炎相似。

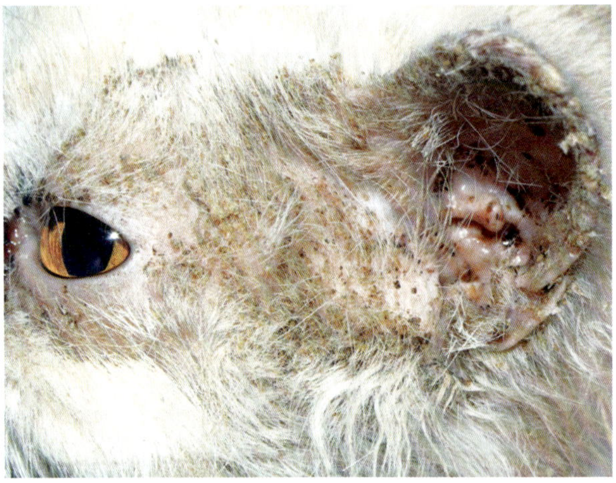

图 8-17 落叶型天疱疮。图 8-16 中猫的近观。面部和耳廓的脱毛、结痂、丘疹性皮炎是自体免疫性皮肤病的典型特征。

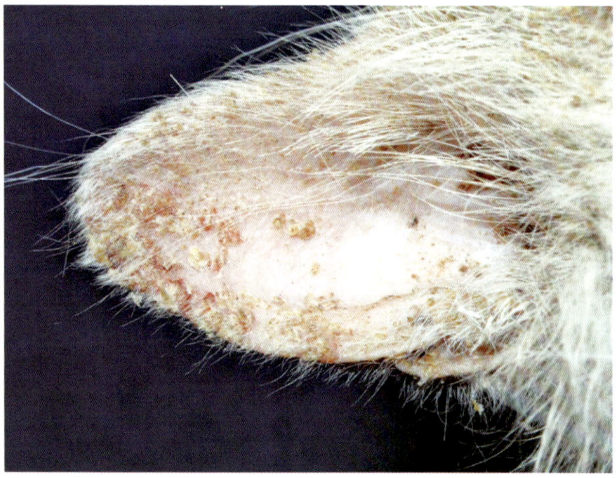

图 8-18 落叶型天疱疮。图 8-16 中的猫。有结痂的充血性丘疹，位于耳廓，这是自体免疫性皮肤病的独有特征。

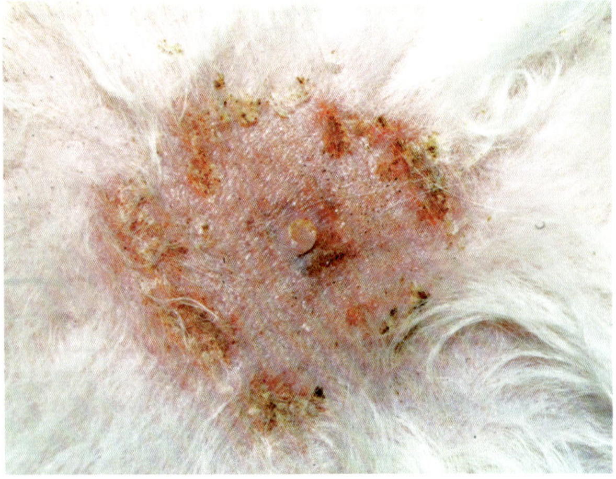

图 8-19 落叶型天疱疮。图 8-16 中的猫。脱毛、结痂、糜烂性皮炎，位于乳头周围。对于猫的落叶型天疱疮，这是一种常见且独有的特征。

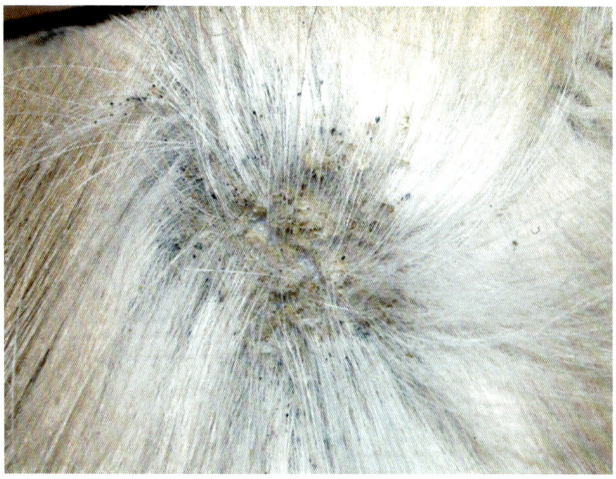

图 8-20 落叶型天疱疮。丘疹性结痂性皮炎。注意，与皮肤癣菌病、体外寄生虫病和其他过敏因素引起的疾病相似。

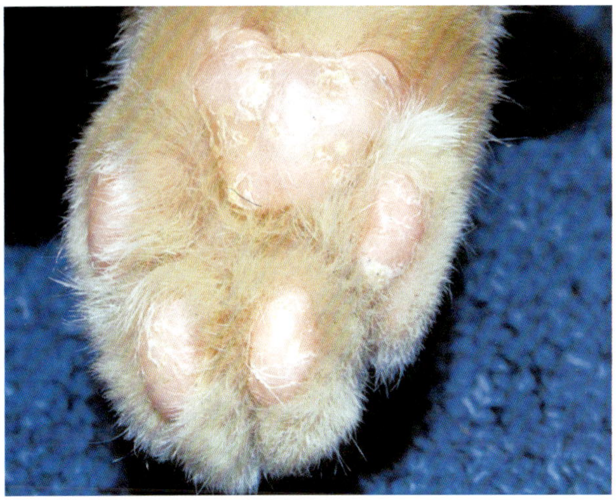

图 8-21　落叶型天疱疮。爪垫的过度角化和结痂是自体免疫性皮肤病的常见特征。

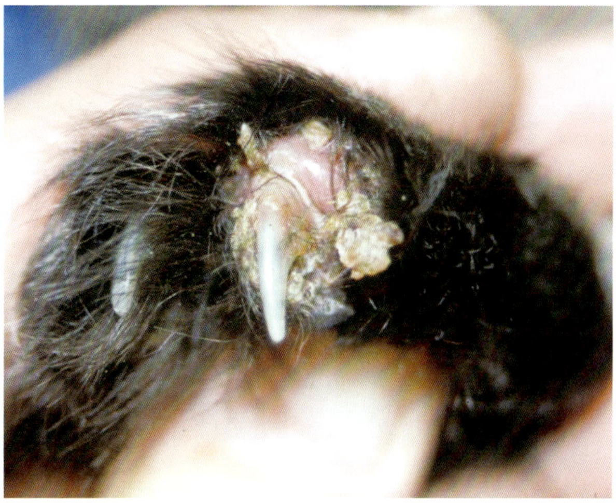

图 8-22　落叶型天疱疮。甲床的结痂性皮炎（甲沟炎）是猫落叶型天疱疮的常见且独有特征。

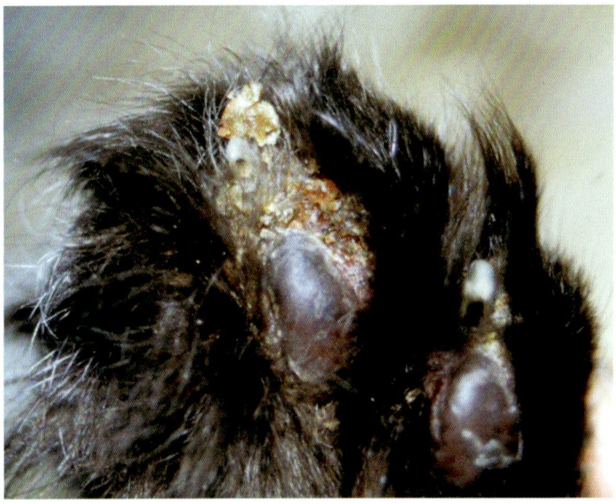

图 8-23　落叶型天疱疮。患有落叶型天疱疮的猫，其爪垫的甲沟炎和过度角化。

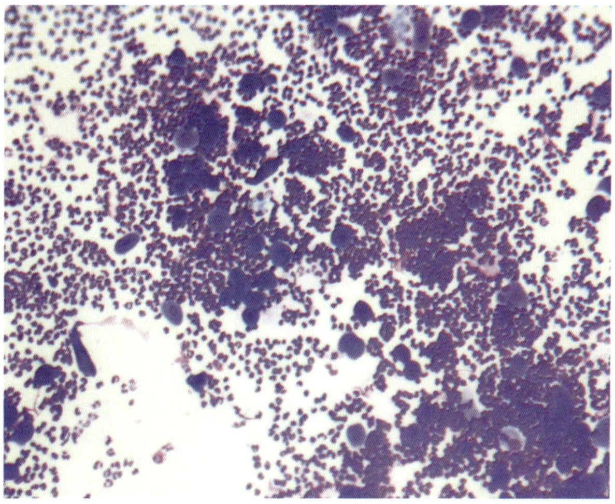

图 8-24　落叶型天疱疮。在 10× 物镜下，大量中性粒细胞和棘层松解细胞的显微影像。

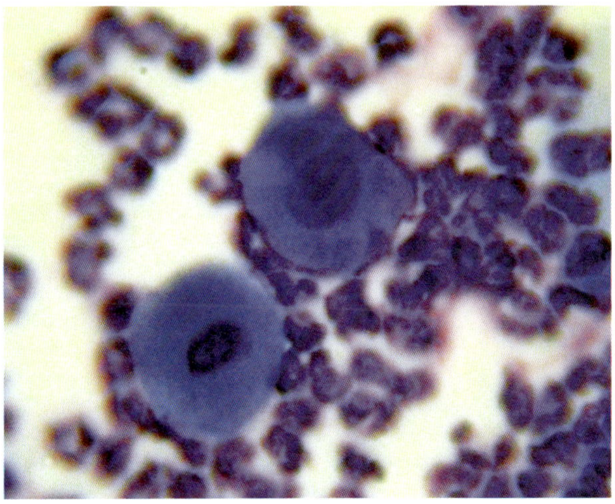

图 8-25　落叶型天疱疮。在 100 倍（油镜）物镜下，棘层松解细胞的显微影像。

图 8-26　落叶型天疱疮。患病犬的爪垫上，出现严重结痂。

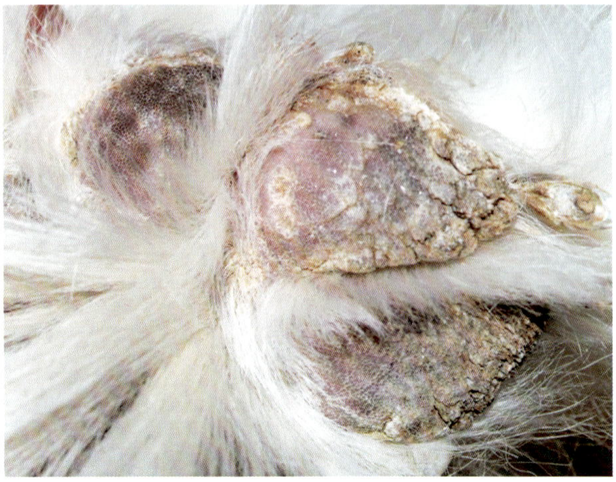

图 8-27　落叶型天疱疮。中年犬在数周时间内，其爪垫出现严重的结痂。

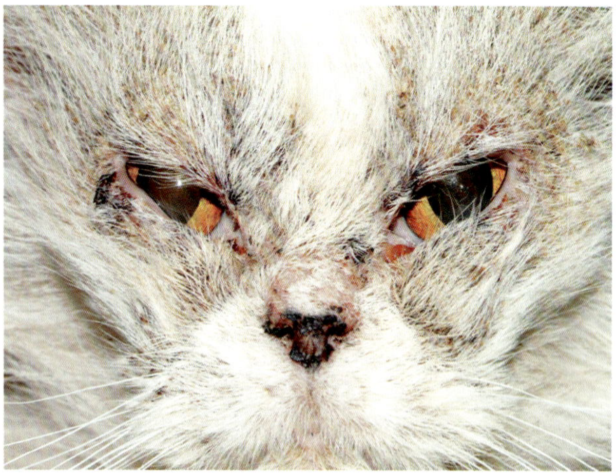

图 8-28　落叶型天疱疮。猫的严重面部结痂和脱毛。鼻面也出现病变，但没有达到犬鼻面那种典型的病变程度。

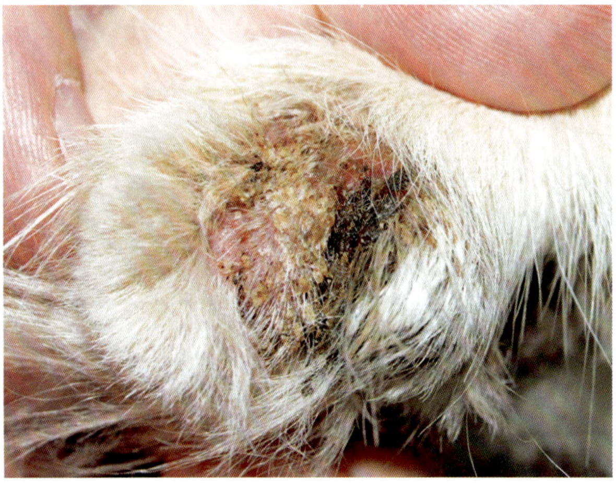

图 8-29　落叶型天疱疮。严重的甲沟炎、渗出性皮炎，伴有结痂，这是猫落叶型天疱疮的常见特征。

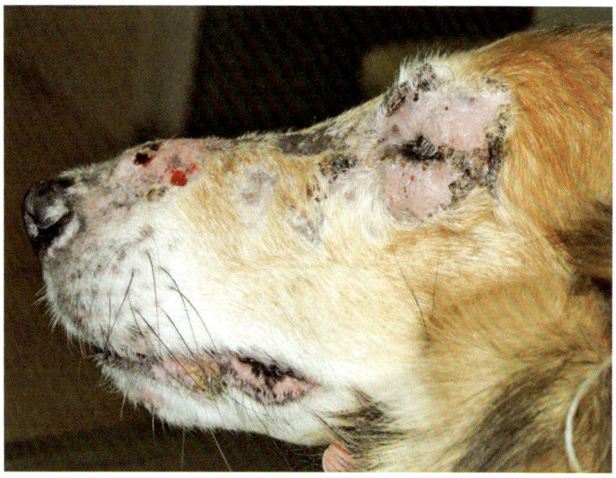

图 8-30　落叶型天疱疮。患病犬面部的，严重的糜烂性皮炎，伴有结痂性脱毛。位于鼻面、眼周和唇部的病变是天疱疮的典型特征。

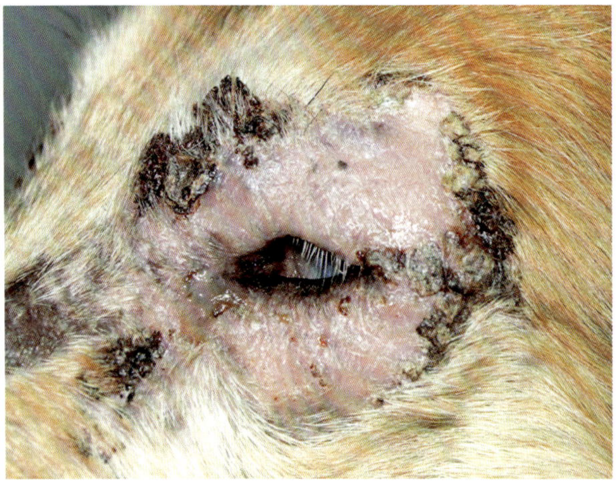

图 8-31　落叶型天疱疮。图 8-30 中犬的近观。位于眼周的，伴有结痂的脱毛十分明显。

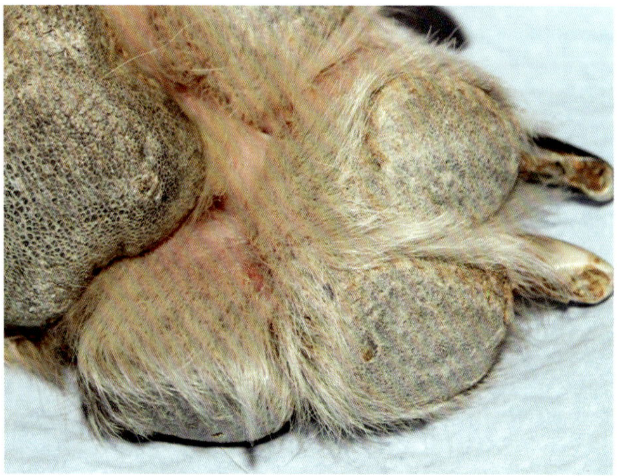

图 8-32　落叶型天疱疮。图 8-30 中的犬。爪垫的结痂是大多数自体免疫性皮肤病的典型特征。

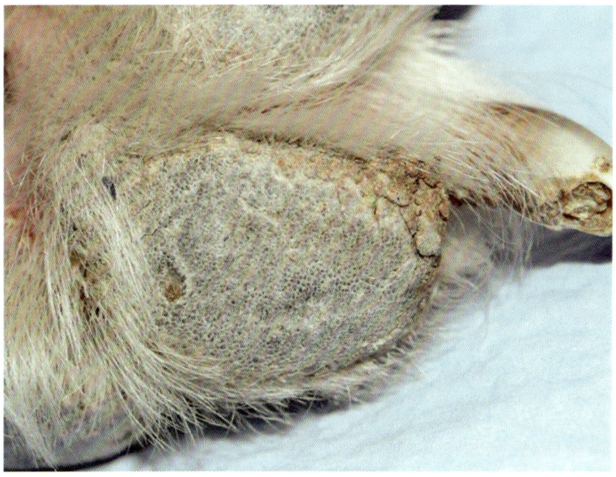

图 8-33　落叶型天疱疮。爪垫的近观，显示增厚的角质和结痂，尤其在爪垫的边缘。

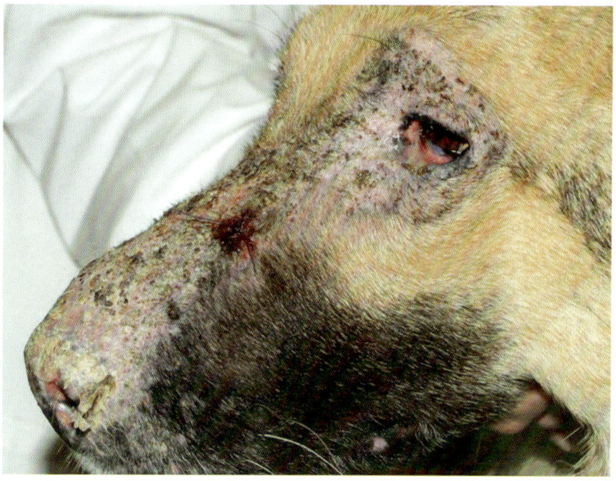

图 8-34　落叶型天疱疮。患有天疱疮的犬，其面部严重的糜烂、结痂、脱毛性皮炎。位于鼻面的色素减退、正常鹅卵石纹理结构的丢失、糜烂和结痂是自体免疫性皮肤病的典型特征。

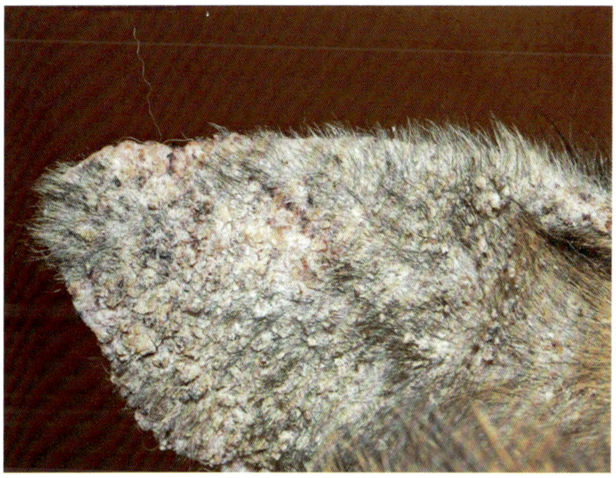

图 8-35　落叶型天疱疮。患有天疱疮的犬，其耳廓严重结痂。结痂的耳廓（伴有或不伴有外耳炎）是自体免疫性皮肤病的常见典型特征。

图 8-36　落叶型天疱疮。位于耳廓的，严重脱毛、结痂性皮炎是天疱疮和其他自体免疫性皮肤病的典型特征。

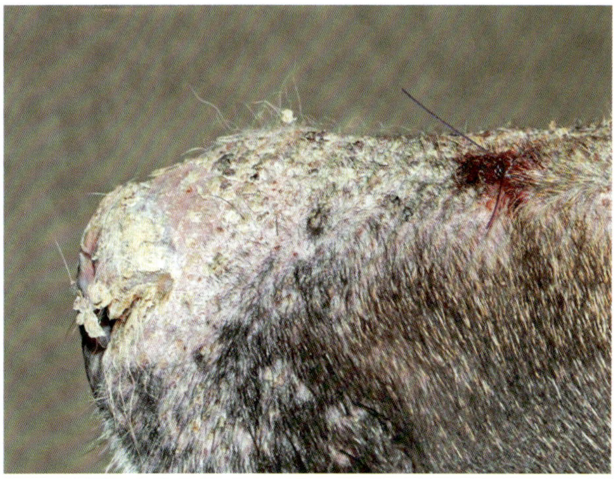

图 8-37　落叶型天疱疮。鼻面的严重糜烂、色素减退、结痂性皮炎是自体免疫性皮肤病的典型特征。

图 8-38　落叶型天疱疮。患有天疱疮的犬，其耳廓上严重脱毛，伴有斑点。

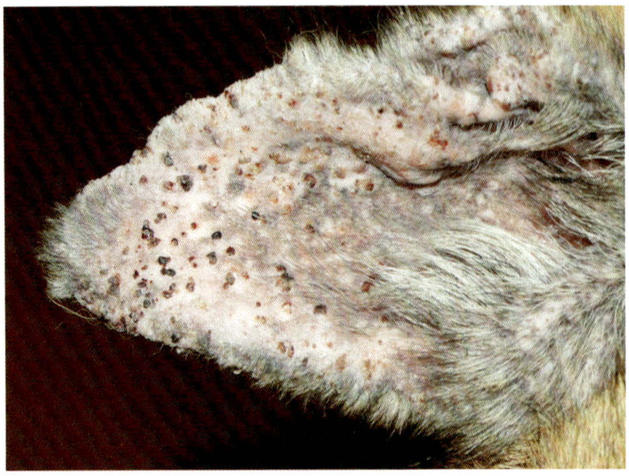

图 8-39 落叶型天疱疮。耳廓上严重的结痂性皮炎是自体免疫性皮肤病的典型特征。注意，耳道是正常的。外耳炎不一定会出现在患有自体免疫性皮肤病的动物身上。

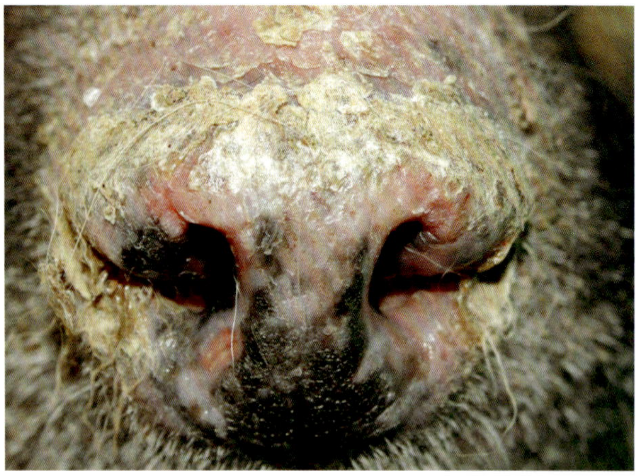

图 8-40 落叶型天疱疮。患有天疱疮的犬，其鼻面有严重的结痂、糜烂性皮炎。正常鹅卵石纹理结构的缺失和色素减退通常最先出现，然后随着病情发展，出现糜烂、结痂等病变。

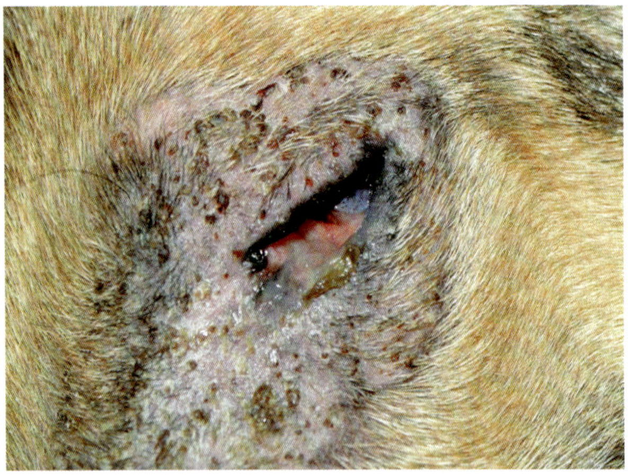

图 8-41 落叶型天疱疮。患有天疱疮的犬，其眼周出现脱毛、结痂性皮炎。

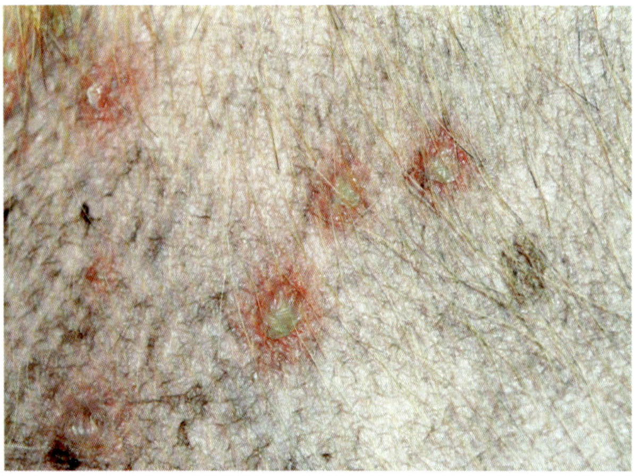

图 8-42 落叶型天疱疮。患有天疱疮的犬，其皮肤上出现脓疱。脓疱是由天疱疮而导致的原发病变。但是，这些脓疱通常很快在犬的正常活动中受到破坏。

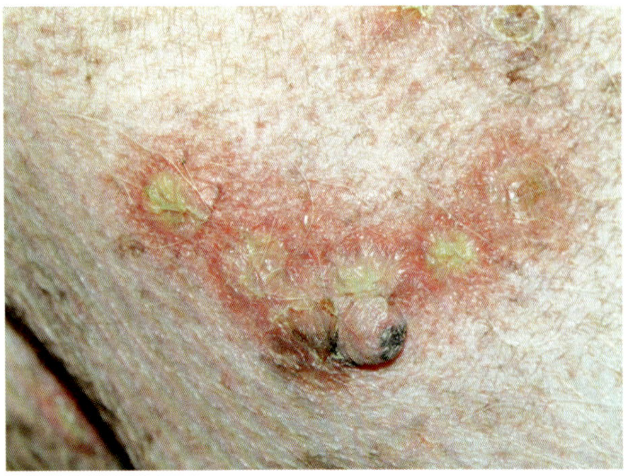

图 8-43 落叶型天疱疮。患有天疱疮的犬，其皮肤上的脓疱性皮炎。

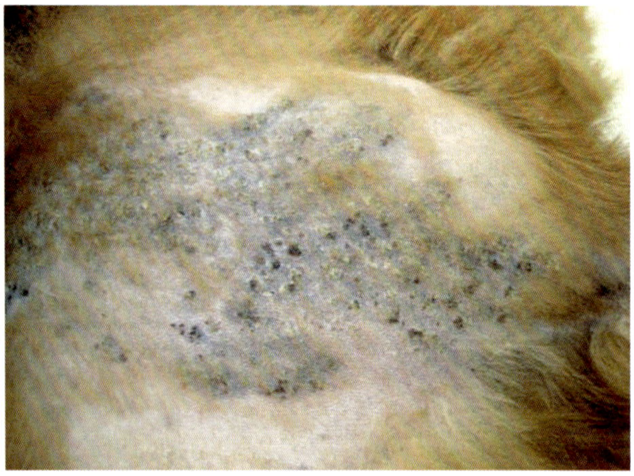

图 8-44 落叶型天疱疮。这只犬接受了 Promeris（译者注：一种驱外寄生虫的滴剂）后，出现了药物诱导的天疱疮，表现为严重的结痂性皮炎。由 Promeris 药物反应所诱导的天疱疮已被充分报道（自 S.Sargent）。

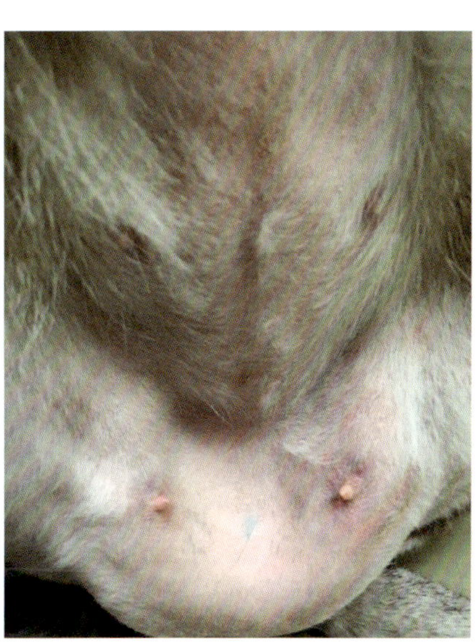

图 8-45　落叶型天疱疮。围乳腺区域红疹和脱毛性皮炎是猫自体免疫皮肤病的典型病变。

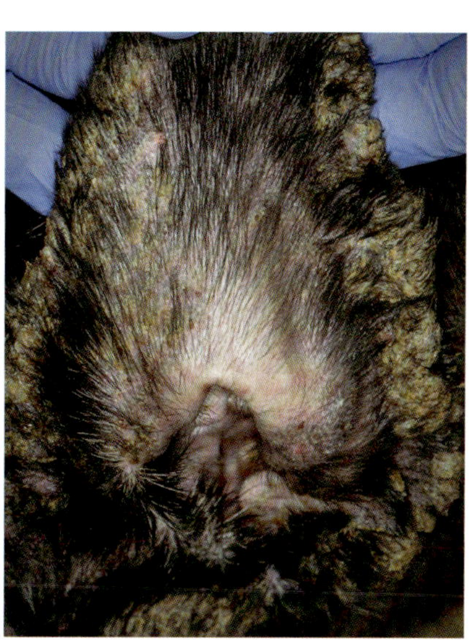

图 8-46　落叶型天疱疮。严重的耳缘结痂性皮炎，存在疥螨感染的犬会比自体免疫疾病的犬更加瘙痒。

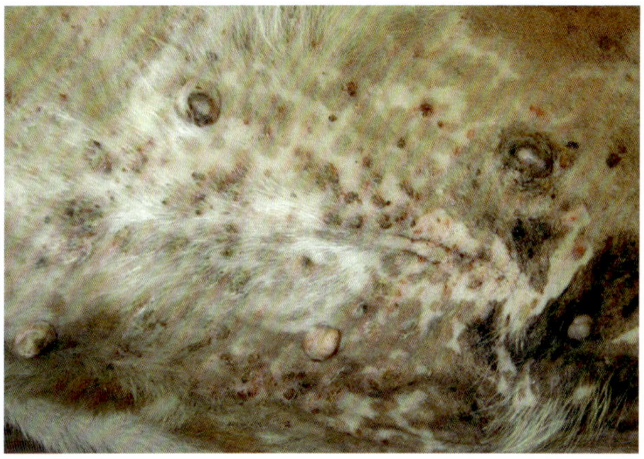

图 8-47　落叶型天疱疮。落叶型天疱疮的患犬胸腹部存在大面积结痂丘疹性皮炎。

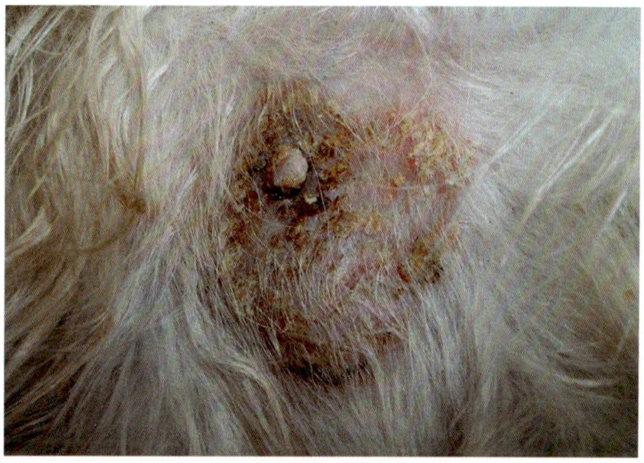

图 8-48　落叶型天疱疮。猫科自体免疫疾病典型症状出现乳房链周围的中度糜烂，结痂性皮炎。

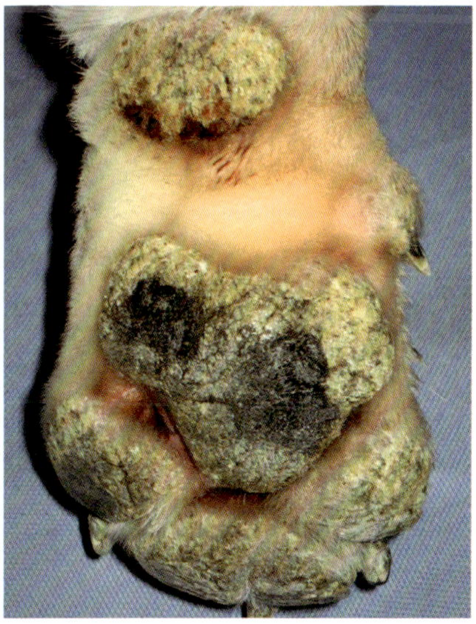

图 8-49　落叶型天疱疮。自体免疫性皮肤病的典型症状是爪垫存在结痂、过度角化的病变，趾间组织正常。注意过敏性爪部皮炎不会影响爪垫，只会影响趾间组织。

图 8-50　落叶型天疱疮。自体免疫性皮肤病的典型症状是爪垫存在结痂、过度角化的病变，趾间组织正常。

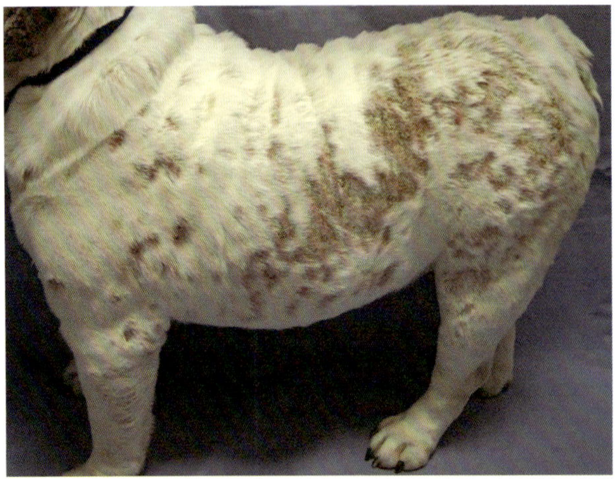

图 8-51　落叶型天疱疮。落叶型天疱疮公犬全身性脱毛、结痂性皮炎。

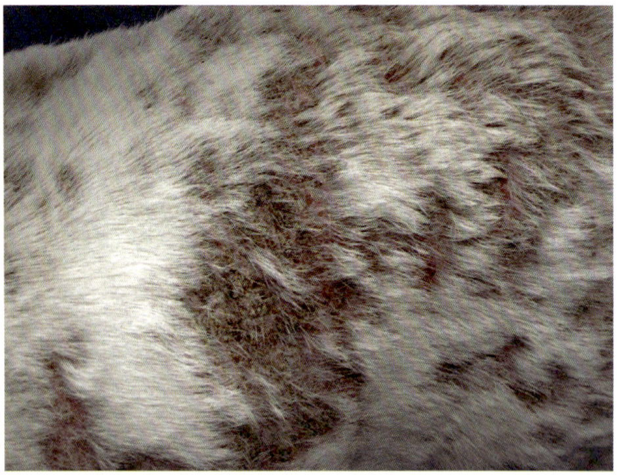

图 8-52　落叶型天疱疮。患犬腹侧存在严重的结痂、糜烂性皮炎。

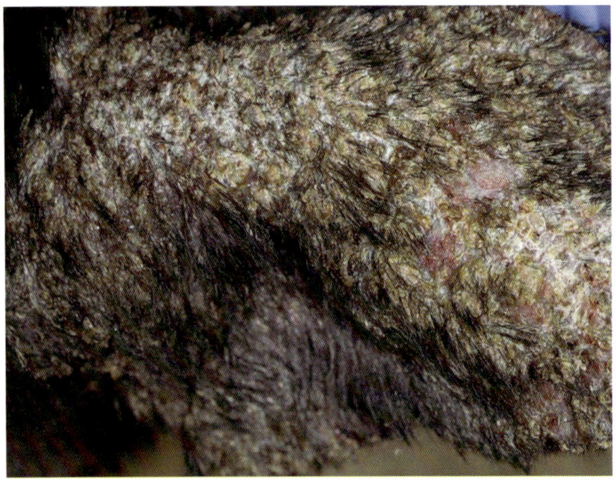

图 8-53　落叶型天疱疮。自体免疫皮肤疾病典型症状存在大面积严重的糜烂结痂性病变。

红斑型天疱疮
Pemphigus Erythematosus

特征

本病是落叶型天疱疮的一种良性形式，或者说是天疱疮和红斑狼疮之间的交叉型。不常见于猫，常见于犬，德国牧羊犬、柯利犬和喜乐蒂牧羊犬的发病率较高。

这种疾病通常局限于面部（鼻梁和眼周）和耳廓。典型症状包括浅表糜烂、皮屑和结痂。可能出现脓疱，但是通常难以发现。皮肤病变可能为轻微或轻度瘙痒。常并发鼻部色素减退，口腔无变化。

主要鉴别诊断

鉴别诊断包括蠕形螨病、鼻部脓皮病、皮肤癣菌病、盘状红斑狼疮、落叶型天疱疮、皮肌炎、鼻部日光性皮炎、蚊叮性过敏（猫）、葡萄膜皮肤病综合征和锌反应性皮肤病。

诊断

1. 排除其他类似疾病。

2. 细胞学（脓疱）：可见中性粒细胞和棘层松解细胞。还可见嗜酸性粒细胞。

3. 抗核抗体（ANA）检测：可能阳性，但阳性结果仅有辅助作用，并不是红斑型天疱疮的特异性反应，因为许多其他慢性疾病也能出现阳性滴度。

4. 皮肤组织病理学：角质下脓疱中包含中性粒细胞和棘层松解细胞，伴有或不伴有嗜酸性细胞。也可见苔藓样浸润，包含单核细胞、浆细胞、中性粒细胞或嗜酸性粒细胞。

5. 免疫荧光或免疫组织化学（皮肤活检样本）：细胞间抗体沉积物的检测。沿真皮 - 表皮结合处也可见抗体沉积物。假阳性和假阴性结果都常见。阳性结果要通过组织病理学确认。

6. 细菌培养（脓疱）：通常无菌，但是如果有继发感染，偶尔能分离到细菌。

治疗和预后

1. 避免日光照射和外部涂抹防晒霜，以防止紫外线加剧鼻部病变。含有二氧化钛的产品十分有效。

2. 对症的香波疗法对移除结痂可能有帮助。

3. 对于犬，为治疗和避免继发脓皮病，应该合理地长期使用全身性抗生素（最少 4 周）。在免疫抑制疗法的诱导期，同时使用抗生素治疗的犬，与仅使用免疫抑制药物的犬相比，明显具有更高的存活率。抗生素应当持续使用，直到免疫抑制疗法控制住天疱疮为止。

4. 治疗的目标是使用最安全的治疗方法和最低有效药物剂量，来控制疾病和它的症状。使用经典的联合治疗（表 8-1）来制定多种治疗方案，尽量减少任何一种治疗的不良反应。依疾病的严重程度，选择或多或少的积极治疗。为促进疾病的缓解，最初使用更高药物剂量，然后逐渐在 2～3 个月内减至最低有效剂量。

a. **外部治疗**　是采用含类固醇的产品或他克莫司，每 12 h 一次，以帮助减少局灶的炎症，并且可降低用以控制症状的全身治疗剂量。一旦达到病情缓解，外部药使用的频率应当降低，以减少局部不良反应。

b. **保守的全身治疗**（表 8-1）　包括几乎无不良反应的且能帮助减少炎症的药物。这些治疗可减少类固醇和化疗的使用。

c. **类固醇治疗**　是针对自体免疫皮肤病最可靠的可预见性治疗，但是，用于控制症状的高剂量，其所伴发的不良反应可能很严重。尽管单独糖皮质激素治疗就能持续缓解症状，但所需的剂量可能导致不愿看到的不良反应，尤其对于犬来说。正因为这个原因，在长期维持治疗时，推荐单独采用非类固醇激素的免疫抑制药物或联合糖皮质激素共同治疗。

- 应当每天口服免疫抑制剂量的泼尼松或甲基泼尼松龙（表 8-1）。病变改善以后（2～8 周后），应在数周（8～10 周）内逐渐减量，直到可隔日给药的最低剂量，以维持症状缓解。如果在最初治疗的 2～4 周内病情无明显改善，排除并发的皮肤感染后，可考虑更换或增加免疫抑制治疗药物。
- 对于泼尼松和甲基泼尼松龙无显著疗效的病例，可采用备选类固醇激素，包括去炎松和地塞米松（表 8-1）。

- 对于猫，使用免疫抑制剂量的去炎松或者地塞米松，通常比使用泼尼松龙或者甲基泼尼松龙更有效。应当每天口服去炎松或地塞米松，直到症状缓解（2～8 周），然后逐渐减量，直到能维持缓解的最低剂量和最少频率给药（表 8-1）。
- 如果最初治疗的 2～4 周内，产生难以接受的不良反应，或者无明显改善，考虑使用备选糖皮质激素或非类固醇免疫抑制药物（表 8-1）。

d. 非类固醇免疫抑制药物　可能有效，包括环孢菌素（Atopica），奥拉替尼（爱波克）硫唑嘌呤（仅犬），苯丁酸氮芥，环磷酰胺，吗替麦考酚酯，来氟米特（表 8-1）。有效的反应在最初治疗的 8～12 周内出现。一旦症状缓解，尝试逐渐减少非类固醇免疫抑制药物的剂量和用药频率，以长期维持治疗。

5. 预后良好，因为即使不治疗，这种疾病也通常保持良性和局限性。如果使用全身性免疫抑制药物，定期监测临床症状、血象和血清生化指标，以便及时调整治疗方案，这一点非常关键。免疫抑制治疗的潜在并发症包括不可接受的药物不良反应和免疫抑制诱导的细菌感染，皮肤癣菌病或者蠕形螨病。

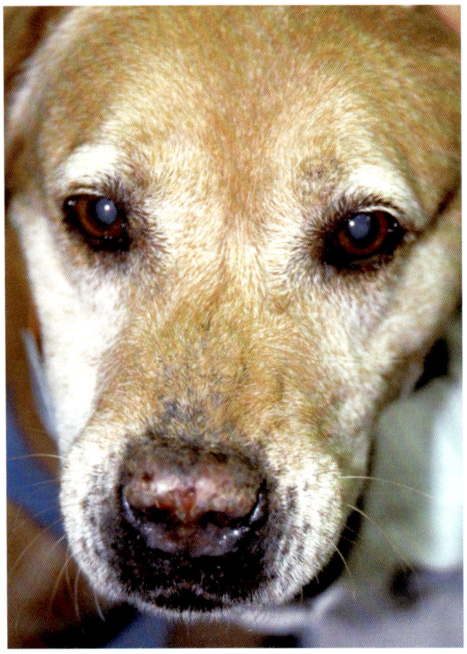

图 8-54　红斑型天疱疮。鼻面的色素减退和糜烂性皮炎。病变常位于鼻面，是自体免疫性皮肤病的独特症状。

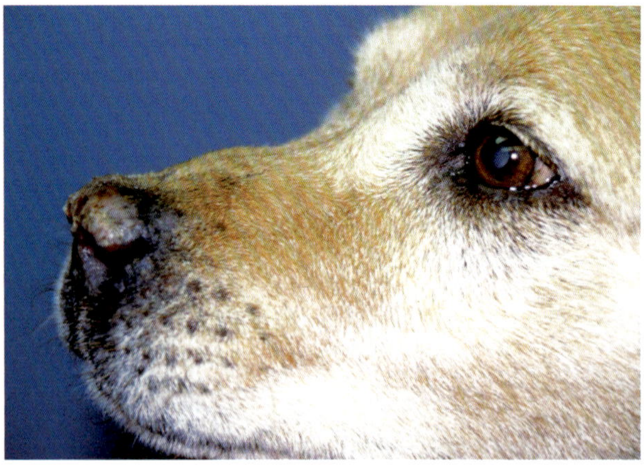

图 8-55　红斑型天疱疮。图 8-54 中的犬。鼻面的色素减退和糜烂性皮炎。

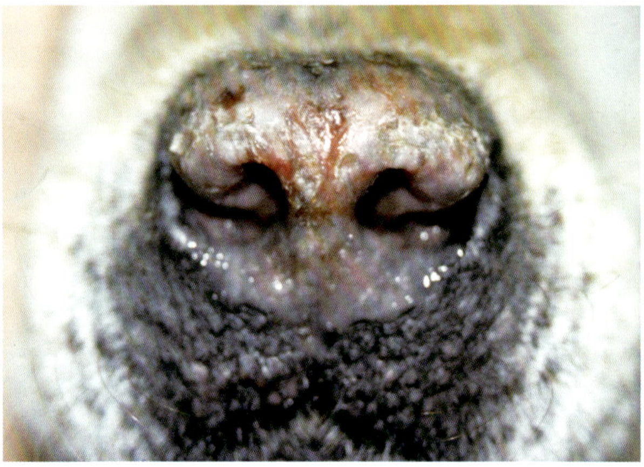

图 8-56　红斑型天疱疮。鼻面的色素减退和糜烂。

寻常型天疱疮
Pemphigus Vulgaris

特征

寻常型天疱疮是一种自体免疫性皮肤病，其特征为产生针对表皮 - 真皮结合处及附近抗原的自身抗体。细胞间抗体的沉积导致表皮较深层的细胞彼此分离（棘层松解细胞）。寻常型天疱疮是天疱疮中最严重的一种，罕见于犬猫。

皮肤（特别是腋下和腹股沟）、皮肤黏膜结合处（甲床、唇部、鼻孔、眼睑）和黏膜（口腔、肛门、阴门、包皮、结膜）出现糜烂、溃疡和少见的水疱和大疱。常并发发热、沉郁和厌食。伴随口腔病变出现大量流涎和口臭。鼻面、耳廓和爪垫的病变是自体免疫性皮肤病的独有特点。

主要鉴别诊断

鉴别诊断包括大疱性类天疱疮、全身性红斑狼疮、多形红斑 / 中毒性表皮坏死松解症、药物反应、感染（细菌、真菌）、血管炎和皮肤趋上皮性淋巴瘤。

诊断

1. 排除其他类似疾病

2. 皮肤组织病理学：基底层上裂缝和水疱，伴有不同程度的血管周围的、间质的或者苔藓样的炎症。

3. 免疫荧光或免疫组织化学（皮肤活检样本）：细胞间抗体沉积物检测。阳性结果和阴性结果都常见。阳性结果要通过组织病理学确认。

4. 细菌培养（水疱、大疱）：通常无菌，但是偶尔，如果有继发感染，能分离到细菌。

治疗和预后

1. 对症的香波疗法对移除结痂可能有帮助。

2. 对于犬，为治疗和避免继发脓皮病，应该合理地长期使用全身性抗生素（最少 4 周）。在免疫抑制疗法的诱导期，同时使用抗生素治疗的犬，与仅使用免疫抑制药物的犬相比，具有明显的更高存活率。抗生素应当持续使用，直到免疫抑制疗法控制住天疱疮为止。

3. 治疗的目标是使用最安全的治疗方法和最低有效药物剂量，来控制疾病和它的症状。使用经典的联合治疗（表 8-1）来制定多种治疗方案，尽量减少任何一种治疗的不良反应。依疾病的严重程度，选择或多或少的积极治疗。为促进疾病的缓解，最初使用更高药物剂量，然后逐渐在 2～3 个月内减至最低有效剂量。

因为寻常型天疱疮通常很严重，所以需要积极的治疗。

尽管单独糖皮质激素治疗就能持续缓解症状，但所需的剂量可能导致不愿看到的不良反应，尤其对于犬来说。**正因为这个原因，在长期维持治疗时，推荐单独采用非类固醇激素的免疫抑制药物或联合糖皮质激素共同治疗。**

a. 应当每天口服免疫抑制剂量的泼尼松或甲基泼尼松龙（表 8-1）。病变改善以后（2～8 周后），应在数周（8～10 周）内逐渐减量，直到可隔日给药的最低剂量，以维持症状缓解。如果在最初治疗的 2～4 周内病情无明显改善，排除并发的皮肤感染后，可考虑更换或增加免疫抑制治疗药物。

b. 对于泼尼松和甲基泼尼松龙无显著疗效的病例，可采用备选类固醇激素，包括去炎松和地塞米松（表 8-1）。

c. 对于猫，使用免疫抑制剂量的去炎松或者地塞米松，通常比使用泼尼松龙或者甲基泼尼松龙更有效。应当每天口服去炎松或地塞米松，直到症状缓解（2～8 周），然后逐渐减量，直到能维持缓解的最低剂量和最少频率给药（表 8-1）。

d. 如果最初治疗的 2～4 周内，产生难以接受的不良反应，或者无明显改善，考虑使用备选糖皮质激素或非类固醇免疫抑制药物（表 8-1）。

4. 非类固醇免疫抑制药物通常需要添加到类固醇疗法中，以控制严重的病变和最小化类固醇的不良反应。有效的药物包括环孢菌素（Atopica），奥拉替尼（爱波克）硫唑嘌呤（仅犬），苯丁酸氮芥，环磷酰胺，吗替麦考酚酯，来氟米特（表 8-1）。有效的反应在最初治疗的 8～12 周内出现。一旦症状缓解，尝试逐渐减少非类固醇免疫抑制药物的剂量和用药频率，以长期维持治疗。

5. 预后一般至不良，通常需要终生治疗来维持疾病缓解。定期监测临床症状、血象和血清生化指标，以便及时调整治疗方案，这一点非常关键。免疫抑制治疗的潜在并发症包括不可接受的药物不良反应和免疫抑制诱导的细菌感染，皮肤癣菌病或者蠕形螨病。

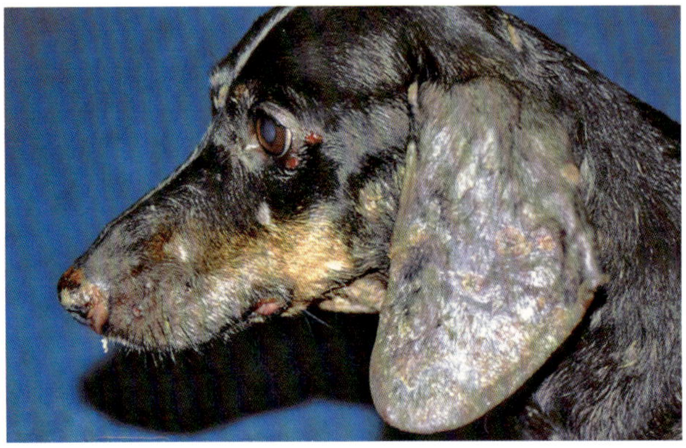

图 8-57 寻常型天疱疮。患寻常型天疱疮的成年犬，其鼻面、面部和耳廓出现严重脱毛、结痂、糜烂性皮炎。鼻面、耳廓和爪垫是自体免疫性皮肤病的独有症状。

图 8-58 寻常型天疱疮。鼻面的肿胀、色素减退和糜烂。

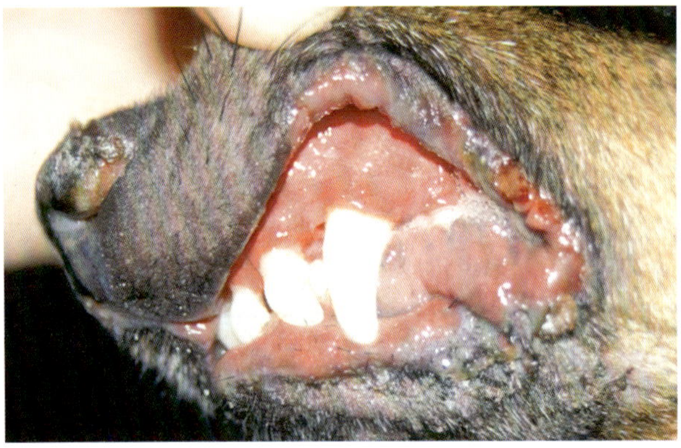

图 8-59 寻常型天疱疮。唇部和牙龈的糜烂性皮炎。口腔黏膜的病变可见于寻常型天疱疮、大疱性类天疱疮、全身性红斑狼疮（SLE）和血管炎。

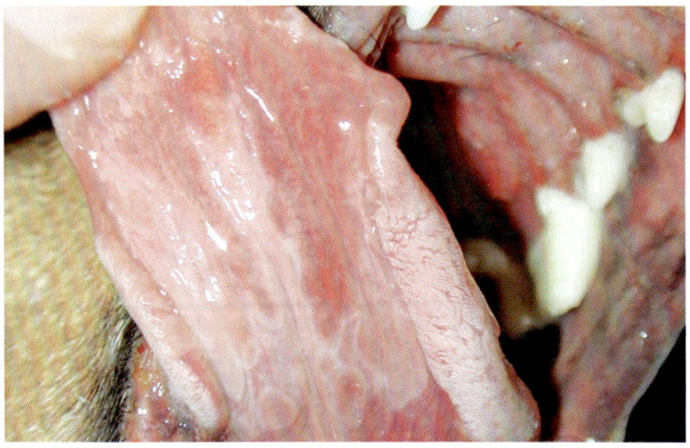

图 8-60 寻常型天疱疮。舌上的糜烂病变。

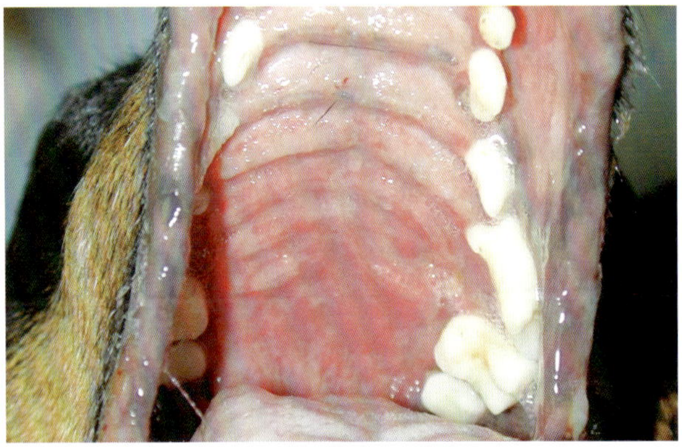

图 8-61 寻常型天疱疮。患寻常型天疱疮的犬，其腭部的糜烂病变。

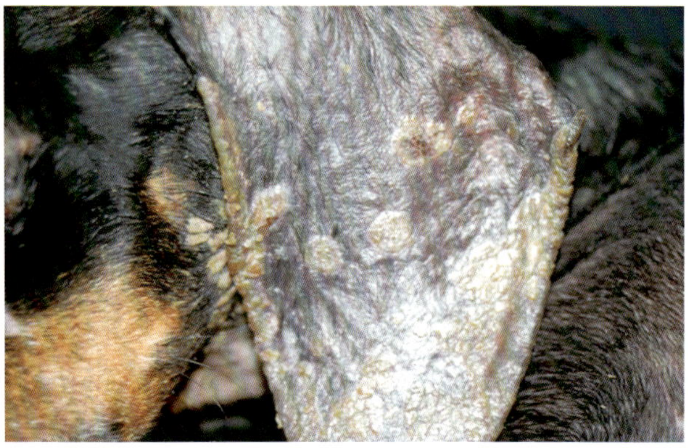

图 8-62 寻常型天疱疮。犬耳廓的脱毛、糜烂性皮炎。注意，寻常型天疱疮的糜烂性质，与落叶型天疱疮的典型结痂相比较。

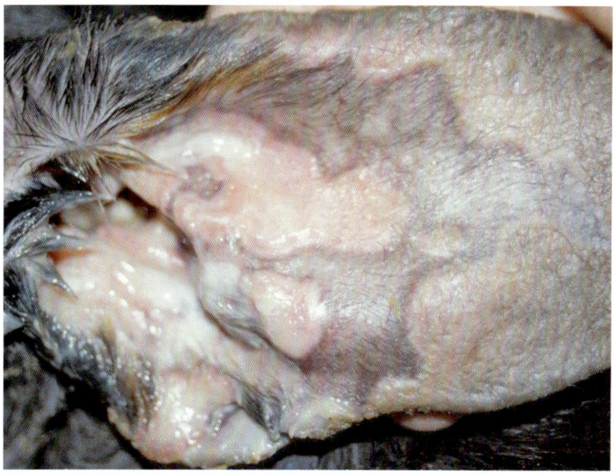

图 8-63　寻常型天疱疮。耳廓的脱毛、糜烂性皮炎。

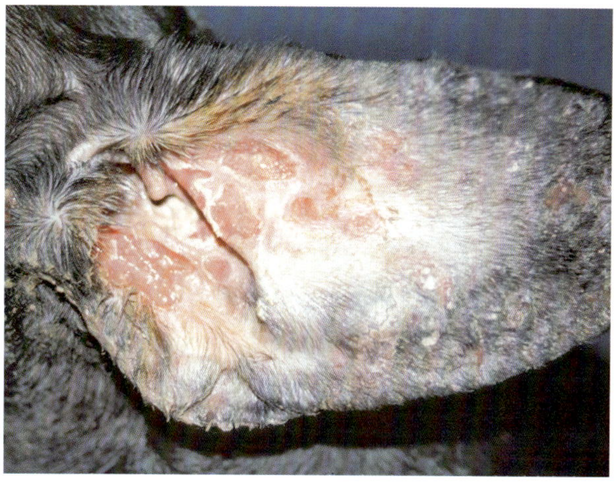

图 8-64　寻常型天疱疮。耳廓的脱毛、结痂、糜烂性皮炎。

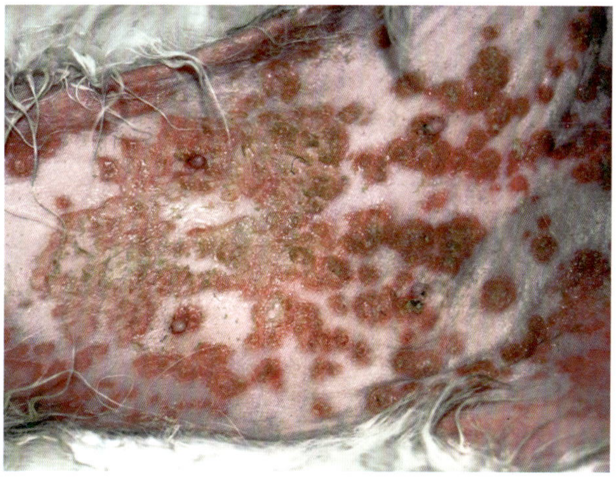

图 8-65　寻常型天疱疮。腹部的脱毛、糜烂性皮炎。注意，病变的斑点性质，可融合为大的糜烂斑块。这些病变与多形红斑和皮肤药物反应相似。

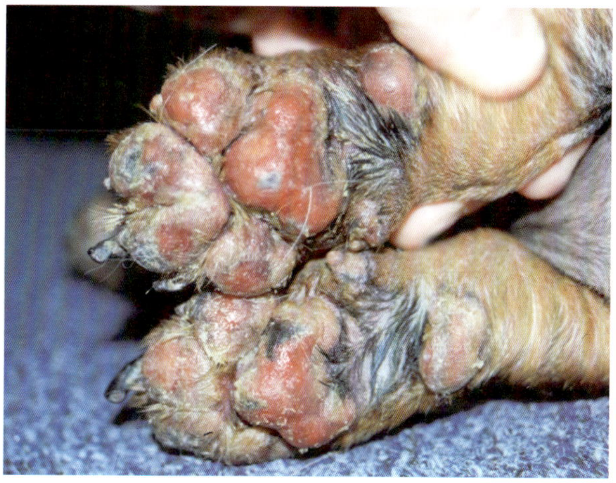

图 8-66　寻常型天疱疮。爪垫的糜烂性皮炎。爪垫病变是自体免疫性皮肤病的常见症状。寻常型天疱疮的糜烂性质，注意与落叶型天疱疮的典型结痂相比较。

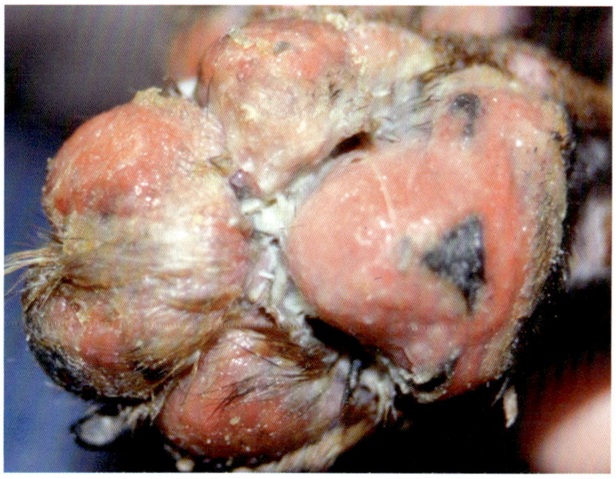

图 8-67　寻常型天疱疮。患寻常型天疱疮的犬，其爪垫完全糜烂。

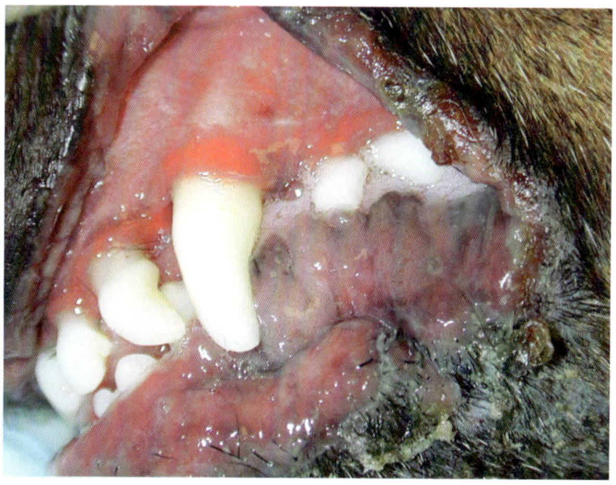

图 8-68　寻常型天疱疮。牙龈的糜烂病变。口腔黏膜的病变见于寻常型天疱疮、大疱性类天疱疮、全身性红斑狼疮（SLE）和血管炎。

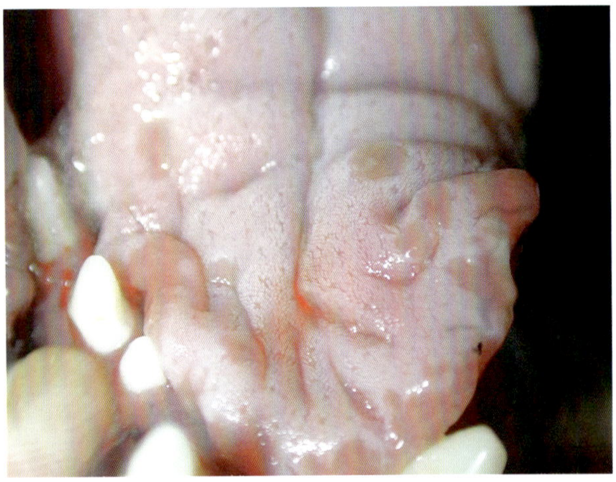

图 8-69 寻常型天疱疮。寻常型天疱疮的犬，舌呈现糜烂病变。

大疱性类天疱疮和表皮下水疱性皮肤病
Bullous Pemphigoid and Subepidermal Blistering Dermatosis

特征

大疱性类天疱疮和表皮下水疱性皮肤病是一种自体免疫性皮肤病，其特征为产生针对基底膜区域（透明板）抗原的自身抗体，这导致了表皮与下面的真皮分离。柔嫩的水疱和大疱不断形成和破裂，留下溃疡病变。这种情况罕见于犬。

大疱性类天疱疮是一种溃疡性疾病，主要发生在皮肤（尤其是头部、颈部、腋下和腹部）、黏膜皮肤结合处（口腔、肛门、阴门、包皮、结膜）和爪垫。完整的水疱和大疱很难见到。严重病犬可能出现厌食、沉郁和发热。鼻面、耳廓和爪垫的病变是自体免疫性皮肤病的独有特征。

主要鉴别诊断

鉴别诊断包括寻常型天疱疮、全身性红斑狼疮、多形红斑 / 中毒性表皮坏死松解症、药疹、血管炎、皮肤趋上皮性淋巴瘤、感染（细菌、真菌）

诊断

1. 排除其他类似疾病。

2. 皮肤组织病理学：表皮下裂隙和水疱，伴有轻度血管周围或明显苔藓样的单核细胞及中性粒细胞炎症。也可见嗜酸性粒细胞。

3. 免疫荧光或免疫组化（皮肤活检样本）：免疫球蛋白沉积物位于表皮 - 真皮结合处。常见假阳性和假阴性结果。阳性结果要通过组织学确诊。

4. 细菌培养（水疱、大疱）：通常无菌，但是如果有继发感染，偶尔能分离到细菌。

治疗和预后

1. 对症的香波疗法对移除结痂可能有帮助。

2. 对于犬，为治疗和避免继发脓皮病，应该合理地长期使用全身性抗生素（最少 4 周）。在免疫抑制疗法的诱导期，同时使用抗生素治疗的犬，与仅使用免疫抑制药物的犬相比，具有明显的更高存活率。抗生素应当持续使用，直到免疫抑制疗法控制住自体免疫疾病为止。

3. 治疗的目标是使用最安全的治疗方法和最低有效药物剂量，来控制疾病及其症状。使用经典的联合治疗（表 8-1）来制定多种治疗方案，尽量减少任何一种治疗的不良反应。依疾病的严重程度，选择或多或少的积极治疗。为促进疾病的缓解，最初使用更高药物剂量，然后逐渐在 2～3 个月内减至最低有效剂量。

因为大疱性类天疱疮通常很严重，所以需要积极的治疗。

尽管单独糖皮质激素治疗就能持续缓解症状，但所需的剂量可能导致不愿看到的不良反应，尤其对于犬来说。正因为这个原因，在长期维持治疗时，推荐单独采用非类固醇激素的免疫抑制药物或联合糖皮质激素共同治疗。

a. 应当每天口服免疫抑制剂量的泼尼松或甲基泼尼松龙（表 8-1）。病变改善以后（2～8 周后），应在数周（8～10 周）内逐渐减量，直到可隔日给药的最低剂量，以维持症状缓解。如果在最初治疗的 2～4 周内病情无明显改善，排除并发的皮肤感染后，可考虑更换或增加免疫抑制治疗药物。

b. 对于泼尼松和甲基泼尼松龙无显著疗效的病例，可采用备选类固醇激素，包括去炎松和地塞米松（表 8-1）。

c. 对于猫，使用免疫抑制剂量的去炎松或者地塞米松，通常比使用泼尼松龙或者甲基泼尼松龙更有效。应当每天口服去炎松或地塞米松，直到症状缓解（2～8 周），然后逐渐减量，直到能维持缓解的最低剂量和最少频率给药（表 8-1）。

d. 如果最初治疗的 2～4 周内，产生难以接受的不良反应，或者无明显改善，考虑使用备选糖皮质激素或非类固醇免疫抑制药物（表 8-1）。

4. 非类固醇免疫抑制药物通常需要添加到类固醇疗法中，以控制严重的病变和最小化类固醇的不良反应。有效的药物包括环孢菌素（Atopica），奥拉替尼（爱波克）硫唑嘌呤（仅犬），苯丁酸氮芥，环磷酰胺，吗替麦考酚酯，来氟米特（表 8-1）。有效的反应在最初治疗的 8～12 周内出现。一旦症状缓解，尝试逐渐减少非类固醇免疫抑制药物的剂量和用药频率，以长期维持治疗。

5. 预后一般至不良。通常需要终生治疗来维持疾病缓解。定期监测临床症状、血象和血清生化指标，以便及时调整治疗方案，这一点非常关键。免疫抑制治疗的潜在并发症包括不可接受的药物不良反应和免疫抑制诱导的细菌感染，皮肤癣菌病或者蠕形螨病。

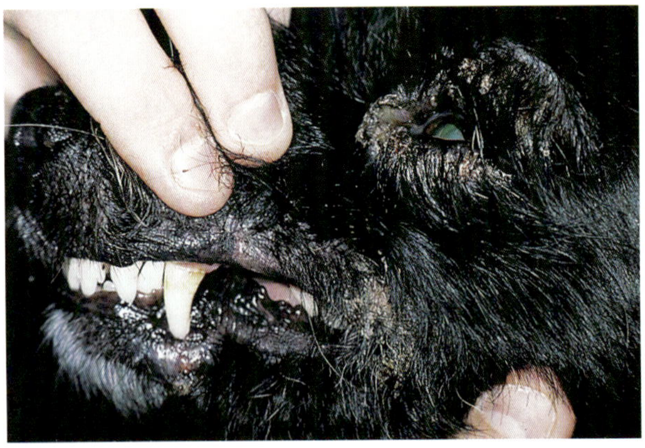

图 8-70 大疱性类天疱疮。成年苏格兰㹴口周的脱毛、溃疡和结痂。

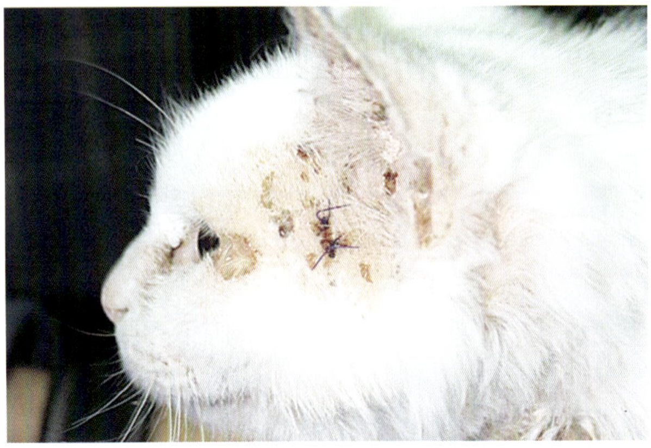

图 8-71 大疱性类天疱疮。成年猫面部的脱毛、溃疡。

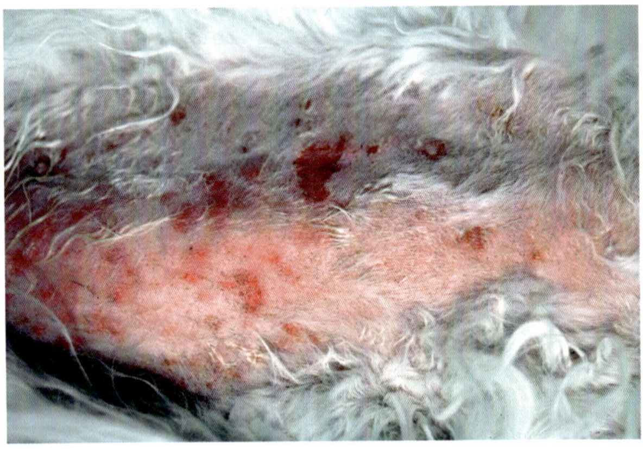

图 8-72 大疱性类天疱疮。图 8-62 中猫的近观。躯干上大量的溃疡。

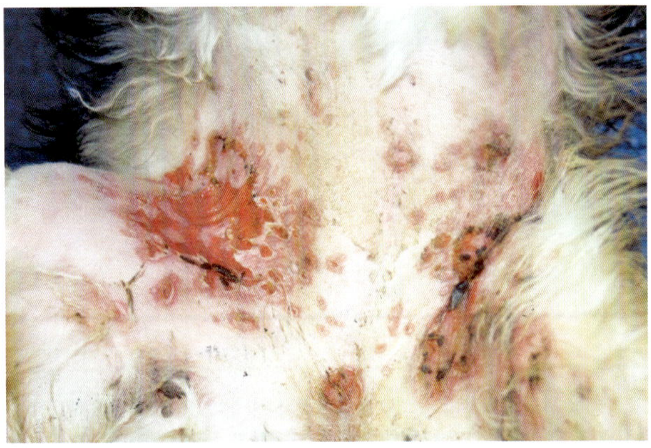

图 8-73 大疱性类天疱疮。腹部的严重溃疡性皮炎。点状凹陷病变融合成大的溃疡病变。注意：与多形红斑、皮肤药物反应和血管炎相似。

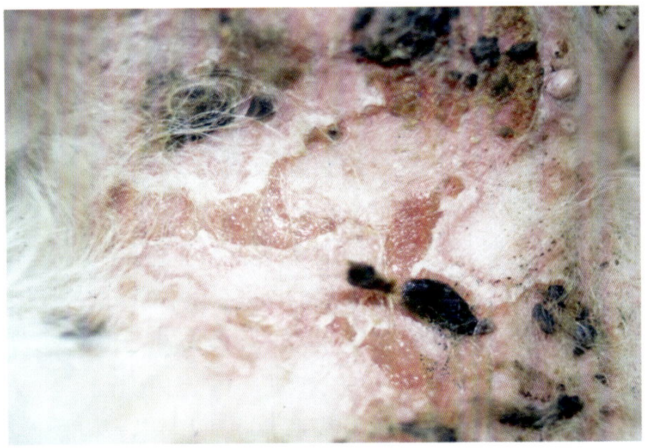

图 8-74 大疱性类天疱疮。图 8-64 中的犬。融合性溃疡病变具有蛇形的、清晰的边界。注意：与皮肤药物反应和血管炎相似。

盘状红斑狼疮
Discoid Lupus Erythematosus (DLE)

特征

许多人认为这种疾病是全身性红斑狼疮的一种良性形式。常见于犬而罕见于猫。

犬

特征性病变包括鼻部色素减退、红斑、皮屑、糜烂、溃疡和结痂。同样的病变可涉及唇部、鼻梁、眼周皮肤、耳廓，而肢体远端或外生殖器的病变不常见。爪垫过度角化和口腔溃疡罕见。

猫

疾病表现出面部和耳廓的红斑、脱毛和结痂。鼻部病变不常见。

主要鉴别诊断

鉴别诊断包括鼻部脓皮病、蠕形螨病、皮肤癣菌病、红斑型天疱疮或落叶型天疱疮、皮肌炎、葡萄膜皮肤病综合征、鼻部日光性皮炎、鼻部色素减退、蚊叮性过敏（猫）。

诊断

1. 排除其他类似疾病。

2. 皮肤组织病理学：可见水肿性或苔藓样界面性皮炎，基底膜区域局部增厚，色素失禁，凋亡的角质细胞，以及血管周围和附件周围单核细胞核浆细胞的聚集。

3. 免疫荧光或免疫组化（皮肤活检样本）：免疫球蛋白或补体不规则的沉积在基底膜区域。不能作为单独的诊断依据，因为可出现假阳性结果，和常见假阴性结果。

治疗和预后

1. 避免日光照射和外部涂抹防晒霜，以防止紫外线加剧鼻部病变。含有二氧化钛的产品十分有效。

2. 对症的香波疗法对移除结痂可能有帮助。

3. 对于犬，为治疗和避免继发脓皮病，应该合理地长期使用全身性抗生素（最少 4 周）。在免疫抑制疗法的诱导期，同时使用抗生素治疗的犬，与仅使用免疫抑制药物的犬相比，具有明显的更高的存活率。抗生素应当持续使用，直到免疫抑制疗法控制住自体免疫性疾病为止。

4. 治疗的目标是使用最安全的治疗方法和最低有效药物剂量，来控制疾病和它的症状。使用经典的联合治疗（表 8-1）来制定多种治疗方案，尽量减少任何一种治疗的不良反应。依疾病的严重程度，选择或多或少的积极治疗。为促进疾病的缓解，最初使用更高药物剂量，然后逐渐在 2～3 个月减至最低有效剂量。

a. **外部治疗**　是采用含类固醇的产品或他克莫司，每 12 h 一次，以帮助减少局灶的炎症，并且可降低用以控制症状的全身治疗剂量。一旦达到病情缓解，外部药使用的频率应当降低，以减少局部不良反应。

b. **保守的全身治疗**（表 8-1）　包括几乎无不良反应的且能帮助减少炎症的药物。这些治疗可减少类固醇和化疗的使用。

c. **类固醇治疗**　是针对自体免疫皮肤病最可靠的可预见性治疗，但是，用于控制症状的高剂量，其所伴发的不良反应可能很严重。尽管单独糖皮质激素治疗就能持续缓解症状，但所需的剂量可能导致不愿看到的不良反应，尤其对于犬来说。正因为这个原因，在长期维持治疗时，推荐单独采用非类固醇激素的免疫抑制药物或联合糖皮质激素共同治疗。

- 应当每天口服免疫抑制剂量的泼尼松或甲基泼尼松龙（表 8-1）。病变改善以后（2～8 周），应在数周（8～10 周）内逐渐减量，直到可隔日给药的最低剂量，以维持症状缓解。如果在最初治疗的 2～4 周病情无明显改善，排除并发的皮肤感染后，可考虑更换或增加免疫抑制治疗药物。
- 对于泼尼松和甲基泼尼松龙无显著疗效的病例，可采用备选类固醇激素，包括去炎松和地塞米松（表 8-1）。
- 如果最初治疗的 2～4 周，产生难以接受的不良反应，或者无明显改善，考虑使用备选糖皮质激素或非类固醇免疫抑制药物（表 8-1）。

d. 非类固醇免疫抑制药物 可能有效，包括环孢菌素（Atopica），奥拉替尼（爱波克）硫唑嘌呤（仅犬），苯丁酸氮芥，环磷酰胺，吗替麦考酚酯，来氟米特（表 8-1）。有效的反应在最初治疗的 8～12 周出现。一旦症状缓解，尝试逐渐减少非类固醇免疫抑制药物的剂量和用药频率，以长期维持治疗。

5. 预后良好，但是需要终生治疗。可能出现的后遗症包括永久性瘢痕或者白斑症（色素减退），罕见鳞状细胞癌。

6. 因为即使不治疗，这种疾病也通常保持良性和自限性。如果使用全身性免疫抑制药物，定期监测临床症状、血象和血清生化指标，以便及时调整治疗方案，这一点非常关键。免疫抑制治疗的潜在并发症，包括不可接受的药物不良反应和免疫抑制诱导的细菌感染，皮肤癣菌病或者蠕形螨病。

盘状红斑狼疮的分布模式

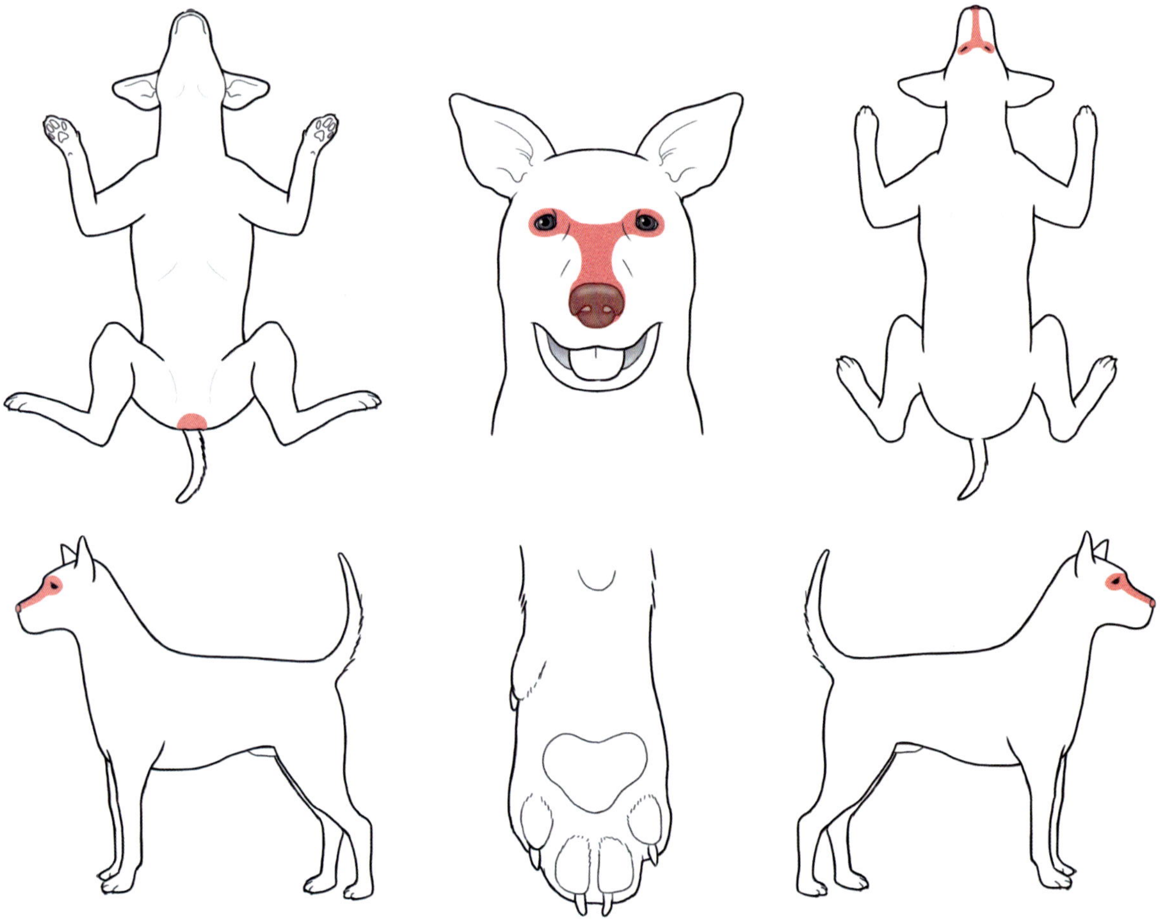

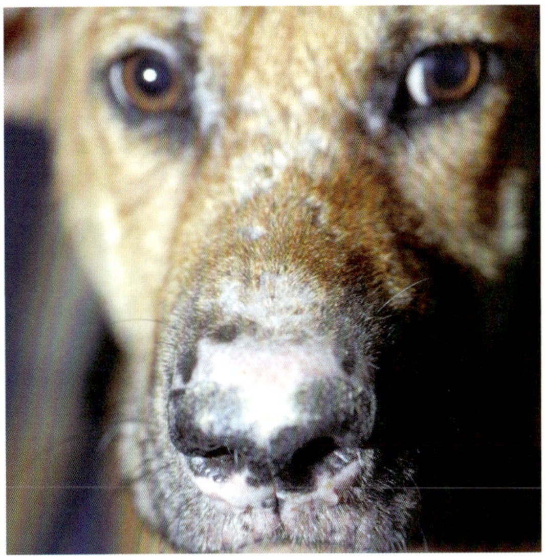

图 8-75 盘状红斑狼疮。鼻面和鼻梁的局部脱毛和色素减退。鼻面病变是自体免疫性皮肤病的独特特征。

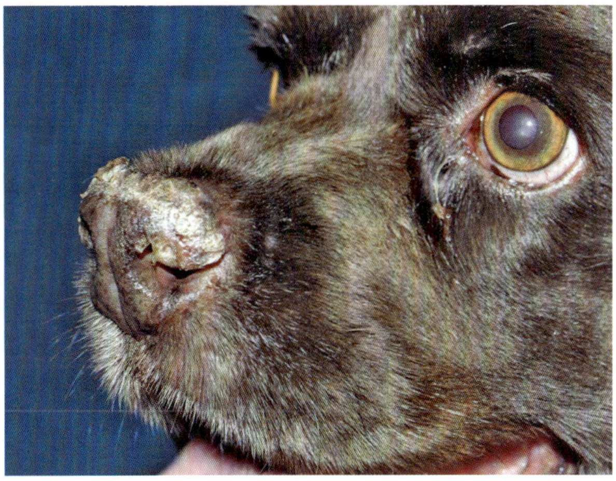

图 8-76 盘状红斑狼疮。色素减退、结痂、糜烂性皮炎位于犬鼻面。

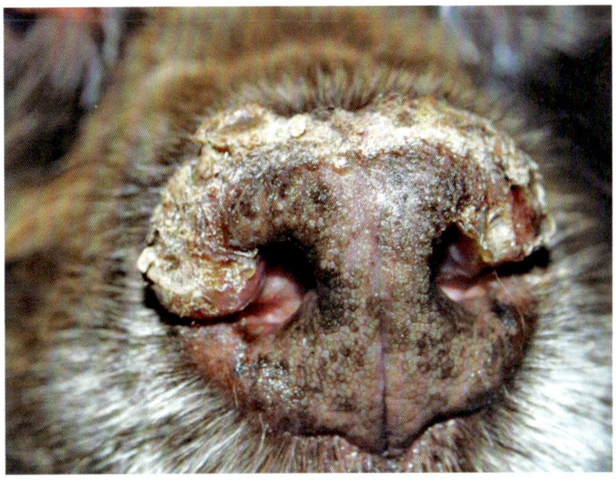

图 8-77 盘状红斑狼疮。鼻面的色素减退、结痂和糜烂是自体免疫性皮肤病的典型病变。

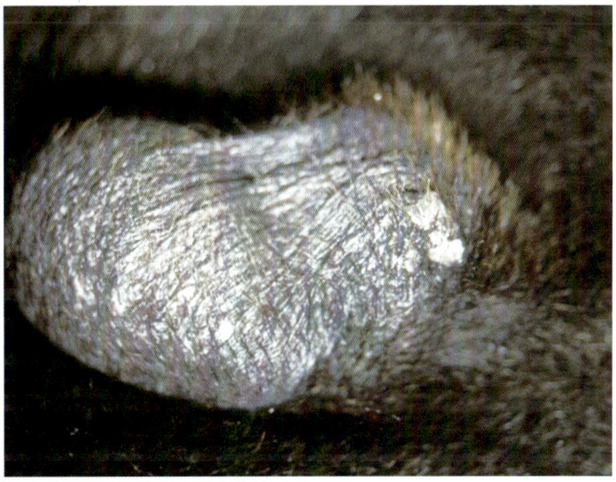

图 8-78 盘状红斑狼疮。位于阴囊的过度角化和结痂。

图 8-79 盘状红斑狼疮。鼻面和眼睑的色素减退和结痂。

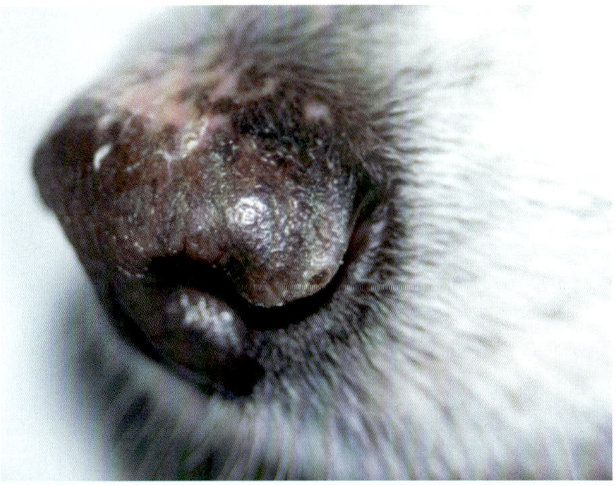

图 8-80 盘状红斑狼疮。鼻面的红斑和色素减退。正常鹅卵石纹理被破坏，留下光滑表面。

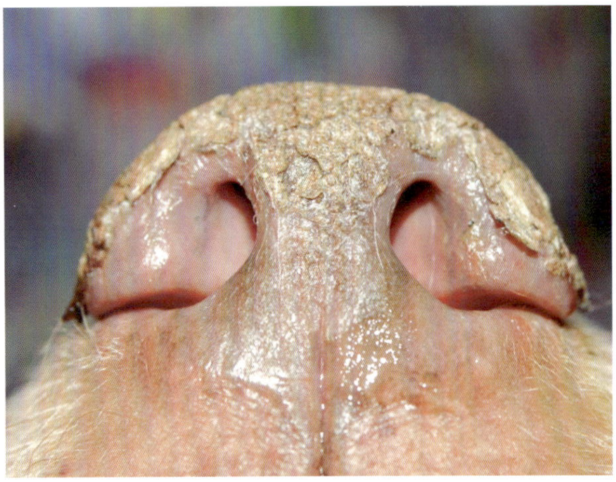

图 8-81　盘状红斑狼疮。鼻面近照，可见正常鹅卵石表面的缺失、色素减退、糜烂和结痂。

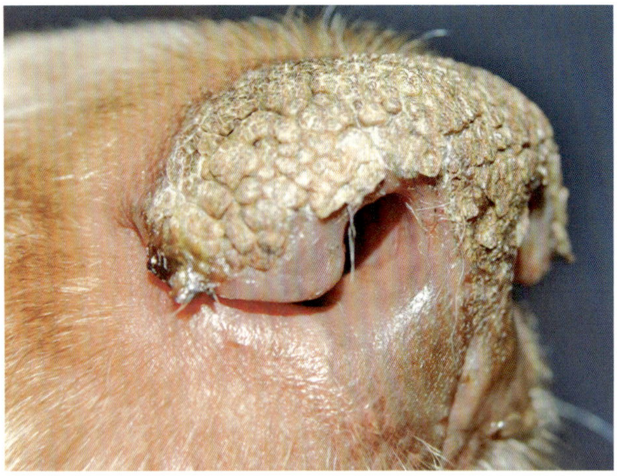

图 8-82　盘状红斑狼疮。严重结痂聚集在鼻面，同时有许多糜烂病变和色素减退。

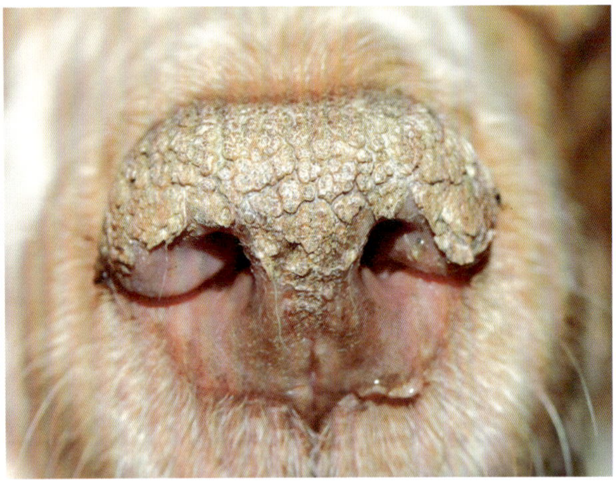

图 8-83　盘状红斑狼疮。无炎症的鼻部过度角化导致严重结痂，但是色素减退和溃疡是自体免疫性皮肤病的典型特征。

图 8-84　盘状红斑狼疮。早期和轻度疾病首先表现为鼻面边缘的色素减退和溃疡。注意：正常鹅卵石表面结构仍然存在，表明轻度和早期病变。

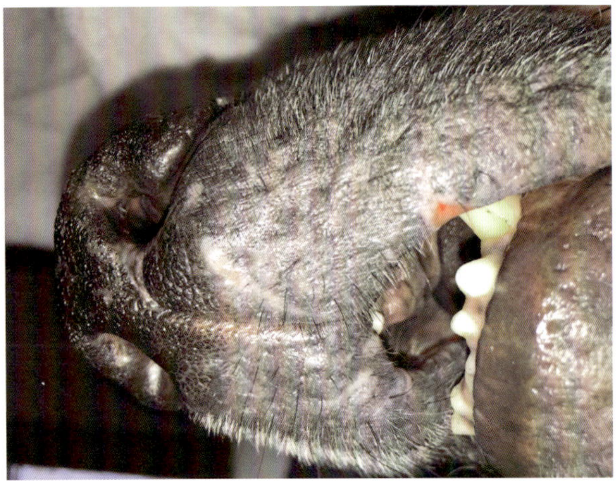

图 8-85　盘状红斑狼疮（DLE）。DLE 患犬存在口周皮炎。注意轻微的鼻内糜烂和色素减退，是这种疾病的典型症状。

全身性红斑狼疮 Systemic Lupus Erythematosus (SLE)

特征

全身性红斑狼疮是多系统免疫介导病，其特征为产生多种自身抗体（如抗核抗体 ANA，类风湿因子，抗红细胞抗体），这些抗体会形成循环免疫复合物。此病罕见于猫，犬也不常见，柯利犬，喜乐蒂牧羊犬和德国牧羊犬可能易感。

犬

症状通常无特异性，时好时坏。常见皮肤症状，表现各异，并且常出现与其他许多皮肤疾病相似的症状。黏膜皮肤或黏膜出现糜烂和溃疡。皮肤病变可能包括糜烂、溃疡、皮屑、红斑、脱毛、结痂和瘢痕。病变可呈多病变性和弥散性。病变可发生在身体的任何部位，但是面部、耳和肢体远端是最常发部位。常见外周淋巴结肿大。其他症状可能包括波动性发热，多关节炎，多发性肌炎，肾功能衰竭，恶血质，胸膜炎，肺炎，心包炎，心肌炎，中枢或外周神经病变和淋巴水肿。鼻面、耳廓和爪垫的病变是自体免疫性皮肤病的独特特征。

水疱性皮肤红斑狼疮，在以前被认为是喜乐蒂牧羊犬和苏格兰牧羊犬的溃疡性皮肤病，但现在被认为是皮肤红斑狼疮的水疱性变异。此病在喜乐蒂牧羊犬、苏格兰牧羊犬和它们的杂交犬中不常见。多发生于成年期，病变通常首先出现在夏季的月份。有些犬可能在冬季得到缓解，然后在初夏时复发。最初病变为水疱和大疱。但是，这些病变通常很难找到，因为它们很脆弱且易破裂。继发症状包括环状、多环状和蛇形溃疡。这些溃疡尤其出现在毛稀少的皮肤部位（如腹股沟、腋下、腹部、大腿内侧），可能进一步发展到黏膜皮肤结合处、耳廓的凹陷部位、口腔和爪垫。发病犬可能虚弱，以及由于继发细菌感染而出现败血症。

猫

皮肤病变多样，可能包括红斑、脱毛、皮屑、结痂和瘢痕性皮肤病、表皮剥脱性红病、皮屑过多（皮脂溢）。病变能出现在身体的任何位置，但是面部、耳廓和爪部是最易出现的部位。可能出现口腔溃疡。其他综合征可能包括发热、多关节炎、肾衰、神经系统或行为异常、血液异常和肌病。

主要鉴别诊断

鉴别诊断包括其他可导致多系统疾病的原因：药物反应、立克次氏体感染、其他感染（病毒、细菌、真菌）、肿瘤，以及其他自体免疫和免疫介导性疾病

诊断

1. 确诊通常很困难。所有其他鉴别诊断应当先被排除。以下所述发现具有一定帮助，当这些症状一起出现时（症候群），强烈提示动物患有全身性红斑狼疮。

- 血象：贫血（库姆氏实验阳性或阴性）、血小板减少症、白细胞减少症、白细胞增多症。
- 尿液检查：蛋白尿。
- 关节穿刺（多关节炎）：无菌性化脓性炎症（类风湿因子阳性或阴性）。
- 抗核抗体（ANA）检测：一种很好的筛查试验。因为大多数患全身性红斑狼疮病的动物，其 ANA 滴度呈阳性。但是，阳性结果对全身性红斑狼疮病仅具有支持作用，而不是特异性诊断。因为阳性结果可在许多其他慢性或感染性疾病中出现，如巴尔通体病、埃利希体病和利什曼病。假阴性也有发生（10%）。
- 红斑狼疮（LE）细胞试验：阳性结果具有高度的指示意义，但是这种试验不是好的筛查试验，因为常出现假阴性结果。

2. 进行立克次氏体感染的滴度测定，以排除蜱源性疾病。

3. 皮肤组织病理学：基底膜区域局部增厚、真皮下空泡化、水肿性或苔藓样界面性皮炎，或者白细胞分裂性血管炎是典型的病变特征。然而这些变化不是总能见到，且可能无特异性。

4. 免疫荧光或免疫组化（皮肤活检）：免疫球蛋白或补体沉积在基底膜区域。其本身无诊断意义，因为常可出现假阳性和假阴性结果、

治疗和预后

1. 对症香波治疗可能能帮助移除结痂。

2. 对于犬，为治疗和避免继发脓皮病，应该合理地长期使用全身性抗生素（最少 4 周）。在免疫抑制疗法的诱导期，同时使用抗生素治疗的犬，与仅使用免疫抑制药物的犬相比，具有明显的更高的存活率。抗生素应当持续使用，直到免疫抑制疗法控制住自体免疫性疾病为止。

3. 治疗的目标是使用最安全的治疗方法和最低有效药物剂量，来控制疾病和它的症状。使用经典的联合治疗（表 8-1）来制定多种治疗方案，尽量减少任何一种治疗的不良反应。依疾病的严重程度，选择或多或少的积极治疗。为促进疾病的缓解，最初使用更高药物剂量，然后逐渐在 2～3 个月减至最低有效剂量。

- **外部治疗** 是采用含类固醇的产品或他克莫司，每 12 h 一次，以帮助减少局灶的炎症，并且可降低用以控制症状的全身治疗剂量。一旦达到病情缓解，外部药使用的频率应当降低，以减少局部不良反应。
- **保守的全身治疗**（表 8-1） 包括几乎无不良反应的且能帮助减少炎症的药物。这些治疗可减少类固醇和化疗的使用。
- **类固醇治疗** 是针对自体免疫皮肤病最可靠的可预见性治疗，但是，用于控制症状的高剂量，其所伴发的不良反应可能很严重。尽管单独糖皮质激素治疗就能持续缓解症状，但所需的剂量可能导致不愿看到的不良反应，尤其对于犬来说。正因为这个原因，在长期维持治疗时，推荐单独采用非类固醇激素的免疫抑制药物或联合糖皮质激素共同治疗。
- 应当每天口服免疫抑制剂量的泼尼松或甲基泼尼松龙（表 8-1）。病变改善以后（2～8 周），应在数周（8～10 周）内逐渐减量，直到可隔日给药的最低剂量，以维持症状缓解。如果在最初治疗的 2～4 周病情无明显改善，排除并发的皮肤感染后，可考虑更换或增加免疫抑制治疗药物。
- 对于泼尼松和甲基泼尼松龙无显著疗效的病例，可采用备选类固醇激素，包括去炎松和地塞米松（表 8-1）。
- 对于猫，使用免疫抑制剂量的去炎松或者地塞米松，通常比使用泼尼松龙或者甲基泼尼松龙更有效。应当每天口服去炎松或地塞米松，直到症状缓解（2～8 周），然后逐渐减量，直到能维持缓解的最低剂量和最少频率给药（表 8-1）。
- 如果最初治疗的 2～4 周，产生难以接受的不良反应，或者无明显改善，考虑使用备选糖皮质激素或非类固醇免疫抑制药物（表 8-1）。

d. **非类固醇免疫抑制药物** 可能有效，包括环孢菌素（Atopica），奥拉替尼（爱波克）硫唑嘌呤（仅犬），苯丁酸氮芥，环磷酰胺，吗替麦考酚酯，来氟米特（表 8-1）。有效的反应在最初治疗的 8～12 周内出现。一旦症状缓解，尝试逐渐减少非类固醇免疫抑制药物的剂量和用药频率，以长期维持治疗。

4. 如果出现溶血性贫血、血小板减少症或肾小球肾炎，则预后谨慎。40% 的病例，在治疗的第一年会死亡，原因包括肾功能衰竭、疗效差、药物并发症或继发全身感染（肺炎、败血症）。对单独使用糖皮质激素疗法有效的动物，预后会更好，大约 50% 可以长期存活。定期监测临床症状、血象和血清生化，合理调整治疗方案，都是必须做的。

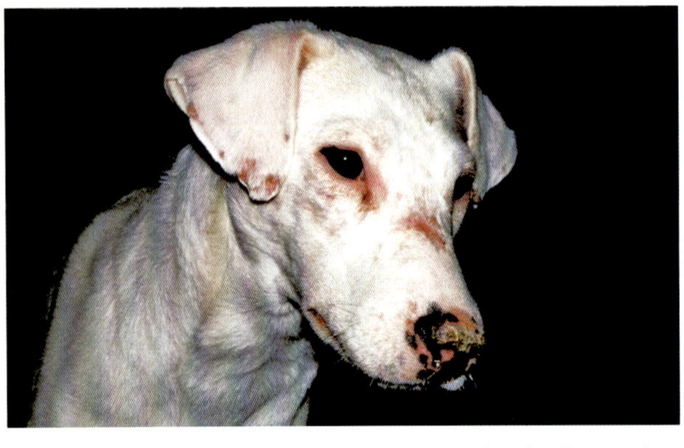

图 8-86 全身性红斑狼疮。成年杰克罗素㹴，位于面部、鼻面和耳廓的脱毛、红斑、糜烂性皮炎。病变位于鼻面和耳廓是自体免疫性皮肤病的独特特征。

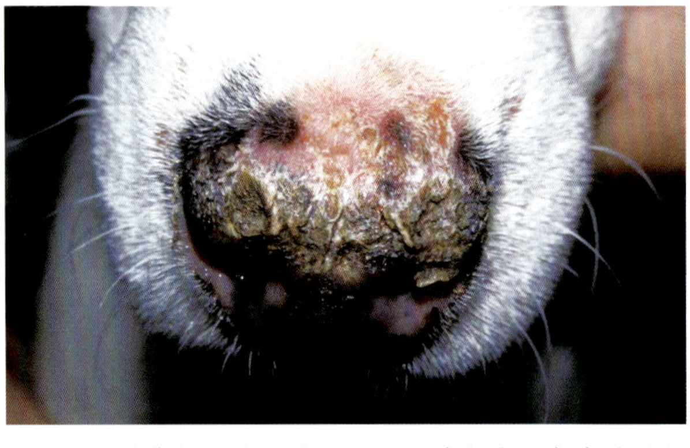

图 8-87 全身性红斑狼疮。图 8-76 中的犬，色素减退和结痂性糜烂位于鼻面。

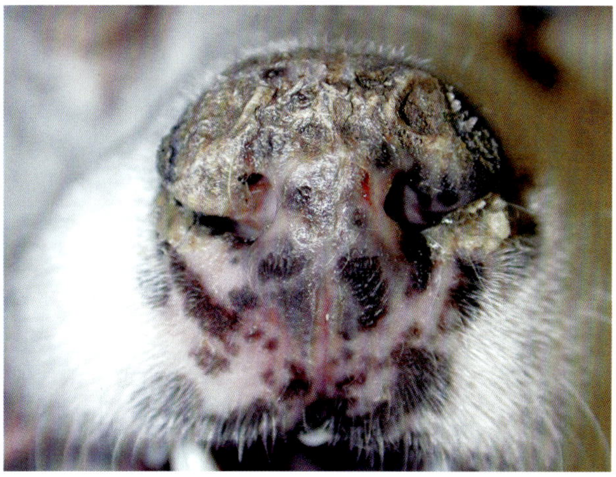

图 8-88　全身性红斑狼疮。位于鼻面的严重结痂、糜烂性皮炎伴有色素减退。

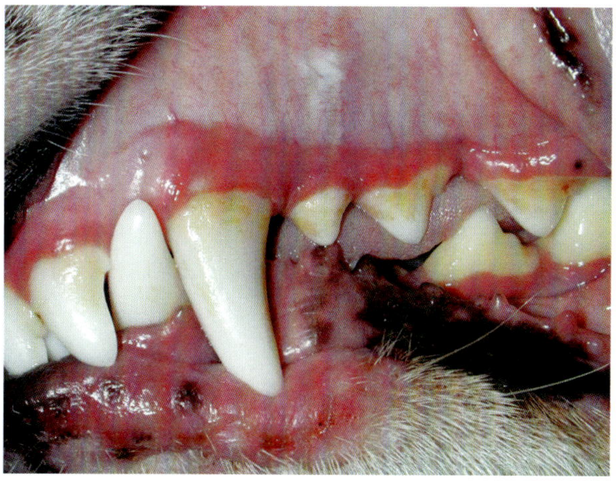

图 8-89　全身性红斑狼疮。位于牙龈的糜烂性皮炎。口腔黏膜的病变见于寻常型天疱疮、大疱性类天疱疮、全身性红斑狼疮和血管炎。

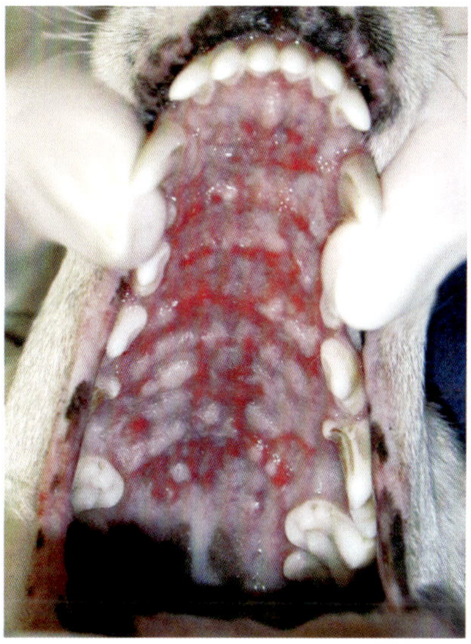

图 8-90　全身性红斑狼疮。糜烂位于犬的上颚。

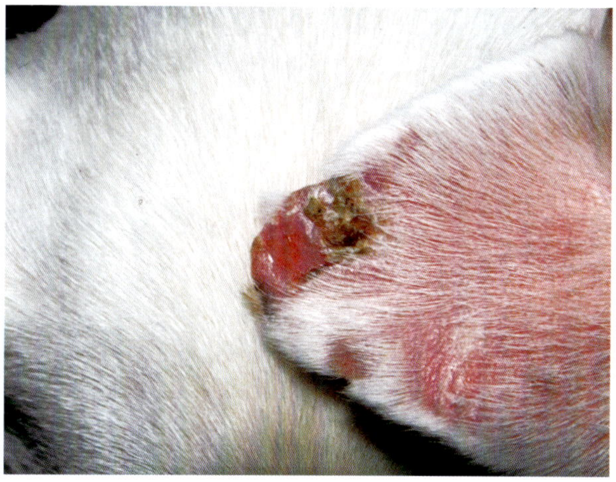

图 8-91　全身性红斑狼疮。位于耳廓的脱毛、结痂性病变。凹陷缺损表明全身性红斑狼疮的同时伴有潜在的血管炎。

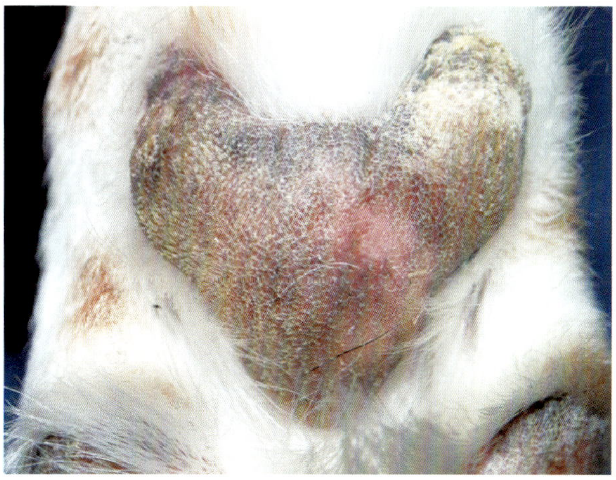

图 8-92　全身性红斑狼疮。过度角化和结痂位于爪垫。位于爪垫的病变是自体免疫性皮肤病的特征。

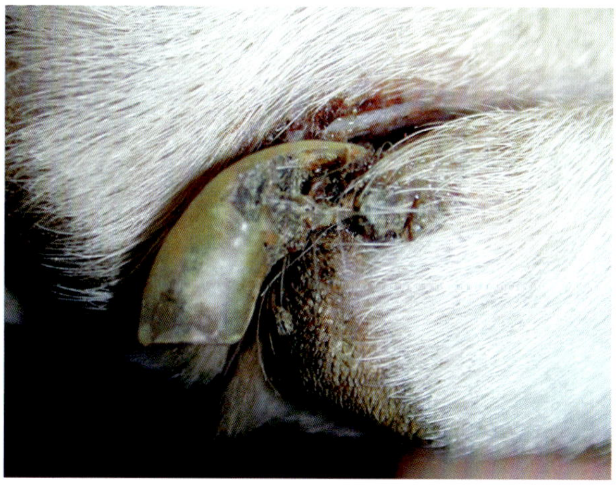

图 8-93　全身性红斑狼疮。甲床炎症和甲变形，表明全身性红斑狼疮同时潜在血管炎。

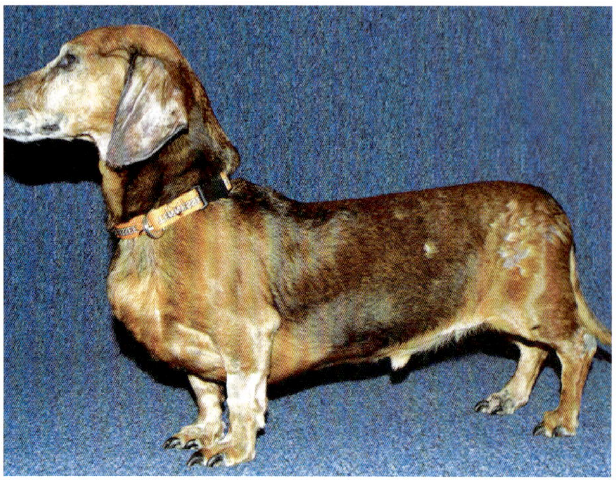

图 8-94　全身性红斑狼疮。成年腊肠犬患有全身性红斑狼疮，显示了整体的病变状态。

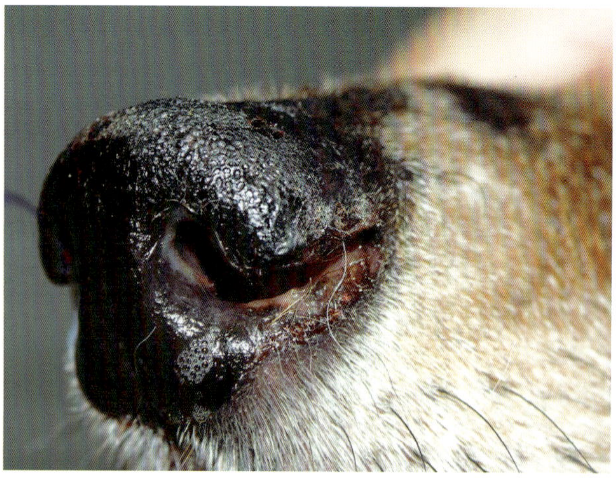

图 8-95　全身性红斑狼疮。位于鼻面的结痂糜烂性皮炎。注意位于鼻孔中间表面的细微色素减退。

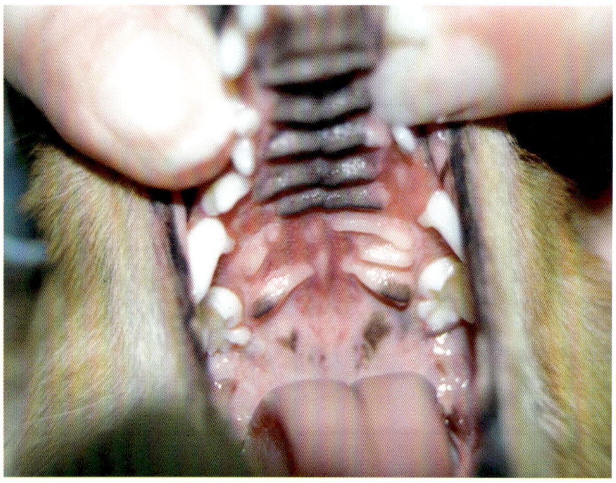

图 8-96　全身性红斑狼疮。糜烂性皮炎位于犬的上颚。

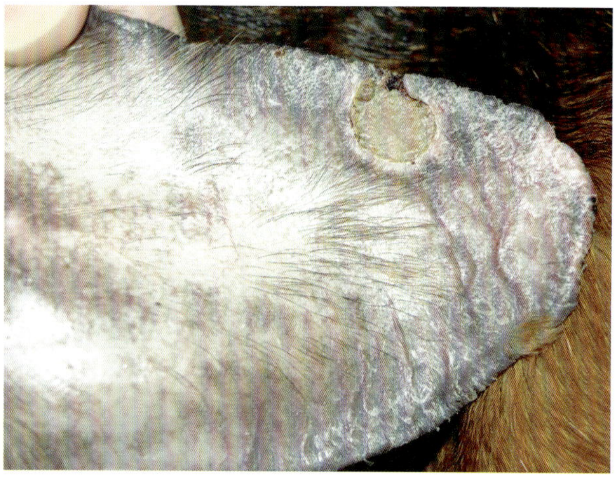

图 8-97　全身性红斑狼疮。位于耳缘的结痂性皮炎，并伴有色素过度沉着。大面积的圆形结痂是由于潜在的血管炎导致的。

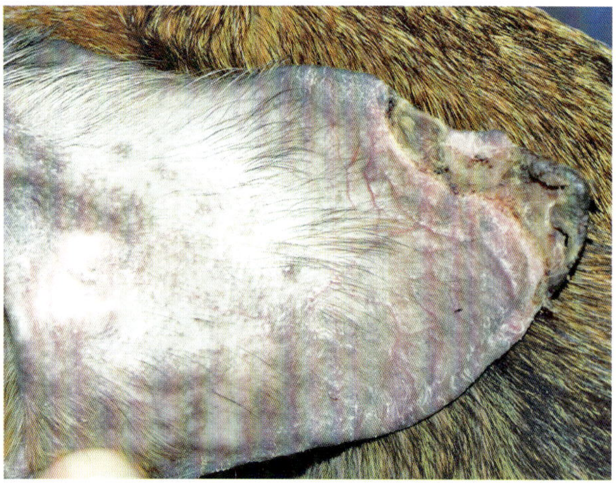

图 8-98　全身性红斑狼疮。图 8-87 中的犬。潜在的血管炎导致远端耳廓的坏死。看见剩下的耳廓边缘有结痂和色素过度沉着。

图 8-99　全身性红斑狼疮。位于爪垫的过度角化和结痂。结痂性病变位于爪垫的中心是血管炎的特征。

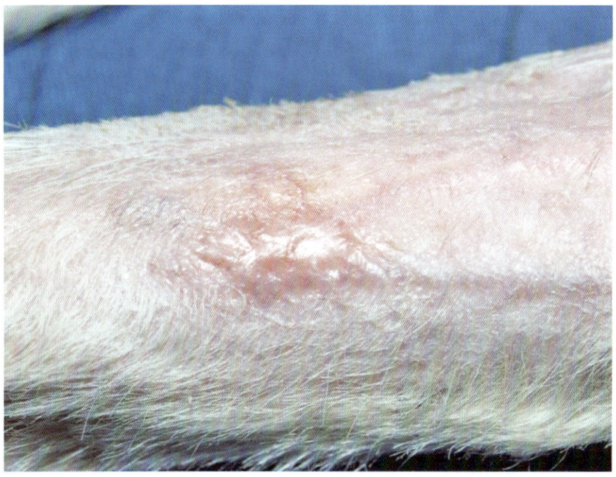

图 8-100 全身性红斑狼疮。由血管炎导致的局灶性病变，位于犬的肢体远端。注意脱毛是慢性炎症的结果。

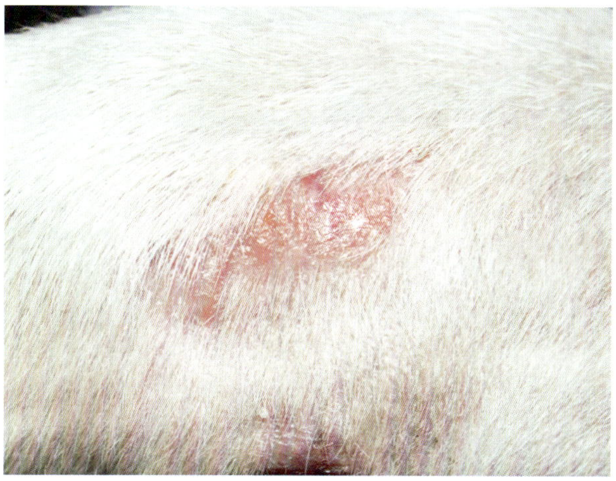

图 8-101 全身性红斑狼疮。图 8-90 中的犬，此图显示了更轻度的病变。

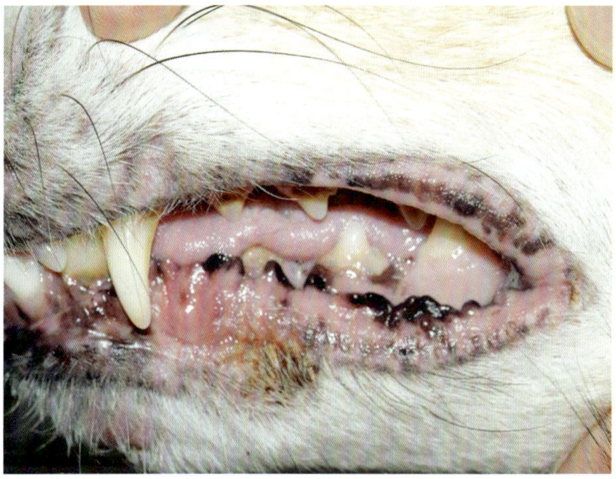

图 8-102 全身性红斑狼疮。犬口周的皮炎。注意与过敏和黏膜皮肤脓皮病的相似性。

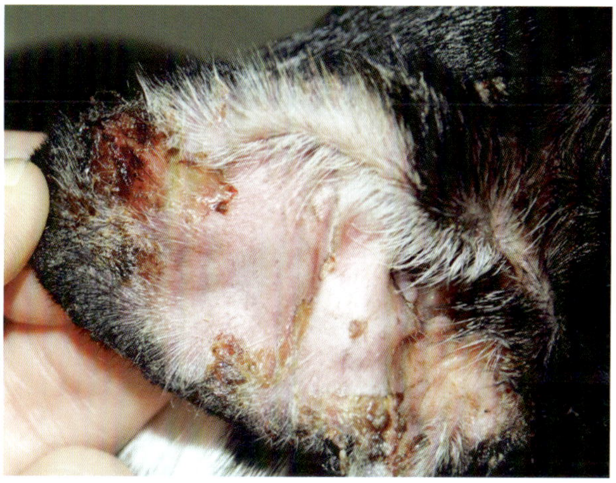

图 8-103 全身性红斑狼疮。严重溃疡、结痂性皮炎位于全身性红斑狼疮患犬的耳廓。

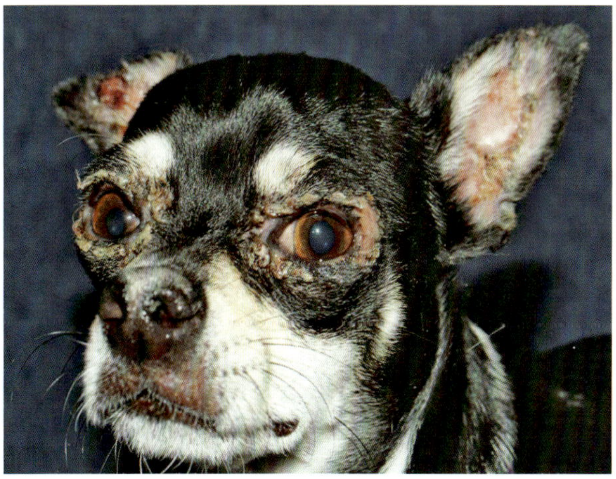

图 8-104 全身性红斑狼疮。严重溃疡、结痂性皮炎位于患病犬的眼周和耳廓。注意鼻面病变较轻，这在全身性红斑狼疮中较常见。

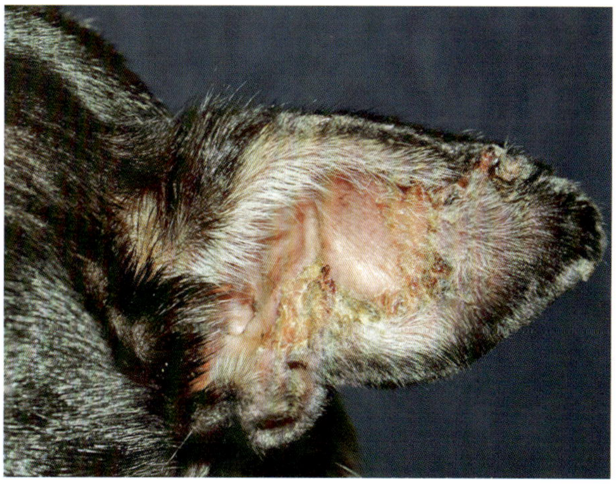

图 8-105 全身性红斑狼疮。严重溃疡、结痂性皮炎位于全身性红斑狼疮患犬的耳廓。

犬角质层下脓疱性皮肤病
Canine Subcorneal Pustular Dermatosis

特征

犬角质层下脓疱性皮肤病是一种无菌的、浅表的、脓疱性皮肤病，病因不清但可能是落叶型天疱疮的变异型。罕见于犬，迷你雪纳瑞犬可能易感。

可见数个或全身脓疱，并伴有继发的结痂、局限性脱毛、表皮环和皮屑。病变通常包括头部和躯干。爪垫可能有鳞状剥落。病变时好时坏，瘙痒程度从无到剧烈。可能有外周淋巴结肿大。此病的全身症状（如发热、厌食、沉郁）罕见。

主要鉴别诊断

鉴别诊断包括蠕形螨病、皮肤癣菌病、浅层脓皮病、落叶型天疱疮、全身性红斑狼疮和药疹。如果病变瘙痒，鉴别诊断还包括疥螨、过敏（跳蚤叮咬、食物、异位性皮炎），以及无菌性嗜酸性脓疱病。

诊断

1. 排除其他类似疾病。
2. 细胞学（脓疱）：可见大量中性粒细胞。偶见棘层松解细胞，但是无细菌。
3. 皮肤组织病理学：皮下脓疱含有未退化中性粒细胞，以及棘层松解细胞。
4. 细菌培养（脓疱）：无生长，除非有继发感染。

治疗和预后

1. 治疗方法与落叶型天疱疮相似（表 8-1）。
2. 氨苯砜 1 mg/kg 口服，每 8 h 一次，直到病变缓解（2～4 周）。剂量应当逐渐减少至 1 mg/kg 口服，每 24～72 h 一次，或者减至足以维持缓解状态的频率。
3. 如果对氨苯砜反应好，则预后良好。对于部分犬，可逐渐停用氨苯砜，而采用其他所需的终身治疗来控制病情。

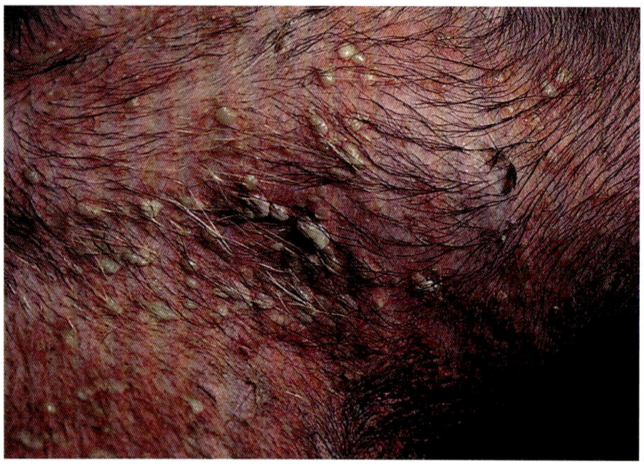

图 8-106 犬角质层下脓疱性皮肤病。这些大的非毛囊性脓疱是此病的典型特征（自 D.Angarano）。

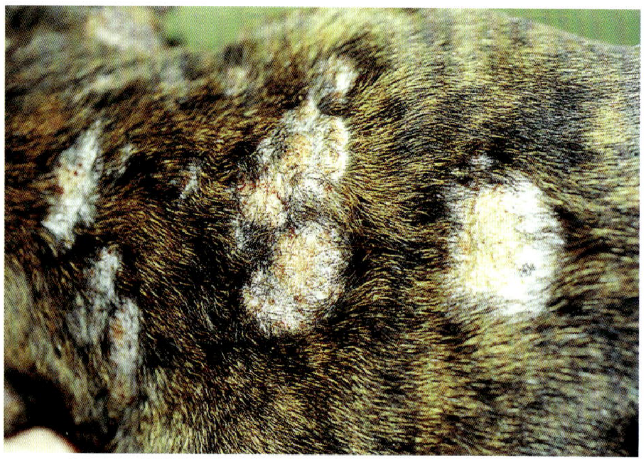

图 8-107 犬角质层下脓疱性皮肤病。这些脱毛、结痂性斑块发生于最初的脓疱病变以后。这些全身的病变可通过氨苯砜治疗来解决。

无菌性嗜酸性脓疱病
Sterile Eosinophilic Pustulosis

特征

无菌性嗜酸性脓疱病是一种无菌的、浅表的、脓疱性皮肤病，病因不明。罕见于犬。

通常情况下，多病变至全身性的红斑性丘疹和脓疱，表现为急性出现于躯干，可继发糜烂、局限性脱毛和色素过度沉着、表皮环和皮屑。病变处瘙痒。偶见外周淋巴结肿大、沉郁、厌食或发热等并发症。

鉴别诊断

浅表脓皮病、皮肤癣菌病、蠕形螨病、落叶型天疱疮、全身性红斑狼疮、药疹和角质层下脓疱性皮肤病。

诊断

1. 排除其他类似疾病。
2. 细胞学（脓疱）：可见大量的嗜酸性粒细胞。可能见到中性粒细胞和偶见棘层松解细胞，但是没有细菌。
3. 皮肤组织病理学：嗜酸性粒细胞性表皮内脓疱、毛囊炎和疖病。
4. 血象：常见外周血嗜酸性粒细胞增多。
5. 细菌培养（脓疱）：无生长，除非继发感染。

治疗和预后

1. 治疗与落叶型天疱疮相似（表 8-1）。
2. 其他疗法是使用氨苯砜治疗（方法同本章中的角质层下脓疱性皮肤病一样），或者结合抗组胺药和脂肪酸治疗，对有些犬可能有效。
3. 预后不良，但大多数犬在持续的药物治疗下，可维持缓解状态。

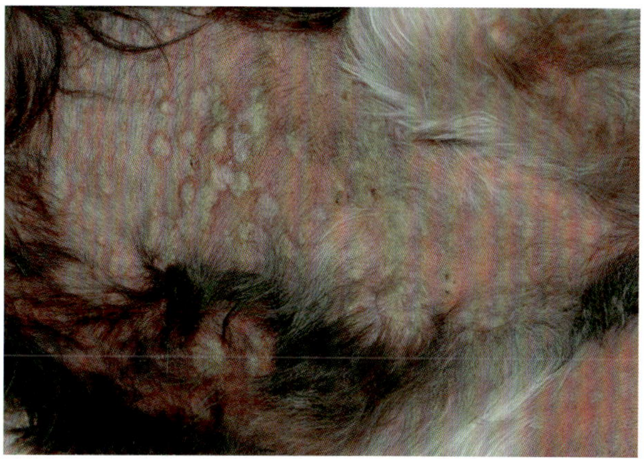

图 8-108　无菌性嗜酸性脓疱病。这些大的嗜酸性脓疱出现在全身。注意周围皮肤异样发红。

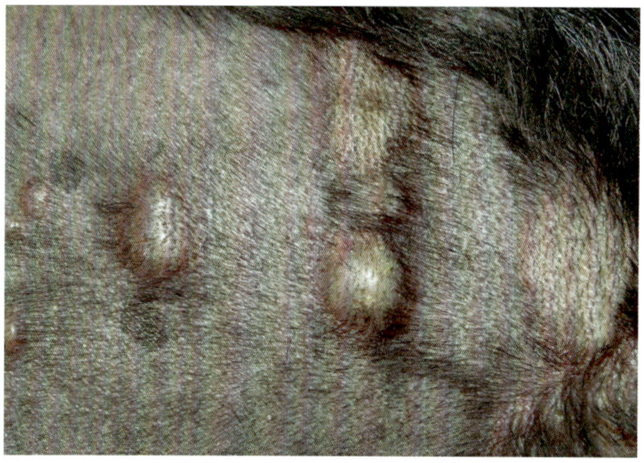

图 8-109　无菌性嗜酸性脓疱病。这些大的脓疱充满了嗜酸性粒细胞。

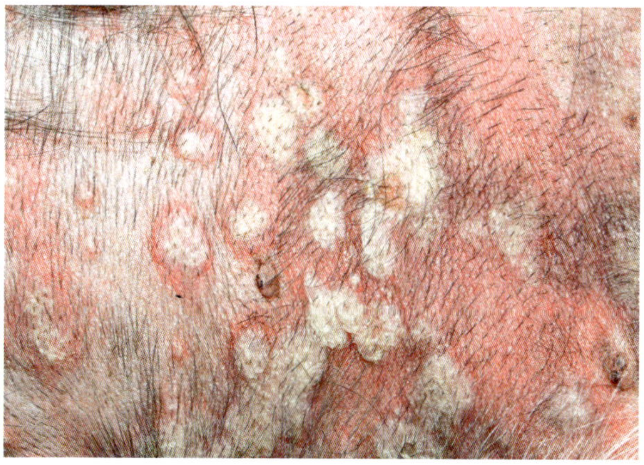

图 8-110　无菌性嗜酸性脓疱病。躯干上有大量的脓疱相互融合。注意：这些脓疱不是以毛囊为中心，而以毛囊为中心则提示有毛囊炎。

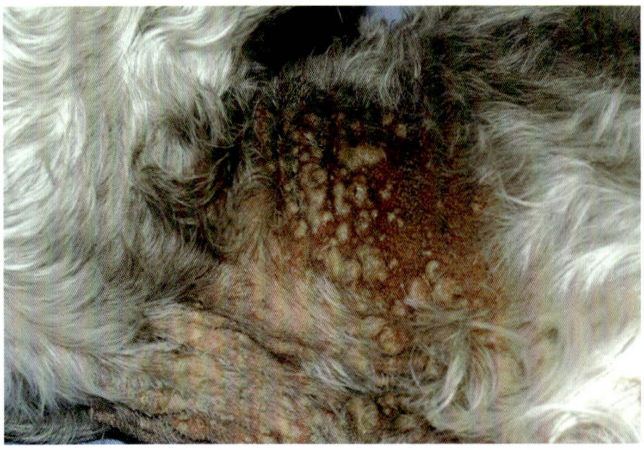

图 8-111　无菌性嗜酸性脓疱病。大而有波动感的脓疱位于雪纳瑞犬的腹部。注意：当细胞学检查时，这些化脓性的渗出物几乎是由嗜酸性粒细胞组成的。

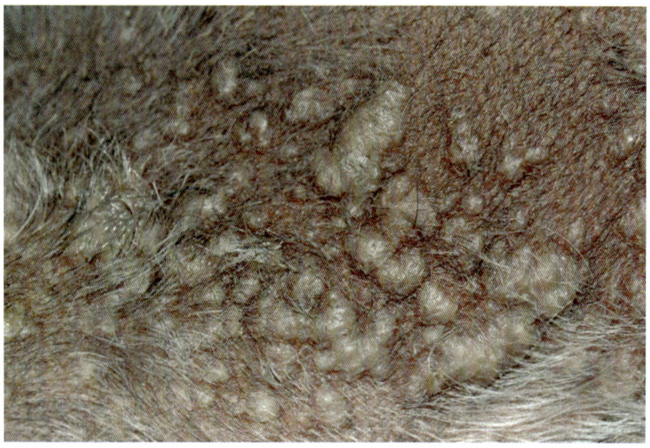

图 8-112　无菌性嗜酸性脓疱病。图 8-101 中大的近观，有波动感的脓疱，这些脓疱中含有的几乎是嗜酸性粒细胞。

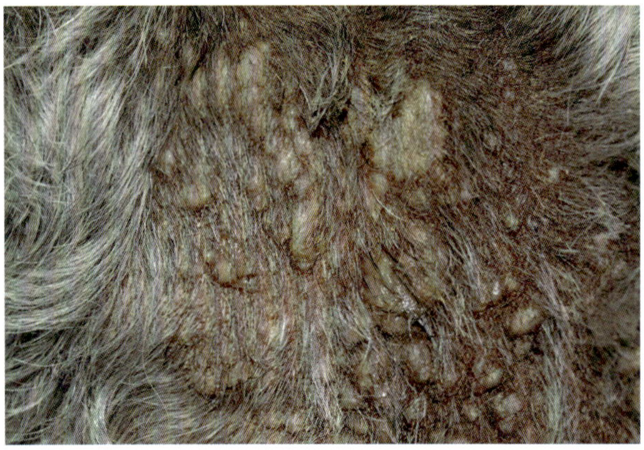

图 8-113　无菌性嗜酸性脓疱病。图 8-111 中的近观，大而有波动感的脓疱，这些脓疱中含有的几乎是嗜酸性粒细胞。

无菌性结节性脂膜炎
Sterile Nodular Panniculitis

特征

无菌性结节性脂膜炎是皮下脂肪的特发性炎症性疾病。罕见于犬、猫。

病变以一个或多个深在皮下的结节为特征。这些结节从直径为数毫米到数厘米不等，可能疼痛和有波动感或坚实，可能溃疡和排出浅黄色油性分泌物。病变可能发生在身体的任何位置，在有些犬可能时好时坏。可能伴有发热、厌食和沉郁。

主要鉴别诊断

感染（细菌、分枝杆菌、真菌）、异物反应、药物反应、注射后反应、全身性红斑狼疮、肿瘤和维生素 E 缺乏（猫脂肪组织炎）

诊断

1. 排除其他类似疾病。
2. 细胞学（穿刺物）：中性粒细胞和泡沫状（含脂滴）巨噬细胞。没有微生物。
3. 皮肤组织病理学检查（切除物活组织检查）：化脓性、脓性肉芽肿性、肉芽肿性、嗜酸性、坏死性，或者纤维隔膜或弥散性脂膜炎。特殊染色未见感染性病原体。
4. 微生物培养（组织）PCR 检测和血清学检查：厌氧菌和需氧菌、分枝杆菌和真菌培养阴性。

治疗和预后

1. 如果病变是单个的，通常采用完全的外科切除来治疗。
2. 对于犬，为治疗和避免继发脓皮病，应该合理地长期使用全身性抗生素（最少 4 周）。在免疫抑制疗法的诱导期，同时使用抗生素治疗的犬，与仅使用免疫抑制药物的犬相比，具有明显的更高的存活率。抗生素应当持续使用，直到免疫抑制疗法控制住自体免疫性疾病为止。
3. 治疗的目标是使用最安全的治疗方法和最低有效药物剂量，来控制疾病和它的症状。使用经典的联合治疗（表 8-1）来制定多种治疗方案，尽量减少任何一种治疗的不良反应。依疾病的严重程度，选择或多或少的积极治疗。为促进疾病的缓解，最初使用更高药物剂量，然后逐渐在 2～3 个月内减至最低有效剂量。

a. **保守的全身治疗**（表 8-1） 包括几乎无不良反应的且能帮助减少炎症的药物。这些治疗可减少类固醇和化疗的使用。

b. **类固醇治疗** 是针对自体免疫皮肤病最可靠的可预见性治疗，但是，用于控制症状的高剂量，其所伴发的不良反应可能很严重。尽管单独糖皮质激素治疗就能持续缓解症状，但所需的剂量可能导致不愿看到的不良反应，尤其对于犬来说。**正因为这个原因，在长期维持治疗时，推荐单独采用非类固醇激素的免疫抑制药物或联合糖皮质激素共同治疗。**

- 应当每天口服免疫抑制剂量的泼尼松或甲基泼尼松龙（表 8-1）。病变改善以后（2～8 周后），应在数周（8～10 周）内逐渐减量，直到可隔日给药的最低剂量，以维持症状缓解。如果在最初治疗的 2～4 周内病情无明显改善，排除并发的皮肤感染后，可考虑更换或增加免疫抑制治疗药物。
- 对于泼尼松和甲基泼尼松龙无显著疗效的病例，可采用备选类固醇激素，包括去炎松和地塞米松（表 8-1）。
- 对于猫，使用免疫抑制剂量的去炎松或者地塞米松，通常比使用泼尼松龙或者甲基泼尼松龙更有效。应当每天口服去炎松或地塞米松，直到症状缓解（2～8 周），然后逐渐减量，直到能维持缓解的最低剂量和最少频率给药（表 8-1）。

c. 如果最初治疗的 2～4 周内，产生难以接受的不良反应，或者无明显改善，考虑使用备选糖皮质激素或非类固醇免疫抑制药物（表 8-1）。

4. 治疗后预后良好，但病变愈合处可能会留下瘢痕。

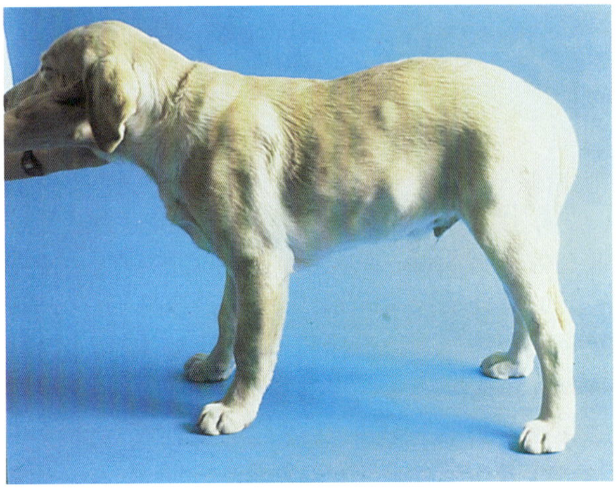

图 8-114　无菌性结节性脂膜炎。多个结节位于这只幼年的拉布拉多犬的躯干上，这些结节慢慢变大，最终排出内容物（自 J.A.MacDonald）。

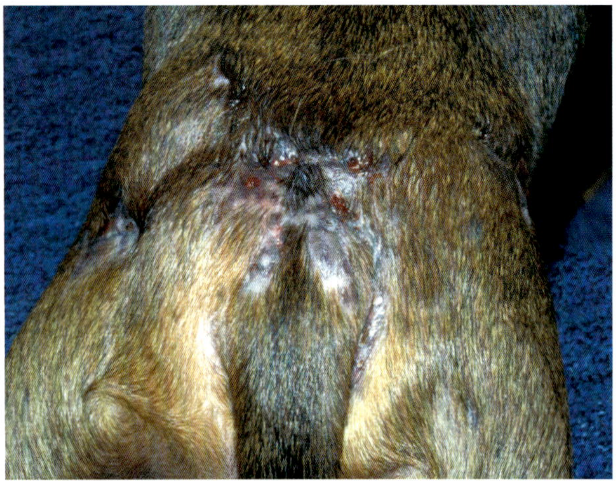

图 8-115　无菌性结节性脂膜炎。脱毛性结节伴有瘘管，位于成年腊肠犬的腰部。

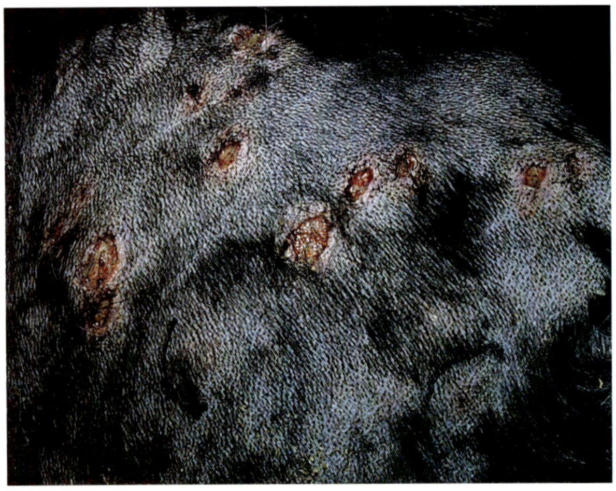

图 8-116　无菌性结节性脂膜炎。多个结节和瘘管位于背部。

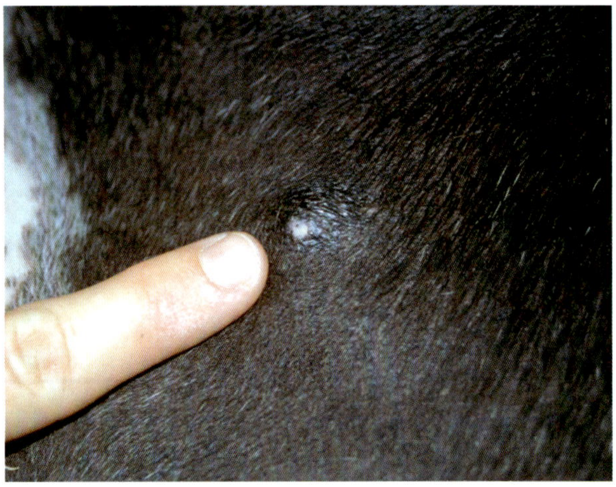

图 8-117　无菌性结节性脂膜炎。脱毛性结节在破裂和形成瘘管前，位于犬的肋腹部。

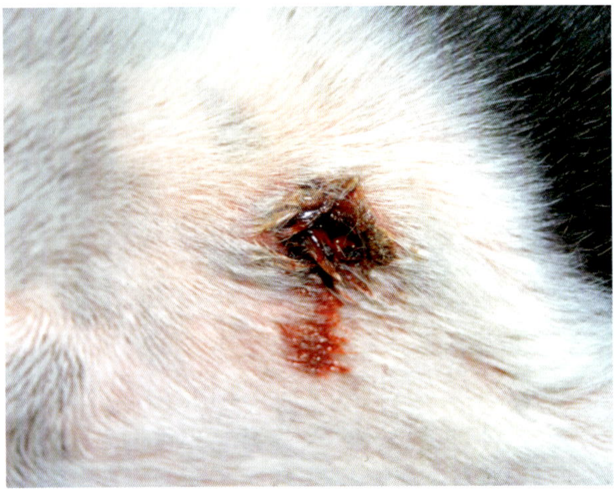

图 8-118　无菌性结节性脂膜炎。破裂的结节排出血性浆液，形成结痂。

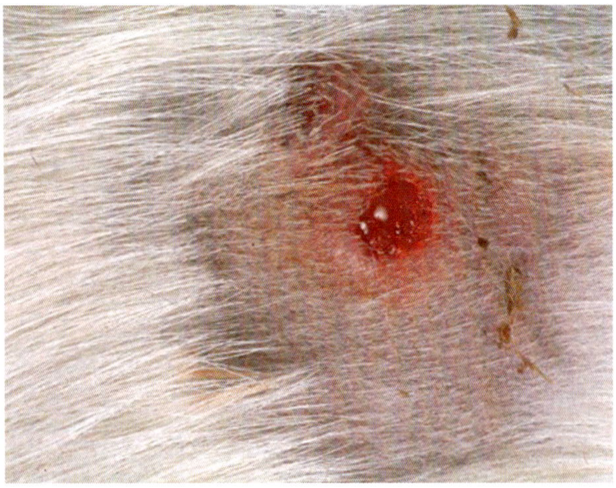

图 8-119　无菌性结节性脂膜炎。结节病变通常排出清亮的油状液体。

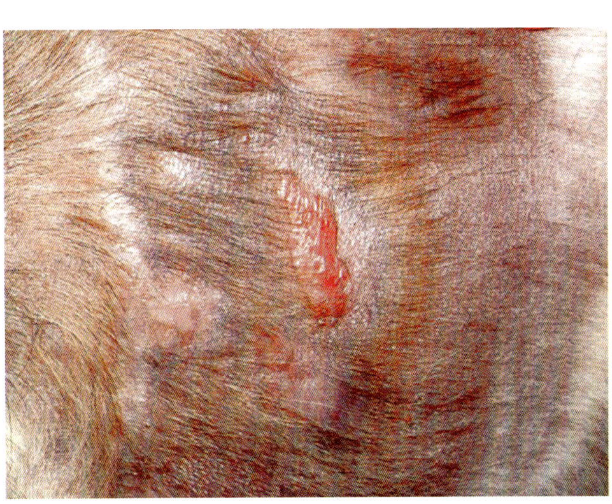

图 8-120　无菌性结节性脂膜炎。脱毛性结节位于躯干。

特发性无菌性肉芽肿和脓性肉芽肿
Idiopathic Sterile Granuloma and Pyogranuloma

特征

特发性无菌性肉芽肿和脓性肉芽肿被认为是一种免疫介导性皮肤病，但是其确切的发病机理尚不清楚。不常见于犬，高发犬种有柯利犬、金毛猎犬、拳师犬和大型短毛品种。

通常表现为不痛不痒，坚实的皮肤丘疹和结节，可能有脱毛或溃疡。病变能出现在身体的任何位置，但是最常见的位置是鼻梁或唇部、眼周、耳廓和爪部。

主要鉴别诊断

感染（细菌、分枝杆菌、真菌）、寄生虫（利士曼原虫、恶丝虫、蜱叮咬）、异物反应、肿瘤

诊断

1. 排除其他类似疾病。
2. 细胞学（穿刺物）：（脓性）肉芽肿性炎症，无微生物。
3. 皮肤组织病理学：结节至弥散性（脓性）肉芽肿性皮炎。特殊染色未见感染性病原体。
4. 微生物培养（组织）：厌氧菌、需氧菌、分枝杆菌和真菌阴性。

治疗和预后

1. 如果可能，单个病变可以外科切除。
2. 不能手术或多个病变的，治疗与落叶型天疱疮相似（表 8-1）。
3. 大多数犬预后良好，但一部分犬可能需要终生治疗。

图 8-121　特发性无菌性肉芽肿和脓性肉芽肿。多个大的肉芽肿位于幼年的魏玛犬身上。

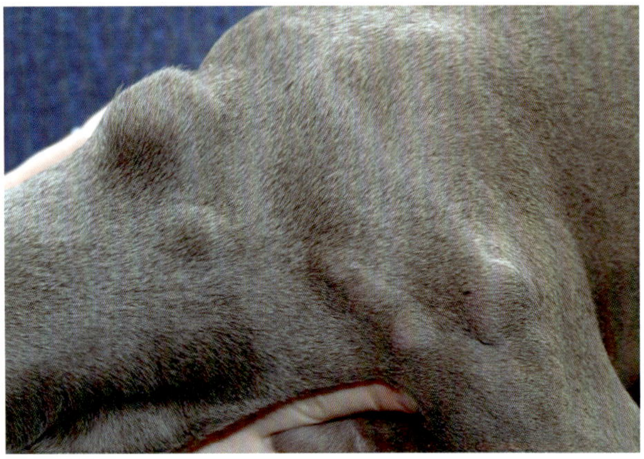

图 8-122　特发性无菌性肉芽肿和脓性肉芽肿。图 8-111 中的犬。大的肉芽肿位于颈部和肩部，在最初的数周内逐渐扩大。

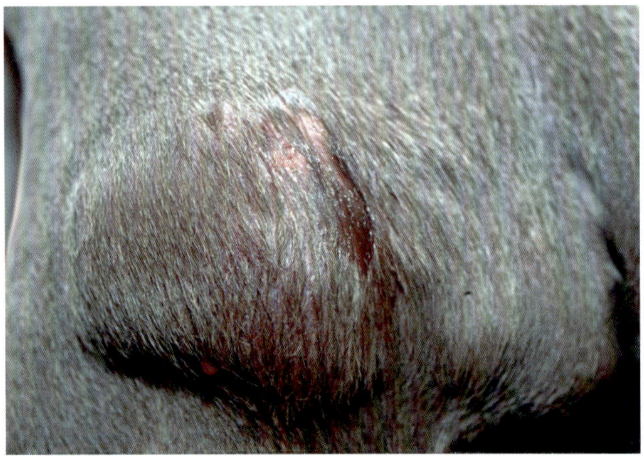

图 8-123　特发性无菌性肉芽肿和脓性肉芽肿。图 8-111 中的犬。许多大的肉芽肿遍布这只幼犬的全身。

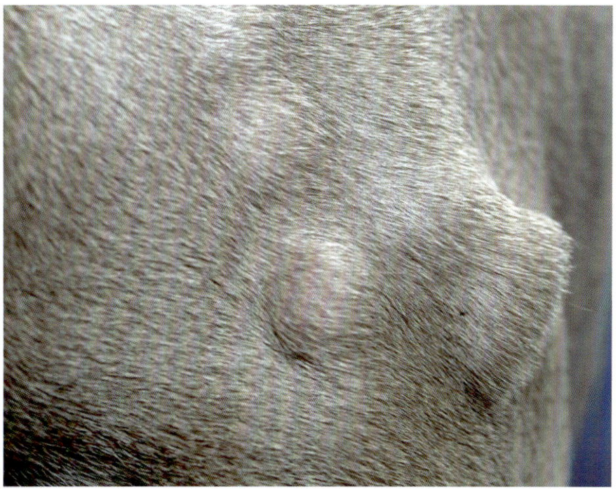

图 8-124　特发性无菌性肉芽肿和脓性肉芽肿。图 8-121 中的犬。大的肉芽肿位于肩部。

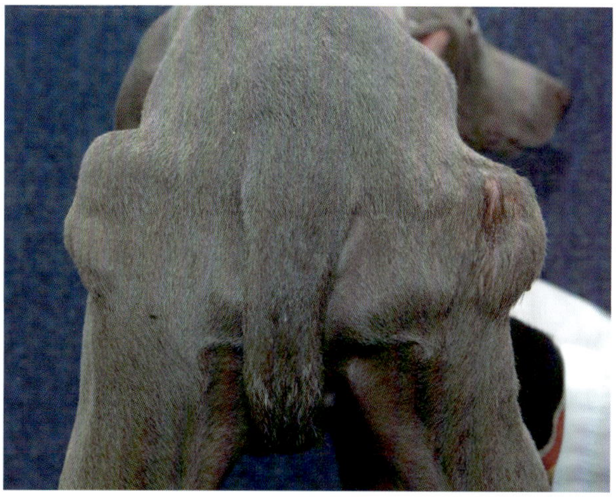

图 8-125　特发性无菌性肉芽肿和脓性肉芽肿。图 8-111 中的犬。覆盖在骨盆上的两个大的肉芽肿呈双侧对称。

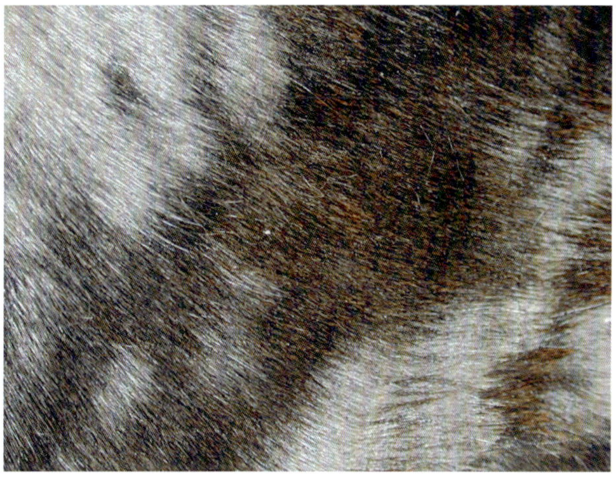

图 8-126　特发性无菌性肉芽肿和脓性肉芽肿。许多小的肉芽肿位于犬的躯干。被毛呈现波浪状或有波动感，但是这种肉芽肿很容易被触摸到。

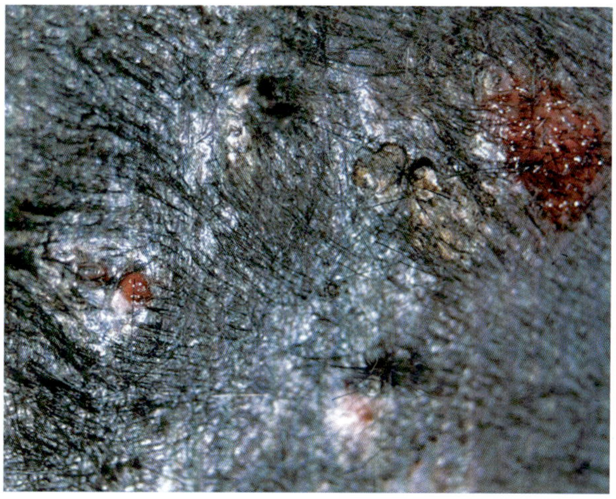

图 8-127　特发性无菌性肉芽肿和脓性肉芽肿。许多肉芽肿破裂和排除血性浆液，并形成结痂。

犬嗜酸性肉芽肿
Canine Eosinophilic Granuloma

特征

犬嗜酸性肉芽肿是一种以口腔内或扁桃体、或皮肤上的结节和肿块为特征的嗜酸性疾病。确切的病因尚不清楚，但是皮肤病变可能表现为对节肢动物叮咬或蜇伤的超敏反应。罕见于犬，高发于幼年西伯利亚哈士奇犬和骑士查理王猎犬。

口腔病变以肿块和增生物为特征。最常见于上腭和舌的两侧和腹侧。口腔病变可能疼痛。通常有口臭。

表皮病变有丘疹、肿块和结节。这些病变不疼不痒，常见于腹部和胁腹部。

主要鉴别诊断

鉴别诊断包括细菌和真菌性肉芽肿、肿瘤。

诊断：

1. 排除其他类似疾病。
2. 皮肤组织病理学：嗜酸性和组织细胞性肉芽肿，伴有胶原变性的病变。
3. 微生物培养（活检样本）：厌氧菌和需氧菌、分枝杆菌、真菌培养阴性。

治疗和预后

1. 单个病变可能自行退化，不需要治疗。
2. 与异位性皮炎相似的对症治疗（抗组胺药用于减少和控制嗜酸性反应，必需脂肪酸、环孢菌素）可能有效（见第 7 章）。
3. 全身糖皮质激素治疗通常可治愈。泼尼松 0.5～2.0 mg/kg 口服，每 24 h 一次，直到病变缓解（2～3 周），然后逐渐减量至停药。
4. 预后良好。

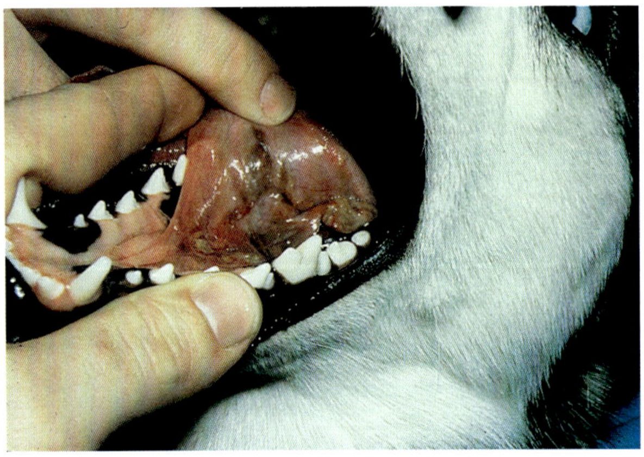

图 8-128　犬嗜酸性肉芽肿。嗜酸性肿块位于西伯利亚哈士奇犬的舌部。

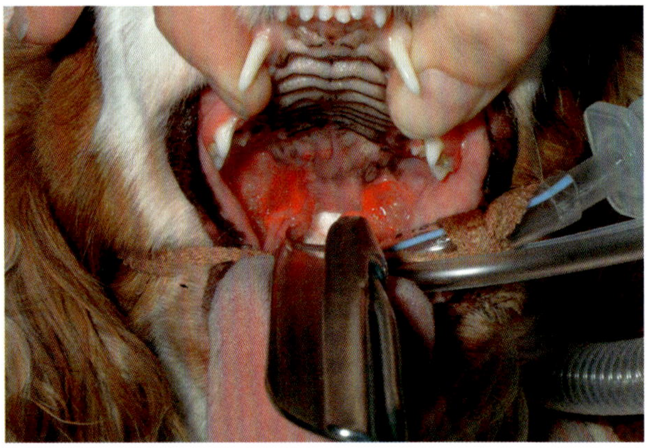

图 8-129　犬嗜酸性肉芽肿。嗜酸性肉芽肿性炎症位于骑士查理王猎犬的扁桃体上。

皮肤血管炎
Cutaneous Vasculitis

特征

皮肤血管炎是一种血管的炎性疾病，通常继发于免疫复合物对血管壁的沉积。血管炎可能与潜在感染（细菌、立克次氏体、病毒、真菌）、恶性肿瘤、食物过敏、药物反应、狂犬病疫苗注射、代谢性疾病（糖尿病、尿毒症），全身性红斑狼疮、暴露于寒冷中（冷凝集素病）有关，或者可能为特发性。不常见于犬，罕见于猫。

大多数病例中，临床征象以紫癜、坏死和斑点状溃疡为特征，尤其是位于耳廓、唇部、口腔黏膜、爪垫、尾部和阴囊的病变。可能见到肢端发绀。报道发现潜在食物过敏的犬可能发生荨麻疹性血管炎（急性发生的严重红皮病，伴有融合性红斑性风疹块）。有些犬的狂犬病疫苗诱发的脱毛。在疫苗注射部位出现局部脱毛，接着 1 到 5 个月后出现由全身性缺血性皮肤病导致的多灶皮肤病变。这些病变位于耳廓边缘、眼周、皮肤骨突点、尾尖和爪垫，以不同程度脱毛、结痂、色素过度沉着、糜烂和溃疡为特征。也可能出现舌糜烂和溃疡。患皮肤血管炎的动物可能并发厌食、沉郁、发热、关节病、肌病和四肢的指压性水肿。

主要鉴别诊断

全身性红斑狼疮、多形红斑 / 中毒性表皮坏死松解症、大疱性类天疱疮、寻常型天疱疮、冻伤和皮肤药物反应。仅有耳廓病变的犬，鉴别诊断还应包括耳缘皮肤病。

诊断

1. 排除其他类似疾病。

2. 测定立克次氏体感染滴度，以排除蜱源性疾病。

3. 皮肤组织病理学：中性粒细胞、嗜酸性粒细胞或淋巴细胞性血管炎。对于狂犬病疫苗注射诱导的缺血性皮肤病中，可见中度到严重毛囊萎缩、胶原蛋白玻璃变性、少细胞性界面性皮炎和毛囊壁炎。

治疗和预后

1. 确定和纠正潜在病因。

2. 对于犬，为治疗和避免继发脓皮病，应该合理地长期使用全身性抗生素（最少 4 周）。在免疫抑制疗法的诱导期，同时使用抗生素治疗的犬，与仅使用免疫抑制药物的犬相比，具有明显得更高的存活率。抗生素应当持续使用，直到免疫抑制疗法控制住自体免疫性疾病为止。

3. 治疗的目标是使用最安全的治疗方法和最低有效药物剂量，来控制疾病和它的症状。使用经典的联合治疗（表 8-1）来制定多种治疗方案，尽量减少任何一种治疗的不良反应。依疾病的严重程度，选择或多或少的积极治疗。为促进疾病的缓解，最初使用更高药物剂量，然后逐渐在 2～3 个月减至最低有效剂量。

a. **外部治疗** 是采用含类固醇的产品或他克莫司，每 12 h 一次，以帮助减少局部炎症，并且可降低用以控制症状的全身治疗剂量。一旦达到病情缓解，外部药使用的频率应当降低，以减少局部不良反应。

b. **保守的全身治疗**（表 8-1） 包括几乎无不良反应的且能帮助减少炎症的药物。这些治疗可减少类固醇和化疗的使用。

c. **类固醇治疗** 是针对自体免疫皮肤病最可靠的治疗，这是可想而知的，然而用于控制症状的高剂量，其所伴发的不良反应可能很严重。尽管单独糖皮质激素治疗就能持续缓解症状，但所需的剂量可能导致难以面对的不良反应，对于犬来说尤其如此。**正因为这个原因，在长期维持治疗时，推荐单独采用非类固醇激素的免疫抑制药物或联合糖皮质激素共同治疗。**

- 应当每天口服免疫抑制剂量的泼尼松或甲基泼尼松龙（表 8-1）。病变改善以后（2～8 周后），应在数周（8～10 周）内逐渐减量，直到可隔日给药的最低剂量，以维持症状缓解。如果在最初治疗的 2～4 周内病情无明显改善，排除并发的皮肤感染后，可考虑更换或增加免疫抑制治疗药物。

- 对于泼尼松和甲基泼尼松龙无显著疗效的病例，可采用备选类固醇激素，包括去炎松和地塞米松（表 8-1）。
- 对于猫，使用免疫抑制剂量的去炎松或者地塞米松，通常比使用泼尼松龙或者甲基泼尼松龙更有效。应当每天口服去炎松或地塞米松，直到症状缓解（2～8 周），然后逐渐减量，直到能维持缓解的最低剂量和最少频率给药（表 8-1）。
- 如果最初治疗的 2～4 周内，产生难以接受的不良反应，或者无明显改善，考虑使用备选糖皮质激素或非类固醇免疫抑制药物（表 8-1）。

d. 其他疗法可能有效，包括：

- 己酮可可碱（仅犬用）25～30 mg/kg，口服每 12 h 一次，与食物同服。当病情缓解时，多次逐渐减少到最低有效剂量。
- 氨苯砜（仅犬用）1 mg/kg 口服，每 8 h 一次，直到病变缓解（2～3 周）。一旦达到完全缓解，剂量缓慢减少至 1 mg/kg 口服，每 12 h 一次，用 2 周，然后 1 mg/kg，每 48 h 一次。
- 柳氮磺胺吡啶 10～40 mg/kg（最大 3 g/d）口服，每 8 h 一次，直到病变缓解（2～4 周）。一旦达到完全缓解，剂量缓慢减少至 10 mg/kg，每 12 h 一次，用 3 周，然后 10 mg/kg，每 24 h 一次。

e. **非类固醇免疫抑制药物** 可能有效，包括环孢菌素（Atopica）、奥拉替尼（爱波克）硫唑嘌呤（仅犬用）、苯丁酸氮芥、环磷酰胺、吗替麦考酚酯、来氟米特（表 8-1）。有效的反应在最初治疗的 8～12 周内出现。一旦症状缓解，尝试逐渐减少非类固醇免疫抑制药物的剂量和用药频率，以长期维持治疗。

4. 对于有些患病动物，无论使用何种药物，在治疗 4～6 个月后可最终停止用药；而对于另有些患病动物，需要长期维持治疗来缓解病情。

5. 预后不定。依潜在病因、皮肤和其他器官受损程度而定。

作 者 注

耳缘病变外涂他克莫司可能会太刺激，引起过度的瘙痒和甩头。

皮肤血管炎的分布模式

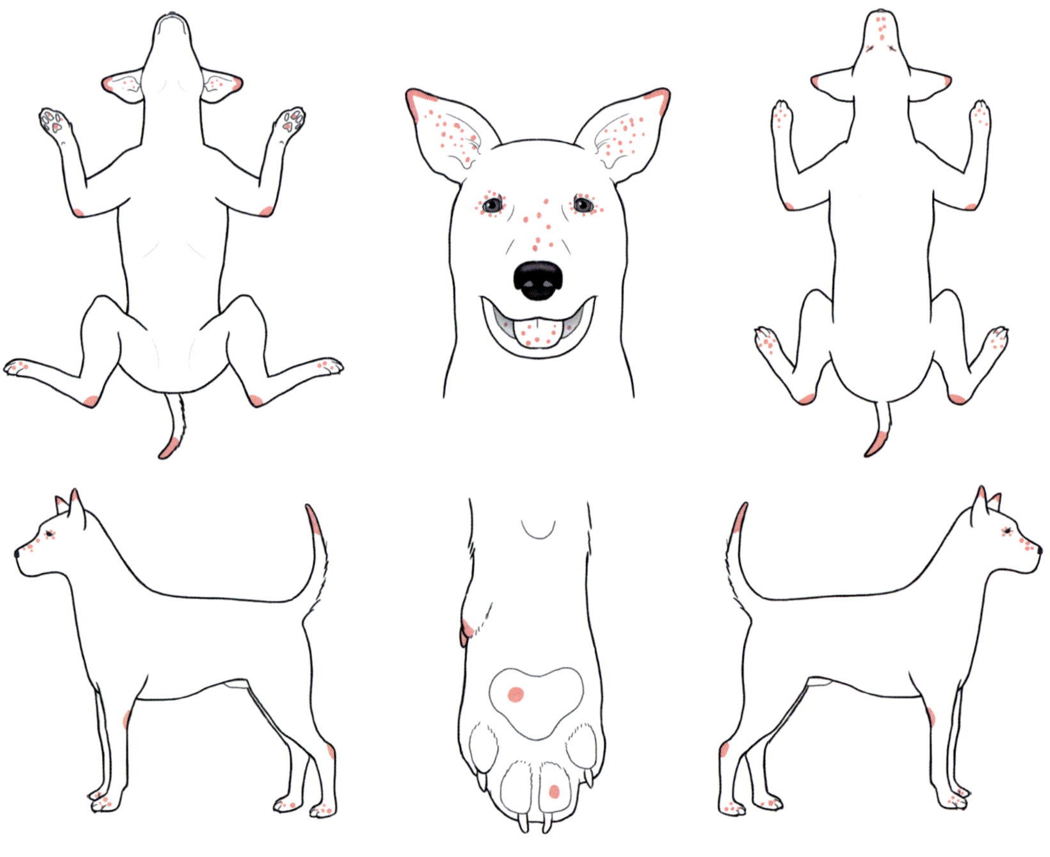

图 8-130　皮肤血管炎。脱毛、结痂性病变位于耳廓。鼻面没有病变。注意：与疥螨的相似性，但这只犬只有轻微瘙痒。

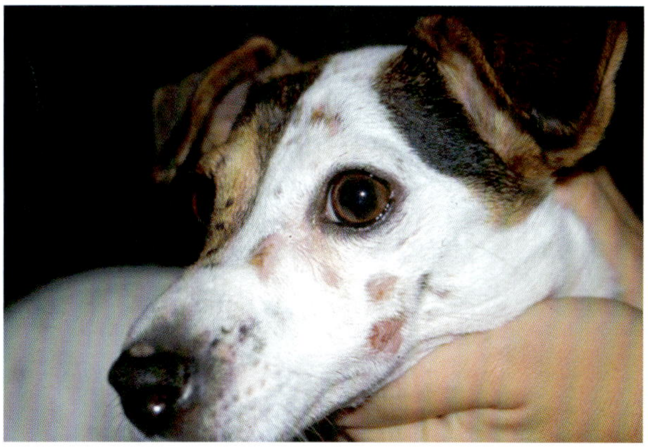

图 8-131　皮肤血管炎。脱毛、红斑性病变位于成年杰克罗素㹴的面部。

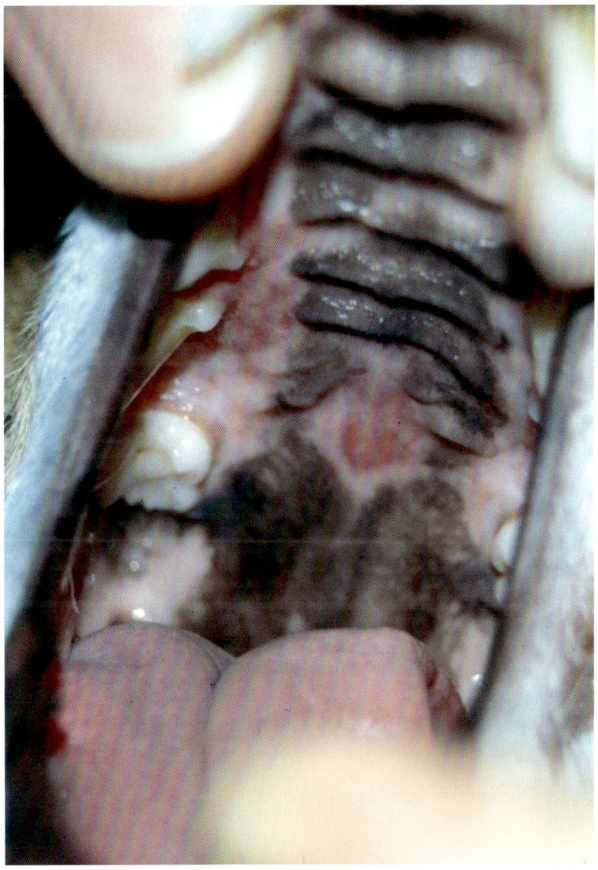

图 8-132　皮肤血管炎。图 8-131 中的犬。糜烂性病变位于上腭，这是血管炎的典型病变。位于口腔黏膜的病变在血管炎、寻常型天疱疮、大疱性类天疱疮和全身性红斑狼疮时很常见。

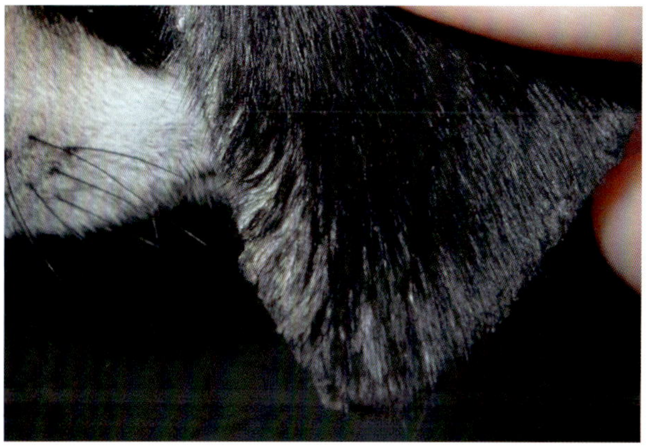

图 8-133　皮肤血管炎。脱毛、结痂性病变位于耳缘，这是血管炎的典型病变。注意：与疥螨的相似性，但这只犬只有轻微瘙痒。

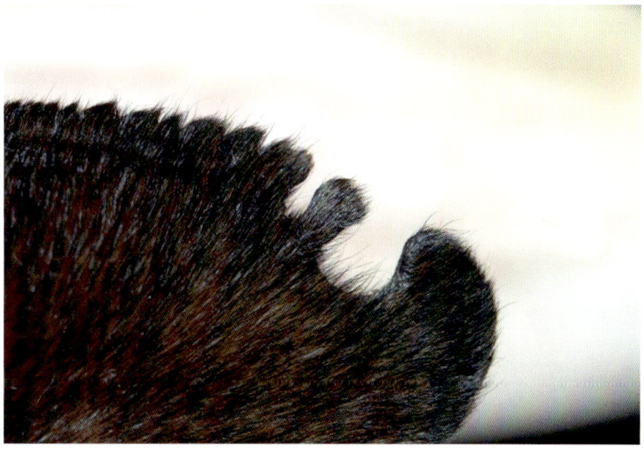

图 8-134　皮肤血管炎。多个凹陷缺损位于成年腊肠犬的耳缘。没有炎症表明血管炎正在发展。

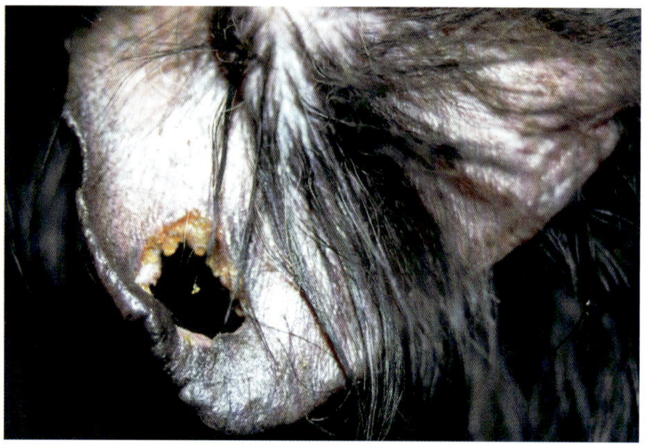

图 8-135　皮肤血管炎。由慢性血管炎导致的大的凹陷缺损位于耳廓。

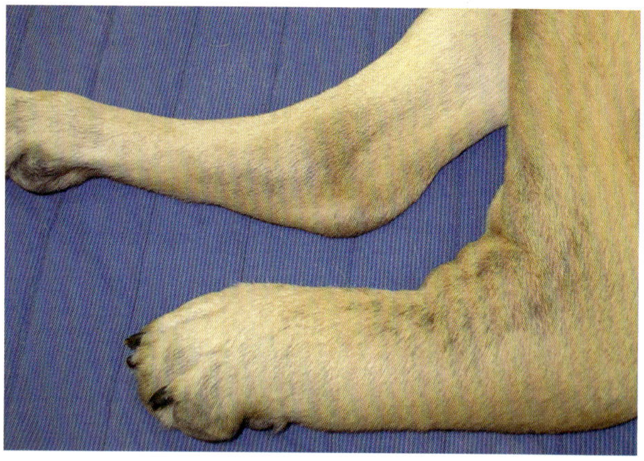

图 8-136　皮肤血管炎。血管炎伴有血管漏出液导致的外周性水肿。

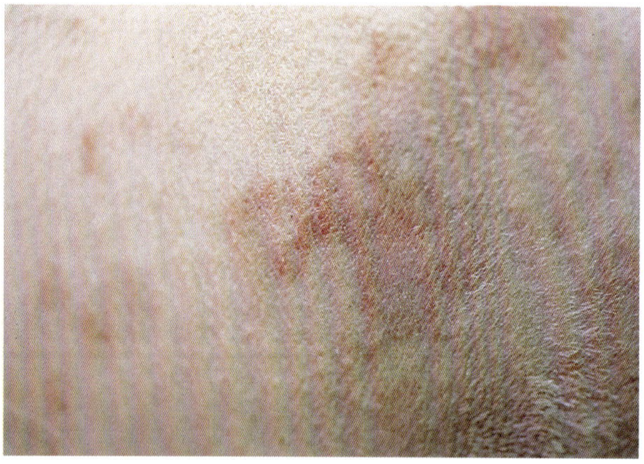

图 8-137　皮肤血管炎。这种红斑性病变并伴有分界清晰蛇形边缘，是血管炎、皮肤药物反应（多形红斑），或自体免疫性皮肤病的典型特征。

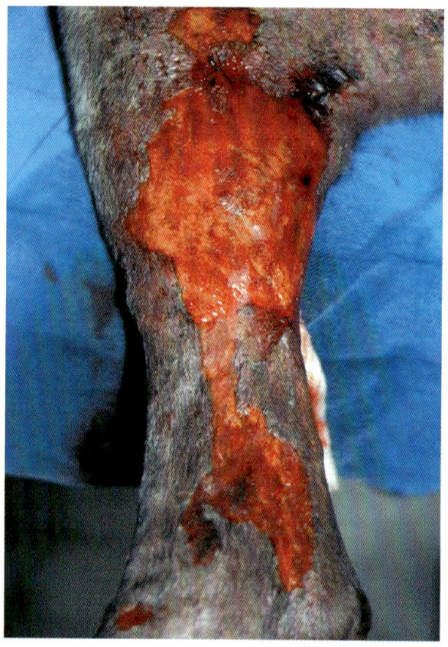

图 8-138　皮肤血管炎。严重溃疡性皮肤病位于成年灰猎犬的腿部。注意：分界清晰的蛇形边缘是血管炎、皮肤药物反应（多形红斑），或自体免疫性皮肤病的典型特征。

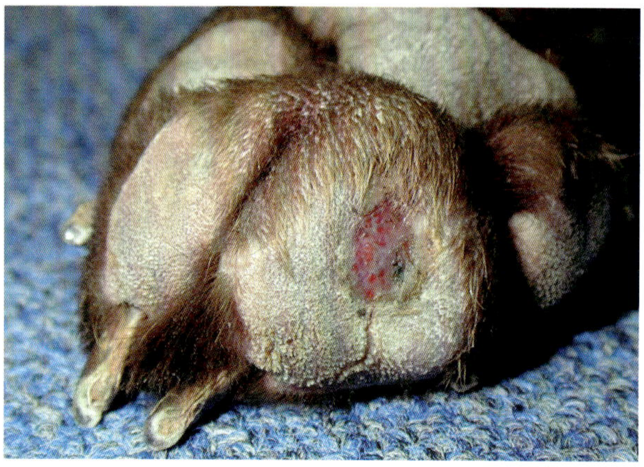

图 8-139　皮肤血管炎。局灶性溃疡病变位于爪垫的中心，这是血管疾病的独特特征。

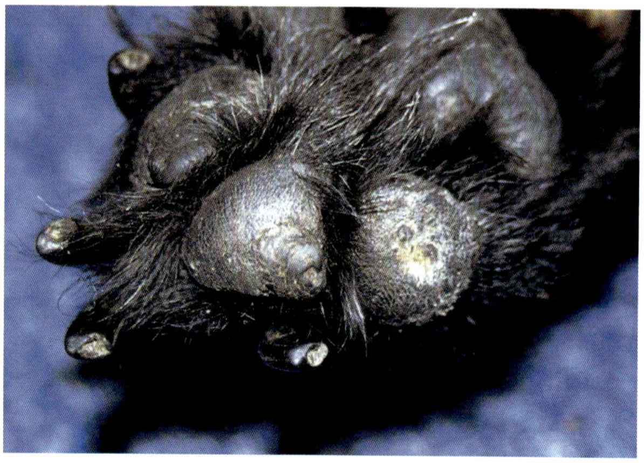

图 8-140　皮肤血管炎。结痂病变位于爪垫（尤其是爪垫中心病变），这是血管炎的独特特征。

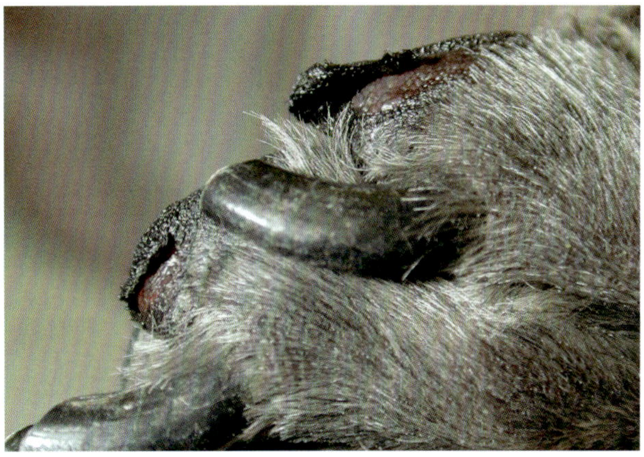

图 8-141 皮肤血管炎。患血管炎的犬的爪垫脱落。在自体免疫性皮肤病中也可见到爪垫病变。

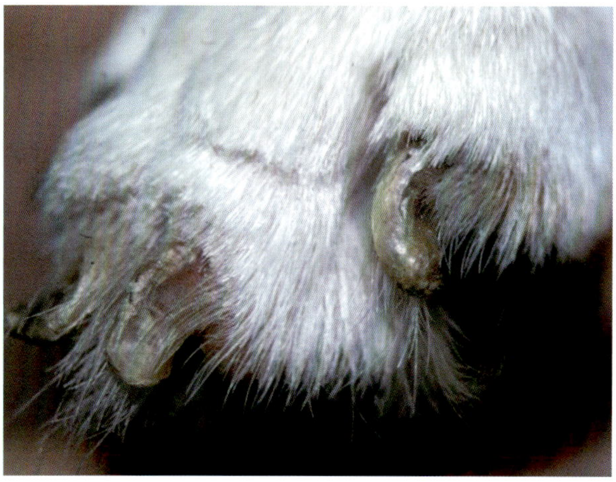

图 8-142 皮肤血管炎。趾甲的脱落和变形是血管炎的常见特征。注意：与自体免疫性皮肤病或类狼疮甲变形的相似性。

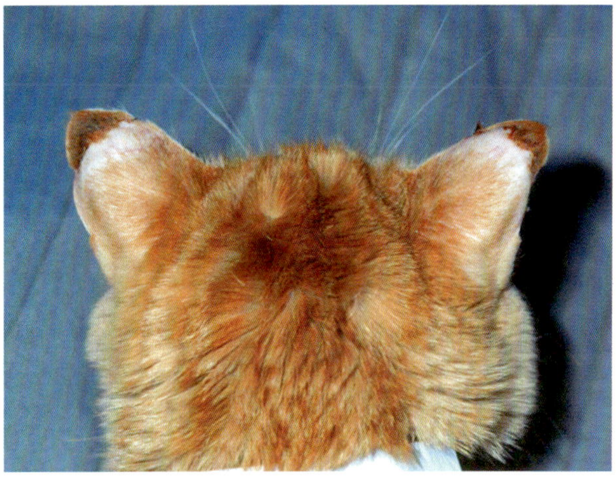

图 8-143 皮肤血管炎。患血管炎的猫的耳尖坏死。

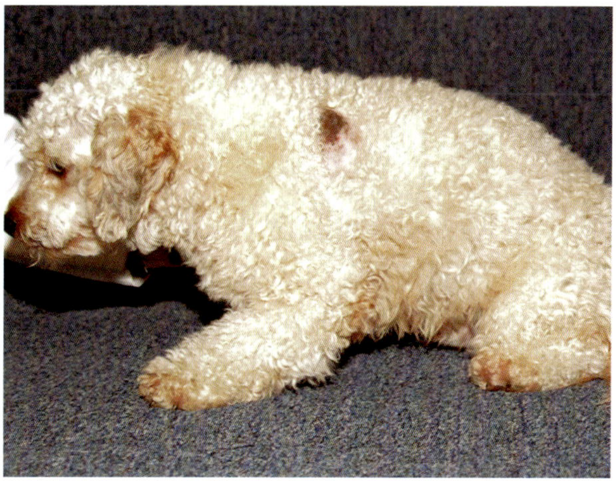

图 8-144 皮肤血管炎。局灶性脱毛、色素过度沉着的病变位于之前的狂犬病疫苗注射位置。疫苗反应通常伴发血管炎。

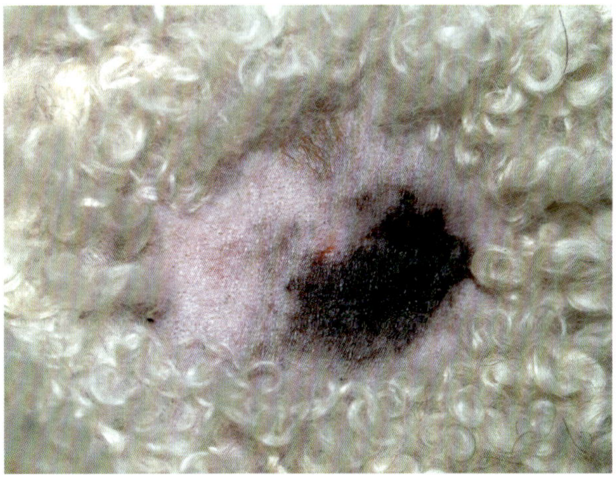

图 8-145 皮肤血管炎。图 8-144 中犬的近观。脱毛病变区色素过度沉着是典型的狂犬病疫苗反应。局部血管炎病变或全身性血管炎可在注射疫苗后的数周至数月内出现。

图 8-146 皮肤血管炎。成年腊肠犬耳廓的双侧凹陷缺损，这是血管炎的典型特征。

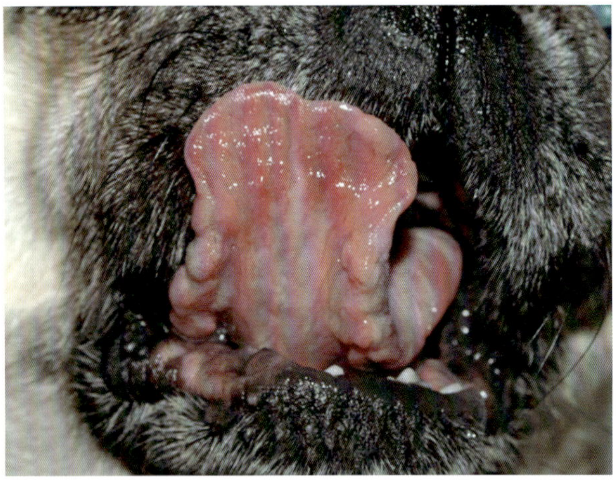

图 8-147　皮肤血管炎。皮肤血管炎导致的舌糜烂和溃疡。口腔病变比耳缘和爪垫结痂、溃疡性病变更不常见。

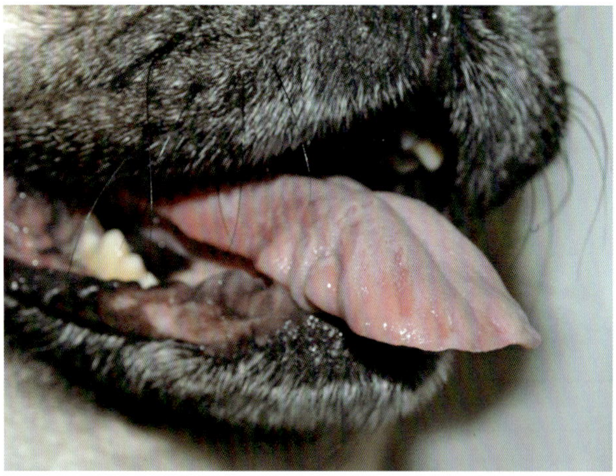

图 8-148　皮肤血管炎。图 8-147 中的犬。多病变性糜烂位于舌的两侧边缘。

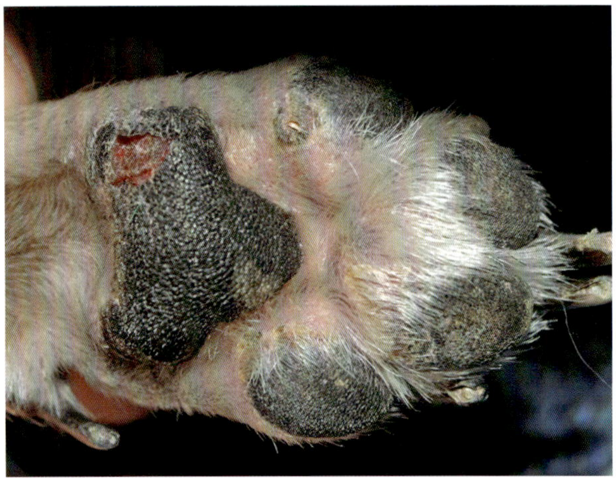

图 8-149　皮肤血管炎。多病变溃疡位于血管炎患犬的爪垫上。在临床上更多见的是，位于发病爪垫中心的局部病变。

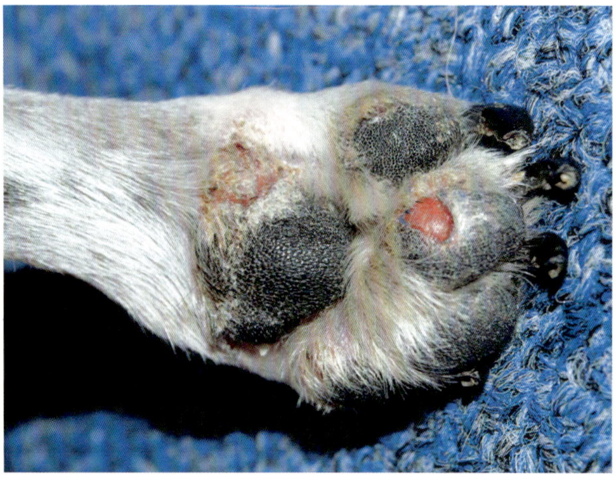

图 8-150　皮肤血管炎。血管炎患犬的爪垫上的溃疡。

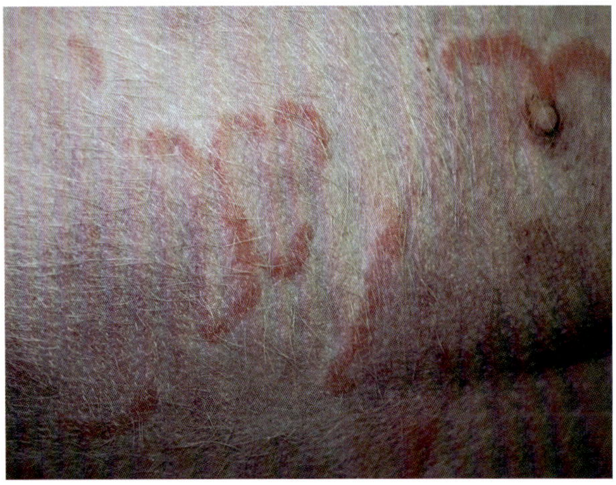

图 8-151　皮肤血管炎。血管炎、自体免疫性皮肤病以及药物反应典型的症状，表现为边界清晰的红斑性典型病变。

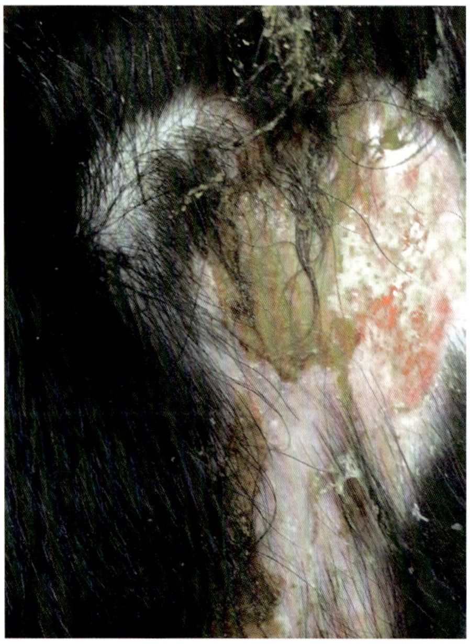

图 8-152　皮肤血管炎。患犬腿部脱毛、糜烂和结痂形成。

多形红斑和中毒性表皮坏死松解症
Erythema Multiforme (EM) and Toxic Epidermal Necrolysis (TEN)

特征

这两种疾病的确切发病机理尚不清楚，但是它们表现为由各种抗原（化合物、药物、感染性病原体 [细菌、病毒]、恶性肿瘤）诱导的宿主特异性细胞介导的超敏反应，这些抗原改变了角质细胞，使其成为异常免疫反应的靶细胞。有些研究者相信，EM 和 TEM 是两种不同的疾病，但另有些人认为 TEN 是 EM 的一种更严重的临床表现形式。这些疾病不常见于犬，罕见于猫。

病变通常出现在背部，类似热（加热垫）或化学灼伤，呈急性和多灶性或弥散性病变。皮肤、皮肤黏膜结合处和口腔可能发病。多形红斑以红斑至轻微隆起的丘疹或斑块为特征，这些斑疹向四周蔓延，中心清晰，形成环状或蛇形边的“靶样”或“牛眼样”病变。很少出现全身皮屑、结痂、红斑和脱毛。中毒性表皮坏死松解症以疼痛的水疱、大疱、溃疡和表皮坏死松解为特征。并发症包括沉郁、厌食和发热，尤其在发生 TEN 时。

主要鉴别诊断

鉴别诊断包括热或化学灼伤、荨麻疹、严重的过敏反应（韦尔斯综合征）、深层感染（细菌、真菌）、大疱性类天疱疮、寻常型天疱疮、全身性红斑狼疮、水疱性皮肤红斑狼疮、血管炎、趋上皮性淋巴瘤、皮肤药物反应。

诊断

1. 排除其他类似疾病。

2. 皮肤组织病理学：病变局限在表皮，伴有单个角质细胞坏死（凋亡）或表皮全层坏死。毛囊的外根鞘上皮细胞可能出现相同病变。应当尽早进行活检，以鉴别烧伤（真皮深层组织损伤）。

治疗和预后

1. 在病变进一步发展以前，停止使用所有可疑的药物至少 2～4 周，不要再使用有关联的药物或化学结构相似的药物。对于没有使用药物或接触过化合物的病例，寻找潜在感染性疾病或肿瘤。

2. 如果需要，应当提供合理的对症和支持护理（如漩涡浴、体液疗法、电解质补充、非经肠营养）。避免继发皮肤细菌，给予全身性抗生素，但此抗生素不能与疑似致病药物有关。

3. 轻度的 EM 病例可能在 2～4 周内自愈。

4. 治疗同落叶型天疱疮（表 8-1）。

5. 对于更严重的病例，使用泼尼松治疗，2 mg/kg（犬）或 4 mg/kg（猫），每 24 h 口服一次，可能有效。在 1～2 周内可能见到明显改善。在病变痊愈以后（2～8 周），药物剂量应当在 4～6 周逐渐减少。在大多数病例，类固醇疗法可以最终停止。

6. 对于顽固性病例，使用人类的静脉免疫球蛋白（IVIG）可能有效。按照生产商的推荐方法，将 5%～6% 的人类 IVIG 用生理盐水（0.9% NaCl）稀释后使用。然后按 0.5～1 g/kg 静脉输注，输注时间大于 4～6 h，24 h 内输 1～2 次。

7. EM 的预后一般至良好。TEN 预后不良或谨慎，尤其无法找到潜在病因时。

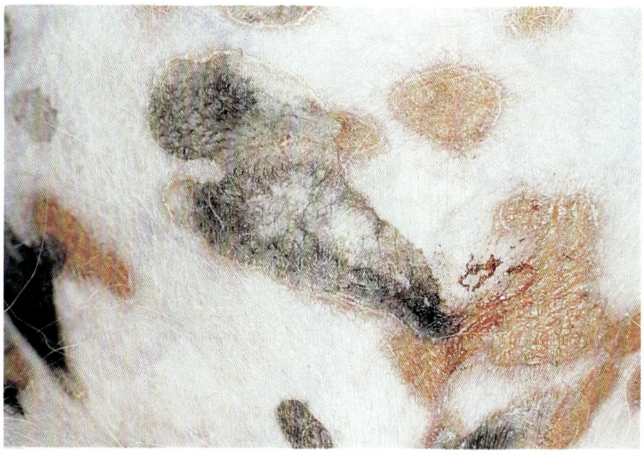

图 8-153　多形红斑和中毒性表皮坏死松解症。界限清楚的红斑、糜烂和色素过度沉着。注意：这种特殊的界限清楚的蛇形边缘，是血管炎、皮肤药物反应和自体免疫性皮肤病的典型特征。

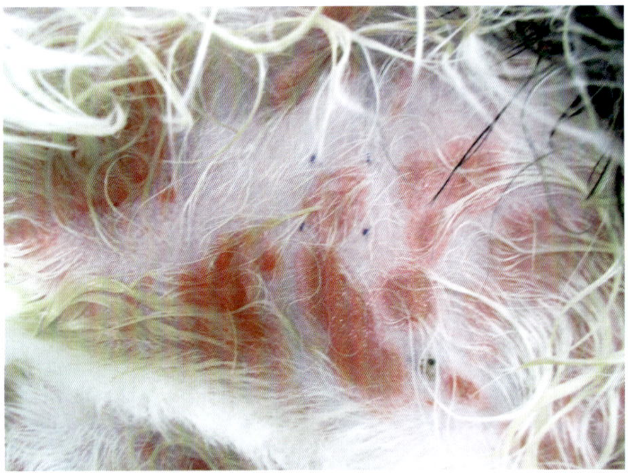

图 8-154 多形红斑和中毒性表皮坏死松解症。糜烂性皮炎的病变区位于腹股沟处。注意：界限清晰的边缘是其典型特征。

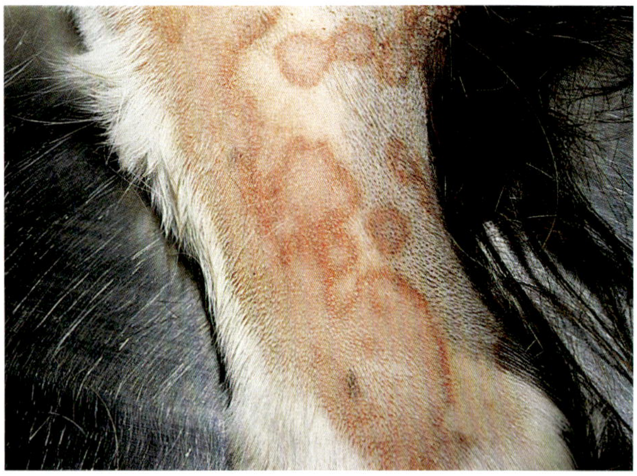

图 8-155 多形红斑和中毒性表皮坏死松解症。成年犬肢端的红斑性病变。可见界限清晰的蛇形边缘。

图 8-156 多形红斑和中毒性表皮坏死松解症。脱毛、结痂、溃疡和肉芽组织位于 6 个月大的腊肠犬的背部。表皮坏死发生于常规疫苗注射后的几周内。

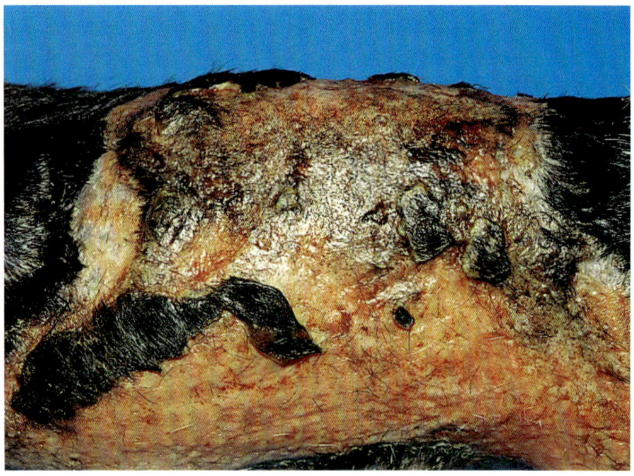

图 8-157 多形红斑和中毒性表皮坏死松解症。图 8-156 中犬的近观。病变开始形成肉芽组织。剩余皮肤坏死，最终将脱落。

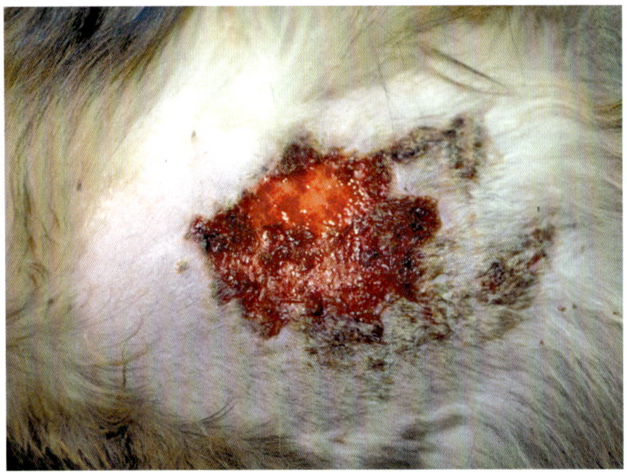

图 8-158 多形红斑和中毒性表皮坏死松解症。全厚层坏死病变区。注意：界限清晰的蛇形边缘是其特征。

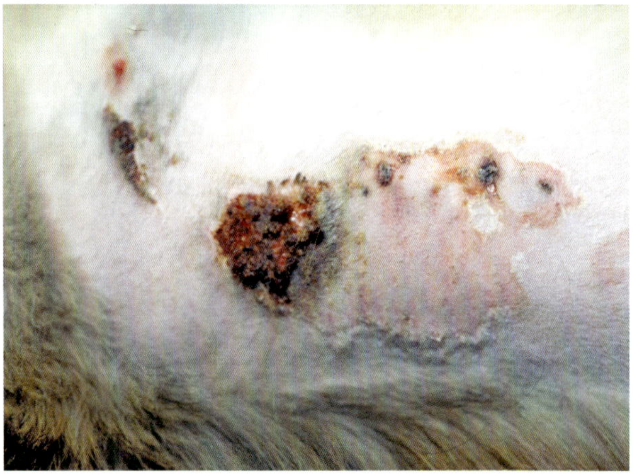

图 8-159 多形红斑和中毒性表皮坏死松解症。界限清晰的红斑，伴有全厚层坏死的结痂区域。注意：病变的发展，从界限清晰的蛇形红斑至结痂性病变，后者掩盖了表皮坏死。随着时间的发展，整个区域可能坏死和脱落。

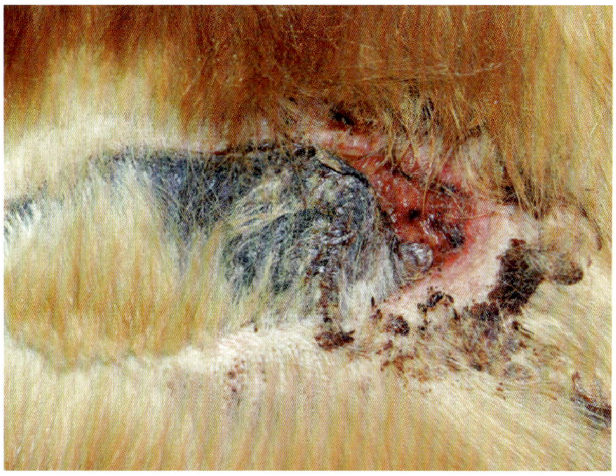

图 8-160 多形红斑和中毒性表皮坏死松解症。皮肤坏死的病变区，伴有溃疡和结痂。注意：界限清晰的边缘，这是皮肤药物反应的典型特征。

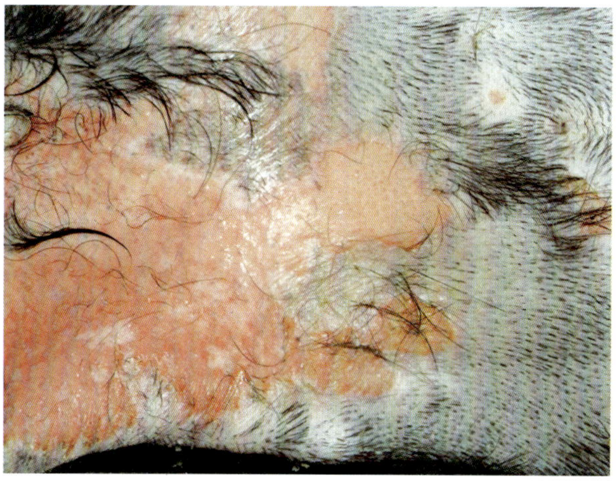

图 8-161 多形红斑和中毒性表皮坏死松解症。界限清晰的脱毛性糜烂是皮肤药物反应的典型特征，包括多形红斑。注意：经典的蛇形边缘。

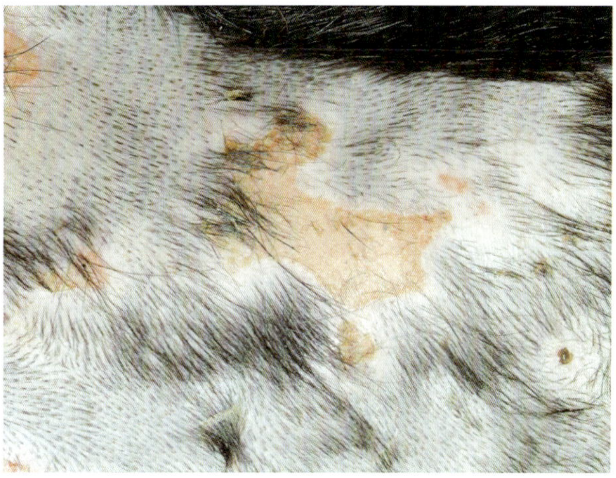

图 8-162 多形红斑和中毒性表皮坏死松解症。脱毛和糜烂的多病变区，边缘是典型的界限清晰的蛇形图案。

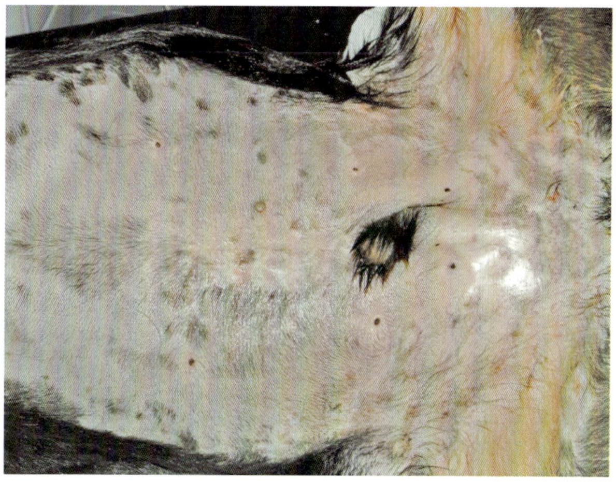

图 8-163 多形红斑和中毒性表皮坏死松解症。患病犬腹部的广泛病变。注意：大面积的界限清晰的糜烂性病变。

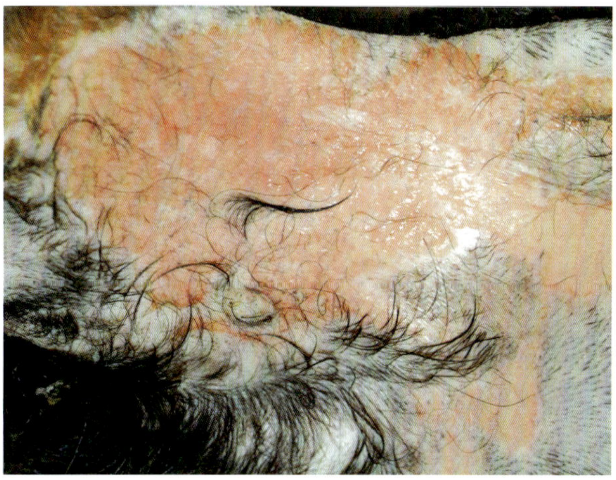

图 8-164 多形红斑和中毒性表皮坏死松解症。严重的糜烂性病变的近观，表示了这种疾病的典型边界类型。

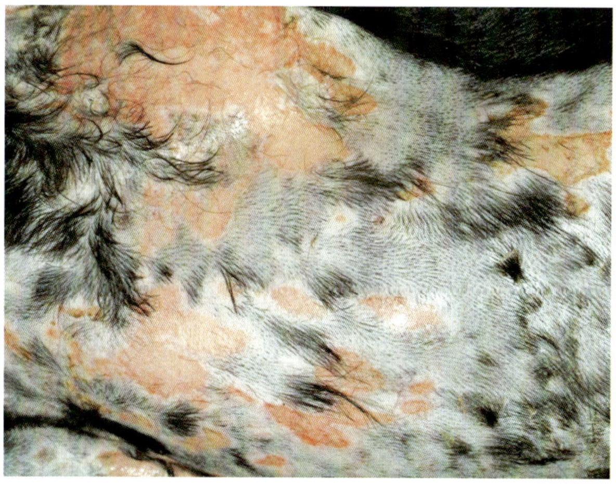

图 8-165 多形红斑和中毒性表皮坏死松解症。广泛性糜烂性皮炎位于患病犬的腹部。

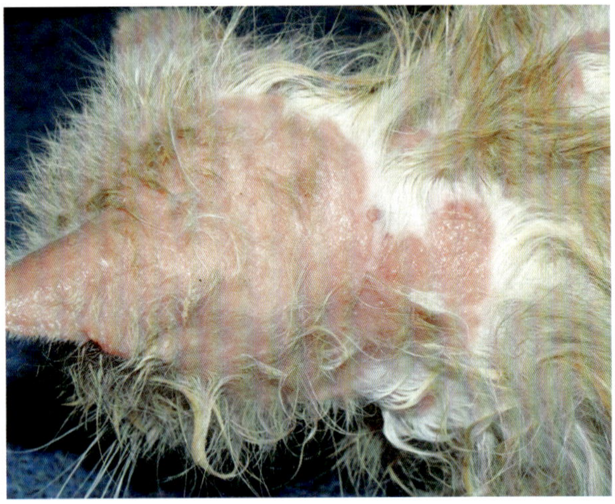

图 8-166 多形红斑和中毒性表皮坏死松解症。典型的、界限清晰的病变，见于皮肤药物反应和血管炎的猫。

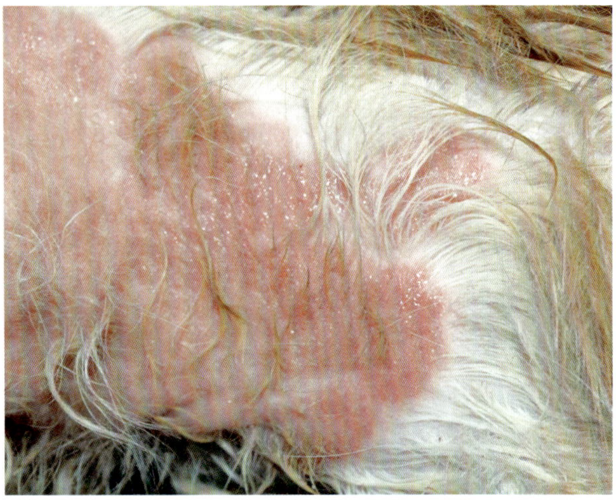

图 8-167 多形红斑和中毒性表皮坏死松解症。界限清晰的红斑性皮炎位于猫的颈部。

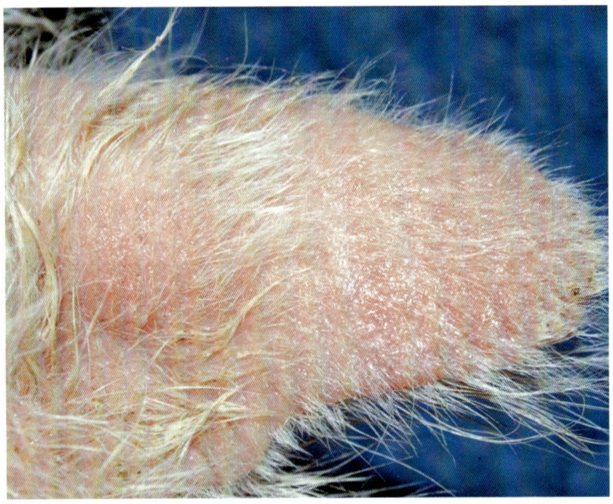

图 8-168 多形红斑和中毒性表皮坏死松解症。位于猫耳廓的严重红斑，伴有脱毛和皮屑形成。

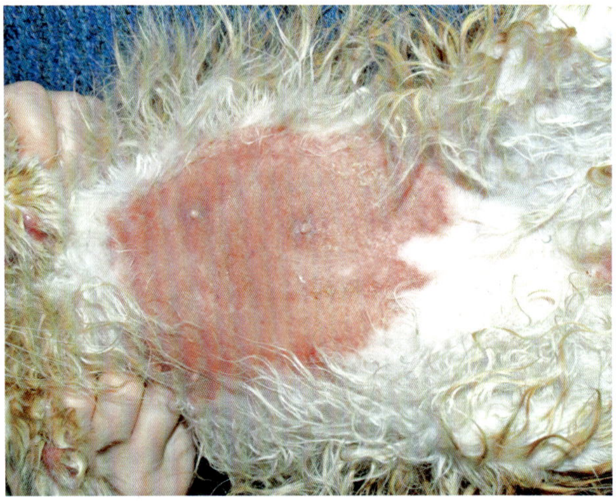

图 8-169 多形红斑和中毒性表皮坏死松解症。猫的界限清晰的局灶病变，含有严重红斑和脱毛。

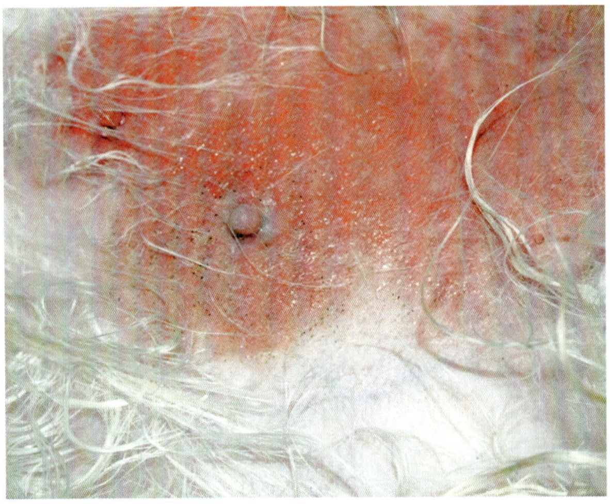

图 8-170 多形红斑和中毒性表皮坏死松解症。猫腹部的局灶性红斑和糜烂的近观。

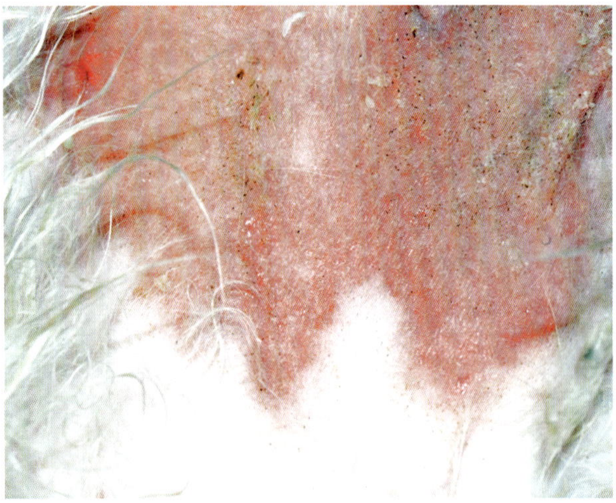

图 8-171 多形红斑和中毒性表皮坏死松解症。多形红斑病变典型特征的近观。注意：边缘锐利且界限清晰。

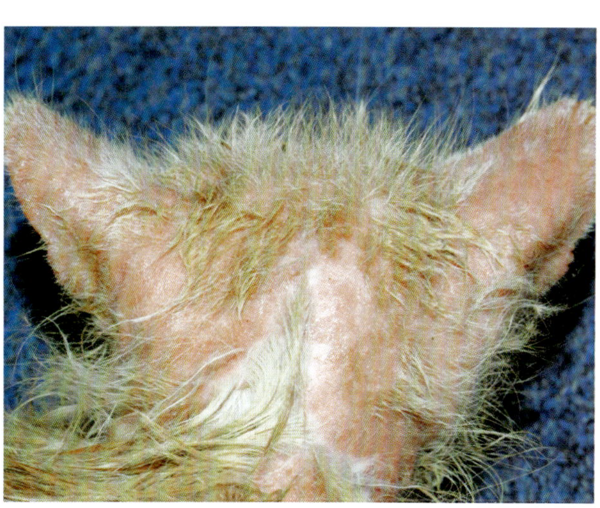

图 8-172　多形红斑和中毒性表皮坏死松解症。严重脱毛、红斑伴有糜烂和皮屑形成，位于患多形红斑的猫的头部。

图 8-173　多形红斑和中毒性表皮坏死松解症。中毒性表皮坏死松解症。界限清晰的坏死皮肤，这是由皮肤药物反应导致的。

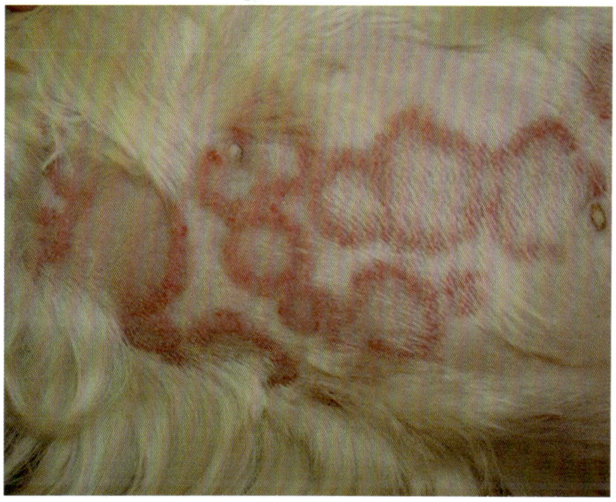

图 8-174　多形红斑。药物反应、血管炎或者自体免疫疾病引起的典型表现，为界限清晰的红斑病变。

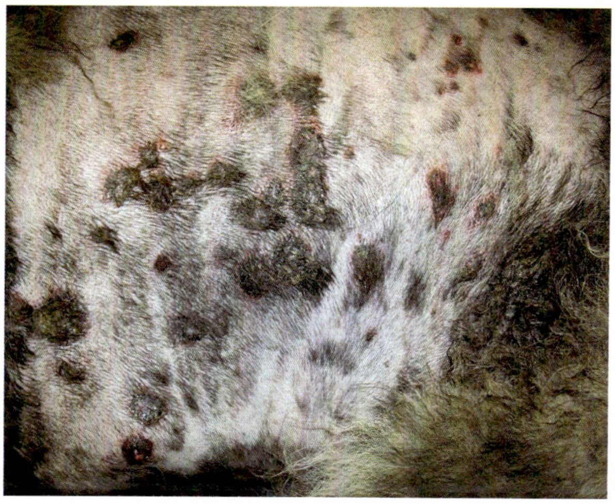

图 8-175　多形红斑。犬躯干部位严重糜烂和结痂的病变。

皮肤药物反应（药疹）
Cutaneous Drug Reaction (Drug Eruption)

特征

皮肤药物反应是一种对外部、口服或注射药物的皮肤或黏膜皮肤反应。药物不良反应可能发生在一次治疗以后，也可能发生在多次治疗后，或者治疗的数年以后都可发生。在犬猫不常见。

临床征象多种多样，包括丘疹、肿块、脓疱、水疱、大疱、紫癜、红斑。荨麻疹、血管性水肿、脱毛、多形红斑或中毒性表皮坏死松解症、皮屑或者表皮剥脱、糜烂、溃疡和外耳炎。病变可能是局部、多灶或弥散的，可能疼痛或瘙痒。同时可能出现发热、沉郁或跛行。

主要鉴别诊断

皮肤药物反应与许多其他皮肤病相似，尤其是其他的免疫介导性和自体免疫性皮肤病。具体哪些鉴别诊断取决于临床表现。

诊断

1. 最近药物使用史和排除其他类似疾病。
2. 血象：可见贫血、血小板减少、白细胞减少或增多。
3. 血清生化：各种不同的指标异常反应了其他器官的损伤情况。
4. 皮肤组织病理学（非诊断性的）：结果差异大，不同结果取决于病变的外观。

治疗和预后

1. 在病变发展前，停止使用所有疑似致病药物 2～4 周，并且不再使用任何相关药物，以及与现用药物有相似化学结构的药物。对于没有使用药物或接触过化学物的病例，应当彻底探查潜在感染性疾病或肿瘤。
2. 合理的对症治疗和支持治疗（如：漩涡浴、体液疗法、补充电解质、肠外营养）。为避免继发皮肤感染，使用全身性抗生素，但此抗生素不能与疑似致病药物有关联。
3. 治疗同落叶型天疱疮（表 8-1）。
4. 在更严重的病例，使用泼尼松治疗，2 mg/kg（犬）或 4 mg/kg（猫）口服，每 24 h 一次，可能有效。在 1～2 周内可能见到明显改善。在病变痊愈以后（2～8 周），药物剂量应当在 4～6 周的时间内逐渐减少。在大多数病例，类固醇疗法可以最终停止。
5. 对于顽固性病例，使用人类的静脉免疫球蛋白（IVIG）可能有效。按照生产商的推荐方法，将 5%～6% 的人类 IVIG 用生理盐水（0.9% NaCl）稀释后使用。然后按 0.5～1 g/kg 静脉输注，输注时间大于 4～6 h，24 h 内输 1～2 次。
6. 避免使用致病药物、任何相关药物或者有相似化学结构的药物。
7. 预后良好，除非病变累及多器官或大面积的表皮坏死。

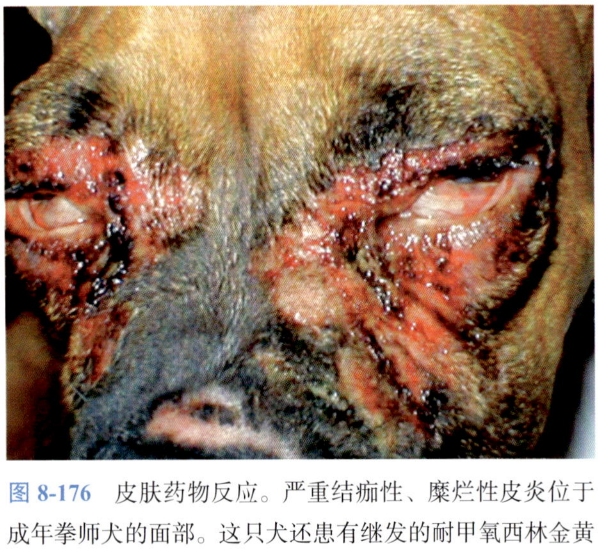

图 8-176 皮肤药物反应。严重结痂性、糜烂性皮炎位于成年拳师犬的面部。这只犬还患有继发的耐甲氧西林金黄色葡萄球菌感染，这可能来源于宠主，宠主在人的医疗行业工作。

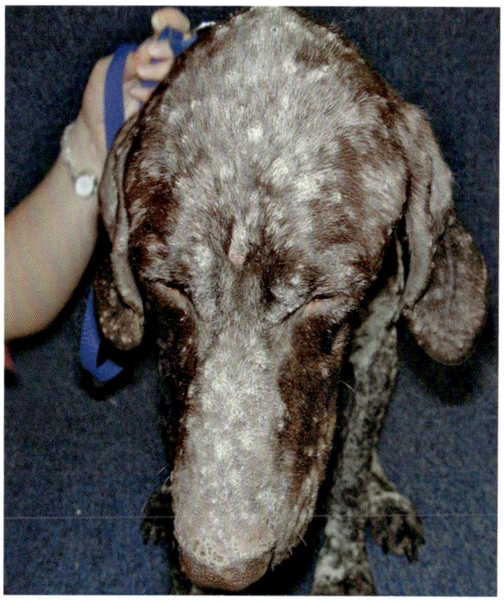

图 8-177　皮肤药物反应。多处脱毛、结痂性丘疹覆盖了整个头部。这种丘疹性皮炎是由于使用全身性抗生素造成的。

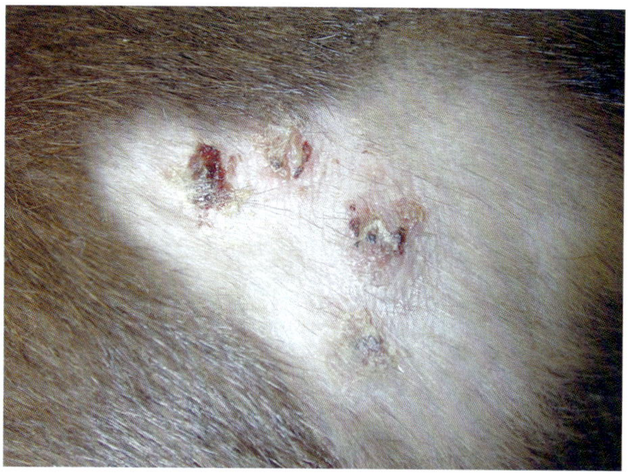

图 8-178　皮肤药物反应。多个局灶性结痂丘疹位于躯干部。

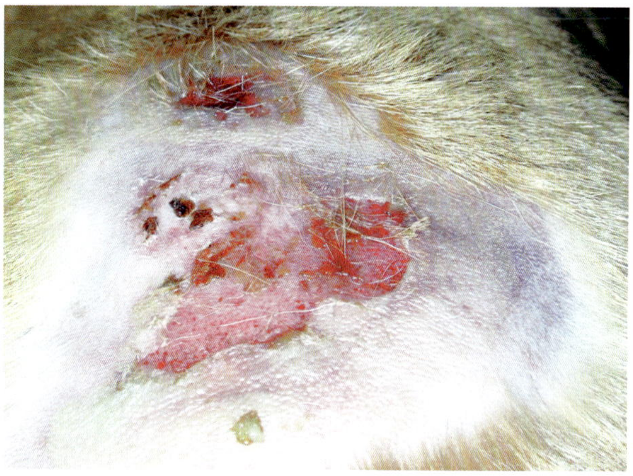

图 8-179　皮肤药物反应。糜烂性皮炎伴有结痂形成的病变。注意：界限清晰的蛇形边缘，这是血管炎、皮肤药物反应和自体免疫皮肤病的典型特征。

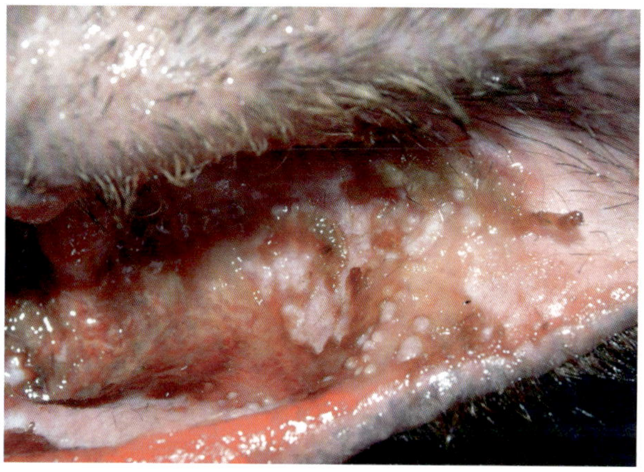

图 8-180　皮肤药物反应。溃疡性皮炎位于耳廓。表皮再生岛起源于毛囊。

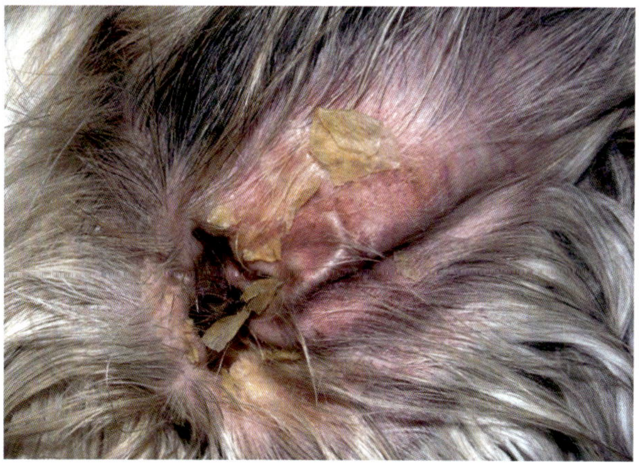

图 8-181　皮肤药物反应。位于耳廓的红斑性皮炎，伴有黏附表皮的大薄片。皮炎是由于耳药外部治疗所导致。

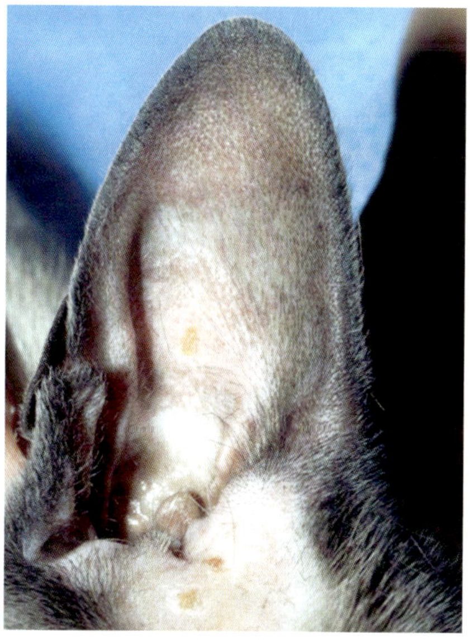

图 8-182　皮肤药物反应。红斑性肿块伴有界限清晰的蛇形边缘，位于猫的耳廓。这种奇特的皮炎是由于使用全身性抗生素造成的。

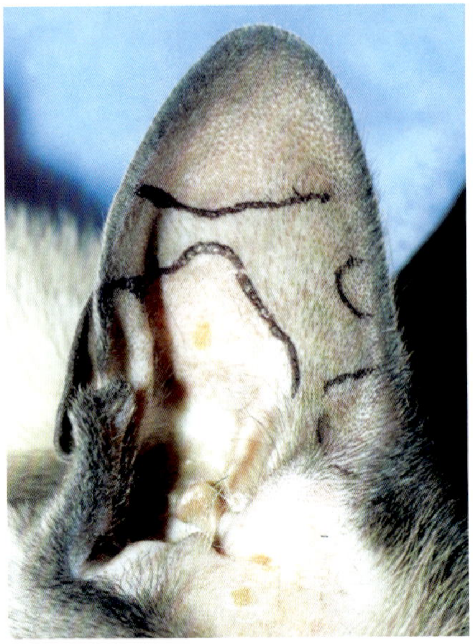

图 8-183 皮肤药物反应。图 8-182 中的猫。病变的蛇形边缘使病变更加明显。

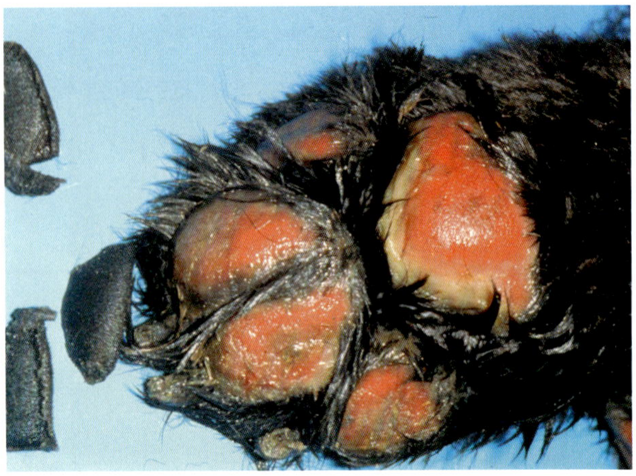

图 8-184 皮肤药物反应。爪垫脱落，遗留下溃疡病变（自 P.White）。

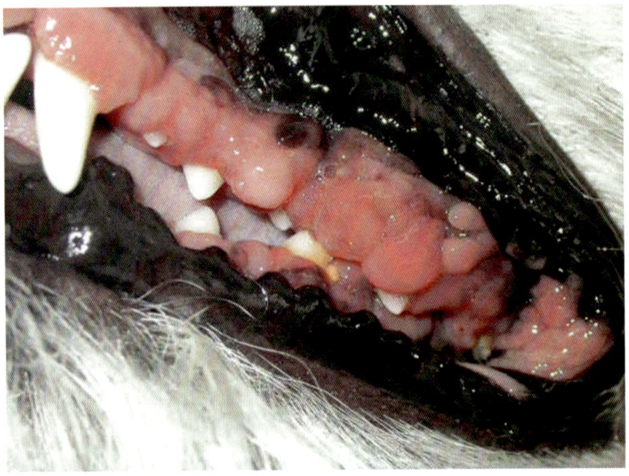

图 8-185 皮肤药物反应。牙龈增生是一种不常见的环孢菌素不良反应。增生通常在停药后恢复（自 S.Sargent）。

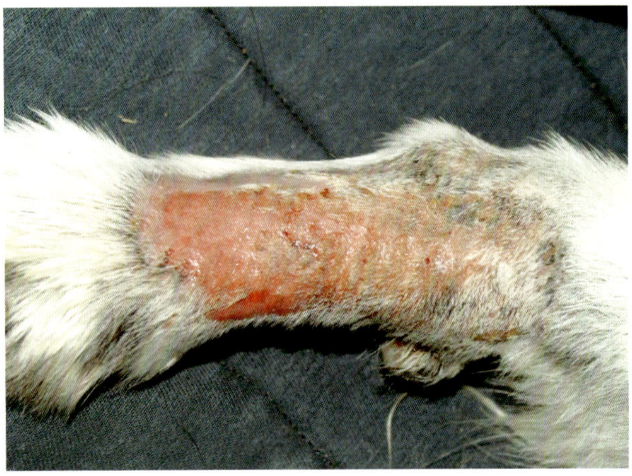

图 8-186 皮肤药物反应。局部放射治疗反应，位于犬的腕骨处。

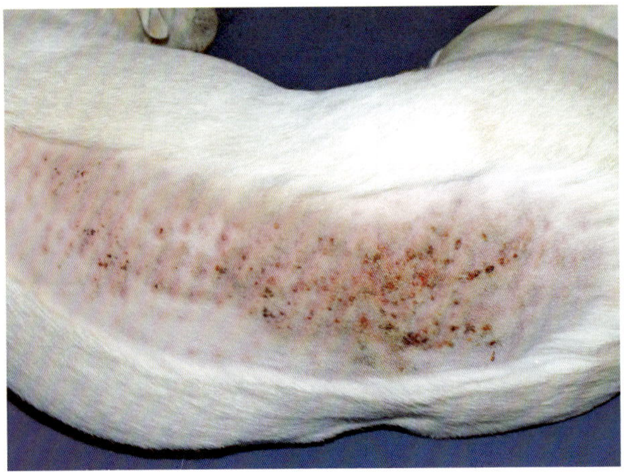

图 8-187 皮肤药物反应。深层、大量、点状病变局限于背部，并且在洗澡后的数小时至数天内出现，这是洗澡后毛囊炎和疖病的独特表现。

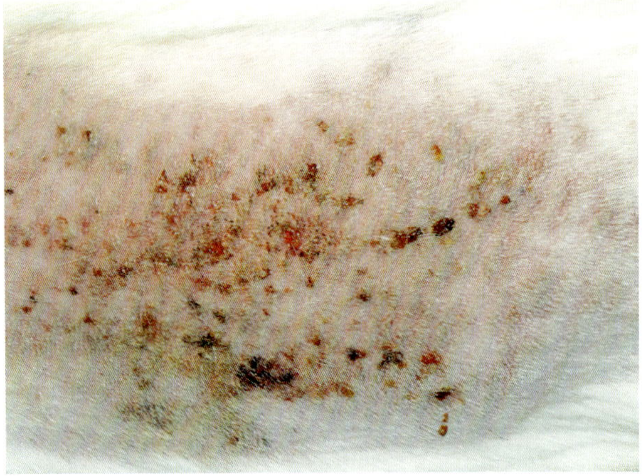

图 8-188 皮肤药物反应。图 8-174 中的犬。大量点状病变位于背部，这是洗澡后毛囊炎和疖病的独特表现。

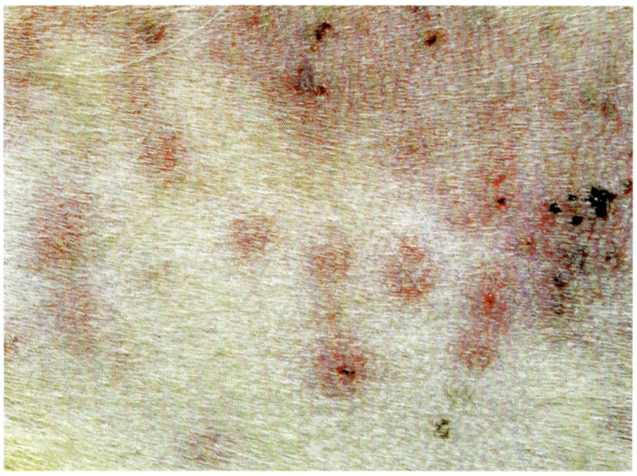

图 8-189　皮肤药物反应。图 8-187 中的犬。局部点状病变的近观。

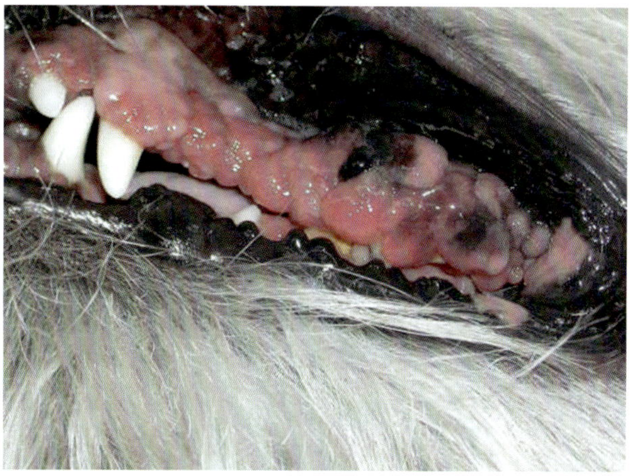

图 8-190　皮肤药物反应。使用环孢菌素治疗后出现牙龈增生（自 S.Sargent）。

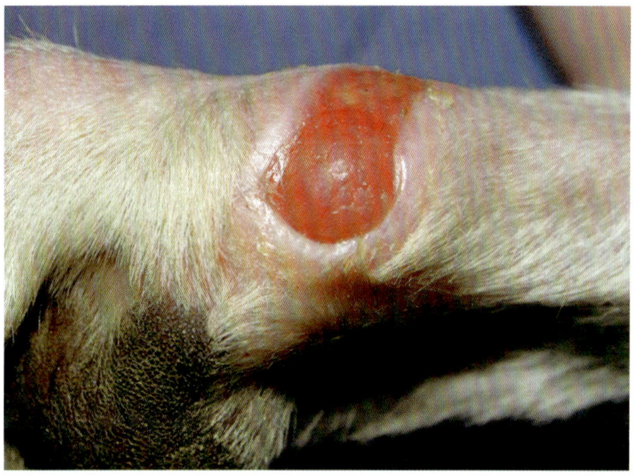

图 8-191　皮肤药物反应。由放射治疗导致的局部病变。

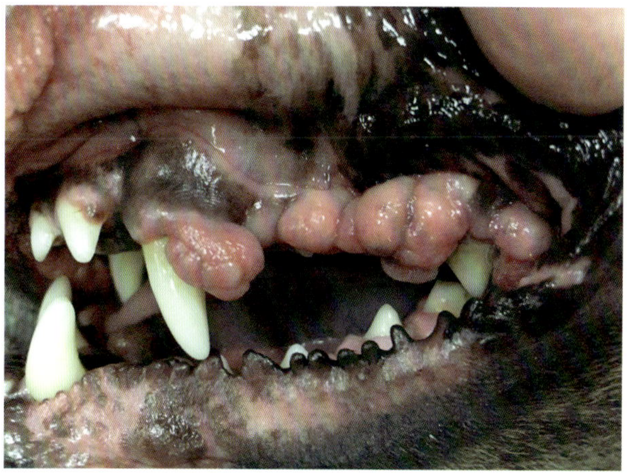

图 8-192　皮肤药物反应。犬环孢菌素治疗导致牙龈增生。当停药后病变通常自愈。

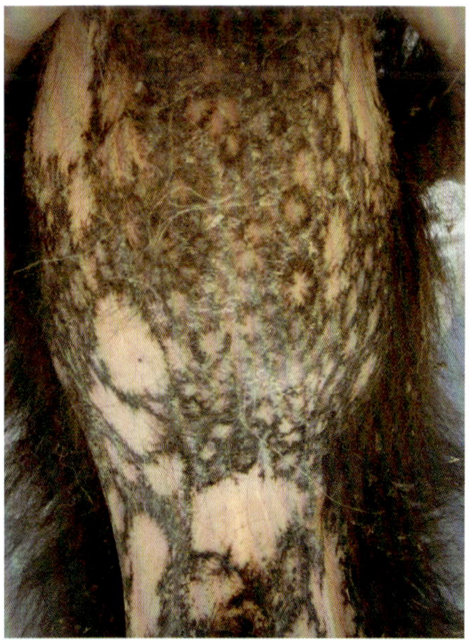

图 8-193　皮肤药物反应。患有慢性多形红斑的犬出现严重脱毛、色素减退和色素过度沉着。

注射反应和狂犬病疫苗注射后脱毛
Injection Reaction and Post–Rabies Vaccination Alopecias

特征

局灶性脱毛发生于狂犬病疫苗、吡喹酮、糖皮质激素或复方孕激素的皮下注射部位。不常见于犬和猫。

在注射后 2～4 个月内，注射部位（肩部、背部、大腿外侧）出现局灶性圆形或卵圆形脱毛。对于犬，如果病变是由糖皮质激素或孕激素诱导的，那么患病皮肤通常变薄、萎缩和色素减退。对于狂犬病疫苗注射后的犬，注射部位病变呈 2～5 cm 直径的，慢慢扩大的、扁平或轻度硬化的脱毛斑，伴有各种红斑，可能发展为轻度皮屑、有光泽且中心色素沉着。极少见情况下，狂犬病疫苗诱导的局灶性脱毛在 1～5 个月后，由于血管炎而发展成多灶性皮肤病变。对于猫，瘙痒、溃疡、肿块状至结节状病变，以及与犬相似的源于狂犬病疫苗注射的病变，都与注射反应有关。

主要鉴别诊断

犬

局灶性蠕形螨、皮肤癣菌病、浅层脓皮病、斑秃和外部类固醇反应。

猫

局灶性蠕形螨、皮肤癣菌病、特发性溃疡性皮肤病和肿瘤。

诊断

1. 基于病史、临床表现和排除其他类似疾病。
2. 皮肤组织病理学：对于狂犬病疫苗注射反应，可见在真皮深层和脂膜层，出现淋巴细胞、浆细胞和组织细胞的结节性血管周聚集。对于糖皮质激素或孕激素注射反应，可见真皮和皮脂腺的不同程度的萎缩。

治疗和预后

1. 对于犬，通常不需要治疗。被毛可自然再生，但是可能需要长达 1 年的时间。
2. 己酮可可碱 25 mg/kg 每 12 h 口服一次，连用 3～4 个月。
3. 四环素和烟酰胺或强力霉素（表 8-1）可能有效。
4. 必需脂肪酸（180 mg EPA/10 磅）可能减少炎症。
5. 对于犬，如果由狂犬病疫苗诱导的病变不断扩大，使用泼尼松治疗可能有效。给予泼尼松，最初 0.5 mg/kg 每 12 h 口服一次和逐渐减少到 0.5 mg/kg 每 48 h 口服一次。病变能停止扩大，但被毛不一定再生。
6. 外部治疗包括类固醇和他克莫司（每 12～72 h 使用一次，以控制炎症）。
7. 对于犬，如果病变处仍持续脱毛，外科切除以治愈。
8. 对于有瘙痒性病变的猫，用药可能很难控制病情。使用全身性抗生素来防止继发感染。
9. 对于患慢性病变的猫，考虑外科切除病变。
10. 预后通常良好，但被毛不一定再生，或者颜色改变。

注射反应与后期注射狂犬病疫苗的分布模式

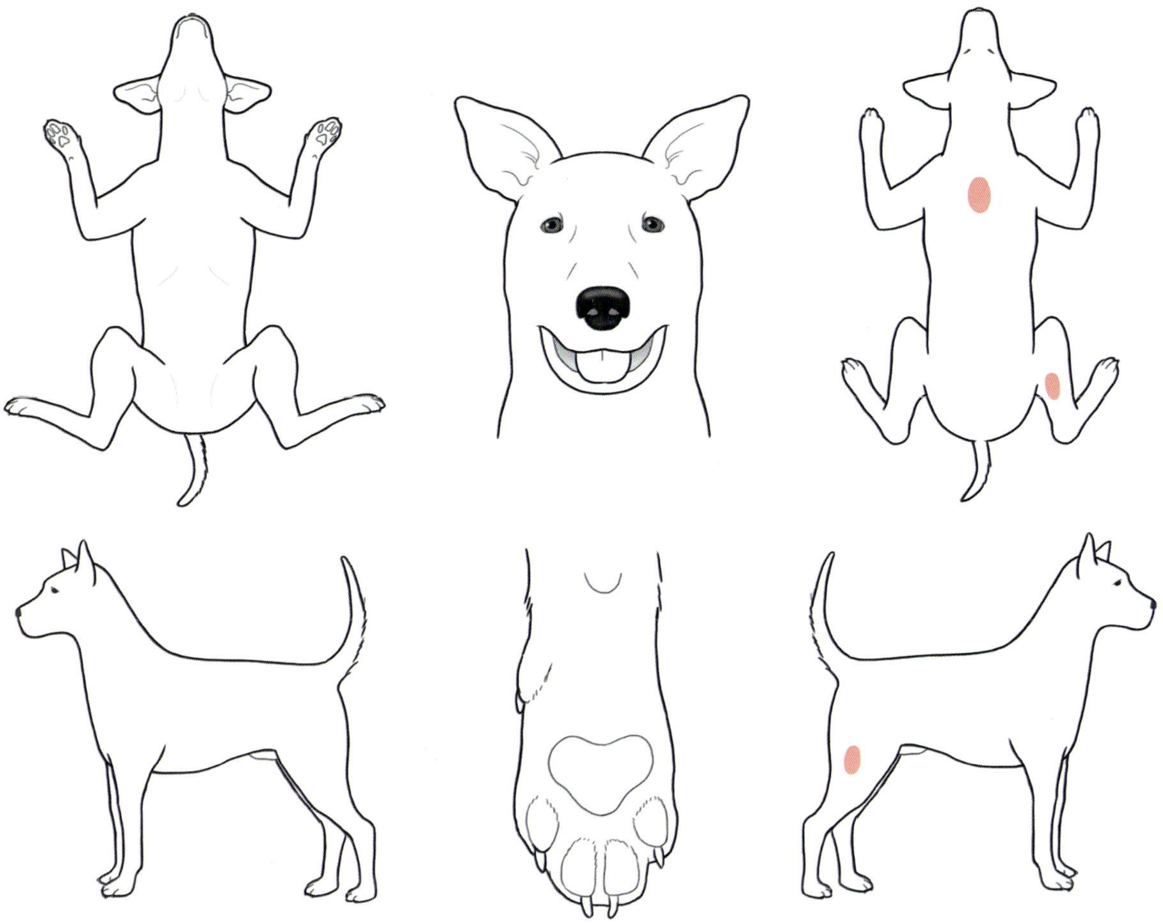

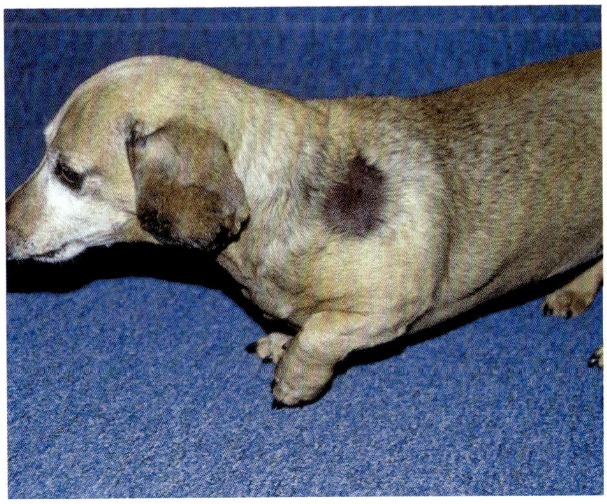

图 8-194　注射反应。成年腊肠犬的局灶性脱毛和色素沉着，位于疫苗注射部位。

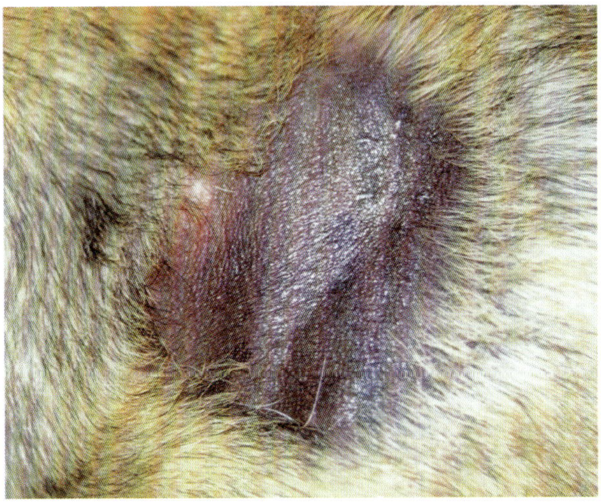

图 8-195　注射反应。图 8-179 中的犬。可见局灶性脱毛和色素沉着。没有溃疡性血管炎和继发感染。

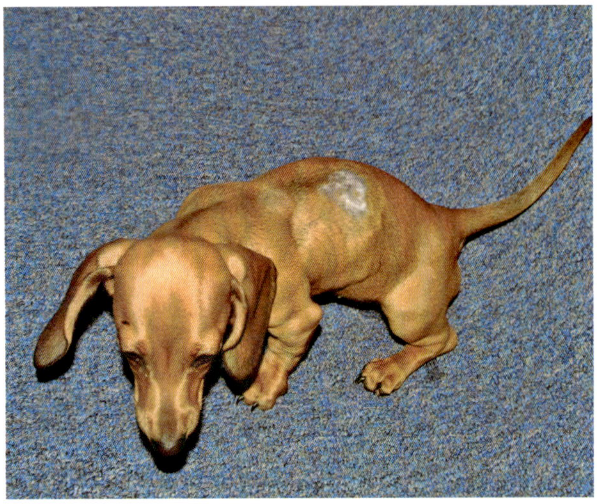

图 8-196　注射反应。幼年腊肠犬的局灶性脱毛，位于背部。这是由疫苗注射引起的。

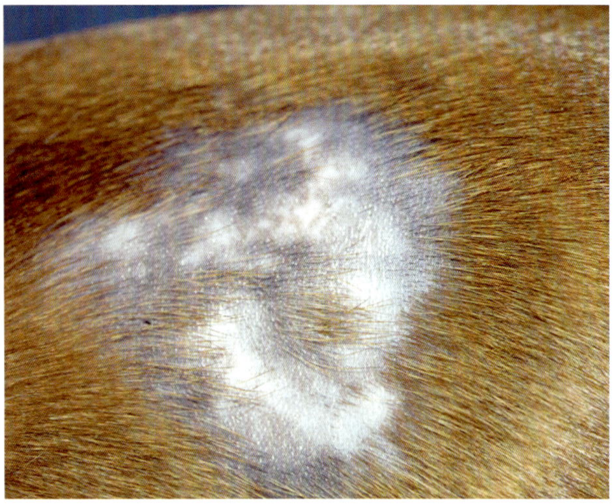

图 8-197　注射反应。图 8-181 中犬的近观。局灶性脱毛和色素沉着位于背部。没有溃疡性血管炎和继发感染。

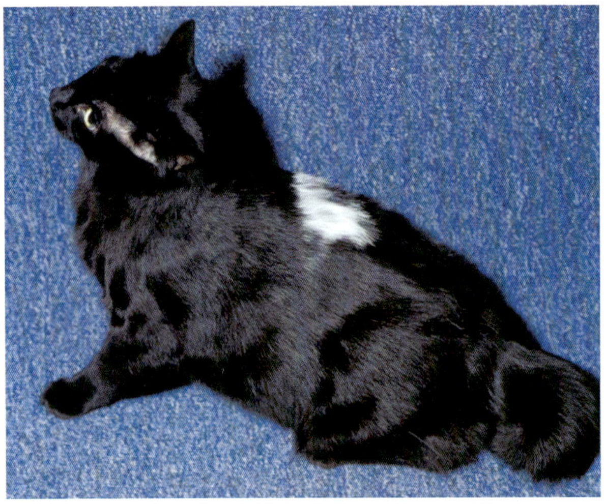

图 8-198　注射反应。类固醇注射后的短时间内出现局部被毛变白（白毛症）。

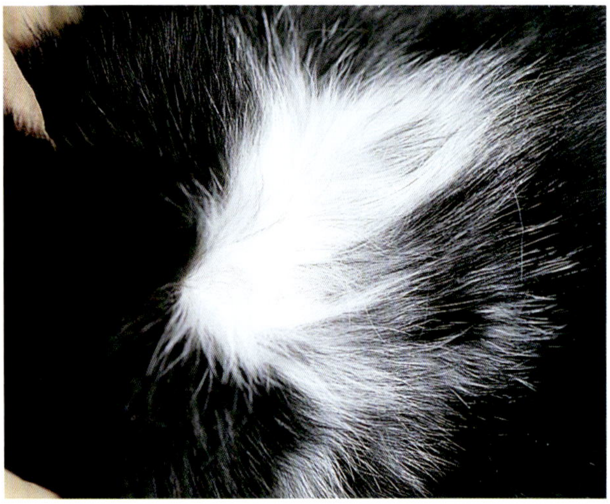

图 8-199　注射反应。图 8-183 中猫的近观。可见注射部位的局灶性白毛症。

第 9 章　遗传性、先天性和获得性脱毛
Hereditary, Congenital and Acquired Alopecias

- 过度脱毛
- 无毛品种
- 犬甲状腺功能减退
- 犬肾上腺皮质功能亢进（库兴氏综合征）
- 剃毛后脱毛
- X 脱毛（肾上腺性激素失衡，先天性肾上腺增生，去势反应性皮肤病，成年始发生长激素过少症，生长激素反应性皮肤病，伪库兴氏综合征，蓬松毛犬种毛囊静止，毛发周期停滞）
- 猫副肿瘤性脱毛 / 皮炎
- 猫肾上腺皮质功能亢进
- 性激素皮肤病——未去势公犬
- 性激素皮肤病——未绝育母犬
- 先天性稀毛症
- 色素稀释性脱毛（色素突变性脱毛）
- 黑毛毛囊发育不良
- 犬模型脱毛
- 灵猩特发性秃股综合征
- 犬复发性胁腹脱毛（季节性胁腹脱毛，周期性胁腹脱毛，周期性毛囊发育不良）
- 多因素犬毛囊发育不良
- 猫耳前和耳廓脱毛
- 毛发生长期和终止期大量脱毛
- 牵拉性脱毛
- 簇状脱毛
- 猫精神性脱毛（神经性皮炎）

过度脱毛
Excessive Shedding

特征

脱毛是犬猫的一种正常生理现象，但部分个体要比其他动物脱毛更严重，这是宠主经常抱怨的事。有些动物在春季和秋季脱毛较其他季节多，还有有些全年脱毛。尽管这些动物持续脱毛，却没有簇状脱毛或其他皮肤异常。虽然毛发易脱落，但不会造成局部无毛的情况。

主要鉴别诊断

鉴别诊断包括浅表脓皮病，皮肤癣菌病，蠕形螨病，毛发生长期和终止期大量脱毛以及内分泌性脱毛。

诊断

根据病史、临床症状并排除其他类似疾病进行诊断。

治疗和预后

1. 每天梳理动物的毛发，清理掉即将脱落的毛发。
2. 确保日粮平衡。
3. 每日给予足量脂肪酸可能有助于脱毛状况的缓解。
4. 有时户外饲养的动物移至屋内饲养可能会改善脱毛状况，反之亦然。
5. 预后良好。尽管过度脱毛会让主人感到厌烦，但脱毛动物没有其他健康问题。

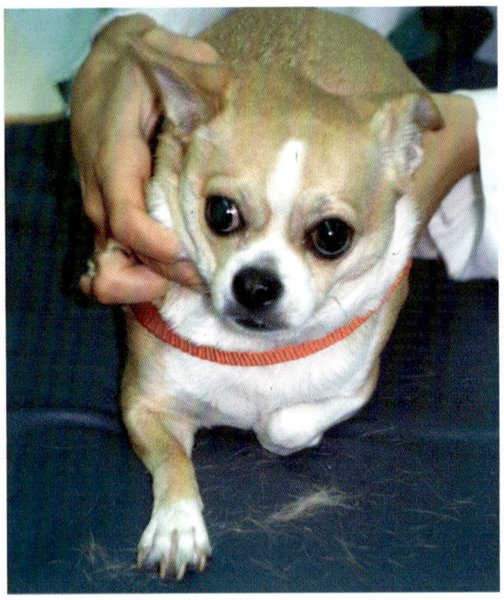

图 9-1　过度脱毛。图中成年吉娃娃有过度脱毛症状。未发现皮肤或全身异常。

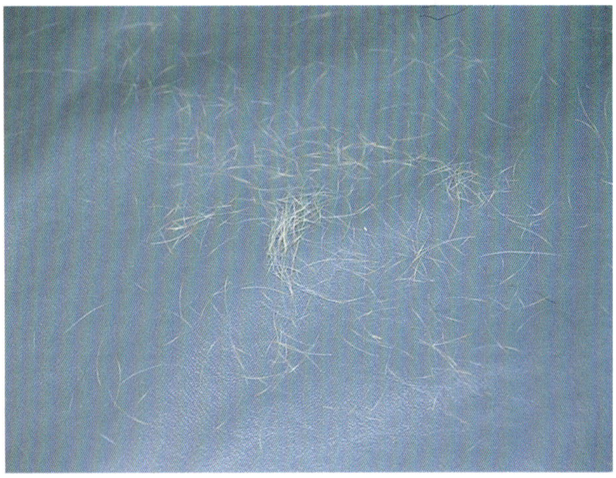

图 9-2　过度脱毛。图 9-1 中的犬在几分钟内脱落大量的毛发。

无毛品种
Alopecic Breeds

特征

这类犬、猫是人为培养的无毛品种，包括墨西哥无毛犬、中国冠毛犬、印加无毛犬、美国无毛㹴和斯芬克斯猫。

这些品种的犬、猫典型特征为出生时躯干部无毛。轻度继发脓皮病或皮脂溢可能会见于这类犬。斯芬克斯猫因为不愿意洗澡，常可见全身油腻、皮脂溢，有恶臭味。粉刺和粟粒疹也常见于这类犬。

诊断

1. 根据症状、病史和临床症状进行诊断。

2. 皮肤组织病理学检查：毛囊萎缩、数量减少或缺失。相似的情况也可见于毛囊的附属组织。常见毛囊扩张和过度角化。

治疗和预后

1. 当黑头粉刺和囊性毛囊发生感染时，合理使用抗菌香波和全身性抗生素治疗脓皮病。

2. 使用适合的产品，以轻柔的除去角质并软化皮肤，如抗皮脂溢性毛囊冲刷（粉刺分解）香波、护毛素、喷雾剂、摩丝。

3. 对于更严重的病例，外涂类维生素 A（0.1% 他扎罗汀凝胶，0.025% 维生素 A 酸凝胶或 0.1% 阿达帕林凝胶），每 24～72 h 一次，联合口服维生素 A，10 000 IU，口服，每 24 h 一次，可能有效。使用粉刺贴，轻柔粘去毛囊栓。

4. 预后良好。这种动物以无毛为特征。

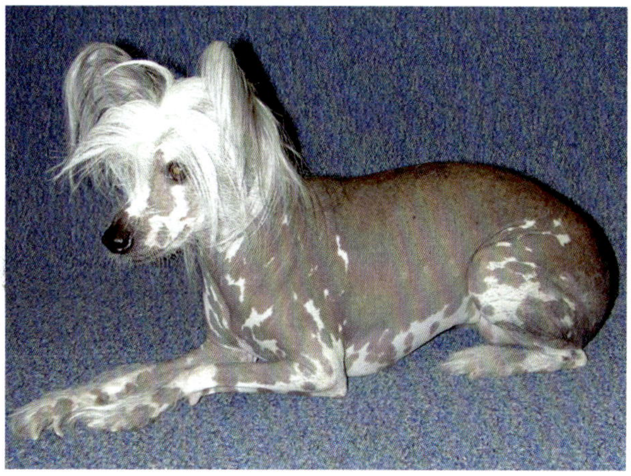

图 9-3　无毛品种。中国冠毛犬可见躯干无毛，这是该品种的典型特征。

图 9-4　无毛品种。斯芬克斯猫，展示了这个品种所有的脱毛特征。

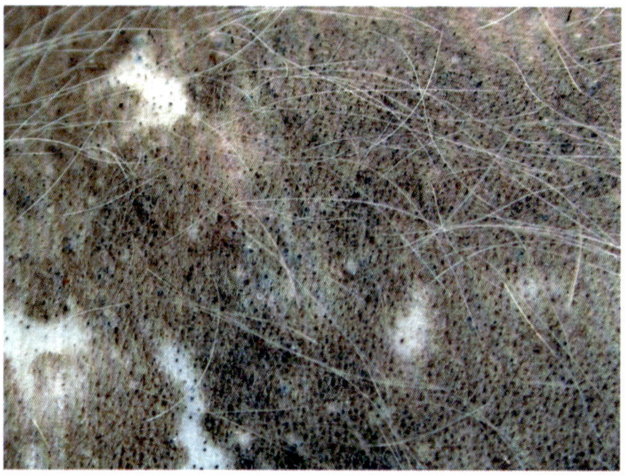

图 9-5　无毛品种。成年中国冠毛犬躯干上的大量粉刺。

图 9-6　无毛品种。具有该品种典型面部脱毛的中国冠毛犬。

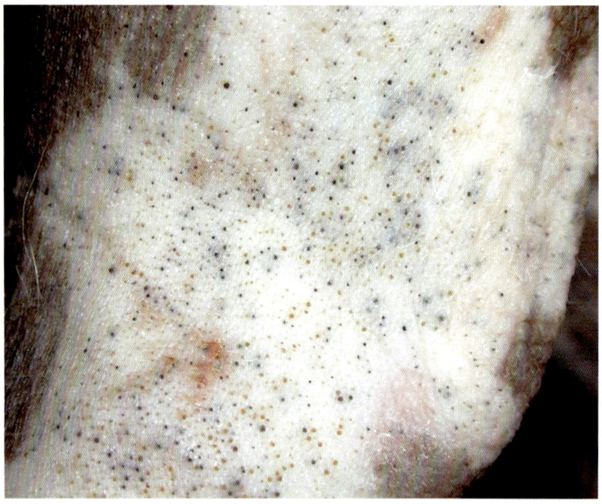

图 9-7　无毛品种。在中国冠毛犬大腿内侧的大量粉刺。

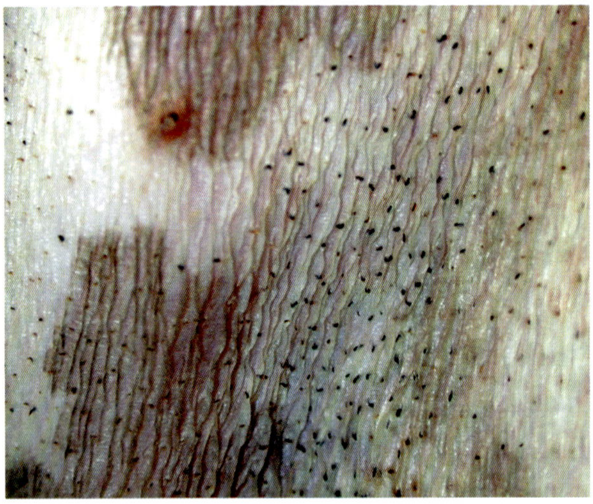

图 9-8　无毛品种。腹部大量粉刺。

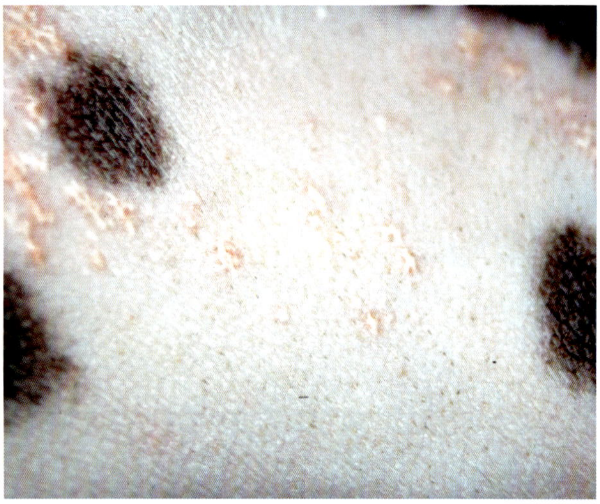

图 9-9　无毛品种。随着时间的推移，闭塞的毛囊形成了粟粒疹，表现为白色、丘疹状的病变特征。

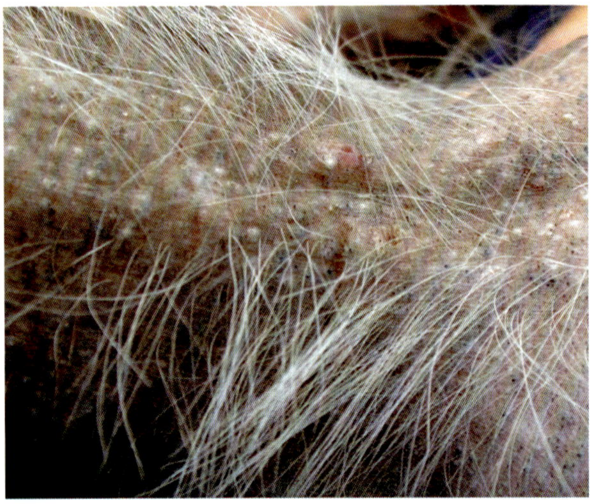

图 9-10　无毛品种。老年中国冠毛犬颈部的大量粉刺和粟粒疹。

犬甲状腺功能减退
Canine Hypothyroidism

特征

这种内分泌性疾病是原发性甲状腺功能障碍所引起，常由淋巴细胞性甲状腺炎或特发性甲状腺萎缩所导致。常见于犬，中年和老龄犬发病率最高。偶有大型犬和巨型犬在青年期发病。先天性甲状腺功能减退极罕见。

皮肤症状多样，某些犬可见鼻梁脱毛，毛发粗糙无光泽、干燥、变脆。患犬可能双侧对称性脱毛，毛发易脱落。脱毛处皮肤色素过度沉着，皮肤增厚或者触摸皮温较低。由于皮肤黏蛋白沉积造成面部皮肤增厚和下垂，慢性干性或油性皮脂溢，耵聍性耳炎都可能见到。皮脂溢和耳炎可能是继发的酵母菌和细菌所引起。对于某些犬，仅有的症状可能是反复发作的脓皮病，或者成年后发作的全身性蠕形螨感染。瘙痒不是甲状腺功能减退的主要症状，如果存在瘙痒，说明继发了脓皮病、马拉色菌感染或者蠕形螨病。甲状腺功能减退的非皮肤症状多样，可能包括攻击性，嗜睡，精神迟钝，运动障碍，体重增加或肥胖，喜温（不耐寒），心率迟缓，神经肌肉机能障碍或胃肠道症状，中枢神经系统障碍（如头痛，眼球震颤，轻度偏瘫，颅神经功能障碍，运动范围过度），以及生殖系统问题（如性欲减退，乏情期延长，不孕不育）。患有先天性甲状腺功能减退的幼犬常为不成比例的侏儒形，四肢和脖颈的长度比正常犬短。

主要鉴别诊断

鉴别诊断包括其他原因导致的内分泌性脱毛，浅表脓皮病，马拉色菌性皮炎及蠕形螨病。

诊断

1. 排除其他类似疾病。

2. 血常规和血清生化检查：非特异性指标可能会见到轻度的非再生障碍性贫血，高胆固醇血症，或肌酸激酶升高。

3. 皮肤组织病理学检查：常见脓皮病，马拉色菌性皮炎，皮脂溢的非特异内分泌性变化。如果有皮肤黏蛋白沉积症的病理学变化，则高度提示甲状腺功能减退，但该现象在某些品种的犬（如沙皮犬）为正常表现。

4. 测定血清总甲状腺素（TT_4），平衡透析法测游离甲状腺素（FT_4），以及内源性促甲状腺素（TSH）试验：低 TT_4，低 FT_4，高 TSH 水平，则高度提示甲状腺功能减退，但 TT_4 和 TSH 可能出现假阳性和假阴性结果。例如，尽管 TT_4 是一个很好的筛查试验，但不应单独做为甲状腺功能减退的诊断，因其血清水平容易受到外界因素的影响而升高或降低，如自身抗体、药物治疗等非甲状腺疾病（框 9-1）。

框 9-1 影响犬血清总甲状腺素水平（TT_4）的因素和药物

TT_4 值降低
- 正常的每小时波动
- 非甲状腺疾病
- 长期禁食
- 年龄大于 7 岁
- 灵猩品种
- 自身抗体
- 苯巴比妥
- 呋噻咪
- 糖皮质激素
- 磺胺类药物
- 非甾体类抗炎药（如力莫敌、依托度酸）
- 水杨酸盐类
- 三环抗抑郁药
- 布他酮
- 米托坦
- 全身麻醉

TT_4 值升高
- 正常的每小时波动
- 疾病恢复期
- 年龄小于 3 个月
- 肥胖
- 自身抗体
- 间情期，怀孕
- 雌激素
- 黄体酮
- 胰岛素
- 麻醉性镇痛药

治疗和预后

1. 合理的外用和全身用药治疗所有继发的皮脂溢，脓皮病，马拉色菌性皮炎，蠕形螨病。

2. 左旋甲状腺素 0.02 mg/kg，口服，每 12 h 一次，直至症状缓解（8～16 周）。某些犬随后按 0.02 mg/kg，口服，每 24 h 一次，可以维持症状；另有些患犬可能需要每日 2 次的方式终生用药维持。

3. 并发心脏病的患犬应先用少量左旋甲状腺素，然后逐步增加剂量。开始剂量为 0.005 mg/kg，口服，每 12 h 一次，逐渐按每 2 周增加 0.005 mg/kg，直至达到 0.02 mg/kg，每 12 h 一次。

4. 经过 2～4 个月的治疗，给药后 4～6 h 检测血清 TT_4，数值应高于甚至超过正常值的上限。如果检测值水平低于或在正常值范围内，且临床症状改善轻微，则应加大左旋甲状腺素剂量，并且在 2～4 周后再次测定血清 TT_4 浓度。

5. 如果因药物过量导致甲状腺功能亢进症状出现（如烦躁、呼吸急促、多饮、多尿），则应评估血清 TT_4 水平。如果血清 TT_4 水平明显升高，应暂停给药直至药物的不良反应消失；之后降低给药剂量和 / 或减少给药次数继续治疗。

6. 终身补充甲状腺素预后良好，尽管甲状腺功能减退导致的神经肌肉异常不一定完全恢复。

作 者 注

甲状腺功能减退被过度诊断为犬各种形式皮肤和耳病的潜在原因。甲状腺功能减退常被错误地归咎于皮肤和耳病的潜在原因。为什么？因为经常过分关注“甲状腺检测”的结果，而不是临床表现，包括病征、发病年龄、症状和疾病分布模式。非先天性甲状腺功能减退的发生通常为大于等于 4 岁的中、大型犬种。除非皮肤或耳朵存在继发感染，否则不会出现瘙痒。皮屑过多或者毛质、毛色改变，剃毛后脱毛，部分脱毛对称分布，严重磨损区域出现脱毛，以及耵聍性耳炎是最常见的皮肤病学症状。当患宠没有全身疾病或服用可能干扰检测结果的药物时，甲状腺检查结果必须根据上述和皮肤外症状进行判读。总体而言，TT_4 检测最适用于证明甲状腺功能正常，而不是甲状腺功能减退症。

甲状腺功能减退的分布模式

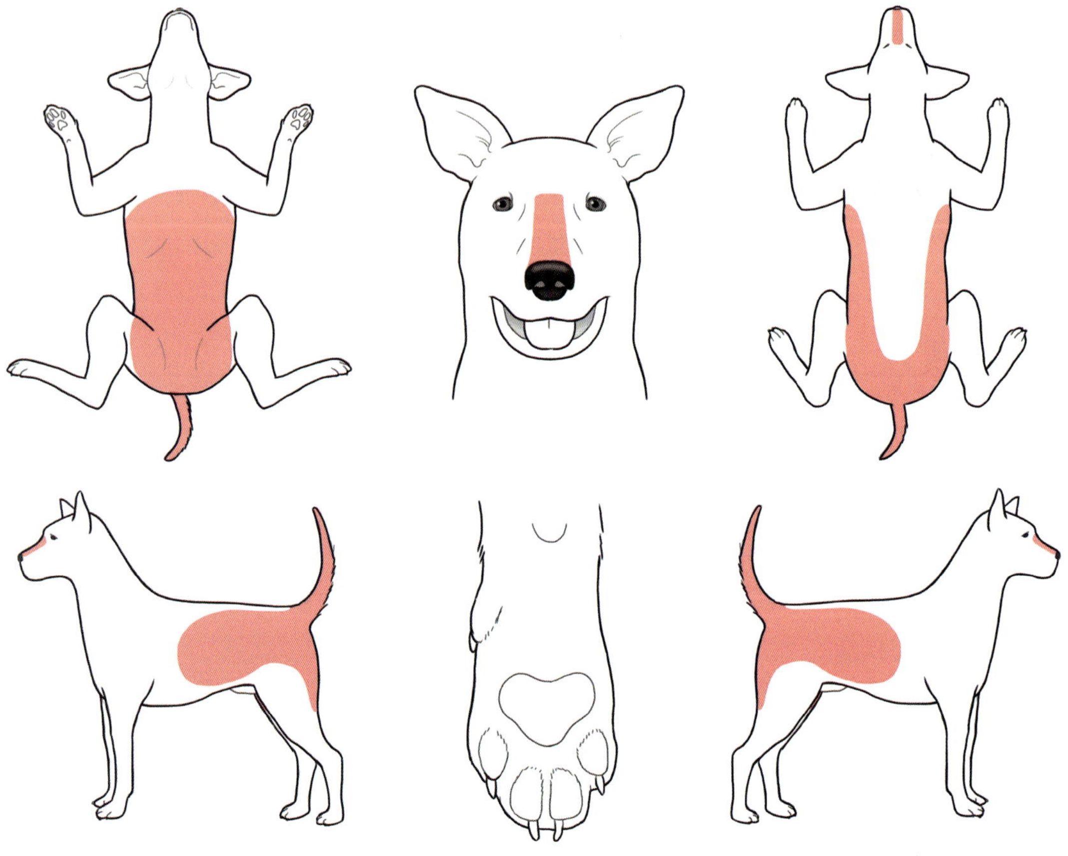

图 9-11　犬甲状腺功能减退。患甲状腺功能减退的肥胖罗威纳犬。注意双侧对称性脱毛为该病特征性症状。

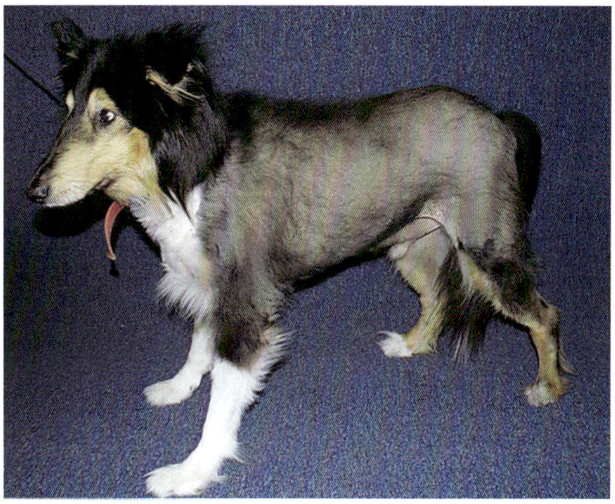

图 9-12　犬甲状腺功能减退。成年柯利犬躯干泛发性脱毛。

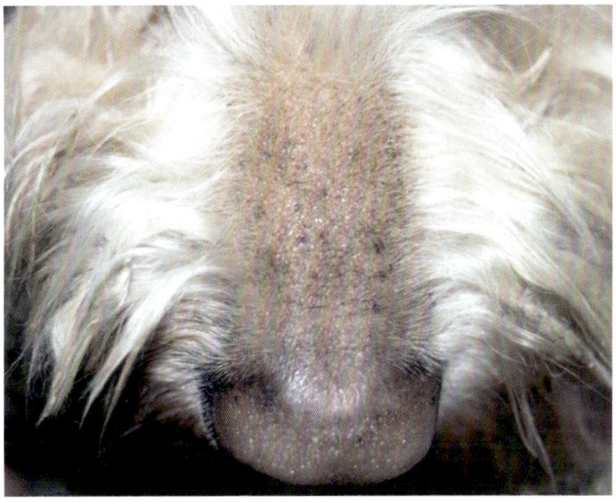

图 9-13　犬甲状腺功能减退。鼻梁轻度脱毛可能是甲状腺功能减退的早期症状。

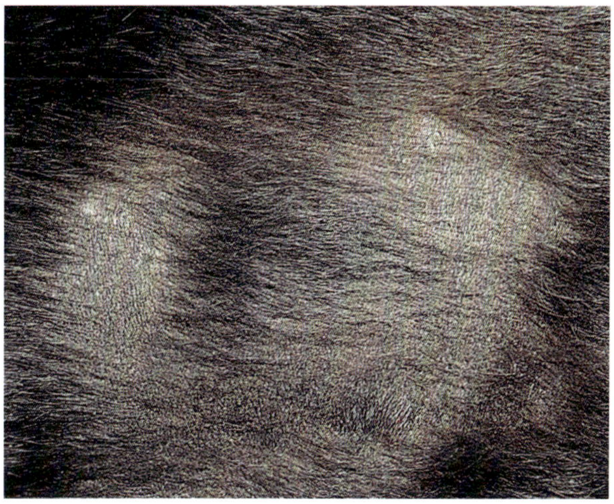

图 9-14　犬甲状腺功能减退。躯干脱毛和色素过度沉着，没有继发浅表脓皮病的迹象。

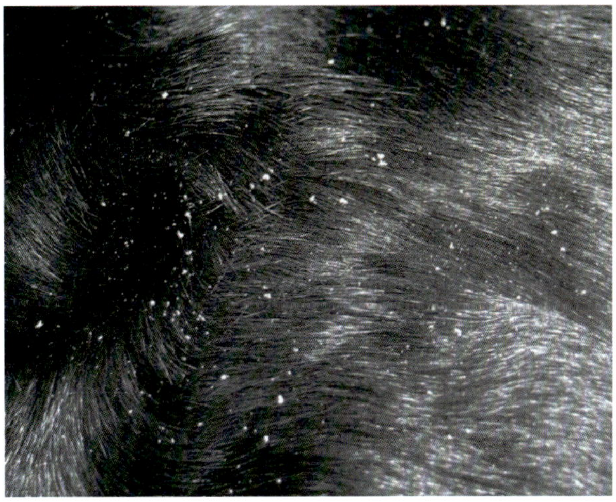

图 9-15　犬甲状腺功能减退。泛发性干性皮脂溢可能由多种潜在因素引起，其中包括甲状腺功能减退。

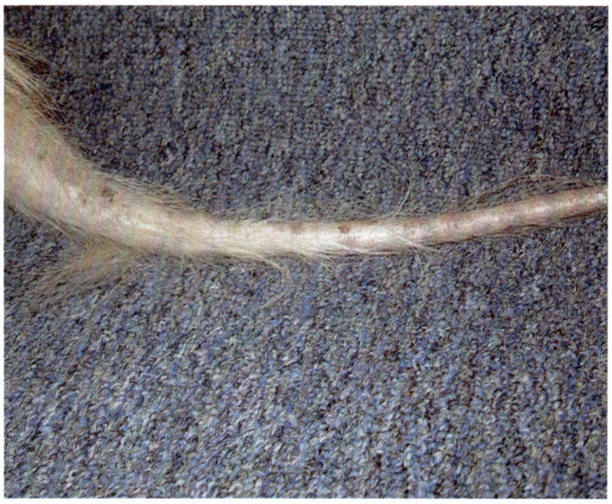

图 9-16　犬甲状腺功能减退。甲状腺功能减退引起整个尾部脱毛。

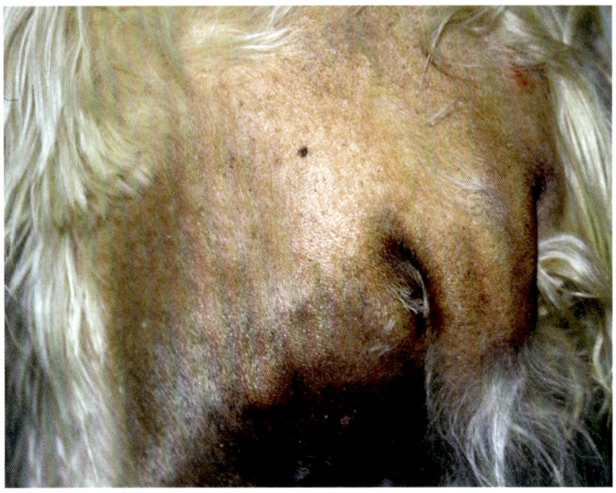

图 9-17　犬甲状腺功能减退。腰部和尾根部的脱毛。注意与跳蚤叮咬过敏性皮炎和剃毛后脱毛的相似性。

图 9-18　犬甲状腺功能减退。尾尖脱毛。

图 9-19　犬甲状腺功能减退。甲状腺功能减退引发毛囊发育停滞，造成患病爱尔兰赛特犬的毛发逐渐脱落。

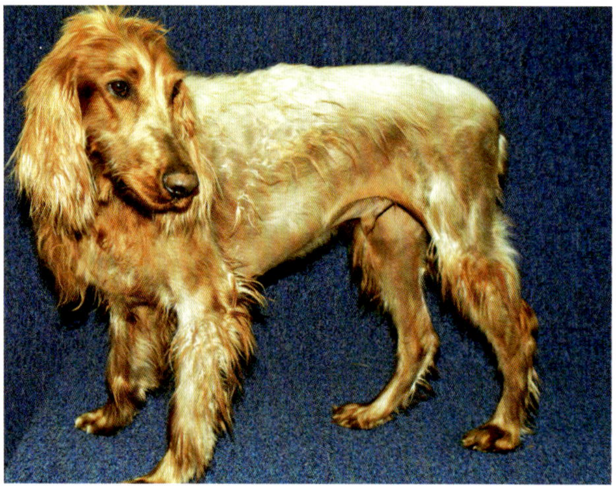

图 9-20　犬甲状腺功能减退。患甲状腺功能减退的爱尔兰赛特犬，局部脱毛伴发严重的毛发褪色。

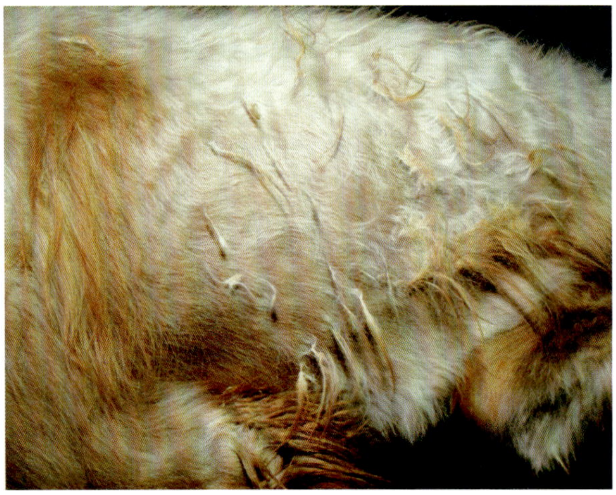

图 9-21　犬甲状腺功能减退。图 9-20 中的犬。严重的毛发褪色伴发局部脱毛（毛发缠结不是该病的典型症状）。

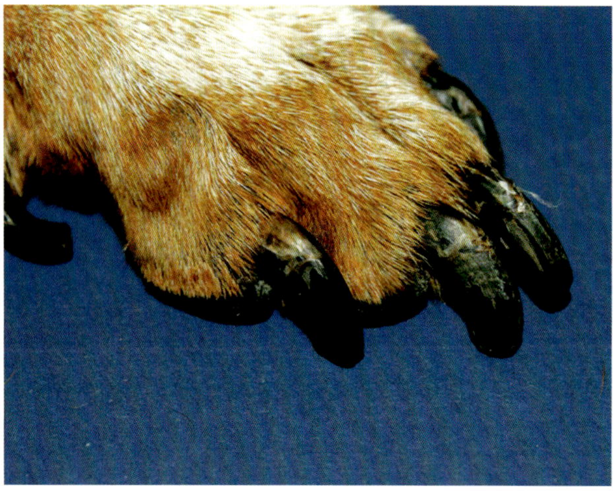

图 9-22　犬甲状腺功能减退。图 9-20 中的犬。爪背面毛发脱落。注意受到甲状腺功能减退的影响，代谢功能导致异常的趾甲。

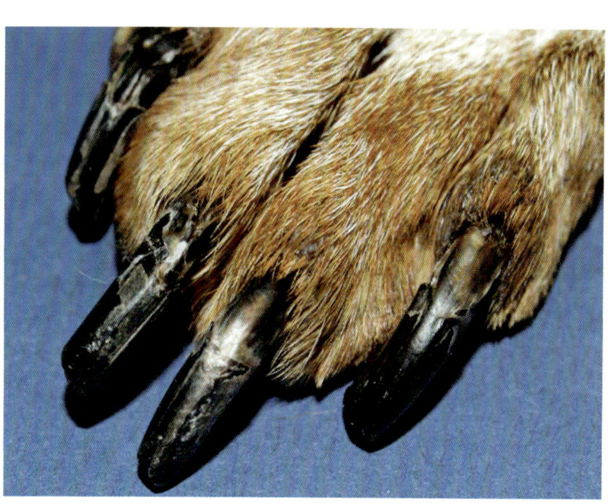

图 9-23　犬甲状腺功能减退。图 9-20 中的犬。趾甲异常也是甲状腺功能减退造成代谢异常的结果。

图 9-24　犬甲状腺功能减退。缺乏正常的毛囊发育周期及毛发再生，导致泛发性毛发脱落。

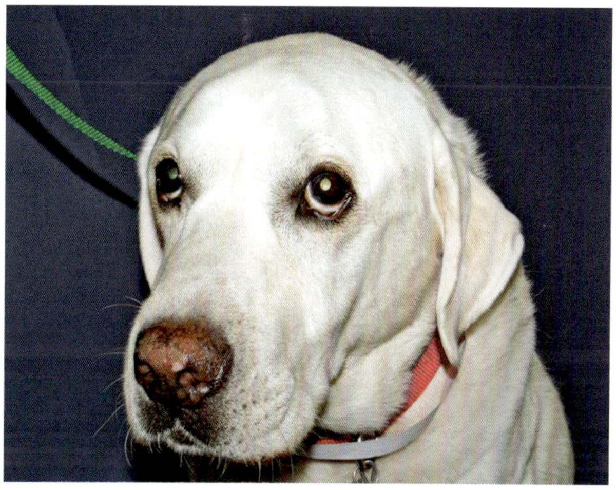

图 9-25　犬甲状腺功能减退。本病特有的抑郁表情。

犬肾上腺皮质功能亢进（库兴氏综合征）Canine Hyperadrenocorticism（Cushing's Disease）

特征

自发性肾上腺皮质功能亢进是由于肾上腺皮质分泌类固醇激素过多（主要是糖皮质激素，有时是盐皮质激素或性激素）。亢进的肾上腺瘤（15%～20%）或垂体瘤（80%～85%）引起本病。垂体依赖型肾上腺皮质功能亢进（PDH）是由促肾上腺皮质激素（ACTH）过度分泌引起，通常由垂体微腺瘤或垂体大腺瘤引起。治疗时过度应用糖皮质激素，可导致继发性医源性肾上腺皮质功能亢进。医源性肾上腺皮质功能亢进可以发生在任何年龄段，尤其常见于用长效糖皮质激素控制慢性瘙痒症的犬。原发性肾上腺皮质功能亢进也很常见，中老年犬易发，拳师犬、波士顿㹴、腊肠犬、贵宾犬、苏格兰㹴有品种易感性。

毛发逐渐变得干燥无光泽，双侧对称性脱毛。脱毛可能遍布全身，但通常不累及头部和四肢。残存的毛发易脱落，脱毛处的皮肤变薄、松弛、且可见色素过度沉着。下腹部可能看到皮褶和粉刺。可能见到轻度皮脂溢（大而干燥的皮屑），皮肤易擦伤，创口愈合能力差。慢性浅层或深层脓皮病、皮肤癣菌病或蠕形螨病常继发于肾上腺皮质功能亢进，而这些通常是宠主最初前来就诊的原因。可能有皮肤钙化灶（白色、沙砾状、坚硬、骨样的丘疹或斑块）出现，特别是颈部背中线附近，下腹部和腹股沟处易发。

多尿、烦渴［水每日饮用量大于 100 mL/（kg · d）］和多食常见。肌肉萎缩 / 无力，腹围增大（肝肿大，脂肪沉积和腹壁肌肉无力导致），易发生感染（结膜、皮肤、尿道和肺脏），呼吸急促，以及多种行为异常和神经症状（垂体大腺瘤）。

主要鉴别诊断

鉴别诊断包括其他导致内分泌性脱毛的疾病、毛囊发育不良、X 脱毛、浅表脓皮病、蠕形螨病和皮肤癣菌病。

诊断

1. 血常规：常见中性粒细胞增多，淋巴细胞减少和嗜酸性粒细胞减少。

2. 血清生化指标：碱性磷酸酶值显著升高是特征性的表现（90% 的病例出现）。丙氨酸氨基转移酶轻度或显著升高，同时胆固醇，甘油三酯或葡萄糖水平均升高。

3. 尿检：尿比重降低，可能见到细菌尿、蛋白尿或糖尿，亚临床表现的尿道感染很常见。

4. 尿中可的松 / 肌酐比：常升高。不能仅以筛查试验做出诊断，因为试验结果可能为假阴性或假阳性（应激影响，其他疾病影响）。为最大限度地减少应激产生的影响，可以用家中收集的尿样替代在动物医院收集的尿样进行检测。

5. 皮肤组织病理学检查：常不能见到与内分泌疾病相符的诊断性变化。矿化紊乱（皮肤钙化灶），皮肤变薄，以及立毛肌缺失高度提示肾上腺皮质功能亢进，但这些变化并不常见。

6. 腹部超声：可判定肾上腺肿瘤或增生。

7. 计算机断层扫描（CT）/ 核磁共振（MRI）：判定是否为垂体肿瘤。

8. 肾上腺功能检查：

- ACTH 刺激试验（可的松 1 μg/kg 静脉注射或者 5 μg/kg 肌肉注射或者最大剂量 250 μg/ 犬静脉注射）：ACTH 刺激后 1 h 可的松水平升高，提示内源性肾上腺皮质功能亢进，但可能出现假阴性或假阳性结果。医源性病例，典型表现为对 ACTH 刺激的反应不足。注：重组促皮质素（ACTH 液）可以保存在 −20℃塑料管 (50 μg 每只等分) 内 6 个月，而不影响其生物活性。
- ACTH 刺激试验（17- 羟孕酮）：在内源性肾上腺皮质功能亢进病例可以看到夸张的基础数值和刺激后 17- 羟孕酮数值升高，但可能出现假阴性和假阳性结果。17- 羟孕酮，是一种肾上腺产生的可的松前体。
- 低剂量（0.01 mg/kg）地塞米松抑制试验：可的松抑制不足，高度提示内源性肾上腺皮质功能亢进，但是可能出现假阴性和假阳性结果。4 h 的检测值有抑制，但是在 8 h 的样本没有表现出抑制的现象，这是脑垂体依赖型（PDH）的特征表现。
- 高剂量（0.1 mg/kg）地塞米松抑制试验：用

于区分肾上腺肿瘤和垂体依赖型肾上腺皮质功能亢进。可的松抑制无效，提示肾上腺肿瘤，但出现可的松抑制，则为垂体疾病。

- 内源性 ACTH 检测：用于区分肾上腺肿瘤和垂体依赖型肾上腺皮质功能亢进。ACTH 水平升高为垂体疾病，ACTH 水平降低为肾上腺肿瘤。

治疗和预后

1. 任何并发感染（如脓皮病、蠕形螨病、尿道感染）都应给予合理的治疗。任何继发脓皮病，外耳炎，马拉色菌性皮炎都应给予合理的治疗。控制和预防继发感染是管理患犬的重要部分。每 3～7 d 洗浴一次，每次洗浴后治疗耳朵，以帮助清除皮肤和耳道感染，防止继发感染的复发。

2. 医源性库兴氏综合征的治疗应逐渐降低糖皮质激素的用量，最终停止应用。

3. 治疗肾上腺肿瘤的选择是肾上腺切除术。

- 不能施行手术的肾上腺肿瘤或者已经转移的可使用米托坦或曲洛司坦治疗。
- 米托坦治疗肾上腺肿瘤：50 mg/kg，每日一次，混于食物中口服，持续 7～14 d。每 7 d 进行一次 ACTH 刺激试验检测。如仍为可的松抑制不足，将米托坦的剂量提高为 75～100 mg/（kg・d），继续治疗 7～14 d，每周做一次 ACTH 刺激试验。确定肾上腺抑制时，可按下述方法用米托坦维持治疗。

4. 目前药物治疗 PDH，建议使用曲洛司坦 (Vetoryl)。这种治疗方法对于大部分病例有效，按 1 mg/kg 口服，每 12 h 一次或者 2 mg/kg 口服，每 24 h 一次，与食物同服。但有些剂量范围可以根据胶囊大小和病犬体重。通常大型犬需要使用低剂量去控制症状。

通过监测临床体征和评估 ACTH 刺激试验（促皮质素 1 μg/kg 静脉注射）的结果来评估效果，分别在开始治疗后的第 10 天（包括全项生化和电解质）、第 4 周和第 12 周进行监测，以后每 3 个月监测一次。第一次复检（第 10 天）需要确保没有剂量过高，过高需要减少剂量。曲洛司坦发挥全部作用效果需要 30 d，第一次复检时不需要增加剂量。

ACTH 刺激试验需要在服用曲洛司坦 4～6 h 后进行。对每个病例来说，在这一时间检测都是理想的。刺激前和刺激后 ACTH 皮质醇水平保持在 1～5 μg/dL(30～150 nmol/L) 时，提示控制良好。然而，有报道称刺激后的 ACTH 皮质醇水平达到 9 μg/dL(250 nmol/L) 是最好的控制结果，所以验血结果可以提示临床症状是否改善。如果患犬临床症状没有改善，ACTH 刺激后浓度大于 5 μg/dL（150 nmol/L），需要增加曲洛司坦的剂量。每次进行剂量调整时，都需要 10～14 d 重复进行 ACTH 刺激试验。临床症状如多饮、多尿和多食通常在治疗 10 d 时开始改善，脱毛和其他皮肤症状的改善通常需要治疗 3 个月或者数月。

在治疗期间出现肾上腺功能减退的症状（精神沉郁，食欲不振，呕吐，腹泻）或者刺激后 ACTH（服用曲洛司坦 4～6 h 后测量）的浓度低于 1 μg/dL（30 nmol/L），应该停止服用曲洛司坦 5～7 d，等到临床症状缓解后，以更低的剂量重新开始。

5. 治疗垂体依赖型肾上腺皮质功能亢进的传统疗法是米托坦，每日按 30～50 mg/kg，混于食物中口服，维持此剂量直至血清或血浆中可的松基础水平正常，且 ACTH 刺激后不升高。常规治疗 5～10 d 后即可控制，所以每 7 d 密切监测患犬 ACTH 刺激试验结果。监测治疗前后水和食物的摄入量，当获得充足的肾上腺抑制时，水和食物的摄入会明显减少。如果有肾上腺功能减退（食欲减退，精神沉郁，呕吐，腹泻，共济失调和定向障碍）的症状出现，停止投喂米托坦，并且给予氢化可的松，0.5～1.0 mg/kg，每 12 h 一次，口服，直至症状缓解。

- 症状缓解后的米托坦维持治疗，50 mg/kg，混于食物中口服，每周一次，或 25 mg/kg，每周 2 次。维持期间如复发，恢复每日治疗剂量服用 5～14 d 或直至症状得以控制，然后以 62～75 mg/kg 每周一次，或者 31～37.5 mg/kg 每周 2 次用药。多数患犬有多样性的变化，需要密切监测。
- 如果米托坦不能控制症状或者患犬对其不耐受，应该停止治疗，等再次出现临床症状时使用曲洛司坦治疗。

6. 下述方法也可用来治疗垂体依赖型肾上腺皮质功能亢进，但很少奏效。

- 酮康唑：15 mg/kg，混于食物口服，每 12 h 一次。
- 司来吉兰（丙炔苯丙胺）：1～2 mg/kg，口服，每 24 h 一次。
- 褪黑素：体重小于 30 lb 的犬，3 mg/ 只，每

12 h 一次；体重大于 30 lb 的犬，6 mg/ 只，每 12 h 一次。

- 亚麻木酚素（SDG）：0.5 mg/kg 口服，每 24 h 一次；或者羟罗汉脂素（HMR）：10～40 mg 口服，每 24 h 一次。

7. 施行显微外科经蝶骨垂体切除术（如果可行），治疗垂体依赖型肾上腺皮质功能亢进，这是一种很有效的方法。这项操作需要有高水平的神经外科医生，以及具有高级脑垂体影像技术的专业兽医设施。术后并发症可能包括高钠血症、干性角膜结膜炎、尿崩症和继发甲状腺功能减退。

8. 有皮肤钙化灶的病例可用二甲亚砜凝胶外部治疗，每 24 h 一次，可能有助于消除病变。在二甲亚砜治疗期间，需定期监测血钙水平，因为这种治疗的不良反应是高钙血症。米诺环素 15 mg/kg，口服，每 12 h 一次，通过结合钙沉积物和抑制胶原酶起作用。

9. 预后可能良好或很差，取决于病因和病情的严重程度。患有垂体依赖型肾上腺皮质功能亢进的犬，自确诊后平均存活时间约为 2.5 年。

肾上腺皮质功能亢进的分布区域

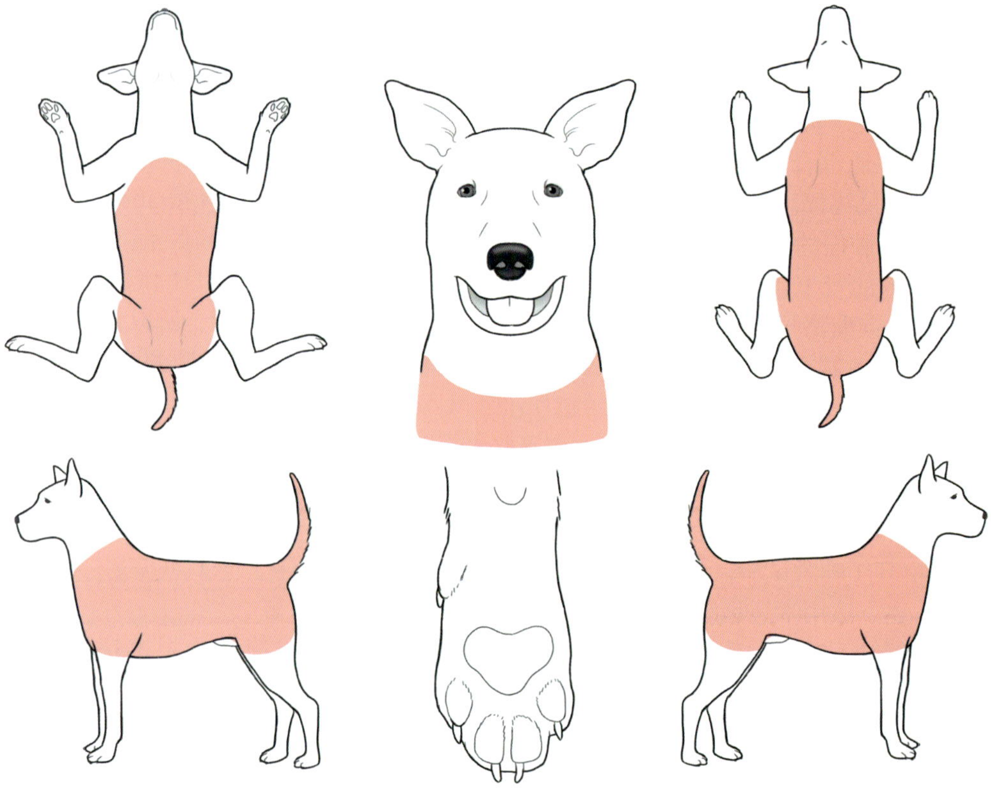

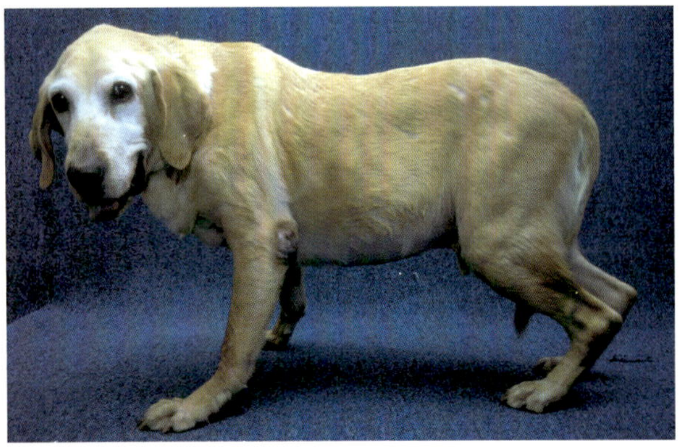

图 9-26 犬肾上腺皮质功能亢进。成年拉布拉多犬表现出典型的腹围增大特征。泛发性肌肉萎缩导致异常体态。注意全身毛发基本正常，没有发生对称性脱毛。

图 9-27 犬肾上腺皮质功能亢进。患有肾上腺肿瘤的成年拉布拉多犬，严重肌肉萎缩导致异常体态。

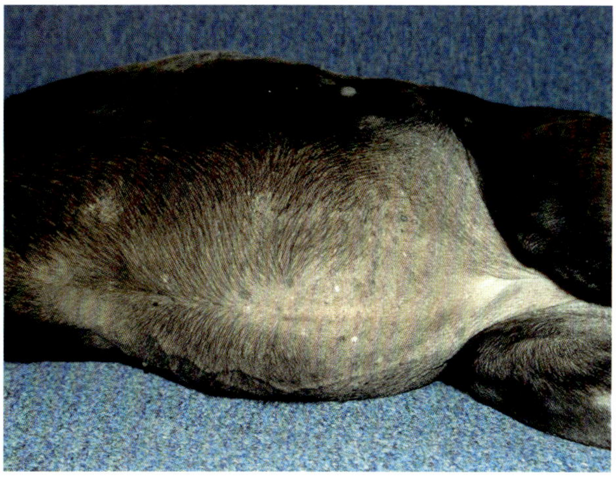

图 9-28　犬肾上腺皮质功能亢进。图 9-27 中的犬，表现出腹围增大及脱毛症状。

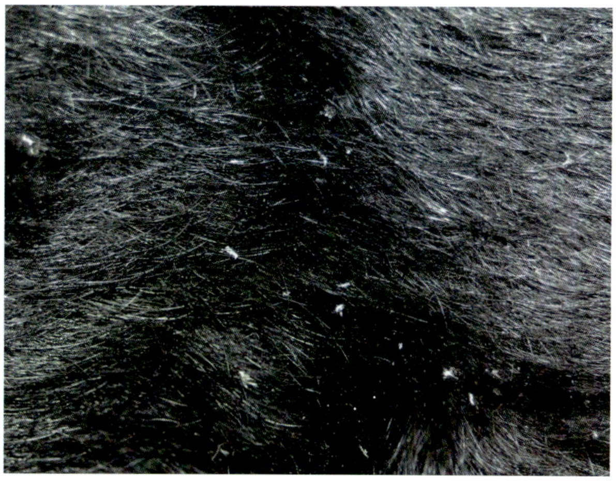

图 9-29　犬肾上腺皮质功能亢进。图 9-27 中的犬，泛发性干性皮脂溢，继发的多种疾病都由该犬的肾上腺皮质功能亢进所引发。

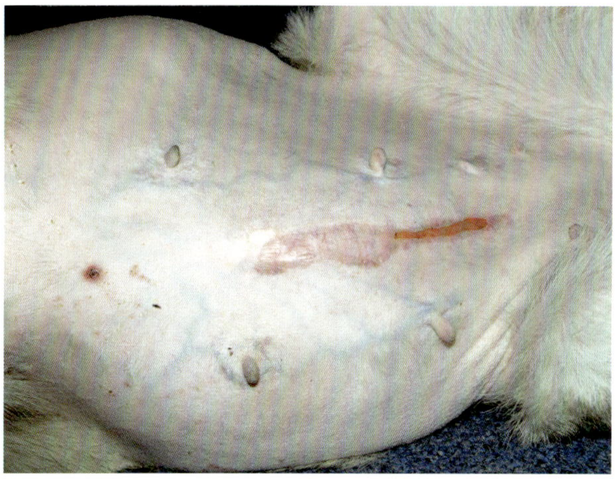

图 9-30　犬肾上腺皮质功能亢进。医源性肾上腺皮质功能亢进的患犬，严重的腹围增大、脱毛，以及由于肌肉及胶原蛋白萎缩引起的绝育手术创口开裂。

图 9-31　犬肾上腺皮质功能亢进。图 9-30 中犬的近观。在肌肉萎缩过程中，手术创口变薄并且部分组织撕裂。

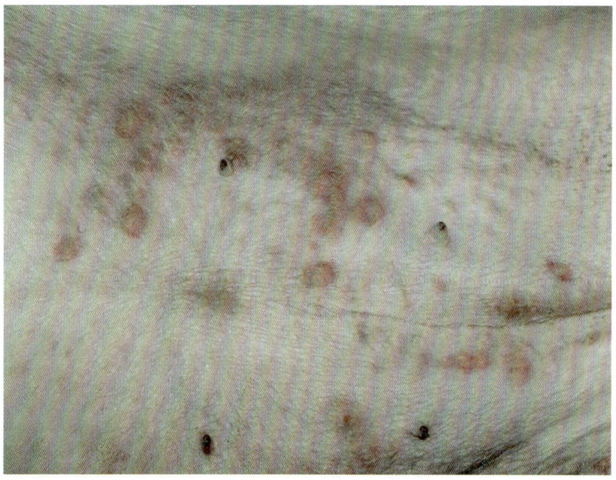

图 9-32　犬肾上腺皮质功能亢进。继发的浅表脓皮病导致的皮肤丘疹。

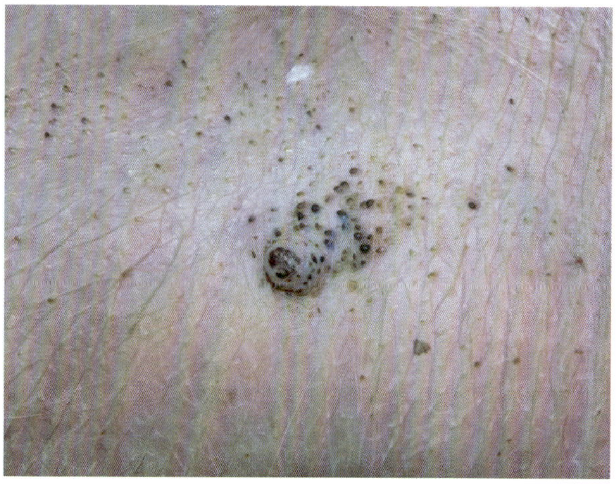

图 9-33　犬肾上腺皮质功能亢进。患犬下腹部大量粉刺。粉刺是库兴氏综合征及蠕形螨病常见的特征性病变。

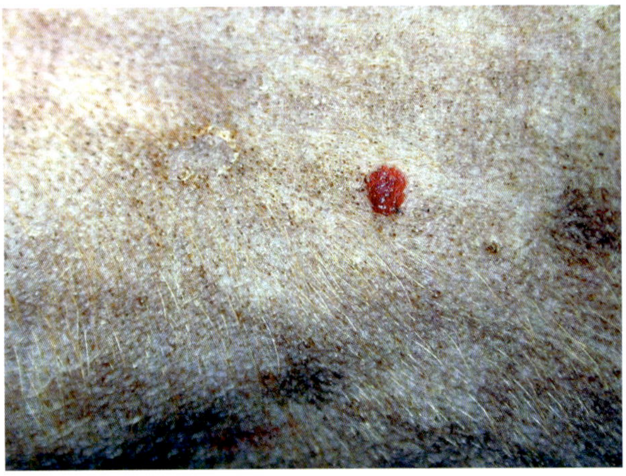

图 9-34 犬肾上腺皮质功能亢进。静脉扩张（红斑样丘疹病变）是与库兴氏综合征相关联的不常见的独特病变。

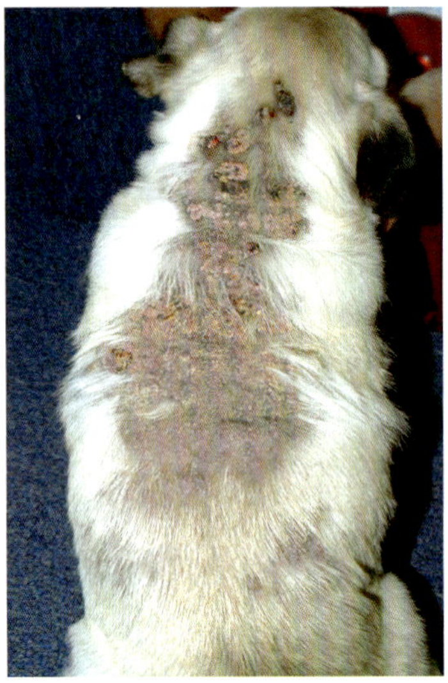

图 9-35 犬肾上腺皮质功能亢进。罹患医源性肾上腺皮质功能亢进犬的背部，被泛发性钙沉积覆盖。

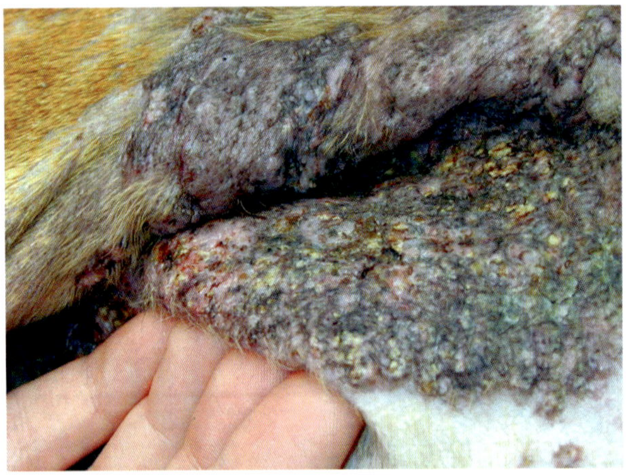

图 9-36 犬肾上腺皮质功能亢进。医源性肾上腺皮质功能亢进的拳师犬腋下钙质沉积。注意整块的脱毛区，色素过度沉着，丘疹性斑块可以被整个托起。

图 9-37 犬肾上腺皮质功能亢进。该综合征典型的钙质沉积，表现为脱毛、色素沉着和丘疹性斑块。由于钙化物难以排出，因而白色的丘疹病变看似脓疱。

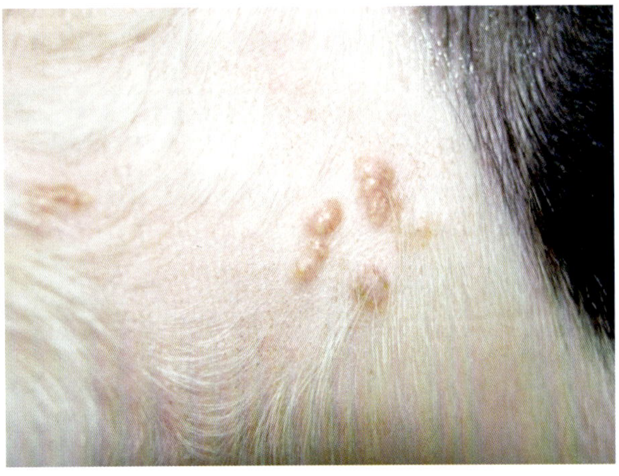

图 9-38 犬肾上腺皮质功能亢进。轻度的钙质沉积病变看似红斑性脓疱或丘疹，这一阶段非常容易与浅表脓皮病的症状混淆。

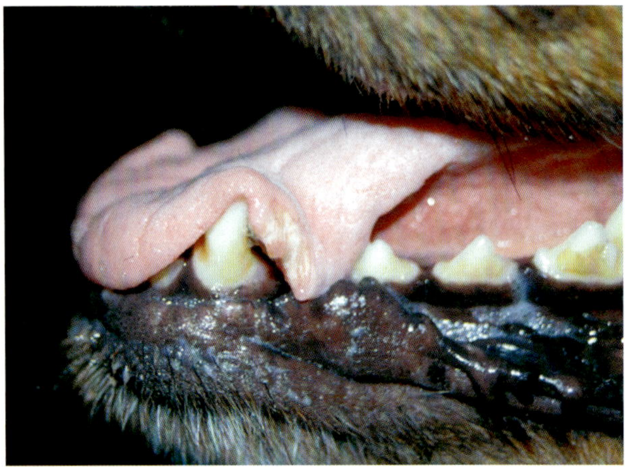

图 9-39 犬肾上腺皮质功能亢进。舌上的钙质沉积。

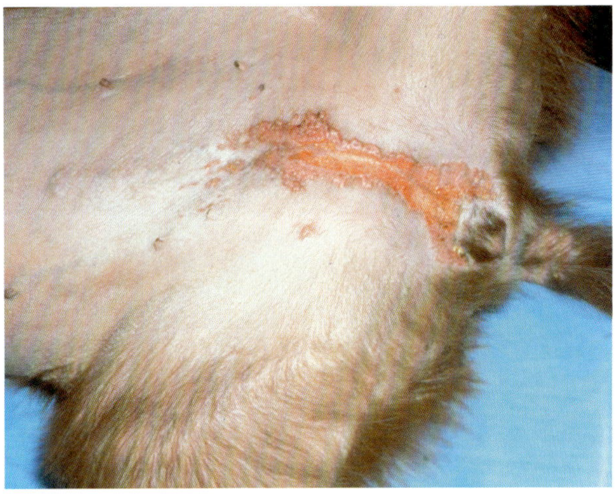

图 9-40　犬肾上腺皮质功能亢进。在腹股沟部严重的皮炎和钙质沉积。

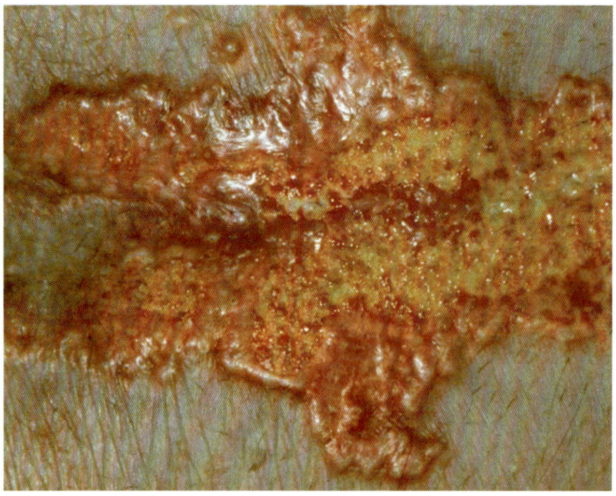

图 9-41　犬肾上腺皮质功能亢进。图 9-40 中犬的近观。钙质沉积和继发感染导致的红斑，丘疹性斑块。

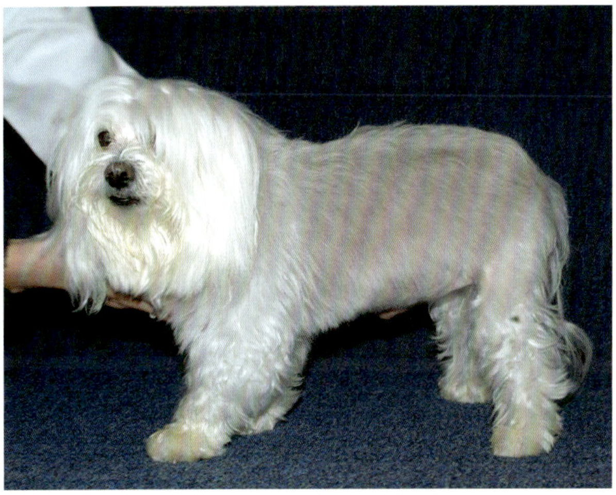

图 9-42　犬肾上腺皮质功能亢进。患肾上腺皮质功能亢进的犬躯干部对称性脱毛。

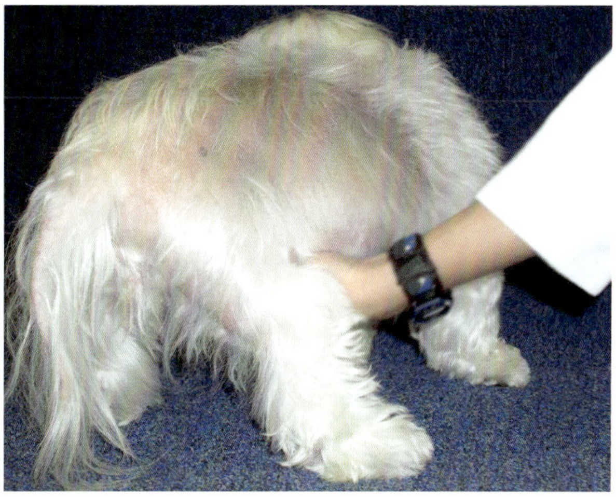

图 9-43　犬肾上腺皮质功能亢进。图 9-42 中犬的近观。双侧对称性的毛发稀疏。患犬由于继发浅表脓皮病而轻度瘙痒。

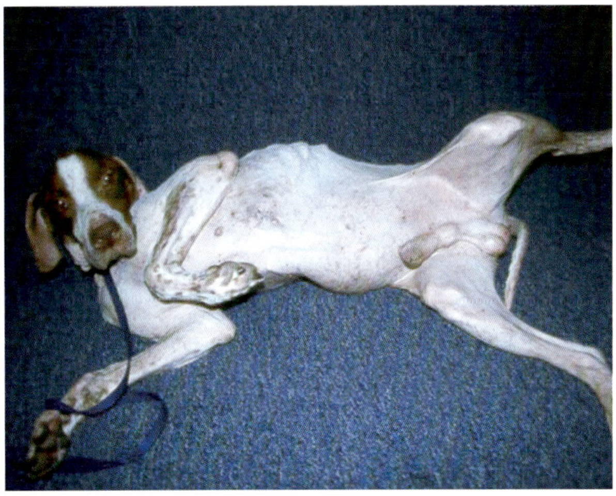

图 9-44　犬肾上腺皮质功能亢进。患肾上腺肿瘤的犬，膨大的腹部及肋腹脱毛。

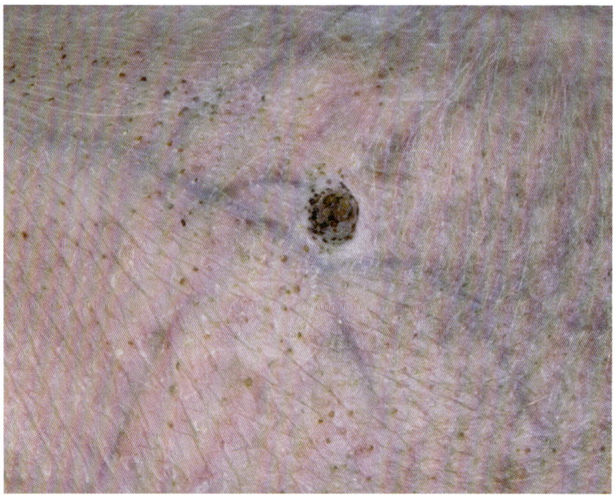

图 9-45　犬肾上腺皮质功能亢进。患库兴氏综合征犬腹部的静脉扩张（红斑样丘疹病变）。

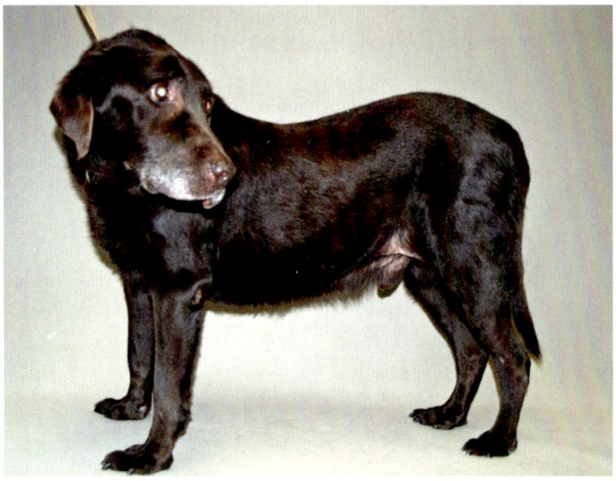

图 9-46　犬肾上腺皮质功能亢进。由于库兴氏综合征，拉布拉多犬表现典型的早衰身体变化。这种情况由长期的类固醇治疗或自发性肾上腺皮质功能亢进所导致。

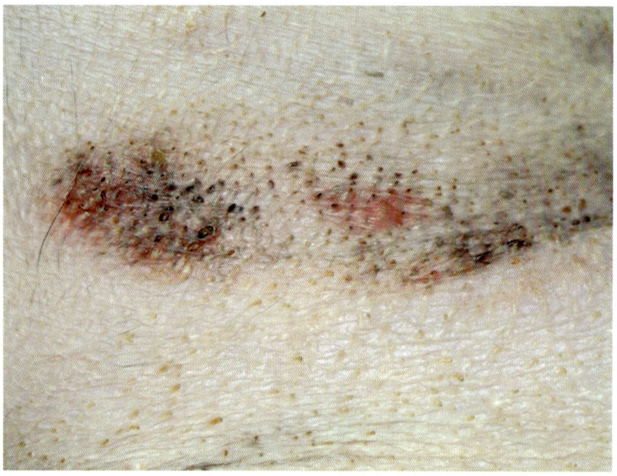

图 9-47　犬肾上腺皮质功能亢进。库兴氏综合征常会出现粉刺。皮肤刮片以排除蠕形螨病的可能。

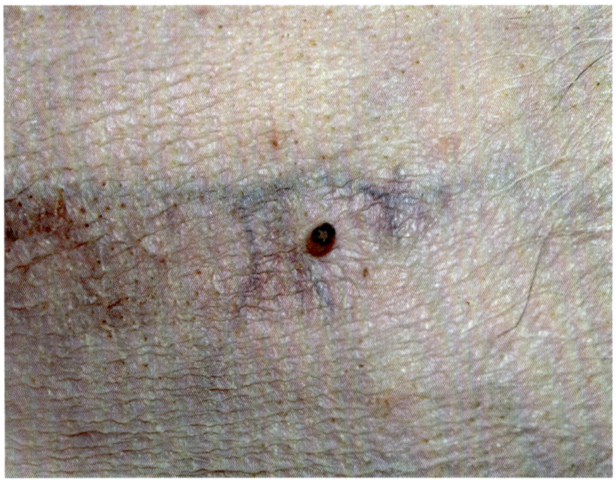

图 9-48　犬肾上腺皮质功能亢进。透过极薄的腹部皮肤，清晰可见血管（环绕乳头）是库兴氏综合征共同的特征。

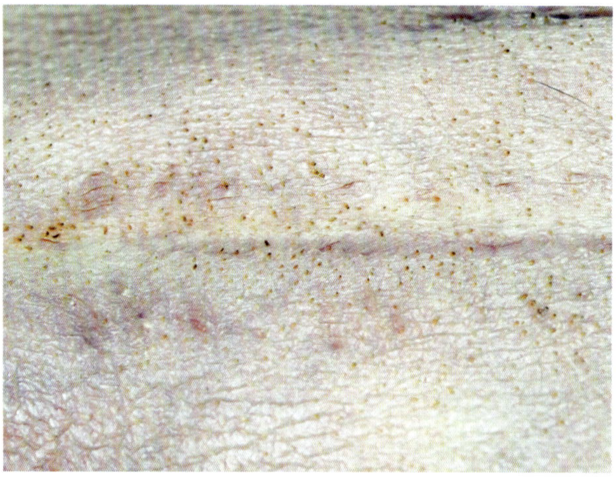

图 9-49　犬肾上腺皮质功能亢进。皮肤萎缩及粉刺形成。注意绝育伤口在病程中正变得越来越薄。

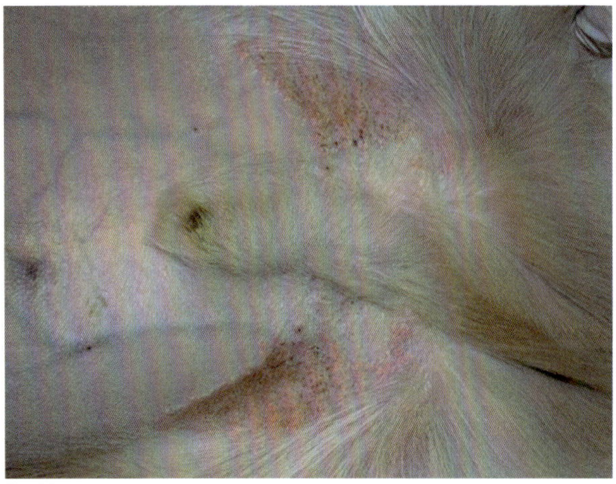

图 9-50　犬肾上腺皮质功能亢进。患犬腹部脱毛伴发皮肤变薄。包皮两侧皮肤存在钙化斑块。注意在病变边缘明显的白色矿物质沉积。

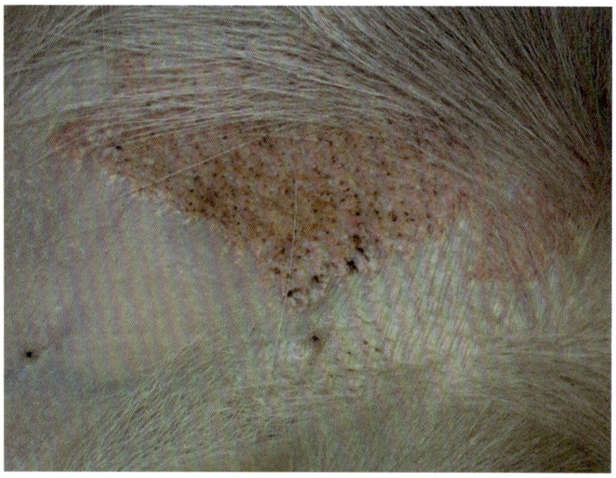

图 9-51　犬肾上腺皮质功能亢进。局灶性钙质沉着提示典型的炎症和病变内存在白色矿物质沉积。

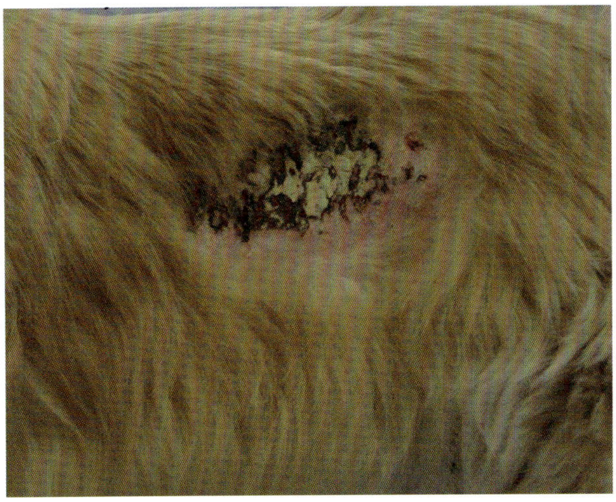

图 9-52　犬肾上腺皮质功能亢进。患犬胁腹部的局灶性钙质沉着。明显的红斑和矿物质沉着。

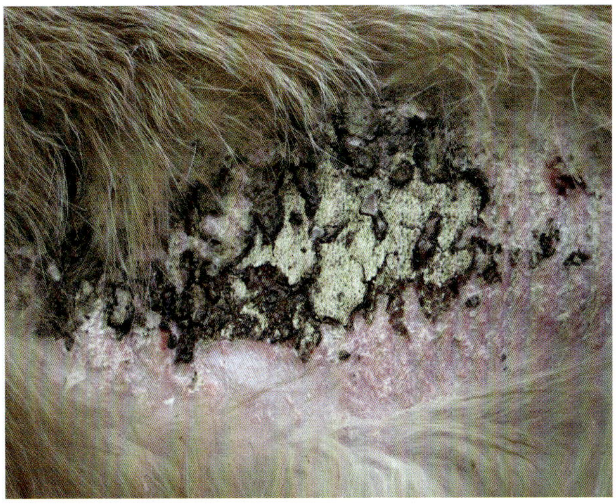

图 9-53　犬肾上腺皮质功能亢进。患犬胁腹部的局灶性钙质沉着。明显的红斑和矿物质沉着。

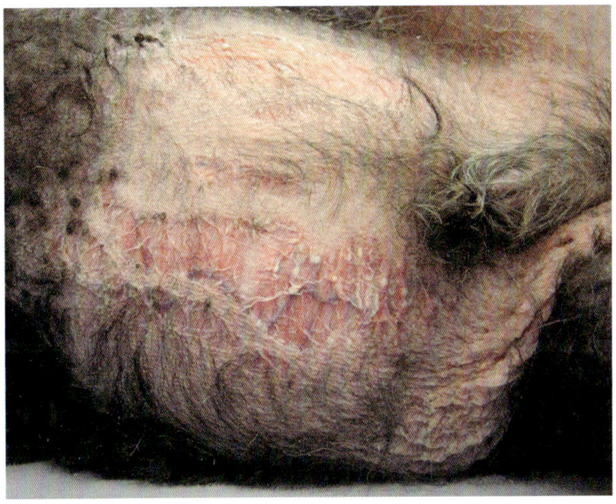

图 9-54　犬肾上腺皮质功能亢进。腹部极薄的皮肤显示皮肤下的血管和组织层。薄皮肤中可见白色毛囊粟粒疹。

剃毛后脱毛
Postclipping Alopecia

特征

剃毛后脱毛的动物表现为被剪掉的局部毛发不能长出（估计正常长出时间需要 3～4 个月）。这种再生困难可能发生于因外科手术或美容剃毛后。罕见于犬。

剃毛后几个月，该部位眼观仍呈现新剃毛不久的状态。其余部位毛发正常。

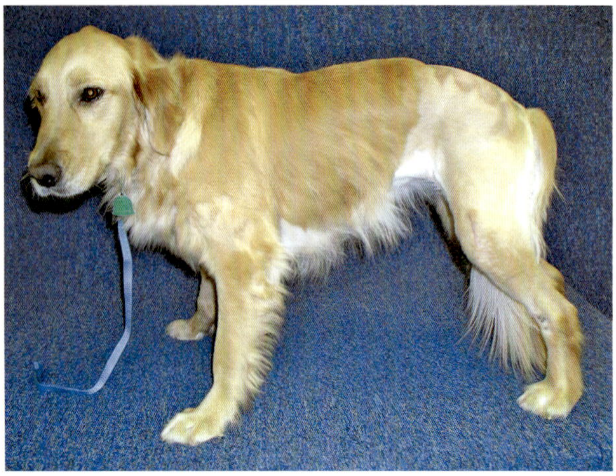

图 9-55　剃毛后脱毛。成年金毛猎犬在经过一次外科手术后发生持续数月的脱毛。没有继发感染迹象。

主要鉴别诊断

鉴别诊断包括其他原因的内分泌性脱毛，尤其是甲状腺功能减退、季节性脱毛、脓皮病、蠕形螨病和皮肤癣菌病。

诊断

1. 根据病史，临床症状并排除其他类似疾病进行诊断。

2. 皮肤组织病理学检查：主要可见中间期毛囊。

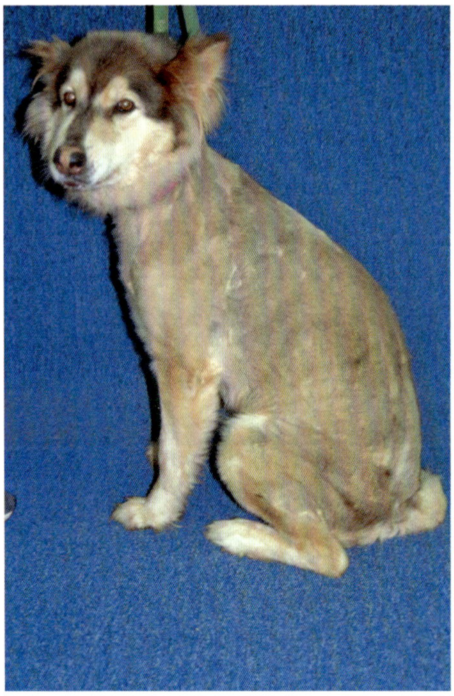

图 9-56　剃毛后脱毛。6 岁阿拉斯加雪橇犬，5 个月前夏季时剃毛，几乎看不到毛发再生。

治疗及预后

1. 毛发通常可在数月内自发性再生。

2. 用左旋甲状腺素进行短期治疗，0.02 mg/kg，口服，每 12 h 一次，持续服用 4～6 周，常在 2～3 个月即可刺激毛发再生。

3. 可以使用褪黑素（3～12 mg/ 犬，口服，每 12～24 h 一次，持续 1～2 个月），但效果不定。

4. 低度激光每周 2 次治疗，持续 2～3 个月，可能有效。

5. 预后良好。

图 9-57　剃毛后脱毛。弥散性脱毛，没有继发感染的迹象，该部位剃毛是为外科手术备皮。数周后仍无毛发再生迹象。

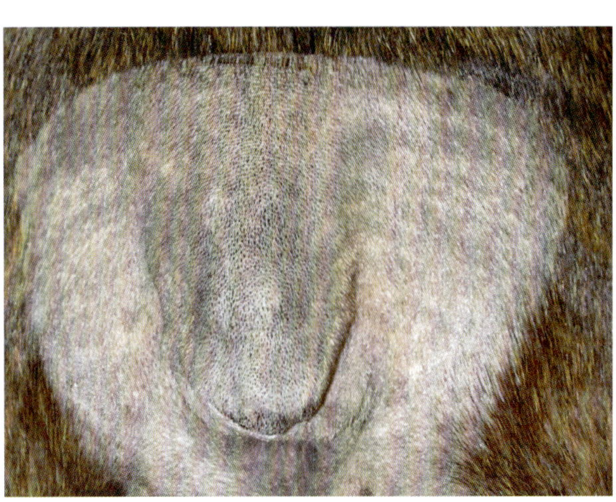

图 9-58　剃毛后脱毛。犬尾根周围的慢性脱毛。

X 脱毛（肾上腺性激素失衡，先天性肾上腺增生，去势反应性皮肤病，成年始发生长激素过少症，生长激素反应性皮肤病，伪库兴氏综合征，蓬松毛犬种毛囊静止，毛发周期停滞）

Alopecia X or Hair Cycle Arrest (Adrenal Sex Hormone Imbalance, Congenital Adrenal Hyperplasia, Castration Responsive Dermatosis, Adult-Onset Hyposomatotropism, Growth Hormone–Responsive Dermatosis, Pseudo-Cushing's Disease, Follicular Arrest of Plush-Coated Breeds, Hair Cycle Arrest)

特征

本病病因不清，但推测有数个理论。一个理论是肾上腺类固醇生成不正常，且有轻微的垂体依赖型肾上腺皮质功能亢进引发该病。另一个理论推测该病由于生长激素缺陷，肾上腺性激素失衡，或者肾上腺生成过量的雄激素。当前理论认为由于潜在疾病引起局部毛囊受体调节异常。本病不常见于犬，成年犬的高发年龄为 2～5 岁，易发品种为松狮犬、博美犬、荷兰狮毛犬、萨摩耶犬、阿拉斯加雪橇犬，西伯利亚哈士奇犬和迷你贵宾犬。

颈部、尾巴、尾背、会阴和大腿后侧这些部位的毛发渐进性脱光，脱毛最终发展到全部躯干，但是头部和前肢毛发保持正常。脱毛为双侧对称，残留的毛发易于脱落，脱毛区的皮肤色素过度沉着、变薄和张力减退。可能会继发轻度的皮脂溢和浅表脓皮病。没有显著的全身性病变。

主要鉴别诊断

鉴别诊断包括其他各类内分泌性脱毛皮肤病。

诊断

1. 排除其他内分泌性脱毛疾病。

2. 皮肤组织病理学检查：无特异性内分泌性改变。

3. ACTH 刺激试验（可的松和性激素）：基线值或刺激后可的松值，黄体酮，孕酮，雄烯二酮，雌二醇，硫酸脱氢表雄酮可能升高，但可能出现假阳性和假阴性结果，品种特有的正常值尚无定论，因此这些检测的临床价值有限。

治疗及预后

1. 可进一步观察而不予治疗，因为本病仅影响患犬美观，而无其他健康问题。

2. 将犬绝育后可能出现长期或暂时性毛发再生。

- 褪黑素：3～12 mg/ 犬，口服，每 12～24 h 一次（60% 有效），直到毛发最大程度再生（大约需 3 个月）。然后可停止治疗。如复发，患犬需再次治疗。

3. 传统药物疗法可能效果不佳且更多不良反应，包括：

曲洛司坦可能有效，但是潜在的不良反应还需要与宠主充分沟通，因为本病只是影响美观。

- < 2.5 kg 的犬：20 mg，每 24 h 一次，混于食物中口服。
- 2.5 kg < 犬 < 5 kg：30 mg，每 24 h 一次，混于食物中口服。
- 5 kg < 犬 < 10 kg：60 mg，每 24 h 一次，混于食物中口服。

对于大多数犬可在 4～8 周看到明显的毛发再生。如果经过 2 个月的治疗没有任何反应，则每日曲洛司坦剂量加倍。某些犬一旦毛发再生完全，曲洛司坦的治疗剂量降低到每周 2～3 次维持疗效。在治疗剂量研究中，犬（体重<10 kg）的治疗剂量范围为 5～24 mg/（kg · d）。一旦在治疗中出现肾上腺皮质功能减退的症状（如精神沉郁，食欲不振，呕吐，腹泻），或者 ACTH 刺激后可的松浓度（曲洛司坦使用后 4～6 h 测量）< 20 nmol/L，曲洛司坦应停用 5～7 d，然后重新从低剂量开始使用。

- 米托坦：15～25 mg/kg，混于食物中口服，每 24 h 一次，持续 5 d。（第 7 天做 ACTH

刺激试验，ACTH 刺激后可的松水平应介于 5～7 mg/dL）。然后米托坦治疗按照维持量，15～25 mg/kg，混于食物中口服，每 1～2 周一次。永久性肾上腺功能减退是米托坦治疗的潜在风险。

- 甲基睾酮（已绝育犬）：1 mg/kg（最大量 30 mg），口服，每 24 h 一次，直到毛发再生（1～3 个月）。之后按 1 mg/kg（最大量 30 mg），每 48 h 一次，持续 2 个月，然后按 1 mg/kg（最大量 30 mg）每周 2 次，持续 2 个月，之后每周一次维持治疗。甲基睾酮有潜在的肝毒性，应定期监测肝脏血清酶。
- 醋酸亮丙瑞林（Lupron）：肌肉注射，每 4～8 周一次，直到毛发再生。
- 德舍瑞林醋酸植入物（4.7 mg）或者戈舍瑞林。

4. 无论采取何种治疗方法，毛发再生可能不完全或为暂时性。通常在治疗的 4～8 周可见毛发开始再生。如果治疗 3 个月后无反应，则应考虑更换治疗药物。进行任何一种治疗前，应告知宠主所用药物的潜在危险。

5. 毛发再生的预后难料，本病仅影响患犬美观，而对生活质量无影响。

图 9-59　X 脱毛。博美犬所表现出的一系列脱毛和这个综合征典型的色素沉着。

图 9-60　X 脱毛。图 9-59 中的两只犬。一只正常毛发的成年博美犬（左）和一只呈现 X 脱毛及色素沉着的成年博美犬（右）。

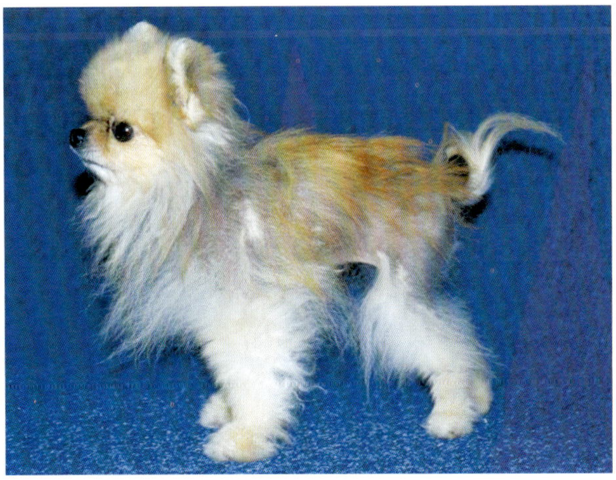

图 9-61　X 脱毛。图 9-60 中右边犬的近观。脱毛和色素沉着覆盖全部躯干，只留下头部及四肢末端。底层毛发脱落最严重，只留下残余的主毛。

图 9-62　X 脱毛。这两只博美犬都有 X 脱毛。正常毛发的犬之前也有泛发性脱毛和色素沉着，与右边的犬一样。

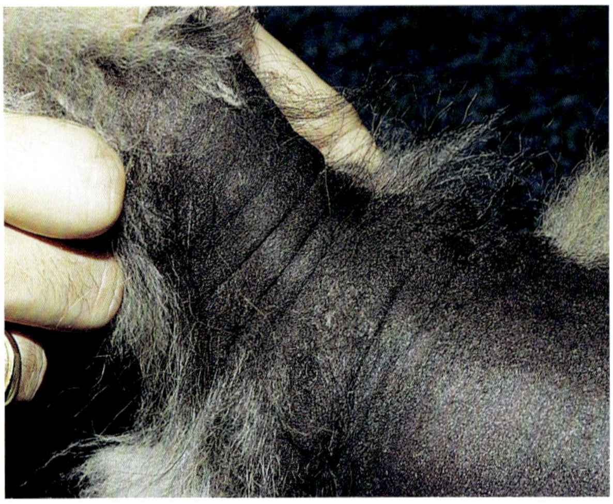

图 9-63　X 脱毛。无继发浅表脓皮病的脱毛和色素沉着，是这种综合征的特征表现。

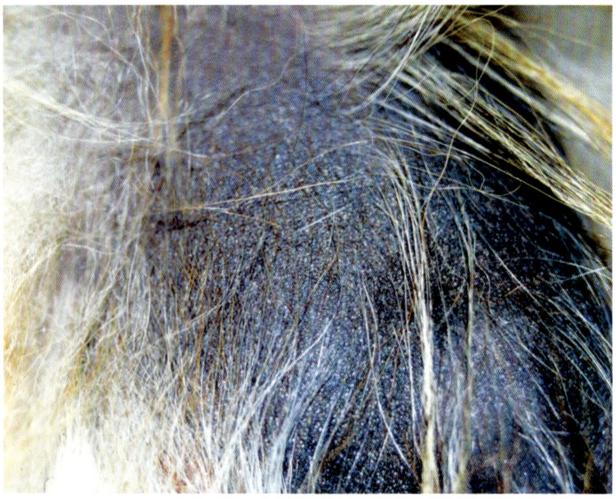

图 9-64　X 脱毛。背部的脱毛和色素沉着。注意主要是底层毛发脱落，只留下稀疏覆盖的主毛。

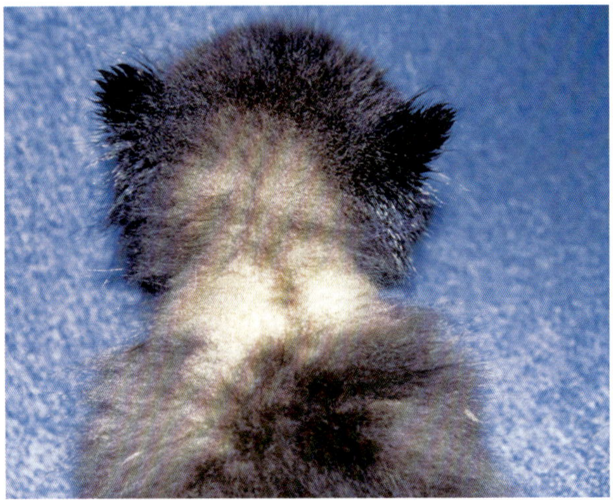

图 9-65　X 脱毛。颈部和肩部的脱毛。

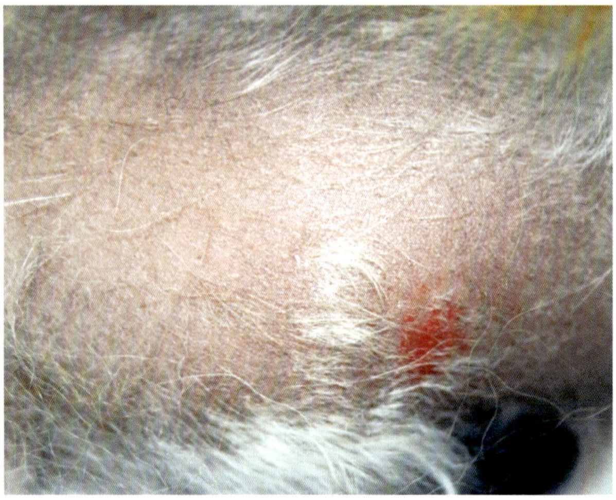

图 9-66　X 脱毛。胸侧壁的脱毛。注意缺失典型的色素沉着。红色病变是皮肤刮片所导致。

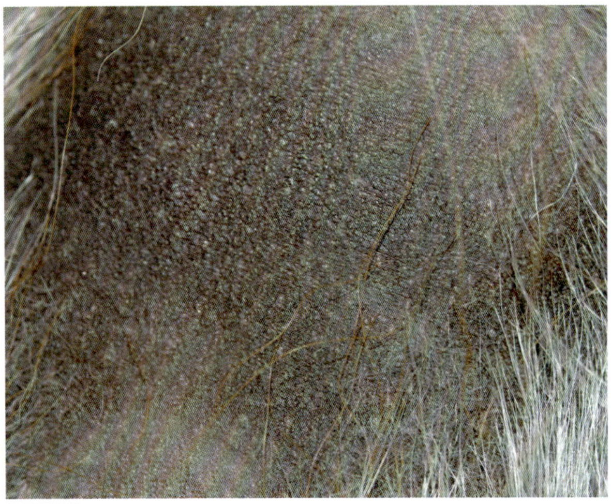

图 9-67　X 脱毛。背部没有继发毛囊炎的脱毛和色素沉着，是该病的典型特征。

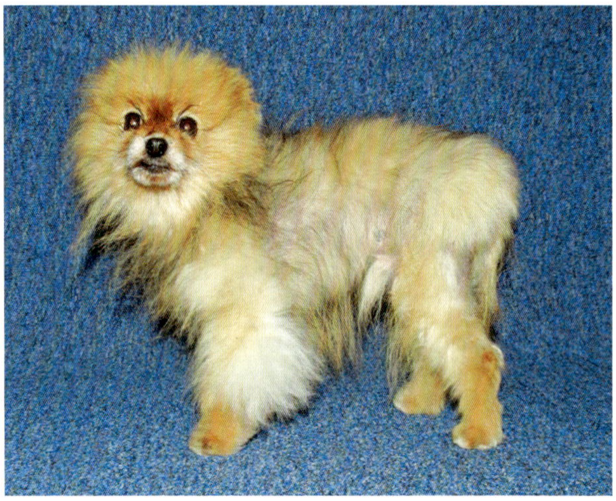

图 9-68　X 脱毛。年轻的成年博美犬四肢末端呈现该病的典型症状，头部和颈部较少发病。

图 9-69　X 脱毛。躯干伴随色素沉着的脱毛，是 X 脱毛的典型症状。

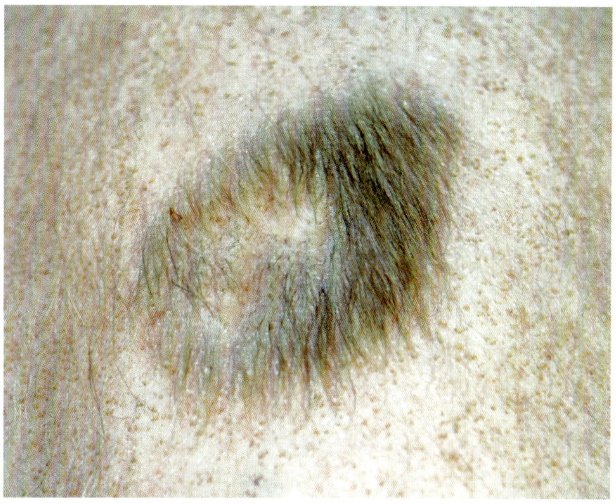

图 9-70　X 脱毛。病变处局灶性毛发再生，是 X 脱毛很常见的现象。机械刺激使毛囊再次活跃，长出新毛发。

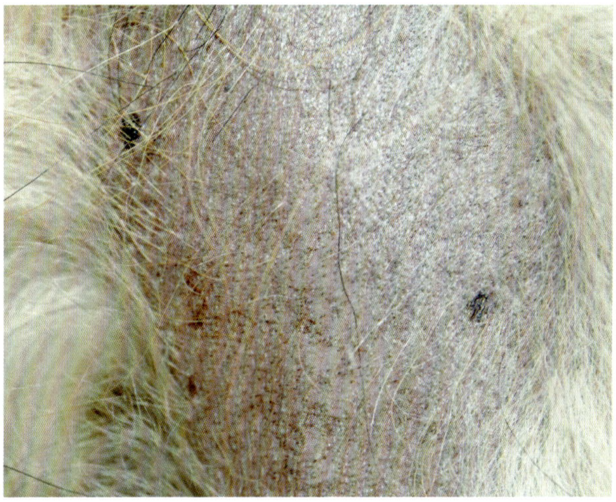

图 9-71　X 脱毛。脱毛和色素沉着是该病典型病变。

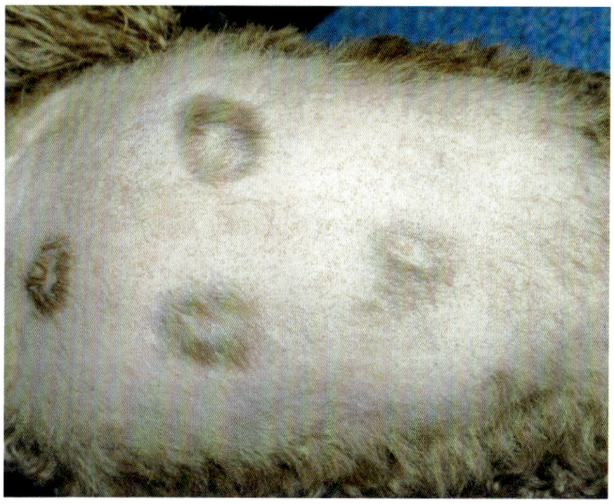

图 9-72　X 脱毛。由于局灶性创伤和机械刺激作用，诱导毛囊进入毛发生长期，多个部位出现毛发再生。

猫副肿瘤性脱毛 / 皮炎
Feline Paraneoplastic Alopecia/Dermatitis

特征

猫副肿瘤性脱毛 / 皮炎是老年猫的一种独特皮肤病，表现于皮肤，与内脏潜在恶性腺癌（通常是胰腺或胆道癌）相关。很罕见，老年猫发病率最高。

猫副肿瘤性脱毛 / 皮炎很似过敏性皮炎，但通常急性发作，迅速发展成腹部和四肢对称性脱毛。通常瘙痒是该病的特征，与继发性马拉色菌皮炎相关。脱毛的皮肤薄而无弹性，但不易撕裂，外观闪亮而光滑。可能出现剥落的病变区域。未脱落的毛发容易拔除。某些猫可见爪垫病变，可能疼痛、干燥和开裂；柔软且透明；或出现红斑、潮湿。常见并发症有厌食，消瘦，嗜睡，呕吐和腹泻。

主要鉴别诊断

鉴别诊断包括跳蚤过敏性皮炎，皮肤癣菌病，蠕形螨病，食物过敏和体外寄生虫引发的自损性脱毛（如姬螯螨，跳蚤），皮肤药物反应，肾上腺皮质功能亢进，终止期大量脱毛或簇状脱毛。

诊断

1.（老年）患猫突然发作的皮肤病，或独特的脱毛、闪光的皮肤，毛发易脱落；排除其他类似疾病。

2. 皮肤组织病理学：明显的毛囊变小，萎缩和终止期毛根。

3. X 线、超声检查或开腹探查：胰腺或胆管肿瘤。

治疗和预后

1. 任何继发的感染，外耳炎，马拉色菌感染都应给予合适的治疗。控制和预防继发感染是控制瘙痒的必要部分。

2. 有瘙痒症状的部位进行外部治疗。

3. 就内科及代谢性问题进行支持治疗。

4. 如果有可能，可选择的治疗是，对内部恶性肿瘤进行完全切除。如果手术成功，应该在10～12 周后出现完全的毛发再生。

5. 如果在确诊时肿瘤已经出现大范围扩散，则预后不良。

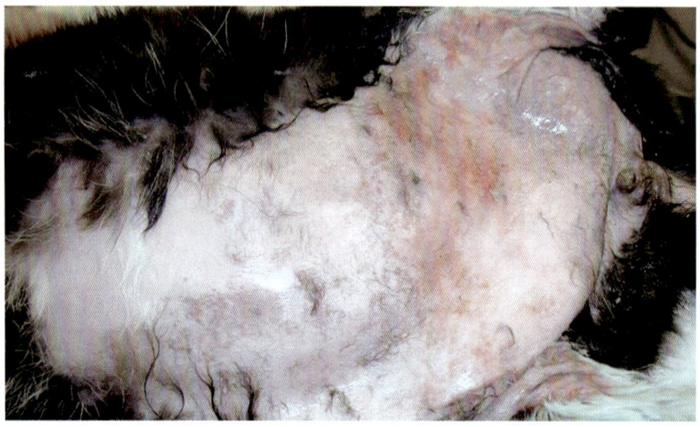

图 9-73 猫副肿瘤性脱毛 / 皮炎。患胰腺癌的猫几乎整个腹部严重脱毛。也可看到多病变红斑性皮炎。

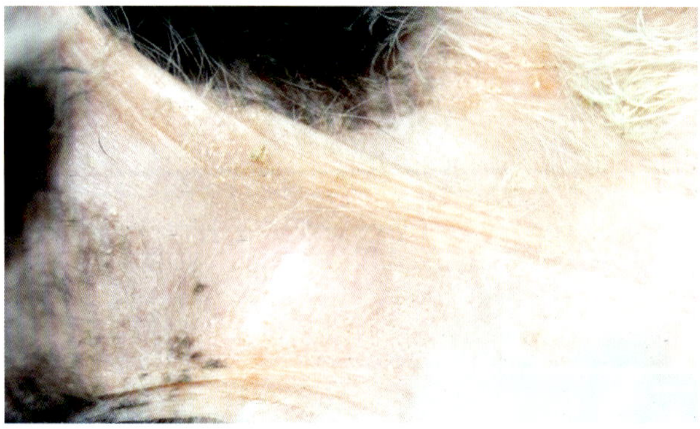

图 9-74 猫副肿瘤性脱毛 / 皮炎。图 9-73 中的猫。腋下脱毛处皮肤光滑闪亮是该综合征的典型表现。

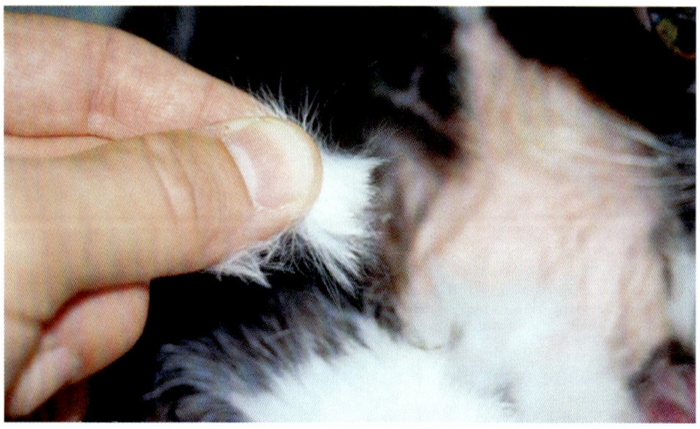

图 9-75 猫副肿瘤性脱毛 / 皮炎。图 9-73 中的猫。毛发非常易脱落，最小力量的牵拉都会造成大面积的脱毛。

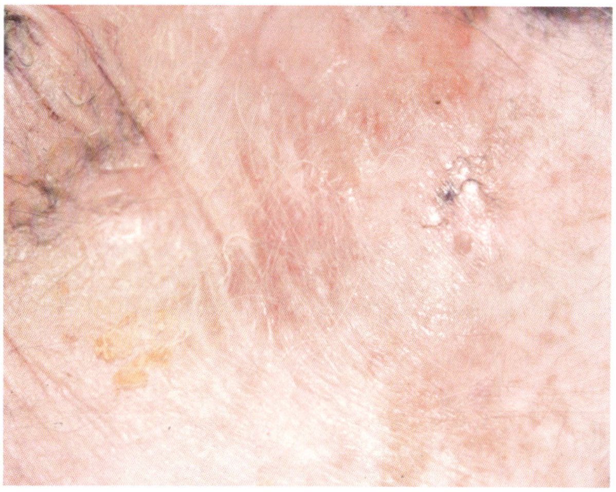

图 9-76　猫副肿瘤性脱毛 / 皮炎。图 9-73 中猫的近观。结痂区域可见多处的红斑，斑点和丘疹。

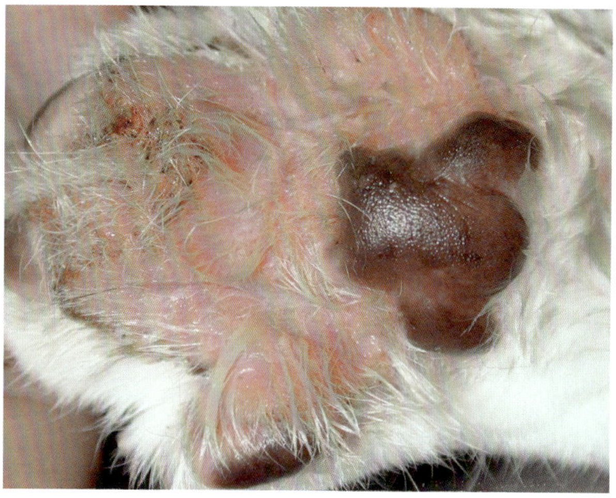

图 9-77　猫副肿瘤性脱毛 / 皮炎。副肿瘤性皮炎猫严重的爪部皮炎。

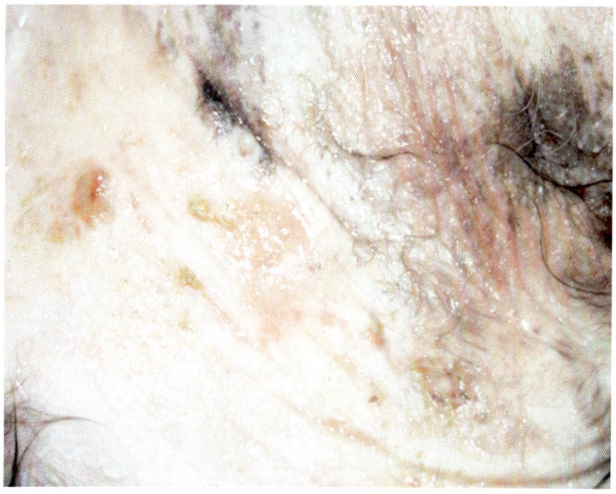

图 9-78　猫副肿瘤性脱毛 / 皮炎。大面积脱毛处皮肤外观闪亮光滑是该综合征的典型症状。由于瘙痒和猫长期舔舐，引起表面潮湿。

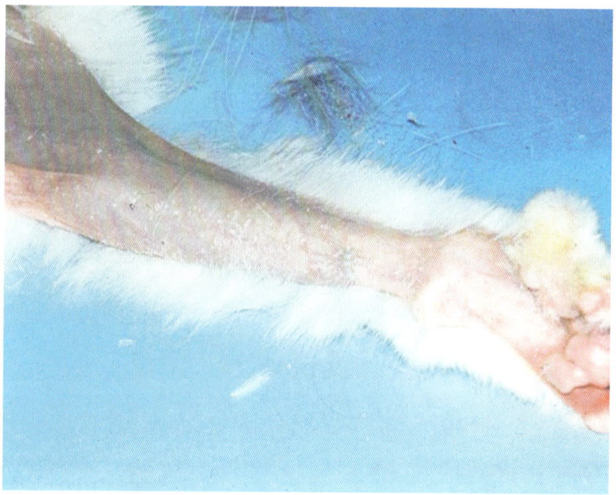

图 9-79　猫副肿瘤性脱毛 / 皮炎。患有胰腺癌的猫肢端泛发性脱毛（自 K. Campbell）。

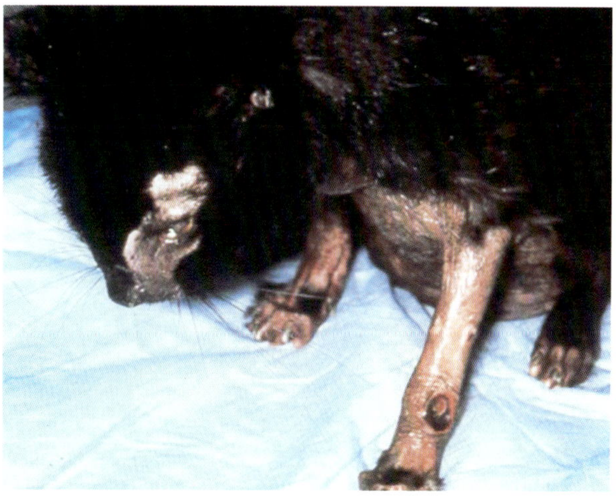

图 9-80　猫副肿瘤性脱毛 / 皮炎。患胰腺癌猫的弥散性脱毛。注意外观光滑和闪亮的皮肤，是该综合征的特征症状（自 K. Campbell）。

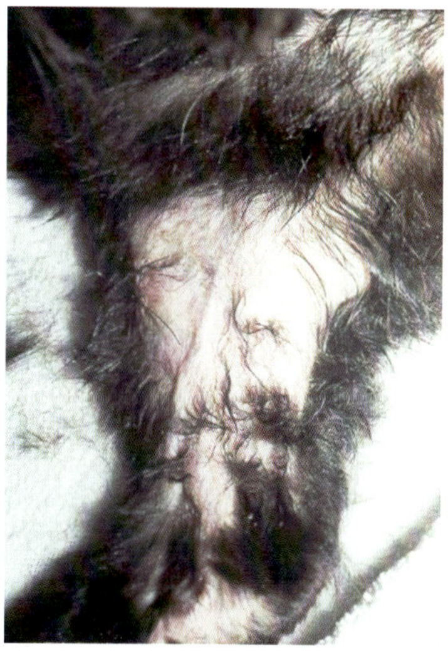

图 9-81　猫副肿瘤性脱毛 / 皮炎。被诊断为分化不良性腺瘤的成年猫，出现多病变性脱毛。毛发很容易大片脱落。

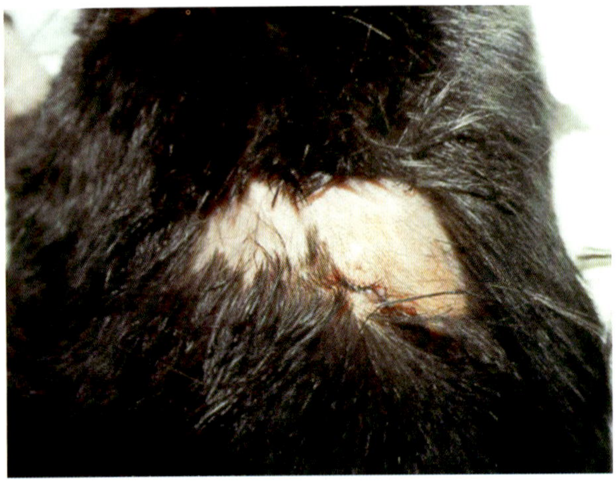

图 9-82　猫副肿瘤性脱毛 / 皮炎。图 9-81 中的猫。诊断过程中的常规操作造成背部的脱毛区域。

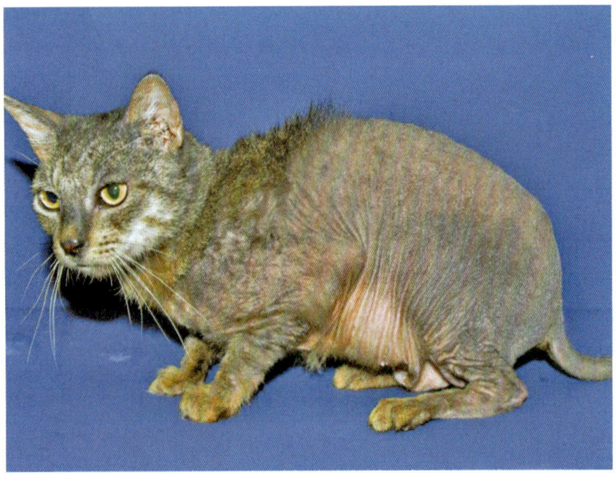

图 9-83　猫副肿瘤性脱毛 / 皮炎。老年猫表现出严重的全身性发病。通常这种严重的病变过程仅在几周内发生。

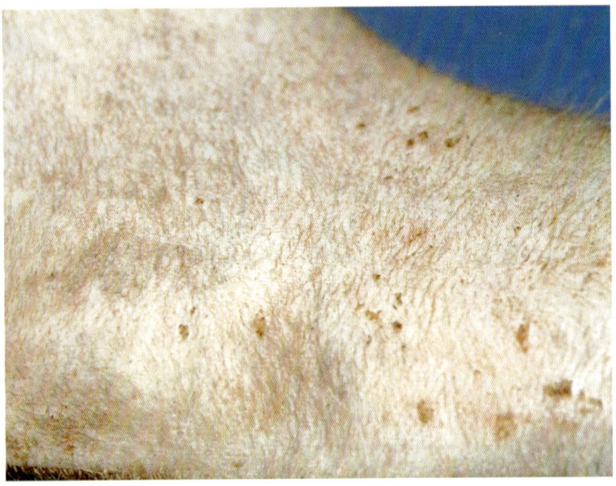

图 9-84　猫副肿瘤性脱毛 / 皮炎。脱毛处皮肤近观可见多灶结痂。除了该病特征性的脱毛，还可以看到更多相关的炎性病变。

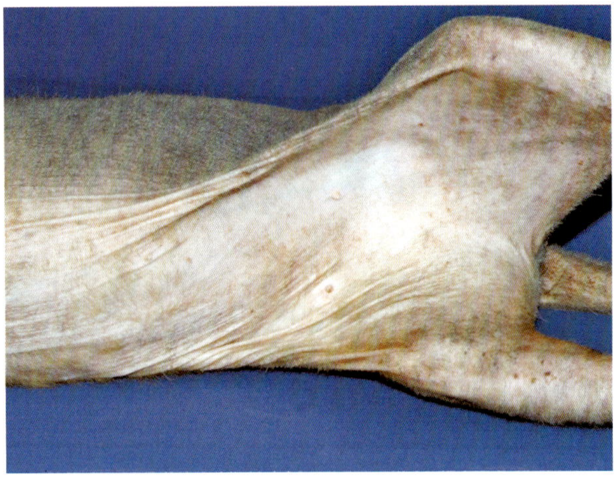

图 9-85　猫副肿瘤性脱毛 / 皮炎。老年猫腹部泛发性脱毛。

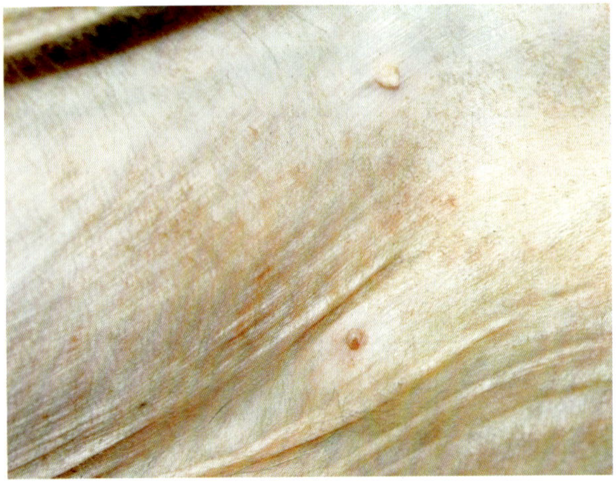

图 9-86　猫副肿瘤性脱毛 / 皮炎。该病特征性脱毛病变的近观。注意出现的红斑和轻微毛囊炎。当感染病变存在时，瘙痒可以是轻微的或严重的。

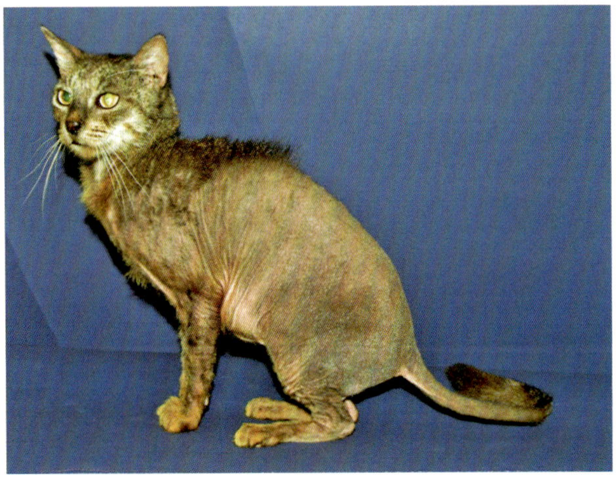

图 9-87　猫副肿瘤性脱毛 / 皮炎。老年猫表现出该病特征性的迅速发展的泛发性脱毛。发病过程中可能出现瘙痒性炎症。

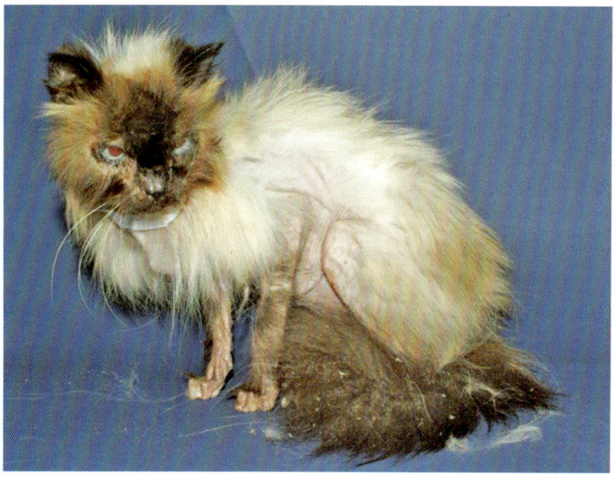

图 9-88 猫副肿瘤性脱毛 / 皮炎。一只老年猫表现出该病特征性的迅速发展的泛发性脱毛。疾病进程中可能伴随炎性瘙痒。

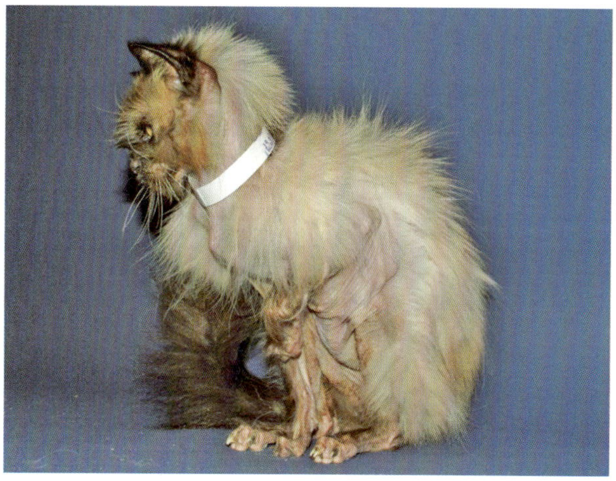

图 9-89 猫副肿瘤性脱毛 / 皮炎。图 9-88 中的猫。特征性脱毛显而易见。

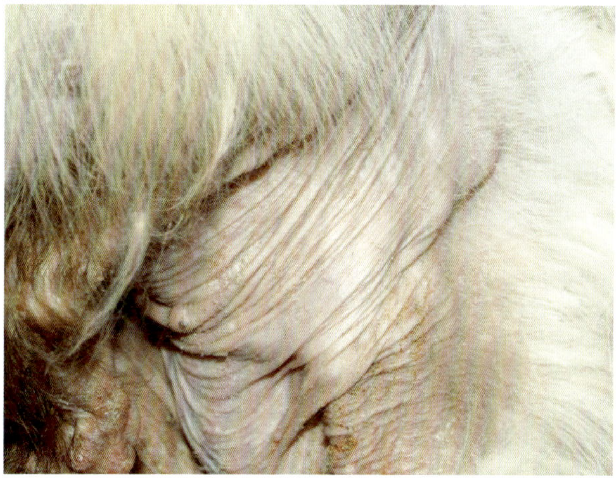

图 9-90 猫副肿瘤性脱毛 / 皮炎。图 9-88 中的猫。猫腹部特征性脱毛及发亮的皮肤显而易见。

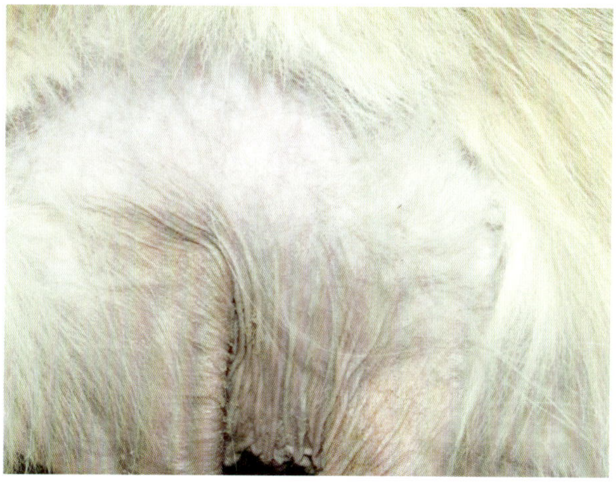

图 9-91 猫副肿瘤性脱毛 / 皮炎。老年猫腹部泛发性脱毛。注意开始于肋腹的轻度皮炎。猫越来越瘙痒。

图 9-92 猫副肿瘤性脱毛 / 皮炎。严重的泛发性脱毛，并且脱毛处皮肤闪亮是该病独具一格的特征。

图 9-93 猫副肿瘤性脱毛 / 皮炎。突发的、严重的脱毛是该病的典型特征。非常轻易地从猫身上拔下一簇毛发。

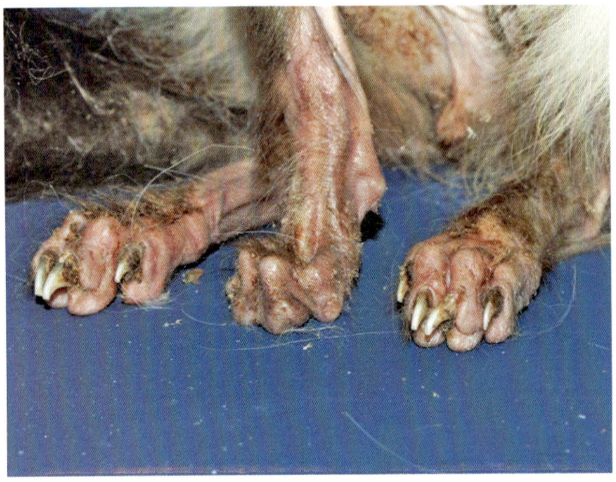

图 9-94　猫副肿瘤性脱毛 / 皮炎。泛发性脱毛可以典型地发生在每一区域。

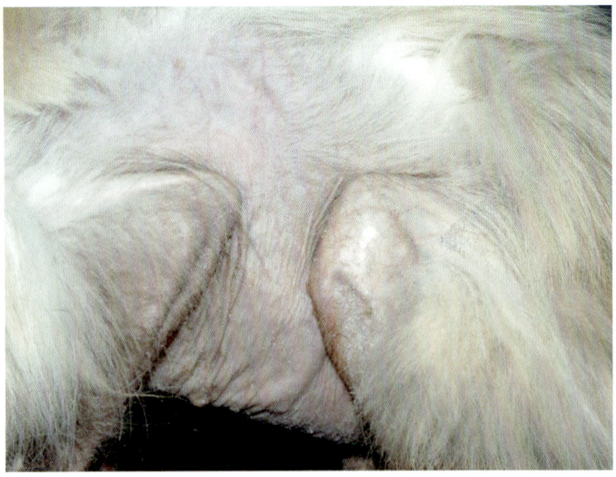

图 9-95　猫副肿瘤性脱毛 / 皮炎。患病猫肋腹部泛发性脱毛和发亮的皮肤。

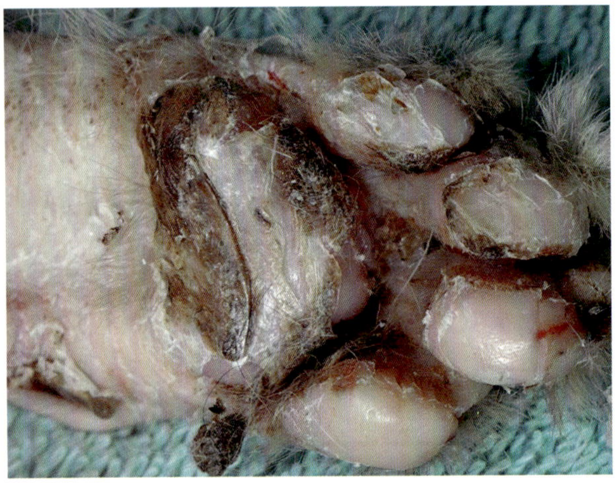

图 9-96　猫副肿瘤性脱毛 / 皮炎。与自体免疫性皮肤病一样，本病很常见爪垫结痂性糜烂。

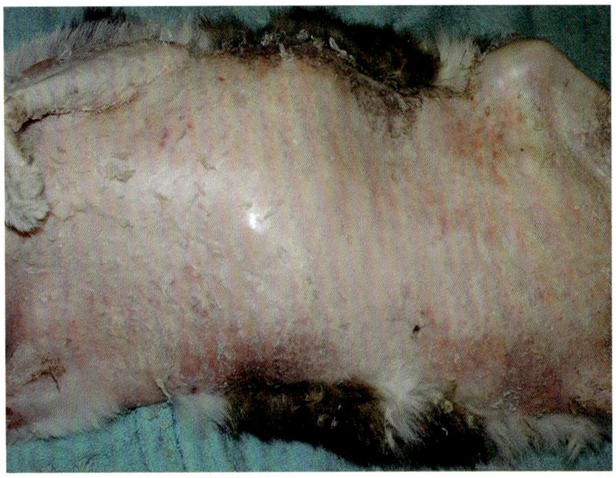

图 9-97　猫副肿瘤性脱毛 / 皮炎。患猫胸腹部存在严重脱毛和炎性皮炎。注意皮肤闪亮的外观，是这种疾病的共同特征。

猫肾上腺皮质功能亢进
Feline Hyperadrenocorticism

特征

自发性肾上腺皮质功能亢进，与肾上腺皮质分泌过多的内源性类固醇激素有关。这种疾病是由于肾上腺肿瘤，或由于垂体异常导致产生过量的ACTH，导致肾上腺功能亢进性产生过量的糖皮质激素或性激素。自发性和医源性肾上腺皮质功能亢进均罕见于猫，中年或老龄猫发病率逐渐升高。

常见患猫多尿，烦渴，多食。这些症状可能与并发糖尿病相关。精神沉郁，嗜睡，肥胖，厌食，体重减轻，肌肉无力 / 萎缩，肝肿大和腹围增大等症状常见。毛发少、蓬乱，干性皮脂溢，躯干、胁腹、下腹部对称性脱毛和色素过度沉着；皮肤变薄、变脆，易撕裂或擦伤。可见到粉刺和反复发作的脓肿。医源性肾上腺皮质功能亢进可伴发耳尖卷曲。

主要鉴别诊断

鉴别诊断包括脆皮病，副肿瘤性脱毛 / 皮炎。

诊断

1. 排除其他类似疾病。
2. 血常规，全项生化和尿检：可能表现并发糖尿病征象（高血糖，糖尿），但也可能无异常。
3. 尿可的松 / 肌酐比：通常升高，但常见应激导致的假阳性结果。
4. 皮肤组织病理学：常可见组织结构正常，但患猫皮肤胶原蛋白数量减少。
5. 腹部超声：单侧或双侧肾上腺肿大。
6. CT 或 MRI：可能会探测到脑垂体团块。
7. 肾上腺功能检查：

- ACTH 刺激试验（可的松或性激素）：刺激后强烈升高的可的松反应。对 ACTH 刺激无反应，则可能为医源性疾病。然而可能出现假阴性和假阳性结果。
- 低剂量（0.1 mg/kg）地塞米松刺激试验：可的松抑制不足，提示可能为内源性肾上腺皮质功能亢进，但可能出现假阴性和假阳性结果。
- 高剂量（1 mg/kg）地塞米松刺激试验：通常用于鉴别肾上腺瘤和垂体依赖型肾上腺皮质功能亢进。可的松抑制不足，提示可能为肾上腺肿瘤，反之，可的松抑制提示垂体疾病。
- 内源性 ACTH 检测：通常用于帮助鉴别肾上腺瘤和垂体依赖型肾上腺皮质功能亢进。ACTH 水平升高提示可垂体疾病，反之，ACTH 水平下降提示肾上腺肿瘤。

治疗及预后

1. 治疗糖尿病和继发感染。
2. 治疗医源性诱发的肾上腺皮质功能亢进，应首先停止糖皮质激素的使用。
3. 治疗肾上腺肿瘤首选肾上腺切除术。
4. 施行显微外科经蝶骨垂体切除术（如果可行），治疗垂体依赖型肾上腺皮质功能亢进，这是一种很有效的方法。这项操作需要有高水平的神经外科医生，以及具有高级脑垂体影像技术的专业兽医设施。术后并发症可能包括软腭开裂，摄水量减少引起的暂时性高钠血症，泪液减少引起的暂时性干性角膜结膜炎。
5. 其他治疗垂体依赖型肾上腺皮质功能亢进的方法，是切除双侧肾上腺，然后终身补充糖皮质激素和盐皮质激素。由于该手术有败血症、血栓性栓塞、伤口愈合不良等手术并发症，从而死亡率很高，因此术前用美替拉酮（43～65 mg/kg，口服，每 12 h 一次）稳定会有帮助，尤其是对病情严重的猫。
6. 单独使用下列药物治疗垂体依赖型肾上腺皮质功能亢进也被认可，但治疗效果不确定：

- 美替拉酮 65 mg/kg，口服，每 12 h 一次。
- 曲洛司坦 15～30 mg/ 猫，口服，每 12～24 h 一次。
- 酮康唑 10～15 mg/kg，混于食物中口服，每 12 h 一次。

7. 米托坦对猫的治疗效果不确定。与犬不同的是效果缓慢，但使用较长疗程可以取得缓解。
8. 预后谨慎或不良。如果潜在肾上腺皮质功能亢进成功治疗，则继发的糖尿病通常能解决。然而，如不进行治疗，并发的糖尿病通常很难控制。

作者注

虽然肾上腺皮质功能亢进在猫中可能表现为脆皮病综合征，肢端肥大症使皮肤变得厚实和坚硬。但这两种内分泌疾病均影响血糖水平。

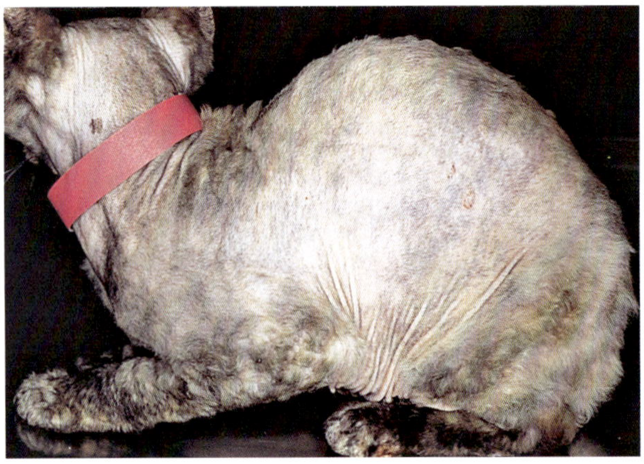

图 9-98　猫肾上腺皮质功能亢进。泛发性脱毛和皮肤萎缩（自 A. Yu）。

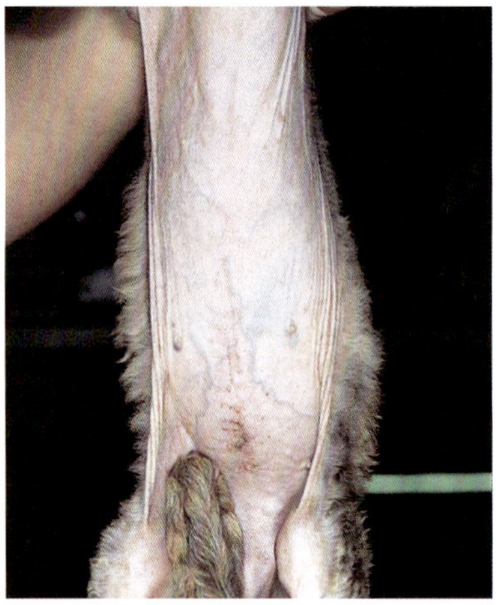

图 9-99　猫肾上腺皮质功能亢进。图 9-98 中的猫。皮肤萎缩使皮下血管清晰可见。猫也出现腹围增大（自 A. Yu）。

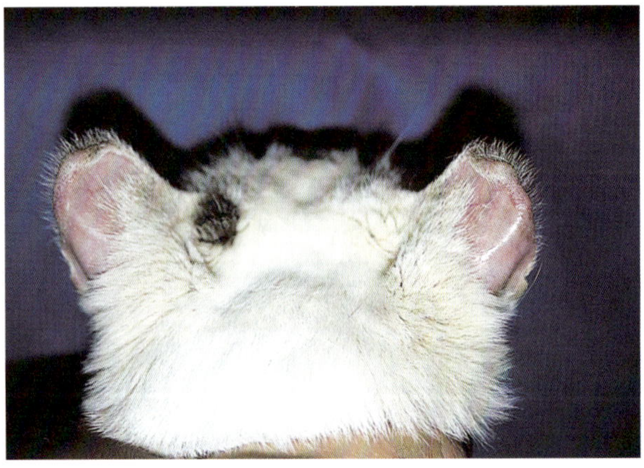

图 9-100　猫肾上腺皮质功能亢进。脱毛和耳廓卷曲是猫库兴氏综合征的典型症状。

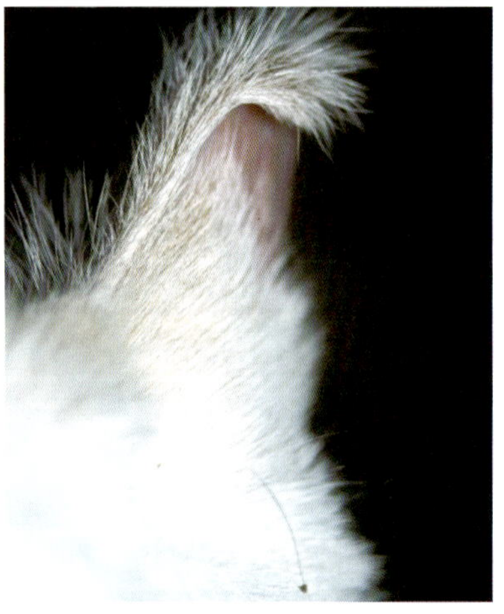

图 9-101　猫肾上腺皮质功能亢进。图 9-100 中猫的近观。注意由于医源性肾上腺皮质功能亢进，引起的耳廓卷曲。

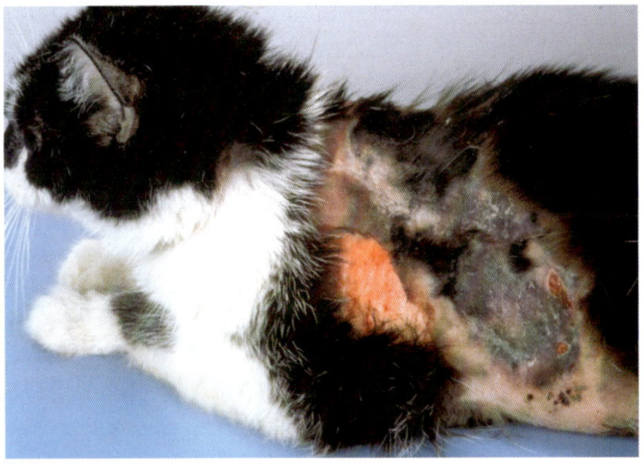

图 9-102　猫肾上腺皮质功能亢进。猫由于脆皮病综合征引起的严重创伤（自 P. White）。

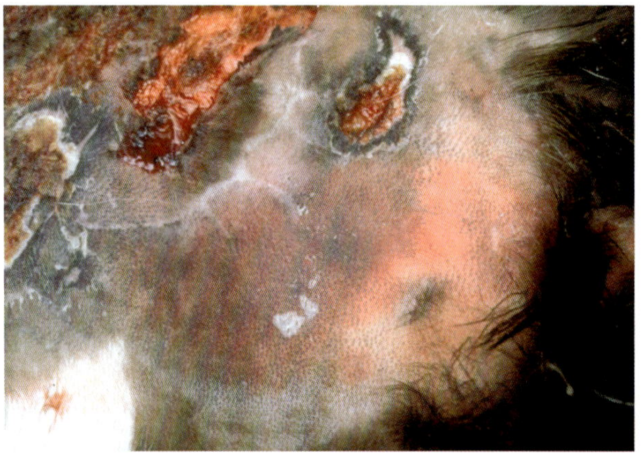

图 9-103　猫肾上腺皮质功能亢进。图 9-102 中猫的近观。皮肤上大量撕裂伤和皮下挫伤（自 P. White）。

性激素皮肤病——未去势公犬
Sex Hormone Dermatosis—Intact Male Dogs

特征

性激素皮肤病是睾丸（通常有睾丸肿瘤）分泌过多性激素或性激素前体的内分泌疾病。通常发生于未去势公犬，中老年犬高发。

性激素皮肤病表现在颈部，臀部，会阴部，胁腹部或躯干对称性脱毛或泛发性脱毛，但常不累及头部和四肢。残存的毛发容易脱落。脱毛处皮肤可见色素过度沉着。可能继发皮脂溢，浅表脓皮病或酵母菌性皮炎。伴发乳腺发育，包皮下垂，溢乳，且可能见到前列腺肥大和/或前列腺炎的临床症状。睾丸可能是正常的，或不对称的，或者触诊发现有隐睾。宠主可能发现患犬表现异常（如吸引其他公犬，以母犬姿势小便）或对其他犬或人有过度性行为。

主要鉴别诊断

鉴别诊断包括其他原因的内分泌性脱毛。

诊断

1. 排除其他原因的内分泌性脱毛。
2. 血常规：通常指标不明显，但犬并发雌激素诱导的骨髓中毒症时，可见非再生性贫血、白细胞减少症和血小板减少症。
3. 皮肤组织病理学：无特异性内分泌变化。
4. 性激素检测：一种或多种血清激素水平升高，但常出现假阳性和假阴性结果。
5. 睾丸组织病理学检查（去势）：可能正常、萎缩、肿瘤（睾丸支持细胞瘤，间质细胞瘤或精原细胞瘤）。
6. 对去势的反应：可能发生毛发再生。

治疗及预后

1. 首选治疗方案是去势（双侧睾丸）。
2. 任何继发的脓皮病、前列腺炎和酵母菌性皮炎都应给予合理的全身性抗生素治疗。
3. 对雌激素诱导的骨髓发育不良患犬，可进行液体治疗、全血输血和/或富血小板血浆输液。
4. 对非转移性肿瘤，或雌激素诱导骨髓中毒症的患犬预后良好。去势后 3 个月可见毛发再生。症状缓解后再复发，可能表明存在肾上腺性激素分泌过多（X 脱毛）或存在睾丸转移性肿瘤。

未去势公犬性激素皮肤病的分布区域

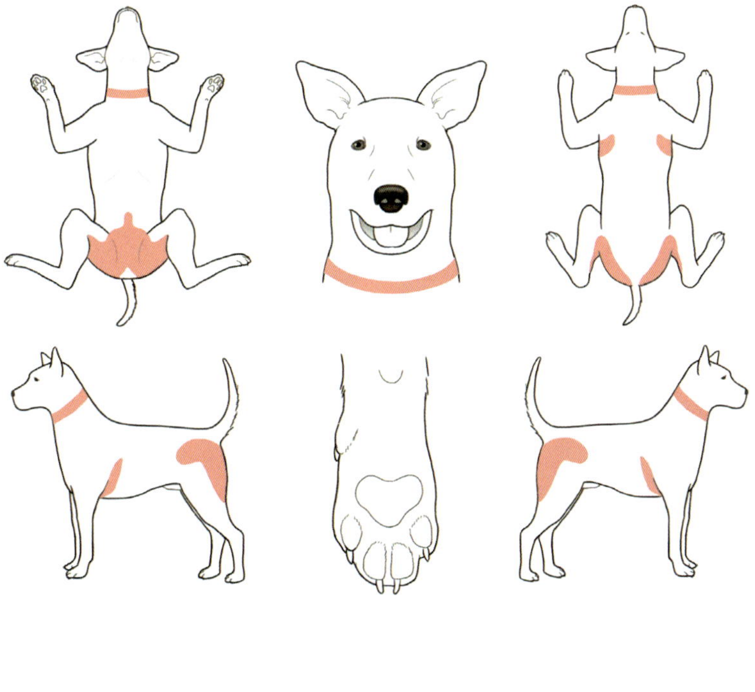

图 9-104　性激素皮肤病——未去势公犬。患睾丸支持细胞瘤的公犬，泛发性脱毛及色素过度沉着。

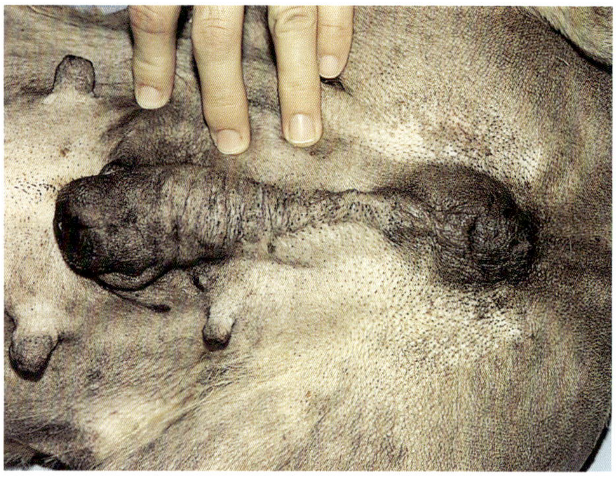

图 9-105　性激素皮肤病——未去势公犬。图 9-104 中犬的近观。患睾丸支持细胞瘤的犬，包皮处线状色素过度沉着。注意包皮处的线形斑是睾丸支持细胞瘤独一无二的特征性病变。

图 9-106　性激素皮肤病——未去势公犬。未去势雄性博美犬泛发性脱毛。去势后毛发完全再生。注意与 X 脱毛很相似。

图 9-107　性激素皮肤病——未去势公犬。图 9-106 中的犬。去势后毛发完全再生。

图 9-108　性激素皮肤病——公犬。犬的支持细胞瘤导致躯干泛发性脱毛。

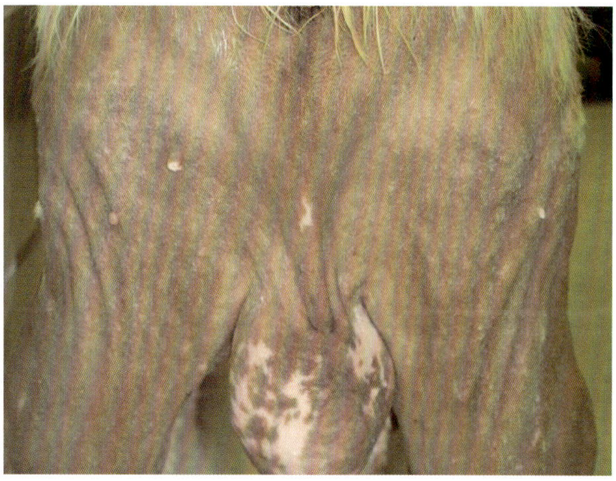

图 9-109　性激素皮肤病——公犬。支持细胞瘤患犬的腿部后侧和阴囊泛发性脱毛。

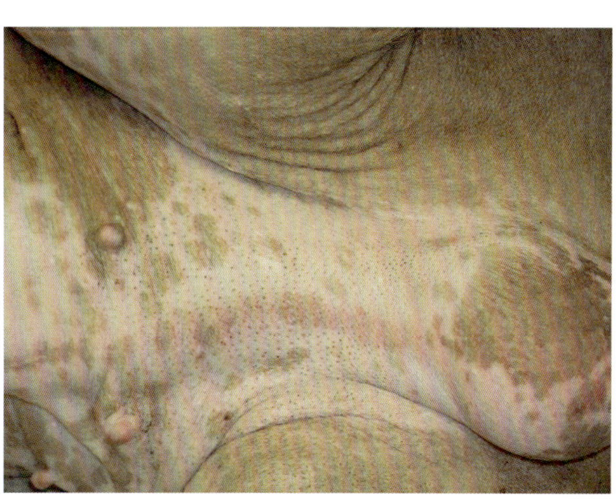

图 9-110　性激素皮肤病——公犬。支持细胞瘤患犬的胸腹部泛发性脱毛。注意在阴茎上的线性包皮红斑，这是本病的发病特点。

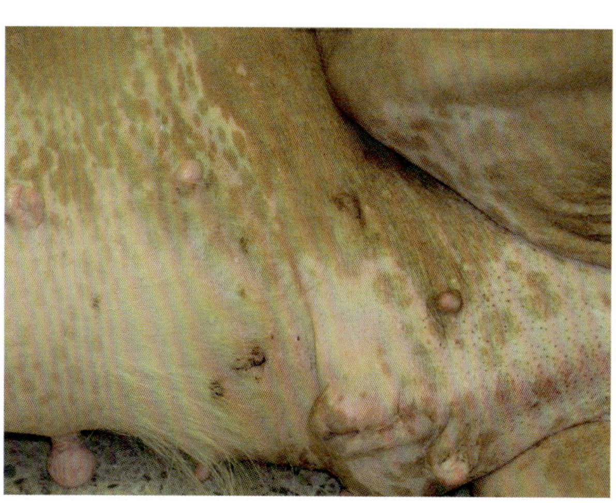

图 9-111　性激素皮肤病——公犬。注意线性包皮斑和大量毛囊黑头粉刺。

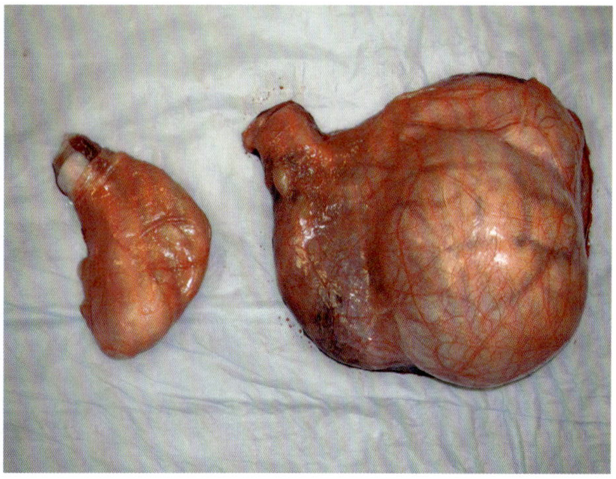

图 9-112　性激素皮肤病——公犬。图为去势手术后的支持细胞瘤睾丸。

性激素皮肤病——未绝育母犬
Sex Hormone Dermatosis—Intact Female Dogs

特征

性激素皮肤病可能是雌激素或孕酮水平过高引起的内分泌疾病。该病罕见于未绝育母犬，患有卵巢囊肿或卵巢肿瘤的中老年犬最高发。外源性雌激素治疗尿失禁的绝育母犬，也可能罹患此病。

性激素皮肤病表现为区域性（肋腹部、会阴部、腹股沟部）对称性脱毛或泛发性脱毛，但常不累及头部和四肢。残存的毛发容易脱落。脱毛处皮肤可能色素过度沉着。可能继发苔藓样变、皮脂溢、浅表脓皮病。常见并发乳房发育、外阴肿大。有些犬还有发情期异常，持久假孕，慕雄狂的病史。

主要鉴别诊断

鉴别诊断包括其他原因的内分泌性脱毛。

诊断

1. 排除其他原因的内分泌性脱毛。
2. 血常规：通常指标不明显，但犬并发雌激素诱导的骨髓中毒症时，可见非再生性贫血、白细胞减少症和血小板减少症。
3. 皮肤组织病理学：无特异性内分泌变化。
4. 性激素检测：雌激素或孕酮水平升高，但常出现假阳性和假阴性结果。
5. 对子宫卵巢切除术或停止雌激素治疗的反应：发生毛发再生。

治疗及预后

1. 任何继发的皮脂溢，脓皮病和酵母菌性皮炎都应给予合理的治疗。对雌激素诱导的骨髓发育不良患犬，可进行液体治疗、全血输血和/或富血小板血浆输液。
2. 如果为医源性诱发，应停止雌激素治疗。
3. 对未绝育母犬来讲，子宫卵巢切除术是首选治疗。
4. 预后良好。通常 3～4 个月可见症状缓解和毛发再生，但有些犬则需要 6 个月。

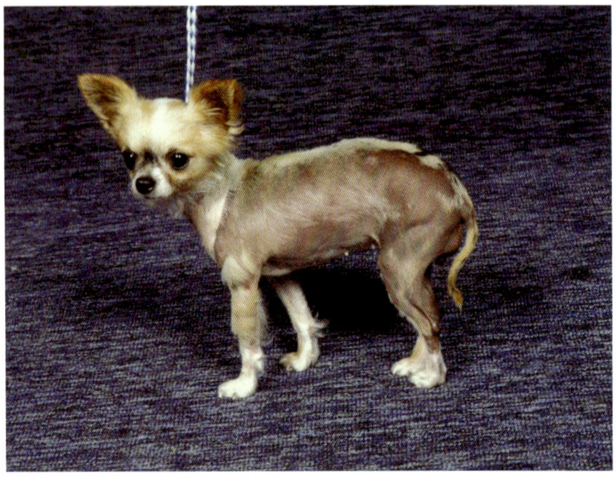

图 9-113 性激素皮肤病——未绝育母犬。一患卵巢囊肿的未绝育成年雌性吉娃娃泛发性脱毛。子宫卵巢切除术后毛发再生。

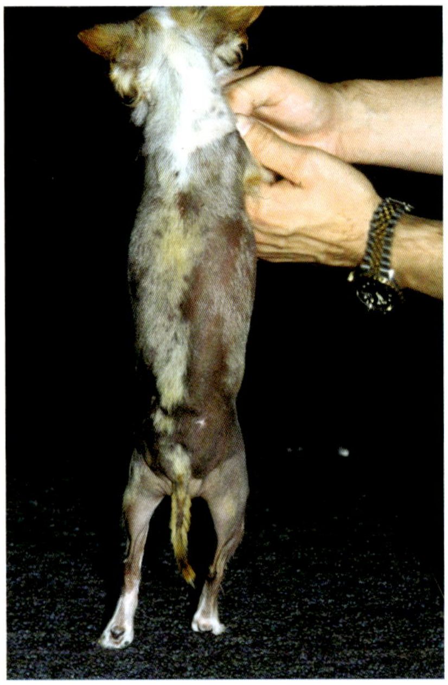

图 9-114 性激素皮肤病——未绝育母犬。图 9-113 中的犬。脱毛和色素过度沉着自颈部延伸至后肢远端。

先天性稀毛症 Congenital Hypotrichosis

特征

先天性稀毛症是一种渐进性非毛色相关的脱毛症。罕见于犬和猫。同一窝中可能有一个或多个动物发病。

患病动物可能出生时即脱毛，或出生时表现正常，但 1 月龄左右开始脱毛。对称性脱毛常累及头部，躯干和腹部。可见局部或泛发性脱毛。脱毛部皮肤经常会继发色素过度沉着和皮脂溢。还可能出现异常齿列。

主要鉴别诊断

鉴别诊断包括蠕形螨病、皮肤癣菌病和浅表脓皮病。

诊断

1. 根据病史，临床症状及排除其他类似疾病诊断。
2. 皮肤组织病理学：患处皮肤毛囊完全缺失或萎缩，毛囊数量减少。

治疗及预后

1. 没有治疗方案。
2. 预后良好，该病不影响动物的生活质量，仅仅是美观问题。患病动物不应作为种犬繁殖。

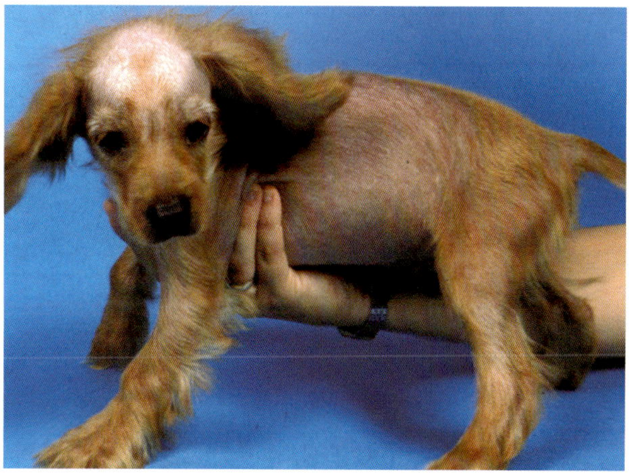

图 9-115　先天性稀毛症。幼犬出生时头部及躯干即脱毛（自 D. Angarano）。

图 9-116　先天性稀毛症。与图 9-115 中犬同窝的 2 只犬，面部和耳部脱毛（自 D. Angarano）。

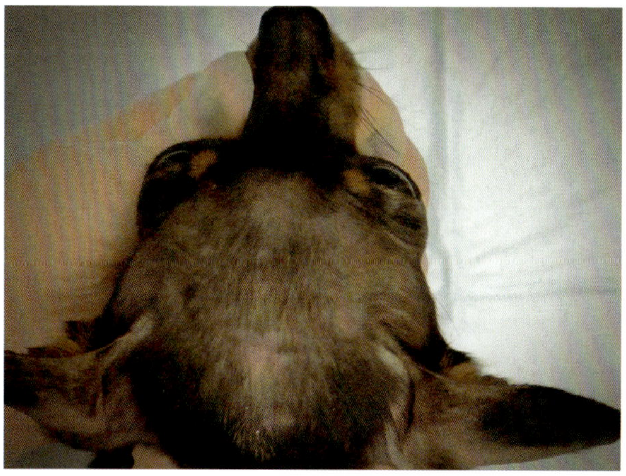

图 9-117　先天性稀毛症。幼犬头部泛发性脱毛。

色素稀释性脱毛（色素突变性脱毛）
Color Dilution Alopecia (Color Mutant Alopecia)

特性

该病是毛囊发育不良，表现为毛发颜色变浅，与毛发色素沉着和生成缺陷有关。推测发病与隐性遗传的常染色体相关。常见的易感品种毛发变成蓝色（黑色变浅）或浅黄褐色（棕褐色变浅）。这种紊乱尤其常出现在杜宾犬，但也会在其他品种如约克夏㹴、迷你杜宾犬、大丹犬、惠比特犬、意大利灵缇犬、萨卢基犬、松狮犬、腊肠犬、细毛㹴、波士顿㹴犬、纽芬兰犬、伯恩山犬、喜乐蒂牧羊犬、舒伯奇犬（Schipperke）、吉娃娃、贵宾犬和爱尔兰赛特犬。

患犬出生时正常，但常在 6 个月到 2 岁时躯干背侧开始脱毛。尽管毛发稀薄常发展为局部或完全脱毛，但仅仅颜色变浅的毛发会脱落，患犬颜色正常的毛发并不脱落。常继发浅表脓皮病。

主要鉴别诊断

鉴别诊断包括皮肤癣菌病，蠕形螨病，浅表脓皮病和内分泌性脱毛（如甲状腺功能减退，肾上腺皮质功能亢进，性激素皮肤病）。

诊断

1. 根据病史，临床症状及排除其他类似疾病诊断。

2. 病变毛发形态检查（拔取毛发显微镜镜检）：毛发皮质和髓质含有许多大黑色素团，并且毛发皮质有缺损和断裂。

3. 皮肤组织病理学检查：毛囊扩张，囊肿，内部充满角质。表皮和毛囊的基细胞、毛发以及毛囊周围的嗜黑素细胞内，异常积聚大量黑色素。

治疗和预后

1. 目前尚无特异性疗法治疗脱毛或阻止毛发进一步脱落。

2. 根据需要使用防止粉刺或抗菌香波（过氧化苯甲酰）及护毛素对症治疗。

3. 如果继发脓皮病，给予全身性抗生素治疗 3～4 周。

4. 预后良好。虽然脱毛不可逆，且需要进行常规皮肤护理，本病仅为美观问题，不影响患犬的生活质量。

图 9-118　色素稀释性脱毛。泛发性脱毛仅发生于有颜色的毛发。

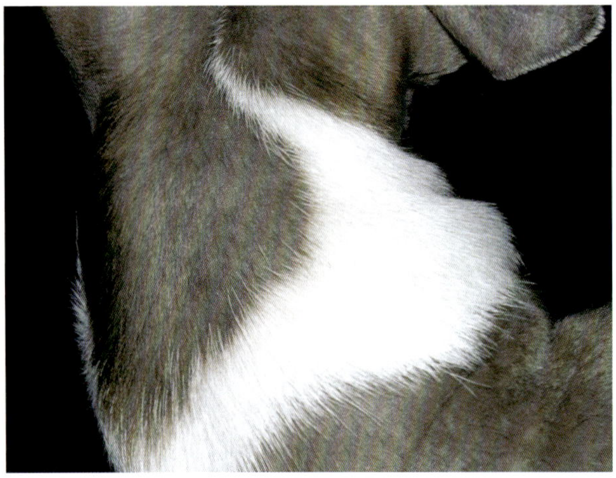

图 9-119　色素稀释性脱毛。图 9-118 中犬的近观。泛发性脱毛仅发生于有颜色的毛发。白色毛发完全正常，这是该综合征的特点。

图 9-120　色素稀释性脱毛。这只吉娃娃颜色变浅区域的毛发部分脱落。相邻的棕褐色毛发区域的毛发正常。

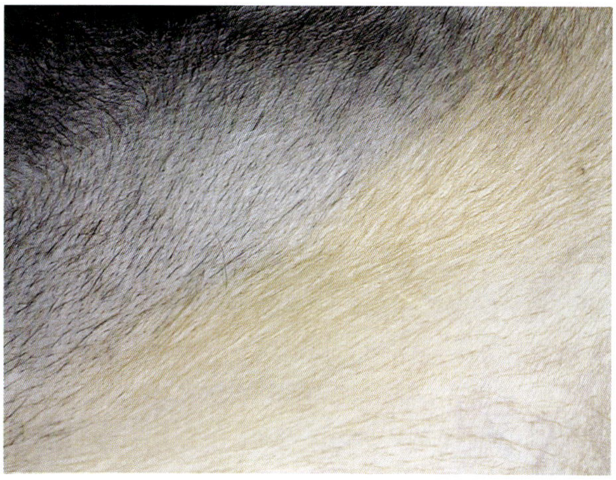

图 9-121　色素稀释性脱毛。颜色变浅区域的毛发脱落，相邻棕褐色毛发区域正常。

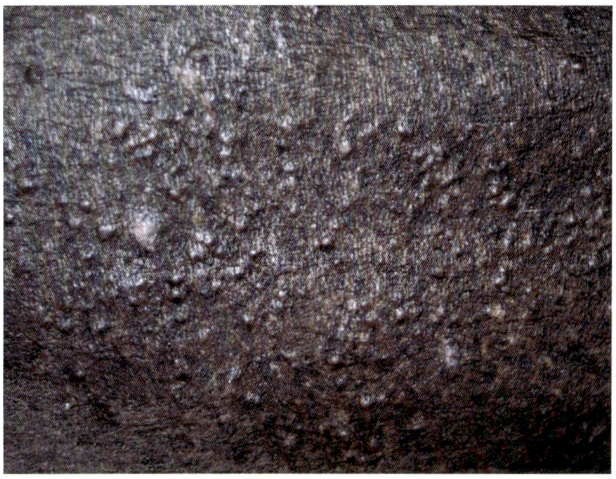

图 9-122　色素稀释性脱毛。病变区域的皮肤上，大量的粉刺和粟粒疹普遍存在。随犬年龄的增长，毛囊堵塞，最终形成粉刺和粟粒疹。注意与无毛品种的鉴别。

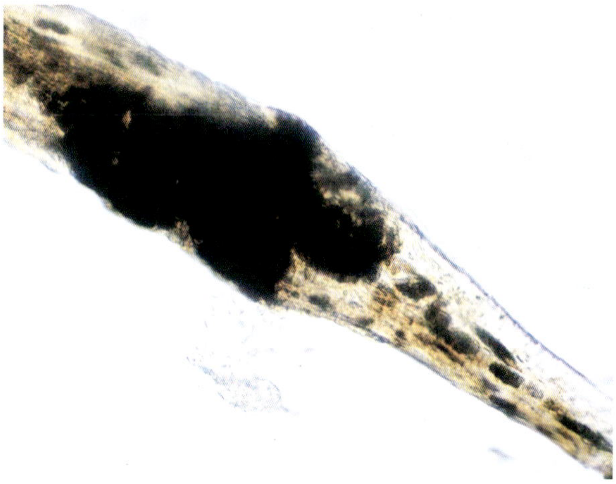

图 9-123　色素稀释性脱毛。显微镜 10× 物镜下毛发图片，可看到成团分布的黑色素。黑色素聚集造成毛发缺陷，最终断裂，导致脱毛。

黑毛毛囊发育不良
Black Hair Follicular Dysplasia

特征

该病是与毛色相关的毛囊发育不良疾病，与黑色毛发色素沉着和生成缺陷有关。怀疑发病与隐性遗传的常染色体相关。罕见于双色和三色幼犬。

患犬出生时正常，在 1 月龄左右开始脱毛。仅仅黑色毛发发病，渐进性脱毛，直至所有黑色毛发脱落。

主要鉴别诊断

鉴别诊断包括皮肤癣菌病，蠕形螨病，浅表脓皮病和内分泌性脱毛。

诊断

1. 基于病史、临床症状及排除其他类似疾病诊断。
2. 病变毛发形态检查（拔取毛发显微镜镜检）：毛发皮质和髓质含有许多大黑色素团，并且毛发皮质有缺损和断裂。
3. 皮肤组织病理学：非黑色毛发覆盖的皮肤正常。黑色毛发覆盖的皮肤毛囊肿大，充满角质，毛干碎裂，黑色素游离。毛囊、表皮基底细胞和毛发基底细胞内黑色素异常积聚。

治疗和预后

1. 无法治疗。
2. 根据需要使用防止粉刺或抗菌香波（过氧化苯甲酰）及护毛素对症治疗。
3. 如果继发脓皮病，给予全身性抗生素治疗 3～4 周。
4. 预后良好。虽然脱毛不可逆，且需要进行常规皮肤护理，本病仅为美观问题，不影响患犬的生活质量。

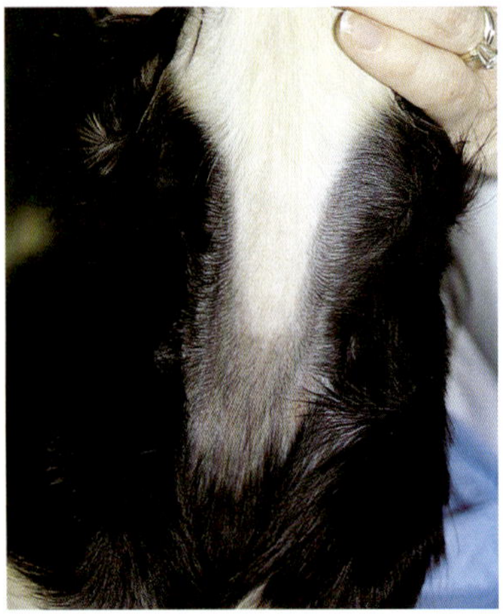

图 9-124　黑毛毛囊发育不良。局部脱毛仅发生于黑色毛发区域。

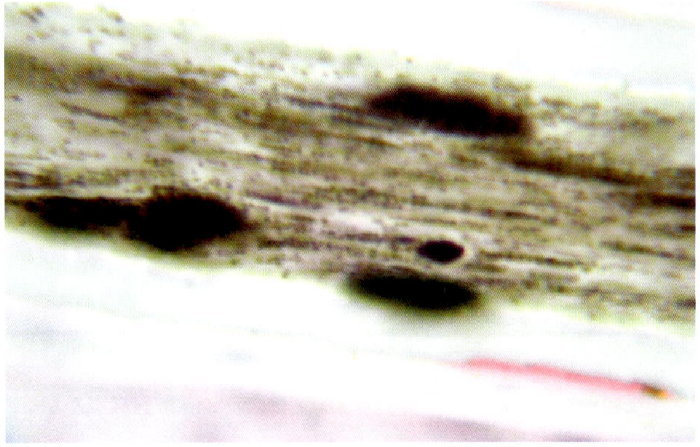

图 9-125　黑毛毛囊发育不良。显微镜 40× 物镜下图片，可看到毛干内成团分布的黑色素。黑色素聚集使毛发缺损，最终断裂，导致脱毛。

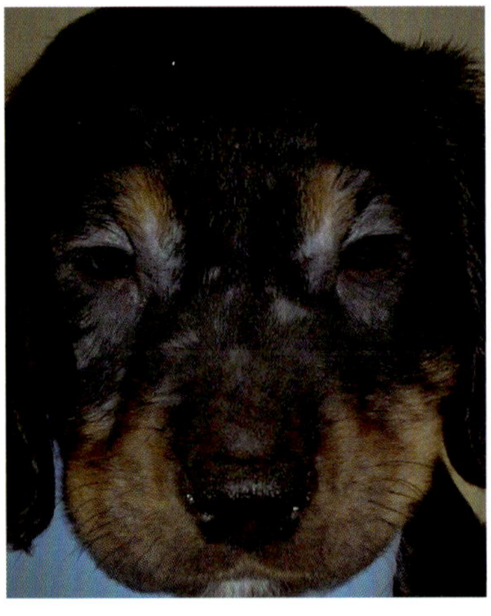

图 9-126　黑毛毛囊发育不良。幼犬黑色毛发渐进性脱毛。

犬模型脱毛
Canine Pattern Baldness

特征

本病是一种特发性脱毛，通常见于腊肠犬，但也会发生在其他短毛犬，如吉娃娃犬，惠比特犬，曼彻斯特㹴，波士顿㹴，拳师犬和灵缇（见“灵缇特发性秃股综合征”）。模型脱毛常发于青年末期或成年早期。

通常患犬随年龄增长毛发会渐进性稀少，直至完全脱落。对称性脱毛，但存留的毛发不易脱落。脱毛常累及耳廓侧面，耳廓后区域，大腿后侧，颈腹侧，胸部和腹部。随时间推移脱毛处皮肤继发色素过度沉着。

主要鉴别诊断

鉴别诊断包括皮肤癣菌病，蠕形螨病，浅表脓皮病和内分泌性脱毛（肾上腺皮质功能亢进，甲状腺功能减退，性激素皮肤病）。

诊断

1. 排除其他类似疾病。
2. 皮肤组织病理学：病变处毛囊比正常毛囊小。

治疗和预后

1. 尚无特异性疗法。
2. 褪黑素可能使某些犬的毛发再生。缓释褪黑素（1～3）（12 mg 植入剂 / 犬，皮下注射，一次）和褪黑素（3～12 mg/ 犬，口服，每 12～24 h 一次，持续 3 个月）都曾被使用，效果各异。如有任何改善，会在治疗开始后 3 个月内看到。
3. 低度激光治疗对有些病例可能有效。
4. 预后良好。尽管脱毛不可逆，这仅仅是美观问题，并不影响患犬生活质量。

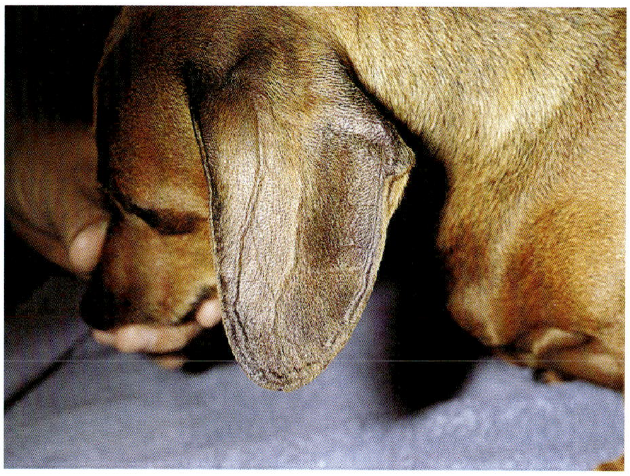

图 9-127 犬模型脱毛。腊肠犬耳廓完全脱毛是该病的典型症状（自 J. Mac Donald）。

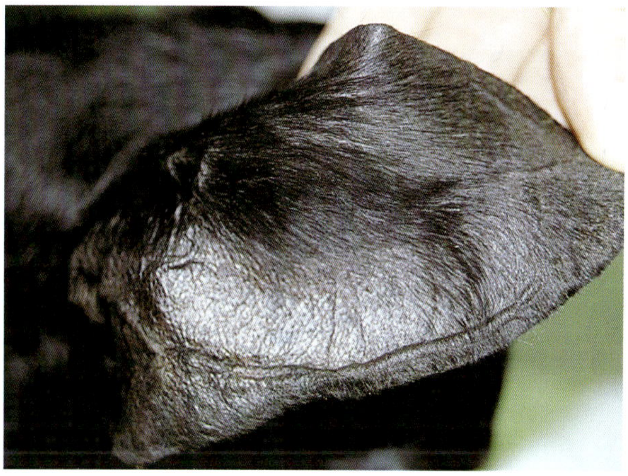

图 9-128 犬模型脱毛。成年腊肠犬耳廓弥散性脱毛。

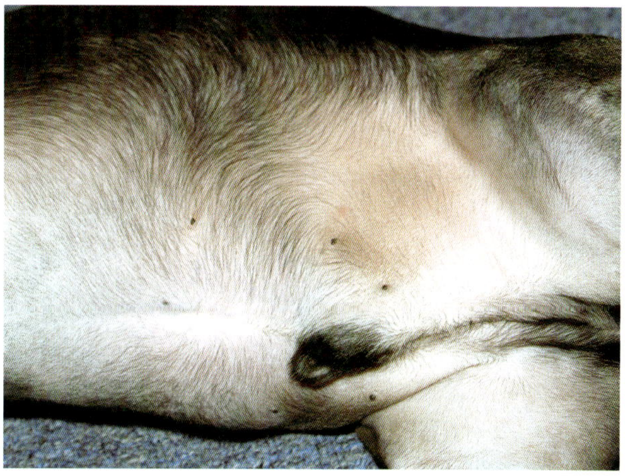

图 9-129 犬模型脱毛。胸部和腹部的弥散性脱毛。注意未见明显浅表脓皮病迹象。

灵猩特发性秃股综合征
Idiopathic Bald Thigh Syndrome of Greyhounds

特征

该病是病因不清的脱毛症，常发于灵缇。脱毛开始于青春期末期或成年期早期，通常随患犬年龄增长而缓慢发展。

大腿外侧和后侧的毛发呈渐进性、对称性稀少，通常会延伸到肋腹。除了脱毛，脱毛处的皮肤一切正常。患犬没有其他全身症状。

主要鉴别诊断

鉴别诊断包括蠕形螨病，皮肤癣菌病，浅表脓皮病和内分泌性皮肤病（甲状腺功能减退，肾上腺皮质功能亢进，性激素皮肤病）。

诊断

1. 根据临床特征，病史，临床症状和排除其他类似疾病进行诊断。

2. 皮肤组织病理学（非诊断性）：结果无特异性，类似于其他内分泌性疾病症状。

治疗及预后

1. 无特异性疗法使毛发再生或防止毛发继续脱落。

2. 预后良好。尽管是持久性脱毛，但这仅是美观问题，不影响患犬生活质量。

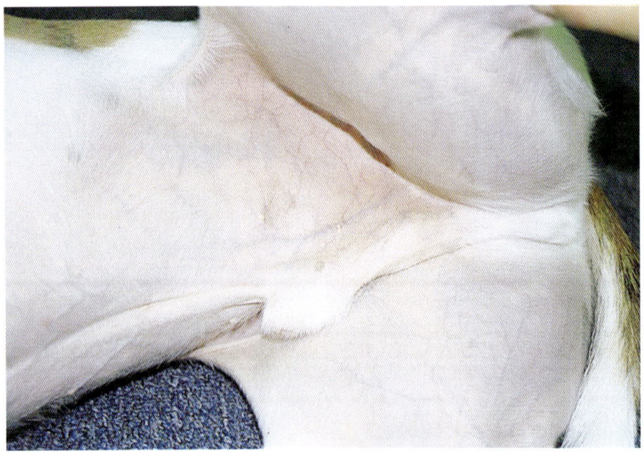

图 9-130 灵猩特发性秃股综合征。成年灵缇腹部和腹股沟完全脱毛。没有继发感染的迹象。

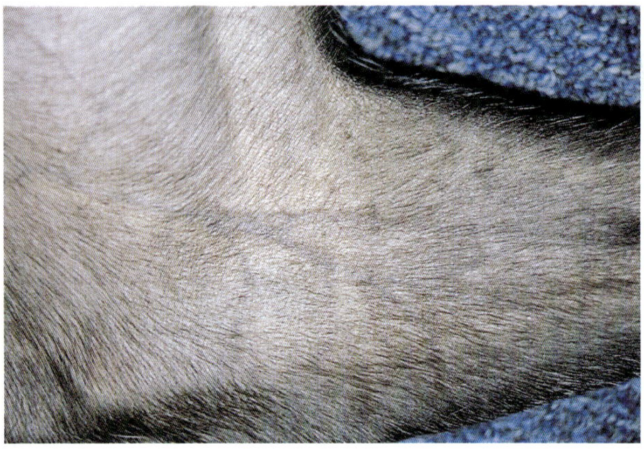

图 9-131 灵猩特发性秃股综合征。成年灵缇大腿弥散性脱毛。没有继发感染的迹象。

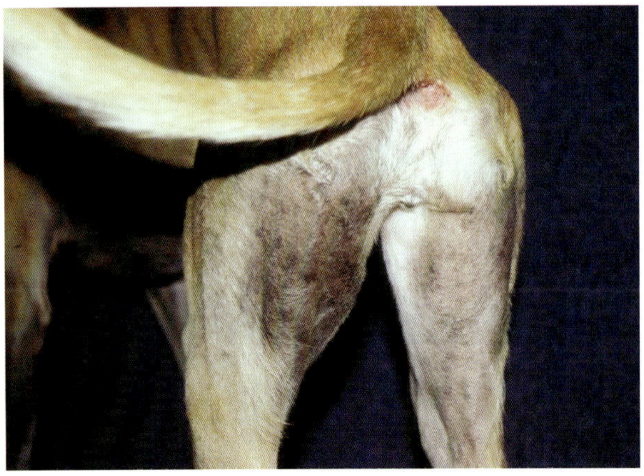

图 9-132 灵猩特发性秃股综合征。成年灵缇大腿后侧的弥散性脱毛和色素沉着。

犬复发性胁腹脱毛（季节性胁腹脱毛，周期性胁腹脱毛，周期性毛囊发育不良）Canine Recurrent Flank Alopecia (Seasonal Flank Alopecia，Cyclic Flank Alopecia，Cyclic Follicular Dysplasia)

特征

该病是季节性复发的毛囊发育不良。确切病因不明，但光照控制的褪黑素和泌乳素分泌可能参与其中。在北半球，11 月至来年 3 月是发病季节。3～8 个月后，大部分犬的毛发自然再生。偶尔可见一次或两次的脱毛，或者有规律的每年发作。对反复发作的病犬，可见脱毛面积和持续时间逐步增加。本病少见于犬，青年拳师犬，斗牛犬，艾尔谷㹴和雪纳瑞犬高发。

该病无瘙痒和炎性表现，腰胸部区域脱毛，界限清晰，通常对称，但也可能非对称或单侧发病。病变处皮肤继发色素过度沉着。病犬没有全身性症状。

主要鉴别诊断

鉴别诊断包括浅表脓皮病，蠕形螨病，皮肤癣菌病，其他内分泌疾病尤其是甲状腺功能减退，簇状脱毛和局部类固醇反应性皮炎。

诊断

1. 根据病史和临床症状，排除其他类似疾病诊断。

2. 皮肤组织病理学：发育不良，毛囊被角质堵塞，且深层真皮内有指状突起。可能见到毛囊内和皮脂腺管内沉着的黑色素增加。

治疗和预后

1. 可仅观察而不做治疗，因为该病仅影响犬的美观，并不影响身体健康。

2. 褪黑素治疗可能有效。治疗方案如下。

- 褪黑素 3～12 mg/ 犬，口服，每 12～24 h 一次，持续 3 个月，并在下次发作前几周再次开始服用，因为该病可能复发。

3. 低度激光治疗对有些病例可能有效。

4. 毛发再生的预后多样。即使没有治疗，通常在 3～8 个月后，毛发自发的地再生。然而，再生可能不完全，并且新生的毛发可能质地干燥，无光泽。在每年发病前 4～6 周，预先给予褪黑素可能防止发作。该病仅是美观问题，并不影响犬的生活质量。

犬复发性胁腹脱毛的分布区域

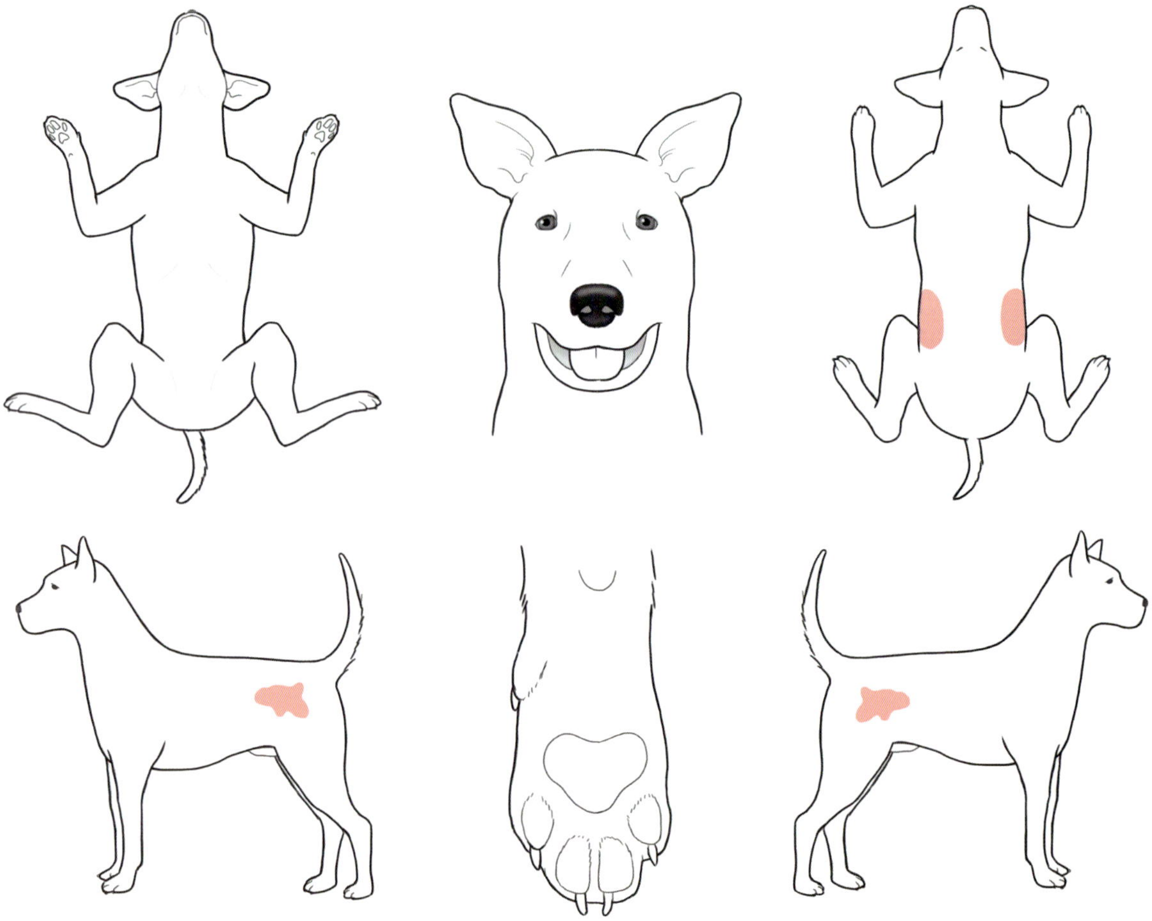

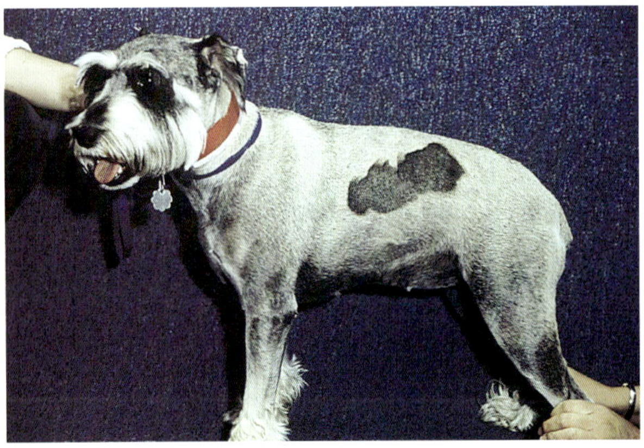

图 9-133 犬复发性胁腹脱毛。两岁大的雪纳瑞犬，胁腹界限清晰的脱毛和色素沉着。病变部位每年春天复发，冬天恢复。

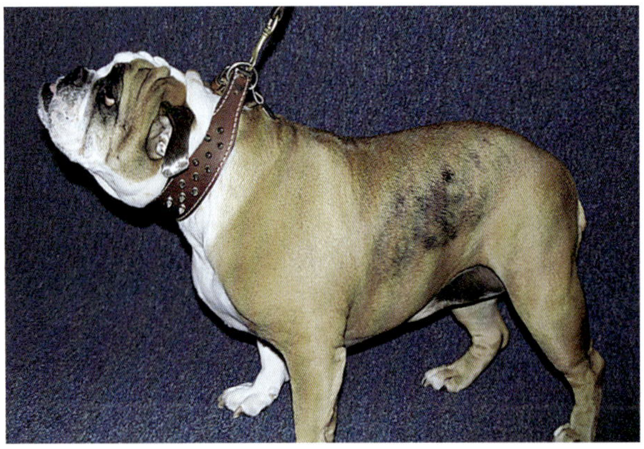

图 9-134 犬复发性胁腹脱毛。成年斗牛犬胁腹的脱毛。

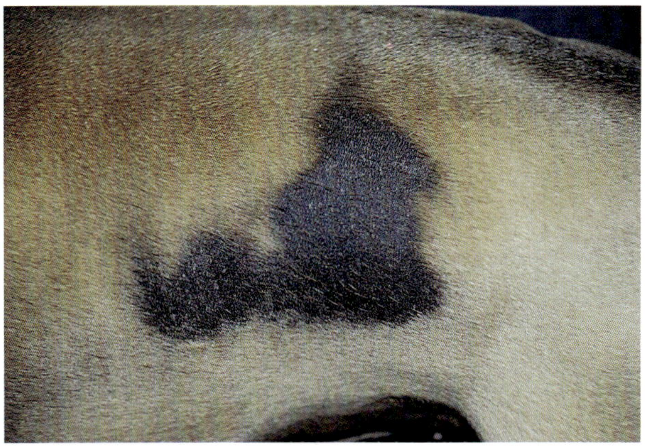

图 9-135　犬复发性胁腹脱毛。成年拳师犬胁腹的脱毛和色素沉着。病变部位随季节反复出现，从未完全康复。注意界限明显的边缘，未出现继发感染。

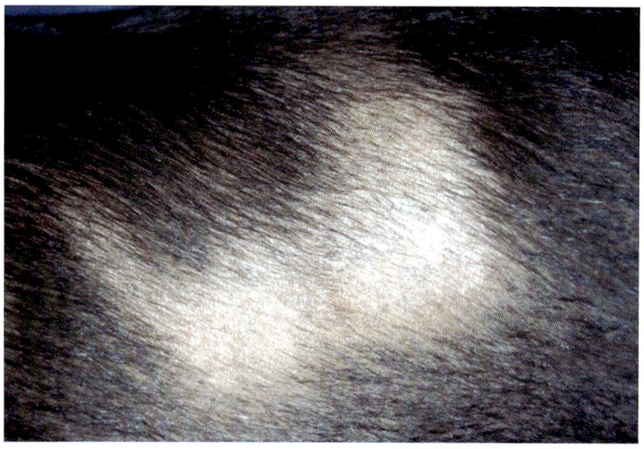

图 9-136　犬复发性胁腹脱毛。胁腹的脱毛。注意没有继发感染。

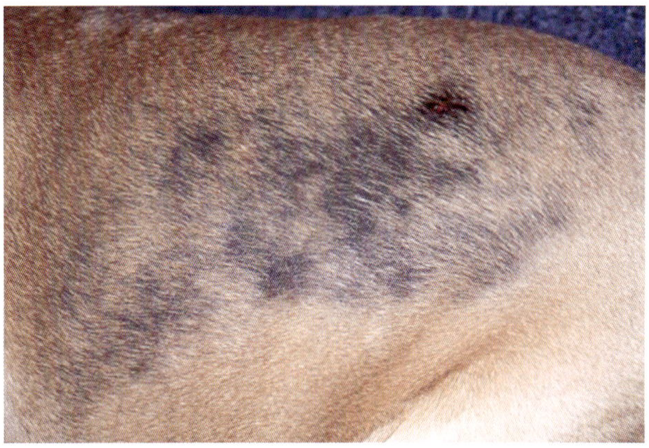

图 9-137　犬复发性胁腹脱毛。无继发感染的脱毛和色素沉着。

多因素犬毛囊发育不良
Miscellaneous Canine Follicular Dysplasias

特征

本篇讨论一类知之甚少、与内分泌无关的毛囊发育不良疾病。这些毛囊发育或结构异常导致的脱毛，既不与颜色相关也不与季节相关。猜测大部分情况下，与隐性遗传的常染色体相关。该病罕发于年轻成年犬和中年犬，对某些品种有零星报道，资料中最高发的品种有爱尔兰水猎犬，葡萄牙水猎犬，蓬托德梅尔猎犬，黑色或红色杜宾犬，魏玛犬。

爱尔兰水猎犬

尽管颈腹侧和尾部远端的脱毛，被认为是该品种的特点，是正常现象，但也可能由局灶病变发展为弥散性脱毛，累及颈侧，胁腹，躯干，臀部和股部。雄性脱毛通常从中年开始，非季节性，并且随年龄增长逐渐恶化。雌性脱毛往往开始于第一个或第二个发情期。通常发情后 6～8 周开始表现脱毛，毛发最初 3～4 周再生，但随后变得更严重，通常表现为双侧对称，并且下次发情周期后持久脱毛。继发浅表脓皮病（如丘疹，脓疱和表皮环）常见。

葡萄牙水猎犬

胁腹、躯干背后侧和眼周区域对称性脱毛。特点是时好时坏，大多数犬的毛发可能自发性再生，但重新长出的毛发晦暗干燥，易碎裂。之后的每次脱毛，毛发再生更少，直到最终永久性脱毛。

蓬托德梅尔猎犬

脱毛仅限于躯干和耳部的棕色毛发区域。

黑色或红色杜宾

患犬表现为背腰及胁腹以上部位缓慢的渐进性的脱毛。留存的毛发不易脱落。常见复发性细菌性浅表毛囊炎。

魏玛犬

躯干部对称的渐进性的脱毛。留存的毛发干燥、脆裂但不易脱落。躯干最终可能变得完全无毛，但头部和四肢会有剩余的毛发。常见复发性细菌性毛囊炎和疖病。

主要鉴别诊断

鉴别诊断包括皮肤癣菌病，蠕形螨病，浅表脓皮病，内分泌性皮肤病，局部类固醇反应。

诊断

1. 根据病史，临床症状和排除其他类似疾病诊断。

2. 病变区毛发形态检查（拔下的毛发显微镜检查）：毛发的髓质和皮质包含很多大黑色素团，毛发角质层有缺损和碎裂。

3. 皮肤组织病理学：角质充塞于毛囊，毛干碎裂，有游离黑色素。毛囊、表皮基底细胞和毛发基底细胞内黑色素异常积聚。根鞘外部和内部角质细胞凋亡，也会见到毛发基底细胞空泡化。

治疗及预后

1. 用柔和的抗皮脂溢或抗菌香波对症治疗，如需要可使用护毛素。

2. 如果继发的脓皮病出现，可以给予合理的全身性抗生素治疗 3～4 周。

3. 目前无特效治疗，但有报道认为爱尔兰水猎犬口服不饱和脂肪酸，可以提高毛发状况使毛发再生。

4. 预后良好。尽管脱毛通常不可逆，并且需要对有症状的皮肤进行日常保养，但该病仅仅影响美观，对犬的生活质量并不影响。病犬不应作为种犬繁殖。

毛囊发育不良的分布区域

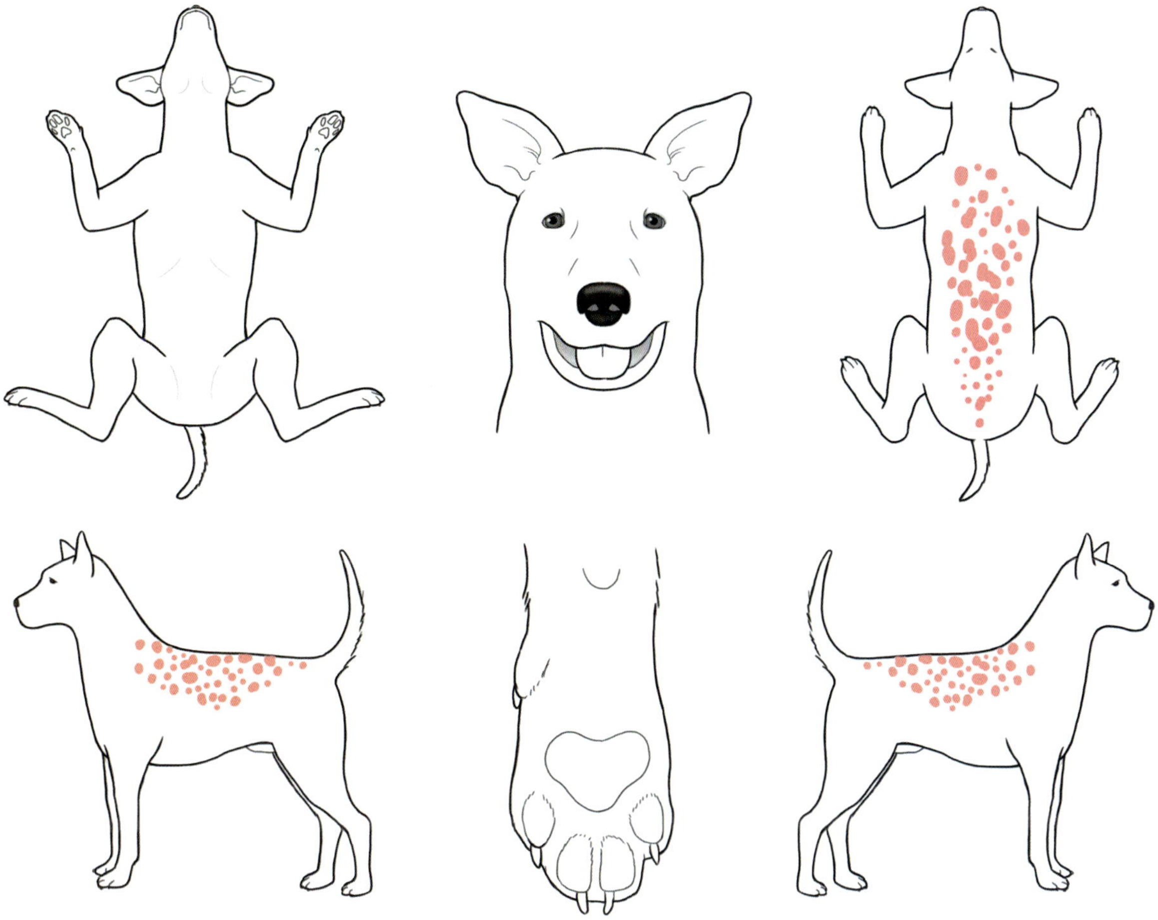

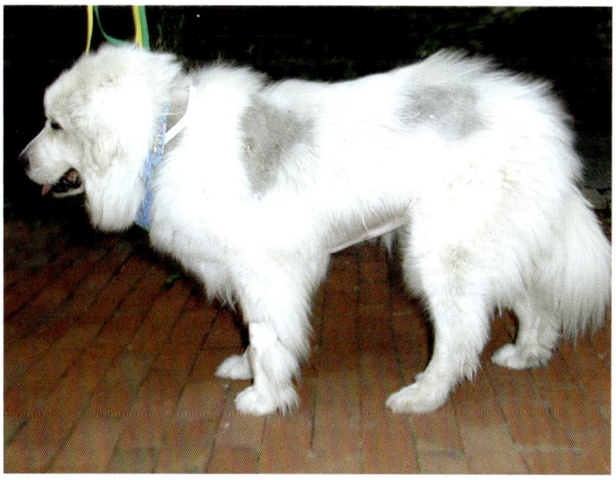

图 9-138　多因素犬毛囊发育不良。肩部和胁腹多灶性脱毛。

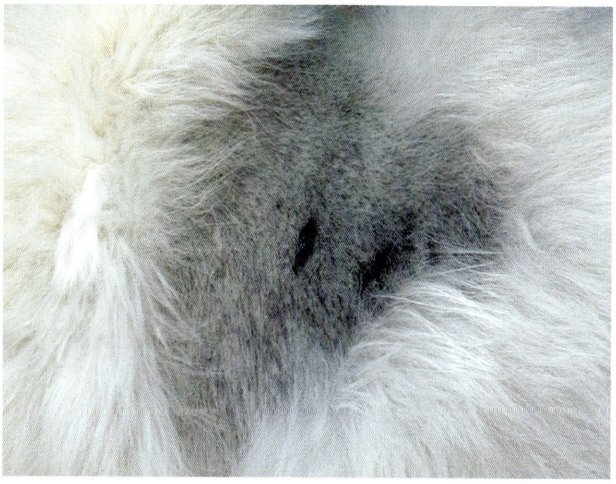

图 9-139　多因素犬毛囊发育不良。图 9-138 中犬的近观。界限清晰的脱毛，但没有继发感染的迹象。

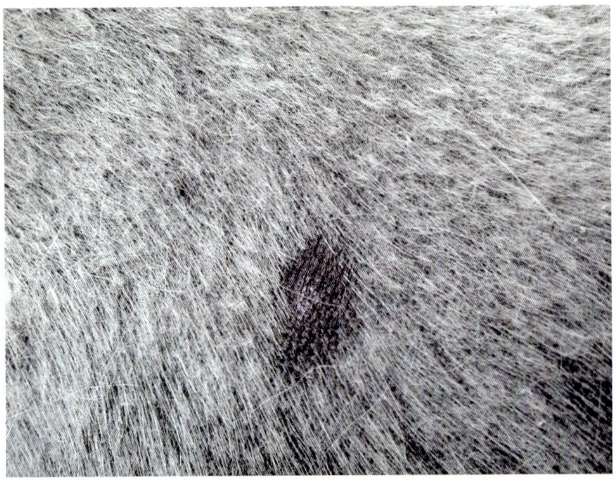

图 9-140 多因素犬毛囊发育不良。图 9-138 中犬的近观。没有继发感染迹象的弥散性脱毛。

猫耳前和耳廓脱毛 Feline Preauricular and Pinnal Alopecias

特征

耳前脱毛常见于猫，且多为正常表现。本病以耳眼间毛发稀疏为特征，长毛猫多不易被观察到，但短毛猫易见，无皮肤病变。

猫不常见耳廓脱毛，以无瘙痒的周期性耳廓脱毛为特征。暹罗猫有品种易感性。耳廓脱毛斑或大部分脱毛，且双耳均发病。除了脱毛以外，皮肤的其他方面正常。

主要鉴别诊断

鉴别诊断包括皮肤癣菌病，跳蚤过敏性皮炎，食物过敏，异位性皮炎，蠕形螨病和脓皮病。

诊断

根据病史，临床症状及排除其他类似疾病诊断。

治疗及预后

1. 无治疗方案。
2. 预后良好。耳前脱毛常见于猫。耳廓脱毛常在几个月内即可再生。

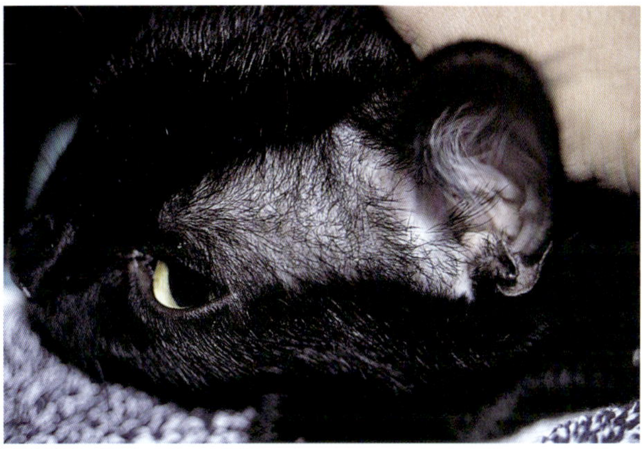

图 9-141　猫耳前和耳廓脱毛。猫耳前泛发性脱毛。

图 9-142　猫耳前和耳廓脱毛。图 9-141 中猫的近观。耳廓局部脱毛，无继发感染迹象。

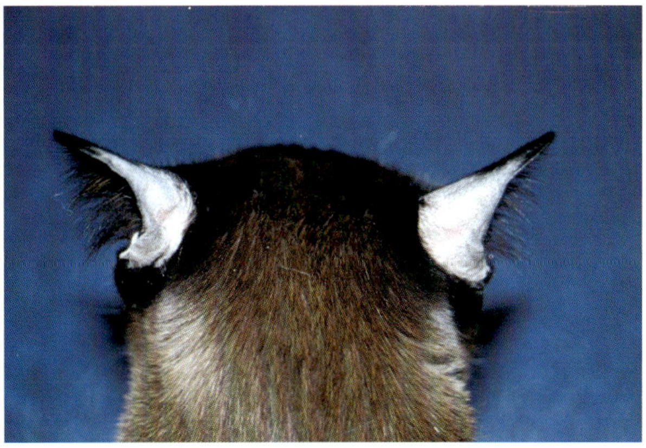

图 9-143　猫耳前和耳廓脱毛。耳廓对称性完全脱毛。

毛发生长期和终止期大量脱毛
Anagen and Telogen Defluxion

特征

脱毛发生于正常毛发生长和周期过程中，是由于潜在疾病或应激的影响而引发。可能的原因包括化疗、感染、代谢性疾病、发烧、妊娠、休克、手术和麻醉。罕发于犬、猫。

受损后几天内（毛发生长期大量脱毛）或1～3 个月（终止期大量脱毛）毛发迅速剧烈脱落。除脱毛外，无毛皮肤表现正常。终止期大量脱毛通常是几天内广泛、迅速地发展至（除头部外）全身脱毛。毛发生长期大量脱毛不太剧烈，以过度脱毛为特征。

主要鉴别诊断

鉴别诊断包括其他内分泌性脱毛，脓皮病，蠕形螨病，皮肤癣菌病和过度脱毛。

诊断

1. 基于病史，临床症状和排除其他类似疾病诊断。
2. 皮肤组织病理学（很少有诊断意义）：通常皮肤显示正常，但毛发终止期大量脱毛可以看到大量终止期毛发，毛发生长期大量脱毛可以看到异常的毛基质细胞附着于发育不良的毛干上。

治疗及预后

1. 探寻并纠正潜在病因。
2. 预后良好。排除病因后毛发可自发再生。

图 9-144　毛发生长期和终止期大量脱毛。本综合征可见患犬大量毛发轻易脱落（自 A.Yu）。

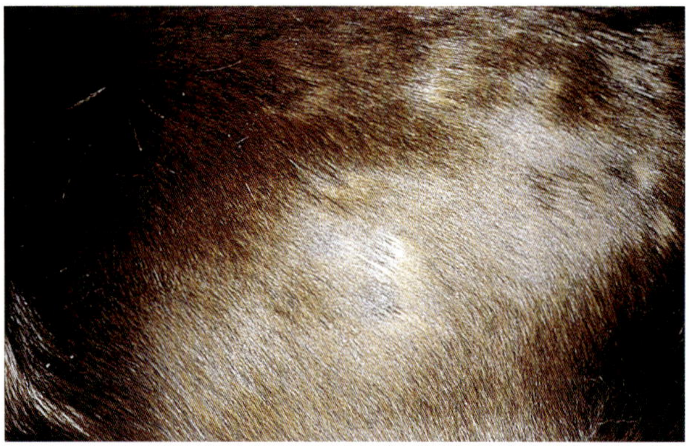

图 9-145　毛发生长期和终止期大量脱毛。患犬身体上由于终止期脱毛引起的虫蛀样脱毛（自 A.Yu）。

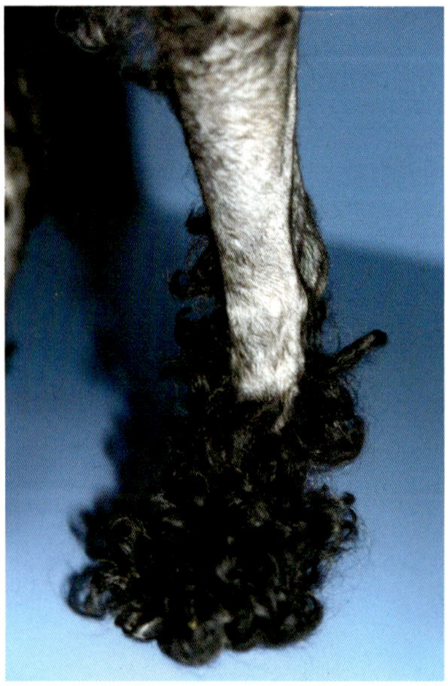

图 9-146　毛发生长期和终止期大量脱毛。贵宾的肢端正在发生弥散性脱毛。

牵拉性脱毛
Traction Alopecia

特征

牵拉性脱毛是由于宠主使用发夹或皮筋扎系毛发，过紧或时间过长导致的脱毛，不常见于犬。

最初，毛发扎系处出现红色斑块。继而可能发展成小片的瘢痕性脱毛斑。病变最常见于头顶或头部侧面。

主要鉴别诊断

鉴别诊断包括蠕形螨病，皮肤癣菌病，浅表脓皮病，簇状脱毛，局部类固醇反应。

诊断

1. 通常基于病史和临床症状诊断。
2. 皮肤组织病理学检查：数量不等的单核细胞浸润，水肿，血管舒张，毛囊皮脂萎缩，纤维性皮炎或瘢痕性脱毛。

治疗及预后

1. 去除毛发扎系物。
2. 作为预防措施，毛发扎系物应适度使用，以免过度牵拉毛发。
3. 预后基于病变的持续时间。早发现的病变在除去扎系物后会自愈。慢性病变将成为永久性瘢痕。

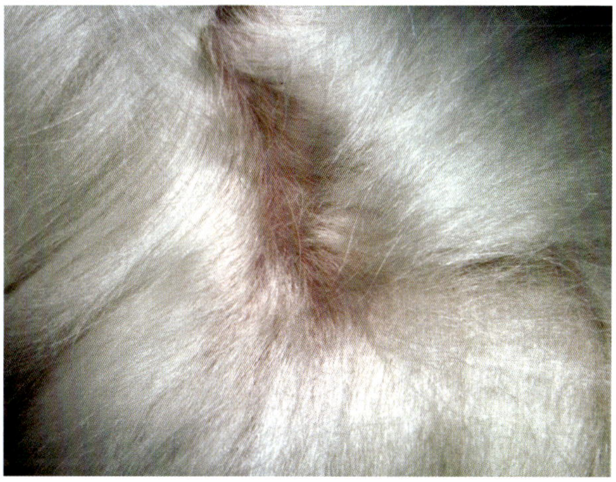

图 9-148 牵拉性脱毛。图 9-147 中的犬。由于持久的牵拉导致脱毛和红斑病变。

图 9-147 牵拉性脱毛。玩具犬典型的扎系蝴蝶结发型。

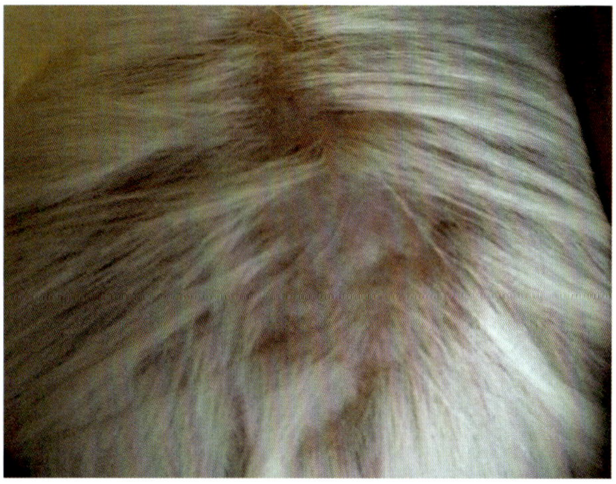

图 9-149 牵拉性脱毛。在玩具犬种中经常和长期使用的蝴蝶结导致的脱毛和瘢痕。

簇状脱毛
Alopecia Areata

特征

簇状脱毛是一种针对毛囊抗原的免疫介导反应。细胞和体液免疫对毛囊抗原的反应导致脱毛。该病罕见于犬猫，成年动物高发。

簇状脱毛是一种自发性、无瘙痒、多灶性、界限清晰并可能逐渐扩大的脱毛斑，病变可以发生在身体任何部位，但通常头部（嘴周，眼周，耳，下颏，前额），颈部和腿部多发。面部病变通常对称。有些具有多色毛发的患犬，脱毛首先出现在有颜色的区域。脱毛处皮肤逐渐发展成黑皮病（色素过度沉着），但无其他异常。有可能出现白毛症。

主要鉴别诊断

鉴别诊断包括皮肤癣菌病，蠕形螨病，浅表脓皮病，注射反应，局部类固醇反应，及牵拉性脱毛。

诊断

1. 排除其他类似疾病。
2. 皮肤组织病理学检查：因病变阶段而异。早期病变只可见生长期毛囊周围和毛囊内淋巴细胞、组织细胞和浆细胞聚集；陈旧性病变以中间期、终止期和萎缩性毛囊为主；慢性病变时毛囊缺失，残留纤维化遗迹。

治疗及预后

1. 尚无特异性疗法。
2. 某些病例可以看到自发和完全的毛发再生，但需要数月到数年的时间。
3. 使用类固醇或他克莫司外部治疗可能有效（每 12～24 h 一次，直至毛发再生）。
4. 全身应用环孢菌素或免疫抑制剂量的糖皮质激素，但不能确保毛发再生。高剂量类固醇治疗的不良反应比该病本身更糟。
5. 毛发再生的预后一般或谨慎；毛发再生有可能无色素，并可能呈永久性白色。这仅仅是美观问题，并不影响动物生活质量。

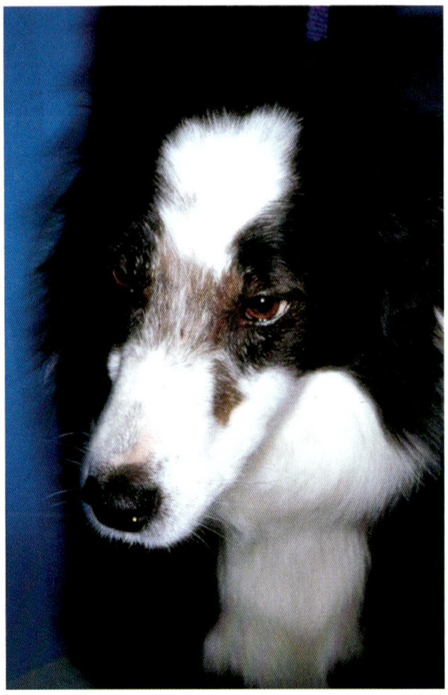

图 9-150　簇状脱毛。成年犬面部上的脱毛病变（自 A. Yu）。

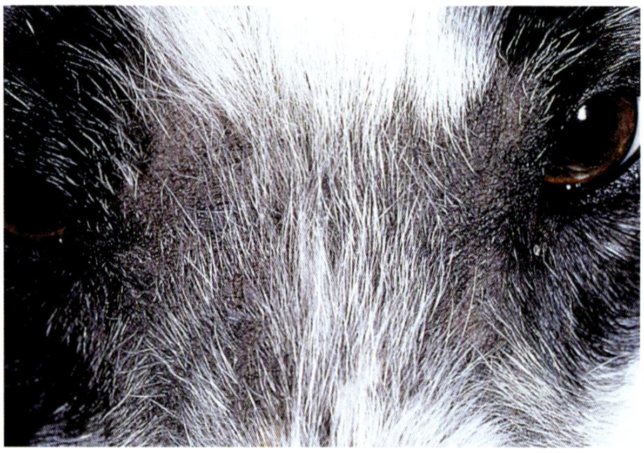

图 9-151　簇状脱毛。图 9-150 中犬的近观。脱毛没有继发感染的迹象（自 A. Yu）。

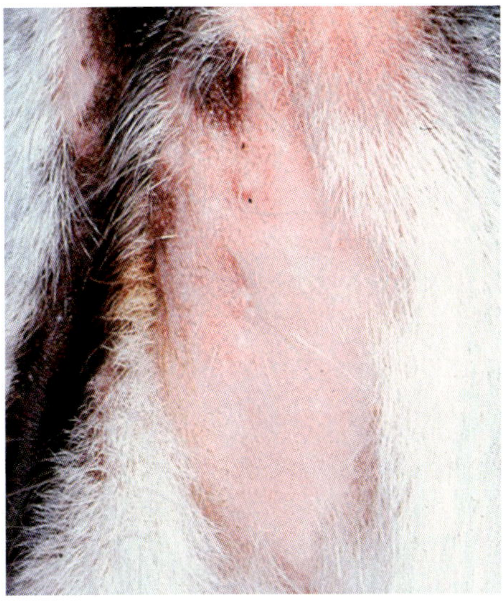

图 9-152　簇状脱毛。下颏和颈侧的脱毛和红斑。注意红斑提示该综合征处于活跃的炎性阶段（自 A. Yu）。

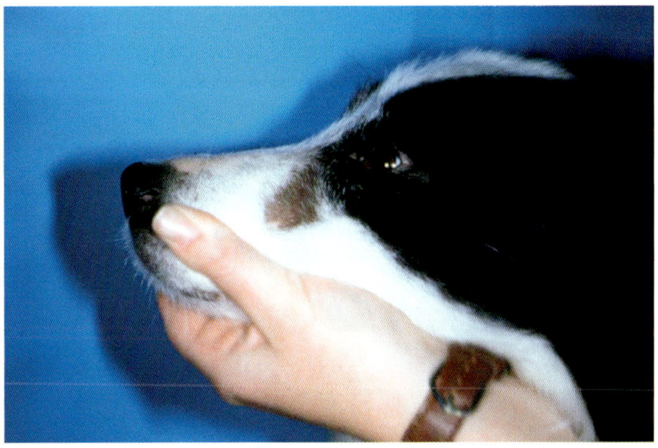

图 9-153　簇状脱毛。面部界限分明的脱毛是该综合征的特征（自 A. Yu）。

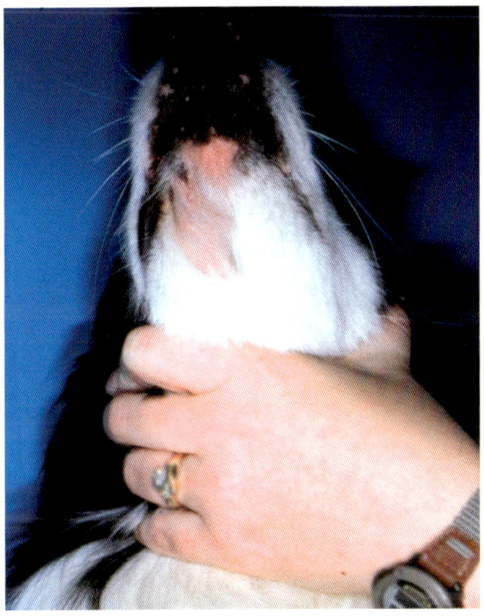

图 9-154　簇状脱毛。颈腹侧和下颏明显的脱毛病变（自 A. Yu）。

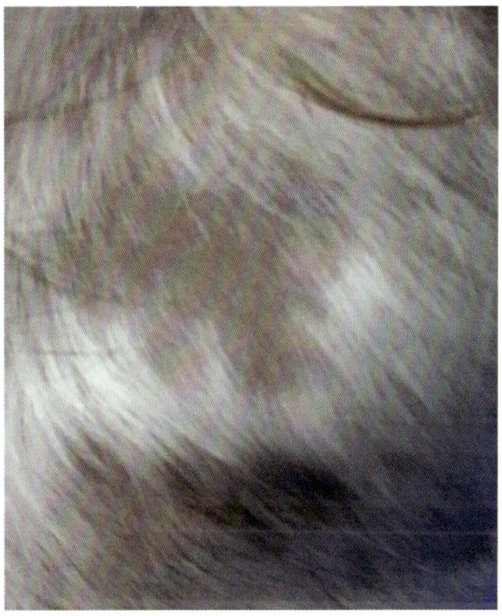

图 9-155　簇状脱毛。由于毛囊受损引起的多灶性脱毛区域。注意典型的皮肤轻微炎症。

图 9-156　簇状脱毛。由该病引起的多灶性脱毛斑。

猫精神性脱毛（神经性皮炎）
Feline Psychogenic Alopecia (Neurodermatitis)

特征

猫精神性脱毛是一种非常容易被过度诊断的疾病。行为导致的脱毛和皮炎在猫非常罕见，通常表现自损性脱毛，脱毛通常由于过度梳理，舔，啃咬或者牵拉毛发造成。过度和出格的理毛被认为是由环境压力和焦虑引发的强迫行为。由于大部分猫每天会花一部分时间梳理自己，有精神性脱毛患猫的主人可能没有意识到猫的脱毛是猫自己造成的。该病不常见于猫，纯种猫高度敏感、紧张的性情（如暹罗猫，缅甸猫，喜马拉雅猫，阿比西尼亚猫），使它们更可能对此病易感。精神性脱毛经常被过度诊断，而跳蚤过敏、食物过敏、异位性皮炎和其他外寄生虫病才是猫脱毛更常见的病因。

当猫因用力梳理只舔掉毛发，而未伤及皮肤时，就形成了脱毛。脱毛可以是局部、多灶或全身性的。脱毛发生在猫能够舔到的身体任何部位，但最常发生在前腿内侧，大腿内侧，会阴和腹部。脱毛通常呈对称性，但残留的毛发不易脱落。仔细观察脱毛处的皮肤，会发现毛发并不是真正脱落，它们仍存在，只是在贴近皮肤处折断。过度理毛造成的局部皮肤破损非常罕见。猫的呕吐物中可见毛球或粪便中看到毛发。

主要鉴别诊断

鉴别诊断包括跳蚤过敏性皮炎，食物过敏，皮肤癣菌病，外寄生虫（跳蚤，蠕形螨，姬螯螨）和过敏（异位性皮炎）。

诊断

1. 排除外寄生虫和其他过敏性疾病。

2. 对跳蚤治疗性诊断无反应（隔天使用烯啶虫胺治疗 1 个月）。

3. 根据病史，通常在应激事件或环境改变后，出现过度理毛行为；临床症状；排除其他类似疾病（积极的跳蚤控制，石硫合剂浸浴，类固醇治疗无效）。

4. 毛发形态检查（显微镜检查拔下的毛发）：毛发折断。

5. 皮肤组织病理学：正常，皮肤无炎症。

治疗及预后

1. 必须确认潜在的精神压力病因（如与主人分离，搬到新家，动物伴侣死亡，新宠物入住，曾在室外活动的猫被禁止外出），如果可能，合理地改变环境。

2. 好的跳蚤管理程序可以防止跳蚤叮咬的瘙痒，避免病情加剧。

3. 采用机械性防护物（伊丽莎白圈，T 恤衫）1～2 个月，防止猫过度理毛，有助于纠正该习惯。

4. 行为纠正药物有助于缓解异常的理毛行为。有些病例，治疗 30～60 d 后停止用药，另有些病例，则需终生用药。可能有效的药物包括如下。

- 阿米替林 5～10 mg/ 猫，口服，每 12～24 h 一次。
- 氯米帕明 1.25～2.5 mg/ 猫，口服，每 24 h 一次。
- 丁螺环酮 1.25～5 mg/ 猫，每 12 h 一次。
- 苯巴比妥 4～8 mg/ 猫，口服，每 12 h 一次。
- 地西泮 1～2 mg/ 猫，口服，每 12～24 h 一次。
- 纳洛酮 1 mg/kg，皮下注射，根据需要数周一次。

5. 毛发再生的预后不定，取决于是否能找到潜在病因并纠正。有些猫采用行为纠正药物即可治愈。精神性脱毛只是一种美容性疾病，因此也可以只观察而不治疗，长期使用行为纠正药物，可能导致严重的不良反应。

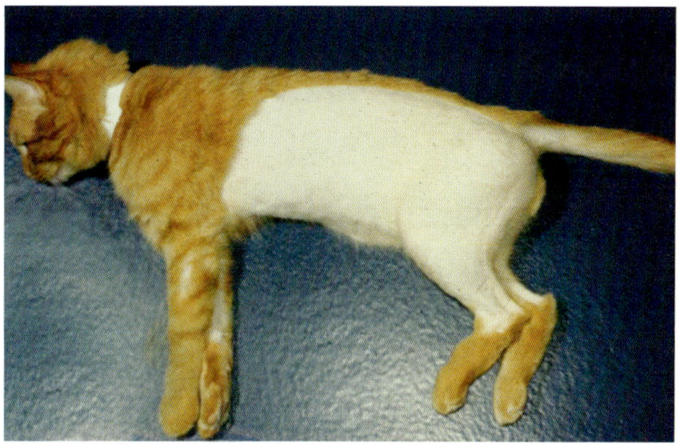

图 9-157　猫精神性脱毛。过度理毛导致胁腹脱毛。背中线毛发因为难以舔到而仍然存在（自 T. Manning）。

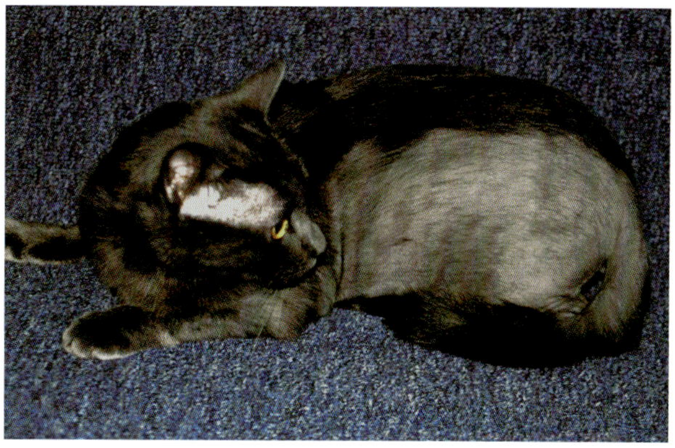

图 9-158　猫精神性脱毛。食物过敏的猫由于过度理毛造成的胁腹脱毛，注意与图 9-157 中的猫相似。

第 10 章　先天性疾病
Congenital Diseases

- 大疱性表皮松解症
- 犬家族性皮肌炎
- 鱼鳞病
- 埃勒斯－当洛斯综合征（脆皮病，皮肤脆裂症）
- 皮肤黏蛋白沉积症
- 类皮窦
- 幼犬蜂窝织炎（幼犬脓皮病，幼犬腺疫）

大疱性表皮松解症
Epidermolysis Bullosa

特征

大疱性表皮松解症是一种遗传性机械性大疱病，发生本病时，很小的创伤就能引起水疱。由于基底膜结构缺陷导致表皮和真皮之间黏着不全。罕见于犬猫，患病动物通常在出生后不久就出现病变。

在擦伤的部位，如爪垫、嘴唇、牙龈、舌、上颚和四肢骨突处出现小水疱、大疱、糜烂、结痂和溃疡。病变也可累及面部、躯干、尾部和下腹部。可见趾甲脱落和继发细菌性甲沟炎。在某些疾病形式中，除了口腔小水疱和溃疡外，上消化道其他部位（如食道）同样会发病。

主要鉴别诊断

鉴别诊断包括皮肌炎、寻常型天疱疮、大疱性类天疱疮、全身性红斑狼疮、皮肤水疱性红斑狼疮、多形红斑 / 中毒性表皮坏死松解症、药疹、血管炎。

诊断

1. 排除其他类似疾病。
2. 皮肤组织病理学：表皮下开裂和水疱形成，伴有轻度炎症。
3. 电镜观察（皮肤活组织样本）：不同大疱性表皮松解症亚型，开裂可能位于表皮内基底细胞溶解处、致密层下方、基底膜的透明层内。

治疗与预后

1. 无特异性治疗方法。
2. 为避免患病动物受伤，将其置于室内，与其他动物隔离，小心处置。
3. 根据需要合理进行全身性抗生素治疗以防止继发感染。
4. 对于病情严重的动物，预后不良。通过合理的环境控制，患病较轻的动物具有良好的生活质量。患病动物不应作为种用。

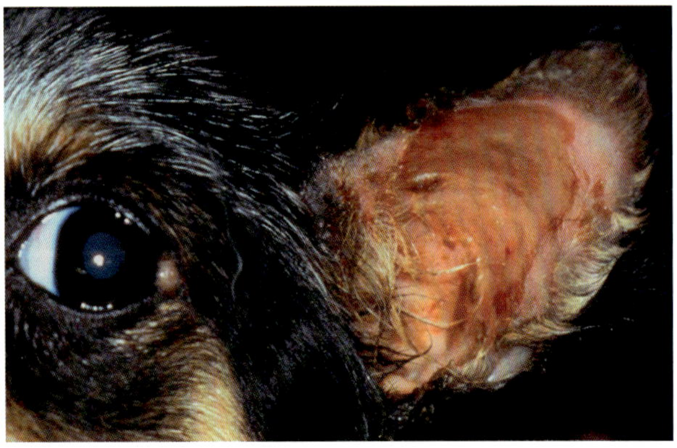

图 10-1　大疱性表皮松解症。耳廓溃疡（自 P. Rakich）。

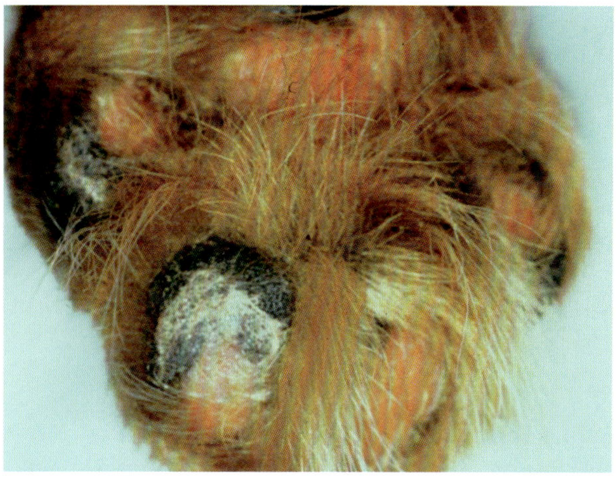

图 10-2 大疱性表皮松解症。爪垫蜕皮，浅层表皮剥离（自 P. Rakich）。

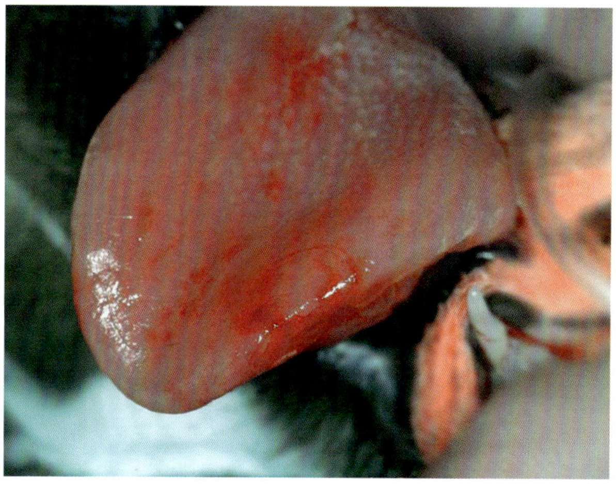

图 10-3 大疱性表皮松解症。幼猫舌面溃疡。主要病变为易破裂的小水疱，最后形成溃疡（自 A. Wolf）。

犬家族性皮肌炎
Familial Canine Dermatomyositis

特征

犬家族性皮肌炎是皮肤和肌肉的遗传性炎性疾病，可能与微血管病变有关。病因不明，但具有遗传倾向，在感染或其他环境因素等诱导下，引发免疫介导过程及相关的临床症状。不常见于犬，柯利犬、喜乐蒂牧羊犬和其混血犬发病率最高。病变通常最早出现于 2～6 月龄的幼犬。同窝的幼犬可能都发病，但严重程度具有明显差异。

皮肤病变无瘙痒性，严重程度各异，容易复发。其特征为不同程度的红斑、脱毛、皮屑、结痂、糜烂、溃疡和瘢痕化，丘疹和水疱较罕见。病变发生在鼻梁、眼和唇周围、耳廓内侧、尾尖以及四肢远端的骨突。爪垫溃疡很罕见。肌炎的症状各异。患犬可能不表现症状，或双侧咬肌和颞肌对称性萎缩，或全身肌肉对称性萎缩。犬咬肌发生病变时表现为采食、饮水和吞咽困难。病情严重的患犬可能表现为虚弱、嗜睡、发育不良、跛行和不育。如果腿部肌肉萎缩，患犬可能表现异常的跨越步态。如果累及食道肌肉，可造成巨食道症。

主要鉴别诊断

鉴别诊断包括蠕形螨病、皮肤癣菌病、浅表脓皮病、自体免疫性皮肤病、血管炎和多肌炎。

诊断

1. 排除其他类似疾病。

2. 皮肤组织病理学（可能无诊断意义）：散在的皮肤基底细胞变性，毛囊周围淋巴细胞、组织细胞和数量不一的肥大细胞和中性粒细胞炎性浸润。毛囊基底细胞变性和毛囊萎缩高度提示本病，但也可能不出现这些变化，尤其是慢性或瘢痕性病变。

3. 肌电图：在病变的肌肉可见纤颤电位、异常高频率的放电和尖波。

4. 组织病理学（肌肉活检）：炎性细胞不同程度的局灶聚集，包括淋巴细胞、巨噬细胞、浆细胞、中性粒细胞和嗜酸性粒细胞；肌原纤维变性；肌纤维萎缩和再生。

治疗和预后

1. 药用香波治疗可能有助于去除结痂。

2. 合理的全身性抗生素，治疗任何继发的浅表脓皮病。

3. 避免损伤皮肤的活动。

4. 母犬应绝育，因为发情、妊娠和泌乳会加重本病。患病公犬应去势。

5. 每日口服必需脂肪酸，使用维生素 E 治疗，400～800 IU，口服，每 24 h 一次，这可能减轻皮肤病变。治疗 2～3 个月后症状应有所改善（表 8-2）。

6. 己酮可可碱可能对某些犬有益。25 mg/kg，口服，每 12 h 一次，混入食物中口服。治疗 1～3 个月后症状应有所改善。

7. 环孢菌素，5～10 mg/kg，口服，每 24 h 一次（4～6 周起效）。然后减少给药次数，每 48～72 h 一次。最初可使用糖皮质激素来加速疗效。在本文撰写之时，环孢菌素所致的肿瘤或严重感染风险未见显著增加。

8. 急性期可使用泼尼松，1 mg/kg，口服，每 24 h 一次，直到病变有所改善（7～10 d），随后逐渐减量；然而，长期使用皮质类固醇会加重肌肉萎缩。

9. 根据病情缓急预后各异。轻度患犬皮肤病变往往会自愈，不留瘢痕。轻度至中度患犬皮肤病变最后也会愈合，但通常会留下瘢痕。如果患犬已成年，即使病变愈合，之后也会复发。对于重症患犬，皮炎和肌炎无法治愈，并且预后不良。不管病情是否严重，患犬都不应作为种用。

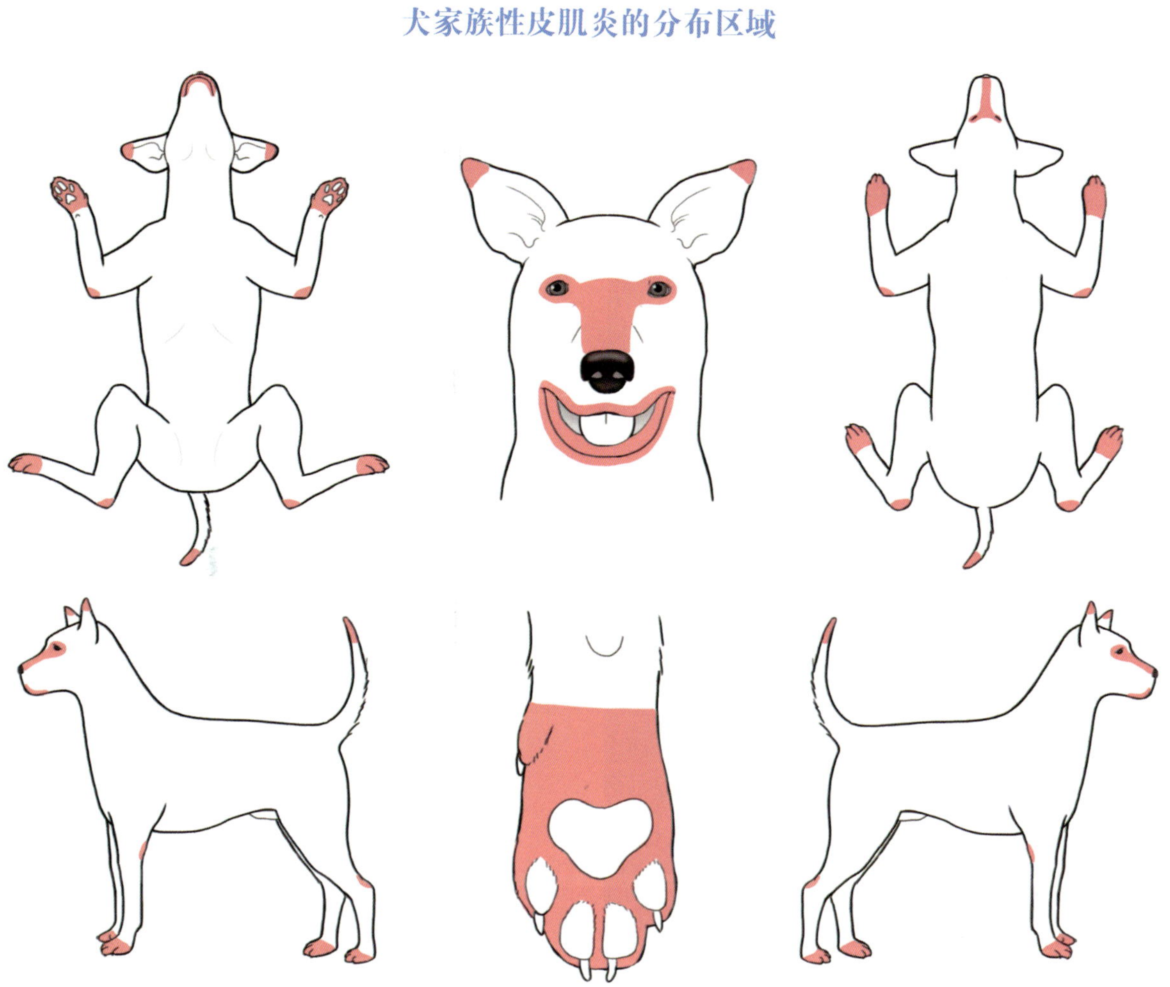

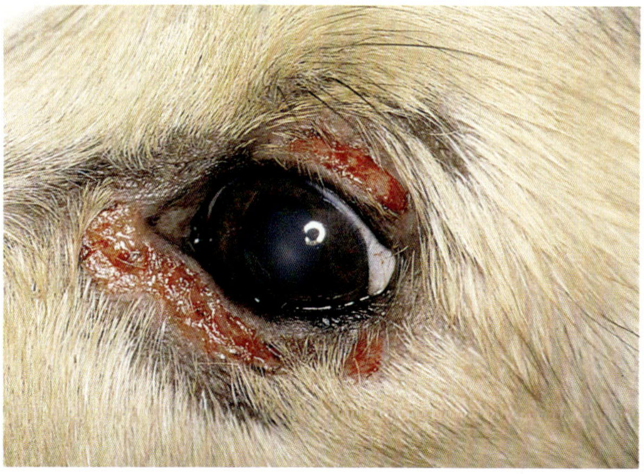

图 10-4　犬家族性皮肌炎。眼周皮肤的糜烂是病变活跃的特征。随着犬年龄增长和病变活跃性的消退，皮肤会留下瘢痕并脱毛（自 M. Mahaffey）。

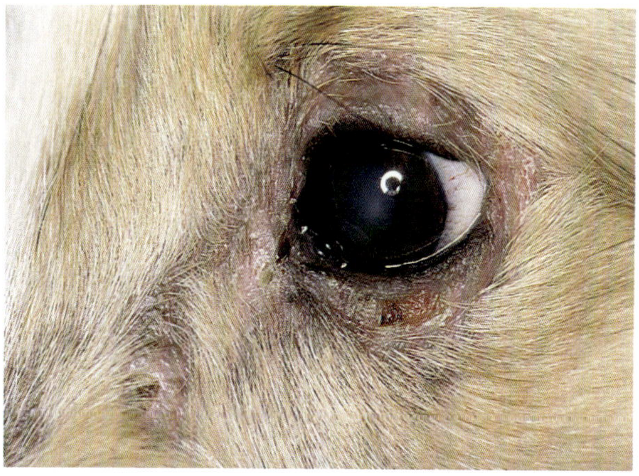

图 10-5　犬家族性皮肌炎。图 10-4 中的犬。活跃性病变已经消退，留下脱毛和瘢痕化的皮肤（自 M. Mahaffey）。

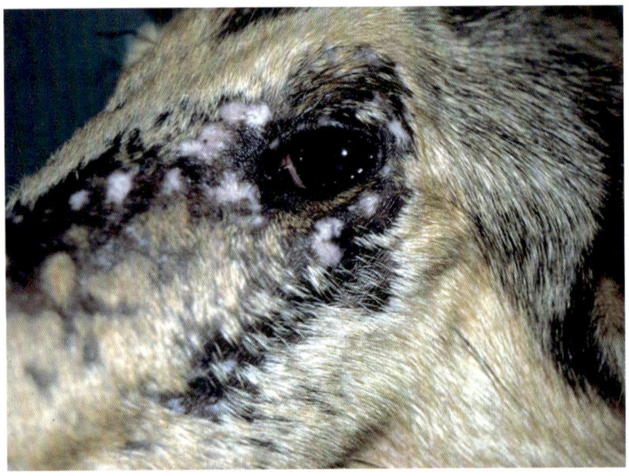

图 10-6　犬家族性皮肌炎。成年柯利犬面部脱毛和瘢痕化。红斑为活跃病变。

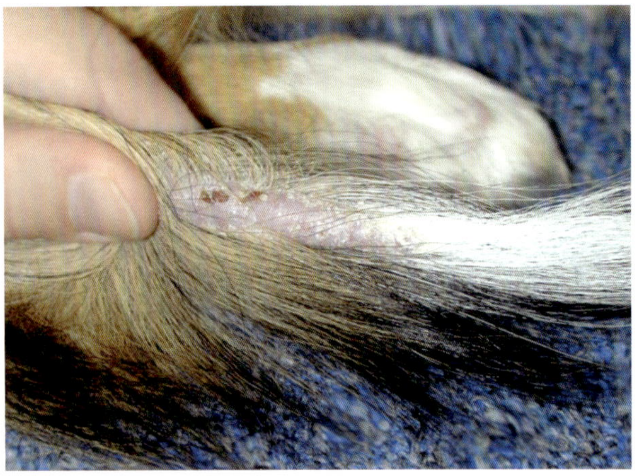

图 10-7　犬家族性皮肌炎。患有皮肌炎的柯利犬尾部脱毛、红斑和结痂。

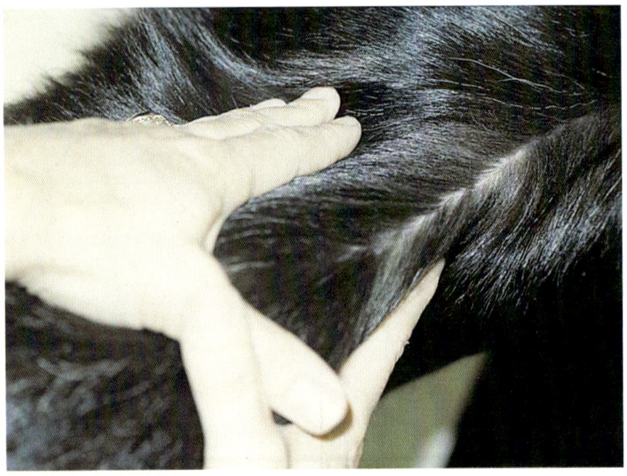

图 10-8　犬家族性皮肌炎。患犬腰部肌肉组织严重萎缩，极易触到腰椎横突（自 D. Angarano）。

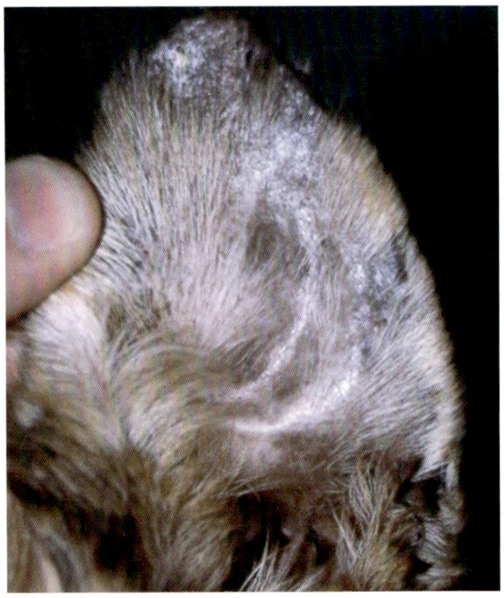

图 10-9　犬家族性皮肌炎。有慢性病变的成年柯利犬耳廓处结痂、糜烂。

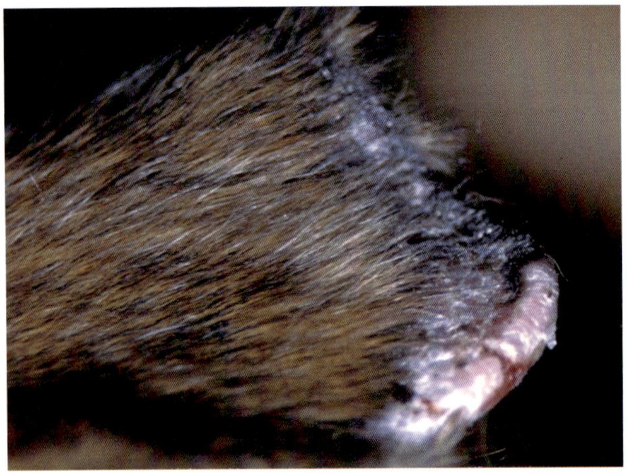

图 10-10　犬家族性皮肌炎。耳缘处结痂的病变反复发作数年。注意与血管炎和其他自体免疫性皮肤病具有一定相似性。

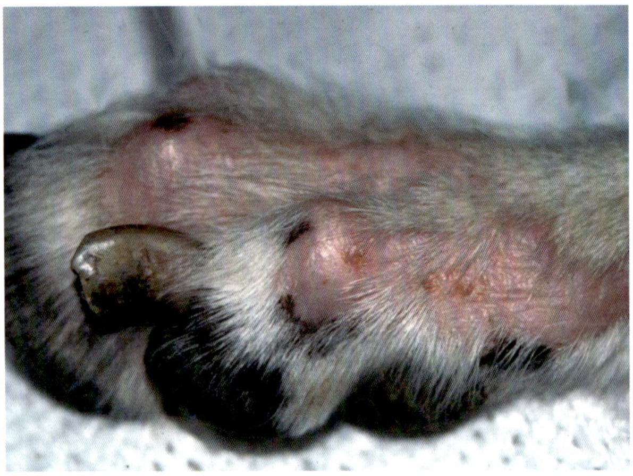

图 10-11　犬家族性皮肌炎。脱毛和瘢痕化是典型的慢性病变。

图 10-12　犬家族性皮肌炎。本疾典型病变是面部、四肢和尾部有红斑和糜烂结痂性皮炎引起的脱毛。

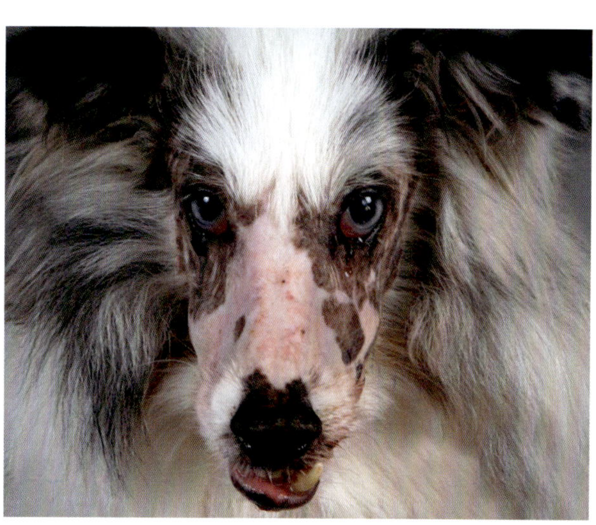

图 10-13　犬家族性皮肌炎。面部脱毛、红疹、糜烂并且存在瘢痕。

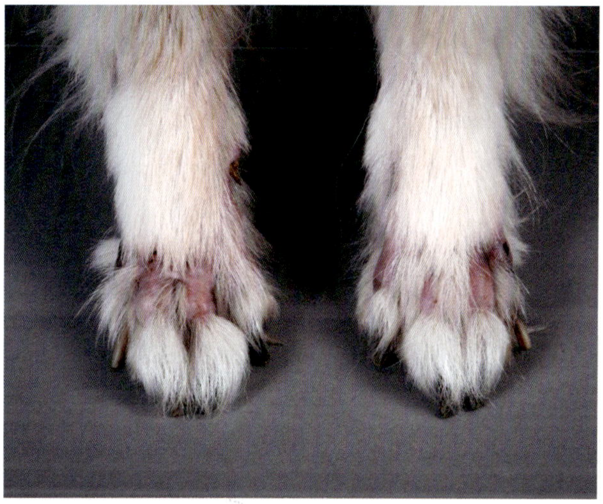

图 10-14　犬家族性皮肌炎。本病典型症状是爪部脱毛、红疹、糜烂并且存在瘢痕。

图 10-15　犬家族性皮肌炎。本病典型症状是尾尖脱毛、红疹、糜烂并且存在瘢痕。

鱼鳞病
Ichthyosis

特征

鱼鳞病是先天性角化缺陷病。罕见于犬，西高地白㹴、金毛猎犬、查理士王小猎犬、杜宾犬、杰克罗素㹴、诺福克㹴、约克夏㹴可能更易感。犬出生时就表现异常，同窝的一只或多只幼犬可能发病。

全身各处布满了紧紧黏附的皮屑，这些皮屑可大片脱落或在皮肤表面聚集形成皮脂溢碎片。皮肤可能出现红斑和脱毛。典型的症状为鼻头和爪垫出现明显的过度角化，特别是爪垫边缘。爪部可能出现肿胀和疼痛。

主要鉴别诊断

鉴别诊断包括原发性皮脂溢、表皮发育不良。

诊断

1. 皮肤组织病理学：通常可见明显的正角化性过度角化、颗粒层增厚、角质细胞中有大量有丝分裂象。常见毛囊角化病和堵塞。可能看到网状变性。

2. 对 ICT-A 基因进行基因检测。

治疗与预后

1. 无特异疗法。

2. 异维 A 酸的治疗性诊断无效。

3. 任何继发性细菌或马拉色菌皮肤感染都应使用合理的全身性药物治疗。

4. 对于轻度病例，每日口服必需脂肪酸（180 mg EPA/10 lb）。为了有效控制症状，外部使用抗皮脂溢香波治疗，保湿护发素，每 2～4 d 使用保湿剂或按需使用。补充必需脂肪酸可能有效。

5. 预后不良。这是一种慢性且不可治愈的疾病，而且很难控制症状。患犬不应作为种用。金毛猎犬幼犬可能会出现短暂的鱼鳞病，但是 1 岁以后就会痊愈。

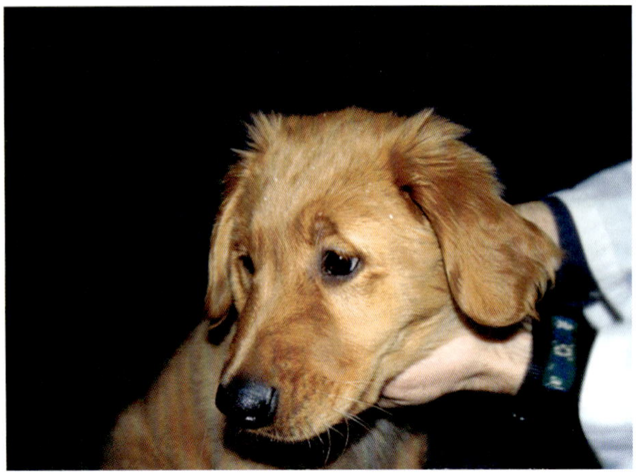

图 10-16　鱼鳞病。幼年金毛猎犬头部布满大的玉米片样皮屑。

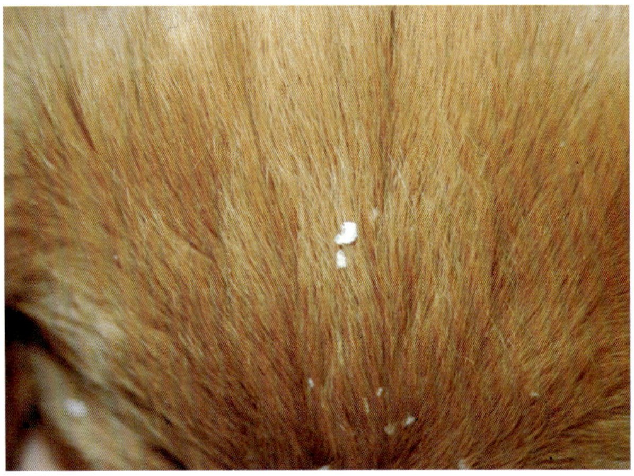

图 10-17　鱼鳞病。图 10-16 中犬的近观。明显的大片皮屑。

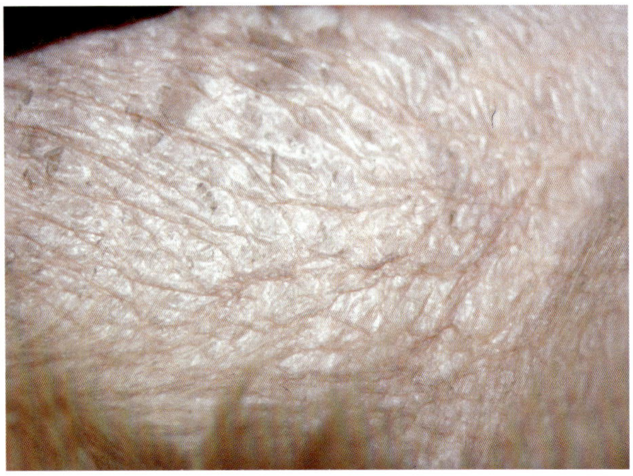

图 10-18　鱼鳞病。患鱼鳞病的幼犬腹部米纸样皮肤。

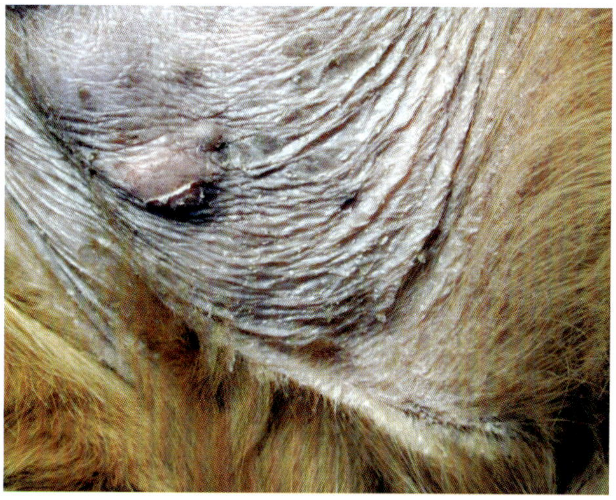

图 10-19 鱼鳞病。腹部米纸样皮肤，这种褶皱的外观非常特异。

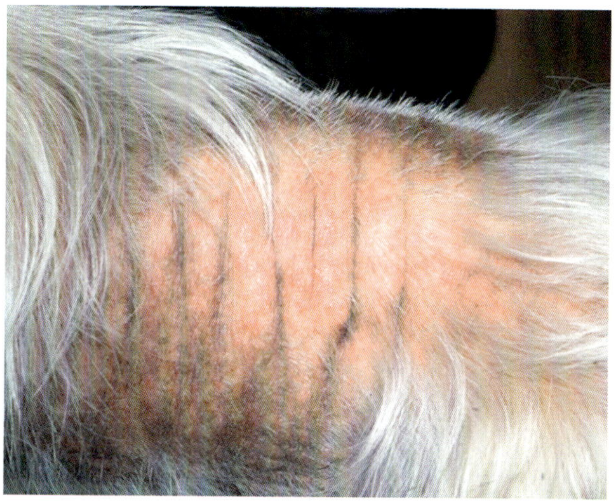

图 10-20 鱼鳞病。绝育的西高地白㹴患部脱毛、红斑和皮屑。

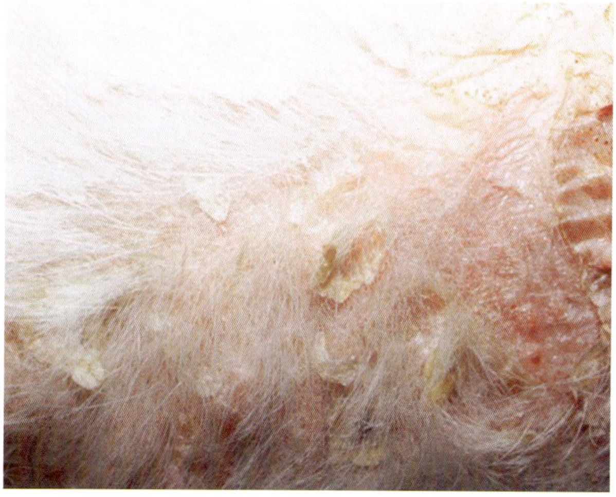

图 10-21 鱼鳞病。典型的脱毛和大面积紧紧黏附的皮屑（自 K. Credille 和 R. Dunstan）。

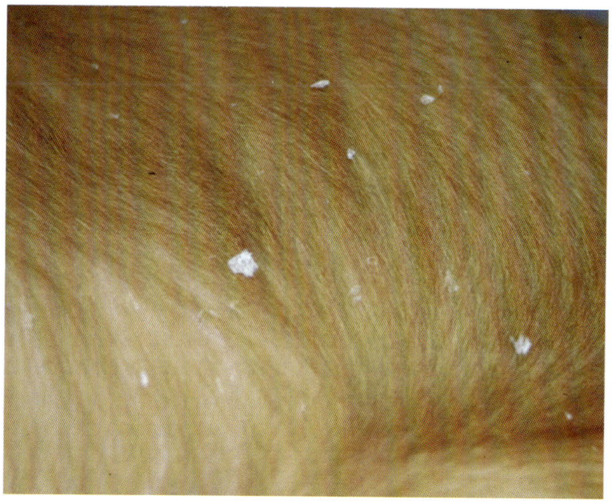

图 10-22 鱼鳞病。幼龄的金毛猎犬胸侧部布满大片皮屑。

图 10-23 鱼鳞病。患病金毛猎犬的毛发黏附许多表皮大片皮屑。

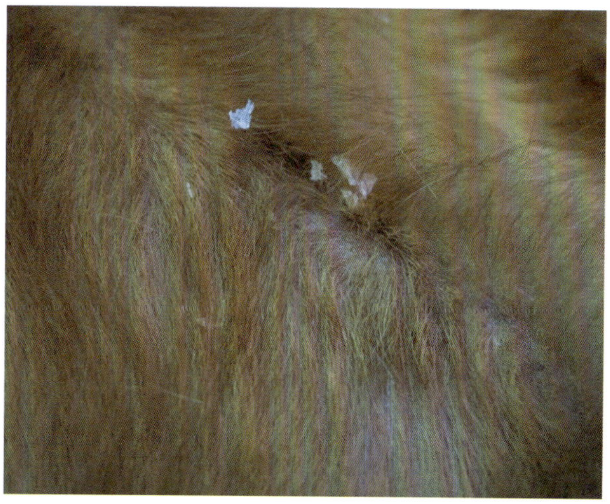

图 10-24 鱼鳞病。患病金毛猎犬的毛发黏附表皮大片皮屑。

图 10-25　鱼鳞病。表皮大片皮屑与美国一分硬币大小相互比较。

埃勒斯-当洛斯综合征（脆皮病，皮肤脆裂症）
Ehlers-Danlos Syndrome (Cutaneous Asthenia，Dermatosparaxis)

特征

埃勒斯－当洛斯综合征是一种遗传性疾病，胶原蛋白合成或纤维形成不足，导致皮肤伸展性和脆性异常。犬、猫罕见。

皮肤症状以皮肤伸展过度和/或皮肤变薄和变脆为特征。过度伸展的皮肤与其下的组织连接松散，能被伸展至极端长，可形成皱襞而下垂，特别是在四肢和颈腹侧。脆质皮肤容易发生自发性撕裂，出血很少或不出血，伤口愈合后形成非常明显的“雪茄烟纸”样瘢痕。同时并发鼻梁变宽、水囊瘤、关节松弛、角膜病变、晶状体脱位和/或白内障。罕见非创伤性疝（腹股沟疝、会阴疝和膈疝）。

主要鉴别诊断

犬

无其他鉴别诊断，这是一种临床症状明显的综合征。

猫

鉴别诊断包括其他获得性脆皮病（自发性肾上腺皮质功能亢进、糖尿病、肝脏脂质沉积、服用皮质类固醇或孕酮）。

诊断

1. 病史和临床症状。
2. 皮肤伸展指数——腰背侧皮褶伸展的最大高度除以从枕骨嵴至尾根的长度得出的比率。患犬和患猫的值分别高于 14.5% 和 19%。
3. 皮肤组织病理学（通常无诊断意义）：皮肤胶原蛋白可能结构正常，也可能成为片段、方向紊乱和组成异常。
4. 电镜检查（皮肤活检）：胶原结构或数量异常。

治疗与预后

1. 无特异疗法。
2. 将患病动物置于室内，并与其他动物隔离，以免受伤。将边缘和表面锐利或粗糙的物体包上软垫或移走。在适当的区域牵遛犬。
3. 在对动物进行处置和保定时要小心，以免撕裂皮肤。
4. 给猫断爪，防止抓挠引起自我损伤。
5. 睡觉和休息的地方应铺有垫料，以防形成水囊瘤。
6. 常规控制跳蚤，要及时发现并治疗其他皮肤病，防止因瘙痒而造成自体损伤。
7. 当出现撕裂伤和疝时，需手术修复。
8. 预后不良，尤其是关节松弛的犬。患病动物不应作为种用。

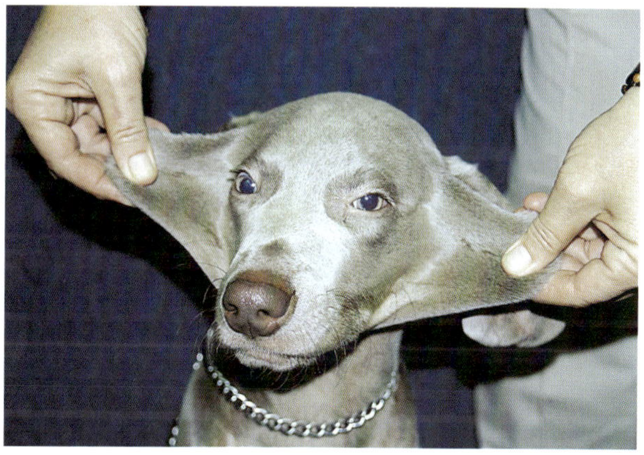

图 10-26 埃勒斯－当洛斯综合征。 患犬为 5 月龄的魏玛犬，本病造成明显的皮肤延展。

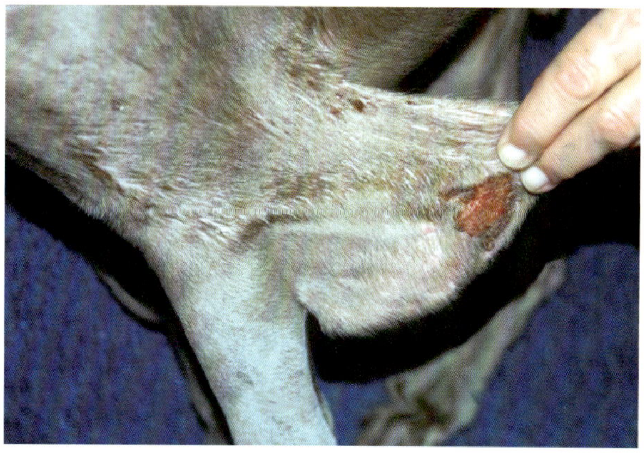

图 10-27 埃勒斯－当洛斯综合征。图 10-26 中犬的近观，肘部皮肤夸张的延展性。

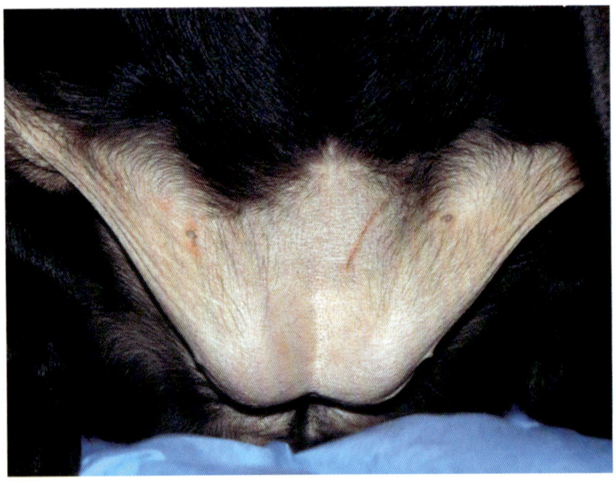

图 10-28 埃勒斯－当洛斯综合征。患犬为幼年雌性拉布拉多犬，下垂的腹部皮肤正好位于阴门的近端。

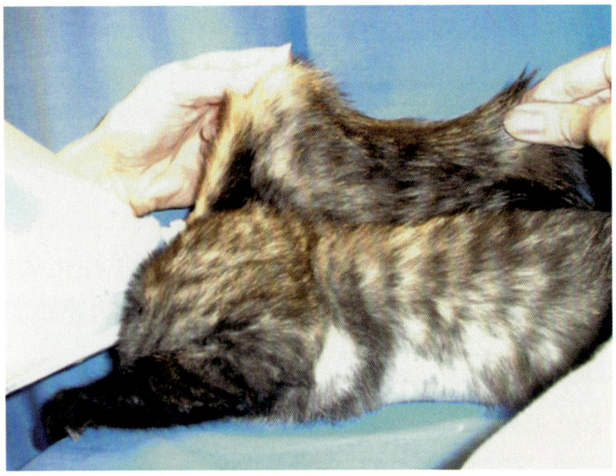

图 10-29 埃勒斯－当洛斯综合征。幼年猫可极度拉伸的背部皮肤。由于胶原缺乏，患猫的皮肤能被拉伸的程度远远超出正常范围（自 E. Kish）。

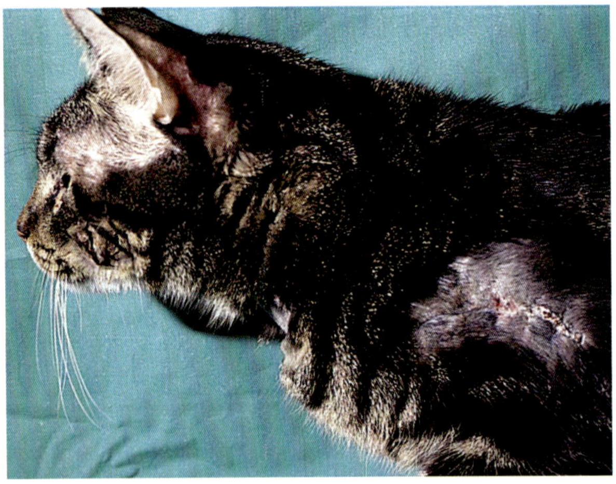

图 10-30 埃勒斯－当洛斯综合征。猫肩部外侧愈合的撕裂伤。对于这些患病动物而言，临床上最重要的事情是创伤的预防和治疗（自 J. MacDonald）。

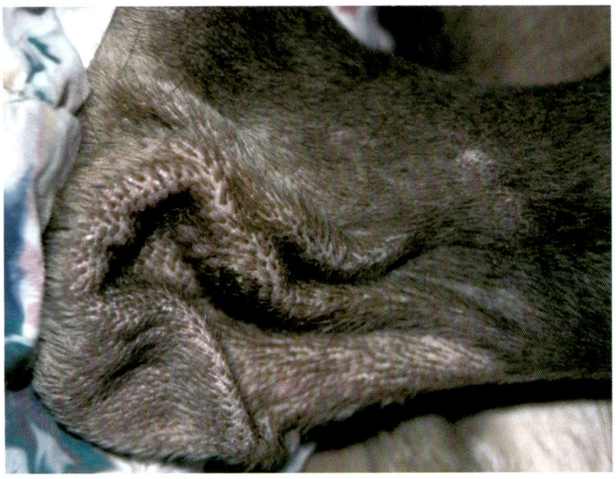

图 10-31 埃勒斯－当洛斯综合征。胶原缺乏导致皮肤松弛，形成皱褶。

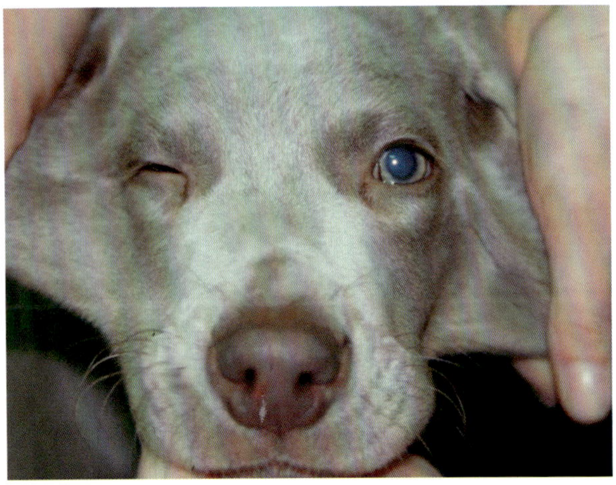

图 10-32 埃勒斯－当洛斯综合征。面部皮肤很容易被拉伸超过正常的范围。

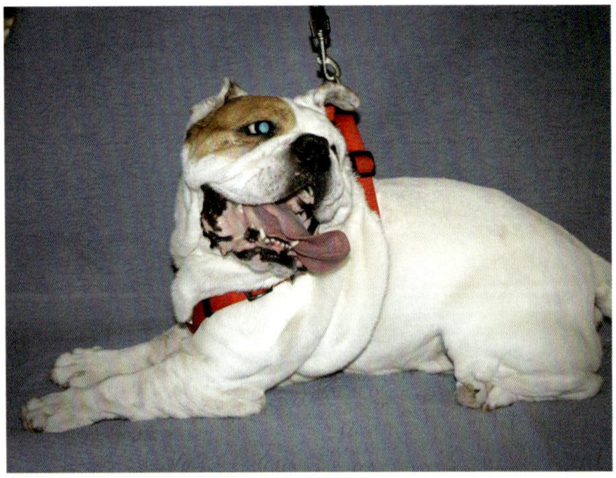

图 10-33 埃勒斯－当洛斯综合征。斗牛犬全身性皮肤松弛。

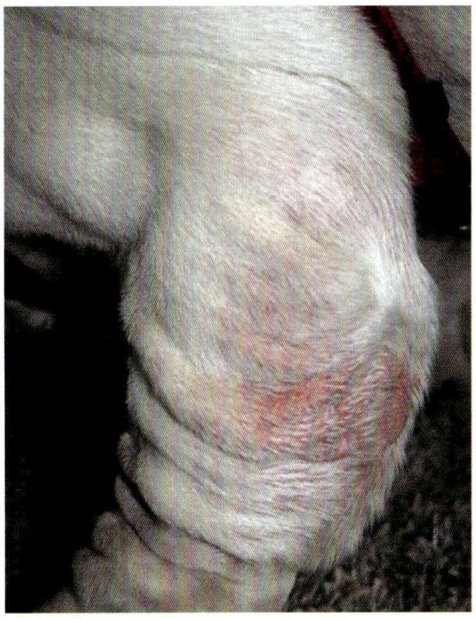

图 10-34 埃勒斯－当洛斯综合征。四肢深层组织过度松弛形成的皱纹。异位性皮炎引起的继发性细菌感染引起红斑、丘疹。

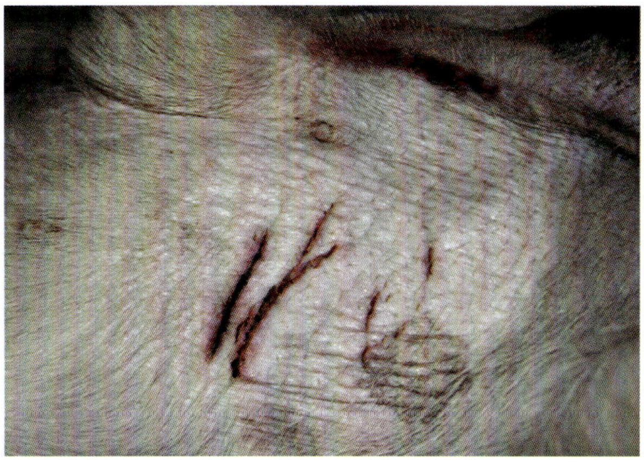

图 10-35 埃勒斯－当洛斯综合征。腹部皮肤的苔藓样变是由异常的皮下组织引起的。抓痕是一种轻微损伤，因异位性皮炎动物抓挠而造成。

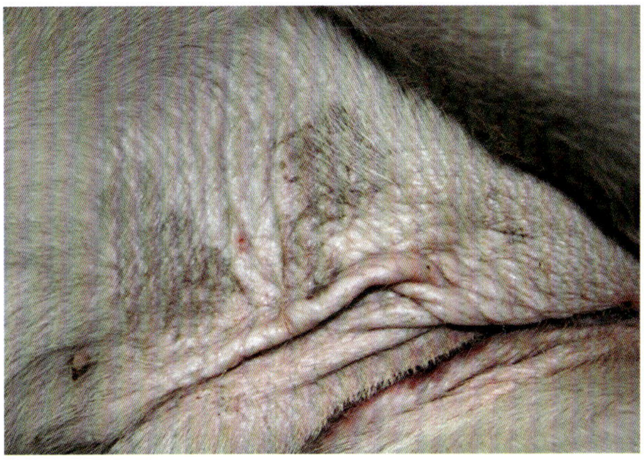

图 10-36 埃勒斯－当洛斯综合征。异常的皮下组织引起深层组织褶皱皮肤的苔藓样变。

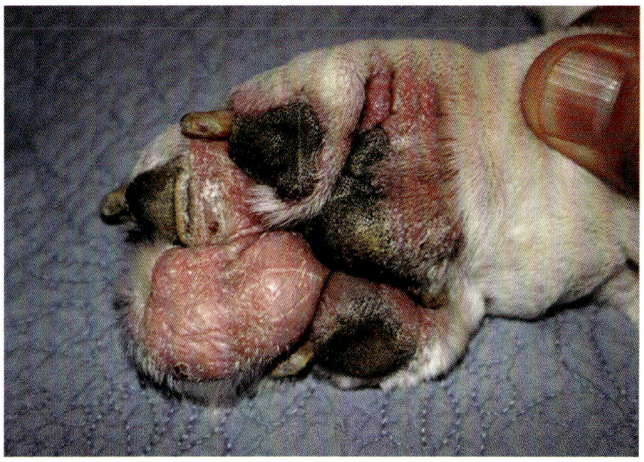

图 10-37 埃勒斯－当洛斯综合征。异常的组织纤维引起爪垫组织肿胀、变薄。

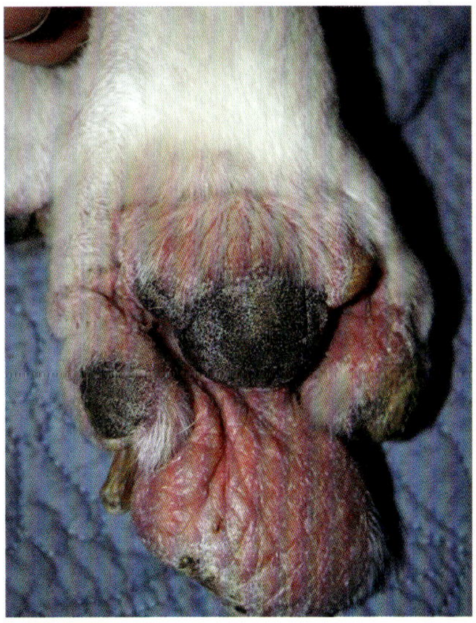

图 10-38 埃勒斯－当洛斯综合征。异常的组织纤维引起爪垫组织肿胀、变薄的近观。

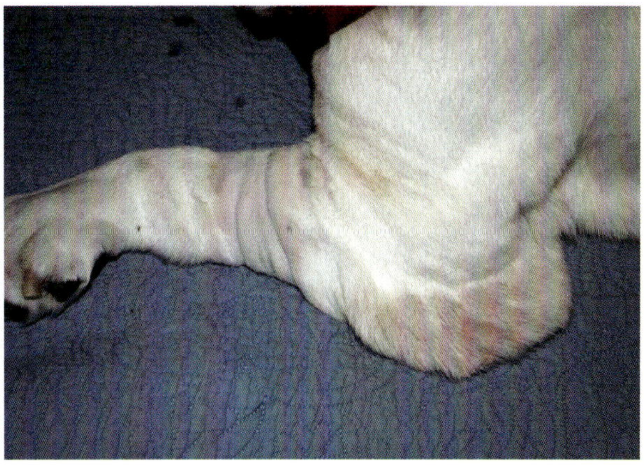

图 10-39 埃勒斯－当洛斯综合征。肘部皮肤组织松弛明显。本病容易导致肘部形成创伤和水囊瘤。

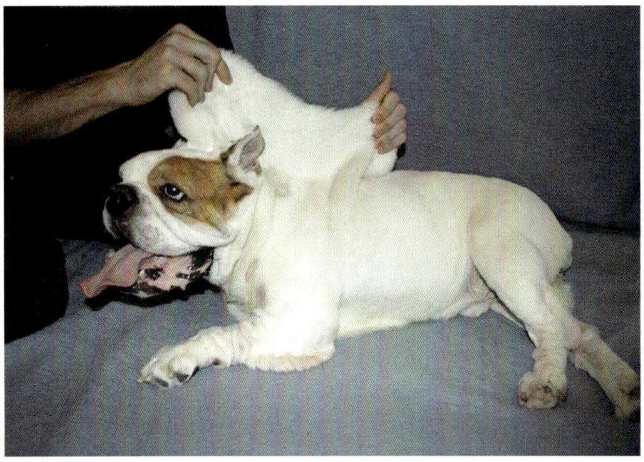

图 10-40　埃勒斯－当洛斯综合征。示范背部皮肤隆起过程，用于获取测量值来计算提示该疾病的比率。

皮肤黏蛋白沉积症
Cutaneous Mucinosis

特征

皮肤黏蛋白沉积症是以真皮黏蛋白过度聚集和沉积为特征的特发性疾病。除沙皮犬外，其他犬罕见。

轻度、中度或严重的皮褶，尤其在头部、腹部和肢端。发病的皮肤浮肿、增厚、无凹陷、可见含有黏稠性液体（黏蛋白）的小水疱和大疱。如累及咽部，可能出现上呼吸道喘鸣。

主要鉴别诊断

鉴别诊断包括甲状腺功能减退伴发的黏液水肿、具有小水疱病变的自体免疫性和免疫介导性皮肤病。

诊断

1. 通过发病特征、病史和临床症状排除其他类似疾病。

2. 细胞学（小水疱、大疱）：无定形、无细胞结构的嗜碱性物质（黏蛋白）。

3. 皮肤组织病理学：过量的皮肤黏蛋白，无其他组织学异常。

治疗与预后

1. 诊断和治疗任何并发的皮肤病，如异位性皮炎、食物过敏、脓皮病或酵母性皮炎。因为这些皮肤病可以促进小水疱形成。

2. 对于皮肤黏蛋白沉积症，可以只观察而不治疗，因为多数 2～5 岁沙皮犬的皮肤病变可自愈。

3. 对于病情严重的犬，用泼尼松治疗可减轻黏蛋白聚积，1～2 mg/kg，口服，每 24 h 一次，持续 7 d，随后在 30 d 内逐渐减量。多数犬仅需要治疗一个疗程，但有些犬可能需要反复治疗或持续低剂量以维持疗效。

4. 预后良好。只是美观问题，多数患犬最终自愈。患口咽部黏蛋白沉积症的犬有麻醉风险，因此在麻醉期间必须认真监护，以防止呼吸骤停。

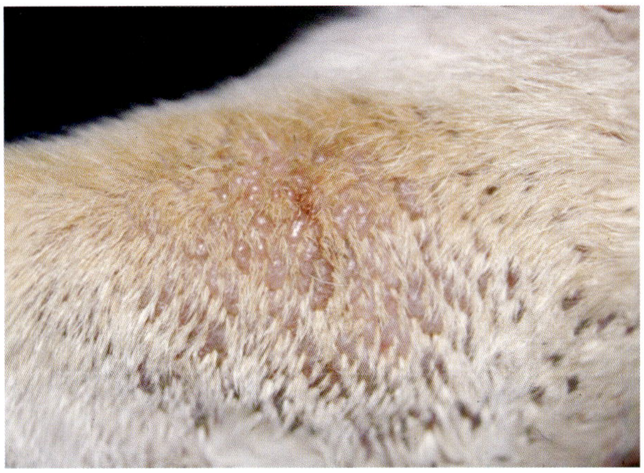

图 10-41　皮肤黏蛋白沉积症。皮肤近观时可见明显的充满黏蛋白的小水疱。

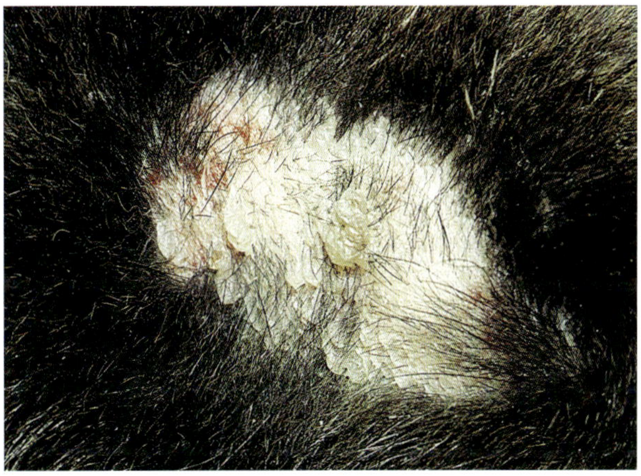

图 10-42　皮肤黏蛋白沉积症。成年沙皮犬背部多个充满黏蛋白的小水疱。

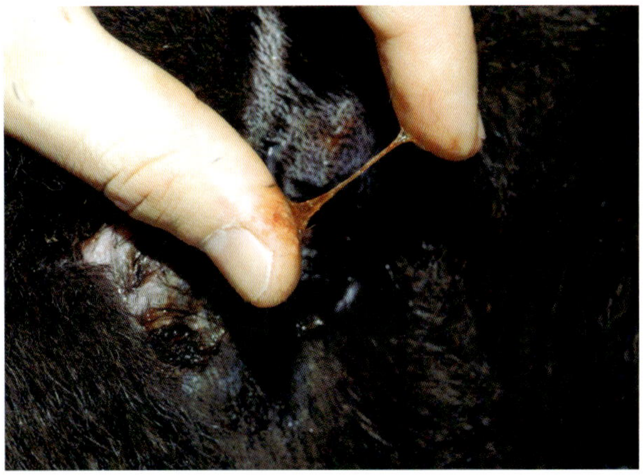

图 10-43　皮肤黏蛋白沉积症。图 10-42 中的犬，水疱已破裂，注意黏蛋白的黏性。

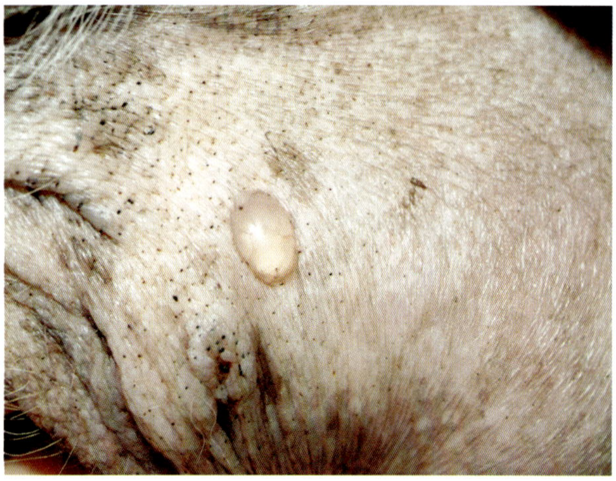

图 10-44　皮肤黏蛋白沉积症。沙皮犬的皮肤上有一个充满黏蛋白的水疱。

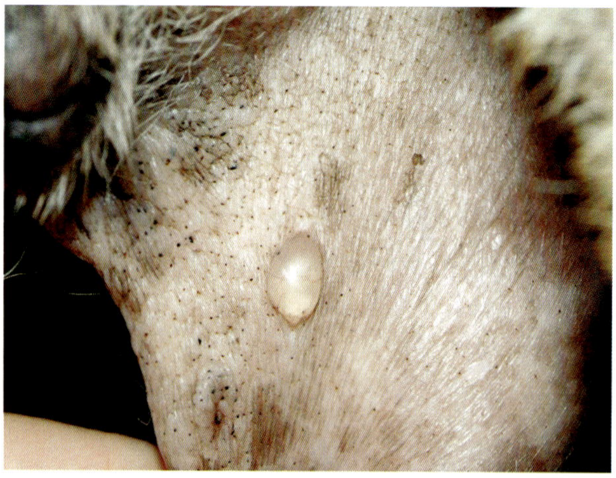

图 10-45　皮肤黏蛋白沉积症。沙皮犬的皮肤上有一个充满黏蛋白的水疱。周围皮肤虽然未形成水疱，但由于含有黏蛋白而非常肿胀。

类皮窦
Dermoid Sinus

特征

类皮窦是一种胚胎发育缺陷，皮肤和神经管之间分离不彻底。窦样组织可能自皮肤延伸至脊髓硬膜或者以盲囊终止于皮下组织。背侧类皮窦在皮肤和脊髓之间是不完全分离的。这种窦可见于背中线的任何位置，位于颈部和骶尾部之间。鼻类皮窦囊肿是指前鼻骨内的神经外胚层组织未完全闭合，可能延伸至脑内。背部类皮窦罕见于犬，罗德西亚脊背犬的发病率最高。鼻类皮窦囊肿也罕见于犬，而金毛猎犬、西班牙猎犬可能易感。

背部类皮窦

瘘管有单个或多个小的开口，从中可能伸出几簇毛。这种开口可见于背中线的任何位置，但多见于颈部。能触摸到一个从皮肤开口向脊髓延伸的索状组织。此窦可能含有皮脂、角质、碎屑和毛发。窦可能发炎、继发感染、囊变或渗出，如果窦延伸到脊髓，则会导致细菌性脑膜炎。

鼻类皮窦囊肿

一种具有波动性、无痛性的肿胀，位于鼻背侧。其特征为鼻梁和鼻面连接处的小开口（嗅窝）。这个开口间断性的分泌脂质或脓性物质，如果继发感染，肿胀会伴有疼痛。

主要鉴别诊断

鉴别诊断包括异物、深层感染（细菌性、真菌性）和表皮包涵囊肿。

诊断

1. 发病特征、病史和临床症状。
2. 影像学、计算机断层扫描（CT）、核磁共振（MRI）：探查从皮肤延伸到脊柱的瘘管，或向脑内延伸的鼻瘘管。

治疗和预后

1. 对于静止的窦，可不予治疗而只观察。
2. 对于有渗出或形成囊变的窦，可通过手术完全切除。手术切除不完全导致术后 1 个月内就会复发。
3. 如果存在继发性细菌感染，应进行合理的抗生素治疗。
4. 预后良好。因为手术完全切除具有治愈性。患犬不应作为种用。

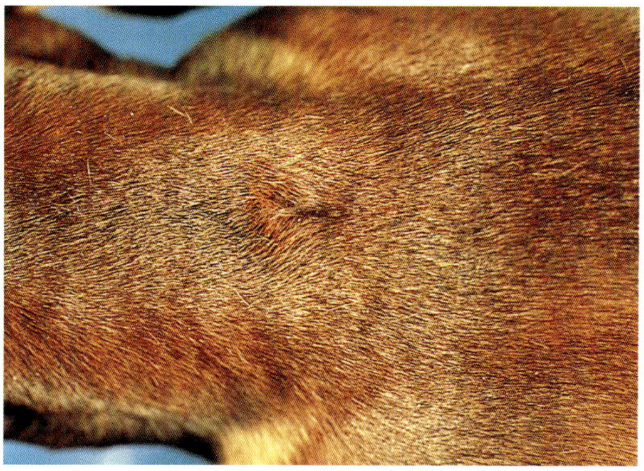

图 10-46 类皮窦。罗德西亚脊背犬背部类皮窦，外形像小的皮肤缺损。

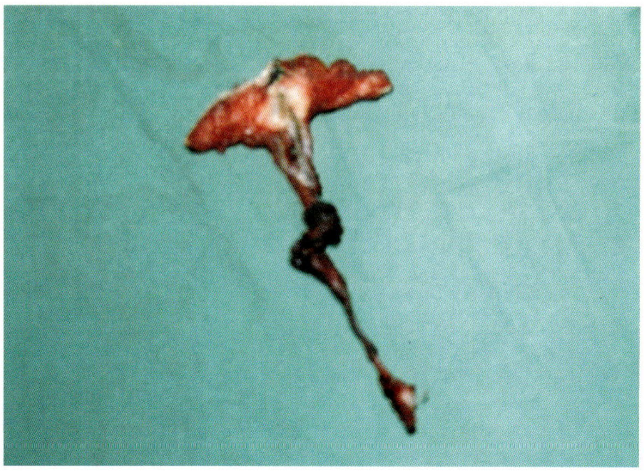

图 10-47 类皮窦。图 10-46 中犬的类皮窦已被手术切除。病变明显向深处延伸。

幼犬蜂窝织炎（幼犬脓皮病，幼犬腺疫）
Canine Juvenile Cellulitis (Juvenile Pyoderma，Puppy Strangles)

特征

幼犬蜂窝织炎的病因和发病机制尚不清楚。犬不常见，3周龄到6月龄幼犬发病率最高，尤其是腊肠犬、金毛猎犬、拉布拉多犬、戈登塞特犬、比格犬和波音达犬。同窝中可能有多只幼犬发病。

在唇部、嘴周和睑缘出现小水疱、脓疱，严重的患犬可见脓性分泌物、结痂、蜂窝织炎和脱毛。耳廓肿胀且有渗出。在某些犬，病变可累及肛门和包皮。病变从轻微至严重程度各异，常伴有疼痛而无瘙痒。常见局部甚至弥散性淋巴结肿大，且可能形成淋巴结脓肿。病情严重的幼犬常精神沉郁，并伴有厌食和发热。

主要鉴别诊断

鉴别诊断包括下颏脓皮病、蠕形螨病、深层脓皮病、皮肤癣菌病、血管性水肿和犬瘟热。

诊断

1. 常根据发病特征、病史和临床症状予以诊断，并排除其他类似疾病。

2. 细胞学（皮肤或而渗出物）：化脓性或脓性肉芽肿性炎症。继发感染时可见细菌或酵母菌。

3. 细胞学（淋巴结穿刺）：化脓性、脓性肉芽肿性或肉芽肿性炎症。未见感染源。

4. 皮肤组织病理学：弥散性（脓性）肉芽肿性皮炎和脂膜炎。未见感染源。

5. 细菌培养（渗出）：通常为无菌，但是如果存在继发感染则可以分离到细菌。然而，仅使用全身性抗生素治疗收效甚微。

治疗与预后

1. 治疗发性细菌感染；全身性抗生素（至少持续3～4周），待临床症状缓解，细胞学检查无异常后继续使用1周（框3-2）。

2. 每天外部使用温水浸泡去除结痂和渗出物。

3. 泼尼松，2 mg/kg，口服，每24 h一次，直至病变消除（1～4周）。之后每2天给药1次，持续2～3周。在接下来的几周内逐渐减少剂量直至停药。如果泼尼松减量或停药过快，可能导致复发。

4. 环孢菌素 5～10 mg/kg，口服，每24 h一次(4～6周后可见效)。然后，给药频率应减至每2～3 d一次。最初可使用糖皮质激素加速反应。在本文撰写之时，环孢菌素所致的肿瘤或严重感染风险未见显著增加。

5. 如果在4～5 d内对治疗有反应，则预后良好。对于严重病例，即使进行治疗也会留下永久性瘢痕。如果不予治疗，会导致幼犬死亡。

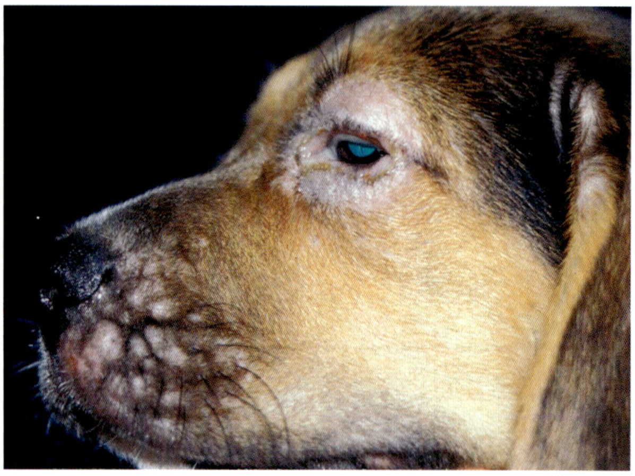

图 10-48 幼犬蜂窝织炎。幼犬嘴周和眼周湿性、脓疱性丘疹。

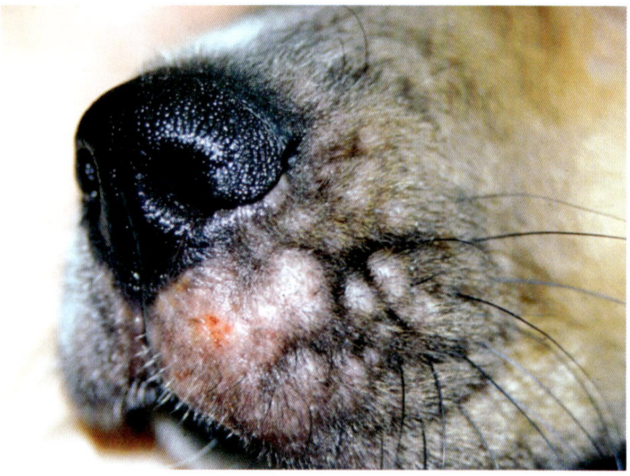

图 10-49 幼犬蜂窝织炎。图10-48中犬的近观，嘴周脱毛和红斑性、丘疹性皮炎，且组织肿胀。

图 10-50 幼犬蜂窝织炎。嘴周和下颌湿性、红斑性丘疹病变，伴有脱毛。

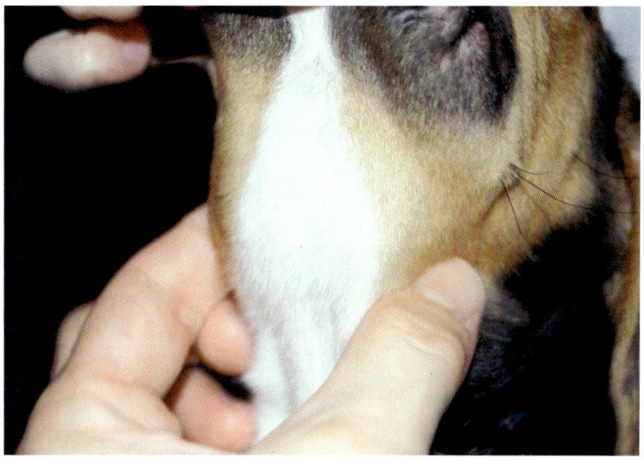

图 10-51 幼犬蜂窝织炎。严重的淋巴结病为典型特征。图中犬淋巴结非常明显容易触到。

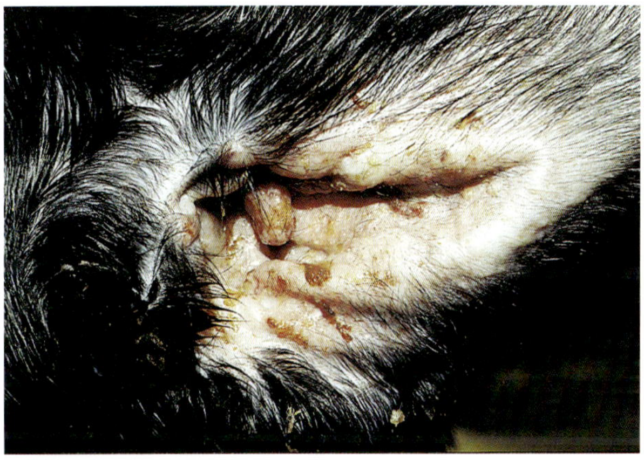

图 10-52 幼犬蜂窝织炎。耳廓的丘疹性结痂病变。

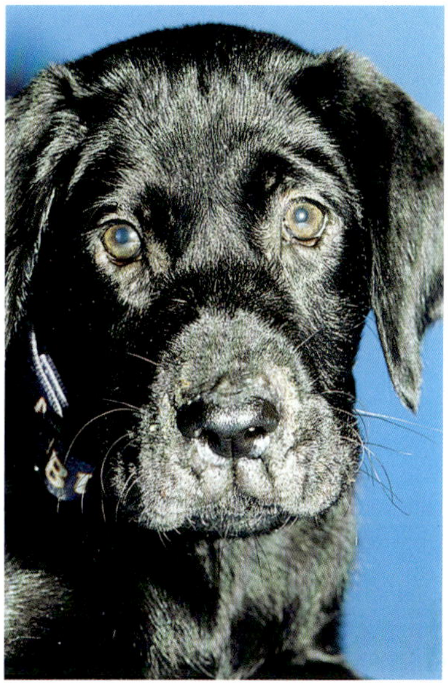

图 10-53 幼犬蜂窝织炎。鼻部和面部脱毛性丘疹病变。注意该犬比上述典型的幼犬年龄稍大。

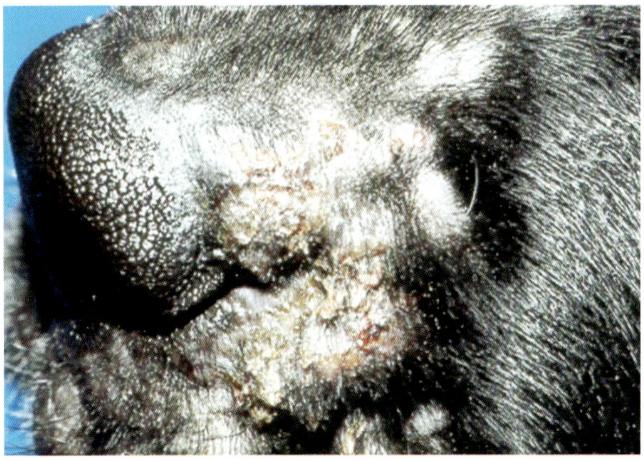

图 10-54 幼犬蜂窝织炎。图 10-54 中犬的近观，鼻部丘疹性结痂病变，表明幼犬蜂窝织炎导致的典型湿性皮炎已部分痊愈。

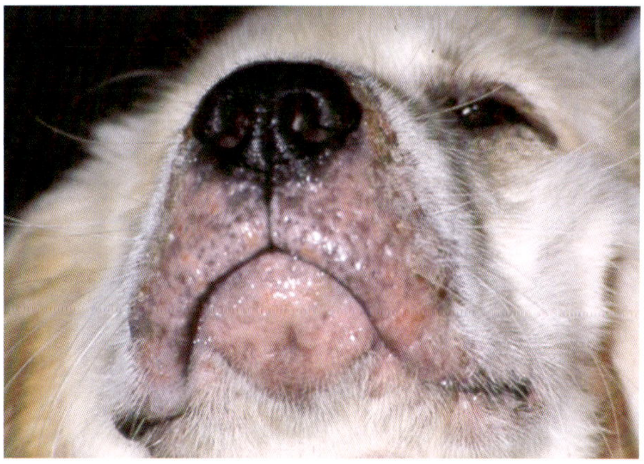

图 10-55 幼犬蜂窝织炎。嘴周和下颏湿性、红斑性丘疹病变（自 D.Angarano）。

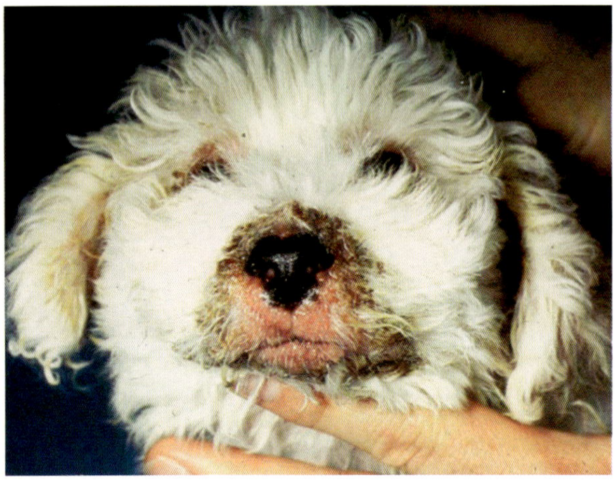

图 10-56　幼犬蜂窝织炎。嘴周湿性、脱毛丘疹性皮炎。

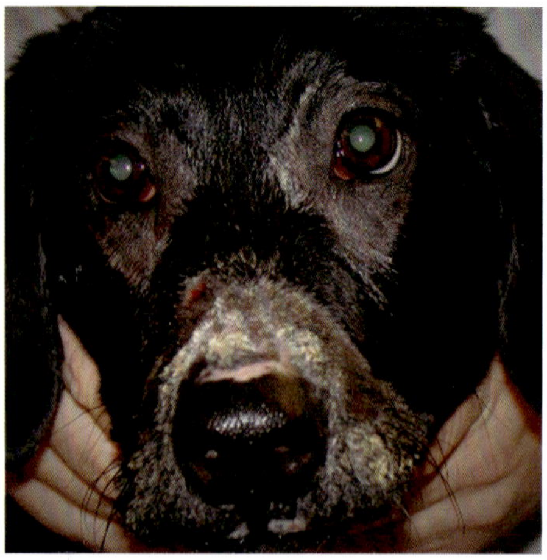

图 10-57　幼犬蜂窝织炎。幼犬嘴周和眼周存在脱毛和结痂丘疹性皮炎。

第 11 章　色素异常
Pigmentary Abnormalities

- 斑痣
- 炎症后色素过度沉着
- 鼻部色素减退（达德利鼻，雪鼻）
- 白癜风
- 犬葡萄膜皮肤病综合征（伏格特 - 小柳原田综合征）

斑痣
Lentigo

特征

一种无症状的疾病，其特征为黑色皮肤上出现一个或多个扁平的斑点或斑。犬常见，中老年犬发病率最高。猫不常见，年轻的橘黄色猫发病率最高。

犬

在皮肤色素过度沉着的部位，以单个或多个斑点或斑的形式出现。病变多见于腹部和胸部。

猫

在嘴唇、齿龈、耳廓或眼睑处有多个融合的直径为 1～10 mm 的黑斑。

鉴别诊断

黑色素瘤是其鉴别诊断。

诊断

1. 通常根据病史和临床症状进行诊断。
2. 皮肤组织病理学：表皮增生，色素过度沉着和黑色素细胞数量增多。

治疗与预后

1. 无药物治疗方法。
2. 预后良好。斑痣是良性的皮肤变化，仅仅影响美观。

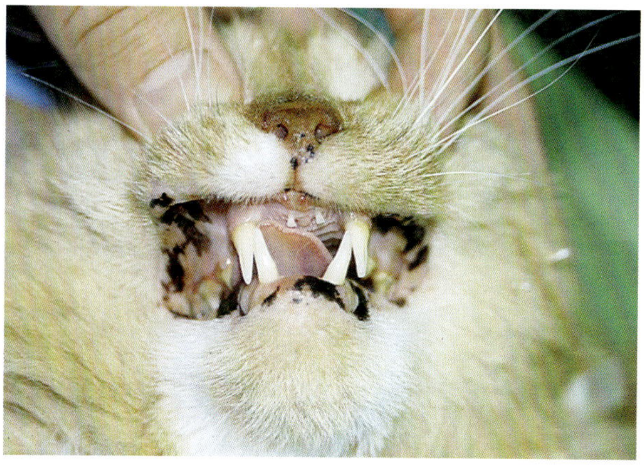

图 11-1　斑痣。年轻的成年猫唇部多个色素斑点。

图 11-2　斑痣。年轻的成年猫耳廓处多个色素点。

炎症后色素过度沉着
Postinflammatory Hyperpigmentation

特征

炎症后色素过度沉着是其他潜在皮肤病的后遗症，如脓皮病、蠕形螨病、皮肤癣菌病或过敏，导致皮肤（黑皮病）或被毛（黑毛症）出现色素过度沉着。色素过度沉着呈点状、圆形、片状或弥散性。犬常见，猫不常见。

鉴别诊断

鉴别诊断包括斑痣和黑色素瘤。

诊断

通常根据病史和临床症状进行诊断，并确定潜在的疾病。

治疗与预后

1. 确定并去除潜在的病因。
2. 预后良好。在治疗潜在病因后，黑皮病通常能慢慢缓解。黑毛症会在下一个换毛周期得以恢复。

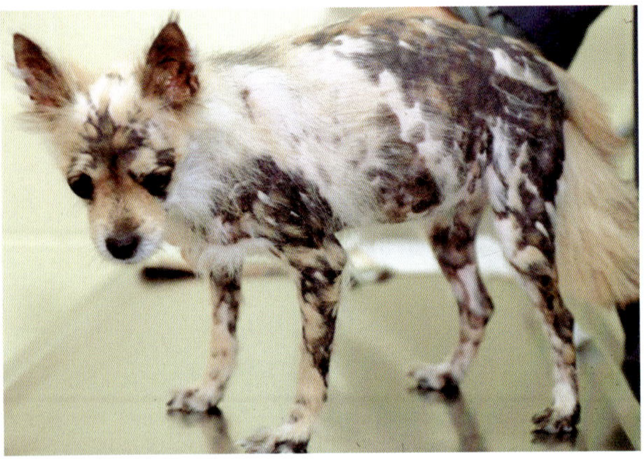

图 11-3 炎症后色素过度沉着。治愈的多形红斑病例表现全身色素过度沉着。

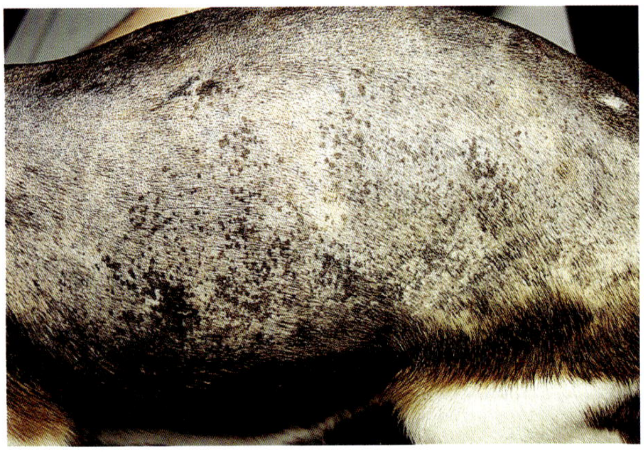

图 11-4 炎症后色素过度沉着。犬肋腹许多色素沉着斑，最初的丘疹性皮炎是由药物香波引起的接触性皮炎。

鼻部色素减退（达德利鼻，雪鼻）
Nasal Depigmentation (Dudley Nose，Snow Nose)

特征

一种特发性疾病，患犬出生时鼻部色素正常，随年龄增长色素减退至浅棕色或白色。鼻部色素减退可能反复发作、呈季节性、自愈性或成为永久性病变。鼻部仅颜色变浅，其鹅卵石样纹理保持不变（自体免疫性皮肤病会破坏鼻部正常的纹理）。犬常见，金毛猎犬、拉布拉多犬、西伯利亚哈士奇犬和阿拉斯加雪橇犬发病率最高。

达德利鼻通常是一种永久性的色素减退（降低颜值的缺陷），而雪鼻是一种暂时性的、季节性的色素减退。

鉴别诊断

鉴别诊断包括葡萄膜皮肤病综合征、白癜风、鼻部日光性皮炎、自体免疫性皮肤病和皮肤淋巴瘤。

诊断

1. 通常根据病史和临床症状进行诊断。
2. 皮肤组织病理学：表皮的黑素细胞和黑色素明显减少。

治疗与预后

1. 无治疗方法。
2. 因本病仅影响美观，故预后良好。然而，对于赛犬而言，这是一种缺陷。

图 11-5　鼻部色素减退。金毛猎犬在冬季鼻部色素减退。

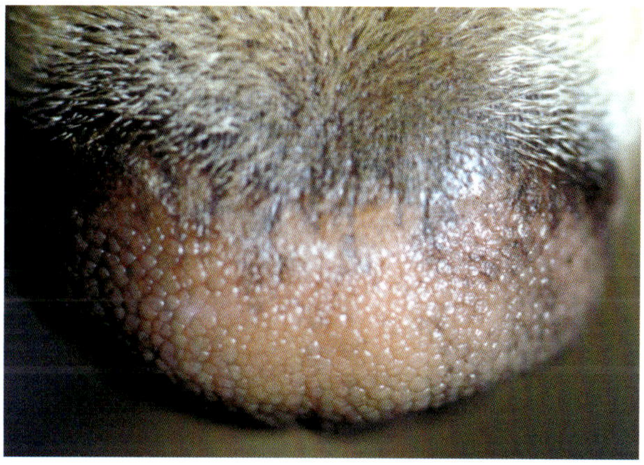

图 11-6　鼻部色素减退。图 11-5 中犬的鼻部近观。金毛猎犬鼻部季节性色素减退。在春季和夏季鼻部色素完全正常。

白癜风
Vitiligo

特征

一种无症状疾病，其特征为在皮肤（白斑症）和 / 或被毛（白毛症）处出现一个或多个色素减退的斑区。病变通常最先见于年轻成年动物的鼻部、面部、唇部、口腔黏膜和爪垫。在犬不常见，比利时牧羊犬、德国牧羊犬、罗威纳犬和杜宾犬发病率最高。在猫罕见，暹罗猫的发病率最高。

主要鉴别诊断

鉴别诊断包括葡萄膜皮肤病综合征，鼻部色素减退，自体免疫性皮肤病和皮肤淋巴瘤。

诊断

皮肤组织病理学：除了无黑素细胞外，其余均正常。可能会观察到暂时性的炎症期。

治疗与预后

1. 无治疗方法，但是用于治疗自体免疫性皮肤病（天胞疮和狼疮）的方法比较有效。

2. 使用 *L*- 苯丙氨酸 50 mg/kg 口服治疗每 24 h 一次，可能有效。

3. 预后良好。这种疾病只影响美观，不会影响动物的生活质量。色素减退通常为永久性，但某些动物最后可自愈。

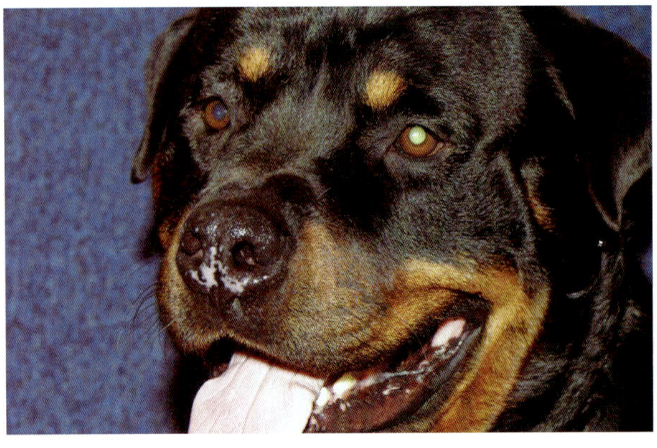

图 11-7 白癜风。患病的成年罗威纳犬鼻部色素减退。注意将这种色素减退斑与季节性鼻部色素减退和多数自体免疫性皮肤病进行鉴别。

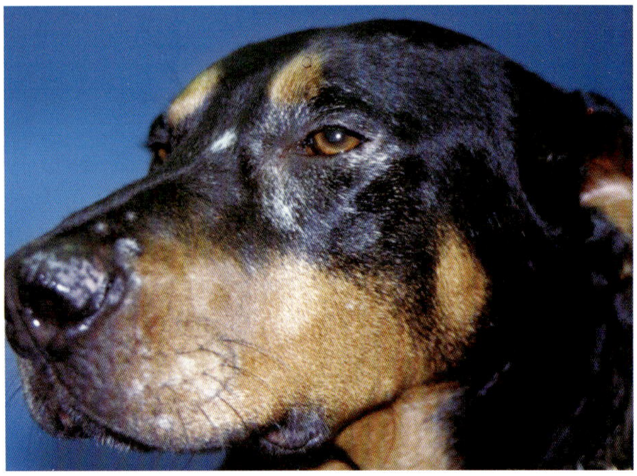

图 11-8 白癜风。成年杜宾犬鼻部和面部多处色素减退。

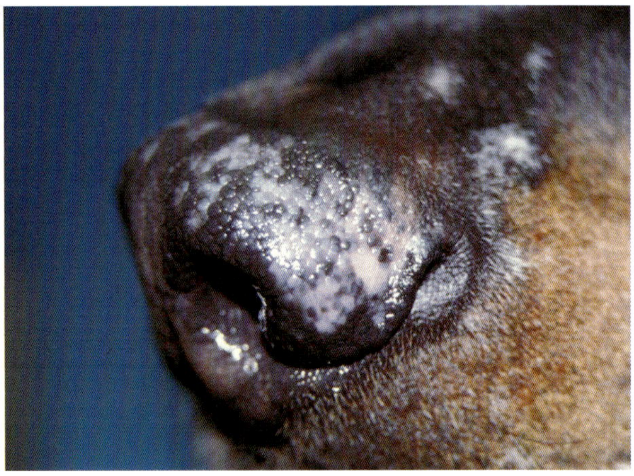

图 11-9 白癜风。图 11-8 中犬的近观。患犬鼻部和毛发处出现明显的色素减退斑。

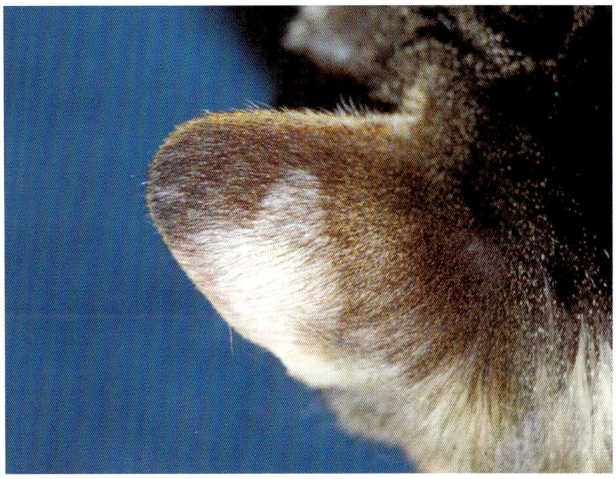

图 11-10 白癜风。猫耳廓界限分明的色素减退，并且不对称。

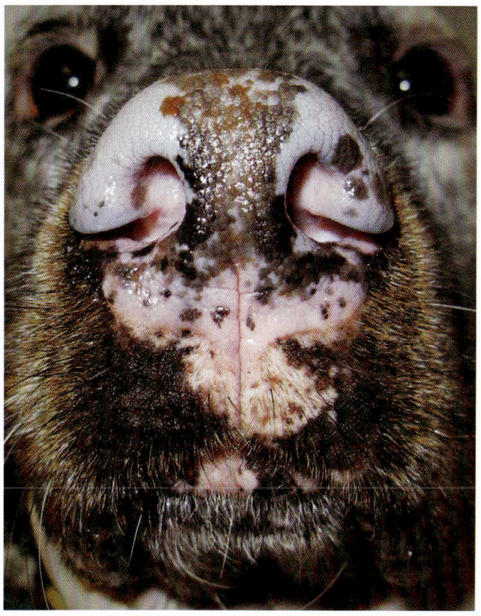

图 11-11　白癜风。患犬鼻部色素减退。正常的组织结构未发生改变，皮肤无炎症，而自体免疫皮肤病更典型表现为有炎症。

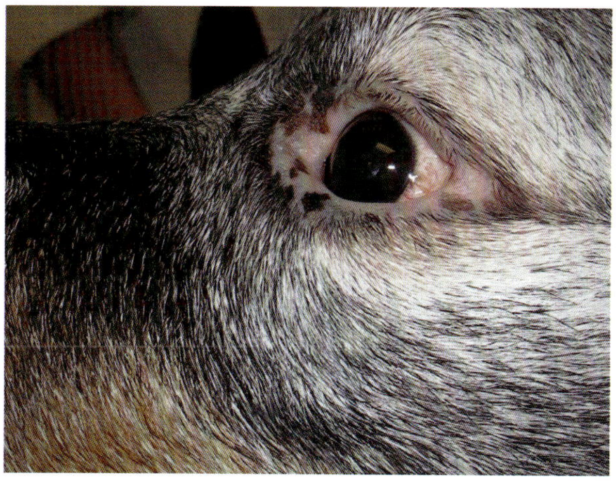

图 11-12　白癜风。患犬眼睑色素减退。正常的组织结构未发生改变，无典型的自体免疫皮肤病引起的炎症。

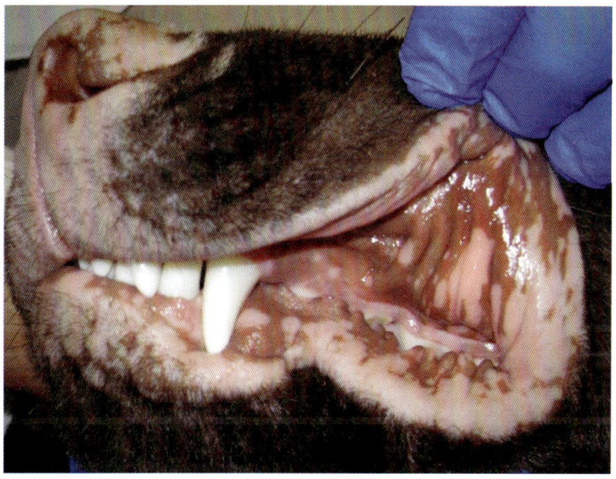

图 11-13　白癜风。患犬鼻部、嘴周和嘴唇部色素减退。

犬葡萄膜皮肤病综合征（伏格特－小柳原田综合征）Canine Uveodermatologic Syndrome (Vogt-Koyanagi-Harada–like Syndrome，VKH)

特征

本病病因尚未完全清楚，但可能与免疫介导和遗传性因素有关。其特征为产生抗黑素细胞的自体抗体，从而导致肉芽肿性全葡萄膜炎、白斑症（皮肤色素减退）、白毛症（毛发色素减退）。犬罕见，年轻的成年犬和中年犬发病率最高，尤其是秋田犬。其他易感品种包括西伯利亚哈士奇犬、萨摩耶犬、松狮犬、爱尔兰赛特犬、腊肠犬、猎狐㹴、喜乐蒂牧羊犬、圣伯纳犬、英国古老牧羊犬、巴西菲勒犬。

急性发作的眼部症状包括：瞳孔对光反射减弱或消失、睑痉挛、畏光、前葡萄膜炎、角膜后沉积物、眼前房出血、脉络膜视网膜炎、结膜炎、浆液性眼分泌物，有时可见视网膜脱落；白内障、虹膜膨隆、继发性青光眼，随后可能失明。于鼻部、唇及眼睑出现界限分明的对称性色素减退之前、之后或同时发生。偶见阴囊或阴门、肛门、爪垫和 / 或硬腭的色素减退。很少出现糜烂、溃疡及结痂。在某些犬，可以发展为全身性皮肤和被毛的色素减退。

鉴别诊断

双侧葡萄膜炎

对于双侧葡萄膜炎的鉴别诊断包括中毒、感染、创伤、肿瘤、免疫介导性疾病。

皮肤色素减退

对于皮肤色素减退的鉴别诊断包括白癜风、其他自体免疫性疾病、皮肤淋巴瘤。

诊断

1. 根据病史和临床症状，并排除其他类似疾病。

2. 眼部检查：无菌性葡萄膜炎和脉络膜视网膜炎。

3. 皮肤组织病理学：色素失禁和苔藓样变界面性皮炎，可见大组织细胞、小单核细胞和多核巨细胞。偶见大量的浆细胞和淋巴细胞。

治疗与预后

1. 为预防失明，有必要尽早进行积极治疗。

2. 局部或结膜下使用糖皮质激素治疗眼病，直到眼葡萄膜炎治愈。有效的疗法如下。

- 0.1% 地塞米松滴眼液，滴双眼，每 4 h 一次。
- 1% 泼尼松滴眼液，滴双眼，每 4 h 一次。
- 地塞米松，1～2 mg，双眼结膜下给药，每 24 h 一次。
- 去炎松，10～20 mg，双眼，结膜下给药一次。
- 长效倍他米松，6 mg，双眼，结膜下给药一次。

3. 还应局部滴睫状肌麻痹剂 (1% 阿托品滴眼液)，双眼每 6～24 h 一次或达到效果即可。

4. 口服免疫抑制剂量的泼尼松或甲泼尼松龙（表 8-1）。当眼部病变消失（4～8 周），随后几周内（8～10 周）逐渐降低给药剂量，直到隔日给药可维持疗效的最低剂量。如果用药 2 周内病情无明显改善，则考虑换药和 / 或增加免疫抑制剂。

5. 对于顽固性病例，可更换糖皮质激素类药物，包括去炎松和地塞米松（表 8-1）。

6. 如果单独全身用糖皮质激素无效或者出现不良反应，则口服环孢菌素、硫唑嘌呤、四环素和烟酰胺联合用药或环磷酰胺有效（表 8-2）。用药 8～12 周内病情可见好转。当病变消失后，对需要长期维持治疗的病例，应减少硫唑嘌呤和环磷酰胺的给药剂量和使用频率（表 8-2）。

7. 预后谨慎或良好。通常需要终身治疗。如果眼葡萄膜炎没有得到及时有效的治疗，或者难以控制，可能的后遗症包括青光眼、白内障和失明。皮肤色素减退通常只是美观问题，这在有些病例可能是永久性病变，或者只有部分好转。

图 11-14　犬葡萄膜皮肤病综合征。这只幼年的喜乐蒂牧羊犬确诊较早，随着病程发展，皮肤色素减退（Courtesy Campbell K，McLaughlin S：Generalized leukoderma and poliosis following uveitis in a dog，J Am Anim Hosp Assoc 22：121，1986）。

图 11-15　犬葡萄膜皮肤病综合征。图 11-11 中的犬，该犬数年后色素减退加剧（Courtesy Campbell K，McLaughlin S：Generalized leu- koderma and poliosis following uveitis in a dog，J Am Anim Hosp Assoc 22：121，1986）。

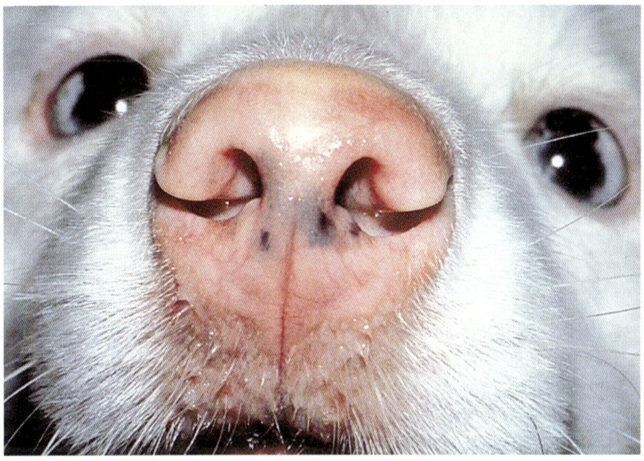

图 11-16　犬葡萄膜皮肤病综合征。图 11-12 中犬的近观，鼻部色素减退加剧，几乎褪色（Courtesy Campbell K，McLaughlin S：Generalized leukoderma and poliosis following uveitis in a dog，J Am Anim Hosp Assoc 22：121，1986）。

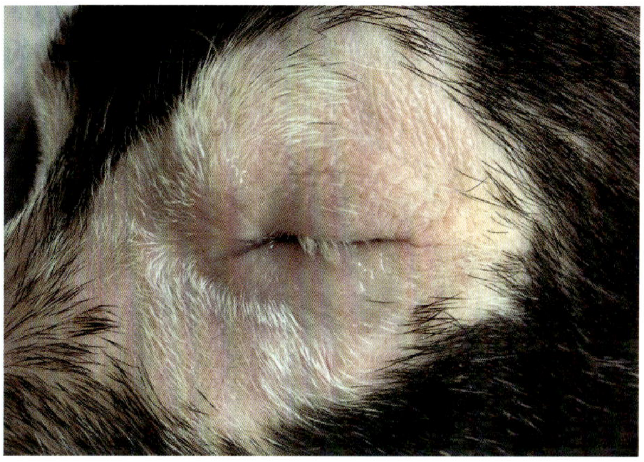

图 11-17　犬葡萄膜皮肤病综合征。患犬眼周的毛发和皮肤色素减退。脱毛与本病可能相关或者无关。

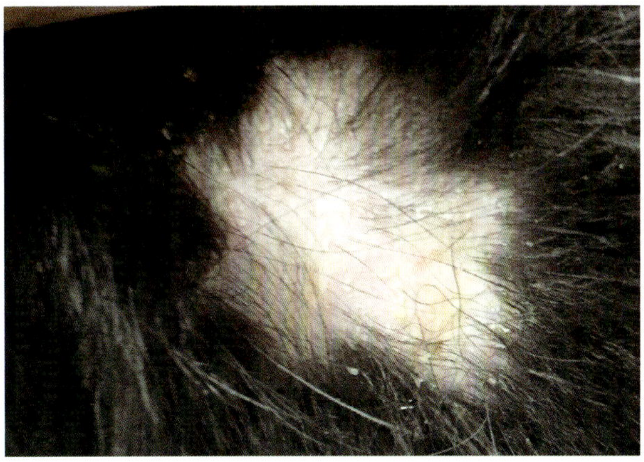

图 11-18　犬葡萄膜皮肤病综合征。局部色素减退的脱毛斑病变。病变处存在轻度皮脂溢。

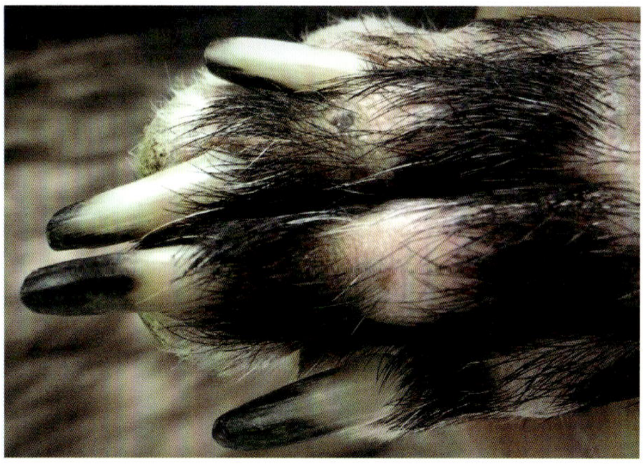

图 11-19　犬葡萄膜皮肤病综合征。患犬趾甲和爪部毛发色素减退。

第 12 章　角化和皮脂溢疾病
Keratinization and Seborrheic Disorders

- 胼胝
- 猫痤疮
- 特发性鼻 – 趾过度角化病
- 拉布拉多犬遗传性鼻角化不全
- 副交感神经性鼻过度角化病（鼻干燥）
- 犬原发性皮脂溢
- 维生素 A 反应性皮肤病
- 雪纳瑞粉刺综合征（雪纳瑞结节性红斑）
- 犬耳缘皮肤病
- 锌反应性皮肤病
- 尾腺增生（种马尾病）
- 皮脂腺炎
- 肝皮综合征（表皮坏死性皮炎，表皮坏死松解游走性红斑，代谢性表皮坏死症，糖尿病皮肤病）
- 家族性爪垫过度角化病
- 波斯猫面部皮炎

胼胝
Callus

特征

胼胝是局部增生性皮肤反应，由压迫和摩擦性损伤引起。犬常见，大型和巨型犬种的发病率最高。

病变位于骨压力点的增生性斑块，表现为圆形或卵圆形、脱毛、色素过度沉着、过度角化。最常见于肘关节、跗关节或胸骨突（深胸犬）。病变可因继发性细菌感染出现溃疡、瘘管和渗出液。随着时间推移，嵌塞的毛囊（“内生毛”）可膨大，随后变成囊肿。

主要鉴别诊断

鉴别诊断包括皮肤癣菌病、蠕形螨病、脓皮病、肿瘤。

诊断

1. 常根据病史和临床症状进行诊断。
2. 细胞学（渗出物）：可见角质碎屑、脓性或脓性肉芽肿性炎症、游离的毛干，可见细菌。
3. 皮肤组织病理学：表皮显著增生、正角化或角化不全性过度角化、毛囊角化和扩张的毛囊囊肿。

治疗和预后

1. 对未感染病变只需观察而无须治疗。
2. 如果病变发生继发感染，要长期进行全身性抗生素治疗（至少 4～6 周）。另外，还可以外部应用二亚甲枫（DMSO）与恩诺沙星混合液（制成 10 mg/mL 的溶液），每 12～72 h 一次，直到消除病变。
3. 应设法从胼胝中去除“内生毛”，因为其最终会导致疖病和感染。可经常用布、刷子或海绵顺被毛生长方向擦拭（每 2～7 d）。用黏性很好的胶带粘除被毛，一般只有内生被毛被粘下来，而健康的毛发不会受损伤。
4. 在动物躺卧和睡眠或休息的地方使用垫子，包扎感染部位以防止进一步损伤。
5. 在感染部位使用保湿剂、抗生素软膏（莫匹罗星）、2.5 % 过氧化苯甲酰凝胶，水杨酸 - 乳酸钠 - 尿素凝胶，每 12～24 h 一次，以软化皮肤。

但是，如果只用软化乳膏而没有包扎隔离，可能会出现继发感染。

6. 一般不建议手术切除，因为术后常发生伤口开裂。

7. 未感染病变预后良好。此病只美观问题，不影响犬的生活质量。

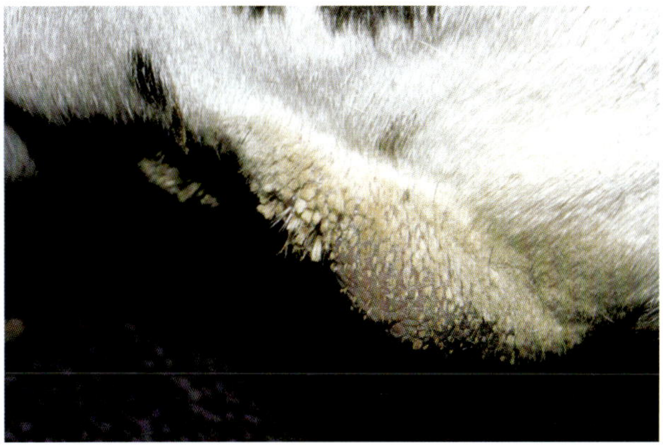

图 12-1 胼胝。犬肘部皮肤变厚，被毛粘结，皮肤部分脱毛，这是胼胝的典型表现。

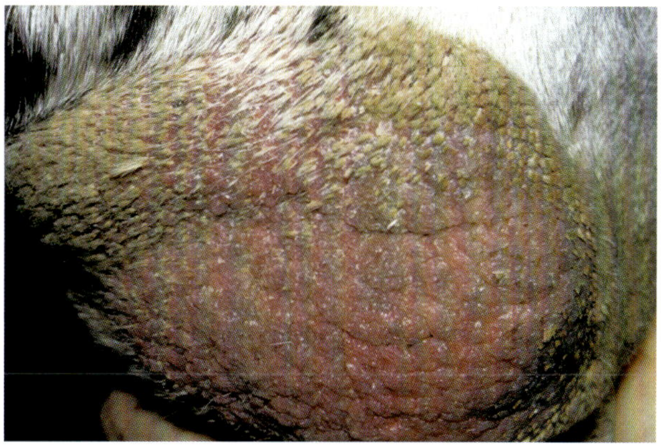

图 12-2 胼胝。图 12-1 病变的近观。肘部大面积脱毛，皮肤变厚是该综合征的典型表现。通常发生在短毛犬，被毛嵌塞在毛囊和胼胝中。

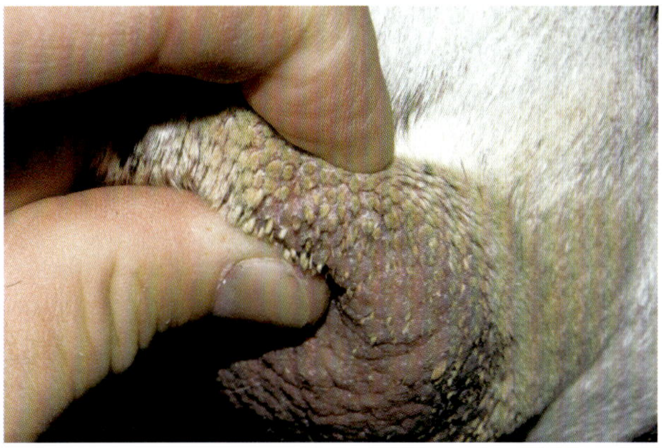

图 12-3 胼胝。图 12-1 中病变的近观。临床医生轻轻挤压胼胝，嵌塞的被毛从皮肤表面显露出来。这些被毛是反复感染的根源。

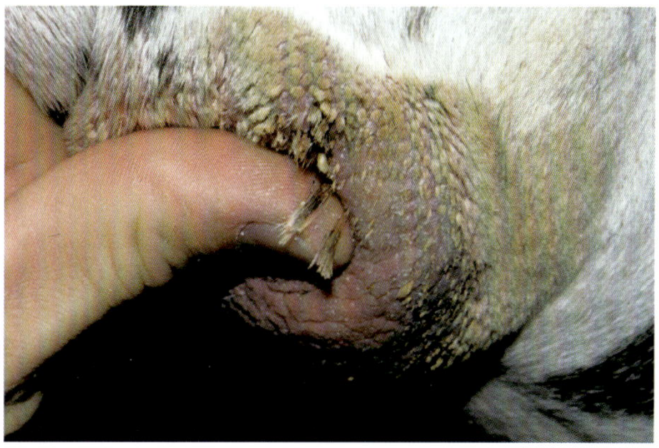

图 12-4 胼胝。图 12-1 病变的近观。显示挤出的被毛。不建议使用这种方法，因为被毛在里面折断可导致蜂窝织炎和瘢痕。

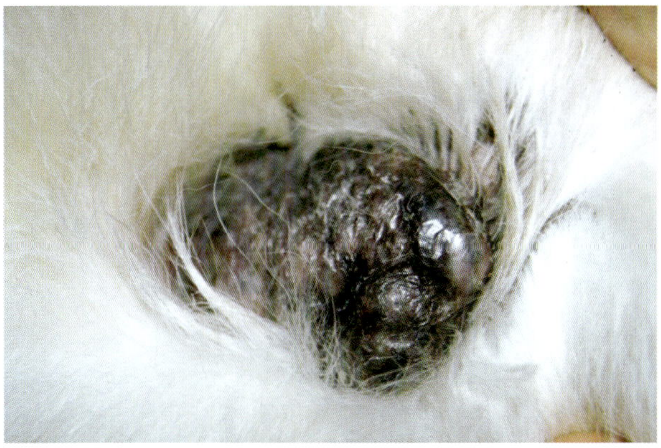

图 12-5 胼胝。肘部脱毛区域，皮肤变厚。大的囊肿结构是由于毛囊阻塞，里面充满角质碎屑。

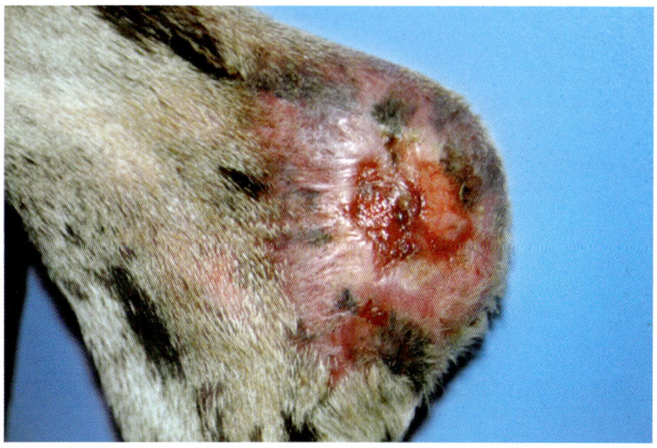

图 12-6 胼胝。犬踝部严重脱毛，皮肤变厚，并有溃疡。导致胼胝形成的慢性压迫也可以造成褥疮性溃疡。

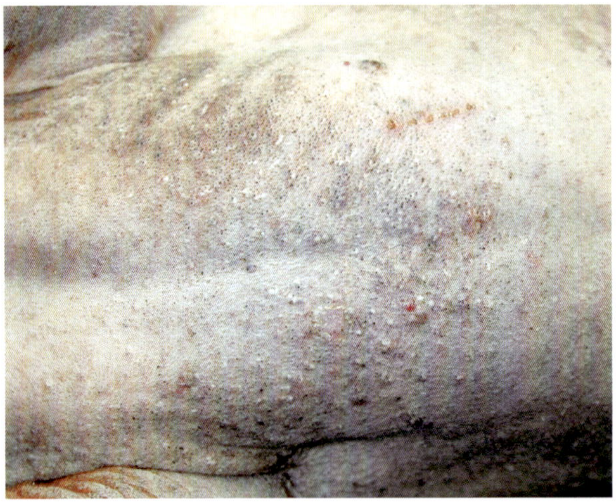

图 12-7　胼胝。深胸犬胸部长期受压破和摩擦引起的胸部斑块、脱毛和粉刺形成。这种情况在腊肠犬最常见。

图 12-8　胼胝。腊肠犬胸部斑块的粉刺中的大角质栓。注意当犬以胸部着地趴卧时，持久的压力会造成这种大角质栓。

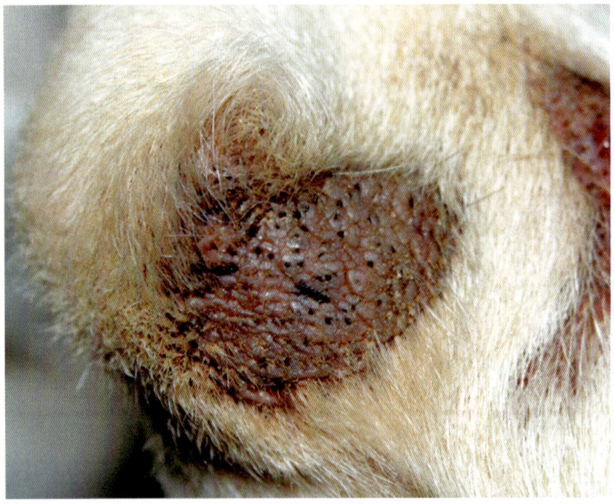

图 12-9　胼胝。内生的死亡毛发已经被取出。注意嵌入胼胝中的毛干长度出人意料。

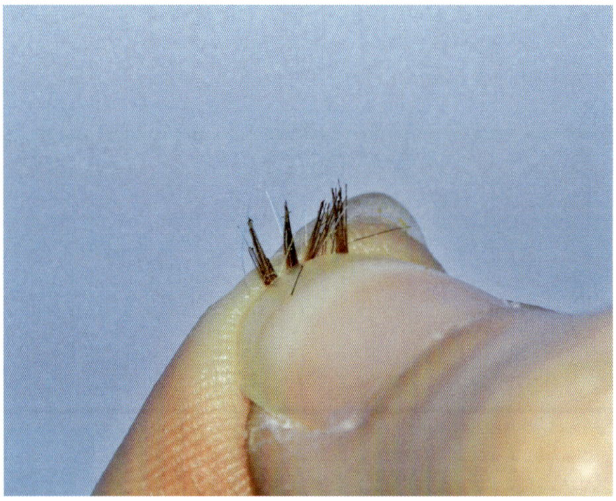

图 12-10　胼胝。从胼胝中取出的内生毛。

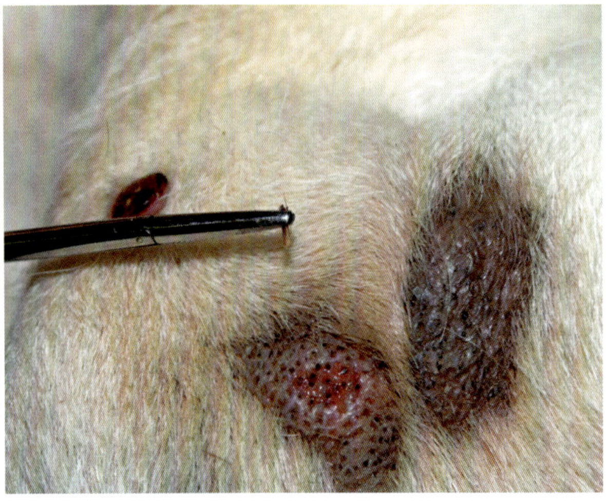

图 12-11　胼胝。肢端局部压力和继发感染造成的溃疡性局部胼胝。嵌入的毛发已经被取出。

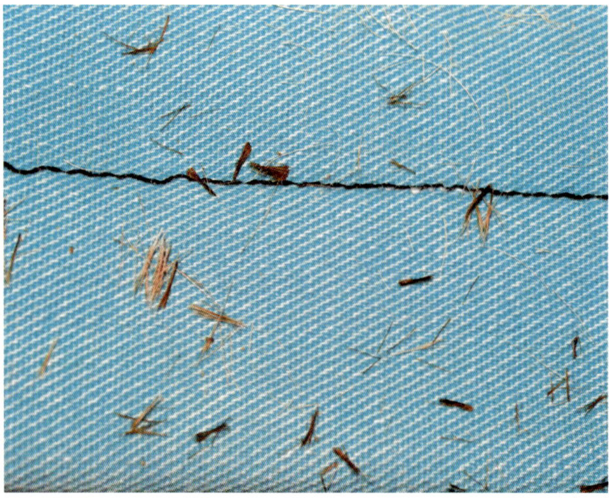

图 12-12　胼胝。从慢性胼胝中取出的大量被毛。

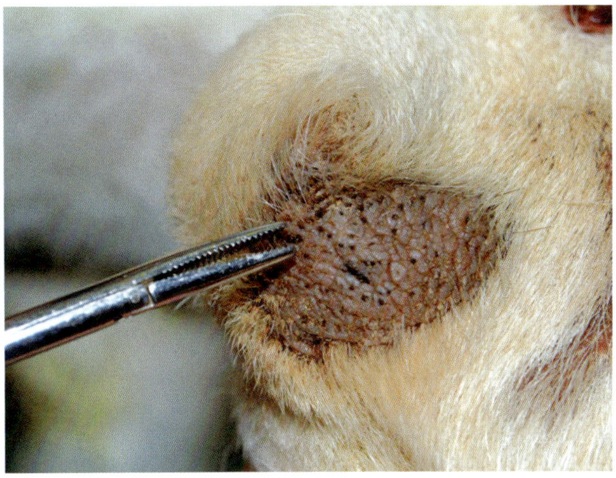

图 12-13　胼胝。从慢性胼胝中取出嵌塞的被毛。注意从胼胝表面露出极短的毛干。

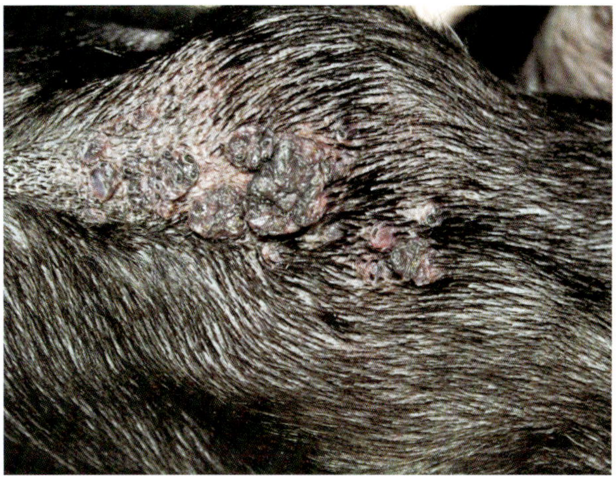

图 12-14　胼胝。慢性胼胝膨胀的囊性毛囊，这是长期压力和随后的毛囊开口阻塞造成的。注意尽管囊性毛囊很大，但尚未发生感染。

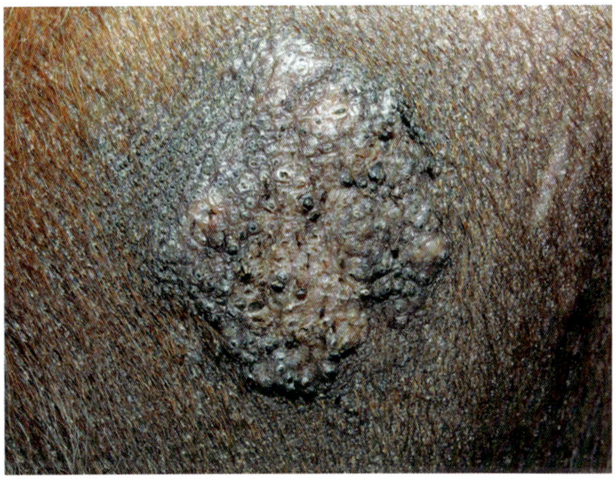

图 12-15　胼胝。慢性胼胝上存在扩张的囊性毛囊，这是长期压力和随后的毛囊开口阻塞造成的。注意尽管毛囊囊肿很大，但尚未发生感染。

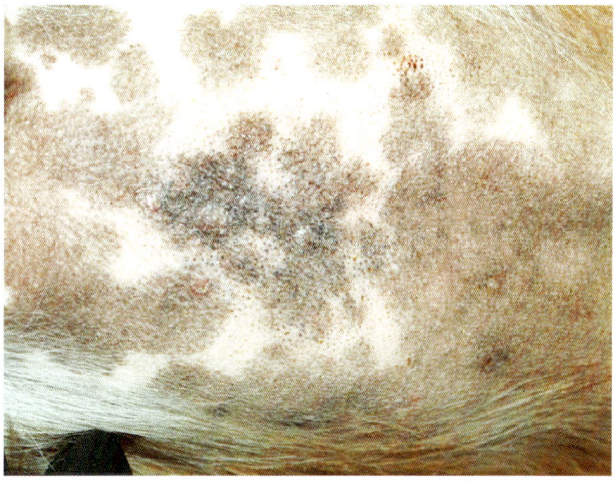

图 12-16　胼胝。粉刺造成毛囊肿大，常继发感染，可能破溃形成疖病。深胸犬以胸部着地趴卧时，产生持久的压力导致毛囊阻塞。

猫痤疮
Feline Acne

特征

猫痤疮是毛囊角化和腺体增生性疾病。常见于猫。

在下颏、下唇和上唇（偶见）处形成无症状的粉刺（黑头）。若损伤处继发细菌感染可形成丘疹、脓疱，极少数发展为疖病和蜂窝织炎。严重病例的感染皮肤会变得水肿、增厚、囊肿和瘢痕化。

主要鉴别诊断

蠕形螨病、皮肤癣菌病、马拉色菌性皮炎和嗜酸性肉芽肿（如果水肿）。

诊断

1. 通常根据病史、临床症状和排除其他疾病。

2. 皮肤组织病理学：毛囊角化、堵塞和扩张。若存在继发细菌感染可见到腺性增生、毛囊周炎、毛囊炎、疖病或蜂窝织炎。

治疗和预后

1. 使用适合的全身性抗生素至少 2～3 周治疗继发细菌感染。使用氟康唑治疗马拉色菌感染，10 mg/kg，口服每天一次，持续 30 d。

2. 剪除病变处的毛发，温水热敷，使用人的无酒精痤疮贴或用过氧化苯甲酰、硫黄水杨酸或乳酸乙酯香波进行清洗，每 1～2 d 一次，直到康复。通常需要经常清洁下颏（每 2～3 d 一次）以防止复发。

3. 另外，外部用药可能有效，每 1～3 d 使用一次或按需使用，药物包括：

- 莫匹罗星软膏或乳膏。
- 2.5% 过氧化苯甲酰凝胶（注意：对有些猫可能有刺激）。
- 0.01%～0.025 % 维甲酸乳膏或乳液。
- 0.75% 甲硝唑凝胶。
- 克林霉素、红霉素或四环素外涂。

4. 针对顽固性病例，全身使用维生素 A 可能有效。

5. 预后良好，但常需要终身对症治疗来控制症状。此病仅仅是美观问题，除非继发感染，否则不会影响动物生活质量。

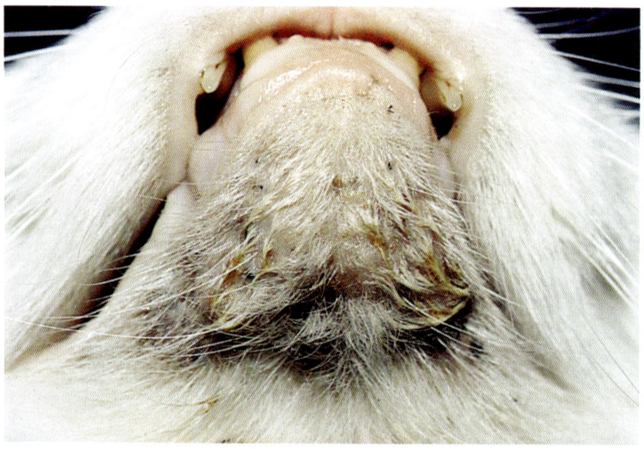

图 12-17　猫痤疮。成年猫下颏的潮湿的渗出性丘疹病变。疖病和蜂窝织炎引起组织肿胀和渗出。

图 12-18　猫痤疮。剃毛后可以更清楚地看到红斑、色素过度沉着和黑头粉刺。

图 12-19　猫痤疮。局部使用莫匹罗星软膏治疗后，遗留下脱毛和瘢痕化。

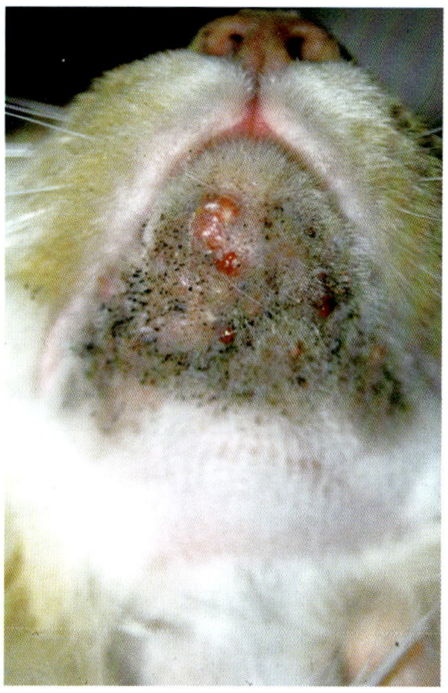

图 12-20　猫痤疮。严重的猫痤疮病例。剃毛后，可见粉刺、丘疹以及渗出，病变一般只限于下颏。

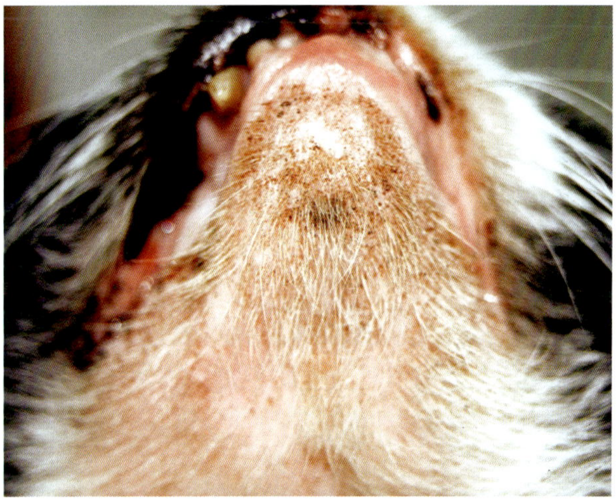

图 12-21　猫痤疮。棕色污点是粉刺，是猫痤疮的典型表现。

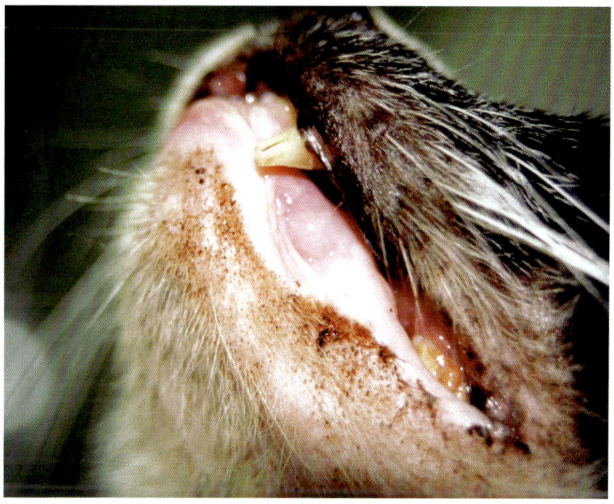

图 12-22　猫痤疮。图 12-21 中猫的近观。病变沿两侧唇面扩展，这在猫痤疮病例中不常见。

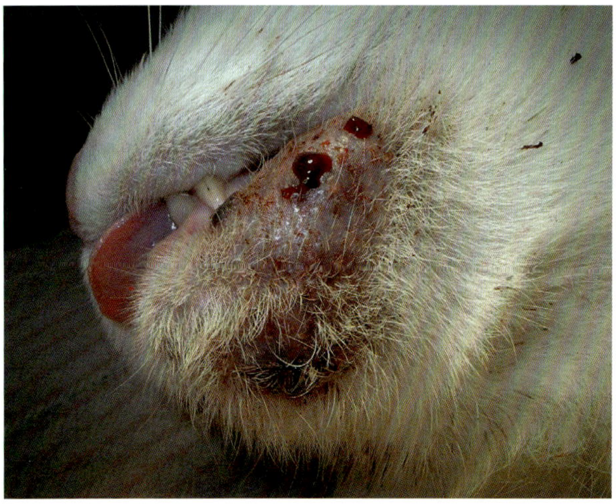

图 12-23　猫痤疮。慢性猫痤疮引起的蜂窝织炎和深层脓皮病。

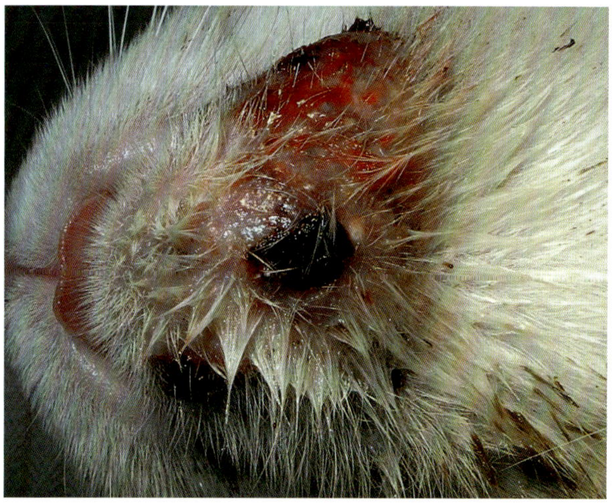

图 12-24　猫痤疮。严重慢性疾病引起的蜂窝织炎和组织挫伤。

特发性鼻－趾过度角化病
Idiopathic Nasodigital Hyperkeratosis

特征

特发性鼻－趾过度角化病是一种特发性疾病，以鼻面或爪垫角质形成过多为特征。常见于老龄犬，尤其是可卡犬。

增厚、干硬的角质积聚在鼻面和/或爪垫部位。这些蓄积的角质通常突出于鼻端背侧和爪垫边缘。继发的糜烂、溃疡和皲裂提示可能存在自体免疫性皮肤病。过多的趾过度角化可能会导致角质生成，角质挤压相邻爪垫而引起疼痛。鼻泪管阻塞可能是该病形成的结果。

主要鉴别诊断

鉴别诊断包括犬瘟热、锌反应性皮肤病、浅表坏死性皮炎、遗传性鼻角化不全、家族性爪垫过度角化病、落叶型天疱疮、系统性或盘状红斑狼疮、利什曼病。

诊断

1. 通常根据病史、临床症状和排除其他疾病。
2. 皮肤组织病理学：上皮过度增生伴随明显正角化或角化不全性过度角化症。

治疗和预后

1. 治疗强度根据病变程度而定。
2. 应冲洗鼻泪管。
3. 轻微无症状的病例，最好先观察，不做治疗。
4. 中度至严重的病例，使用温水浸泡或湿敷发病部位 5～10 min，然后每 24 h 一次使用软化剂，直到将过量角质清除（7～10 d）。根据病情需要继续治疗。有效的软化剂包括如下。

- 凡士林油。
- A&D 软膏。
- 鱼石脂软膏。
- 水杨酸－乳酸钠－尿素膏。
- 维甲酸凝胶。

5. 对于增生的角质物，应在湿敷和软化治疗前修剪其过度角化的部分
6. 对于皲裂病变，配合涂抹抗生素/糖皮质激素软膏，每 8～12 h 一次，直到痊愈。
7. 预后良好。本病仅仅影响美观，虽然不能治愈，但通常可以控制症状。

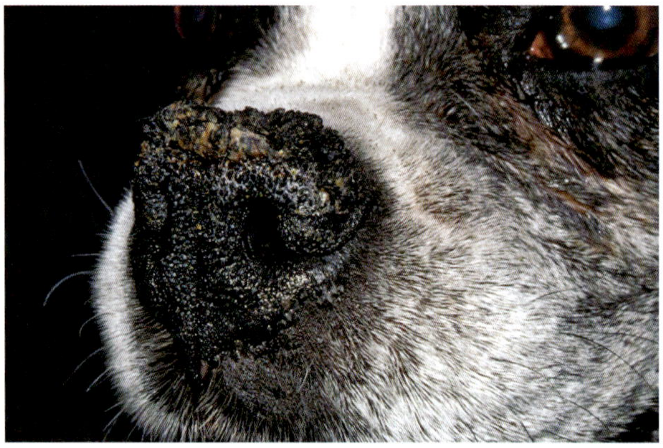

图 12-25　特发性鼻－趾过度角化病。老年拳师犬严重的鼻部叶状过度角化以及结痂。

图 12-26　特发性鼻－趾过度角化病。鼻部严重的结痂和分叶状突起。

图 12-27 特发性鼻－趾过度角化病。此犬鼻面大部分区域被厚痂覆盖。

图 12-28 特发性鼻－趾过度角化病。爪垫轻微过度角化，没有其他病变（如有其他病变，则更像自体免疫性皮肤病或肝皮综合征的典型症状）。

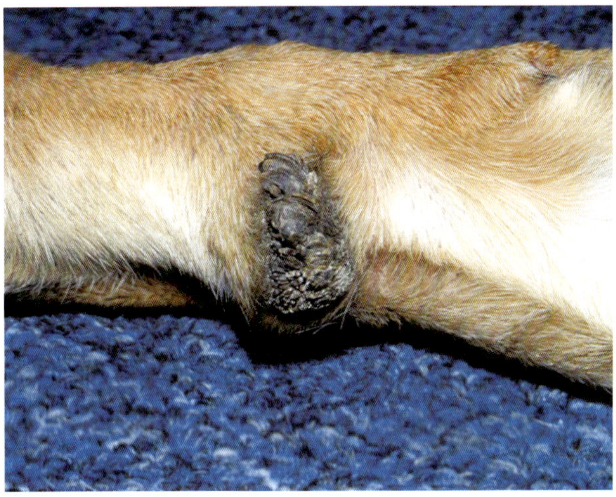

图 12-29 特发性鼻－趾过度角化病。掌骨垫过度角化和结痂。

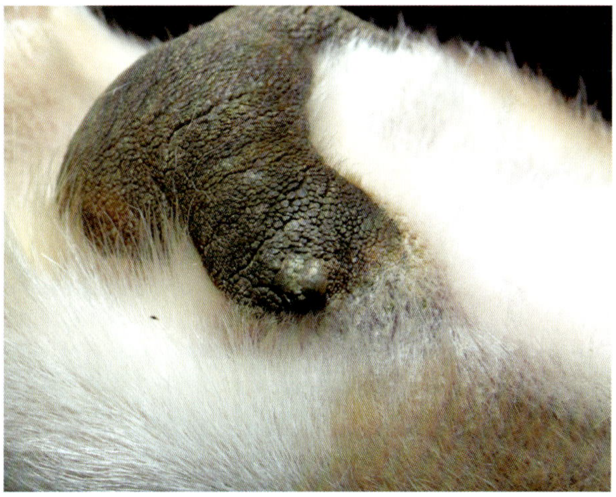

图 12-30 特发性鼻－趾过度角化病。灵提中央爪垫的局部过度角化（灵提鸡眼）。

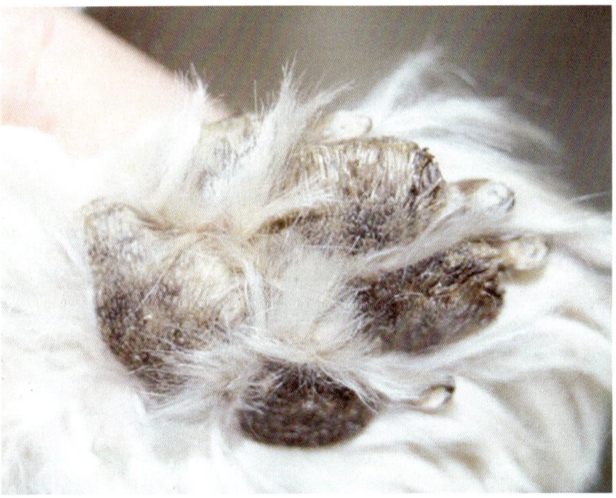

图 12-31 特发性鼻－趾过度角化病。爪垫过度角化和结痂。

图 12-32 特发性鼻－趾过度角化病。爪垫过度角化形成分叶状突起和结痂。

图 12-33　特发性鼻－趾过度角化病。患犬鼻部的角化分叶。

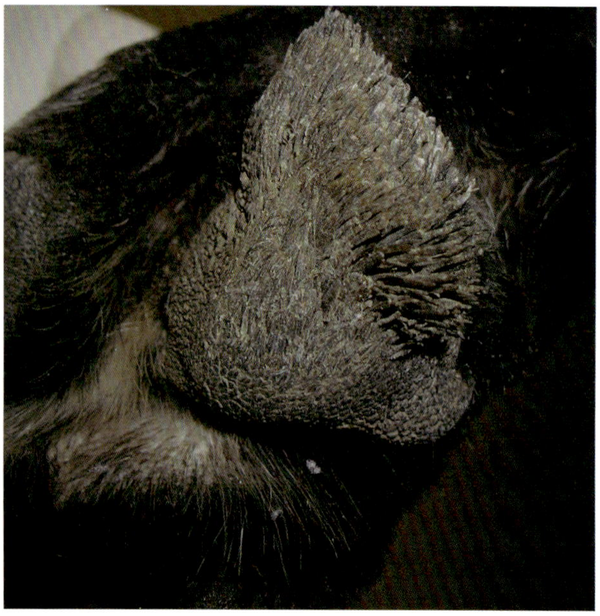

图 12-34　特发性鼻－趾过度角化病。爪垫增厚和结痂。

拉布拉多犬遗传性鼻角化不全
Hereditary Nasal Parakeratosis of Labrador Retrievers

特征

拉布拉多犬的遗传性鼻角化不全是一种可以控制但无法治愈的家族性皮肤病，犬 6～12 月龄时开始发病。疑为常染色体的隐性遗传模式。不常见于拉布拉多犬及其杂种犬。

浅灰色或褐色的黏着角质碎屑堆积在鼻面背侧，可进一步出现结痂、红斑、溃疡、皲裂或色素过度沉着，但并无痛痒感。病况可维持稳定，也可能时好时坏或逐渐恶化。病变通常局限在鼻面，但有时可见鼻梁有毛部分少量皮屑和结痂，及爪垫过度角化。患犬没有其他不适。

主要鉴别诊断

鉴别诊断包括犬瘟热、鱼鳞病、锌反应性皮肤病、红斑型天疱疮、落叶型天疱疮、系统性或盘状红斑狼疮、利什曼病、特发性鼻过度角化病、原发性脂溢性皮炎。

诊断

1. 排除其他类似疾病。

2. 皮肤组织病理学（鼻面）：中度到重度角化不全，在角质层和浅表棘层中的角质细胞间，到处蓄积着蛋白液，浅表间质或界面存在轻度或中度淋巴浆细胞性皮炎，可见淋巴细胞和中性粒细胞外泌，轻度到中度的色素失禁。

治疗和预后

1. 无特异性治疗，但治疗特发性鼻－趾过度角化病的方法（见上节）可能有效。

2. 另外，外部使用丙二醇（与水 50∶50 稀释）、凡士林或维生素 E 通常有效。每 12 h 一次，直至见到满意的效果，如需要可终身用药控制。

3. 用免疫抑制剂量口服泼尼松龙（2 mg/kg，每 24 h 一次）可能有效，但需长期用药以维持疗效。由于长期服用类固醇有较大不良反应，故大多数病例不适合使用这种治疗方法。

4. 本病无法治愈，但常规对症治疗可使犬生活质量良好。患犬不宜作种用。

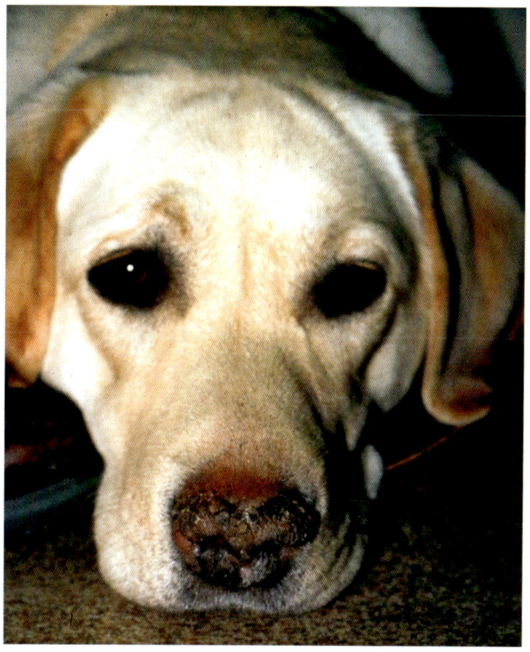

图 12-35　拉布拉多犬遗传性鼻角化不全。青年拉布拉多犬鼻部过度角化和结痂（自 M. Paradis）。

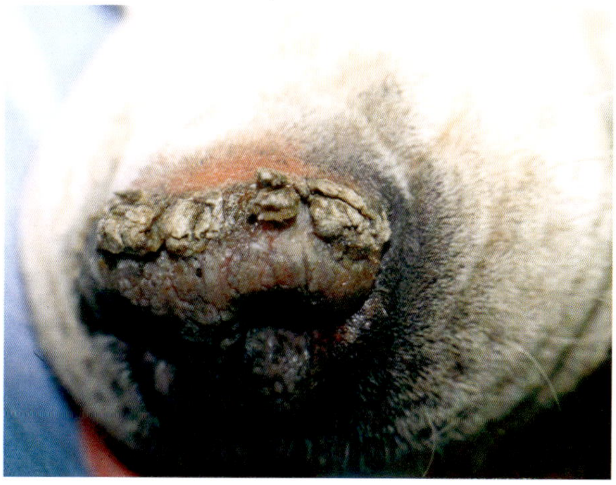

图 12-36　拉布拉多犬遗传性鼻角化不全。几乎整个鼻面过度角化，覆盖着大量结痂（自 M. Paradis）。

副交感神经性鼻过度角化病（鼻干燥）Parasympathetic Nasal Hyperkeratosis（Xeromycteria：Dry Nose）

特征

副交感神经功能紊乱可导致位于鼻侧黏膜的正常鼻腺功能丧失。面神经分出的副交感神经分布于鼻腺。如果并发干眼症（KCS），可损伤到邻近翼腭神经节的节前副交感神经纤维，导致并发耳炎，损伤经过颞骨的神经纤维。

病变可能是单侧或双侧的。浅灰色或褐色的黏性角质碎屑堆积在鼻面背侧。病情可能稳定，也可能时好时坏或逐渐恶化。病变通常局限在鼻面，但鼻梁有毛部分可能有少量皮屑和结痂。应同时检查患犬是否存在干眼症和耳炎。

主要鉴别诊断

鉴别诊断包括特发性鼻过度角化病，自体免疫性皮肤病（落叶型天疱疮、系统性或盘状红斑狼疮），犬瘟热，锌反应性皮肤病，浅表性坏死性皮炎，利什曼病。

诊断

1. 根据病史、临床症状和排除其他类似疾病；并发干眼症和耳炎可为副交感鼻过度角化病提供诊断依据。
2. 皮肤组织病理学：上皮过度增生伴随显著正角化或角化不全性过度角化症。

治疗和预后

1. 治疗强度根据病变程度而定。
2. 毛果芸香碱可能有效。
3. 可用于治疗特发性鼻过度角化病的方法。

- 冲洗鼻泪管。
- 对轻微无症状的病例，最好只观察而不治疗。
- 中度至重度的病例，温水浸泡或湿敷发病部位5～10 min，然后使用软化剂，每24 h一次，直到过度角化部分被去除（7～10 d）。按需要继续治疗控制病情。有效的软化剂包括如下。

  ① 凡士林油。

  ② A&D软膏。

  ③ 水杨酸－乳酸钠－尿素凝胶。

4. 预后良好。

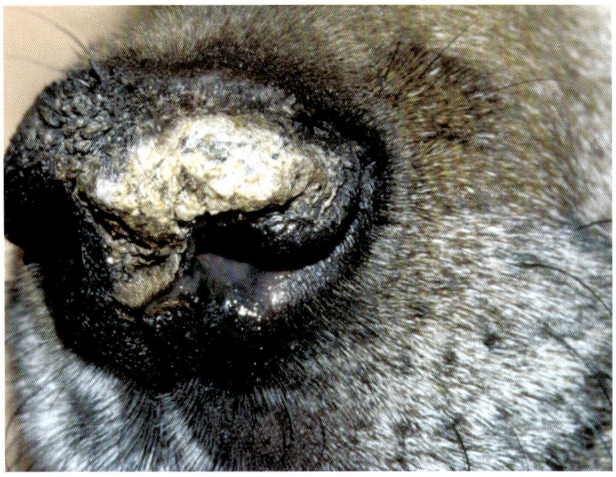

图12-37 副交感神经性鼻过度角化病。非对称性鼻面过度角化和结痂。

图12-38 副交感神经性鼻过度角化病。图12-37中的近观。可见非对称性（只有半边鼻面）结痂。

图 12-39 副交感神经性鼻过度角化病。鼻面对称性过度角化。

图 12-40 副交感神经性鼻过度角化病。缺乏鼻腺分泌，鼻面干燥结痂。正常的鹅卵石样表面依旧完整，因此不大可能是自体免疫性皮肤病。

犬原发性皮脂溢
Canine Primary Seborrhea

特征

犬原发性皮脂溢是一种遗传性角质化疾病。常见于犬，美国可卡犬、英国史宾格犬、西部高地白㹴和巴吉度猎犬发病率最高。临床症状始发于幼犬时期，初期病情较轻，随着年龄增长而逐渐加重。如果成年后并发其他潜在疾病，症状可能变得明显甚至恶化。

临床表现主要包括被毛干枯、无光泽、皮屑（头皮屑）过多、毛囊管型、皮屑和结痂的皮脂溢斑或斑块，以及皮肤油腻和恶臭。身体大部分皮肤均出现不同程度的病变，包括趾间、会阴、面部、腋下、颈腹侧、腹下，皮褶处常发病严重。动物轻度到重度瘙痒，常见耵聍性外耳炎。常出现继发性皮肤和耳道细菌和马拉色菌感染。

框 12-1　犬继发皮脂溢的原因

感染性
- 脓皮病
- 皮肤癣菌病
- 马拉色菌性皮炎
- 利什曼病

过敏性
- 跳蚤过敏性皮炎
- 异位性皮炎
- 食物过敏
- 接触性皮炎

内分泌性
- 甲状腺功能减退
- 肾上腺皮质功能亢进
- 性激素紊乱
- 糖尿病

寄生虫性
- 蠕形螨病
- 疥螨病
- 姬螯螨病
- 虱病
- 耳螨

营养性
- 维生素 A 反应性皮肤病
- 锌反应性皮肤病
- 饮食不均衡

免疫介导性
- 落叶型天疱疮
- 红斑型天疱疮
- 盘状红斑狼疮
- 全身性红斑狼疮
- 皮肤药物反应
- 皮脂腺炎

代谢性
- 吸收障碍 / 消化不良
- 浅表性坏死性皮炎

肿瘤性
- 皮肤趋上皮性淋巴瘤

主要鉴别诊断

鉴别诊断包括维生素 A 反应性皮肤病和引起继发性皮脂溢的其他因素（框 12-1）。

诊断

1. 根据早期症状和排除其他引发皮脂溢的病因。

2. 皮肤组织病理学（非特异性）：增生性、浅表性、血管周围性皮炎、伴随正角化或角化不全性过度角化症、毛囊角化和各种不同程度的角化不良症。在表层和毛囊角质中可出现细菌和酵母菌。常继发细菌性毛囊炎和酵母菌性皮炎。

治疗和预后

1. 保证良好营养。饲喂符合美国饲料管理协会（AAFCO）要求的优质犬粮。

2. 适合的外部或全身用药，治疗继发的皮肤和耳道的细菌和马拉色菌感染。由于这些犬易重复感染，故需要定期复诊或长期、低剂量用药维持治疗。

3. 需长期护理耳道，对症控制耵聍性耳炎。使用多种药物治疗耳道或使用洗耳水灌洗耳道，每 1～7 d 一次用药，以减少耳垢聚积。

4. 对症治疗皮脂溢，可以采用抗皮脂溢香波和润肤剂，每 2～7 d 一次，直到皮肤症状好转（2～3 周）；减少洗澡的频率至每 1～2 周一次为宜，或者按需维持治疗。

5. 每天口服一定量的脂肪酸是很有效的辅助疗法（180 mg EPA/10 lb）。

6. 随油性食物给予维生素 A，8 000～10 000 IU /20 lb，口服，每 24 h 一次。4～6 周后可见症状改善。

7. 以前的治疗方法有多种，这些方法通常效果不佳，且不良反应较多，方法包括如下。

- 对于严重油腻、恶臭和瘙痒性皮脂溢的犬，全身应用皮质类固醇会有帮助，给予泼尼松 1～2 mg/kg，口服，每 24 h 一次，直到症状得到控制（大约 2 周），若还需维持治疗则减少到每日的最小剂量。但是，长期应用类固醇治疗会带来不良反应并造成皮肤和耳道的再次感染。
- 给予阿维 A（类维生素 A）0.5～1 mg/kg，口服，每 24 h 一次，对有些犬可能会起作用。
- 骨化三醇（维生素 D），10 mg/(kg • d)，口服，对有些病例有用，但要密切监测血钙水平。

8. 预后不一，取决于皮脂溢的严重程度。该病无法治愈，需终身用药控制。患犬不宜作种用。

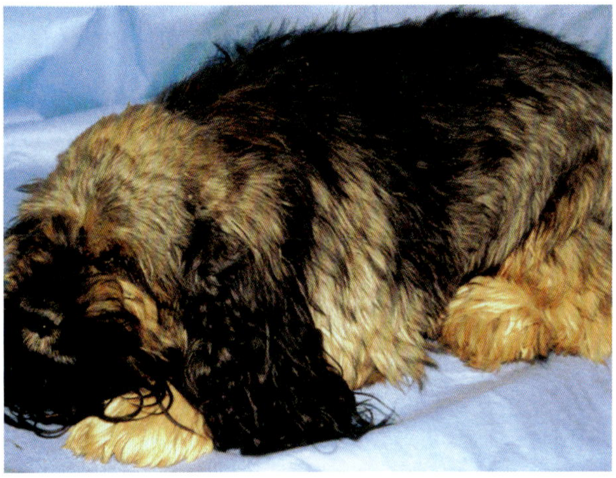

图 12-41 犬原发性皮脂溢。4 岁已绝育的雌性可卡犬油腻、粗乱的被毛（自 A. Yu）。

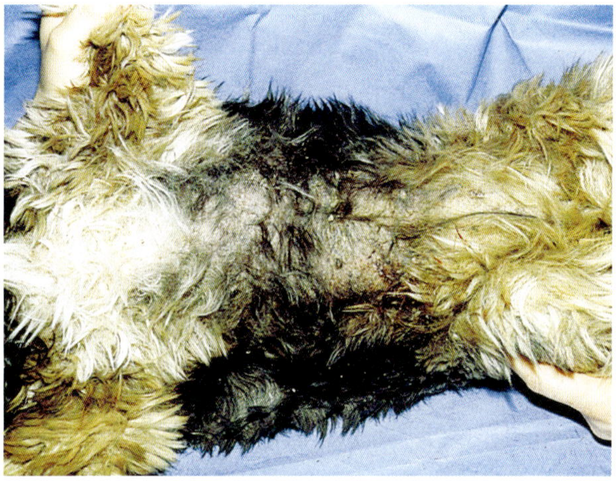

图 12-42 犬原发性皮脂溢。图 12-41 中犬的近观，腹部部分区域脱毛和脂溢性皮炎。

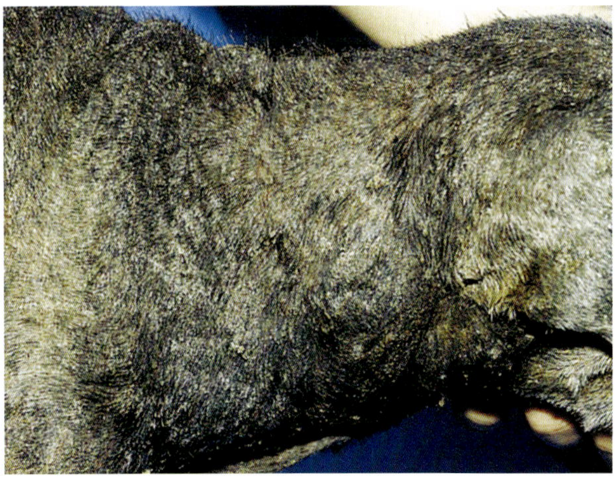

图 12-43 犬原发性皮脂溢。图 12-41 中犬的近观，剃毛后显示全身性皮脂溢、皮屑、结痂和红斑（自 A. Yu）。

图 12-44 犬原发性皮脂溢。鼻周结痂是该病的典型症状（自 A. Yu）。

图 12-45　犬原发性皮脂溢。爪垫过度角化（自 A. Yu）。

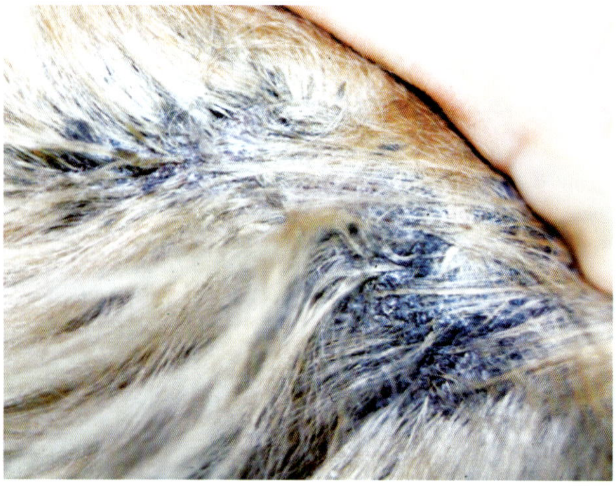

图 12-46　犬原发性皮脂溢。蜡样脂溢性皮炎引起被毛变色和缠结。

图 12-47　犬原发性皮脂溢。拔毛后可见毛囊管型。毛囊管型是严重的原发性角质异常（原发性皮脂溢、维生素 A 反应性皮肤病、皮脂腺炎）的特征性表现。

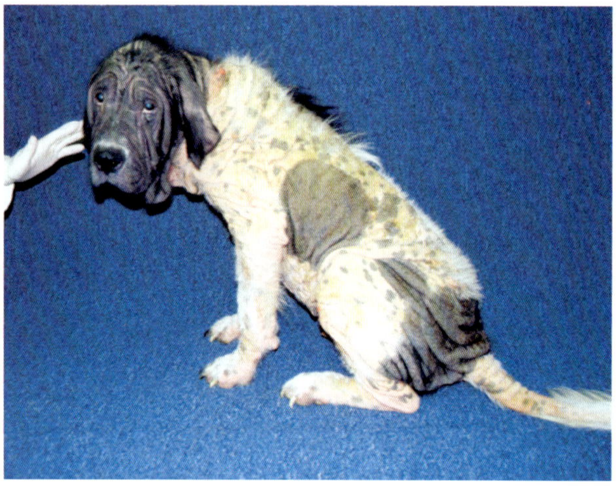

图 12-48　犬原发性皮脂溢。患犬泛发性脱毛和皮肤苔藓样变，累及所有皮肤表面。

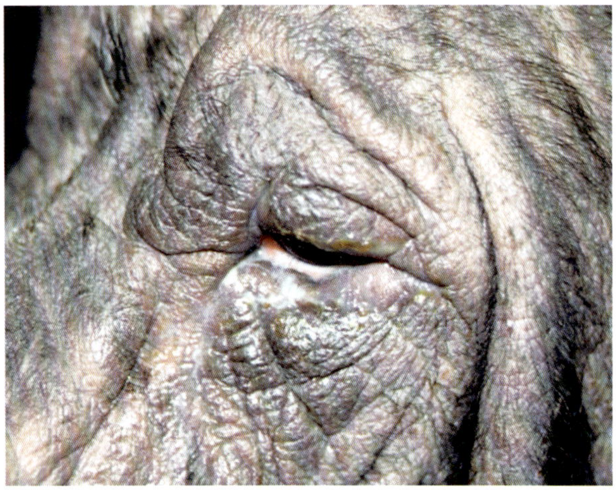

图 12-49　犬原发性皮脂溢。图 12-48 中的犬。包括眼睑边缘在内的全身皮肤区域脱毛和苔藓样变。

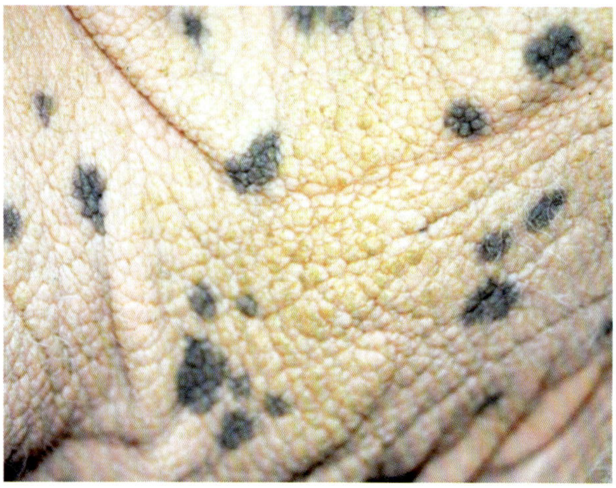

图 12-50　犬原发性皮脂溢。图 12-48 中犬的近观。皮肤脱毛和苔藓样变是原发性皮脂溢继发马拉色菌性皮炎的典型表现。

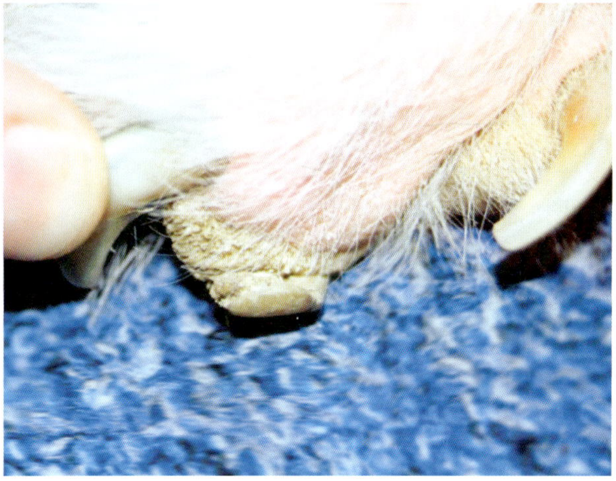

图 12-51　犬原发性皮脂溢。原发性皮脂溢犬的爪垫边缘形成皮角。

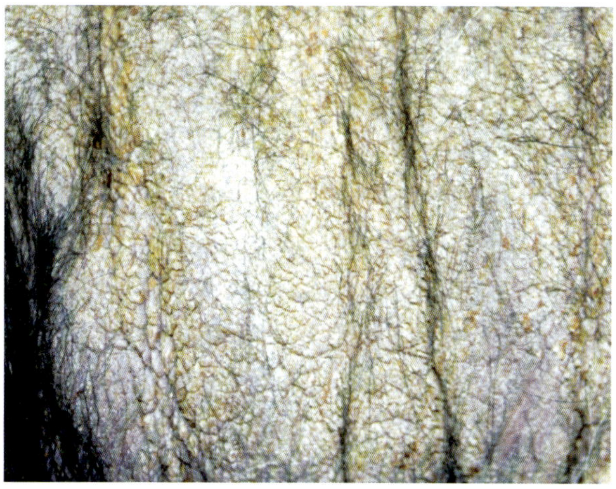

图 12-52　犬原发性皮脂溢。可见全身皮肤脱毛和苔藓样变。

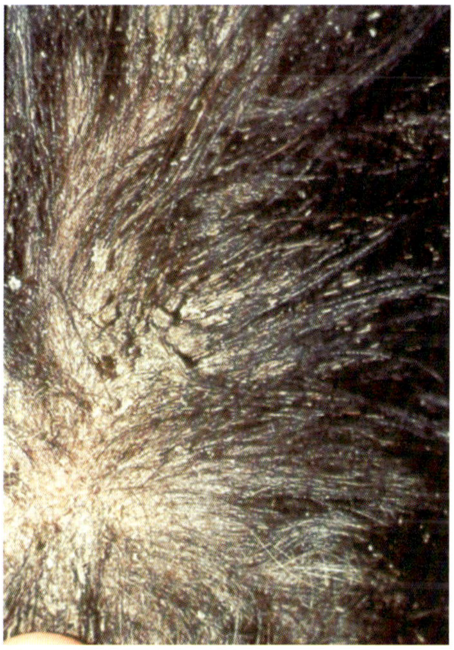

图 12-53　犬原发性皮脂溢。脱毛、红斑、皮屑、结痂是该病的典型表现。病变可以是局部或全身性的（自 A. Yu）。

维生素 A 反应性皮肤病
Vitamine A-Responsive Dermatosis

特征

维生素 A 反应性皮肤病是一种未被完全认知的角化紊乱疾病，可能是原发性皮脂溢的轻微变异。该病对高剂量维生素 A 治疗反应良好。犬极少发病，年轻美国可卡犬（2～3 岁）发病率最高。

有明显毛囊栓和局部结痂，以及带角质样叶状栓的过度角化斑块。病变大多见于胸腹部的腹、侧面。轻微到中度瘙痒，被毛干枯易脱落，身体散发腐臭味。可能全身起皮屑，常并发耵聍性外耳炎。

主要鉴别诊断

鉴别诊断包括原发性皮脂溢、皮脂腺炎、锌反应性皮肤病和其他引起继发皮脂溢的原因（框 12-1）。

诊断

1. 排除其他疾病。
2. 皮肤组织病理学：显著的、不成比例的毛囊正角化性过度角化，伴有轻微的上皮过度角化。
3. 对维生素 A 治疗有反应。

治疗和预后

1. 保证良好营养。饲喂符合美国饲料管理协会（AAFCO）要求的均衡犬粮。
2. 对于皮肤和耳道的继发细菌和马拉色菌感染，应使用合理的外用或全身性抗生素治疗。由于这类犬容易出现复发性感染，可能需要阶段性重复治疗，或长期、低剂量维持治疗。
3. 需长期维持耳道护理，对症控制耵聍性耳炎。多模式疗法进行耳道治疗和清洁；并每 1～7 d 采用含收敛剂和 / 或类固醇的耳药滴耳，以减少耳内分泌物的聚积。
4. 对症治疗皮脂溢，可以采用抗皮脂溢香波和润肤剂，每 2～7 d 一次，直到皮肤症状好转（2～3 周）；然后减少洗澡的频率，每 1～2 周一次或按需维持。
5. 每天口服脂肪酸是很有效的辅助治疗（180 mg EPA/10 lb）。
6. 随油性食物给以维生素 A，8 000～10 000 IU/20 lb，口服，每 24 h 一次。4～6 周后可见改善，临床症状完全消失需要 8～10 周。
7. 预后良好，但是需要终身服用维生素 A 来维持治疗。

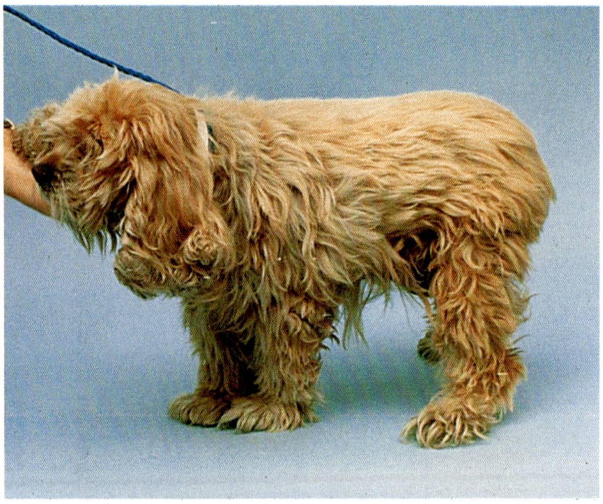

图 12-54　维生素 A 反应性皮肤病。成年可卡犬被毛油腻、粗乱。注意与犬原发性皮脂溢相似（自 A. Yu）。

图 12-55　维生素 A 反应性皮肤病。图 12-54 中犬的近观，可见皮屑和毛囊管型。皮肤病变为全身性（自 A. Yu）。

雪纳瑞粉刺综合征（雪纳瑞结节性红斑）
Schnauzer Comedo Syndrome (Schnauzer Bumps)

特征

雪纳瑞粉刺综合征是毛囊角质化的痤疮样疾病，常见于迷你雪纳瑞。

从肩部至荐部的背中线可以触摸到几个到许多无痛、不痒的粉刺（黑头）和结痂性丘疹。若继发感染，可暴发大面积的丘疹，出现瘙痒。

主要鉴别诊断

鉴别诊断包括蠕形螨病、浅表脓皮病、皮肤癣菌病。

诊断

1. 根据临床症状、病史、临床表现，排除其他疾病。

2. 皮肤组织病理学检查：毛囊浅表部被角质填充而扩大。角质扩充的毛囊漏斗区可呈囊状。粉刺破裂可继发细菌性毛囊炎和疖病。

治疗和预后

1. 对于任何继发性脓皮病，全身给予适合的抗生素，用药 3～4 周。

2. 对于轻度至中度皮肤病变，使用人的粉刺贴、氯己定 / 咪康唑药棉或 2% 过氧化苯甲酰凝胶清洗干净发病部位，每 1～2 d 一次，直到粉刺消退（1～3 周）。然后每 2～7 d 一次，或是按需要维持护理。

3. 对于中度至重度病变，使用含硫黄和水杨酸、乳酸乙酯、煤焦油和硫黄或过氧化苯甲酰和硫黄香波清洗患部，每 2～3 d 一次，直到粉刺消退（1～3 周）。然后按需要清洗，长期控制该病。

4. 维生素 A，8 000～10 000 IU /20 lb，口服，每 24 h 一次，可能有效。

5. 预后良好。这只是美观问题，如果没有继发感染，就不会对犬的生活造成任何影响，日常对症治疗通常可迅速控制本病。

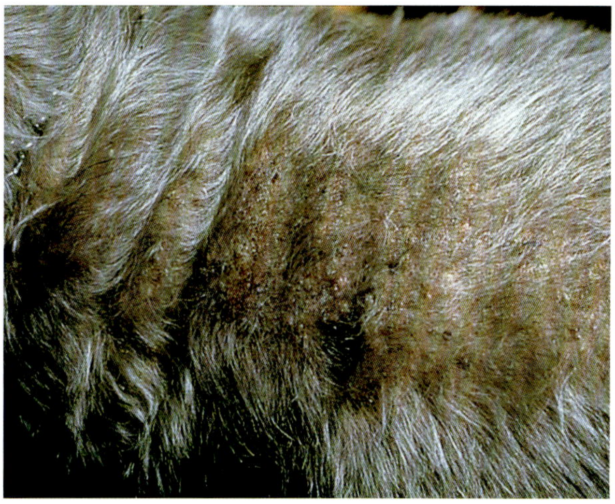

图 12-56　雪纳瑞粉刺综合征。在局部脱毛处可见粉刺（自 W. Miller）。

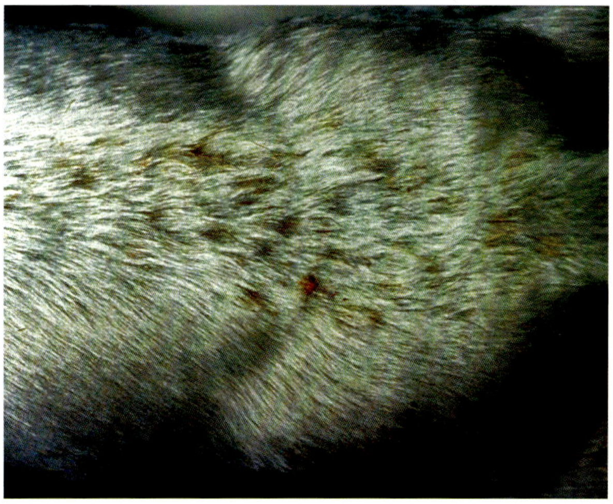

图 12-57　雪纳瑞粉刺综合征。雪纳瑞犬腰部大量粉刺引起的虫蛀样脱毛（自 L. Frank）。

犬耳缘皮肤病
Canine Ear Margin Dermatosis

特征

犬耳缘皮肤病是垂耳犬，特别是腊肠犬的特发性耳缘脂溢性疾病。随着时间的推移，很多犬表现出血管疾病（血管炎）的典型症状。

最初，有些软的、油腻的角化碎屑沿着耳缘积聚，并无其他临床表现。慢慢地，耳缘可能出现脱毛、结痂、破裂、溃疡和裂缝。裂口导致的疼痛可能会引起动物甩头，从而加重裂口和疼痛。除了耳缘外，身体其余部位正常。如果病程发展，耳缘缺损加重，或累及身体其他部位（如鼻部、趾甲、口腔），应考虑自体免疫性皮肤病或血管炎。

主要鉴别诊断

鉴别诊断包括疥螨、血管炎、肿瘤、自体免疫性皮肤病和继发性皮脂溢的其他原因（框 12-1）。

诊断

1. 根据症状、病史、临床表现，排除其他类似疾病。

2. 皮肤组织病理学：明显的正角化或角化不全性过度角化和毛囊角化症。

治疗

1. 无特异性疗法。

2. 患犬应远离干热环境（如火炉、壁炉、通风管），因为干热会加重皮肤病变。

3. 清除碎屑，使用硫黄和水杨酸或是含过氧化苯甲酰的香波轻轻清洗耳缘，每 1～2 d 一次，直到将所有碎屑彻底清洗干净（根据严重程度，需要 5～14 d）。以后按照需要做定期的预防性清洗。

4. 若积聚的结痂粘连紧密、坚硬，使用香波前，用温水浸泡 5～10 min。

5. 每次用香波清洗后抹上保湿剂。

6. 若耳缘有轻度至中度炎症，外部使用含类固醇的膏剂治疗，开始的 5～10 d，每 24 h 一次上药。

7. 每天补充一定量的脂肪酸 (180 mg EPA/10 lb)、维生素 A（8 000～10 000 IU）或锌（甲硫酸锌或硫酸锌每天 2～3 mg/kg）可能对皮肤病变有帮助。持续治疗 1～2 个月后见效。

8. 用维生素 E、四环素、强力霉素或烟酰胺治疗可能有效（表 8-2）。

9. 随食物给予己酮可可碱，25 mg/kg，口服，每 12 h 一次，对有些犬有效。治疗 1～3 个月可见症状改善。

10. 若耳缘炎症严重，出现血管炎的症状，应对患犬做评估并治疗血管炎和自体免疫性皮肤病。

11. 若耳缘大面积裂开，并且外部用药效果不佳，应考虑美容性剪耳，手术切除裂开的组织。病变在手术部位可能复发。

12. 依据病变程度，预后不一。此病不能彻底治愈，但绝大多数病例能控制症状。

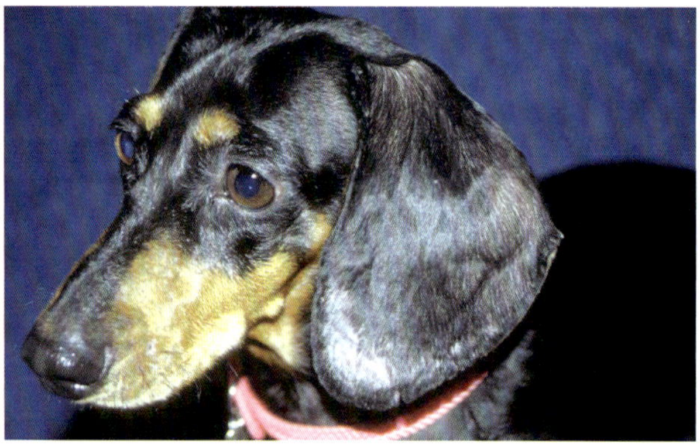

图 12-58　犬耳缘皮肤病。成年腊肠犬的耳缘脱毛，伴有结痂。

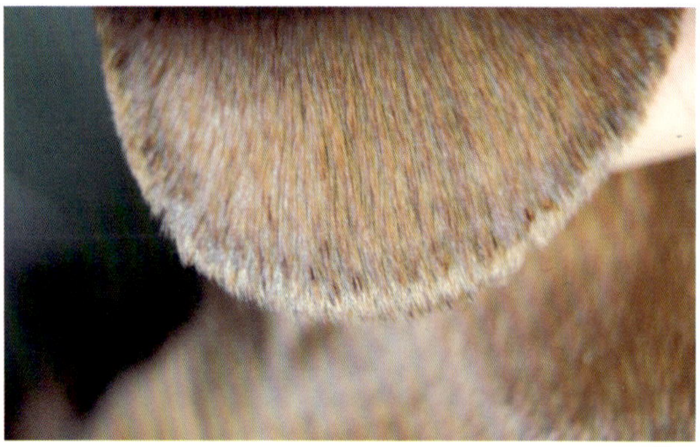

图 12-59　犬耳缘皮肤病。青年腊肠犬耳缘末端的脱毛和结痂。

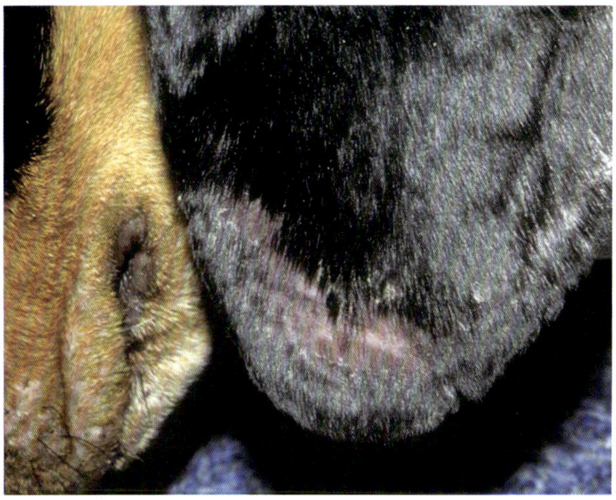

图 12-60 犬耳缘皮肤病。更严重的脱毛扩展到耳廓侧面。

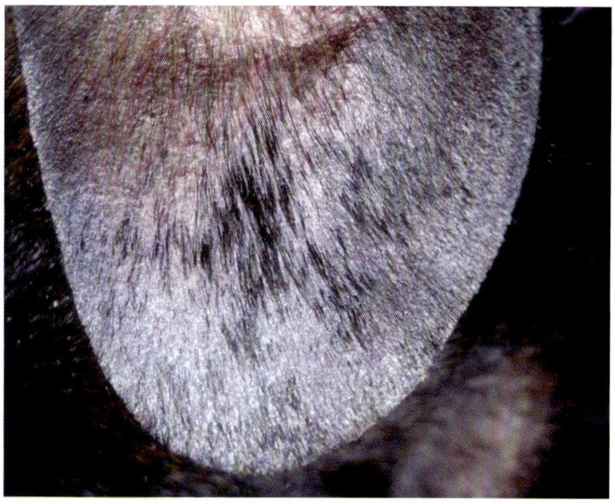

图 12-61 犬耳缘皮肤病。几乎整个耳廓发生弥散性脱毛。

图 12-62 犬耳缘皮肤病。耳缘脱毛和结痂，伴有缺损。缺损是血管炎的典型病变。

图 12-63 犬耳缘皮肤病。该成年腊肠犬只有耳廓远端出现脱毛和皮屑。病变无瘙痒症状。

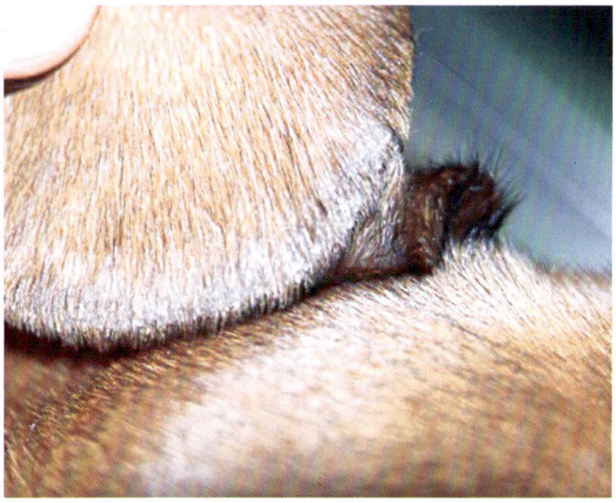

图 12-64 犬耳缘皮肤病。耳缘的脱毛结痂性皮炎。

锌反应性皮肤病 Zine-Responsive Dermatosis

特征

锌反应性皮肤病是由锌缺乏引起的角化疾病。先天性肠道吸收锌能力低下、食物中锌含量不足或含过多矿物质［如高植酸盐（植物蛋白）、谷类或大豆为主的食物、过量补充钙］从而拮抗锌的吸收，这些原因都可以引起锌缺乏。犬罕见，成年雪橇犬（西伯利亚哈士奇犬、萨摩耶犬和阿拉斯加雪橇犬）及任何处于快速生长期的幼犬发病率最高。

眼、嘴周围出现结痂、皮屑、红斑和脱毛是锌反应性皮肤病的典型症状，口鼻周围、鼻面、耳缘和外阴也可出现这些病变。肘部、膝部、其他受力部位和外伤处，可以看到过度角化的、增厚的结痂性斑块。爪垫处可能出现过度角化并有裂口。有些犬的病变为非对称性，并有轻度到中度瘙痒。常见继发性细菌和马拉色菌皮肤感染。可能并发精神沉郁、食欲下降、淋巴结肿大、肢体远端出现浮肿。患病严重的幼犬可出现生长障碍。

主要鉴别诊断

鉴别诊断包括原发性皮脂溢、自体免疫性皮肤病，其他引起继发皮脂溢的原因（框 12-1）。

诊断

1. 排除其他类似疾病。

2. 皮肤组织病理学：明显的弥散性表皮和毛囊角化不全、浅表性血管周围性皮炎。常见到乳头状瘤样增生，棘层水肿和继发感染（表皮内脓疱、毛囊炎）。

3. 对锌治疗有反应。

治疗和预后

1. 对继发的细菌或马拉色菌皮肤感染，应采用适合的药物治疗至少 3～4 周。

2. 对于食物中缺乏锌的犬，要分析并纠正不平衡的日粮，只饲喂美国饲料管理协会（AAFCO）认证的犬粮。皮肤病变在饮食改变后 2～6 周消失。

3. 有些犬需要补锌，其中有些犬需要在开始的几周内补锌，另有些对锌吸收能力差的犬则需终身补锌。甲硫氨酸锌或硫酸锌（锌元素每天 2～3 mg/kg），随食物口服。6 周内症状可改善。若效果不佳，可加倍剂量或改用其他锌制剂。锌中毒时会出现精神沉郁、食欲下降、呕吐和腹泻等症状，因此应监测血锌水平。

4. 给予必需脂肪酸治疗，可降低补锌的剂量，对于有些犬甚至不再需要同时补锌。

5. 可以用温水浸泡、抗皮脂溢香波治疗并发症。在病变部位涂抹药膏可能有效。

6. 对补充锌亦不能控制病情的母犬应予以绝育，因为发情可使该病恶化。

7. 尽管有时需要终身补锌，大部分的犬预后良好。

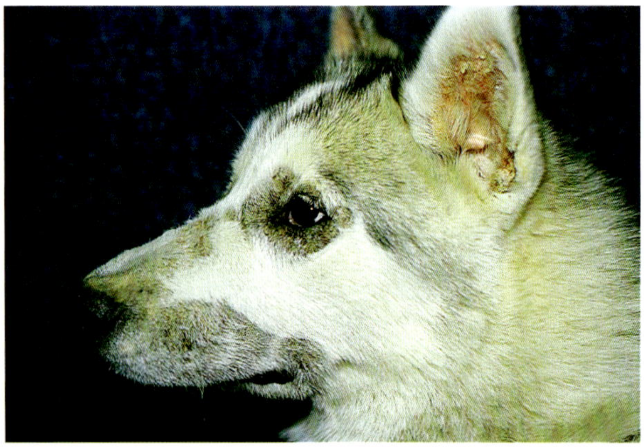

图 12-65　锌反应性皮肤病。青年哈士奇犬面部上的脱毛和过度角化斑块。

图 12-66　锌反应性皮肤病。图 12-65 中的犬。鼻子和眼周的脱毛和结痂在补锌后消退。

图 12-67　锌反应性皮肤病。腹部的脱毛、皮脂溢斑块。

尾腺增生（种马尾病）
Tail Gland Hyperplasia（Stud Tail）

特征

尾腺增生是位于尾腺（犬、猫）或肛周（犬）的皮脂溢疾病，与皮脂腺过度增生相关。猫发病具有位置特异性，犬可能在特定部位发病或全身性原发或继发皮脂溢。犬常见，未去势公犬可能更易发病。猫不常见，笼养猫或是不爱自理毛发的猫发病率较高。未去势公猫同样更易发病。

犬

病变呈慢慢增大、无症状、卵圆形的隆起，从尾梢到尾根 2.5～5 cm 的尾背侧脱毛。发病处皮肤有皮屑、油腻及色素过度沉着。继发细菌感染后可见脓疱。伴有原发或继发皮脂溢的犬，会存在其他皮肤病变。

猫

沿着尾背侧出现带状缠结的被毛，或毛发上聚集蜡样皮脂溢碎屑。发病部位的皮肤颜色加深或是部分脱毛。明显的无症状病变，皮肤其他部位正常。

主要鉴别诊断

鉴别诊断包括蠕形螨病、皮肤癣菌病、浅表脓皮病、肿瘤。

诊断

1. 根据病史、临床症状和排除其他疾病。
2. 皮肤组织病理学：皮脂腺增生。

治疗和预后

1. 犬若出现全身性的皮肤病，查明并控制引起皮脂溢的潜在原因。
2. 犬若有继发感染，全身给予适合抗生素 3～4 周。
3. 外部应用抗皮脂溢药物治疗，可明显改善犬猫的临床症状。
4. 鼓励猫自我梳理毛发，尽量不要关在笼中。梳理能力差的猫，需由主人定期梳理毛发。
5. 未去势犬去势后可以促进部分或全部皮肤病变愈合，或防止皮肤病变进一步扩大。去势后 2 个月内可以看到效果。虽然公猫去势后并不能使病变愈合，但是可以防止病变进一步扩大。
6. 为了犬的美观，可以切除过多的腺体组织。但不做绝育的犬，1～3 年内可能复发。创伤可能很难愈合。
7. 预后良好。仅影响美观，不影响生活质量。

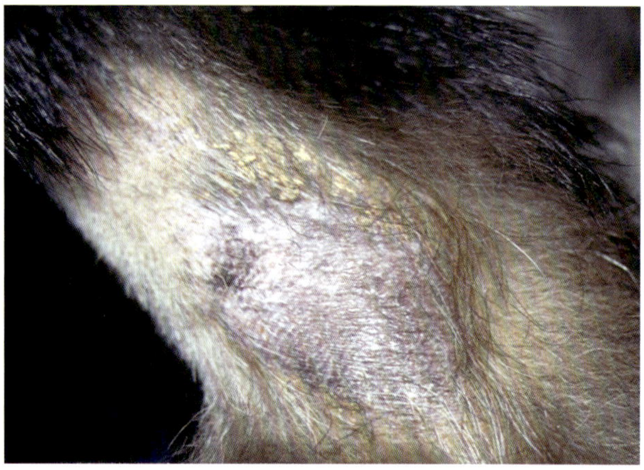

图 12-68　尾腺增生。尾腺上的局部脱毛，伴有结痂性皮炎。

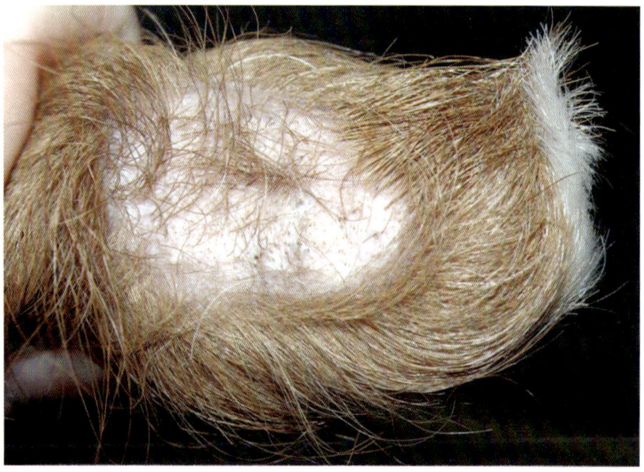

图 12-69　尾腺增生。成年布列塔尼猎犬尾腺上伴有囊肿样结构的脱毛性皮炎。

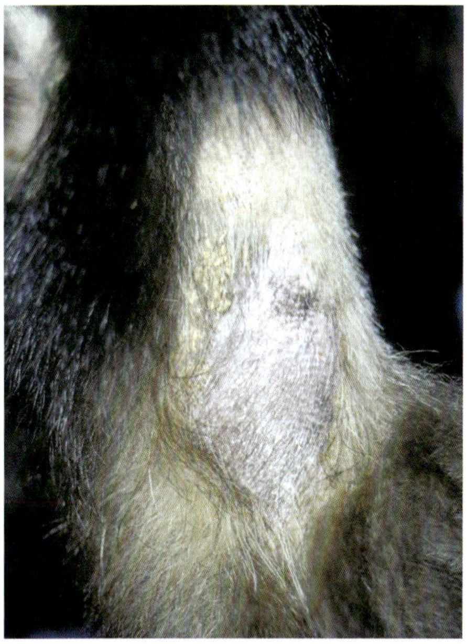

图 12-70 尾腺增生。尾腺脱毛性皮炎。

图 12-71 尾腺增生。尾部背侧被毛油腻粗乱，并出现局部脱毛，是本病的典型症状（自 D. Angarano）。

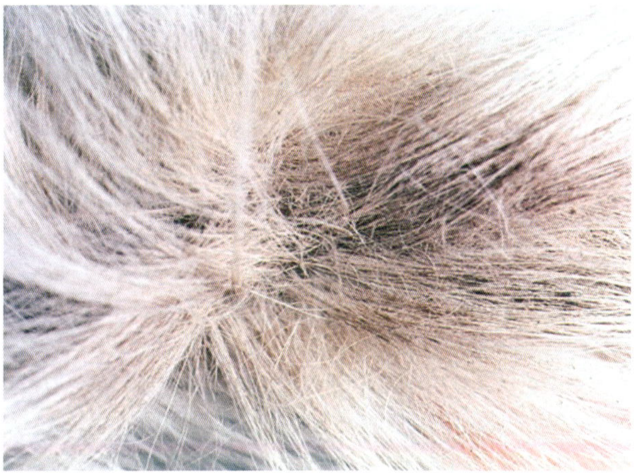

图 12-72 尾腺增生。图 12-69 中猫的近观。异常的腺体分泌造成皮肤和被毛变色（自 D. Angarano）。

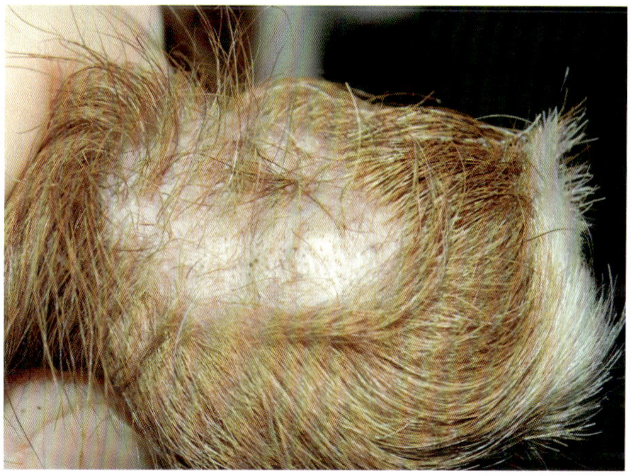

图 12-73 尾腺增生。尾腺肥大引起脱毛和粉刺形成。

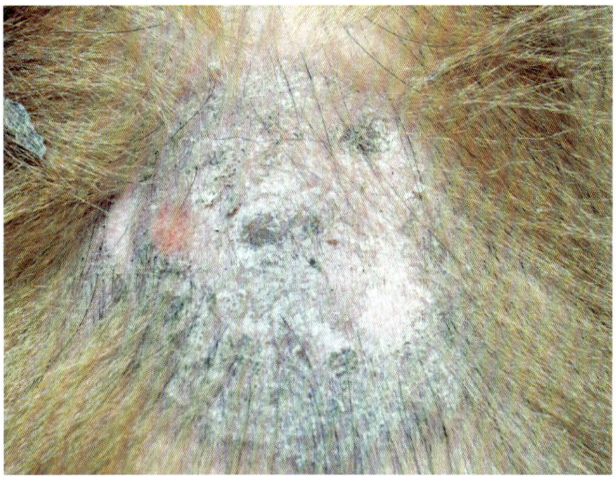

图 12-74 尾腺增生。腺体肥大引起尾腺皮肤脱毛和粉刺，导致皮炎。

皮脂腺炎
Sebaceous Adenitis

特征

皮脂腺炎是皮脂腺受到炎性损伤的疾病。犬不常见，青年或中年标准贵宾犬、匈牙利维兹拉猎犬、秋田犬和萨摩耶犬发病率最高。标准贵宾犬和秋田犬可能存在常染色体隐形遗传。

背部、颈背部、头顶、面部（鼻面背侧）、耳部（耳廓和外耳道）和尾部常可见轻度到重度皮屑。病变可局部、多灶或泛发性分布于躯干。短毛犬常出现细小、无黏性的皮屑。长毛犬的皮屑会牢固地粘在毛干上，被毛暗淡、干枯、缠结，常出现毛囊管型。常见环形脱毛、斑秃（短毛犬）或弥散性脱毛（长毛犬）。长毛犬可能会失去下层绒毛，且外层毛也变稀疏。秋田犬也会出现皮肤和被毛油腻，并伴有丘疹和脓疱，患犬可能同时会发热，精神沉郁，体重减轻。一般无瘙痒症状，除非出现继发细菌或马拉色菌感染。已经有标准贵妇犬患亚临床症状的皮脂腺炎（存在组织学损伤，但无临床症状）的资料记载。

主要鉴别诊断

鉴别诊断包括原发性皮脂溢、继发性皮脂溢的各种病因（框 12-1）。

诊断

1. 排除其他疾病。

2. 皮肤组织病理学（从亚临床病例的颈背侧取样）：在早期病变部位中，散在的皮脂腺肉芽肿，而其他附属器正常。慢性病变时，皮脂腺消失，由纤维化组织替代。可能会出现过度角化症和毛囊堵塞。

治疗和预后

1. 适合的全身性用药，治疗继发性细菌和马拉色菌性皮肤感染。

2. 对于轻度病例，每日口服必需脂肪酸，外部运用抗皮脂溢香波、软化剂冲洗并使用保湿剂，每 2～4 d 一次，或按需要使用，可有效控制症状。必需脂肪酸可能有效。

3. 对于比较严重的病例，每日口服高剂量的脂肪酸，外部喷涂 50%～75 % 的丙二醇水溶液或水状补水喷雾，会有一定的效果

4. 全身性治疗可有效预防皮脂腺病变的进一步加剧，在有些犬甚至能恢复更多正常皮脂腺功能。可使用下列药物治疗。

- 维生素 A，8 000～10 000 IU/20 lb，口服，每 24 h 一次。
- 环孢菌素 5～10 mg/kg，口服，每 24 h 一次，连用 6～8 周或直到症状改善。然后逐渐减量到可以控制症状的最小剂量（通常隔日使用）。

5. 曾经有很多药物被用于该病，疗效各不相同，其中包括治疗自体免疫性皮肤病的药物。

- 四环素和烟酰胺（表 8-2）。
- 泼尼松 2 mg/kg，口服，每 24 h 一次，直到症状得到控制，然后逐渐减量到可以控制症状的最小剂量。
- 异维 A 酸，1 mg/kg，口服，每 12～24 h 一次，直到病变得到控制（约需 6 周），接着以 1 mg/kg，口服，每 24～48 h 一次，连用 6 周，然后以 1 mg/kg，口服，每 48 h 一次，或 0.5 mg/kg，每 24 h 一次维持。肝损伤为其常见不良反应。
- 阿维 A，1 mg/kg，口服，每 12～24 h 一次，直到病变得到控制（约需 6 周），接着以 1 mg/kg，口服，每 24～48 h 一次，连用 6 周，然后以 1 mg/kg，口服，每 48 h 一次，或 0.5 mg/kg，每 24 h 一次维持。
- 天（门）冬酰胺酶，10 000 IU，肌肉注射，每 7 d 一次，治疗 2～3 次，然后需要时再用药。

6. 根病变严重程度不同预后不一。尽管该病不可治愈，但及早诊断和治疗，病情可以长期得到控制，改善预后。症状较轻的短毛犬，预后比长毛犬要好。标准贵宾犬和秋田犬病情常发展迅速，难以治疗，而贵宾犬的再生毛发将变直而不再弯曲。患犬不应用于繁殖。

作 者 注

为了达到预防效果，如有需要，使用不依赖皮脂腺功能的防跳蚤和蜱虫产品。

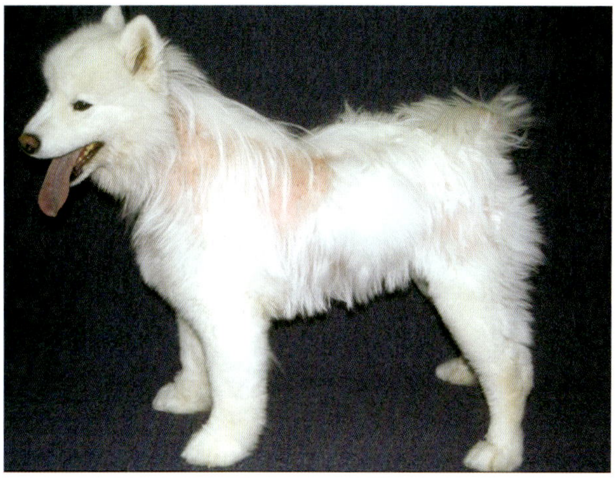

图 12-75　皮脂腺炎。皮脂腺炎引起全身性脱毛和红斑。

图 12-76　皮脂腺炎。图 12-75 中的犬。经维生素 A 和外部用药治疗后，全身脱毛和红斑情况大为好转。

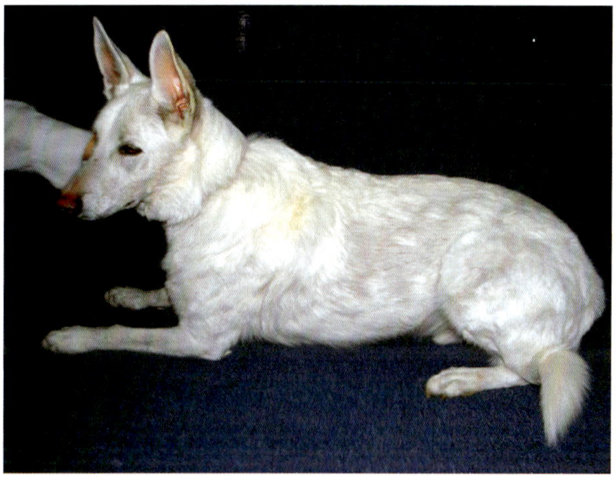

图 12-77　皮脂腺炎。全身脱毛、红斑和皮屑是皮脂腺炎的典型症状。

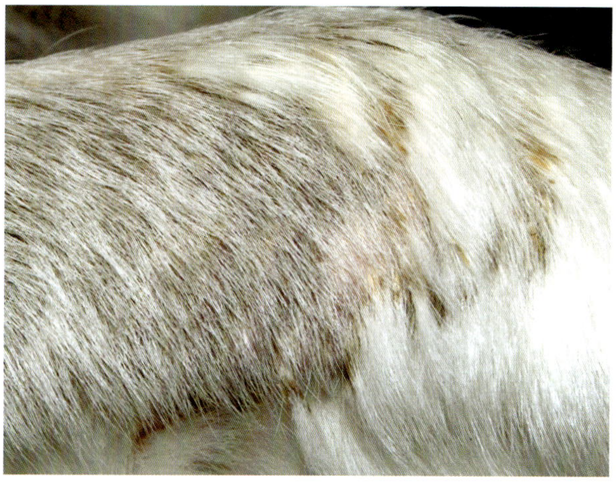

图 12-78　皮脂腺炎。脱毛和结痂性皮炎是由皮脂分泌缺乏引起的，这也导致保湿功能和屏障功能异常。常出现继发感染。

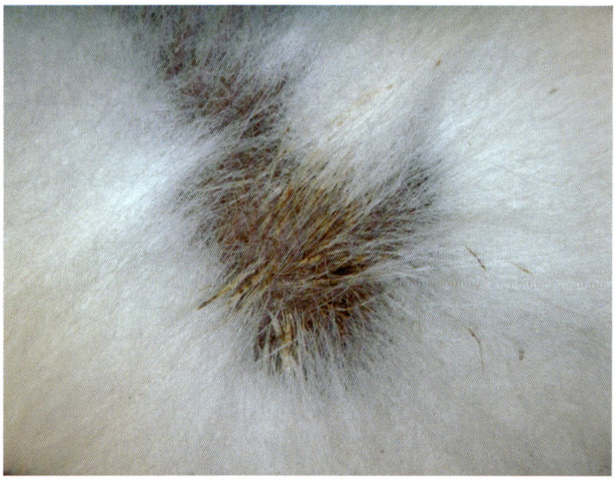

图 12-79　皮脂腺炎。面部被毛簇集，这是原发性角化缺陷的典型症状。

图 12-80　皮脂腺炎。耳廓上粗乱的被毛并伴有皮屑和结痂是该病的典型症状。

图 12-81　皮脂腺炎。当被毛被拔出，可见附着毛干的毛囊管型，这是原发性角化缺陷（如皮脂腺炎、原发性皮脂溢、维生素 A 反应性皮炎）的典型症状。

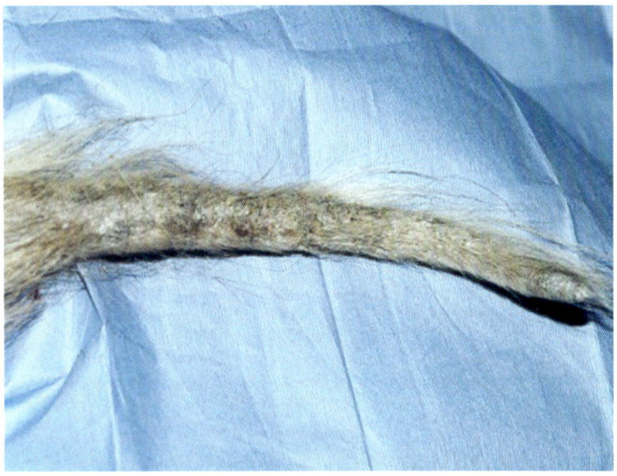

图 12-82　皮脂腺炎。全身病变犬的尾梢脱毛和结痂。

图 12-83　皮脂腺炎。可见鼻梁处结痂和面部被毛簇集。

图 12-84　皮脂腺炎。可见该犬耳廓上的被毛粗乱、簇集。这些病变通常广泛存在于全身。

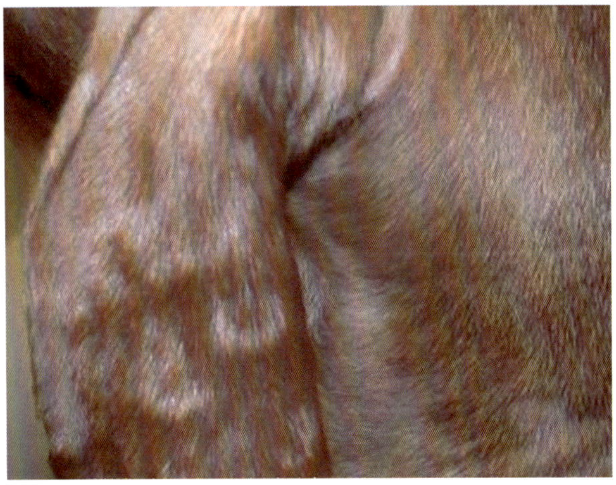

图 12-85　皮脂腺炎。患犬的颈部和耳廓存在多处边界分明的脱毛斑。

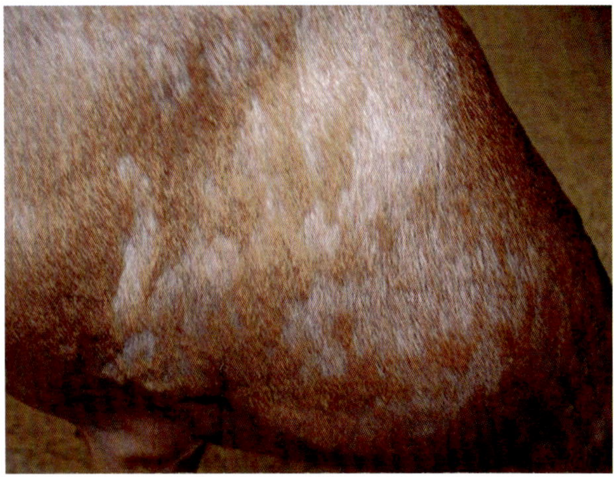

图 12-86　皮脂腺炎。犬躯干部存在多处大面积的脱毛斑。

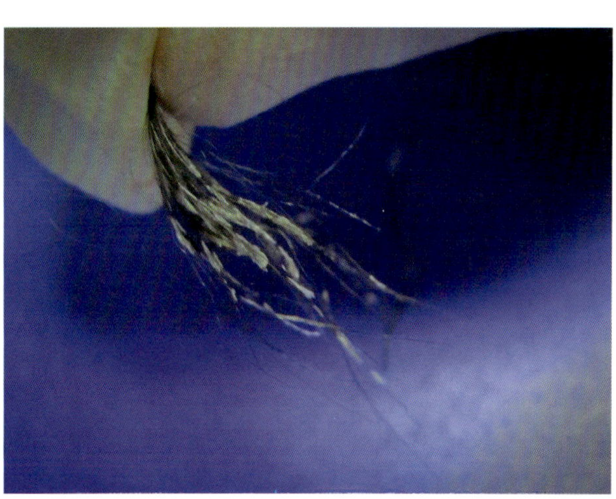

图 12-87　皮脂腺炎。拔出的毛发提示存在典型的原发性角化异常的毛囊管型。

肝皮综合征（表皮坏死性皮炎，表皮坏死松解游走性红斑，代谢性表皮坏死症，糖尿病皮肤病）

Hepatocutaneous Syndrome [Superficial Necrolytic Dermatitis，Superficial Necrolytic Migratory Erythema (SNME)，Metabolic Epidermal Necrosis，Diabetic Dermatopathy]

特征

肝皮综合征 / 表皮坏死性皮炎是患有慢性肝脏疾病或是分泌胰高血糖素型胰腺肿瘤犬的特有皮肤病。此病确切病因不明，但是一般认为，高胰高血糖素血症（胰腺肿瘤）引发的糖异生增加或肝脏对氨基酸的分解代谢增强（慢性肝脏疾病），导致血液氨基酸浓度降低和表皮蛋白消耗，从而引起表皮坏死性皮炎的皮肤病变。犬少见而猫罕见，老年动物发病率较高。喜乐蒂牧羊犬、西高地白㹴、可卡犬和苏格兰㹴的发病率较高。

典型皮肤病变有轻度到剧烈的瘙痒、对称性红斑、皮屑、结痂、糜烂，以及四肢远端和嘴、眼周围的溃疡。病变部位可能也涉及到耳廓、肘部、跗关节、外阴、腹部和口腔。爪垫通常有轻度或显著的过度角化、裂口和溃疡。爪垫损伤可表现为跛行。若并发糖尿病可出现多饮多尿。另外，潜在代谢性疾病的全身症状在起始阶段很少出现，但是几个月后通常变得很明显。

主要鉴别诊断

鉴别诊断包括皮肤趋上皮性淋巴瘤、落叶型天疱疮、全身性红斑狼疮、药疹、严重疖病（蠕形螨病、皮肤癣菌病、脓皮病）、锌反应性皮肤病。

诊断

1. 血象：可能出现中性粒细胞增多或正细胞正色素再生障碍性贫血。

2. 血清生化检查（肝衰竭）：常出现血清碱性磷酸酶（ALP）、丙氨酸氨基转移酶（ALT）活性升高、总胆红素和胆酸轻度至中度升高。通常也可见低蛋白血症和血清尿素氮（BUN）降低。可能存在高血糖。

3. 血浆氨基酸浓度：显著降低（低氨基酸血症）。

4. 血清胰高血糖素浓度：有胰高血糖素瘤时升高；伴有肝脏疾病时可能升高也可能不升高。

5. 腹部超声检查：显示慢性肝脏疾病（肝脏变小，肝脏内低回声区域周围伴有高回声的网状结构，呈“蜂窝状”）、胰腺肿瘤，或肿瘤转移到肝脏（肝组织上高回声或低回声病变）。

6. 组织病理学（肝活检）：肝壁组织下陷的特殊空泡化肝病，或广泛性肝脏纤维化（肝硬化），都是是其慢性肝病的特征。

7. 皮肤组织病理学：早期病变显示典型的弥散性角化不全性过度角化，伴显著的细胞间和细胞内水肿，表皮上层角质细胞退化，基底细胞增生，呈现典型的“红、白、蓝”条纹退化症（SND）的组织学变化。可能存在轻度浅表血管周皮炎，伴有继发细菌、癣菌或酵母菌感染。慢性病变通常无特异性变化，难以确诊。

治疗和预后

1. 应用合理药物治疗继发细菌或酵母菌感染。

2. 若潜在病因是可切除的胰高血糖素瘤，则手术切除应该可以治愈。

3. 若潜在疾病为肝脏问题，应查明病因并予以治疗（如解痉药引起的肝毒性）。对症治疗肝损伤改善肝功能，使用下列抗氧化剂可能有效。

- S- 腺苷蛋氨酸（sAME）丹诺仕 18~22 mg /kg，口服，每 24 h 一次（小型动物 90 mg，大型动物 225 mg）。
- 熊去氧胆酸（氧胆酸）10 mg/kg，口服，每 24 h 一次。
- 维生素 E 400 IU，口服，每 12 h 一次。

4. 对有肝纤维化的犬，秋水仙碱 0.03 mg/kg，口服，每 24 h 一次，可帮助减缓纤维化的进程。长期应用该药的不良反应是呕吐、胃蠕动增强和腹泻。

5. 可选择肠外补充氨基酸对症治疗，来改善患慢性肝脏疾病的动物的皮肤问题，动物存活期可延长数月。使用 10% 晶体氨基酸溶液（美乐欣，雅培实验室，Abbott Park，IL），25 mL/kg 通过颈静脉给药持续 6～8 h 以上，或使用 3% 氨基酸和电解质溶液（Procalamine，博朗药品有限公司，Bethlehem，PA），经外周静脉留置针输注持续 8 h 以上。每 7～10 d 重复给药一次或在需要时给药。1～3 周内可看到明显的皮肤改善。

6. 每日口服氨基酸溶液也有效，每日提供 3～6 个生鸡蛋黄、锌和必需脂肪酸，可改善有些动物的皮肤症状。但是这种方法通常没有静脉输注输氨基酸有效。

7. 应用抗炎剂量泼尼松可暂时改善皮肤病变。但有些患犬使用糖皮质激素后，易患糖尿病或出现肝损伤。

8. 外部对症治疗（软化角质或保湿型香波）有助于改善皮肤病变。

9. 患慢性肝功能不良或转移性胰腺肿瘤的犬预后不良，在出现皮肤病变后存活时间可能仅有几个月。

作　者　注

严重的爪部细菌和酵母菌感染通常使本病临床症状加重。

肝皮综合征分布模式

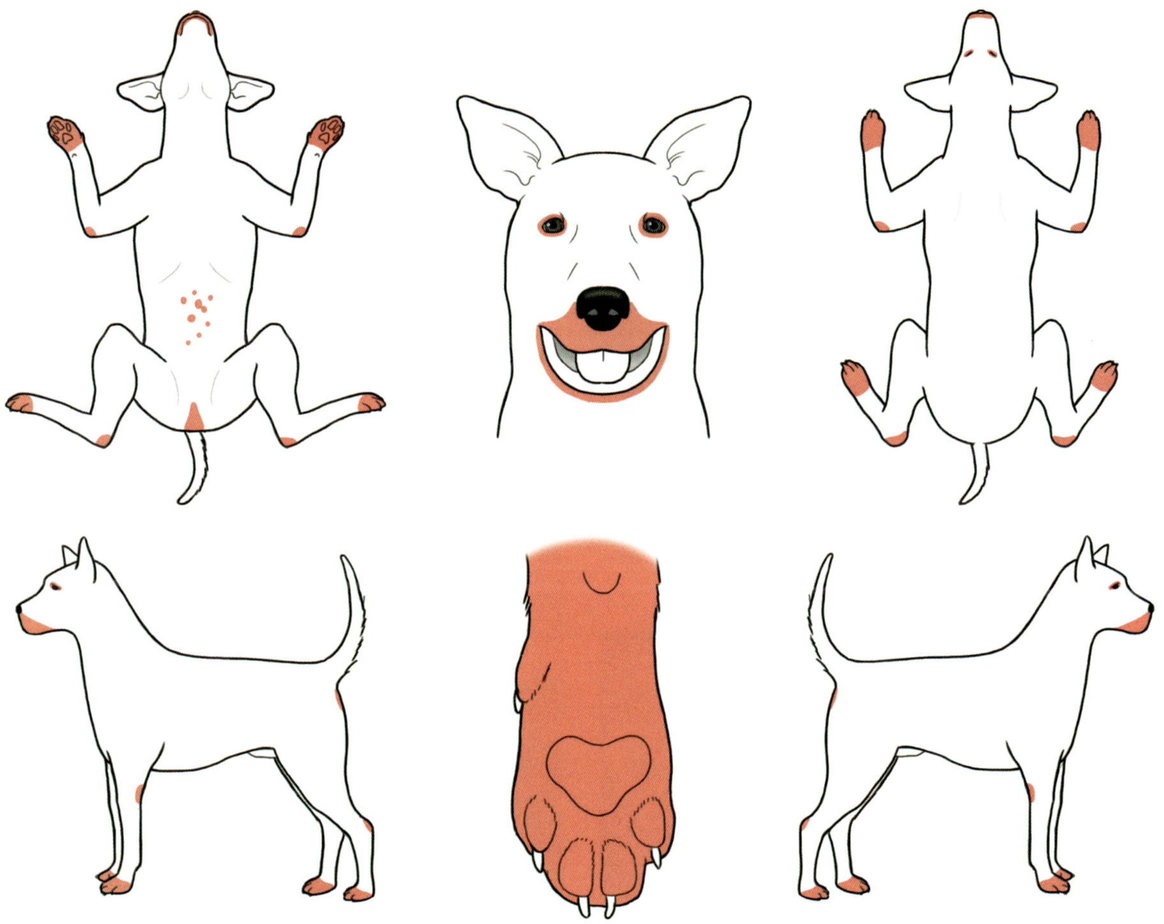

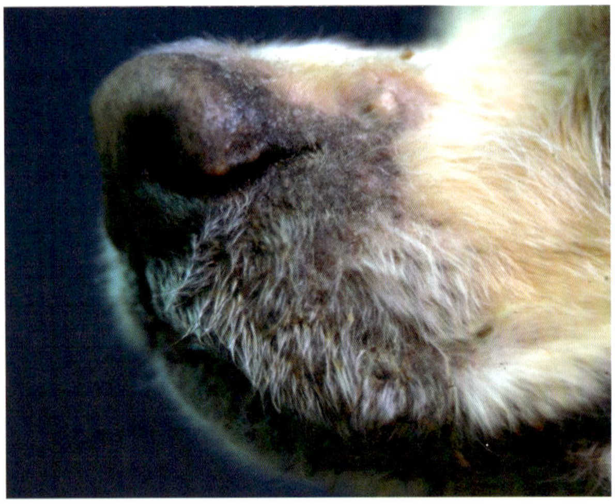

图 12-88　肝皮综合征。鼻面和嘴周脱毛和结痂性皮炎。

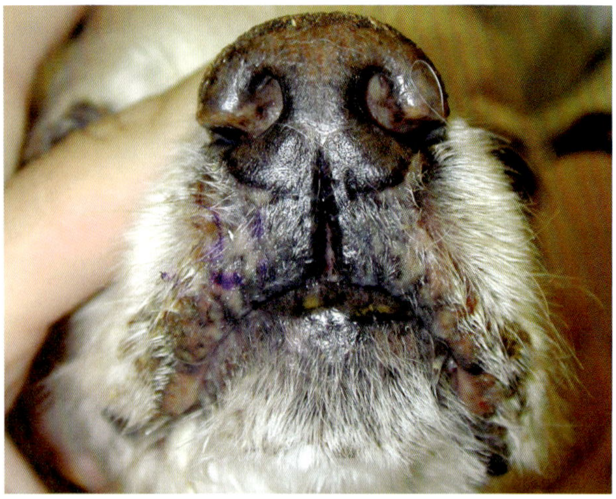

图 12-89　肝皮综合征。图 12-88 中犬的近观。唇和鼻面脱毛和结痂性皮炎病变与自体免疫性皮肤病相似。

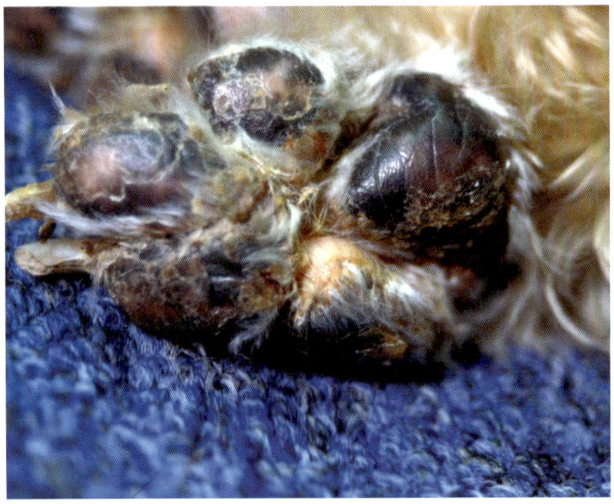

图 12-90　肝皮综合征。爪垫严重角质化和结痂是肝皮综合征的常见表现，注意这与自体免疫性皮肤病的病变相似。

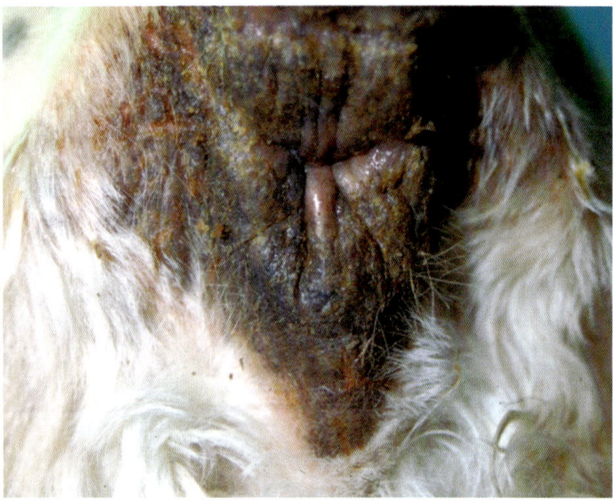

图 12-91　肝皮综合征。黏膜病变是肝皮综合征的常见表现。可见肛周皮肤发炎。

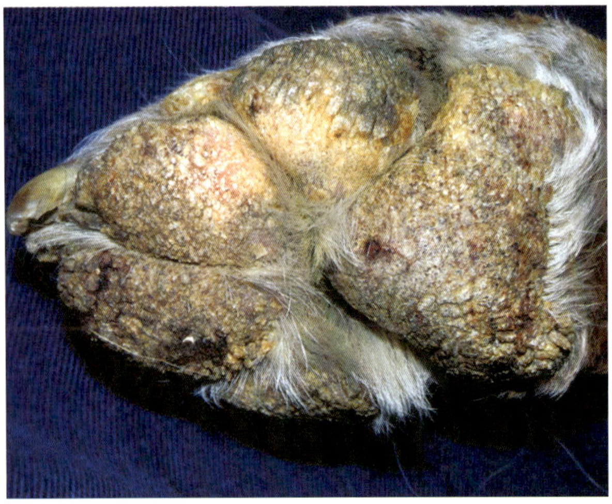

图 12-92　肝皮综合征。肝皮综合征患犬的爪垫严重结痂。

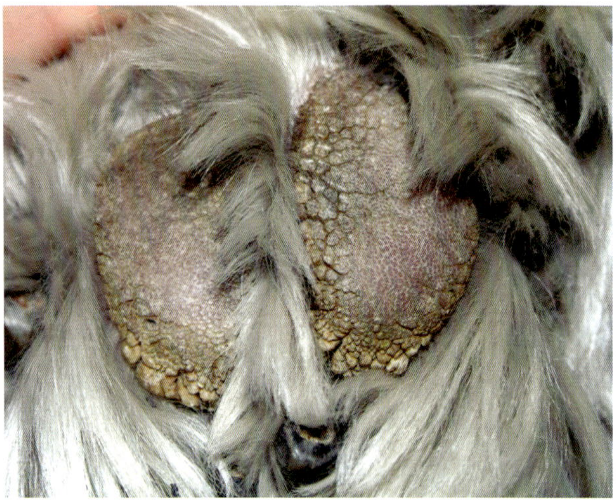

图 12-93　肝皮综合征。爪垫角质化和结痂，注意这与自体免疫性皮肤病相似。

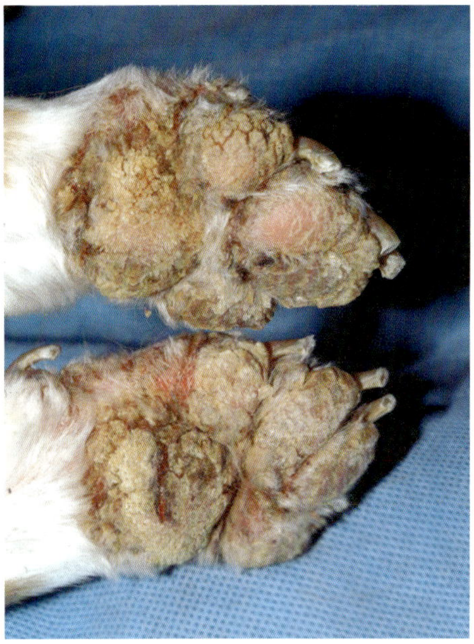

图 12-94　肝皮综合征。几个月后，该老年杂种犬病变程度加重，爪垫出现严重的角质化和结痂（自 A. Yu.）。

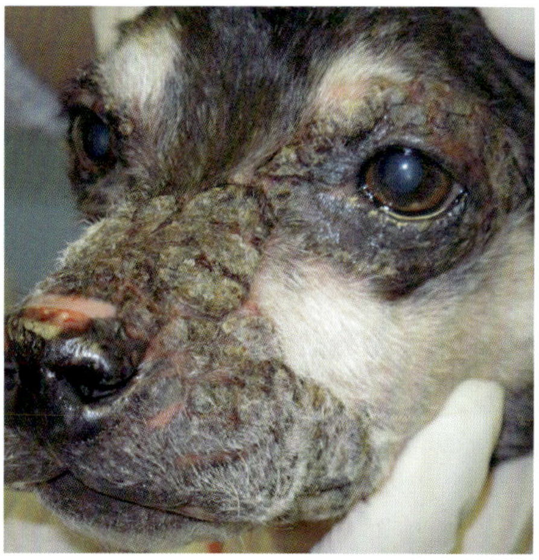

图 12-95　肝皮综合征。犬嘴周和眼周皮肤存在严重的结痂。皮肤的溃烂和色素减退类似于自体免疫疾病的病变。

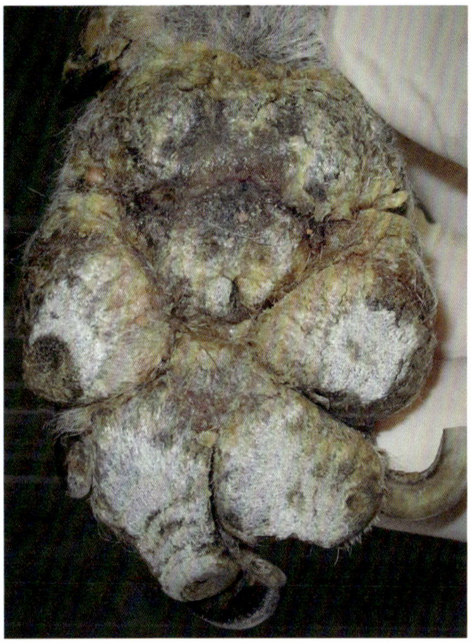

图 12-96　肝皮综合征。本病可以引起严重的爪垫部皮肤过度角化。

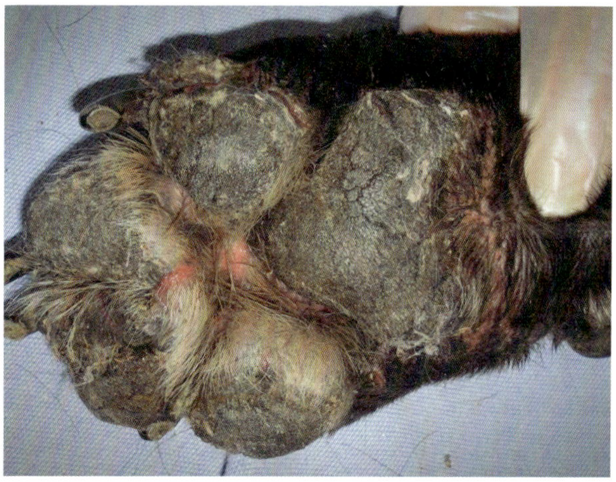

图 12-97　肝皮综合征。爪垫皮肤焦化过度伴发爪垫组织溃烂是本病的典型症状。

家族性爪垫过度角化病
Familial Footpad Hyperkeratosis

特征

家族性爪垫过度角化病是发生于5～6月龄犬的家族性疾病，患犬出现严重的趾过度角化。犬罕见，爱尔兰㹴犬、波尔多犬、凯里蓝㹴发病率最高。推测爱尔兰㹴犬具有常染色体隐性遗传。

患犬刚出生时爪垫正常，但到4～6月龄开始出现显著的爪垫过度角质、增厚变硬以及破裂。所有爪垫表面均被累及，并随后出现上皮角化以及龟裂，继发感染常导致间歇性跛行。其他部分皮肤不会发病，但可并发趾甲异常，爱尔兰㹴犬可见趾甲生长轻度加快，正常的U形趾甲剖面变为圆形。

主要鉴别诊断

鉴别诊断包括犬瘟热、锌反应性皮肤病、自体免疫性皮肤病、浅表坏死性皮炎。

诊断

1. 排除其他疾病。
2. 皮肤组织病理学：明显的正角化性过度角化症，伴有轻度到重度表皮增生。

治疗和预后

1. 无特异性疗法，但治疗特发性鼻－趾过度角化病的药物可能有效。
2. 对症治疗，每日用50％丙二醇溶液浸泡爪垫，并经常修剪，去除多余的角质。5 d内症状可见明显改善，但需终身治疗控制。
3. 外部使用水杨酸和尿素产品可能有效。
4. 对于裂口病变，配合涂抹抗生素/糖皮质激素软膏，每8～12 h一次，直到痊愈；如果爪垫继发感染，合理使用全身性抗生素治疗3～4周。
5. 定期修剪快速生长的趾甲。
6. 预后不良。但通过日常对症治疗，多数患犬可以有良好的生活质量。患犬不应用于繁殖。

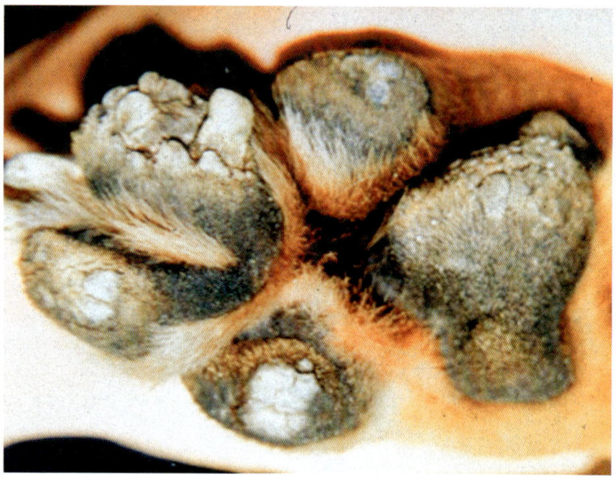

图12-98 家族性爪垫过度角化病。严重的爪垫过度角化和结痂是该病的典型症状（自Paradis M：Footpad hyperkeratosis in a family of Dogues de Bordeaux，Vet Dermatol 3：75，1992，Blackwell Science Ltd.）。

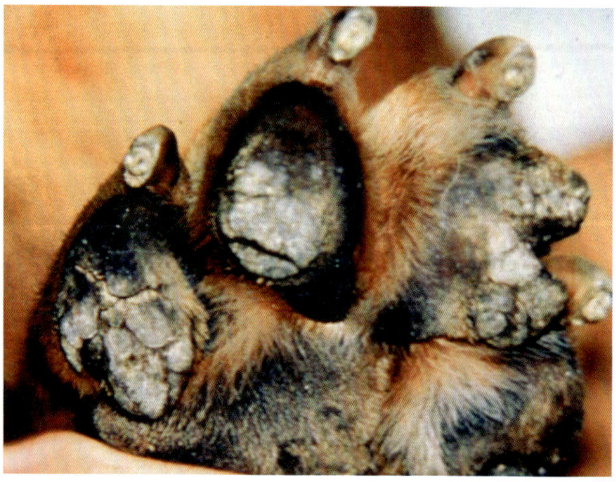

图12-99 家族性爪垫过度角化病。严重的过度角化导致爪垫龟裂（自Paradis M：Footpad hyperkeratosis in a family of Dogues de Bordeaux，Vet Dermatol 3：75，1992，Blackwell Science Ltd.）。

波斯猫面部皮炎
Facial Dermatitis of Persian Cats

特征

波斯猫面部皮炎病因不明。在波斯猫和喜马拉雅猫不常见或罕见，在年龄较大的幼猫和年轻的成年猫发病率最高。

黑色、蜡样碎屑与被毛粘在一起，呈对称性积聚在眼或嘴周围，或下颏上。起初病变无瘙痒，但随着病情发展和炎症出现，可发生中度至重度瘙痒。面褶处可能出现渗出和红斑，也可见黏性眼分泌物、耳前皮肤红斑和伴有耳道内蜡样碎屑的外耳炎。常继发细菌性或马拉色菌性皮肤感染。可能伴随颌下淋巴结增大。

主要鉴别诊断

鉴别诊断包括蠕形螨病、皮肤癣菌病、马拉色菌性皮炎、细菌性毛囊炎、其他继发皮脂溢的原因（框 12-1）。

诊断

1. 通常根据病史、临床症状，并排除其他类似疾病进行诊断。

2. 细胞学检查（皮肤采样、耳道棉签）：蜡样碎屑。可能细菌和 / 或酵母菌。

3. 皮肤组织学检查：所见包括明显的棘层增厚、常含脂质表皮结痂、基底细胞水肿变性并偶见角化不良的角质细胞。角化不良在毛囊上皮最明显。典型的病变还包括皮脂增生，嗜酸性粒细胞、中性粒细胞、肥大细胞和组织细胞，偶见黑色素细胞浸润于浅表真皮层。

治疗和预后

1. 无特异性疗法。

2. 全身用药治疗继发的细菌和马拉色菌感染，连续治疗至少 3～4 周。因为患猫易反复感染，因此需要定期治疗。

3. 也可选择环孢菌素 5～7 mg /kg，口服，每 24 h 一次，对有些猫有效。

4. 泼尼松龙每天 1～3 mg/kg，口服，连用 2～4 周，然后 1～3 mg/kg，口服，每 48 h 一次，在有些猫可以部分控制瘙痒和其他症状。长期应用常发生严重不良反应。

5. 预后慎重，因为多数猫对于对症治疗的反应都很差。即使治疗没有间断，病变也可复发，尤其在未能找到和控制继发的细菌或酵母菌感染时。患猫不能用于繁殖。

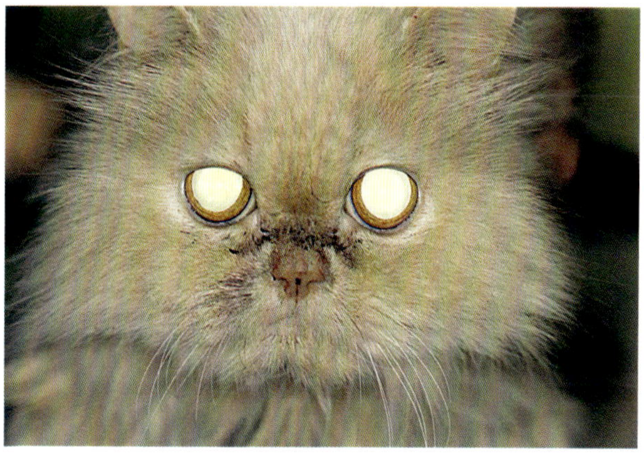

图 12-100 波斯猫面部皮炎。年轻猫面部的棕色油性渗出物。

图 12-101 波斯猫面部皮炎。年轻的波斯猫面部的黑色蜡样渗出物。该猫的黑色被毛使病变不易被看到。

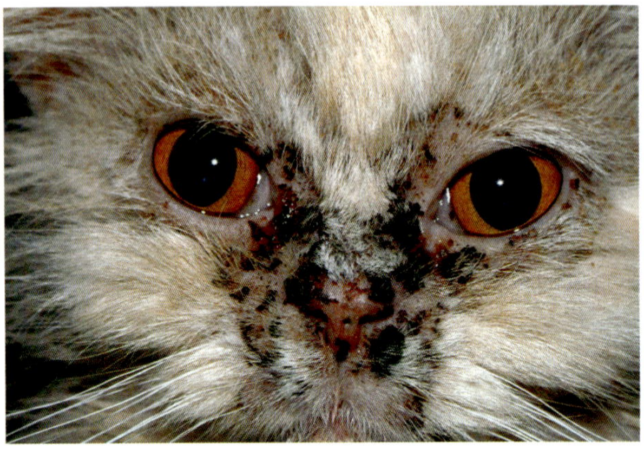

图 12-102　波斯猫面部皮炎。年轻猫面部和鼻面的严重结痂和糜烂，是该病的典型症状，但这是落叶型天疱疮引起的。很多疾病都可能表现类似症状，尤其是继发马拉色菌和细菌感染的时候。

第 13 章　眼、甲、肛门囊和耳道疾病
Diseases of Eyes, Claws, Anal Sacs and Ear Canals

- 睑炎
- 外耳炎
- 耳血肿
- 黑素瘤
- 肛门囊病
- 肛周瘘（肛门疖病）
- 细菌性甲感染
- 真菌性甲感染（甲癣）
- 对称性类狼疮甲变形（特发性脱甲病）

睑炎
Blepharitis

特征

睑炎是眼睑的炎症，可能由原发性细菌感染造成，也可能由潜在的疾病继发，比如寄生虫病、过敏性疾病、自体免疫性皮肤病或利什曼病。眼睑的病变可能单独发生或者伴随全身性皮肤病同时出现。此病常见于犬，而猫不常见。

细菌性眼睑炎

发病的眼睑轻度或严重瘙痒。通常表现为水肿或增厚、红斑和脱毛，伴有脓疱、结痂，有时还有皮肤瘘管。一个或一个以上的眼睑腺可能有脓肿。

昆虫叮咬过敏

表现为急性的眼睑红斑，水肿（血管性水肿）或局部肿块。

接触性过敏（外部眼部用药造成）

此病特征为急性眼睑脱毛和色素减退，伴有明显的结膜炎。常见继发细菌或酵母菌感染。

过敏

季节性（异位性皮炎）或非季节性（异位性皮炎、食物过敏）瘙痒（蹭眼睛）造成不同程度的眼周红斑、脱毛、苔藓样变和色素沉着过度。并发结膜炎和继发细菌性眼睑炎是常见的。通常可见其他皮肤病变。

自体免疫病

此病表现为眼睑红斑、糜烂和结痂，这些病变不瘙痒，除非出现继发细菌感染。同时并发相似的病变，涉及鼻背部和鼻面、唇、耳、爪垫或其他黏膜皮肤结合处，或全身性皮肤病变。

利什曼病

眼睑的病变可包括眼周脱毛和干性皮脂溢，睑缘溃疡，伴有湿性皮炎，弥散性眼睑水肿和分散性结节肉芽肿。眼部的病变通常以前葡萄膜炎，结膜炎或角膜结膜炎为特征。常见并发的全身症状如萎靡，体重下降，腹泻，肾脏或肝脏衰竭，贫血，跛行和身上其他部位的皮肤病变。

主要鉴别诊断

鉴别诊断包括蠕形螨病，皮肤癣菌病，马拉色菌性皮炎，幼犬蜂窝织炎，自体免疫性皮肤病（天疱疮或狼疮），和病毒性感染（鼻气管炎，杯状病毒）。

诊断

1. 通常根据病史，临床症状，同时排除其他类似疾病。
2. 细胞学检查（脓疱，脓肿）：若存在原发

性和继发性细菌性眼睑炎，则有化脓性炎症和球菌。若存在继发性酵母菌性皮炎，则有马拉色菌。

3. 细菌培养（脓疱，脓肿）：若存在原发或继发细菌性眼睑炎，通常分离出葡萄球菌。

4. 皮肤组织病理：根据其潜在原因不同而表现不同。

5. 过敏原检测：若怀疑为异位性皮炎或食物过敏，则进行检测。

治疗和预后

1. 应找出潜在原因并对其治疗。

2. 若怀疑为接触性皮炎，应停止所有的外部用药。

3. 若为瘙痒性，应用伊丽莎白圈防止动物自我损伤。

4. 应用温水敷患处，每日 2～3 次，来减少水肿和渗出。

5. 若有细菌感染，则应用外部抗生素皮质类固醇眼药滴患侧眼，每 8～12 h 一次，持续 3 周。有效的眼药应包含以下成分。

- 杆菌肽 - 新霉素 - 多黏菌素 - 氢化可的松。
- 新霉素 - 泼尼松。
- 庆大霉素 - 倍他米松。
- 若怀疑为接触性皮炎则不要使用。

6. 对于细菌性眼睑炎，应给予合理的全身性抗生素治疗，持续至少 3 周。

7. 对自体免疫性眼睑炎，用免疫抑制药物治疗（表 8-1 和表 8-2）。

8. 用含糖皮质激素或抗组胺药的眼药对症治疗，有可能对过敏性眼睑炎有帮助。如有角膜溃疡，不宜使用含糖皮质激素的眼药治疗。

9. 若潜在病因可以发现并纠正或控制，则预后良好。

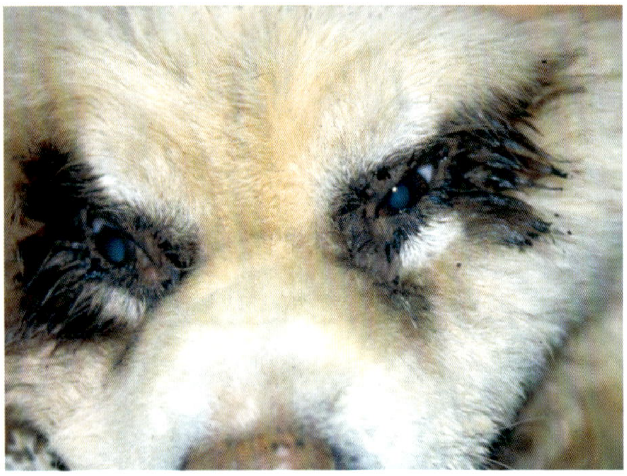

图 13-1 睑炎。患双侧眼睑炎的犬，可见眼周毛发变色缠结。

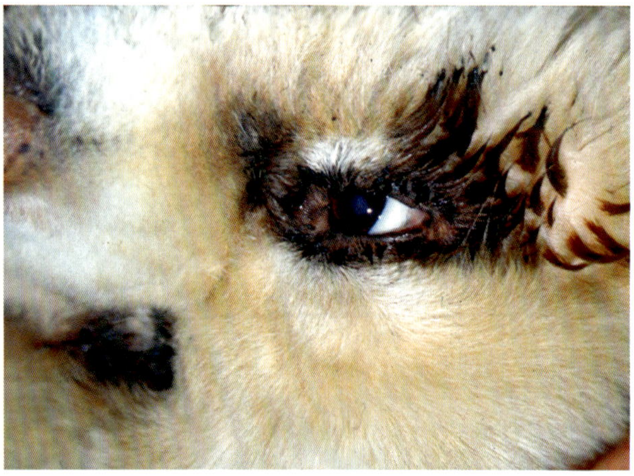

图 13-2 睑炎。图 13-1 中犬的近观，显然由于丰富的眼分泌物导致眼周的毛发变色缠结。

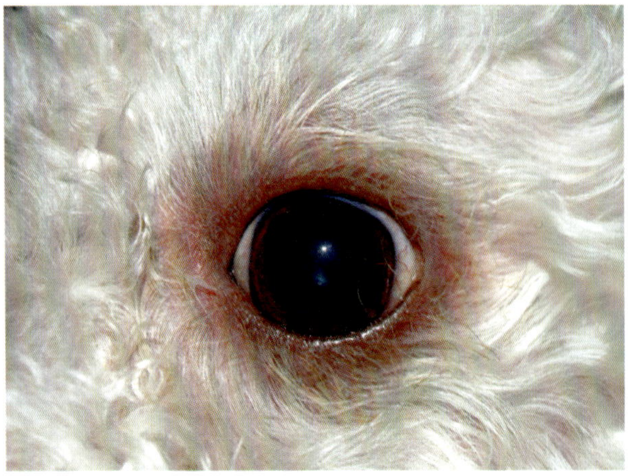

图 13-3 睑炎。眼周脱毛和红斑与过敏性皮炎有关。

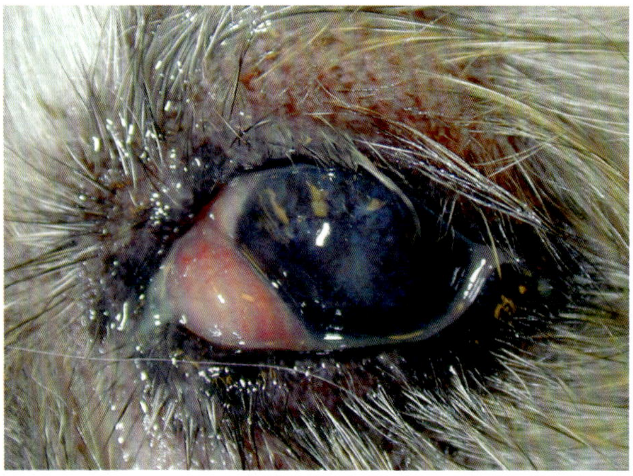

图 13-4 睑炎。眼周脱毛和红斑和过敏性皮炎有关。黏稠的眼分泌物是由干眼症（KCS）和第三眼睑脱出（樱桃眼）造成的。

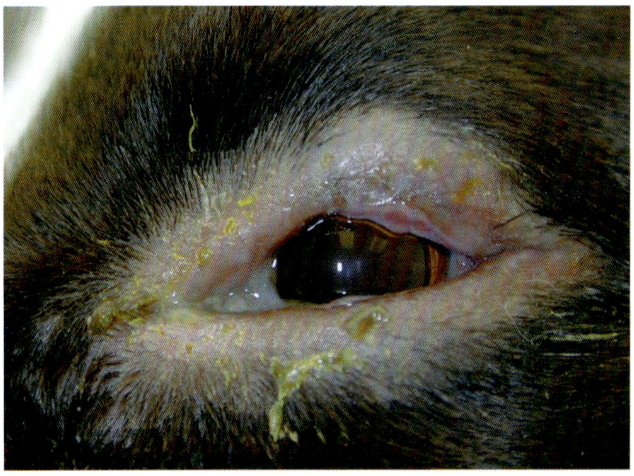

图 13-5 睑炎。“边缘性眼睑炎”（免疫介导性综合征）造成脱毛，丘疹样，结痂性眼周皮炎。

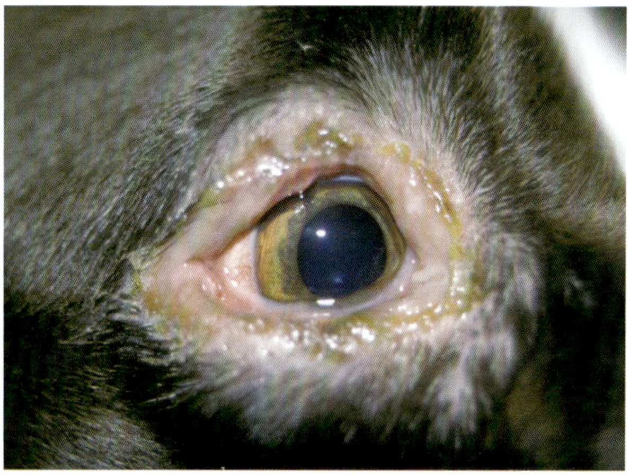

图 13-6 睑炎。图 13-5 中的犬。“边缘性眼睑炎”造成双侧脱毛，丘疹性皮炎。

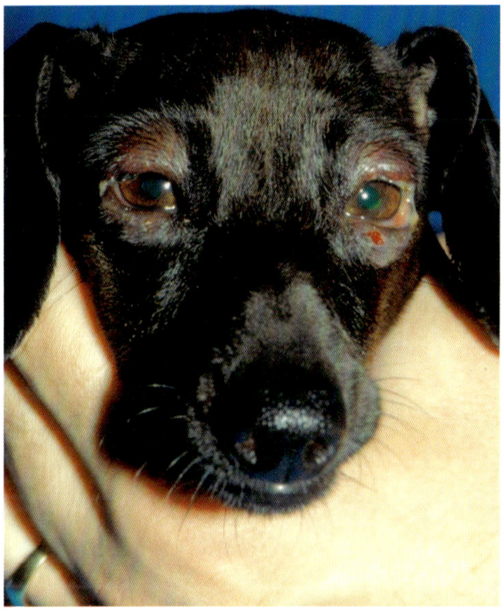

图 13-7 睑炎。双眼皮肤水肿、潮湿、红斑性皮炎，由皮肤细菌感染所致（自 S. McLaughlin）。

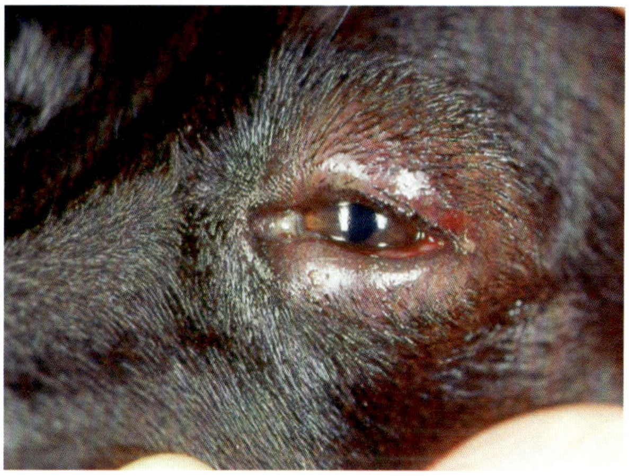

图 13-8 睑炎。图 13-7 中的犬。眼周皮肤脱毛，红斑和组织水肿（自 S. McLaughlin）。

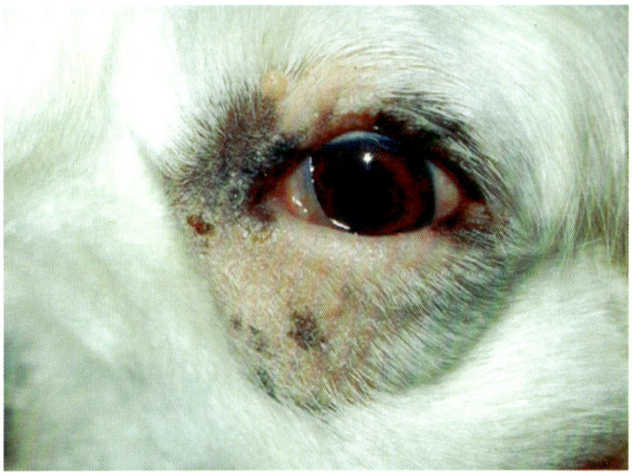

图 13-9 睑炎。由继发的细菌性脓皮病造成的眼周皮肤脱毛、红斑（自 E.Willis）。

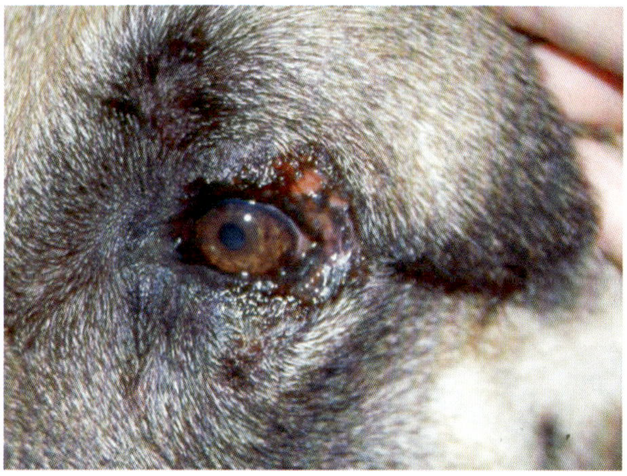

图 13-10 睑炎。由细菌感染造成的成年德国牧羊犬眼睑上糜烂。

外耳炎
Otitis Externa

特征

外耳炎是外耳道急性或慢性的炎性疾病，其病因很多，总是存在导致耳道正常结构和功能发生改变的潜在原发疾病（表 13-1），同时造成继发感染（表 13-2）。犬、猫常见外耳炎，特别是可卡犬，有患严重和慢性外耳炎的风险。

表 13-1　外耳炎的原发病因

原发因素	特征	说明
寄生虫	耳螨	猫大约 50% 的耳炎由此造成，犬则为 5%～10%。犬、猫可以是隐形携带者
	蠕形螨病	可造成犬猫耵聍性耳炎
	疥螨	通常感染耳缘和下 1/3 外耳廓。外耳炎并是不本病的典型症状
	硬蜱，恙螨	可感染耳廓和外耳道
	棘状耳蜱	非犬、猫外耳炎的常见病因
过敏症	异位性皮炎	50%～80% 患异位性皮炎的犬可见外耳炎（其中 3%～5% 只表现为外耳炎症状）。通常为双侧耳炎
	食物过敏	高达 80% 的食物过敏患犬伴有外耳炎（其中超过 20% 仅表现为外耳炎症状）
	接触性皮炎	耳药（如新霉素，丙二醇）可造成耳内刺激性反应。无论何时，当动物正在接受外部用药时，耳病明显加重应怀疑此病
内分泌性疾病	甲状腺功能减退	双侧耵聍性外耳炎。最常见于中年至年龄较大的犬。通常涉及皮肤病变 一般耳廓比耳道的病变多，并有其他部位的皮肤病变。病变可包括脓疱、水疱、皮屑、结痂、糜烂和溃疡
异物		通常为单侧外耳炎。寻找植物残渣、污垢、小石块、蜡样物、松散的毛和干药渣。通常很难确定刺激性异物，因为洗耳时被包在耳垢内，不被察觉
角化异常	犬原发性皮脂溢	双侧耵聍性耳炎。通常涉及其他皮肤病变，特别是可卡犬
	波斯猫面部皮肤病	双侧耵聍性外耳炎和面部脂溢性皮炎。常继发马拉色菌感染。不常见或罕见于波斯猫
	皮脂腺炎	可造成耳部干性皮屑和轻度炎症。通常有其他皮肤病变。犬罕见，标准贵宾犬、秋田犬和萨摩耶犬发病率最高
自体 / 免疫介导性疾病	幼犬蜂窝织炎	嘴周及眼周区域皮肤急性蜂窝织炎，伴发颌下及肩前淋巴结肿大。也可能出现渗出性外耳炎，发烧和精神沉郁。在 3 周龄至 6 月龄的幼犬中发生，但不常见。金毛猎犬、拉布拉多犬、腊肠犬、波音达犬和拉萨阿普索犬发病率最高
炎性息肉（猫）		可表现为复发性单侧外耳炎。息肉可来源于鼓室内侧、耳道或鼻咽
肿瘤	猫	耵聍腺瘤和腺癌，皮脂腺瘤和腺癌，鳞状细胞癌，乳头状瘤
	犬	耵聍腺瘤和腺癌，乳头状瘤，基底细胞癌，鳞状细胞癌
结构	大的垂耳 耳道狭窄，分泌物潴留于耳道 耳道毛发 腺体组织过多	可造成空气流通减少，提高热度和湿度 易发生感染

表 13-2　外耳炎的继发原因

继发因素	说明
细菌感染	包括葡萄球菌、链球菌、假单胞菌、变形杆菌和大肠杆菌感染。复发性细菌性耳炎通常和潜在的过敏因素有关
酵母菌感染	厚皮马拉色菌。复发性酵母菌性耳炎通常和潜在的过敏因素有关
中耳炎	慢性外耳炎（2 个月或更长的病程）通常引起病变向中耳发展。中耳炎是复发性外耳炎的病因之一
慢性病理变化	慢性炎症引起真皮和皮下组织纤维化，形成永久性耳道狭窄。耳软骨钙化和骨化。分泌物、脱落细胞和增殖微生物阻塞。耳软骨钙化是一种永久性病变，不可治愈

外耳炎的常见症状包括耳部瘙痒或疼痛，可能有蹭头、抓耳、摇头、耳部血肿和斜头向患耳倾斜。经常可见恶臭耳分泌物。在急性病例，耳廓内侧和耳道通常会出现红斑和肿胀。耳道也可能出现糜烂或溃疡。常见耳廓脱毛、抓痕和结痂。在慢性病例，常见耳廓过度角化，色素过度沉着和苔藓样变，以及纤维化或骨化引起的耳道狭窄。可能会发现动物听力下降。若外耳炎已持续 2 个月甚至更长，即使鼓膜看上去完整并且没有中耳炎的临床症状（耳或唇下垂或无法活动、流涎、眼睑反射减弱或消失、暴露性角膜炎），也应怀疑有伴发的中耳炎。很少地会出现内耳炎的症状（歪头、眼球震颤、共济失调）。口腔检查会发现疼痛（严重的中耳炎），炎症或肿物（特别是猫会发现息肉）。根据其潜在的病因，可能见到并发的皮肤病。

诊断

1. 根据病史和临床症状。

2. 耳镜检查：评估炎症、溃疡、狭窄和增生的程度；耳垢和分泌物的量和性状；是否有异物、体外寄生虫和肿物；耳膜的完整性。

3. 矿物油制片（耳道棉签）：检查耳螨和蠕形螨及卵。

4. 细胞学（耳道棉签）：检查细菌、酵母菌、真菌菌丝、耳垢、白细胞和肿瘤细胞。

5. 细菌培养（外耳或内耳渗出物）：当细胞学发现细菌，同时抗生素治疗无效或怀疑有中耳炎时，应进行细菌培养。

6. 真菌培养：当怀疑有癣菌性耳炎时，特别是患耵聍性耳炎的长毛猫，应进行真菌培养。

7. X 线检查（鼓泡）、计算机断层扫描（CT）、核磁共振（MRI）：大约有 75% 的中耳炎病例可见鼓泡的病变（硬化、浑浊化）。

8. 皮肤组织病理学：若怀疑有肿瘤（耳道肿物）或因末期耳炎而部分或全部切除耳道时，可用于寻找原发病因（如自体免疫病，皮脂腺炎，多形红斑）。

治疗和预后

1. 若可能，要查明并去除引起耳炎的原发病因（表 13-1）。

2. 对游泳耳，为防止犬浑身湿透后（游泳、洗澡）耳道被浸渍，可预防性地向耳道滴干燥剂或在很潮湿的季节里每周使用 2～3 次干燥剂。有效制剂是含收敛剂 / 乙醇的洗耳液。

3. 对过敏性耳炎，长期的管理措施包括控制潜在过敏，消除所有继发的细菌和酵母菌感染，每 3～7 d 一次，清洗并治疗来预防复发。在无法查明或无法完全控制潜在过敏因素时，明智的做法是，按照需要尽量低频率地使用含类固醇的耳药，这样可以防止耳炎暴发。

4. 对轻度 / 急性耳炎，主人在家应每 2～7 d 用耵聍溶解剂（不必冲掉）清洁耳道，来预防耳蜡和碎屑的聚积。可能需要终生每 3～7 d 清洁耳道，以防止耳炎的复发。不建议使用棉签（会破坏耳道上皮）。

5. 对严重 / 慢性耳炎，应在医院进行耳道的清洁和冲洗，去除垂直和水平耳道聚积的渗出物和碎屑（若需要可镇静或麻醉）。该操作应每 2～7 d 重复一次，直到所有的碎屑被清除。

可以用于耳道冲洗的产品包括如下。

- 水或生理盐水。
- DSS 用温水或生理盐水稀释。
- 无耳毒性的清洁耳道的产品。
- 0.2%～1% 的聚维酮碘溶液（可能有耳毒性）。
- 0.05%～0.2% 的氯已定溶液（可能有耳毒性）。
- 在治疗前用一种含过氧化脲的清洁产品（灌洗前 5 min）预处理，这种产品对溶解分泌物非常有效，但是该产品必须从耳道内冲掉（可能有耳毒性）。

6. 当耳部疼痛或耳道因组织水肿或增生狭窄时，应使用全身性糖皮质激素。对于犬，应给予泼尼松龙 0.25～0.5 mg/kg，口服，每 12 h 一次，持续 5～10 d。对于猫，应给予泼尼松龙 0.5～1.0 mg/kg，口服，每 12 h 一次，持续 7～14 d。

单个疾病

7. 对耳螨，应对感染的犬猫及所有与之接触的犬、猫都进行治疗。当进行耳部治疗时，应同时进行驱耳螨的治疗。驱耳螨有效的治疗包括如下。

- 按照产品说明书指示，使用耳部杀螨药（伊维菌素和米尔贝肟成分的产品安全并非常有效）。
- 皮肤外部使用赛拉菌素 6～12 mg/kg，2～4 周间隔，使用 2 次。
- Tresaderm 0.125～0.25 mL 滴耳，每 12 h 一次，持续 2～3 周。
- 伊维菌素 0.3 mg/kg，口服，每 7 d 一次，持续 3～4 周，或 0.3 mg/kg，皮下注射，每 10～14 d 一次，持续 2～3 次。
- 非泼罗尼 0.1～0.15 mL 滴耳，每 14 d 一次，持续 2～3 次（根据个例报道）。

8. 对蠕形螨耳炎，有效的治疗耳螨的方法包括如下。

- 根据产品说明书，使用耳部杀螨药（伊维菌素和米尔贝肟产品安全并且非常有效）。
- 其他治疗方法。使用 1% 伊维菌素注射剂溶液，0.1～0.15 mL，慢慢滴入耳道，每 24 h 一次，在临床症状完全消除，并且在随后的耳道涂片上没有发现螨虫之后，再持续至少 2 周。

9. 对酵母菌性耳炎，含抗真菌成分的耳药应重新包装，灌入刻度精确的滴瓶，或棕色安瓿瓶等。然后滴入患耳 0.2～0.5 mL（1/4～1/2 滴管），每 12 h 一次，持续至少 2～4 周。应一直持续治疗，直到随后的耳道涂片细胞学检查微生物阴性，外耳道不再水肿或发炎，并且耳道上皮正常。

有效的产品包括如下。

- 克霉唑。
- 酮康唑。
- 咪康唑。
- 噻苯咪唑。
- 制霉菌素。

10. 对非常顽固的酵母菌性外耳炎或中耳炎，除了外部抗真菌治疗以外，全身性抗真菌治疗，使用至少 3～4 周，临床治愈之后，再用 1～2 周，可能有帮助。

- 酮康唑 5 mg/kg，口服，每 12 h 一次，或 10 mg/kg，每 24 h 一次，混入食物中口服。
- 氟康唑 5 mg/kg，口服，每 12 h 一次，或 10 mg/kg，每 24 h 一次，混入食物中口服。
- 伊曲康唑 5～10 mg/kg，每 24 h 一次，混入食物中口服。
- 伊曲康唑脉冲疗法 5～10 mg/kg，每 24 h 一次，混入食物中口服，每周持续使用 2 d。

11. 对细菌性耳炎，含抗生素成分的耳药应重新包装，灌入刻度精确的滴瓶，或棕色安瓿瓶等。然后滴入患耳 0.2～0.5 mL（1/4～1/2 滴管），每 8～12 h 一次，持续至少 2～4 周。治疗应一直持续直到随后的耳道涂片细胞学检查微生物阴性，外耳道不再水肿或发炎，并且耳道上皮正常。

有效的产品包括如下。

- 庆大霉素。
- 恩诺沙星。
- 新霉素。
- 多黏菌素 B。
- 多黏菌素 E。

12. 对细菌性内耳炎，全身性抗生素可能无法达到有效的组织内浓度，用于杀灭假单胞菌，且无法预防抗生素耐药性；既安全又能达到最高抗生素浓度的方法，是同时使用高浓度抗生素，用于外部治疗。若已经积极进行过外部治疗，但是无效，应改为适合的全身性抗生素治疗。该治疗应根据细菌性培养和药敏试验结果，持续至少 4 周，并且在临床治愈后再持续 2 周。

抗生素如下。

- 奥美普林 - 磺胺邻二甲氧嘧啶 27.5 mg/kg，口服，每 24 h 一次。
- 甲氧苄啶 22 mg/kg，口服，每 12 h 一次。
- 头孢氨苄、头孢拉定或头孢羟氨苄 22 mg/kg，口服，每 8 h 一次。
- 环丙沙星 15 mg/kg，口服，每 12 h 一次（可能增加细菌耐药性）。
- 恩诺沙星 20 mg/kg，口服，每 24 h 一次（可能增加细菌耐药性）。
- 奥比沙星 7.5 mg/kg，口服，每 24 h 一次（可能增加细菌耐药性）。
- 马波沙星 5.5 mg/kg，口服，每 24 h 一次（可能增加细菌耐药性）。

13. 对假单胞菌性耳炎，应积极治疗至少 2～4 周，临床治愈后再持续 2 周。应找出所有潜在及原发病因。目前，最有效的治疗包括用含高浓度抗生素的 Tris-EDTA 大剂量洗耳（以保证深层穿透，且防止浓度被分泌物稀释）。应根据细菌培养和药敏试验结果选用抗生素。全身性抗生素治疗可能无法达到足够高的组织浓度（防止突变的浓度），来杀灭假单胞菌并且防止抗生素耐药。若使用全身性抗生素，应尽可能给予安全的最高剂量，并且同时配合高浓度的同种抗生素，用于外部治疗。

- 将恩诺沙星加入 Tris-EDTA 溶液，制成 10 或 20 mg/mL 的溶液。每 12～24 h 滴耳一次，且每次药液应全部充满耳道。即使作为唯一的治疗，T8 溶液中的表面活性剂也能清洁耳道，使高浓度的恩诺沙星能穿透到达耳道深处。该治疗对慢性、复发性耳炎病例有 80% 的有效性，甚至对恩诺沙星耐药的细菌，（因为 Tris-EDTA 和高浓度抗生素）该治疗也有效。
- Tris-EDTA 溶液（有 / 无恩诺沙星 10 mg/mL，庆大霉素 3 mg/mL，或阿米卡星 9 mg/mL），滴 0.5 mL，每 8～12 h 一次。
- 硫酸阿米卡星（注射用 Amiglyde V 50 mg/mL），不用稀释，滴 0.1～0.2 mL，每 12 h 一次。
- 磺胺嘧啶银（Silvadene）0.1% 溶液（将 1.5 mL [1/3 茶匙] 磺胺嘧啶膏与 13.5 mL 蒸馏水混合，或将 0.1 g 磺胺嘧啶银粉与 100 mL 蒸馏水混溶），滴入 0.5 mL，每 12 h 一次。
- 未稀释的马子宫灌注用替卡西林（Ticillin），滴 0.2～0.3 mL，每 8 h 一次。
- 替卡西林注射用粉末（按说明重新分装，装入注射器内冷冻，每支 1 mL）。每日解冻新的注射器，并保持冷藏，滴耳 0.2～0.3 mL，每 8 h 一次。

终末期耳道

14. 对慢性增生性耳炎，需要积极的药物治疗。应每周清洁耳朵。对细菌性 / 酵母菌性外 / 中耳炎，需长期使用（最少 4 周）全身性和外部抗生素，以及抗真菌药物治疗，并且在感染临床治愈后还要持续一段时间。为了减少组织增生，应给予泼尼松龙 0.5 mg/kg，口服，每 12 h 一次，持续 2 周；随后 0.5 mg/kg，口服，每 48 h 一次，持续 2 周。这些病例很少恢复到完全正常，与过敏性耳炎一样，必须长期用含类固醇的耳药维持。

15. 对终末期耳道，手术的适应证包括如下。

- 牵引 - 撕脱或手术切除炎性息肉或肿物。
- 侧耳道切除术，该手术能改善通气和引流，并且使上药更方便，但是很少治愈，因为大部分的患病组织仍存在。
- 若垂直耳道存在增生性病变，但是水平耳道没有感染，则可选择垂直耳道切除术。全耳道切除和外侧鼓泡切除术通常适应于减轻慢性疼痛和不适，通常此时末期外耳炎和中耳炎已经对药物治疗无效。

16. 预后依据潜在病因是否能找到并解除，以及外耳炎的慢性及严重程度。因为可卡犬发生慢性和严重的外耳炎的几率特别高，所以这个品种在发病早期就应该针对原发性外耳炎和继发性感染进行积极地管理。

作 者 注

成功地长期治疗耳炎的重要环节如下。

1. 发现并控制潜在、原发性疾病；感染性耳炎为继发性，只有当原发疾病治愈后，才能防止复发。

2. 耳药使用量足够，才能充分覆盖及穿透耳道；大部分患病动物需要最少 0.25 mL 的药量。

3. 不要治治停停；治治停停不如经常（每 3～7 d）清洁或治疗，以预防耳炎复发。

依据细胞学检查（初诊和复诊）以及临床症状，再决定治疗方案非常重要。

对假单胞菌性耳炎的最持续、有效而且耳毒性最小的治疗方法，是使用高浓度的恩诺沙星溶液，恩诺沙星溶液溶解于 Tris- 乙二酸四乙胺（EDTA）中（制成 10 mg/mL 的最终溶液）。若感染未改善，考虑进行耳道深度冲洗，并评估耳道鼓室。与外部用药相比，全身性抗生素治疗似乎不能改善治疗效果。

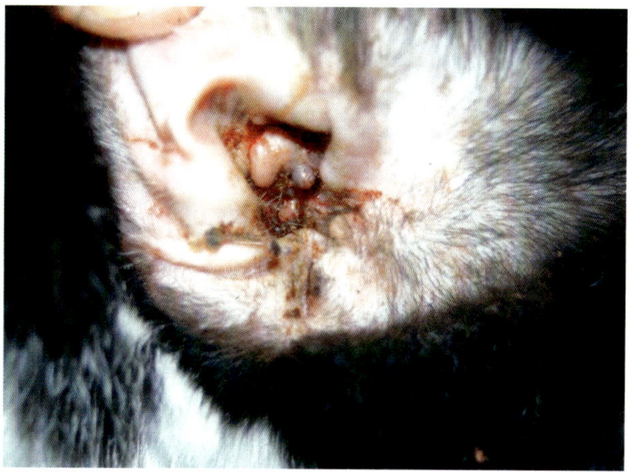

图 13-11　外耳炎。细菌和酵母菌混合感染所致猫的外耳炎，有棕色、蜡样分泌物。

图 13-12 外耳炎。食物过敏猫的双侧耳炎，有棕色、蜡样分泌物。

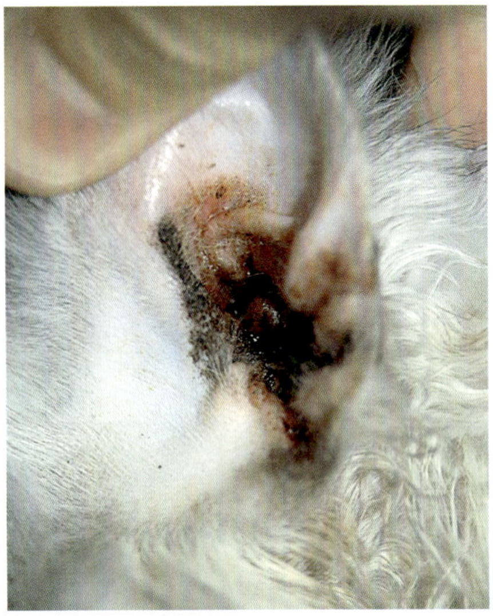

图 13-13 外耳炎。图 13-12 中猫的近观。继发性酵母菌感染引起棕色、蜡样分泌物。

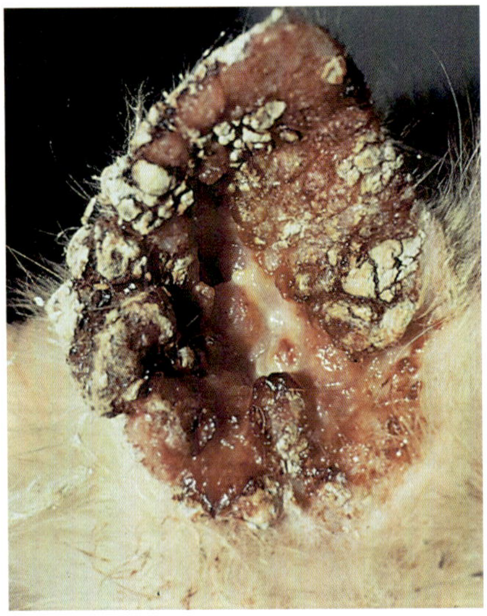

图 13-14 外耳炎。食物过敏猫的严重糜烂性耳炎，有结痂性渗出和耳道狭窄。灰色物质是主人用于包裹耳部的医用黏土。

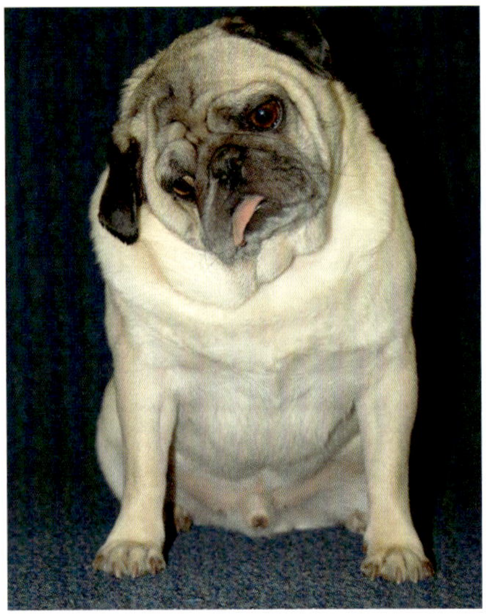

图 13-15 外耳炎。慢性耳炎导致该犬头部倾斜。头部倾斜可能由外耳炎引起的疼痛和不适造成，或者与中耳炎引起的前庭症状相关。

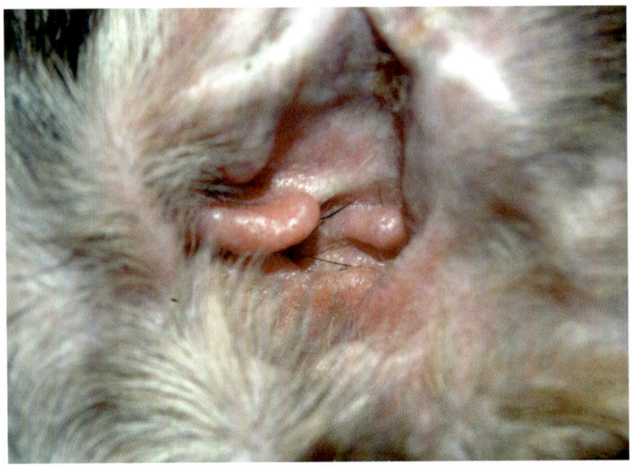

图 13-16 外耳炎。过敏犬的非感染性（无菌）过敏性耳炎，外耳道和耳廓红斑。

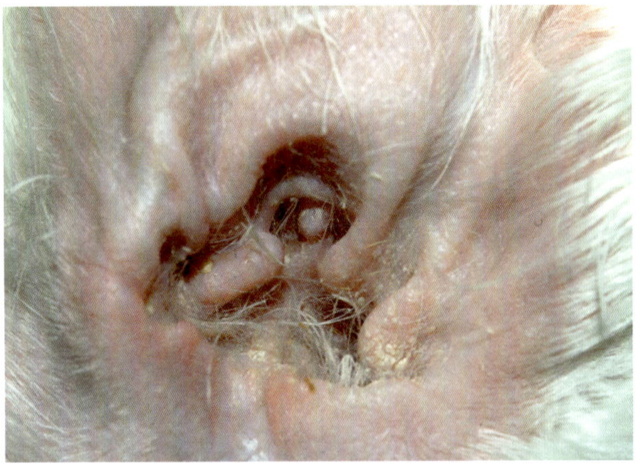

图 13-17 外耳炎。外耳道和耳廓红斑，有发白、蜡样分泌物，这是由潜在过敏引起的酵母菌性继发感染所造成。

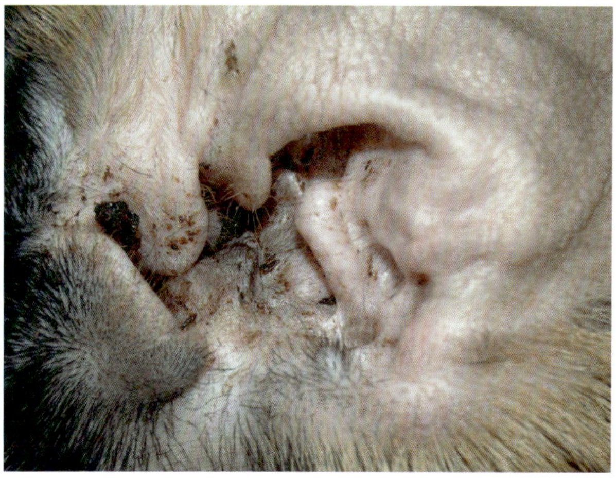

图 13-18 外耳炎。潜在过敏引起的酵母菌性继发感染，有棕色、蜡样分泌物。

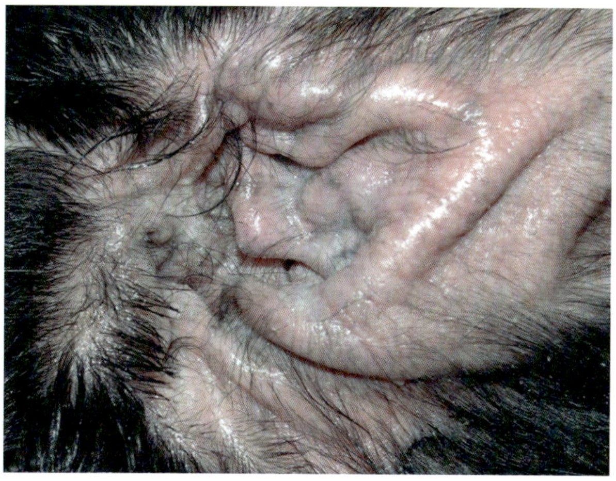

图 13-19 外耳炎。慢性过敏性耳炎的犬耳道和耳廓红斑和苔藓样变。注意没有明显的分泌物和继发感染（无菌性过敏性耳炎）。

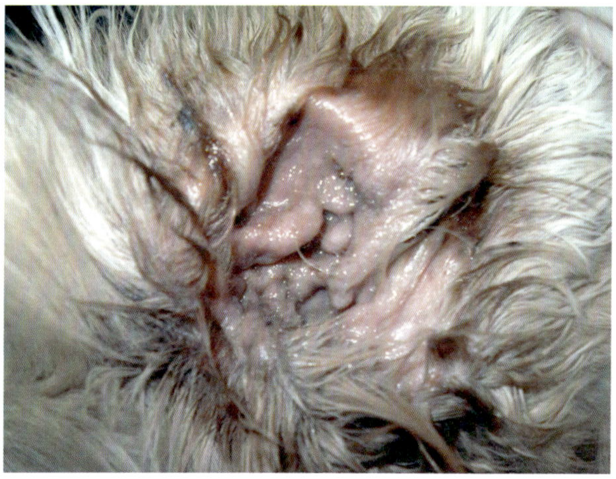

图 13-20 外耳炎。犬的急性耳炎，有化脓性分泌物。注意没有慢性炎性变化。

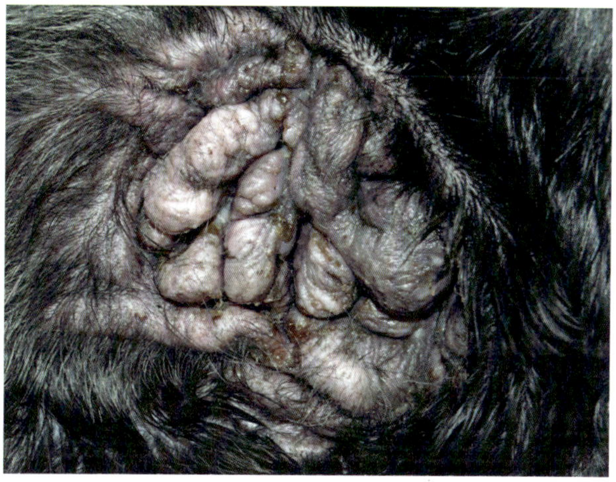

图 13-21 外耳炎。慢性复发性耳炎患犬，耳部严重水肿，苔藓样变，且耳道狭窄。该复发性感染继发于潜在的过敏性皮炎。

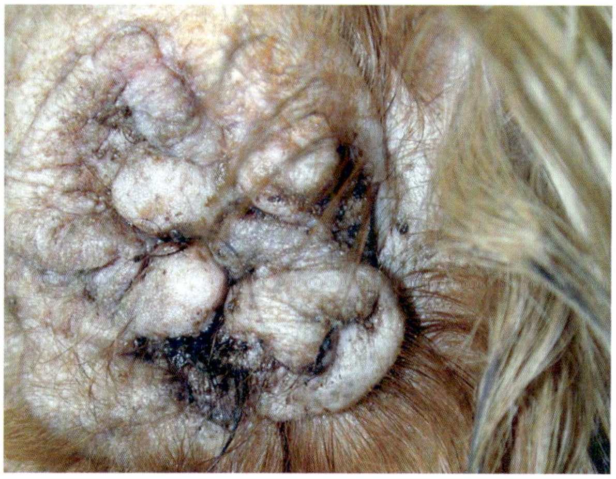

图 13-22 外耳炎。内分泌病患犬，耳部严重水肿和苔藓样变造成耳道完全狭窄。

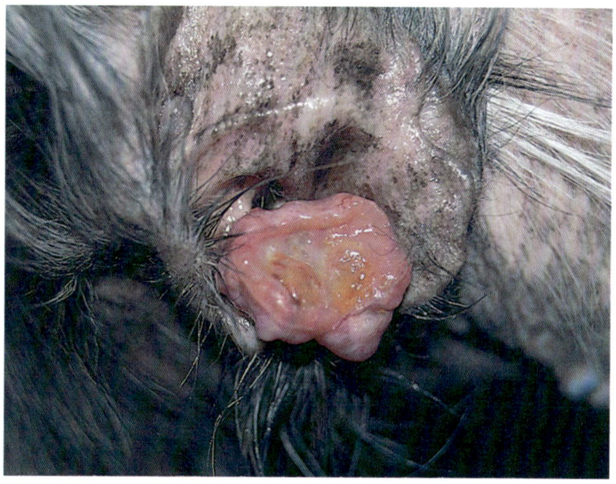

图 13-23 外耳炎。耵聍腺腺癌闭塞住了外耳道。

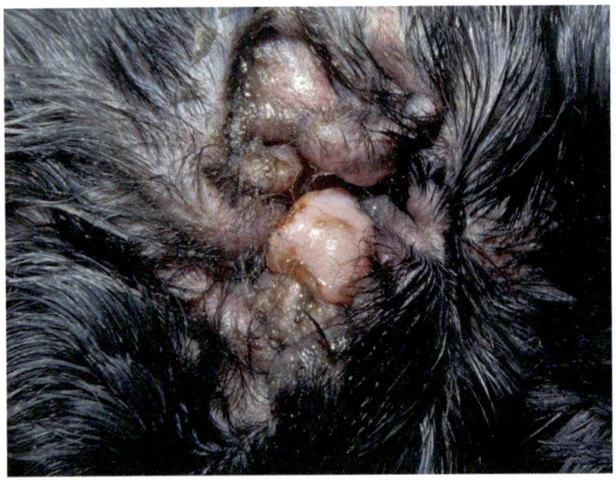

图 13-24　外耳炎。该耳道肿瘤阻塞了外耳道，这是造成慢性、复发性细菌性感染的原因。

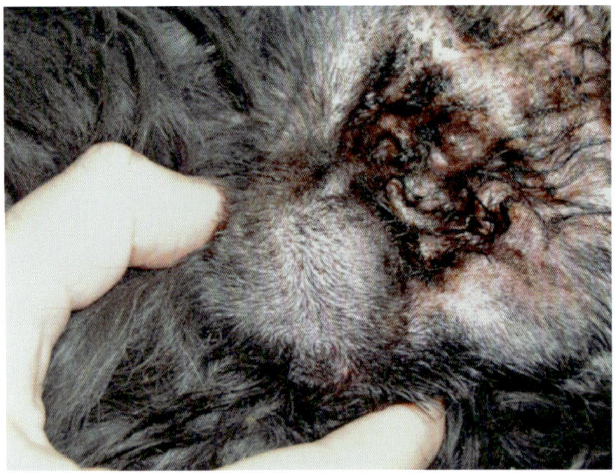

图 13-25　外耳炎。患慢性耳炎可卡犬的耳道钙化。触诊时，耳道坚硬而不可压缩。

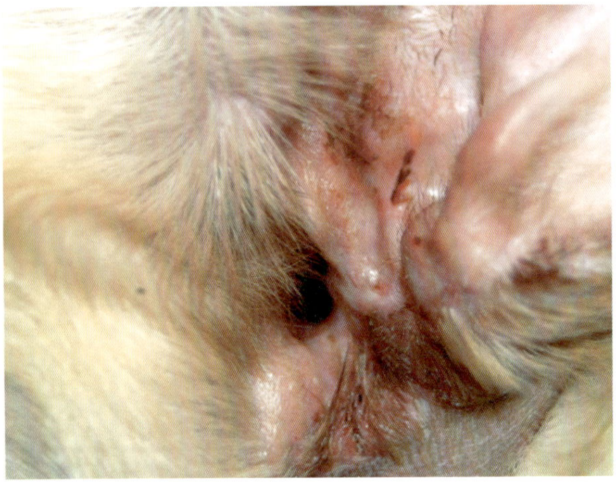

图 13-26　外耳炎。先前做过侧耳道切除的拉布拉多犬，外耳道和耳廓红斑。

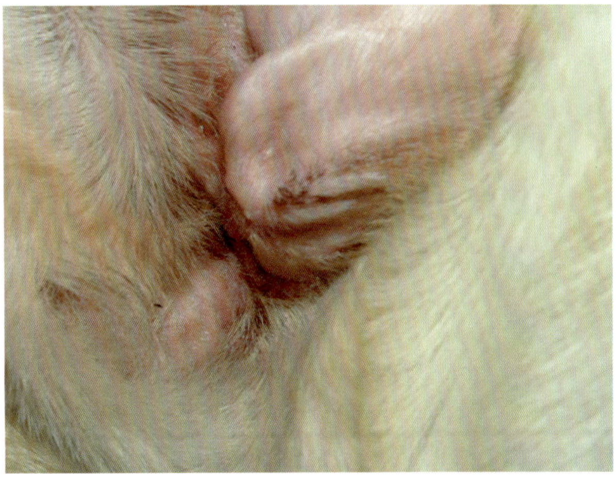

图 13-27　外耳炎。图 13-26 中的犬。尽管做过侧耳道切除，在正常情况下（没有牵拉），耳道会自己收拢折叠，因此闭塞了开口。这种结构异常造成了复发性感染。

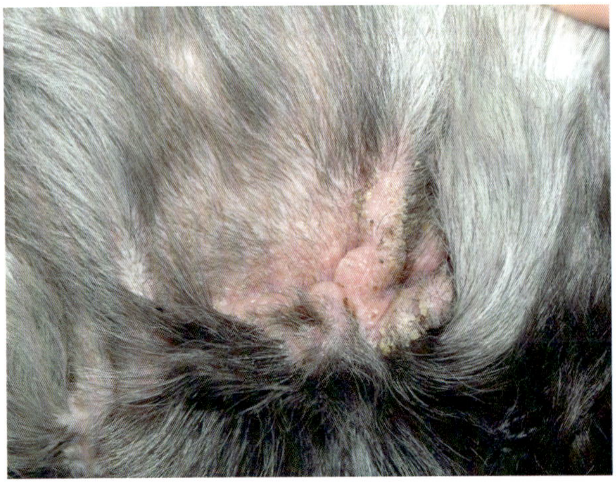

图 13-28　外耳炎。先前做过全耳道切除的犬。耳廓上红斑性皮炎。由于潜在的过敏性疾病从未得到确认和控制，造成持久性耳炎（耳廓皮炎）。

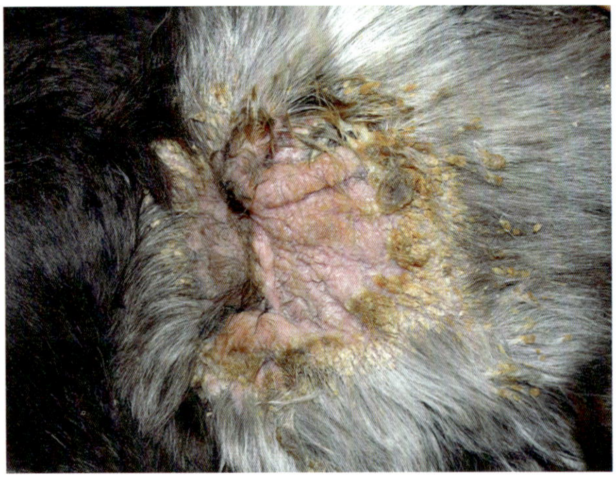

图 13-29　外耳炎。先前做过全耳道切除的犬。严重的耳炎（耳廓皮炎），有渗出物。其潜在 / 原发疾病没有得到确认和控制，致使尽管做了手术，还是出现复发性耳炎。

图 13-30　外耳炎。从慢性耳炎犬的耳中取出的草芒。在异物发现并取出前，耳炎已经持续几个月。

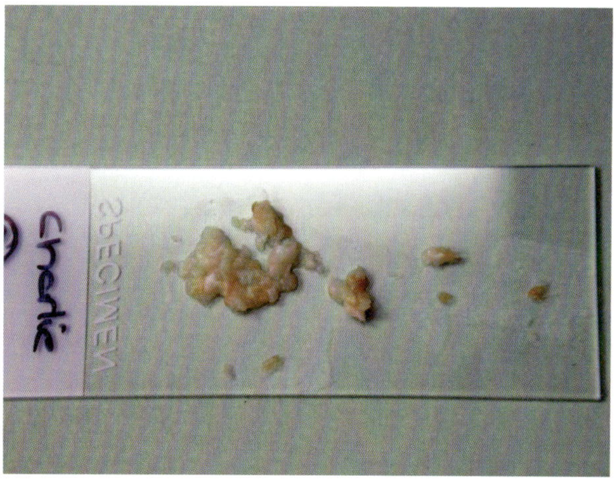

图 13-31　外耳炎。从慢性耳炎犬的鼓室内冲洗出来大量凝结的脓和分泌物。尽管经常清洁耳道，但是该物质一直存留在鼓室中，很有可能造成该犬复发性感染。

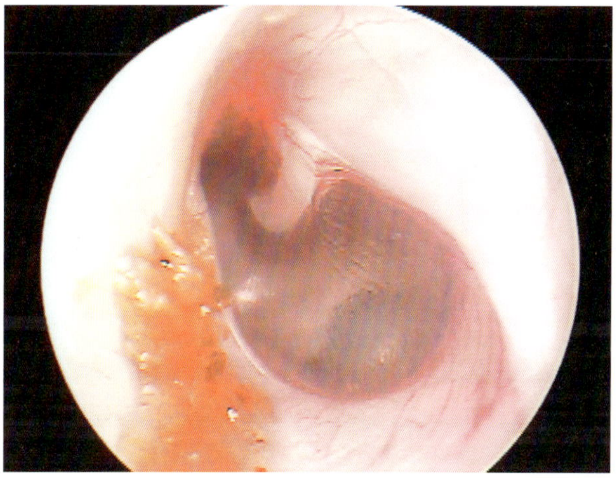

图 13-32　外耳炎。正常鼓膜的耳镜图。鼓膜是透明的，且可清晰看清钩状的锤骨。注意有少量耳道渗出，轻度炎症。

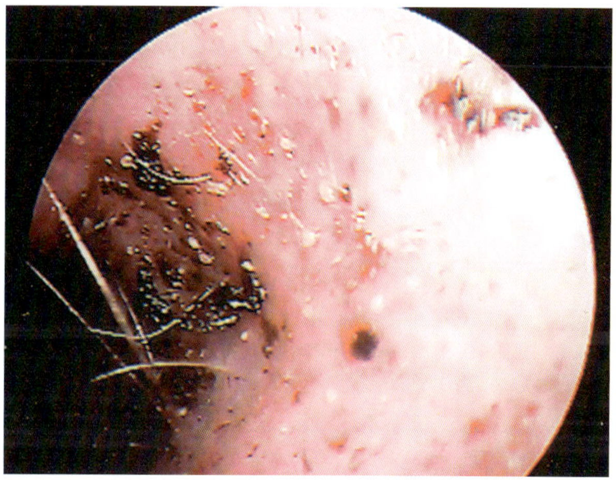

图 13-33　外耳炎。由耳螨引起的炎性外耳道内的深黑色耳部分泌物。可见耳螨在耳道内表现为白色的点。

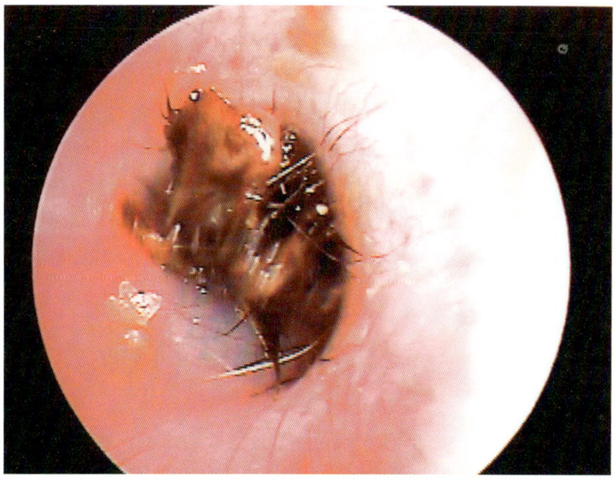

图 13-34　外耳炎。炎性外耳道内粘在鼓膜上一个蜡样栓子。注意在耳道深处的毛发可能是复发性感染的源头。

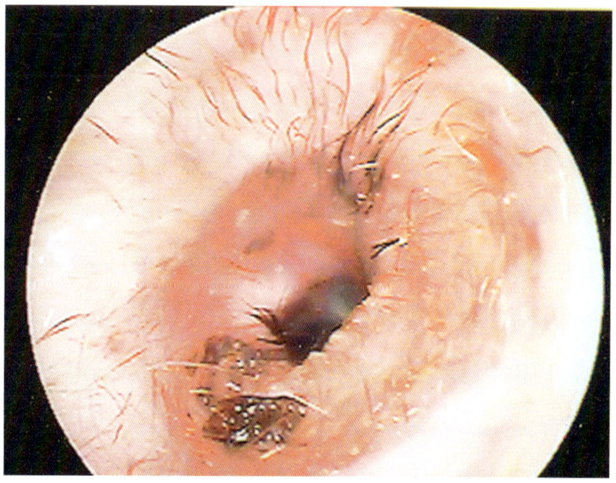

图 13-35　外耳炎。中度炎性的耳道，有脓性分泌物。鼓膜和锤骨几乎看不到，但是似乎相对正常。

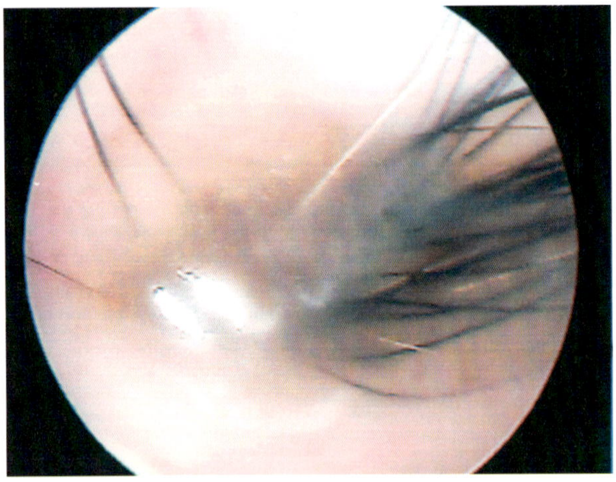

图 13-36 外耳炎。由于耳道内充满了脓，无法看清鼓膜。注意其中数根毛发可能是复发性感染的源头。

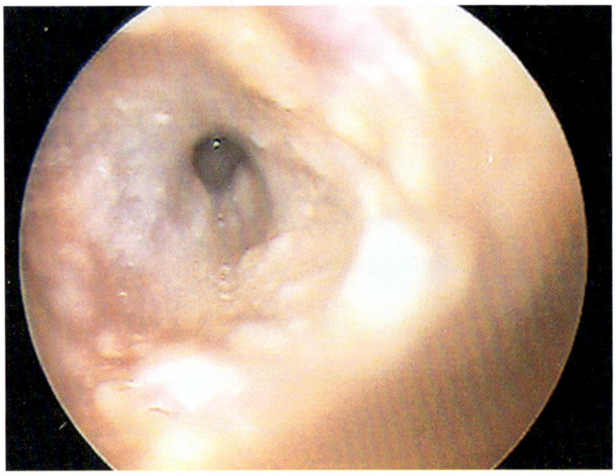

图 13-37 外耳炎。严重耳炎表现为有脓性分泌物，腺体增生（耳道壁鹅卵石样外观）和耳道深处狭窄。该犬耳膜被脓性分泌物覆盖。

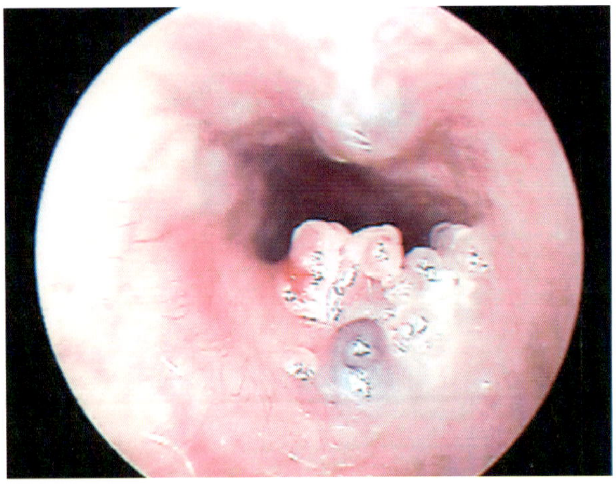

图 13-38 外耳炎。外耳道内的数个结节。耵聍腺增生/息肉可能表现为浅蓝色结节。若没有做活检则不可能排除恶性肿瘤。

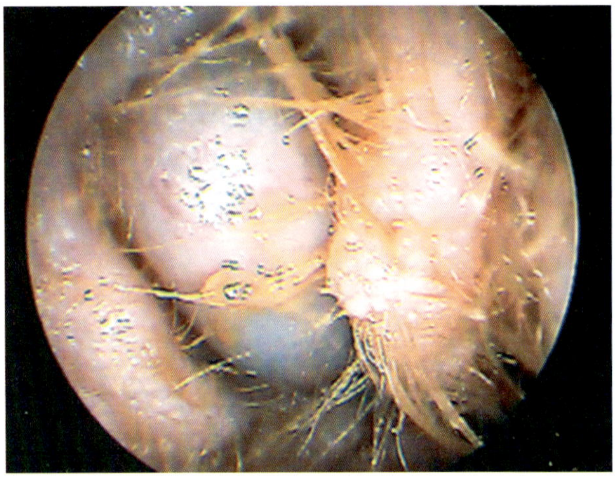

图 13-39 外耳炎。耳道肿瘤闭塞了耳道深处。

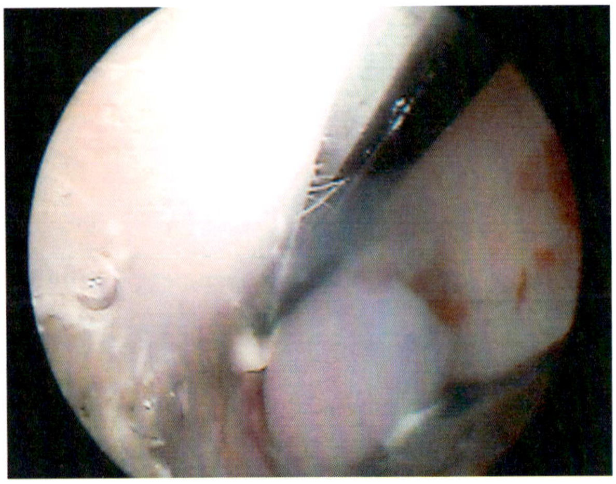

图 13-40 外耳炎。猫的耳道息肉。可见止血钳正伸入到耳道深处，企图抓住并移除该息肉。

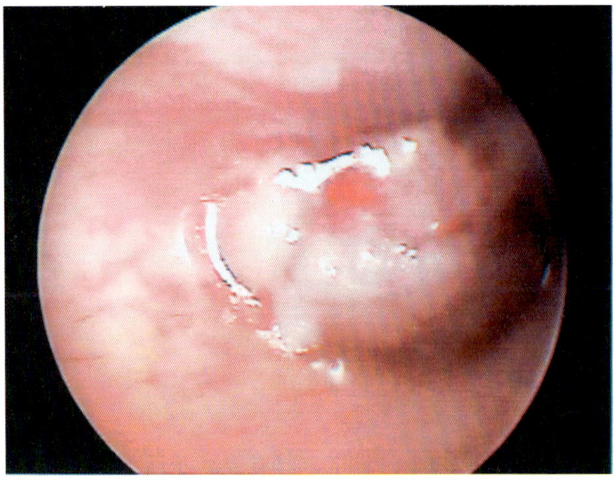

图 13-41 外耳炎。耳道肿瘤。

图 13-42　外耳炎。显微镜 10× 物镜下的蠕形螨。

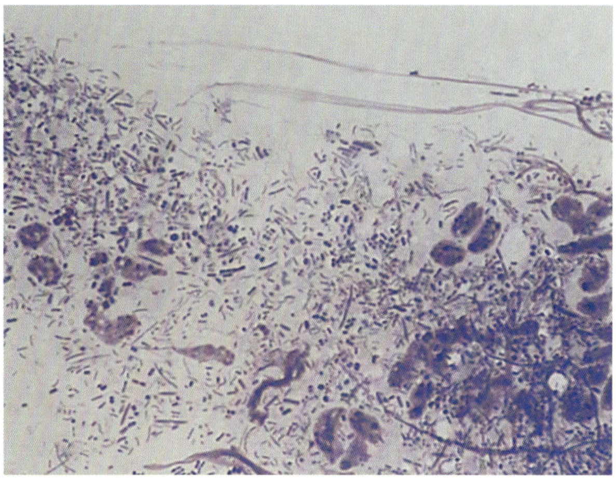

图 13-43　外耳炎。慢性复发性耳炎显微镜 100× 物镜（油镜）下所见，混合性细菌感染。注意数种细菌并存。

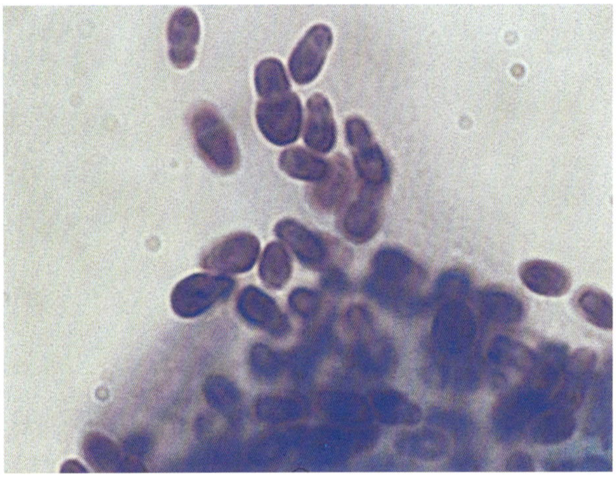

图 13-44　外耳炎。100× 物镜（油镜）下所见马拉色菌。

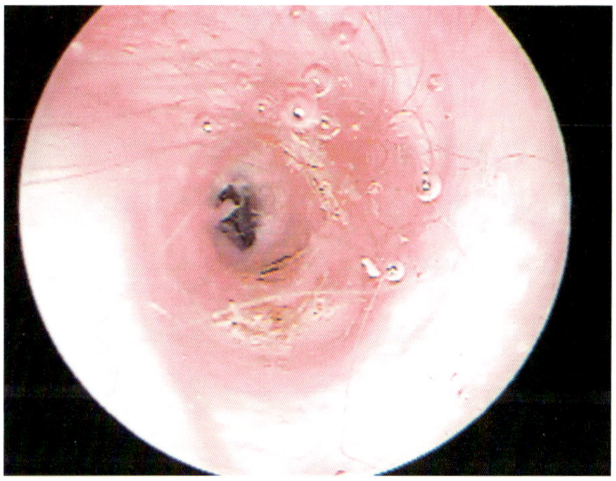

图 13-45　外耳炎。炎性外耳炎，鼓膜破裂。

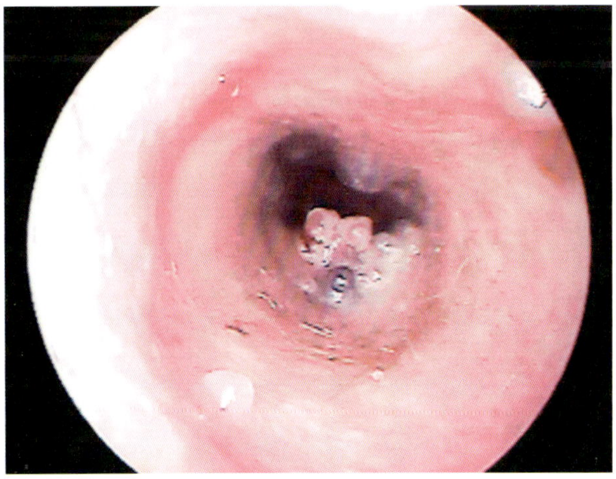

图 13-46　外耳炎。外耳道数个结节。

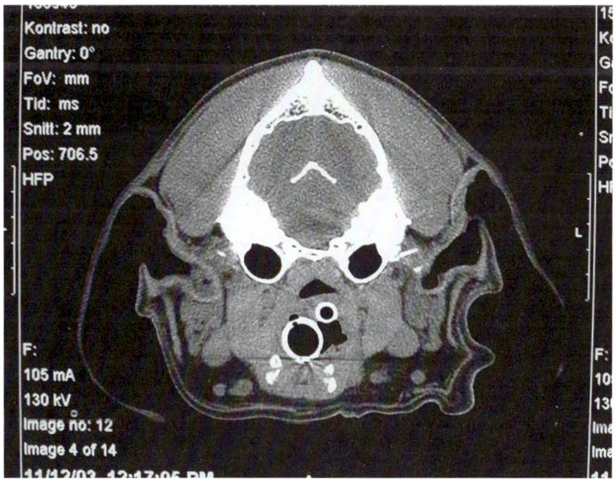

图 13-47　外耳炎。患慢性耳炎犬的 CT 扫描图。可见鼓泡开放，无渗出物且未见骨髓炎。左耳道被一个软组织肿物闭塞。影像检查可帮助医生了解耳道是否钙化，是否有肿瘤以及鼓泡是否有骨髓炎（这是提示预后的指示性症状）。

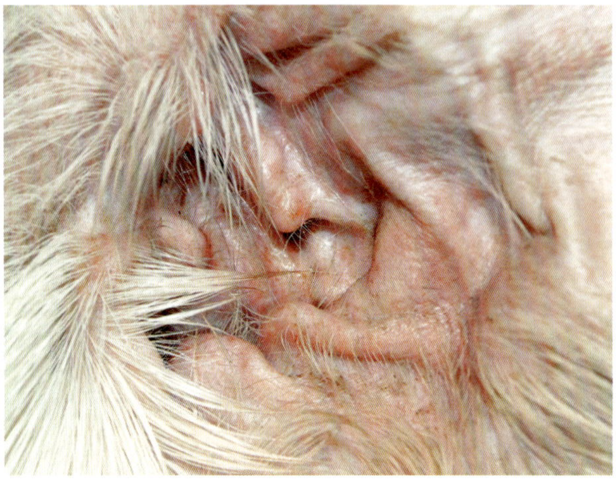

图 13-48 外耳炎。过敏犬的外耳道和耳廓广泛性红斑，没有继发感染；无菌性过敏性耳炎。

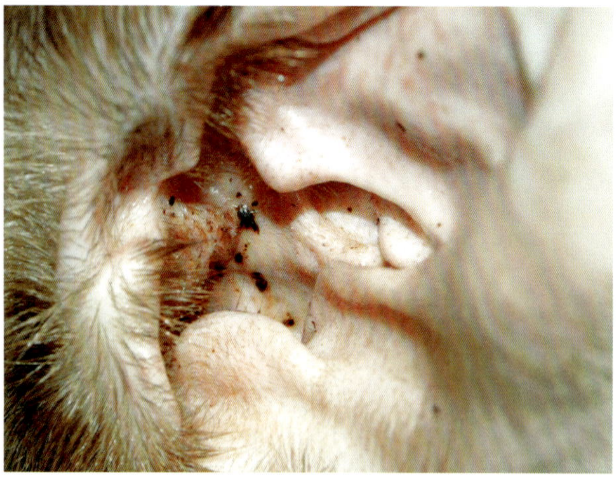

图 13-49 外耳炎。无菌性过敏性耳炎，有轻度耳道分泌物。

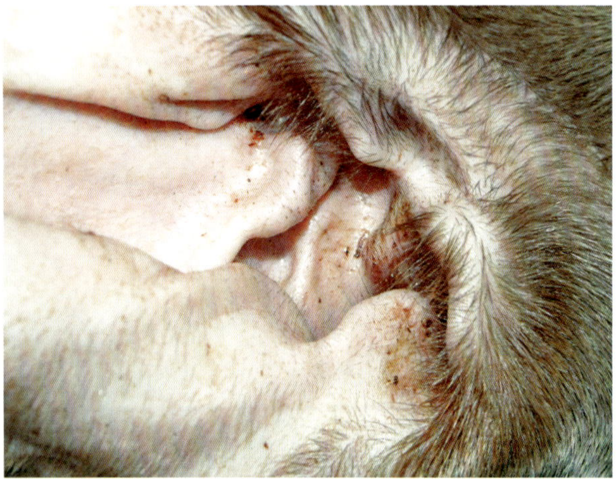

图 13-50 外耳炎。无菌性过敏性耳炎，有轻度蜡样分泌物，无继发感染。

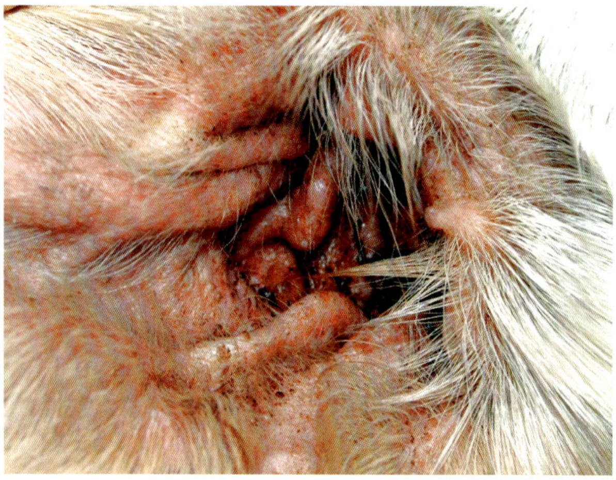

图 13-51 外耳炎。过敏犬的耳道严重的红斑和蜡样分泌物，有继发性细菌和酵母菌的混合感染。

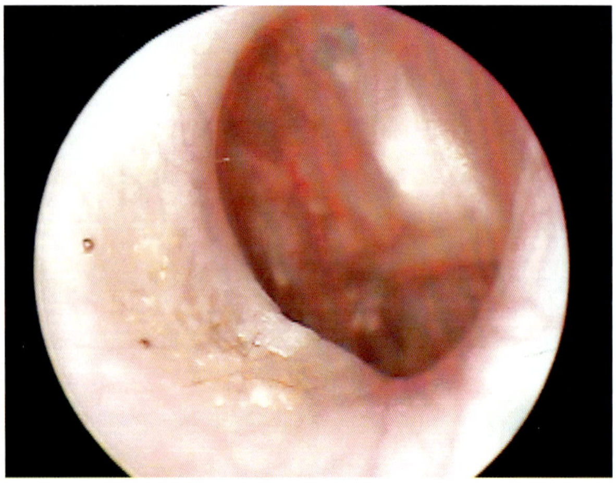

图 13-52 外耳炎。可见猫的鼓膜闪光，是由内侧息肉撑起所致。注意这张图上看不到息肉。

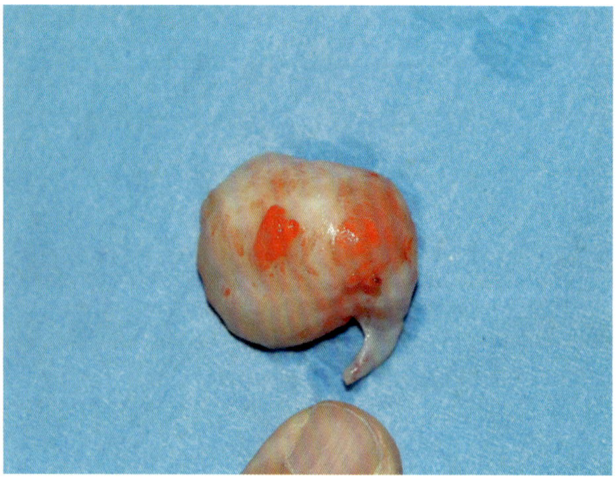

图 13-53 外耳炎。被移除的猫耳道息肉。

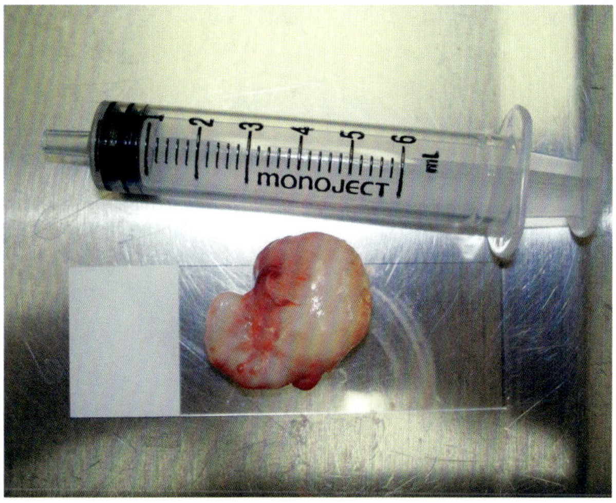

图 13-54　外耳炎。展示被移除的猫耳道息肉。

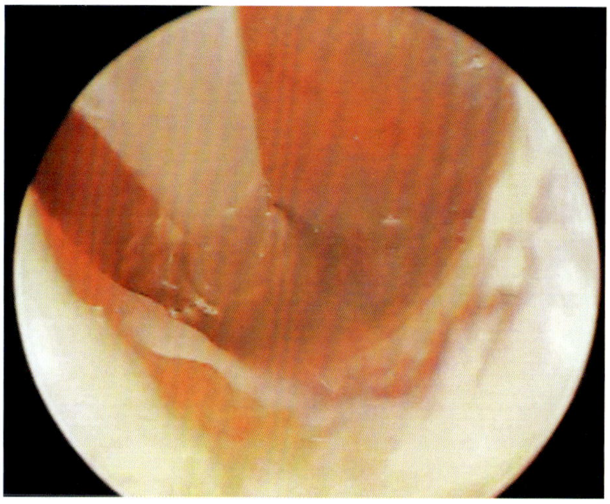

图 13-55　外耳炎。用公猫导尿管进行鼓膜切开术，在鼓室内采样并冲洗。

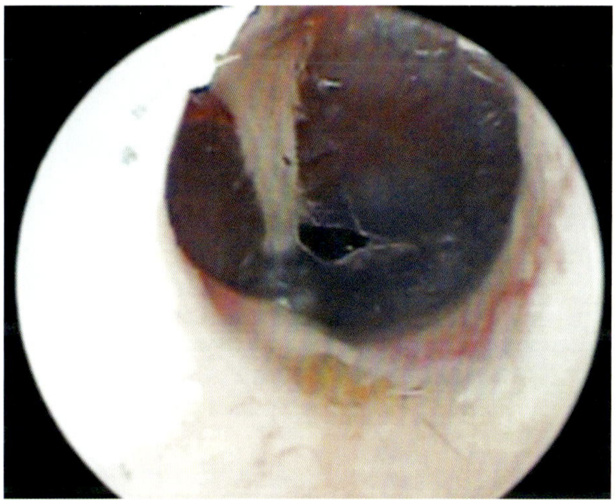

图 13-56　外耳炎。已进行鼓膜切开术，位于锤骨前侧的开口清晰可见。

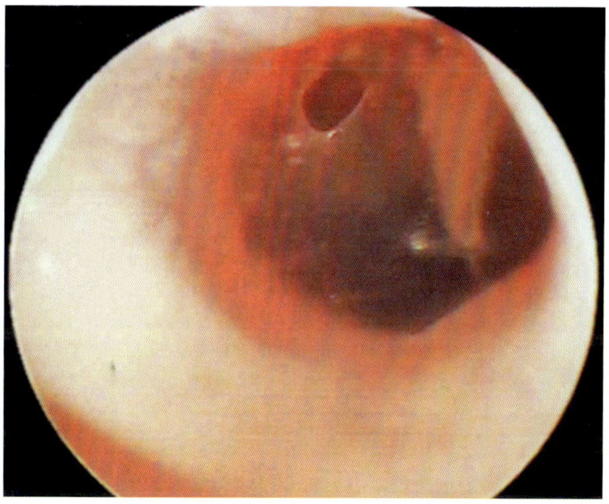

图 13-57　外耳炎。已进行鼓膜切开术，可见开口位于锤骨后侧。

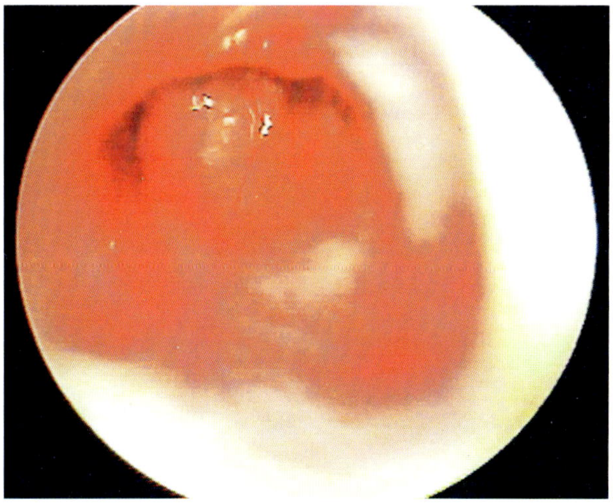

图 13-58　外耳炎。可见肿瘤几乎阻塞了耳道。

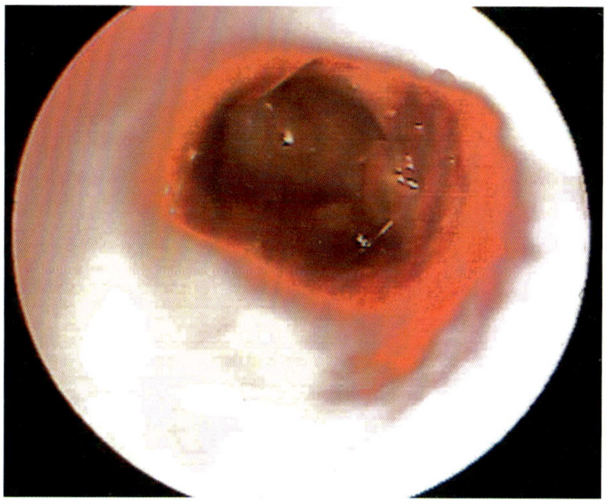

图 13-59　外耳炎。可见耳道末端有一个肿瘤。

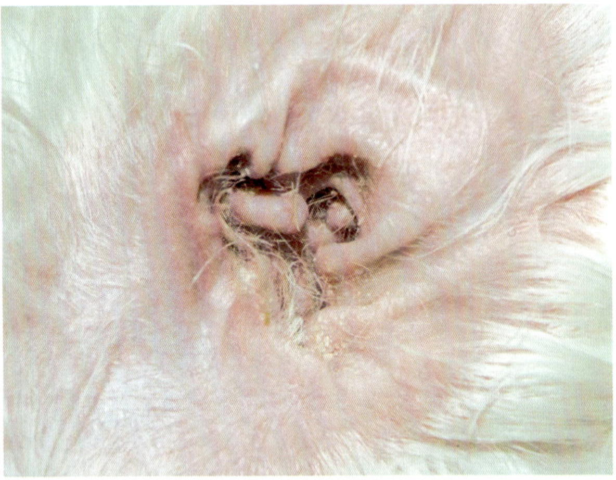

图 13-60　外耳炎。过敏犬的继发性酵母菌性耳炎，耳部皮肤发红，有干性白色耳道分泌物。

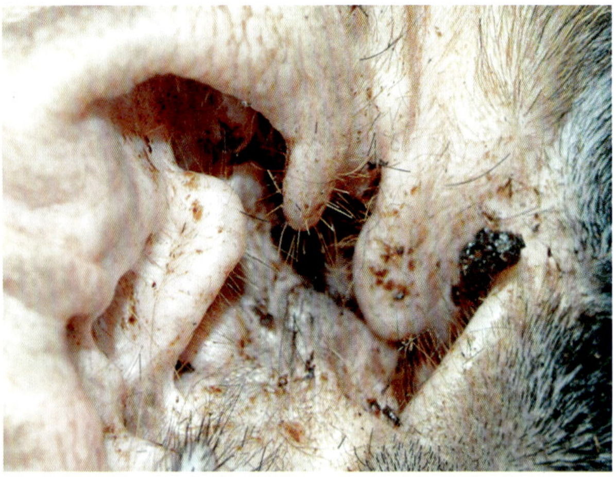

图 13-61　外耳炎。甲状腺功能减退的犬继发细菌性耳炎，中量蜡样耳分泌物。注意这种特征和数量的分泌物通常与酵母菌有关，提示需要做耳道细胞学检查。

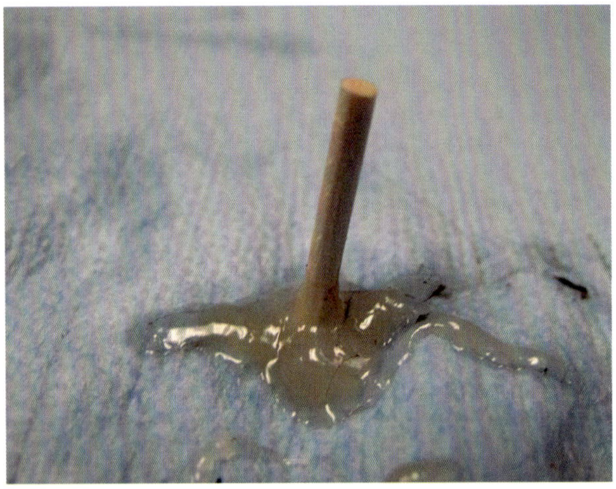

图 13-62　外耳炎。骑士查理士王猎犬的原发分泌性中耳炎，从其鼓室中取出黏蛋白样物质（“胶耳”）。

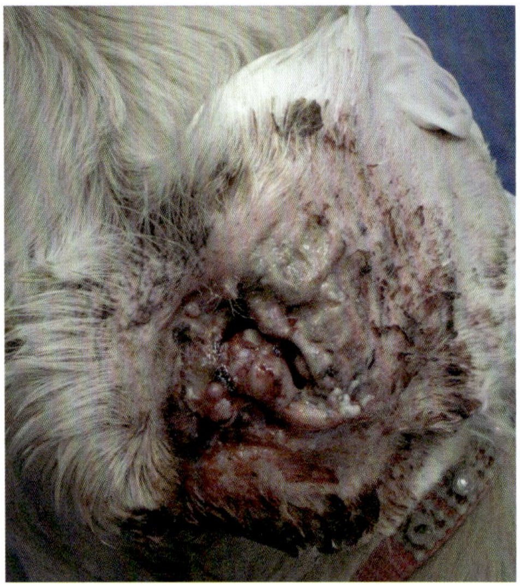

图 13-63　外耳炎。严重的溃疡性耳炎。肿胀组织与耳道肿瘤很难通过临床观察区分。

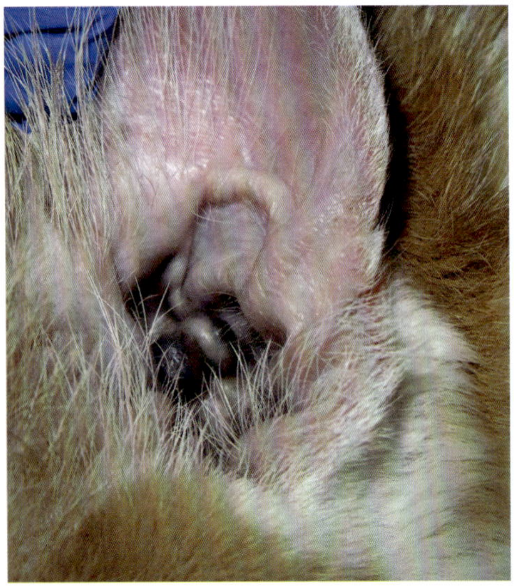

图 13-64　外耳炎。猫外耳道存在着色的小结节。

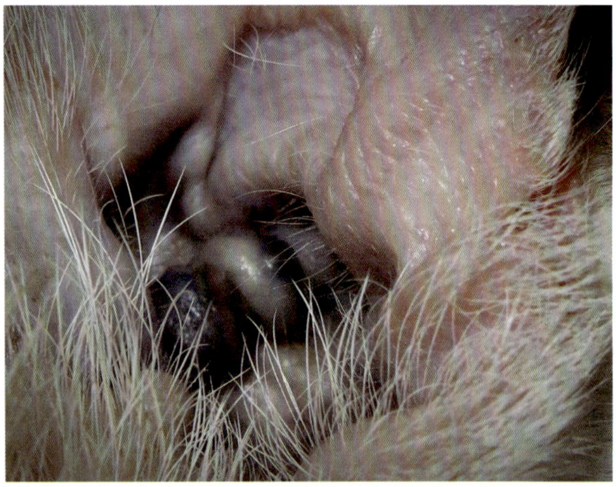

图 13-65　外耳炎。猫外耳道着色小结节的近观。

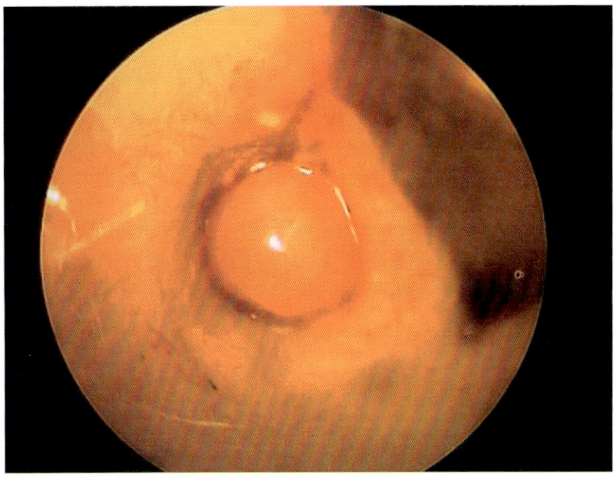

图 13-66　外耳炎。耳内镜下发现的单个光滑耳道息肉。

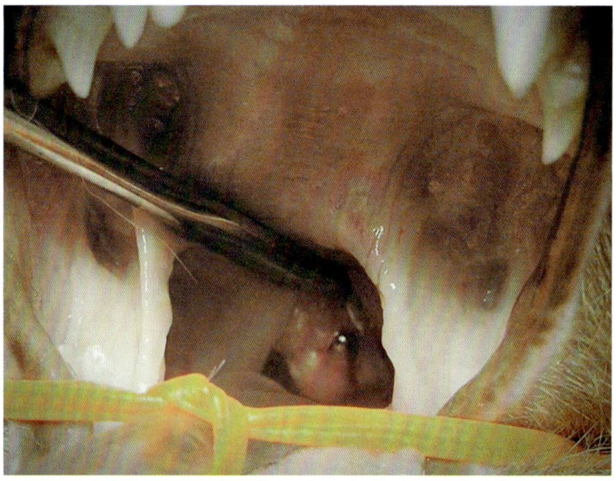

图 13-67　外耳炎。猫咽部的突出息肉。

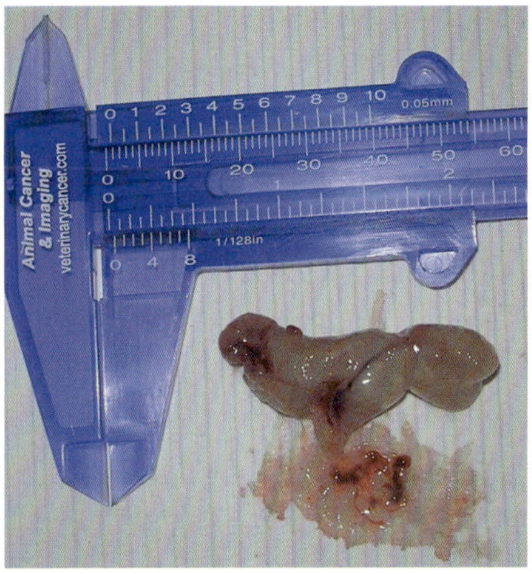

图 13-68　外耳炎。外科手术取出的耳道息肉。

耳血肿
Aural Hematoma

特征

此病是由于耳廓中的血管和毛细血管创伤性破裂造成的。当动物剧烈地甩头时，耳廓的离心力和甩动力造成血管破裂。随后血液积聚在皮肤和软骨之间，形成血肿。血肿可以很小，但是持续地甩头通常会使血肿延伸到整个耳廓。血肿通常为单侧，但是双侧病变也有可能出现。随着时间的推移，血肿凝固，变为一个坚硬肿物。几乎同时发现耳螨、酵母菌或细菌引起的耳炎。此病不常见于犬而猫罕见。

主要鉴别诊断

鉴别诊断包括肿瘤和囊肿。

诊断

1. 通常根据病史和临床检查。
2. 对耳道进行耳镜检查，确认是否存在外耳炎。
3. 耳道细胞学检查寻找耳螨、细菌或酵母菌。
4. 对血肿进行细针抽吸，检查显示为血液。

治疗和预后

1. 应积极治疗耳炎来减少甩头。
2. 口服泼尼松龙 1 mg/kg，每 12～24 h 一次，持续 5 d 可以帮助减轻炎症，缓解强烈的瘙痒和不适。这些都是造成甩头的原因。
3. 应使用抗生素治疗任何继发感染，直到耳道完全痊愈（表 2-1）。
4. 血肿应尽快引流。若血肿机化，则手术干预更难进行，造成更严重的疤痕。用于引流耳血肿的常见技术如下。
   - **手术技术：**在耳廓上做血肿长度的切口，将其中的内容物去除。冲洗内腔，整齐地做全层缝合（间隔 1 cm），以保证组织层粘连。用有些支撑性或将缝线分隔的装置，如引流管，纽扣或 X 线胶片，以防止缝线嵌入皮肤内。一旦病变处瘢痕化，则将缝线去除（通常需要几天至数周时间）。该技术侵入性最强，应用于没有液体腔的、完全组织化的慢性血肿。
   - **套管技术：**在血肿重力最低点做一个小的切口（0.5 mm）。将血液挤出，冲洗内腔去除血凝块，将牛乳头套管插入该切口，不包扎，使血肿引流。引流通常会在数天内变少。当血肿看起来已好，且组织平面已粘连（几天至数周），则轻柔地扭动从切口处移除乳头套管。留下开口自愈。
   - **抽吸式引流技术：**动态抽吸引流可以插入血肿并绑在患病动物的头部。这些引流会产生持续的负压，使组织层粘连。方法是蝶形输液针，去除接头，在管子的远端开窗。然后将该管从小切口插入血肿，并缝合固定。将蝶形输液针绑在动物的头上，针头插入真空管。真空管提供了持续性的抽吸且使组织层粘连。该真空管应每 12 h 更换一次。当分泌物收集小于 2 mL/d，则应拆除装置（通常 5～7 d）。
   - **钻孔活检技术：**用 6 mm 钻孔活检器钻出一个或几个引流孔，将这些孔开放引流，使组织粘连。这些活检孔则最终二期愈合。
   - **激光技术：**二氧化碳（CO_2）激光被用于在血肿上做出几个引流孔。这些开放的孔起到引流作用，使组织粘连。用激光做的引流孔则二期愈合。虽然用注射器将血液抽吸出来可以迅速消除血肿，但是血肿几乎在几小时后再次出现。
5. 预后良好，但是复发常见，尤其当继发感染的原发病因（过敏、内分泌、息肉、肿瘤）没有得到控制的时候。

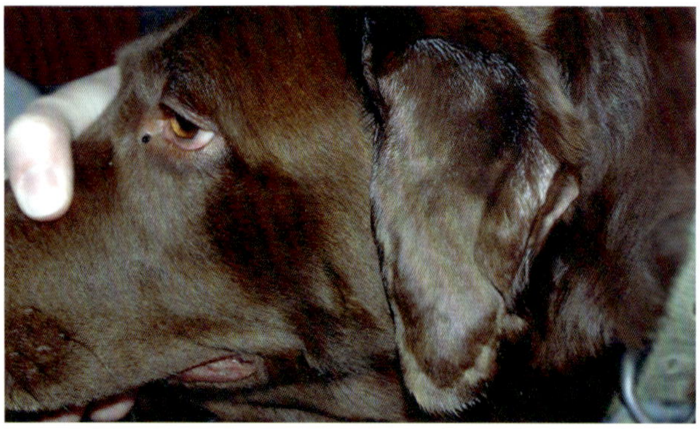

图 13-69　耳血肿。患耳血肿的成年拉布拉多犬，血肿位于耳廓远端。明显可见耳廓肿胀、“充气”。

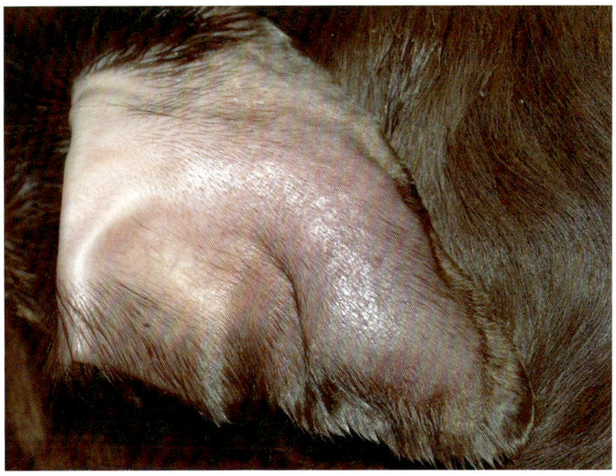

图 13-70　耳血肿。图 13-69 中的犬。由于血液积聚，耳廓的内侧面呈明显充气样。

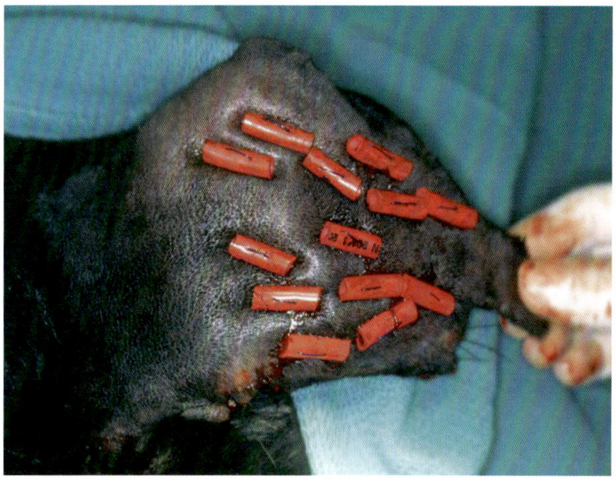

图 13-71　耳血肿。图示治疗耳血肿的传统缝合技术（自 D. J. Krahwinkel）。

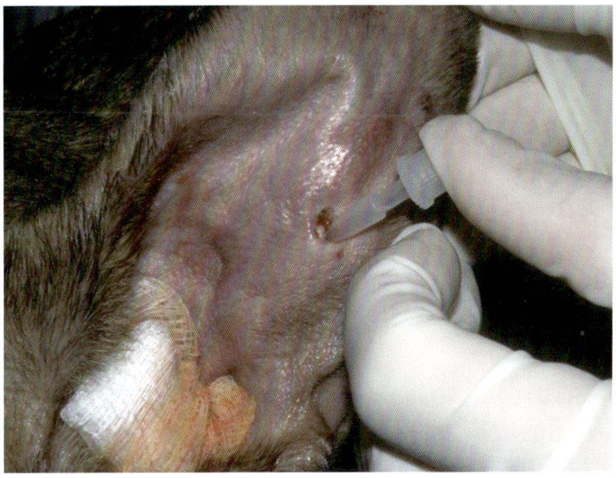

图 13-72　耳血肿。在血肿切开处插入牛乳头套管，该处也是重力最低的血肿边缘。注意纱布填充在耳道内防止血液和渗出物进入。

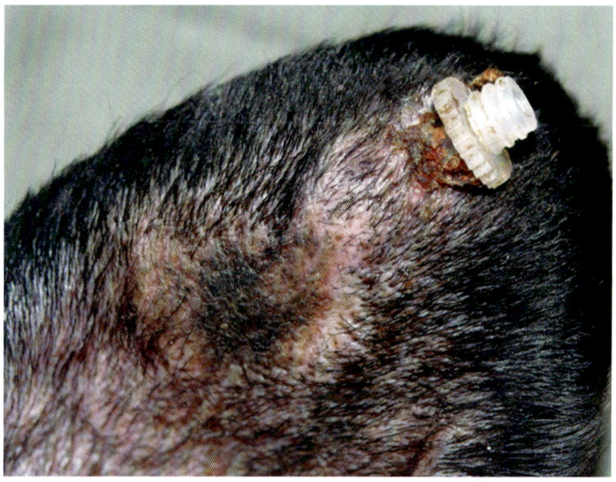

图 13-73　耳血肿。该牛乳头套管已经放置了大约 7 d。只有很少量的引流，且组织层已经粘连。当套管移除时，组织层粘连可防止血肿的复发。

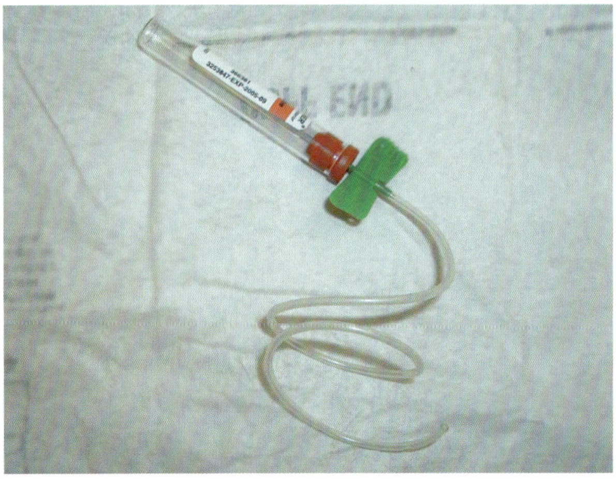

图 13-74　耳血肿。被改装过的 22 号蝶形输液针，去除了注射器接头，在导管侧壁开口。留下针头，针头最终会插入真空管内，提供动态的抽吸。

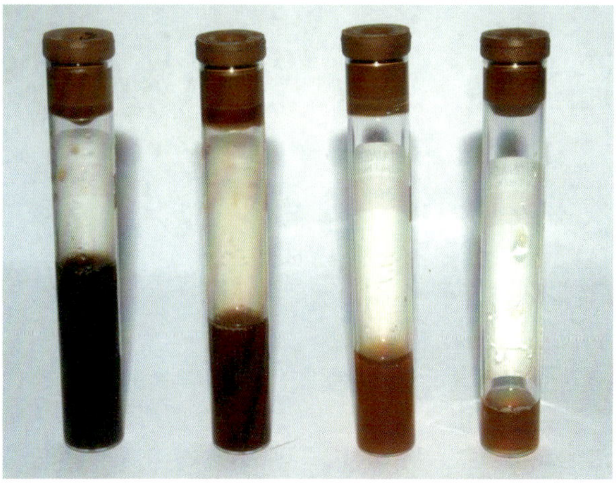

图 13-75　耳血肿。4 个真空管，显示从耳血肿收集的引流液逐渐减少。每一个真空管都放置 24 h。

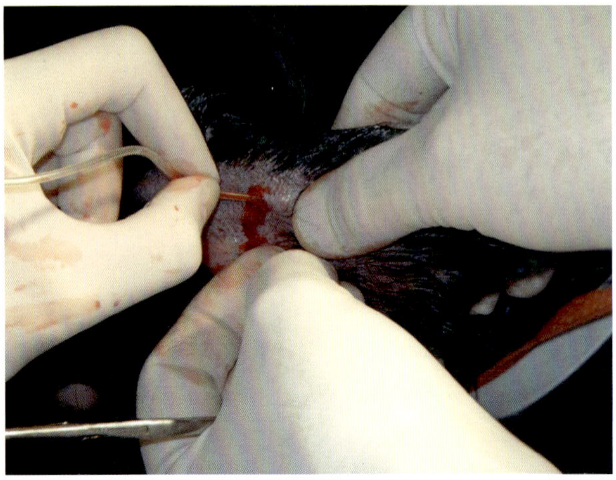

图 13-76　耳血肿。使用改装的蝶形输液针和真空管装置产生动态引流。在血肿上做一个小的切口，将血和内容物挤出，然后插入管子，并用缝线密封缝合。

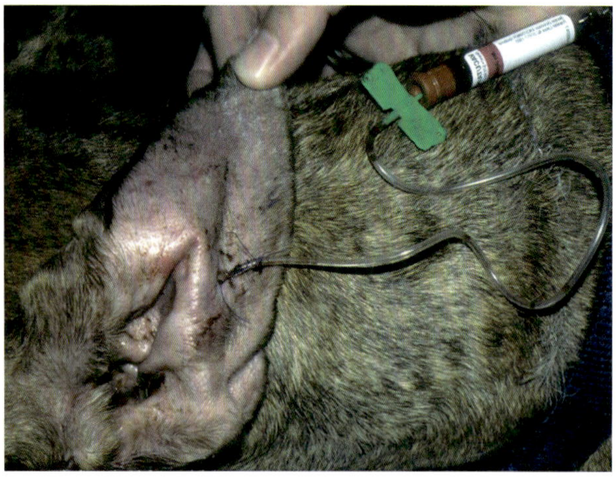

图 13-77　耳血肿。改装的蝶形输液针导管已经插入血肿，并缝合在该处。针已经插入一个真空管中。

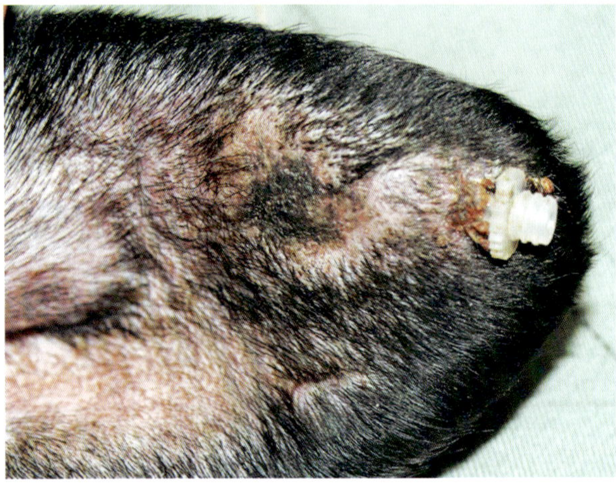

图 13-78　耳血肿。牛乳头套管插入一个小的切口中，引流数天后组织重新粘连。

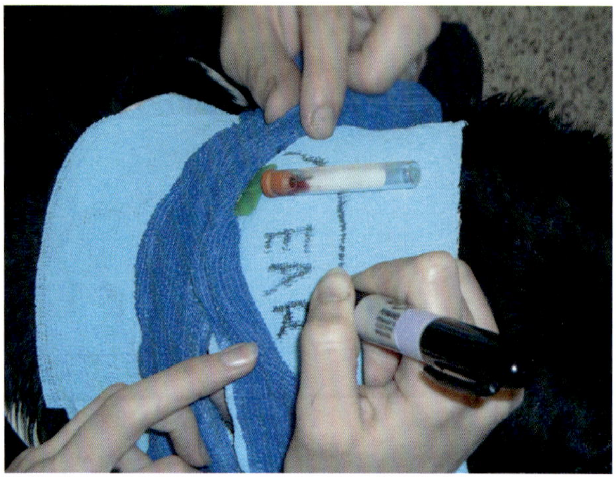

图 13-79　耳血肿。动态抽吸装置和耳廓被包扎在该犬的头部。注意绷带上清晰地标明了耳廓的位置，以防止拆除绷带时不小心造成的创伤（剪伤）。

黑素瘤
Melanoma

特征

该肿瘤可能是良性或恶性，但多数涉及甲床的黑素瘤为恶性。犬的黑素瘤仅次于鳞状细胞癌，是第二常见的爪部肿瘤。老年犬常见，有些色素较深的犬发病率最高，特别是迷你雪纳瑞、标准雪纳瑞和苏格兰㹴。爱尔兰赛特犬和金毛猎犬也是易感品种。老年猫罕见。

黑素瘤通常表现为单个界限清晰、圆顶形、坚硬、棕或黑色、无毛、有蒂的疣状物，直径0.5～10 cm。恶性黑素瘤有或无色素沉着（无黑色素），可能发生溃疡，且倾向于变大，比良性瘤生长迅速。可能继发细菌性甲沟炎和趾甲变形。

主要鉴别诊断

鉴别诊断包括其他肿瘤、爪部细菌感染/骨髓炎和真菌感染。

诊断

1. 细胞学：圆形、椭圆形、星状或梭形细胞，细胞浆量中等，内含有棕色或黑绿色颗粒。恶性黑素瘤可能含色素较少且呈现多形性，但是不能依靠细胞学来决定是否为恶性。

2. 皮肤组织病理学：肿瘤性黑色素细胞聚集，这些细胞在外观上可表现为梭形、上皮状或圆形细胞。细胞可能成团、成束或神经束状螺旋分布，并有不同程度的色素沉着。常见富含色素的巨噬细胞浸润。良性黑素瘤的界限清晰，细胞核的形态基本一致，并且有丝分裂率低。恶性黑素瘤表现出更强的侵蚀性、细胞多形性和有丝分裂象（包括非典型的有丝分裂象）。有丝分裂指数是预测生物学活动最可靠的指标；然而10%的组织学良性的黑素瘤却表现恶性形式。

3. X线检查（患趾）：软组织肿胀、骨质增生或P3的骨质溶解。

4. 应对患病动物进行筛查，确定是否有局部淋巴结（抽吸/细胞学，活检/组织病理学）和体内转移（X线检查、超声检查）。

治疗和预后

1. 由于临床上难以区分良性和恶性黑素瘤，因此可选择根治性外科切除/P3截趾术。

2. 有些恶性的肿瘤病例，用疫苗或化疗辅助治疗可能延长生存期。

3. 良性黑素瘤的预后良好。恶性黑素瘤的预后不良，因为术后常会再生或转移。

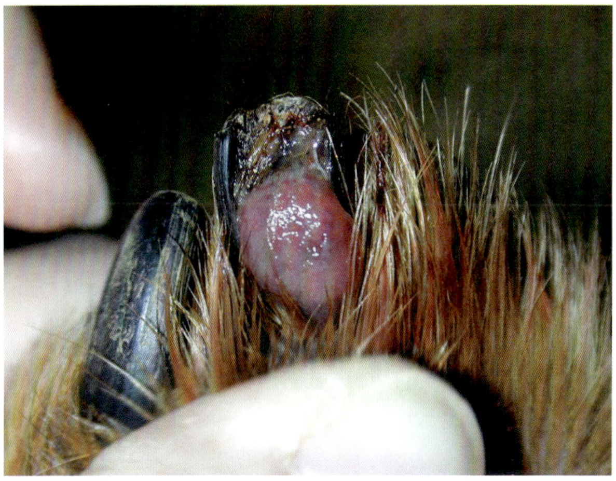

图 13-80　黑素瘤。中年罗威纳犬的爪趾的无黑色素性黑素瘤（自 L. Frank）。

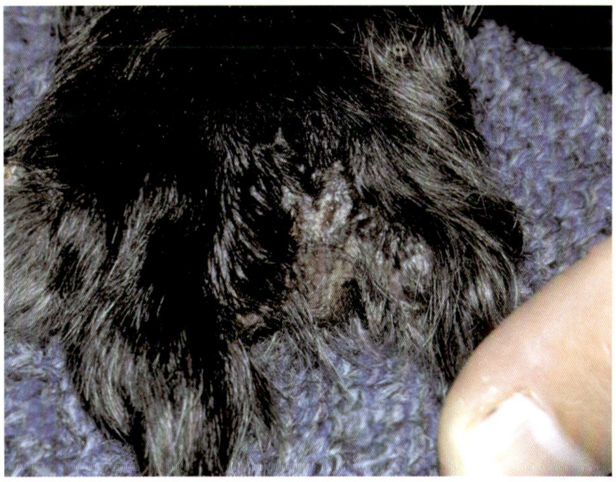

图 13-81　黑素瘤。在先前截趾术部位，恶性黑素瘤复发。四肢远端出现的恶性黑素瘤通常具侵略性。

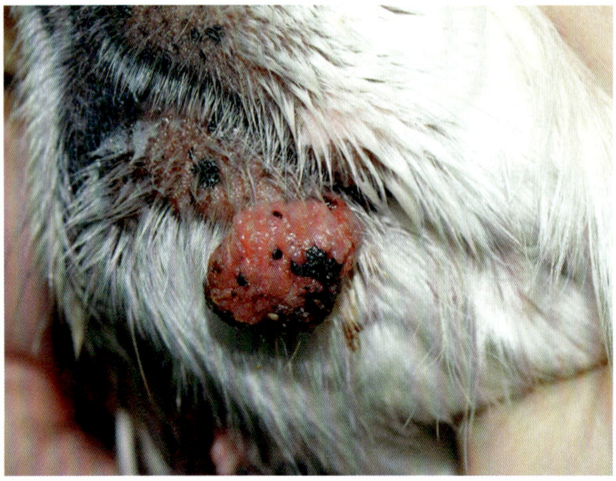

图 13-82　黑素瘤。老年可卡犬唇部的无黑色素性黑素瘤。注意该肿瘤看起来更像良性肿瘤，常见于老年可卡犬。

肛门囊病
Anal Sac Disease

特征

肛门囊病是肛门囊嵌塞的发病过程，可导致继发感染（肛门囊炎）和形成脓肿。复发性肛门囊病经常和潜在食物过敏或异位性皮炎有关。犬常见此病，小型犬发病率高，而猫罕见。

肛门囊嵌塞和发炎的常见症状包括蹭肛门、舔舐或啃咬会阴。还可见到里急后重、排便痛苦、咬尾和会阴部创伤性皮炎等症状。随着脓肿的形成，可见到肛门周围出现红斑、肿胀、渗出物引流道（若脓肿破裂）和发热。

主要鉴别诊断

鉴别诊断包括肛门囊肿瘤、肛周瘘、食物过敏和绦虫。

诊断

1. 手指触诊可感觉到肛门囊扩张和阻塞。
2. 挤压出肛门囊内容物并进行检查。
- 正常肛门囊：含有清亮或淡黄褐色液体。
- 嵌塞的肛门囊：内容物黏稠、褐色、糊状。
- 肛门囊炎：奶油状黄色或稀薄的黄绿色渗出物。
- 肛门囊脓肿：经常含有棕红色化脓性渗出物。

治疗和预后

1. 查明并治疗潜在病因，特别是食物过敏。
2. 对于肛门囊嵌塞，应人为排空肛门囊。
3. 对于肛门囊炎，应人为排空肛门囊，并用 0.025% 氯己定或 0.4% 聚维酮碘溶液冲洗。然后，向肛门囊内滴入抗生素 / 糖皮质激素软膏（如 Panalog，耳特净），并选择合理的全身性抗生素治疗，持续 7～14 d。
4. 对于肛门囊脓肿，若肛门囊尚未破溃则应进行引流。应清洁肛门囊，并用 0.25% 氯己定或 0.4% 聚维酮碘溶液冲洗。然后，向肛门囊内滴入抗生素 / 糖皮质激素软膏（如 Panalog，耳特净）。可热敷患部或每 12～24 h 冲洗一次，以保证引流通畅，促进愈合。患部每 12 h 涂抗生素软膏一次，并合理选用全身性广谱抗生素，持续 7～14 d。
5. 对于复发性肛门囊嵌塞、肛门囊炎或脓肿，通常手术切除患侧肛门囊可治愈。然而，可能有术后并发症，包括暂时性或永久性排便失禁，且若肛门囊未彻底切除，则会形成引流瘘管。
6. 预后各异。定期排空肛门囊有利于防止本病复发。

作 者 注

- 若患病动物有复发性耳炎，则应高度怀疑食物过敏是肛门囊炎的潜在 / 原发病因。
- 对正常肛门囊的早期和频繁挤压，可能刺激组织和腺体，使得肛门囊需要更频繁地排空。

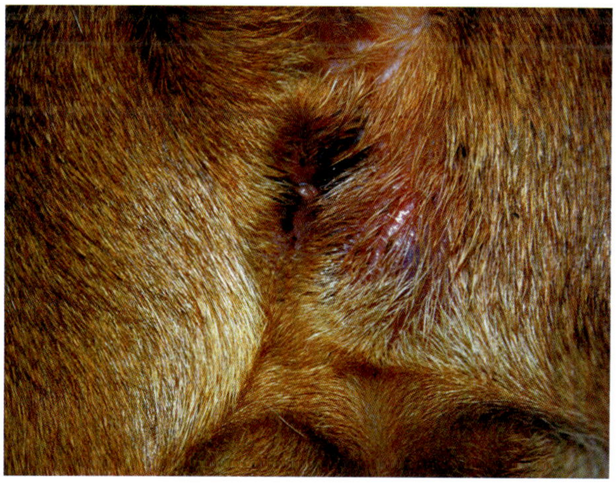

图 13-83　肛门囊病。肛门囊发炎、感染，表面出现脱毛和红斑。

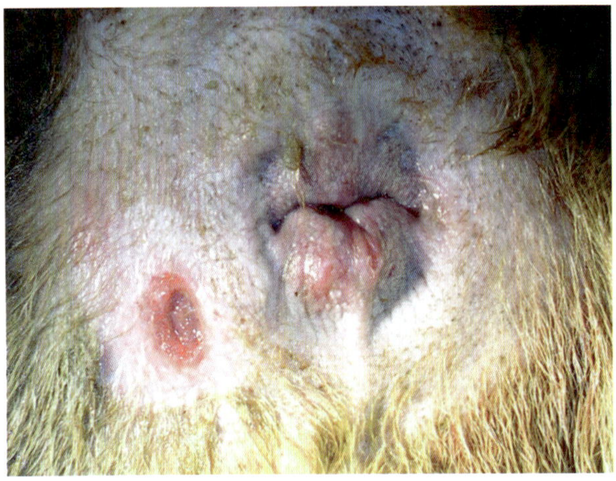

图 13-84　肛门囊病。感染的肛门囊，脓肿破溃后造成溃疡病变。

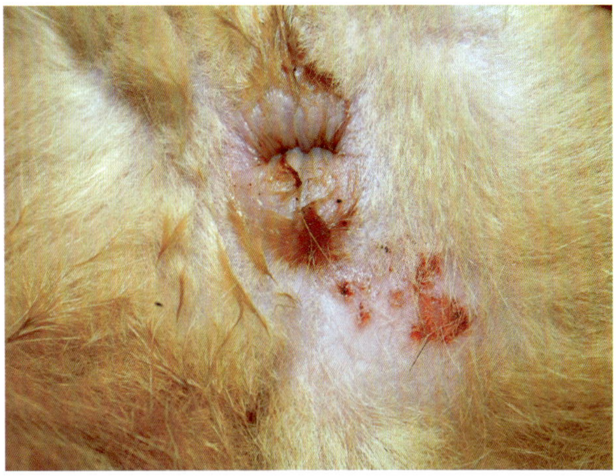

图 13-85　肛门囊病。猫的肛门囊炎，脱毛、糜烂性皮炎且形成结痂。

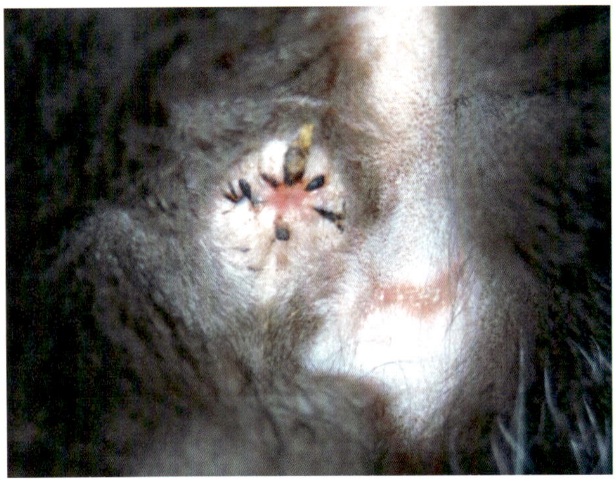

图 13-86　肛门囊病。猫的肛门囊处脱毛，有红色疤痕，之前该处发生脓肿并破溃。

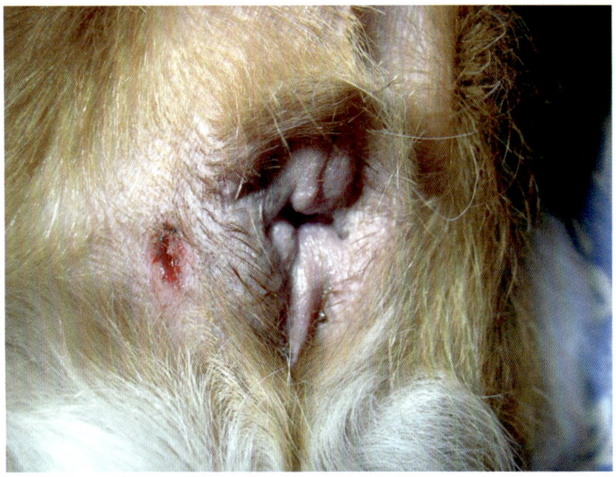

图 13-87　肛门囊病。犬肛门囊脓肿破溃。

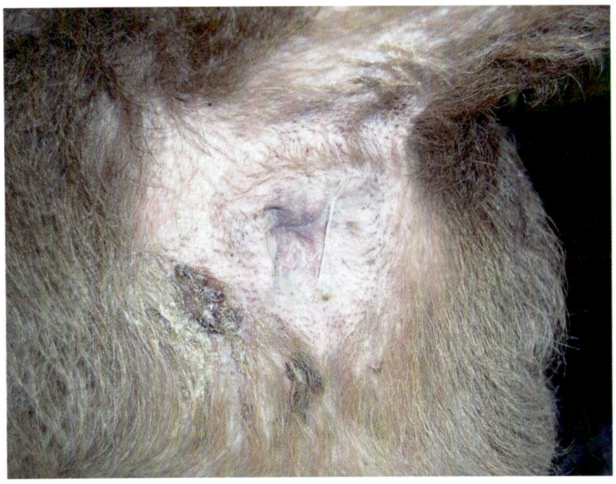

图 13-88　肛门囊病。犬肛门囊表面脱毛、结痂。

肛周瘘（肛门疖病）
Perianal Fistulae (Anal Furunculosis)

特征

这是一种肛周、肛门和直肠周围组织的疾病，呈慢性、进行性，常为消耗性、炎性的溃疡。病因不明，但怀疑和解剖因素及免疫应答异常有关。怀疑食物过敏与此相关但尚未证实。犬不常见此病，但中年德国牧羊犬发病率最高。

肛周的病变通常表现为轻度至重度的疼痛，并伴有小的、针尖样引流窦或瘘管，糜烂和溃疡。有时延伸到肛周区域，涉及直肠组织。病变通常和肛门囊无关。在直肠触诊时，肛门和直肠可能增厚和纤维化。相关的症状包括频繁舔舐肛周、排出恶臭的黏液脓性肛门直肠分泌物、里急后重、排便疼痛、便秘、垂尾、排便次数增加、检查尾部和肛周区域时疼痛、体重减轻和嗜睡。患犬可能出现直肠狭窄，并同时出现亚临床性或临床性炎性肠病。

主要鉴别诊断

鉴别诊断包括肿瘤、肛囊脓肿破溃以及细菌和真菌的深层感染。

诊断

1. 通常根据病史、临床症状和排除其他类似疾病。
2. 皮肤组织病理学：汗腺炎引起的炎性反应，毛囊漏斗区的上皮坏死，嗜酸性淋巴细胞聚集，有强烈的炎性反应，出现浆细胞、淋巴细胞、巨噬细胞和血管周淋巴样结节。
3. 组织病理学（结肠）：可能出现轻度至重度结肠炎。

治疗和预后

1. 查明并去除潜在的食物过敏。
2. 结合几种治疗，通常可使临床症状迅速和完全的消除。
3. 应进行局部清创（患处剃毛，每日用 0.025% 氯己定冲洗清洁）。
4. 应针对继发细菌感染进行短暂的（10～21 d）全身性抗生素治疗。
5. 每 12～24 h 一次外部使用不含酒精的类固醇溶液可能有效。
6. 外用他克莫司似乎是最有效的长期疗法。每 12 h 一次，直到病变消除，然后逐渐减量至每 24～72 h 一次防止复发。
7. 许多犬长期（3～5 个月）应用环孢菌素有效；每 12～24 h 一次，5 mg/kg，口服，要在临床痊愈后持续至少 4 周。有些犬可能需要用低剂量环孢菌素终生治疗以防止复发。该剂量可联合使用酮康唑（5～10 mg/kg，口服，每 24 h 一次）（监控肝功），以减少（30%～50%）环孢菌素的费用。
8. 某些犬长期应用泼尼松龙可能有效。临床医师应给予 2 mg/kg，口服，每 24 h 一次，持续 2 周，然后 1 mg/kg，口服，每 24 h 一次，持续 4 周，之后维持量 1 mg/kg，口服，每 48 h 一次。高剂量、长期类固醇治疗的不良反应可能较严重。
9. 对某些犬的溃疡进行积极的手术清创，并去除瘘管可能有效。外科方法包括切除术、化学灼烧、冷冻手术、去顶术和电灼法，以及激光切除术。然而，需要多次手术，且术后常有一些并发症（瘘再发、肛门狭窄和排便失禁）。
10. 预后各异。目前看来，用环孢菌素治疗联合手术去除残留病变（如果需要）的预后最好。那些治疗前有长期病史的犬复发率最高。

作 者 注

■ 大多数患病动物通过全身类固醇治疗，联合或无环孢菌素都可以得到缓解，然后可以在全身性治疗停止的情况下，仅通过他克莫司外用软膏维持。

■ 应排除造成组织破坏的潜在原因，如食物过敏和肿瘤。

■ 首先要对大肠疾病的症状和疼痛进行控制，其次解决肛周瘘管。

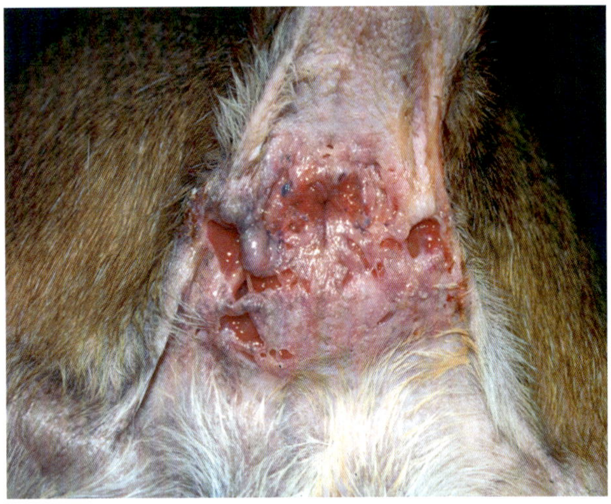

图 13-89 肛周瘘。正常肛门和肛周组织严重破坏，多个瘘。注意此病变并不仅限于肛门囊。

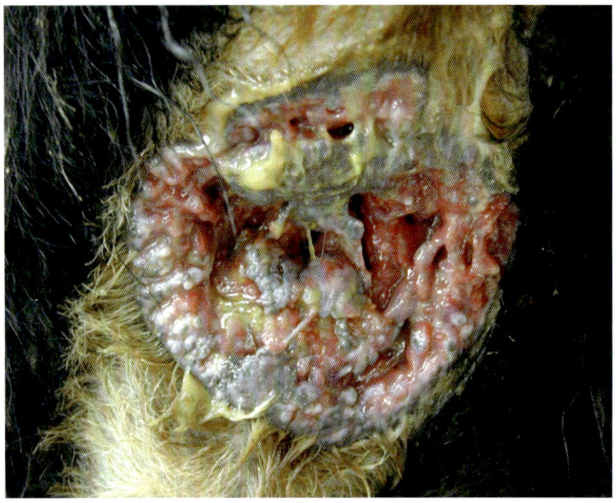

图 13-90 肛周瘘。整个肛周区域严重的溃疡性皮炎，许多深层瘘管。注意化脓性渗出物。

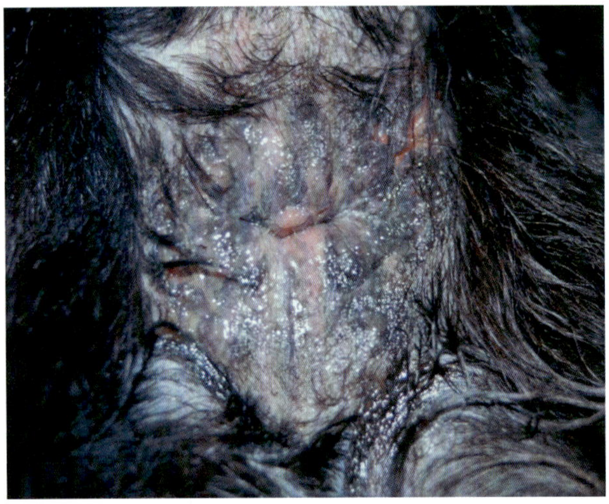

图 13-91 肛周瘘。许多瘘和化脓性渗出物。

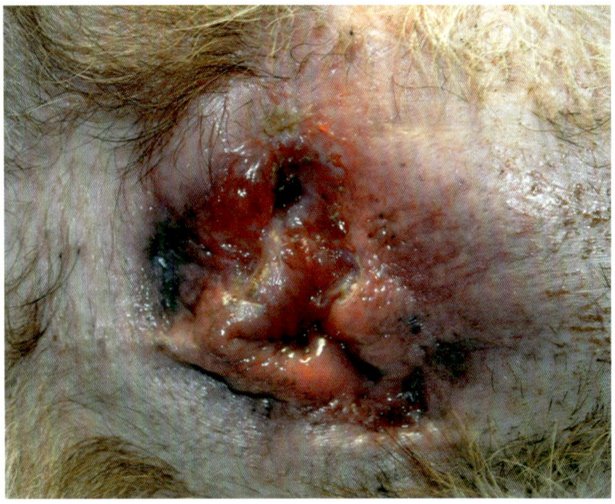

图 13-92 肛周瘘。深层瘘管，肿胀发炎。注意正常的肛门的结构已经破坏。

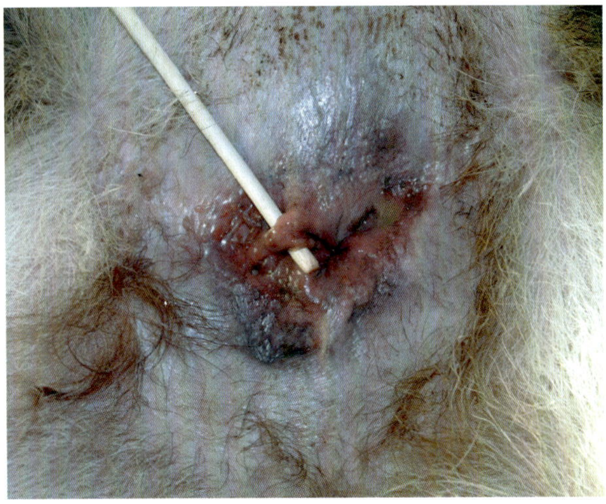

图 13-93 肛周瘘。许多瘘管，多余的皮肤和组织桥梁。

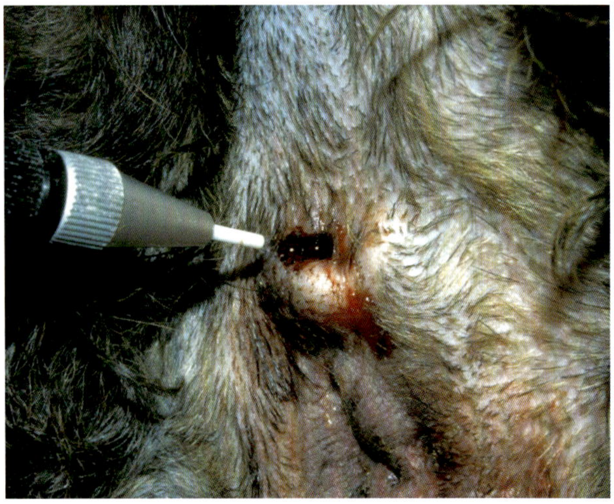

图 13-94 肛周瘘。激光用于去除多余的组织，清除不愈合的瘘。治疗后的组织愈合过程很快。

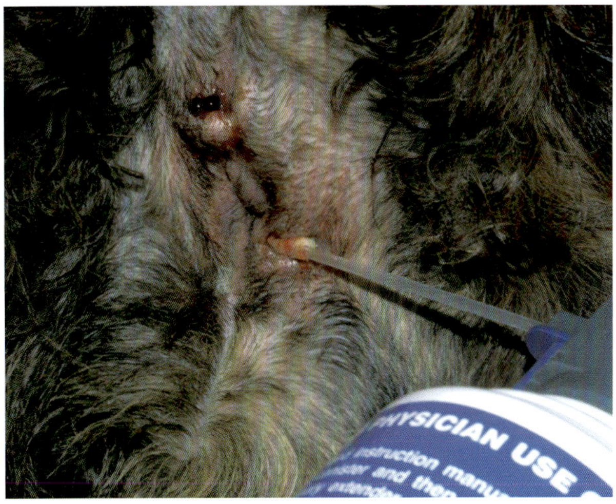

图 13-95　肛周瘘。罐装的冷冻手术溶液正在冷冻一个深层瘘管。治疗后的组织愈合过程很快。

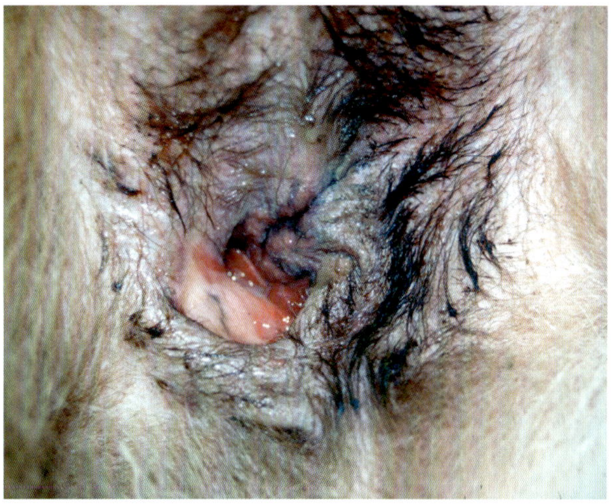

图 13-96　肛周瘘。深层的肛周瘘。

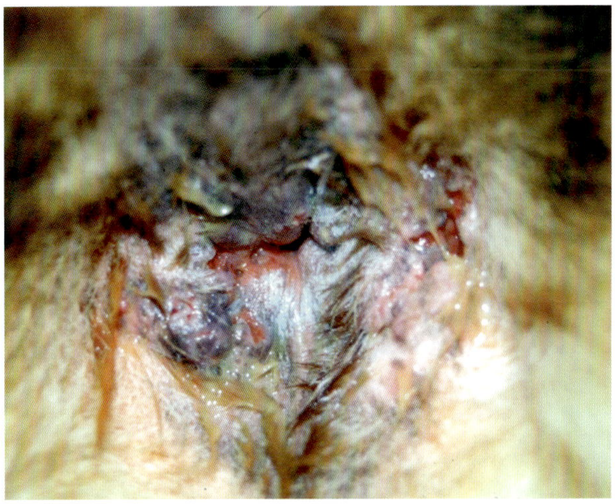

图 13-97　肛周瘘。免疫抑制治疗以后的肛周瘘。注意活跃的炎性反应和红斑都消失了。

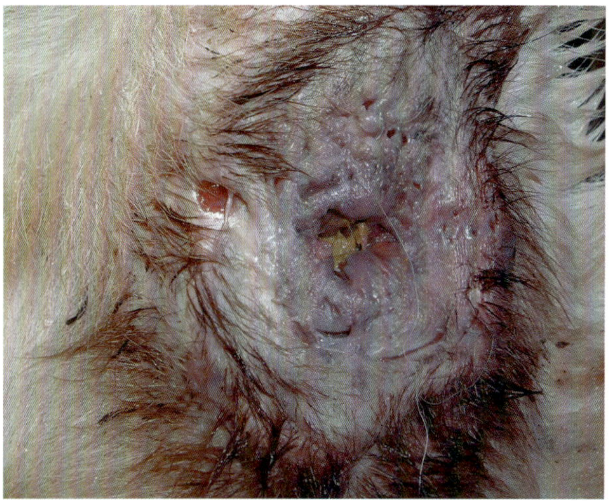

图 13-98　肛周瘘。德国牧羊犬出现多处瘘管。注意病变并不仅限于肛门囊区域。

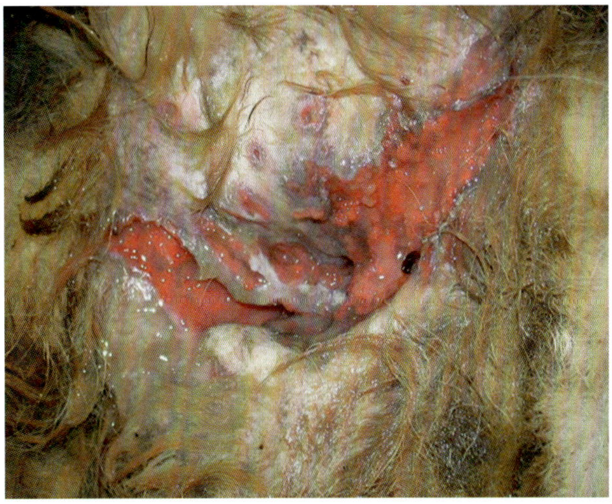

图 13-99　肛周瘘。犬的肛周组织存在严重的组织破坏和裂开的溃疡面。

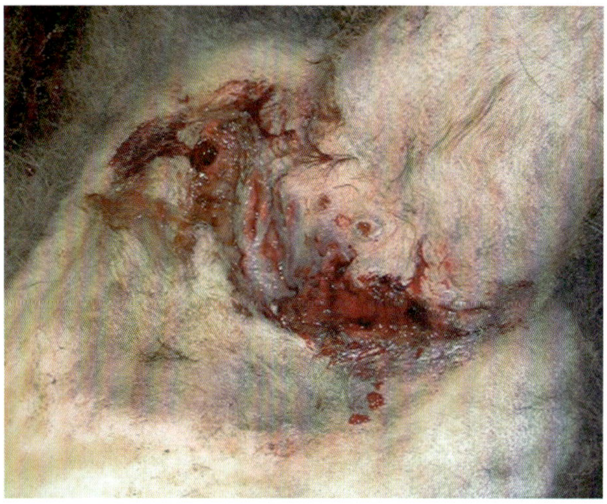

图 13-100　肛周瘘。犬的肛周组织存在又深又严重的撕裂口。

细菌性甲感染
Bacterial Claw Infection

特征

细菌性甲感染几乎继发于潜在病因。当单个趾甲患病，应怀疑之前是否有创伤。当多个趾甲发病，则应排除潜在病因，包括甲状腺功能减退、肾上腺皮质功能亢进、过敏、自体免疫病、对称性类狼疮甲变形和肿瘤。

患病常出现甲断裂和渗出，并伴有甲沟炎、爪趾肿胀和疼痛。趾甲可能脱落，并出现局部淋巴结肿大。当多个趾甲发病时，患犬可能出现发热和沉郁。慢性感染可能会引发骨髓炎。

主要鉴别诊断

鉴别诊断包括创伤、真菌感染、肿瘤、过敏、自体免疫性皮肤病、对称性类狼疮甲变形和肿瘤。

诊断

1. 通常根据病史、临床症状和排除其他类似疾病。

2. 细胞学（甲或甲床内分泌物）：伴有细菌的化脓性或（脓性）肉芽肿性炎症。

3. 细菌培养（甲或甲床内分泌物，甲撕脱近端的渗出物）：常分离出葡萄球菌。常为细菌混合感染。

4. X 线检查（P3）：可能发现骨髓炎的迹象。

治疗和预后

1. 查明并去除潜在病因。

2. 清除松动的趾甲或受伤趾甲的折断部分。对严重或顽固病例，需要实施全身麻醉，并将病变的趾甲去除。

3. 应进行长期（数周至数月）全身性抗生素治疗，且在临床治愈后再持续至少 2 周。抗生素的选择应根据细菌培养和药敏结果。在这些结果出来前，根据经验选择抗生素，包括头孢菌素、阿莫西林克拉维酸和增效磺胺（表 2-1）。

4. 在抗生素治疗中的前 7～10 d，每 8～12 h 一次用 2%～4% 的氯己定香波对趾甲进行外部擦洗或用 0.025% 的氯己定溶液浸泡爪部可能有效。用清洁湿纸巾（无酒精祛痘棉、含氯己定脱脂棉或其他抗微生物湿纸巾）每 12～72 h 一次擦拭也有效。

5. 对患有 P3 骨髓炎的顽固病例，可能需要进行 P3 截手术。

6. 趾甲再生的病例预后良好（除非 P3 已经截除）。

作 者 注

■ 氟喹诺酮类抗生素的使用会增加产生耐甲氧西林葡萄球菌的风险，故应保留作为最后的选择。

■ 重新生长的趾甲可能无法恢复至完全正常；但是，趾甲易碎和不适感可以通过治疗得到解决。

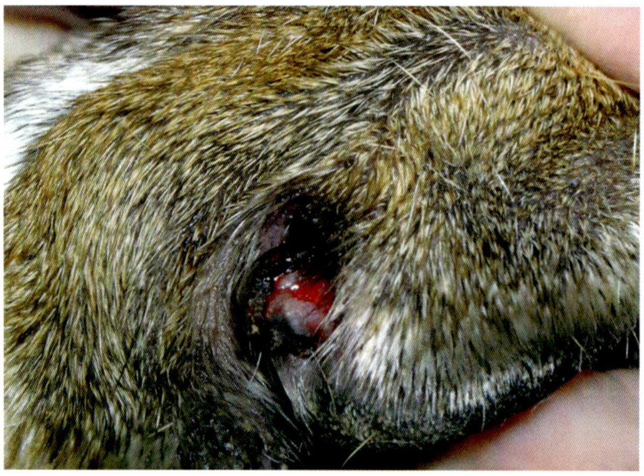

图 13-101　细菌性甲感染。慢性细菌感染造成的甲变形。

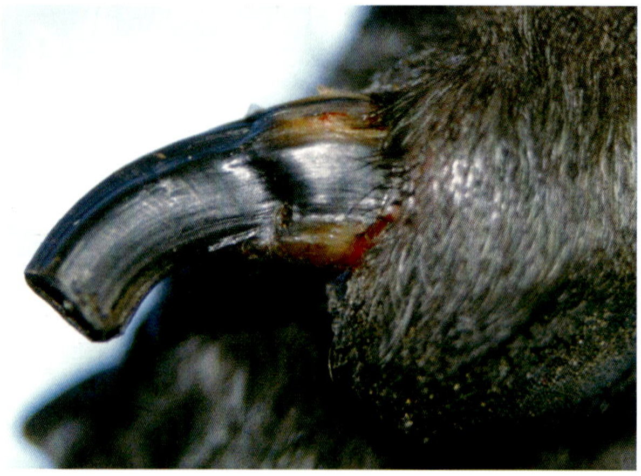

图 13-102　细菌性甲感染。甲基部从中线裂开。从折断的甲流出脓性渗出物。培养渗出物，发现混合性细菌。

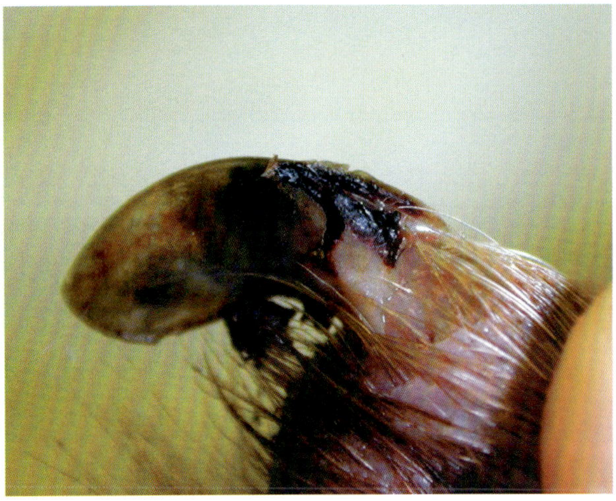

图 13-103　细菌性甲感染。折断的甲，可见有许多裂缝和裂纹。渗出物包含许多细菌微生物。

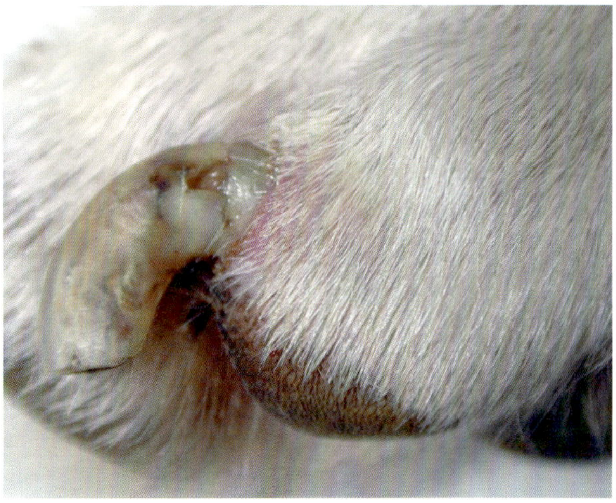

图 13-104　细菌性甲感染。由创伤造成的甲折断，有继发感染。

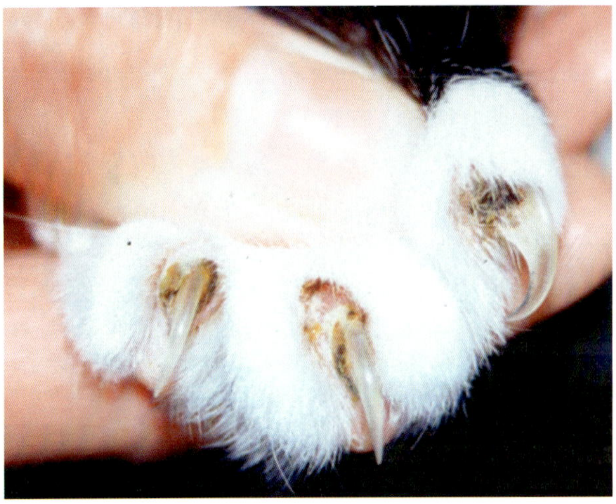

图 13-105　细菌性甲感染。该猫由于细菌感染造成的甲沟炎（甲床的炎症）。注意和落叶型天疱疮的相似性。

图 13-106　细菌性甲感染。患过敏性皮炎的猫的甲沟炎和继发性细菌感染。注意和猫的天疱疮的相似性。

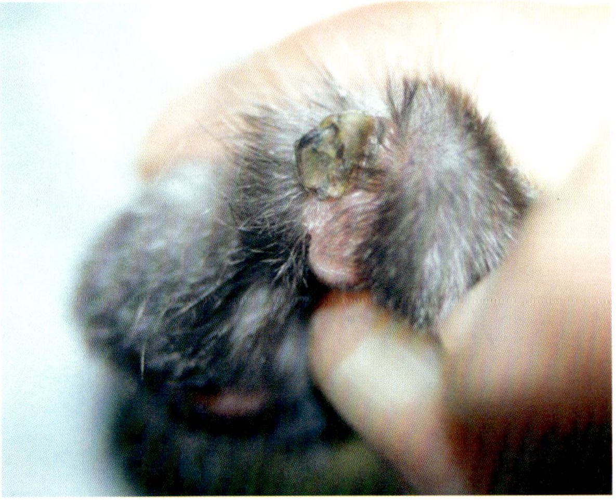

图 13-107　细菌性甲感染。由慢性细菌感染造成的短粗的甲变形。

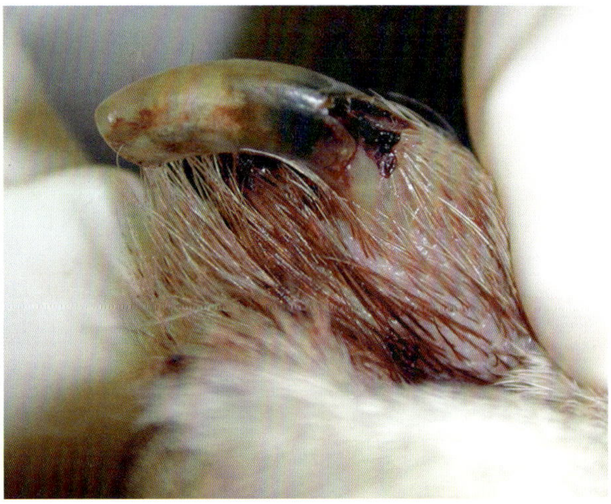

图 13-108　细菌性甲感染。甲折断，有继发感染。

真菌性甲感染（甲癣）
Fungal Claw Infection (Onychomycosis)

特征

真菌性甲感染通常由皮肤癣菌引起，但据报道，个别病例从甲感染处也分离到其他类型的真菌。典型的病例只有 1～2 个趾甲被感染。本病罕见于犬猫。继发性酵母菌性甲沟炎常见于过敏犬。

被感染趾甲经常变脆或畸形，并常伴发甲沟炎。尤其当多个趾甲被感染后，可见全身性皮肤疾病。

主要鉴别诊断

鉴别诊断包括对称性类狼疮甲变形、创伤、细菌感染、肿瘤、自体免疫性皮肤病和潜在的过敏。

诊断

1. 排除其他类似疾病。

2. 真菌培养（邻近趾甲的刮取物）：最常分离到毛癣菌，但有时会分离到小孢子菌属，极少会分离到非皮肤癣菌性真菌（马拉色菌）。

治疗和预后

1. 清除松动或要脱落的甲。

2. 对于真性甲感染（软的、发育不良性甲），应进行长期（6 个月或更长）全身抗真菌治疗，在甲重新长出后，还要至少持续 1～3 个月。要经常修剪甲，去除感染的部分，并对其进行真菌培养和持续治疗，直至培养结果为阴性。

3. 有效的抗真菌药物包括如下。

- 酮康唑 5～10 mg/kg，每 24 h 一次，混入食物中口服。
- 氟康唑 5～10 mg/kg，每 24 h 一次，混入食物中口服。
- 特比萘芬 15～30 mg/kg，每 24 h 一次，混入食物中口服。
- 伊曲康唑 5～10 mg/kg，每 24 h 一次，混入食物中口服。
- 过去使用过微化灰黄霉素 50～75 mg/kg，每 12 h 一次，混入高脂肪食物中口服。

4. 同时有效的外部治疗包括如下。

- 克霉唑、咪康唑、特比萘芬制剂，每 12 h 一次。
- 0.2% 恩康唑溶液每 24 h 一次，浸泡爪部 5～10 min。
- 0.025% 氯己定溶液每 12 h 一次，浸泡爪部 5～10 min。
- 噻苯咪唑制剂，每 8 h 一次，每个趾甲点一滴（不如其他方法有效）。
- 0.4% 聚维酮碘溶液，每 6 h 一次浸泡爪部 5～10 min（不如其他方法有效）。

5. 预后谨慎或一般。虽然许多犬采用积极的抗真菌治疗，但仍然不会完全康复。这些病例需要进行 P3 截除术，或长期低剂量酮康唑 / 伊曲康唑治疗。

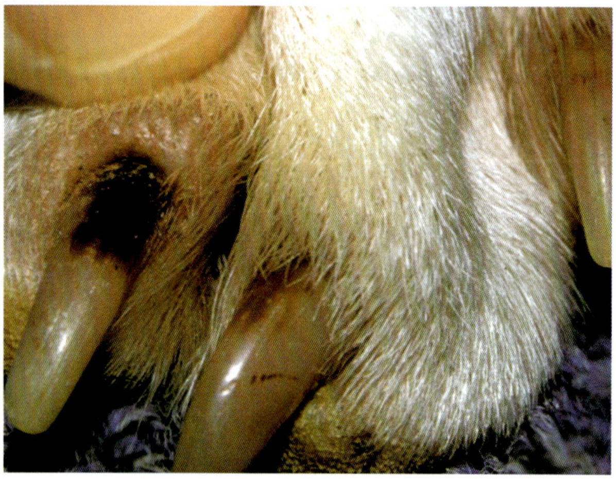

图 13-109　真菌性甲感染。与过敏性皮炎有关的继发性马拉色菌感染，使甲基部变为棕色。棕色渗出物牢固地渗入趾甲，极像正常的色素沉着。

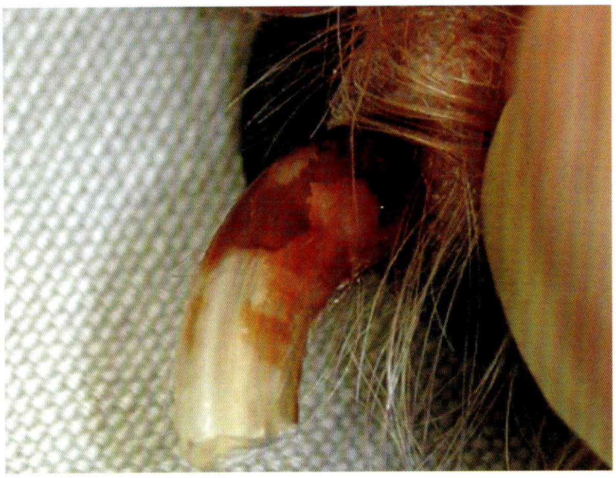

图 13-110　真菌性甲感染。继发性马拉色菌感染造成甲基部变为棕色。这种变色和正常色素沉着不同，并不延伸至整个甲的长度。

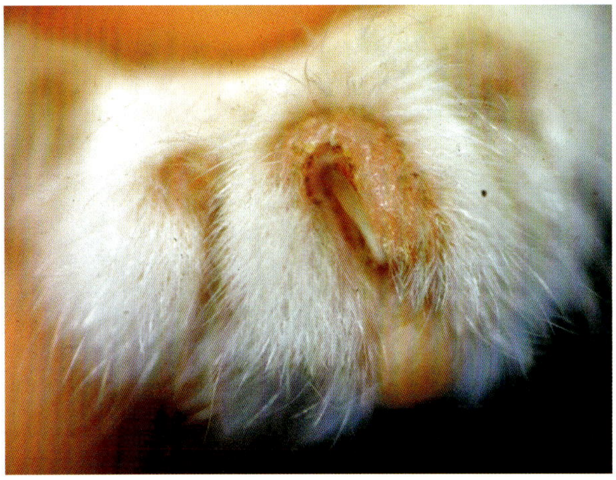

图 13-111　真菌性甲感染。由犬小孢子菌感染造成的甲床脱毛和红斑。

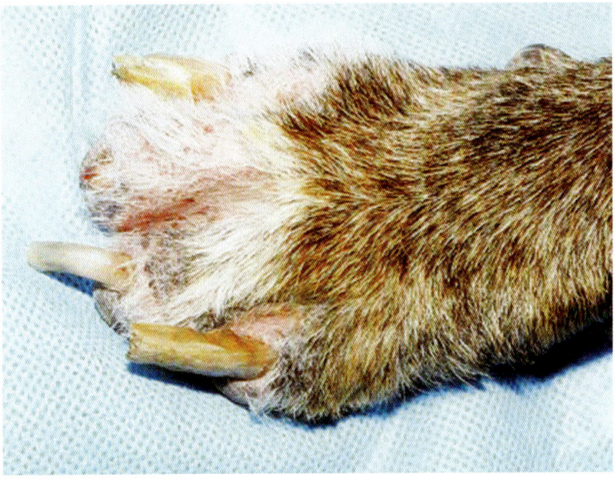

图 13-112　真菌性甲感染。须毛癣菌感染造成的爪部弥散性脱毛、红斑和结痂。甲癣造成甲变形，甲已经脱离（自 A.Yu）。

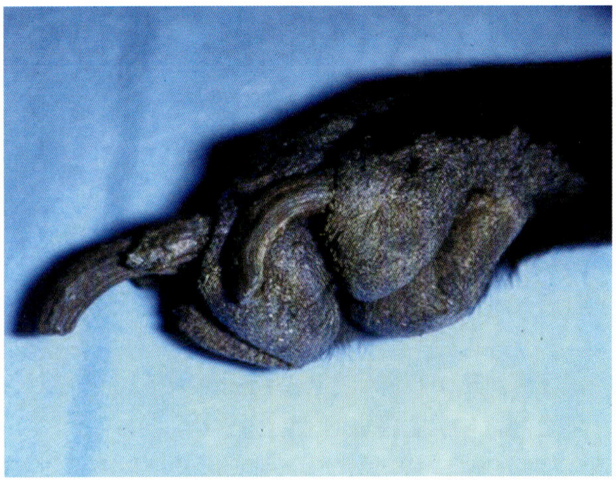

图 13-113　真菌性甲感染。须毛癣菌感染造成的甲癣。甲变形，并存在脱毛性皮炎（自 D. Angarano）。

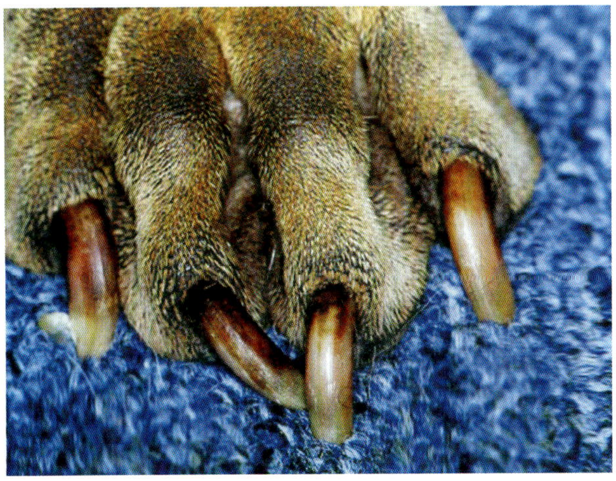

图 13-114　真菌性甲感染。与过敏性皮炎相关的继发性马拉色菌感染，使甲基部变为棕色。

对称性类狼疮甲变形（特发性脱甲病）Symmetrical Lupoid Onychodystrophy (Idiopathic Onychomadesis)

特征

此病疑为免疫介导性疾病，可造成脱甲（甲脱落）。犬不常见或罕见，据报道，青年至中年犬的发病率最高。德国牧羊犬和罗威纳犬有品种易感性，但许多其他品种也可能罹患。

本病常表现为急性脱甲。最初只有 1～2 个甲脱落，但数周到数月后，所有的甲都脱落。再生的甲往往畸形、变软或变脆、色素减退和易断，并经常再次脱落。患爪经常会出现疼痛和瘙痒。除非存在继发性细菌感染，否则一般不发生甲沟炎。被感染犬无其他异常。

主要鉴别诊断

鉴别诊断包括趾甲真菌性和细菌性感染、自体免疫性皮肤病、药疹和血管炎。

诊断

1. 排除其他类似疾病。
2. 临床症状和典型的病史。
3. 不建议皮肤组织病理学（P3 截除术）检查，除非为了排除肿瘤：基底细胞水肿变性，基底细胞层中单个角质细胞变性或凋亡，色素失禁和苔藓样变界面性皮炎。

治疗和预后

1. 若继发细菌甲沟炎，则应进行合理的全身性抗生素治疗，持续至少 6 周。
2. 新的甲应经常修剪（约每 2 周一次）防止裂开。
3. 每日口服脂肪酸，180 mg EPA/10 lb，有效。在治疗后 3 个月可见甲明显重新长出。
4. 如果脂肪酸无效，给予维生素 E 可能有效，200～400 IU，口服，每 12 h 一次。在开始治疗后 3 个月可见甲重新长出。
5. 联合应用四环素和烟酰胺进行治疗也可能有效。临床医师应给予两种药物各 250 mg（犬 <10 kg），或 500 mg（犬 >10 kg），口服，每 8 h 一次，直到甲明显重长（3～6 个月）。之后，每 12 h 一次，持续 2 个月，接下来是长期维持治疗，每 24 h 用药一次。另外，可以给予强力霉素 5～10 mg/kg（替换四环素），每 12～24 h 一次，也有效。
6. 给予己酮可可碱 10～25 mg/kg，口服，每 8～12 h 一次，也是一种治疗选择。
7. 环孢菌素表现出一定疗效，每日 10 mg/kg，持续 2～3 个月，然后逐渐减少至最低有效剂量预防疾病复发。
8. 对有些严重疼痛且对药物治疗无效的病例，治疗性的断甲术可以减轻不适。
9. 对严重的顽固病例，可能需要按自体免疫性皮肤病进行治疗；然而，这类治疗有严重的代谢性不良反应，所以治疗性断甲术是较好地长期控制病情的方法。
10. 尽管有些甲会出现畸形或变得质脆易断，但甲再生的预后良好。部分犬 6 个月后可停止治疗。某些犬为了维持疗效，需要长期治疗。药物治疗无效的病例，可考虑进行 P3 截除术。

对称性类狼疮甲变形的分布模式

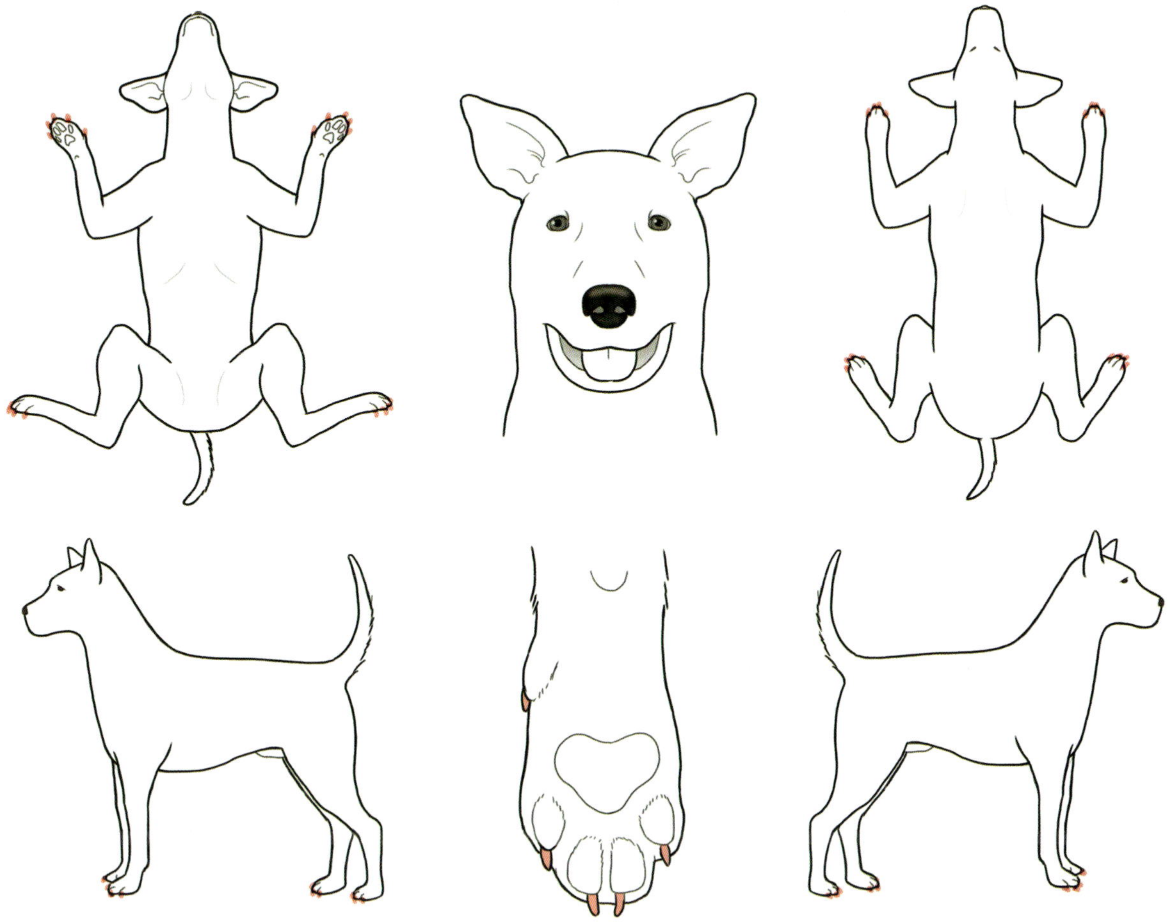

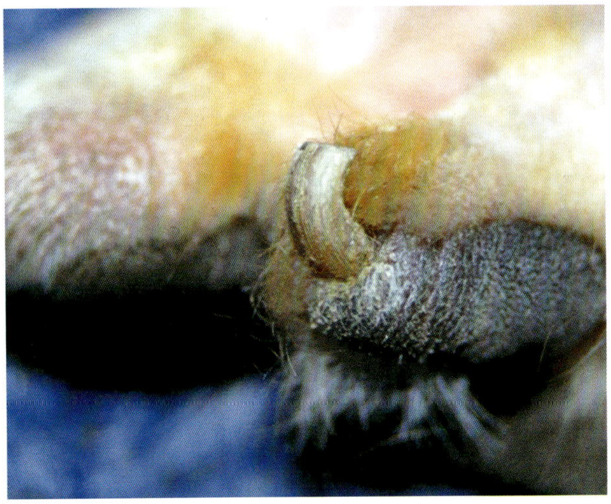

图 13-115　对称性类狼疮甲变形。发育不良的甲生长方向异常。所有甲已脱落，再生出变形的异常趾甲。

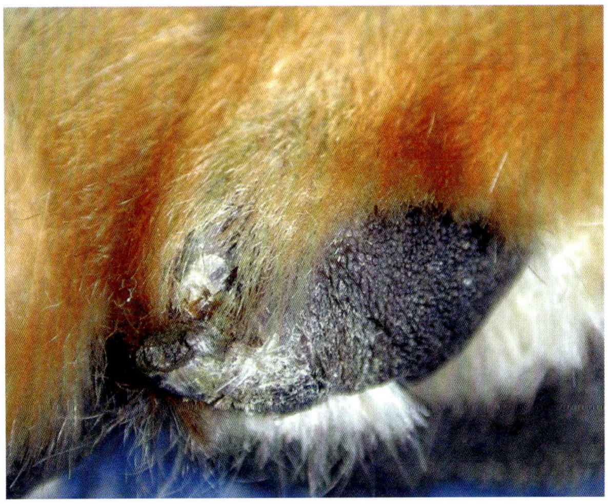

图 13-116　对称性类狼疮甲变形。发育不良的甲粗短畸形。异常甲很容易断裂和创伤性撕脱。

图 13-117　对称性类狼疮甲变形。许多发育不良的甲向异常方向生长。

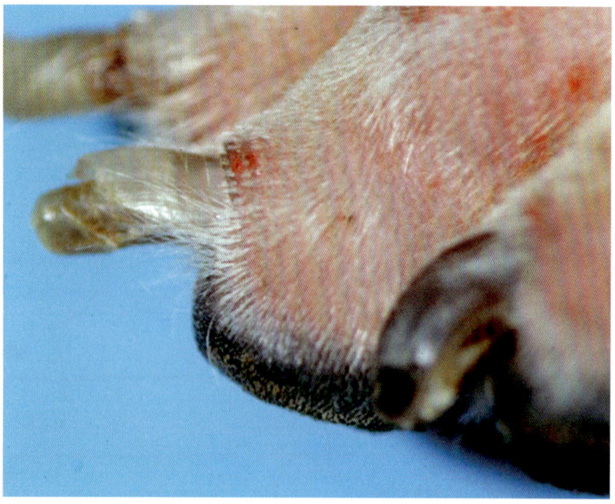

图 13-118　对称性类狼疮甲变形。此病的特征为多个爪出现多个甲变形。皮肤正常，除了与剃毛相关的医源性变化。

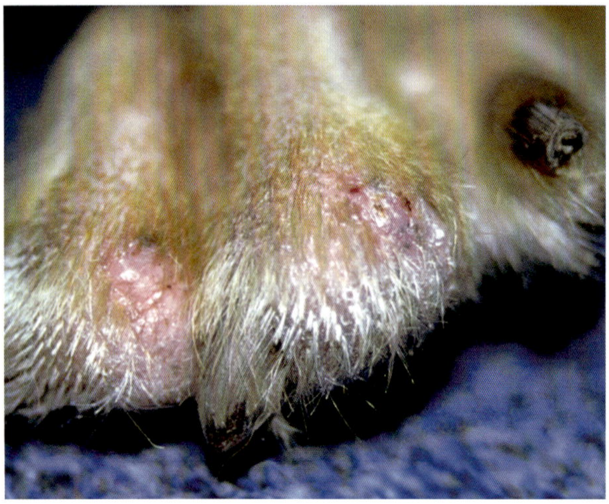

图 13-119　对称性类狼疮甲变形。多个甲变形。

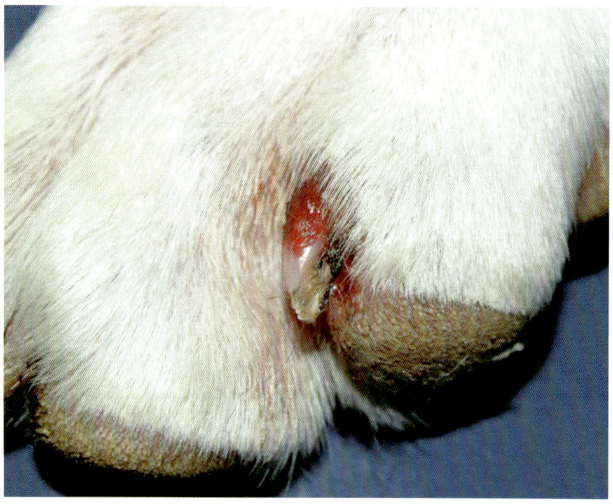

图 13-120　对称性类狼疮甲变形。该甲很明显严重发病，同时甲床周围的皮肤无皮炎的表现。

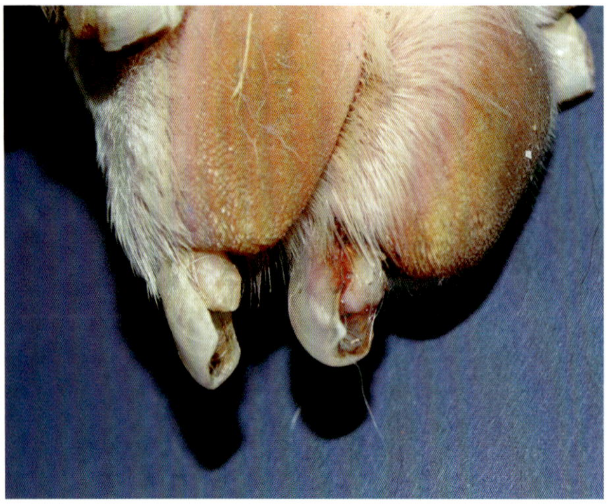

图 13-121　对称性类狼疮甲变形。多个甲的角质结构和下面的血管组织分离。这些甲最终会脱落。

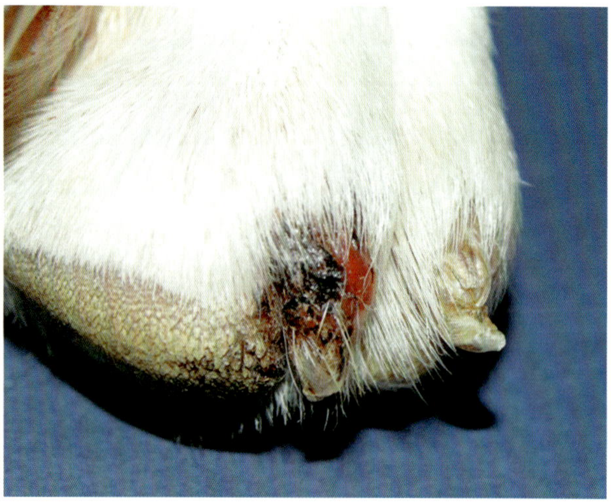

图 13-122　对称性类狼疮甲变形。该甲已脱落，留下血管组织暴露，疼痛。该甲会重新形成但可能不会完全正常。

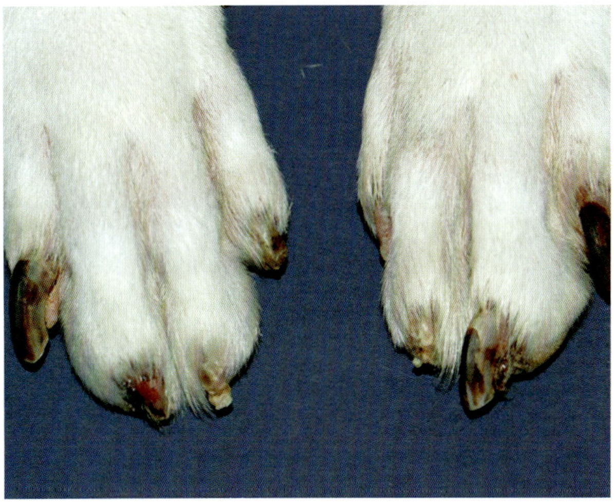

图 13-123　对称性类狼疮甲变形。此病的特征是多个甲脱落，同时无皮炎发生。

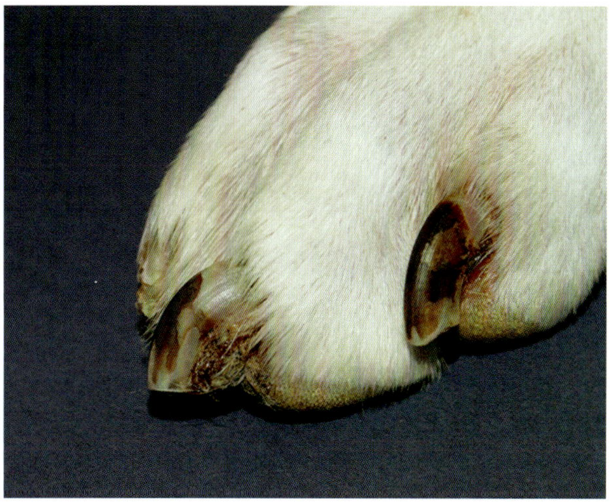

图 13-124　对称性类狼疮甲变形。多个甲脱落，同时无皮炎发生。

第 14 章　肿瘤性和非肿瘤性赘生物

Neoplastic and Nonneoplastic Tumors

AMY　LEBLANC*

- 皮内角化上皮瘤（角化棘皮瘤，漏斗区角化棘皮瘤）
- 猫日光性皮肤病
- 犬日光性皮肤病
- 鳞状细胞癌
- 博文氏病 / 多发性原位鳞状细胞癌
- 基底细胞瘤 / 癌
- 毛囊肿瘤
- 皮脂腺肿瘤
- 肛周腺瘤
- 顶泌（毛上）汗腺囊肿和肿瘤
- 瘙痒性纤维结节
- 纤维瘤
- 纤维肉瘤
- 结节性皮肤纤维化
- 血管瘤
- 血管肉瘤
- 血管外皮细胞瘤
- 脂肪瘤
- 脂肪肉瘤
- 肥大细胞瘤
- 非趋上皮性淋巴瘤（淋巴肉瘤）
- 趋上皮性淋巴瘤（蕈样肉芽肿病）
- 皮肤浆细胞瘤
- 皮肤组织细胞瘤
- 皮肤组织细胞增多症
- 全身性组织细胞增多症
- 恶性组织细胞增多症
- 皮肤黑素细胞瘤 / 黑素瘤
- 传染性性病瘤（TVT）
- 胶原痣
- 毛囊囊肿 - 表皮包涵囊肿（漏斗区囊肿）
- 皮角
- 皮赘（维管性乳头状瘤）
- 局限性钙质沉着

皮内角化上皮瘤（角化棘皮瘤，漏斗区角化棘皮瘤）
Intracutaneous Cornifying Epithelioma（Keratoacanthoma，Infundibular Keratinizing Acanthoma）

特征

这是一种发生在毛囊根部的良性肿瘤，犬不常见，单个的囊肿可发生于任何品种和年龄的犬，多发性囊肿绝大多数见于年轻的雄性挪威猎鹿犬和荷兰狮毛犬（凯斯犬）。

疾病发生时表现为：皮肤或皮下出现单个或多个（可多达 40～50 个）直径 0.5～4.0 cm 的结节，边界清晰、质地从坚硬到有波动感，结节可能出现部分脱毛，多数结节有直通到皮肤表面的扩张中央孔，孔的大小各异，通过这些孔可挤出灰棕色的角质物质，大孔可能含有坚硬的角样角质栓。深层皮肤和皮下肿瘤通常没有孔。本病可见于身体的任何部位，但多见于项背部、背部和尾部。

* 本章最初由 K. S. Coyner 编写。

诊断

1. 细胞学：无定型的细胞碎片和含有胆固醇结晶的已角化成熟的鳞状上皮细胞。

2. 皮肤组织病理学：腔内充满角质薄层（可能有通到皮肤表面的孔）由分层的上皮细胞排列而成。囊破裂可将角质释放到真皮中，引起周围组织发生脓性肉芽肿反应。

治疗和预后

1. 如果病变单个，数量很少，可经手术或激光切除，冷冻疗法也可能有效。

2. 对于多发性病变，可用阿维 A 0.5～2 mg/(kg · d) 或者异维甲酸 1～3 mg/(kg · d)，口服，对某些犬也许有效。通常在治疗 3 个月后能看到疗效，为了保持疗效通常需要终身治疗。维生素 A（每天 8 000～10 000 IU/10 kg）可以作为一个次级选择。

3. 单生性患犬手术切除后预后良好，但对于多发性患犬，可能会在其他部位长出新的肿瘤。对多处切除的犬采取药物治疗，预后良好。该肿瘤为良性，不发生转移。

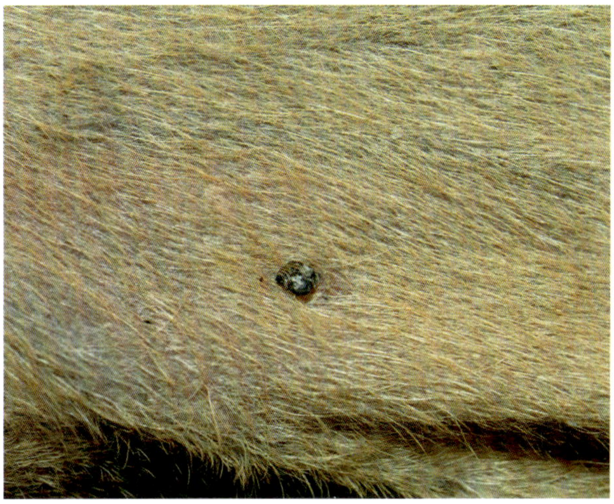

图 14-1 皮内角化上皮瘤。小角质结节与其下的肿瘤相连接，角质结节很容易被误认为结痂。

图 14-2 皮内角化上皮瘤。年轻成年德国牧羊犬胸侧部的皮内角化上皮瘤和皮角。

猫日光性皮肤病
Feline Solar Dermatosis

特征

日光对白毛皮肤损伤引起的皮肤病。起初皮肤仅被日光灼伤，但由于反复暴露在紫外线下，可能出现肿瘤前病变（光化角化病、原位鳞状细胞瘤）和鳞状细胞癌。常见于户外活动的老年猫和生活在户内但喜欢晒太阳的猫。

起初白毛皮肤可能会出现轻微的红斑、皮屑和脱毛，如果继续暴露于日光之下，皮肤病变会进一步加剧，出现红斑、脱毛、结痂、溃疡和疼痛。最常见于耳尖和耳缘，但也可见于有白毛的眼睑、鼻部和嘴唇。

主要鉴别诊断

鉴别诊断包括：皮肤癣菌病、外伤、自体免疫性皮肤病、血管炎、（跳蚤、食物、异位性皮炎）过敏症和鳞状细胞癌。

诊断

1. 通常依据特征病变、病史和临床症状进行诊断。

2. 皮肤组织病理学：在早期病变可见表皮增生和浅表性血管周围性皮炎。还可能见有表皮细胞空泡化，角化不良的角质细胞和/或弹性蛋白的嗜碱性退化（日光性弹性组织变性）。严重病变可见表皮发育异常，但未侵入基底膜（光化角化病），或发育异常的表皮细胞团侵入真皮（鳞状细胞癌）。

治疗与预后

1. 将患病猫关在室内，禁止其在上午 9：00 至下午 4：00 进行日光浴。

2. 如果无法避免被日光照射，可将防晒系数（SPF）至少为 30 的防水遮光剂（二氧化钛）涂在耳部进行保护，每日 2 次，但不建议涂在猫的眼、鼻、嘴周围。

3. β- 胡萝卜素可能对肿瘤前病变有效，猫 30 mg/ 只，口服，每 12 h 一次。如果已经形成鳞状细胞癌则无效。

4. 用合成类维生素 A——阿维 A 治疗（猫 5～10 mg/ 只，口服，每 24 h 一次），治疗某些非肿瘤性光化病变的猫有效（监测肝脏功能）。可使用维生素 A 作为次级替代治疗。

5. 手术切除、激光疗法治疗原位癌（见鳞状细胞癌的治疗），冷冻疗法也可能有效。

6. 与现有的常规治疗方案相比，螺旋断层放疗是一种使用 CT 扫描技术的高精度增强放射治疗方法，未来可能会有更好的结果。

7. 在转化为鳞状细胞癌之前避免进一步被阳光照射，预后良好。

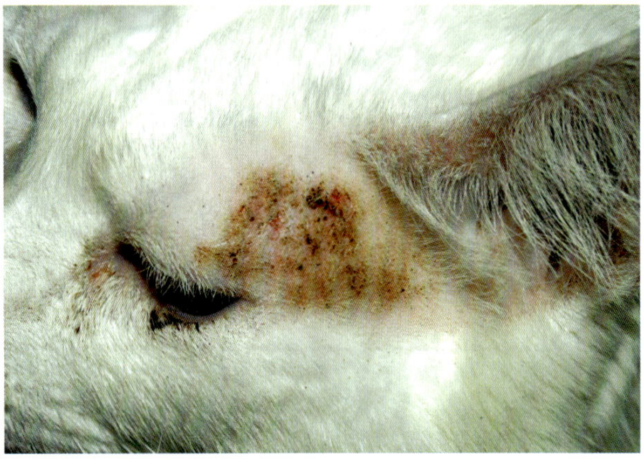

图 14-3　猫日光性皮肤病。白色的小猫耳前区多灶性红斑丘疹性病变，是典型的光化皮炎，注意结痂掩盖了实际的炎症。

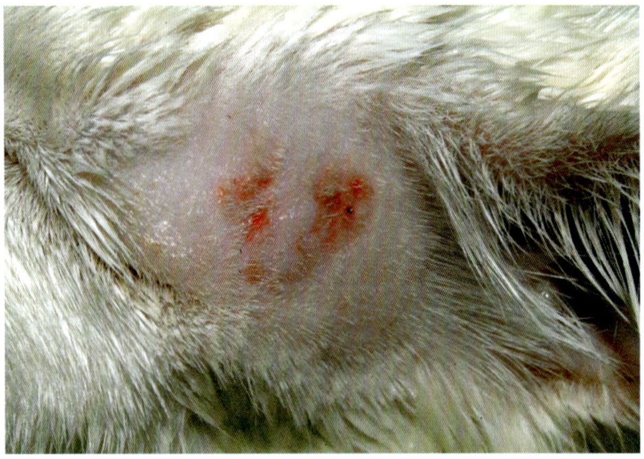

图 14-4　猫日光性皮肤病。图 14-3 中的猫，结痂已被移除，显示出红斑丘疹性病变。

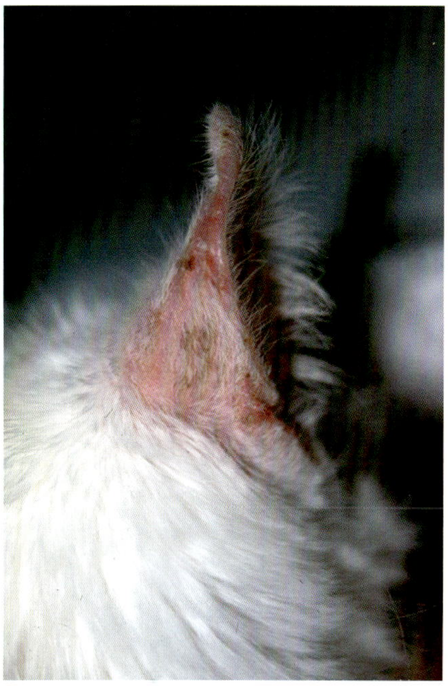

图 14-5　猫日光性皮肤病。耳廓上脱毛、红斑、糜烂和结痂。随着病情发展，丘疹进一步增多，糜烂和溃疡的出现，提示病情进入鳞状细胞癌阶段。

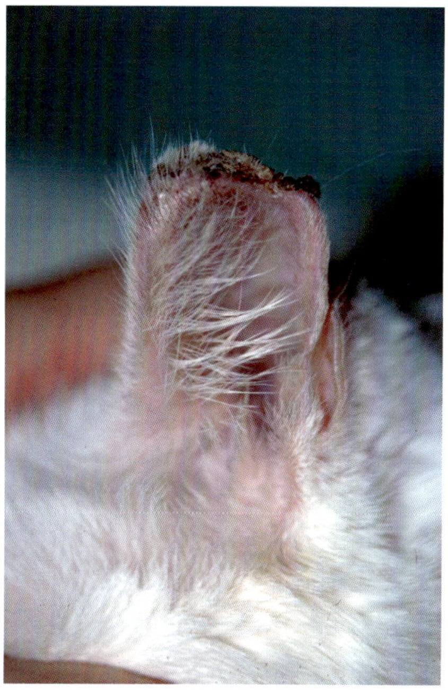

图 14-6　猫日光性皮肤病。猫耳缘远端的病变已经发展为鳞状细胞癌，正常的耳朵结构受到破坏。

图 14-7　猫日光性皮肤病。老年猫耳廓上形成红斑和结痂。

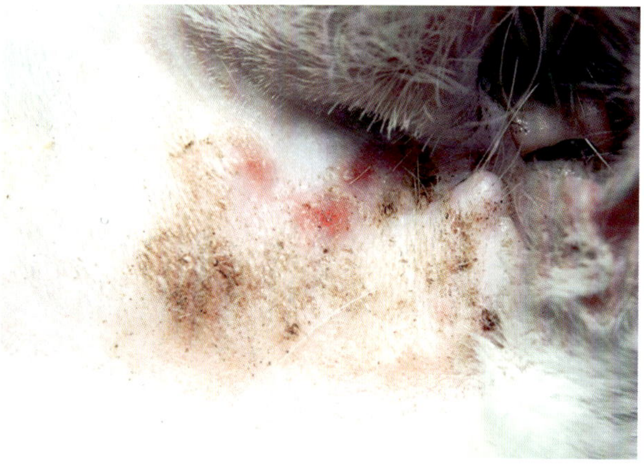

图 14-8　猫日光性皮肤病。白猫耳前的多个红斑丘疹病变。注意糜烂的中心区域可能已经发展为鳞状细胞癌。

犬日光性皮肤病
Canine Solar Dermatosis

特征

光化损伤无色素或少色素、被毛稀少的鼻部、躯干皮肤引发的皮肤病，继续暴露于紫外线下可出现肿瘤前病变（光化角化病，原位鳞状细胞癌）。犬鼻部日光性皮肤病不常见，户外犬的发病率最高。犬躯干日光性皮肤病也不常见，那些喜欢日光浴或呆在无遮阳处的户外犬发病率最高。患躯干日光性皮肤病的品种包括：白色拳师犬、牛头㹴、美国史特富郡㹴、比格犬、大麦町、德国短毛波音达犬。

鼻部病变

最初，鼻子及其邻近的无色素、被毛稀疏的皮肤出现红斑和皮屑（晒伤），持续暴露在阳光下会导致脱毛、结痂、糜烂、溃疡和瘢痕。

躯干病变

起初，受感染的皮肤出现红斑和皮屑（晒伤），随着持续的太阳照射，会生成红斑疹、丘疹、斑块和结节。这些病变发展为结痂、糜烂以及溃烂。皮肤眼观正常，但触诊会感到不规则增厚。多见于下腹和其两侧以及大腿内侧，也可见于肋腹、尾尖和肢端。常继发脓皮病。

主要鉴别诊断

鼻部病变

包括：鼻部脓皮病、蠕形螨病、皮肤癣菌病、盘状红斑狼疮、红斑性天疱疮和肿瘤（最常见的是鳞状细胞癌）。

躯干病变

包括：蠕形螨病、皮肤癣菌病、脓皮病、药物反应和肿瘤。

诊断

1. 根据长时间暴露在日光下的病史、临床症状并排除其他类似疾病来诊断。

2. 皮肤组织病理学：在早期，病变会出现表皮增生和浅表性血管周围皮炎。可见到有空泡的表皮细胞、角化不良的角质细胞和 / 或弹性蛋白嗜碱性退变（日光性弹性组织变性）。在严重病变可见表皮增生和发育不良，但不侵害基底膜（光化角化病、原位癌）。

治疗和预后

1. 禁止暴露于阳光下，尤其是上午 9：00 至下午 4：00 之间。

2. 如果无法避免被日光照射，应在易感区使用隔离霜（氧化锌）或者防晒霜（二氧化钛），每日 2 次。需使用防晒指数（SPF）不低于 30 的防晒、防水产品。

3. 如果病变部位发生继发感染，应使用合适的全身性抗生素，连续用药 2～3 周。

4. 全身性治疗：
- β- 胡萝卜素（30 mg，口服 30 d，每 12 h 一次，随后 30 mg/d 维持）。
- 用维生素 A（800～1 000 IU，口服，每 24h 一次）治疗。
- 非罗考昔（普维康，5 mg/kg，口服，每 24 h 一次）。

外部治疗：
- 5% 咪喹莫特乳膏（艾达乐每周涂抹 2～3 次）。
- 1%～3% 双氯芬酸凝胶（Solaraze，扶他林，或 Surpass 每天使用 1～2 次）。

5. 与现有的常规治疗方案相比，螺旋断层放疗是一种使用 CT 扫描技术的高精度调强放射治疗方法，未来可能会有更好的结果。

6. 预后取决于病程。早期患有鼻部日光性皮肤病的病例，避免日光照射通常能完全康复。然而慢性溃疡性鼻部病变，通常以瘢痕形式愈合，如果继续暴露在阳光下，可发展成鳞状细胞癌。避免日光暴露的早期病例预后较好。若继续暴露于阳光下，很可能发展成为鳞状细胞癌。晒伤的躯干皮肤也有可能发展成为血管瘤或血管肉瘤。

图 14-9　犬日光性皮肤病。全身脱毛和红斑遍布斗牛㹴的面部和躯干。

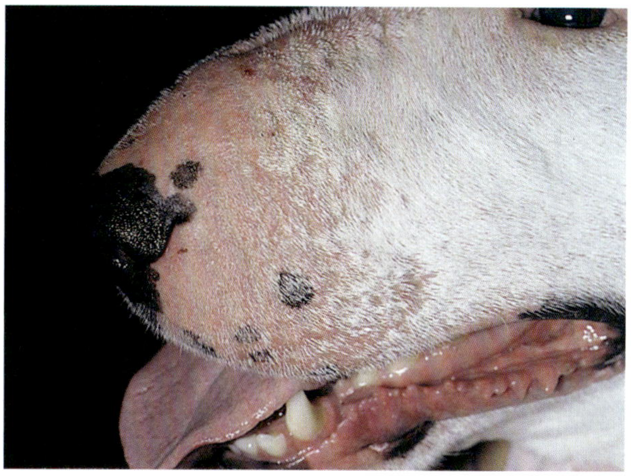

图 14-10　犬日光性皮肤病。嘴周伴有脱毛和红斑的丘疹性皮炎（自 D. Angarano）。

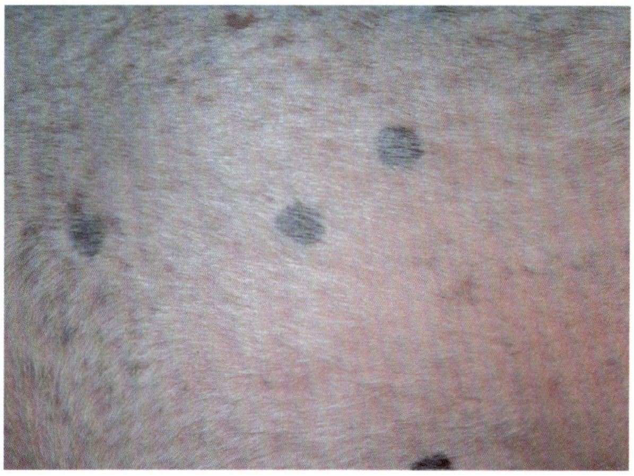

图 14-11　犬日光性皮肤病。近观日光性皮炎的犬胸部侧面。伴有虫蛀样脱毛的皮肤红斑。色素沉着区可能会出现塌陷和萎缩，这是由于周围无色素沉着的皮肤肿胀引起的错觉。

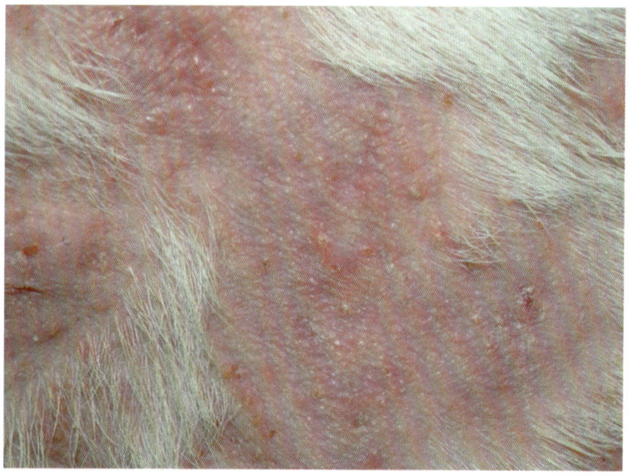

图 14-12　犬日光性皮肤病。日光性皮炎的局部皮肤表现为脱毛性红斑。注意部分毛囊堵塞，形成黑头，这可能会引起炎症或继发感染。

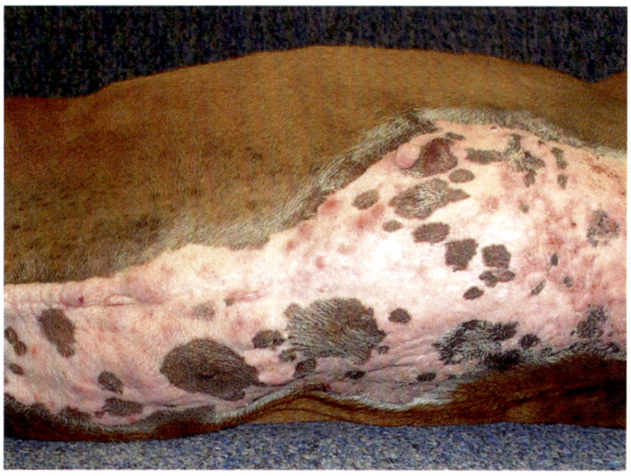

图 14-13　犬日光性皮肤病。全身性日光性皮炎的拳师犬的腹部，皮肤出现红斑和水肿，并伴有局部瘢痕。几个溃疡性结节，看起来可能是鳞状细胞癌。

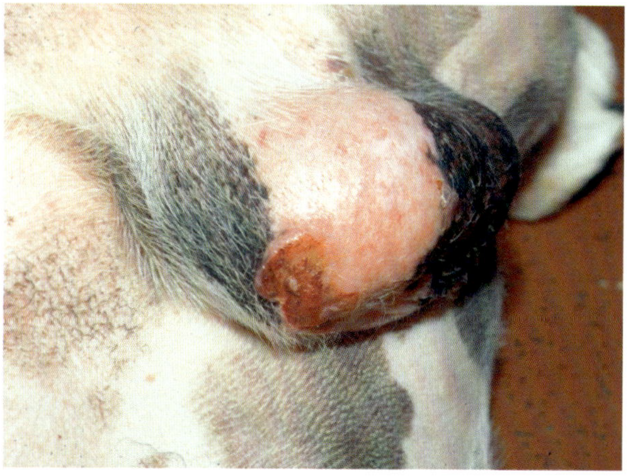

图 14-14　犬日光性皮肤病。拳师犬的阴囊溃疡已发展为鳞状细胞癌。

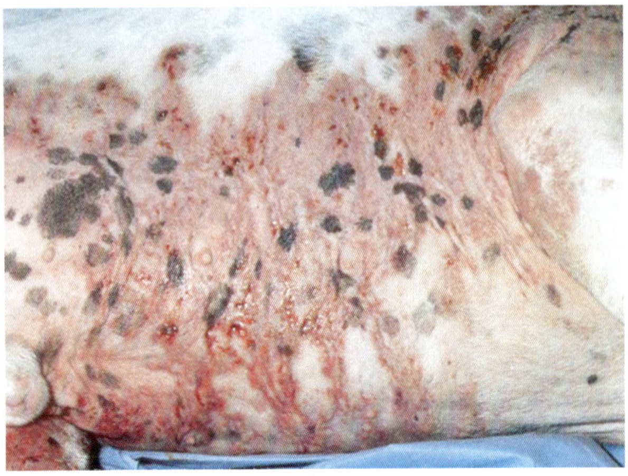

图 14-15　犬日光性皮肤病。同时患有慢性日光性皮炎和鳞状细胞癌的患犬腹部大面积红色斑块。皮肤色素沉着的部位受到保护，因此未发生病变。

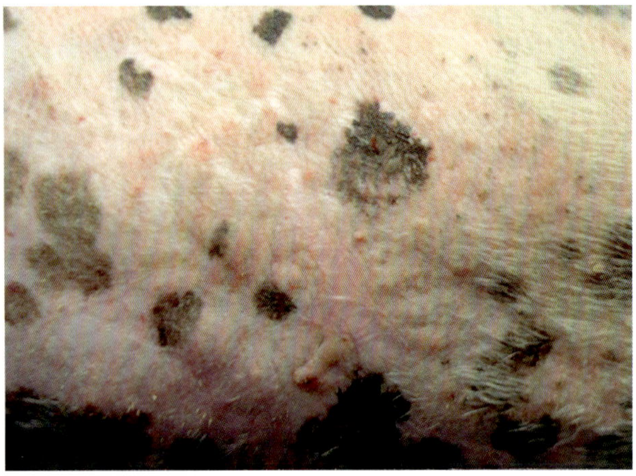

图 14-16　犬日光性皮肤病。近观日光性皮炎患犬的腹部，注意：色素沉着部位看起来塌陷或萎缩，实际上是无色素沉着部位的皮肤肿胀引起的错觉。

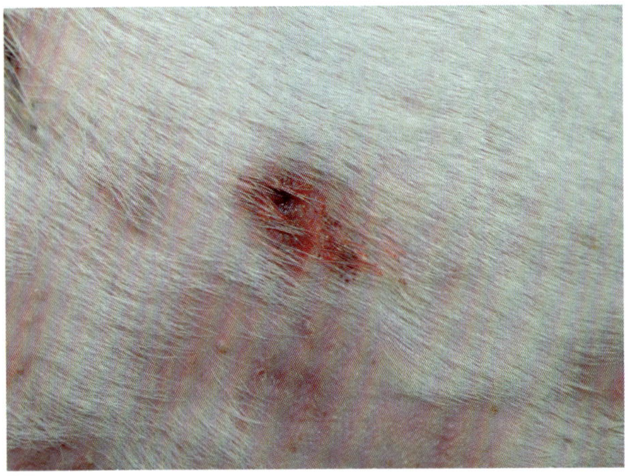

图 14-17　犬日光性皮肤病。伴有溃疡和渗液的局部结节，该病变已发展成为鳞状细胞癌。

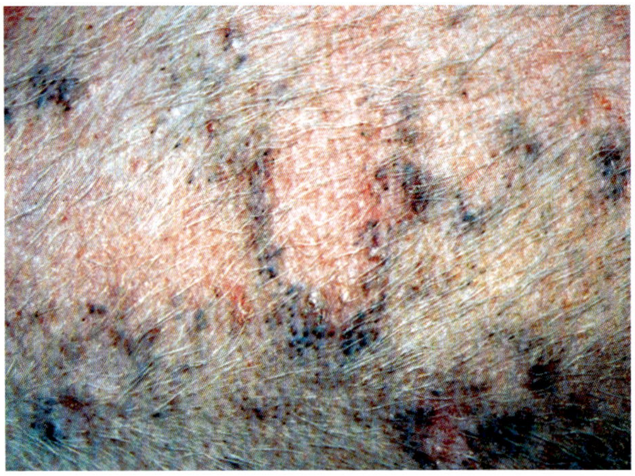

图 14-18　犬日光性皮肤病。由暴晒引起的严重皮炎，表现为红斑和连成片的丘疹。

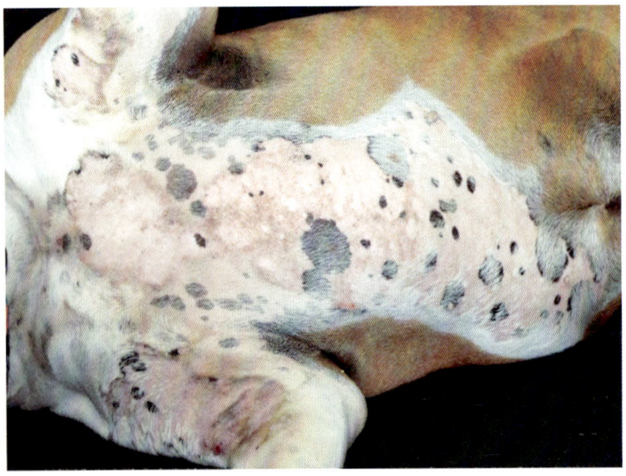

图 14-19　犬日光性皮肤病。拳师犬腹部严重的红斑，仅局限于皮肤无色素沉着的区域。

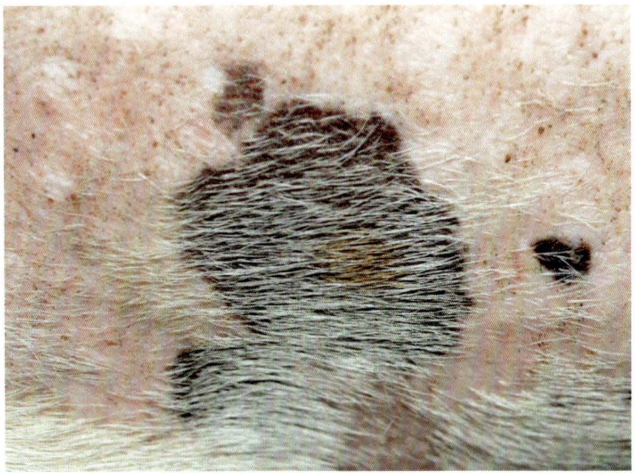

图 14-20　犬日光性皮肤病。严重的侵袭性皮炎，仅限于无色素沉着的皮肤。色素沉着区看起来很薄，实际上是无色素皮肤细胞异常侵袭引起的增厚。

鳞状细胞癌
Squamous Cell Carcinoma

特征

鳞状细胞癌是角质细胞的恶性肿瘤，占猫皮肤肿瘤的 15%，占犬皮肤肿瘤的 5%，常见于被毛稀疏、无色素沉着、晒伤的皮肤，可能继发于光化（日光）角化病。最近，乳头状瘤病毒感染可能与犬鳞状细胞癌有关，因为 50% 的此类犬肿瘤可验出乳头状瘤病毒抗原。鳞状细胞癌在犬中很常见，年龄较大的犬发病率最高。光介导肿瘤最易发于浅色犬的躯干侧面和腹部，如大麦町犬、比格犬、惠比特犬和白色英国斗牛犬。与此相似，白色老龄猫的发病率最高。日光介导的鳞状细胞癌在光照强烈的地区发病率最高。

犬

鳞状细胞癌通常为单个，但也可能多发，表现为躯干、四肢、爪趾、阴囊、鼻和嘴唇的增生或溃疡性病变。增生性肿瘤常为菜花样、大小不一，而且易发生溃疡和出血。开始时浅层糜烂并覆盖结痂，随后会变深，形成火山口样溃疡。甲床肿瘤通常发生在单个趾，但也可能多趾发病，尤其是大型黑毛犬，如黑拉布拉多犬，德国牧羊犬和贵宾犬。发病趾典型症状是肿胀、疼痛、畸形或甲缺失。

猫

鳞状细胞癌表现为增生、结痂、或易出血的溃疡性病变，最常涉及无着色的耳朵、鼻子和眼睑。

诊断和分期

1. 细胞学（通常无诊断意义）：细胞各异，低分化、胞浆嗜碱性的小圆上皮细胞，或更为成熟的胞浆丰富、有核且核周空泡化、多角的未角化上皮细胞。

2. 皮肤组织病理学：非典型角质细胞的不规则肿块向下增生并侵害真皮。

3. 应仔细筛查肿瘤向局部淋巴结和肺部的转移，分别进行淋巴结细胞学/组织活检和三维胸部 X 线片检查。

治疗与预后

1. 及早进行完全手术切除甚至包括患趾截肢。切除的组织应做组织病理学检查（边缘评估），评估是否切除完全，激光烧蚀可能适合于体表肿瘤。

2. 冷冻疗法或激光烧蚀可能适合用于小型的、浅表的病变。

3. 对于不能切除的或只能部分切除的病变，辅助放疗（尤其是电子束辐射）或锶-90（一种浅表的放射治疗）也许有效。

4. 对于不可切除的病变，可采用病变内化疗（顺铂，卡铂，5-氟尿嘧啶）、高温疗法或光动力疗法，在某些情况下可能有效。全身化疗治疗鳞状细胞癌通常无效。

5. 与现有的常规治疗方案相比，螺旋断层放疗是一种使用 CT 扫描技术的高精度调强放射治疗方法，未来可能会有更好的结果。

6. 为防止出现新的日光介导性病变，要避免紫外光照射（见“日光性皮肤病”）。

7. 犬的预后各异，与分化程度和病变部位有关。大多数肿瘤侵袭局部、扩散缓慢，而爪趾鳞状细胞癌侵袭性较强，更易转移。猫的预后取决于肿瘤的分化程度和病变大小，小的、分化程度高的肿瘤比大的、分化程度差的肿瘤预后好。

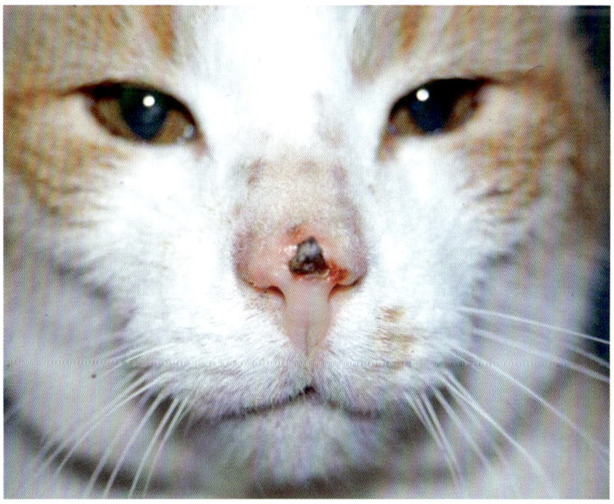

图 14-21　鳞状细胞癌。无色素沉着的猫鼻面上伴有溃疡的小肿瘤。

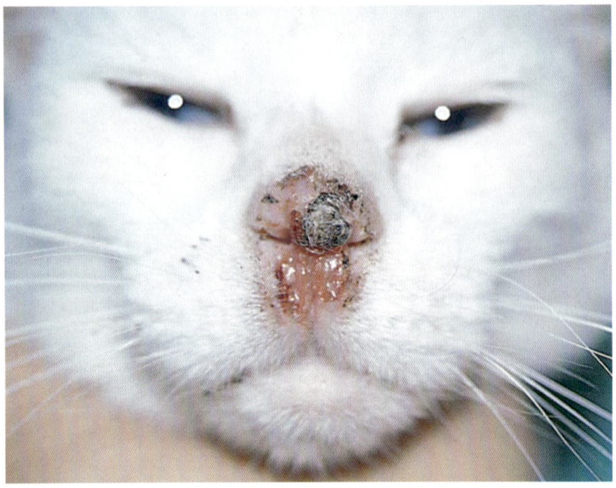

图 14-22 鳞状细胞癌。成年白猫鼻部的红斑、溃疡和结痂，最初的病变是典型的日光性皮肤病。

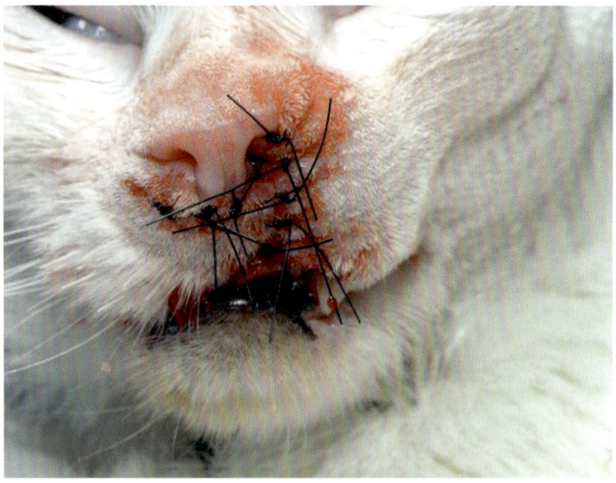

图 14-23 鳞状细胞癌。必须彻底手术切除整个肿瘤，手术解决越早越好（自 R. Seamen）。

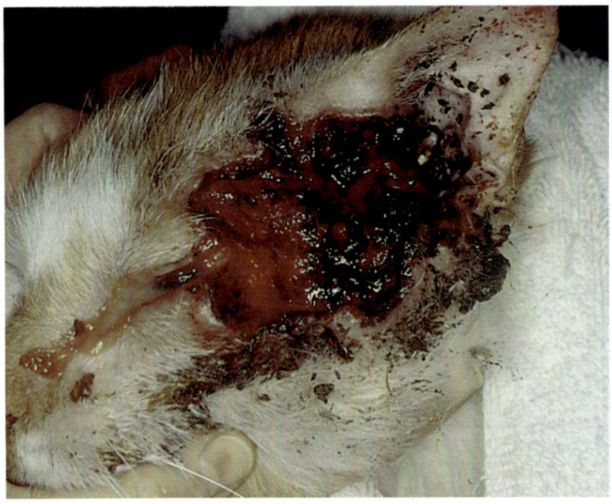

图 14-24 鳞状细胞癌。猫面部和眼睛周围组织严重破坏和肿瘤增生（自 S. Mclaughlin）。

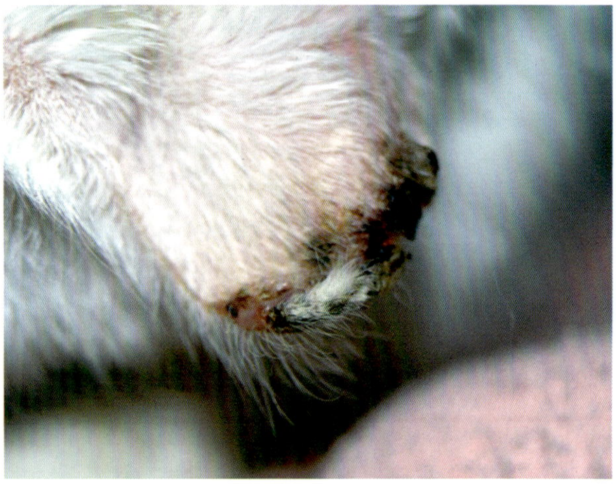

图 14-25 鳞状细胞癌。成年白猫耳尖坏死和结痂。

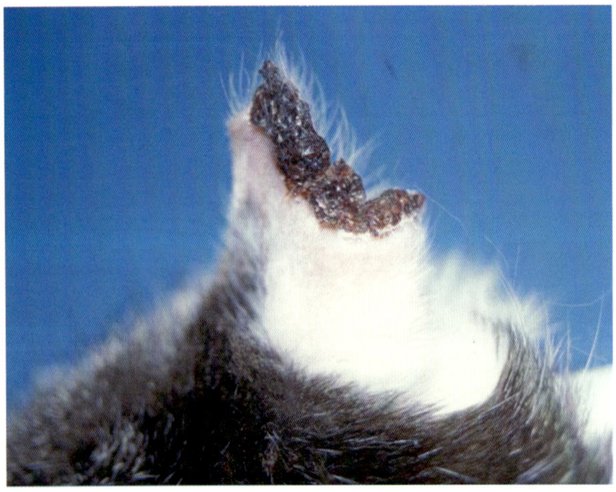

图 14-26 鳞状细胞癌。鳞状细胞癌的发展造成整个远端的耳廓组织破坏。早期诊断和手术切除能提供更好的美观效果。

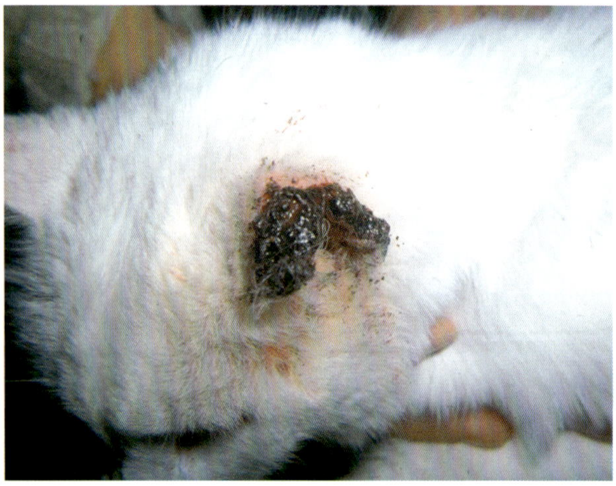

图 14-27 鳞状细胞癌。鳞状细胞癌发展到整个耳廓。手术切除肿瘤比较困难，需要高难度的整形外科手术。

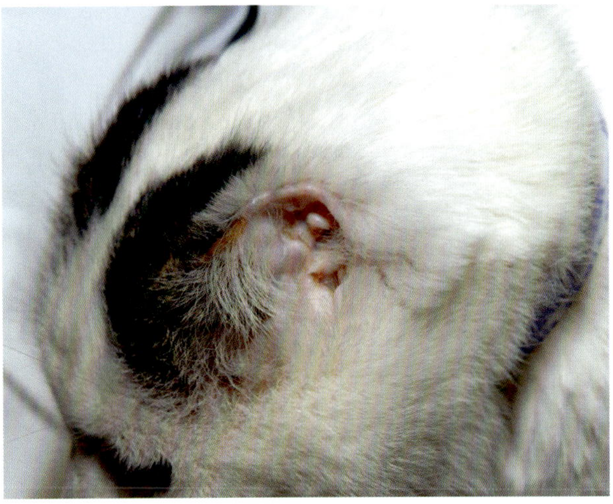

图 14-28 鳞状细胞癌。切除患有肿瘤的猫耳廓，早期诊断并进行干预治疗能获得更好的美观效果。

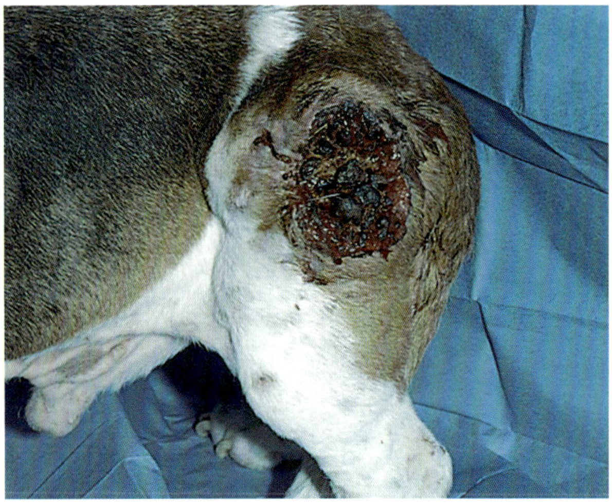

图 14-29 鳞状细胞癌。老年法国巴吉度猎犬臀部巨大的溃疡性肿瘤。

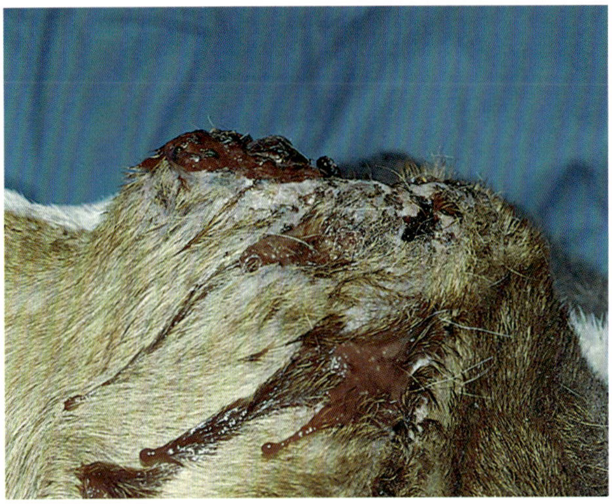

图 14-30 鳞状细胞癌。图 14-29 中犬的近观，隆起的肿瘤深层组织被破坏，形成火山口样深度溃疡。

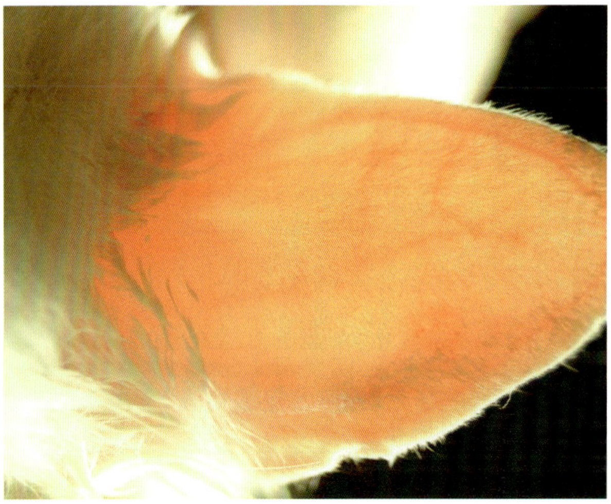

图 14-31 鳞状细胞癌。白猫局限于耳部的原位癌，耳廓外侧被照亮，展示了病变的红斑病变。

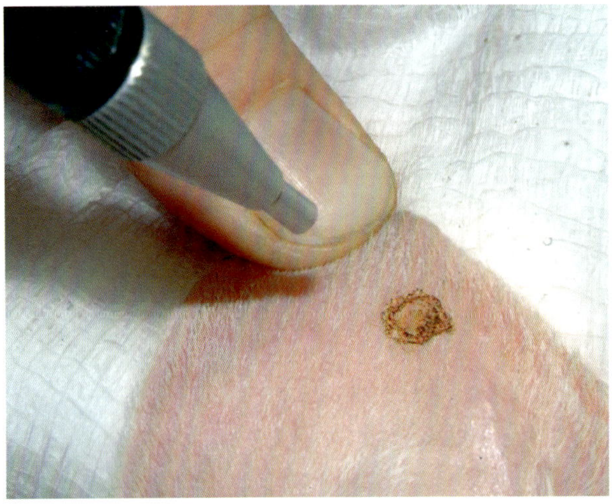

图 14-32 鳞状细胞癌。用二氧化碳（CO_2）激光来切除肿瘤组织。这种技术切除界限清楚，仅有微小的组织损伤。

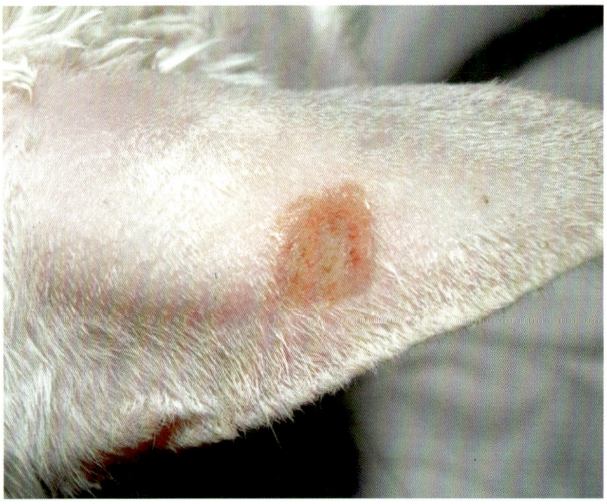

图 14-33 鳞状细胞癌。图 14-32 中的猫。肿瘤已被切除，留下一个局灶溃疡。

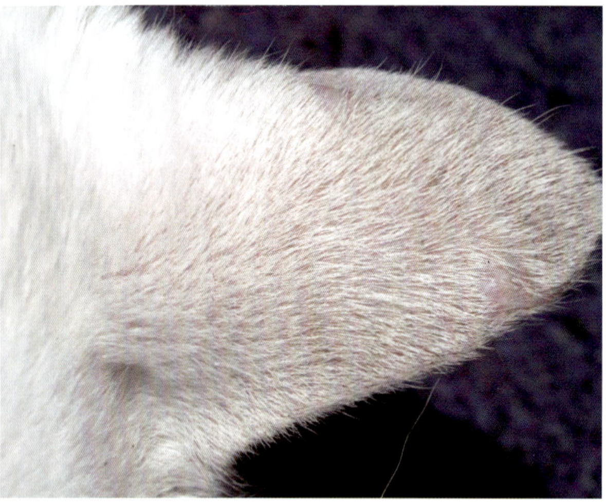

图 14-34　鳞状细胞癌。图 14-32 中的猫。治疗 3 周后，病变区域已经痊愈，毛发再生。早期诊断治疗的外观效果较好。

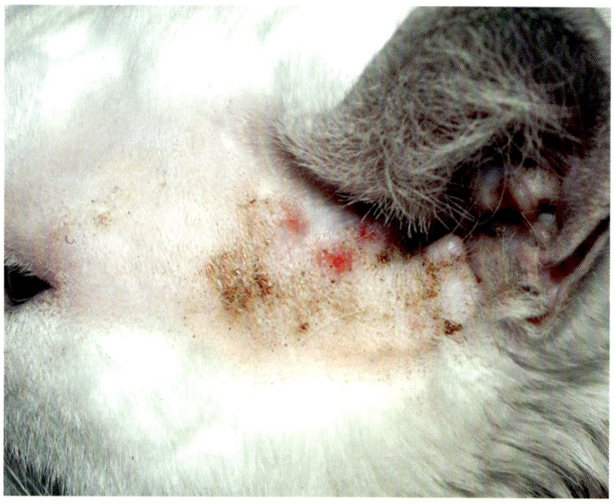

图 14-35　鳞状细胞癌。白猫耳前区的多病变鳞状细胞癌。

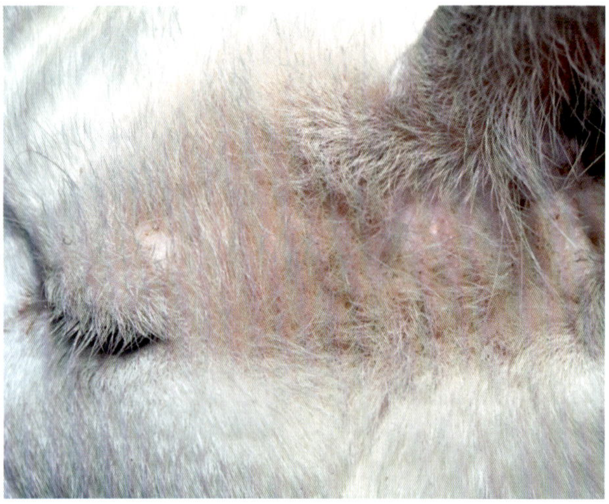

图 14-36　鳞状细胞癌。图 14-35 中的猫。这个肿瘤用二氧化碳（CO_2）激光切除并已确定治愈。早期诊断治疗的外观效果较好。

博文氏病 / 多发性原位鳞状细胞癌
Bowen's Disease/Multifocal Squamous Cell Carcinoma In Situ

特征

博文氏病是一种多发性表皮角质细胞肿瘤综合征，病变可能发生在有色素沉着或没有暴露于紫外线光下的皮肤。一般发生于老年动物，猫和犬罕见。猫的病变可能由乳头状瘤病毒感染引起。

猫

病变从单个到多个结痂、常为直径 0.5~4 cm 的色素斑块，脱毛、溃疡、疼痛，而且患处易流血。病变往往是慢性的（数月到数年），并且可能会恶化或消退，还会发展到头、颈、肩、前腿，和爪趾的毛发健康区域。

犬

除了和猫一样的病变外，还可能发生在犬的口腔、生殖器，出现结节性病变。原位病变的进一步发展可能发展为侵袭性鳞状细胞癌，但难以预测。

诊断

皮肤组织病理学：不规则的、表皮上皮细胞发育不良，但是基底膜不会破坏。过度角化和色素过度沉着很常见，随后会出现继发感染形成的结痂和炎症。猫的肿瘤边缘可见明显的乳头状瘤病变，而且 45% 的病变可检测到乳头瘤病毒抗原。

治疗与预后

1. 手术切除或激光烧蚀可以治疗单个或较少的病变，但其他地方可能会出现新病变。

2. 病变小于 2~4 mm 厚度的可用锶 -90 近距离治疗。

3. 有病例报告显示一只犬用 5- 氟尿嘧啶（治疗的频率和持续时间没有详细说明）外部治疗后，病变皮肤得到改善，且出现了可控的新病变。

4. 阿维 A，口服，5~10 mg/猫，每 24 h 一次，某些病例可能有效。

5. 5% 咪喹莫特乳膏（乐得美）局部外敷，可以作为免疫调节治疗，可能有效。每 24~48 h 使用一次，直到起效（通常 2~3 周）。（治疗期间可佩戴防护圈防止抓挠）治疗期间需监测肝功能。

6. 预后谨慎，因为新的损伤可能会继续发展，原位病变发展可能会变为侵袭性鳞状细胞癌。

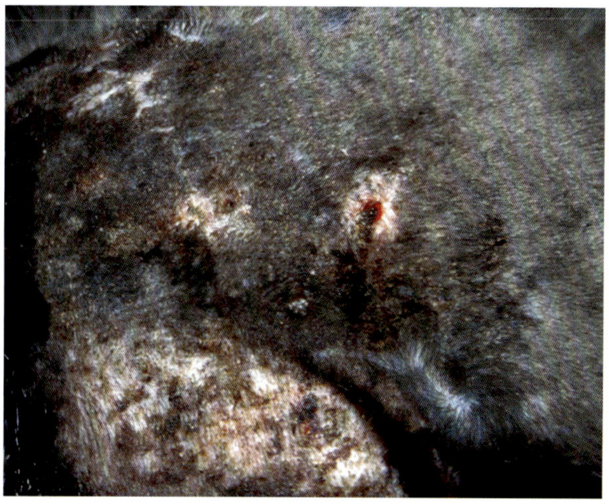

图 14-37　博文氏病。成年患猫着色皮肤的多病变、结痂、丘疹样病变，这是该综合征的典型症状。

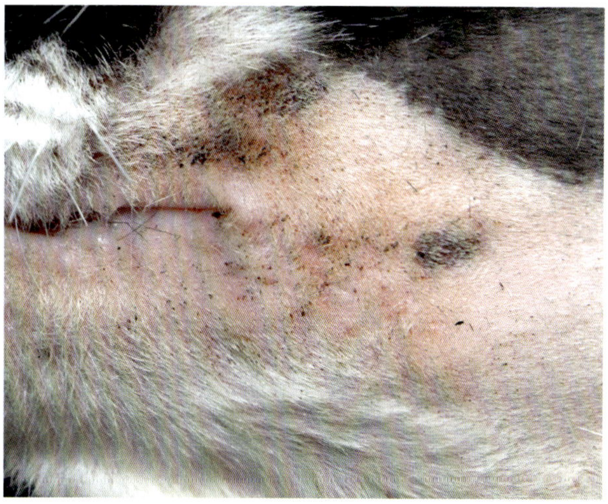

图 14-38　博文氏病。面部多病变、结痂、丘疹样病变。注意轻微、细小的病变。

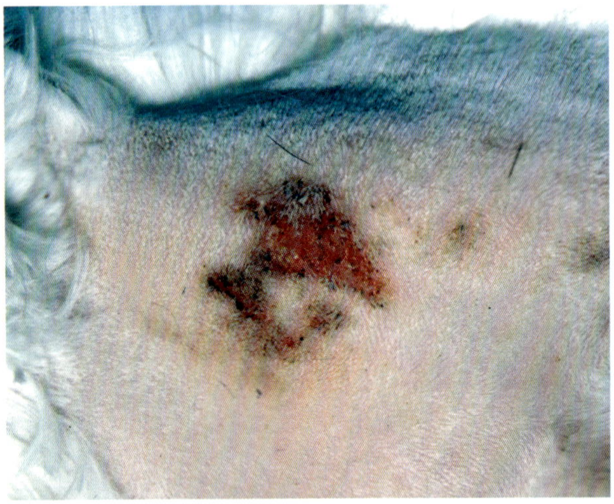

图 14-39 博文氏病。多病变、着色皮肤的病变。这些病变很容易被忽略，除非剪去被毛。

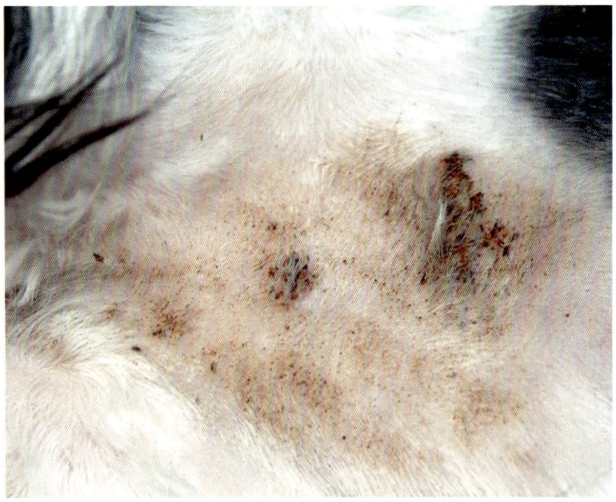

图 14-40 博文氏病。成年猫着色皮肤的多病变、结痂、丘疹样病变，这是该综合征的典型症状。

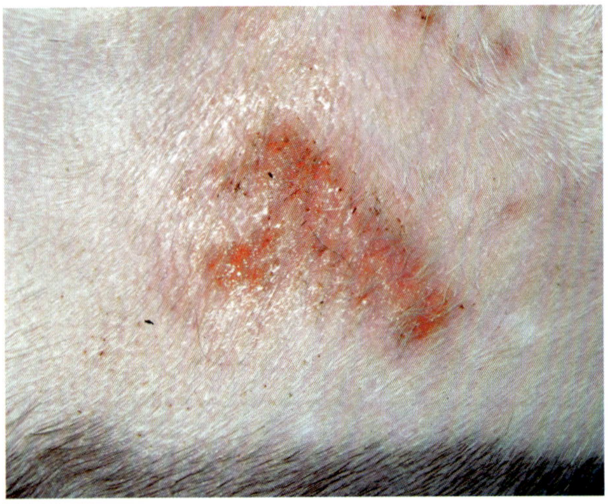

图 14-41 博文氏病。猫的无色素皮肤，多个丘疹融合成斑块。

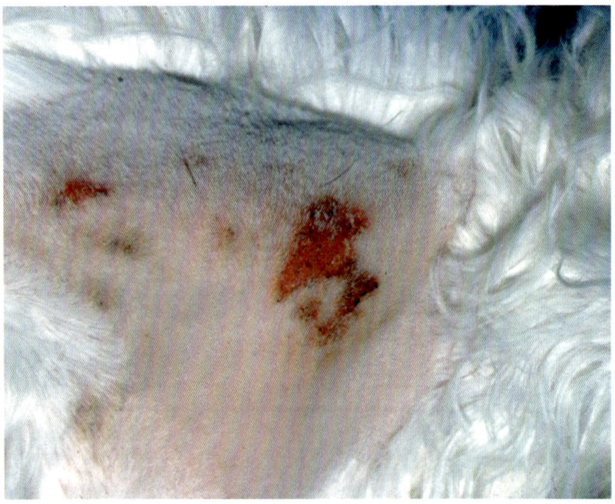

图 14-42 博文氏病。多病变着色皮肤病变。

基底细胞瘤 / 癌
Basal Cell Tumor/Carcinoma

特征

基底细胞瘤是源自表皮、毛囊、皮脂腺或汗腺基底细胞的肿瘤，通常良性，犬不常发，见于老年犬，易感品种有可卡犬、贵宾犬、喜乐蒂牧羊犬、凯利蓝㹴、西伯利亚哈士奇犬。老年猫常见（占猫皮肤肿瘤的 15%～26 %），暹罗猫、喜马拉雅猫、波斯猫可能有品种易感性。

基底细胞瘤通常为单个凸起、圆形、坚硬的结节，直径 1～10 cm，可能会出现色素沉着、脱毛和溃疡，最常在头、颈、胸或躯干背侧发病。

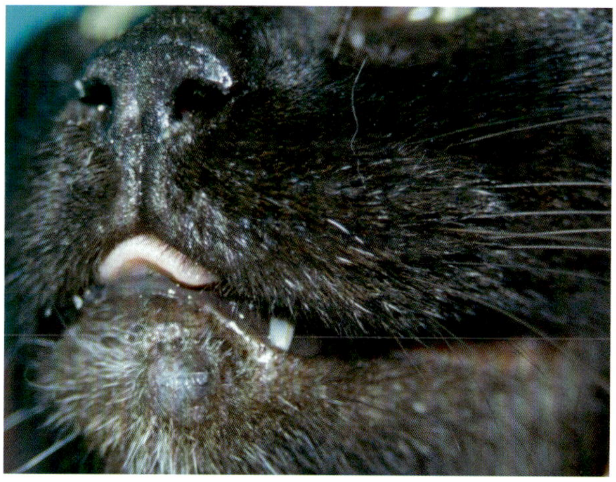

图 14-43　基底细胞瘤。成年猫下颌色素沉着的结节。

诊断

1. 细胞学：基底细胞肿瘤含有小而均匀的上皮细胞，细胞呈圆形或方形，有少量的嗜碱性胞浆，成组或带状排列。基底细胞癌会出现标准的恶性肿瘤特征，但在细胞学上很难将其与良性肿瘤区分开。

2. 皮肤组织病理学：皮内到皮下的包块无包膜，多呈分叶状，常由大量的肿瘤性基底细胞形成条索状或巢状。肿瘤可能表现为色素沉着，呈囊状或中心鳞状分化。

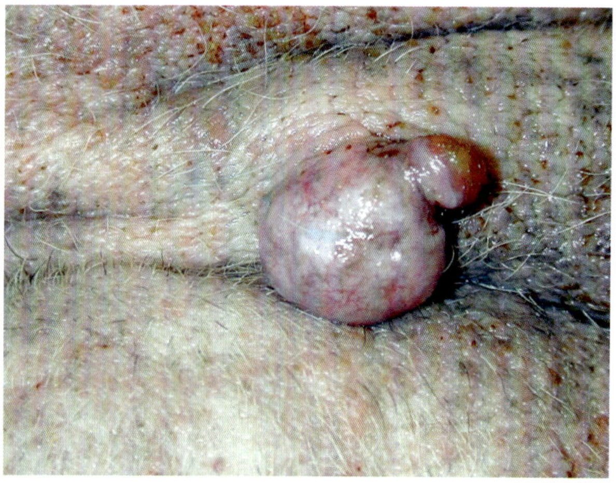

图 14-44　基底细胞瘤。分叶结节。

治疗与预后

1. 最好的选择是手术完全切除。应对切除组织进行组织病理学检查，以确保切除完全（边缘评估）。

2. 较小的包块可用冷冻疗法或激光烧蚀疗法治疗。

3. 预后良好。基底细胞瘤为良性，基底细胞癌的恶性程度不高，而且很少转移。

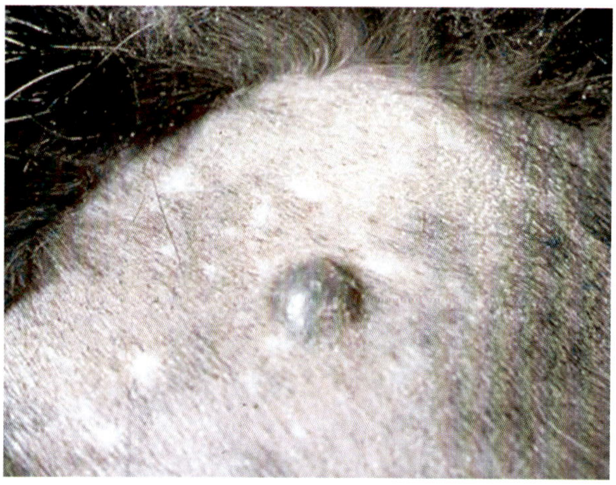

图 14-45　基底细胞瘤。成年猫躯干上色素沉着的结节是该病的典型症状。

毛囊肿瘤
Hair Follicle Tumors

特征

毛囊肿瘤通常为毛囊生发细胞的良性肿瘤，根据毛囊附属器的分化而分类。犬常见而猫罕见该病。毛囊肿瘤中的毛上皮瘤和毛基质瘤最常见。

毛上皮瘤

毛上皮瘤是良性肿瘤，细胞分化为毛囊和毛干结构。犬常见而猫少见此病。报道称 5 岁以上的动物发病率升高，巴吉度猎犬、金毛猎犬、德国牧羊犬、迷你雪纳瑞犬、标准贵宾犬和西班牙猎犬可能有品种易感性；波斯猫也可能有品种易感性。肿瘤通常单个（巴吉度猎犬通常为多发）、脱毛、坚硬、白色或灰色，分叶包块，可能存在溃疡。肿瘤大小 1 mm 至 2 cm，或更大。往往位于犬躯干和四肢，猫头部、尾部和四肢。

毛基质瘤

源于毛球 / 基质细胞的良性肿瘤，犬不常见而猫罕见，5～10 岁的动物发病率较高。凯利蓝㹴、贵宾犬、英国古代牧羊犬有品种易感性，该肿瘤为单个，通常脱毛、坚硬，有时出现溃疡或钙化，边界清晰，呈圆顶状斑块，真皮或皮下肿块可能为囊性的或色素沉着，直径 1～10 cm，常见于躯干。

毛母细胞瘤

源于原始毛基质上皮细胞的良性肿瘤，中年犬猫易感但不常见。贵宾犬和可卡犬可能有品种易感性。肿瘤大小 1～2 cm，单个、坚硬、圆形、脱毛，常发生在犬的头颈部和猫躯干的前半部分。

毛外根鞘瘤

是分化为毛囊外根鞘细胞的良性肿瘤，犬、猫罕见，5～13 岁间的动物高发，阿富汗猎犬可能有品种易感性。肿瘤直径 1～7 cm，呈坚硬、边界清楚的结节，常见于头颈部。

毛囊瘤

良性毛囊肿瘤，实际上可能是毛囊和 / 或毛皮脂腺的错构瘤，不是真正的肿瘤，犬、猫罕见，目前尚不知年龄、品种和部位易感性。肿瘤为单个圆顶样结节，其中心可能塌陷或有开口，内含被毛或皮脂样物质。

维纳扩张孔

良性毛囊肿瘤或囊肿，年龄较大的猫易感但不常见，单个、坚硬的包块或囊肿（小于 1 cm），有一充满角质的中央口，角质会形成一个皮角，该肿瘤最常见于躯干、头和颈部。

诊断

1. 细胞学（通常无诊断意义）：毛囊肿瘤的特点是成熟的角化鳞状上皮细胞和无定形的细胞碎片，偶尔可见小而均一的基底型上皮细胞。

2. 皮肤组织病理学：毛囊肿瘤根据基底样肿瘤细胞的组织学类型和外观分类。不同肿瘤类型，其包块可能是硬质或囊性，可能含有角质。

治疗与预后

1. 这些肿瘤多为良性，可以只观察不治疗。

2. 手术切除有效。

3. 预后良好。毛囊肿瘤不发生局部侵袭、不转移，手术切除后很少复发。病例报告显示 2 条犬的毛基质瘤转移，并伴发神经系统症状，但此情况极其罕见。

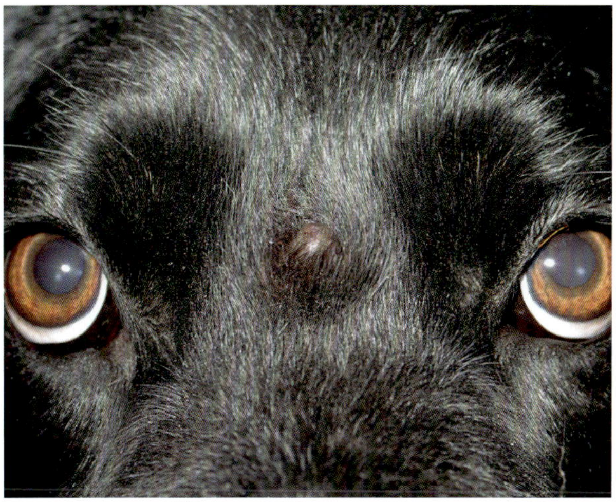

图 14-46　毛囊肿瘤。这类肿瘤典型的表现就是无孔的小结节。

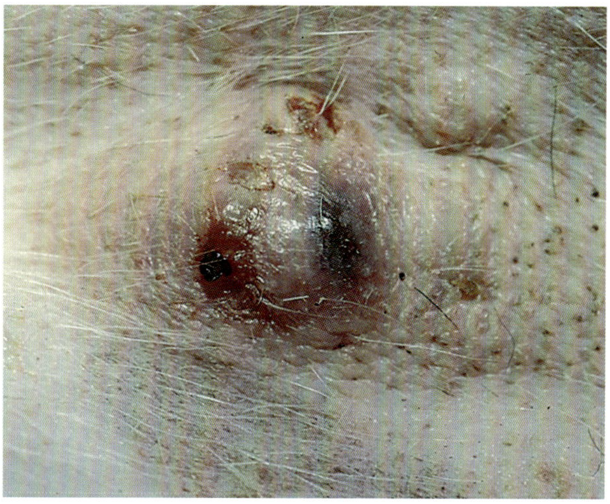

图 14-47　毛囊肿瘤。着色小结节。注意此类肿瘤与基底细胞瘤、顶泌瘤、黑素瘤相似。

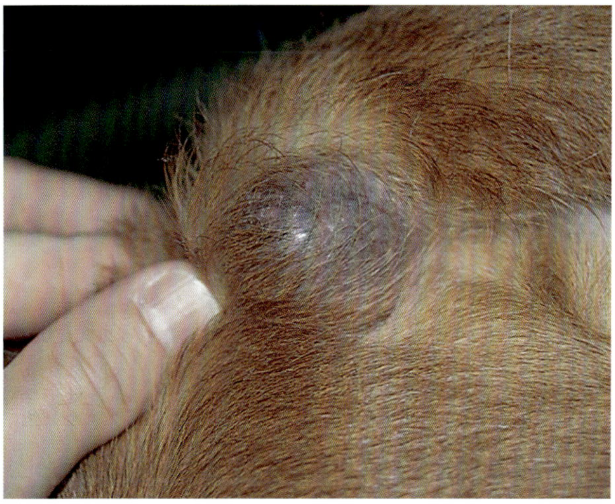

图 14-48　毛囊肿瘤。老年混血猎犬胸腹侧的大囊肿与毛囊肿瘤有关。

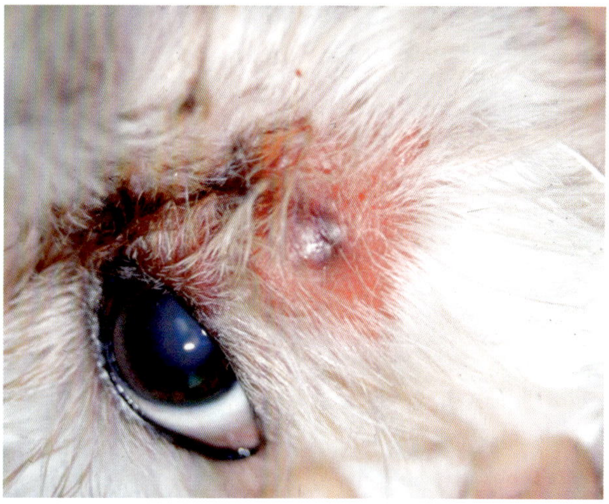

图 14-49　毛囊肿瘤。眼周皮肤的脱毛囊性结节。

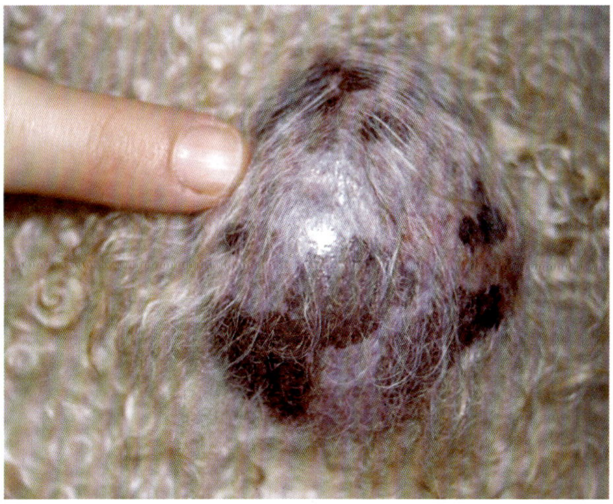

图 14-50　毛囊肿瘤。犬臀部脱毛的囊性大肿瘤。

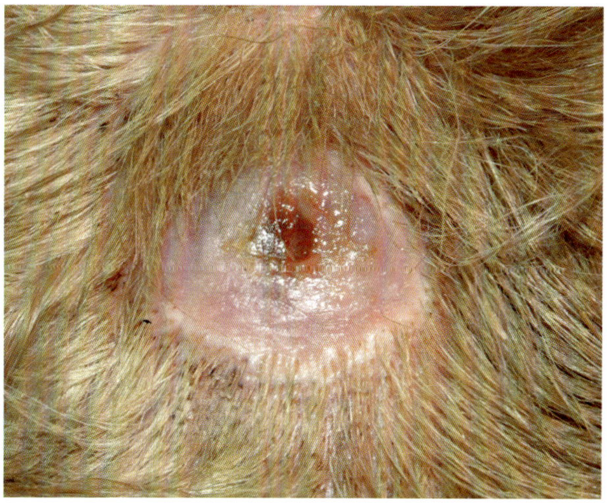

图 14-51　毛囊肿瘤。局灶、结痂、脱毛性肿瘤。

皮脂腺肿瘤
Sebaceous Gland Tumors

特征

结节性皮脂腺增生，皮脂腺上皮瘤和皮脂腺肿瘤都是皮脂细胞的良性肿瘤。年龄较大的犬更常见，报道显示贵宾犬、可卡犬、迷你雪纳瑞犬、㹴犬（皮脂腺肿瘤 / 增生）最高发，狮子犬、拉萨犬，西伯利亚哈士奇犬和爱尔兰赛特犬（皮脂腺上皮癌）的发病率也较高。良性皮脂腺瘤在年龄较大的猫不常见，波斯猫可能有品种易感性。皮脂腺癌是皮脂细胞的恶性肿瘤，年龄较大的犬、猫罕见，可卡犬有品种易感性。

良性皮脂腺瘤通常是单个、坚硬、隆起，呈疣状或菜花状，直径从几毫米到数厘米不等。可能是黄色或深色，脱毛、油腻或溃疡。皮脂腺增生结节可能多发。皮脂腺癌倾向于单个，直径小于 4 cm，脱毛、溃疡、或呈红斑性皮下结节。皮脂腺瘤最常见于犬的躯干、四肢、头部和眼睑，以及猫的头部。

诊断

1. 独特的疣状、菜花样增生。
2. 细胞学：
- 结节性皮脂腺增生和腺瘤：细胞成团剥落，外观与正常皮脂细胞相似，细胞浆含淡蓝色空泡细胞浆，细胞核小而深色。
- 皮脂腺上皮瘤：形态一致的小黑素上皮细胞，有时伴有少量皮脂腺细胞。
- 皮脂腺癌：基底型细胞的胞核及胞质呈多形性，且胞质高度嗜碱。
3. 皮肤组织病理学：
- 结节性皮脂腺增生：多个增大的成熟皮脂分叶，外周有一层基底样生发细胞，并有一个中央管，无有丝分裂象。
- 皮脂腺腺瘤：类似增生，基底样生发细胞和不成熟的皮脂细胞数目增多，低有丝分裂活性，中央导管周围结构消失。
- 皮脂腺上皮瘤：多分叶的基底样上皮细胞，分散在反应性胶原组织和继发性炎症中，高有丝分裂活性，有些散在区域可看到皮脂腺分化、鳞状化生或黑素化。
- 皮脂腺癌：分叶界限不清的大上皮细胞，存在不同程度的皮脂腺分化和细胞浆空泡，细胞核大、中度增高的有丝分裂活性。

治疗与预后

1. 良性皮脂腺肿瘤可选择不治疗，继续观察。
2. 对影响美观或引起犬不适的良性皮脂腺肿瘤，选择手术切除（激光烧蚀或冷冻）通常有效。
3. 对皮脂腺癌，应采取手术完全切除。
4. 预后良好。良性皮脂腺肿瘤不会发生局部侵袭，不会转移，也很少在切除后再生。皮脂腺癌会发生局部侵袭，偶尔会影响局部淋巴结，但很少发生远端转移。

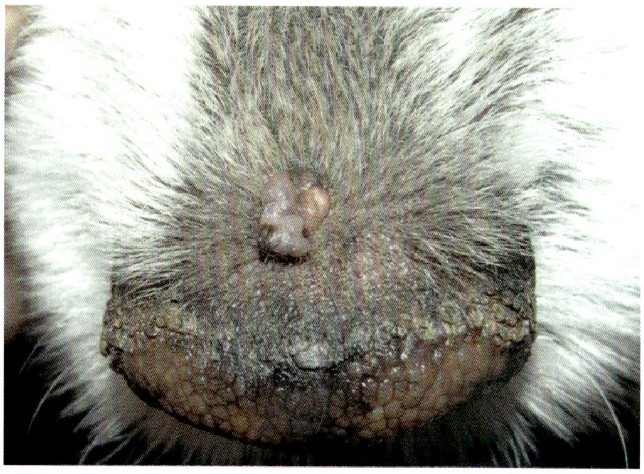

图 14-52 皮脂腺肿瘤。鼻面皮脂腺肿瘤，外观呈典型菜花样。

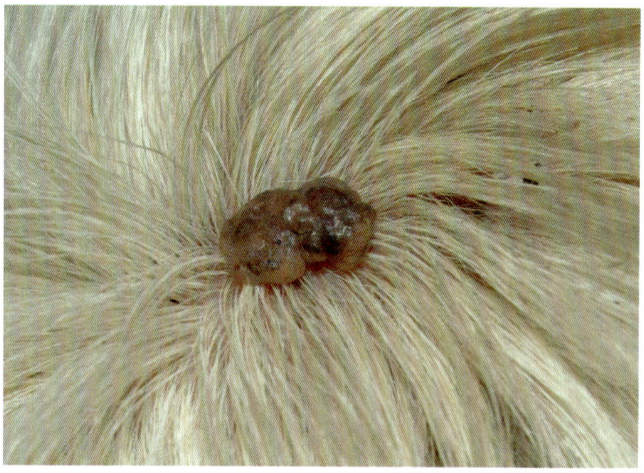

图 14-53 皮脂腺肿瘤。该皮脂腺肿瘤已持续了几年，发展缓慢。

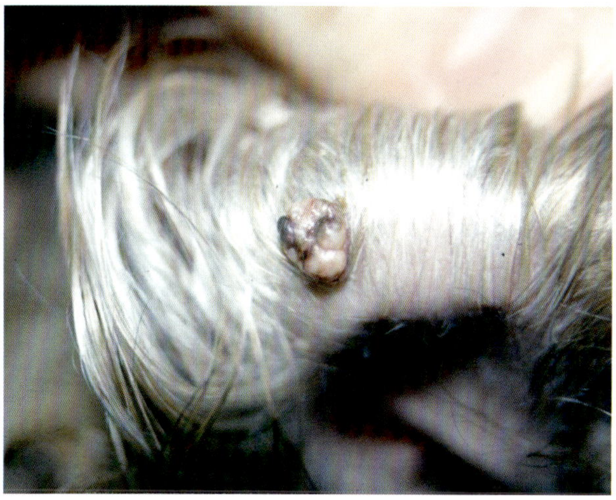

图 14-54　皮脂腺腺瘤。耳廓上的皮脂腺腺瘤呈现了这类肿瘤的典型大小和形状。

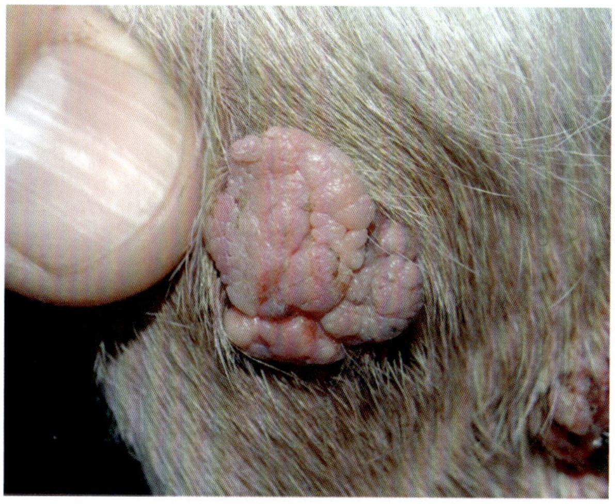

图 14-55　皮脂腺腺瘤。皮脂腺腺瘤通常比较小（铅笔擦大小），但可能会发展成更大的病变。

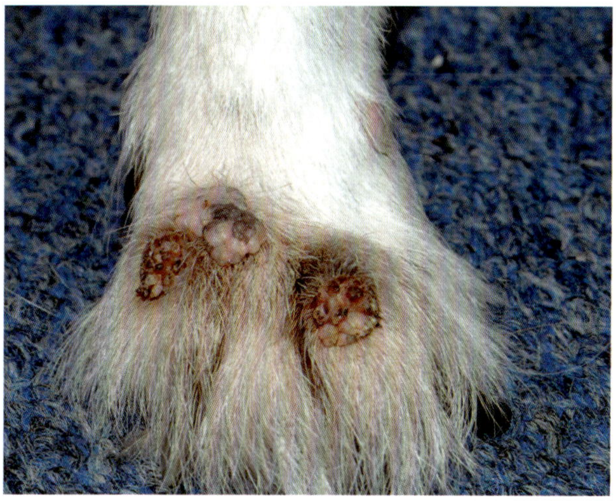

图 14-56　皮脂腺腺瘤。爪部多个皮脂腺腺瘤。有些犬会全身并发多个肿瘤。

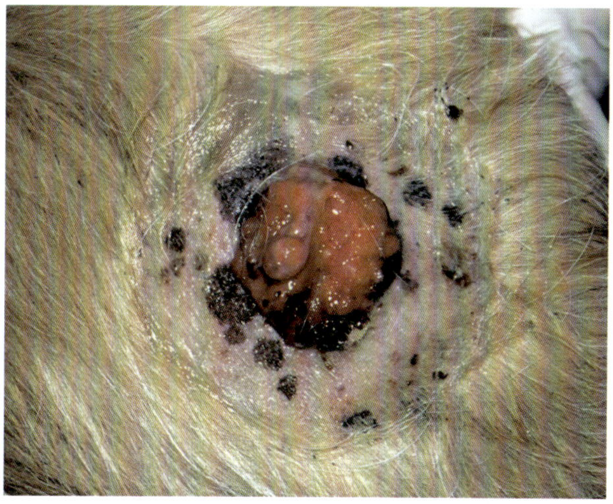

图 14-57　皮脂腺肿瘤。具有糜烂性、侵袭性的皮脂腺肿瘤。

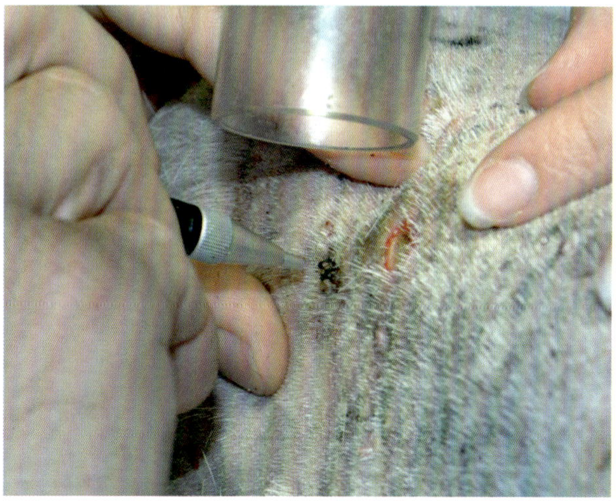

图 14-58　皮脂腺腺瘤。二氧化碳（CO_2）激光烧蚀，能为众多患有皮脂腺腺瘤的动物提供良好的治疗。

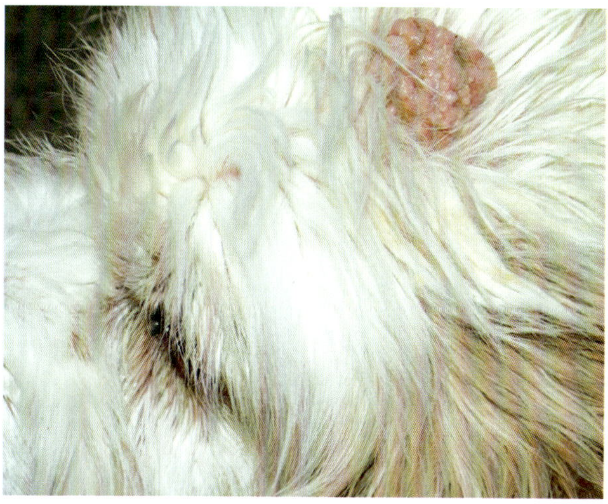

图 14-59　皮脂腺肿瘤。老年可卡犬头上一个大肿瘤，呈现为特征性菜花样外观。

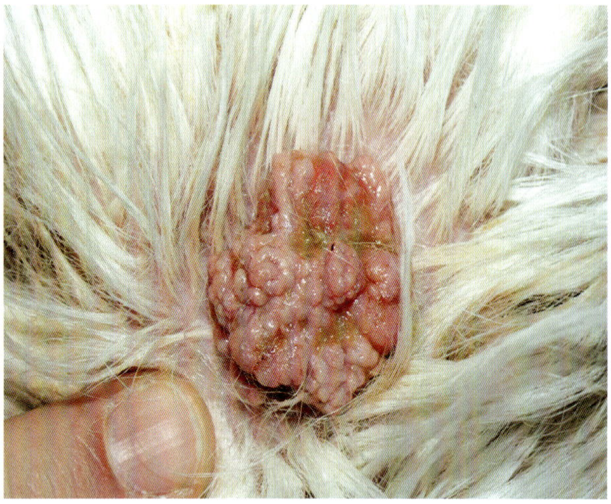

图 14-60　皮脂腺肿瘤。菜样花外观是这类肿瘤的典型特征。

肛周腺瘤
Perianal Gland Tumors

特征

源于肛周腺（肝样）细胞的肿瘤，多为良性，可能继发于雄性激素的刺激。肛周腺瘤常见于年龄较大的未去势公犬，很少见于去势公犬和母犬。肛周腺癌不常见，大龄雌性犬与雄性犬、绝育与未绝育犬的发病率均等。

腺瘤为单个或多发病变，生长缓慢，坚硬，表现为大小不等的圆形或分叶状的皮肤结节，可能会发生溃疡。该肿瘤常见于肛门附近，但也可出现在尾部、尾根、会阴部或包皮，也可能表现为围绕肛门的弥漫性隆起组织。肛周腺癌的外观与腺瘤相似，但其生长迅速，并伴发溃疡。

诊断

1. 细胞学：大的圆形或多面体肝样上皮细胞团，细胞内含有丰富的淡蓝色胞质、圆形或椭圆形细胞核，以及 1～2 个核仁。也常看到比少量较小的上皮“补充细胞”。在细胞学上不能将腺癌与腺瘤精确区分开。

2. 皮肤组织病理学：与肝细胞类似的多边小叶细胞，嗜酸性细胞浆含有小空泡和圆形细胞核位于细胞中央。每个小叶都有基底补充细胞组成的边缘围绕，可能发生鳞状化生。在腺瘤中很少见到有丝分裂象。腺癌与腺瘤外观类似，但细胞大小不均 / 细胞核大小不均，且常存在有丝分裂象。

治疗与预后

1. 对于未去势公犬，去势和肿瘤切除是治疗大多数肛周腺瘤的首选。

2. 对于大型或弥漫性良性病变，首先去势，然后等数月后肿瘤体积缩小再进行切除，会更安全、更容易实施手术。

3. 手术切除同样也是患有腺瘤的母犬或去势公犬的治疗方案。

4. 冷冻疗法或激光烧蚀可用于直径小于 1～2 cm 的腺瘤。

5. 雌激素治疗可会使腺瘤缩小，但也可能会导致致命的骨髓抑制，故不推荐这种疗法。

6. 肛周腺癌去势后不会消退，完全切除是治疗的首选。对于不完全切除肿瘤病例，放疗或化疗可减缓病情的发展。

7. 有调查发现去势或切除腺瘤后复发的病例，有可能潜在肾上腺皮质功能亢进。

8. 肛周腺瘤预后良好，因其为良性，通常在去势后不会再发。肛周腺癌的预后谨慎，因其术后可能会局部侵袭或远端转移，最常见的转移部位包括（腰椎后 / 骨盆）淋巴结、肝脏和肺脏。犬腺癌超过 5 cm，或发生远端转移的病例预后很差，存活期可能只有几个月。

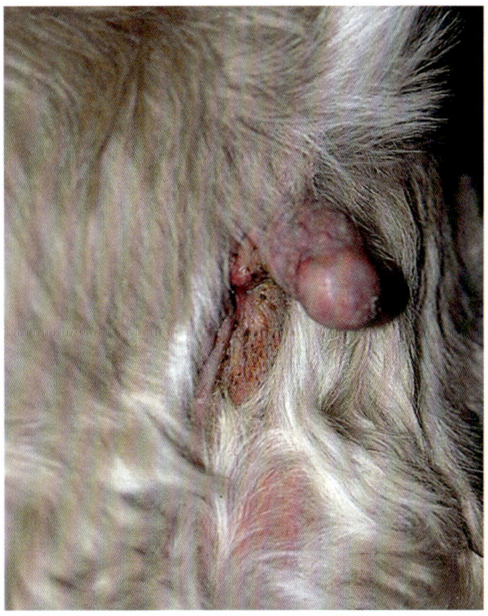

图 14-61　肛周腺瘤。老年可卡犬肛周组织上的有蒂长形肿瘤。

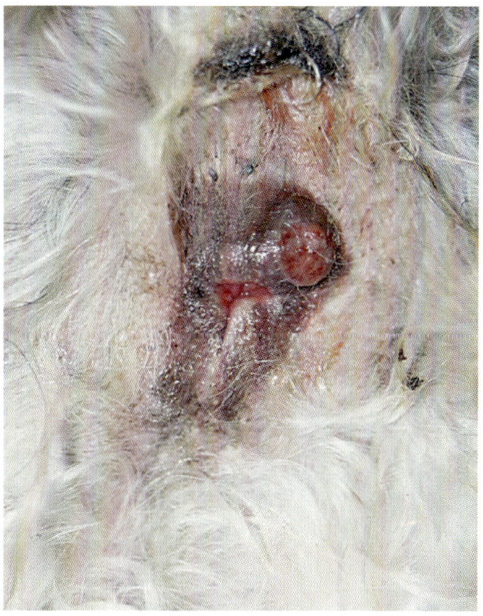

图 14-62　肛周腺瘤。老年可卡犬肛周组织上的溃疡结节。

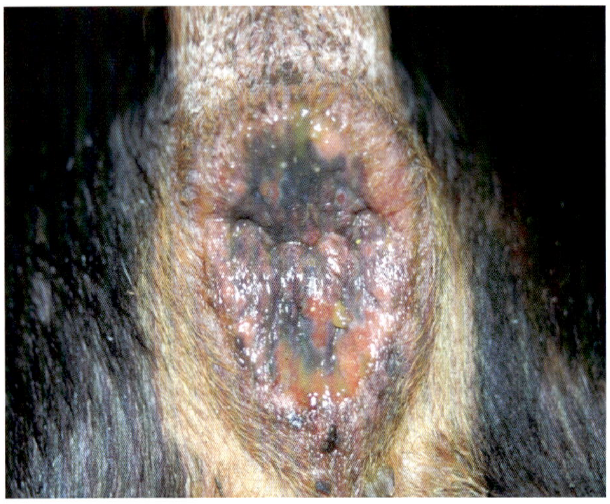

图 14-63　肛周腺瘤。肛门周围黏膜组织严重增生。

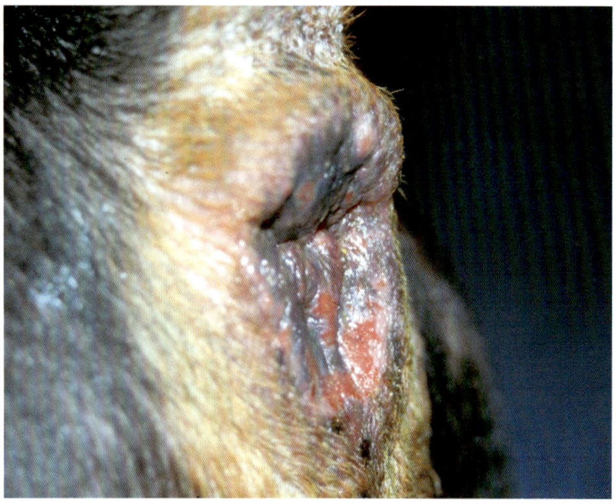

图 14-64　肛周腺瘤。图 14-63 中的犬。肿胀突出组织凸起于正常结构的肛门。

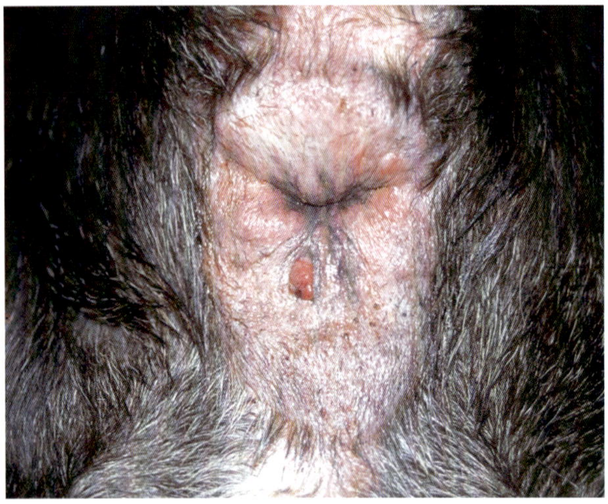

图 14-65　肛周腺瘤。有一局灶结节的肿胀肛门组织。

顶泌（毛上）汗腺囊肿和肿瘤
Apocrine (Epitrichial) Sweat Gland Cysts and Tumors

特征

顶泌汗腺瘤是良性肿瘤样病变，顶泌汗腺瘤和腺癌都可由顶泌腺或顶泌导管细胞引起。病变不常见于犬猫，报道显示老年动物的发病率最高。德国牧羊犬、金毛猎犬可能易患顶泌瘤，暹罗猫可能易患腺癌。

犬

顶泌腺瘤表现为凸起、圆形、有波动的皮内结节，直径 0.5～3.0 cm，内包含清澈的液体。腺瘤最常出现在头部，通常单个、凸起、脱毛、局限。真皮和皮下肿瘤可能为蓝色。肿瘤可能坚硬、囊性或溃烂，直径 0.5～4 cm。顶泌汗腺癌通常是单个病变，外观与腺瘤类似。汗腺瘤最多见于头部、颈部、躯干和四肢。

猫

波斯猫和喜马拉雅猫眼睑上可能会出现多个大小不等（2～10 mm）的顶泌囊肿，顶泌腺瘤和顶泌腺癌在临床很难区分，腺癌更常见溃疡、坚硬和炎症。肿瘤通常是单个、边界清晰、凸起、坚硬，或囊性病变，直径从几毫米到数厘米不等。结节可能呈蓝色，并有可能发生溃疡。腺瘤最常发生于猫的头部，腺癌则可能发生在猫身体的任何部分。

诊断

1. 细胞学（通常无诊断意义）：
- 顶泌囊肿：通常为非细胞性液体，偶见巨噬细胞。
- 顶泌腺瘤：分泌产物含少量圆形或卵圆形细胞，细胞核偏心，细胞浆内的分泌液滴较大。
- 顶泌腺癌：嗜碱性小上皮细胞团的细胞质为淡蓝色，多数细胞大小均一，同时伴有较大的多形态细胞亚群。

2. 皮肤组织病理学：
- 顶泌腺囊肿：大小不一、发病从单个到多个，扩张的皮上层腺囊肿，这个囊肿由排成一层或两层的细弱柱状分泌上皮组成。
- 顶泌腺瘤：界限清晰的皮肤结节，结节内含有多个囊，这些囊由柱状上皮细胞组成，囊内含有清亮的嗜酸性液体。有丝分裂活性低。
- 顶泌腺癌：在结构上和腺瘤相似。但可见到核多形性和有丝分裂活性增强，而且肿瘤细胞可能发生局部侵袭。

治疗与预后

1. 治疗采取完全手术切除。
2. 因为是良性肿瘤，顶泌腺瘤和囊肿可先观察而不治疗。
3. 顶泌腺瘤和囊肿预后良好，因为手术切除有效。顶泌腺癌的预后不一，肿瘤可能会发生局部侵袭，并可能在手术后复发。多达 20% 的病例有淋巴节和 / 或远端转移。

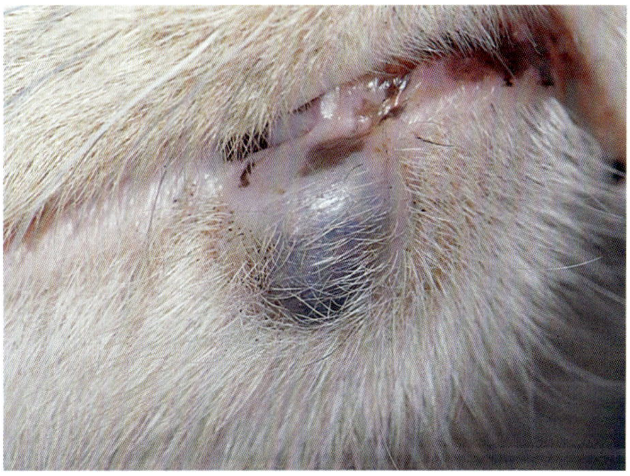

图 14-66　顶泌腺瘤。成年猫下唇的蓝色结节是顶泌腺瘤的症状，注意其与基底细胞瘤、黑素瘤和毛囊肿瘤很相似。

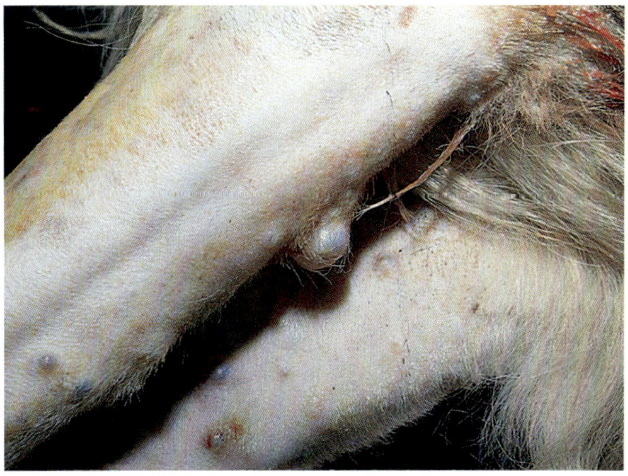

图 14-67　顶泌腺瘤。成年犬腿上的顶泌腺囊肿。

瘙痒性纤维结节
Fibropruritic Nodule

特征

尽管瘙痒性结节的发病机制尚不清楚，但本病只发生于慢性跳蚤叮咬过敏的犬。该病不常见于犬，年龄较大的犬发病率最高，尤其是纯种和杂交的德国牧羊犬。

瘙痒性纤维结节为多个、脱毛、坚硬、直径0.5～2 cm 的有蒂或无蒂结节，这些结节呈红斑样或色素过度沉着。病变部位可能光滑，也可能过度角化，偶尔发生溃疡。这些病变沿着慢性跳蚤叮咬过敏犬的腰背区域分布。

诊断

1. 通常根据病史和临床症状进行诊断。

2. 皮肤组织病理学：严重增生、有时溃疡的表皮覆盖着真皮纤维化，这些纤维化和炎症可能会使毛囊附属器界限不清。

治疗与预后

1. 治疗潜在跳蚤叮咬过敏。

2. 对影响美观的病变可以通过手术切除。

3. 预后良好。尽管瘙痒性纤维结节很少能自愈，但这是一种良性病变，并不影响患犬的生活品质。控制跳蚤可防止病变进一步发展。

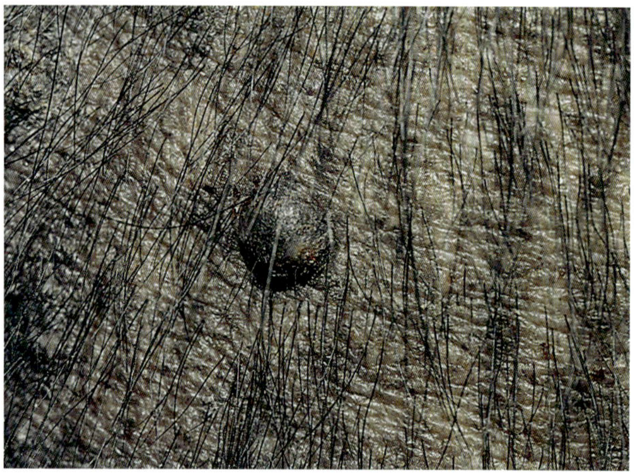

图 14-68　瘙痒性纤维结节。患有严重跳蚤过敏性皮炎的成年雪纳瑞犬腰部有色素沉着的小结节。

纤维瘤
Fibroma

特征

纤维瘤是皮肤或皮下成纤维细胞的良性肿瘤，是中、老年犬猫不常见的疾病，拳师犬、金毛猎犬和杜宾犬的发病率最高。

该肿瘤通常为单个、界限清晰、坚硬的皮肤或皮下肿块，圆顶样或有蒂，直径 1～5 cm，表皮可能脱毛或萎缩。该肿瘤可发生于身体的任何部位，但多见于四肢和肋腹。

诊断

1. 细胞学（间质细胞瘤很少细胞脱落，因此通常无诊断意义）：少量均一的纺锤形细胞，内有圆形或卵圆形深色细胞核，核内有 1～2 个核仁。

2. 皮肤组织病理学：成熟成纤维细胞的皮肤或皮下结节，界限清晰，成纤维细胞含有丰富的胶原物质，这些胶原物质代替了正常的皮肤附属器。很少见到有丝分裂象。

治疗与预后

1. 该肿瘤为良性，可以只观察不治疗。

2. 对影响美观的病变可采取手术切除。

3. 预后良好。纤维瘤为良性，不侵袭，不转移。

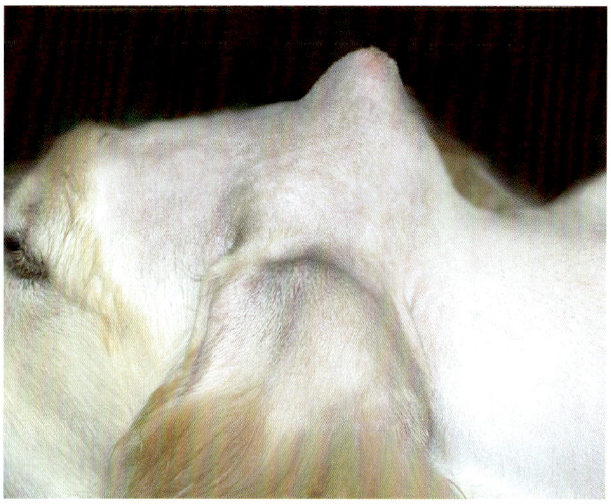

图 14-70 纤维瘤。年轻金毛猎犬头上的一个大肿瘤，被毛被剪除，准备手术切除。

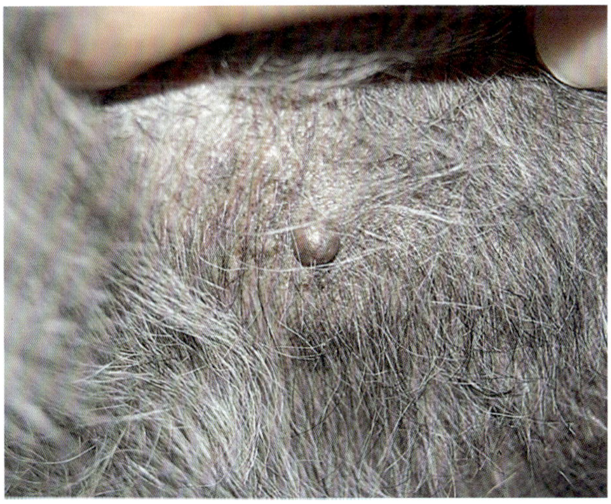

图 14-69 纤维瘤。老年雪纳瑞胸侧一个无色素沉着小结节。

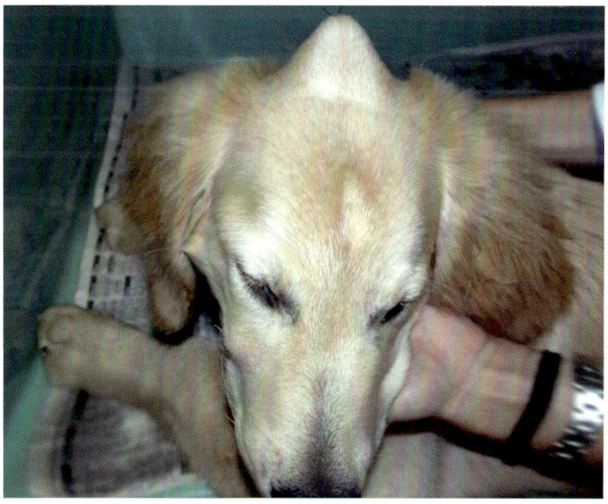

图 14-71 纤维瘤。图 14-70 中的犬，年轻金毛猎犬头上的一个大肿瘤。

纤维肉瘤
Fibrosarcoma

特征

纤维肉瘤是源自于皮肤或皮下成纤维细胞的恶性肿瘤。犬纤维肉瘤是自发性的，猫可能自发，也可由猫肉瘤病毒（FeSV）或疫苗注射引起，尤其是猫的白血病、狂犬病或佐剂疫苗。犬纤维肉瘤很罕见，年龄较大的犬发病率最高，尤其是金毛猎犬和杜宾犬。猫的纤维肉瘤较常见，FeSV 引起的肿瘤在小于 5 岁的猫中最常见，年龄较大的猫的纤维肉瘤与 FeSV 或疫苗接种无关。

犬

常表现为单个坚硬的皮下肿块，界限不清，结节样或形状不规则，直径 1～15 cm，其表面无被毛，可能会溃疡。常出现于头部和四肢近端，并可能与其下的组织联系紧密。

猫

增殖迅速的皮下或表皮肿块，坚硬、界限不清、结节样或形状不规则，直径 0.5～15 cm。肿瘤表面脱毛或溃疡，FeSV 相关的纤维肉瘤通常为多发，而那些非 FeSV 引起的肿瘤常单个发病。该肿瘤多出现于躯干、四肢远端和耳廓。疫苗引起的纤维肉瘤出现在 1 个月前到 4 年内接种的部位，相比没有接种的纤维肉瘤，这些纤维肉瘤更大，生长更快。

诊断

1. 猫白血病试验：肿瘤由 FeSV 引起的猫呈阳性。

2. 细胞学（通常无诊断意义）：细胞可能为梭形、椭圆形或星形，可能含有多个细胞核。细胞的多形性、核大小和细胞浆的嗜碱性因肿瘤分化程度各异。

3. 皮肤组织病理学：偶见饱满的纺锤形细胞的杂乱交错束，这些细胞有侵袭性，无包膜。有丝分裂活性、多核细胞数目和胶原蛋白量各异。疫苗诱发病变可见外周淋巴结及肉芽肿性炎症，也可见上皮样巨噬细胞和多核组织细胞性巨细胞的胞浆内无定型嗜碱性物质（推测是佐剂）。与和疫苗无关的肿瘤相比，猫疫苗诱发的肿瘤有更广泛的坏死，更严重的多形性和更高的有丝分裂指数。

治疗与预后

1. 单个肿瘤可采取广泛的手术切除，或切除患肢。外科切除术前应进行计算机断层扫描（CT）或核磁共振（MRI）检查。

2. 肿瘤难以完全切除的病例可在术前或术后采用放射疗法。放疗结合手术治疗对于治疗猫疫苗诱发的纤维肉瘤非常重要。

3. 化疗（盐酸多柔比星 [阿霉素]，米托蒽醌）可有效抑制不可切除的肿瘤。据报道单独使用托西尼布磷酸盐（Palladia）或结合多柔比星可以抑制肿瘤。

4. 单个肿瘤预后各异。影响预后的因素包括肿瘤大小、手术是否切除完整、组织分化程度、发生部位、骨牵连和侵袭深度；小的、浅表的和恶性程度低的肿瘤，以及截肢的肢端肿瘤肿瘤预后较好；而大的、深的、躯干的、疫苗诱发的或恶性程度高的肿瘤预后不良，且术后常发生局部复发。平均无病期的猫在私人诊所手术后的治疗时间（2 个月）明显短于有兽医职业资格的外科医生手术后的治疗时间（9 个月）。大多数的猫都不是通过手术成功地进行长期的管理，需要辅助放疗来改善局部肿瘤控制。远端转移不常见，但高达 24% 的猫疫苗诱发肿瘤会发生转移。

5. 与现有的常规治疗方案相比，螺旋断层放疗是一种使用 CT 扫描技术的高精度调强放射治疗方法，未来可能会有更好的结果。

6. 由 FeSV 引起的多个肿瘤预后不良。猫的 FeSV 诱发肿瘤多处发病，因此手术切除无效。

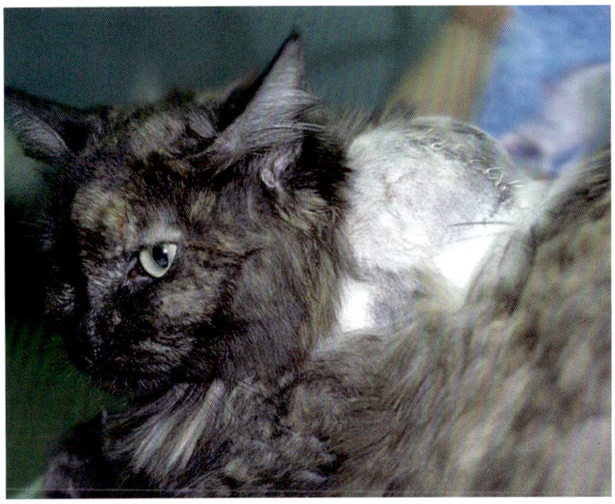

图 14-72　纤维肉瘤。猫背部一个疫苗诱发的大纤维肉瘤。

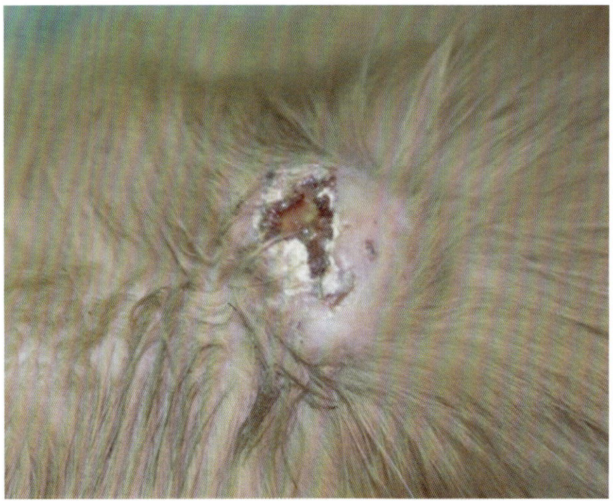

图 14-73　纤维肉瘤。伴有皮肤溃疡的大肿瘤。

图 14-74　纤维肉瘤。金毛猎犬面部迅速发展的肿瘤，引起不对称肿胀。

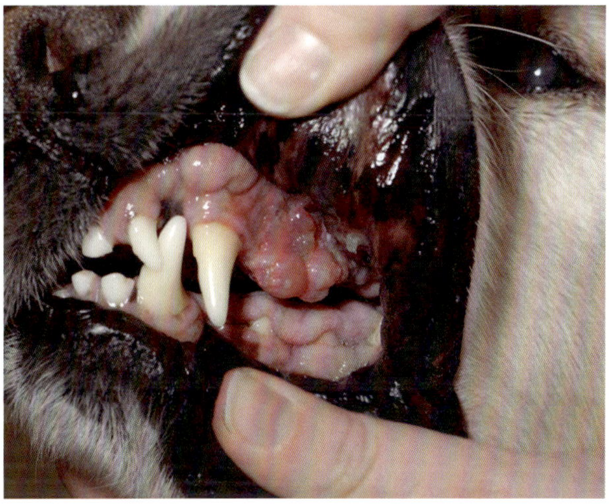

图 14-75　纤维肉瘤。图 14-74 中的犬，齿龈上有多个明显的肿瘤结节。

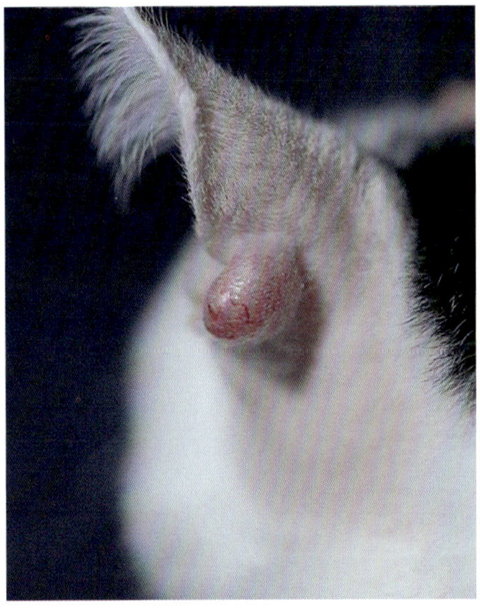

图 14-76　纤维肉瘤。成年猫耳廓上的小纤维肉瘤。

结节性皮肤纤维化
Nodular Dermatofibrosis

特征

结节性皮肤纤维化是皮肤上出现纤维性结节的综合征，同时会并发肾囊肿疾病和未绝育母犬子宫肌瘤。尽管发病机制尚不清楚，但推测患病德国牧羊犬常染色体显性遗传。此病罕见于犬，中年到年龄较大的德国牧羊犬发病率最高。

突然出现多个皮肤结节是该病特征，结节坚硬、界限清晰、位于真皮或皮下，直径从几毫米到 4 cm 不等。结节上的皮肤可能增厚、色素过度沉着、脱毛或溃疡。肿瘤多见于四肢、头部和耳部，同时出现单侧或双侧肾上皮性囊肿、囊腺瘤或囊腺癌，或出现子宫平滑肌瘤。在出现皮肤症状前通常有数月到数年的潜在疾病。

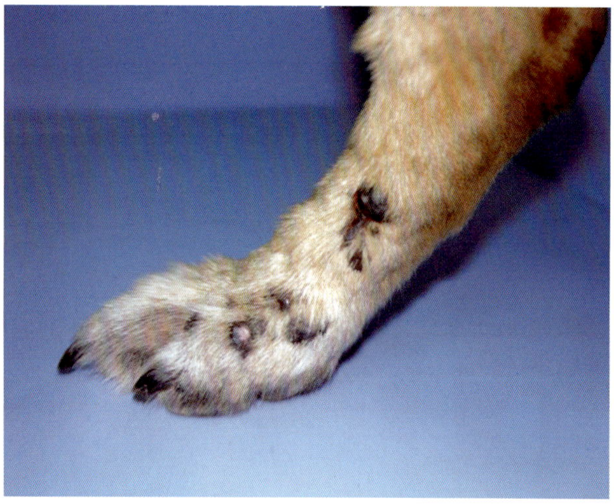
图 14-77 结节性皮肤纤维化。德国牧羊犬腿上多发、脱毛、色素沉着过度的结节，是此综合征的典型表现。

诊断

1. 皮肤组织病理学：边界清晰的真皮或皮下肿块由结构正常的的胶原束组成。
2. X 线、超声或开腹探查：肾囊性或瘤性疾病，或子宫肿瘤疾病。

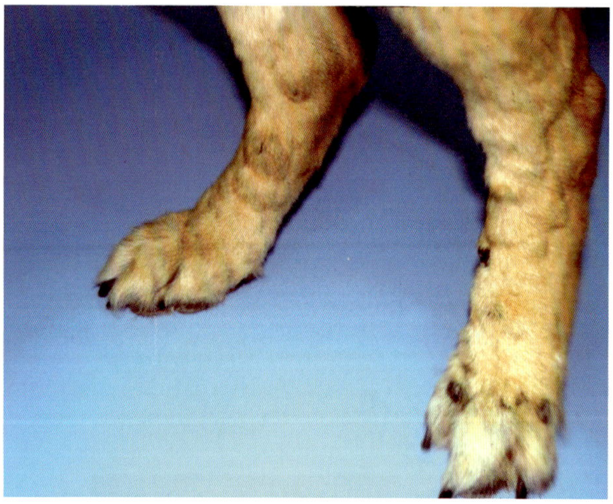
图 14-78 结节性皮肤纤维化。图 14-77 中的犬，脱毛、色素沉着过度的结节位于腿部。

治疗与预后

1. 如果只有单侧肾脏发病，可采取肾切除术，如果患有子宫肌瘤，可切除子宫卵巢。不幸的是，肾脏通常为双侧发病。
2. 当皮肤肿瘤影响到美观或功能时可以切除。
3. 潜在的肾囊肿或肿瘤疾病通常致命，因此远期预后差。一项大型病例汇总报道发现，通过皮肤症状诊断该病后，动物的平均存活期为 3 年。患犬不应作为种用。

血管瘤
Hemangioma

特征

血管瘤是血管内皮细胞的良性肿瘤。犬不常见，年龄较大的犬发病率最高，尤其是那些色素少、腹部被毛稀疏的犬（如比特斗牛犬、大麦町犬、比格犬，灵缇犬，小灵犬、意大利灵缇犬），这表明该肿瘤与紫外线暴露有关。非日光诱导发病的易感品种包括艾尔谷㹴、拳师犬、史宾格犬、德国牧羊犬和金毛猎犬。本病罕见于猫，年龄较大的公猫发病率最高。

血管瘤通常为单个皮肤或皮下结节，圆形，界限清晰，坚硬或有波动感、隆起、淡蓝色或红黑色、直径 0.5～4 cm。脱毛皮肤的血管瘤表现为血管丛或血管斑块状聚集。该肿瘤常见于犬的躯干和四肢，猫的头部和四肢。

诊断

1. 细胞学（通常无诊断意义）：多数病例血液里含有外观正常的内皮细胞，细胞为卵圆形、星形或纺锤形，内含淡蓝色细胞浆和介质。圆形细胞核内含有 1～2 个小核仁。

2. 皮肤组织病理学：界限清晰的真皮或皮下结节由扩张的充血腔形成，这些腔有外观相对正常的扁平内皮细胞囊，无有丝分裂象。日光诱导的病变可能伴随日光性皮炎和弹性组织变性。

治疗与预后

1. 手术完全切除有效。还可以用冷冻疗法结合手术治疗小皮肤病变。

2. 如果在其他方面禁忌手术，因为该肿瘤为良性，可只观察而不治疗。

3. 需为防止新的日光诱发病变出现，要避免被紫外线照射。

4. 预后良好。血管瘤为良性，无侵袭性，且手术切除后不会复发，然而，日光诱发的病变偶尔会发生恶性转移。

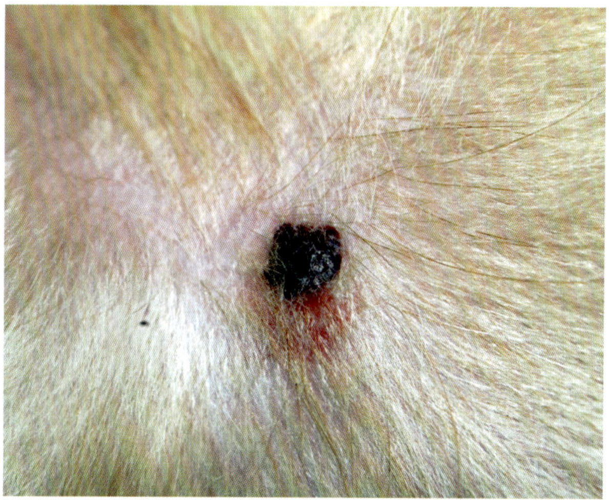

图 14-79　血管瘤。局部血管增生是该肿瘤的典型病变。注意结节呈“瘀紫”色。

血管肉瘤
Hemangiosarcoma

特征

血管肉瘤是一种血管内皮细胞的恶性肿瘤，皮肤处的肿瘤可能为原发的，也可能为转移的。短毛、色素沉着少的犬（特别是小灵犬、意大利灵猩犬、比格犬、大丹犬、英国斗牛犬）中，其腹部无毛皮肤的肿瘤可能由阳光引起。该肿瘤易在白色猫的头部和耳部生长。该病不常见于年龄较大的犬、猫，德国牧羊犬、金毛猎犬可能对非日光诱导型血管肉瘤有品种易感性。

该肿瘤出现在真皮（尤其是腹部的无毛皮肤）或皮下组织。它们在临床表现上可能与血管瘤类似（淡蓝色或红黑色斑块或结节，直径小于 4 cm），或表现为界限不清的皮下海绵样暗红色或黑色团块，直径达 10 cm，常见脱毛、出血和溃疡，如血小板减少可能会发生弥散性血管内凝血（DIC）。该肿瘤多见于犬的四肢和躯干，猫的头部、耳部、躯干腹侧和肢端。

诊断

1. 细胞学（可能无诊断意义）：多数病例的血液中含有肿瘤内皮细胞，外形正常或较大，细胞多形，嗜碱性细胞浆，核仁明显。

2. 皮肤组织病理学：真皮和皮下出现侵袭性、不规则、多形浓染纺锤形细胞肿块，易形成血管槽。有丝分裂率各异。

3. 应检查患病动物是否有体内肿瘤和其他部位的转移（X 线 / 超声检查）。

治疗与预后

1. 真皮肿瘤应彻底切除。

2. 对侵害到真皮更深层面的肿瘤，还需辅助化疗［盐酸多柔比星（阿霉素），环磷酰胺（磷酰胺）］。

3. 仅限于皮肤的肿瘤，完全切除后预后良好，由于皮下肿瘤复发率高，易转移，预后很差。

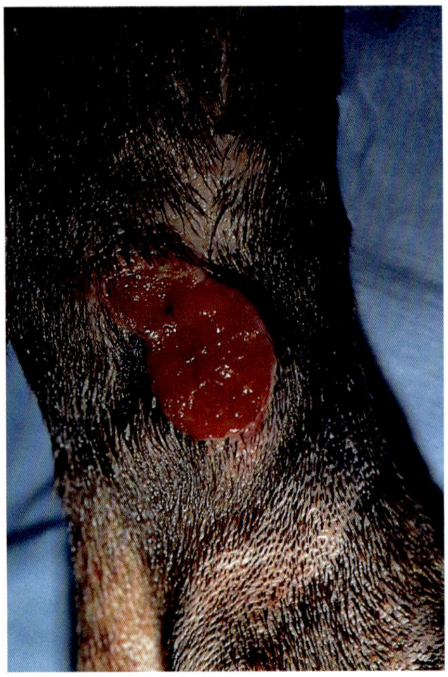

图 14-80　血管肉瘤。犬远端肢体上的溃疡、增生性肿瘤（自 L.Schmeitzel）。

血管外皮细胞瘤
Hemangiopericytoma

特征

血管外皮细胞瘤是血管周细胞的肿瘤，这些细胞属于不同的软组织肉瘤族系。常见于年龄较大的犬，大型犬的发病率最高，尤其是德国牧羊犬、爱尔兰赛特犬和西伯利亚哈士奇。猫罕见。

通常为单个，边界清晰，柔软或坚硬、多小结，真皮或皮下的肿瘤，直径 2～25 cm。肿瘤可能与下层组织联系紧密，其表面色素过度沉着，脱毛或 / 和溃疡，最常出现在四肢、胸廓和胁腹。

诊断

1. 细胞学（尽管这些肿瘤细胞起源于间质，但脱落较多，能获得大量的细胞样本）：肿瘤细胞的形态从纺锤形到星形各异，轻度或中度蓝色束样细胞浆，圆形或卵圆形细胞核含均匀点状染色质，并有 1～2 个明显的核仁。

2. 皮肤组织病理学：多叶状无包膜皮下或真皮肿块，由纺锤形和多角小细胞组成，有丝分裂象少见。这些细胞成片或同心螺纹样围绕着中央血管腔排列。肿瘤细胞如果不呈螺纹样，可能看起来会是饱满的上皮细胞，富含大量嗜酸性胞浆。

治疗与预后

1. 可彻底切除肿瘤（边缘向外 2～3 cm，深至下层筋膜切除），若不能完全切除，可选择截肢。

2. 肿瘤未完全切除的动物，采取辅助放射疗法将会大大延长发病间隔。

3. 与现有的常规治疗方案相比，螺旋断层放疗是一种使用 CT 扫描技术的高精度调强放射治疗方法，未来可能会有更好的结果。

4. 预后各异。手术切除后肿瘤可能会局部复发，但罕见转移。肿瘤组织学分级基于有丝分裂指数、组织学分化的程度以及坏死比例，根据肿瘤级别帮助预测转移的可能性。肿瘤出现超过 2 个月而且瘤体上有坏死组织，手术后复发率更高。同样，肿瘤组织学发生上皮样改变和位于非皮肤部位，其复发和转移的风险增加。

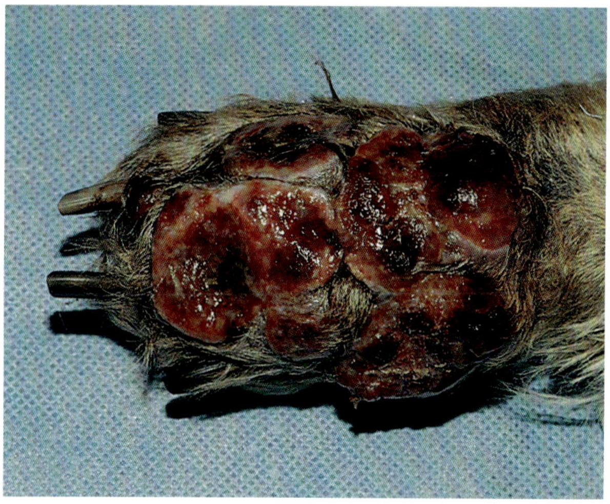

图 14-81 血管外皮细胞瘤。爪背侧脱毛、溃疡性肿瘤是典型的血管外皮细胞瘤。

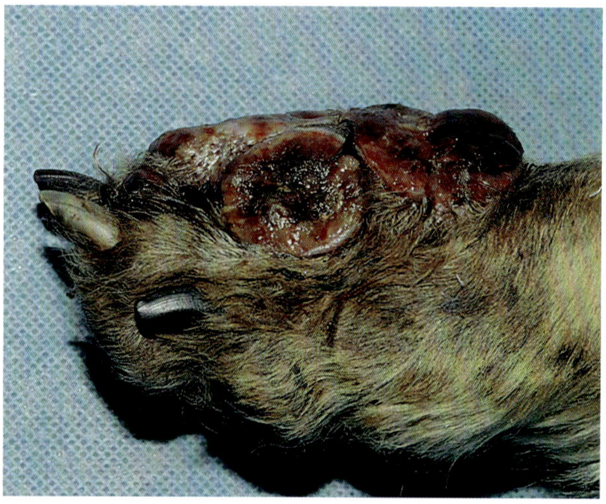

图 14-82 血管外皮细胞瘤。图 14-81 中犬的近观。溃疡性增生性肿瘤延伸到爪部以上。

脂肪瘤
Lipoma

特征

脂肪瘤是皮下（偶尔真皮）脂肪细胞的良性肿瘤。常见于中年到年龄较大的犬，尤其是杜宾犬、拉布拉多犬和迷你雪纳瑞犬。不常见于年龄较大的猫，暹罗猫可能有品种易感性。

该肿瘤表现为单个或多个，界限清晰、圆顶或多分叶状、软或坚硬的游离皮下肿块，直径 1～30 cm。有时该肿瘤也表现为大而软，界限不清，可侵袭到其下的肌肉、肌腱和筋膜（侵袭性脂肪瘤），但并不常见。脂肪瘤最常见于胸部、腹部和四肢。

诊断

1. 细胞学：肉眼可见抽吸物呈油状，并常溶于含酒精的染剂中，空白区留下数量不一的脂肪细胞，浓缩细胞核被细胞内的脂肪滴挤压到细胞膜上。

2. 皮肤组织病理学：界限清晰的结节由成熟脂肪细胞坚固层组成，外被成熟纤维组织包囊。无有丝分裂象。侵袭性脂肪瘤由成熟脂肪细胞组成，可沿筋膜向肌肉束和结缔组织扩散。

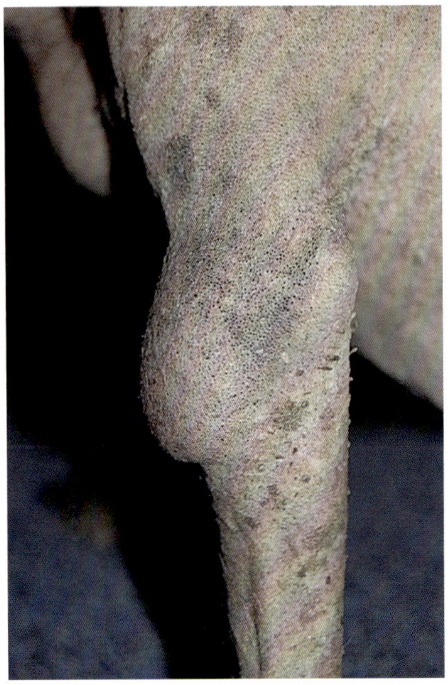

图 14-83 脂肪瘤。老年犬前肢存在数年的软肿瘤。

治疗与预后

1. 界限清晰的小肿瘤可只观察而不治疗。

2. 影响美观或生长迅速的肿瘤可手术切除。

3. 侵袭性脂肪瘤可在早期彻底切除，如果切除不完全可在术后辅助放疗。

4. 包囊完整的脂肪瘤预后良好。侵袭性脂肪瘤的预后谨慎，术后常会再生。侵袭性脂肪瘤会破坏肌肉和结缔组织，但不发生转移。

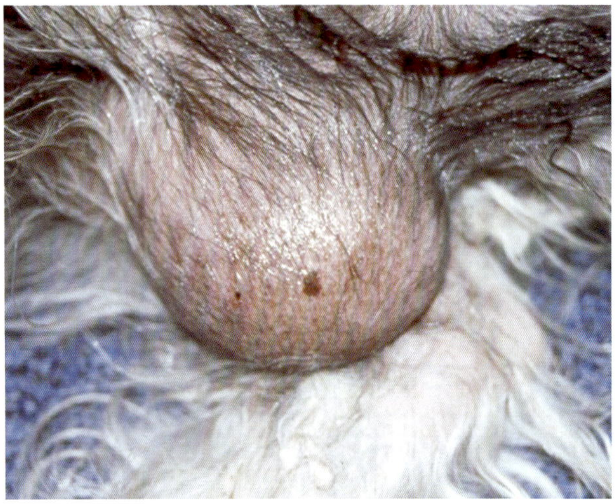

图 14-84 脂肪瘤。老年雪纳瑞犬胸腹侧的大脂肪瘤。

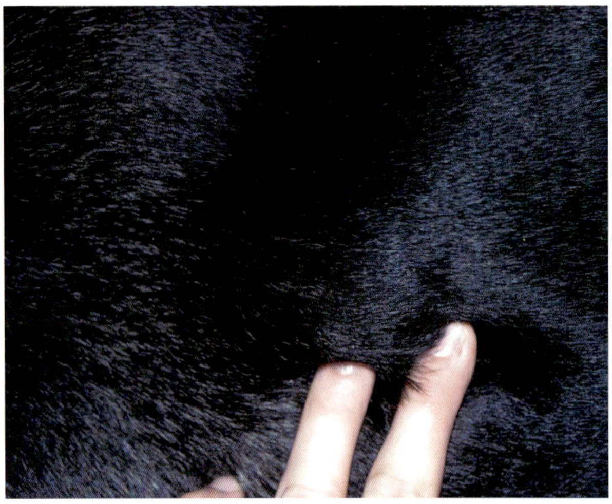

图 14-85 脂肪瘤。老年混血拉布拉多犬胸侧不易看到但容易摸到的脂肪瘤。

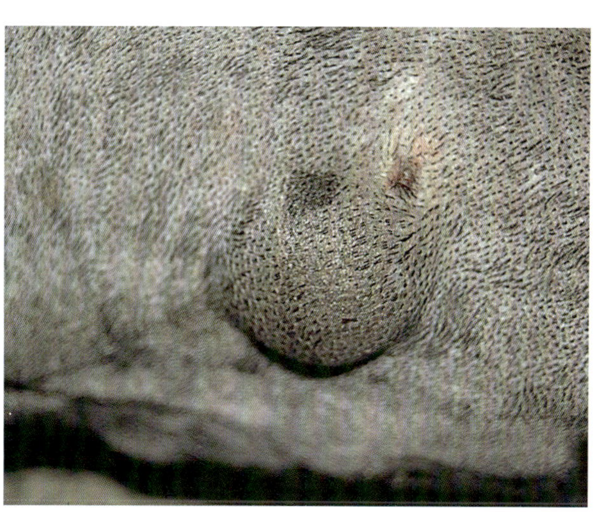

图 14-86 脂肪瘤。图 14-85 中犬的近观。剃毛后更易看到肿瘤。

图 14-87 脂肪瘤。源于肛周组织的巨大下垂的脂肪瘤。

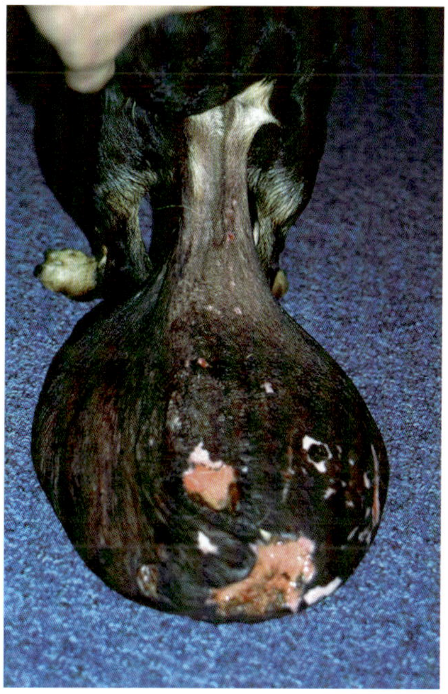

图 14-88 脂肪瘤。图 14-87 中犬的近观。自然下垂的巨大脂肪瘤。

脂肪肉瘤
Liposarcoma

特征

脂肪肉瘤是皮下脂肪母细胞的恶性肿瘤。该肿瘤可发生局部侵袭并可转移到肺脏、肝脏、脾脏或骨骼。罕见于犬、猫，老龄动物易感。

该肿瘤为单个，边界不清晰、柔软或坚硬的包块，直径 0.5～20 cm，常见于动物胸廓、下腹、胁腹和四肢近端的深层皮下组织。

诊断

1. 脂肪肉瘤和脂肪瘤在临床和细胞学上往往难以区分，所以有必要活检诊断。

2. 皮肤组织病理学：分化不一，星形、纺锤形或者圆形的肿瘤性脂肪母细胞的嗜酸性细胞浆含有细小空泡，与脂肪对比染色明显。

治疗与预后

1. 由于肿瘤的局部侵袭性，手术切除是积极治疗的首选。

2. 不能完全切除的肿瘤放疗可能有效。

3. 与现有的常规治疗方案相比，螺旋断层放疗是一种使用 CT 扫描技术的高精度调强放射治疗方法，未来可能会有更好的结果。

4. 因肿瘤具侵袭性而预后谨慎。尽管如此，术后配合放疗生存期会显著延长。

肥大细胞瘤
Mast Cell Tumor

特征

肥大细胞瘤是起源于真皮组织肥大细胞的恶性肿瘤。是犬最常见的皮肤肿瘤（占肿瘤病例的16%～21%），是猫的第二常见肿瘤（占肿瘤疾病的 20%），老年动物最高发。犬的易感品种有：拳师犬、巴哥犬、波士顿㹴犬、拉布拉多犬、魏玛猎犬、比格犬、中国沙皮犬、金毛猎犬。猫中的暹罗猫易感。

犬

病变表现多样，包括皮肤或皮下水肿、丘疹、结节或有蒂的肿块，直径从几毫米到数厘米不等。肿瘤界限可能模糊或清晰，软或硬。其表面可能脱毛、溃疡、红斑、色素过度沉着或肉色。肿瘤可能单个或多发，最常见于躯干、会阴部和四肢。并发的胃、十二指肠溃疡或凝血障碍，可能继发于肥大细胞颗粒释放（如组胺、肝素）。

猫

通常为单个的皮内结节，表面可能有红斑、脱毛或溃疡，范围大小 0.2～3 cm。肿瘤可能会弥漫性膨胀和侵袭。年轻猫（4 岁）可看到多簇性皮下结节，直径 0.5～1 cm，大小不等（组织细胞亚型）；该肿瘤会自然消退。这两种类型的肿瘤暹罗猫都易感。该肿瘤最常见于头部和颈部。猫的大多数皮肤肥大细胞瘤分化较好。尽管患病猫常会有间歇性瘙痒和自损性创伤，但很少有全身性异常。猫皮肤肿瘤的病理组织退行性病变和恶性生物学行为可能出现但不常见。已有报道显示原发脏器肥大细胞瘤可能转移到皮肤，典型脏器为脾脏。

诊断

1. 细胞学：可见许多圆细胞，细胞核圆形，细胞浆含嗜碱性颗粒，因肿瘤级别不同而染色各异。嗜酸性粒细胞可能与肿瘤细胞同时存在。

2. 皮肤组织病理学：细胞形成无包囊的侵袭层或致密压缩层，这些细胞的圆形细胞核位于中央，并含有丰富的细胞浆，细胞浆中的颗粒具不同程度嗜碱性。可能伴随很多嗜酸性粒细胞。组织病理学显示年轻猫的组织细胞性肥大细胞瘤颗粒少，并含有淋巴样聚集物。

3. 如果患病动物的肿瘤分化较低，切除不完全，或有全身性疾病，应检查是否出现转移（局部淋巴结抽吸、X 线检查、超声检查、肝脏 / 脾脏或骨髓取样）。

治疗与预后

1. 对于单个、无转移的肿瘤，选择大面积切除手术（至少距肿瘤边缘 3 cm），通常是治疗一级（分化良好）和二级（分化中等）肿瘤的有效方法。手术后应常规复查，每 2～3 个月进行一次手术部位和局部淋巴结的检查。

2. 肿瘤未完全切除的病例，可进行放疗，可延长无病期。

3. 未完全切除或未切除肿瘤的病例，可在病变内注射曲安奈德，其效果各异。

4. 存在弥漫性病变的犬可用泼尼松治疗，2 mg/（kg · d），口服，连用 2 周，然后 1 mg/（kg · d），连用 2 周，最后 1 mg/kg，每 48 h 一次，长期使用，该方法可使肿瘤暂时消退。

5. 发生转移的病例可采取姑息疗法，包括使用 H_1 受体阻断剂（如苯海拉明）、H_2 受体阻断剂（如西咪替丁、法莫替丁、雷尼替丁）或质子泵抑制剂（奥美拉唑）以减少组胺过多对胃肠道的影响。胃肠道溃疡病例可用硫糖铝和米索前列醇。

6. 弥散性发病的动物，化疗的作用有限，而洛莫司丁（CCNU）、长春新碱或特塞雷尼（Palladia，硕腾动保出品）可能会有一定的效果。

7. 与现有的常规治疗方案相比，螺旋断层放疗是一种使用 CT 扫描技术的高精度调强放射治疗方法，未来可能会有更好的结果。

8. 犬肿瘤的预后各异，高度依赖于肿瘤级别、病程和不同类型的疗法，影响预后最重要的因素是肿瘤的组织学级别；一级肿瘤（分化良好）完全切除后通常痊愈（转移率＜10%），而犬的三级肿瘤（低分化）在数月内可出现局部复发或转移（转移率达 55%～96%）。细胞增殖标记物如细胞有丝分裂指数 >5（每 10 个高倍视野下的有丝分裂数量），嗜银核仁组城区（AgNOR）和增殖细胞核抗原 Ki-67 升高都提示预后不良。肿瘤位置对预后也很重要：腹股沟、会阴部、甲床、嘴周、口腔或鼻腔的肿瘤常发生转移，而四肢的肿瘤通常预后较好。品种也是影响预后的因素，拳师犬的肿瘤往往分化较好，而沙皮犬往往为低分化肿瘤，恶性程度高。多灶性肥大细胞瘤常见于魏玛猎犬、巴哥犬、拳师犬、波士顿㹴。猫的原发性皮肤肥大细胞瘤的预后良好，然而皮肤内弥漫性肥大细胞瘤的预后通常很差，可能代表腹部（脾，肝或肠道）原发肿瘤的疾病延伸。猫的原发性肥大细胞瘤预后通常较好，因其通常为良性，手术切除有效。年轻猫的组织细胞性肥大细胞瘤通常在 4～24 个月时能自然消退。

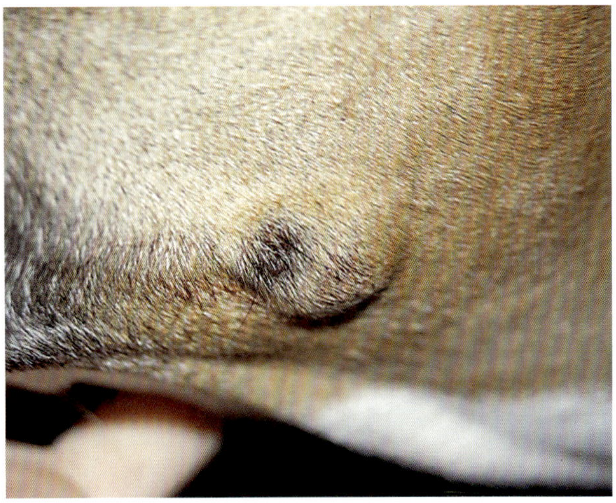

图 14-89　肥大细胞瘤。成年拳师犬下颌腹侧的大结节。

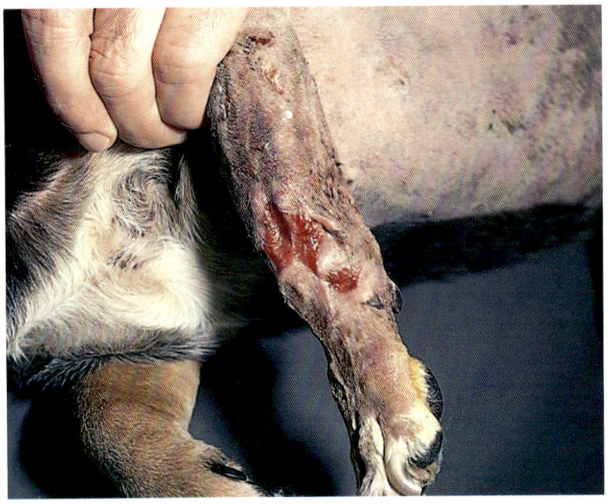

图 14-90　肥大细胞瘤。肢体远端的多个结节和溃疡。照片拍摄后触诊，发现由于组胺释放四肢开始肿胀（自 D. Angarano）。

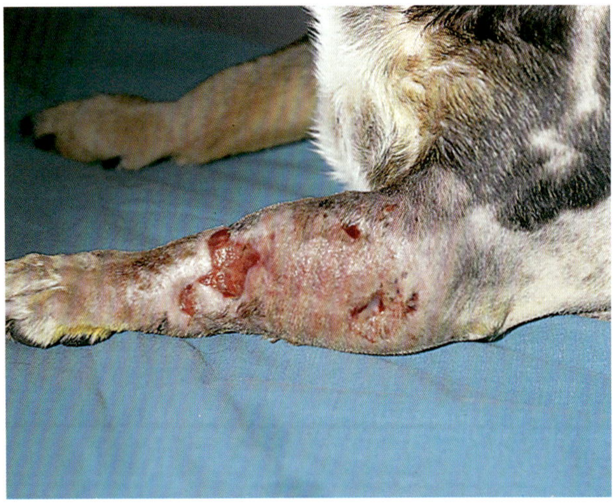

图 14-91　肥大细胞瘤。图 14-90 中的近观。由于组胺释放导致血管性水肿，引起前肢的肿胀（自 D. Angarano）。

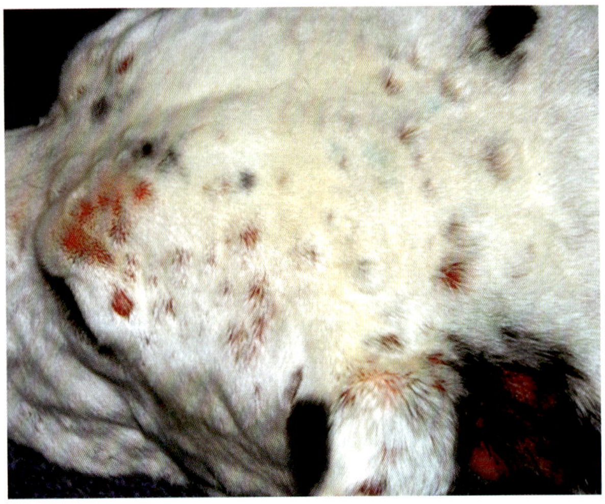

图 14-92　肥大细胞瘤。大麦町犬头部和耳廓的多个脱毛红斑性肿瘤。

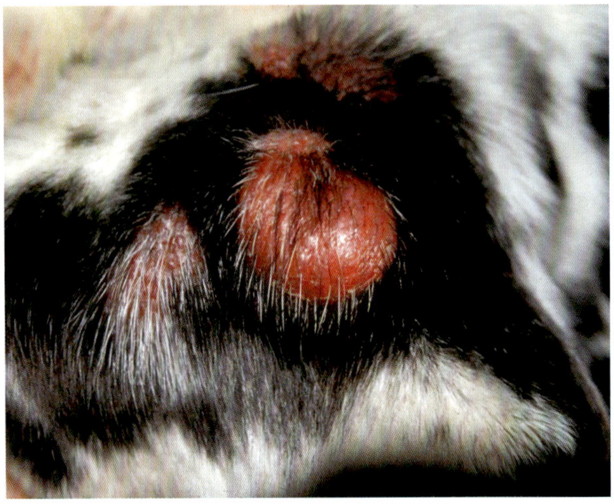

图 14-93　肥大细胞瘤。图 14-92 中的近观，耳廓上脱毛红斑性结节是这类肿瘤的特点。

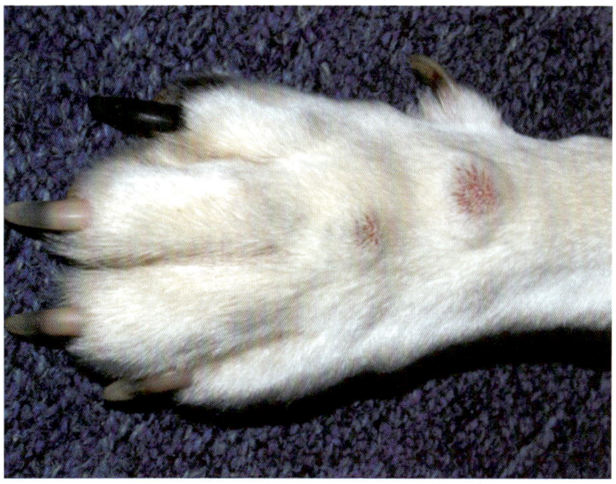

图 14-94　肥大细胞瘤。爪部多个脱毛红斑性肿瘤。

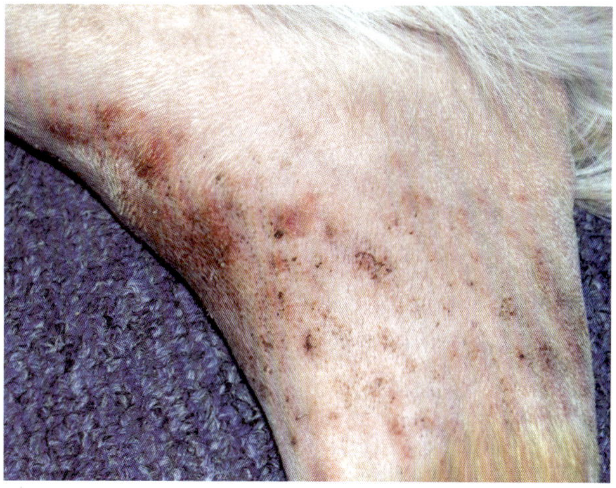

图 14-95　肥大细胞瘤。老年金毛猎犬腿内侧的多个丘疹样红斑病变。注意与毛囊炎（脓皮病、蠕形螨、皮肤癣菌病）相似。

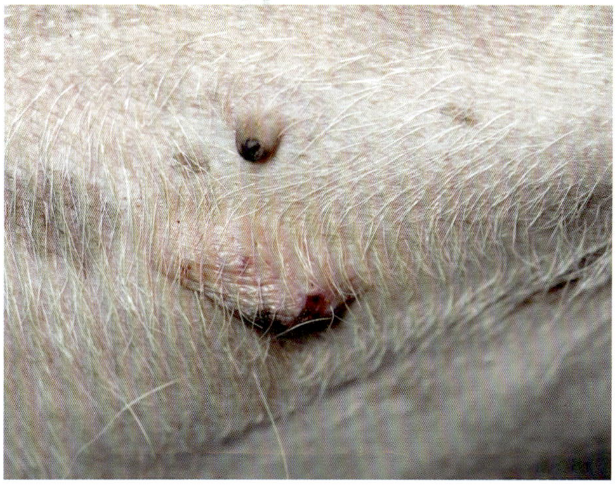

图 14-96　肥大细胞瘤。局部肥大细胞瘤。注意外观不同寻常（松弛的表皮无坚实结痂、脱毛和红斑）。

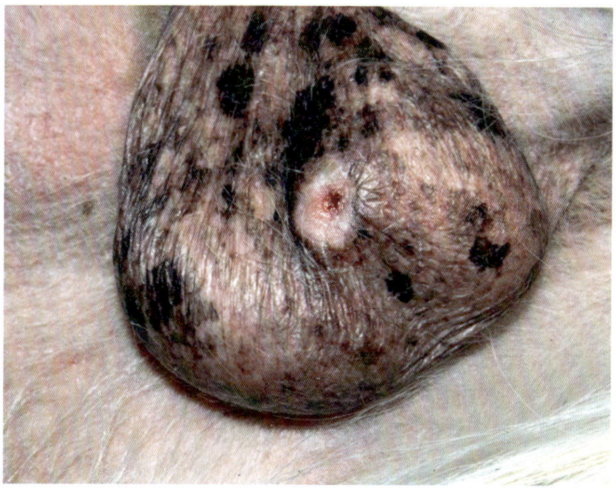

图 14-97　肥大细胞瘤。在阴囊处局部溃疡性肥大细胞瘤。注意与鳞状细胞癌相似。

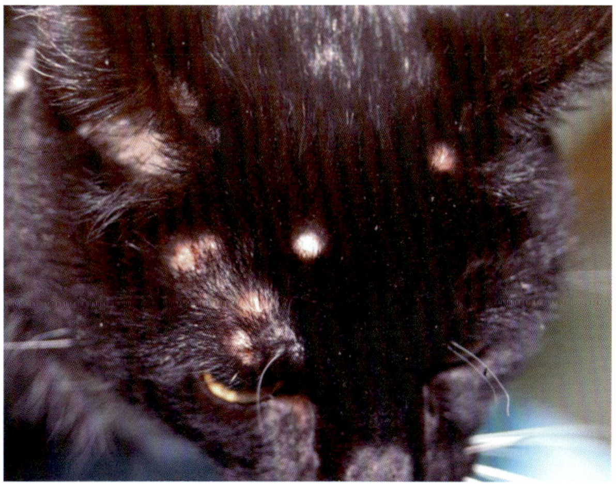

图 14-98　肥大细胞瘤。成年猫头上的多发脱毛结节，这是该肿瘤在猫科动物的典型表现。

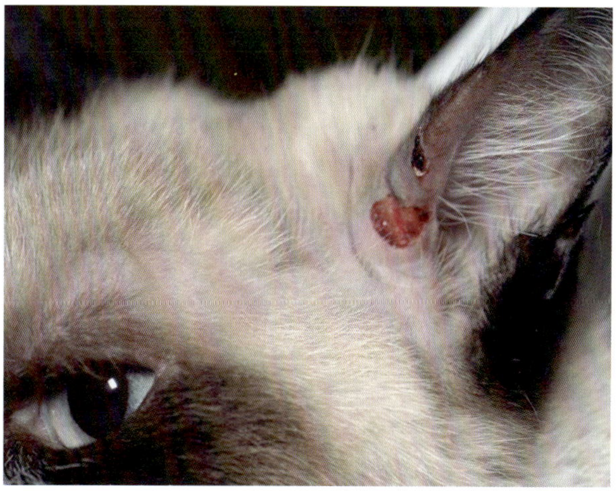

图 14-99　肥大细胞瘤。成年暹罗猫耳廓根部的红斑性脱毛结节（自 R. Seamen）。

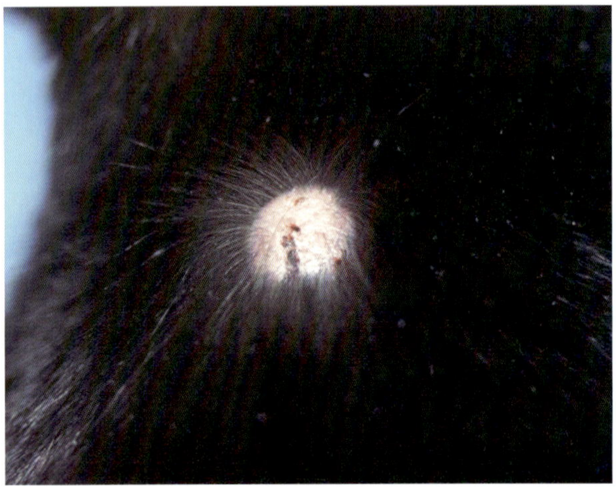

图 14-100　肥大细胞瘤。成年猫背部的脱毛结节（自 R.Seamen）。

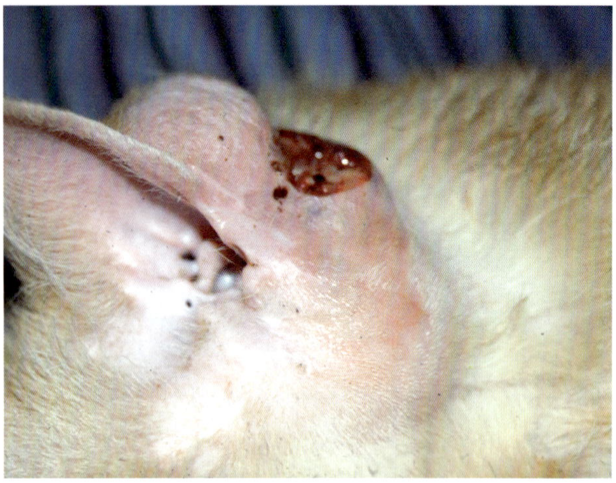

图 14-101　肥大细胞瘤。猫耳根部的溃疡性大肿瘤。

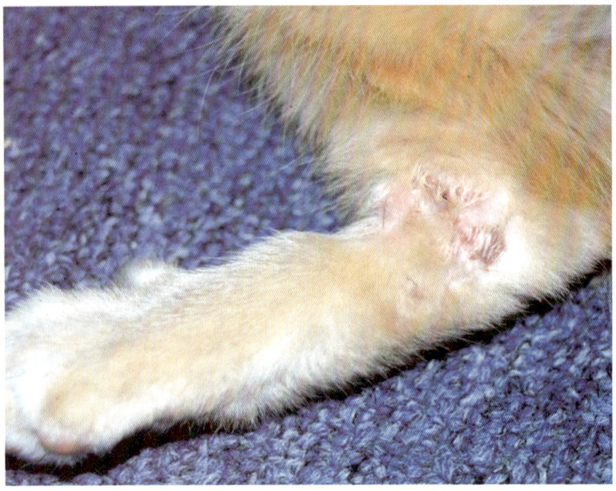

图 14-102　肥大细胞瘤。图 14-101 中猫的近观。肢体远端的多结节肿瘤，为转移性肥大细胞瘤。

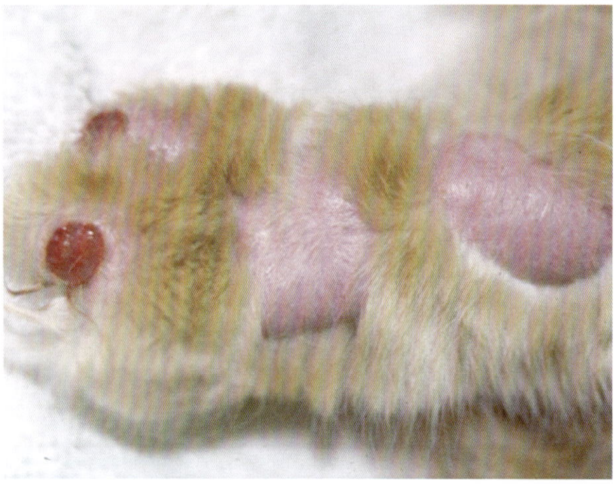

图 14-103　肥大细胞瘤。成年猫肢体远端的多发脱毛结节，有些肿瘤病变有红斑和溃疡，注意肿瘤的的特征变异。

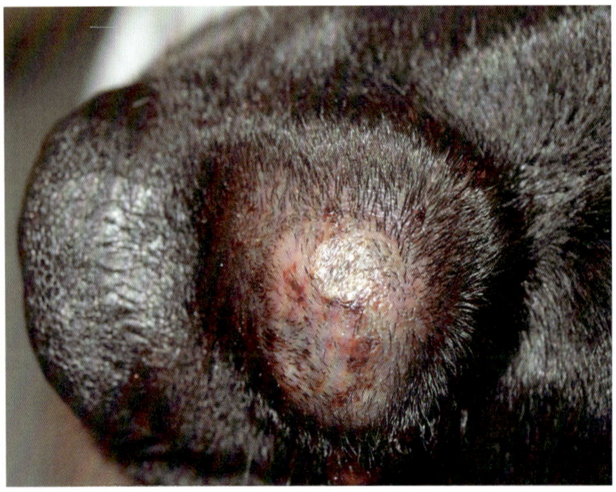

图 14-104　肥大细胞瘤。局部侵袭性病变伴随皮肤表面的脱毛和糜烂，是肥大细胞瘤的典型表现。注意该病变与真菌性脓癣相似。

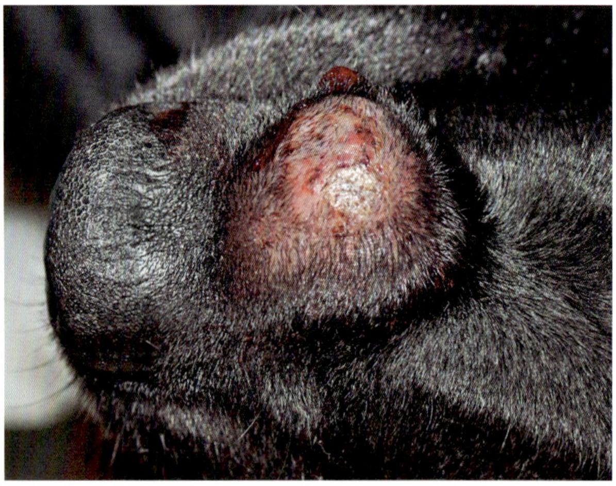

图 14-105　肥大细胞瘤。中年犬鼻部的局灶肿瘤，表现为脱毛和皮肤糜烂。注意该病变与真菌性脓癣相似。

非趋上皮性淋巴瘤（淋巴肉瘤）
Nonepitheliotropic Lymphoma（Lymphosarcoma）

特征

源自 T 或 B 淋巴细胞的恶性肿瘤。不常见于犬、猫，老年动物发病率最高。

通常表现为多发性、坚硬的，真皮或皮下结节，可能脱毛且常发溃疡。肿瘤可能表现为弓形或波形。该肿瘤多见于躯干、头部和四肢。瘙痒和口腔黏膜的病变罕见，常伴发全身症状。

诊断

1. 细胞学：大量肿瘤性淋巴细胞。
2. 皮肤组织病理学：同源肿瘤性淋巴细胞对真皮和 / 或皮下组织的结节样或弥漫样侵袭，但不侵害腺体或毛囊。
3. 应检查患病动物的内脏器官和淋巴结，以确定是否转移。

治疗与预后

1. 单个病变可手术切除或放疗。
2. 对弥散性病例尤其是非 T 细胞淋巴瘤，可采用联合化疗（泼尼松和细胞毒性药物如环磷酰胺、长春新碱、*L*-天冬酰胺酶和阿霉素），可能得到持久的缓解。
3. 预后不良。该肿瘤高度恶性，通常涉及身体其他系统和多个器官。

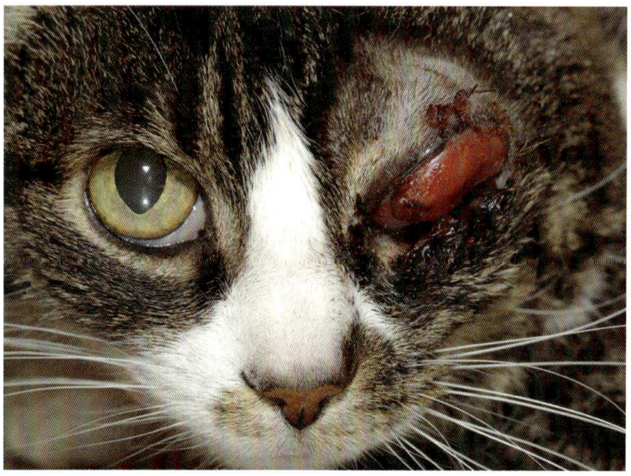

图 14-106　非趋上皮性淋巴瘤。成年猫源自结膜组织的糜烂大肿瘤（自 R. Seamen）。

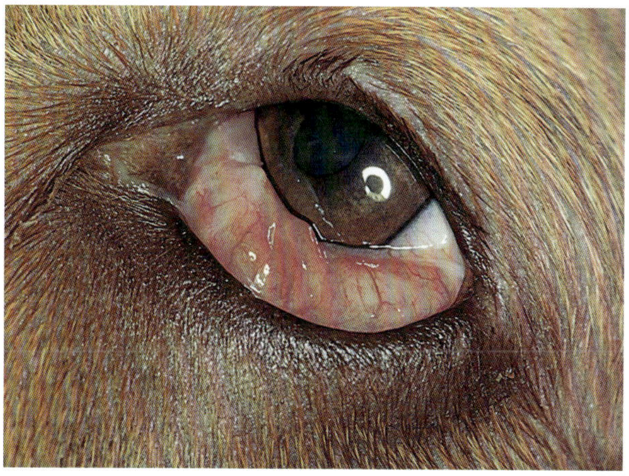

图 14-107　非趋上皮性淋巴瘤。结膜组织被淋巴细胞肿瘤侵袭（自 J. MacDonald）。

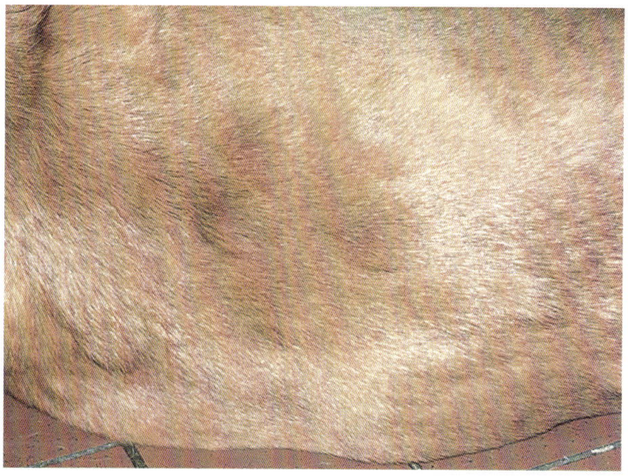

图 14-108　非趋上皮性淋巴瘤。老年拉布拉多犬背部多个结节（自 J. MacDonald）。

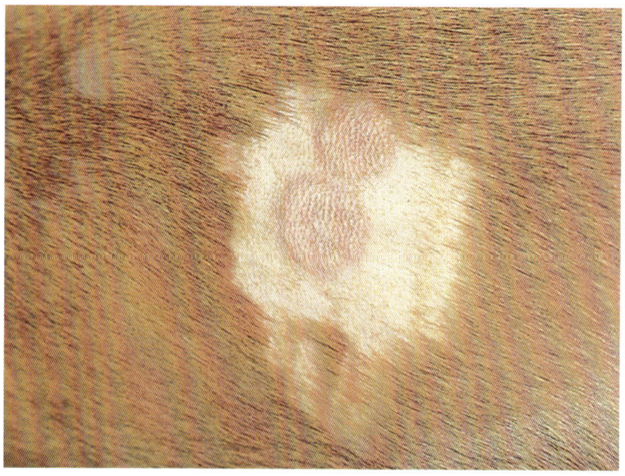

图 14-109　非趋上皮性淋巴瘤。图 14-108 中犬的近观。为了看得更清除，该区域的毛被剃掉（自 J. MacDonald）。

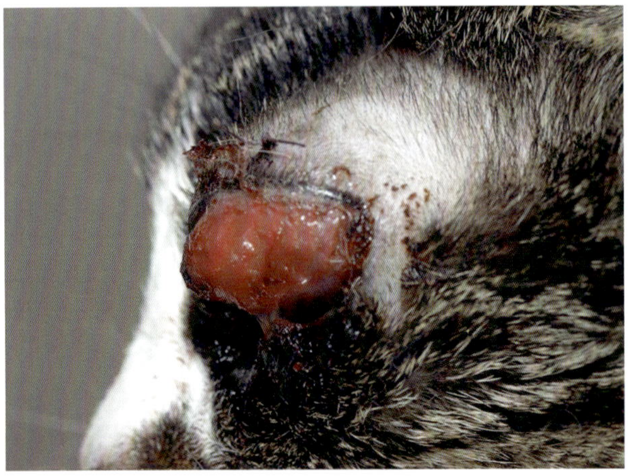

图 14-110 非趋上皮性淋巴瘤。猫的眼中突出的糜烂性结膜大肿瘤（自 R. Seamen）。

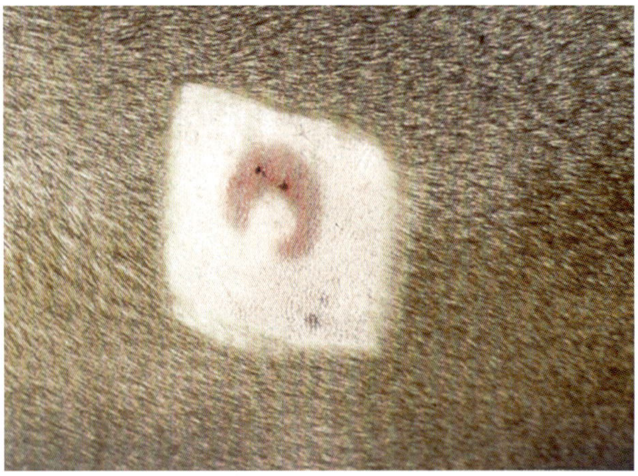

图 14-111 非趋上皮性淋巴瘤。老年犬躯干上的 C 形肿瘤（自 D. Angarano）。

趋上皮性淋巴瘤（蕈样肉芽肿病）Epitheliotropic Lymphoma（Mycosis Fungoides）

特征

源自于 T 淋巴细胞的恶性肿瘤，不常见于犬猫，年龄较大的动物发病率最高。苏格兰㹴犬、拳师犬和金毛猎犬易感。

犬

皮肤症状可能包括单个或多发斑块和 / 或结节，直径从几毫米到数厘米不等。可见黏膜皮肤色素减退、溃疡或广泛红斑、脱毛、皮屑和瘙痒。可能会出现爪垫过度角化、溃疡或色素减退。也可见到溃疡性口炎。大部分病例为缓慢进行性疾病，通常可见慢性外周淋巴结肿大和全身症状。

猫

皮肤症状包括瘙痒性表皮剥脱性红皮病，伴有脱毛和结痂。尤其头颈部可见红斑性斑块或结节。口腔和黏膜皮肤的病变比犬少见。

诊断

1. 细胞学：有丰富、多形的圆形肿瘤性淋巴细胞，常为组织细胞样，含有嗜碱性细胞浆，锯齿样或分叶样细胞核。

2. 皮肤组织病理学：可见多形肿瘤淋巴细胞形成苔藓带，侵袭到真皮浅层、表皮毛囊和汗腺的上皮细胞。肿瘤细胞可能在表皮内形成的囊泡中出现（波特利氏微脓肿）。

3. 应检查患病动物的内部器官及淋巴结，以确定是否发生转移。

治疗与预后

1. 对单个病变可采取手术切除或放疗（尤其是电子束疗法）。

2. 联合化疗（泼尼松和细胞毒性药物）收效甚微。据称，洛莫司丁（CCNU）、培门冬酶或脂质体阿霉素注射液（Doxil）可能比其他药物更有效。

3. 用异维甲酸进行治疗可改善有些动物的临床症状。犬，3～4 mg/(kg · d)，口服。猫，10 mg/d，口服。

4. 据称，干扰素 α 2a 100 万～150 万 U/m^2，皮下注射，每周 3 次，可能对有些犬有效。

5. 补充红花油（其中含有丰富的亚油酸）可以改善临床症状，3 mL/kg，混合食物口服，每周 2 次。

6. 与目前的常规治疗方案相比，螺旋断层放疗是一种先进的图像引导强度调制放射疗法，与三维打印技术相结合，未来可能会提供更好的结果。

7. 无论治疗与否，预后均不良，确诊后多数动物的存活时间不到 6 个月。

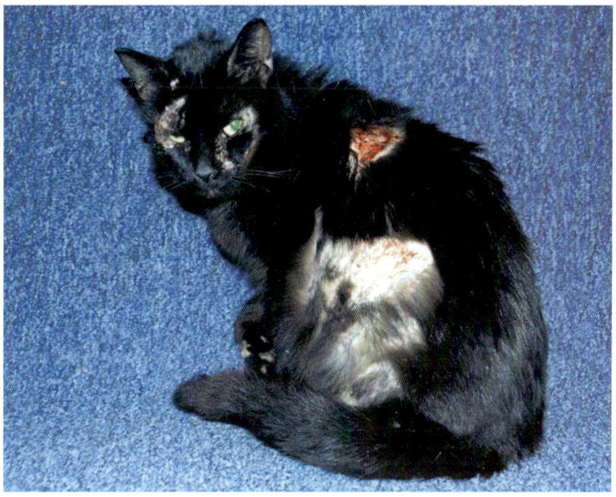

图 14-112 趋上皮性淋巴瘤。成年猫全身多个脱毛、结痂、溃疡性肿瘤。该猫之前按过敏性皮炎治疗无效。

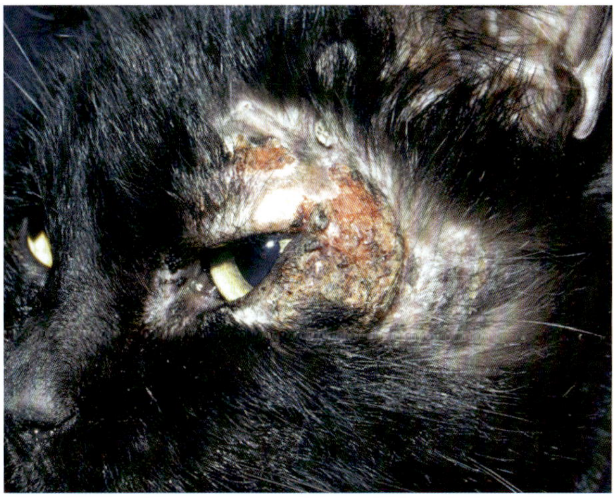

图 14-113 趋上皮性淋巴瘤。图 14-112 中猫的近观。眼周病变：脱毛、结痂和溃疡。

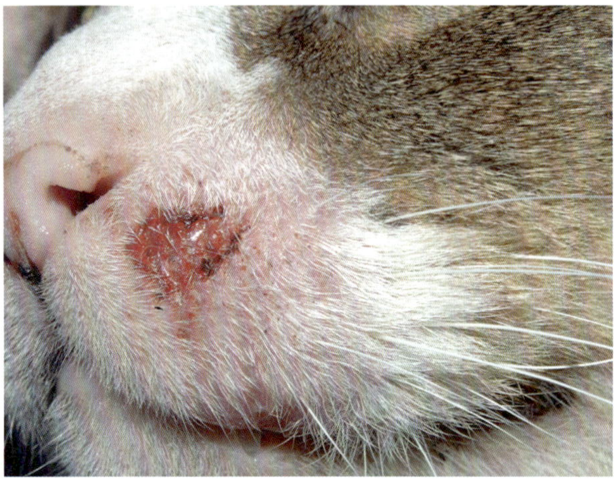

图 14-114 趋上皮性淋巴瘤。猫唇部的脱毛、溃疡病变。注意整个嘴唇肿胀，由于肿瘤细胞侵袭引起。

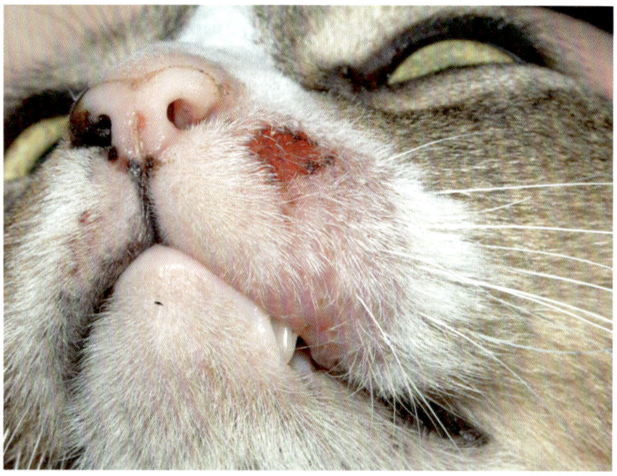

图 14-115 趋上皮性淋巴瘤。图 14-114 中猫的近观。溃疡和对称肿胀的嘴唇显而易见。

图 14-116 趋上皮性淋巴瘤。犬鼻面单侧色素减退，溃疡，组织破坏。注意与自体免疫性皮肤病、血管炎和药物不良反应相似。

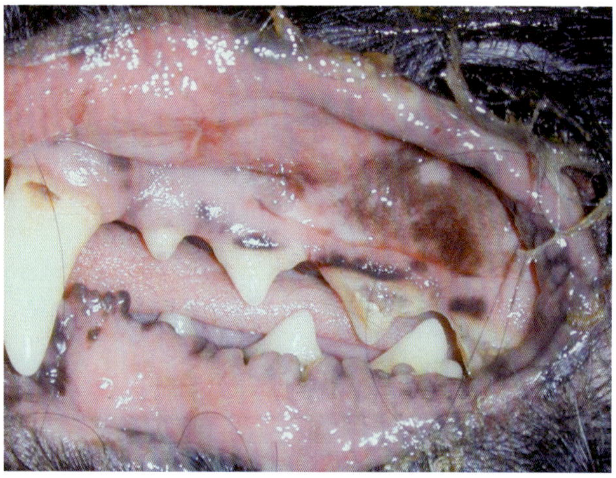

图 14-117 趋上皮性淋巴瘤。由于肿瘤侵袭口腔引起严重肿胀和黏膜渗出。注意与自体免疫性皮肤病、血管炎和药物反应相似。

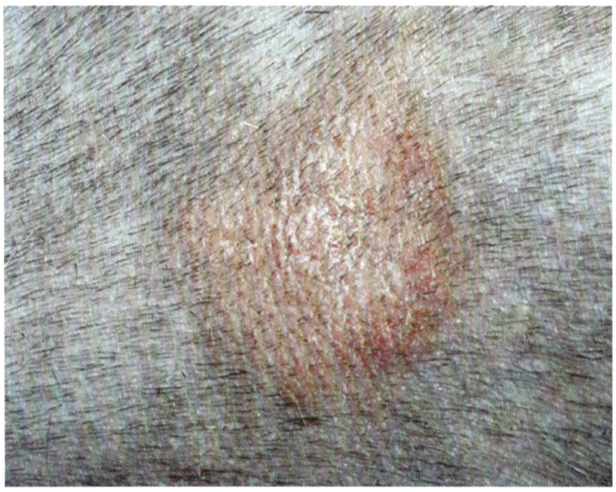

图 14-118 趋上皮性淋巴瘤。红斑、皮屑性斑块是轻度肿瘤病变的典型症状。

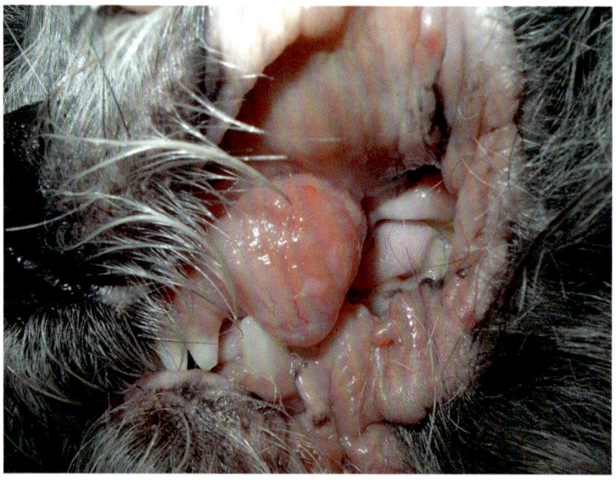

图 14-119 趋上皮性淋巴瘤。齿龈上局部团块。

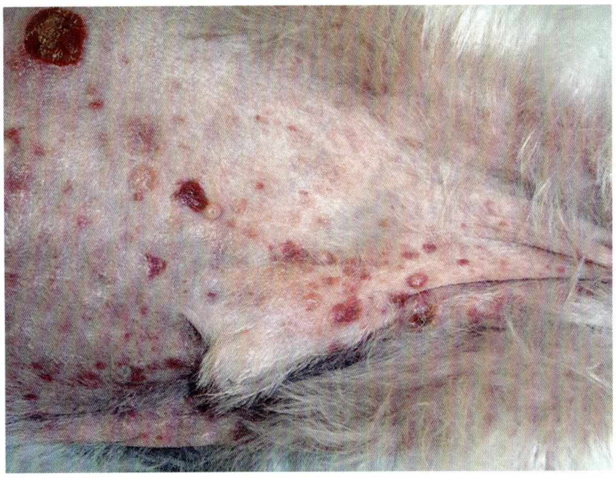

图 14-120　趋上皮性淋巴瘤。腹部多发的红斑性丘疹和结节。注意与毛囊炎（脓皮病，蠕形螨，皮肤癣菌病）病变相似。

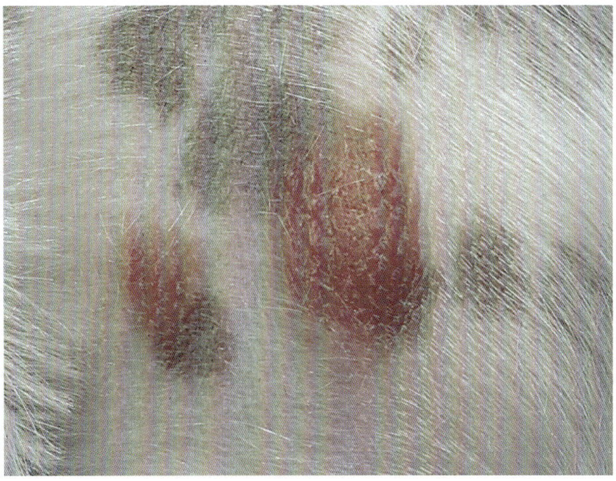

图 14-121　趋上皮性淋巴瘤。躯干上的红斑性结节。

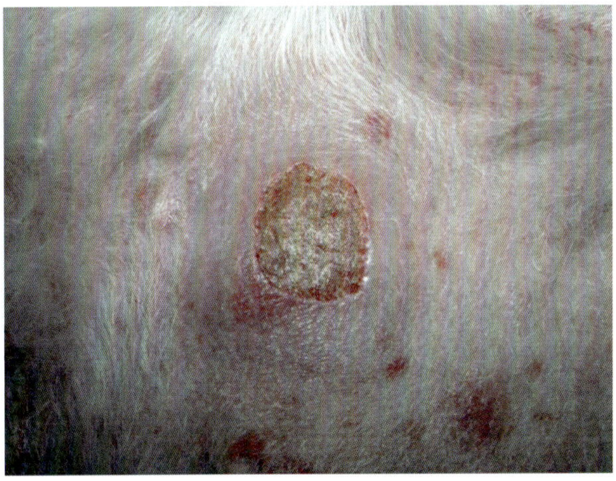

图 14-122　趋上皮性淋巴瘤。腹部大的结痂和溃疡性病变。注意周围的红斑性丘疹病变，容易被误认为毛囊炎。

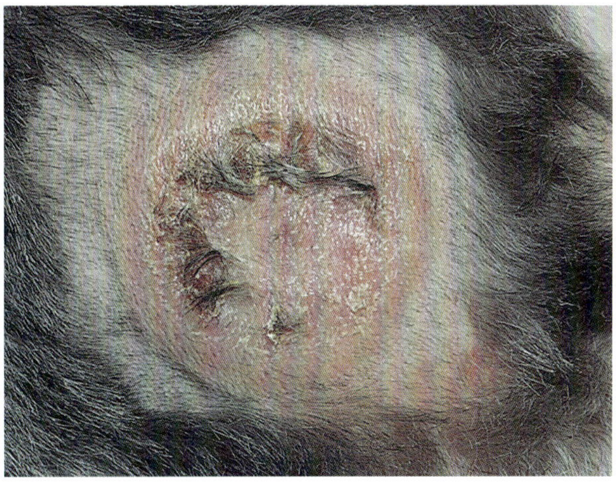

图 14-123　趋上皮性淋巴瘤。大的红斑性脱毛肿瘤，中央有一个火山口样凹陷。

皮肤浆细胞瘤
Cutaneous Plasmacytoma

特征

一种源自于浆细胞的肿瘤。不常见于犬，年龄较大的动物发病率最高。可卡犬可能易感。猫非常罕见。

通常为单个病变，界限清晰、柔软或坚硬、偶尔有蒂或溃疡，呈红斑样，皮肤结节直径从几毫米到数厘米不等（通常是 1～2 cm）。该肿瘤多见于外耳道、唇部、躯干或爪趾，趾部病变可能溃疡，易出血。并发的多发性骨髓瘤罕见于犬，但猫常见，尤其当浆细胞瘤出现在肘关节时。

诊断

1. 细胞学：大量典型浆细胞，具有细胞核旁苍白区，也可能伴随少量类浆细胞，内有中等量的深蓝色细胞浆和圆形的偏心细胞核，细胞核有斑点状的染色质。常见双核和多核细胞。

2. 皮肤组织病理学：界限清晰的圆细胞肿瘤，细胞排列成坚实小叶，由柔嫩的基质隔开。可见明显的细胞多形性和中等到明显的有丝分裂象，偶见双核细胞。易识别的具有核旁苍白区的浆细胞，主要分布于外周。

图 14-124 皮肤浆细胞瘤。肢体远端脱毛性结节病变。

治疗与预后

1. 可进行外科手术完全切除。

2. 犬预后良好。局部再生和转移罕见。猫的预后慎重。可能会发生全身性疾病或局部淋巴结转移。

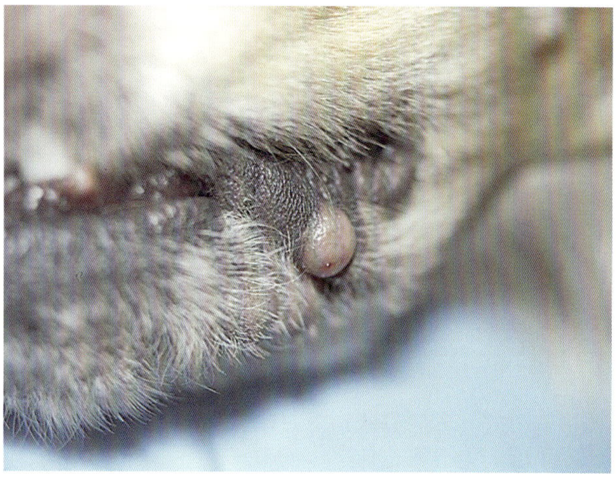

图 14-125 皮肤浆细胞瘤。成年混血犬下唇的脱毛小结节。

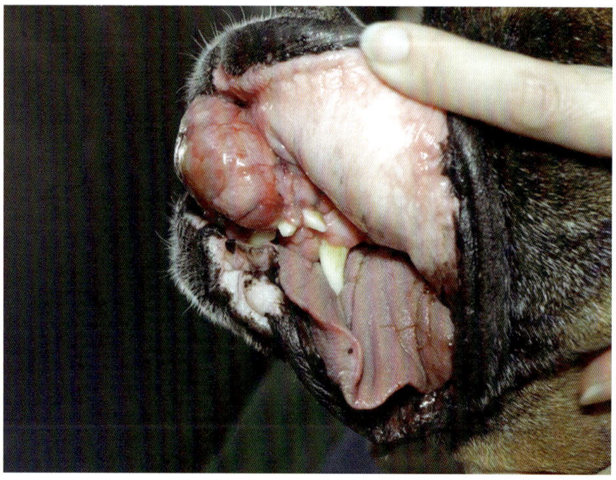

图 14-126 皮肤浆细胞瘤。齿龈上大的增生性肿瘤。

皮肤组织细胞瘤
Cutaneous Histiocytoma

特征

皮肤组织细胞瘤是单核细胞的良性肿瘤，源自上皮的朗格罕氏细胞。犬常见，小于 4 岁的年轻犬的发病率最高。猫罕见。

通常为单个隆起的皮肤结节，生长迅速、坚硬、界限清晰、红斑、脱毛，还可能发生溃疡。直径为 0.5～4 cm。多见于头部、耳廓和四肢。

诊断

1. 细胞学：可见大的圆细胞，细胞有中等量淡蓝色颗粒细腻的细胞浆，和圆形或肾样豆形细胞核，花边样染色质及多个不清晰的核仁，偶见有丝分裂象。从退化病变的抽吸物中也可看到有些淋巴细胞。

2. 皮肤组织病理学：有界限，同源或多形的组织细胞形成致密皮肤浸润层，可能扩展到上皮。可见有丝分裂象，也常见淋巴细胞性侵袭。慢性病变常有多病变性坏死区。

治疗与预后

1. 多数病变可在 3 个月内自然消退，可以只观察而不治疗。

2. 不能自然消退的病变可手术切除或冷冻治疗。

3. 预后良好。

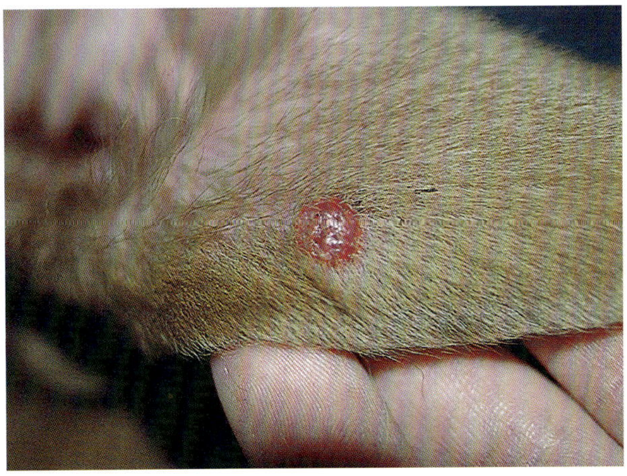

图 14-127　皮肤组织细胞瘤。年轻成年犬耳廓上的一个小脱毛红斑样结节。

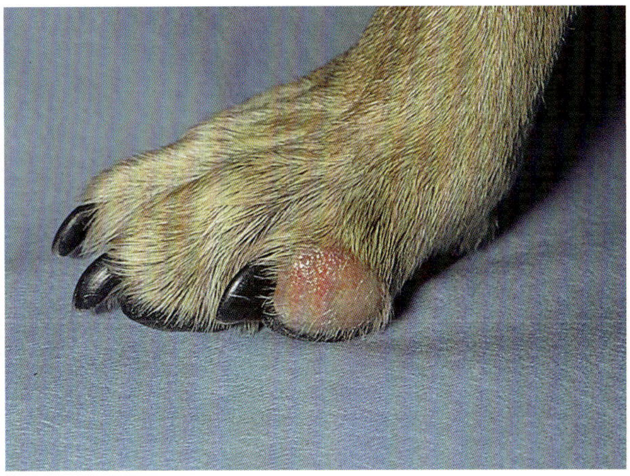

图 14-128　皮肤组织细胞瘤。年轻犬爪部的脱毛红斑样肿块，是皮肤组织细胞瘤的典型症状（自 D. Angarano）。

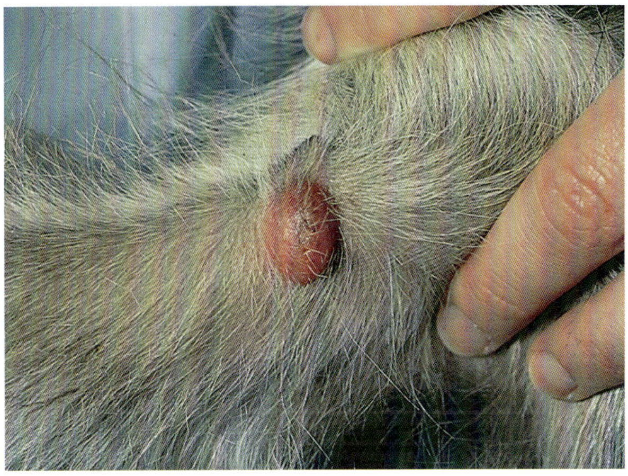

图 14-129　皮肤组织细胞瘤。年轻犬肢体远端脱毛的红斑样肿瘤，是此类肿瘤的典型症状（自 D. Angarano）。

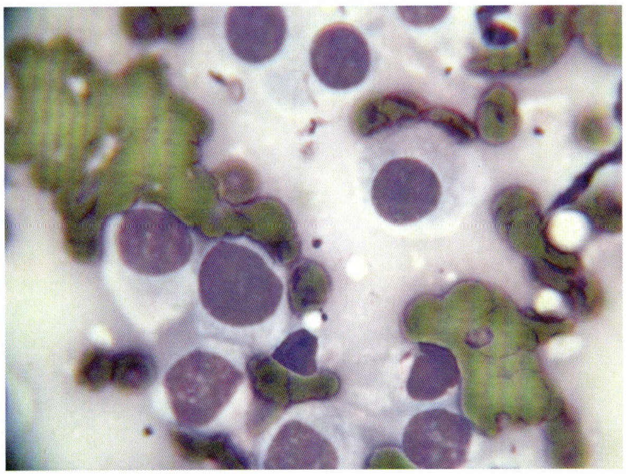

图 14-130　皮肤组织细胞瘤。100×（油镜）视野显示细针抽吸的圆细胞来源于典型的皮肤组织细胞瘤。

图 14-131　皮肤组织细胞瘤。成年伯恩山犬头上的多发性脱毛结节。

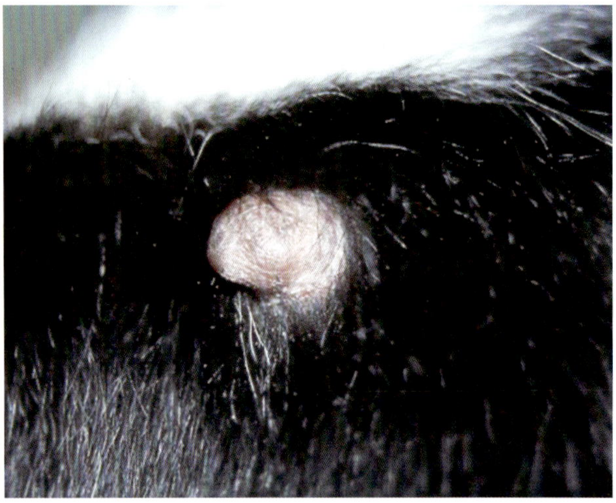

图 14-132　皮肤组织细胞瘤。图 14-131 中犬的近观。头部的脱毛结节非常明显。

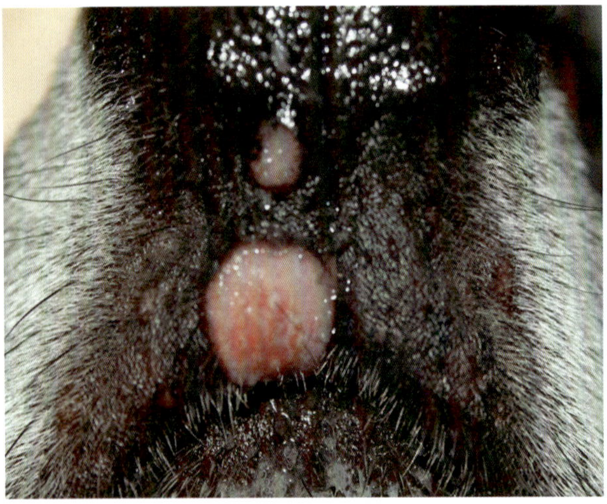

图 14-133　皮肤组织细胞瘤。年轻犬嘴周的局部病变，表现为增厚的侵袭性病变。

皮肤组织细胞增多症
Cutaneous Histiocytosis

特征

皮肤组织细胞增多症非常罕见，是一种良性、组织细胞性、增生性疾病。仅见于皮肤结构，通常认为是反应性，而非肿瘤性发病过程。患犬的年龄在 2～13 岁。金毛猎犬、喜乐蒂牧羊犬和柯利犬可能易感。

多发的真皮（皮下罕见）红斑性结节或脱毛性溃疡性斑块，直径 1～5 cm。该结节无疼痛和瘙痒，除非有继发感染。病变数量不等，从几个到超过 50 个。多见于头颈部、会阴部、阴囊及肢端。病变时好时坏，此消彼长。可见于鼻腔黏膜，但不会出现全身和淋巴结的病变。

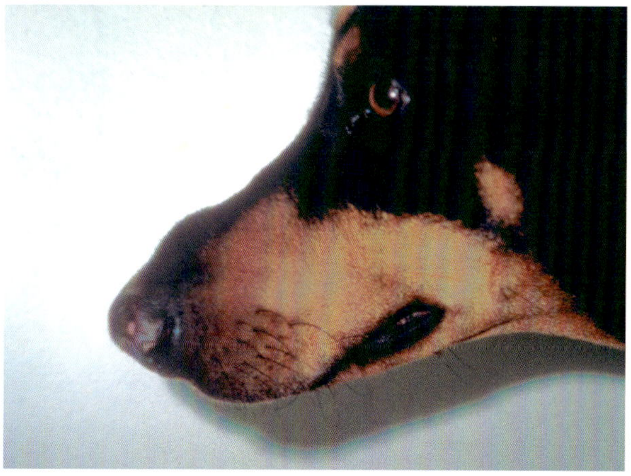

图 14-134 皮肤组织细胞增多症。成年犬面部的多个结节（自 L. Frank）。

诊断

1. 细胞学：数量众多、大而苍白的、圆或卵圆形组织细胞。

2. 皮肤组织病理学：弥漫性的，常位于附属器周围或血管周围的聚集细胞群，其中包含淋巴细胞、浆细胞、中性粒细胞、大组织细胞，细胞有大空泡，且细胞核为锯齿样。有丝分裂象众多，并可能侵袭血管或出现血栓。免疫组化可以确认组织细胞的存在。为了区分组织细胞炎症的感染因素，需进行特殊染色。

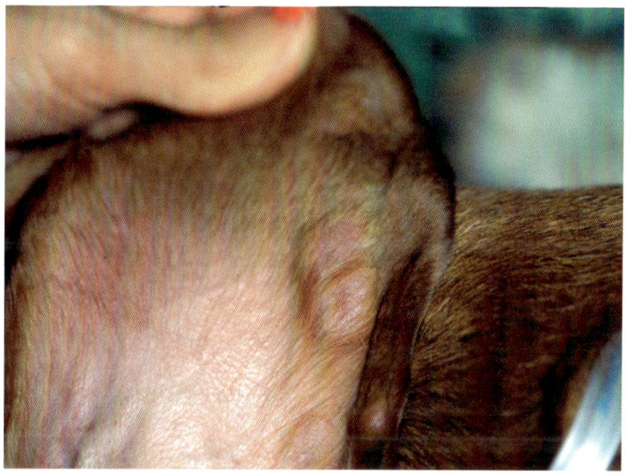

图 14-135 皮肤组织细胞增多症。图 14-134 中犬的近观。耳廓上的多个结节（自 L. Frank）。

治疗与预后

1. 近 50% 的病例用糖皮质激素的免疫抑制剂量治疗有效，用细胞毒性药物辅助治疗可增强疗效。

2. 使用糖皮质类药物治疗不明显的病例，可采用环孢菌素（Atopica）或来氟米特，可能有效。

3. 肿瘤数量少的病例手术切除可治愈。

4. 预后谨慎。尽管不出现全身症状，但多数病例会间歇性或连续性发病，为了控制疾病，需进行长期的免疫抑制治疗。

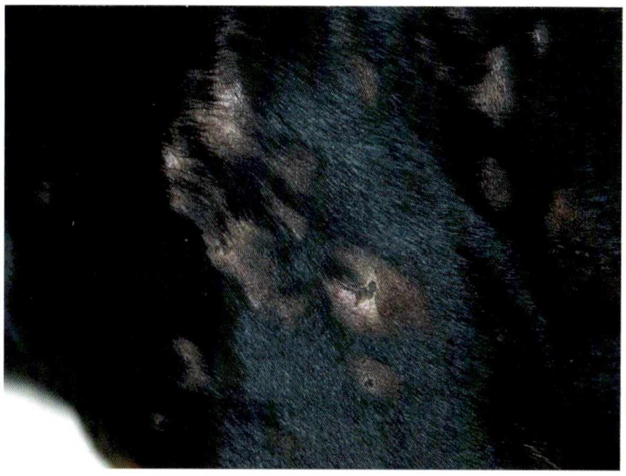

图 14-136 皮肤组织细胞增多症。图 14-134 中犬的近观。注意其身体上的多个结节（自 L. Frank）。

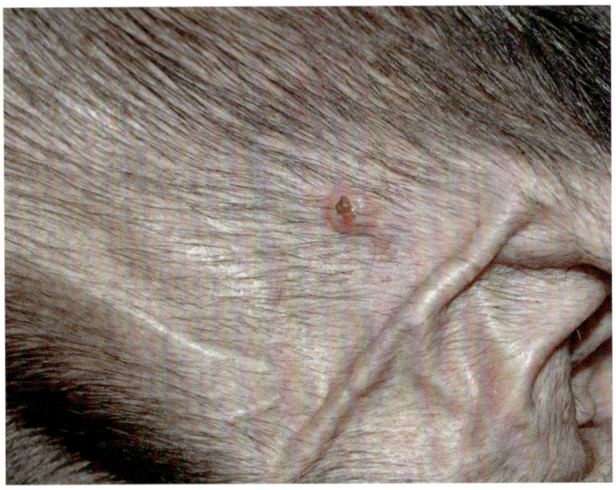

图 14-137　皮肤组织细胞增多症。患犬耳廓上的局部病变。

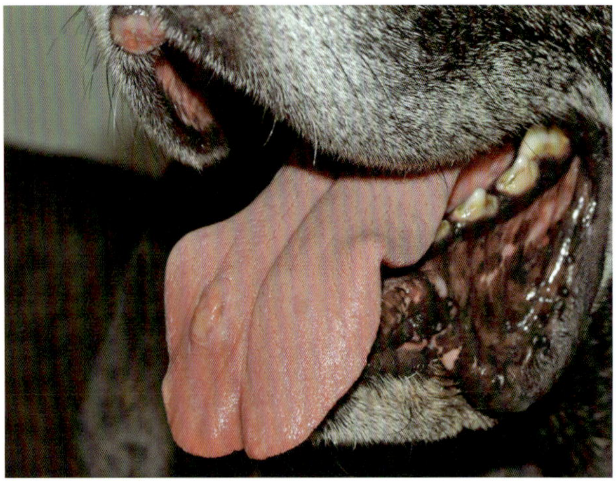

图 14-138　皮肤组织细胞增多症。患犬舌头上的一个侵袭性病变。由于感染而发展为多个病变。

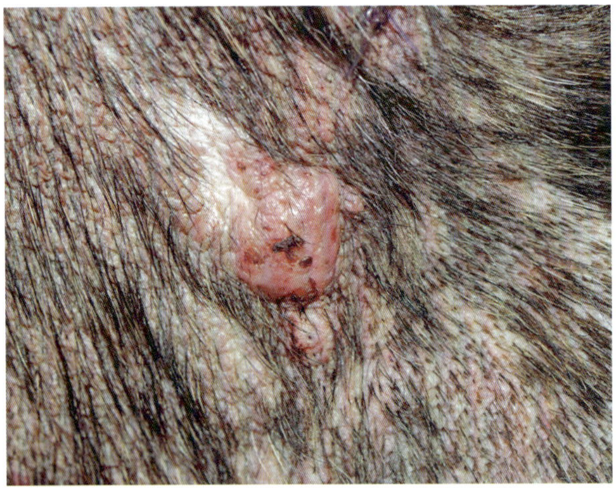

图 14-139　皮肤组织细胞增多症。局部病变，没有深层感染特有的脓性瘘管。

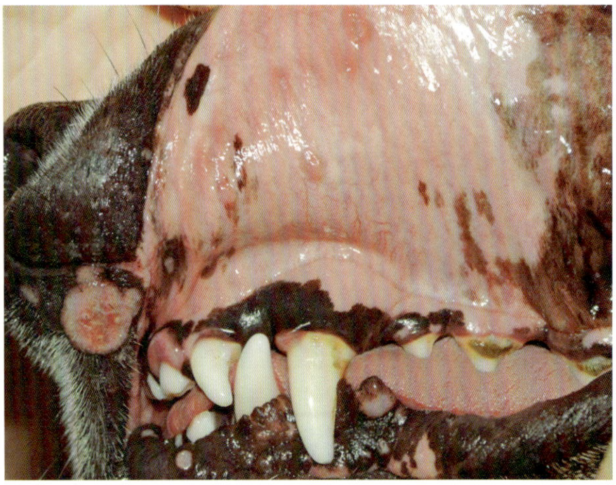

图 14-140　皮肤组织细胞增多症。由于感染引起唇和鼻面的局部侵袭性病变。

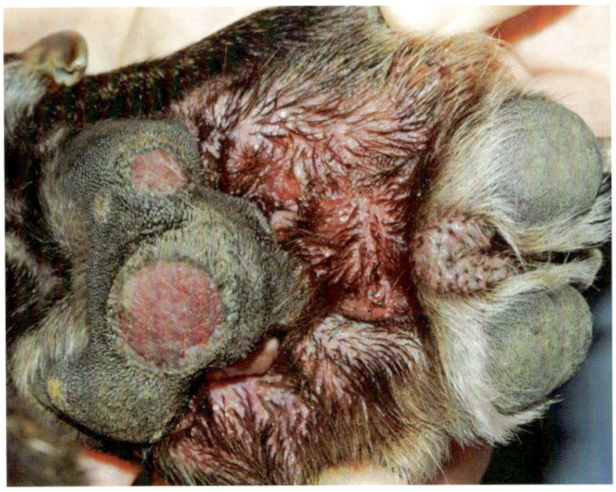

图 14-141　皮肤组织细胞增多症。爪垫的深层感染引起深度溃疡。注意与自体免疫性皮肤病相似。活检和细胞培养能区分这两种疾病。

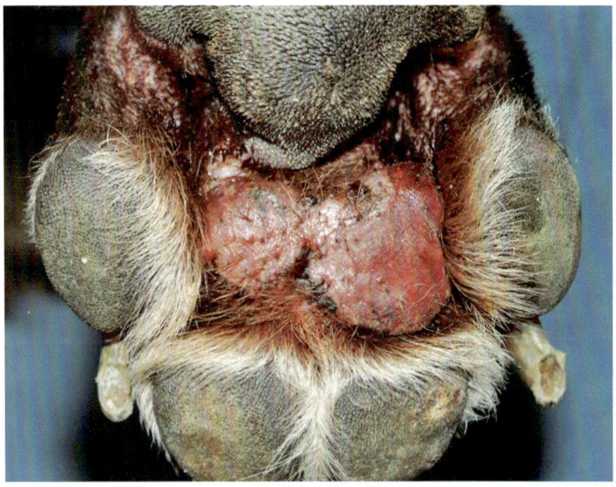

图 14-142　皮肤组织细胞增多症。图 14-141 中犬的近观。多个爪垫由于深度感染发生溃疡。

全身性组织细胞增多症
Systemic Histiocytosis

特征

全身性组织细胞增多症是一种见于皮肤和脏器的组织细胞异常增生性疾病。犬罕见，青年到中年雄性伯恩山犬高发。

多发性有毛或脱毛丘疹、斑块或结节，可能发生溃疡。病变可侵害到眼睑、嘴周、鼻面、肢体远端，阴囊处最严重。结节的直径可达 4 cm，可扩展到皮下组织，无疼痛和瘙痒。可出现广泛性淋巴结增大。病变也可见于肺脏、脾脏、肝脏、骨髓和鼻腔，引起非皮肤症状，包括厌食、体重减轻和呼吸性鼾声。在这种情况下，疾病更接近于恶性组织细胞增多症（见下文）。有些犬的病情迅速发展，而另有些犬的病程较长，病情时而恶化时而消退。

诊断

1. 细胞学：众多大而苍白的圆形或卵圆形组织细胞。

2. 皮肤 / 发病脏器的组织病理学：常位于附属器或血管周围的聚集细胞群，其中包含淋巴细胞、浆细胞、中性粒细胞、大组织细胞，细胞有大空泡，且细胞核为锯齿样。有丝分裂象众多，常会侵袭血管，并出现血栓。免疫组化可以确认组织细胞的存在。为了排除组织细胞炎症的感染因素，需要进行特殊染色。

治疗与预后

1. 用糖皮质类药物的免疫抑制剂量治疗通常无效。

2. 有些病例采用环孢菌素或来氟米特治疗已经取得成功。有些犬在停药后维持无症状的时间不等，而其他病例则需要持续治疗来缓解症状。

3. 预后谨慎或不良。多数病例间歇性或持续性发病，需要长期进行免疫抑制治疗。

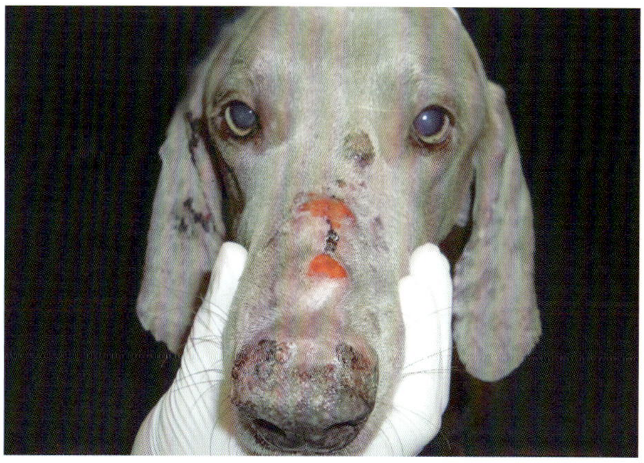

图 14-143　全身性组织细胞增多症。成年魏玛猎犬面部和鼻面多个溃疡性结节，注意与自体免疫性皮肤病和趋上皮细胞淋巴瘤在鼻面处的病变相似。

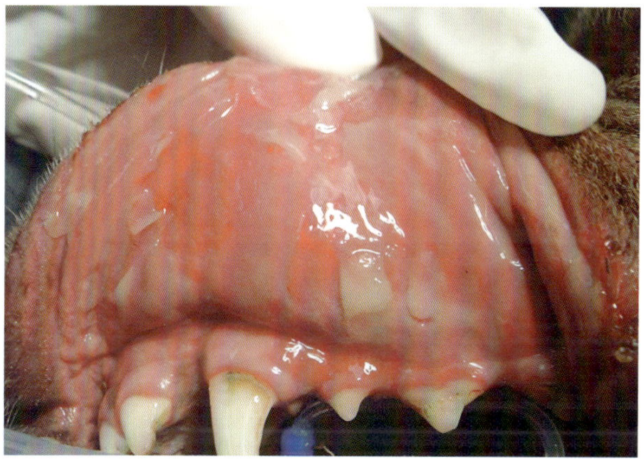

图 14-144　全身性组织细胞增多症。图 14-143 中的犬，口腔黏膜糜烂。

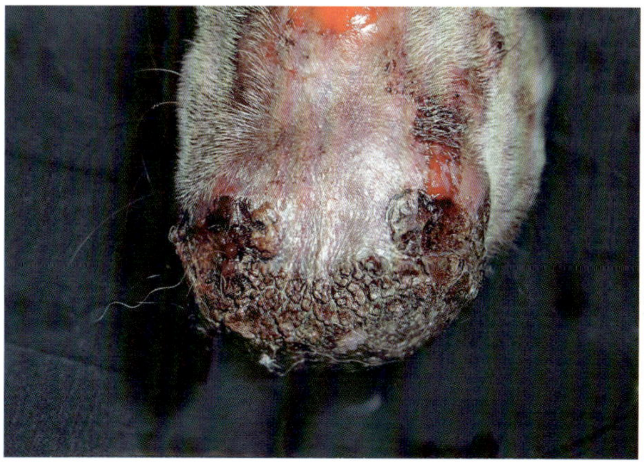

图 14-145　全身性组织细胞增多症。图 14-143 中的犬，成年魏玛猎犬面部和鼻面处多个溃疡性结节，注意与自体免疫性皮肤病和趋上皮细胞淋巴瘤的鼻面病变相似。

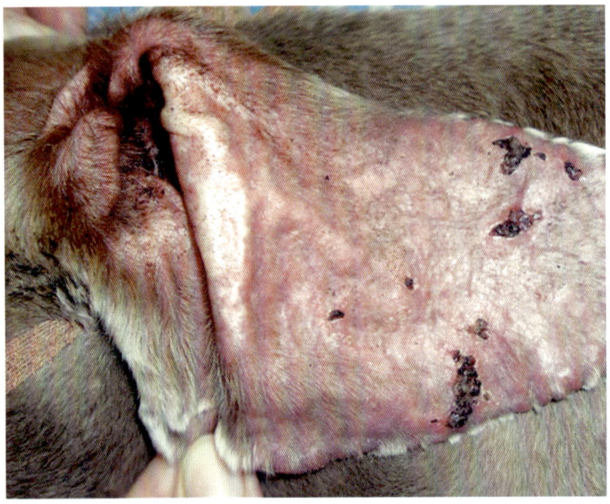

图 14-146　全身性组织细胞增多症。图 14-143 中的犬，耳廓上多个结节。

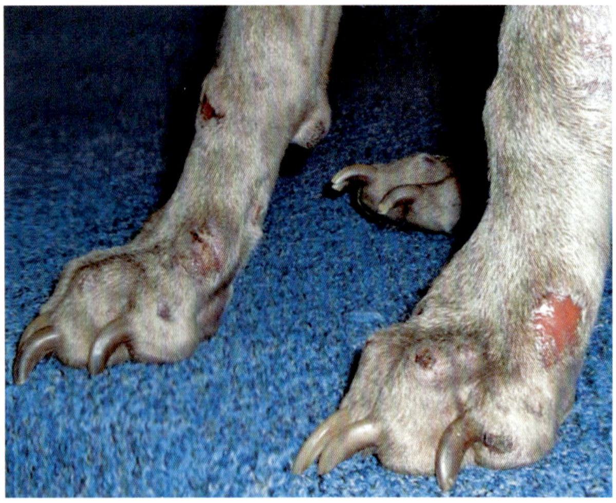

图 14-147　全身性组织细胞增多症。图 14-143 中的犬，成年魏玛猎犬腿和爪部多个溃疡性结节。

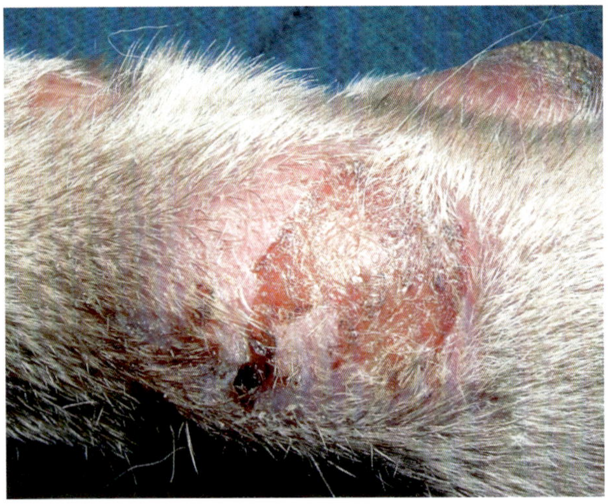

图 14-148　全身性组织细胞增多症。图 14-143 中的犬，腿部脱毛的糜烂性结节。

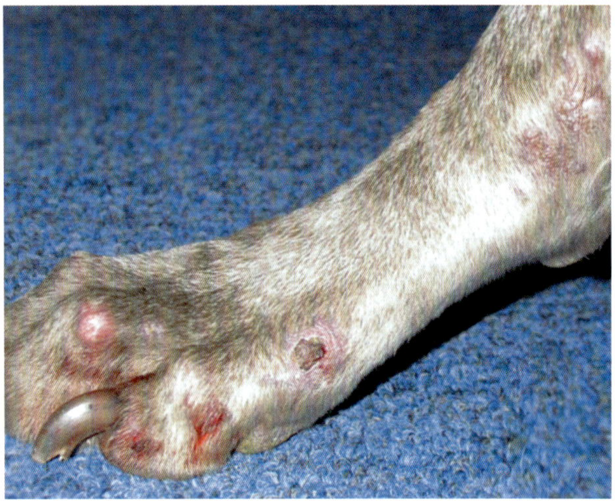

图 14-149　全身性组织细胞增多症。图 14-143 中的犬，成年魏玛猎犬腿和爪的多个溃疡性结节。

恶性组织细胞增多症
Malignant Histiocytosis

特征

恶性组织细胞增多症是组织细胞的恶性肿瘤。犬罕见，中老年犬和伯恩山犬发病率最高，其他易感品种有拉布拉多犬、罗威纳犬、金毛猎犬，平毛寻回犬。

皮肤病变不常见，如果有病变，其特征为多个坚实的真皮或皮下结节，这些结节可能脱毛或溃疡。该肿瘤可出现于身体的任何部位，脾脏、淋巴结、肺脏和骨髓为主要侵袭部位。广泛发病的犬，其病变通常出现在肝脏、骨骼、中枢神经系统（CNS）和肾脏等其他器官。常见的临床症状包括嗜睡、体重下降、淋巴结肿大、肝脾肿大、全血细胞减少、呼吸系统症状和中枢神经系统疾病。

诊断

1. 细胞学（可能无诊断意义）：大的多形非典型组织细胞，细胞浆颗粒细腻或含空泡，单个或多个细胞核呈卵形或肾形。常见多核肿瘤细胞吞噬红细胞和白细胞。

2. 组织病理学（皮肤或发生病变的内脏器官）：可能为退行性圆形或纺锤形组织细胞，细胞增殖无包膜且分界不清。常见多核巨细胞，细胞核异常和奇异有丝分裂象。

治疗与预后

尽管化疗（最常用环己亚硝脲或者多柔比星联合类固醇治疗，据报道左旋天冬酰胺酶也有效果）在某些情况下可能延长存活时间，但预后不良，恶性组织细胞增多症是一种高度恶性、发展迅速的致命性疾病。

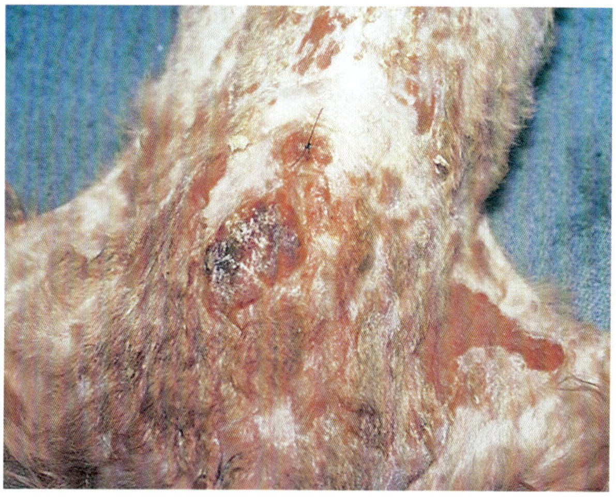

图 14-150　恶性组织细胞增多症。全身性脱毛、红斑、糜烂和结痂（自 D. Angarano）。

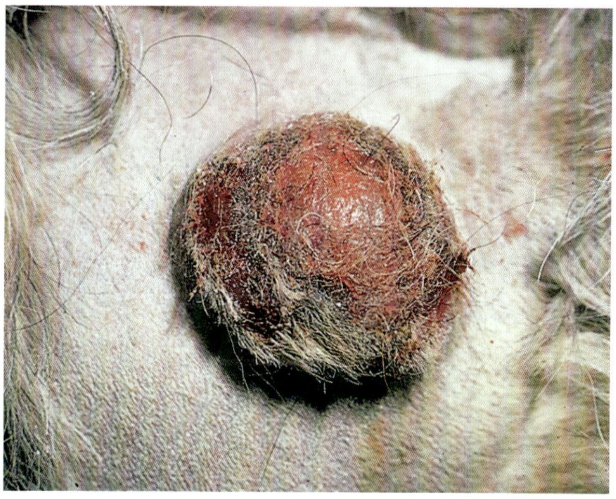

图 14-151　恶性组织细胞增多症。图 14-150 中犬的近观。阴囊脱毛、红斑和糜烂（自 D. Angarano）。

皮肤黑素细胞瘤 / 黑素瘤 Cutaneous Melanocytoma/Melanoma

特征

一种良性的（黑素细胞瘤）或恶性的（黑素瘤）黑素细胞增生。大部分病例（85%）为良性。因为犬的黑素细胞瘤 / 黑素瘤源自于毛皮或口腔，所以日光照射似乎不是诱发因素。家养动物中不同的品种和谱系分类表明，遗传易感性可能是诱因。肿瘤抑制基因和免疫监控系统的改变也可能发生了作用。常见于年龄较大的犬，年龄较大的猫罕见，易感犬的品种包括苏格兰㹴、艾尔谷㹴犬、杜宾犬、可卡犬、贵宾犬、爱尔兰赛特犬和雪纳瑞犬。

黑素细胞瘤通常为单个病变、界限清晰、圆顶状、坚实、褐色或黑色、脱毛、有蒂或疣样生长物，直径 0.5 ~ 10 cm，也会出现斑块样肿瘤。恶性黑素瘤有色或无色（无黑色素），可能发生溃疡，并且大于良性黑素细胞瘤，生长迅速。恶性肿瘤首先容易向局部淋巴结，然后向肺转移。该肿瘤可出现于身体的任何部位，但犬最常见于头部、躯干和趾部，猫最常见于头部。

诊断

1. 细胞学：可见圆形、椭圆形、星形或纺锤形细胞，含有中等量褐色或墨绿色色素颗粒的细胞浆。恶性黑素瘤含的色素少，并表现出更多的多形性，但不能根据细胞学判断恶性程度。

2. 皮肤组织病理学：肿瘤黑素细胞聚集，这些细胞可能为纺锤形、上皮细胞或圆形。细胞可排列为串珠样、绳索状或神经样螺纹，并有不同程度的色素沉着。常见充满色素的巨噬细胞侵袭。肿瘤界限清晰，核的变异性低，有丝分裂比率低。恶性黑素瘤的侵袭力、细胞多形性和有丝分裂象（包括非典型有丝分裂象）都较强。有丝分裂指数是预测肿瘤生物学行为的最可靠指标（10 个高倍镜视野下少于 3 个有丝分裂的比率往往为良性生物学行为）；然而，10% 组织学呈良性的黑素细胞瘤具有恶性生物学行为。

3. 应检查患病动物是否出现局部淋巴结和胸腹腔脏器的转移。

治疗与预后

1. 治疗采取彻底手术切除，因为在临床上难以将良性黑素细胞瘤与恶性黑素瘤区分开。

2. 如果手术切除不完整，可采取辅助治疗，包括放疗和局部热疗。

3. 在某些情况下化疗（卡铂、吡罗昔康、达卡巴嗪）可能会延长患恶性肿瘤动物的存活时间，但总的来说，化疗有效率很低。

4. 虽然主要用于犬口腔恶性黑素瘤，但梅里亚的异种 DNA 黑素瘤疫苗对抗恶性皮肤黑素细胞瘤全身性转移可能有效。

5. 与现有的常规治疗方案相比，螺旋断层放疗是一种使用 CT 扫描技术的高精度调强放射治疗方法，未来可能会有更好的结果。

6. 良性黑素细胞瘤预后良好。恶性黑素瘤预后不良，尤其是那些较大的肿瘤，手术切除后常见复发和转移。肿瘤的预后与位置有关：多数口腔和黏膜皮肤黑素瘤（除了眼睑）和 50% 影响甲床的黑素瘤均为恶性。预后与品种也有关系：75% 以上的杜宾犬和迷你雪纳瑞犬的黑素细胞瘤为良性，85% 的迷你贵宾的黑素瘤为恶性。

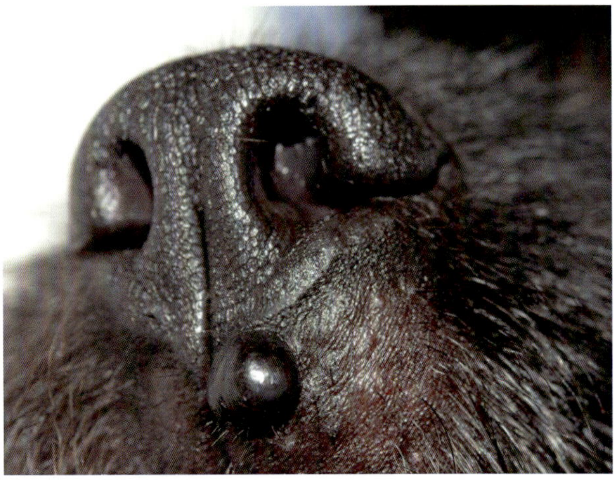

图 14-152　皮肤黑素细胞瘤 / 黑素瘤。成年犬鼻面色素结节的近观。

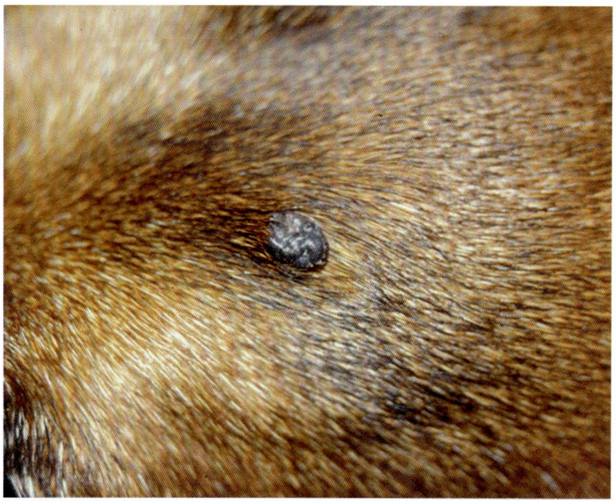

图 14-153　皮肤黑素细胞瘤 / 黑素瘤。成年犬头部的局部色素结节。

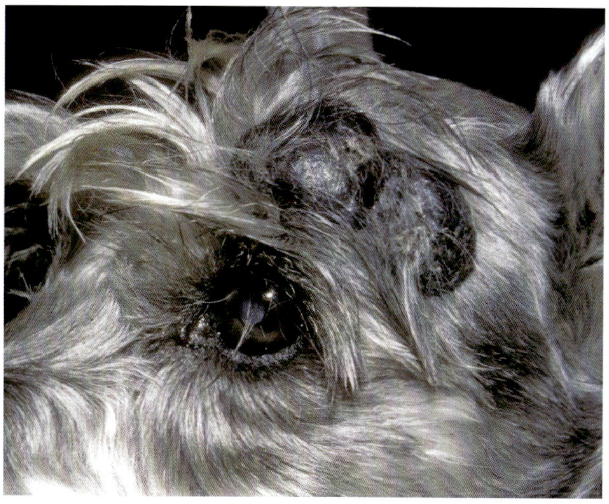

图 14-154　皮肤黑素细胞瘤 / 黑素瘤。成年雪纳瑞犬头部的一个分叶、脱毛、色素沉着的黑素瘤。

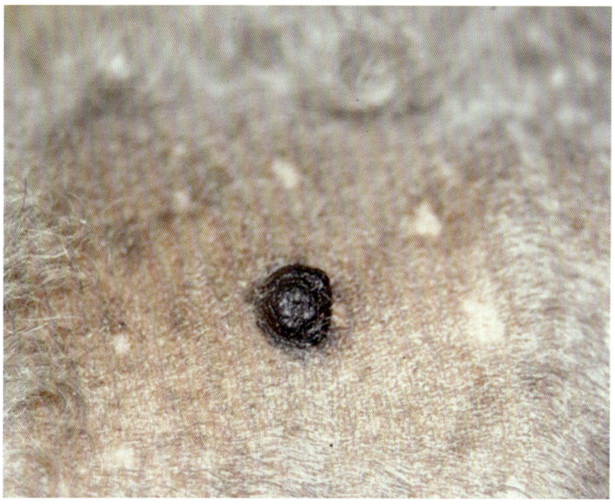

图 14-155　皮肤黑素细胞瘤 / 黑素瘤。一个局部色素结节。

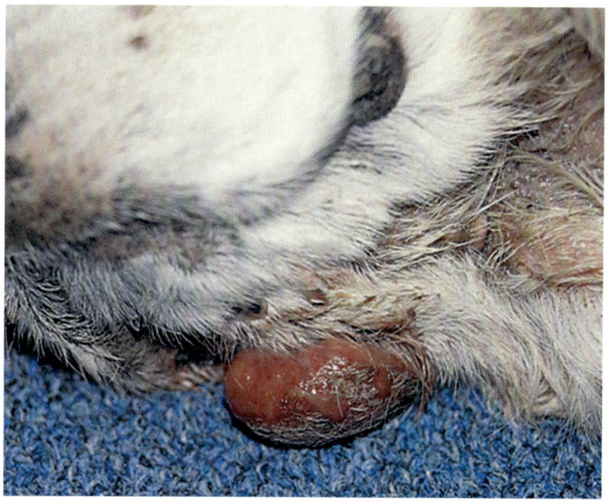

图 14-156　皮肤黑素细胞瘤 / 黑素瘤。老年可卡犬颈腹侧的溃疡性、无黑色素性黑素瘤。

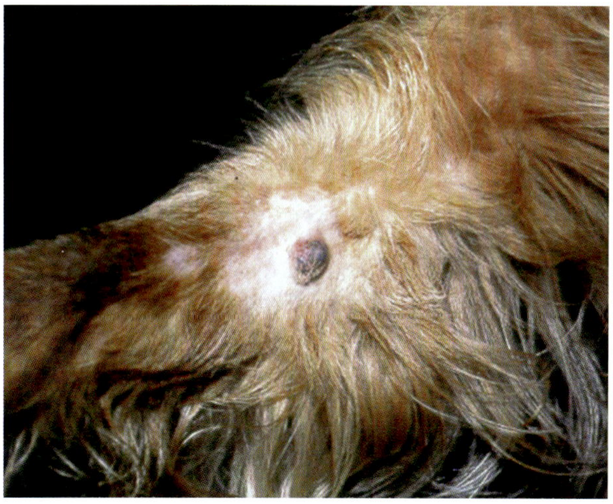

图 14-157　皮肤黑素细胞瘤 / 黑素瘤。成年金毛猎犬肢端色素沉着的小结节。

传染性性病瘤
Transmissible Venereal Tumor（TVT）

特征

传染性性病瘤（TVT）是不明起源的良性或恶性肿瘤，可能由病毒诱发。大多数 TVT 细胞有 59 个染色体，相比之下，犬的正常细胞有 78 个染色体。犬 TVT 细胞的主要组织相容性（MHC）Ⅱ级抗原表达，提示该肿瘤源于网状内皮细胞。肿瘤细胞也表达溶菌酶和 α1- 抗胰蛋白酶免疫性反应，以及犬的巨噬细胞标记，支持单核 / 巨噬细胞系的 TVT 组织生发。有活力的肿瘤细胞多在交媾时转移，但也可通过舔、嗅或抓被接种到多个部位。自然感染的犬可能会激发出抗肿瘤免疫反应，使肿瘤自愈。该肿瘤不常见于犬，热带和亚热带地区，性行为活跃的母犬发病率最高。

单个或多个，坚实或易碎，红色或肉色，经常出血的，真皮或皮下，直径为 1～20 cm 的结节或疣样肿块。该肿瘤多见于外生殖器，但也见于身体的其他部位，尤其是面部和四肢。可能出现溃疡和继发细菌感染。很少转移（到淋巴结、皮肤、眼睛、肝脏或大脑），但有可能发生，尤其是免疫抑制的犬和幼犬。

诊断

1. 细胞学：大的多形圆细胞，有中等量细胞浆中度蓝染，含清晰空泡，圆形细胞核的染色质粗糙，1～2 个大核仁。可见有丝分裂象、少量淋巴细胞、浆细胞和组织细胞。

2. 皮肤组织病理学：均一的圆细胞层，点缀着纤弱的胶原基质。细胞核大，浓染，细胞含有丰富的淡蓝色有空泡的细胞浆。有丝分裂指数高。可能出现坏死或淋巴细胞侵袭。

治疗与预后

1. 长春新碱，0.5～0.7 mg/m^2，静脉注射，每 7 d 一次，直到临床症状完全消失（4～6 周）。

2. 另外，外部射线照射可有效治疗对长春新碱耐药的病例。

3. 尽管手术切除可有效治疗小的、局部病变，但是其术后复发率达 20%～60%。

4. 预后通常良好。尽管肿瘤能自然消退，但为了预防转移，建议进行治疗。

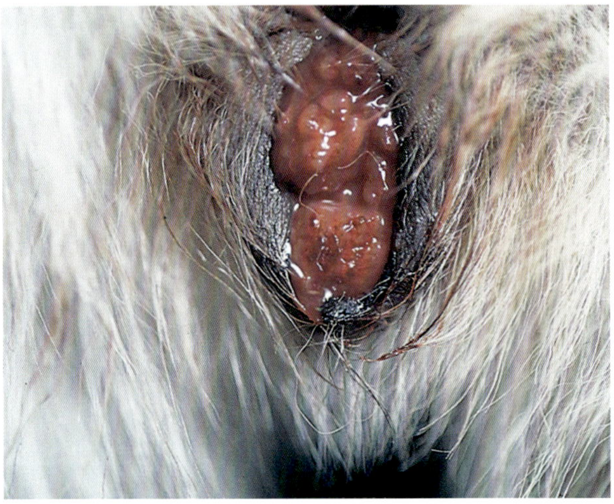

图 14-158 传染性性病瘤。成年犬阴道黏膜的多叶肿瘤，菜花状团块是传染性性病瘤的典型症状。

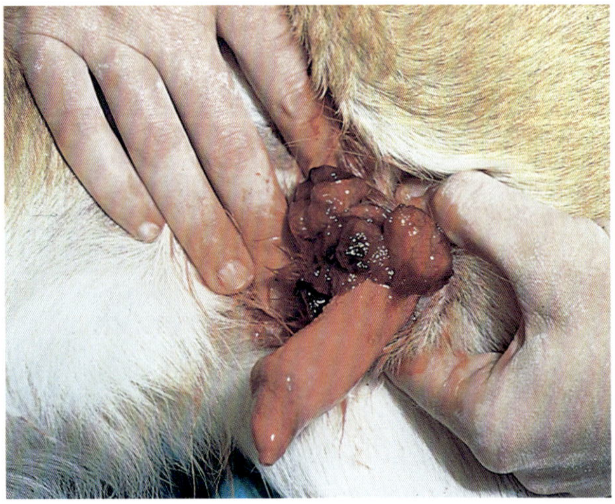

图 14-159 传染性性病瘤。成年犬阴茎基部大的多叶团块，包皮上的肿瘤受损，引发出血（自 C. Calvert）。

胶原痣
Collagenous Nevus

特征

胶原痣属于皮肤的发育缺陷，可能是或不是先天性的，其特征为胶原增生。不常见于犬。

通常为单个，坚实、界限清晰、平或圆顶样，直径为 0.5～5 cm（通常小于 1 cm）皮肤结节。结节表面可能有凹陷，可能脱毛并有色素沉着。可见于身体的任何部位，但多见于头部、颈部和四肢。

诊断

皮肤组织病理学：细胞稀少的成熟胶原团，不会取代皮肤附属器。

治疗与预后

1. 由于是良性病变，可只观察不治疗。
2. 如果影响美观，可手术切除。
3. 该赘生物非肿瘤，因此预后良好。

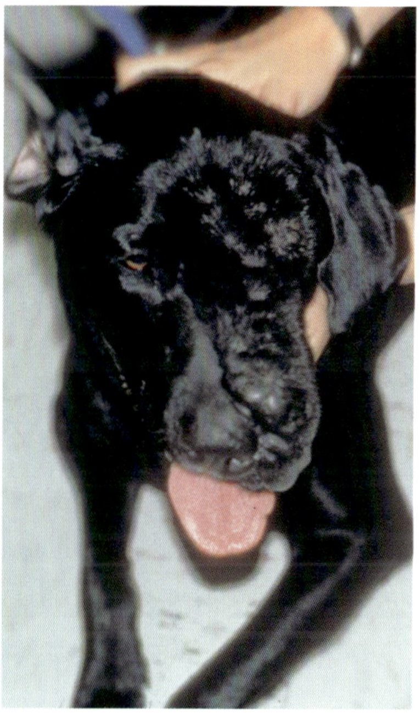

图 14-160　胶原痣。成年拉布拉多犬头部的多个结节和赘生物（自佛罗里达大学的病例）。

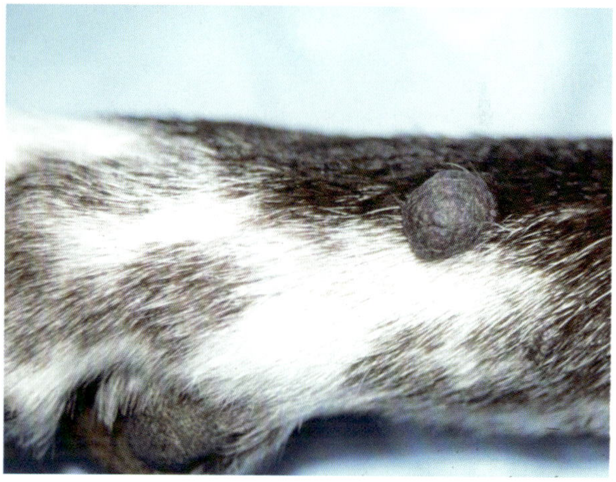

图 14-161　胶原痣。单个脱毛的色素沉着性结节，是该赘生物的典型特征。

毛囊囊肿 - 表皮包涵囊肿（漏斗区囊肿）Follicular Cyst–Epidermal Inclusion Cyst（Infundibular Cyst）

特征

一种上皮细胞层包裹的非肿瘤性囊性结构。犬常见，猫罕见，中年动物的发病率最高。犬易感品种包括：拳师犬、西施犬、雪纳瑞犬和巴吉度犬。

通常为单个，界限清晰、质地坚实或有波动感的真皮内肿块，可能脱毛，直径 0.5～5 cm（通常小于 2 cm）。病变可能继发感染而发炎，疼痛或瘙痒，并可能破裂，内容物为黏稠的灰色或黄褐色干酪样物质。病变多见于犬的头部、躯干或四肢近端，猫的头部、颈部和躯干。

诊断

1. 细胞学：无定型细胞碎片和成熟的角化上皮细胞，并伴有胆固醇结晶。

2. 皮肤组织病理学：一种充满板层样角质的囊性结构，正常分层的鳞状上皮细胞形成包囊。囊破裂后其内容可刺激周围产生脓性肉芽肿性炎症。

治疗与预后

1. 该病变为良性，可只观察而不治疗。
2. 影响美观的病变可通过手术切除。
3. 不应该挤压囊内容物，否则经破裂囊壁内容物进入真皮，可以导致异物刺激反应和感染。
4. 囊肿非肿瘤性，因此预后良好。

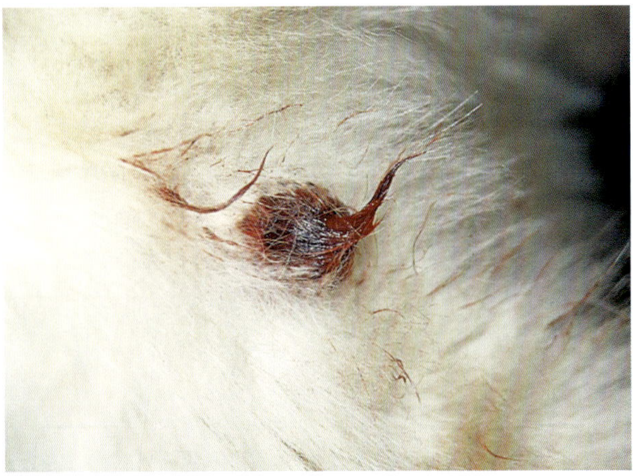

图 14-163　毛囊囊肿 - 表皮包涵囊肿。图 14-162 中犬的近观。在触压下毛囊囊肿破裂。

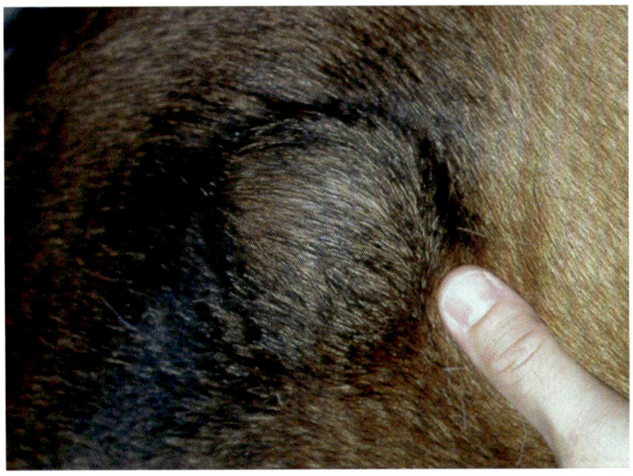

图 14-164　毛囊囊肿 - 表皮包涵囊肿。与原发毛囊肿瘤相连的大毛囊囊肿。

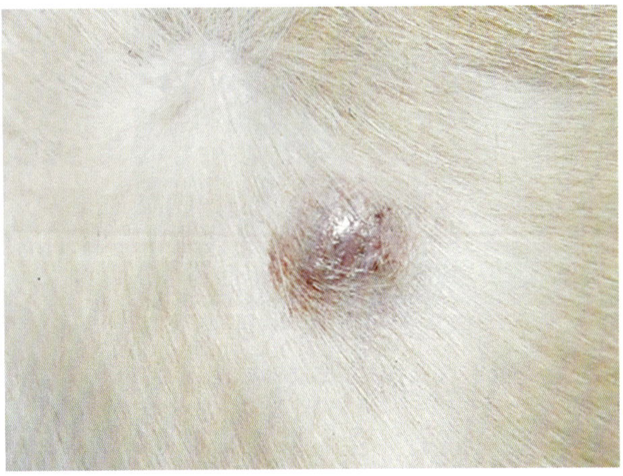

图 14-162　毛囊囊肿 - 表皮包涵囊肿。脱毛、红斑性结节是小毛囊囊肿的典型特征。触压可致破裂。

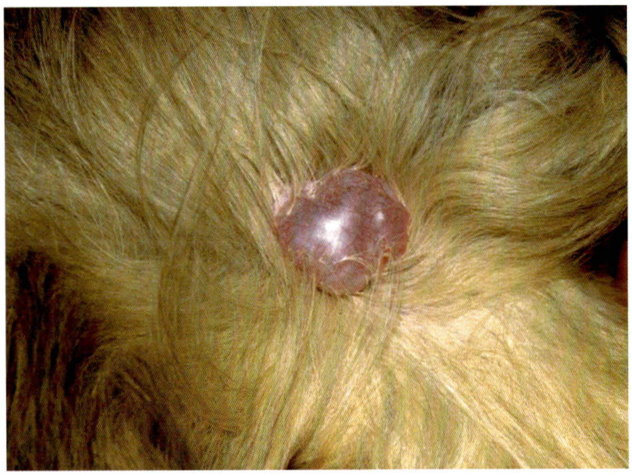

图 14-165　毛囊囊肿 - 表皮包涵囊肿。大毛囊囊肿，可见水泡样外观。

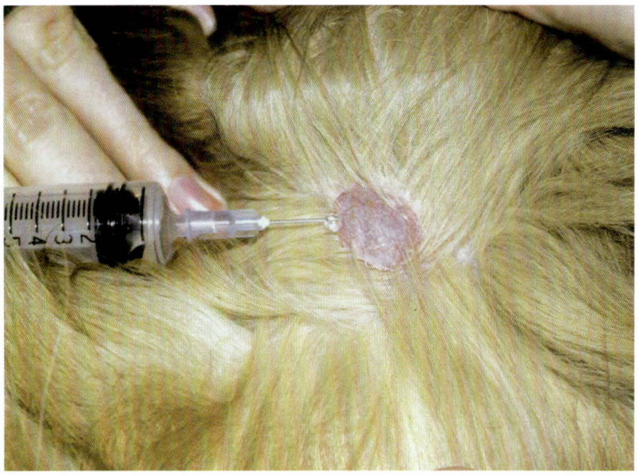

图 14-166 毛囊囊肿－表皮包涵囊肿。图 14-165 中的犬，从囊肿中抽出液体。

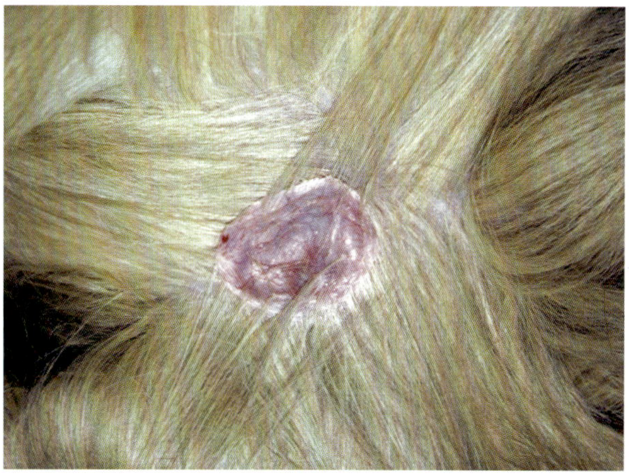

图 14-167 毛囊囊肿－表皮包涵囊肿。图 14-165 中的犬。流体抽出，囊肿塌陷。

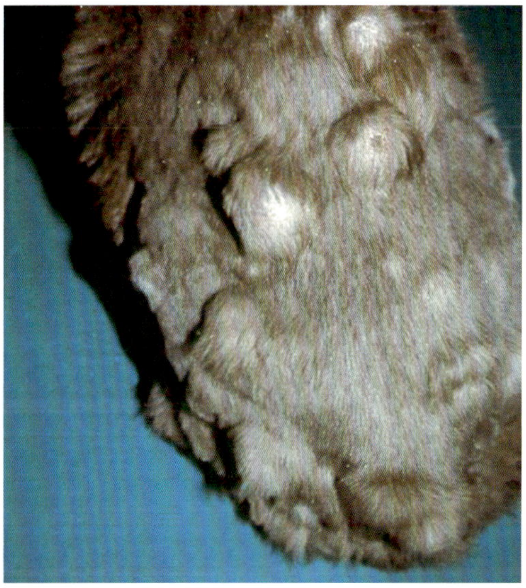

图 14-168 毛囊囊肿－表皮包涵囊肿。成年猫身体上的多个毛囊囊肿（自 D. Angarano）。

皮角
Cutaneous Horns

特征

皮角是局限性的角质圆锥形或圆柱形团块，这些角质可能源自潜在的光化角化病、鳞状细胞癌、乳头瘤、扩张孔或漏斗区角化棘皮瘤。此病变也被视为一种独特标志，出现于感染白血病病毒的猫爪垫上。多发性皮角也会生长在白血病病毒阴性猫的爪下。此病并不常见于犬、猫。

坚硬的角质形成单个或多个圆锥形或圆柱形的角形团块，直径长度为几毫米至 2 cm。

诊断

1. 皮肤组织病理学：突起的角质致密柱状物形成界限清晰的乳头样表皮增生，酷似趾甲，与猫白血病有关的皮角，可见表皮角化不良或多核角质细胞。

2. 爪垫有病变的猫应进行猫白血病病毒筛查。

治疗与预后

1. 治疗可选择手术完全切除。

2. 尽管皮角本身为良性，基于潜在病因预后各异。

图 14-169　皮角。皮角坚实的角质结构外观。

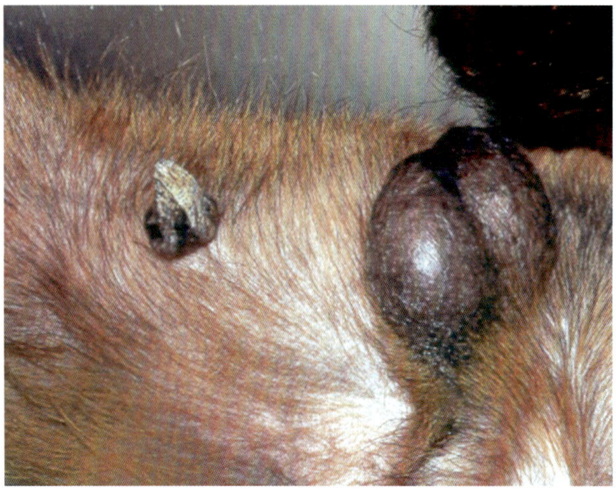

图 14-170　皮角。成年杂交犬大腿后侧的皮角。

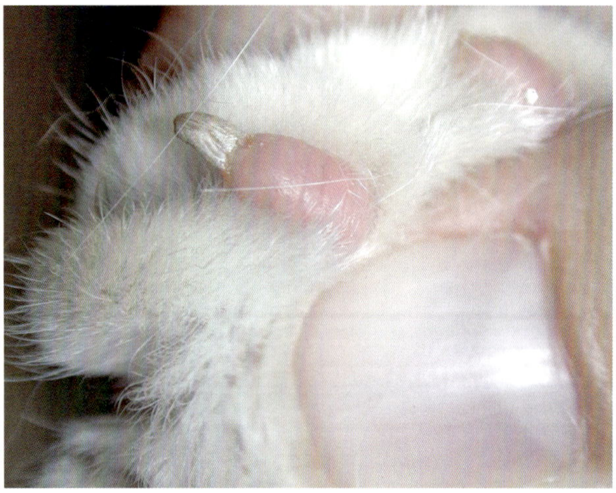

图 14-171　皮角。成年猫爪垫上的小皮角。

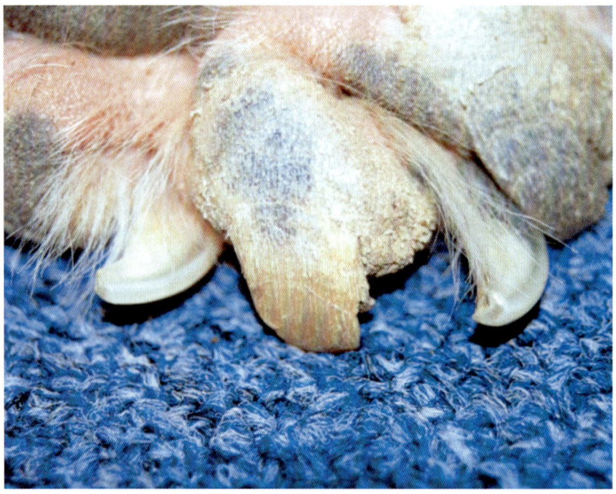

图 14-172　皮角。原发性皮脂溢患犬爪垫上的皮角。

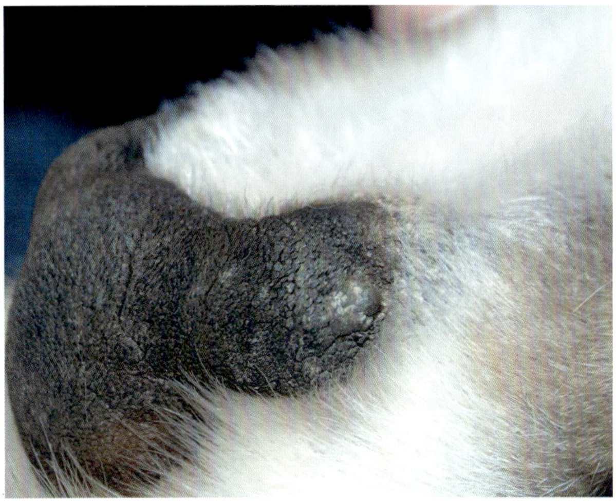

图 14-173　皮角。成年灵猩中央爪垫上的局部过度角化（“鸡眼”）。

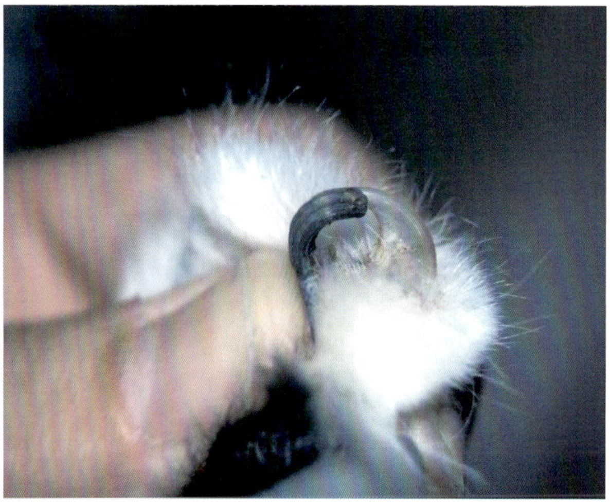

图 14-174　皮角。成年猫爪垫上的皮角。

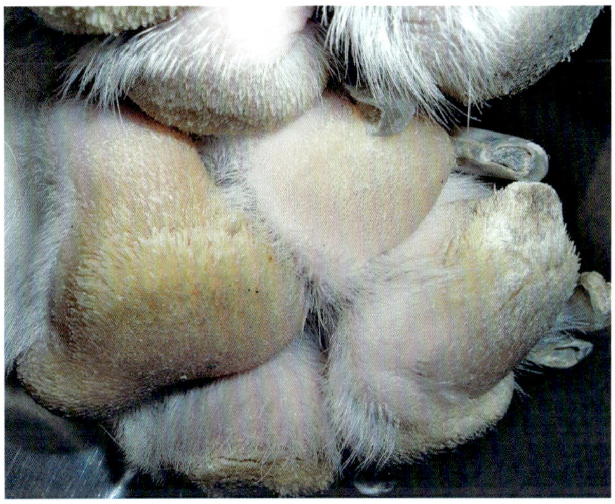

图 14-175　皮角。成年犬爪垫过度角化的病变。

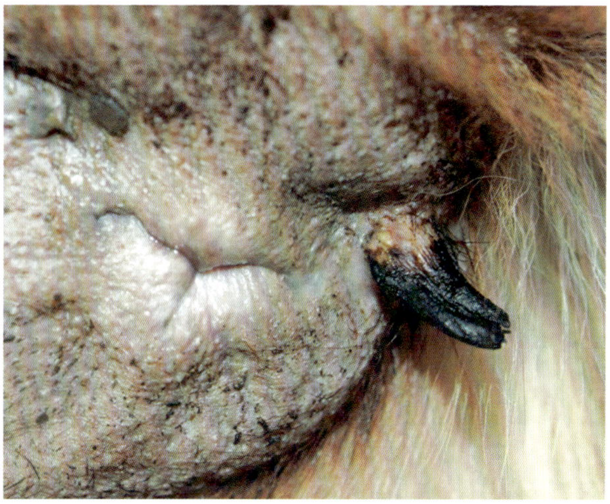

图 14-176　皮角。犬肛周组织上生长的皮角。

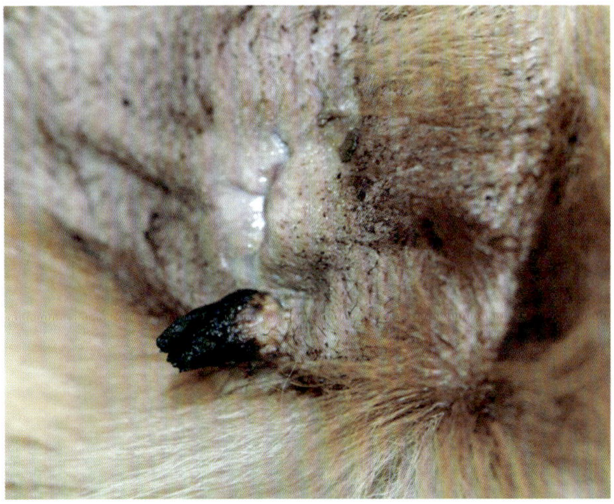

图 14-177　皮角。图 14-176 中的犬。异常角质产物酷似从肛周组织中长出的趾甲。

皮赘（维管性乳头状瘤）
Skin Tags（Fibrovascular Papilloma）

特征

皮赘是源自于维管的良性生长物，可能是由于反复创伤的增生性皮肤反应。不常见于犬，中年到老年大型和巨型犬发病率最高。猫罕见。

坚硬的有蒂生长物，1～2 cm 长，直径几毫米。较大的病变可发生溃疡。病变多见于胸骨部、骨突部和躯干。

诊断

皮肤组织病理学：增生的表皮覆盖维管化的胶原结缔组织核。附属器缺失。

治疗与预后

1. 由于该病变为良性，可只观察而不治疗。
2. 对于影响美观的病变可采用手术切除、激光烧蚀法或冷冻手术，这些方法都有效。
3. 该生长物非肿瘤，因此预后良好。

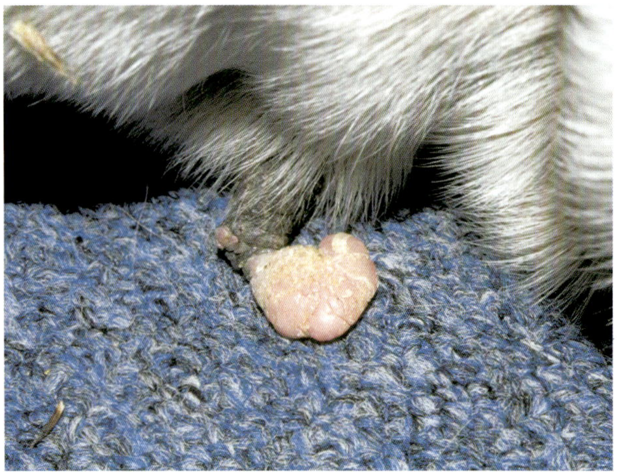

图 14-179　皮赘。成年犬颈部的皮赘。

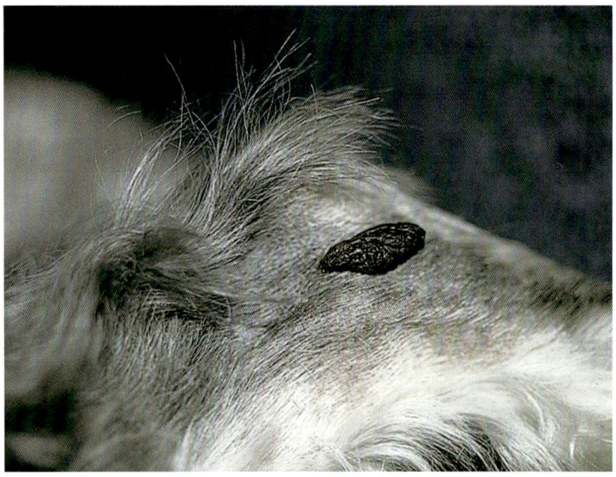

图 14-180　皮赘。成年雪纳瑞犬躯干上色素沉着的皮赘。

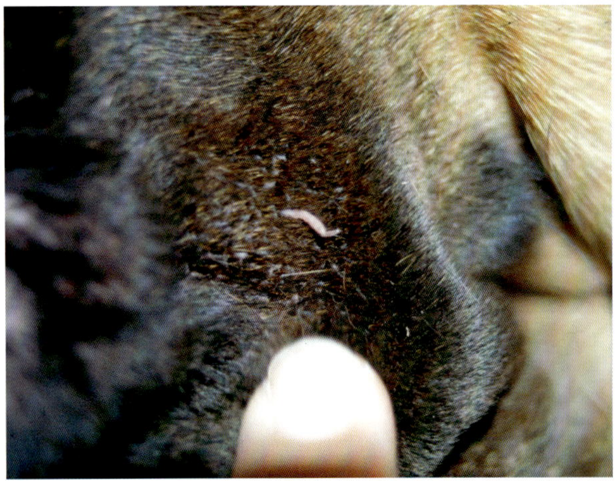

图 14-178　皮赘。成年犬面部的小皮赘。

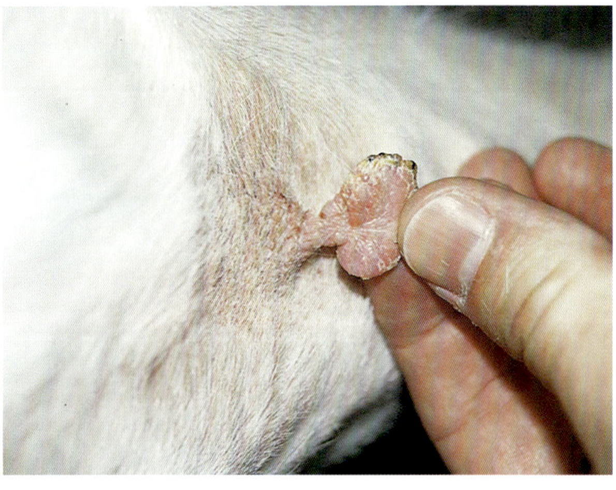

图 14-181　皮赘。图 14-179 中犬的近观，可见连接皮赘与身体的小蒂。

局限性钙质沉着
Calcinosis Circumscripta

特征

局限性钙质沉着是局部营养不良性钙化，发生于反复创伤或先前有过创伤的部位。如压力点、爪垫、剪耳点、注射或受伤部位（如咬伤，重复性牵引链创伤）。已经发现多结节病变与犬肥大性骨营养不良（HOD）和多发性关节炎有关。该病不常见于犬，年轻（小于 2 岁）大型犬（尤其是德国牧羊犬）的发病率最高。猫罕见。

通常局限性钙质沉着为单个，坚硬、有毛或脱毛、圆顶样皮下或深层皮肤肿块，可能发生溃疡，内容物为白色砂样物质。结节直径 0.5～0.7 cm。该病变多见于骨突处，例如肘部、跖骨侧面和后腿的趾骨区域，罕见于颈背部、舌部、面颊或耳廓基部。

诊断

1. 细胞学（可能无诊断意义）：无定形样砂样白色物质，染色为嗜碱性。

2. 皮肤组织病理学：细腻或粗糙颗粒状无定形嗜碱性碎片，在深层皮肤或皮下组织的多病变聚集，这些组织被肉芽肿性炎症包围。

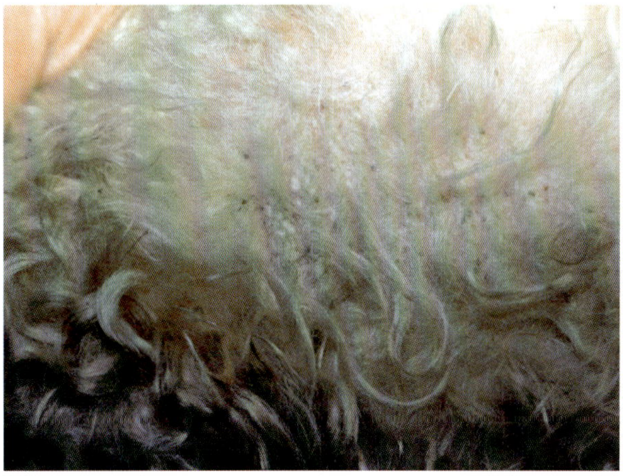

图 14-182　局限性钙质沉着。多个白色丘疹。注意与粟粒疹相似，粟粒疹通常是无毛品种或毛囊发育不良的典型表现。

治疗与预后

1. 手术完全切除可以治愈。

2. 与 HOD 或多发性关节炎有关的多发病变，在治愈相关疾病后可自愈。

3. 该生长物非肿瘤，因此预后良好。

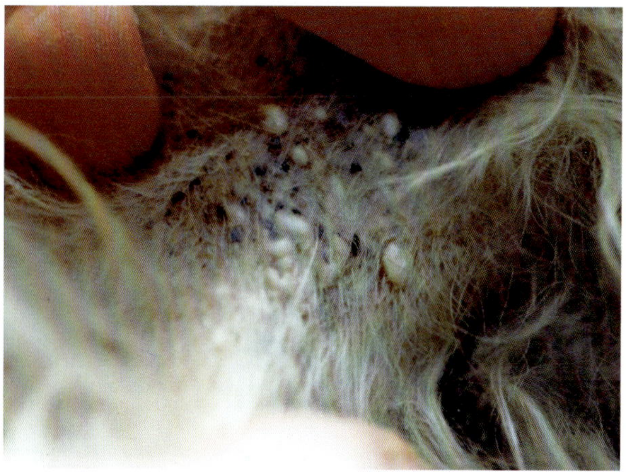

图 14-183　局限性钙质沉着。图 14-182 中的犬。多个白色丘疹。

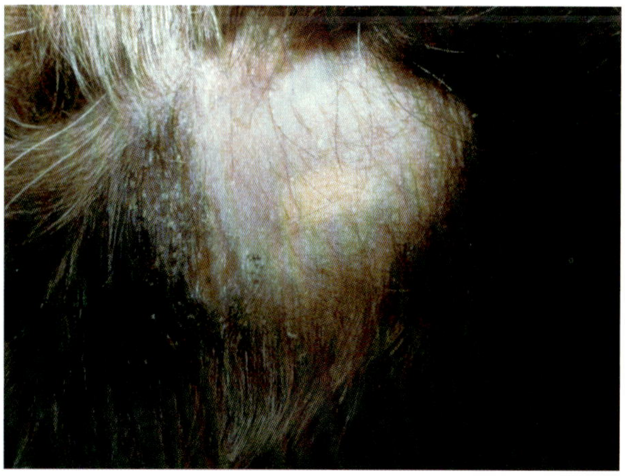

图 14-184　局限性钙质沉着。脱毛时可见皮肤中的钙化物质（自 M. Austel）。

第 15 章　鸟类和稀有动物的皮肤病

Avian and Exotic Animal Dermatology

CHERYL GREENACRE

寄生虫
- 螨病
- 虱病
- 皮下寄生虫
- 蝇蛆、跳蚤或蜱虫感染

细菌
- 兔梅毒（兔密螺旋体）
- 溃疡性爪部皮炎——兔（爪部皮炎）、鸟（禽掌炎）
- 分枝杆菌病——鸟
- 细菌性皮炎——鸟、雪貂和水龟
- 细菌性皮炎——豚鼠（肛门囊）
- 爬行动物的败血症与蜕皮
- 耳脓肿——水龟

病毒
- 鹦鹉喙羽病——鸟
- 乳头状瘤病毒——雪貂（趾）、兔（口腔/直肠）、兔（面部）
- 泄殖腔/口腔的乳头状瘤肿物——鸟
- 包涵体疾病——蛇

真菌
- 真菌性皮炎（钱癣）——龙猫（毛丝鼠）
- 真菌性肉芽肿——水龟
- 真菌性皮炎（金小孢子菌）——鬃狮蜥

肿瘤
- 肥大细胞瘤——雪貂
- 肾上腺皮质瘤——雪貂
- 包皮顶泌腺瘤和腺癌——雪貂
- 乳房纤维腺瘤——大鼠、小鼠
- 毛母细胞瘤（基底细胞瘤）——兔、豚鼠
- 仓鼠颊囊
- 腹侧臭腺肿瘤——沙鼠
- 鳞状细胞癌——鸟、水龟
- 脂肪瘤——鸟
- 黄瘤——鸟
- 蜡膜褐化肥大症——虎皮鹦鹉（长尾小鹦鹉）

创伤
- 瘀青——鸟
- 咬伤——鸟
- 恩诺沙星注射性坏死
- 气囊破裂——鸟
- 溢缩趾综合征——鸟
- 疝——鸟
- 泄殖腔脱垂——鸟
- 咬伤——蛇、绿鬣蜥
- 外甲修补——水龟、陆龟

代谢/营养/内分泌相关疾病
- 维生素 A 缺乏——鸟、水龟
- 卵巢囊肿——豚鼠

其他疾病
- 喙过度生长——鸟
- 拔羽/啄羽/自残——鸟
- 羽毛囊肿——鸟
- 鸡冠向内生长——鸡
- 角质过多——豚鼠爪
- 臀腺——仓鼠
- 涂抹——刺猬
- 卟啉泪——大鼠
- “鼻部不适”或卟啉刺激——沙鼠
- 疫苗接种不当——鸟
- 无毛变种
- 刺青——雪貂、兔、鸟

寄生虫 Parasitic

螨病
Acariasis

特征

鸟类和稀有动物的常见螨虫一般都具有种属特异性（表 15-1）。毛螨通产导致皮屑和脱毛斑，很少有瘙痒。兔毛螨（姬螯螨属 *Cheyletiella parasitovorax*）为人兽共患，能导致人皮肤轻度充血和瘙痒。耳螨通常见于雪貂，能在猫和雪貂之间传播，因此治疗家中所有疑似动物就非常重要。雪貂出现黑色的耳蜡并不一定有耳螨感染。兔耳螨能导致大量干性结痂的聚集，引起直立耳被压成垂耳。蠕形螨常见于 2 岁以上的伴有库兴氏综合征的仓鼠。仓鼠和沙鼠一般在幼年时期接触到螨虫，但是不表现临床症状，直到免疫减弱时才出现。兔和豚鼠如果出现强烈的瘙痒，应当检查与它们有关的螨虫，因为这是最常见的鉴别诊断。在美国作为宠物饲养的非洲侏儒刺猬可能感染皮螨属（*Chorioptes* spp.）、疥螨属（*Sarcoptes* spp.）及 Caparinia 属（*Caparinia* spp.）的螨虫，引起掉刺和皮肤结痂和剥落。8～12 周的幼年刺猬的胎刺常会自然的脱落，应该与螨虫感染相区别。鸟类，尤其是虎皮鹦鹉和金丝雀，感染了鸟疥螨（*Knemidokoptes*），通常表现为喙和面部皮肤的病变（虎皮鹦鹉），或者腿部皮肤的病变（金丝雀）。蛇螨（*Ophionyssus* spp.）可以在蛇身体的任何部位找到，尤其是在眼周或下颌皮肤的裂缝中。严重感染的蛇能导致明显地贫血。

主要鉴别诊断

浅层脓皮病、皮肤癣菌病和创伤。兔梅毒（密螺旋体）是兔的鉴别诊断之一。

表 15-1　鸟类和稀有动物的常见螨虫

螨虫	特点	螨虫	特点
毛螨		**仓鼠**	
小鼠		背肛螨（*Notoedres notedres*）	见于耳、鼻、爪和肛门
肉螨属（*Myobia musculi*）	见于头、颈和肩部区域	**皮肤**	
雷螨属（*Radfordia affinis*）		**仓鼠**	通常继发于库兴氏综合征
癣螨属（*Myocoptes musculinus*）	见于全身	蠕形螨（*Demodex criceti*）	见于表皮
大鼠		蠕形螨（*Demodex aurati*）	见于深层（毛囊、皮脂腺）
雷螨属（*Radfordia ensifera*）		**豚鼠**	
兔		豚鼠疥螨（*Trixacarus caviae*）	明显瘙痒：颈部、肩部、腹股沟
姬螯螨（*Cheyletiella parasitovorax*）	“移动的皮屑”，人兽共患	豚鼠背毛螨（*Chirodiscoides caviae*）	无瘙痒：后腰、后肢侧面
螨（*Listrophus gibbus*）		**兔**	
耳螨		疥螨（*Sarcoptes scabiei*）	严重瘙痒、自残
大鼠		**虎皮鹦鹉和金丝雀**	
鼠背肛螨（*Notoedres muris*）		鸟疥螨（*Knemidokoptes pili*）	“石灰样爪和面部的螨”、斑喙和斑状皮肤
兔		林禽刺螨	
兔痒螨（*Psoroptes cuniculi*）	耳道和耳廓的干性结痂	**蛇**	
雪貂		蛇刺螨（*Ophionyssus natricis*）	检查眼周隐窝和下颌裂缝
耳螨（*Otodectes cynotis*）	耳道黑色、蜡样分泌物		

诊断

皮肤刮片镜检（如果怀疑疥螨，做深层刮片）或者胶带粘贴毛螨，以发现寄生虫和卵。

治疗和预后

1. 通常情况下，对大多数种属的螨虫使用伊维菌素治疗，0.2 mg/kg，口服，皮下注射，或者最好外用，10～14 d 重复一次。有些重要的例外情况：不要对水龟和陆龟使用伊维菌素——此药透过它们较弱的血脑屏障后能导致死亡；不要给鸟类注射伊维菌素，尤其是小型鸟，因为丙二醇溶剂能导致严重过敏性反应和死亡。

2. 刺猬可以使用赛拉菌素除螨，按照 6 mg/kg 的剂量外用。塞拉菌素用于兔子耳螨使用一次就可以清除耳螨，同时尽量避免人工清洁耳道内结痂，驱虫后的一周内会自行脱落甩出，这样对耳道的损伤最小。

3. 不要用悬挂除螨产品，如含有对二氯苯的产品，在笼子边，因为它们可能对鸟类有毒，且不能除去鸟的螨虫。

4. 并发肾上腺肿瘤的仓鼠可能对米托坦（op'DDD）治疗有效。

5. 因为蛇螨需要一定时间来离开宿主，蛇箱内任何表面非光滑的材料都应当丢弃，光滑物品表面可以喷含伊维菌素的混合物，浓度是 5 mg/qt，用时充分摇匀。

6. 建议查阅稀有动物药典（Carpenter's Exotic Animal Formulary），获得进一步药物信息。

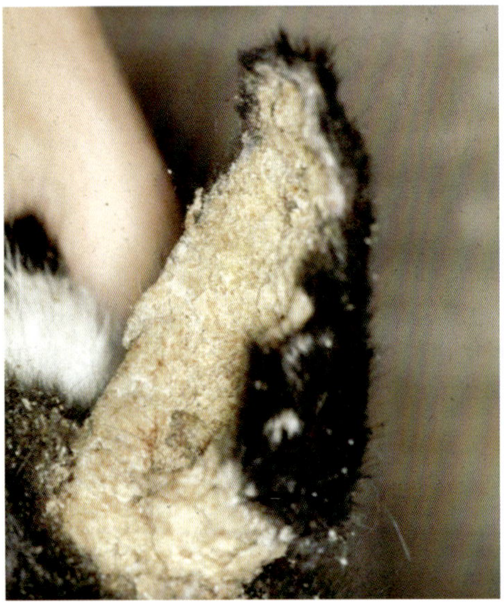

图 15-1　螨病。兔患有严重的耳螨病，由兔痒螨造成。

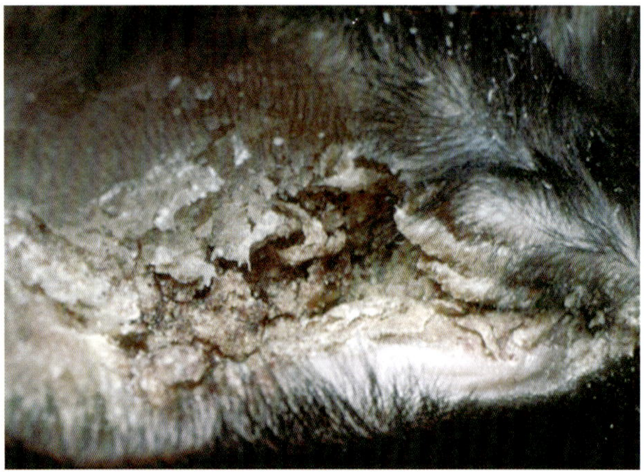

图 15-2　螨病。兔患有典型的轻度耳螨病，由兔痒螨造成。

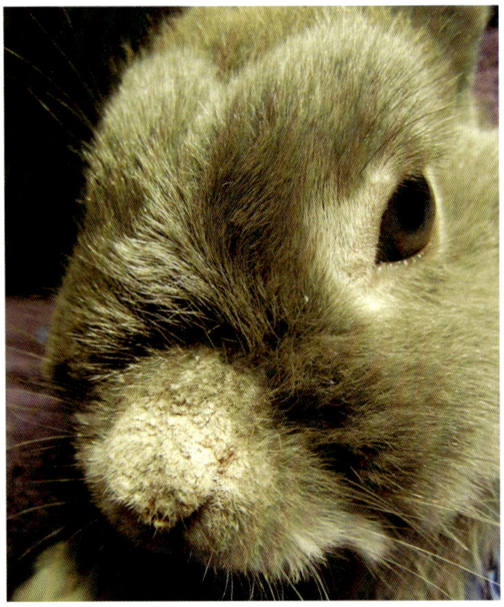

图 15-3　螨病。兔疥螨感染，由疥螨造成。这只兔子有严重瘙痒。

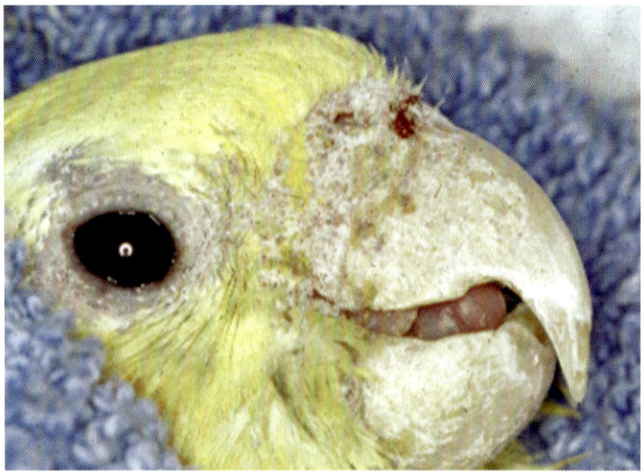

图 15-4　螨病。玄凤鹦鹉的鸟疥螨感染，经常被称为石灰样爪和面部的螨（侧面观）。

图 15-5　螨病。玄凤鹦鹉的鸟疥螨感染，经常被称为石灰样爪和面部的螨（正面观）。

图 15-6　螨病。玄凤鹦鹉的鸟疥螨感染，经常被称为石灰样爪和面部的螨（爪底面观）。

图 15-7　螨病。虎皮鹦鹉患有严重的鸟疥螨感染，经常被称为石灰样爪和面部的螨，这种螨能导致鸟喙的畸形。

图 15-8　螨病。球蟒的眼周出现无法脱落的透明膜，这是由于蛇螨感染造成的。这种螨生活在眼周的隐窝内，干扰了这个部位正常的蜕皮。

图 15-9　螨病。非洲刺猬被皮螨属螨虫感染。患处瘙痒，引起刺的脱落和干燥，絮片状皮肤，这些是其典型特征。

虱病
Pediculosis

特征

鼠虱（*Polyplax serrata*）常见于野鼠，导致贫血、虚弱和强烈的瘙痒。如果在宠物鼠上发现这种鼠虱，通常是因为和野鼠有过接触。鼠鳞虱（*Polyplax spinulosa*）非常罕见，它能导致瘙痒、刺激和贫血。豚鼠虱（豚鼠虱 *Gliricola porcelli*，豚鼠圆羽虱 *Gyropus ovalis*）常见于宠物豚鼠，如果感染数量大，能导致瘙痒、被毛粗糙和掉毛。沙鼠感染 *Hoplopleura meridionidis*。鸟虱在宠物鹦鹉类的鸟中不常见，但常见于院中家禽和孔雀。鸡头虱（*Cuclotogaster heterographus*）见于鸡和孔雀的头部。鸡身虱（*Menacanthus stramineus*）见于多种家禽的肛门，包括鸡、孔雀、珍珠鸡、鹌鹑、野鸡、鸭和鹅。

主要鉴别诊断

包括所有的外寄生虫病。

诊断

胶带粘贴或拔毛镜检，发现寄生虫或卵（幼虫）。

治疗和预后

通常情况下，虱的治疗是采用伊维菌素，0.2 mg/kg，口服，皮下注射或者外用药。有些重要的例外情况：不要对水龟和陆龟使用伊维菌素——此药透过它们较弱的血脑屏障后能导致死亡；不要给鸟类注射伊维菌素，尤其是小型鸟，因为丙二醇溶剂能导致严重过敏性反应和死亡。建议查阅稀有动物药典，获得进一步药物信息。

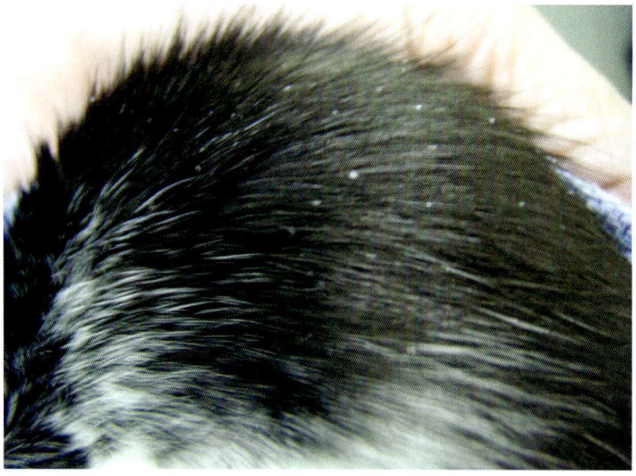

图 15-10　虱病。宠物大鼠感染未鉴定种类的虱子。肉眼可见虱子和卵位于整个背部。

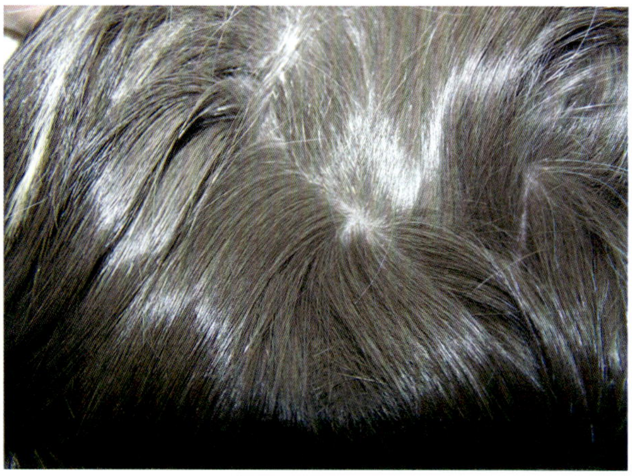

图 15-11　虱病。豚鼠感染未鉴定种类的虱子，但是可能是豚鼠虱，因为这只动物并不瘙痒。肉眼可见虱子和卵位于腰部区部。

图 15-12　虱病。鸡羽毛上的未经鉴定种类的虱子。

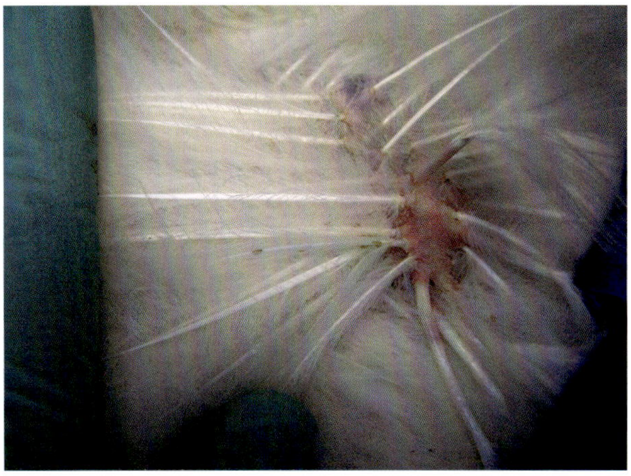

图 15-13　虱病。白来航鸡的鸡虱（*Menacanthus stramineus*），羽毛基部可见 10 多只黄褐色虱子。

皮下寄生虫
Subcutaneous Parasites

特征

近期进口的鹦鹉可能偶然出现成年线虫造成的皮下肿物。近期进口的爬行动物，包括日行守宫（day geckos），可能有成年 *Thamagadia* 和 *Magnathamagadia* spp. 造成的体腔或皮下肿物。放养兔或者饲喂鲜草的兔可患皮下黄蝇（*Cuterebra* spp.）幼虫病。这种黄蝇卵被摄入后，在体内孵化，然后从口腔或食道移行到皮下，可从出现在皮肤的呼吸口来辨认。

主要鉴别诊断

包括肿瘤、脓肿或其他肉芽肿。

诊断

在爬行动物和鸟类，大约 1 cm × 1 cm 的皮下肿物出现蠕虫样形态。在兔，约 4 cm × 2 cm 的皮下肿物出现提示性呼吸口，并且有时通过呼吸口可见到皮下运动的虫体。

治疗和预后

1. 外科皮下切除是最好的方法。
2. 对于兔，在全身麻醉状态下，移除寄生虫。具体操作是直接外科切开呼吸口的皮肤，小心不要伤到虫体，以避免寄生虫抗原的释放，然后清创并保持伤口开放，每天清洁创口，使其二期愈合。

图 15-14 皮下寄生虫。日行守宫的皮下有 *Magnathamagadia* 和 *Thamagadia* spp. 线虫。很容易外科移除。之后在体腔内发现了同样的线虫。

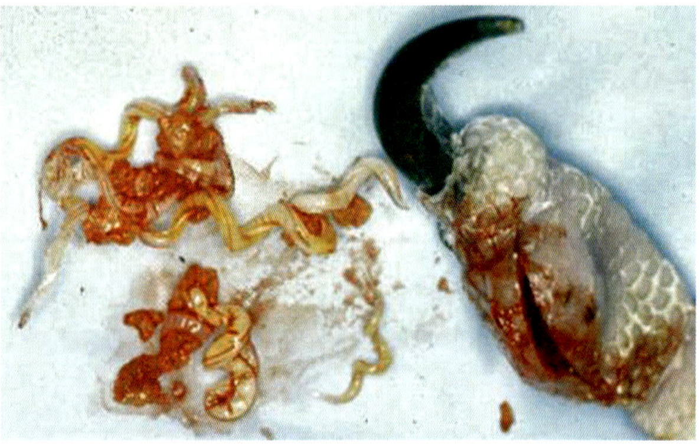

图 15-15 皮下寄生虫。近期进口的鹦鹉的皮下有线虫。很容易外科移除。这个病例的诊断是通过肿物抽吸的细胞学检查，发现了线虫卵而获得的。

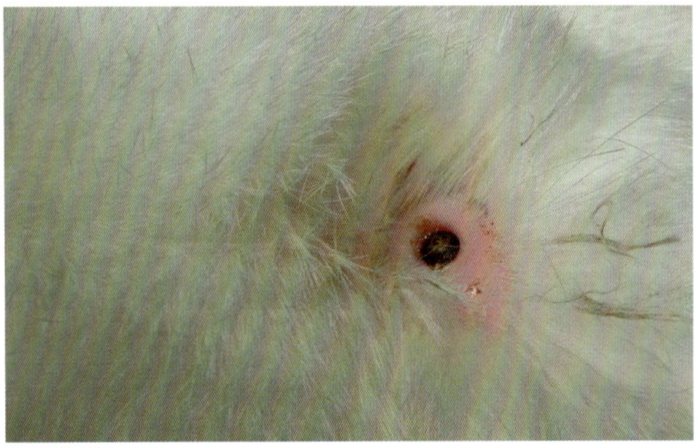

图 15-16 皮下寄生虫。兔皮下黄蝇（*Cuterebra* spp.）幼虫病。可见寄生虫通过皮肤上的呼吸口进行呼吸。

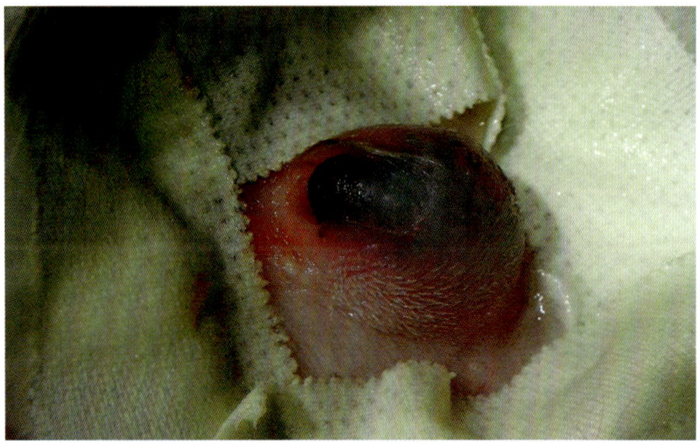

图 15-17 皮下寄生虫。图 15-16 中的同一只兔子，准备手术去除虫体。这只兔子身上有多处皮下幼虫。

蝇蛆、跳蚤或蜱虫感染
Myiasis，Flea or Tick Infestation

特征

蝇蛆最常见于在室外饲养的兔和野鸟病例。多种蜱可感染室外饲养的家兔和野兔。跳蚤偶见于兔和雪貂，雪貂尤其容易出现重度感染，然后继发致死性贫血。通常有轻度瘙痒。

诊断

直接观察到蝇蛆、跳蚤和蜱位于皮肤上。

治疗和预后

1. 蝇蛆：直接移除，或者可以使用诺普星（烯啶虫胺 1 mg/kg，口服）。
2. 跳蚤：通常情况下，雪貂跳蚤的治疗与猫的类似。
3. 不要给兔使用非泼罗尼（福来恩），因为它会导致抽搐和 / 或死亡。
4. 可给兔吡虫啉（蚤安）或者含除虫菊酯的产品。

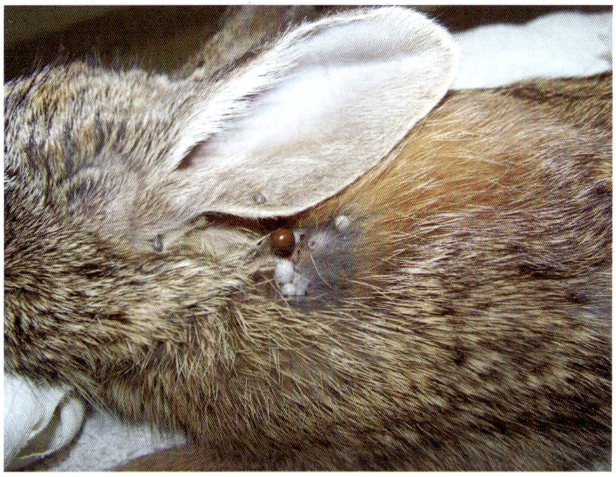

图 15-18　蝇蛆、跳蚤或蜱虫感染。野生白尾灰兔感染了未鉴定种类的蜱。

图 15-19　蝇蛆、跳蚤或蜱虫感染。进口球蟒带有扁平的蛇蜱。这只蜱被送去鉴定，发现它不是那种能将心水病从非洲带入国内的品种。

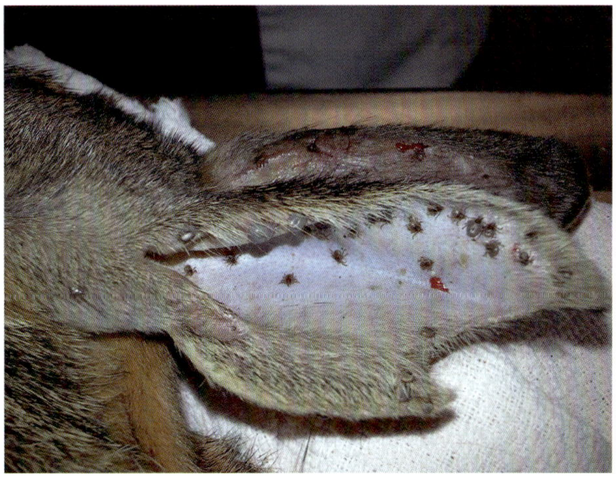

图 15-20　蝇蛆、跳蚤或蜱虫感染。野生棉尾兔被大量虱子感染。

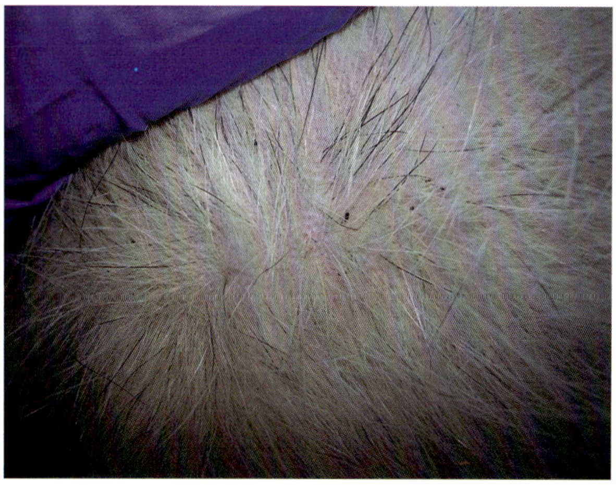

图 15-21　蝇蛆、跳蚤或蜱虫感染。雪貂感染跳蚤，可见跳蚤粪便，雪貂容易发生严重感染。

细菌 Bacterial

兔梅毒（兔密螺旋体）
Rabbit Syphilis（*Treponema Cuniculi*）

特征

此病是兔的性传播疾病，能导致皮肤以及会阴、眼周和口腔的黏膜皮肤结合处出现结痂和糜烂，有时也出现耳根部的病变。这种疾病不是人兽共患病，人梅毒是由苍白密螺旋体引起的。此病的潜伏期较长，通常需要 3～6 周。

主要鉴别诊断

鉴别诊断包括螨病和乳头状瘤病毒，这些病除了涉及黏膜皮肤交界处外，还涉及身体的其他部位。

诊断

诊断通常根据典型的临床症状和对治疗的反应，但是确诊需要通过组织活检鉴定或者直接显微镜下检查分泌物，分泌物通过移除表面结痂后挤压皮肤来获得。载玻片上加入几滴生理盐水，将显微镜聚光器调暗，可见到移动的细菌。

治疗和预后

1. 有时，这是一种自限性的疾病。
2. 如果兔要做种用，或者病变加重，推荐使用普鲁卡因青霉素 G 和苄星青霉素，仅采用皮下注射，7 d 一次，治疗 3 次。谨记：不要给兔口服青霉素，因为会导致致死性肠炎。
3. 建议查阅稀有动物药典，获得进一步药物信息。

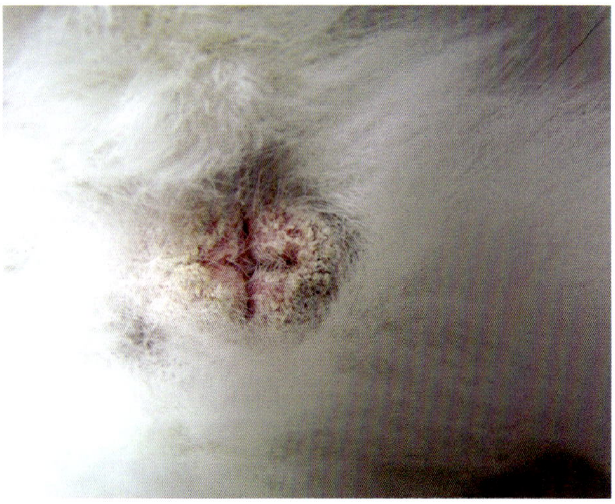

图 15-22 兔梅毒。图 15-23 中的兔。会阴区域患有典型的轻度至重度兔梅毒，由兔密螺旋体引起。病变靠近黏膜皮肤交界处。

图 15-23 兔梅毒。青年母兔，患有典型的轻度至重度兔梅毒，由兔密螺旋体引起。病变靠近黏膜皮肤交界处。

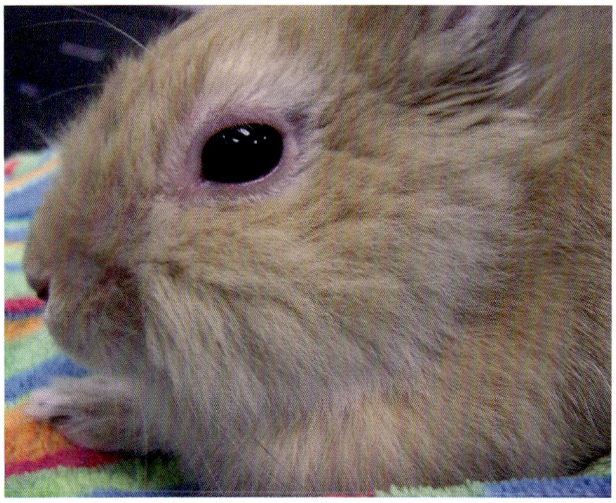

图 15-24　兔梅毒。兔梅毒治疗后，图 15-23 中的兔。使用普鲁卡因苄星青霉素治疗，每 7 d 用一次，治疗 3 周后拍摄。

图 15-25　兔梅毒。严重感染病例。可见生殖器周围严重的结痂。

溃疡性爪部皮炎——兔（爪部皮炎）、鸟（禽掌炎）
Ulcerative Pododermatitis—Sore Hock in Rabbits, Bumblefoot in Birds

特征

兔爪部皮炎的病因包括肥胖、“踝部”爪底面（实际上是近端跖骨的跖面）的遗传性稀毛，以及金属笼子底面或地毯引起的损伤所引起的被毛减少。被毛对跖面有衬垫一样的作用。轻度爪部皮炎包括脱毛、充血但皮肤完整。中度爪部皮炎包括皮肤的损伤，如糜烂、结痂、组织增生，以及皮肤的肿胀和感染。重度爪部皮炎容易发生骨髓炎，因为此处的软组织覆盖很少。豚鼠也会出现这种疾病，但是病因往往是过去或现在不卫生的环境，并且这种病很难治疗。

长期被圈养的猛禽常会出现禽掌炎，因为它们一天的大部分时间都是站立姿势。有研究显示，猛禽在飞翔的时候，其爪部的温度和血流会明显地增加。猛禽、雀鸟和小型鹦鹉的趾和跗跖的跖面更容易患病，而鹦鹉的跗跖的跖面通常易感。过细的或粗细均匀的栖木、维生素 A 缺乏、肥胖和“蹲坐在踝上”都是宠物鹦鹉的致病原因。

主要鉴别诊断

对于兔，肿瘤，如纤维肉瘤，可以在这个部位形成肿物，看起来像脓肿。

诊断

根据直接观察。如果怀疑骨髓炎，可以拍 X 线片。

治疗和预后

兔

轻度爪部皮炎可通过改变饲养管理，如提供一处平面以供站立（菜板是不错的选择）、移除金属笼子底面、限制或不让动物上地毯、提供毛巾或干草作为垫料、或者用绷带绑一个“兔靴”或任何可以覆盖和保护近端跖部的方法。轻度爪部皮炎预后良好。中度至重度病例可能需要外科手术，以移除脓肿区，每天冲洗感染的关节，以及使用抗生素（根据厌氧菌和需氧菌培养结果）。中度至重度爪部皮炎的预后谨慎至不良。恩诺沙星对兔来说是更安全的抗生素，能提供很好的骨骼渗透力，但是对厌氧菌的药效差。如果细菌培养结果中有厌氧菌，如坏死梭杆菌或相似微生物的感染，那么应使用甲硝唑或氯霉素。

豚鼠

豚鼠的爪部皮炎治疗方法类似，但通常豚鼠的症状可能更严重，常产生增生性肉芽组织。将爪浸泡在热水中（可添加硫酸镁或氯己定溶液），并配合使用角质软化剂，以帮助软化硬痂及肉芽增生。采用胶质垫料或医用蜂蜜或类似产品进行包扎，可以帮助伤口洁净及保湿，以促进恢复。基于厌氧菌和需氧菌培养结果进行长期非口服抗生素治疗，也非常必要。如果出现骨髓炎可以选择恩诺沙星和氯霉素。

鸟

轻度禽掌炎可以通过改变饲养环境，如更粗的栖木、粗细不均的栖木、表面柔软的栖木、低脂或低卡路里的富含维生素 A 的饮食，最重要的是增加运动量以促进爪部血液循环。如果出现感染，需要外科治疗或长期使用抗生素（根据厌氧菌或需氧菌的培养结果），以及爪部包扎。有多种类型包扎，如“球”形包扎，即爪部被绑成球形；“雪鞋”形包扎，即平底形，以通过大的表面来分散压力；或者采用腿部“U”形包扎、甜甜圈式包扎或任何其他形式可使爪底悬空不承担压力的包扎方式。经常的更换包扎材料保持其洁净及干爽十分重要。中度至重度禽掌炎的预后谨慎至不良。治疗方法与前述哺乳动物的方法类似。请记得家禽传统是作为食物的农场动物，即使作为家养宠物，也禁止使用氟喹诺酮类和头孢菌素类抗生素。

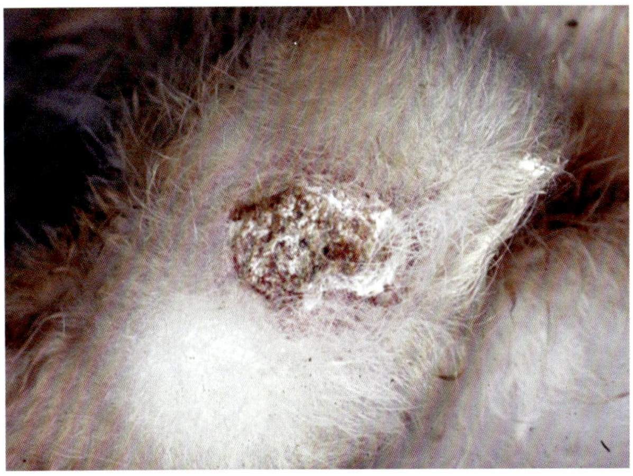

图 15-26　溃疡性爪部皮炎。患有中度爪部皮炎的兔，位于爪的跖面的皮肤糜烂，并发展为炎性结痂。

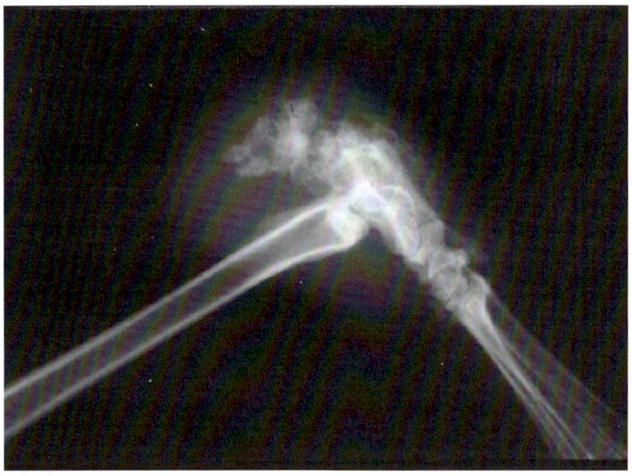

图 15-27　溃疡性爪部皮炎。兔的 X 线片，患有严重的溃疡性爪部皮炎，踝关节和跗关节的骨髓炎。

图 15-28　溃疡性爪部皮炎。麻醉下的猛禽，爪的跖面患有严重溃疡性爪部皮炎（禽掌炎）。这只爪的患病处对猛禽来说十分典型。

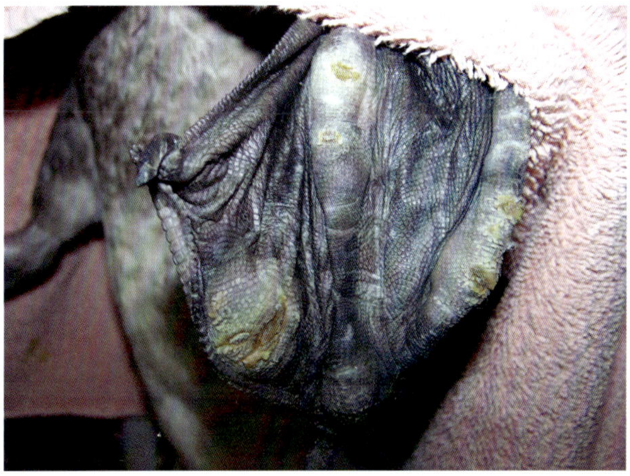

图 15-29　溃疡性爪部皮炎。鸭子的爪的跖面患有中度至重度溃疡性爪部皮炎（禽掌炎）。此爪的患病处对雁形目（鸭、鹅、天鹅）来说十分典型。

图 15-30　溃疡性爪部皮炎。亚马逊鹦鹉患有轻度禽掌炎。这个病例最开始是全种子日粮中维生素 A 缺乏，导致不健康的薄皮肤，易发跖面糜烂。

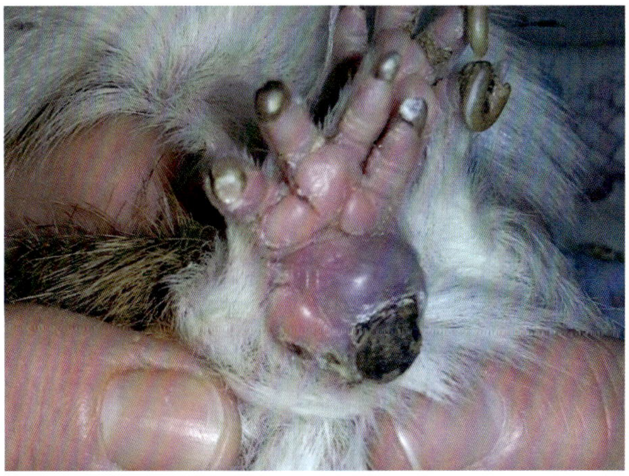

图 15-31　溃疡性爪部皮炎。3 岁大雄性豚鼠双侧严重的爪部皮炎。可见右爪部内跖的肿胀及结痂。

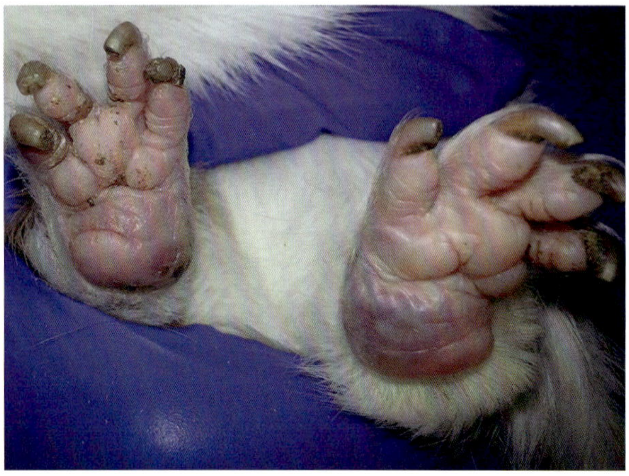

图 15-32 溃疡性爪部皮炎。和图 15-31 中同一只豚鼠，治疗 3 个月后的照片。

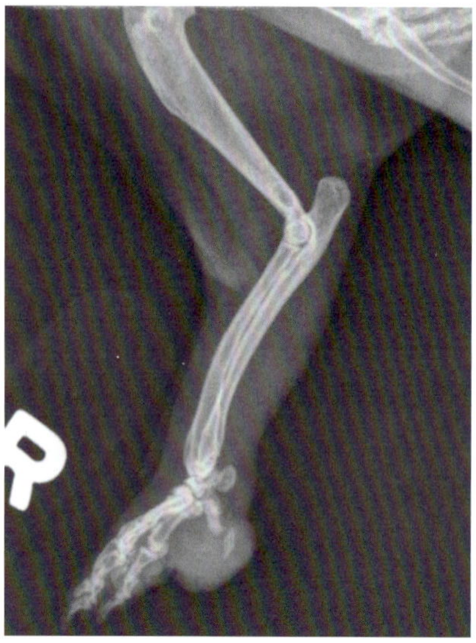

图 15-33 溃疡性爪部皮炎。分别拍摄腹背位、左侧位及右侧位的 X 线片，检查当天拍摄。

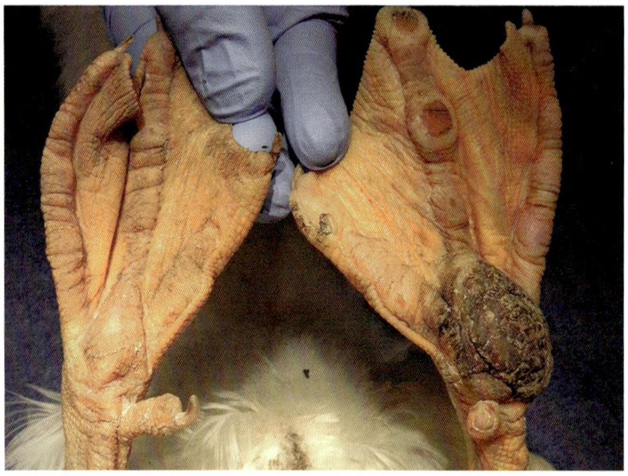

图 15-34 溃疡性爪部皮炎。鸭子由于右侧腓肠肌肌腱肿胀导致压力分配不均引起的左爪严重禽掌炎。可见右爪跗关节肿胀。

图 15-35 溃疡性爪部皮炎。成年白来航鸡爪底中度溃疡性爪部皮炎（禽掌炎）。这是家禽常见的受影响部位。

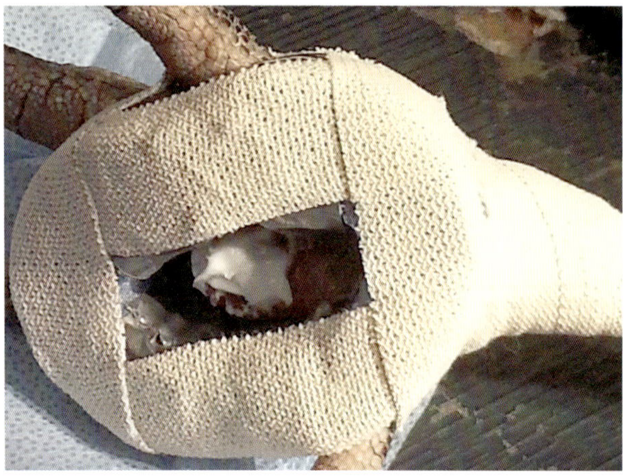

图 15-36 溃疡性爪部皮炎。一例成年鹤的爪底严重禽掌炎，采用甜甜圈式包扎用来释放爪底部压力，并将患处开放便于清洁表面涂抹磺胺嘧啶银乳膏（图中白色软膏）。

分枝杆菌病——鸟
Mycobacteriosis—Bird

特征

分枝杆菌病由鸟分枝杆菌（*Mycobacterium avium*）、结核分枝杆菌（*Mycobacterium genovense*）和其他种类的分枝杆菌引起，在鹦鹉中不时有报道。罕见的皮肤型呈现腿部不愈合病变，或对抗生素无反应。鸟的分枝杆菌病的典型形式一般涉及肝脏和胃肠系统。

主要鉴别诊断

缓慢愈合的继发感染的创口也会有类似病变。

诊断

组织病理学诊断结果呈慢性肉芽肿病变，且无明显病原菌，应当怀疑分枝杆菌病，需进一步检测。分枝杆菌可以通过样本的特殊染色来检测。尤其需要菲特改良抗酸染色，因为常规抗酸染色可能会破坏感染鸟纤弱类型的分枝杆菌。

治疗和预后

建议安乐死，没有可以推荐的治疗方案。因为这是人兽共患病，人类患病也很难治疗，可导致死亡。然而，可以尝试 3～5 次治疗，包括乙胺丁醇，每日 1 次或 2 次，持续一年或更长时间，文献记录在停药后复发。向当地的相关部门咨询治疗动物的合法性。

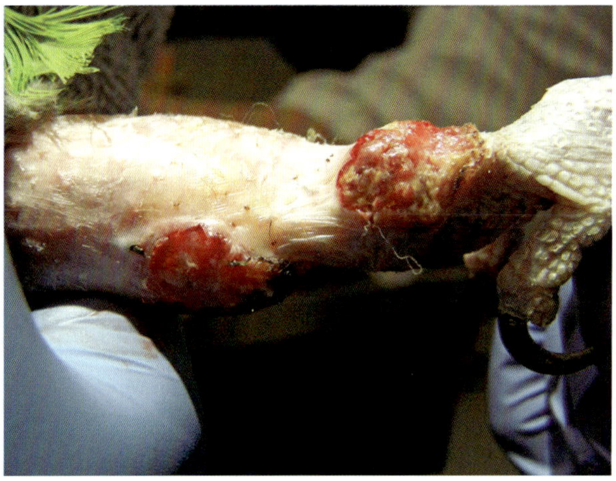

图 15-37 分枝杆菌病亚马逊鹦鹉腿部患有慢性的不愈合伤口，由堪萨斯分枝杆菌（*Mycobacterium kansasii*）导致。这只鹦鹉在确诊为此病后被安乐死，确诊是通过在华盛顿州诊断实验室做菲特改良抗酸染色和 PCR 完成的。

细菌性皮炎——鸟、雪貂和水龟
Bacterial Dermatitis—Bird, Ferret, Turtle

特征

鸟不常出现细菌性皮炎，除非涉及爪底，如前所述的禽掌炎，或者有潜在的创伤而导致的感染。如果出现细菌性皮肤炎，通常包括革兰氏阴性菌。一只雪貂在主人为其搭建了一个红木做的笼子后出现此病，怀疑有过敏并继发假单胞菌感染。在除去新的自制笼子并给与合理的抗生素治疗后，雪貂完全恢复。水龟常见龟壳的细菌或真菌感染是由于外伤或环境不卫生所引发的。

主要鉴别诊断

包括真菌感染或肿瘤。

诊断

诊断通常包括厌氧菌和需氧菌培养和药敏试验，但可能也需要细胞学、活检和真菌培养。在雪貂还无过敏原检测的报道。由于这个症状是出现在接触新笼子以后，因此高度怀疑过敏。

治疗和预后

1. 清理伤口，有时需要持续清创数日。一旦感染控制住，可以实施一期闭合。龟壳的伤口通常会保持开放清洁直至二期愈合。
2. 鸟的异嗜白细胞缺乏髓过氧化物酶，这是一种能溶解脓液的酶，因此不要放置引流条在创口处。
3. 污染创的治疗同其他动物。
4. 抗生素的使用根据培养的结果。

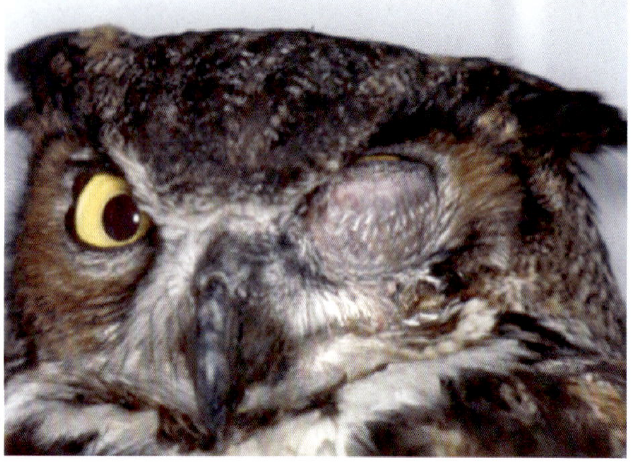

图 15-38 细菌性皮炎。野生大雕鸮的左眼下方有一根豪猪刺扎在皮肤上。这根刺在麻醉后拔出，然后清创，使其二期愈合。

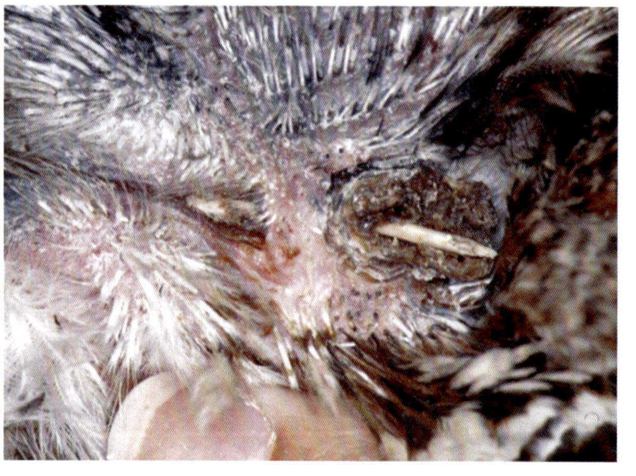

图 15-39 细菌性皮炎。图 15-38 中猫头鹰的近观。

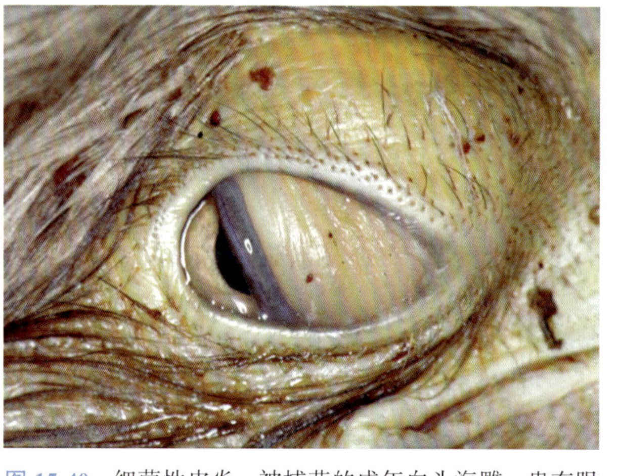

图 15-40 细菌性皮炎。被捕获的成年白头海雕，患有眼眶皮下脓肿。

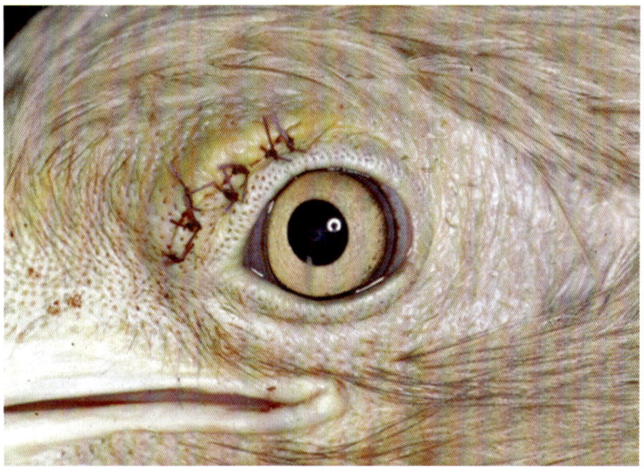

图 15-41 细菌性皮炎。图 15-40 中的白头海雕，手术移除脓肿后的照片。

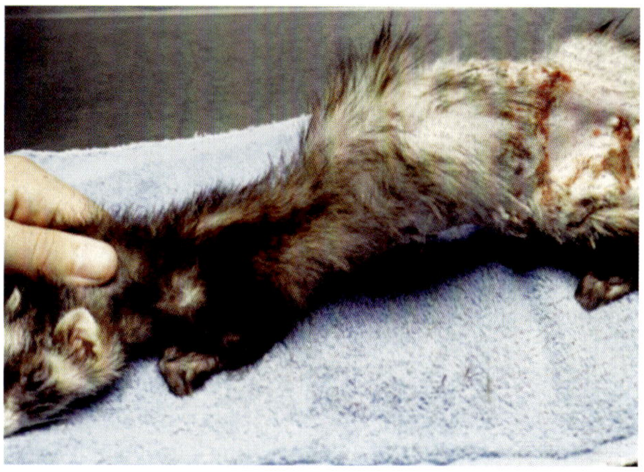

图 15-42 细菌性皮炎。年轻的成年雪貂，患有由绿脓假单胞菌引起的严重的细菌性皮炎。宠主最近为这只貂手工制作了一个红木笼子。虽然没有证实这只貂对红木过敏，但仍高度怀疑是其发病原因。根据药敏试验，选择合适的抗生素治疗，对这只貂效果很好。

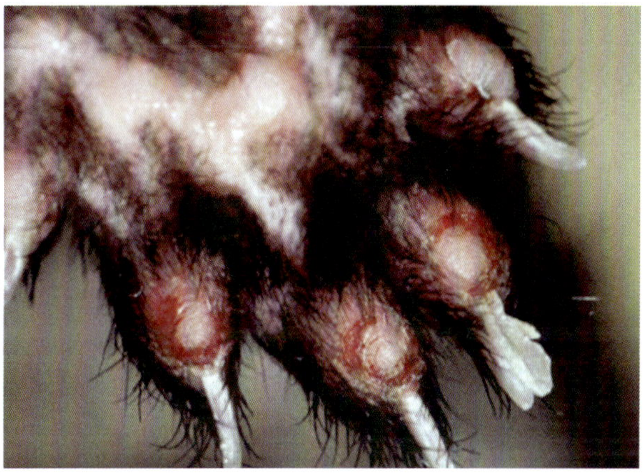

图 15-43 细菌性皮炎。图 15-42 中的雪貂，爪的跖面患有细菌性皮炎。

图 15-44 细菌性皮炎。成年豹纹守宫患有严重的蜕皮障碍（不正常蜕皮），其连续 2～3 次蜕皮失败。绿色的眼分泌物的培养结果为绿脓假单胞菌。

图 15-45 细菌性皮炎。图 15-44 中的守宫，表现为蜕皮障碍（全身的不正常蜕皮）。爪趾残留的皮限制了血液供应而导致爪趾坏死。根据药敏试验结果选择抗生素和热水浸泡治疗，这只壁虎的反应良好，但是几乎丧失了所有的爪趾。

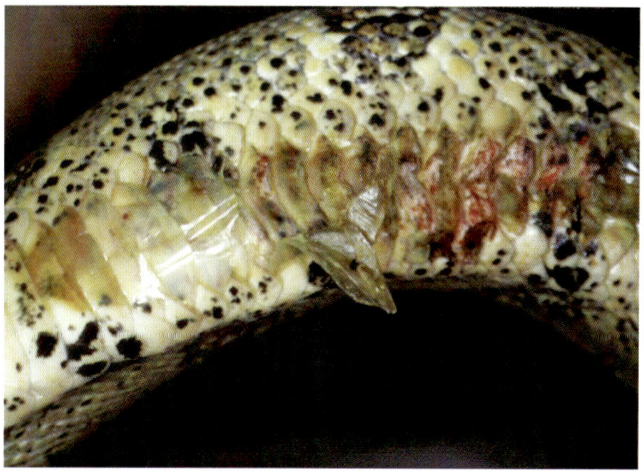

图 15-46 细菌性皮炎。蛇（蟒蛇）的腹面患有继发于烧伤的细菌性皮炎。

细菌性皮炎——豚鼠（肛门囊）
Bacterial Dermatitis—Guinea Pig (Anal Sac)

特征

年长的雄性豚鼠似乎倾向于过度积累皮脂腺碎屑，并常在肛门囊周边、肛门与尾巴之间，继发细菌感染。这是用于标记领地的皮脂腺的位置。

主要鉴别诊断

包括真菌感染或肿瘤。

诊断

诊断基于典型的症状。

治疗和预后

1. 彻底清洁和清除区域内坏死组织。初次的深度清洗通常需要麻醉或镇静。使用抗菌乳膏或软膏。每日按需进行清创与冲洗。可能需要使用非肠道抗生素。保持干净的垫料。
2. 积极的清洁及伤口护理通常预后良好。

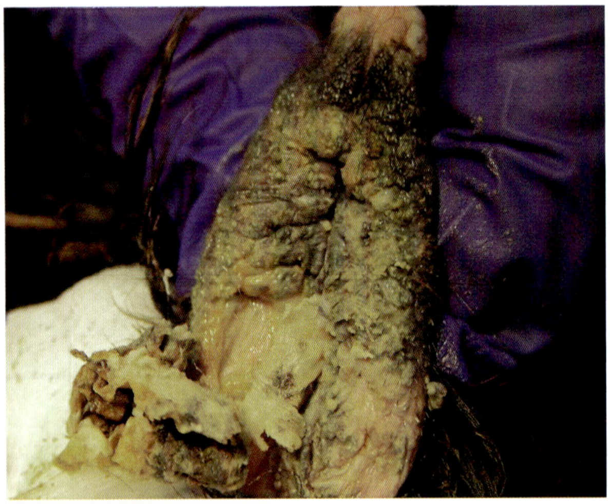

图 15-47　细菌性皮炎。豚鼠肛门囊细菌性皮炎。可见肛门到尾部区域中积累的皮脂腺碎屑引起肛门囊的异常增大。

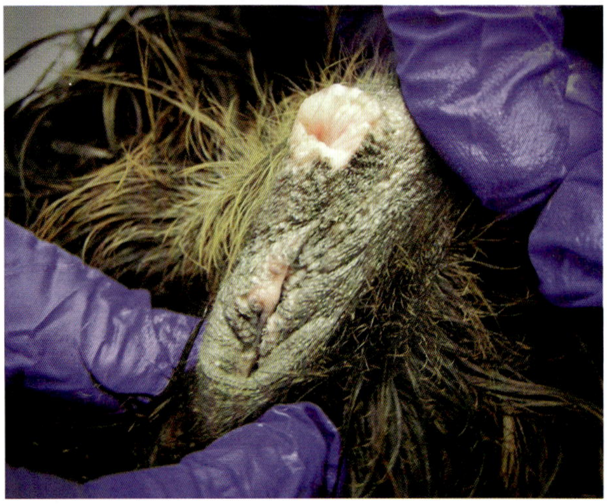

图 15-48　细菌性皮炎。同一豚鼠的在积极清创，并使用磺胺嘧啶银乳膏，配合口服复方磺胺 2 d 后的患部情况。

爬行动物的败血症与蜕皮
Sepsis in Reptiles versus Shedding）

特征

爬行动物的细菌性败血症表现为水龟或蛇的胸腹部充血和蜥蜴的结膜充血。一般认为，假单胞菌、气单胞菌和克雷伯氏杆菌属为爬行动物分离到的最常见细菌。少数情况下，蟒蛇类的感染可发展为蜂窝织炎，这能导致巨大的肿胀。蛇正常情况下是整块蜕皮，而蜥蜴是从头到爪趾的分片蜕皮。蛇会先从眼周的透明膜开始蜕皮，这时眼会变成浅蓝色，后者也标志了蜕皮开始。然后蛇外翻蜕掉整个身体的皮肤。蜕皮障碍是一种不正常蜕皮，这通常因为环境湿度过低。在蜕皮的前一周和后一周，由于体液的重新分布，蛇会看似患有呼吸性疾病，从听诊可听到湿啰音同时也会出现腹部充血。

主要鉴别诊断

胸腹部的局部皮肤或蜕皮感染也能表现为充血，但通常是局部而不是全身。在正常蜕皮前的数天或数周，蛇仿佛患有败血症，出现腹部充血和呼吸音加重。IBD 能导致不正常的蜕皮和神经症状。败血症也能导致腹部充血。呼吸性疾病也能导致湿啰音。

诊断

如果动物的皮肤有指压性变白，那么这是充血而不是色素减退。

治疗和预后

1. 找到感染源，做细菌培养或血液培养，合理的抗生素治疗。局部感染应行清创治疗，给予外用和基于培养的全身性抗生素。

2. 爬行动物的抗生素治疗通常需要给药 6～10 周。

3. 为了促进蜕皮，应当将爬行动物浸泡在热水中。绝对不要去撕皮，尤其是眼周的透明膜，因为可能会发生皮肤或角膜的损伤。蜕下的皮可在水中轻柔地擦掉。

4. 可以添加大小足以容纳爬行动物的宽而浅的池子，以增加栖息地的湿度，让动物可以自己浸泡。

图 15-49　败血症。红耳龟腹甲的充血，这继发于细菌性肺炎引起的败血症。

图 15-50　败血症。图 15-49 中龟的近观。

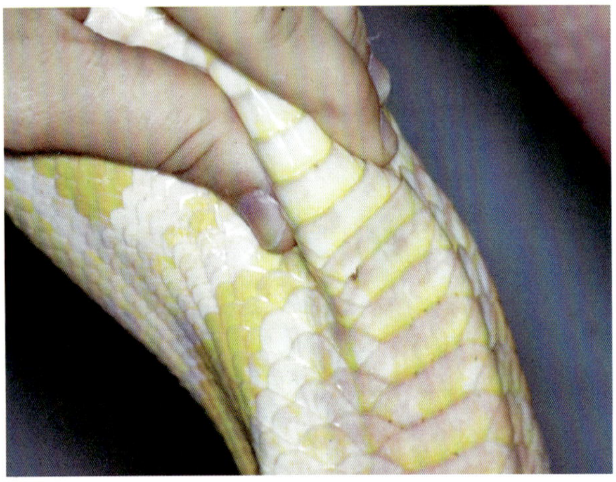

图 15-51 败血症。玉米蛇鳞甲的充血，这继发于细菌性肺炎引起的败血症。

图 15-52 败血症。绿鬣蜥结膜充血，这继发于细菌性肺炎引起的败血症。

耳脓肿——水龟
Aural（Ear）Abscess—Turtle

特征

肿胀的干酪样脓肿，通常很大，位于头部一侧的鼓膜外侧下方。此病也能双侧发生，常见于野生箱龟和宠物红耳龟。有些证据表明此病可能由于维生素 A 不足所引起，在野生龟还可能跟接触有机磷酸盐有关。此病很常见。

主要鉴别诊断

包括肿瘤和其他肉芽肿病。

诊断

根据临床症状诊断。

治疗和预后

1. 手术切开鼓膜（鼓膜切开术）后，移除干酪样脓栓。重要的一点是，移除约 50% 的鼓膜，露出足够的开放口便于冲洗数天（尽量达 3 d），冲洗时使用温生理盐水。这意味着让洞保持开放，使其尽可能延长时间以达二期愈合。通常干酪样脓栓可以整块移除，就像取出一块内耳的耳垢一样。
2. 干养直到伤口愈合。
3. 不要使用耳内滴剂，因为这些产品可能有耳毒性（如阿米卡星、恩诺沙星、氯己定或者碘溶液）。
4. 通常给予全身性抗生素。

图 15-53　耳脓肿。患有左耳脓肿的红耳龟。包裹在脓肿上的皮肤是鼓膜。麻醉后，外科切开，移除脓肿和冲洗腔洞以治疗此病。

图 15-54　耳脓肿。图 15-53 中的龟，不同的角度。

病毒 Viral

鹦鹉喙羽病——鸟 Psittacine Beak and Feather Disease—Bird

特征

对于圈养和野生的旧世界（澳大利亚和非洲）鹦鹉目鸟类，如凤头鹦鹉、牡丹鹦鹉、非洲灰鹦鹉和玄凤鹦鹉来说，鹦鹉喙羽病（PBFD）病毒是最常见的导致临床症状的原因。地方性流行的 PBFD 病毒，在澳大利亚的许多野生鹦鹉中发生。少量的临床 PBFD 发生于新世界品种，包括五彩金刚鹦鹉、红额和蓝顶亚马逊鹦鹉，以及珍达锥尾鹦鹉。PBFD 病毒从粪便、羽屑和各种排泄物和分泌物中排出。在出现临床症状之前，无症状鹦鹉可以排毒数年。PBFD 的超急性、急性和慢性形式在鹦鹉都可发生。通常情况下，当临床症状第一次出现时，疾病的发展视鸟的年龄而定。越年轻的鸟，疾病的发展越快。慢性 PBFD 最常见，随着每次换羽出现羽毛对称而缓慢生长，且随着换羽每况愈下。羽毛营养不良包括持久羽鞘、羽髓出血、羽毛卷曲和羽轴的环状溢缩。廓羽和绒羽通常最先受影响，随后是飞羽。患鸟可能继续发展为完全脱羽和喙异常，喙异常包括喙过度生长，及靠近上喙的软腭远端的坏死。这些鸟通常因免疫抑制而死于继发细菌和真菌感染。一种 PBFD 的变异株（PsCV-2）在吸蜜类鹦鹉身上发现，其发病机理与原有的 PBFD 不同。患有 PsCV-2 的吸蜜类鹦鹉有临床可见的羽毛病变，这与 PBFD 相似，但症状较轻，最重要的是可以治愈。其他非吸蜜类鹦鹉的鸟种也有可能感染 PsCV-2。

主要鉴别诊断

任何出现发育中的羽毛损伤疾病，如毛囊的细菌或真菌感染、或毛囊的外伤，都能导致羽轴的溢缩。

诊断

PBFD 的 DNA 探针以全血为样本检测病毒 DNA。因此，阳性结果意味着样本血液中存在 PBFD 病毒 DNA。如果一只鸟被检测为阳性但是没有临床症状，建议在 90 d 内重复检测，确定是否仍然有病毒 DNA。如果仍然阳性，说明这只鸟被感染，如果阴性，说明这只鸟曾被暂时感染，并已经恢复。任何出现羽毛异常的鸟，都应该做毛囊活检和 DNA 原位杂交，以及 DNA 探针全血检测，因为部分有临床症状的鸟没有病毒血症，所以血液检测为阴性。这也能发生于严重白细胞减少的鸟。细胞浆内的包涵体见于骨髓、胸腺和黏液囊。乔治亚州感染性疾病实验室可以通过 DNA 探针检测，以区别 PBFD 和 PsCV-2。

治疗和预后

1. 由于这种病毒没有被膜，所以非常稳定，可以在环境中存活数年，且对普通消毒剂有抵抗力。细胞培养得到的圆环病毒能被 1% 的碘溶液、次氯酸钠、0.4% B-丙内酯、1% 戊二醛或 80℃热处理 1 h 杀死。
2. DNA 探针能检测环境拭子中的病毒 DNA，帮助评估消毒效果。
3. 治疗方法是支持和护理，以及用抗生素控制继发感染。
4. 一旦出现临床症状，且是 PBFD-1 感染，常常会致命。接触过病毒的部分鸟只会出现免疫反应，然后痊愈且不再出现临床症状。这些鸟不会排毒，且获得自然免疫力。
5. 在美国，通过检测和隔离来预防此病，是当前最好的控制此病的方法。

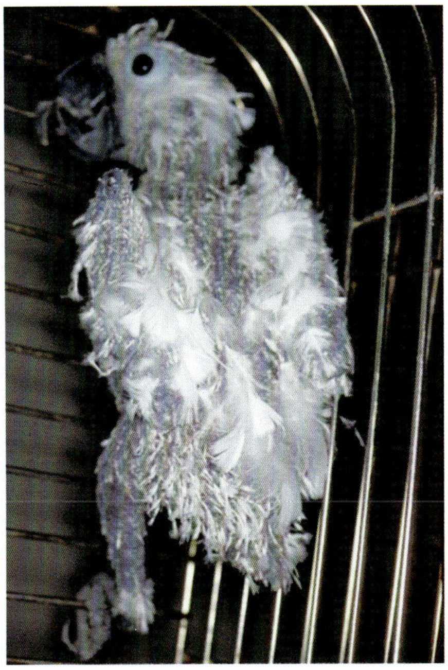

图 15-55 鹦鹉喙羽病。成年风头鹦鹉的鹦鹉喙羽病晚期。可见整个身体的羽毛，包括头部都受到了影响。

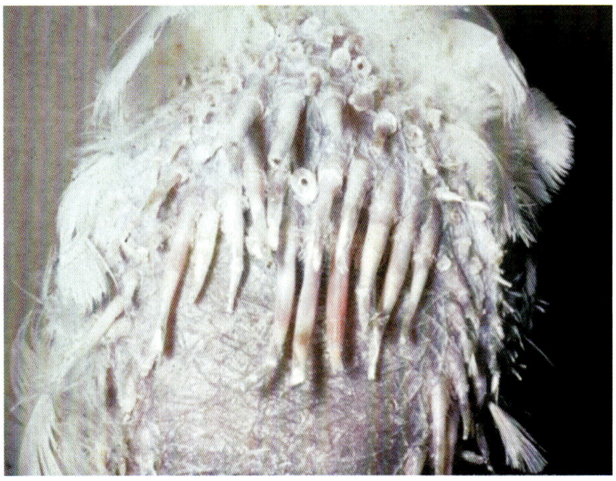

图 15-56 鹦鹉喙羽病。成年风头鹦鹉的鹦鹉喙羽病晚期。头部羽毛不能正常生长，伴有持久的溢缩羽鞘。

乳头状瘤病毒——雪貂（趾）、兔（口腔 / 直肠）、兔（面部）
Papillomavirus—Ferret (Toe)，Rabbit (Oral/Rectal)，Rabbit (Facial)

特征

对于雪貂，乳头状瘤是干燥、增生性病变，位于爪跖面。对于兔，口腔形式的乳头状瘤见于口腔，且通常为自限性。兔偶尔也出现直肠乳头状瘤，但是非自限性，通常需要治疗。兔的乳头状瘤病毒能感染面部，导致位于面部的增生性、角质化、角样突出物，这使兔更易出现鳞状细胞癌。蚊子吸食感染的本地棉尾兔，可以传播兔面部乳头状瘤，因此宠物兔应尽量在室内饲养。

主要鉴别诊断

兔面部乳头状瘤最初是轻度角质化，看起来像兔梅毒。兔面部乳头状瘤的口腔和直肠不会出现红色、隆起、表面不规则的肿物。

诊断

活检做组织病理学检查。

治疗和预后

1. 除非雪貂趾部乳头状瘤过大或者总是受伤，一般不需要治疗。
2. 兔口腔乳头状瘤在数月的恢复期中，通常需要一直监控。这种瘤很少影响兔的咀嚼。

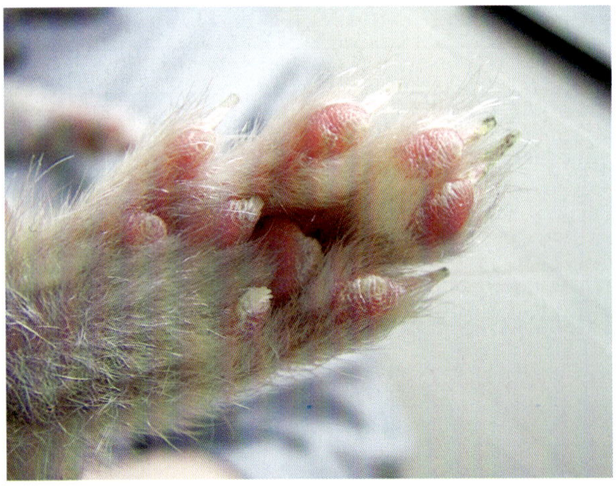

图 15-57 乳头状瘤病毒。雪貂趾部过度角化，由乳头状瘤病毒引起。

3. 兔直肠乳头状瘤如果伴发里急后重，则需要监控。最好的治疗是将兔在麻醉状态下，每周针对肿瘤给予硝酸银。给予硝酸银后，立刻用清水冲洗，以消除化学灼烧感。在 3～4 次治疗后，直肠乳头状瘤消失，但是可能会复发。
4. 兔面部乳头状瘤需要外科切除，以避免鳞状细胞癌的发生。但是手术通常很困难，因为切除肿瘤后，几乎没有多余的组织用来做缝合。预后良好，除非兔面部已继发鳞状细胞癌。

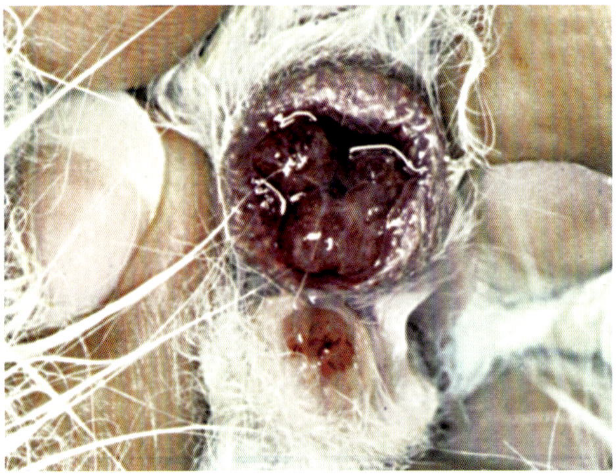

图 15-58 乳头状瘤病毒。兔肛门处增生性肿物，由乳头状瘤病毒引起。与口腔内发现的肿物相似。

图 15-59 乳头状瘤病毒。兔的面部乳头状瘤病毒，与兔口腔乳头状瘤病毒不同。蚊子吸食感染的本地白尾野兔，可以传播面部乳头状瘤病毒。肿物持续生长，易使宠物兔患鳞状细胞癌。这只兔在家中兔笼中饲养。

泄殖腔 / 口腔的乳头状瘤肿物——鸟
Papillomatous Cloacal/Oral Masses—Bird

特征

此病由鹦鹉疱疹病毒 -3 引起。鹦鹉、大多数亚马逊鹦鹉和金刚鹦鹉的泄殖腔和口腔的乳头状瘤肿物看起来和乳头状瘤相似，但是组织病理上缺乏真正乳头状瘤所具有的表皮突。红色、增生性、不规则表面的肿物通常见于泄殖腔的肛道部分，刚好处于肛门内，但是也可能在口腔发现，或者更糟，但罕见的是胃肠道的任何位置。此病可通过性传播。同样的病毒可导致亚马逊鹦鹉出现胆道癌。

主要鉴别诊断

无。其典型临床症状，与其他疾病相比均不相同。

诊断

典型临床症状的直接观察，或者细针抽吸或活检的组织病理学检查。对于亚马逊鹦鹉应当做血清生化酶类的检查和胆汁酸检查。有些兽医强烈建议内窥镜评估和肝脏活检，以确诊并发的胆道癌。

治疗和预后

1. 泄殖腔和口腔乳头状瘤肿物最好在鸟麻醉状态下，每周使用硝酸银。在给予硝酸银以后，立即用清水冲洗以除去化学烧灼感。在 3～4 次治疗后，直肠乳头状瘤肿物消失，但是会复发，尤其是伴有疱疹病毒时，并出现多次应激后。所以预后谨慎。

2. 胃肠道的乳头状瘤肿物可能需要外科切除。

3. 亚马逊鹦鹉若伴发胆道癌，预后不良。阿昔洛韦可能有用，但是还没有得到证实。

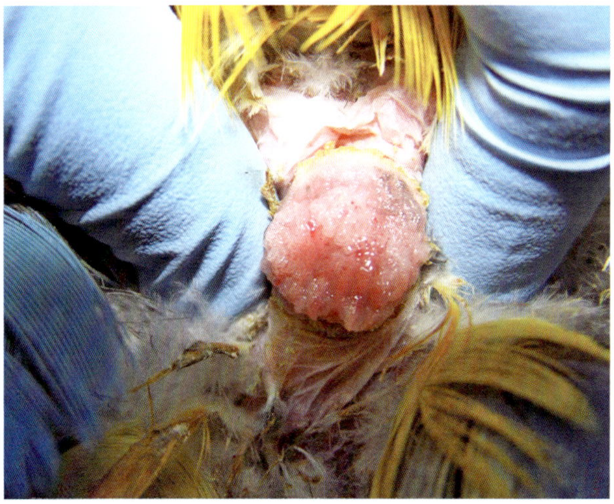

图 15-60　乳头状瘤肿物。大的乳头状瘤肿物位于蓝金色金刚鹦鹉的泄殖腔，由鹦鹉疱疹病毒引起。

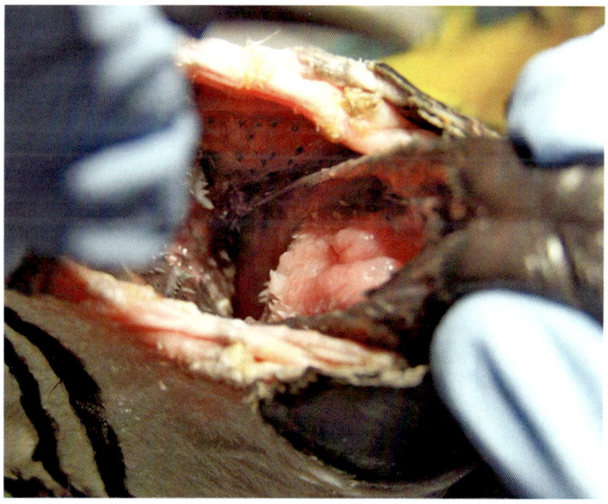

图 15-61　乳头状瘤肿物。乳头状瘤肿物位于蓝金色金刚鹦鹉的鼻后孔（口腔顶部），图 15-60 中的鸟。鼻后孔肿物比泄殖腔肿物更少见。

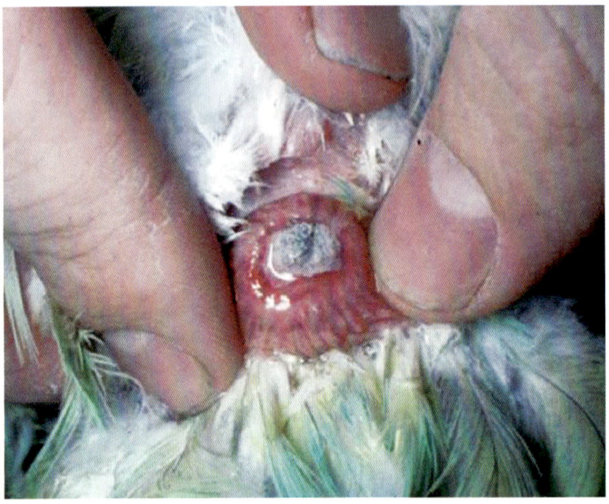

图 15-62　乳头状瘤肿物。鹦鹉疱疹病毒导致的乳头状瘤肿物，在麻醉下用化学烧灼剂硝酸银治疗。清水冲洗这个部位以除去烧灼感。每周一次，治疗 5 周使感染清除，但是应激，如宠主搬家，可导致肿瘤复发。

图 15-63　乳头状瘤肿物。过度角化肿物位于一只凤头鹦鹉的爪趾，这符合腺病毒感染的情况。不需要治疗。

包涵体疾病——蛇
Inclusion Body Disease (IBD)—Snake

特征

通常情况下，蟒会出现神经症状和蜕皮障碍（不正常蜕皮）。

主要鉴别诊断

许多病因能引起蜕皮障碍，大多数是因为环境湿度过低。排除能引起蛇神经症状的疾病，如中毒、外伤、肿瘤和脑部感染。

诊断

食道、扁桃体、肾或肝中发现包涵体。

治疗和预后

对于这种接触传染的病毒没有治疗方法，所以预后不良。

预防此病传播给其他蛇是治疗手段之一。

图 15-64　包涵体疾病。患有包涵体疾病的蛇，除了神经症状外，还常表现出蜕皮障碍（不正常的片状蜕皮）。

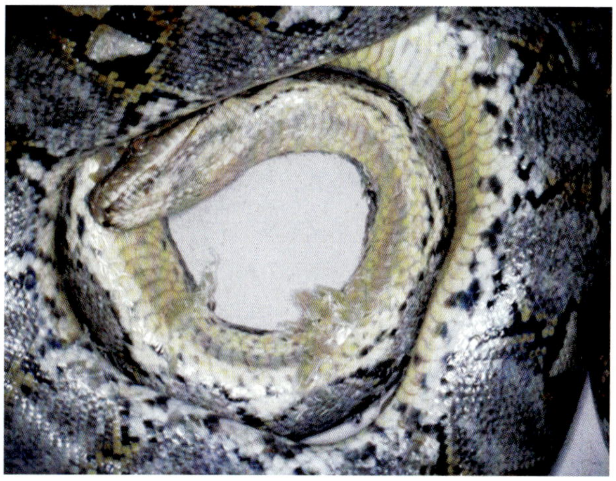

图 15-65　包涵体疾病。图 15-64 中的蛇。

真菌 Fungal

真菌性皮炎（钱癣）——龙猫（毛丝鼠）
Fungal Dermatitis (Ringworm)—Chinchilla

特征

小型哺乳动物的钱癣症状与犬猫相似。最常见患钱癣的稀有动物是龙猫，但任何小型哺乳动物都可能患钱癣。毛癣菌一般比小孢子菌更常见。

主要鉴别诊断

包括外伤和细菌性皮炎。

诊断

用皮肤真菌检测培养基（DTM）进行真菌培养。皮肤真菌会首先消耗培养基中的蛋白质，并释放出碱性代谢产物，将 DTM 培养基从黄色变红色，同时可见真菌菌落。因此在进行培养时，需要每天拍照，记录 21 d 内培养基颜色和菌落的变化情况。如果是非皮肤真菌在培养基上生长，则会先长出真菌菌落，几天后培养基颜色才变红。有些培养皿内会有两部分培养基，一半是 DTM 培养基，另一半是产孢增强琼脂培养基（ESA），可以促进真菌生长。可进行细胞学 / 活检，但这样更具侵袭性。

治疗和预后

1. 每天外用咪康唑，疗程 3 个月或者临床症状消失后至少再用 1 个月。也可以使用咪康唑 – 氯己定香波，同时采用口服抗真菌药物如氟康唑。

2. 旧的教科书中建议口服灰黄霉素，但现在一般不再使用，因为有肝脏不良反应。

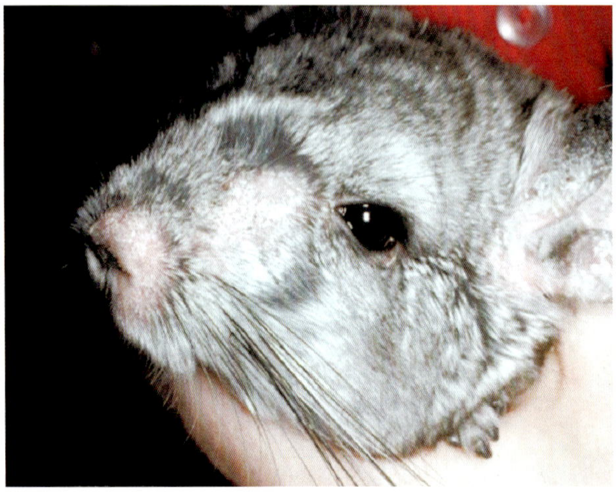

图 15-66 真菌性皮炎。龙猫的面部患皮肤癣菌病，长期外用咪康唑软膏治疗有效。

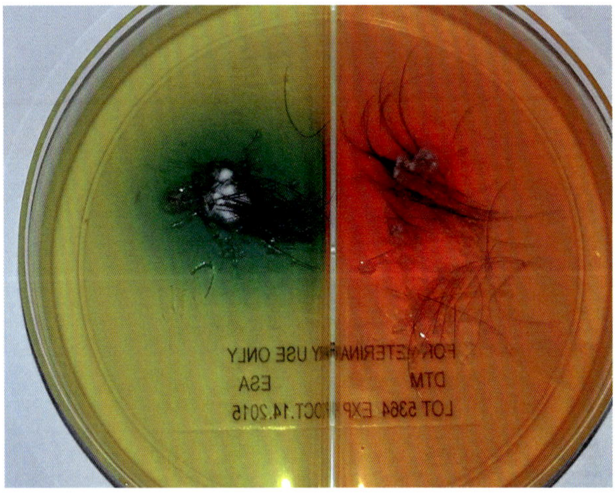

图 15-67 真菌性皮炎。怀疑钱癣的豚鼠的毛和皮屑样本在 DTM 和 ESA 培养基上生长 5 d 后的照片。采用灭菌牙刷进行采样，后轻轻在培养基上按压，另外在患处边缘收集毛发样本。可见真菌菌落的形成，以及 DTM 培养基颜色从黄色变为红色。

真菌性肉芽肿——水龟
Fungal Granuloma—Turtle

特征

实质、不可移动的皮下慢性增生团块。

主要鉴别诊断

外伤和细菌性皮炎。

诊断

活检或真菌培养。

治疗和预后

外科切除肉芽肿，长期口服和外用抗真菌药物治疗。

图 15-68　真菌感染（金小孢子菌）。野生箱龟患有多个真菌肉芽肿，包括位于颈背部的一个（如图），由金小孢子菌引起，这是一种着色真菌。

真菌性皮炎（金小孢子菌）——鬃狮蜥
Fungal Dermatitis (*Chrysosporium* spp.) —Bearded Dragon

特征

糜烂性皮炎伴全身性疾病，常见于鬃狮蜥和变色龙。

主要鉴别诊断

外伤或细菌性皮炎。

诊断

活检或细菌培养。

治疗和预后

1. 外用抗真菌药物，如稀释的碘浸泡、磺胺嘧啶银乳膏、两性霉素 B 软膏外用，配合伊曲康唑注射。

2. 提高饲养环境温度，并改善其他潜在疾病或营养不良。

3. 严重感染病例预后不良。

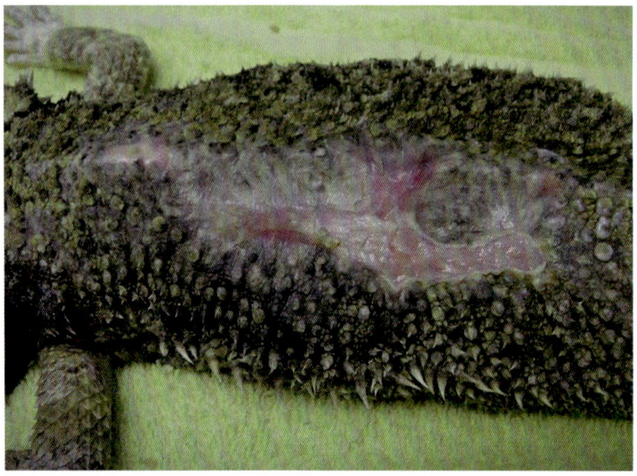

图 15-69　真菌感染。成年鬃狮蜥严重感染金小孢子菌愈合的情况。

肿瘤 Neoplasia

肥大细胞瘤——雪貂 Mast Cell Tumor—Ferret

特征

雪貂的肥大细胞瘤非常常见，表现为圆形、红色或粉红色、糜烂性皮肤病变，可能有或没有突起。雪貂的肥大细胞瘤与犬不同，通常不转移。

主要鉴别诊断

雪貂的缓慢愈合外伤可能与肥大细胞瘤相关，或者也可能是某种罕见的皮肤肿瘤。

诊断

因为这种疾病非常常见，且有典型表现，即“结痂反复形成和脱落或者不能良好愈合”，许多兽医依靠临床症状确诊。确诊需根据组织病理学检查。

治疗和预后

如果肿瘤在局部造成刺激或大量出血，那么建议切除。

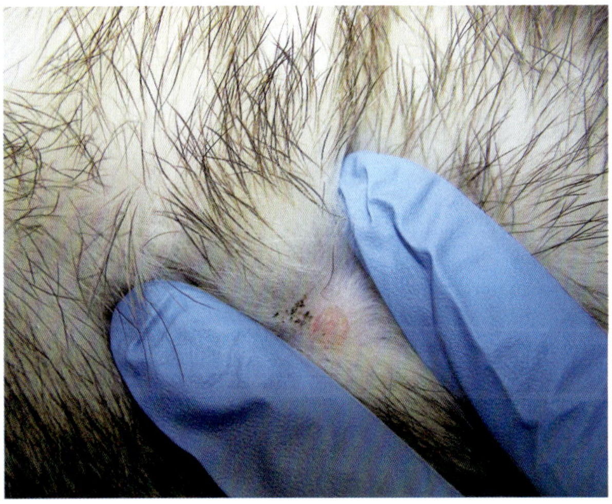

图 15-70　肥大细胞瘤。雪貂患有粉色、轻度突起的肥大细胞瘤——一种非常常见且良性的雪貂肿瘤。

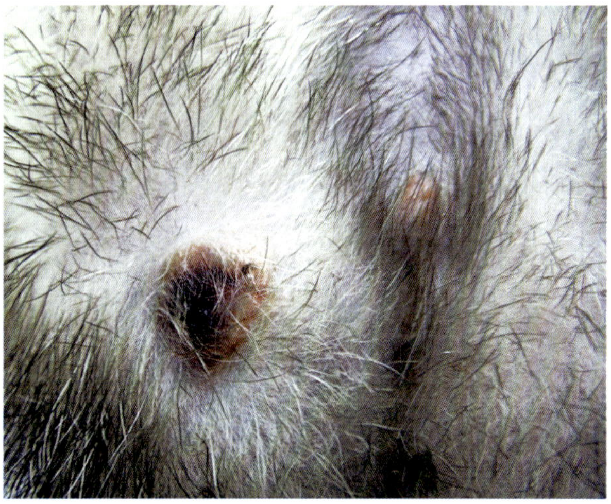

图 15-71　肥大细胞瘤。雪貂患有红色、结痂和糜烂的肥大肿瘤。这些良性肿瘤如果长在高度活动部位且导致疼痛或不适，如趾部，才需要手术切除。

肾上腺皮质瘤——雪貂
Adrenal Cortical Tumor—Ferret

特征

在美国，大于3岁的宠物雪貂的肾上腺疾病发病率估计约43%，这种疾病有时涉及双侧腺体。雪貂此病和其他肿瘤高发的病因尚不清楚，但是当今学说认为与近亲交配和绝育/去势有关（与绝育/去势的年龄无关）。肾上腺组织和性腺组织来源于同一干细胞，雪貂的绝育/去势会慢性刺激肾上腺。通常情况下，3岁以上雪貂常发此病，但肾上腺肿瘤的诊断最早可见于10月龄雪貂。临床症状包括双侧、对称性脱毛，被毛粗糙干燥、肌肉萎缩、腹部下垂和脾肿大（髓外造血）。临床症状可能包括外阴增大，即使是绝育雌性动物；雄性动物出现前列腺增生和继发尿道阻塞，以及瘙痒、攻击性，去势雄性动物出现雄性行为，雄性或雌性动物的骨髓抑制。

主要鉴别诊断

患病肾上腺出现增生（可能是癌前病变）、腺瘤或腺癌。偶然情况下，也曾经诊断出其他肿瘤，包括平滑肌瘤和嗜铬细胞瘤。未绝育雌性雪貂出现再生障碍性贫血，同时伴有双侧对称性脱毛。

诊断

诊断根据临床症状，激素检测和/或超声检查。超声检查能帮助鉴别哪一侧腺体出了问题，这将会影响治疗方案的制定。皮质醇水平、促肾上腺皮质激素（ACTH）刺激试验、地塞米松抑制试验的结果全都不一致，且对雪貂无价值。在一项研究中，14/17的雪貂患有肾上腺肿瘤，但具有正常的ACTH刺激试验结果。对于雪貂，“雪貂激素检测”（田纳西内分泌实验室可以做）是一项敏感检测，能用于确定肾上腺疾病（表15-2）。

表15-2 雪貂肾上腺激素检测（田纳西大学）

雪貂肾上腺检测	参考范围（pmol/L）
雌激素	30～180.0
17-OH 孕酮	0～0.8
雄烯二酮	0～15.0

激素检测是一种对肾上腺疾病更敏感的指示，但是这种检测不能确定是哪一侧肾上腺出了问题。如果选择手术治疗，应当先做超声检查。通过超声检查来确定患侧有诸多好处，包括知道该切除哪一侧肾上腺（在疾病早期有时很难确定），知道该用哪种方式手术（左侧肾上腺切除相对容易而右侧较困难），能提前帮助宠主预估费用，并推测手术/药物治疗的结果。正常情况下，肾上腺为粉色或黄色，椭圆形，约3 mm宽和5 mm长。如果腺体变得“鼓胀”，或者直径大于3 mm，应当怀疑患此病。右侧肾上腺位于背侧，临近后腔静脉。有时，背侧的后腔静脉壁也受到侵袭，带蒂的肿瘤位于管腔内，部分或完全阻塞血流。

治疗和预后

1. 雪貂肾上腺疾病的治疗，包括完全切除患病的腺体或者激素治疗以缓解临床症状。

2. 如果肿瘤在左侧肾上腺，治疗选择相对简单的左侧肾上腺切除。

3. 如果肿瘤在右侧肾上腺，完全手术切除的风险大且操作困难，因为它非常靠近后腔静脉的背侧面。在完全移除右侧肾上腺的过程中，需要放大镜和微型手术器械，如动脉侧壁钳和8-0尼龙血管缝合线，来夹紧后腔静脉。腺体未完全切除会导致再生长。因此，对于右侧肾上腺肿瘤的治疗包括外科手术和激素治疗。

4. 激素治疗不能停止肿瘤生长，仅能靠减少激素的产生来改善临床症状，这可以通过负反馈机制实现。

5. 可以使用米托坦和其他药物来减少犬的肾上腺增生，但对雪貂很少能改善临床症状，因此不推荐使用。米托坦能影响增生的肾上腺组织，但对于大多数雪貂病例，罹患的是肾上腺瘤或腺癌。

6. 激素治疗使用醋酸亮丙瑞林，一种促性腺激素释放激素激动剂，对于消除肾上腺疾病引起的临床症状效果很好。醋酸亮丙瑞林的使用方法是1个月剂型采用100 μg/kg，肌肉注射，每月一次，4个月剂型采用2 mg/kg。人类的醋酸亮丙瑞林注射剂可以分装成雪貂用量大小，然后冷冻后可用 3 个月，或者单次用量可以通过 Professional Arts Pharmacy（410-747-6870）购买。

7. 德舍瑞林（Deslorelin），另一种 GnRH 激动剂，可作为一种植入物而持续 9～12 个月有效，是目前已经在美国注册可用于雪貂，剂量为 4.7 mg 的植入物。

8. 预后良好，因为即使是雪貂的肾上腺腺瘤也很少发生转移。雄性雪貂若前列腺受侵袭，则预后谨慎，但如果有细菌性前列腺炎，则预后不良。

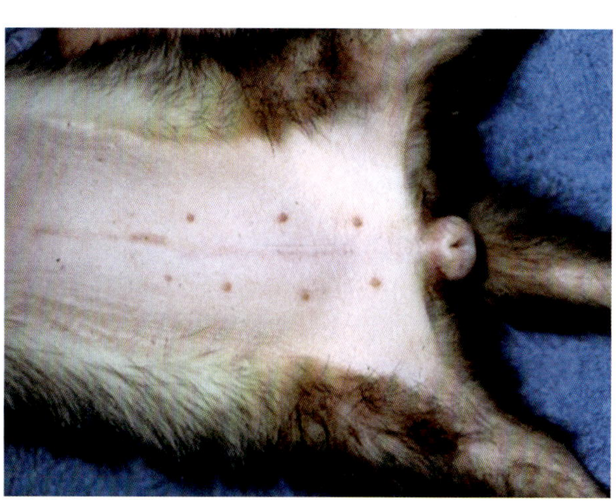

图 15-72 肾上腺皮质瘤。3 岁大的雌性绝育雪貂出现肾上腺皮质瘤，导致尾部脱毛和外阴肿胀（通常情况看不见外阴）。

包皮顶泌腺瘤和腺癌——雪貂
Prepucial Apocrine Gland Adenoma and Adenocarcinoma—Ferret

特征

雪貂会出现包皮顶泌腺瘤，以及相对少见的腺癌。雪貂在全面体检时应该对包皮区域进行触诊，以发现任何可能的肿物。通常这类肿瘤是圆形质地坚实的皮下肿物。

主要鉴别诊断

包括其他类型的瘤样病变，脓肿，囊肿及肉芽肿。

诊断

确诊需要基于组织病理学检查。

治疗和预后

尽可能大范围的切除肿瘤，闭合切口不要有太大张力。

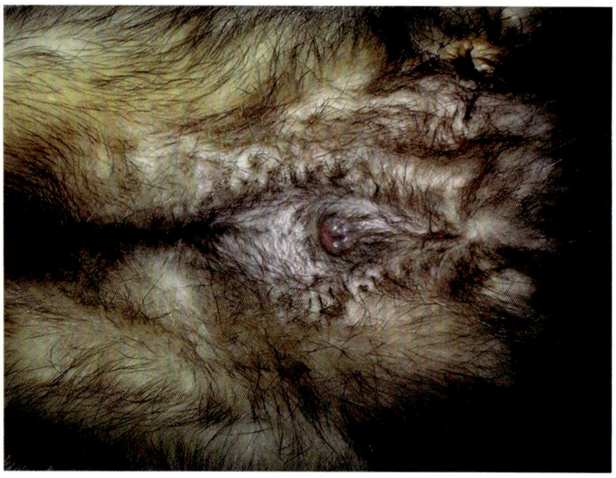

图 15-73　成年雄性雪貂包皮顶泌腺腺癌。患貂表现出排尿困难。

乳房纤维腺瘤——大鼠、小鼠 Mammary Fibroadenoma—Rat，Mouse

特征

肿瘤的发生率和类型因大鼠的种类不同而差距很大，另外也受年龄、性别、饮食、卡路里的摄入和环境的影响。遗憾的是，宠物大鼠的遗传背景尚不清楚。大鼠最常见的肿瘤是乳腺肿瘤，雌性 SD 大鼠（Sprague-Dawley rats）发生率为 30%～57%，雌性老龄大鼠为 50%～90%，雄性大鼠为 16%。大多数大鼠的乳腺肿瘤是纤维腺瘤（对催乳素敏感），约 10% 为腺癌（对雌激素敏感）。小鼠的发生率相反——90% 为纤维腺癌，10% 为纤维腺瘤。

与大鼠不同，小鼠更常患乳腺癌而不是纤维腺瘤。肿瘤可位于颈部（甚至是颈背侧）、胁腹、腹股沟和腋下，通常转移至肺部。这些乳腺腺癌通常柔软、丰硕、高度血管化和具有浸润性。一般不推荐切除鼠的乳腺肿瘤，因为很难在切除时避免明显的组织损伤和出血，并且它们具有高度转移性。对于大鼠，纤维腺瘤界限清楚，卵圆形或盘形，通常伴行一条大的血管，它们能够迅速长到 10 cm 直径。这种肿瘤能够被大鼠很好的耐受，直到它们长到足够大而影响行走或直到出现溃疡、出血和坏死，且引起继发感染或败血症。

主要鉴别诊断

首要的鉴别诊断是脓肿或其他皮下肿瘤。

诊断

细针抽吸或者切开做组织病理学检查，最好切除后做活检。

治疗和预后

1. 大鼠的乳腺纤维腺瘤很容易外科切除，但是常在邻近乳腺组织复发。

2. 有些位于腹股沟的肿瘤如果涉及尿道，则很难切除。

3. 乳腺组织可以沿着肩、颈、胸腹部、胁腹或尾根部发生。

4. 大鼠较少发生啃咬缝合线的情况，但如果需要，可以从实验动物医疗设备供应商处购买到专用的伊丽莎白脖圈。

5. 一项研究显示，卵巢切除后的 90 日龄大鼠相对于未绝育雌性大鼠，具有明显降低的乳腺肿瘤发生率——2/47 对比 24/29，但是没有证据表明对成年大鼠实施绝育，能避免纤维腺瘤或纤维腺癌的发生或复发。

6. 因为 90% 的大鼠乳腺肿瘤是纤维腺瘤，且对催乳素敏感，给予抗雌激素药物，如三苯氧胺，没有效果，除非肿瘤是纤维腺癌，后者在小鼠和 10% 的大鼠会发生。

7. 能量摄入的限制可以减少小鼠肿瘤的发生。

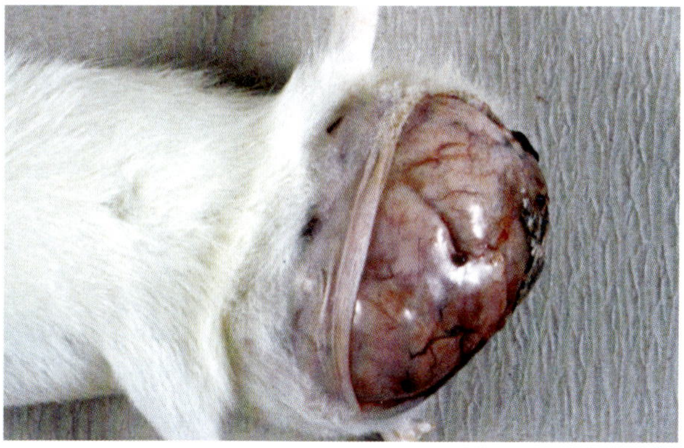

图 15-74 乳腺纤维腺瘤。2 岁大鼠患有大的乳腺纤维腺瘤。这只大鼠被安乐死，因为肿瘤侵袭了尿道，但是这种大鼠肿瘤大多数很容易剥离，然后结扎中心血管。但通常会复发。

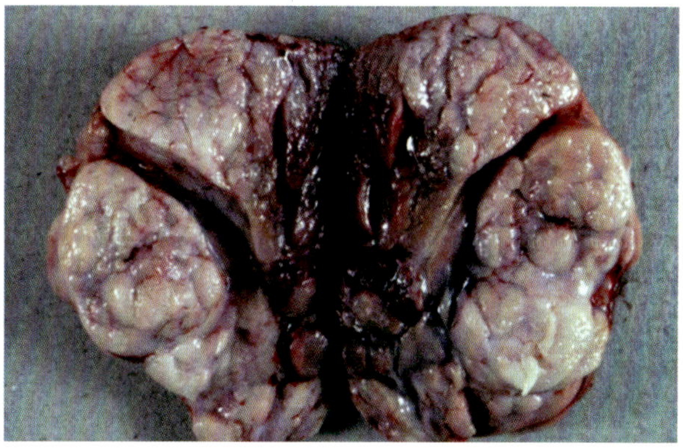

图 15-75 乳腺纤维腺瘤。大多数大鼠乳腺肿瘤是纤维腺瘤，这是纤维组织和腺瘤组织的混合物。

毛母细胞瘤（基底细胞瘤）——兔、豚鼠
Trichoblastoma (Basal Cell Tumor) —Rabbit，Guinea Pig

特征

毛母细胞瘤常见于豚鼠，偶尔见于兔子，呈现为表皮或皮下的凸起糜烂样肿物。外科切除后预后良好。

主要鉴别诊断

包括肿瘤及脓肿。

诊断

完全确诊基于组织病理学检查。

治疗

如可能，肿物外 1 cm 范围外科手术切除。

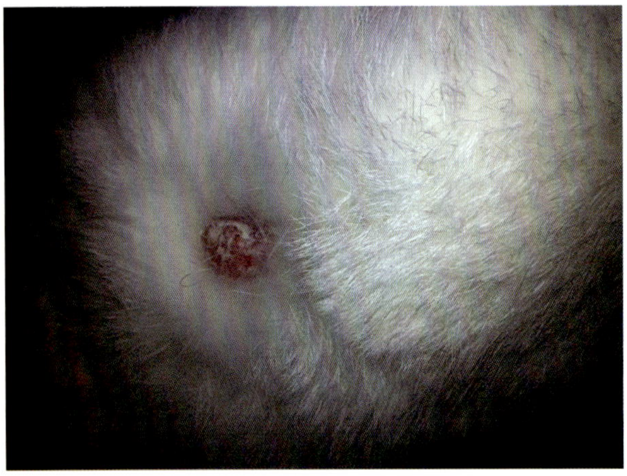

图 15-76 毛母细胞瘤。兔子背部一处毛母细胞瘤，表现为典型的凸起糜烂。通过组织病理学检查确诊。

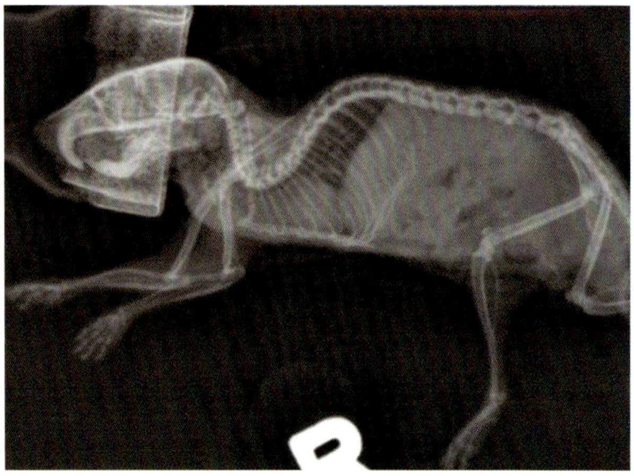

图 15-77 多发性骨质增生 一只双腿脱毛的仓鼠，腹背位及侧位 X 线片显示全身骨密度升高，提示雌激素水平提高。怀疑有雌激素分泌的肿瘤。

仓鼠颊囊
Hamster Cheek Pouches

特征

为了暂时储存食物，仓鼠颊囊可以伸展达到身体长轴的一半。当装满食物时，不要误认为是肿瘤。一整个花生仁可以完全地放入叙利亚仓鼠的颊囊内。

主要鉴别诊断

颊囊肿瘤很少见，但是邻近的皮下肿瘤可出现在颊囊的位置。

诊断

颊囊可以外翻出来或者用棉棒探查，以确定是否是皮下肿瘤或含有食物。

治疗

1. 无法治疗，这是正常的食物储存行为。
2. 如果颊囊坏死或粘连，移除内含的食物。

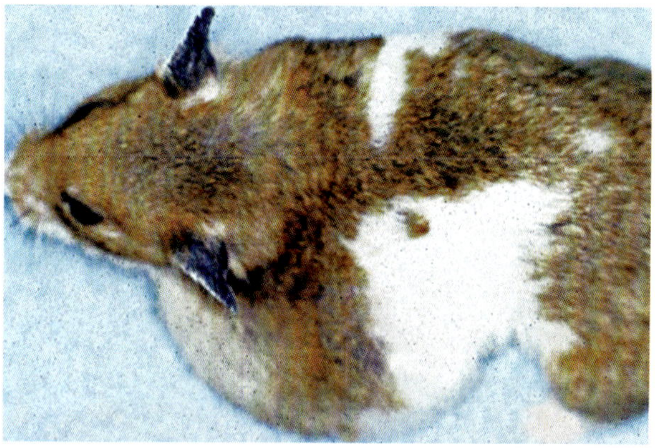

图 15-78　仓鼠颊囊。叙利亚仓鼠（金丝熊）的颊囊内含有一个花生仁，它的颊囊伸展可达身体长轴的一半。不要将此种情况误认为是肿瘤。

腹侧臭腺肿瘤——沙鼠
Tumor of Ventral Scent Gland—Gerbil

特征

了解正常沙鼠腹侧臭腺的外观是什么样非常重要，将之与患癌症的腺体相比较。良性的腹胁腹腺的腺瘤，被认为是沙鼠的第三种最常见的自发性肿瘤。

主要鉴别诊断

能鉴别正常和不正常的腹胁腹腺。如果发生溃疡，细针抽吸或者切开或切下活检，做组织病理学检查来确诊。

诊断

有时腹胁腹臭腺的肿瘤出现炎症和溃疡，并容易继发细菌感染。

治疗和预后

1. 如果腺体不正常，手术移除肿瘤。
2. 完全的手术切除后，预后良好。

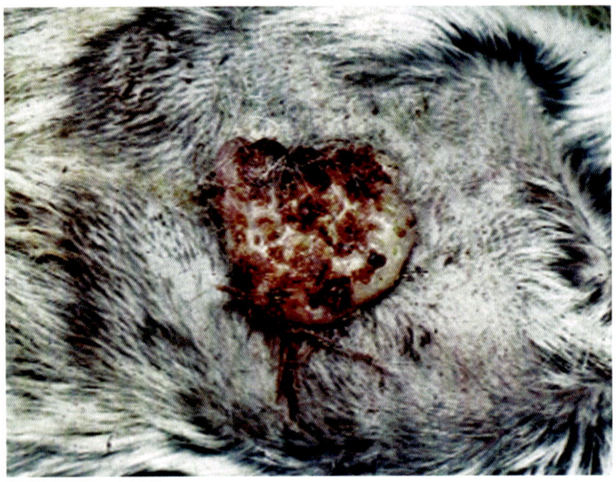

图 15-79　腹侧臭腺肿瘤。沙鼠的腹侧臭腺的肿瘤。

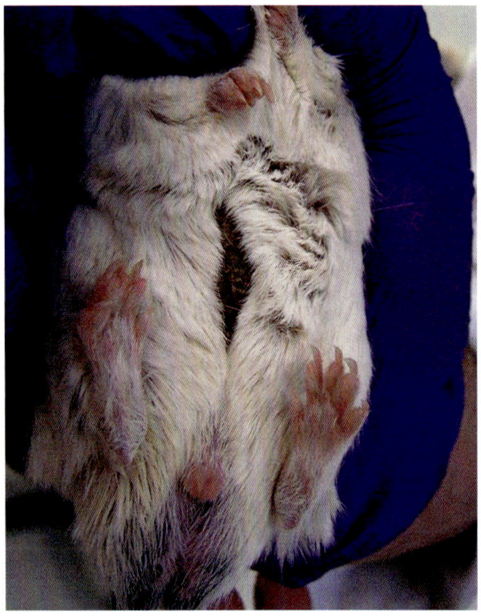

图 15-80　沙鼠正常的腹侧臭腺可以作为对比。不要将正常的腺体误认为是肿瘤。

鳞状细胞癌——鸟、水龟
Squamous Cell Carcinoma—Bird，Turtle

特征

在不同的鸟类中，鳞状细胞癌（SCC）更常发于亚马逊鹦鹉、金刚鹦鹉和非洲灰鹦鹉，这种肿瘤能涉及尾脂腺，伴有过度角化，看起来像犄角一样。鸟如果一直以种子为食，有慢性维生素 A 缺乏的病史，则更易于患口腔的 SCC（尤其是亚马逊鹦鹉），这可能继发于慢性鳞状化生。对于水龟，肿瘤出现于皮下或真皮。

主要鉴别诊断

其他肿瘤或真菌性肉芽肿。

诊断

细针抽吸或者切开或切下活检，做组织病理学检查。

治疗和预后

1. 如果可能，大范围切除肿瘤。如果不可能，则尽可能多的移除肿瘤，并且配合放疗和化疗。
2. 鸟类，尤其是爬行动物对于高剂量的放射具有耐受力。对箱龟进行锶-90 放射治疗，仅能破坏探针外 1 mm 深的肿瘤组织。
3. 静脉顺铂治疗，对于鸟的成功率不一。

图 15-81　鳞状细胞癌。巴福氏金刚鹦鹉的喙及周围组织的鳞状细胞癌。放疗和化疗未能减缓肿瘤的生长。

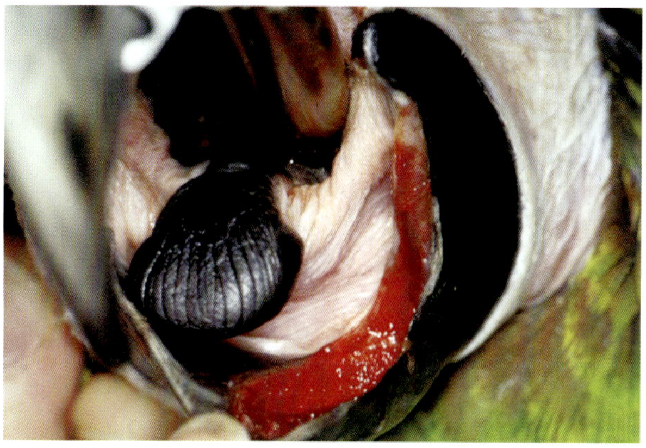

图 15-82　鳞状细胞癌。图 15-81 中鸟的近观。

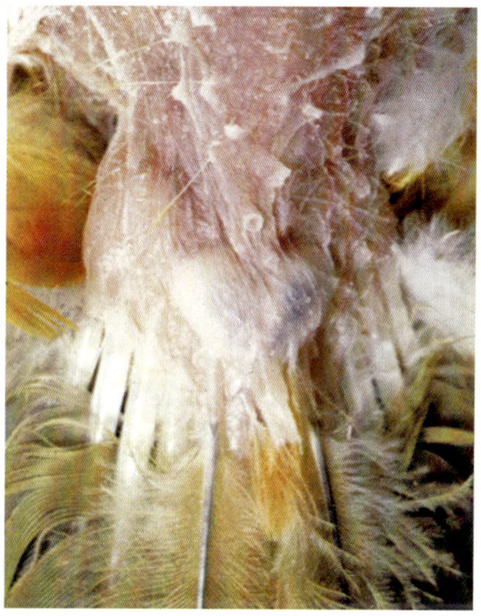

图 15-83　鳞状细胞癌。锥尾鹦鹉的正常尾脂腺，腺体具有二叶瓣外观。知道正常外观很重要，这样如果发现腺体异常，例如感染或肿瘤，能及时辨认。

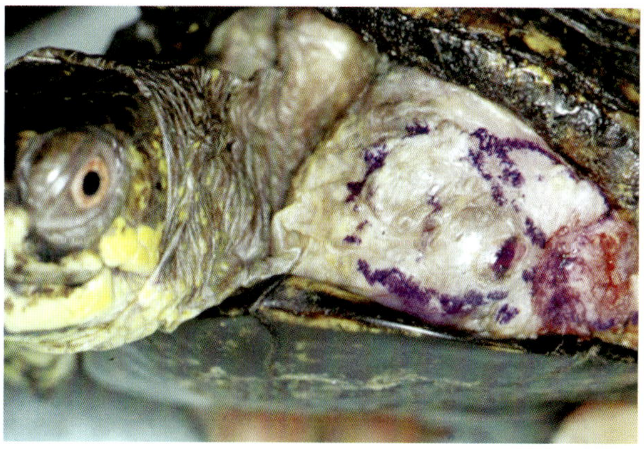

图 15-84　鳞状细胞癌。野生捕获的箱龟患有鳞状细胞癌。锶的放射治疗不成功，并且肿瘤转移至头侧体腔。

脂肪瘤——鸟
Lipoma—Bird

特征

脂肪瘤常见于虎皮鹦鹉和粉红胸凤头鹦鹉，但是也可见于任何鸟种。肿瘤表现为浅黄色或黄褐色、柔软的肿物，位于龙骨的头侧或者体腔的腹侧。

主要鉴别诊断

罕见的脂肪肉瘤与脂肪瘤有相似的外观。慢性脂肪瘤也可能与肉芽肿组织和脂肪坏死有关。

诊断

细针抽吸或活检，做组织病理学检查。

治疗和预后

1. 如果鸟超重或只以种子为食，那么需要通过食物和运动来减轻体重。

2. 甲状腺补充剂的使用存在争议，所以不应当使用，除非鸟患有甲状腺功能减退。

3. 一项研究评价了 *L*-肉碱的使用，效果不确定。

4. 对于严重病例，如果肿瘤影响了正常活动，可尝试手术切除。

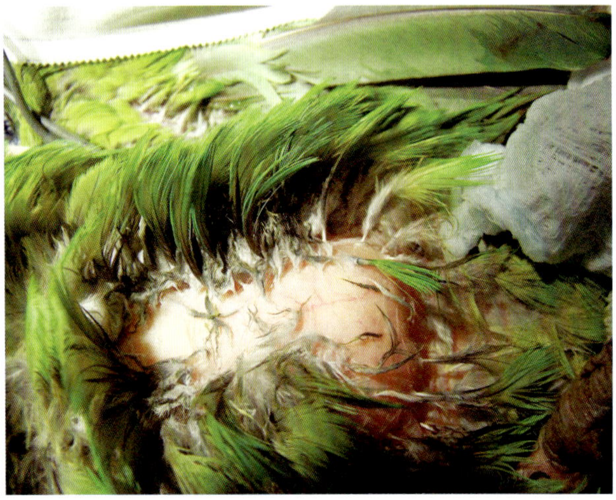

图 15-85 脂肪瘤。亚马逊鹦鹉的皮下脂肪瘤，位于胸骨的尾侧。

黄瘤——鸟
Xanthoma—Bird

特征

黄瘤是发生在鸟皮肤上亮黄色、局部侵袭性的肿瘤，通常患病的皮肤区域有外伤既往病史。

主要鉴别诊断

没有其他肿瘤像黄瘤一样呈亮黄色。

诊断

组织病理学检查显示典型的胆固醇裂隙。

治疗和预后

外科切除肿瘤及其尽量多的边缘，以防止进一步扩散。

图 15-86　黄瘤。一只玄凤鹦鹉患有黄瘤——一种慢性外伤造成的亮黄色肿瘤。这个病例没有发现有外伤史。黄瘤局部侵袭表现出肿瘤的攻击性，强烈建议完全切除肿瘤。

蜡膜褐化肥大症——虎皮鹦鹉（长尾小鹦鹉）
Brown Hypertrophy of the Cere—Budgerigar (Parakeet)

特征

蜡膜指鸟类环绕鼻孔部位的皮肤。正常情况下，雄性虎皮鹦鹉的蜡膜是蓝色的，雌性虎皮鹦鹉的蜡膜是粉色至粉褐色。如果雄性鸟的蓝色蜡膜在年老时变成褐色，应该怀疑发生了分泌雌激素的睾丸肿瘤。如果一只雌鸟的蜡膜变成深褐色和增生，应该怀疑雌激素分泌增加，这可能由于鸟即将产蛋、卵巢囊肿或有分泌雌激素的卵巢肿瘤。

主要鉴别诊断

任何原因的雌激素增加都会使雌鸟的蜡膜变深和肥大。

诊断

1. 临床症状。
2. 触诊、肠道 X 线片 ± 钡餐，或者超声检查能帮助诊断生殖系统疾病。
3. 雌激素水平也可以做评估。

治疗和预后

1. 对于任何种类的鹦鹉，都不推荐手术移除性腺。因为有的鸟体型太小，并涉及动脉 / 大动脉。
2. 长效形式的醋酸亮丙瑞林被用于治疗卵巢囊肿，只有一部分病例获得成功，所以预后一般。
3. 肿瘤的预后不良。

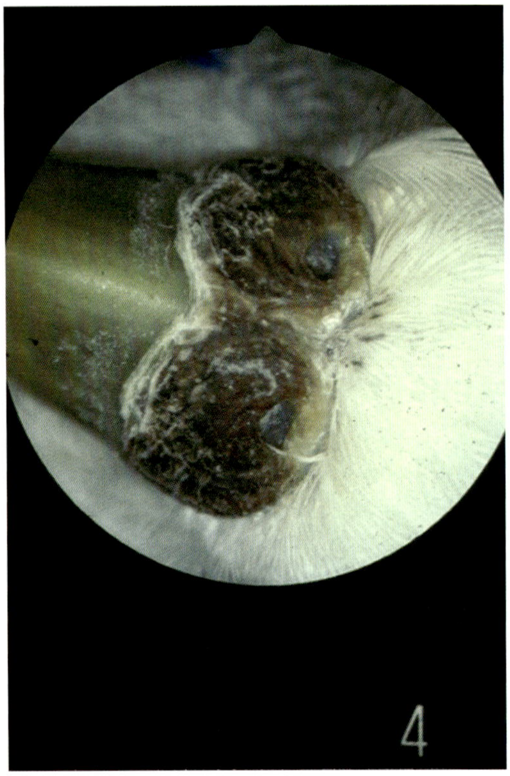

图 15-87　蜡膜褐化肥大症。成年雌性虎皮鹦鹉（长尾小鹦鹉）具有褐色肥大的蜡膜，这继发于雌激素的增加。

创伤 Trauma

瘀青——鸟
Bruise—Bird

特征

鸟的瘀青呈绿色而不是紫色，不要误认为是坏疽。鸟类擦伤约 3 d 后，会变成绿色，因为它们缺乏胆绿素还原酶，这种酶能将胆绿素转换成胆红素。利用这种现象，可以估计鸟擦伤的时间。

主要鉴别诊断

坏疽。

诊断

直接肉眼观察。

治疗和预后

与治疗其他动物一样，处理伤口。

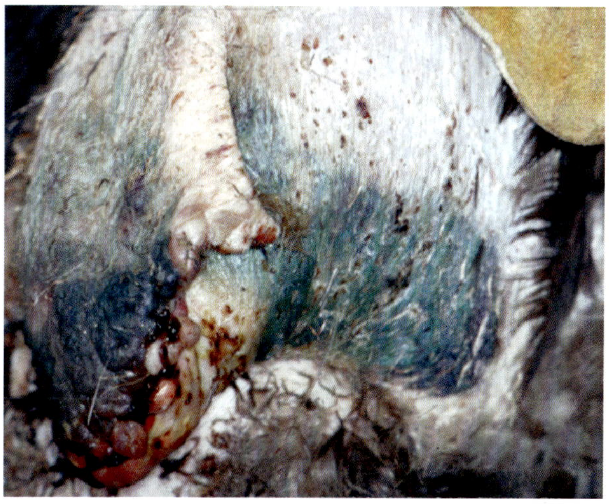

图 15-88　瘀青。一只圈养的大角鸮，在严重的创伤和流血 3 d 后，其翅膀被截肢。鸟瘀青处出现亮绿色是因为它们缺乏将胆绿素转换为胆红素的胆绿素还原酶。

咬伤——鸟
Bite Trauma—Bird

特征

常发生犬猫咬伤鸟类的情况，通常咬在鸟的背部，形成穿刺伤或撕脱伤。

主要鉴别诊断

病史及伤口的外观很明显，没有其他鉴别诊断。

诊断

可能需要拍摄 X 线片确认损伤的影响，是否发生骨折或内出血。

治疗和预后

1. 频繁的清洁伤口，如需要在麻醉下进行操作。大多数情况下伤口都比较大或比较脏，无法进行一期闭合，采用定期清创包扎的方式进行二期闭合。包扎时有很多药膏可以选用，医用蜂蜜的效果非常好。

2. 止疼药物很有必要，包括布托啡诺和美洛昔康，同时给予长期（6～10 周）的广谱抗生素避免败血症。

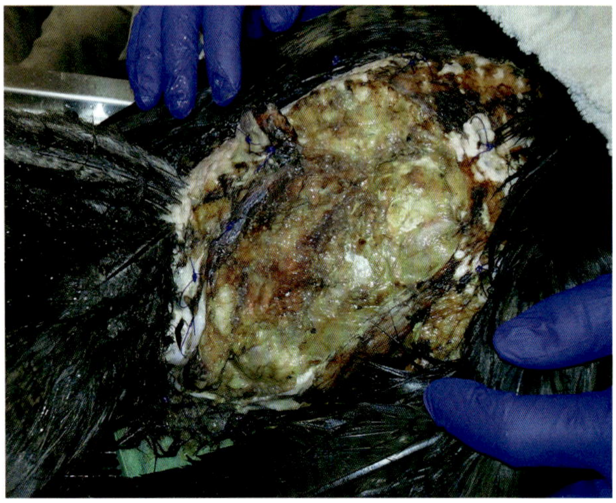

图 15-89 咬伤。繁殖季节一只 1 岁的雌性火鸡被笼舍其他 3 只雄性火鸡攻击，造成大面积皮肤缺失。

恩诺沙星注射性坏死
Necrosis from Injectable Enrofloxacin

特征

肌肉注射恩诺沙星以后，在注射部位会出现坏死，尤其是鸟类。注射型的恩诺沙星只能用于肌肉注射，所以推荐使用口服剂型。肌肉注射型的恩诺沙星如果给兔皮下注射，也会造成坏死。

主要鉴别诊断

其他原因引起的外伤。

诊断

眼观症状。通常诊断通过鸟尸体剖解的病理检查得出。这些鸟死于其他原因，但在死之前接受过恩诺沙星肌肉注射。

治疗和预后

尽可能短时间的使用注射型恩诺沙星，然后改用口服剂型。

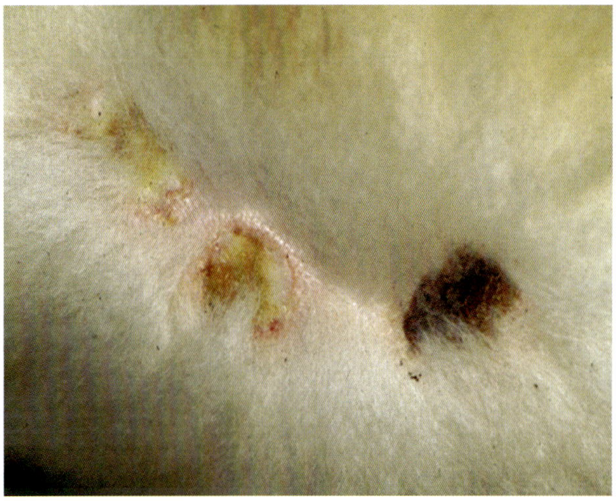

图 15-90　恩诺沙星注射性坏死。兔因为皮下注射恩诺沙星而引起皮下坏死。恩诺沙星的 pH 不是生理性的，因而能导致坏死。恩诺沙星可以口服、肌肉注射或配合大量生理盐水皮下注射。

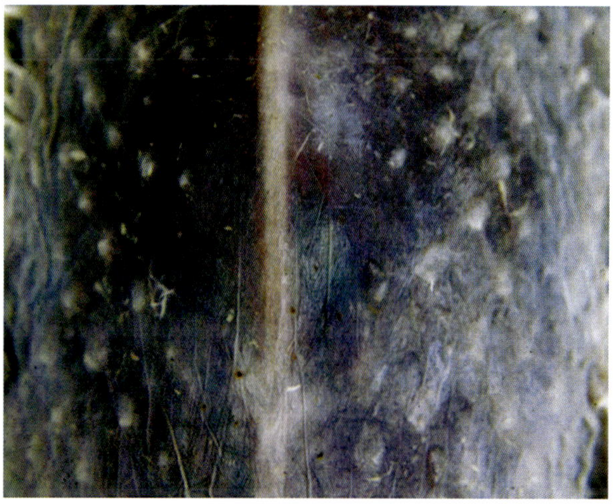

图 15-91　恩诺沙星注射性坏死。鹦鹉因为肌肉注射恩诺沙星而引起坏死。恩诺沙星的 pH 不是生理性的，因而能导致坏死，即使按说明使用也难以避免。恩诺沙星可以口服、肌肉注射或配合大量生理盐水皮下注射。

气囊破裂——鸟
Air Sac Rupture—Bird

特征

鹦鹉头颈气囊的破裂继发于头部或颈部的钝性创伤，或者继发于气囊的糜烂性病变。这种疾病的典型特征是空气填充形成肿胀，位于颈部的一侧或双侧。此病不疼痛，但可能会造成一定程度的呼吸困难。

主要鉴别诊断

因为吞气症引起的嗉囊积气。

诊断

临床症状。

治疗和预后

1. 如果刚发生创伤，可以用 25 号针头放气，直到空气充盈不再发生。

2. 如果在数天用针头放气后，气囊仍持续充盈，应外科放置聚四氟乙烯树脂支架，以实现永久放气。

图 15-93　气囊破裂。图 15-92 中气囊破裂的亚马逊鹦鹉。

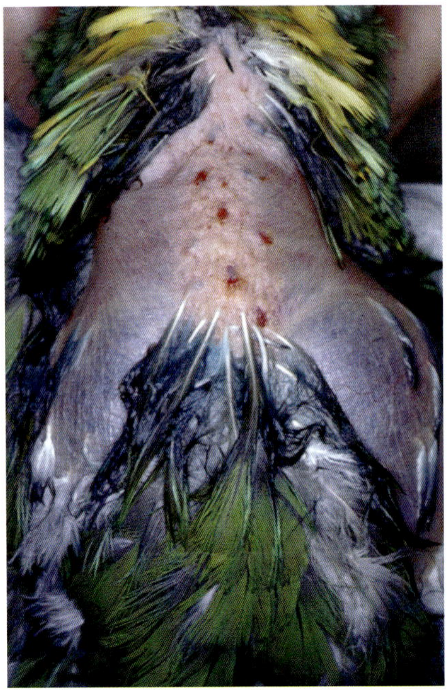

图 15-92　气囊破裂。亚马逊鹦鹉的头颈气囊破裂的近观。注意皮下气囊中积聚的气体。这个病例因不慎跌落，造成的创伤使气囊破裂。

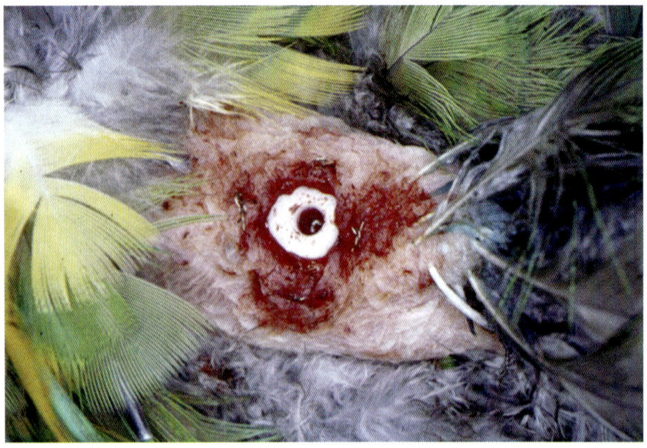

图 15-94　气囊破裂。图 15-92 中的亚马逊鹦鹉。将支架放于头颈气囊处以解决气囊破裂的问题。

溢缩趾综合征——鸟
Constricted Toe Syndrome—Bird

特征

一种环绕爪趾的皮肤的环状切迹，能导致溢痕、静脉回流受阻和溢痕远端的爪趾肿胀。年轻的人工饲养鹦鹉在干燥的环境中时，发生这种疾病的可能性较大。折衷鹦鹉比其他鹦鹉更常出现这种疾病。

主要鉴别诊断

环绕爪趾的线或纤维物的勒痕。使用放大镜确定是否有皮肤干燥或线导致的勒痕。

诊断

肉眼检查。

治疗和预后

1. 治疗包括做 4 个释放切口，外科剥离干燥皮肤的溢痕。避免直接侧面切开，因为此处有趾端血管经过。需要时缝合皮肤，但是仍然保持释放切口开放，然后包扎。
2. 温水浸爪可以避免这种疾病或者对早期病例进行治疗。

图 15-95　溢缩趾综合征。幼年的折衷鹦鹉患有溢缩趾综合征，因为环境太干燥。外科治疗此病。增加环境湿度以避免出现其他问题。

疝——鸟
Hernia—Bird

特征

雌性鸟在大量的产蛋以后可能罹患体腔疝，表现为腹部的、有时下垂的大肿物。

主要鉴别诊断

肿瘤。

诊断

如果这个肿物中包含了胃肠道的任何一部分，那么胃肠道钡餐能帮助确定是否肿物是疝。

治疗和预后

1. 手术还原体腔内容物至正确位置并修复缺口。
2. 如果没有足够的肌肉，人造聚酯网或者相似物可以用于覆盖缺口。

图 15-96　疝。20 岁的老年亚马逊鹦鹉患有慢性疝。这个疝在 7 年内慢慢长大。宠主被告知此肿物无法解决。

图 15-97　疝。图 15-96 中的鸟。成功采用手术复位疝内容物和使用聚酯网来修补缺口。

泄殖腔脱垂——鸟
Cloacal Prolapse—Bird

特征

泄殖腔是三个系统——肾脏、生殖系统和胃肠道系统的终点。泄殖腔的脱垂或外翻能够影响这些系统。对于雌性鸟，在刚产蛋以后，有轻度、暂时性的脱垂是正常的，但是除此之外，泄殖腔的脱垂都为异常。脱垂的原因包括乳头状瘤病变、里急后重（腹泻或便秘）、导致胶原合成不足的遗传因素（风头鹦鹉、非洲灰鹦鹉）、自慰造成的慢性泄殖腔刺激、产蛋和自发性张力缺乏（风头鹦鹉）。

图 15-98 泄殖腔脱垂。成年的雄性葵花凤头鹦鹉患有慢性泄殖腔脱垂，这继发于慢性自慰。多次手术，包括内固定术、肛门外缝扎术、肛门整形术以及永久的肛门收紧术都最终失败了。醋酸亮丙瑞林注射剂最后抑制了激烈的自慰行为，也解决了脱垂的问题。

主要鉴别诊断

其他组织也能脱垂，包括子宫，呈鲜红色，具有纵向纹理和内腔，还可能包括消化系统器官，如结肠，很光滑且有内腔。乳头状瘤病变具有不规则表面，呈粉红色。

诊断

根据临床检查和病史。

治疗和预后

1. 在脱垂减轻后，可以使用许多方法来避免复发，包括肛门的侧缝合，即在肛门任意一边做拉力缝合，或者泄殖腔固定术，即通过手术将泄殖腔用缝合线固定在肋骨（不建议此方法，因为肋骨会移动）或者体腔壁，也可以将泄殖腔整合到切口的闭合处，之前需要移除泄殖腔和体壁之间的脂肪。

2. 还可以采用肛门整形术，这需要移除小部分肛门，然后将其缝合成更小的开口。

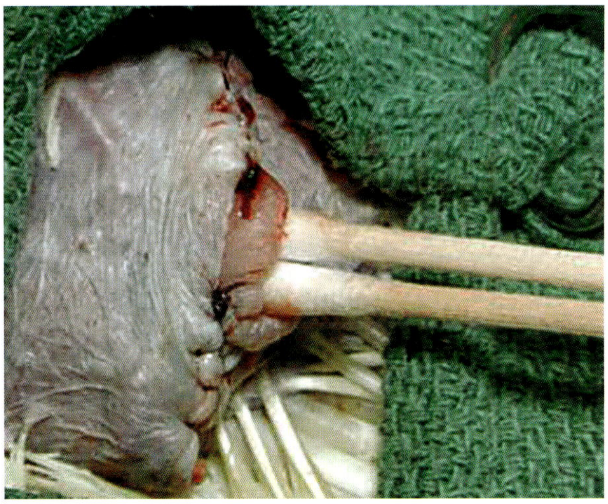

图 15-99 泄殖腔脱垂。图 15-98 中的鸟，肛门整形术术后。

咬伤——蛇、绿鬣蜥
Bite Trauma—Snake, Iguana

特征

如果一条处于低温环境或者并不饥饿的蛇与其食物——活的小鼠或大鼠单独待在一起，那么“食物”将会变成“进食者”，因饥饿而啃咬蛇体，因此建议只给蛇饲喂死的猎物。啮齿类动物具有凿子一样的切齿，可以对蛇造成严重的损伤，包括脊柱骨骼的损伤。小型稀有动物有时也会被猫或犬咬伤。

主要鉴别诊断

病史和伤口的表现具有典型性，没有其他鉴别诊断。

图 15-100　咬伤。一条蟒蛇因为大鼠啃咬而导致皮肤、肌肉和骨骼损伤。这个病例就是蛇的“食物”（大鼠）变成了“进食者”，后者开始没有被蛇吃掉，然后在笼子里待了数小时后变得饥饿，开始啃咬蛇体。蛇没有摄食的原因可能是生病或者环境温度过低，所以一定要饲喂死的猎物给它们。

图 15-101　咬伤。图 15-100 中蛇的尾部。

诊断

影像学检查有助于确定损伤的程度。

治疗和预后

1. 对于爬行动物，麻醉后实施清洁和清创术。
2. 如果需要，使用镇痛剂，以及长期（6～10 周）使用广谱抗生素。

图 15-102　咬伤。皮肤损伤数年后的球蟒。蛇愈合良好，但是愈合很慢。损伤处的结痂覆盖了一年之久。

图 15-103　咬伤。绿鬣蜥在被猫袭击后受伤。头和颈部有穿刺伤，包括鼓膜的穿刺伤。

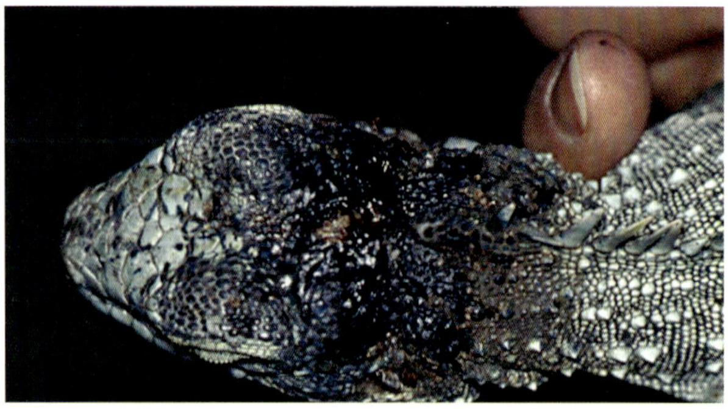

图 15-104　咬伤。图 15-103 中绿鬣蜥的背侧观。

外甲修补——水龟、陆龟
Shell Repair—Turtle, Tortoise

特征

野生捕获的海龟在被汽车撞伤或犬啃咬之后，可能需要外甲修补。上方的甲称为背甲，下方的甲称为腹甲。这两个甲都由骨骼形成，并覆盖一层薄的角质。如果去掉色素化的角质，下方白色的骨骼就能暴露出来。骨折通常贯穿骨骼和角质。

诊断

有时需要进行影像学检查，但大部分并不需要，因为甲的骨骼位于体外。

治疗和预后

1. 有多种不同的治疗方法，包括在外甲上穿洞缝合或放置金属栓以供金属线缠绕缝合；使用带螺钉的骨板；使用胶水 / 环氧树脂贴片做支架，也可以将螺钉弯折或任何可以使金属线能够缠绕固定的方法；使用带纤维玻璃网的 5 min 环氧树脂或水管工用的环氧树脂桥接骨折裂缝。
2. 如果骨折处被修复物完全覆盖，那么必须无菌消毒。
3. 使用全身性抗生素和止痛药。

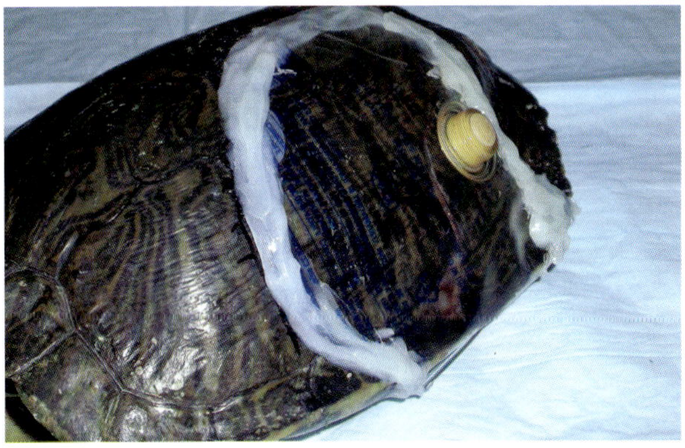

图 15-105　外甲修补。水龟患有严重的背甲缺失。一个空的无菌输液袋切割以后覆盖在伤口上，将与外甲接触的边缘密封起来，这样针头扎入后抽吸，类似一个真空装置，以促进开放的、感染的、湿润伤口愈合。

图 15-106　外甲修补。7 岁大的雄性欧洲陆龟被汽车撞后，背甲和腹甲多处骨折。在外甲上钻洞，采用金属骨板、带环扎金属丝的螺钉，用单股环扎金属丝穿过外甲洞，来修复骨折。

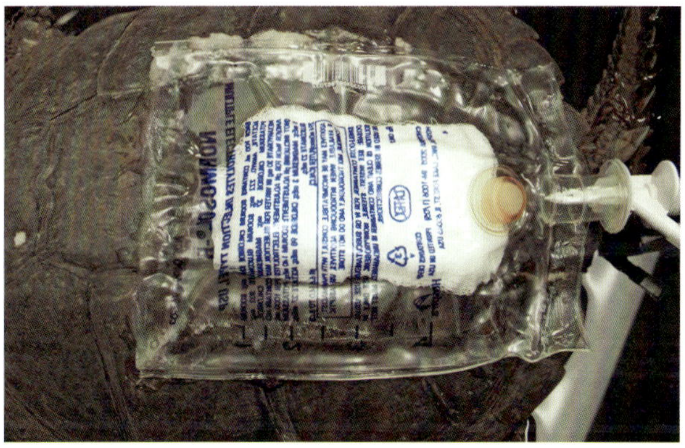

图 15-107　外甲修补。水龟患有严重的背甲缺失。一个空的无菌输液袋切割以后覆盖在伤口上，将与外甲接触缘密封起来，这样针头扎入后抽吸，类似一个真空装置，以促进开放的、感染的、湿润伤口愈合。

图 15-108　外甲修补。野生箱龟的背甲骨折，通过螺钉和环扎金属丝来修复。

图 15-109　外甲修补。图 15-108 中箱龟的近观。

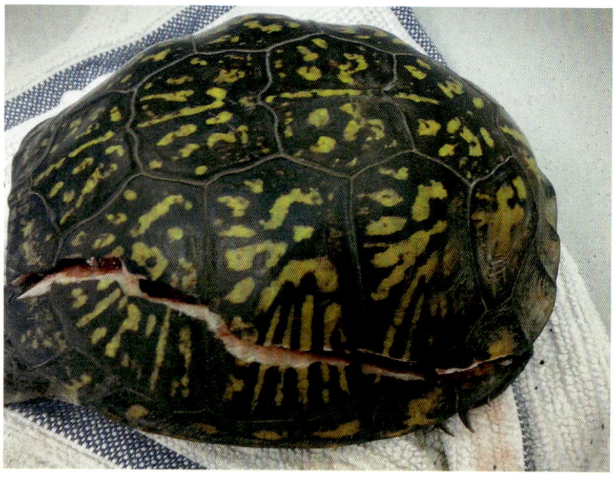

图 15-110　外甲修补。一只野生箱龟的严重骨折，背甲的前后贯穿骨折及双侧甲桥骨折。

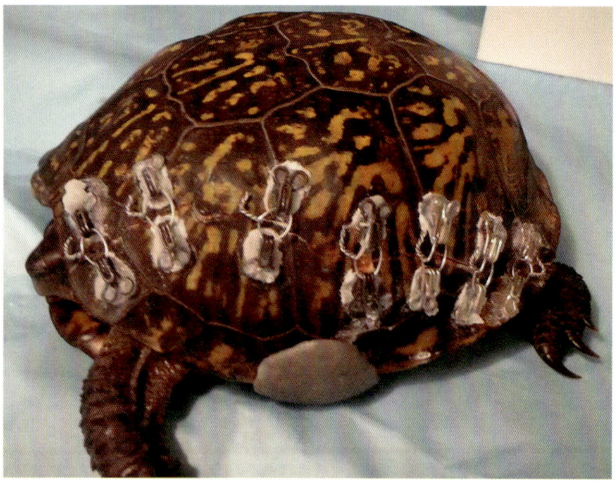

图 15-111　外甲修补。有多种方式可以修复龟甲。图中采用氰基丙烯酸酯混合苏打粉制成“快速粘固剂”，把衣服钩固定在龟甲骨折部位两侧作为支撑点，再用环扎金属丝稳定骨折部位。

代谢 / 营养 / 内分泌相关疾病
Metabolic, Nutritional or Endocrine Related

维生素 A 缺乏——鸟、水龟
Vitamin A Deficiency—Bird, Turtle

特征

鸟类的肝脏疾病非常常见，常继发于慢性维生素 A 缺乏。最先出现的临床症状是羽毛的黑化，羽毛无法正常形成，也不能正常折射光线，即我们不能观察到羽毛折射出的绿光。喙和趾甲可能变长。鸟可能发生溃疡性爪部皮炎，易于出现禽掌炎。位于舌基部的唾液腺导管的鳞状化生，会继发形成白色口腔肿物。鳞状化生可发生于任何上皮组织，包括肾小管。水龟表现为增厚、肿胀的眼睑。

主要鉴别诊断

任何羽毛的创伤都可以导致羽毛的黑化，包括宠主的过度爱抚。水龟的头部创伤也能导致眼睑的肿胀。

诊断

1. 血液生化，包括天冬氨酸氨基转移酶（AST）、乳酸脱氢酶（LDH）和肌酸激酶（CK）用于判定肝酶的活性或者肌肉活动，胆汁酸也需要一起检测。
2. 肝脏活检可通过内窥镜进行。
3. 鸟类的维生素 A 水平也可检测。
4. 病史也很有帮助。

治疗和预后

1. 逐渐改变饮食，包括饲喂含维生素 A 的食物，如鸟丹丸或加入煮熟的红薯。
2. 给予乳果糖治疗任何并发的肝脏疾病，并帮助 NH_3 转化为 NH_4，让肝脏得以修复。秋水仙素可以避免肝脏进一步纤维化，但是它的治疗剂量范围非常窄。水飞蓟的活性成分水飞蓟素也有一定帮助。
3. 维生素 A 直接注射是否优于饮食缓慢补充，仍存在争议。有些虚弱的小型水龟在注射维生素 A 后死亡。
4. 过长的喙可以用打磨工具来修剪，以去除过多的角质。

图 15-112　维生素 A 缺乏。宠物红耳龟出现眼睑肿胀，继发于维生素 A 缺乏。

图 15-113　维生素 A 缺乏。蓝黄金刚鹦鹉患有维生素 A 缺乏，导致羽毛质量差，分叉和变黑。

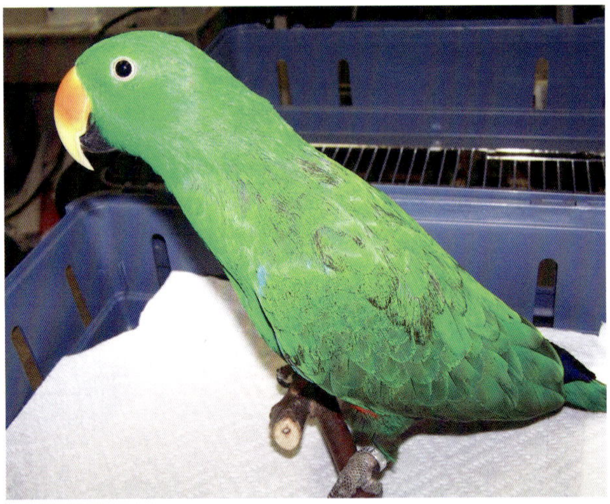

图 15-114　维生素 A 缺乏。雄性折衷鹦鹉患有维生素 A 缺乏，导致羽毛质量差，分叉和变黑。

图 15-115　维生素 A 缺乏。图 15-114 中鹦鹉的近观。

图 15-116　维生素 A 缺乏。塞内加尔鹦鹉的右爪跖面正常，而左爪的跖面溃疡，这与维生素 A 缺乏有关。

图 15-117　维生素 A 缺乏。同窝的年轻金刚鹦鹉。右侧的鹦鹉具有正常的喙，而左侧的喙过长、增厚，这继发于肝病或维生素 A 缺乏。

卵巢囊肿——豚鼠
Cystic Ovary—Guinea Pig

特征

对于大于 5 岁未绝育的雌性豚鼠来说，卵巢囊肿的发病率约为 80%。一般情况下，左侧卵巢会发病，但是也能右侧发病或双侧发病。卵巢一般可达到 5 cm×5 cm 大小。临床症状表现为嗜睡、腹部疼痛、间歇性厌食、腹部增大、乳头增大和腹侧面的双侧对称性脱毛。

主要鉴别诊断

相同的脱毛可发生于雌性豚鼠多次连续产仔后。

诊断

腹部触诊或排 X 线片或超声检查可以发现增大的卵巢。

治疗和预后

有些兽医使用醋酸亮丙瑞林或人类的绒毛膜促性腺激素（HCG），另有些建议完全绝育，还有有些建议仅做卵巢切除这个快捷手术。

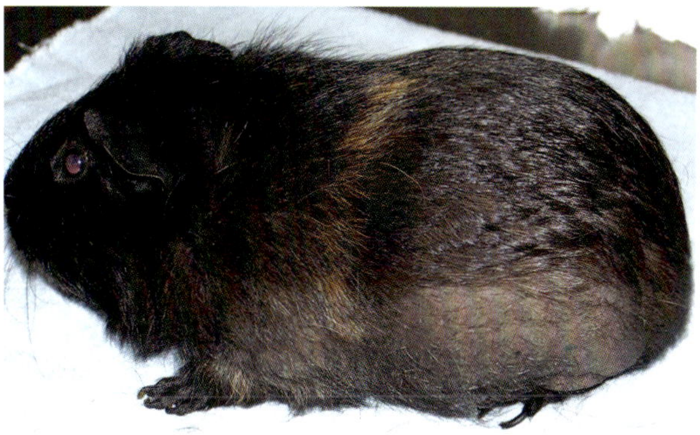

图 15-118　卵巢囊肿。5 岁的雌性未绝育豚鼠，患有双侧对称性腹侧部脱毛，这继发于卵巢囊肿的激素增加。

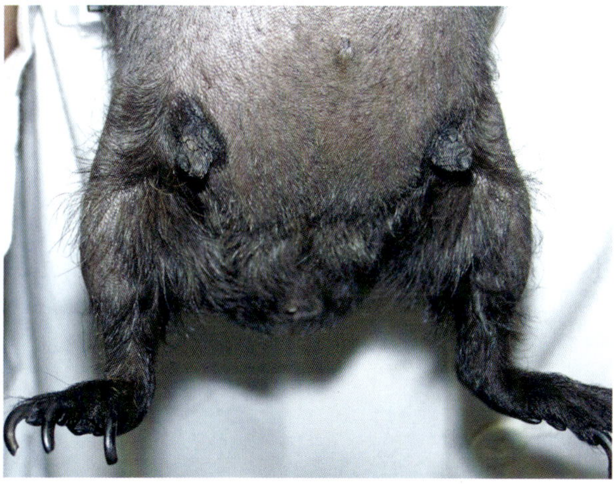

图 15-119　卵巢囊肿。5 岁的雌性未绝育豚鼠，患有双侧对称性腹侧部脱毛，这继发于卵巢囊肿的激素增加。可见乳头的增大。

其他疾病 Other Diseases

喙过度生长——鸟 Overgrown Beak—Bird

特征

圈养鹦鹉需要定期进行喙部打磨，尤其当存在咬合不正的情况时。喙部结构为内部骨骼，外部覆盖角质结构，因此当出现喙部角质过度生长时需要使用打磨工具进行打磨。阅读参考书中不同品种正常喙部的长度及形状，因为品种间存在差异。

主要鉴别诊断

喙的过度生长的原因包括没有足够的机会使用，或是潜在的肝脏问题引起的喙及趾甲的过度生长。

诊断

典型的外观特征。

治疗和预后

根据需要使用打磨工具进行打磨。作者常采用物理保定进行打磨喙。有些兽医倾向于麻醉后进行打磨，还有些兽医选择使用包括鼻内滴入咪达唑仑等镇静方式镇静后进行打磨。进行血液生化检查，排除肝脏异常。

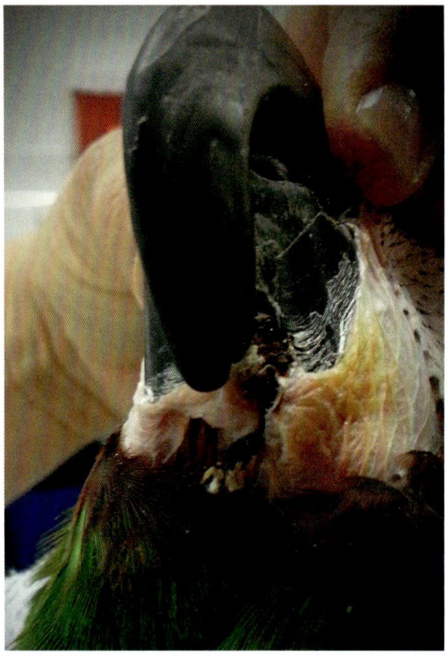

图 15-120　喙过度生长。可见这只鸟的上喙严重过度生长，已经扎到下颚。

拔羽 / 啄羽 / 自残——鸟
Feather Picking/Chewing/Self-Mutilation—Bird

特征

鸟类拔羽或啄羽有很多原因，包括医学原因和行为原因。它们通常啄咬胸部、翅膀下和腿周的羽毛，但是其他任何形式都可能发生。通常情况下，头部的羽毛是不受影响的。啄腹部周围的羽毛有时是因为肠道的贾第虫感染。已经证实锌中毒与啄羽有关。无对照组的研究表明单侧啄羽可能提示被啄区域存在疾病，如睾丸或肾脏，以及病毒（PBFD 或多瘤病毒）、细菌性毛囊炎、皮肤酵母菌感染或局部刺激。鸟因体外寄生虫而啄羽比较少见。在将患鸟诊断为行为性啄羽前需要排除其他病理性啄羽，包括由于人工饲养引起的社会化不当、患有恐惧症或强迫症。创伤事件会导致鸟变得“紧张”和啄羽，真实的例子很多，如目击窗外野鸟喂食器处袭击其他野鸟的鹰，主人休假外出，笼子颜色的改变，宠主过于紧张，鸟的配偶或宠主的去世等等。有些鸟在新的家里和新的主人一起生活后，情况得到改善，但原因尚不清楚。自残是一种严重的、威胁生命的疾病，建议寻求熟悉鸟且有资格认证的行为学家的帮助。

主要鉴别诊断

通常情况下，啄羽的鸟不能啄到它们头部的羽毛，所以这个部位的羽毛是正常的，除非有另一只鸟在帮它们啄羽，或者患有 PBFD 或细菌性疾病或创伤。

诊断

首先要评估所有可能造成鸟啄羽的医学原因，如果找不到医学原因，可考虑行为问题。全血细胞计数（CBC）、血液铅含量和血浆锌检测（路易斯安那兽医医学诊断实验室可以进行此项检测，需要 0.1 mL 血液和血浆）、拍 X 线片、鹦鹉喙羽病病毒检测，以及粪便漂浮和粪便酶联免疫吸附试验检测贾第虫。如果有必要，也可以做羽囊活检和微生物培养。询问任何关于环境毒素的病史。

治疗和预后

1. 可以选择很多治疗方案。
2. 治疗所有潜在疾病。移除所有应激因素。
3. 提高鸟的食物质量，并恢复鸟已经适应的正常环境。
4. 如果鸟出现自残，有些药物可能有帮助，包括氯米帕明（这种药物对于真正的强迫症很有效），氟哌啶醇或者其他三环类的抗抑郁药。
5. 用玩具分散鸟的注意力、给鸟穿衣服等等，可能有帮助。但是需要知道，鸟梳理羽毛的行为是正常且必要的。
6. 不推荐给鸟使用脖圈，因为这会阻碍它们进行正常的整羽行为、正常采食行为和正常行走。仅在鸟严重自我损伤（自残）的时候使用脖圈。
7. 参考稀有宠物药典获得进一步的药物信息。

图 15-121　拔羽 / 啄羽 / 自残。非洲灰鹦鹉的颈腹部区域和尾部脱毛，由此鸟啄羽引起。

图 15-122 拔羽 / 啄羽 / 自残。米特雷锥尾鹦鹉胸腹侧区域和腿部脱毛，由此鸟啄羽引起。这是一种鹦鹉典型的啄羽类型。

图 15-123 拔羽 / 啄羽 / 自残。彩虹吸蜜鹦鹉的下腹部区域和腿部脱毛，由此鸟啄羽引起。啄羽的原因尚不清楚。

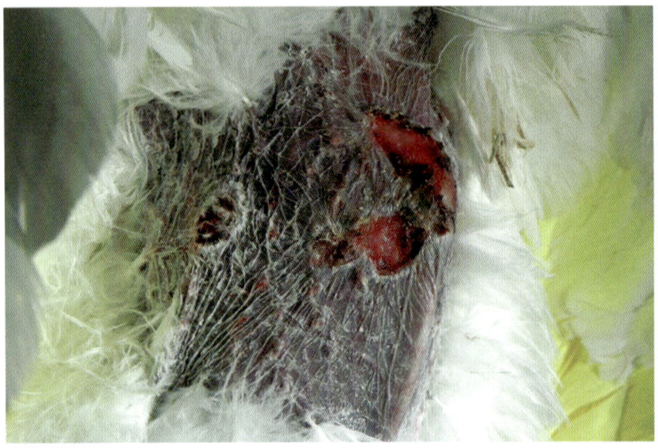

图 15-124 拔羽 / 啄羽 / 自残。凤头鹦鹉的胸腹部脱毛且皮肤和肌肉有咬伤。自残是一种严重威胁生命的疾病，需要多种方式的治疗，包括佩戴脖圈以防止进一步损伤，用药使鸟平静，调查和调整行为 / 环境，以确定鸟自我损伤的原因。氯米帕明对这个病例有帮助，但是尝试治疗 1 年后，宠主选择了安乐死。

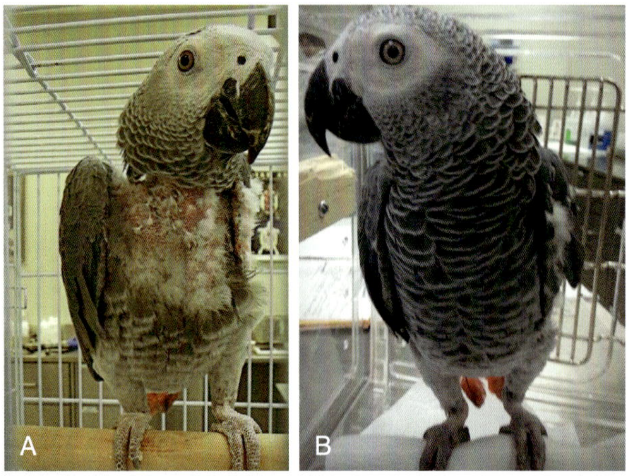

图 15-125 拔羽 / 啄羽 / 自残。成年非洲灰鹦鹉左侧翅膀羽毛完全脱落（A）在使用氯米帕明治疗并配合行为 / 环境改善 7 个月后（B）。

图 15-126 拔羽 / 啄羽 / 自残。正常的血羽。生长中的羽毛有血液供应。可见有颜色的羽毛的血羽是黑色的，白色的羽毛的血羽是粉红色的。

羽毛囊肿——鸟
Feather Cyst—Bird

特征

向内生长的羽毛形成的坚硬肿物，通常出现在翅尖。这根羽毛持续生长并在皮下卷曲成一个球状物。毛囊大幅度扩张，引起囊肿周围发炎。

主要鉴别诊断

肿瘤和脓肿。

诊断

典型的外观和肿物长时间内静止不变。

治疗和预后

外科切开毛囊，移除毛囊中向内生长的羽毛。重要的是不要在毛囊内使用烧烙，因为这样做会损伤毛囊，导致羽毛囊肿的再次形成。可以使用明胶海绵压迫止血。毛囊保持开放，使其二期愈合。在愈合期间，可以适当包扎。

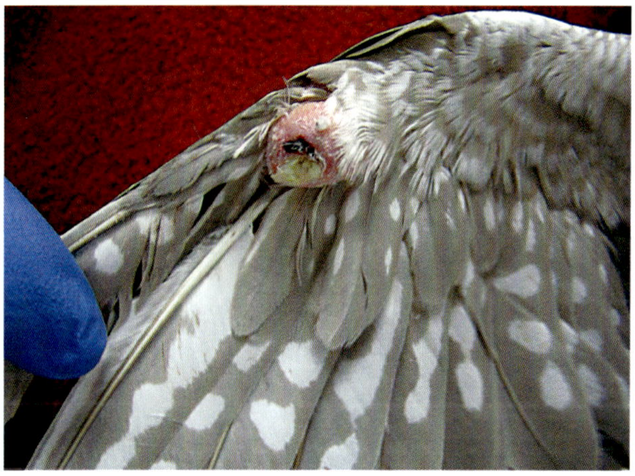

图 15-127　羽毛囊肿。玄凤鹦鹉的右侧腕部和第一趾上存在羽毛囊肿。

图 15-128　羽毛囊肿。图 15-127 中的玄凤鹦鹉，手术切开和清创之后。伤口保持开放，使之二期愈合。

鸡冠向内生长——鸡
Ingrown Comb or Leader—Chicken

特征

鸡冠不同形式的异常生长，包括冠的向内生长都与一个隐性基因遗传有关。这种异常的向内生长会容易引发细菌或真菌的继发感染。

主要鉴别诊断

感染，脓肿，外伤。

诊断

典型的外观及肿物外观的持续不改变。

治疗和预后

冠的血管丰富，如果考虑手术切除异常的冠，首要问题是止血。二氧化碳激光刀可能会效果比较好。通常手术并非必须，保持异常生长部位的卫生，避免继发感染也可以保障动物的生活质量。

图 15-129　冠的向内生长。一窝 4 只杂交芦花鸡中的一只，发生冠的异常内向生长，可能与隐性基因遗传有关。冠异常生长的角度可能各不相同。

角质过多——豚鼠爪
Excess Keratin—Guinea Pig Foot

特征

豚鼠的前爪有 5 个趾头。在原本第五趾所处的位置，有时会出现过度角化（这是看起来前爪仅剩 4 个趾头）。类似马腿部内侧的角质胼胝。

主要鉴别诊断

无。

诊断

典型外观。

治疗和预后

可以作为趾甲来修剪，它仅仅是过度的角质物。

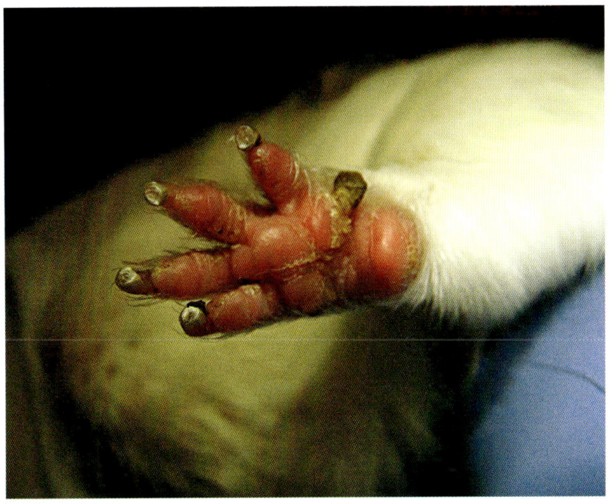

图 15-130　角质过多。成年豚鼠需要修剪过长的趾甲而来就诊，通常可见爪的侧边有角质过度生长，正好在本该出现第五趾的位置。这种角质物也可以作为趾甲被修剪。

臀腺——仓鼠
Hip Glands—Hamster

特征

仓鼠的臀腺是位于臀部背侧的直径大约 3 mm × 3 mm，色素沉着并凸起的对称结构，通常雄性个体的臀腺更为凸出。

主要鉴别诊断

不要与肿瘤混淆，此腺体为两侧对称。

诊断

典型外观。

治疗和预后

正常结构。不要错误地进行外科手术摘除。

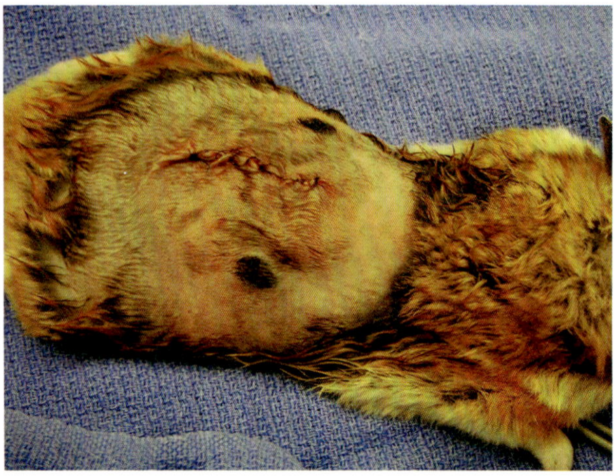

图 15-131　正常的臀腺。正常雄性仓鼠，可见两侧 2 个黑色凸起对称的腺体。

涂抹——刺猬
Anointing—Hedgehog

特征

涂抹是刺猬表现出的一种正常行为，当刺猬咀嚼或舔舐某些感兴趣的物体后会将唾液涂抹在背后的刺上。

主要鉴别诊断

无。

诊断

背部可见唾液覆盖的刺的反光。

治疗和预后

这是刺猬的正常行为。

图 15-132　涂抹。刺猬用唾液涂抹后可见背部刺的反光。这是刺猬的正常行为。

卟啉泪——大鼠
Porphyrin Tears—Rat

特征

大鼠在应激后导致哈德氏腺分泌，而出现红色眼泪，眼泪中包含了红色的卟啉，看起来像血液。

主要鉴别诊断

血液。

诊断

典型外观，通常有并发疾病。

治疗和预后

1. 治疗潜在疾病。
2. 清洁面部以确定是否有新的卟啉泪正在形成。

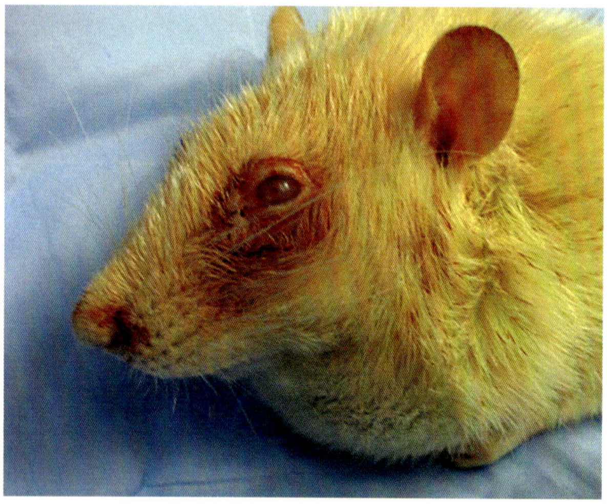

图 15-133　卟啉泪。生病的大鼠出现严重的卟啉泪。应激和疾病导致哈德氏腺的分泌，通常会误认为是血液。

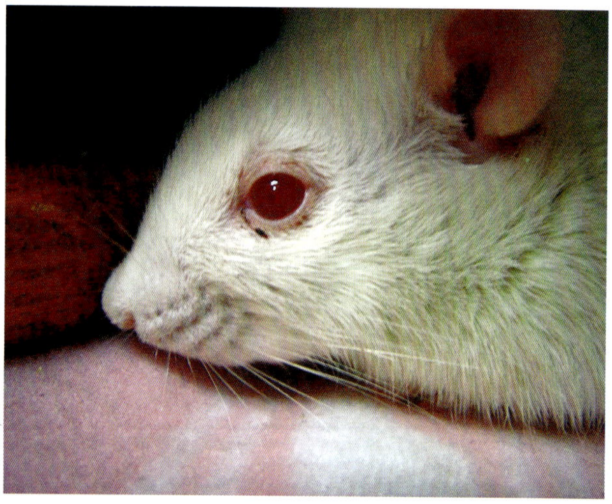

图 15-134　卟啉泪。生病大鼠出现轻度的卟啉泪。这只大鼠患有支原体肺炎，轻度呼吸困难。

“鼻部不适”或卟啉刺激——沙鼠
“Sore Nose” or Porphyrin Irritation—Gerbil

特征

由于应激或疾病引起沙鼠的哈德氏腺的过度分泌导致卟啉泪，其中红色的卟啉看起来像血液。这一物质对沙鼠有较强的刺激性，可能引起沙鼠用鼻子蹭笼子，并可能继发外伤。

主要鉴别诊断

出血及鼻子的其他创伤。

诊断

典型外观为红色的卟啉和鼻子皮肤充血。

治疗和预后

1. 解决潜在造成应激的原因，如饲养环境过于拥挤。

2. 定期清洁面部，去除造成皮肤刺激的卟啉。如果继发感染给予抗生素。给予抗炎药物会对症状有所缓解。

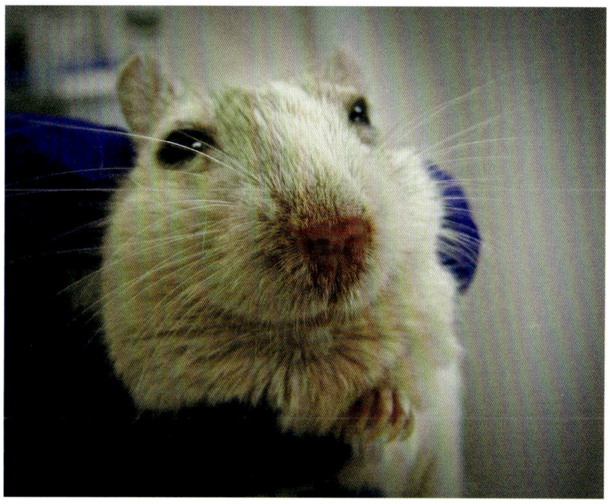

图 15-135　“鼻部不适”。沙鼠“鼻部不适”的典型症状，由于应激造成的卟啉分泌，进而刺激皮肤产生抓挠鼻子的行为。

疫苗接种不当——鸟
Improper Vaccine Delivery—Bird

特征

小而硬的皮下肿物位于胸肌尾侧，这个部位通常是皮下注射疫苗的位置。如果鸟的疫苗不是皮下注射，而是皮内或肌肉注射，或者肌纤维膜在注射时受损，那么就会出现肉芽肿。

主要鉴别诊断

肿瘤和脓肿。

诊断

典型的临床表现，以及肿物长时间不变。

治疗和预后

通常无需手术切除。如果肉芽肿出现其他问题，可以手术切除，但这种情况很罕见。避免损伤下方的肌肉非常重要。使用 22 号针头可以保证皮下注射顺利进行，而不会出现皮内注射。如果使用 25 号针头，可能容易形成皮内注射，产生一个白色的水疱。

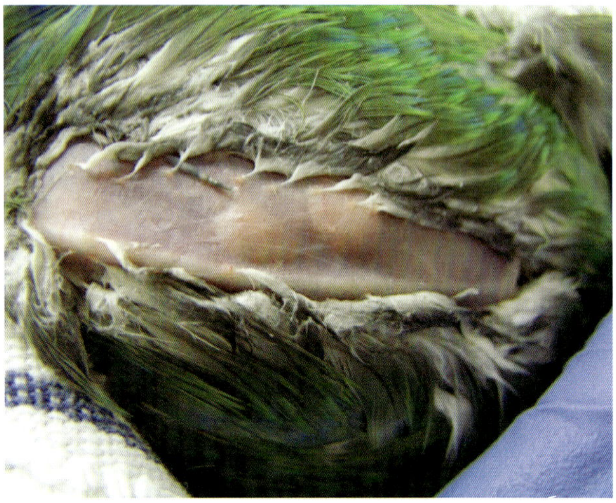

图 15-136 疫苗接种不当。由于不正确的多瘤病毒疫苗注射，亚马逊鹦鹉患有皮下肉芽肿。疫苗被皮下注射，但是肌纤维膜损伤，或者如果疫苗被肌肉注射或皮内注射，都可形成肉芽肿。

无毛变种
Hairless Varieties

特征

需要认识到豚鼠、小鼠等会出现无毛变种。

主要鉴别诊断

无。

诊断

典型外观。

治疗和预后

无。

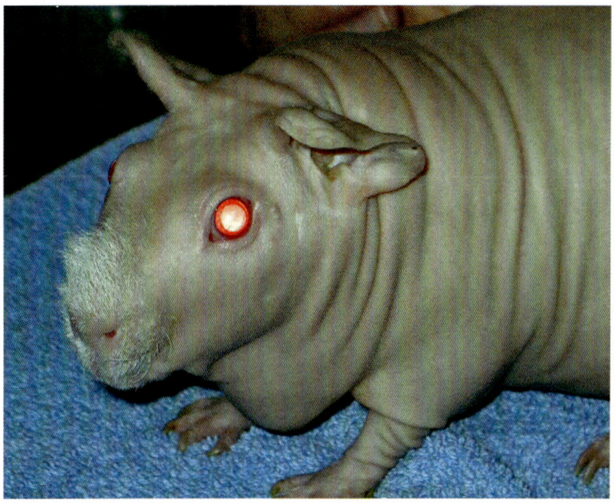

图 15-137 无毛变种。若干个品种都可买到无毛变种，包括小鼠。照片中是一只豚鼠。无毛变种相对于有毛的同类免疫力更低。

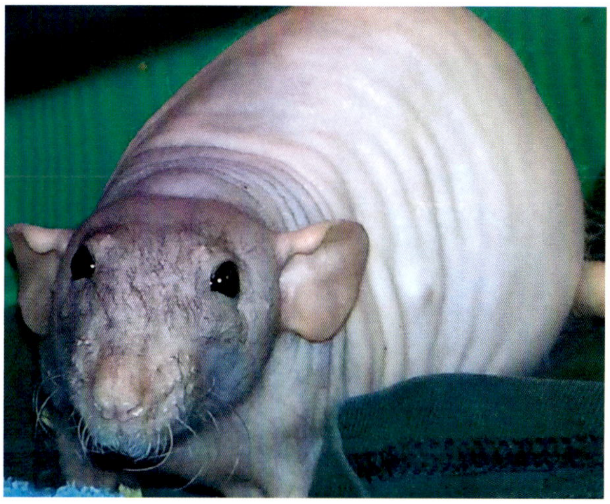

图 15-138 无毛变种。照片中为无毛大鼠。

刺青——雪貂、兔、鸟
Tattoo—Ferret, Rabbit, Bird

特征

雪貂右耳上的两点刺青表明它已经绝育（去势）和去臭腺。有时，也会在兔子的耳朵上做印记，以个体识别。很多年前，区分鸟类的性别是通过腹腔镜检查而不是血液检查，区分以后会在雌鸟的左侧翼掌做刺青，而在雄鸟的右侧翼掌做刺青。

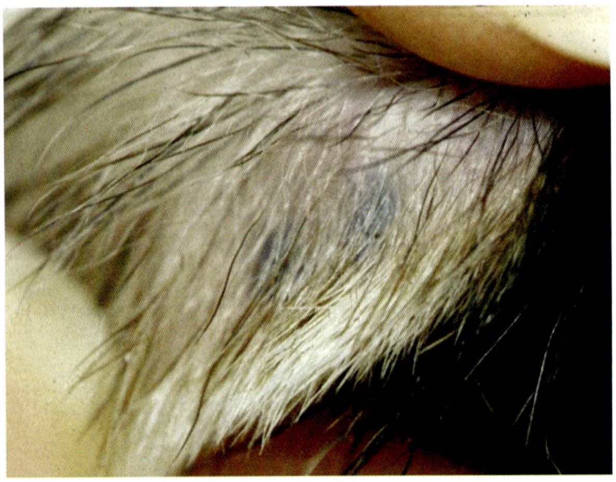

图 15-139　刺青。雪貂的右耳有两点印记，说明它已经被绝育（去势）和去臭腺。

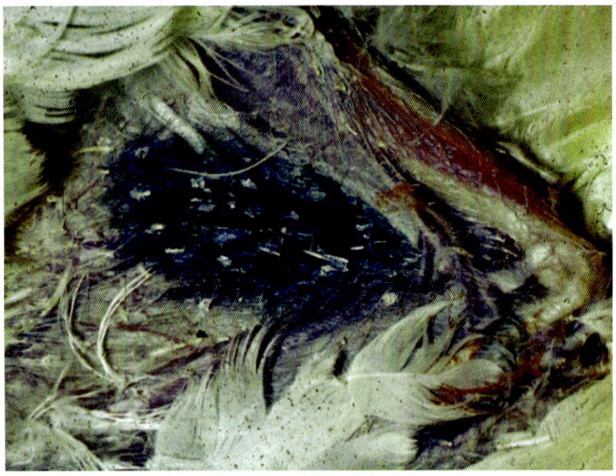

图 15-140　刺青。鸟的翼掌有印记，表明已经通过外科或血液区分了性别，标记为雌性（左侧翼掌）或雄性（右侧翼掌）。

建议阅读

Adamcak A, Kaufman A, Quesenberry K. What's your diagnosis? Generalized alopecia in a Syrian (golden) hamster. *Lab Anim* 1988; 27:19-20.

Bauck L, Orr JP, Lawrence KH. Hyperadrenocorticism in three teddy bear hamsters. *Can Vet J* 1984; 25:247-250.

Collins BR. Common diseases and medical management of rodents and lagomorphs. In Jacobson ER, Kollias GV (eds). *Exotic Animals.* New York: Churchill Livingstone; 1988:261-316.

Cooper JE. Dermatology. In Mader DR (ed). *Reptile Medicine and Surgery*, 2nd ed. St. Louis: Elsevier; 2006:196-216.

Derrell CJ. Biology and diseases of other rodents. In Fox JG, Cohen BJ, loew FM (eds). *Laboratory Animal Medicine.* Orlando, FL: Academic Press; 1984:183-206.

Diethelm G. Reptiles. In Carpenter JW (ed). *Exotic Animal Formulary*, 3rd ed. Philadelphia: Elsevier Saunders; 2005;58-105.

Dirx MJ, Zeegers MP, Dagnelie PC, et al. Energy restriction and the risk of spontaneous mammary tumors in mice: a meta-analysis. *Int J Cancer* 2003;106(5):766-770.

Donnelly TM. Disease problems of small rodents. In Hillyer EV, Quesenberry KE (eds). *Ferrets, Rabbits, and Rodents—Clinical Medicine and Surgery.* Philadelphia: WB Saunders; 1997:307-328.

Donnelly TM, Quimby FW. Biology and diseases of other rodents. In Fox JG, Anderson LC, Loew FM, Quimby FW (eds). *Laboratory Animal Medicine*, 2nd ed. San Diego: Academic Press; 2002:248-308.

Fox JG. Parasitic diseases. In *Biology and Diseases of the Ferret*, 2nd ed. Baltimore: Williams & Wilkins; 1998:375-392.

Gamble C, Morrisey JK. Ferrets. In Carpenter JW (ed). *Exotic Animal Formulary*, 3rd ed. St. Louis: Elsevier; 2005:447-478.

Georgi JR, Georgi ME. *Parasitology for Veterinarians.* Philadelphia: WB Saunders; 1990.

Gerlach H. Viruses. In Ritchie BW, Harrison G, Harrison LR (eds). *Avian Medicine, Principles and Application.* Lake Worth, FL: Wingers Publishing; 1994:862-948.

Hankenson FC, Van Hoosier GL. Biology and diseases of hamsters. In Fox JG, Anderson LC, Loew FM, Quimby FW (eds). *Laboratory Animal Medicine*, 2nd ed. San Diego: Academic Press; 2002:168-202.

Harcourt-Brown F. Skin diseases. In *Textbook of Rabbit Medicine.* Oxford, UK: Alden Press; 2002:224-248.

Harkness JE, Murray KA, Wagner JE. Biology and diseases of guinea pigs. In Fox JG, Anderson LC, Loew FM, Quimby FW (eds). *Laboratory Animal Medicine*, 2nd ed. San Diego: Academic Press; 2002:203-247.

Harkness JE, Wagner JE. Specific diseases and conditions. In Harkness JE, Wagner JE (eds). *The Biology and Medicine of Rabbits and Rodents*, 4th ed. Philadelphia: Williams & Wilkins; 1995:171-322.

Hernandez-Divers SJ. Rabbits. In Carpenter JW (ed). *Exotic Animal Formulary*, 3rd ed. St. Louis: Elsevier, 2005:410-446.

Hotchkiss C. Effect of surgical removal of subcutaneous tumors on survival of rats. *J Am Vet Med Assoc* 1995;206(10):1575-1579.

Jacoby RO, Fox JG, Davisson M. Biology and diseases of mice. In Fox JG, Anderson LC, Loew FM, Quimby FW (eds). *Laboratory Animal Medicine,* 2nd ed. San Diego: Academic Press; 2002:35-120.

Kohn DF, Clifford CB. Biology and diseases of rats. In Fox JG, Anderson LC, Loew FM, Quimby FW (eds). *Laboratory Animal Medicine*, 2nd ed. San Diego: Academic Press; 2002:121-167.

Lipman NS, Foltz C. Hamsters. In Laber-Laird K, Swindle MM, Flecknell P (eds). *Handbook for Rodent and Rabbit Medicine.* Tarrytown, NY: Pergamon; 1995:65-82.

Lloyd M. Dermatologic diseases. In *Ferrets—Health, Husbandry and Diseases.* London: Blackwell Science; 1999:78-87.

Marini RP, Otto G, Erdman S, et al. Biology and diseases of ferrets. In Fox JG, Anderson LC,

Loew FM, Quimby FW (eds). *Laboratory Animal Medicine*, 2nd ed. San Diego: Academic Press; 2002:483-518.

McTier TL, Hair JA, Walstrom DJ, Thompson L. Efficacy and safety of topical administration of selamectin for treatment of ear mite infestation in rabbits. *J Am Vet Med Assoc* 2003;223(3):322-324.

Morrisey JK. Part II: other diseases. In Quesenberry KE, Carpenter JW (eds). *Ferrets, Rabbits, and Rodents: Clinical Medicine and Surgery*, 2nd ed. Philadelphia: WB Saunders; 2004:66-70.

Murray MJ. Aural abscesses. In Mxader D (ed). *Reptile Medicine and Surgery.* Philadelphia: WB Saunders; 1996:349-352.

Ness RD. Rodents. In Carpenter JW (ed). *Exotic Animal Formulary*, 3rd ed. St. Louis: Elsevier; 2005:377-410.

Orcutt C. Dermatologic diseases. In Hillyer EV, Quesenberry KE (eds): *Ferrets, Rabbits and Rodents: Clinical Medicine and Surgery.* Philadelphia: WB Saunders; 1997:115-125.

Pollack C, Carpenter JW, Antinoff N. Birda. In Carpenter JW (ed). *Exotic Animal Formulary*, 3rd ed. St. Louis: Elsevier; 2005:135-346.

Quesenberry KE, Orcutt C. Basic approach to veterinary care. In Quesenberry KE, Carpenter JW (eds). *Ferrets, Rabbits, and Rodents: Clinical Medicine and Surgery*, 2nd ed. Philadelphia: WB Saunders; 2004:13-24.

Ramis A, Latimer KS, Niagro FD, et al. Diagnosis of psittacine beak and feather disease (PBFD) viral infection, avian polyomavirus infection, adenovirus infection and herpesvirus infection in psittacine tissues using DNA in situ hybridization. *Avian Pathol* 1994;23:643-657.

Raymond JT, Garner MM. Spontaneous tumours in captive African hedgehogs (*Atelerix albiventris*): a retrospective study. *J Comp Pathol* 2001; 124:128-133.

Ritchie BW. Circoviridae. In *Avian Viruses, Function and Control* Lake Worth. FL: Wingers Publishing; 1995:223-252.

Rosenthal KL. Respiratory disease. In Quesenberry KE, Carpenter JW (eds). *Ferrets, Rabbits and Rodents: Clinical Medicine and Surgery*, 2nd ed. Philadelphia: WB Saunders, 2004:72-78.

Schmidt RE, Reavill DR. The avian thyroid gland. V*et Clin North Am Exot Anim Pract* 2008; 11(10): 15-23.

Shoemaker NJ. Selected dermatologic conditions in exotics pets *Exotic DVM* 1999;1:5.

Styles DK, Tomaszewski EK, Jaeger LA, Phalen DN. Psittacid herpesvirus associated with mucosal papillomas in neotropical parrots *Virology* 2004; 325(1):24-35.

Suckow MA, Brammer DW, Rush HG, Chrisp CE. Biology and diseases of rabbits. In Fox JG, Anderson LC, Loew FM, Quimby FM (eds). *Laboratory Animal Medicine*, 2nd ed. San Diego: Academic Press; 2002:329-364.

Tanaka A, Hisanage A, Ishinishi N. The frequency of spontaneouslyoccurring neoplasms in the male Syrian golden hamster. *Vet Hum Toxicol* 1991;33(4):318-321.

第 16 章　治疗前后对比照片

Pretreatment and Posttreatment Response Images

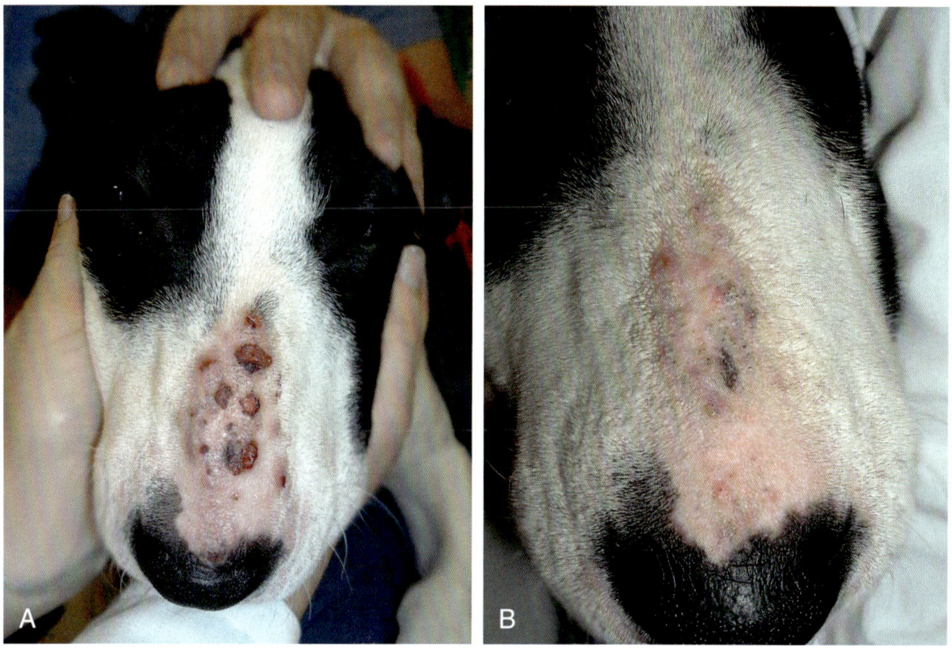

图 16-1　鼻部脓皮病。A. 治疗前鼻部脱毛、结痂、丘疹性皮炎。B. 进行积极的抗生素治疗 3 周后（高剂量、长时间和最佳频率），细菌性毛囊炎和疖病正在消除。

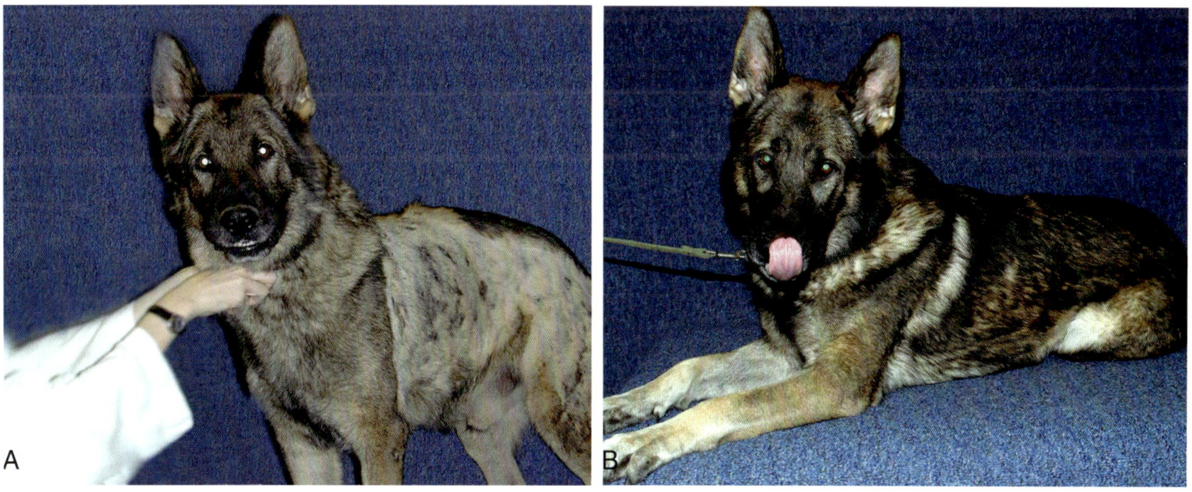

图 16-2　脓皮病。A. 患全身性细菌性毛囊炎和疖病的成年德国牧羊犬。已剃毛，可见许多结痂、丘疹以及引流性病变。B. 进行积极的抗生素治疗后（高剂量、长时间和最佳频率），细菌性毛囊炎和疖病已经治愈。

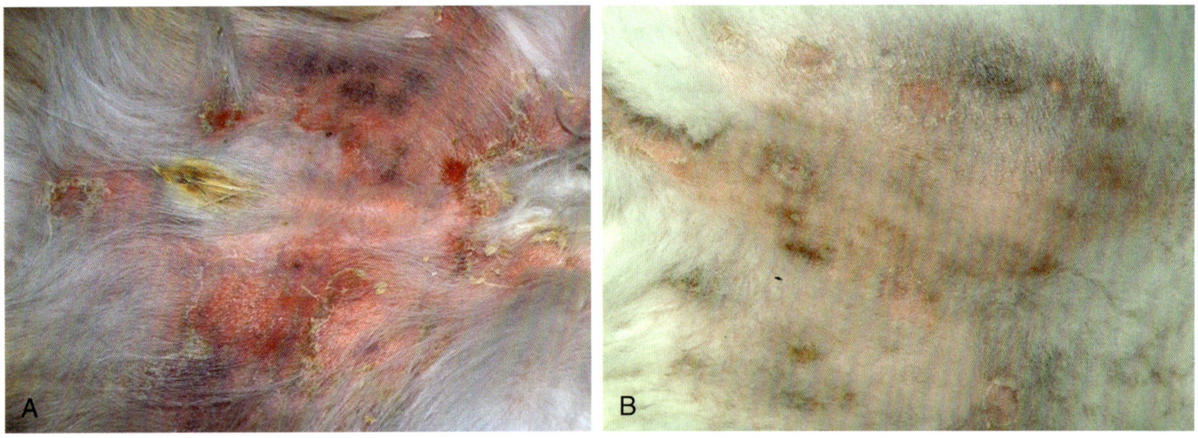

图 16-3 脓皮病。A. 严重的红斑性皮炎，有许多表皮环。B. 进行积极的抗生素治疗后，脓皮病得到改善，但是表面仍留有许多表皮环。该犬感染了多耐药性施氏葡萄球菌。

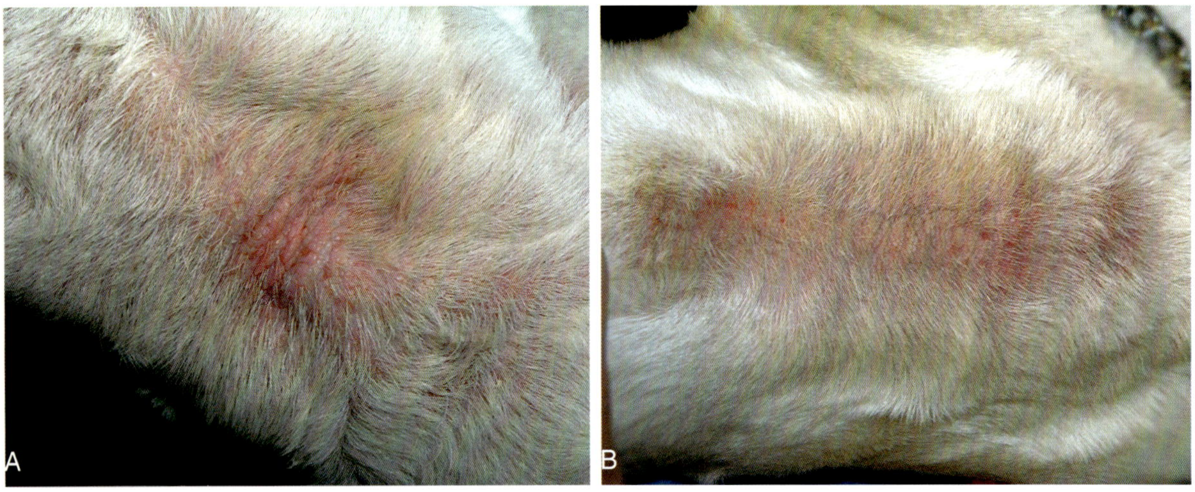

图 16-4 脓皮病。A. 细菌性脓皮病造成的颈腹侧脱毛和苔藓样变。注意和马拉色菌（酵母菌）性皮炎相似。B. 进行积极的抗生素治疗后（高剂量、长时间和最佳频率），细菌性毛囊炎和疖病已经治愈。

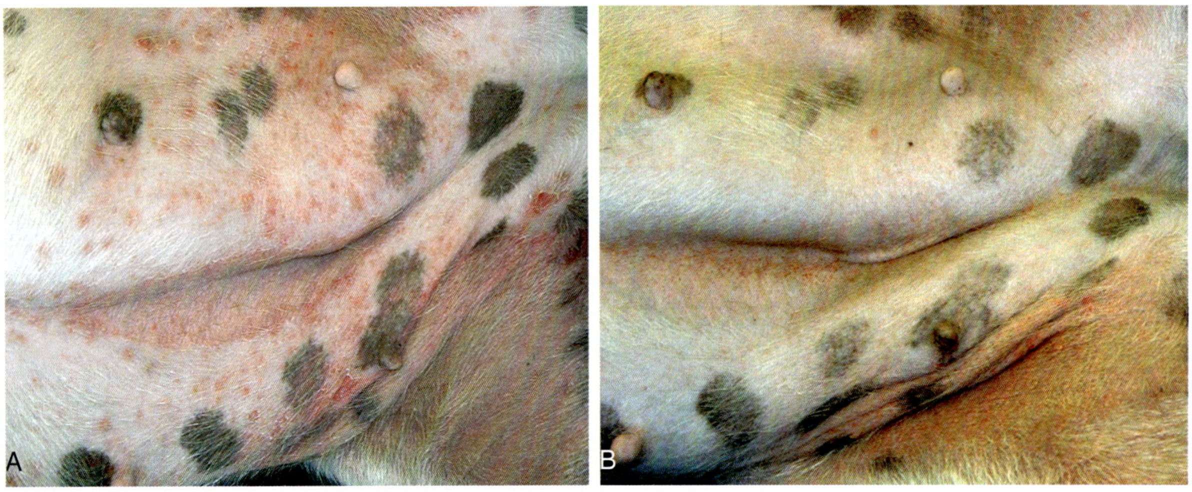

图 16-5 脓皮病。A. 患细菌性毛囊炎的一只犬，腹部出现红斑性丘疹性皮疹，这是犬脓皮病的特征。B. 进行积极的抗生素治疗后（高剂量、长时间和最佳频率），细菌性毛囊炎和疖病已经治愈。

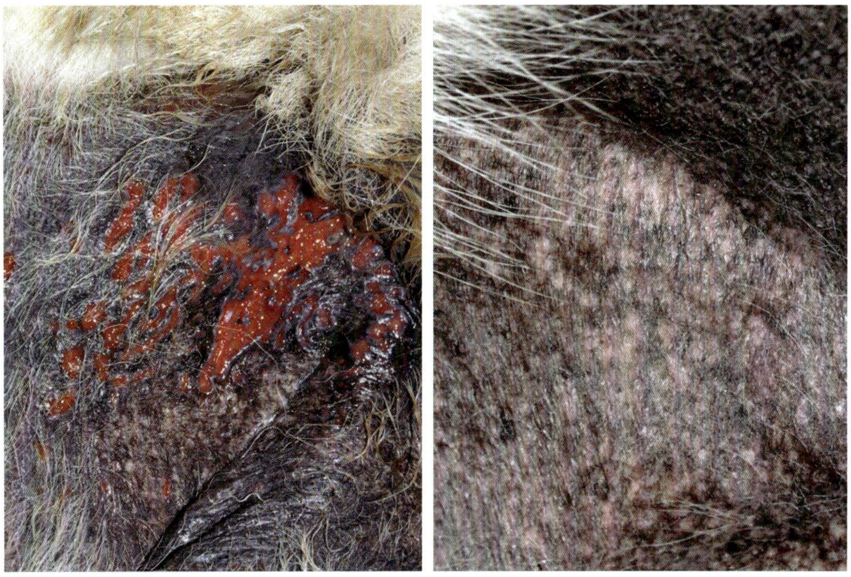

图 16-6　脓皮病。A. 成年德国牧羊犬感染了严重的葡萄球菌，造成糜烂性皮炎。葡萄球菌的外毒素很可能是造成糜烂性病变的原因（类似葡萄球菌灼伤皮肤综合征）。B. 进行积极的抗生素治疗后（高剂量、长时间和最佳频率），细菌性毛囊炎和疖病已经痊愈。

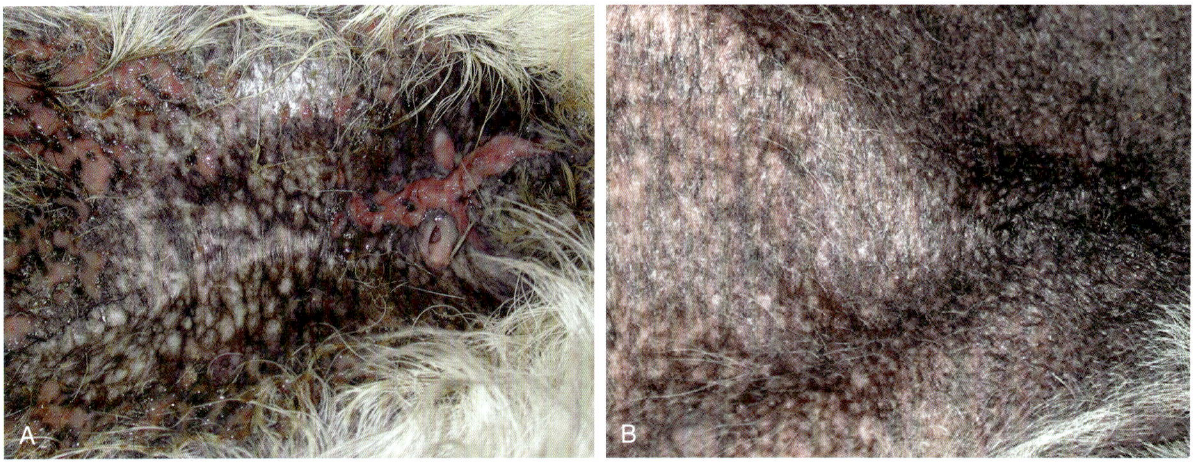

图 16-7　脓皮病。图 16-6 中的犬。A. 腹部出现由严重葡萄球菌感染造成的糜烂性病变。B. 进行积极的抗生素治疗后（高剂量、长时间和最佳频率），细菌性毛囊炎和疖病已经痊愈。

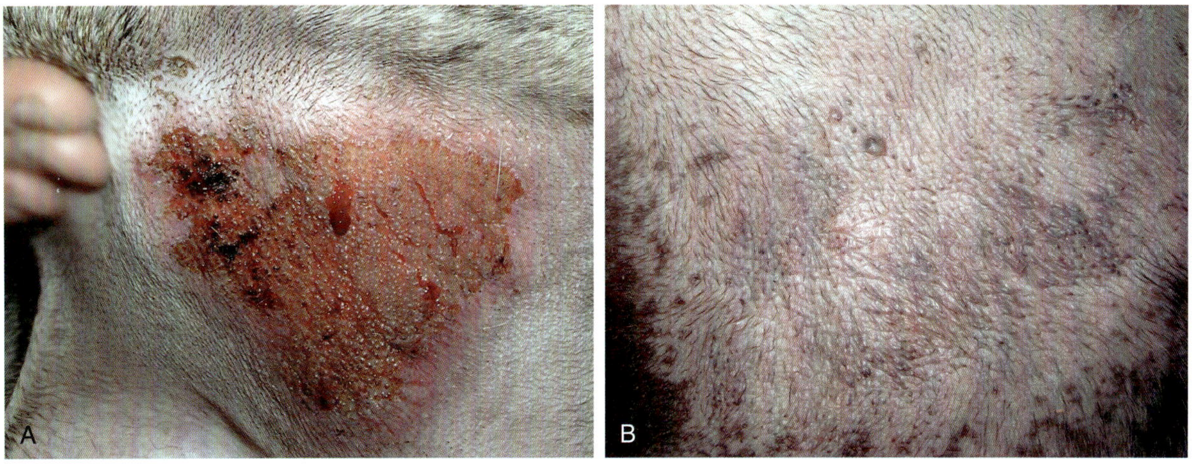

图 16-8　诺卡菌病。A. 大腿内侧的有渗出物的红色斑块。这种斑块不是诺卡菌病的典型症状，诺卡菌病常与蜂窝织炎相关。B. 用磺胺甲氧苄氨嘧啶积极治疗后，该病变正在消除。

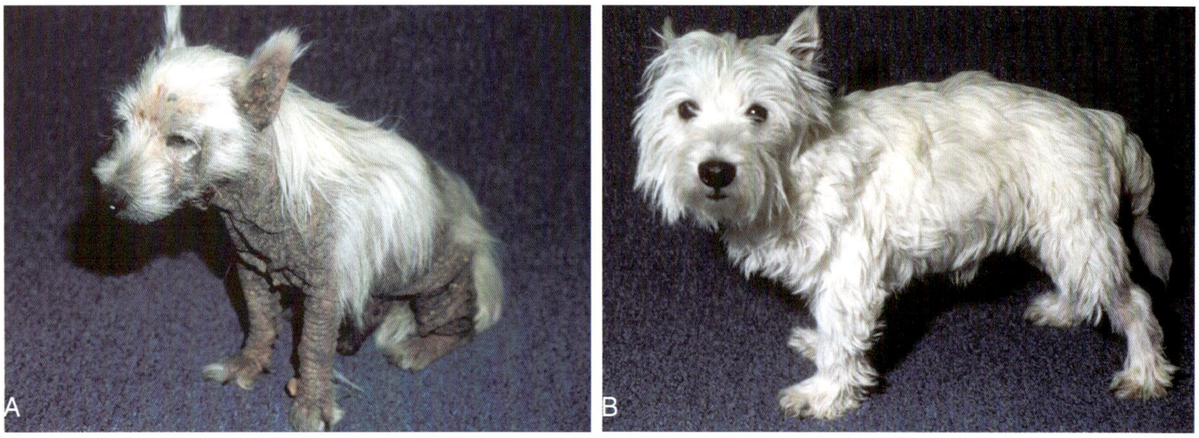

图 16-9　马拉色菌性皮炎。A. 和酵母菌性皮炎相关的全身性脱毛，伴发色素过度沉着和苔藓样变，呈现出特征性的“大象皮”样表现。B. 进行全身性酮康唑和外部抗真菌治疗数周后，酵母菌性皮炎已经治愈。必须控制潜在 / 原发性病因（过敏或内分泌疾病）来预防感染的复发。

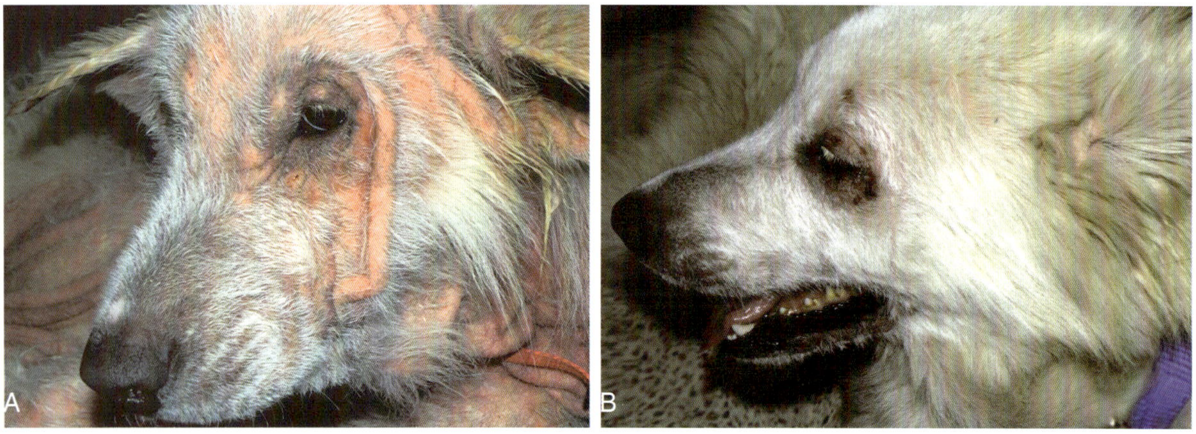

图 16-10　马拉色菌性皮炎。A. 原发性过敏性皮炎继发酵母菌性皮炎造成该犬面部严重红斑、脱毛和苔藓样变皮炎。B. 进行全身性酮康唑和外部抗真菌治疗数周后，酵母菌性皮炎已经治愈。

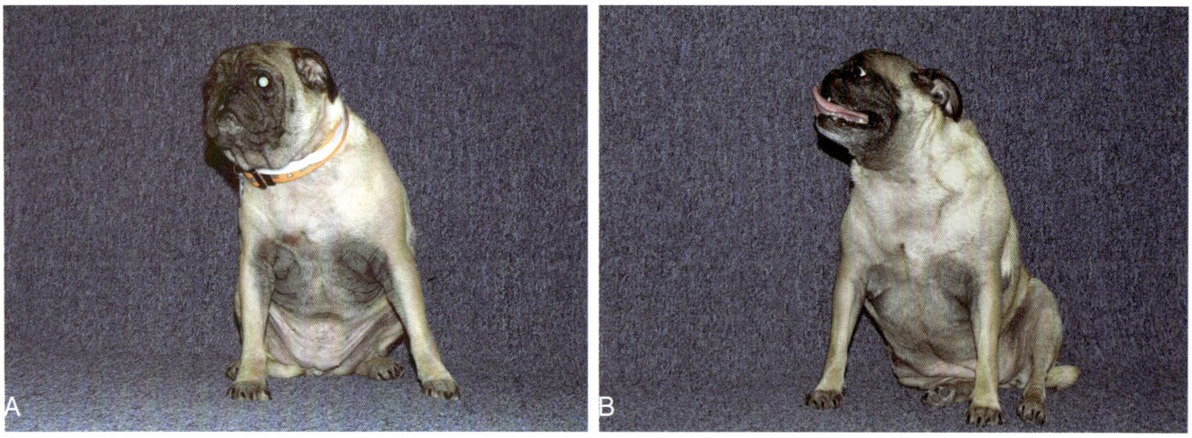

图 16-11　马拉色菌性皮炎。A. 酵母菌性皮炎特征性表现：面部和腋下严重脱毛、色素沉着过度以及苔藓样变，呈现典型的“大象皮”样表现。B. 进行全身性和外部抗真菌和抗细菌治疗数周后，酵母菌性皮炎正在消退。

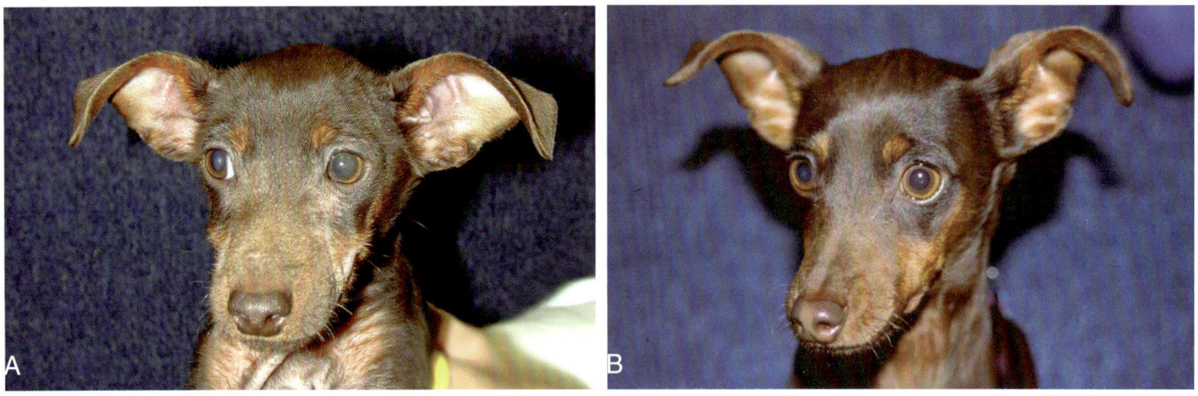

图 16-12　马拉色菌性皮炎。A. 和食物过敏有关的继发性酵母菌感染造成一只年轻的迷你杜宾面部和颈部脱毛和苔藓样变。B. 进行全身性酮康唑和外部抗真菌性治疗数周后，酵母菌性皮炎已经治愈。通过食物试验控制食物过敏。

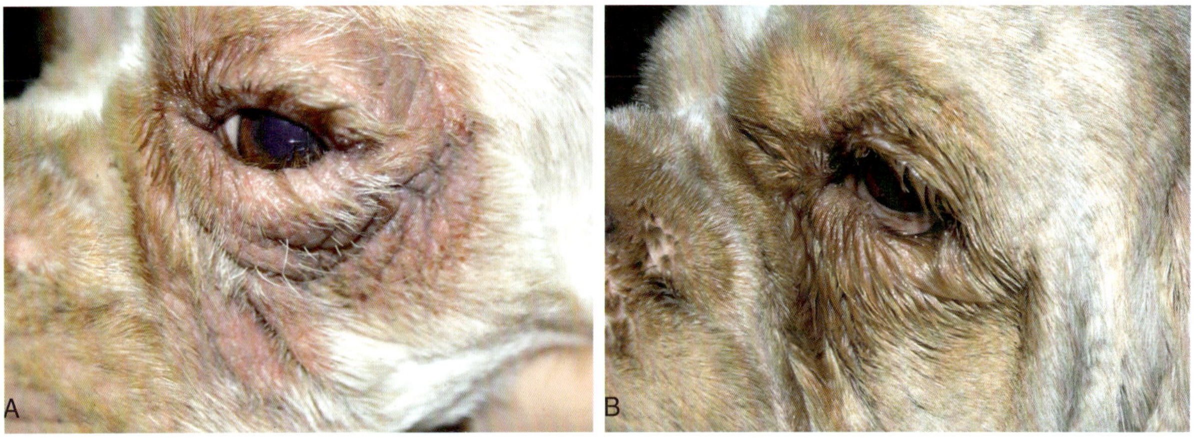

图 16-13　马拉色菌性皮炎。A. 患过敏性皮炎的一只成年可卡犬面部和眼周皮肤脱毛、色素沉着过度以及苔藓样变。B. 进行全身性酮康唑和外部抗真菌治疗数周后，酵母菌性皮炎已经治愈。

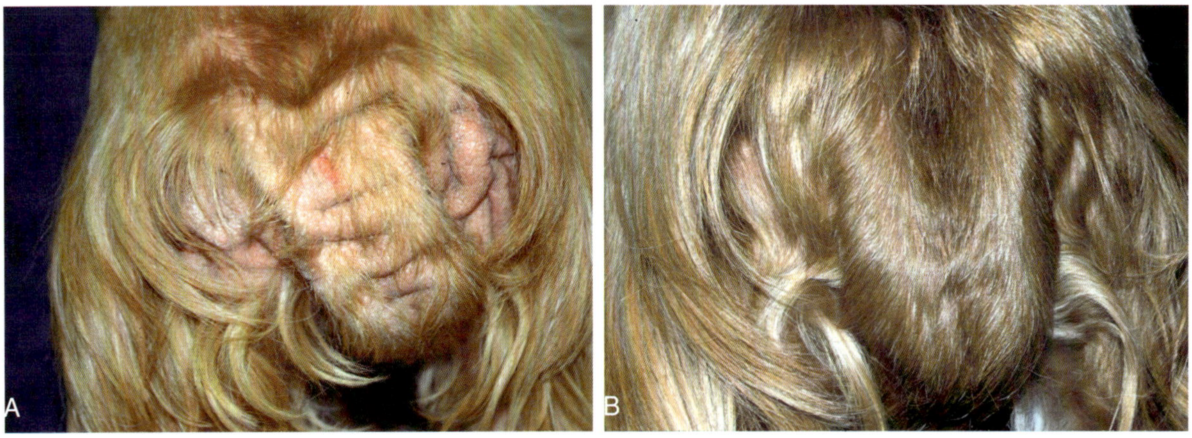

图 16-14　马拉色菌性皮炎。图 16-13 中的犬。A. 继发性酵母菌性皮炎造成尾根脱毛和苔藓样变。注意与跳蚤过敏性皮炎相似。B. 进行全身性酮康唑和外部抗真菌治疗数周后，酵母菌性皮炎已经治愈。

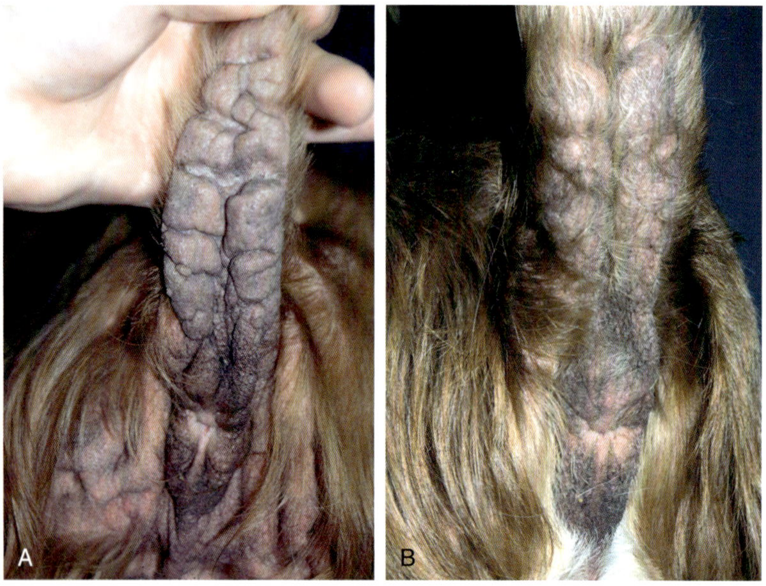

图 16-15　马拉色菌性皮炎。A. 患严重的继发性酵母菌性皮炎的一只犬的尾部腹侧和肛周区域严重脱毛、色素沉着过度和苔藓样变。基于病变分布于肛周，应考虑原发病可能是食物过敏性皮炎。B. 进行全身性酮康唑和外部抗真菌治疗数周后，酵母菌性皮炎治愈。

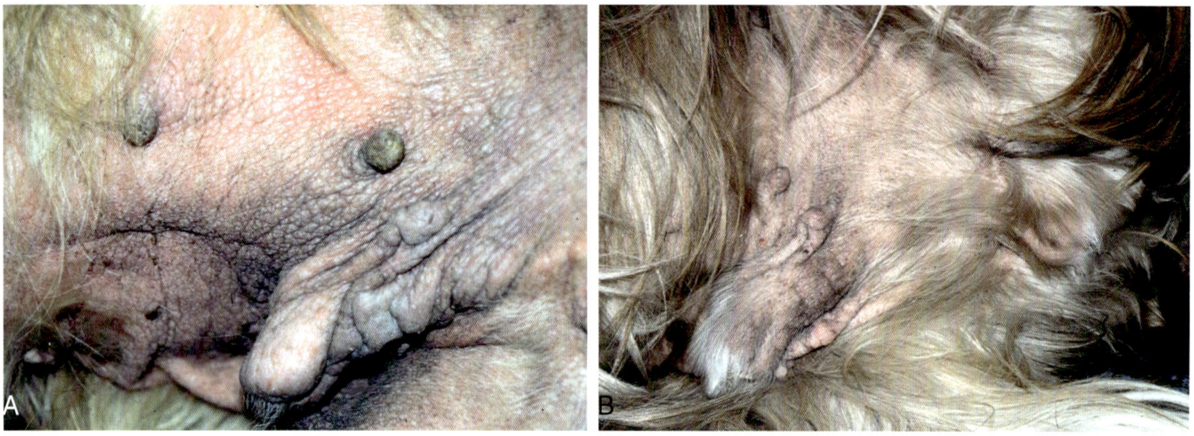

图 16-16　马拉色菌性皮炎。A. 特征性“大象皮”样病变，脱毛、色素过度沉着和苔藓样变，与继发性酵母菌感染有关。B. 进行全身酮康唑和外部抗真菌治疗数周后，酵母菌性皮炎已经治愈。

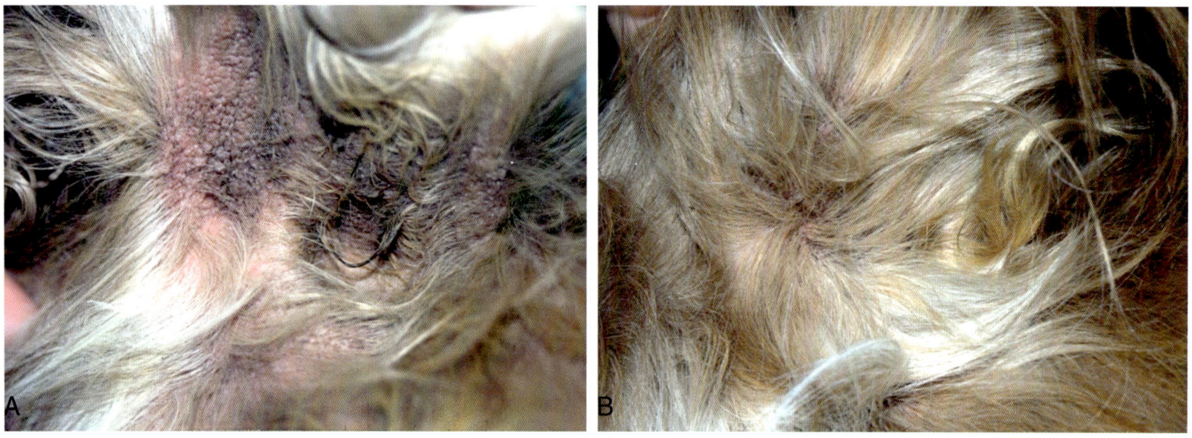

图 16-17　马拉色菌性皮炎。A. 腋下脱毛和苔藓样变是酵母菌性皮炎的特征。B. 进行全身性酮康唑和外部抗真菌治疗数周后，酵母菌性皮炎已经治愈。

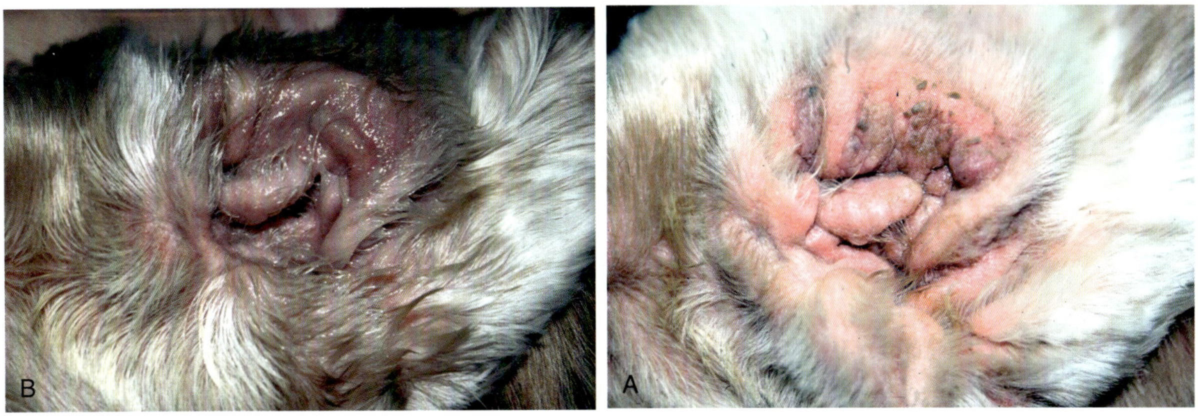

图 16-18　马拉色菌性耳炎。A. 外耳道红斑、苔藓样变并且狭窄，有湿性渗出。细胞学检查显示有大量酵母菌的继发感染。B. 进行全身性酮康唑和外部耳特净治疗数周后，酵母菌性耳炎已经痊愈。湿性物质为耳特净。注意解决了耳道感染问题，并用局部类固醇治疗，肿胀明显减轻了。

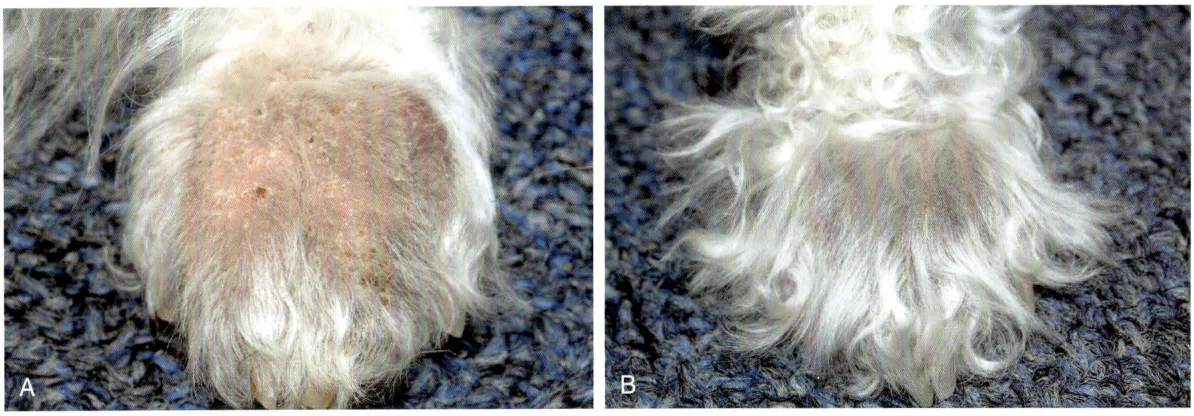

图 16-19　马拉色菌性皮炎。A. 患有继发性酵母菌性爪部皮炎的过敏犬，爪部脱毛和苔藓样变。趾间区域通常是细菌和酵母菌继发感染的主要部位；然而，在该患病动物，皮炎延伸至爪背侧。B. 进行全身性酮康唑和外部抗真菌治疗数周后，酵母菌性皮炎已经治愈。

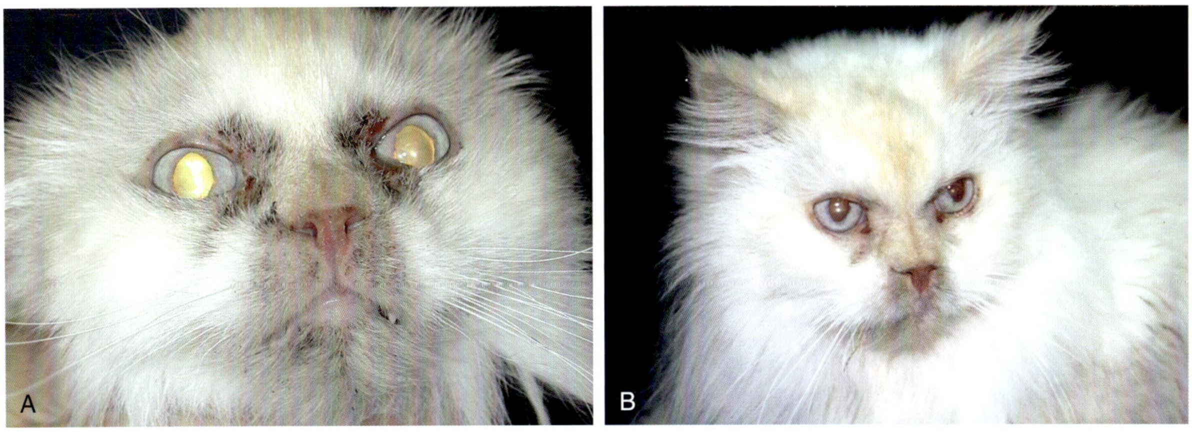

图 16-20　马拉色菌性皮炎。A. 患继发性酵母菌皮炎的猫眼周和嘴周结痂形成，有深色分泌物造成毛发凝结。注意与猫天疱疮和波斯猫特发性面部皮炎相似。B. 进行全身性伊曲康唑（酮康唑对猫产生许多不良反应）和外部抗真菌治疗数周后，酵母菌性皮炎已经治愈。

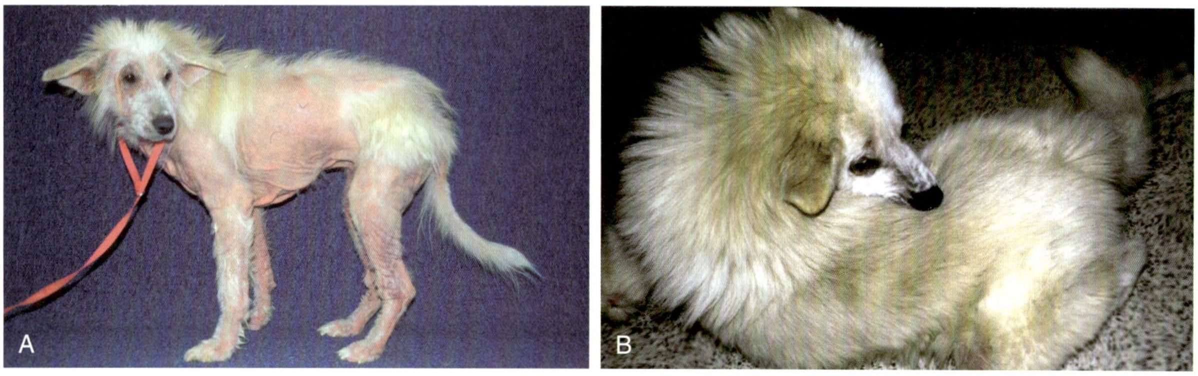

图 16-21 马拉色菌性皮炎。A. 患有与潜在过敏有关的继发性酵母菌性皮炎，该成年犬表现为全身性脱毛、红斑和苔藓样变。B. 进行全身性酮康唑和外部抗真菌治疗数周后，酵母菌性皮炎已经治愈。注意该犬由于潜在过敏症导致的瘙痒，仍未得到控制。

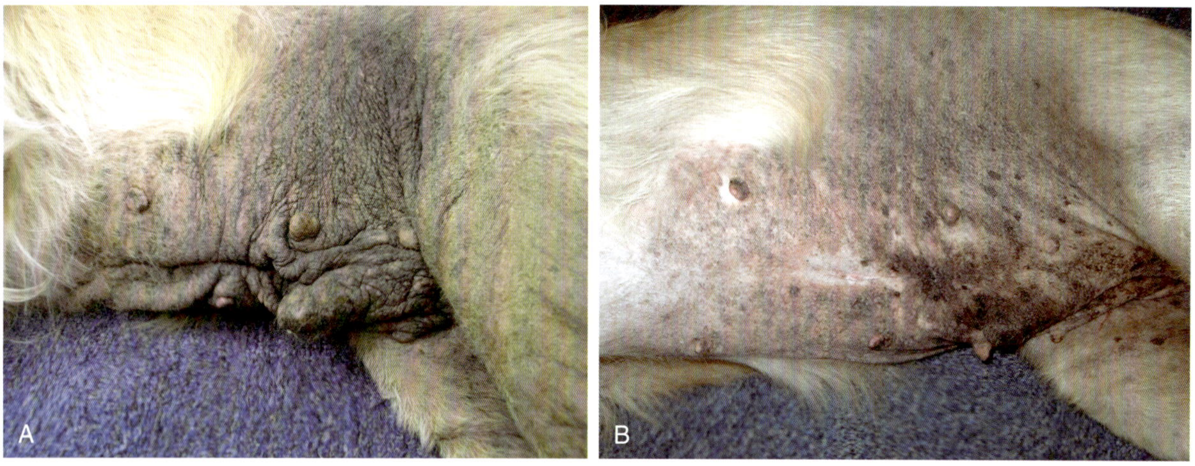

图 16-22 马拉色菌性皮炎。A. 与酵母菌性皮炎相关的脱毛、色素过度沉着和苔藓样变，呈现出“大象皮”样特征。B. 进行全身性酮康唑和外部抗真菌治疗数周后，酵母菌性皮炎已经治愈。

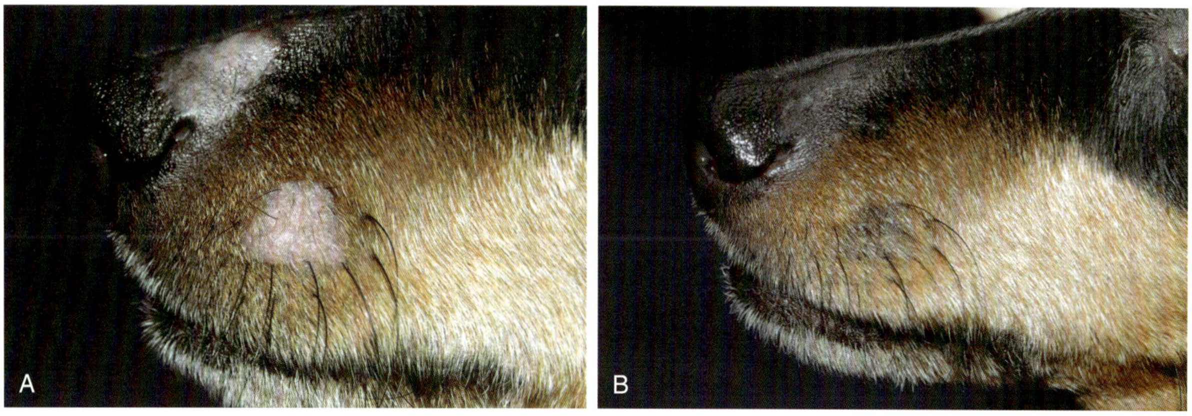

图 16-23 皮肤癣菌病。A. 成年杜宾犬嘴周脱毛和红斑。B. 进行全身性酮康唑和外部抗真菌治疗数周后，皮肤癣菌病已经治愈。

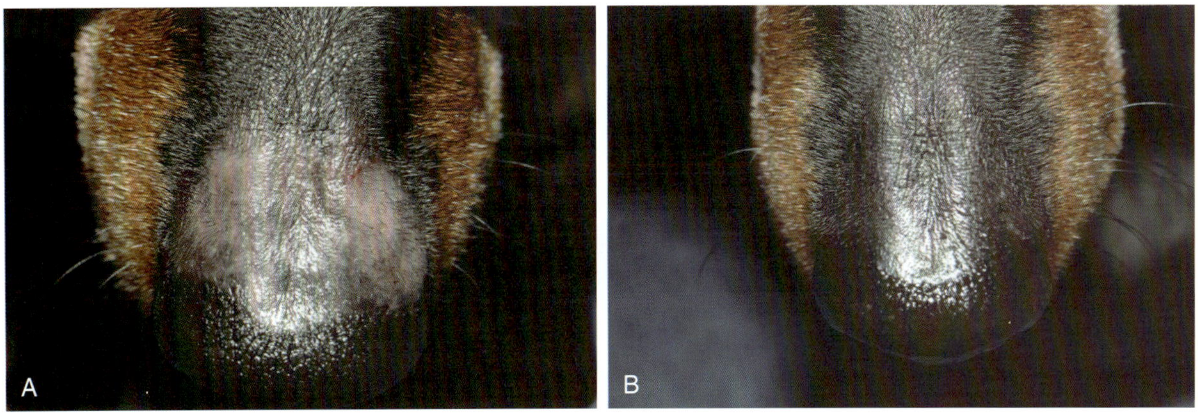

图 16-24　皮肤癣菌病。图 16-23 中的犬。A. 毛囊炎造成的脱毛和红斑仅限于鼻部有毛区，不像自体免疫性疾病会涉及鼻面无毛区。B. 进行全身性酮康唑和外部抗真菌治疗数周后，皮肤癣菌病已经治愈。

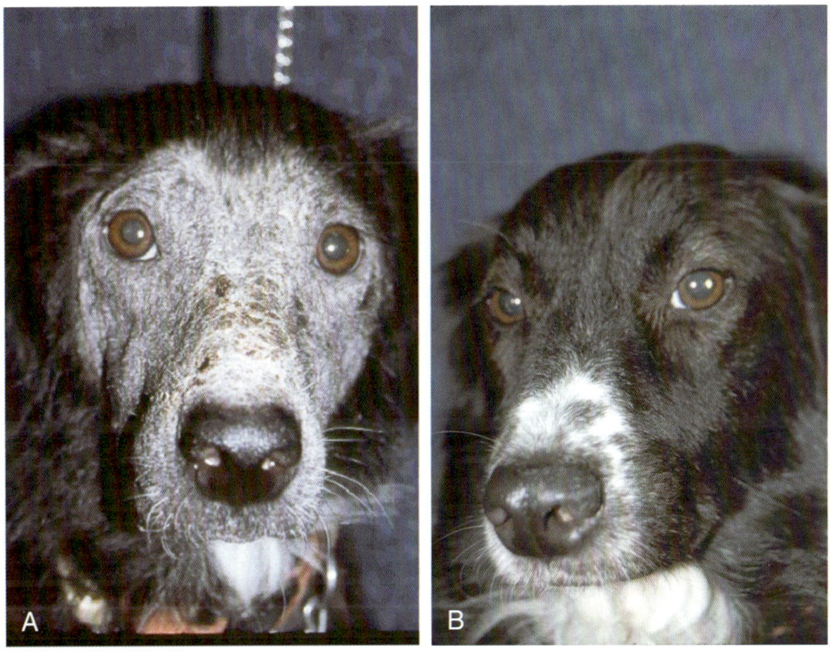

图 16-25　蠕形螨病。A. 蠕形螨病造成面部广泛性脱毛和结痂、丘疹性皮疹。B. 进行全身性杀螨治疗数月后，蠕形螨感染已经治愈（基于每次间隔 3 周，连续 2 次的皮肤深刮阴性结果）。

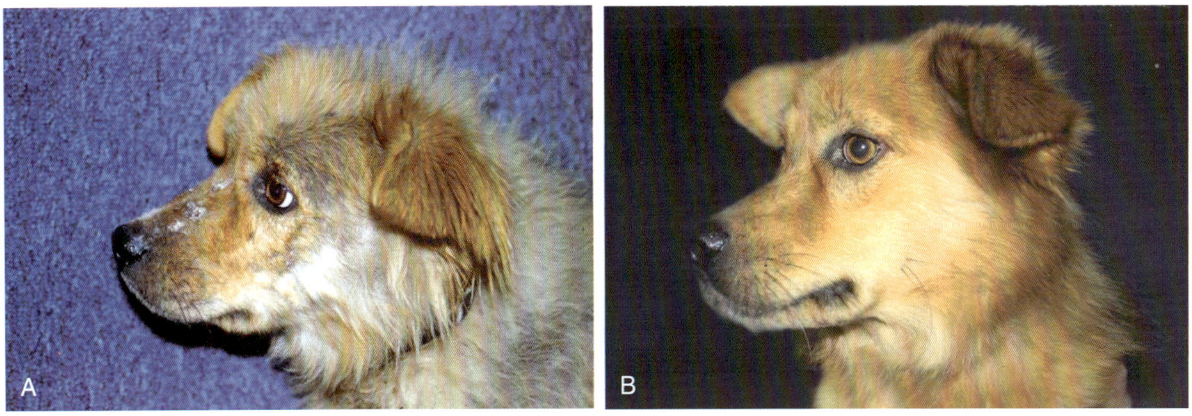

图 16-26　蠕形螨病。A. 成年犬广泛性脱毛、结痂和丘疹性皮炎。B. 进行全身性杀螨治疗数月后，蠕形螨感染已经治愈（基于每次间隔 3 周，连续 2 次的皮肤深刮阴性结果）。

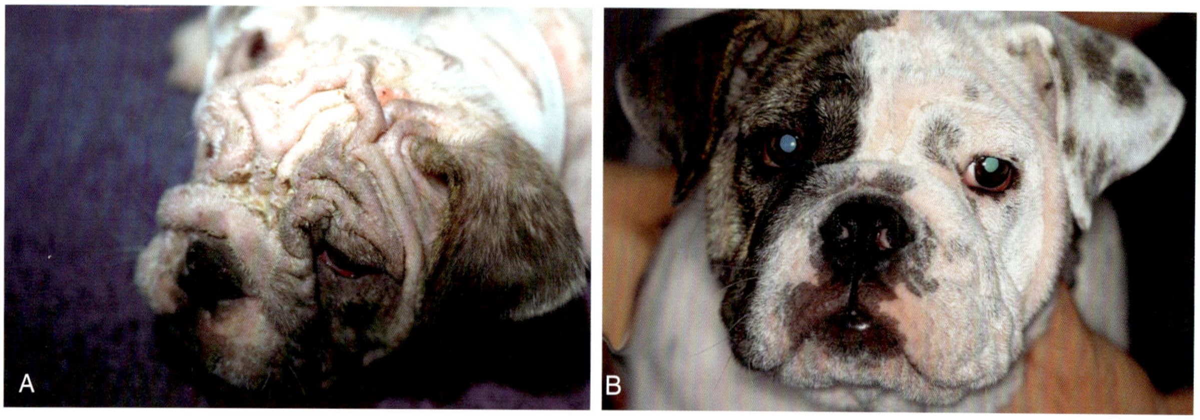

图 16-27　蠕形螨病。A. 英国斗牛犬幼犬的头部广泛性脱毛、结痂和丘疹性皮炎。B. 进行全身性杀螨治疗（伊维菌素）数月后，蠕形螨感染已经治愈（基于每次间隔 3 周，连续 2 次的皮肤深刮阴性结果）。

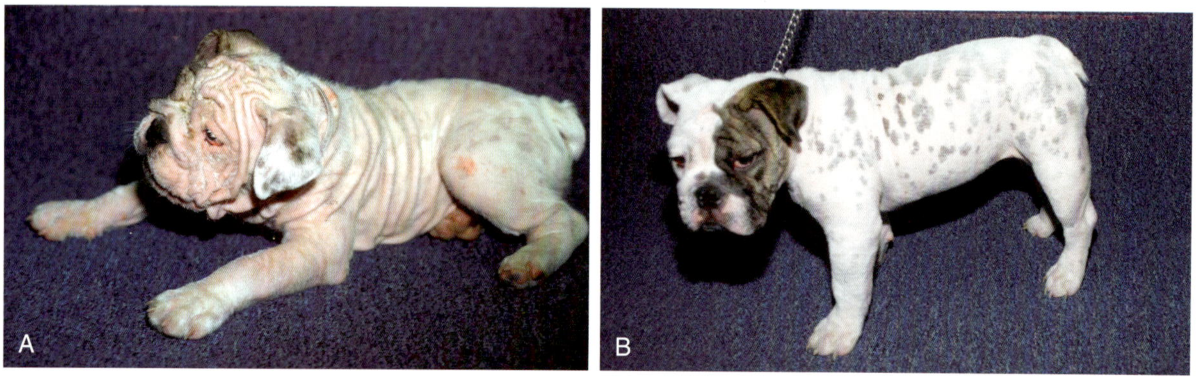

图 16-28　蠕形螨病。A. 全身广泛性脱毛和丘疹性皮炎。B. 进行全身性杀螨治疗（伊维菌素）数月后，蠕形螨感染已经治愈（基于每次间隔 3 周，连续 2 次的皮肤深刮阴性结果）。

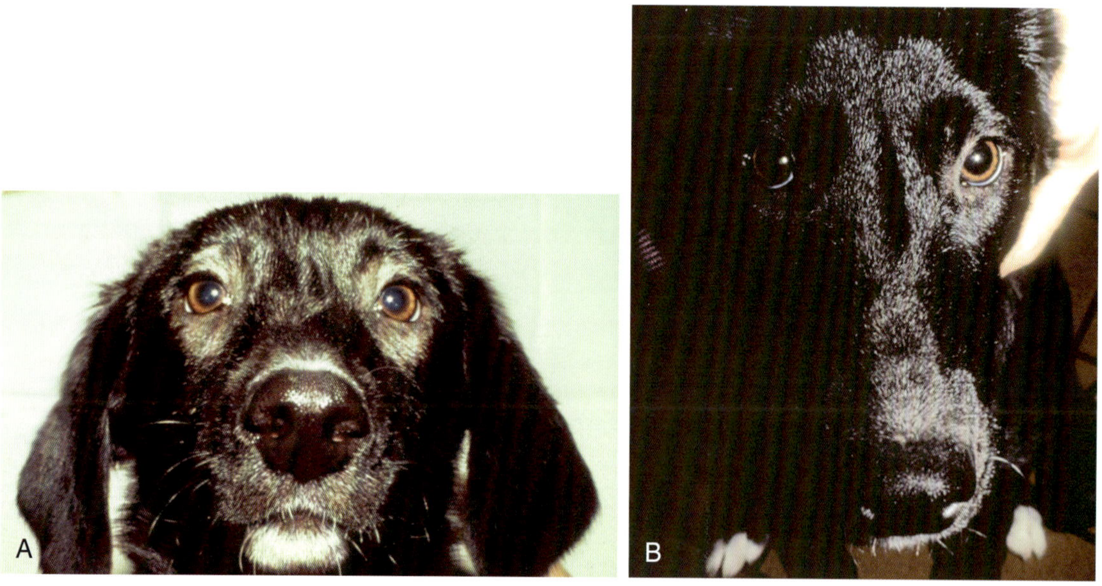

图 16-29　蠕形螨病。A. 眼周脱毛的杂种幼犬。B. 进行全身性杀螨治疗（伊维菌素）数月后，蠕形螨感染已经治愈（基于每次间隔 3 周，连续 2 次的皮肤深刮阴性结果）。

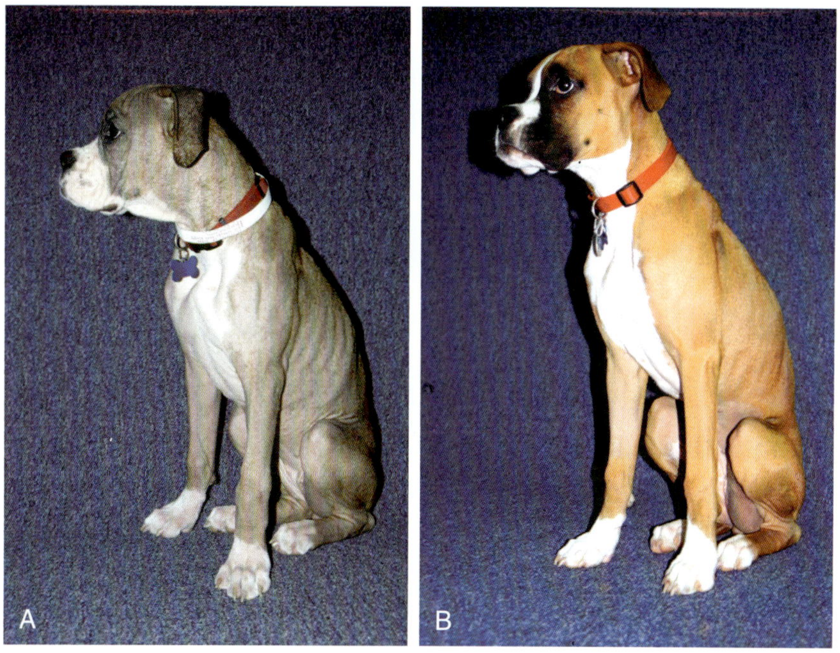

图 16-30　蠕形螨病。A. 广泛性脱毛和丘疹性皮疹的拳师幼犬。B. 进行全身性杀螨治疗（伊维菌素）数月后，蠕形螨感染已经治愈（基于每次间隔 3 周，连续 2 次的皮肤深刮阴性结果）。

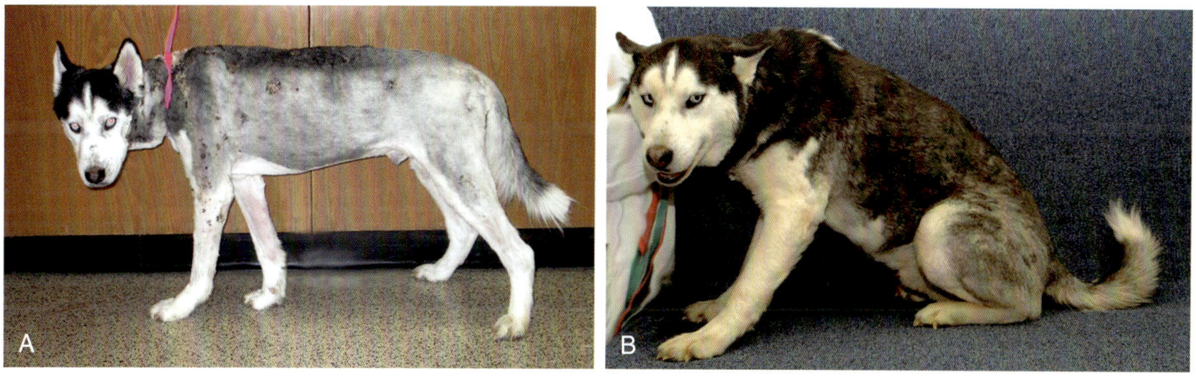

图 16-31　蠕形螨病。A. 广泛结痂性丘疹性皮炎，由于严重毛囊炎和疖病造成引流道。B. 进行全身性杀螨治疗数月后，蠕形螨感染已经治愈（基于每次间隔 3 周，连续 2 次的皮肤深刮阴性结果）。

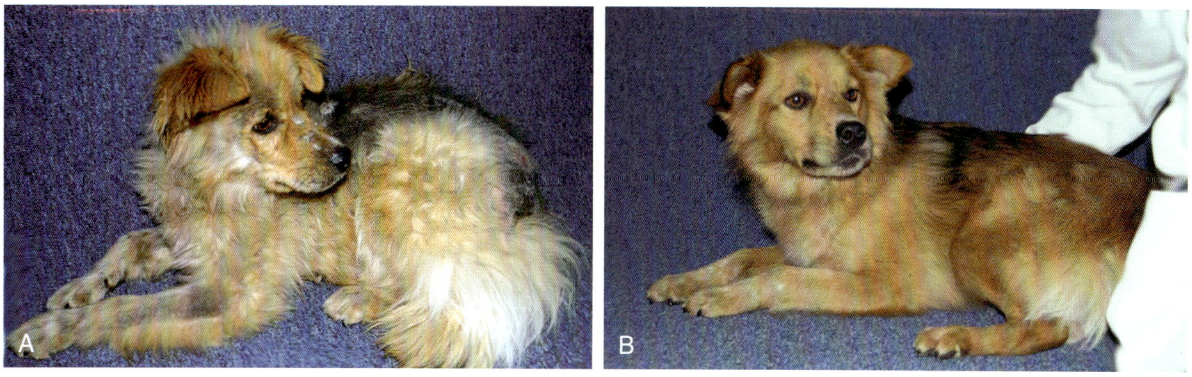

图 16-32　蠕形螨病。A. 广泛性脱毛以及结痂性丘疹性皮疹。B. 进行全身性杀螨治疗数月后，蠕形螨感染已经治愈（基于每次间隔 3 周，连续 2 次的皮肤深刮阴性结果）。

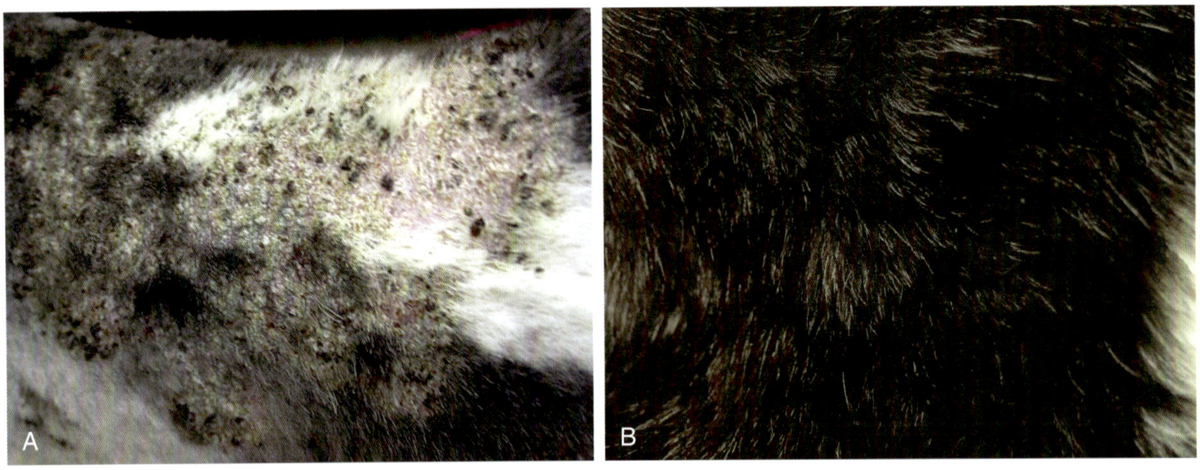

图 16-33 蠕形螨病。A. 成年犬躯干上脱毛，并伴有严重的结痂性丘疹性皮炎。B. 进行全身性杀螨治疗数月后，蠕形螨感染已经治愈（基于每次间隔 3 周，连续 2 次的皮肤深刮阴性结果）。

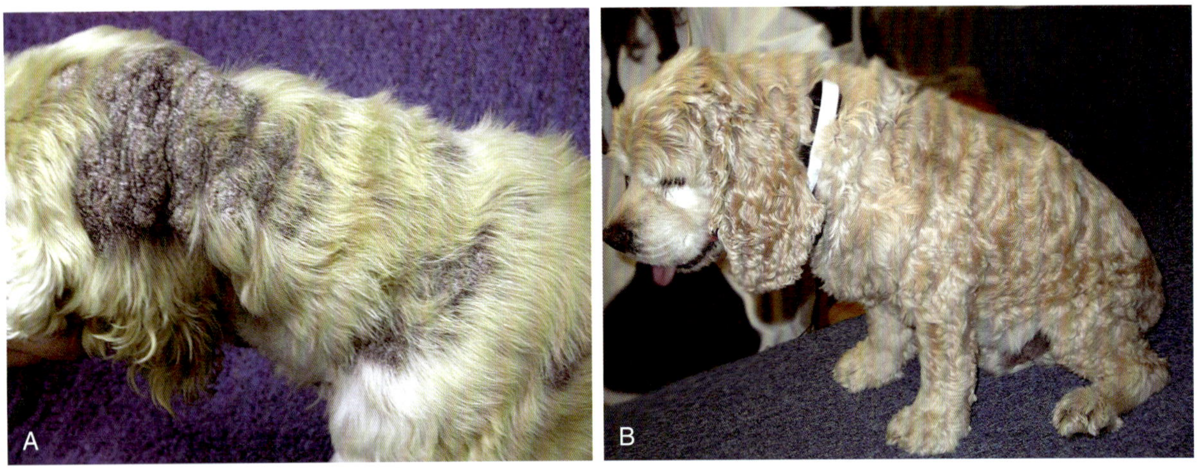

图 16-34 蠕形螨病。A. 成年可卡犬头部、颈部和肩部脱毛，伴发色素过度沉着和苔藓样变。注意与马拉色菌（酵母菌）性皮炎的病变类型相似，后者病变常出现在躯干腹侧。B. 进行全身性杀螨治疗数月后，蠕形螨感染已经治愈（基于每次间隔 3 周，连续 2 次的皮肤深刮阴性结果）。

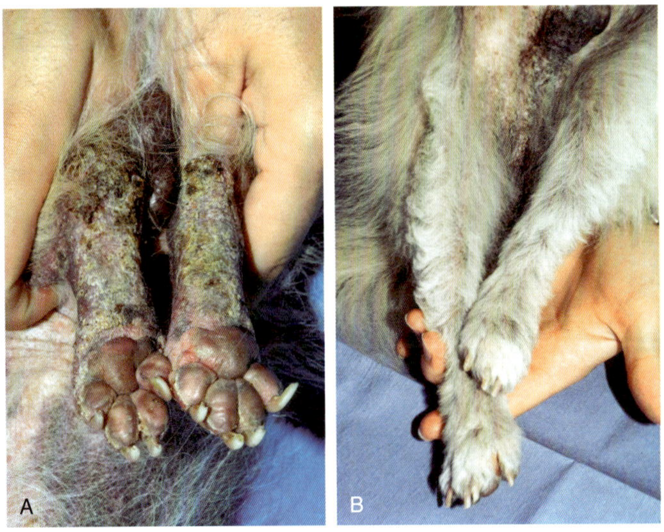

图 16-35 蠕形螨病。图 16-34 中的犬。A. 皮肤表面几乎脱毛、色素过度沉着以及结痂性丘疹性皮炎。B. 进行全身性杀螨治疗（伊维菌素）数月后，蠕形螨感染已经治愈（基于每次间隔 3 周，连续 2 次的皮肤深刮阴性结果）。

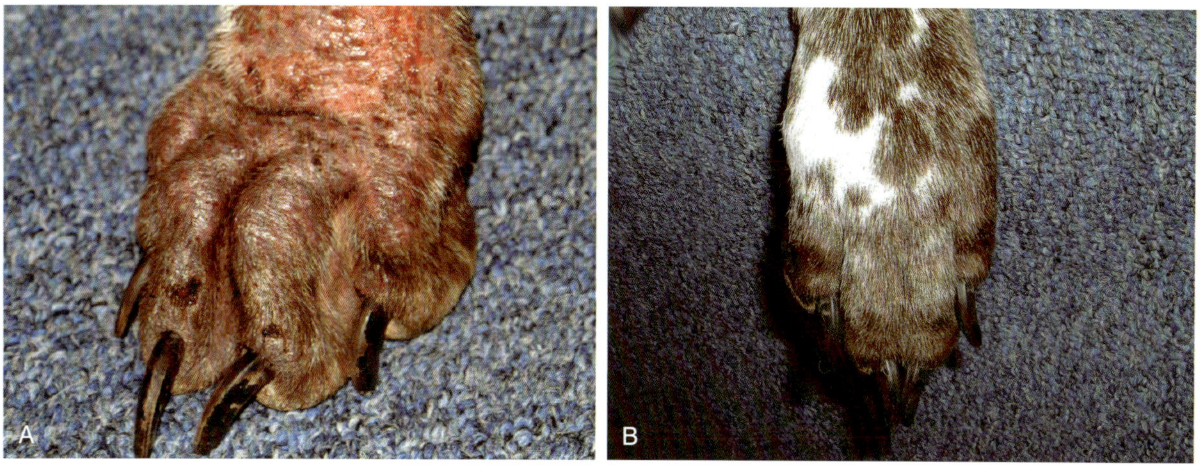

图 16-36　蠕形螨病。A. 患医源性库兴氏综合征的犬，爪部脱毛、红斑、色素过度沉着以及苔藓样变。B. 进行全身性杀螨治疗（伊维菌素）并停止类固醇数月后，蠕形螨感染已经治愈（基于每次间隔 3 周，连续 2 次的皮肤深刮阴性结果）。

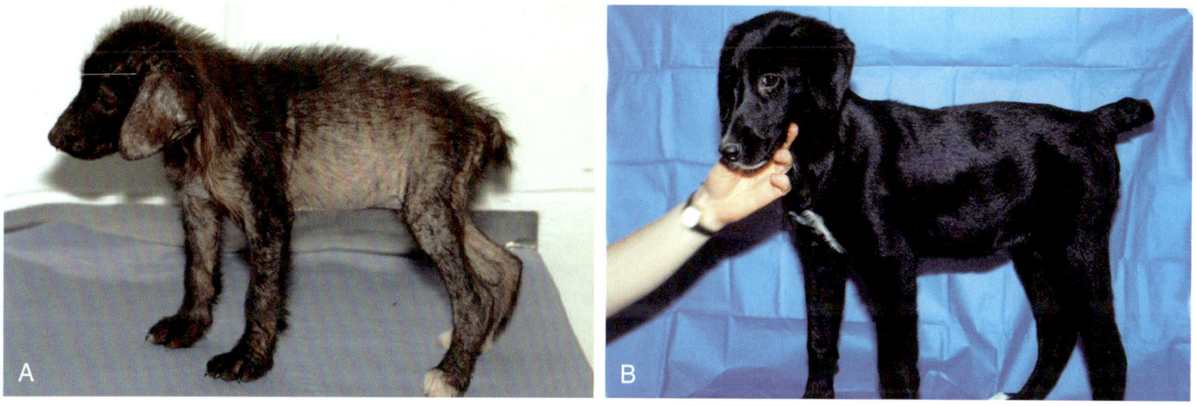

图 16-37　犬疥螨。A. 广泛性脱毛的流浪犬，伴发丘疹性结痂性皮疹。B. 进行了数周的全身性杀螨治疗（伊维菌素）后，感染消除。

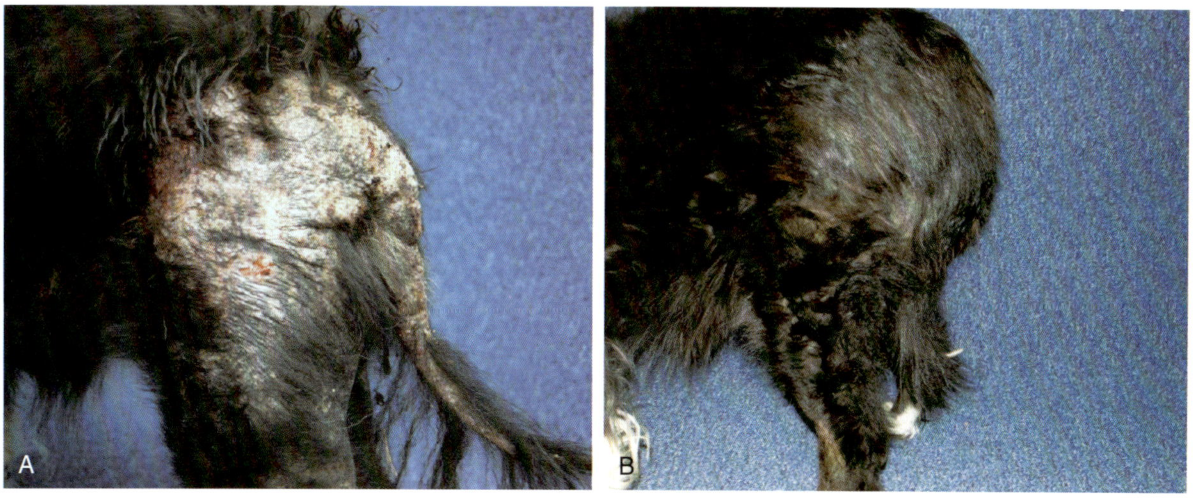

图 16-38　跳蚤过敏性皮炎。A. 腰部严重脱毛、苔藓样变，结痂性丘疹性皮炎。病变分布位于腰背部（在胸腔后方），是犬跳蚤过敏性皮炎的特征。B. 用控制跳蚤的外用滴剂积极治疗，数周后跳蚤过敏性皮炎正在消退。

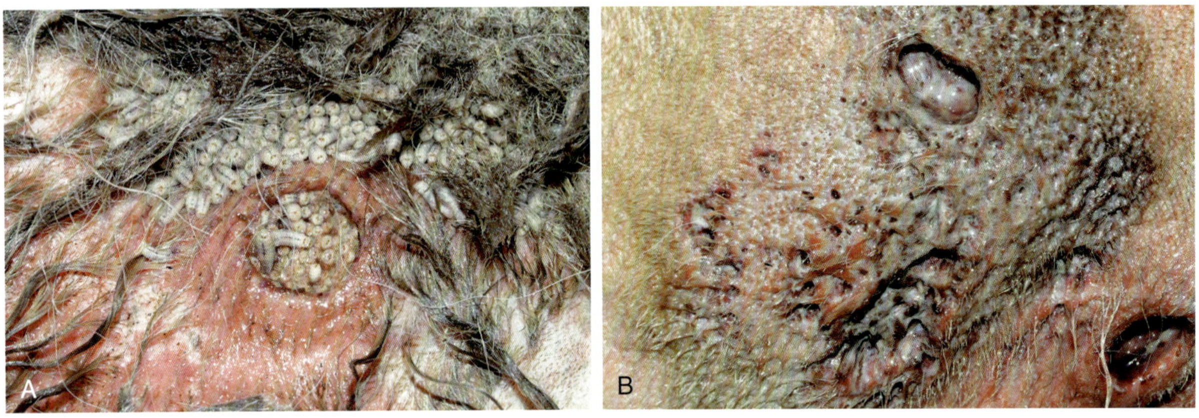

图 16-39 蝇蛆病。A. 许多蛆虫填充在一只成年犬的皮肤病变中。B. 该患病动物洗浴并去除蛆虫后留下开放性皮肤病变。

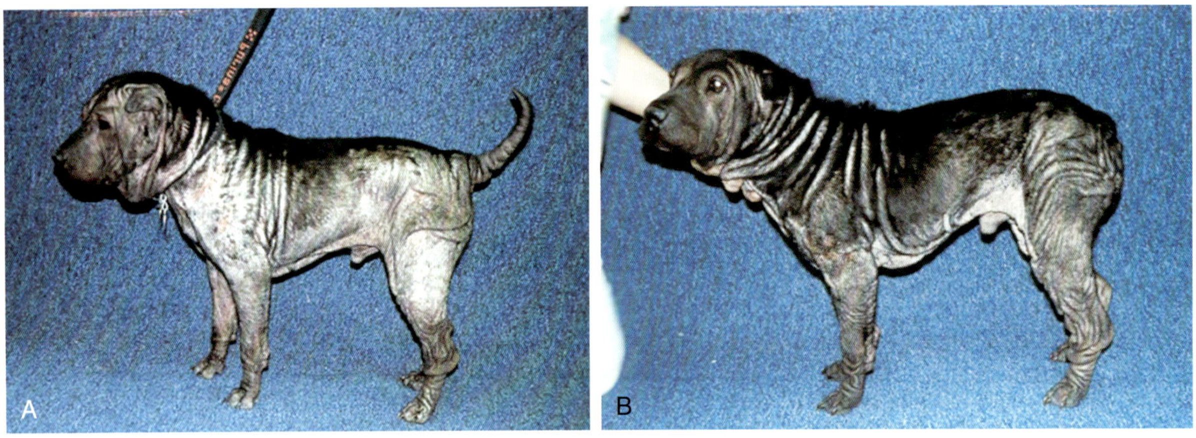

图 16-40 过敏性皮炎。A. 患有异位性皮炎和食物过敏的成年沙皮犬，表现为广泛性脱毛和丘疹性皮炎。B. 环孢菌素治疗后皮肤病变正在消退。该患病动物之前接受过许多过敏原检测，脱敏治疗，食物试验和对症治疗都没有改善。

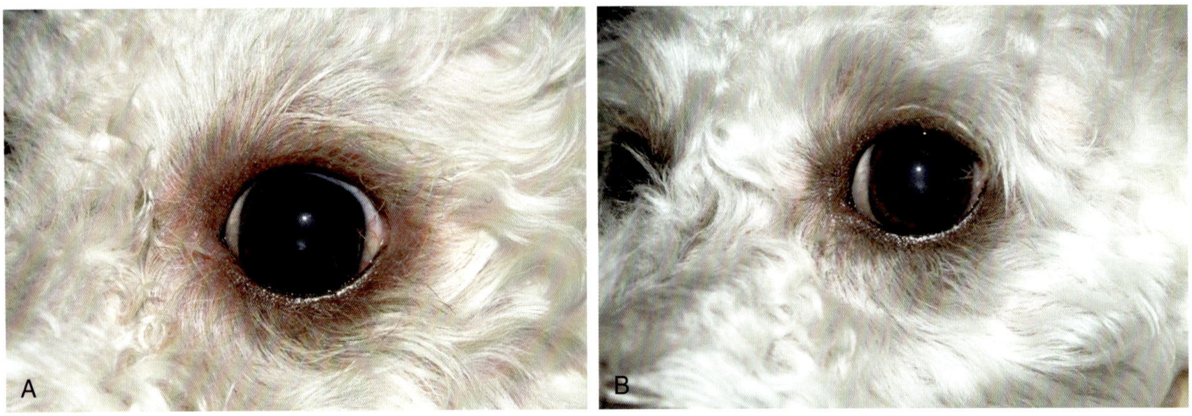

图 16-41 犬异位性皮炎。A. 明显可见潜在过敏引起的眼周脱毛和红斑。B. 当潜在过敏疾病得到控制后，眼周脱毛和红斑得到改善。

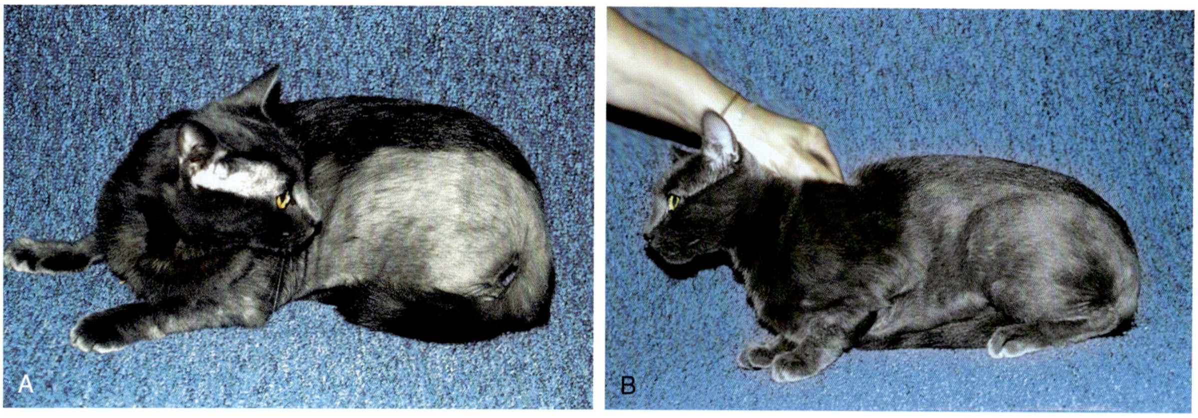

图 16-42　猫过敏性皮炎。A. 许多原因可造成猫脱毛，同时伴发或不伴发明显的皮炎（如外寄生虫、跳蚤过敏、食物过敏和异位性皮炎）。B. 查明并纠正原发性因素后，过度理毛（瘙痒）慢慢减少，同时毛发重新长出。

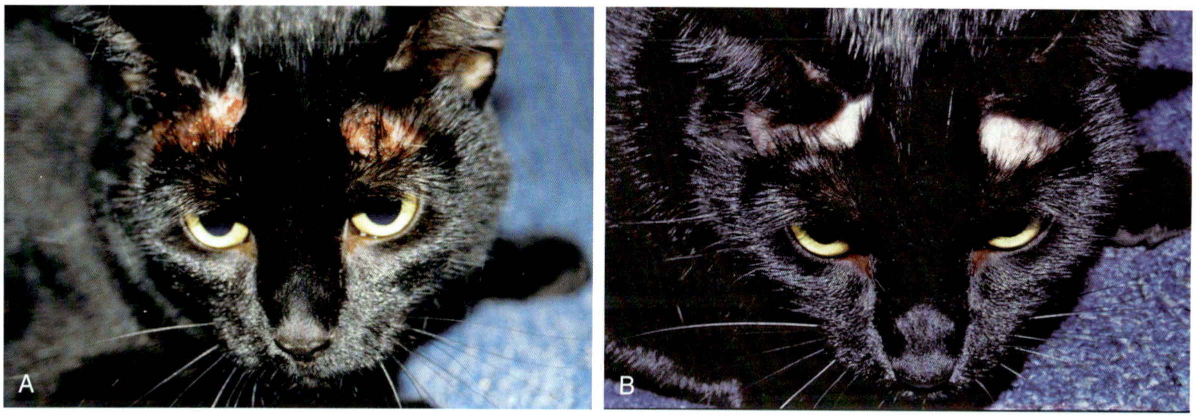

图 16-43　猫过敏性皮炎。A. 对称性嗜酸性斑块急性发生。B. 积极地控制跳蚤，并注射类固醇治疗后，这些嗜酸性斑块消退了。

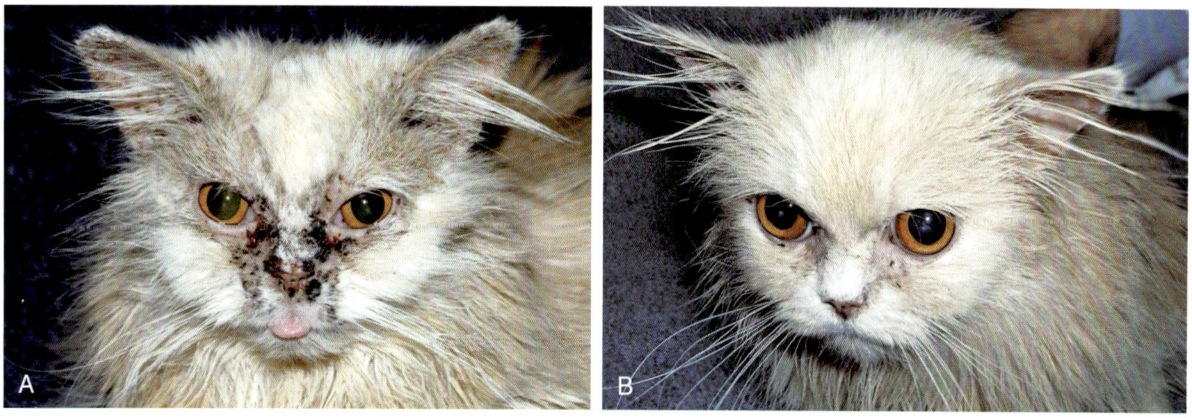

图 16-44　落叶型天疱疮。A. 患落叶型天疱疮的猫，面部和耳廓结痂性、丘疹性皮炎。B. 进行传统的免疫抑制治疗数周后，结痂性丘疹性皮炎正在消退。

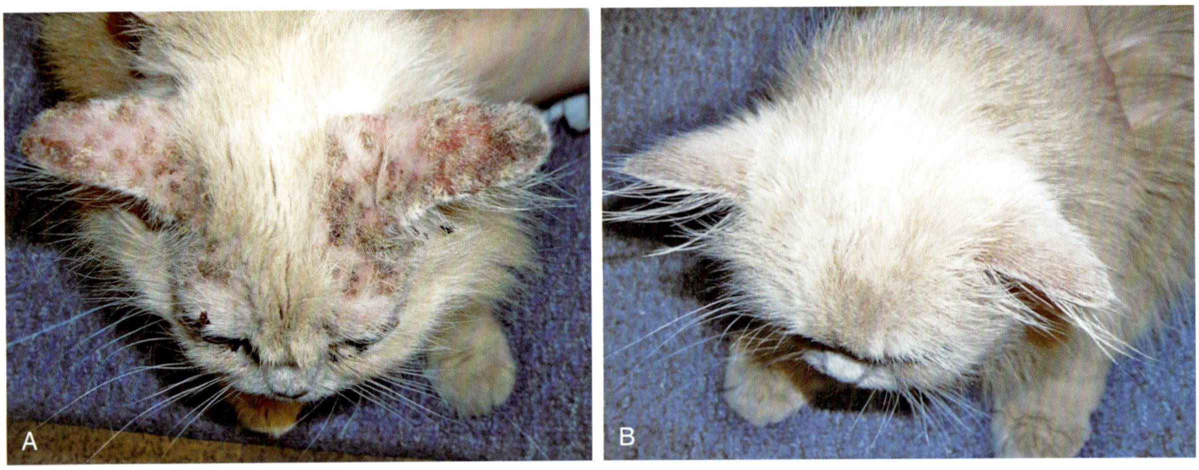

图 16-45　落叶型天疱疮。图 16-44 中的猫。A. 耳廓脱毛、结痂性丘疹性皮炎是自体免疫性皮肤病的特征。注意该（猫的）病变和其他原因（如外寄生虫、跳蚤过敏、食物过敏、异位性皮炎）造成的头部、颈部结痂性皮炎相似。B. 进行传统的免疫抑制治疗数周后，结痂性丘疹性皮炎正在消退。

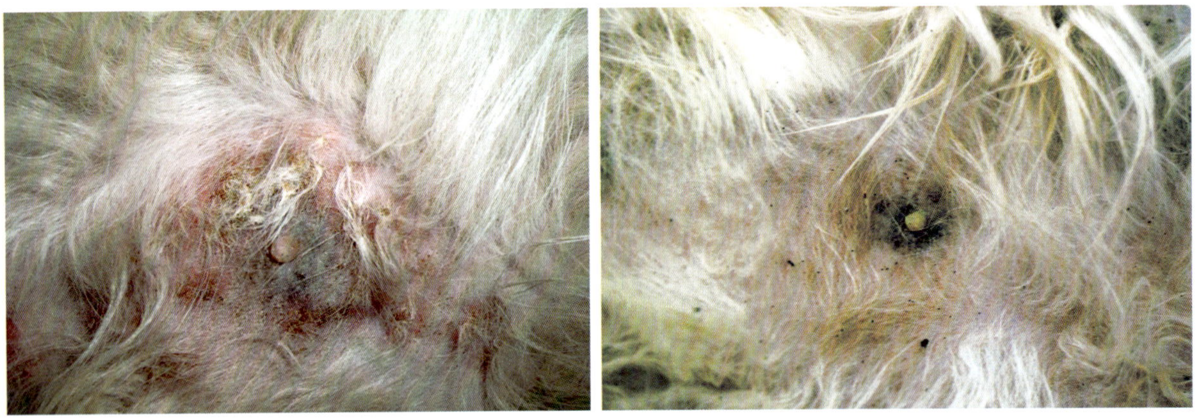

图 16-46　落叶型天疱疮。A. 乳头周围脱毛、红斑、湿性皮炎是猫落叶型天疱疮常见而独特的病变。B. 进行传统的免疫抑制治疗数周后，皮炎逐渐消退。

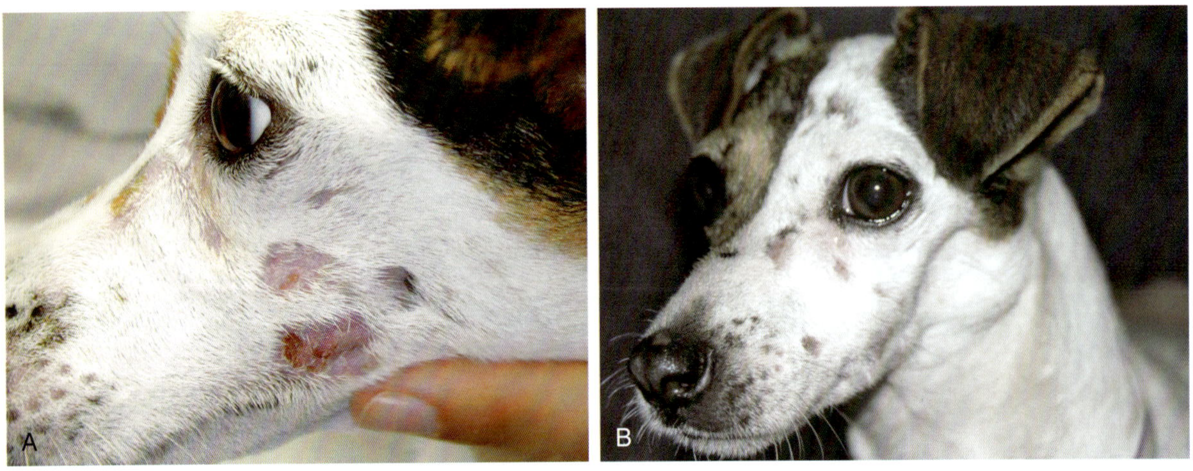

图 16-47　全身性红斑狼疮。A. 杰克罗素㹴面部多处脱毛、红斑、糜烂性皮炎。注意该病变与杰克罗素㹴的家族性血管炎病变相似。B. 在传统免疫抑制治疗后，活跃的自体免疫病得到控制，但是仍可见多个无毛疤痕。

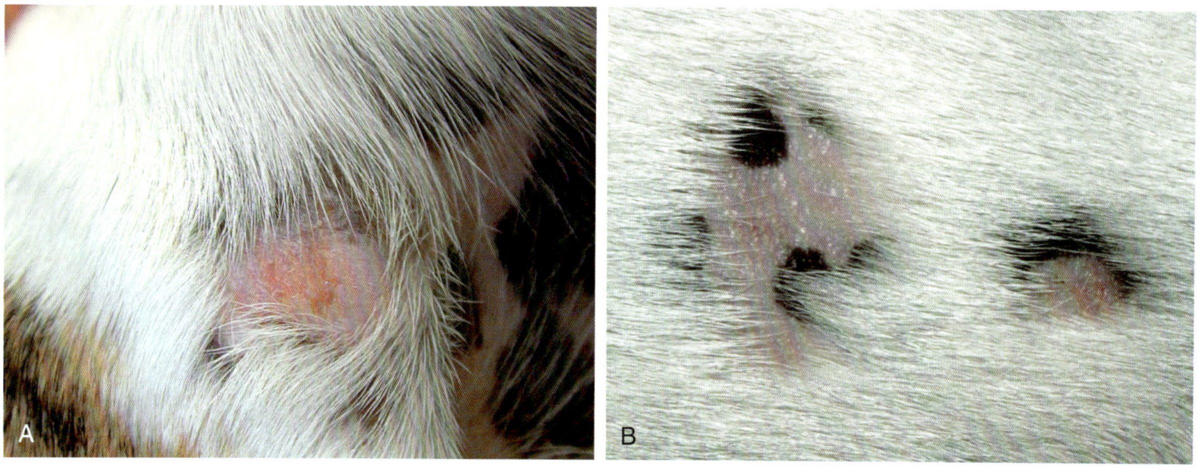

图 16-48 全身性红斑狼疮。图 16-47 中的犬。A. 局部脱毛和红斑。注意出现红斑提示存在炎性反应和疾病活性。B. 在免疫抑制治疗下，与红斑相关的炎性反应和疾病活性消退。根据病变的严重性，可能留下无毛疤痕。

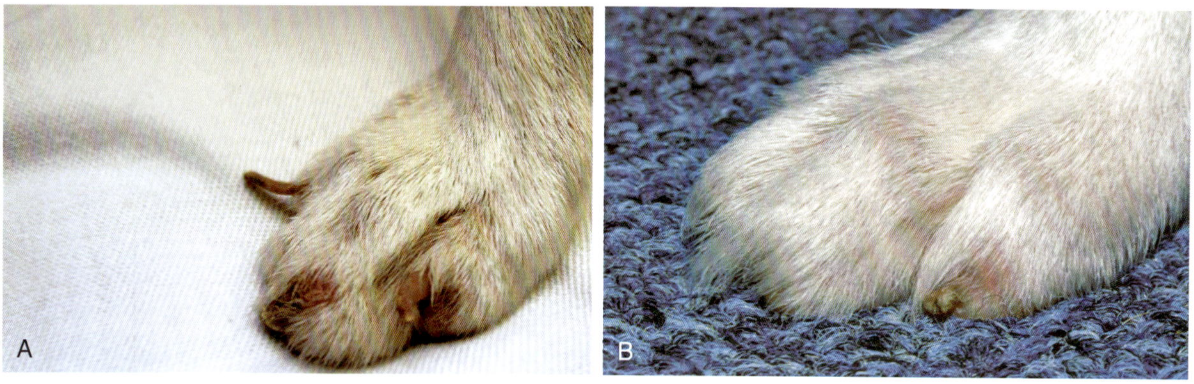

图 16-49 全身性红斑狼疮。图 16-47 中的犬。A. 与狼疮相关的血管炎造成的甲变形。B. 在免疫抑制治疗下，甲变形改善，爪恢复到较为正常的状态。

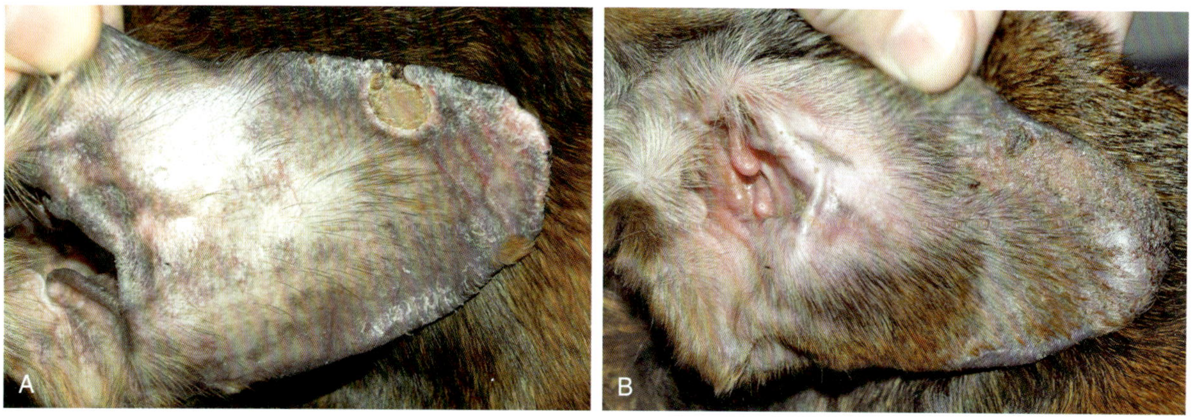

图 16-50 全身性红斑狼疮。A. 耳缘脱毛、结痂性皮炎，由血管栓塞造成的圆形坏死区。B. 在免疫抑制治疗下，和红斑狼疮相关的血管炎消退，皮肤恢复正常。

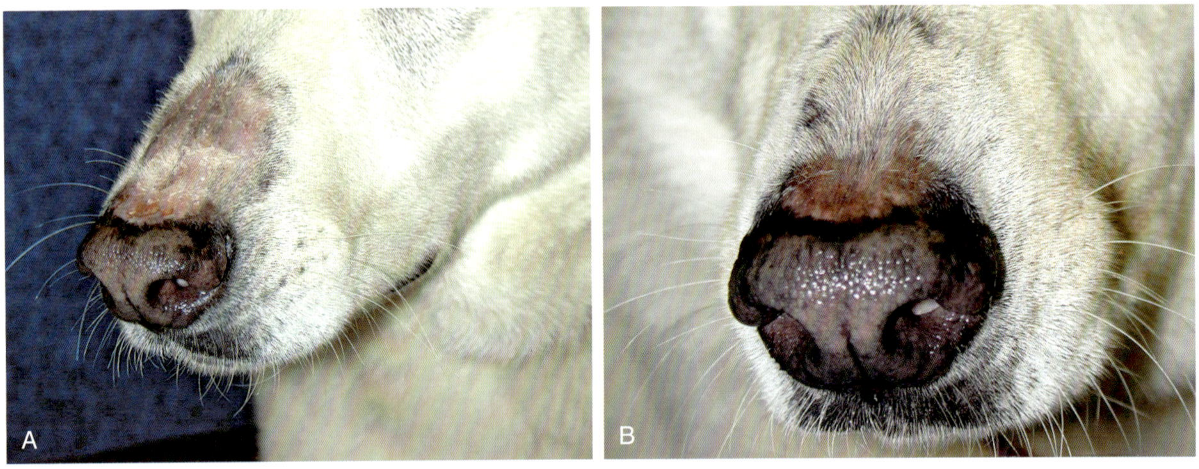

图 16-51　盘状红斑狼疮。A. 鼻面色素减退是自体免疫病独特的病变。鼻部有毛区脱毛、红斑性皮炎可能由毛囊炎造成（脓皮病、蠕形螨和皮肤癣菌病），但该患病动物的病变是由自体免疫皮肤病造成的。B. 使用外用他克莫司数周后，鼻部色素减退和脱毛性皮炎逐渐消退。

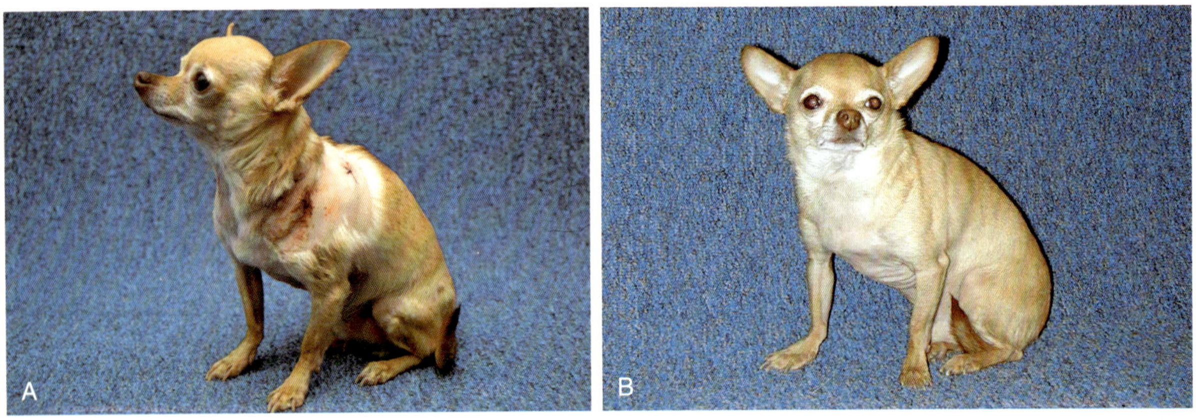

图 16-52　无菌性结节性脂膜炎。A. 成年吉娃娃肩部有多处引流性结节。B. 在进行免疫抑制治疗数周后，结节性病变已经消退，毛重新长出。

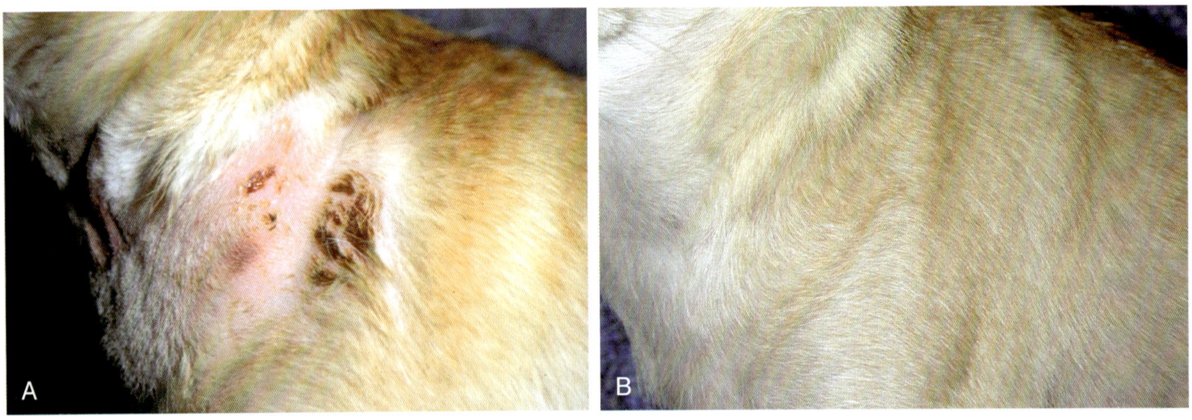

图 16-53　无菌性结节性脂膜炎。图 16-52 中的犬。A. 成年吉娃娃肩部有许多引流性结节，并有结痂生成。B. 在进行免疫抑制治疗数周后，结节性病变已经消退，毛重新长出。

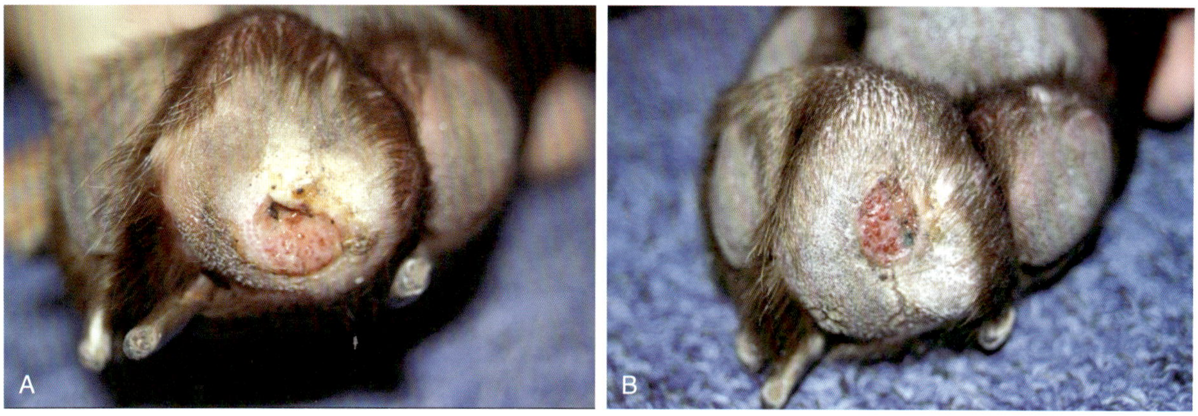

图 16-54　皮肤血管炎。A. 该溃疡性病变靠近趾部爪垫的中央，这是血管炎的特征。B. 用己酮可可碱治疗数周后，这个靠近趾部爪垫中央的溃疡性病变得到改善。

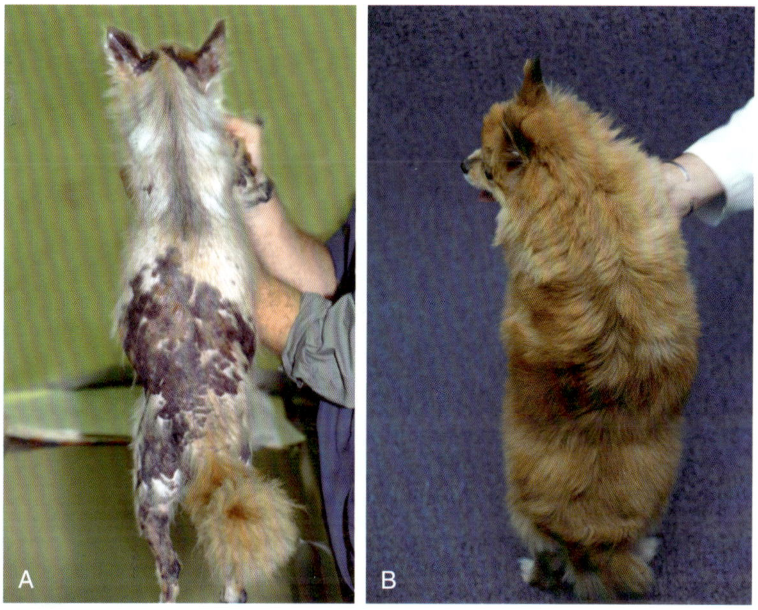

图 16-55　多形红斑。A. 成年博美犬广泛性脱毛，伴发糜烂性、色素沉着性病变。注意病变清晰的蛇形边界，是皮肤药物反应、血管炎和自体免疫皮肤病的特征。B. 用环孢菌素（Atopica）免疫抑制治疗数月后病变完全消退。

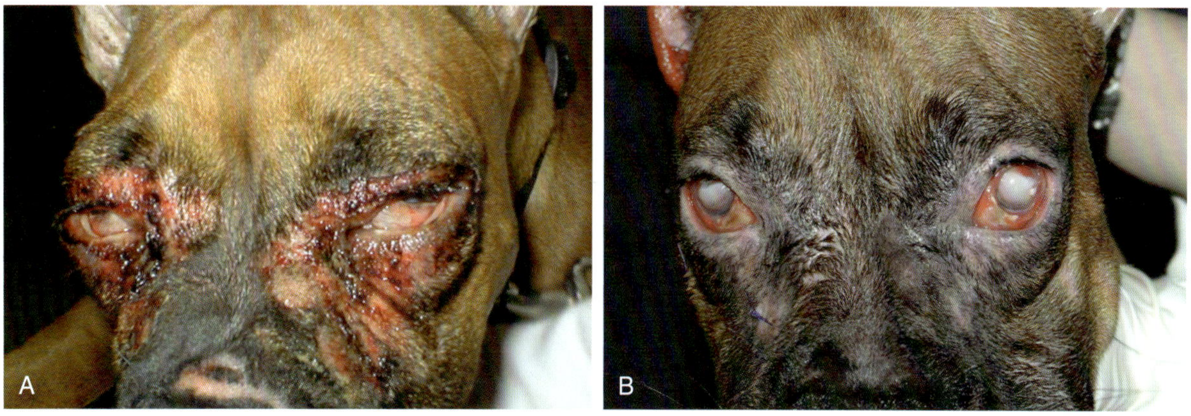

图 16-56　多形红斑。A. 成年拳师犬的眼周和面部皮肤严重糜烂性皮炎。该犬还感染了耐甲氧西林的金黄色葡萄球菌，感染可能来自主人，主人从事人的医疗行业。B. 积极的抗生素治疗（基于培养、高剂量、长时间和合理的频率）和免疫抑制治疗数周后，糜烂性皮炎得到中度改善。

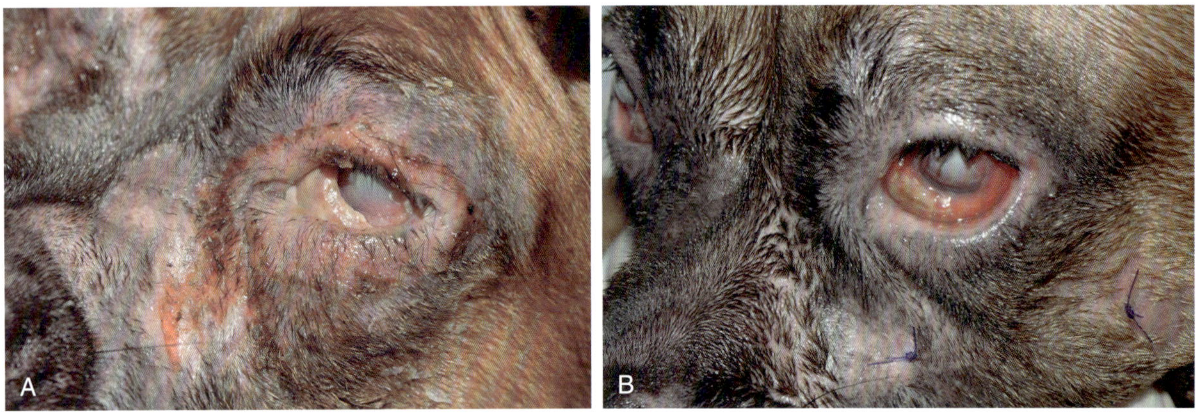

图 16-57　多形红斑。图 16-56 中的犬。A. 眼周严重的糜烂性皮炎，伴发角膜水肿和葡萄膜炎。该犬还感染了耐甲氧西林金黄色葡萄球菌，感染可能来自主人，主人从事人的医疗行业。B. 积极的抗生素治疗（基于培养、高剂量、长时间和合理的频率）和免疫抑制治疗数周后，糜烂性皮炎得到中度改善。

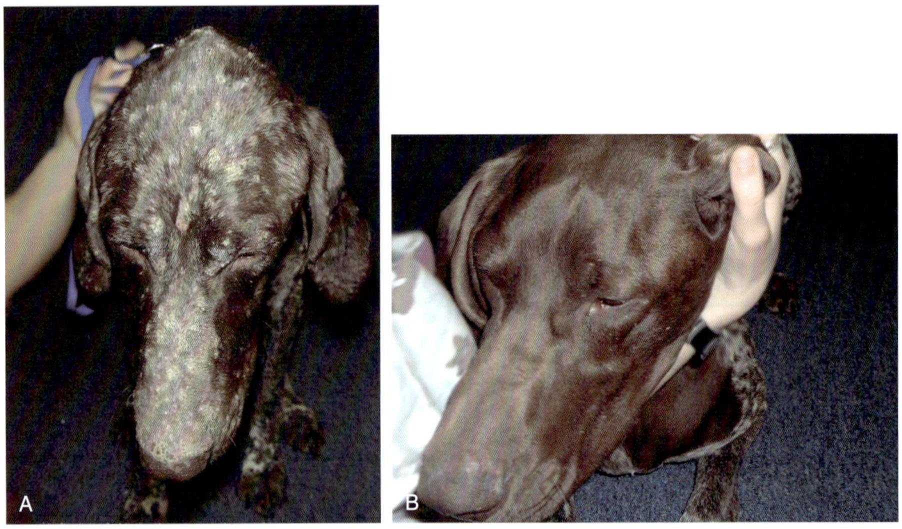

图 16-58　皮肤药物反应。A. 整个头部和身体结痂性结节性皮炎，可能由特殊的药物反应所致。B. 停止可疑的药物，进行免疫抑制治疗数周后，结痂性结节性皮炎完全消退。

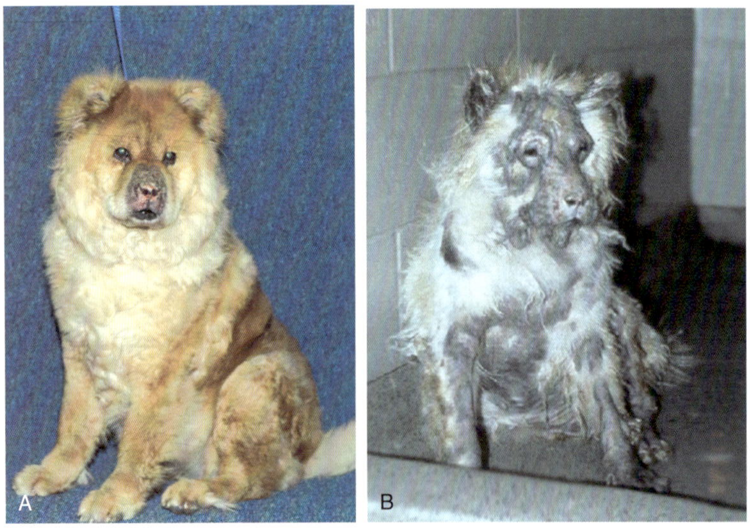

图 16-59　犬肾上腺皮质功能亢进。A. 患落叶型天疱疮的成年松狮犬鼻面和耳廓表现出特征性的色素减退和糜烂性皮炎。B. 用类固醇进行了免疫抑制治疗，但是治疗过度（时间过长）导致广泛性脱毛和色素过度沉着。医源性库兴氏综合征造成继发性细菌性脓皮病和成年型的蠕形螨病。

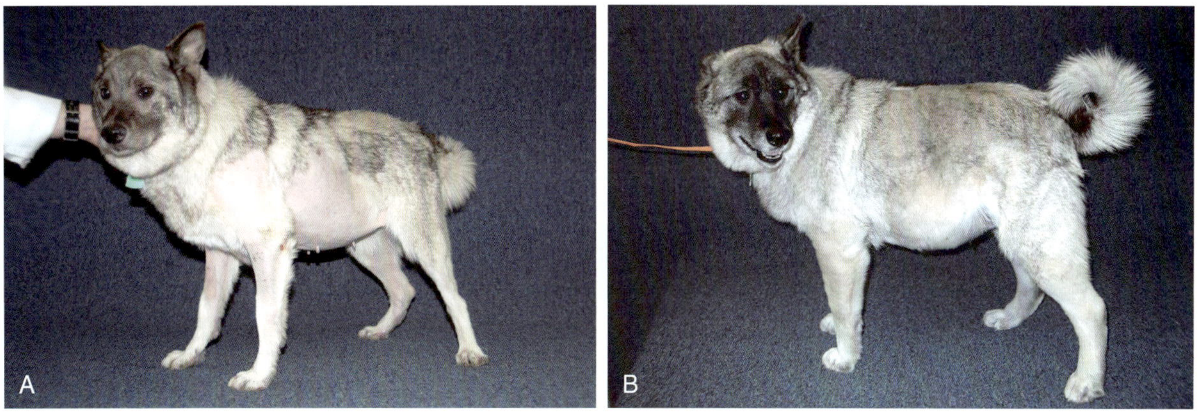

图 16-60　犬肾上腺皮质功能亢进。A. 库兴氏综合征的症状常常不明显。该犬的被毛病变与本病一致，但是体况变化不明显。B. 用米托坦治疗后，库兴氏综合征造成的不明显症状得以消退。该犬肌张力和身体姿势得到改善。

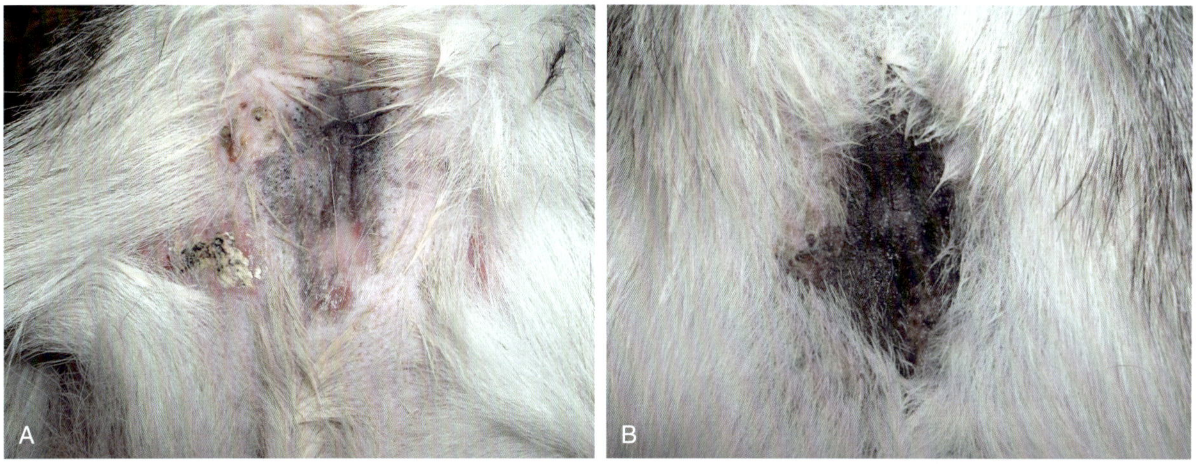

图 16-61　犬肾上腺皮质功能亢进。A. 肛周皮肤继发细菌性脓皮病、脱毛和结痂性丘疹性皮炎。B. 当治疗库兴氏综合征以及给予抗生素后，继发性细菌性脓皮病消退。

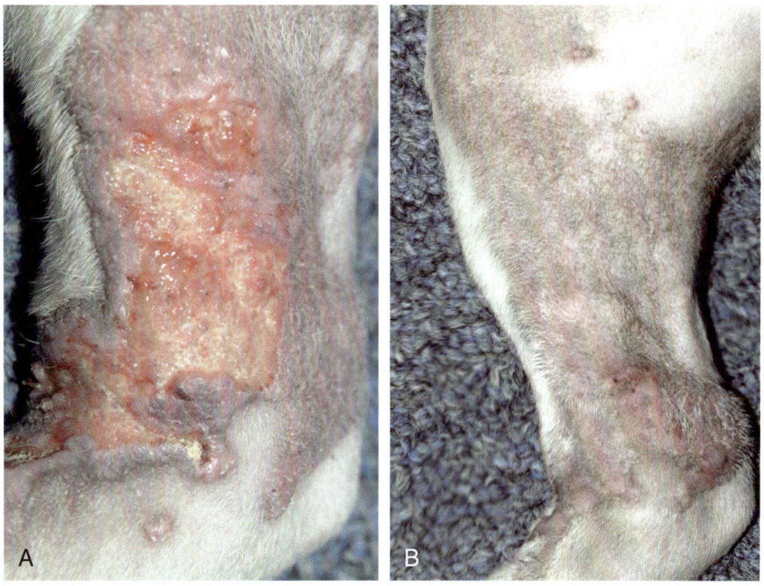

图 16-62　皮肤钙质沉积。A. 注射长效类固醇引起医源性库兴氏综合征，造成钙质沉积和继发细菌性感染，引发严重脱毛、色素沉着和糜烂性皮炎。B. 停止类固醇，进行积极的抗生素治疗数周后，感染消退，钙质沉积重吸收，皮肤恢复正常。

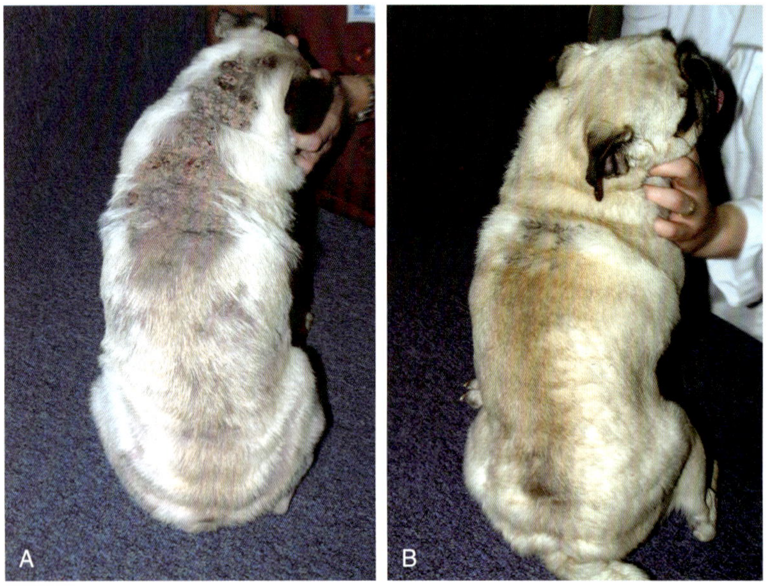

图 16-63　皮肤钙质沉积。A. 医源性库兴氏综合征患犬，其背部钙质沉积，有严重的脱毛、红斑和丘疹性皮炎。B. 停止类固醇，进行积极的抗生素治疗数周后，活跃的炎性过程消退，皮肤恢复。

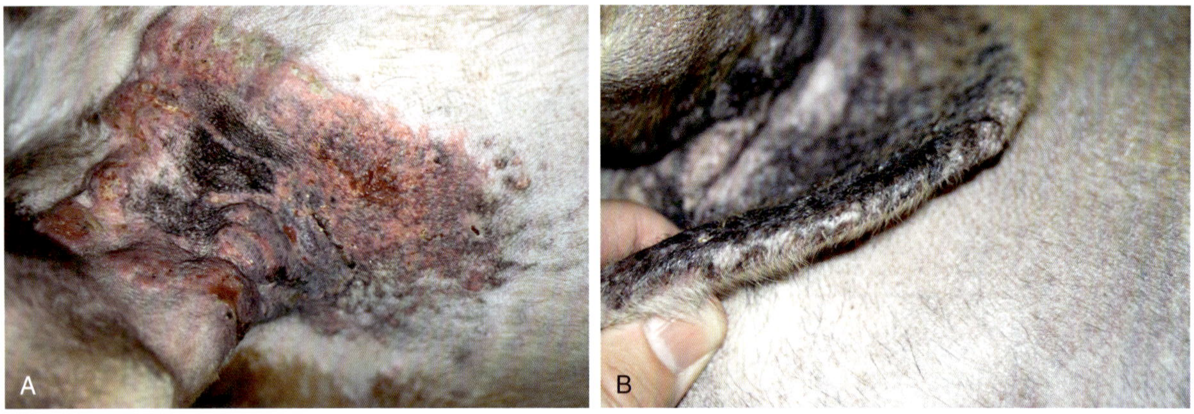

图 16-64　皮肤钙质沉积。A. 医源性库兴氏综合征（长期注射长效类固醇造成）和钙质沉积继发细菌感染造成严重红斑性丘疹性皮炎。B. 停止类固醇，进行积极的抗生素治疗数周后，活跃的炎性过程消退，皮肤变为色素沉着。钙质沉积排列，形成硬质平面，可以像纸张一样被提起。

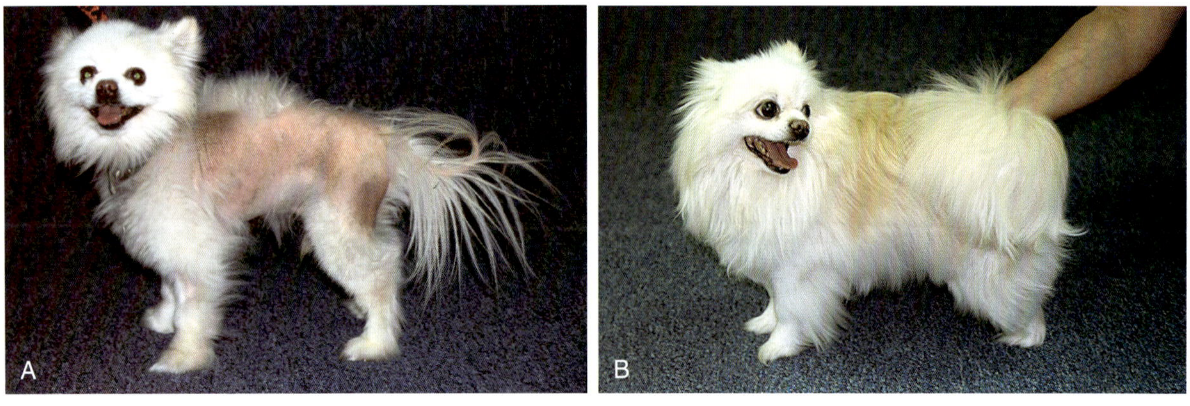

图 16-65　性激素性脱毛。A. 广泛性脱毛和色素沉着，没有明显的炎性皮肤病是内分泌疾病的特征。B. 去势手术之后，被毛重新长出恢复正常。

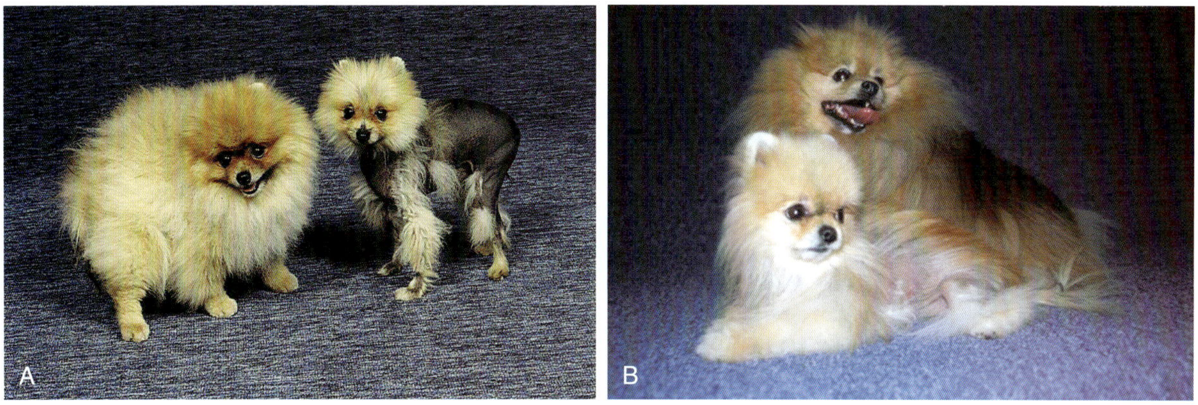

图 16-66　X 脱毛。A.2 只患 X 脱毛的雄性博美犬。左边的博美犬最近治疗过后毛发暂时长出。B. 前面的那只博美犬非炎性脱毛，皮肤色素沉着是该病的特征。

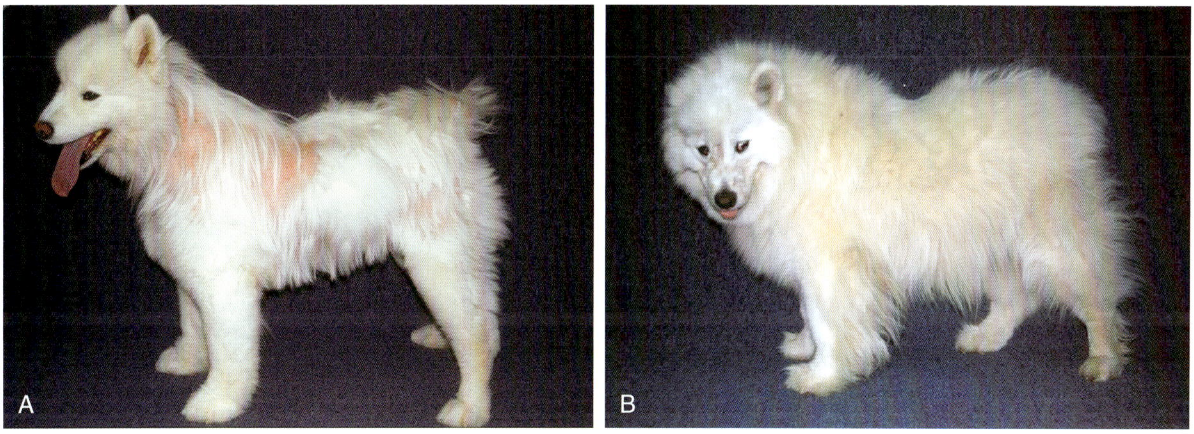

图 16-67　皮脂腺炎。A. 成年犬的躯干广泛性脱毛，有红斑结痂性皮炎。B. 进行外用抗皮脂溢治疗，以及补充全身维生素 A 数周后，皮炎消退。

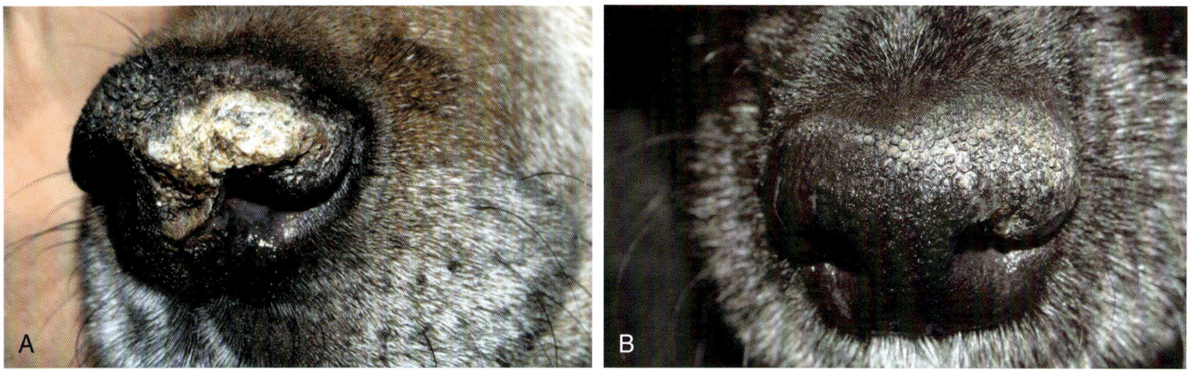

图 16-68　副交感神经性鼻部过度角化。A. 大部分病变出现于鼻面的单侧，表现出严重的局部过度角化，这似乎是该综合征的常见病变特征。B. 进行外用莫匹罗星治疗数周，局部过度角化显著改善。

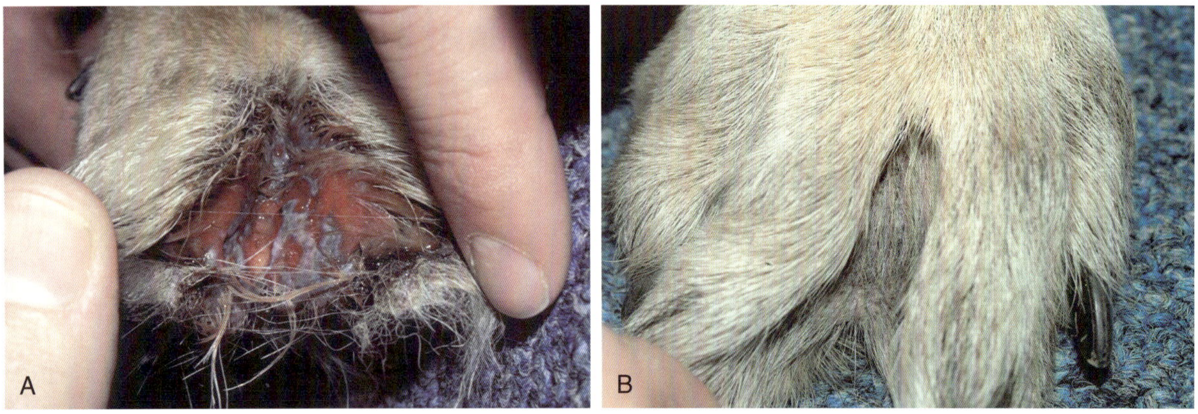

图 16-69 犬趾间化脓性肉芽肿。A. 成年德国牧羊犬患严重糜烂性趾间炎，伴发继发性细菌性脓皮病。B. 进行积极的外部和全身性抗细菌治疗数周后，趾间病变完全消退，提示继发感染是造成其严重皮炎的主要原因。

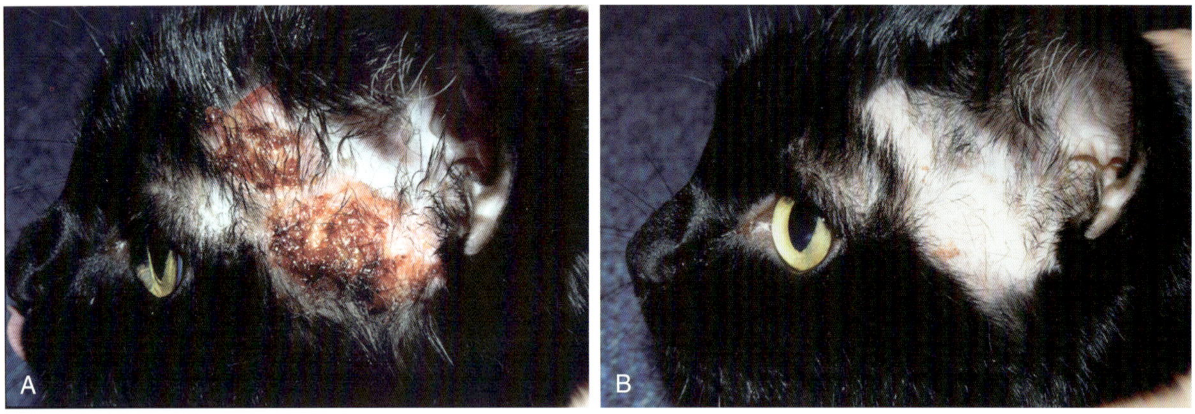

图 16-70 嗜酸性斑块。A. 耳前皮肤上的嗜酸性斑块（糜烂性皮炎伴有结痂形成），该病变发展速度快，有可能由跳蚤和其他外寄生虫造成。B. 注射类固醇治疗，并且积极控制跳蚤，该嗜酸性斑块完全消退。

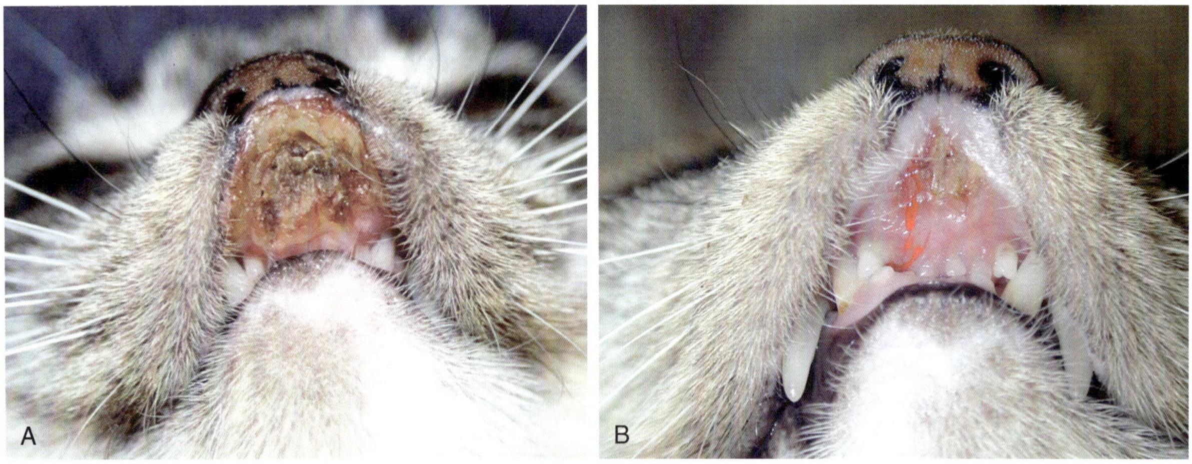

图 16-71 惰性溃疡。A. 上唇组织严重损伤是该病的特征。B. 用磺胺甲氧嘧啶（作为抗生素和免疫调节剂）治疗数周后，惰性溃疡得到改善。

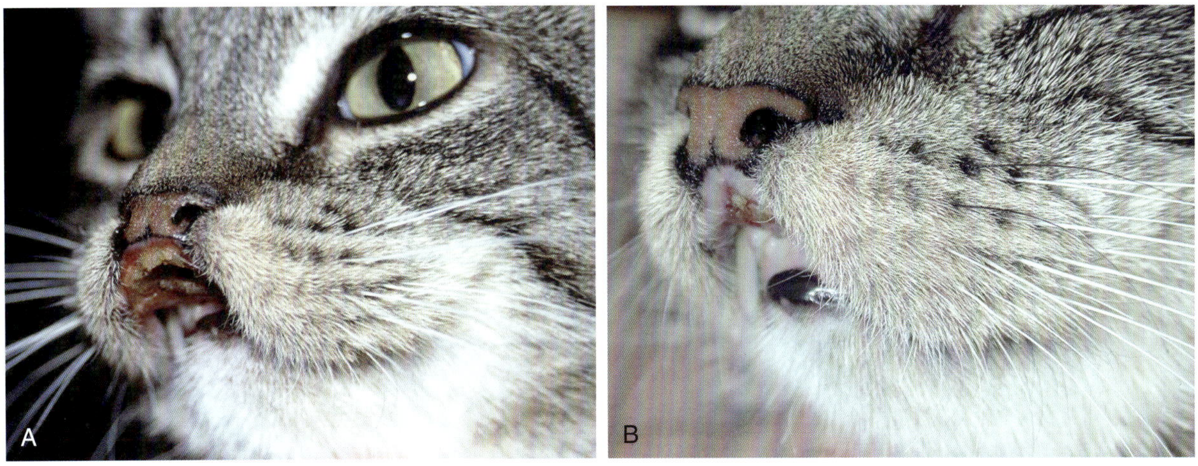

图 16-72　惰性溃疡。图 16-71 中的猫。A. 明显可见上唇水肿并且组织严重损伤。用许多传统方法治疗该猫的惰性溃疡，但是治疗无效。B. 用磺胺甲氧嘧啶（作为抗生素和免疫调节剂）治疗数周后，惰性溃疡得到改善。

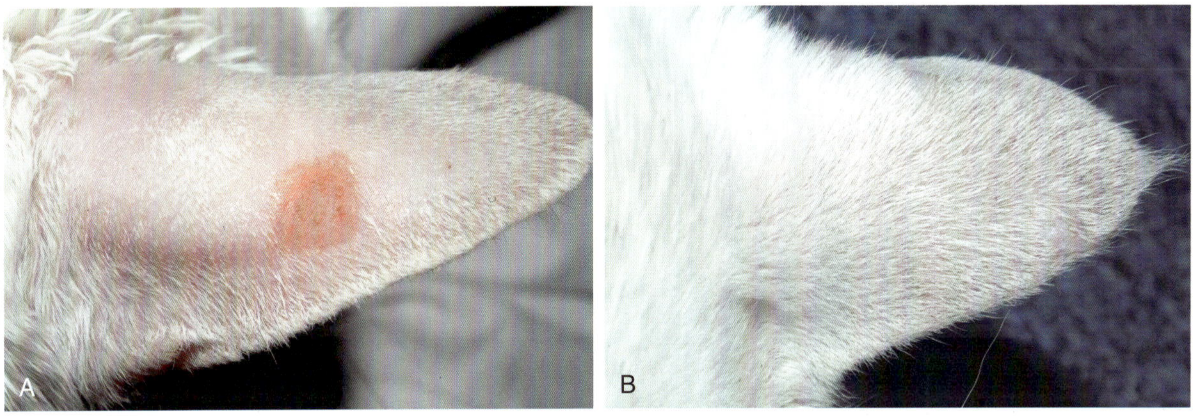

图 16-73　猫日光性皮肤病。A. 成年猫耳廓的局部区域发现原位癌。B. 进行激光治疗数周后，皮肤完全恢复正常，毛发重新生长。早期发现、早期治疗可产生很好的治疗效果。

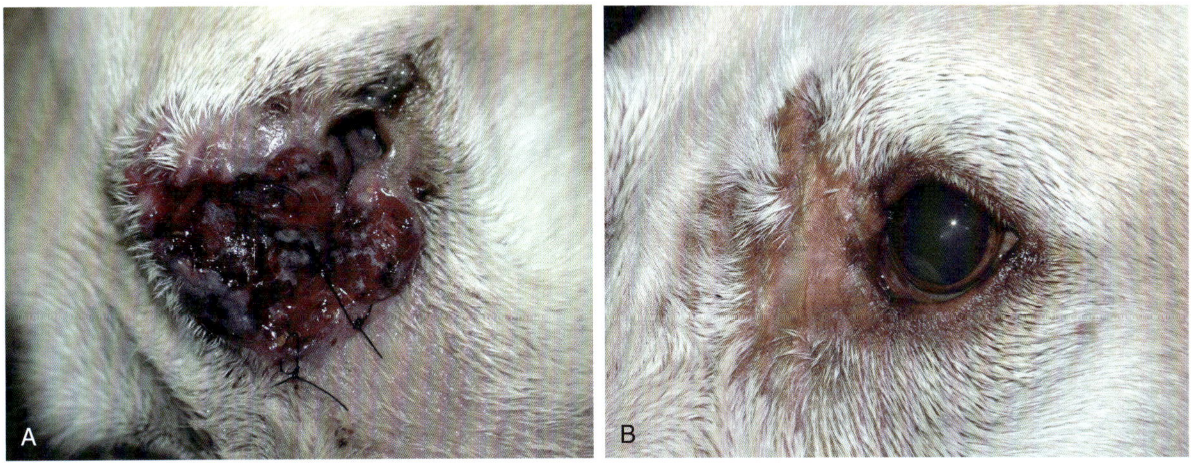

图 16-74　睑炎。A. 成年拉布拉多犬的眼睑和眼周皮肤严重增生性、糜烂性皮炎（自 K. Tobias）。B. 进行免疫抑制治疗（强力霉素）数周后，严重的糜烂性皮炎消退，留下无毛的疤痕性皮肤。注意皮肤没有红斑意味着活跃的炎性过程已经消退。

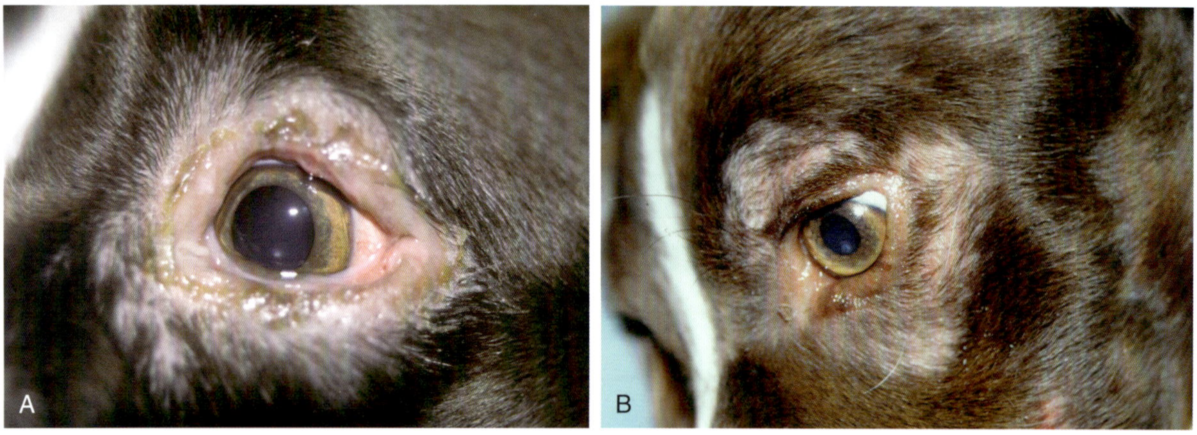

图 16-75 睑炎。A. 眼睑和眼周皮肤脱毛、红斑和糜烂性皮炎，由边缘性睑炎造成。该免疫介导性皮肤病是一种不常见的异常免疫反应。B. 进行免疫抑制治疗数周后，严重的糜烂性皮炎消退，留下无毛的疤痕性皮肤。

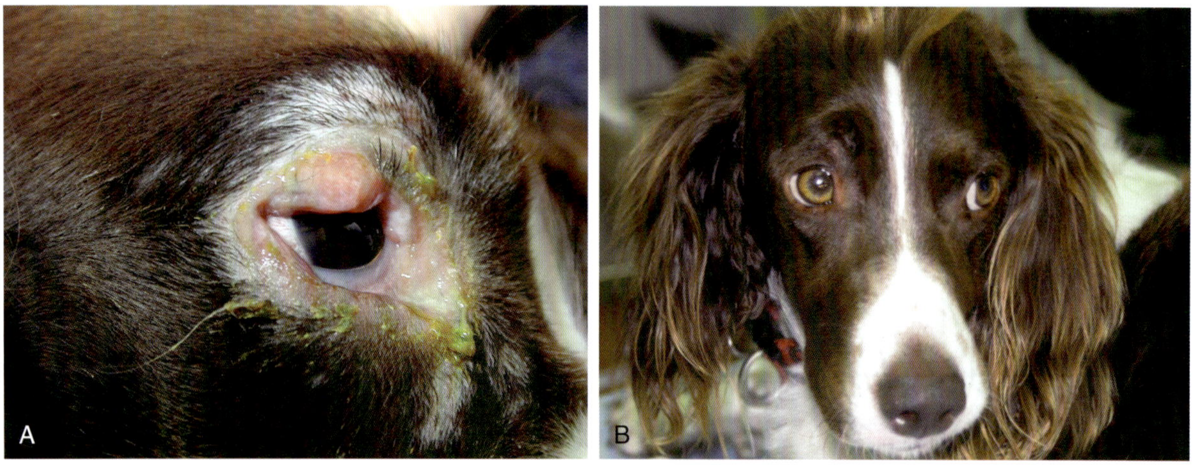

图 16-76 睑炎。图 16-75 中的犬。A. 明显可见眼睑边缘脱毛、红斑性皮炎。B. 进行免疫抑制治疗数周后，严重的糜烂性皮炎消退，留下无毛的疤痕性皮肤。

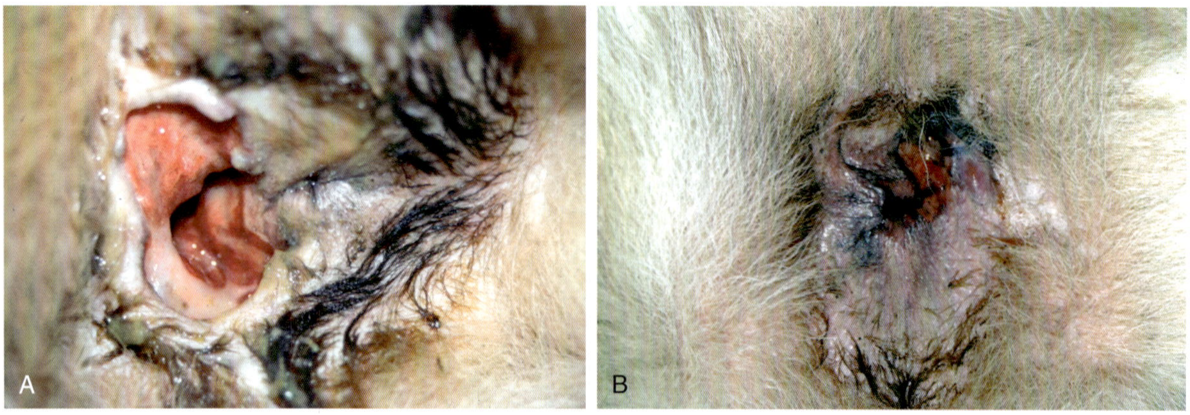

图 16-77 肛周瘘。A. 深层瘘管，伴发组织增生完全破坏了其正常的结构。B. 进行免疫抑制治疗数周后，肛周瘘得到明显改善。

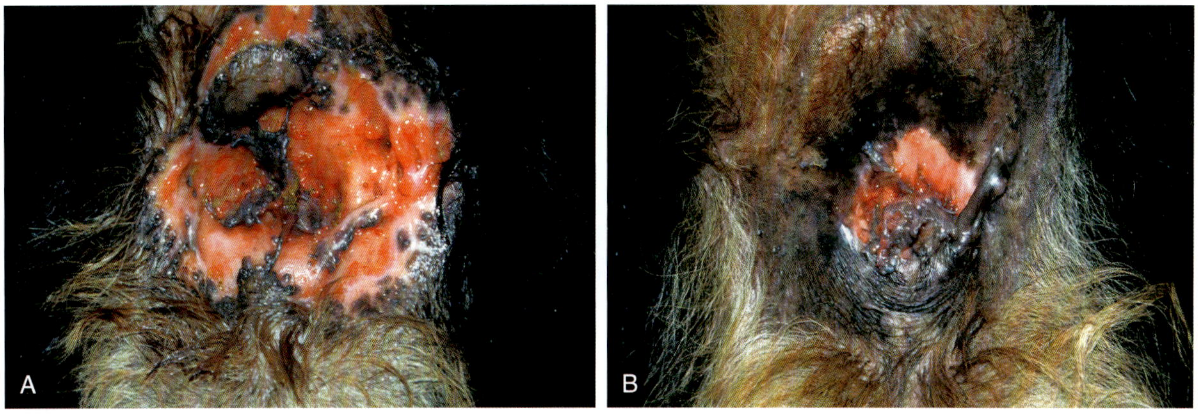

图 16-78　肛周瘘。A. 肛周组织严重破坏。B. 进行免疫抑制治疗数周后，肛周瘘得到明显改善。

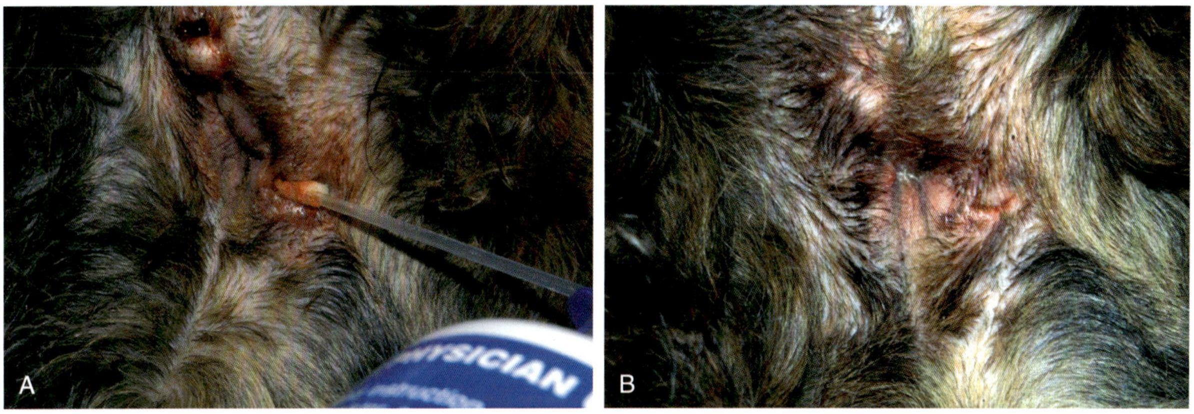

图 16-79　肛周瘘。A. 正进行冷冻手术（使用罐装冷冻剂，Verrusca-Freeze），用于重新刺激伤口愈合并使顽固性肛周瘘消退（已经经过数月的外部及全身免疫抑制治疗，但无效）。B. 冷冻手术后数周，肛周瘘几乎消退。

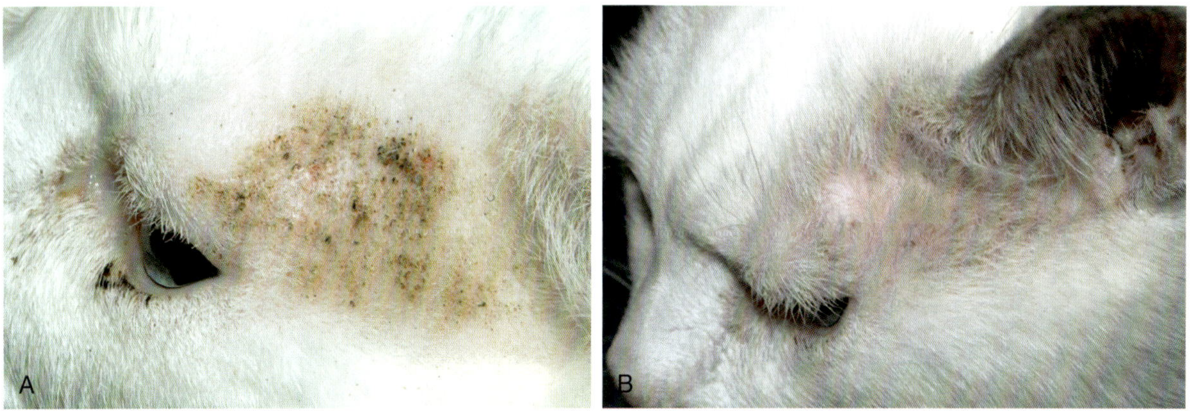

图 16-80　鳞状细胞癌。A. 由日光性皮炎和鳞状细胞癌造成的多处结痂性丘疹性病变。B. 激光治疗数周后，皮肤完全恢复正常，毛发重新生长。早期发现、早期治疗可产生很好的治疗效果。

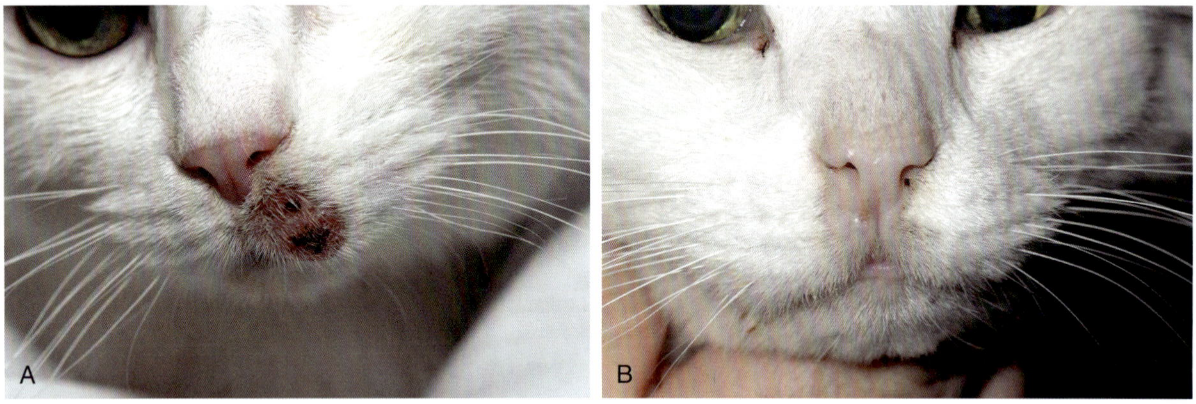

图 16-81　鳞状细胞癌。A. 成年猫的上唇皮肤局部癌变（自 R. Seamen）。B. 激光治疗数周后，皮肤完全恢复正常，毛发重新生长。早期发现、早期治疗可产生很好的治疗效果（自 R. Seamen）。

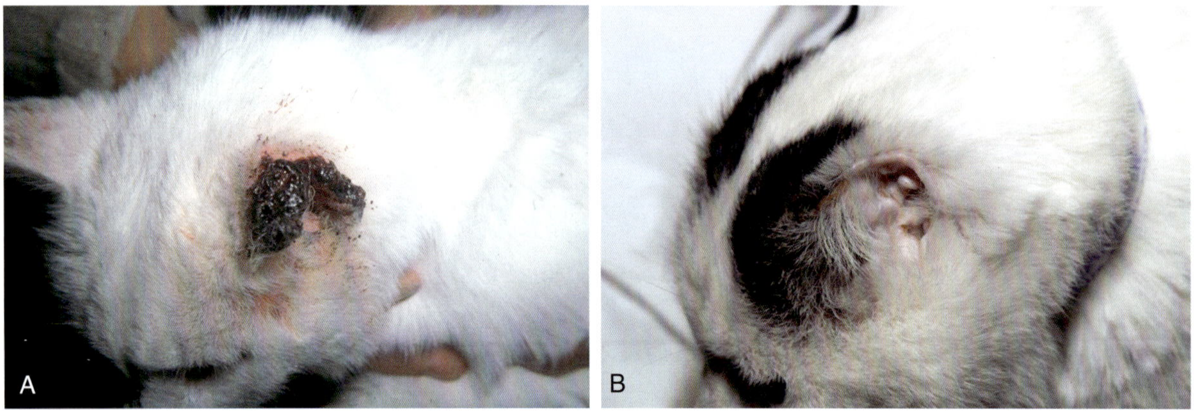

图 16-82　鳞状细胞癌。A. 鳞状细胞癌扩散造成整个远端耳廓组织严重破坏。B. 手术切除该猫的耳廓以去除肿瘤。早期发现、早期治疗可产生很好的治疗效果。

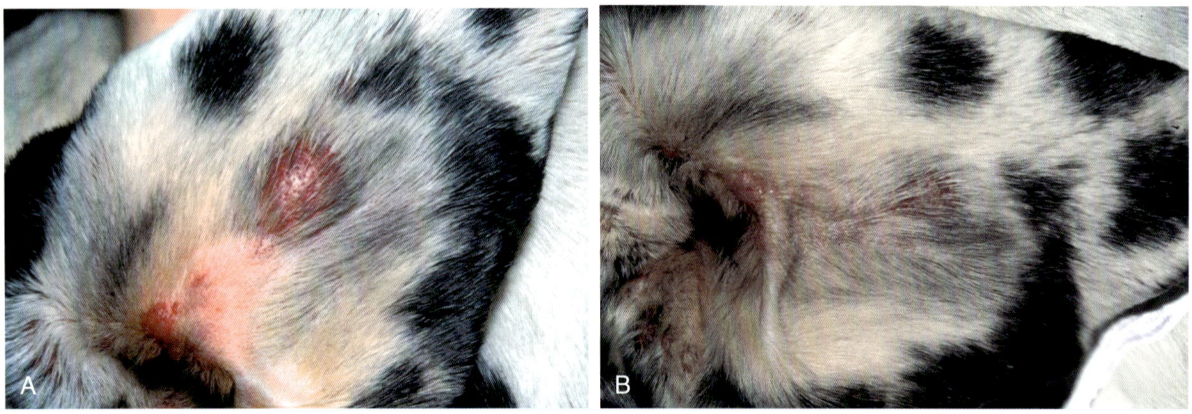

图 16-83　肥大细胞瘤。A. 大麦町犬的耳廓上一个无毛的红斑性肿瘤。B. 用类固醇治疗数周后，肥大细胞瘤变小。

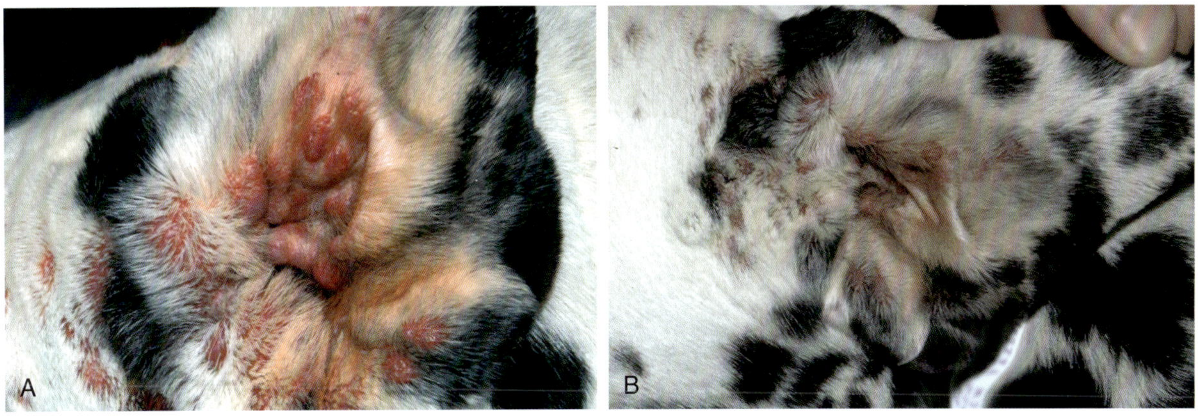

图 16-84　肥大细胞瘤。A. 大麦町犬的头部和耳廓多个无毛的红斑性肿瘤。B. 用类固醇治疗数周后，肥大细胞瘤变小。

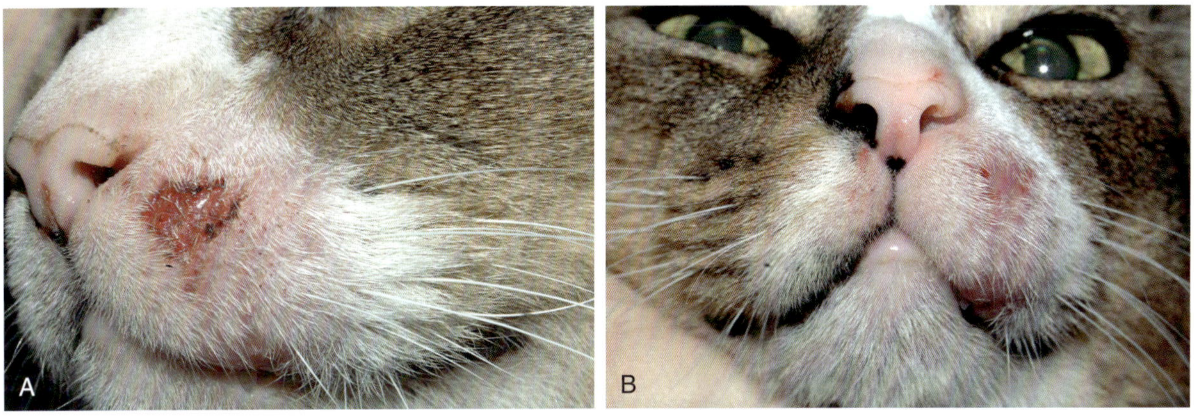

图 16-85　趋上皮性淋巴瘤。A. 猫唇的局部脱毛性溃疡性病变。注意整个唇部肿胀——由肿瘤细胞浸润所造成。B. 进行外部类固醇治疗数周后，与肿瘤相关的炎症得到了改善。

附录 A
Appendix A

抗菌、抗皮脂溢、止痒香波疗法
Antimicrobial, Antiseborrheic and Antipruritic Shampoo Therapy

抗菌、抗皮脂溢、止痒香波疗法

成分	治疗效果	用法	缺点
氯己定	抗细菌 抗真菌 抗病毒	温和的、具有极佳抗微生物活性的香波	
过氧化苯甲酰	抗细菌 毛囊冲洗 去油腻 软化角质	强力去油腻、毛囊冲洗，具有极佳抗细菌效果的香波 轻度抗皮脂溢 对结痂性和油性皮脂溢疾病有益	干燥 刺激皮肤 漂白作用
氯己定 / 咪康唑	抗真菌 抗细菌	与单一成分的产品相比，抗真菌效果较好	
氯己定 / 酮康唑	抗真菌 抗细菌	与单一成分的产品相比，抗真菌效果较好	
三氯生	抗细菌	加入香波，有中等抗细菌效果	
乳酸乙酯	抗细菌 降低皮肤 pH 去油腻 去粉刺	轻度去油腻、抗皮脂溢，有较好的抗细菌活性，对皮屑性干性皮脂溢较有益	
聚维酮碘	抗细菌 抗真菌 抗病毒	温和的、具有很好抗微生物活性的香波，但作用时间有限	作用时间短 染色 刺激皮肤 引起甲状腺功能障碍 代谢性酸中毒
乙酸 硼酸	抗微生物 降低皮肤 pH	对马拉色菌性皮炎效果好	有刺激性
酮康唑	抗真菌	温和的、具有较好抗真菌活性的香波	
咪康唑	抗真菌	温和的、具有较好抗真菌活性的香波	
植物鞘氨醇	抗微生物 抗皮脂溢	温和	
乳铁蛋白 乳过氧化物酶 葡萄糖酸锌 溶菌酶 碘化钾	抗微生物	温和的、具有较好抗微生物效果的香波	有刺激性

续表

成分	治疗效果	用法	缺点
硫黄 / 水杨酸	软化角质 促角质形成	中等耐受性、有较好的抗皮脂溢效果 对结痂性或干性皮脂溢疾病有益	
水杨酸钠 葡萄糖酸锌 吡哆醇	抗皮脂溢 抗微生物	很好的抗皮脂溢香波，无焦油不良反应	
焦油	软化角质 促角质形成 去油腻去 止痒 有血管活性 抗皮脂溢	强力去油腻和抗皮脂溢香波 对严重油性皮脂溢有益	对猫有毒性 干燥 刺激皮肤 染色 光敏作用 致癌
二硫化硒	软化角质 促角质形成 去油腻 抗皮脂溢	强力去油腻香波，有较好的抗皮脂溢效果 对油性皮脂溢疾病有益 有中度抗酵母菌活性	干燥 刺激皮肤 不适用于猫
燕麦	减少前列腺素 止痒 舒缓	温和的、具有中度止痒效果的香波	
苯海拉明	止痒	温和的、具有中度止痒效果的香波	接触性过敏
普莫卡因	止痒	温和的、具有中度止痒效果的香波	
氢化可的松	抗炎作用 止痒	温和的、具有中度止痒效果的香波	免疫抑制 皮肤萎缩
L-鼠李糖 单糖	抗过敏 抗皮脂溢	温和的、可以帮助预防过敏原穿透的香波	
薄荷醇	止痒	加入香波中起到减轻瘙痒的作用	有刺激性
芦荟	抗炎作用 抗细菌	加入许多产品中，有轻度抗炎效果	
白千层油 茶树油	抗炎作用 抗微生物	中度抗炎作用，有较好的抗微生物效果	有刺激性 过量应用可能造成中毒（流涎、神经症状、肝毒性）
保湿剂 丙二醇 尿素 乳酸 甘油	保湿	吸湿剂，可将水吸入皮肤	
润肤剂 油 羊毛脂 石蜡 蜡	保湿	锁水剂，可减少水分经表皮流失	
神经酰胺	抗过敏 抗细菌	温和，可有效地帮助修复脂质屏障，可以帮助阻止过敏原的侵入	

附录 B
Appendix B

全身治疗药物 *
Systemic Therapeutic Drugs

药品名称	商品名	用法用量
阿维 A	Soriatane：罗氏；Nutley，New Jersey 奥地利制造 . ©2015 Stiefel Laboratories，Inc.	胶囊：10 mg，17.5 mg 和 25 mg
别嘌呤醇	别嘌呤醇：Boots（Knoll）；Mount Olive，New Jersey	片剂：100 mg 和 300 mg
	Mylan；Morgantown，West Virginia Parmed；Niagara Falls，New York Vangard；Glasgow，Kentucky	
	Zyloprim：GlaxoWellcome；Research Triangle Park，North Carolina	片剂（刻痕片）：100 mg 和 300 mg
硫酸阿米卡星	Amiglyde-V Injection：Fort Dodge，Iowa	注射液：250 mg/mL，48 mL/ 瓶
	Amiject D：Henry Schein® 动保	50 mg/mL，50 mL/ 瓶
输液用 10% 氨基酸（晶体液）	Aminosyn 10%：Abbott；Abbott Park，Illinois Travasol 10%，Baxter Healthcare Corporation Deerfield，IL 60015 USA	注射液：500 mL 和 1 000 mL 装
盐酸阿米替林	Elavil：AstraZeneca，Westboro，Massachusetts	片剂：10 mg，25 mg，50 mg，75 mg，100 mg 和 150 mg
	盐酸阿米替林：Broomfield，Colorado（多家仿制药厂）	
阿莫西林（包含克拉维酸钾）	Clavamox：硕腾动保，Kalamazoo，MI	口服混悬剂： 62.5 mg/mL（12.5 mg 克拉维酸，50 mg 阿莫西林），15 mL/ 瓶 片剂： 62.5 mg（50 mg 阿莫西林 /12.5 mg 克拉维酸） 125 mg（100 mg 阿莫西林 /25 mg 克拉维酸） 250 mg（200 mg 阿莫西林 /50 mg 克拉维酸） 375 mg（300 mg 阿莫西林 /75 mg 克拉维酸）
两性霉素 B 注射液	两性霉素 B：X-Gen Pharm Inc.	粉针剂：50 mg/ 瓶
	两性霉素 B 粉针剂： 制药商：Ben Venue Laboratories，Inc.，Bedford，OH 44146，USA 分销商：InterMune，Inc.，Brisbane，CA 94005	粉针剂：50 mg 和 100 mg/ 瓶

* 由于药物更新太快，读者应积极阅读最新文献，药物标签，制造商的药物推荐剂量，以及产品的适应证。

续表

药品名称	商品名	用法用量
两性霉素 B 注射液	两性霉素 B 脂质体注射液： 销售商：Astellas Pharma US，Inc. Northbrook，IL 60062 制药商：Gilead Sciences，Inc. San Dimas，CA 91773	粉针剂：50 mg，20 mL/ 瓶
	Abelcet：Sigma-Tau PharmaSource，Inc. Indianapolis，IN 46268 和 Sigma-Tau Pharmaceuticals，Inc. Gaithersburg，MD 20878	注射用混悬液（脂质络合物）：100 mg/ 瓶
天门冬酰胺酶	分装公司：503b pharmacies	粉针剂：10 000 U/ 瓶
金硫葡萄糖	Ridaura：Prometheus Laboratories Inc. San Diego，CA 92121-4203	胶囊：3 mg
硫唑嘌呤	依木兰：多品牌 Azasan 分销商：Salix Pharmaceuticals，Raliegh NC	片剂（刻痕片）：50 mg，75 mg，100 mg
倍他米松	倍他米松：Merck Sharp & Dohme Corp. 仿制药：American Regent Laboratories	倍他米松注射用混悬液（二丙酸倍他米松和倍他米松磷酸钠）：美国药典 30 mg/5 mL（6 mg/mL）
马来酸溴苯吡胺	Dimetane-DX： 药厂：CREEKWOOD PHARMACEUTICAL，INC. Birmingham，AL 35242	每茶匙（5 mL）口服给药 包含： 马来酸溴苯吡胺 2 mg 盐酸伪麻黄碱 30 mg 右美沙芬溴化氢 10 mg
丁螺环酮	BuSpar：Bristol-Myers Squibb；Princeton，New Jersey. 多家仿制药厂	片剂（刻痕片）：5 mg，7.5 mg，10 mg，15 mg 和 30 mg
骨化三醇	Rocaltrol：Roche；Nutley，New Jersey. 多家仿制药厂	胶囊：0.25 μg 和 0.5 μg 口服液：1 μg /mL，15 mL/ 瓶
头孢羟氨苄	Cefa-Tabs，Cefa-Drops：Boehringer Ingelheim Vetmedica，Inc. St. Joseph，MO 64506 U.S.A. Branded human label：Duricef：Warner Chilcott，Inc. 多家仿制药厂	片剂：50 mg，100 mg 和 200 mg 片剂（刻痕片）：1 g 口服混悬剂：50 mg/mL，15 mL 和 50 mL 点滴瓶装
头孢他啶钠	Fortaz：GlaxoSmithKline；Research Triangle Park，North Carolina. 多家仿制药厂	粉针剂：500 mg，1 g，2 g 和 6 g
头孢氨苄	Keflex：Dista；Indianapolis，Indiana 乐利鲜，分销商：维克动保公司 Fort Worth，TX 76137	口服混悬剂： 25 mg/mL 和 50 mg/mL，100 mL 和 200 mL 瓶装 乐利鲜（头孢氨苄）咀嚼片（分级） 75 mg，150 mg，300 mg 和 600 mg 片剂
	头孢氨苄：Novopharm；Schaumberg，Illinois. 多家仿制药厂	胶囊：250 mg 和 500 mg
头孢拉定	Velosef：Bristol-Myers Squibb；Princeton，New Jersey	粉针剂：250 mg，500 mg，1 g 和 2 g/ 瓶
	Cephradine：Geneva；Broomfield，Colorado（多家仿制药厂）	口服混悬剂：25 mg/mL，100 mL/ 瓶和 200 mL/ 瓶 胶囊：250 mg 和 500 mg
盐酸西替利嗪	Zyrtec：Pfizer；New York，New York. 多家仿制药厂	口服糖浆：1 g/mL，473 mL（1 pt）/ 瓶 片剂：5 mg 和 10 mg
苯丁酸氮芥	Leukeran：Aspen Global Inc.	片剂：2 mg

续表

药品名称	商品名	用法用量
氯霉素	氯霉素胶囊：V.P.C.；Pomona，New York	胶囊：100 mg，250 mg，500 mg 和 1 g
	Duricol Chloramphenicol Capsules USP：Nylos；Pomona，New York	胶囊：50 mg，100 mg，250 mg 和 500 mg
	Viceton：Osborn	片剂：50 mg 和 1 g
扑尔敏	Chlor-Trimeton Allergy：Schering-Plough；Union，New Jersey	片剂：4 mg，8 mg 和 12 mg 咀嚼片：2 mg 口服糖浆：0.4 mg/mL，118 mL/ 瓶
	马来酸氯苯那敏：Geneva；Broomfield，Colorado	片剂：4 mg
西咪替丁	Tagamet：SmithKline Beecham；Philadelphia，Pennsylvania（多家仿制药厂）	片剂：100 mg，200 mg，300 mg，400 mg 和 800 mg 口服液：60 mg/mL
环丙沙星	Cipro：Bayer；Shawnee Mission，Kansas. 多家仿制药厂	片剂：100 mg，250 mg，500 mg 和 750 mg 注射液：2 mg/mL，100 mL/ 瓶和 200 mL/ 瓶 10 mg/mL，20 mL/ 瓶和 40 mL/ 瓶
克拉霉素	Biaxin：Abbott Laboratories；North Chicago，Illinois. 多家仿制药厂	片剂：250 mg 和 500 mg 口服混悬液：25 mg/mL 和 50 mg/mL，50 mL/ 瓶和 100 mL/ 瓶
氯马斯汀	Tavist：Novartis；East Hanover，New Jersey	片剂（刻痕片）：2.68 mg 口服糖浆：0.134 mg/mL 糖浆，118 mL/ 瓶
	Clemastine Fumarate，多家制药商	片剂：1.34 mg
	Antihist-1：Rugby（Watson）；Corona，California	片剂：1.34 mg
	Clemastine Fumarate，多家制药商	片剂：2.68 mg
盐酸克林霉素	Antirobe： 分销商：Pharmacia & Upjohn Company Division of Pfizer Inc.，New York，NY 1001	胶囊：25 mg，75 mg 和 150 mg，和 300 mg 口服液：25 mg/mL，20 mL/ 瓶
	Clindrops：Henry Schein 动保（多家仿制药厂）	口服液：25 mg/mL，30 mL/ 瓶
氯法齐明	Lamprene：Geigy（Novartis）；East Hanover，New Jersey	胶囊：50 mg
盐酸氯米帕明	Clomicalm：Novartis；East Hanover，New Jersey	片剂：20 mg，40 mg 和 80 mg
	盐酸氯米帕明：Teva；Montgomeryville，Pennsylvania	胶囊：25 mg，50 mg 和 75 mg
	Anafranil：Novartis；East Hanover，New Jersey	胶囊：25 mg，50 mg 和 75 mg
环磷酰胺	Cytoxan：Roxane Laboratories，Inc.	片剂：25 mg 和 50 mg 粉针剂：500 mg，1 g 和 2 g/ 瓶
	仿制药厂：Baxter Healthcare Corporation Deerfield，IL 和 Sandoz Inc.，Princeton，NJ	粉针剂：100 mg，200 mg 和 500 mg/ 瓶及 1 g 和 2 g/ 瓶
环孢菌素	Atopica：Novartis；East Hanover，New Jersey	明胶胶囊：10 mg，25 mg，50 mg 和 100 mg 猫用阿托皮卡，100 mg/mL，5 mL 或 17 mL 瓶装
	Neoral：Novartis；East Hanover，New Jersey（其他仿制药厂不可替代）	明胶胶囊：25 mg 和 100 mg 口服液：100 mg/mL，50 mL/ 瓶
盐酸赛庚啶	盐酸赛庚定：Moore Medical Corp；New Britain，Connecticut	片剂：4 mg
	Cyproheptadine HCl：Geneva；Broomfield，Colorado（多家仿制药厂）	糖浆：0.4 mg/mL，118 mL/ 瓶装，1 pt 装

续表

药品名称	商品名	用法用量
氨苯砜	氨苯砜：Jacobus；Princeton，New Jersey	片剂（刻痕片）：25 mg 和 100 mg
地塞米松	Pet-Derm Ⅲ 咀嚼片：King Pharmaceutical；Bristol，Tennessee	片剂（刻痕片）：0.25 mg，0.5 mg，0.75 mg 和 1 mg
	地塞米松：Rugby；Livonia，Michigan	片剂：0.25 mg 和 0.50 mg
	Azium Solution：Schering-Plough；Union，New Jersey	注射液：2 mg/mL IV/IM，100 mL/ 瓶
	Aspen：Kansas City，Missouri. Butler；Dublin，Ohio	注射液：2 mg/mL，100 mL/ 瓶
	Phoenix；St. Joseph，Missouri	
	Dexaject：Vetus；Farmer's Branch，Texas	
地西泮	Valium：Roche Products；Manati，Puerto Rico（多家仿制药厂）	片剂（刻痕片）：2 mg，5 mg 和 10 mg 注射液：5 mg/mL，10 mL/ 瓶
盐酸苯海拉明	Benadryl：Warner-Lambert；Morris Plains，New Jersey	胶囊（OTC）：25 mg
		片剂（OTC）：12.5 mg，25 mg，50 mg
		口服液（OTC）：2.5 mg/mL
		注射液：50 mg/mL，1 mL/ 瓶和 10 mL/ 瓶
	盐酸苯海拉明：Geneva；Broomfield，Colorado. 多家仿制药厂	胶囊：25 mg 和 50 mg
	盐酸苯海拉明：Rugby；Corona，California（多家仿制药厂）	糖浆：2.5 mg/mL
多拉菌素	通灭注射液；Solution；Pfizer 动保；Exton，Pennsylvania	注射液：10 mg/mL，100 mL/ 瓶，250 mL/ 瓶和 500 mL/ 瓶
盐酸多塞平	Sinequan：Roering-Pfizer；New York，New York	胶囊：10 mg，25 mg，50 mg，75 mg，100 mg 和 150 mg
	盐酸多塞平：UDL Laboratories；Loves Park，Illinois. 多家仿制药厂	胶囊：10 mg，25 mg，50 mg，75 mg，100 mg 和 150 mg 口服浓缩剂：10 mg/mL，120 mL/ 瓶
强力霉素	Vibramycin：Pfizer；New York，New York	片剂：100 mg 口服混悬液：5 mg/mL，60 mL/ 瓶 口服 糖浆：10 mg/mL，60 mL/ 瓶
	Doxycycline：Lederle；Pearl River，New York	胶囊：50 mg 和 100 mg
	Periostat：CollaGenex；Newtown，Pennsylvania 多家仿制药厂	胶囊：20 mg 片剂：20 mg
恩诺沙星	拜有利：拜尔；Shawnee Mission，Kansas 多家仿制药厂	片剂（双刻痕片）：22.7 mg，68 mg 和 136 mg 注射液：22.7 mg/mL，20 mL/ 瓶
肾上腺素	多家制药商	注射液：1 mg/mL
红霉素	红霉素：Abbott；North Chicago，Illinois（多家仿制药厂）	片剂：250 mg，500 mg
雌激素	Premarin：Wyeth-Ayerst；Philadelphia，Pennsylvania	片剂：0.3 mg，0.45 mg，0.625 mg，0.9 mg，1.25 mg 和 2.5 mg
盐酸丁胺乙醇	Myambutol：STI Pharma LLC.	片剂：100 mg 片剂（刻痕片）：400 mg
芬苯达唑	Panacur：Merck 动保，Madison，NJ 07940	颗粒剂：22.2% Panacur® 颗粒剂含 222 mg/g 芬苯达唑 1 g，2 g 和 4 g/ 包和 454 g 罐装 在 1 000 mL 瓶中，悬浮剂 100 mg/mL

续表

药品名称	商品名	用法用量
氟康唑	Diflucan：Roering-Pfizer；New York，New York. 多家仿制药厂	片剂：50 mg，100 mg，150 mg 和 200 mg 口服混悬液：10 mg/mL，30 mL/ 瓶和 40 mg/mL，35 mL/ 瓶 注射液：2 mg/mL，100 mL/ 瓶和 200 mL/ 瓶
氟胞嘧啶	Ancoban：Rising Pharmaceuticals，Allendale，NJ	胶囊：250 mg 和 500 mg
盐酸氟西汀	Ancoban：Rising Pharmaceuticals，Allendale，NJ Prozac：Dista；Indianapdis，Indiana. 多家仿制药厂	片剂（刻痕片）：10 mg 胶囊：10 mg，20 mg 和 40 mg 口服液：4 mg/mL，120 mL/ 瓶
庆大霉素	Gentaject：Vetus；Farmer's Branch，Texas	注射液：50 mg/mL，50 mL/ 瓶 100 mg/mL，250 mL/ 瓶
	Gentocin Injection：Schering-Plough；Union，New Jersey	
	Gentaved 50：Vedco；St. Joseph，Missouri	
硫代苹果酸金钠	Myochrysine：Akorn，Inc. Lake Forest，IL	注射液：50 mg/mL，1 mL/ 瓶和 10 mL/ 瓶
醋酸戈舍瑞林	Zoladex：AstraZeneca；Wayne，Pennsylvania	植入剂：3.6 mg 和 10.8 mg
灰黄霉素，微粒	Fulvicin U/F：Schering-Plough；Liberty Corner，New Jersey	片剂（刻痕片）：500 mg
	灰黄霉素 V：Ortho-Derm；Raritan，New Jersey	片剂（刻痕片）：500 mg 口服悬浮液：25 mg/mL ，120 mL/ 瓶
灰黄霉素，超微粒	Fulvicin P/G：Schering-Plough；Liberty Corner，New Jersey	片剂（刻痕片）：125 mg，250 mg 和 250 mg
	Grisactin Ultra：Wyeth-Ayerst；Philadelphia，Pennsylvania	片剂（刻痕片）：125 mg，250 mg 和 250 mg
氢可酮	Hycodan：DuPont；Wilmington，Delaware	片剂（刻痕片）：5 mg
	氢可酮复方糖浆，多家制药商	口服糖浆：1 mg/mL，473 mL/ 瓶
羟嗪	Atarax：Pfizer；New York，New York	片剂：10 mg，25 mg，50 mg 和 100 mg 口服糖浆：2 mg/mL，1 pt 瓶装
	Vistaril：Pfizer；New York，New York（多家仿制药厂）	胶囊：25 mg，50 mg 和 100 mg 口服混悬液：5 mg/mL，120 mL/ 瓶和 473 mL/ 瓶
依巴沙星	Ibaflin Tablets：Intervet International；Boxmeer，Netherlands	片剂：150 mg 和 300 mg 凝胶：3% 口服凝胶——15 mL 预充注射器
盐酸丙咪嗪	Tofranil：Novartis；Summit，New Jersey	片剂：10 mg，25 mg 和 50 mg
	Imipramine HCl，多家制药商	
干扰素 -α2B	Intron A：Schering-Plough；Liberty Corner，New Jersey	粉针剂：1 000 万 U/ 瓶，1 800 万 U/ 瓶，5 000 万 U/ 瓶 注射液：1 800 万 U/ 瓶和 2 500 万 U/ 瓶
异烟肼（异烟酸酰肼）	Isoniazid：Schein；Florham Park，New Jersey	
	Laniazid：Lannett；Philadelphia，Pennsylvania	口服糖浆：10 mg/mL，480 mL/ 瓶
	Isoniazid：Carolina Medical；Farmville，North Carolina（多家仿制药厂）	片剂：100 mg 片剂：300 mg
异维 A 酸	多家仿制药厂	胶囊：10 mg，20 mg 和 40 mg
伊曲康唑	Sporanox：Janssen Pharmaceuticals；Titusville，New Jersey	胶囊：100 mg 口服液：10 mg/mL，含 150 mL 容器装
伊维菌素	Ivomec：Merial；Iselin，New Jersey	注射液：2.7 mg/mL，200 mL 可折叠软包装；10 mg/mL，50 mL/ 瓶；200 mL，500 mL 和 1 000 mL 可折叠软包装

续表

药品名称	商品名	用法用量
伊维菌素	Double Impact：Agrilabs；St Joseph，Missouri	注射液：10 mg/mL，50 mL/ 瓶；和 200 mL 和 500 mL 可折叠软包装
	Eqvalen：Merial；Iselin，New Jersey	口服混悬液：10 mg/mL，100 mL/ 瓶
酮康唑	Nizoral：Janssen Pharmaceutica；Titusville，New Jersey	片剂（刻痕片）：200 mg
	Ketoconazole：Novopharm；Schaumburg，Illinois	片剂：200 mg
延胡索酸	Zaditor：Ciba Vision；Duluth，Georgia	0.025% 溶液，5 mL，7.5 mL 眼用
醋酸亮丙瑞林	Lupron：TAP Pharma；Deerfield，Illinois	注射液：5 mg/mL，2.8 mL/ 瓶 注射液：3.75 mg，7.5 mg，11.25 mg，22.5 mg 和 30 mg
左旋咪唑	Levamed：Bimeda Inc. Division of Cross Vetpharm Group	Levamed：包含有 46.8 g 盐酸左旋咪唑活性
左旋甲状腺素	Thyro-tabs：LLOYD，Inc. of Iowa	片剂：0.1 mg，0.2 mg，0.3 mg，0.4 mg，0.5 mg，0.6 mg，0.7 mg 和 0.8 mg
盐酸林可霉素	Licocin：Pfizer 动保；Exton，Pennsylvania	片剂（刻痕片）：100 mg，200 mg 和 500 mg 口服液：50 mg/mL，20 mL/ 瓶 注射液：100 mg/mL，20 mL/ 瓶
氯雷他定	Claritin：Schering-Plough；Liberty Corner，New Jersey. 多家仿制药厂	片剂：10 mg 口服糖浆：1 mg/mL，480 mL/ 瓶
氯芬奴隆	Program：Ciba；Greensboro，North Carolina	口服混悬液：135 mg 和 270 mg/ 包 片剂：45 mg，90 mg，204.9 mg 和 409.8 mg 注射混悬液：40 mg（0.4 mL）和 80 mg（0.8 mL）
氯芬奴隆——米尔贝肟	Sentinel：维克动保	片剂： 46 mg 氯芬奴隆 /2.3 mg 米尔贝肟 115 mg 氯芬奴隆 /5.75 mg 米尔贝肟 230 mg 氯芬奴隆 /115 mg 米尔贝肟 460 mg 氯芬奴隆 /230 mg 米尔贝肟
麻保沙星	Zeniquin：Pfizer 动保；Exton，Pennsylvania	片剂（刻痕片）：25 mg，50 mg，100 mg 和 200 mg
甲苯咪唑	Mebendazole：Copley；Canton，Massachusetts（多家仿制药厂）	片剂：100 mg
醋酸甲羟孕酮	Depo-Provera：Pharmacia Corp，Kalamazoo，Michigan	注射混悬液：150 mg/mL，1 mL 预充注射装
	Medroxyprogesterone Acetate，数家制药商	注射混悬液：150 mg/mL，1 mL/ 瓶
美罗培南	Merrem：AstraZeneca Pharmaceuticals LP；Wilmington，Delaware. 多家仿制药厂	粉针剂：500 mg/1 g 瓶装
甲基强的松龙	Medrol：Pfizer 动保；Exton，Pennsylvania	片剂（双刻痕片）：4 mg
	甲基强的松龙片剂：Boehringer Ingelheim；Sioux City，Iowa	片剂：2 mg
	甲基强的松龙片剂，Vedco；St. Joseph，Missouri	片剂：2 mg
	Depo-Medrol：Pfizer 动保；Exton，Pennsylvania	注射混悬液：20 mg/mL，10 mL 和 20 mL/ 瓶
	醋酸甲基强的松龙注射液：Boehringer Ingelheim；Sioux City，Iowa	注射混悬液：40 mg/mL，5 mL 和 30 mL/ 瓶

续表

药品名称	商品名	用法用量
甲睾酮	Android： 制药商：Valeant Pharmaceuticals North America LLC Bridgewater，NJ	片剂：10 mg
	Oreton Methyl：Schering-Plough；Liberty Corner，New Jersey	片剂：10 mg
	Methyltestosterone，various：Goldline；Miami，Florida（多家仿制药厂）	胶囊：10 mg
甲硝唑	Flagyl：Searle；Chicago，Illinois	片剂：250 mg 和 500 mg 胶囊：375 mg
	甲硝唑：Geneva；Broomfield，Colorado. 多家仿制药厂	片剂（刻痕片）：250 mg 和 500 mg
甲吡酮	甲吡酮：Novartis；East Hanover，New Jersey	Gelatin 胶囊：250 mg
米尔贝肟	Interceptor：Elanco，Indianapolis，Indiana	片剂：2.3 mg，5.75 mg，11.5 mg 和 23.0 mg 标志：颜色同上，再加上 10 mg/kg 氯芬奴隆 （分别为 46 mg，115 mg，230 mg 和 460 mg 氯芬奴隆）
米诺环素	Minocin：Lederle；Pearl River，New York	胶囊：50 mg，75 mg 和 100 mg
	Dynacin：Medicis Dermatologics；Phoenix，Arizona	胶囊：50 mg，75 mg 和 100 mg
	盐酸米诺环素：Warner Chilcott；Rockaway，New Jersey（多家仿制药厂）	胶囊：50 mg，75 mg 和 100 mg
米索前列醇	Cytotec：Searle；Chicago，Illinois. 多家仿制药厂	片剂：100 mg 片剂（刻痕片）：200 mg
米托坦	Lysodren：Bristol-Myers Squibb；Princeton，New Jersey	片剂（刻痕片）：500 mg
纳曲酮	ReVia：DuPont；Wilmington，Delaware	片剂（刻痕片）：50 mg
	Depade：Mallinckrodt：St Louis，Missouri	
烟酰胺	OTC，许多制药商	片剂：100 mg 和 500 mg
烯啶虫胺	诺普星：诺华动物保健；Basel，瑞士	片剂：11.4 mg 和 57 mg
奥比沙星	Orbax：Merck 动保，Summit NJ	片剂（刻痕片）：22.7 mg 和 68 mg 口服混悬液：30 mg/mL，20 mL / 瓶
奥美普林——磺胺地索辛	Primor：硕腾公司，Kalamazoo，MI	片剂（刻痕片）：120 mg，240 mg，600 mg 和 1 200 mg
苯唑西林	Oxacillin Sodium：多家仿制药厂	注射用：1 g 或 2 g 瓶装含重组粉末
己酮可可碱	Trental：Hoechst Marion Roussel；Kansas City，Missouri	片剂：400 mg
	Pentoxifylline：Copley；Canton，Massachusetts	
	其他许多未注册产品	
苯巴比妥	许多制药商	片剂：15 mg，30 mg，60 mg 和 100 mg 口服酏剂：3～4 mg/mL 注射液：65 mg/mL，130 mg/mL
碘化钾	碘化钾：多家仿制药厂	口服液：1 g/mL，30 mL 和 240 mL/ 瓶
	PIMA：Fleming；Fenton，Missouri（多家仿制药厂）	口服液：65 mg/mL

续表

药品名称	商品名	用法用量
泼尼松龙	Prednistabs：Vedco；St. Joseph，Missouri	片剂：5 mg
	Prednistabs：Vet-A-Mix；Shenandoah，Iowa	片剂：5 mg 和 20 mg
	Solu-Delta-Cortef：硕腾 动保；Kalamazoo，MI	口服混悬液（醋酸泼尼松龙）：100 mg/mL，50 mg/mL，10 mL/ 瓶
泼尼松	泼尼松：Geneva；Broomfield，Colorado	片剂：5 mg，10 mg，20 mg 和 50 mg
	泼尼松：Roxane；Columbus，Ohio（多家仿制药厂）	片剂：1 mg 口服液：1 mg/mL，120 mL，500 mL/ 瓶和 5 mg/mL，30 mL/ 瓶
普罗孕酮	Delvosteron：Intervet；United Kingdom	注射液：100 mg/mL，20 mL/ 瓶
双羟萘酸噻嘧啶	Nemex：硕腾动保，Kalamazoo，MI（多家仿制药厂）	片剂：22.7 mg 和 113.5 mg 口服混悬液：4.54 mg/mL，2-fl-oz 瓶装
吡嗪酰胺	吡嗪酰胺：VersaPharm Incorporated Marietta，GA	片剂（刻痕片）：500 mg
盐酸司来吉兰（*L*-deprenyl）	Anipryl：硕腾公司 Kalamazoo，MI	片剂：2 mg，5 mg，10 mg，15 mg 和 30 mg
	Selegiline HCl：Apotex Corp；Weston，Florida（多家仿制药厂）	片剂：5 mg
磺胺嘧啶	磺胺嘧啶：Eon；Laurelton，New York	片剂：500 mg
	磺胺嘧啶 Major；Livonia，Michigan（多家仿制药厂）	
磺胺甲二唑	Thiosulfil Forte：Wyeth-Ayerst；Philadelphia，Pennsylvania	片剂（刻痕片）：500 mg
磺胺异噁唑	磺胺异噁唑：Moore；New Britain，Connecticut	片剂：500 mg
	磺胺异噁唑：Geneva；Broomfield，Colorado（多家仿制药厂）	
盐酸特比萘芬	Lamisil：Sandoz/Novartis；East Hanover，New Jersey 多家仿制药厂	片剂：250 mg
盐酸四环素	Achromycin：Lederle Laboratories；Pearl River，New York	胶囊：250 mg 和 500 mg 口服混悬液：25 mg/mL 注射液：100 mg，250 mg 和 500 mg/ 瓶
	盐酸四环素：Global；Philadelphia，Pennsylvania	胶囊：250 mg
替卡西林	Ticar：SmithKline Beecham；Philadelphia，Pennsylvania	粉针剂：1 g，3 g，6 g，20 g 和 30 g/ 瓶
替卡西林——克拉维酸钾	Timentin：SmithKline Beecham；Philadelphia，Pennsylvania	粉针剂：3 g 替卡西林，0.1 g 克拉维酸，3.1 g 瓶装；3 g 替卡西林，0.1 g 克拉维酸 /100 mL，100 mL 瓶装
曲安奈德	Vetalog：Boehringer Ingelheim Vetmedica，Inc. St. Joseph，MO	片剂：0.5 mg 和 1.5 mg 注射混悬液：2 mg/mL，25 mL 和 100 mL/ 瓶，6 mg/mL，3 mL，5 mL，25 mL/ 瓶
	曲安奈德片：Vedco；St. Joseph，Missouri	片剂：0.5 mg 和 1.5 mg
	Triamtabs：Vetus；Henry Schein 动保	片剂：0.5 mg 和 1.5 mg

续表

<table>
<tr><th>药品名称</th><th>商品名</th><th>用法用量</th></tr>
<tr><td rowspan="2">曲洛司坦</td><td>Modrenal：Stegrum Pharmaceuticals；Billinghurst，United Kingdom</td><td>胶囊：5 mg，10 mg，60 mg 和 120 mg</td></tr>
<tr><td>Vetoryl：Dechra Veterinary Products，Overland Park，KS</td><td>胶囊：5 mg，10 mg，60 mg 和 120 mg</td></tr>
<tr><td>阿利马嗪——泼尼松龙</td><td>Temaril-P：硕腾公司，Kalamazoo MI</td><td>片剂：5 mg 异丁嗪 /2 mg 泼尼松龙</td></tr>
<tr><td>甲氧苄氨嘧啶——磺胺嘧啶</td><td>Tribrissen：Schering-Plough；Union，New Jersey</td><td>片剂：30 mg 和 120 mg
片剂（刻痕片）：480 mg 和 960 mg</td></tr>
<tr><td rowspan="2">甲氧苄氨嘧啶——磺胺甲噁唑</td><td>Bactrim：Roche；Nutley，New Jersey</td><td>片剂（刻痕片）：480 mg 和 960 mg
口服混悬液：48 mg/mL，16 oz 瓶装
注射液：96 mg/mL，10 mL 和 30 mL/ 瓶</td></tr>
<tr><td>Septra：Monarch Pharmaceuticals；Bristol，Tennessee
（多家仿制药厂）</td><td>片剂（刻痕片）：480 mg 和 960 mg
口服混悬液：48 mg/mL，16 oz 瓶装
注射液：96 mg/mL，5 mL，10 mL 和 20 mL/ 瓶</td></tr>
<tr><td rowspan="3">硫酸长春新碱</td><td>Oncovin：Eli Lilly；Indianapolis，Indiana</td><td rowspan="3">注射液：1 mg/mL，1 mL，2 mL 和 5 mL/ 瓶</td></tr>
<tr><td>硫酸长春新碱，多种：Akorn；Buffalo Grove，Illinois</td></tr>
<tr><td>Vincasar：Teva Pharmaceuticals USA，Inc. North Wales，PA</td></tr>
</table>

IM，肌肉注射；IV，静脉注射；OTC，非处方药。

索引

Index

页码后面跟随“f”指图，“t”指表，“b”指框。